기계공작법

신상운 · 김옥삼 저

도서출판 인터비전

머리말

기계공작법이란 주로 금속재료를 원료로 하여 이것에 어떤 변화를 가하고, 우리가 일상생활에 사용하는 데 유용한 형태로 제작, 또는 제조하는 기술을 논하는 학문이다.

소재가 가지고 있는 여러 성질을 이용하여 열이나 기계적인 힘을 가해 재료의 형상이나 기계적 성질을 변화시켜 필요한 형상이나 치수로 가공하는 작업방법을 다룬다.

본 교재에서는 기계공작법의 기초적인 것부터 최근 분야까지 다루려고 노력하였다. 특히 전문용어를 한글, 한문과 영문으로 표기하여 국제적인 기술 활용을 넓히고자 한다.

또한 본 교재에 소개된 기초이론을 토대로 하여 더욱 발전된 제4차 산업혁명 시대의 각종 전문분야에 연구로 발전에 도움이 되길 바란다.

특히 많은 내용의 부분이 소개되었지만, 독자가 꼭 기계공학 전공자이어야 할 필요는 없다. 기계공학 엔지니어에게는 직접적으로 유용하겠지만, 공학에 관련된 모든 사람에게 본 교재의 내용이 중요한 배경지식으로 될 수 있다.

이로서 학생들이 기계 공자법의 이해를 쉽게 하면서, 이들이 새로운 응용 아이디어의 창의력 개발에 밑 그름이 되었으면 한다.

앞으로 독자들의 격려와 질책을 통하여 미흡하고 부족한 부분을 계속 보완을 약속하며, 인용된 인터넷 사이트 분야와 참고 문헌의 저자 분들께 지면으로 감사의 인사를 합니다.

끝으로 이 책을 출판하는데 애써주신 GS인터비전 송기수 사장님께 심심한 감사드리는 바이다.

2017년 2월

저자 씀

차례

1장 주조

1.1 개요

주조(鑄造; casting)란 가열하여 용해된 액체를 틀에 부어넣어 물건을 만드는 작업을 말하며, 이 때 틀을 주형(鑄型; mold), 만들어진 물건을 주물(鑄物; casting)이라 한다. 제과틀에서 과자를 굽는 과정과 흡사하다. 주물에는 자동차의 engine, pump의 몸체, 공작기계, 농업기계, 차량 등의 몸체를 들 수 있으며, 크기에서도 지퍼(zipper)와 같이 극히 작은 것에서부터 크게는 기선이나 비행기의 propeller 및 선체에 이르기까지 다양하다. 여타 가공법에 대한 주조의 장점은 중공부를 갖거나 복잡한 형상의 물건도 주형에 1회의 주입으로 쉽게 경제적으로 얻을 수 있다는 데 있다. 주조를 위해서는 주물재료, 주형과 주형재료 및 주입에서 응고까지 이르는 과정에 대한 이론과 경험에서 축적된 data로 설계자가 의도한 형상, 강도 및 정밀도를 갖는 주물을 경제적으로 얻을 수 있는 준비가 필요하다.

주물재료에는 주철, 동합금, aluminium 등의 금속과, plastics, ceramics 등의 비금속이 있으나, 이 장에서는 기계재료로 많이 사용되는 전자를 주로 취급한다. 주형을 제작하는데 사용되는 모형(模型, pattern)에는 목재로된 목형(木型)과 금속으로 만들어진 금형(金型)이 있으나 본 편에서는 많이 사용되는 목형과 목형의 재료인 목재에 대한 내용을 주로 다룬다. 주형재료에도 모래, 점토 및 수분을 주성분으로 하는 주형사(鑄型砂; molding sand)로 된 사형(砂型; sand mold)과 금속제인 금형(金型; metal mold)이 있으나 여기에서는 사형과 주형사를 주로 취급하며, 이어서 용해방법과 주입, 특수주조법, 주물의 결함 및 검사 등의 내용을 취급키로 한다.

그림 1-1은 모형을 사용하여 주형을 제작하고, 주형에서 주물이 얻어지는 주조과정을 보여준다.

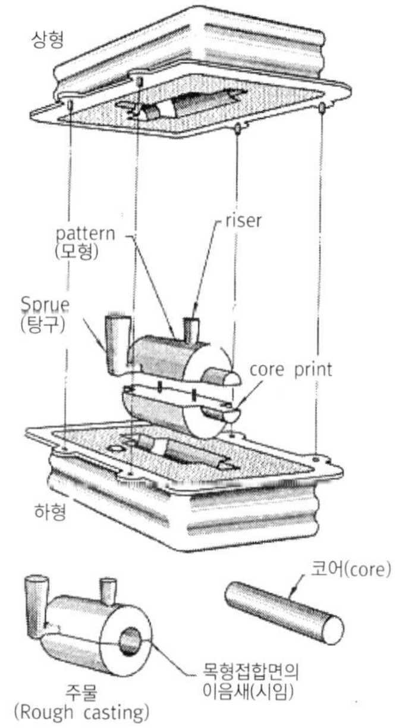

그림 1-1 모형을 사용한 주형제작

1.2 모형

모형(模型; pattern)은 주형사를 다져서 주물의 형태와 같은 공간을 만드는데 사용되는 것으로서 목재, 금속, plastics 및 wax 등이 있고, 이들의 선택은 주물의 크기, 정밀도, 수량 및 주조방법에 따라 다르다. 모형은 반복하여 사용되기 때문에 마모되어 형태와 크기가 변할 수 있다. 모형재료, 모형제작, 모형을 이용한 주형제작 등에서 경제성도 모형의 선택에 중요한 기준이 된다. 주형에 주입된 용금은 응고 과정 및 응고 후 고체상태에서 수축하게 되고, 주물은 설계자의 지시에 따른 치수와 정밀도를 만족시키도록 절삭가공을 하여야 하므로 모형은 제품설계도에 수축여유(收縮餘裕; shrinkage allowance)와 가공여유(加工餘裕; machining allowance)를 더하여 크게 만들어야 한다. 제품 설계도를 바탕으로 이상의 여유와 모형제작에 필요한 사항을 고려하고 모형제작에 필요한 사항까지 기입한 모형제작도를 현도(現圖)라 하며, 이 현도에 따라 제작된 모형에는 형태에 따라 다음과 같이 분류할 수 있다.

1.2.1 모형의 종류

모형의 용도를 설명하면서 주형제작의 예가 제시되기 때문에 주형제작에 관한 설명을 별도로 두시 않으므로 여기에서 모형제작 방법까지 겸해서 공부하기 바란다.

(1) 현형

주물의 형상을 갖고 주물 치수에 수축여유 및 가공여유를 부여하고, 필요에 따라 core print까지 붙인 모형을 현형(現型; solid pattern)이라 하며, 현형에는 아래 그림과 같이 단일체인 단체모형(單體模型; one piece pattern), 2편이 조합되어 모형을 이루는 분할모형(分割模型; split pattern), 3편 이상이 조합된 모형을 조립모형(組立模型; built-up pattern)이라 한다.

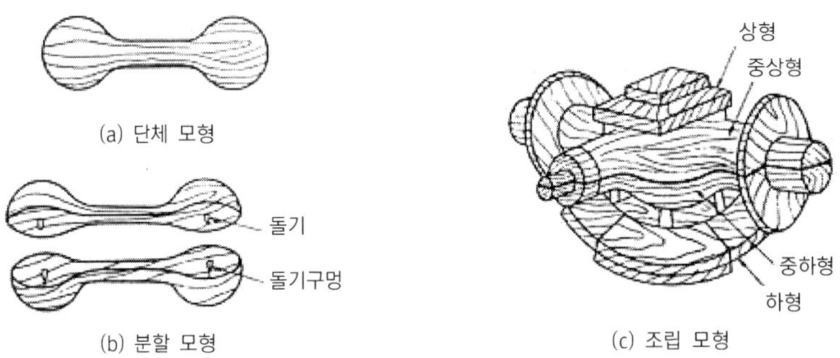

그림 1-2 현형(단체모형, 분할모형, 조립모형)

(2) 회전모형

주물의 형상이 어느 축에 대하여 회전 대칭일 경우 축을 통한 단면의 반쪽 판을 축 주위로 회전시켜 주형사를 긁어내어 주형을 제작할 수 있으며, 이 회전판을 회전모형(回轉模型; sweeping pattern)이라 한다.

그림 1-4는 주물을 얻기 위하여 (b)의 회전모형으로 (c)의 주형을 제작한다.

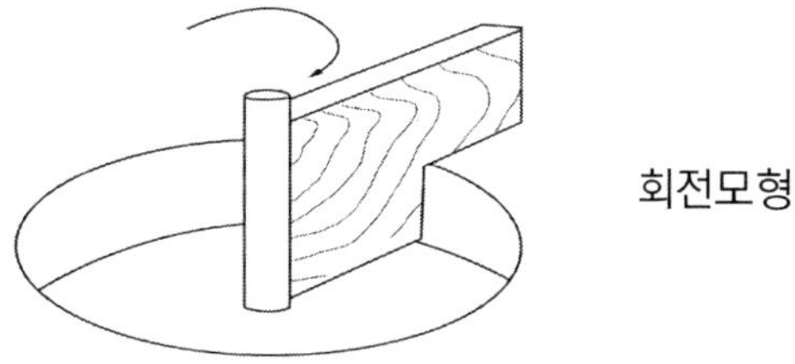

그림 1-3 회전모형

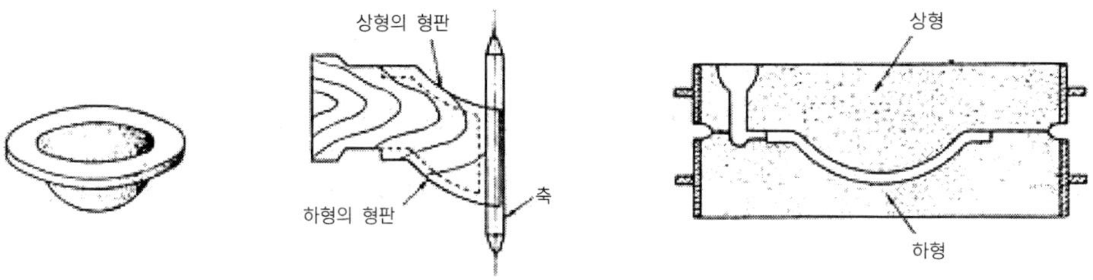

(a) 주물 (b) 회전 모형 (c) 완성된 주형

그림 1-4 회전모형

(3) 부분모형

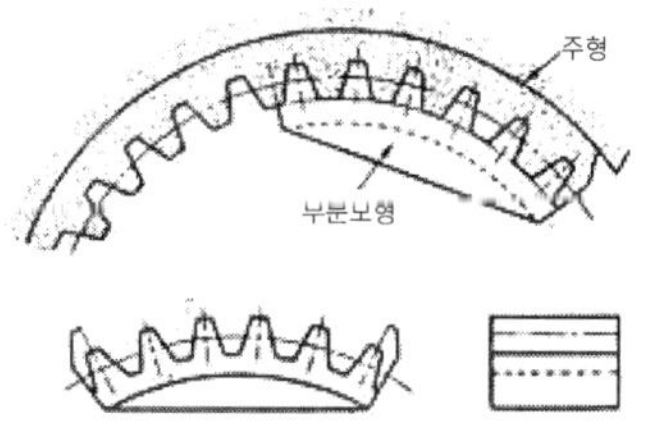

그림 1-5 주형제작용 부분모형

형상의 일부분이 연속되어 전체를 이룰 때 그 일부분에 해당하는 모형을 만들어 주형을 제작할 수 있으며, 이 모형을 부분모형(部分模型; section pattern)이라 하고, 큰 주물의 주조에서 모형재료와 가공비가 적게 들어 모형제작비가 절약된다. 그러나 주물 수량이 많을 때는 주형제작에 많은 시간이 소요되는 단점이 있다. 그림 1-5는 주물을 얻기 위한 주형제작용 부분모형이다.

(4) 골조모형

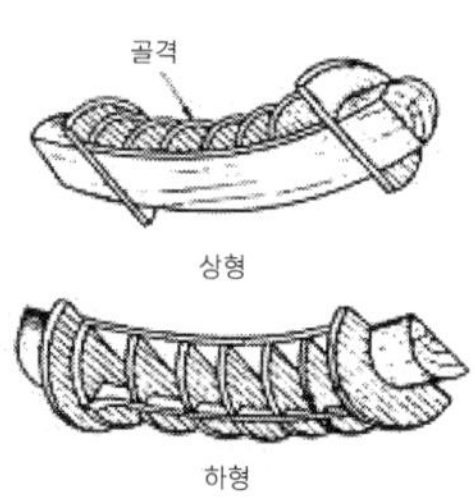

그림 1-6 주형제작용 골조모형

목재비를 절약하기 위하여 아래 그림과 같이 중요부의 골조를 만들고 공간은 점토 등을 채워 현형의 대용이 되는 모형을 골조모형 또는 골격모형(骨組模型; 骨格組模型; skeleton pattern)이라 한다. 그러나 모형이 손상되지 않도록 취급에 주의를 요하며, 주물 수량이 많을 때는 모형제작과 주형제작에 많은 시간이 소요되는 단점이 있다.

그림 1-6은 곡관주물을 얻기 위한 주형제작용 골조모형을 보여준다.

(5) 긁기모형

아래 그림과 같이 목재와 가공비를 절약하기 위하여 긁기판을 사용하여 주형을 제작하기도 하며, 이 긁기판을 긁기모형(strickle pattern)이라 한다. 주형제작에 많은 시간이 소요되므로 주물 수량이 적을때에 사용된다. 회전모형도 일종의 긁기모형으로 볼 수 있으나 서로 구별되는 특징에 따라 다른 이름을 붙인 것이다.

그림 1-7 (a)는 안내판을 대고 긁기모형으로 긁어내며(상형, 하형), (b)에서는 긁기모형으로 core를 만들고(2개 만들어 점토 등으로 접합), (c)는 하형에 core를 지지한 주형을 보인다.

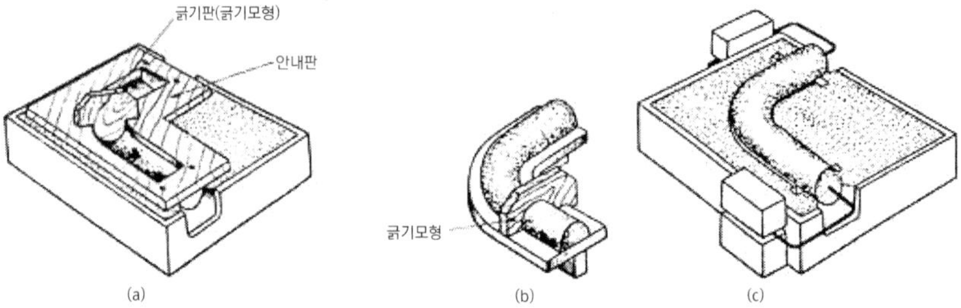

그림 1-7 (a)긁기모형(상형, 하형), (b)긁기모형, (c)하형에 core를 지지한 주형

다음 그림은 긁기모형에 의한 core의 제작을 보여주며, core의 강도 및 통기도가 보다 커야할 때에 철관벽에 많은 구멍을 내고 core용사의 부착을 돕기 위하여 새끼를 감은 다음 core용사를 부착시킨 후 긁기모형으로 core를 제작한다. 그림 1-8 글기모형에 의한 core 제작을 보여준다.

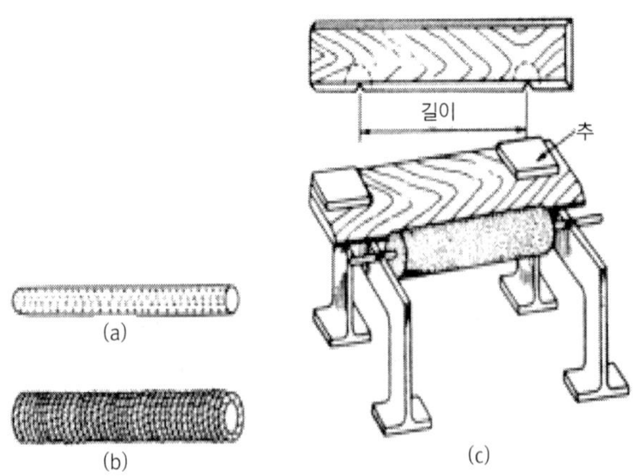

그림 1-8 core 제작

(6) match-plate모형

아래 그림과 같이 분할모형을 판의 양면에 부착하여 이 것을 주형상자 사이에 놓고 상형과 하형을 각각 다져서 주형제작을 하는데 편리하게 사용되며, 부착된 모형을 포함한 그 판을 match plate모형이라 하고, 일반적으로 1개의 주형에서 소형의 주물을 여러개 얻고자할 때 많이 사용된다. 모형이 판의 양면에 부착된 것을 match plate모형라 하고, 판의 1면에만 붙은 것을 pattern plate모형이라 구별하기도 한다. 그림 1-9 (a) pattern-plate 모형, (b) match-plate모형, (c) match-plate모형에 의한 주형제작, (d) 완성주형을 보인다.

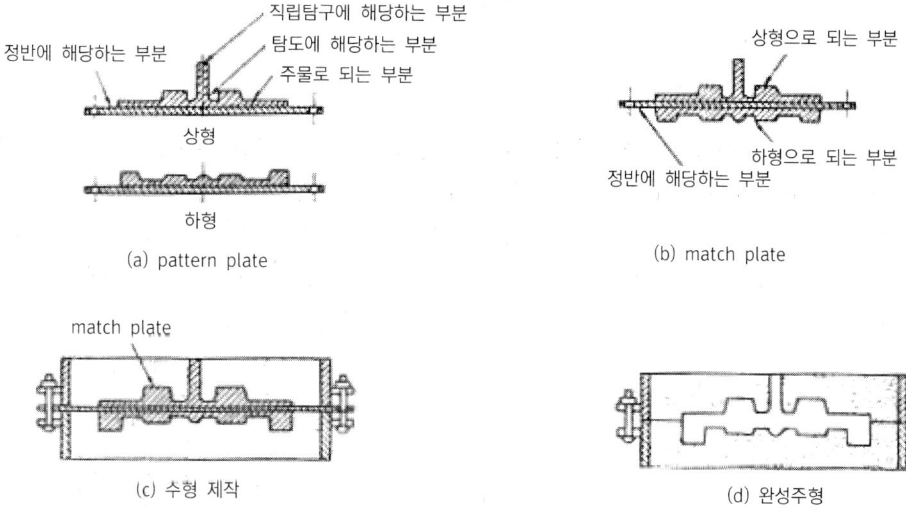

그림 1-9 (a)pattern-plate모형, (b)match-plate모형, (c)모형에 의한 주형제작, (d)완성주형

(7) 잔형

모형을 주형에서 뽑을 수 없는 부분만을 별도로 만들어 조립하여 주형을 제작하고 모형을 뽑을 때에는 주형에 잔류 시켰다가 새로 생긴 공간을 통하여 뽑아내는 부분을 잔형(殘型; loose piece)이라 한다. 그림 1-10 (a)의 설계도에 따라 모형 (b)를 만들고, 주형 (d)에서 잔형을 빼낸다. 또는 잔형을 사용하지 않고 모형 (c)를 사용한 후 (e)에서와 같이 core를 두는 방법도 있다.

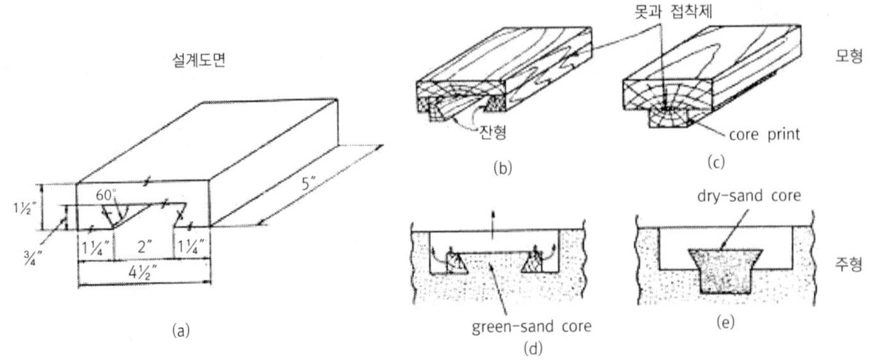

그림 1-10 잔형

(8) core 상자(core 모형)

주물에 중공부(中孔部)를 두기 위하여 주형의 공동부에 사입하는 주형으로서 강도, 내열성, 가축성(可縮性) 등을 고려하여야 한다. core가 작을 때에는 core용사만을 다져서 만들고 있으나 치수가 커서 보다 큰 강도를 요할 때에는 그림과 같이 core 내부에 철심을 넣기도 한다. 주형에 core를 설치할 때 core 받침대(chaplet)를 사용하는 경우에는 주물과 동일 재료의 core 받침대를 사용하는 것이 좋다. 그림 1-11은 주형 및 core의 사용 예를 나타낸다.

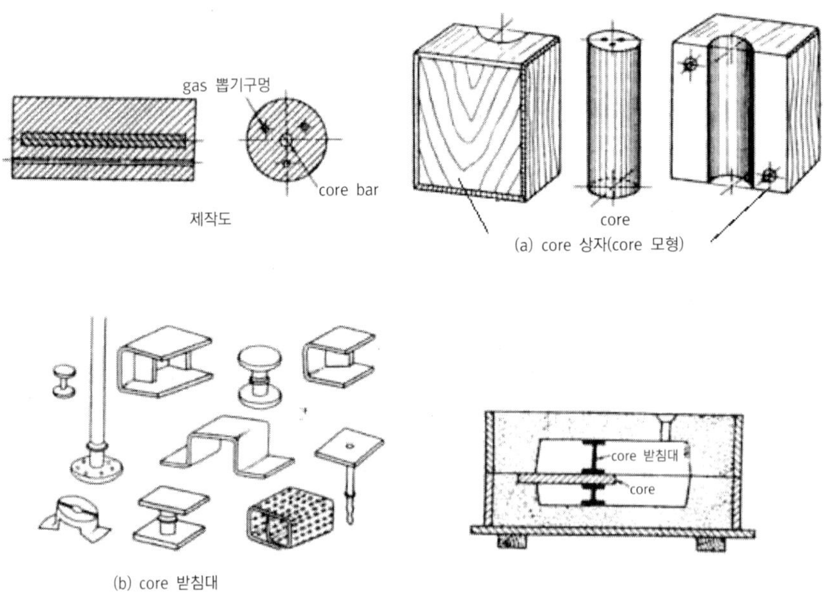

그림 1-11 core 상자

1.2.2 모형의 재료

앞서 모형에서 언급한 바와 같이 모형재료에는 금속과 비금속이 있고, 비금속에서도 목재와 plastics와 같은 것 들이 있으나 재료비와 가공의 용이성 때문에 주로 목재가 사용된다. 따라서 여기에도 목재에 관한 내용만을 취급토록 한다. 모형용 목재의 선택에서 목재값, 가공성, 강도, 모형의 내구성 및 주물수량 등이 고려 사항이 되겠으나, 소정의 주물을 얻는데 지장이 없는 범위에서 경제성에 관점을 둔다.

모형용 목재의 이상적 조건을 나열하면 다음과 같다.

- 재질이 균일하여 변형이 없을 것.
- 적당한 강도와 경도를 가져서 파손 및 마모가 없을 것.
- 충분히 건조된 것일 것.
- 가격이 쌀 것.

(1) 목재의 조직과 성질

목재에 있어서는 3가지 기본단면인 횡단면, 방사단면 그리고 접선단면에 따라 목리가 나타나게 되는데 이들을 가가 목구(木口, end grain) 정목(正木, edge grain) 그리고 판목(板木, flat grain)이라고 부른다. 아래 그림 1-12와 같은 목재의 조직에서 중심부를 수심(髓心), 수심 주위부를 심재(心材)라 하며 조직이 치밀하고 흡습성과 변형이 적어 모형용으로 적합한 부위이다. 변재(邊材)는 심재 바깥쪽에 비교적 엷은 색을 가진 부분으로 성장을 계속하는 세포이며, 원목을 반경방향으로 제재하면 평행한 직선 무늬가 생기며, 이 무늬를 곧은결 또는 정목(柾目)이라 하고, 원목의 반경 방향과 직각인 방향으로 제재하면 파상(波狀)의 무늬가 생기며, 이 무늬를 무늬결 또는 판목(板目)이라 한다. 정목재는 조직이 판재의 전 후에서 대칭적으로 같기 때문에 변형이 적은데 반하여 소정 치수의 판재를 켜 낼 수 있는 목재의 수량이 적고, 판목재는 정목재에 비하여 제재량은 많으나 변형하기 쉽다. 그림은 목재의 조직을 그림으로 보여 준다.

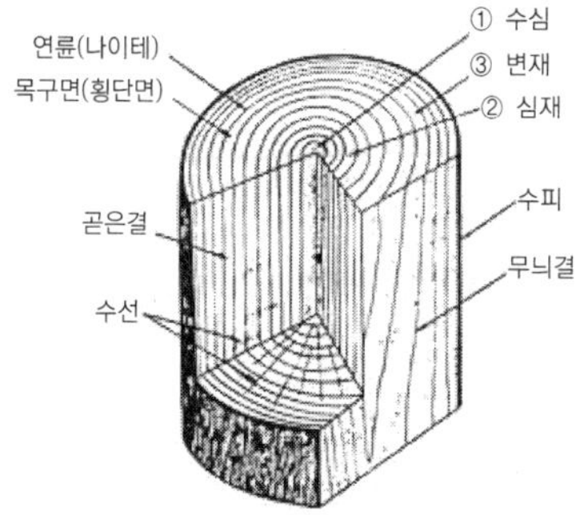

그림 1-12 목재의 조직

연륜(나이테)
수심(원목의 중심)
심재(수심 주위의 단단한 조직 부위)
변재(수피 근처의 무른 조직 부위)
수선(연륜에 수직한 선)을 보인다.

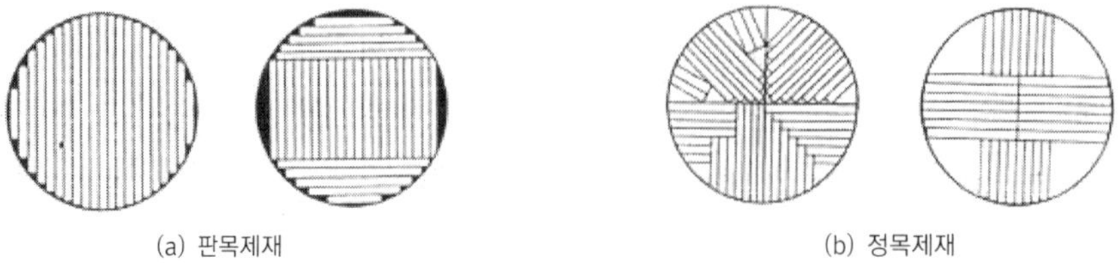

(a) 판목제재 (b) 정목제재

그림 1-13 제재방법

그림 1-13은 판목재 및 정목재의 제재방법의 예를 보여 준다.

(2) 목재의 변형과 건조

목재의 수축은 수종(樹鍾), 수령(樹齡) 및 벌채시기 등에 따라 다르고 목재의 방향에 따라서도 다르다. 수축률은 일반적으로 섬유방향, 반경방향, 연륜방향의 순으로 증가하며, 아래 그림은 방향에 따른 상대적인 수축 정도를 변형으로 보여 준다.

그림 1-14에서 연륜방향의 수축률이 가장 크고, 다음에 반경방향이며, 그림에서는 볼 수 없으나 섬유방향의 수축률이 제일 적다.

목재의 균열은 아래 그림과 같이 A: 심할(心割; heart shake), B 및 D: 성할(星割; star shake), C: 윤할(輪割; ring shake), E: 전상할(電狀割; upset shake), F: 측할(側割; side shake)의 형태가 있으며, A, B, C, F는 보통기후에서, D는 엄동에서, E는 운반 중 충격에 의하여 생긴다. 그림 1-15는 목재의 각종 균열을 보여준다.

목재의 건조에는 자연건조법과 인공건조법이 있고, 자연건조법에는 통풍이 잘 되는 곳에 적치(積置)하는 야적법(野積法)과 통풍을 원할 하게 하면서 목재의 변형을 억제하기 위하여 그림 1-16과 같은 가옥적법(家屋積法)이 있다. 자연건조법을 채택하면 건조비용이 저렴하고 목재의 질은 좋으나 건조에 많은 시간이 소요된다.

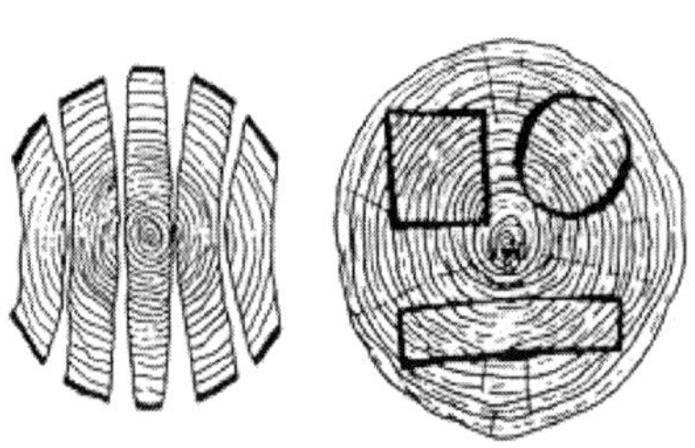

그림 1-14 목재의 변형

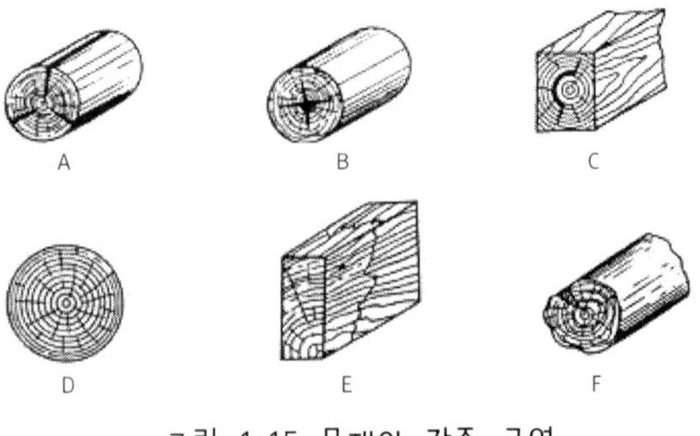

그림 1-15 목재의 각종 균열

수분을 증발시킨 목재의 무게에 대한 목재에 함유된 수분의 중량비를 함수율(含水率)이라 하며, 다음과 같이 표시한다.

$$U = \frac{W_1 - W_2}{W_2} \times 100[\%]$$

단, W_1 : 건조되기 전의 목재의 중량, W_2 : 100 ~ 105℃로 건조시킨 목재의 중량, U : 함수율(%)

그림 1-16 가옥적법을 보여준다.

(a) X자형 잔적법(end racking)　(b) 평적법(잔목 없음)　(c) 평적법(잔목 사용) (flat pile)

그림 1-16 가옥적법

① 열기건조법(熱氣乾燥法; hot air seasoning):

건조실내의 공기를 70℃ 정도로 가열하여 송풍기로 열풍을 목재 사이에 보내어 건조하는 방법이며, 열원은 일반적으로 boiler의 폐기를 이용한다. 건조속도가 너무 크면 목재가 파열 되거나 변형하므로 초기에는 서서히 건조하는 것이 좋으며, 특히 경질재료의 건조에는 더욱 주의를 요한다.

② 침재건조법(浸材乾燥法; water seasoning):

원목을 2주간 정도 수침(水浸)시켜 수액(樹液)과 수분을 치환 시킨 후 환기가 잘 되는 곳에서 건조하는 방법으로서, 자연건조법에 비하여 건조가 빠르고 목재의 균열을 방지할 수 있으나 강도와 탄성이 감소하고, 해수(海水)에 침지할 경우에는 건조 후 흡습성이 큰 것이 결점이다.

③ 자재건조법(煮材乾燥法; boiling water seasoning):

목재를 용기에 넣고 수증기로 내부의 수액(樹液)을 빼내고 건조하는 방법이며, 증기압은 1.5 ~ 3.0 kg/cm^2 정도이고, 두께 2.5 cm에 약 1시간의 비율로 증기를 주입한다. 이 방법은 조작과 설비가 간단하고 살균 및 살충 효과가 있으며, 수축 및 변형이 적고 건조가 빠르나 강도가 다소 떨어지고 변색이 되는 결점이 있다.

④ 진공건조법(眞空乾燥法; vacuum seasoning):

진공 상태에서 gas 및 전기의 열원에 의한 가열로 건조하는 방법으로서, 건조는 빠르나 비용이 많이든다.

⑤ 훈재건조법(燻材乾燥法; smoking seasoning):

배기gas 및 연소gas를 목재 적치실에 보내어 건조하는 방법이다.

⑥ 전기건조법(電氣乾燥法; electric heat seasoning):

공기 중에서 전기저항열 또는 고주파열에 의한 건조법이다.

⑦ 약제건조법(藥劑乾燥法; chemical seasoning):

KC, 산성백토, H_2SO_4 등과 같이 흡습성이 큰 건조제를 모재와 함께 건조실에 넣고 건조하는 방법으로서 소량의 건조에 이용된다.

(3) 목재의 방부

목재가 부패하는 것은 주로 균에 의한 것으로서, 분비되는 효소에 의하여 섬유질이 용해되어 목질(木質)이 저하한다. 부패를 방지하기 위하여는 온도, 수분, 산소를 부패균의 활동 조건 이하로 유지하여야 한다.

그리고 균의 활동 조건은 다음과 같다. 대부분의 부패균은 25 ~ 35℃에서 활동이 활발하고 4℃에서는 발육하지 못하며, 55℃에서는 생존하지 못한다.

습도 80% 정도에서 균의 생육이 활발하고, 15% 이하에서 번식이 중단된다.

산소가 희박한 수중에서는 잘 활동하지 못한다.

또한 적극적인 방부법으로 다음 방법을 채택할 수 있다.

① 도포법(塗布法):

목재의 표면에 paint나 creosote oil을 도포 또는 주입하는 방법이다.

② 침투법(浸透法):

염화아연, 승홍, 황산동 등의 수용액, 혹은 creosote에 목재를 수시간 내지 수일간 침지하는 방법으로서 가열하면 더욱 깊게 침투된다.

③ 자비법(煮沸法):

방부제를 끓여서 부분적으로 침입시키는 방법이다.

④ 충전법(充塡法):

목재에 구멍을 뚫고 방부제를 넣는 방법이다.

(4) 목재의 접합

모형을 제작할 때 큰 목재를 구할 수 없거나 목재비를 절약하기 위하여 또는 제작상의 편리를 위하여 부재(部材)나 부분품을 접합하는 경우가 있으며, 접합 방법은 다음과 같다.

- 못, 나사못, stapler, clamp에 의한 접합
- 깎아 맞추기에 의한 접합
- 접착제에 의한 접합

접착제에는 동물성 아교, 수지접착제 등이 있으며, 동물성 아교는 우피(牛皮) 또는 우골(牛骨) 등으로 제조되고 판상(板狀) 또는 봉상(棒狀)의 형태로 시판되고 있다. 이 판상 또는 봉상의 것을 냉수에 수 시간 담갔다가 아래 그림과 같이 이중용기를 사용하여 60℃ 정도에서 용해시켜 사용한다. 접합하기 전에 목재의 접합부를 따뜻할 정도로 가열한 상태에서 적당한 농도의 아교를 바르고 접착시켜 6 ~ 7시간 동안 유지하는 것이 좋다. 수지접착제에는 초산비닐수지 접착제, 요소수지 접착제 및 석탄산수지 접착제 등이 있다. 그림 1-17은 목재의 깎아 맞추기 예((a)는 못에 의한 접합, (g)는 파형못에 의한 접합으로서 깎아 맞추기에서 예외 됨)

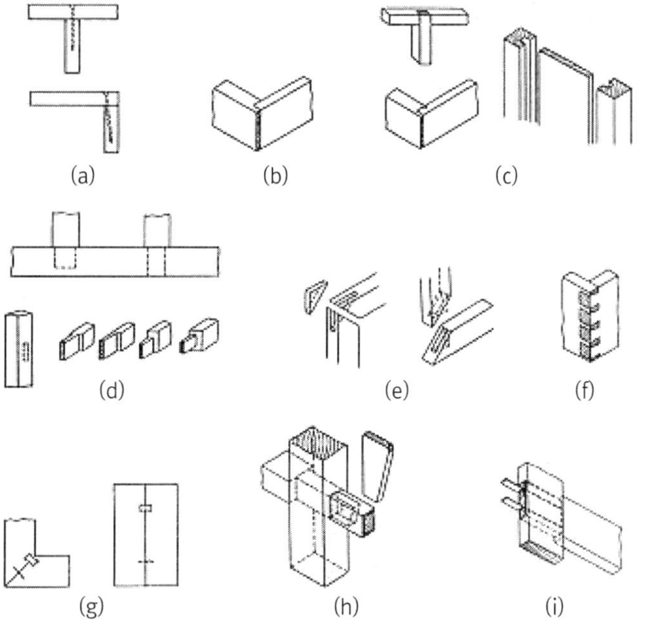

그림 1-17 목재의 깎아 맞추기 예

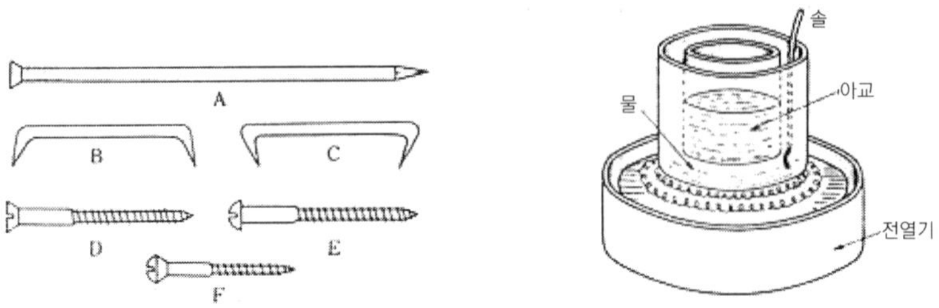

(a) A: 못, B·C: clamp, D·E·F: 나사못　　(b) 아교 용해장치

그림 1-18 목재 접합도구 및 아교 용해장치

그림 1-18은 목재 접합도구 및 아교 용해장치를 보여준다.

(5) 목재의 규격

1치(3.03 cm)단면 각재로서 길이가 12자(3.636 m)의 체적을 1사이, 즉 (너비 1치) X (너비 1치) X (길이 12자)의 체적을 1사이라 하고, 10자3을 1석(石), 즉 (두께 1자) X (너비 1자) X (길이 10자) = 10자3의 체적을 1석이라 한다. 판재(板材)의 면적은 6자평방(36평방자=3.305 m^2)을 1평(坪)이라 한다. 최근에는 판재의 면적 단위에 m^2, 각재의 체적단위에 m^3의 사용을 권장하고 있다. 각재의 정의는 대략 너비가 두께의 3배 미만, 판재의 정의는 대략 두께가 6 cm 미만이고 너비가 두께의 3배 이상 이다.

① 각재의 단면:

7分角(2 cm각), 1치각(3 cm각), 1치 2분각(3.6 cm각), 1치 5분각(4.5 cm각), 1치 7분각(5 cm각), 3치각(9 cm각), 3치 5분각(10.5 cm각), 4치각(12 cm각)

② 판재의 두께:

3분널(1 cm두께), 4분널(1.2 cm두께), 5분널(1.5 cm두께), 6분널(1.8 cm두께), 7분널(2.1 cm두께), 8분널(2.4 cm두께), 1치널(3 cm두께), 1치 2분널(3.6 cm두께), 1치 5분널(4.5 cm두께), 2치널(6 cm두께)

③ 목재의 길이:

6자(182 cm), 9자(273 cm), 12자(364 cm), 15자(455 cm), 18자(546 cm) 등이 있고, 6자 미만은 단척물(短尺物) 이라 하여 별도 취급한다.

1.2.3 목형제작용 공구와 기계

앞에서는 모형(模型)의 재료를 구별하지 않는 모형이란 용어를 사용했으나, 여기에서는 목재가공기계를 취급하기 때문에 모형의 재료가 목재라는 의미를 갖는 목형(木型)이란 용어를 사용토록 하여 모형공구 및 모형기계라 부르지 않고 목형공구 및 목형기계라 칭하기로 한다.

(1) 목공구

최근에는 목공기계가 발달하여 건축 및 가구의 다량 생산에 사용되어 수공구의 이용은 줄어들고 있으나 현재 사용되고 있는 수공구를 들면 다음과 같다. 톱에는 가로톱, 세로톱, 양용톱, 실톱 및 세공톱 등이 있다. 규격은 톱날부의 길이로 표시한다. 끌에는 마치끌, 밀끌, 및 특수끌 등이 있으며, 규격은 날부의 폭으로 표시한다. 대패에는 가공정도에 따라 막대패, 중간대패 및 다듬질대패, 가공부에 따라 보통대패, 측면대패, 홈대패 및 특수대패 등이 있으며, 규격은 대패날의 폭으로 표시한다. 기타 나사송곳, 삼각송곳, center송곳, 4각송곳, hand drill, 턱촌목(그무개; marking gauge), 각종 hammer, 각종 자, compasses, 각도기, 수준기(level), vise, 숫돌, 사포, 장도리 등이 있다. 그림 1-19는 각종 톱, 끌, 대패 등 공구를 보여준다.

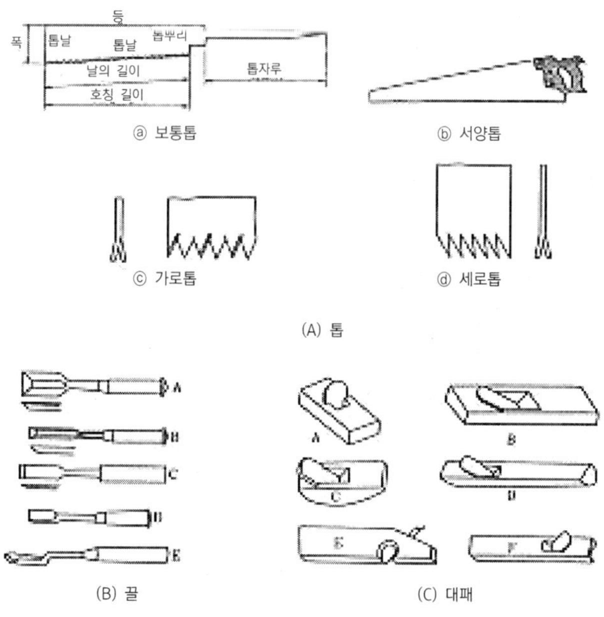

그림 1-19 목공구

(2) 목공기계

목공기계에는 건축, 가구 등과 같이 용도에 따라 종류와 크기가 다양하나, 목형에 사용되는 기본적인 기계는 다음과 같다.

① 목공선반(木工旋盤; wood turning lathe):

목재를 회전체로 가공하는데 사용되는 기계로서, 규격은 bed에서 주축까지의 높이와 bed의 길이로 표시한다. 그림 1-20은 목공선반의 구조 및 공작물의 고정 장치들이다.

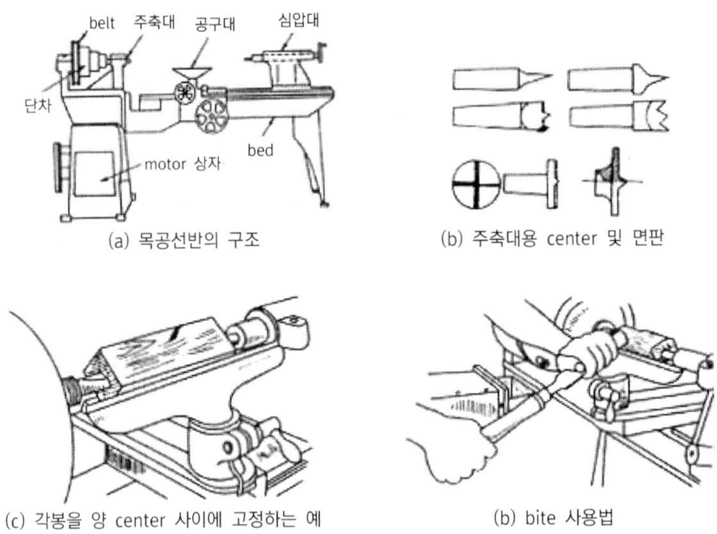

(a) 목공선반의 구조 (b) 주축대용 center 및 면판
(c) 각봉을 양 center 사이에 고정하는 예 (b) bite 사용법

그림 1-20 목공선반의 구조 및 공작물의 고정장치

그림 1-21는 목공선반용 bite의 종류와 용도를 보여준다.

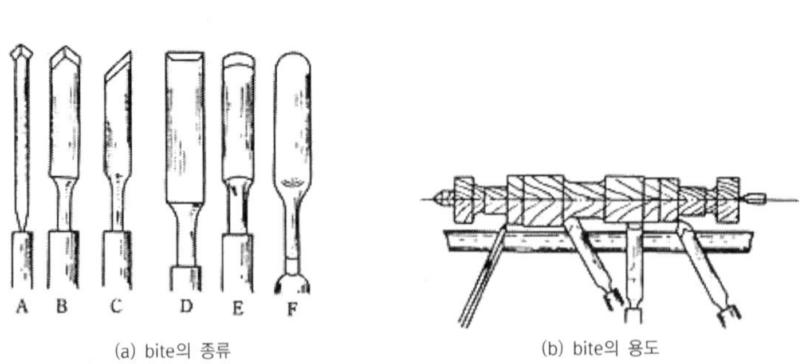

(a) bite의 종류 (b) bite의 용도

그림 1-21 목공선반용 bite의 종류

A와 B는 검(劍)bite, C는 절단용 bite, D는 평면 bite, E와 F는 환형(丸形) bite이다.

② 목공 drilling machine:

flat drill, twist drill을 주축에 기워 둥근 구멍을 가공하고, 4각형 구멍을 가공할 때에는 아래 그림과 같이 인선을 가진 4각형의 中空끌 속에서 twist drill을 회전시키면서 중공끌과 함께 이송을 준다. 그림 1-22은 4각형 구멍을 가공하기 위한 중공끌과 twist drill 이다.

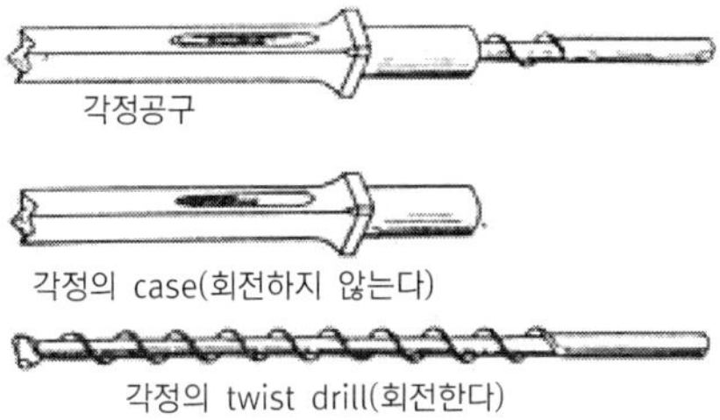

그림 1-22 중공끌과 twist drill

③ 실톱기계(fret sawing machine):

폭이 좁은 톱날을 上下로 왕복운동 시키고 가공물을 손으로 잡고 움직여 소정의 곡선 가공을 하는 기계로서, 실톱의 운동

④ 원형톱기계(circular sawing machine):

아래 그림과 같이 원판의 주위에 톱날을 만들어 축에 고정하여 1200 ~ 3000 rpm으로 회전시키는 톱기계로서 규격은 원판톱의 지름으로 표시한다. 절삭속도는 목재의 종류에 따라 다르며, 세로가공의 경우 硬材에는 1000 ~ 2000 m/min, 보통연재에는 1300 ~ 2400 m/min, 극연재에는 2000 ~ 4000 m/min의 속도를 기준으로 한다. 그림 1-23은 원형톱기계 및 톱날의 형상을 보여준다.

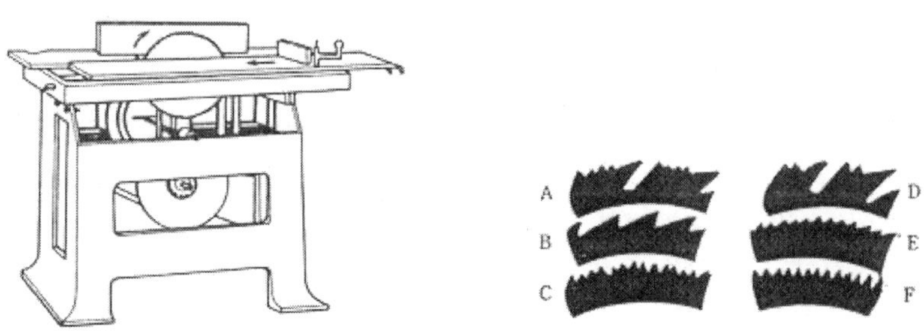

(a) 원형 톱기계 (b) 원형 톱날의 형상

그림 1-23 원형톱기계 및 톱날의 형상

⑤ 띠톱기계(band sawing machine):

아래 그림과 같이 frame의 상하에 설치된 pulley에 띠톱band를 걸고 pulley를 회전시켜 목재를 켜는 기계로서, 규격은 pulley의 지름으로 표시하며 보통 600 mm, 900 mm, 1000 mm의 띠톱기계라 칭한다. 속도는 1000 ~ 1600 m/min이며, 띠톱 band의 폭은 제재용에서 100 ~ 300 mm이고, 목공용에서는 10 mm ~ 40 mm이다. 경사진 가공을 할 때는 table을 경사시킨다.

그림 1-24는 띠톱기계 및 톱날의 형상을 그림으로 보여준다.

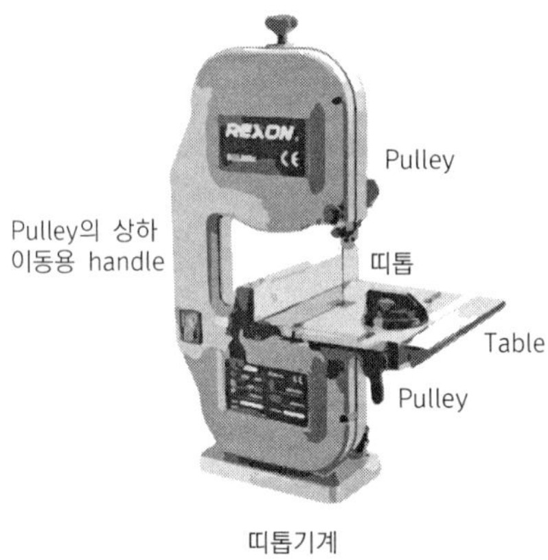

그림 1-24 띠톱기계 및 톱날의 형상

⑥ 기계대패(wood planer):

회전하는 원통에 2 ~ 4개의 대패날을 고정하여 고속으로 회전시키면서 수평면, 측면, 경사면 및 홈 등을 가공하며, 규격은 대패날의 폭, 즉 최대 가공폭으로 표시한다. 절삭속도는 1100 ~ 1500 m/min이며, 축의 회전수는 2000 ~ 6000 rpm 이다. 기계대패에는 수동식과 자동식이 있는데, 수동식을 아래 그림과 같이 대패날이 table 밑에서 회전하여 가공물을 깍으며 수동으로 가공물을 이송하고, 절삭깊이의 조정은 table의 상하운동에 의한 날의 돌출길이에 의한다. 자동식 기계대패는 아래 그림과 같이 대패날이 table 위에 있고, 요철이 있는 roller에 의하여 가공물이 자동으로 이송되며, 절삭깊이는 cutterhead를 상하로 움직여 조절한다. 다음은 그림 1-25는 수동식기계대패를 보여 준다.

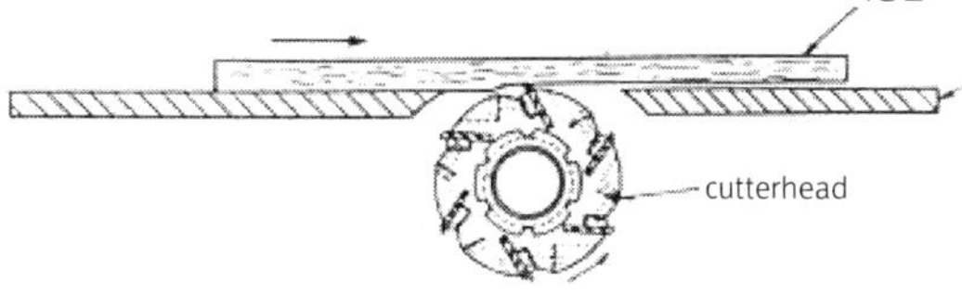

그림 1-25 수동식기계대패

그림 1-26은 자동식 기계대패를 보여 준다.

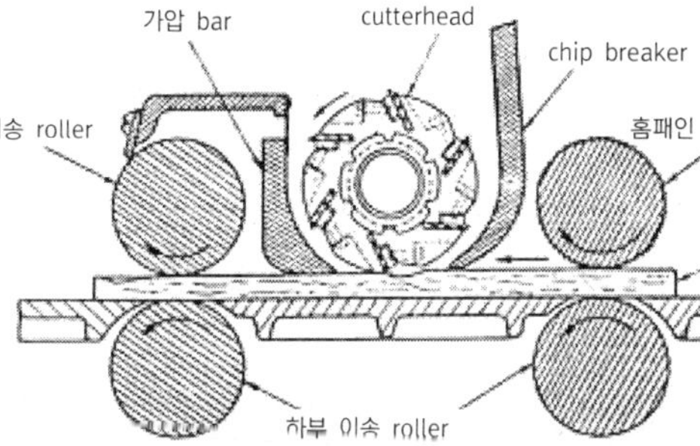

그림 1-26 자동식 기계대패

⑦ 라우터(router)

목재에 홈을 파거나 경사면을 가공할 때 사용되는 목공기계로서, 각종 형태의 라우터 비트(router bit)들이 있다. 그림 1-27은 router에서 경사면을 가공한다.

그림 1-27 router

⑧ 사포기(sander)

목형의 표면을 정밀하게 다듬거나 곡면가공에 사용되며, belt형, 원판형 및 원통형이 있다. 그림 1-28과 그림 1-29는 belt식 사포기를 보여 준다. 그림 1-30은 sander에서 모서리가공 그림 1-31는 disc sander의 사용법를 보여 준다.

그림 1-28 belt식 사포기(1)

그림 1-29 belt식 사포기(2)

그림 1-30 sander에서 모서리가공

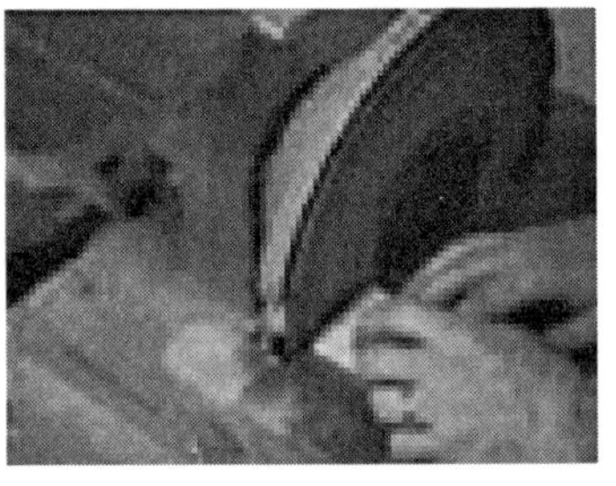

그림 1-31 disc sander의 사용법

1.2.4 목형제작

목형은 현도(現圖) → 목재 준비 → 목형제작의 과정을 거쳐 만들어 지며, 이 때 현도와 목형 제작에서 고려 사항을 들면 다음과 같다.

(1) 수축여유(收縮餘裕; shrinkage allowance)

용융금속이 응고할 때, 응고 후 온도가 강하할 때 수축이 일어나므로 그 수축량 만큼을 설계도에 더하여 현도를 그리고 목형을 만든다. 현도 그리기와 목형제작에 편리를 위하여 수축여유를 고려한 눈금자를 주물자(shrinkage scale)라 하며, 보통주철에서는 1 m에 대하여 8 mm 정도의 여유를 둔 1008 mm를 1 m 자로 사용한다.

제품의 길이 , 모형의 치수 L, 수축률을 라 하면

$$\phi = \frac{L-l}{L}$$

가 되며, 주물의 치수를 목형의 치수와 수축률로 표시하면 다음과 같다.

$$l = L(1-\phi)$$

정6면체의 주물로 가정하면 위 식에서

$$l^3 = L^3(1-\phi)^3 \cong L^3(1-3\phi)$$

가 되어, 주물의 체적 수축률은 길이 수축률의 약 3배가 되며, W_c, W_p를 각각 주물의 중량, 목형의 중량이라 하고 S_c, S_p를 각각 주물과 목형의 비중이라 하면 다음의 식을 얻을 수 있다.

$$\frac{S_c}{S_p} = \frac{W_c}{W_p(1-3\phi)}$$

$$W_c = \frac{S_c}{S_p}(1-3\phi)\,W_p$$

(2) 가공여유(加工餘裕; machining allowance)

주물이 기계가공(절삭가공)을 요할 때는 가공에 필요한 치수만큼 여유를 현도에 가산하여 모형을 만들어야 한다. 일반적으로 가공여유는 1 ~ 10 mm정도 이나, 요구되는 정밀도가 높을수록 가공여유를 크게 하며, 주물의 표면상태, 주물의 변형 여부에 따라서도 여유가 다르다.

(3) 모형구배(模型勾配; taper)

주형에서 모형을 빼낼 때 주형이 파손될 염려가 있으면 모형에 구배(기울기)를 두어 모형이 안전하게 빠지도록 한다. 구배는 보통 길이 1 m에 대하여 6 ~ 7 mm 정도로 한다. 주물에서 구배진 부분은 깎아내야 하므로 모형은 그 만큼 커지는 결과가 된다.

(4) core와 core print

중공부(中空部)의 주물을 얻기 위여 용금이 채워 지지 않도록하는 주형부을 를 core라 하며, 모형에서 core가 걸쳐질 수 있는 자리를 주형에 내기위한 모형부위 또는 core 중에서 걸쳐지는 접촉부를 core print라 하고, 이를 현도에 표시하여 모형을 만들어야 한다.

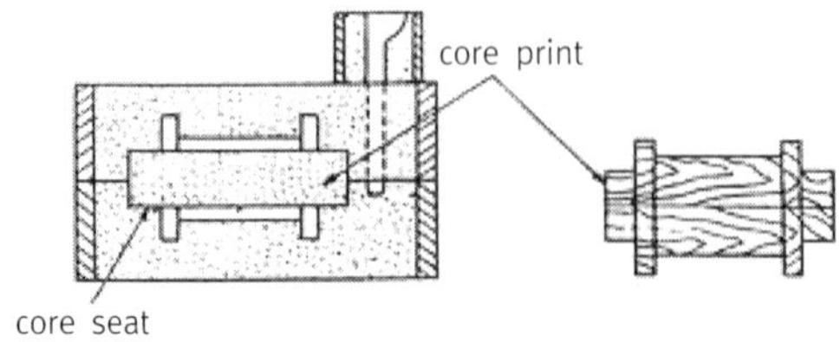

그림 1-32 core와 core print

그림 1-32는 core와 core print를 보여준다.

(5) 라운딩(rounding)

용금이 주형 내에서 응고할 때 주형면에 대하여 직각 방향으로 수상정(樹狀晶; dendrite)이 발달하여 아래 그림(c)에서와 같이 경계가 생기고 불순물이 모여 취약하게 된다. 또한 주형에서 모형을 빼낼 때 각진 부분에서 주형이 파손될 염려가 있다. 이상의 문제를 피하기 위하여 그림(a)와 같이 모형의 각진 모서리를 둥글게 하는 것을 rounding이라 하며, rounding하였을 경우 응고조직은 그림(b)에서 보는 것처럼 경계가 없는 건전한 주물이 얻어진다. 그림 1-33은 모형의 rounding과 응고조직을 보여준다.

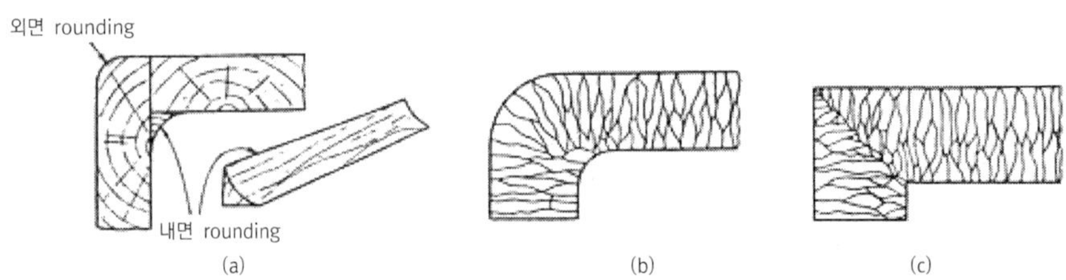

그림 1-33 모형의 rounding과 응고조직

(6) 덧붙임(stop-off)

두께가 균일하지 못하거나 형상이 복잡한 주물에 대한 주형에서는 용금의 응고 및 냉각속도의 차에 의한 응력으로 주물이 변형되는 경우가 있다. 이것을 방지하기 위하여 아래 그림과 같이 모형에 덧붙임을 두어 주형을 제작하면 덧붙임의 해당 부위에 생긴 금속의 지지부가 주물의 변형과 균열을 방지할 수 있다. 그림 1-34은 모형의 덧붙임을 보여준다.

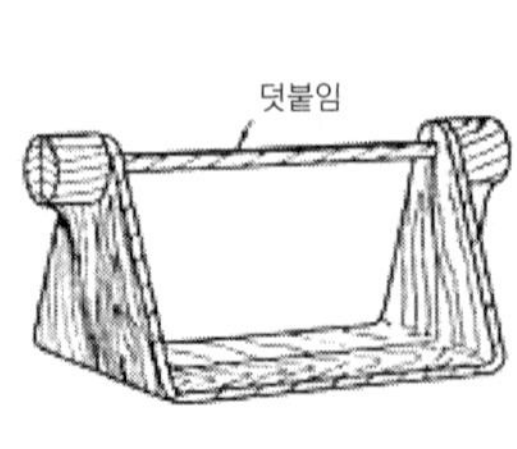

그림 1-34 모형의 덧붙임

1.2.4 모형의 검사와 정리

주물제품의 설계도에서 현도를 작성하고, 이 현도에 따라 모형이 제작되며, 모형을 사용하여 주형제작이 이루어진다. 이 때 다음 과정으로 넘어가기 전에 검사하여 오류를 사전에 시정하는 것이 경제적 손실을 줄이는 방법이다. 따라서 모형을 현도와 대조하면서 중심선과 기준치수를 측정하고, 이 선으로 부터 각부의 치수를 측정한다. 수축여유, 가공여유, core print 및 rounding 등이 적절히 고려되었는가를 검사하고, 각 모형에 card를 준비하여 제품번호, 기계명, 주문번호 및 도면번호 등을 기입하여 보관함으로써 다음 사용에 편리를 기한다. 그리고 모형을 보관할 때 부식과 충식(蟲蝕) 에 대한 대책도 취해야한다.

1.3 주형

1.3.1 주형의 종류

주형은 주형 재료에 따라 사형(砂型; sand mold)과 금형(金型; metal mold)으로 나누고, 사형은 수분 상태에 따라 생형(生型, 生砂型 ; green sand mold)과 건조형(乾燥型; dry sand mold)으로 분류할 수 있고, 특수주형이 있다.

(1) 사형

① 생형(生型, 生砂型):

주형 제작 당시의 수분을 함유한 상태에서 주탕(注湯)하는 생형에서는 수증기의 발생, 통기도의 불량으로 인하여 기공(氣孔; blow hole)이 생기기 쉽고, 주형의 강도가 낮아 주형이 파손 되거나, 급랭에 의하여 주물의 재질이 불균일하기 쉽다. 생형은 특히 주강과 같이 주입온도가 높고 수축률이 큰 재료의 주조에는 부적당하다.

② 건조형(乾燥型):

주형을 제작한 후 건조시킨 주형으로서 수증기의 발생이 적고, 통기도가 좋아 기공의 발생이 적으며, 주형의 강도가 커서 압력이 큰 대형 주물과 복잡한 주물의 주조에 적합하다.

③ 표면건조형(表面乾燥型):

생형으로서는 주조에 부적합하고 건조형으로까지 할 필요가 없는 경우에 주형 내부의 표면만을 gas torch 등으로 건조시킨 주형이다.

(2) 금속주형

금속제 주형으로서 내열강(耐熱鋼)으로 만들며, aluminium과 같이 용융점이 낮은 금속의 소형 및 정밀주조에 사용된다. 주형의 제작비가 높으므로 다량 생산에 유리하다. 보다 상세한 내용은 다음 특수주조법의 die casting에서 다루기로 한다.

(3) 특수주형

주형의 강도를 크게 할 목적으로 cement나 합성수지 및 물유리 등을 모래와 배합하여 주형을 만들거나, 아래 그림과 같이 roller의 몸체는 냉각속도를 크게하여 경도가 큰 cementite조직을 얻고 journal부는 서냉시킴으로써 회주철(灰鑄鐵) 조직을 얻기 위하여 금형과 사형을 조합한 주형도 있다. 냉각속도가 너무 크지 않도록 주탕(注湯)전에 금형을 60 ~ 70℃ 정도로 가열한다. 이와 같이 금형에 의한 급랭주조법을 냉강주조법(冷剛鑄造法; chilled casting)이라 하며, 이 때의 주물을 냉강주물(冷剛鑄物; chilled casting)이라 한다. 사형에 금속 덩어리를 묻어 주물의 냉각속도를 크게 하는 방법도 있으며, 이때의 금속을 냉금(冷金; chill)이라 한다. 그림 1-35은 roller의 냉강주형 이다.

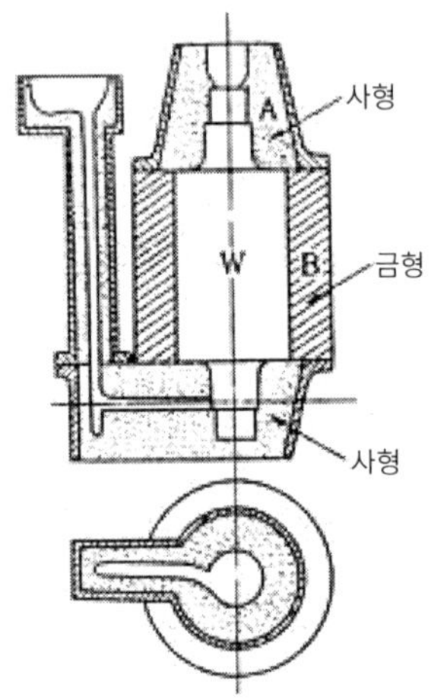

그림 1-35 roller의 냉강주형

1.3.2 주형사

모래, 점토 및 수분을 주성분으로 하여 주형제작에 사용되는 혼합사를 주형사(鑄型砂; molding sand)라 하며, 이 외에 석탄, cokes분말, 등을 첨가하여 성형성을 증가시키고, 주형사가 주물에 소착(燒着)하는 것을 방지하며, 주형에 다공성(多孔性)을 준다. 톱밥, 수모(獸毛), 볏집 등을 적당히 첨가하면 주형의 다공성에 도움이 된다. 또한 당밀(糖蜜), 유지(油脂) 및 인조수지(人造樹脂)를 혼합하면 연소되어 주형의 강도와 통기성이 증가 된다. 주형사의 선택은 주물재료, 주물의 크기, 주물형상, 주물의 정도, 주물의 기계적 성질 등에 따라 다르나, 주형사의 일반적 구비 조건을 들면 다음과 같다.

- 성형성이 좋아야 한다.
- 내화성이 크고 화학적 변화가 없어야 한다.
- 적당한 강도를 가져야 한다.
- 통기성이 좋아야 한다.

- 주물표면에서 잘 털어져야 한다.
- 적당한 입도를 가져야 한다.
- 열전도성이 낮아 보온성이 있어야 한다.
- 쉽게 노화(老化)하지 않고 복용성(復用性)이 있어야 한다.
- 염가이어야 한다.

(1) 모래

사립(砂粒)은 석영(石英)과 장석(長石)이 주성분이고, 약간의 산화철과 방해석(方解石)이 혼합되어 있다. 모래는 천연사와 인공사로 분류되고, 천연사에는 하천사(河川砂)와 산사(山砂) 등이 있다. 다음 표는 주형사로 사용되는 국내산 산지별 모래이다.

국내의 산지별 주물사의 화학성분

산 지	화 학 성 분(%)					
	SiO_2	Al_2O_3	Fe_2O_3	CaO	MgO	연소손실
뚝 섬 (서 울)	86.24	4.62	2.68	0.44	2.20	4.02
김 포	89.60	3.54	2.28	0.78	0.40	3.04
김 포 군 감 창	92.42	0.41	2.41	0.02	1.02	2.77
대 구 팔 달 교	88.82	4.07	1.03	4.06	0.98	3.48
부 산 영 도	92.34	3.02	0.36	0.18	1.90	3.97
부 산 수 영	88.24	4.29	1.89	0.88	0.30	3.67
경 남 울 산	87.48	2.93	1.69	1.38	0.39	3.55
자 온 도	94.72	0.62	0.32	0.14	0.82	0.35

(2) 점결제(粘結劑; binder)

① 점토(粘土):

SiO_2 46%, AlO_3 34%, 수분 16%, 기타 FeO, CaO, MgO 등을 함유한 담황색의 흙으로서, 수분을 가하면 점착성을 갖게 되어 점결제로 사용되나 내화도(耐火度)와 통기도(通氣度)가 낮은 것이 결점이다. 대기 중에서 흡습성이 크기 때문에 조형 후 주형의 강도가 떨어진다.

② bentonite:

화산회의 풍화에 의하여 생성된 점토로서 K, Na 이온을 가진 약알카리성 반응을 일으키는 alkali bentonite와 H_2, Mg, Ca 이온을 가진 약산성 반응을 일으키는

bentonite의 두 종류가 있다. 이들에 수분을 가하면 점결성이 클 뿐 아니라 건조하면 강도가 크고, 통기성, 내화도가 크기 때문에 최근에는 점결제로서 이것이 주로 사용된다. 다음 표는 국내 bentonite의 산지별 성분이다.

국내 bentonite 산지와 화학성분(%)

산 지	SiO_2	Al_2O_3	Fe_2O_3	CaO	MgO	alkali	연소손실	SK(Seger Cone No.)
충북 영동군 상촌면	61.63	22.48	2.06	1.02	2.31	1.02	10.42	16
경남 울산시 근교	67.73	20.57	2.39	1.70	2.33	0.27	5.03	16
〃	67.79	20.52	2.06	1.65	2.64	0.77	5.31	17
〃	66.66	20.68	1.94	1.86	2.84	0.16	5.42	16
경북 포항시 근교	69.70	16.60	1.25	1.32	0.67	0.28	6.61	17
〃	66.37	22.32	2.34	0.72	0.66	0.31	5.01	16
〃	70.72	17.68	2.99	1.81	2.40	0.20	5.49	17

③ 유기질 점결제(有機質 粘結劑):

유기질 점결제에는 유류(油類), 곡분류(穀粉類). 당류(糖類), 합성수지, pitch, protein 및 송지(松脂) 등이 있으며, 일반적으로 열분해온도가 낮기 때문에 200 ~250℃ 정도에서 건조시켜도 건조강도가 크며, 대기중에서 흡습성이 적고 주물을 꺼낼 때 주형의 붕괴성도 좋으며, 주물표면도 곱다.

④ 특수점결제(特殊粘結劑):

규산소다, cement 및 석고 등도 점결제의 역할을 하며, 주형사에 규산소다를 첨가하고 CO_2 gas를 침투시키면 주형이 경화된다. 이러한 점결제는 주형의 강도는 크나, 주형을 해체하기가 어렵고 주형사의 복용성이 없다는 것이 결점이다.

(3) 주형사의 용도별 분류

① 생형사(生型砂; green sand):

생형에 적합하도록 조성된 주형사로서 규사 75 ~ 85%, 점토 5 ~ 13%, alkali성 토류(土類) 2.5% 이하, 철분 6% 이하, 수분 6% 내외가 좋으며, 주로 일반 주철주물 및 비철주물의 주조에 사용된다.

② 건조형사(乾燥型砂; dry sand):

건조형에 적합하도록 조성된 주형사로서, 생형사 보다 수분, 점토 및 내열재를 많이 첨가한다. 건조한 후 통기성과 내화성을 증가시킬 목적으로 톱밥, 왕겨 및 cokes 등을 첨가한다. 주강과 같이 주입온도가 높고, gas 발생이 많으며, 응고속도가 높고, 수축률이 큰 금속의 주조에서는 주형의 내화성, 통기성 및 가축성(可縮性)을 요하는 건조형사를 사용한다.

③ 표면사(表面砂; facing sand):

주형에서 고온의 용융금속 및 주물과 직접 접촉하는 주형사는 내화성이 커야하고, 주물표면의 정도를 고려하여 입자가 작아야 하기 때문에 석탄분말이나 cokes분말을 고사(古砂), 신사(新砂), 점결재 등과 배합하여 사용하며, 이를 표면사라 한다.

④ core용사(core sand):

core는 주형 내부에서 용융금속과 접촉하는 면적이 크고, 고온에 장시간 접하기 때문에 통기성과 내열성이 커야할 뿐 아니라 core의 지중과 용융금속에 의한 부력에 대처하여 강도가 커야하고, 주조 후 붕괴가 용이하여야 한다. 이에 적합하게 조성된 주형사를 core용사라 하며, 보통 신사 6, 고사 4의 비율로 배합하고 소량의 점토를 가한다.

주강용에서는 내화도를 높이고, 필요에 따라 합성수지, 소맥분(小麥粉), 당밀(糖蜜), 아마인유(亞麻仁油), 점토 등을 혼합하여 주형을 제작하고 200 ~ 250℃로 건조로에서 건조하면 합성수지 및 아마인유 등은 탄화하여 소결성(燒結性)을 준다.

⑤ 분리사(分離砂; parting sand):

주형에서 모형을 빼내고, 용융금속이 주형 공간에 흘러 들어가는 탕로 등을 두기 위하여 상형과 하형을 분리할 수 있도록 상하형 경계에 뿌리는 점토가 섞이지 않은 건조된 하천사 등을 분리사라 한다.

⑥ loam형사(loam型砂; loam sand):

대형 주물을 주조할 때 그림과 같이 frame은 목재나 벽돌 등으로 구축하고 용탕의 접촉 부위에 점착성이 큰 주형사를 바른 주형을 loam주형(loam mold)이라 하고, 이때의 주형사를 loam형사라 하며, 주로 회전모형에 의한 주형제작에 많이 사용된다. 내화도는 건조형사의 것 보다 낮고, 경도는 생형의 것 보다 크다. 고사 6, 하천 신사 4의 비율로 배합하며, 점결성을 주기 위하여 점토수 15%를 가하고, 당밀 등을 첨가한다. 통기성

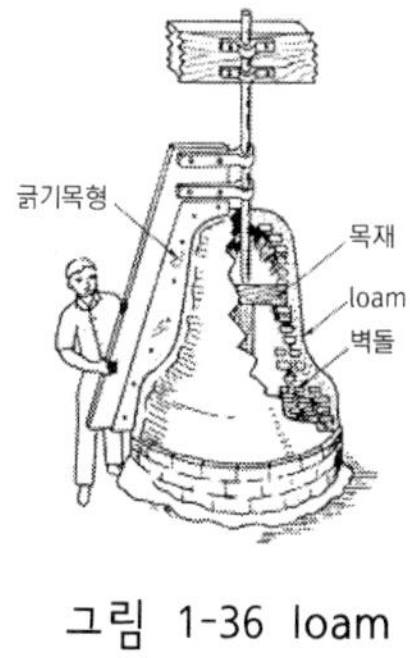

그림 1-36 loam 주형제작

을 부여하기 위하여 쌀겨, 면, 볏짚, 톱밥, 털 등을 가한다. 그림 1-36은 loam 주형 제작을 보여준다.

(4) 주형사의 성질시험

소정의 건전 주물을 얻기 위해서는 주형사의 성질을 시험하여 앞에서 언급한 주형사의 구비조건을 평가하는 것이 필요하다. 주형사의 성질 평가에는 보통 AFA(미국鑄物師協會; American Foundarymen's Association)의 표준시편을 사용하며, 내경 50.8 mm(2in)인 원통에 주형사를 넣고 6.5 Kg의 중추를 50.8 mm(2in)의 높이에서 3회 낙하시켜 높이가 50.8 mm(2in)가 되도록 한다. 표준시편을 제작할 때 50.8 mm의 높이가 될 때까지 주형사를 다시 넣고 반복한다. 그림 1-37은 주형사 시험용 표준시편 제작기를 보여준다.

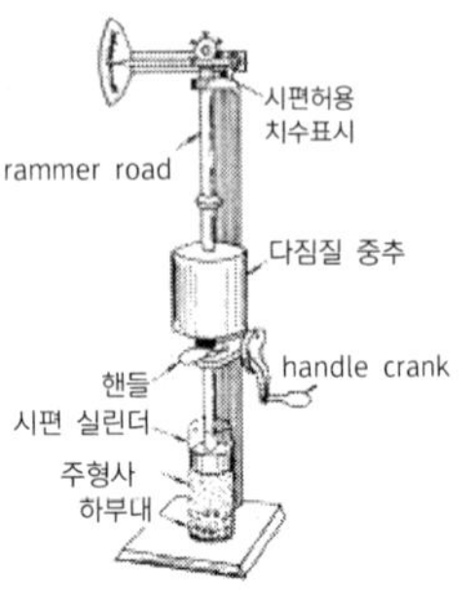

그림 1-37 표준시편 제작기

① 강도시험:

주형에는 용탕(熔湯)의 정압(靜壓) 및 동압(動壓)이 작용하므로 압축강도, 전단강도 등이 어느 일정 값 이상이 되어야 한다.

압축시험은 표준시편이 습태(濕態)일 경우에는 30 g/cm^2/sec의 속도로, 건조 상태의 경우에는 150 g/cm^2/sec로 압축하여 압축강도를 측정한다.

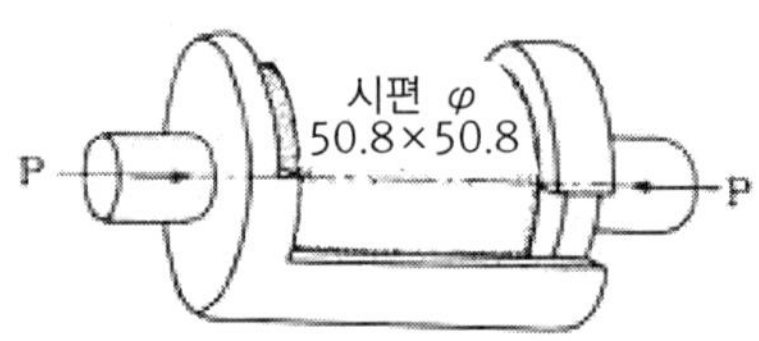

그림 1-38 전단시험장치

전단시험은 아래 그림과 같이 표준시편에 전단력 P(g)를 작용시켜 $\frac{P}{50.8^2}[g/mm^2]$로 전단강도를 계산한다. 그림 1-38은 전단시험장치이다.

② 점착력시험:

주형사의 점착력은 모래의 입자, 점토 및 수분량에 따라 다르다. 수분이 너무 적으면 성형성이 떨어져 주형의 강도가 낮아지고, 수분이 너무 많으면 점액상(粘液狀)이 되어 성형성이 낮고 통기도가 좋지 않다. 아래 그림은 점결제로 bentonite를 사용했을 때의 수분량에 대한 점착력을 압축강도로 표시한 것이다. 그림 1-39는 수분량에 대한 점착력을 압축강도로 표시를 표로 내 보여준다.

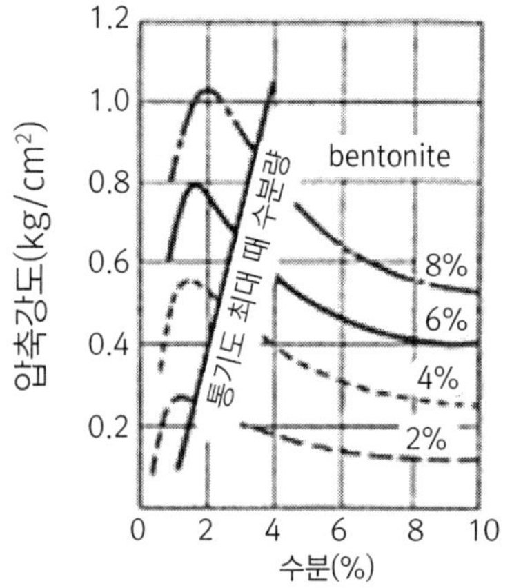

그림 1-39 수분량에 대한 점착력을 압축강도로 표시

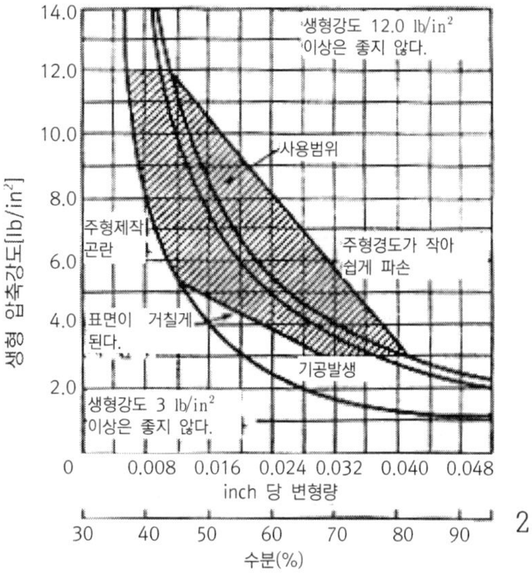

그림 1-40 주형사의 적정 수분함량의 분포

주형사의 수분 유함유량은 시료 50 g을 취하여 정해진 온도에서 정해진 시간동안 가열한 후 중량을 달아 중량차를 원중량에 대한 백분율로 표시한다.

점토분(粘土分)이라 하면 점토뿐만 아니라 직경 50 μ 보다 작은 사립(砂粒)까지를 포함하며, 주형사 약 100 g 정도를 100℃ ± 5℃에서 일정량이 될 때까지 1 ~ 2시간 정도 건조한 후 건조기 내에서 냉각시킨 것에서 50 g을 취하여 3% NaOH 수용액을 가하고 증발시킨다. 다음 syphon으로 점토분을 분리시켜 다음 식으로 점토분을 계산한다.

$$점토분 = \frac{시료[g] - 잔류사[g]}{시료[g]} \times 100[\%]$$

그림 1-40은 주형사의 적정 수분함량의 분포를 나타냈다.

③ 입도(粒度; grain size):

모래의 입자가 크면 주물 표면이 거칠 뿐 아니라 용융 금속이 모래입자 사이에 침투하여 모래가 주물에 소착(燒着)하기 쉽고, 입자가 너무 작으면 통기성이 불량하여 주물에 기공이 생기기 쉽다. 모래입자의 크기를 선별할 때 체를 사용하며, 1변의 길이가 1 in인 체에서 1변의 분할 등분수(mesh, #)로써 표시한다. 모래입도의 %를 표사하는 데에는 체 눈이 큰 순서로 체를 쌓아 놓고 건조된 시료를 일정한 시간 동안 흔들어 각 체에 남은 모래의 중량을 다음 식에 의하여 계산한다.

$$\text{모래입도} = \frac{\text{체위에 남은 모래}[g]}{\text{시료}[g]} \times 100[\%]$$

입도의 범위를 알기 위하여 다음과 같은 입도지수(粒度指數)를 구하는 경우가 있다. W_i: 각 체에 부리된 모래의 중량[g], δ_i: 입도계수[cm²/g], S: 모래 입자의 총면적 [cm²]이라 하면

$$S = \sum_{i=1}^{n} W_i \cdot \delta_i$$

위 식을 모래입자의 전체 중량으로 제한 값을 입도지수 또는 평균입도라 하며, 이를 F라 하면

$$F = \frac{\sum_{i=1}^{n} W_i \cdot \delta_i}{\sum_{i=1}^{n} W_i} [cm^2/g]$$

다음은 국내 주형사의 입도분포와 입도의 약식표시법을 보여준다.

국내 주물사의 입도 분포

주문사 산지	입도(grain size) 분포(%)											
	20	30	40	50	70	100	140	200	220	270	평균입도 (㎠/g)	점토(%)
뚝섬	0.7	0.4	0.7	2.2	7.7	16.8	20.0	14.0	10.2	27.6	159.2	22.4
김포	0.2	0.1	0.1	0.3	0.4	0.5	0.9	1.5	3.4	92.2	286.3	18.3
감창	0.3	0.2	0.3	0.5	1.4	0.7	23.3	20.9	11.5	41.5	210.4	10.5
팔달교	0.1	0.2	0.4	1.6	7.2	21.7	24.8	13.5	8.4	22.0	146.4	26.5
영도	0.4	0.5	0.7	0.8	1.4	3.4	8.1	8.1	10.0	67.0	264.1	63.8
수영	0.3	0.5	1.2	2.4	3.5	9.0	52.8	16.4	3.9	6.6	122.4	28.4
울산	0.3	0.4	0.7	1.4	2.2	4.3	14.0	18.0	15.4	42.5	203.2	73.4
자은도	0.35	0.25	0.6	5.8	24.2	16.0	2.0	0.2	0.10	-	-	-

입도의 약식표시 기준

약식표시	mesh	약식표시	mesh
조립	50 이하	세립	70 ~ 140
중립	50 ~ 70	미립	140 이상

④ 통기도(通氣度; permeability):

주형에 용융금속을 주입했을때 용융금속에서 나오는 gas, 주형의 수분 증발에 의한 gas, 주형의 공간에 있는 공기 등을 충분히 축출하지 않으면 이 들 gas가 주형공간의 일부를 점유하고 있기 때문에 그 곳에는 용금이 채워지지 않고 공간으로 남아 있는 기공(氣孔; blow hole)이 발생하여 주물의 결함으로 남는다. 따라서 주형사는 gas와 공기가 적당히 통과할 수 있어야 하며, 이 정도를 통기도라 한다. 그림 1-41는 통기도 측정장치의 구성이다.

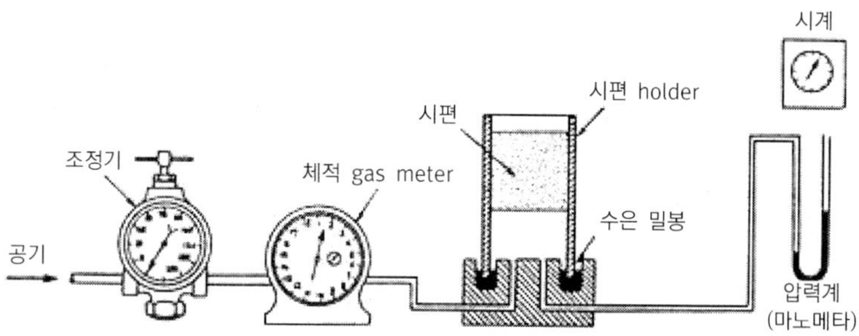

그림 1 41 통기도 측정장치

통기도는 위 그림과 같은 장치에 표준시편을 넣고 일정량의 공기가 통과하는 시간 및 압력을 측정하여 다음 식으로 계산한다.

$$K = \frac{Q \cdot h}{P \cdot A \cdot t}$$

단, K: 통기도, Q: 통과공기량[cm^3 또는 cc(cubic centimeter)]이며, 입구와 출구의 압력차가 일정할 때 유출공기량으로 표시한다.

P: 공기압력[水柱의 높이 g/cm^2], A: 시편의 단면적[cm^2], t: 통과시간[min], h: 시편의 높이[cm], 만약 표준시편 A=$\frac{\pi \times 5.08^2}{4}$, h=5.08을 사용하고 Q=2000 cc라 하면

$$K = \frac{501.2}{P \cdot t}[cm^4/g \cdot \text{min}]$$

⑤ 내화도(耐火度; refractoriness):

주형사가 용융, 연화(軟化), 소착(燒着)하지 않고 주물에서 잘 털어져야 한다. 주형사 중에서 산화철, magnesia, 등은 내화도를 감소시키고, 용융금속에 접하면 slag화 된다. 탄산염이 개재되면 분해되어 미분말(微粉末)이 되어 통기도를 해친다.

내화도의 측정은 주형사를 아래 그림과 같은 Seger cone이라 하는 정해진 규격의 삼

각추로 성형하고 로중(爐)에서 고온으로 가열하여 cone이 연화되어 바닥에 닿는 온도로 내화도를 정한다. 또는 표준시편 위에 백금 ribbon을 대고 가열하여 소결이 시작되는 온도로 내화도를 정한다.

천연사의 내화도가 낮은 것은 1250 ~ 1350℃이고, 높은 것은 1500 ~ 1600℃이다. 그런데 주철의 주입온도가 1350 ~ 1450℃이고, 주강(鑄鋼)의 주입온도가 1500 ~ 1550℃ 이므로 천연사의 내화도는 다소 부족하므로 흑연과 같은 내화성이 큰 분말을 주형표면에 도포할 필요가 있다. 그림 1-42 은 내화도 측정장치이다.

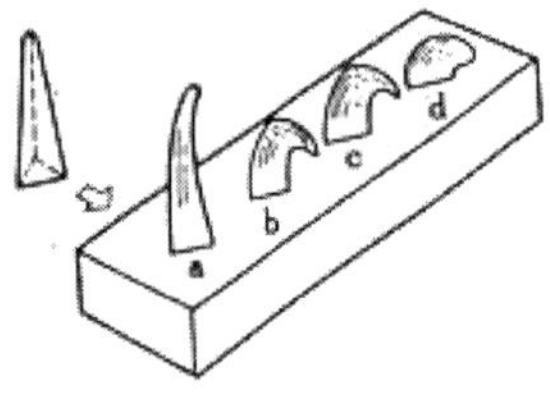

(a) Seger cone

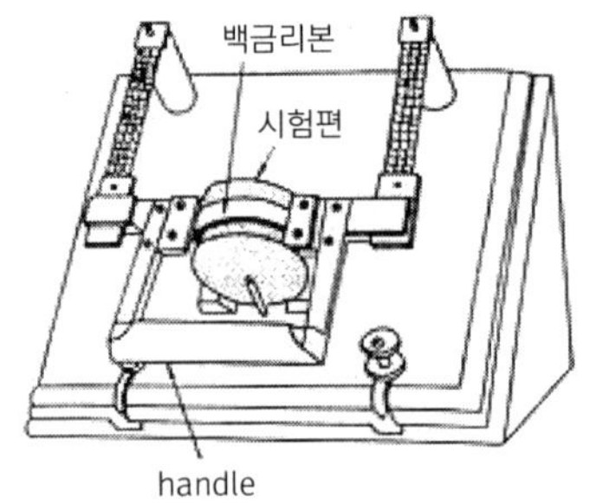

(b) 내화도 실험

그림 1-42 내화도 측정장치

⑥ 성형성(成型性; moldability):

주형을 만들 때 조형의 용이성을 성형성이라 하며, 주형에 다짐을 주면 그 효과가 모든 곳에 잘 전달되었을 때 성형성이 좋은 주형사라고 말할 수 있다. 이 성형성을 표시하는 방법에는 Dietert법과 Kyle법이 있다. Dietert법은 표준시편을 1회 다지고 2회 다짐 후 이들 높이의 차를 측정하여 다음 식으로 계산한다.

$$F = \frac{50.08 - x}{50.08} \times 100[\%]$$

x가 크다는 것은 1회 다짐에서 많이 다져지지 않은 것으로서 성형성이 낮은 것이다. Kyle법은 표준시편을 다시 3회 다지고 상면과 하면의 경도를 측정하여 다음 식으로 계산한다.

$$F = \frac{\text{下面의경도}}{\text{上面의경도}} \times 100[\%]$$

하면의 경도가 낮다는 것은 상면에 가한 압력이 하부까지 잘 전달되지 않은 것으로서 성형성이 낮은 것이다.

⑦ 경도(硬度; hardness):

주형의 경도는 다짐 정도를 표시하며, 주형의 강도 및 통기도와도 관계가 있다. 경도계에는 생형용과 건조형용이 있으나 여기에서는생형용에 많이 사용되는 AFS(American Foundrymen's Society)의 표준경도계를 소개 한다. 0.1 in 변위시키는데 237 g의 힘을 요하는 spring으로 직경 0.2 in인 강구를 지지하고 있으며, 이 강구로 주형면을 압입하여 압입깊이가 강구의 반경인 0.1 in일 때의 경도를 0으로, 압입깊이가 없을 때의 경도를 100으로 한다.

- 무르게 다진 주형의 경도: 70 이하
- 중간 정도 다진 주형의 경도: 70 ~ 80
- 단단하게 다진 주형의 경도: 80 이상

그림 1-43은 AFS 표준경도계이다.

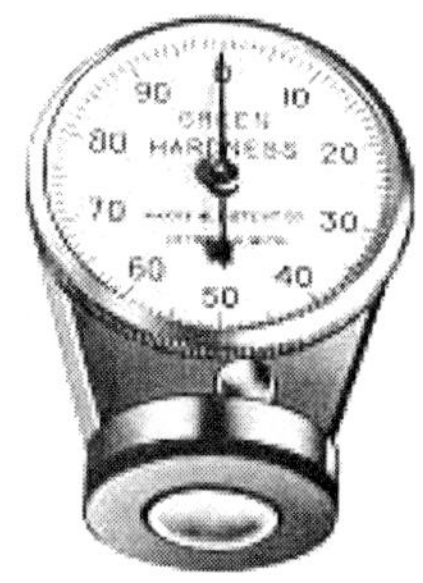

그림 1-43 AFS 표준경도계

1.3.3 주형사 처리용 기계

주조공장에서 주물 1 ton에 대하여 대략 5 ton의 주형사를 관리하여야 하며, 제품의 품질을 높이고, 생산능률을 올리기 위하여는 주형사의 합리적인 처리가 요구된다. 아래 그림은 주형사의 처리 과정을 보여주며, 주형으로 부터 주형사의 회수, 신사와 점결제 및 기타 첨가제의 혼합, 운반의 3가지로 대별할 수 있다. 그림 1-44는 주형사의 처리 과정이다.

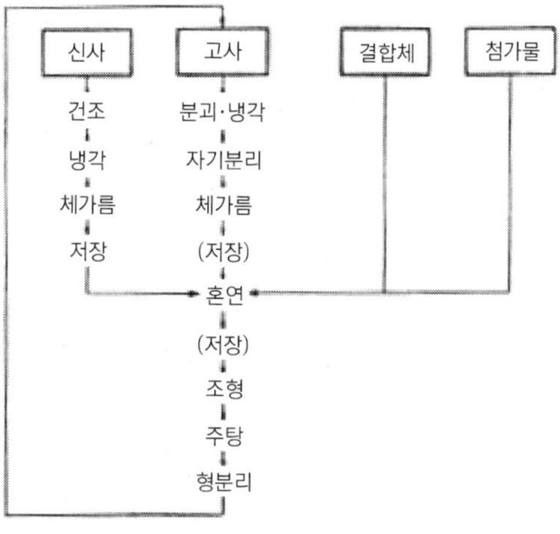

그림 1-44 주형사의 처리 공정순서

(1) 분쇄기(分碎機; sand muller)

산이나 하천에서 채취한 모래 또는 회수한 고사를 사용 목적에 알맞게 분쇄하는 기계로서, 아래 그림 1-45와 같이 고무가 입혀진 바퀴가 회전하고 주형사가 담긴 pan은 고정되어 pan의 밑면과 바퀴 사이에서 분쇄하는 경우와 그림 1-46과 같이 pan과 바퀴가 고속으로 회전하면서 pan의 벽과 바퀴 사이에서 분쇄되는 고속분쇄기가 있다. 그림 1-45는 sand muller, 그림 1-46은 high speed sand muller를 보여 준다.

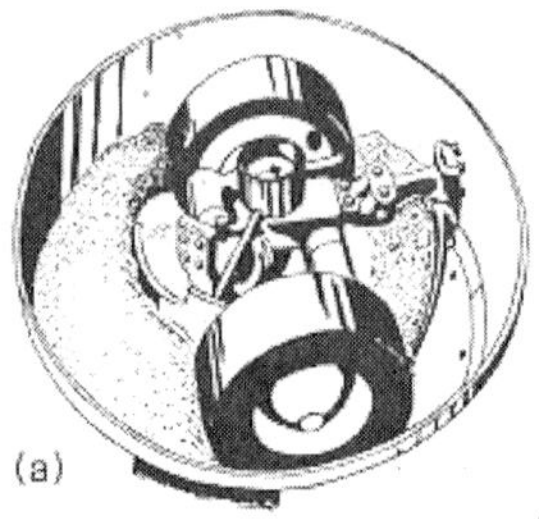

그림 1-45 sand muller

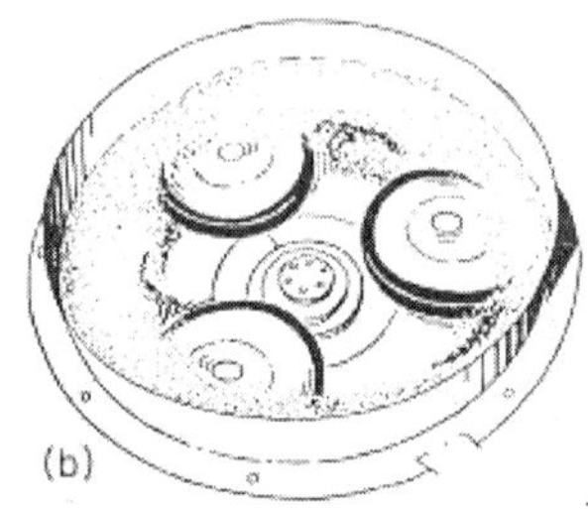

그림 1-46 high speed sand muller

(2) 건조기(乾燥機; sand dryer)

신사(新砂) 또는 회수 고사(古砂)를 체질, 혼합 등의 처리를 하기 전에 건조기에서 건조한다. 원통형 건조기 내부에는 열풍(熱風)과 열교환을 겸한 이송날개가 있으며, 건조 능력은 3 m^3/hr 정도이다. 그림 1-47은 건조기이다.

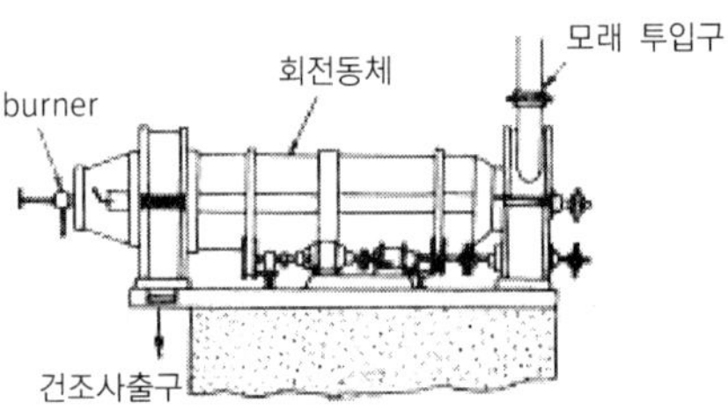

그림 1-47 건조기

(3) 사립자 분리(砂粒子 分離機)

고사(古砂)일 때에는 조립사(粗粒砂), 미립사(微粒砂), 철편(鐵片) 및 기타 협잡물을 제거하기 위하여 다음과 같은 분리기와 체가 사용된다.

① 자기분리기(磁氣分離機):

아래 그림과 같이 영구자석 또는 전자석을 이용하여 철편을 분리해 내며, 처리 능력은 4 ton/hr 정도이고 belt 속도 10 m/min일 때 자속은 120,000 Mx(맥스웰) 정도, 35 m/min일 때 500,000 Mx 정도다. 그림 1-48은 자기분리기이다.

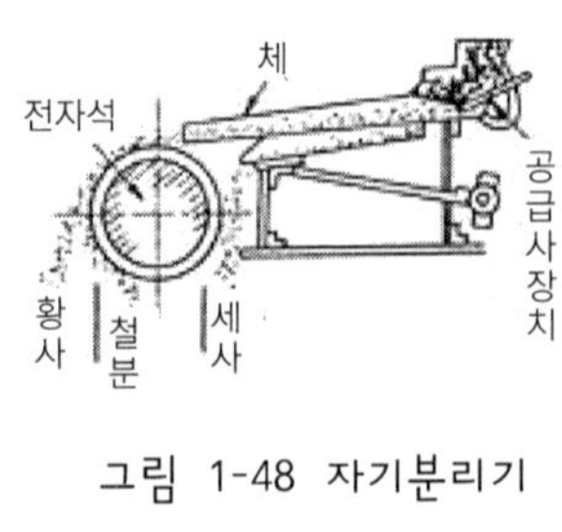

그림 1-48 자기분리기

② 체(riddle):

사립자의 체가름에 적당한 진폭과 진동수를 선택할 필요가 있다. 그림 1-49는 회전식 기계체(gyratory riddle)이다.

그림 1-50은 진동식 기계체로서 spring으로 지지된 체를 편심축에 의하여 진동시킨다.

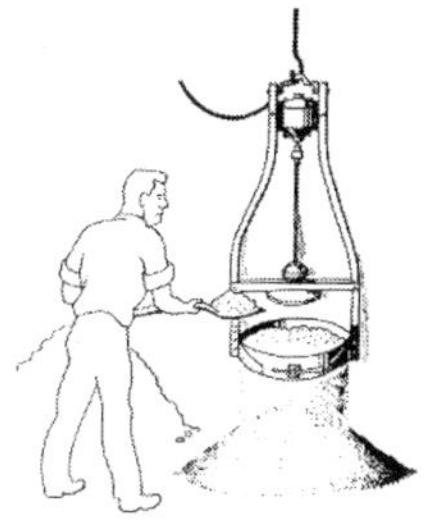

그림 1-49 회전식 기계체

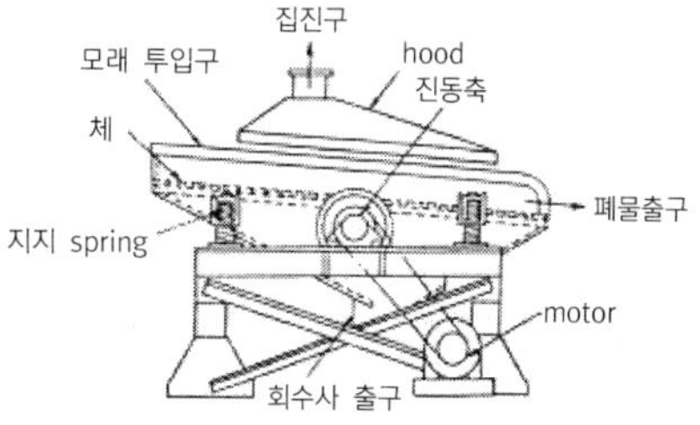

그림 1-50 진동식 기계체

(4) 혼사기(混砂機; sand mixer)

신사와 고사, 점토 및 수분 등을 균일하게 혼합하기 위한 기계로서, 그림 1-51(a)는 서로 반대 방향으로 회전하는 원판에 고정된 pin에 주형사가 충돌하여 분쇄되면서 혼합되고, 그림(b)에서는 원통 내의 축에 고정된 propeller에 의하여 투입된 주형사가 혼합된다. 그림 1-51은 혼사기이다.

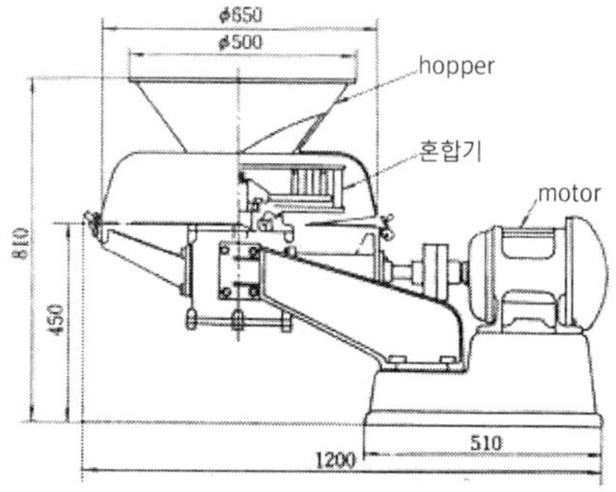

(a) 원판식 혼사기

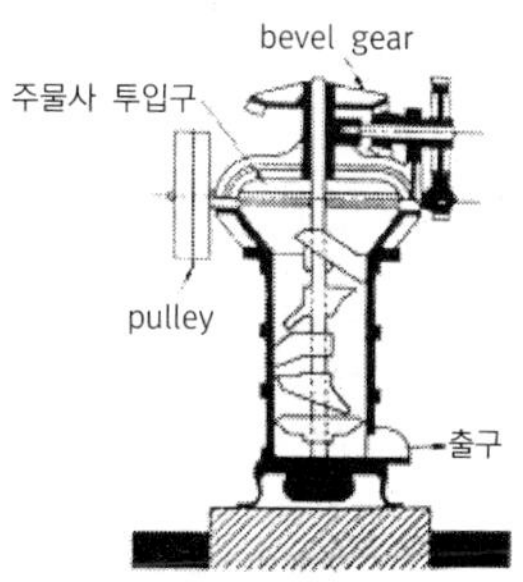

(b) propeller 식 혼사기

그림 1-51 혼사기

(5) 분리-혼사기(分離-混砂機)

아래 그림은 강제(鋼製)빗이 고정된 belt가 pulley에 의하여 회전하며, 빗에 의하여 사괴(砂塊)가 분쇄되고, 철편 등의 잡물(雜物)은 분리되어 밑으로 내려 오면서 빗과 분사에 의하여 혼합된다. 그림 1-52는 분리-혼사기를 보여 준다.

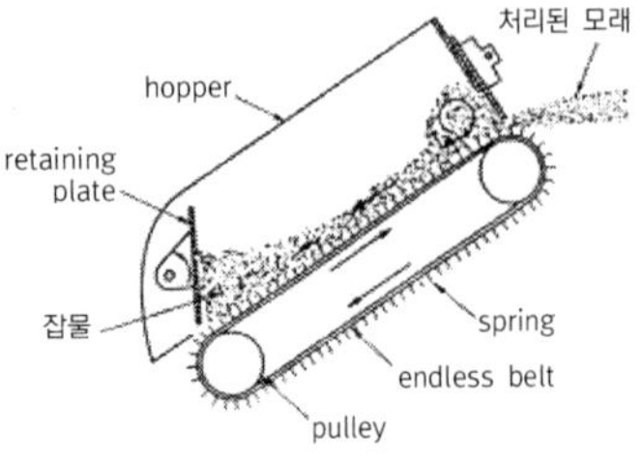

그림 1-52 분리-혼사기

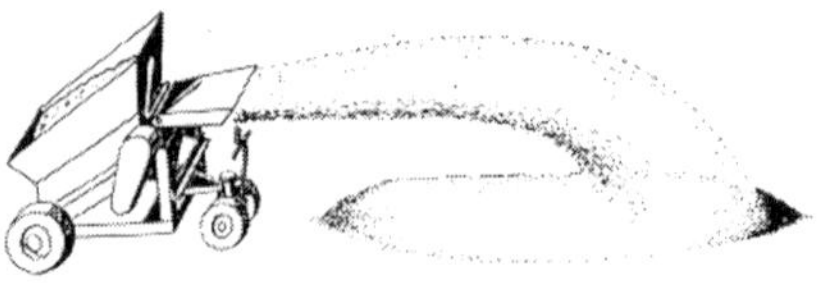
그림 1-53 분리-혼사기의 외관

그림 1-53은 분리-혼사기의 외관을 보여준다.

1.3.4 주형제작도구 및 기계

(1) 수작업용 주형제작도구

① 주형상자(moulding box, molding flask):

재료에 따라 분류하면 목제 주형상자, 금속제 주형상자가 있고, 또는 아래 그림(b)와 같이 주형을 제작한 후 주형상자를 제거하여 다른 주형을 계속 제작할 수 있는 개폐식(開閉式) 주형상자(snap flask)도 있다. 개폐식 주형상자는 주물의 크기가 작을 때, 즉 용금의 압력이 낮을 때만 주형상자를 제거한 상태에서 주탕(注湯)할 수 있다. 그림 1-54는 주형상자를 보여준다.

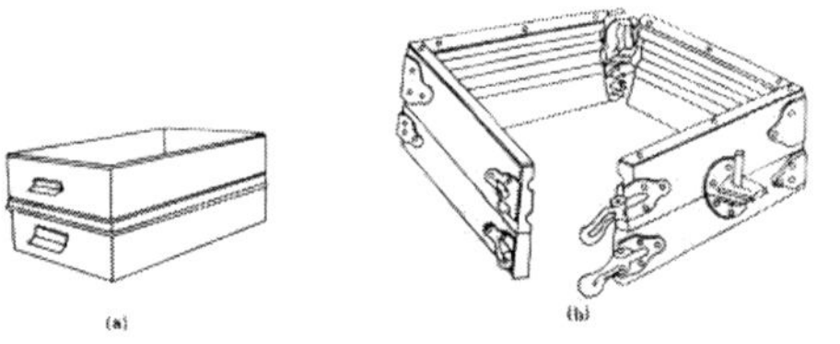

그림 1-54 주형상자

② 정반(定盤; molding board)

그림과 같이 모형 또는 주형상자를 놓는 대로서 주형도마라고도 하며 변형이 없어야 한다. 그림 1-55는 주형도마이다.

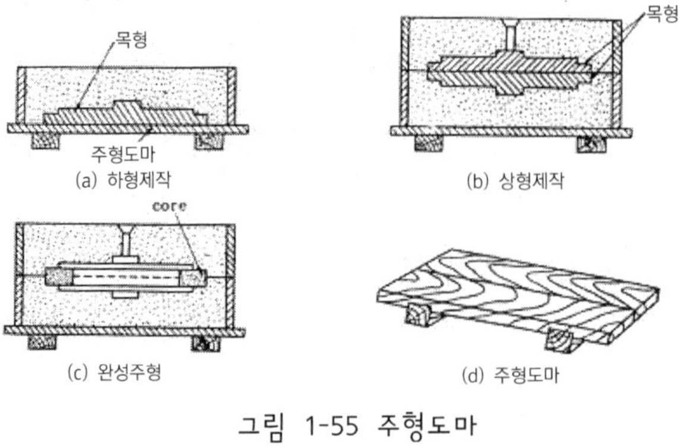

그림 1-55 주형도마

③ 목마(木馬; wooden horse)

그림과 같이 회전모형을 지지할 때 사용되는 것으로서 목마위에 중추 등을 올려놓기도 한다. 그림 1-56은 목마의 그림이다.

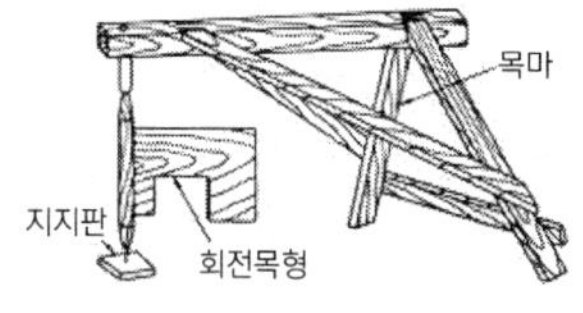

그림 1-56 목마

④ 수공구(手工具; hand tool)

주물의 개수가 적을 때에는 손작업에 의하여 주형제작을 하며, 이에 사용되는 공구의 예를 들면 아래와 같다.

- 삽(shovel): 주형상자에 주형사를 넣거나 주형에서 주물을 꺼낼 때 사용된다.
- 흙손(trowel)과 주형 spoon: 주형의 수리에 사용된다.
- 뜨게(lifter): 주형 내부에 들어간 주형사 등을 꺼낼 때 사용된다.
- 모형뽑개: 주형에서 손잡이가 없는 모형을 뽑을 때 사용되며, 큰 모형에 대하여는 끝이 나사로된 뽑개를 사용한다.
- 공기구멍 송곳: 주형에 구멍을 내어 통기도를 도울 때 사용된다.
- 풀무(bellows): 주형 내에 떨어진 주형사를 불어낼 때 사용된다.
- 체(riddle): 주형사 중에 있는 큰 모래, 돌, 철편 등을 제거하거나 분리사를 살포할 때에 사용된다.
- 직선자(straight edge): 주형사를 주형상자의 높이에 맞추어 평평하게 고르는데 사용된다.
- 다짐봉(floor hammer): 주형상자 내의 주형사를 다질 때 사용된다.
- 탕구봉(湯口棒; gate plug): 주형 내에 주입구를 내는데 사용되는 봉으로서 taper져 있다.
- 주형붓(swab): 모형을 주형에서 뽑기 전에 모형 주위에 물을 발라서 모형과 주형사의 분리를 돕거나 주형의 무너진 부분을 수리할 때 수분을 가하기 위하여 사용된다.

그림 1-57에서 주형제작용 수공구들을 보여 준다.

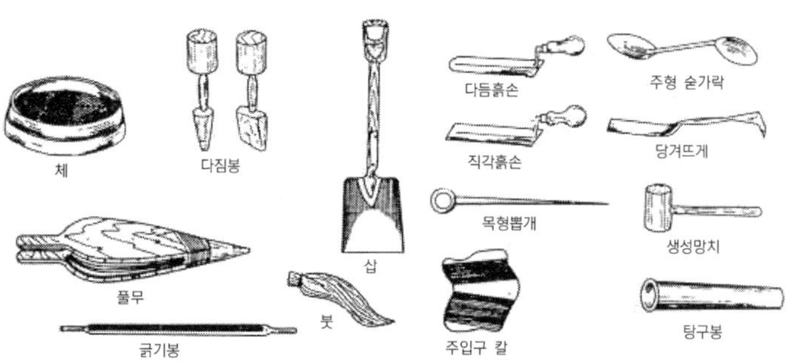

그림 1-57 주형제작용 수공구

(2) 주형제작기계

다량의 주물을 경제적으로 얻기 위해선 주형제작을 기계화할 필요가 있으며, 기본적인 주형제작기계를 들면 다음과 같다.

① 진동식 주형기계(振動式 鑄型機械; jolt molding machine)

아래 그림과 같이 주형사가 담긴 주형상자와 함께 진동 table을 압축 공기로 밀어 올린 후 배기하면 주형상자와 진동 table이 자중에 의하여 낙하 하면서 기계 본체에 충돌하여 주형사가 다져진다. 배기 종단에서 cylinder의 배기 구멍이 차단되므로 압축공기에 의하여 piston이 다시 상승한다. 이와 같이 되풀이 되는 운동을 jolt운동(jolt motion)이라 한다. 이 기계에 의한 주형은 하부(下部)는 잘 다져지나 상부(上部)가 잘 다져지지 않는 단점이 있다. 그림 1-58은 진동식 주형기계이다.

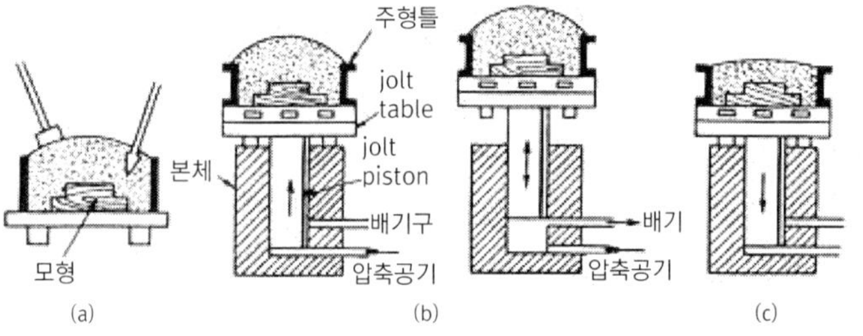

그림 1-58 진동식 주형기계

② 압축식 주형기계(壓縮式 鑄型機械; squeeze molding machine)

아래 그림과 같이 주형사가 담긴 주형상자를 압축 공기의 힘으로 들어 올려 상부에 고정된 평판에 닿으면 주형사가 눌려 다져진다. 이런 운동을 squeeze 운동(squeeze motion)이라 한다. 이 기계에 의한 주형은 진동식 주형기계에 의한 것과는 반대로 상부는 잘 다져지나 하부는 압력 전달이 덜 되어 잘 다져지지 않는 단점이 있다. 그림 1-59는 압축식 주형기계이다.

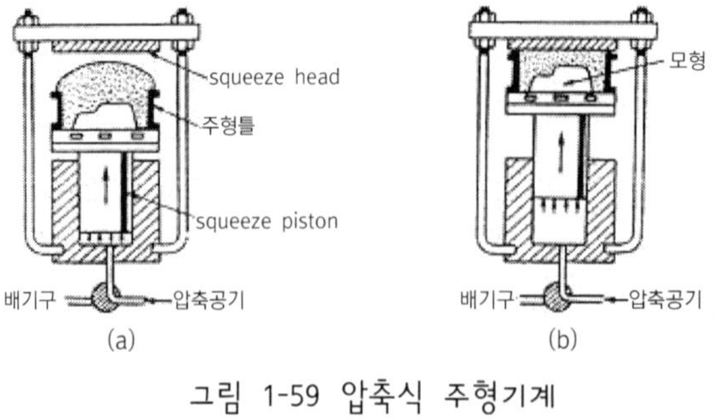

그림 1-59 압축식 주형기계

③ 진동-압축식 주형기계(振動-壓縮式 鑄型機械; jolt-squeeze molding machine)

진동식과 압축식 주형기계의 각각의 단점을 보완한 것으로서, 하형은 진동식으로 다지고 상형은 압축식으로 다진다. 모형에 부착된 진동기는 모형을 빼내기 전에 모형에 미세한 진동을 주어 모형이 주형에 눌러 붙은 것을 분리시키는 역할을 한다. 그림 1-60은 진동-압축식 주형기계의 조작 공정이다.

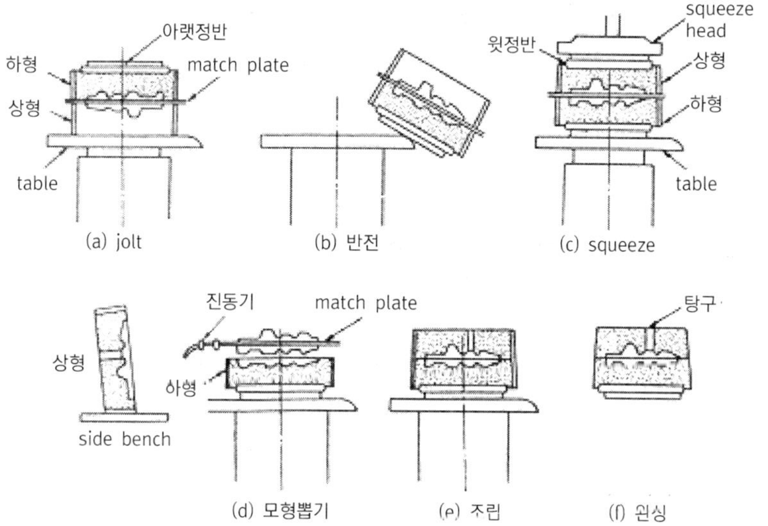

그림 1-60 진동-압축식 주형기계의 조작 공정

다음 그림에서와 같이 진동식 주형기에서 제작된 주형의 사층밀도는 모형에 가까울수록 크고, 압축식 주형기계에서 제작된 주형의 사층밀도는 모형에서 먼 곳, 즉 압축판(squeeze head)에 가까운 층의 것이 크다는 것을 알 수 있다. 그림 1-61은 모형으로부터 거리에 따른 사층의 밀도의 그래프를 나타낸다.

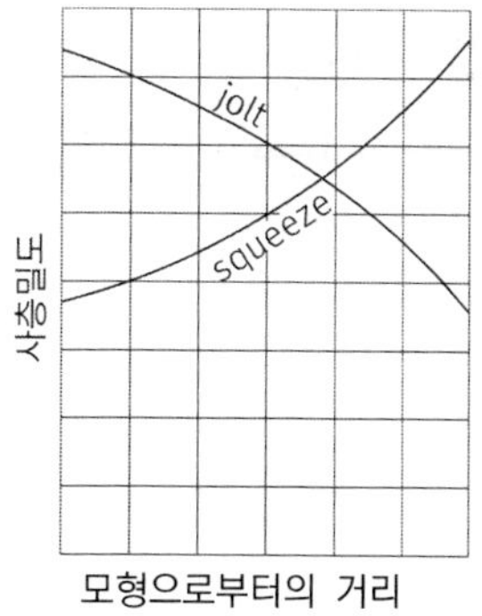

그림 1-61 사층의 밀도

아래 그림은 반전식 진동-압축식 주형기계로서, (a)에서는 진동으로 다지고, (b)에서는 반전시키고, (c)에서는 상하형을 동시에 압축하고, (d)와 (e)에서는 형을 분리하여 모형을 빼 낸다. 그림 1-62는 반전식 진동-압축 주형기계의 조작 공정을 보여 준다.

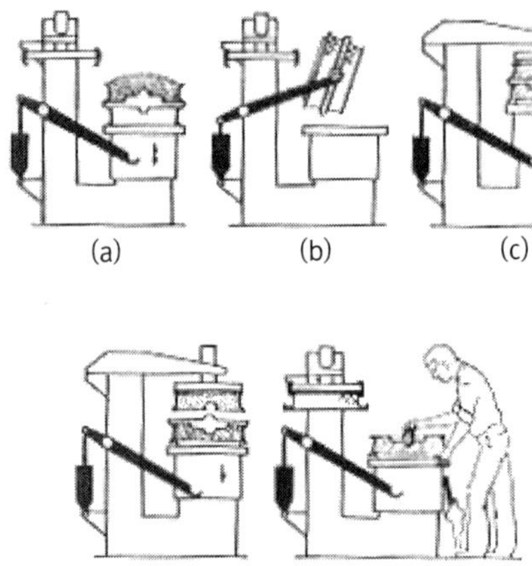

그림 1-62 반전식 진동-압축 주형기계의 조작 공정

④ sand slinger

주형사를 모형이 놓인 주형상자에 주형사를 투사(投射)하는 impeller, impeller에 주형사를 공급하는 belt conveyor 및 이 것들을 지지하는 지지대로 구성된 조형기로서, 주형사의 운반, 투입 및 다짐이 동시에 행하여지기 때문에 능률적이고, 주형의 모든 부분이 균등히 다져진다. 그림 1-63은 sand slinger 이다.

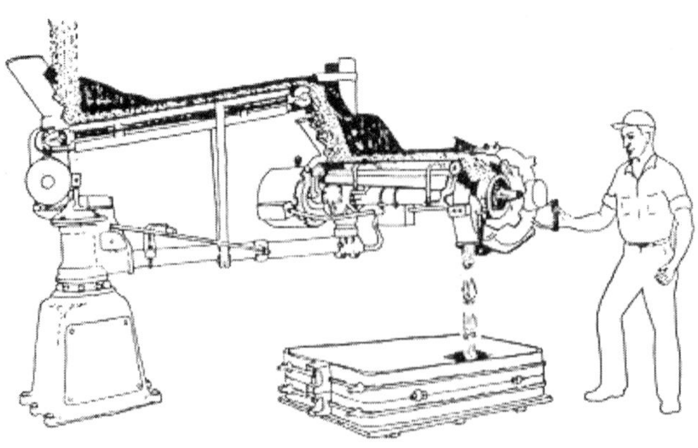

그림 1-63 sand slinger

1.3.5 탕구계(湯口系; gatting system)와 압탕구(押湯口; feeder)

(1) 탕구계(湯口系; gatting system)의 개요

탕구계는 아래 그림과 같이 탕류(湯溜; pouring cup), 탕구(湯口; sprue), 탕도(湯道; cross gate), 탕로(湯路) 및 주입구(注入口: ingate) 등으로 구성되어 있으며, 용융금속으로 주형을 채우기 위한 탕구계는 유입(流入) 중에 주형에 손상을 주지 않고, gas를 흡입하지 않으며, 주입량과 온도구배가 알맞도록 설계되어야 한다. 그림 1-64는 탕구계 구조를 보여준다.

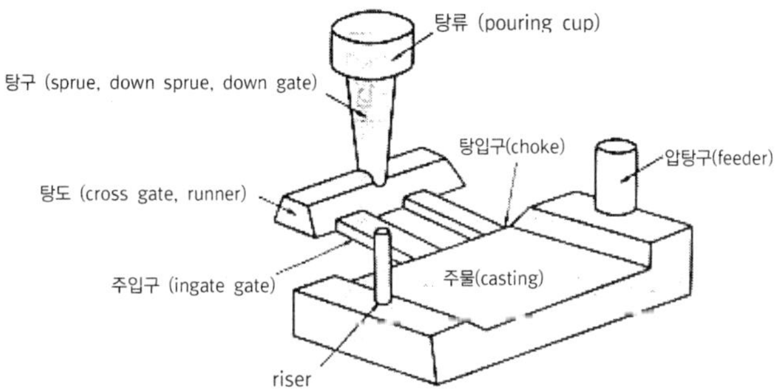

그림 1-64 탕구계

① 탕류(湯溜; pouring cup):

용탕을 주입할 때 비산(飛散)을 방지하여 산화를 방지하고, 협잡물 등이 들어가지 않고 조용히 유동시키기 위하여 아래 그림과 같은 stopper, dam 및 strainer 등을 설치하는 경우가 있다. 그림 1-65는 탕류(주탕 cup)를 보여 준다.

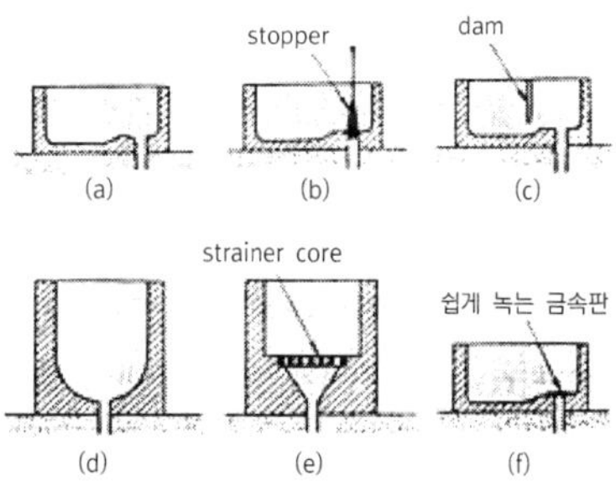

그림 1-65 탕류

② 탕도(湯道; cross gate):

수직으로 있는 탕구에서 주물이 얻어질 주형 공간으로 이어지는 수평으로 놓인 유로를 탕도라 하며, 아래 탕도의 위치도에서 (a)는 top gate로서 주형이 작은 경우 또는 큰 주형에서는 충격저항이 큰 경우에 사용되나, 용탕의 산화가 심하고 주형이 침식되는 단점이 있다. (b)는 bottom gate로서 용탕의 교란이 없어 주형이 침식되지 않으며 불순물이 잘 부유하는 장점이 있으나, 온도구배가 좋지 않다. (c)는 분리면 gate로서 top gate와 bottom gate를 절충한 것이다.

탕도의 형상 중에서 (a)는 slag가 생기기 쉽고 침전물이 많은 경우, (b)는 경합금(輕合金)과 같이 산화물이 생기기 쉬운 경우, (c)는 slag의 제거와 함께 압탕(押湯)의 역할을 겸하고 있다. 이 외에 (d), (e), (f)도 slag 제거를 위한 구조이다.

그림 1-66은 탕도의 위치 및 형상이다.

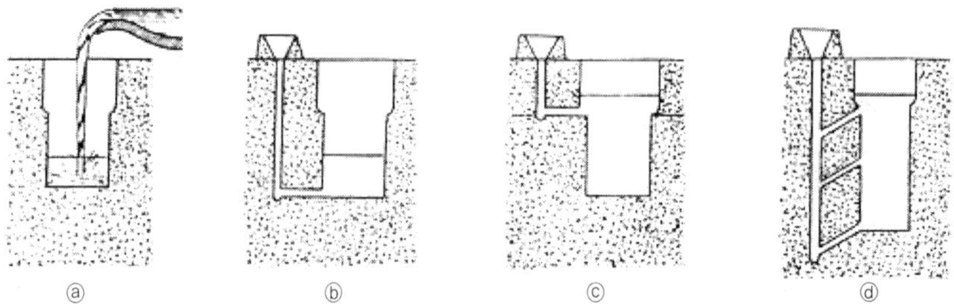

(A) 탕도의 위치

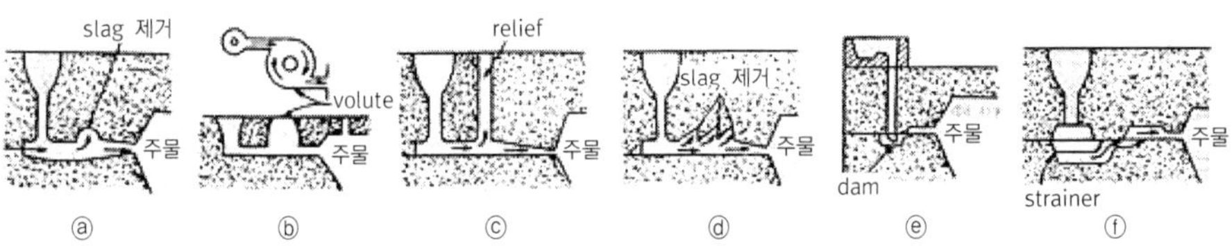

(B) 탕도의 형상

그림 1-66 탕도의 위치 및 형상

(2) 탕구계(湯口系)의 설계

① 수직주탕(垂直注湯; vertical gating)의 탕구 단면적:

낙하주탕이라고도 하며, 그림 1-67에서와 같이 용탕이 탕류(湯溜; pouring cup)에서 자유낙하할 때 위치 (2), (3)에 대하여

$$v_2 = \sqrt{2g \cdot h_c}$$
$$v_3 = \sqrt{2g \cdot h_t}$$

그런데 연속의 법칙 $A_2 \cdot v_2 = A_s \cdot v_3$

$$\frac{A_3}{A_2} = \frac{v_2}{v_3} = \sqrt{\frac{h_c}{h_t}}$$

단, A_2, A_3탕구의 단면적이 아니고 용탕 stream의 단면적이다. (2)와 (3)의 위치에서 탕구의 단면적이 h에 따라 쌍곡선함수로 변하여야 하나, 작업의 편리상 일반적으로 A_2에서 A_3까지를 직선으로 연결한 탕구봉을 사용하기 때문에 상부에서는 탕구의 단면

적이 stream의 단면적 보다 크게 되어 저압(低壓)이 된다. 이와 같은 저압에서 용탕이 주형벽으로부터 gas를 흡입하게 되고 금속과 반응하여 산화물을 형성하거나 기공의 원인이 될 수 있다. 경우에 따라서는 흡입된 공기 내의 산소가 금속과 반응하여 미세한 규산염입자를 형성하고, 질소는 냉각될 때 기포로 되어 방출되는 이점도 있다. 그림 1-67은 수직주탕이다.

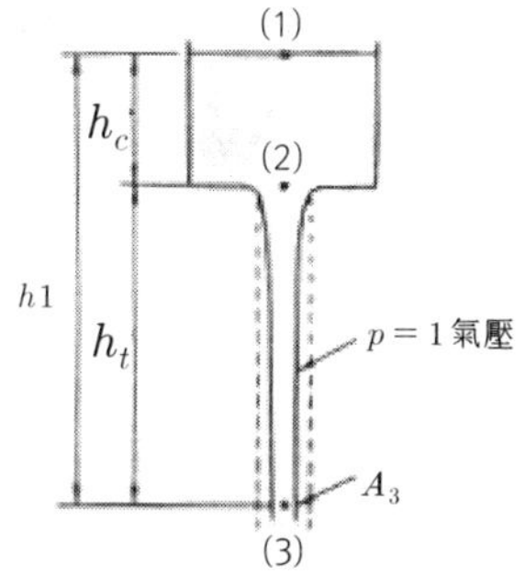

그림 1-67 수직주탕

② 압상주탕(押上注湯; bottom gating)의 주입시간과 탕구의 높이:

낙하주탕에서는 용탕이 비산(飛散) 및 산화하므로 아래 그림과 같이 용탕이 주형의 밑으로 들어가게 하는 압상주탕을 하는 경우가 있다.

흡인 작용이 없이 용탕이 탕구계에 충만하여 유동한다면

$$A_m \cdot dh = A_g \cdot \sqrt{2g(h_t - h)} \cdot dt$$

$$\therefore \frac{dh}{\sqrt{2g(h_t - h)}} = \frac{A_g}{A_m} \cdot dt$$

$$\therefore \frac{1}{\sqrt{2g}} \int_0^{h_m} \frac{dh}{h_t - h} = \frac{A_g}{A_m} \int_0^{t_f} dt$$

$$\therefore t_f = \frac{2A_m}{A_g \cdot \sqrt{2g}} \left(\sqrt{h_t} - \sqrt{h_t - h_m} \right)$$

단, t_f는 주형을 채우는데 요하는 시간이다.

압탕(押湯)을 고려하여 $h_t > h_m$이며, ht를 크게 할수록 t_f는 단축된다. 그림 1-68은 압상주탕을 보여준다.

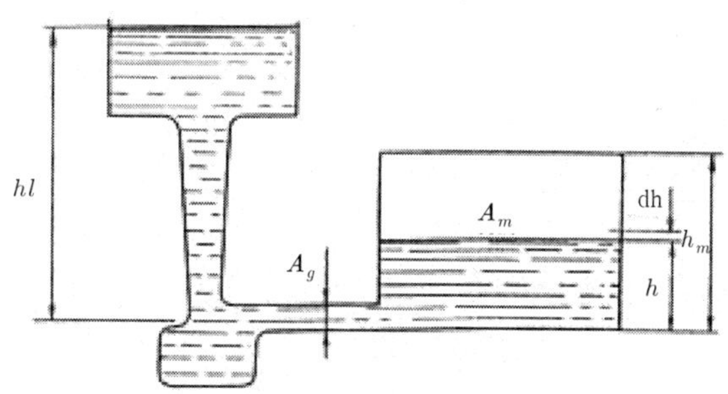

그림 1-68 압상주탕

③ 수평주탕(水平注湯; horizontal gating)의 탕도 단면적:

아래 그림에서와 같이 유동방향의 변화나 단면적이 급작스럽게 변화하는 유로에서는 용탕 stream의 교축작용(交縮作用)에 의하여 gas를 흡인할 수 있다.

점 (2)과 (3)에 대한 Bernoulli 방정식은

$$h_2 + \frac{p_2}{\gamma} + \frac{{v_2}^2}{2g} = h_3 + \frac{p_3}{\gamma} + \frac{{v_3}^2}{2g}$$

그런데 $h_2 = h_3$이고, 교축단면적 A_2는 A_3보다 작으므로 $v_2 > v_3$일 것이다.

$$\therefore \frac{p_3 - p_2}{\gamma} = \frac{{v_2}^2 - {v_3}^2}{2g}$$

$$\therefore p_2 = p_3 - \frac{\gamma}{2g} \cdot ({v_2}^2 - {v_3}^2)$$

그림 1-69는 수평주탕을 보여준다.

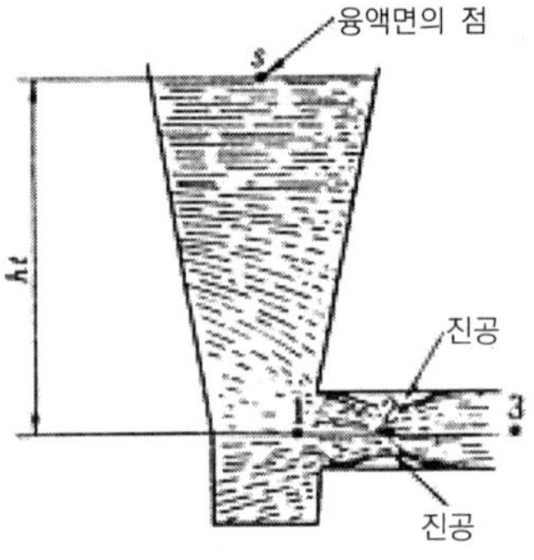

그림 1-69 수평주탕

그런데 p_3 는 대기압 이므로 p_2 는 대기압 이하로서 흡인작용을 한다. 여기에서도 용탕이 흡인작용을 하지 않도록 제작하기 위해 점(2)와 (3)에서 압력이 같게 되도록 단면적을 정할 필요가 있다.

(3) 압탕구(押湯口; feeder)

주형 내에서 용탕의 응고 및 냉각으로 인하여 수축되는 양을 보충하고, 주형내의 탕(湯)에 정압(靜壓)을 가해서 주물의 조직을 치밀하게 만들기 위하여 응고가 가장 늦은 높은 위치에 둔 구(口)를 압탕구(押湯口; feeder)라 한다.

방열이 적도록 원주형(圓柱形)으로 하고, 보온을 위하여 볏집 등을 표면에 뿌리는 것이 좋다. 압탕구의 부차적 역할로서는 주형 내의 공기 및 수증기를 배출시키고, 용탕의 불순물을 부유시킨다. 압탕구와 riser를 혼용하기도 하나, riser의 주역할은 주형 내에 있는 gas(공기, 수증기)를 배출시키며 용탕의 불순물을 부유시키고 주입 양을 볼 수 있게 한다. 즉 압탕구의 부수적 역할이 riser의 주역할이 되는 것이다.

Taylor에 의하면 용탕에서 주물이 얻어 지기까지의 과정에서 수축은 3단계로 일어난다는 것이다. 탄소강의 예로서 용융상태에서 100℉ 강하 당 0.9%의 용적수축을 하나, 용액면이 강하(降下)할 뿐 주물품질에는 영향이 없다. 용액에서 고체로 될 때 3% 정도의 수축을 하며, 이 때 용탕이 부족하면 수축공(收縮孔; shrinkage hole)이 생기기 쉽다. 다른 하나는 고상(固相)에서 약 70℉까지 온도가 강하 하면서 7.2%만큼의 수축을 하나 주물의 품질에는 영향이 없다. 이상에서와 같이 용액에서 고상으로 변할 때가 영향이 가장 크며, 수축에 대한 용탕의 보충만을 고려한 압탕구의 조건은 다음과 같다. Bishop, Brandt 및 Pellini의 열전도 방정식을 이용한 해석에 의하면 압탕구의 (용적/표면적)^{2}이 주물의 (용적/표면적)^{2}것 보다 커야 한다. 그림 1-70은 응고 과정에서 탄소강의 수축 양을 보여준다.

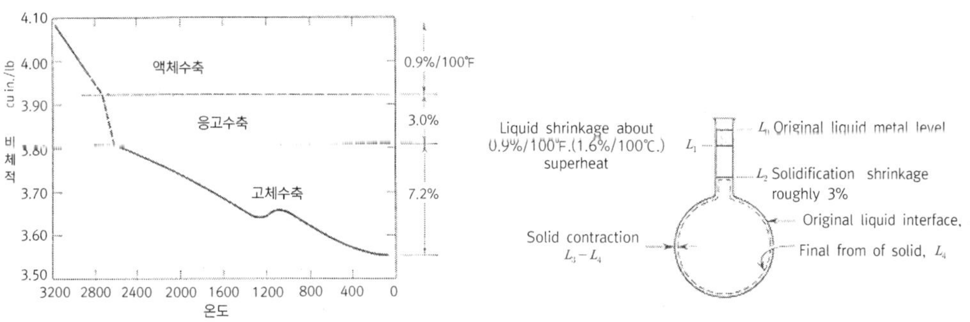

그림 1-70 응고 과정에서 탄소강의 수축

1.3.6 압상력(押上力)

주형 내의 용탕이 정지상태에 있을 때 용탕의 압력이 주형면에 직각방향으로 작용한다. 수평방향과 하방향으로 는 주형상자가 파괴되지 않는 한에서는 안전하나, 상방향의 압상력이 상형(上型)의 중량보다 크면 상형이 들리어 용탕이 유출되므로 부량 주물이 얻어지고, 안전에도 문제가 된다.

아래 그림에서 용탕 접촉면의 수평 투영면적을 A, 용탕의 비중량을 유효높이를 H라할 때 압상력 F_u는 아래 식과 같다.

$$F_u = A \cdot \gamma H$$

이상은 정압(靜壓)의 경우이므로 실제의 동압(動壓)에서는 이것의 1.5 ~ 2배 정도로 본다. 만일 중추(W)가 필요하다면 상형의 무게를 G라 할 때

$$W = A \cdot \gamma H - G$$

그림 1-71은 압상력이다.

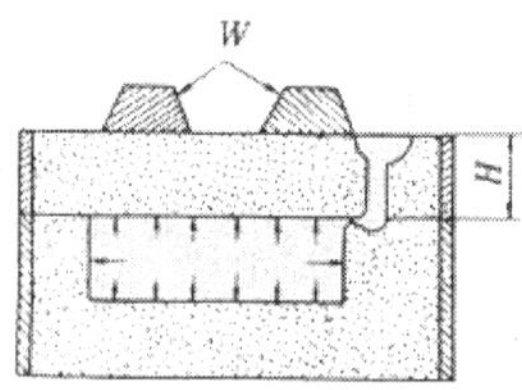

그림 1-71 압상력

다음은 원주(圓柱) 및 관(管)의 주조 예로서 r: 탕의 비중량, l: 주물길이, ds: 중심각 $d\theta$에 대한 호의 길이라 하면 면적 $l \cdot ds$가 받는 힘 dF는

$$dF = \gamma \cdot h \cdot l \cdot ds$$

가 되고, dF 중 압상력 dF_2는

그런데 $h = h_t - r \cdot \sin\theta$, $ds = r \cdot d\theta$이므로

$$F_u = \int_0^\pi dF_u = \int_0^\pi \gamma \cdot h \cdot l \cdot ds \cdot \sin\theta = \int_0^\pi \gamma(h_t - r \cdot \sin\theta) \cdot l \cdot r \cdot \sin\theta \cdot d\theta$$

$$= \int_0^\pi \gamma \cdot h_t \cdot l \cdot r \cdot \sin\theta \cdot d\theta - \int_0^\pi \gamma \cdot l \cdot r^2 \frac{1-\cos 2\theta}{2} \cdot d\theta$$

$$= \gamma \cdot h_t \cdot l \cdot r[-\cos\theta]_0^\pi - \frac{\gamma \cdot l \cdot r^2}{2}\pi + \frac{\gamma \cdot l \cdot r^2}{2}[\frac{\sin 2\theta}{2}]_0^\pi$$

$$= 2\gamma \cdot h_t \cdot l \cdot r - \gamma \cdot l \cdot \frac{\pi r^2}{2}$$

$$= (2r \cdot l) \cdot \gamma \cdot h_t - \frac{1}{2}(\pi r^2 \cdot l) \cdot \gamma$$

$$= S \cdot h_t \cdot \gamma - V \cdot \gamma$$

그림 1-72는 원주 및 관의 압상력이다.

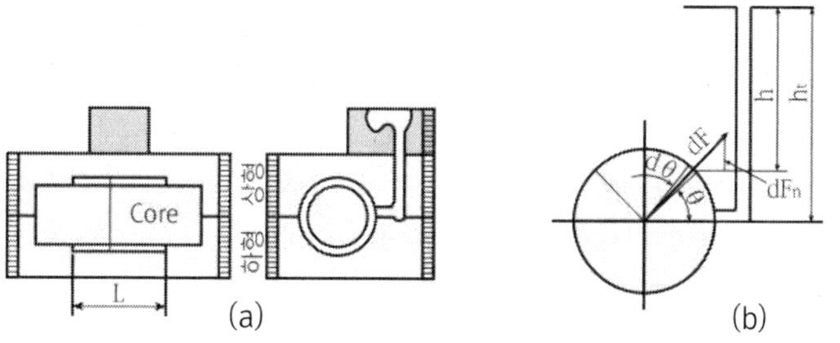

그림 1-72 원주 및 관의 압상력

단, S: 주물을 위에서 본 투영면적, V: 상형에 들어 있는 주물의 체적

위의 식은 원주(圓柱) 주조에서의 압상력이고, 관(管; pipe) 주조에서의 압상력은 (core의 부력 - core의 자중) 만큼을 위 원주 식에 가산하여야 한다.

1.4 금속의 응고

질 좋은 주물을 얻기 위하여 금속의 응고 기구를 아는 것이 필요하다. 금속을 용해시키고 주형을 제작하는 기술은 많이 발달하였으나 용금(熔金)이 주형에 들어간 후에 응고 과정을 조정하는 것은 어렵고, 또한 방법이 알려져 있는 것도 널리 보급되지 못한 실정이다. 본 장에서는 연구적 차원이 아닌 기본적인 이론과 실질적인 내용에 한해서 기술한다.

1.4.1 금속의 체적수축

bismuth와 그 합금, 회주철의 일부를 제외하고는 대부분의 금속과 합금은 응고와 냉각 과정에서 체적이 수축하며, 이 수축은 3단계로 이루어진다는 것은 앞에서 언급한 바와 같이 액체 상태에서 0.9%/100℉로서 수축하며, 이 수축을 액상수축(液相收縮; liquid shrinkage)이라 하고, 융액면이 내려 갈 뿐 주물의 품질에는 영향이 없다.

다음은 응고점에서 응고완료에 이르면 체적이 3% 정도로 크게 줄어들며, 이 수축을 응고수축(凝固收縮; solidification shrinkage)이라 하고, 대부분의 금속에서 응고수축률은 거의 같다. 순금속의 응고는 일정 온도에서 이루어지고, 저탄소강(底炭素鋼; low carbon steel)과 같이 순금속에 가까울 정도의 합금은 좁은 범위의 온도구간에서 응고한다.

응고한 후 고체상태인 주물이 실온(室溫)까지 온도가 강하하는 동안에 계속해서 수축하며, 이를 고상수축(固相收縮)이라 하고, 이 때 주물은 주형 공동부(mold cavity)의 치수 보다 작게 된다. 액상수축과 응고수축에서는 압탕구의 송탕(送湯)작용으로 보충이 가능하나, 고상수축에 대한 대책으로서 모형에 수축여유를 두게 되며, 이 고상수축에 대한 보상은 모형 제작자에 의하여 결정되어 지기 때문에 이 수축을 일명 "모형제작자 수축(pattern maker's shrinkage)"라고도 한다.

1.4.2 순금속의 응고

순금속은 융점 및 응고점이 일정하며, aluminum은 660℃, 철은 1537℃, tungsten은 3410℃에서 각각 용해 및 응고된다. 순금속의 응고는 아래 그림(a)에서와 같이 주형벽으로부터 내부를 행하여 점진적으로 이루어지며, 액상면이 침하한다. 그림(b)에서는 응고가 완료되었을 때의 중심선수축(centerline shrinkage)을 보여주며, billet벽이 평행하면 이 선이 바닥에 까지 연장될 수도 있다. 그림 1-73은 순금속의 응고진행 상태 및 관상공동(管狀空洞; pipe cavity)을 나타내 보인다.

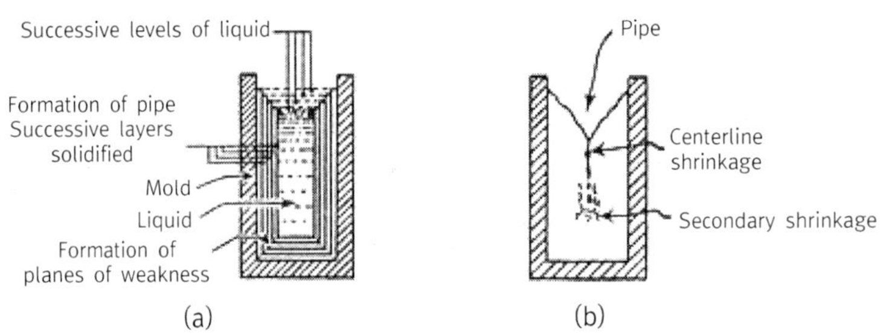

그림 1-73 순금속의 응고진행 상태 및 관상공동

응고속도는 고상수축, 편석(偏析; segregation) 및 입자 크기 등과 관련하여 중요하며, 이는 주형의 열 흡수 능력에 달려 있다. 아래 그림에서 보는바와 같이 용탕이 실온의 주형에 주입되면 열이 주형으로 유동하고, 주형-용탕의 계면에서 고상이 적층(積層)되어 간다. 또한 응고는 주형사에 따라서 다르고, 얇은 부분에서 응고속도가 크다. 그림 1-74는 응고 중 평평한 주형 벽으로부터의 온도분포이다.

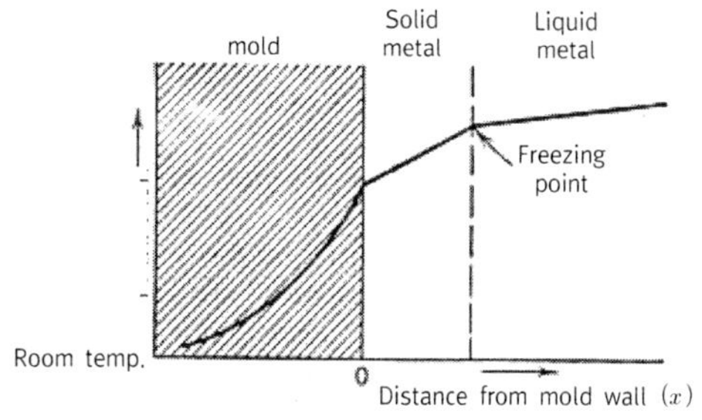

그림 1-74 주형 벽으로부터의 온도분포

1.4.3 합금의 응고

순금속에서와는 달리 순도가 떨어지는 순금속이나 합금에서는 합금 원소가 융점을 낮게 하여 주형벽과의 계면에서 응고의 진행을 방해하는 경향이 있으며, 수상정(樹狀晶; dendrite)이 발달하여 사이사이에 액상이 남아 있다. 아래그림에서 보는 바와 같이 합금 원소의 양에 따라 응고 과정이 순금속 또는 합금의 특징에 접근한다. 그림 1-75는 사형 및 냉각주형에서 탄소강 7 in角 단면 주물의 응고 과정이다.

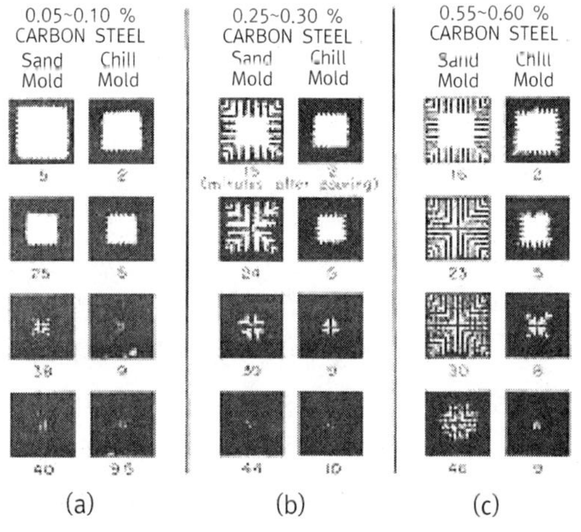

그림 1-75 단면 주물의 응고 과정

그림 1-76(a)는 Fe-C 상태도(狀態圖)로서 AA'는 0.05% 탄소강을 표시하고, 그림(b)는 강의 주조에서 응고 중 온도분포를 보여 준다. 주형벽에 가까운 부분에서는 응고되어 고상이고, 내부 중심부에서는 액상으로 있으며, 이들 중간에서는 고상과 액상이 공존한다. 이 좁은 구역에서 수상정의 돌기가 그림(c)에서와 같이 발달한다. 강의 탄소량이 많으면 많을수록 고상-액상역은 넓어 진다. 강의 응고온도 범위는 C가 0.05%일 때 40℉ (22℃)에서

0.60%일 때 140°F(72℃)까지이다. 응고온도 범위가 좁으면 온도구배가 크며, 주강(鑄鋼)은 융점이 높고 낮은 열전도도 때문에 다른 합금에 비하여 온도구배가 크다. 그림 1-76은 합금의 응고선도이다.

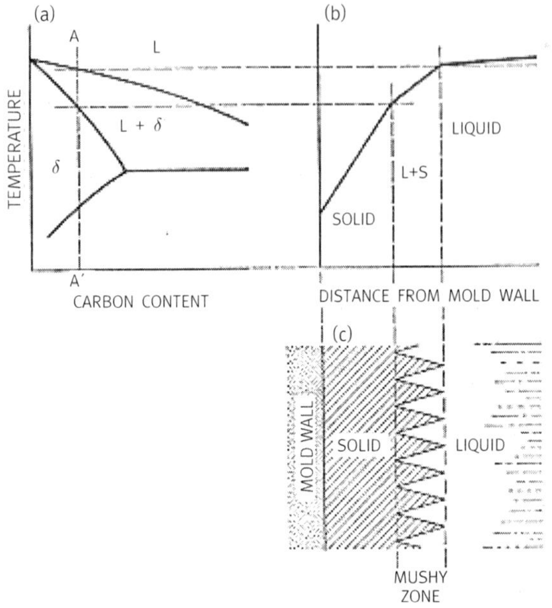

그림 1-76 합금의 응고선도

금형을 사용하는 냉강주조에서 온도구배는 한층 더 커진다. aluminium 합금은 중심부의 90% 이상이 고상으로 되었는데도 주형벽측에서는 아직까지 액상이 남아 있는 경우가 있다.

아래 그림은 사형과 금형에 각각 용탕을 주입하고 주형에 열전대를 삽입하여 시간에 대한 온도 분포에 의하여 얻은 것이다. 사형에서는 중심부의 온도가 액상선온도 이하로 강하하여 주형면에서 완전 응고되기 6분 정도 전에 응고하기 시작한다. 응고 시작에서 응고 완료하는 사이에 액체와 고체가 공존하는 구역이 크기 때문에 송탕이 문제가 되나, 금속주형에서는 중심부에서 초정(初晶)이 생기기 전에 이미 주형면에서 2 in 깊이까지 응고가 완료되어 1.5 in 만큼의 구역에만 송탕하면 된다.

실험에 의하면 송탕의 난이(難易)는 주형재료, 주물재료 등에 따라 다르고, 중심선 송탕저항(中心線 送湯抵抗; centerline feeding resistance)은 송탕의 난이도(難易度)를 나타내는 것으로서 다음과 같이 정의한다.

$$\text{송탕저항}(CFR) = \frac{(\text{중심선에서 응고가 완료될 때까지의 시간}) - (\text{중심선에서 응고가 시작될 때까지의 시간})}{(\text{중심선에서 응고가 완료될 때까지의 시간}) - (\text{주형면에서 응고가 시작될 때까지의 시간})} \times 100[\%]$$

사형(砂型)의 경우는

$$CFR = \frac{48-24}{48} \times 100 = 50\%$$

금형(金型)의 경우는

$$CRF = \frac{10-8}{10} \times 100 = 20\%$$

즉 아래 그림의 예에서 냉강주조의 경우가 사형주조의 경우보다 송탕이 용이하다는 것을 알 수 있다. 그림 1-77은 0.6% C 주강의 주조에서 사형과 금속주형에서의 응고속도의 비교이다.

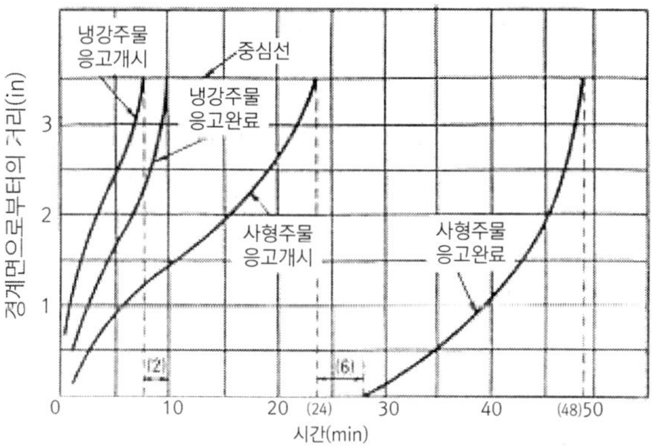

그림 1-77 사형과 금속주형에서의 응고속도의 비교

1.5 용해로와 용해

용해로는 고체의 원료지금(原料地金)을 용해하여 목적의 재질이 될 수 있도록 성분을 조성하고, 불순물을 제거하며, 주형 내에서 충분히 유동할 수 있도록 승온(昇溫)할 수 있도록 설계되어야 한다. 따라서 열원에 따라 용해로를 분류하면

- 고체연료 로: 용선로(熔銑爐; cupola), 도가니로, 등
- 액체연료 로: 도가니로, 반사로, 등
- 기체연료 로: 천연 gas가 많은 미국, 소련 등에서 주로 지금(地金)의 예열에 사용된다.
- 전기로: 유도전기로 등이 있다.

또한 용해금속의 종류에 따라 분류하면

- 철주물용
- 주철주물용: 용선로, 전기로
- 주강주물용: 전기로, 평로, 반사로
- 비철주물용: 도가니로, 전기로 등이 있다.

1.5.1 용선로(熔銑爐; cupola)

주철(鑄鐵; cast iron) 용해에 주로 사용되는 노로서 용금을 얻는데 경비가 가장 적게 드는 노이다. 아래 그림과 같이 로저부(爐低部)에 출탕구멍(tapping hole)이 있고, 이 구멍보다 약간 높은 위치에 용재구멍(鎔宰; slag hole)을 둔다. 용선로에서의 작업순서는

(1) 노 내부를 수리하고 건조시킨다.
(2) 용탕 또는 용재의 유출에 의한 위험을 방지키 위하여 노 밑에 모래를 둔다.
(3) 노 내부 바닥에 장작과 coke를 넣고 불을 붙인다.
(4) 연소가 잘 될때 coke, 선철, 석회석을 순차적으로 장입한다. coke는 1회에 150 mm 정도, 선철은 중량으로 coke의 약 10배, 석회석은 선철의 약 5% 정도를 장입한다.
(5) 약 10분 후 금속이 녹아 떨어지기 시작할 때 출탕구멍과 용재구멍을 내화점토로 봉입한다.

그림 1-78은 용선로의 단면이다.

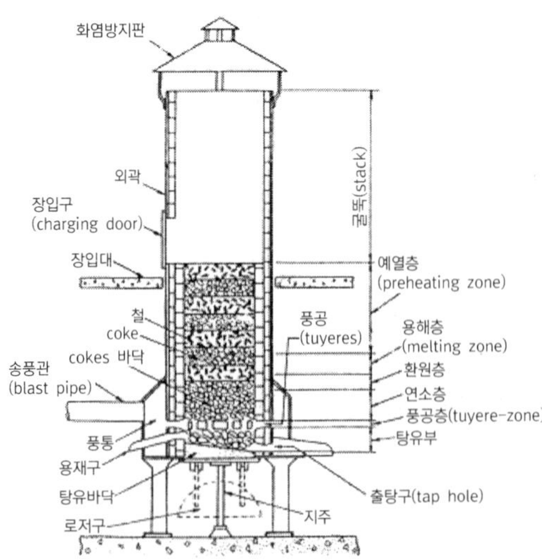

그림 1-78 용선로의 단면

그림 1-79는 용선로 내부의 온도 분포이다.

용량은 시간당 용해할 수 있는 능력(ton/hr)으로 표시하며, 보통 사용되는 것의 용량은 3 ~ 10 ton/hr 이다. 규격은 용해층의 내경과 풍공(風孔)에서 장입구까지의 높이로 표시한다.

노 내부에 바르는 내화점토 층인 liner에 따라 분류하면 산성로와 염기성로가 있으며, 전자의 liner 재료의 주성분은 규산이고 용탕의 P, S는 잘 제거되지 않으나 C, Si, Mn 등은 제거된다. 후자의 주성분은 염기성 재료인 MgO이며, P, S를 제거할 수 있다.

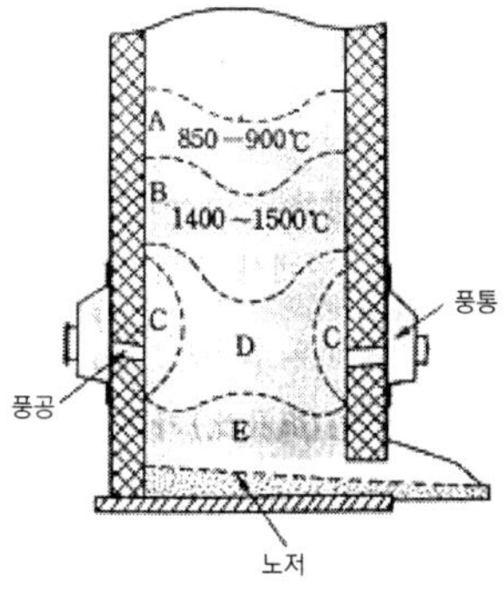

그림 1-79 용선로 내부의 온도 분포

용선로는 다른 종류의 노에 비하여

- 열효율이 좋고
- 구조가 단순하여 시설비가 염가이며,
- 작업이 간편하고
- 노에서 수시로 출탕할 수 있는 장점이 있는 반면에
- 지금(地金)이 고온에서 연료와 장시간 접촉하기 때문에 성분 변화가 많고 산화하여 감량되는 단점이 있다. 용선로에서 풍공비(風孔比; tuyere ratio)=(풍공의 총단면적)/(풍공부 위치에서 노단면적)이 1ton의 노에서는 15 ~ 30%, 3 ton 노에서는 10 ~ 20%, 5 ton 노에서는 10 ~ 12% 정도이다. 풍공부의 면에서 장입구 하단까지의 높이인 유효높이를 H, 풍공면의 내경을 D라할 때 유효높이비=H/D가 4 ~ 5이다. 풍공비가 과대하고 풍속이 클 때는 용해재(熔解材)가 산화되거나 냉각되고, 풍공비가 너무 작을 때에는 중심부의 연소가 불충분하여 균일한 용해가 될 수 없다. 풍공비는 coke 질, coke 형상 및 지금(地金)의 종류에 따라 변한다. 풍공은 단면이 원형 또는 사각형이며 수평면에서 노저(爐低)를 행하여 10 ~ 15% 경사된 것이 많다. 풍공의 높이는 용탕이 괴는 높이를 한도로 가능하면 낮게 한다. 노저부(爐低部)에 출탕구멍이 있고, 이보다 높은 위치에 용재(鎔宰)구멍이 있다.

용선로에 장입되는 지금 및 cokes 등의 양과 크기에 따라 다르나 풍공부를 통해서 공급되는 공기는 노 내의 저항 때문에 압력이 상당히 커야만 한다.완전 연소가 되는 이론적 공기량은

$$Q = \frac{1000\,W}{60} \times \frac{K}{100} \times \frac{k}{100} \times L = \frac{W \cdot K \cdot k \cdot L}{600}$$

단

Q: 송풍량(m^3/min)

L: 탄소 1 kg의 연소에 필요한 공기량(m^3/kg)

K: 지금 100 kg의 용해에 필요한 coke량(kg)
k: coke 100 kg 중에 함유된 탄소량(kg)

실제에서는 이론적 공기량 보다 20 ~ 30% 정도 더 많은 공기를 공급하여야 한다.
그림 1-80은 용선로의 송풍량 및 송풍압력의 예이다.

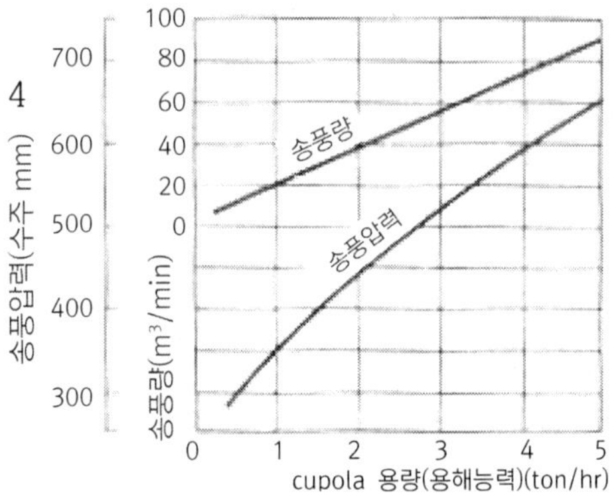

그림 1-80 용선로의 송풍량 및 송풍압력

탄소 1 kg이 CO gas가 되기 위하여 CO와 CO_2의 비율은 60 : 40 ~ 20 : 80으로서 40 : 60을 취한다면 공기량 L은 $L = 4.5 \times 0.4 + 0.89 \times 0.6 = 7.12$ m^3이다.

일반적으로

- 탄소는 2.8% 이하인 용탕을 얻는 것은 어렵고,
- 규소는 10 ~ 20% 정도 소실(燒失),
- 인은 coke에 0.01% 이상 함유되어 있으면 증가,
- 망간은 15 ~ 20% 정도 소실,
- 황은 3% 정도 증가한다.
- FeS는 고온취성의 원인이 되고, 유동성을 해치며, 경도를 크게하고, 주물을 취약하게 하므로 다음과 같은 방법으로 황을 제거한다.

용제인 석회석($CaCO_3$)에 의한 탈황

$CaCO_3+FeS \rightarrow CaS+FeO+CO_2$(철 중의 탈황)

$CaCO_3+S+CO \rightarrow CaS+2CO_2$(coke 중의 탈황)

$2CaCO_3+2SO_2+3C \rightarrow 2CaS+5CO_2$(coke 중의 탈황)

이때 CaS는 용재

FeMn에 의한 탈황

$2FeMn+S \rightarrow Mn_2S+2Fe$

이때 Mn_2S는 용재

탄산소다(Na_2CO_3)에 의한 탈황

$Na_2CO_3+FeS \rightarrow Na_2S+FeO+CO_2$(철 중의 탈황)

$Na_2CO_3+S+C+O \rightarrow Na_2S+2CO_2$(coke 중의 탈황)

이때 Na_2S는 용재

보충(160 KB, 2매)(주조금속의 배합예)

1.5.2 전로(前爐; receiver)

용금을 일시에 다량으로 사용하거나, 용금의 성분을 균일하게 하는데 사용하기 위하여 용선로에서 출탕(出湯)하는 용금을 저장하는 노로서, 다음 그림(a)와 같이 용선로 앞에 고정된 고정식 전로와 그림(b)와 같이 회전식 전로가 있다. 전로의 단점은 용금의 온도가 강하한다는 것이다. 그림 1-81은 전로(前爐)를 보여준다.

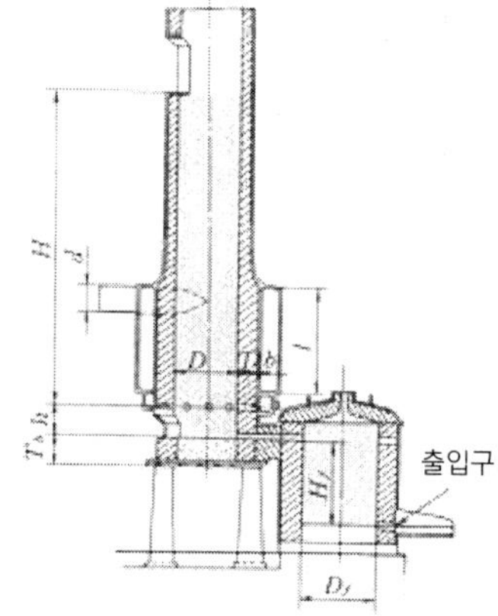

(a) 고정식 전로

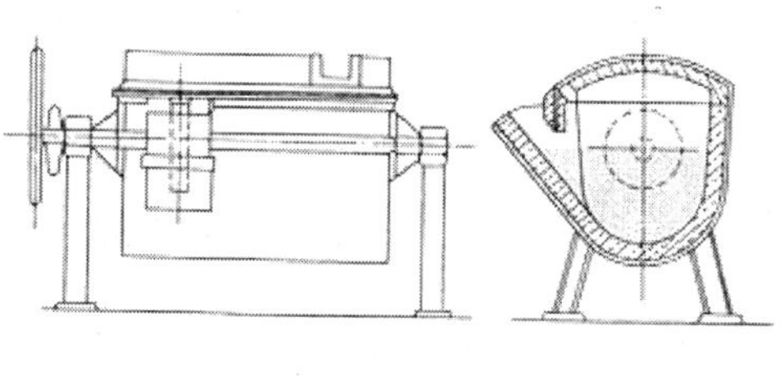

(b) 회전식 전로

그림 1-81 전로(前爐)

1.5.3 도가니로(crucible furnace)

노 내에 있는 도가니 속에 Cu합금, Al 합금과 같은 용융점이 낮은 비철금속의 용해에 사용되는 노로서, 지금(地金)이 연료와 직접 접촉하지 않으므로 비교적 순수한 용금을 얻을 수 있고, 설비비가 적게 드나, 열효율이 낮은 것이 단점이다. 도가니로의 종류에는 연료에 따라 coke로, 중유로, gas로, 전기로 등이 있고, 정치식(定置式)과 가경식(可傾式)이 있으며, 자연통풍식과 강제통풍식이 있다. 도가니의 재질에 따라 Cu 합금, Al 합금 등의 용해에 사용되는 흑연도가니와 Mg 합금, Zn 합금 등에 사용되는 철제도가니가 있다. 도가니의 규격은 1회에 용해할 수 있는 동(銅)의 중량으로 표시한다. 예를 들면 1회에 1kg의 동을 용해할 수 있으면 1번(#1) 도가니라 한다. 도가니의 수명은 강용 흑연도가니: 3회 이하, 황동, 청동용 흑연도가니: 15 ~ 20회 정도이다. 그림 1-82는 도가니로의 예이다.

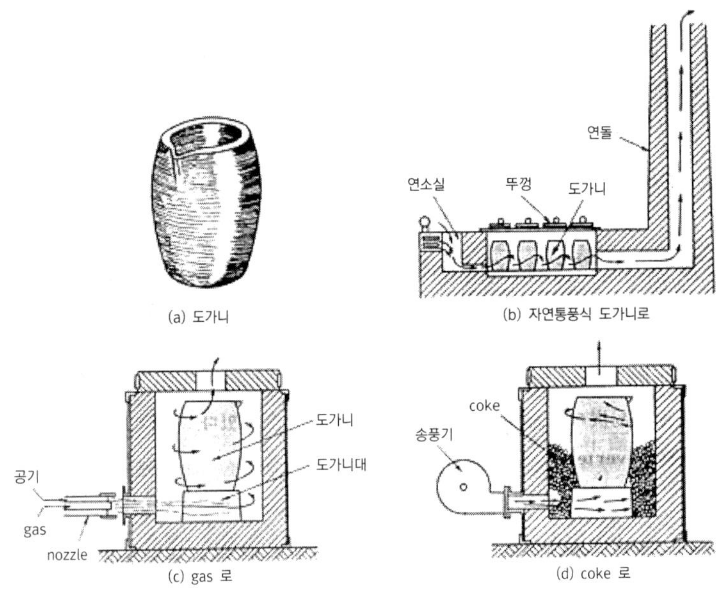

그림 1-82 도가니로

1.5.4 반사로(反射爐; reverberatory furnace)

아래 그림과 같이 연소실과 용해실이 별도로 되어 있으며, 용해실에는 깊이 300 ~ 350 mm 정도의 용탕이 고이는 곳이 있고, 석탄, 중유의 연소 gas가 지금(地金)을 직접 가열함과 동시에 벽돌을 가열하여 벽돌에서 반사되는 열로 금속을 용해시킨다. 출탕부(出湯部)는 용해실 측벽에 설치되어 있으며, 노 바닥은 규사로 lining되어 있고, 벽은 내화벽돌로 되어 있다. 용해능력은 1회의 용해량으로 표시되며, 15 ~ 40 ton 정도가 많다. 용선로에서의 용해에 비하여 비교적 순수한 것을 얻을 수 있으며, 일시에 다량의 용탕을 얻을 수 있다. 따라서 대형 주물 및 가단주철 등 고급주물을 얻을 때 주로 사용된다. 용선로에서는 장입할 지금의 크기에 제한을 받으나 이 노에서는 비교적 큰 것도 넣을 수 있다. 그림 1-83는 반사로이다

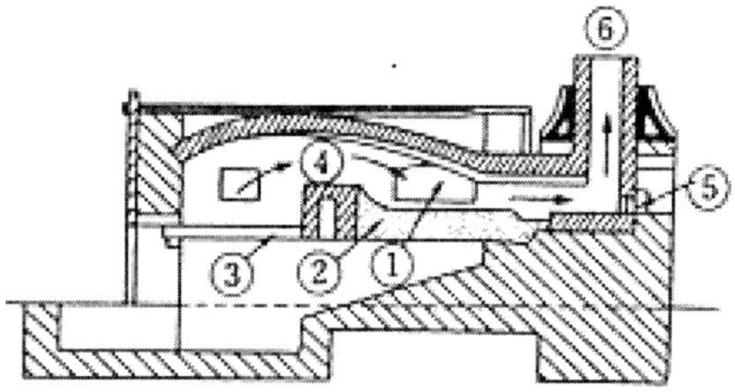

그림 1-83 반사로

1.5.5 전로(轉爐; converter)

제강로(製鋼爐)의 일종으로서 아래 그림과 같이 노 내부를 coke 등으로 백열(白熱) 상태까지 예열한 후 용선로에서 용해된 철을 전로로 옮겨 가열된 압축공기를 용탕에 주입하면 C, Mn, Si 등이 산화하여 강(鋼)이 되며, FeMn, FeSi 등을 첨가하여 목적하는 강을 만든다. 전로의 용량은 1회의 제강량으로 표시하며, 대형은 10 ~ 40 ton, 소형은 0.5 ~ 3 ton 이다. 강 1 ton에 대하여 350 ~ 400 ton의 공기가 필요하며, 공기 압력은 1.5 ~ 2.0 kg/cm² 이고, 1회의 작업시간은 15 ~ 20 min 정도이다. 그림 1-84는 전로(轉爐)는 다음과 같다.

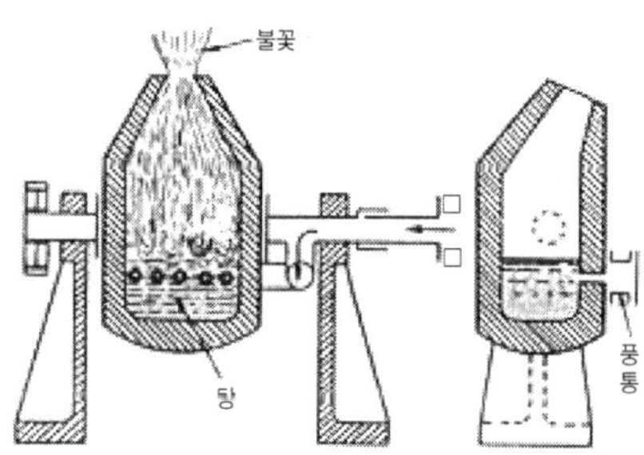

그림 1-84 전로(轉爐)

1.5.6 평로(平爐; open heart furnace)

1회에 다량의 용강(熔鋼)을 얻는 제강로이며, 대형은 50 ~ 500 ton, 중형은 10 ~ 25 ton, 소형은 3 ~ 5 ton 정도의 용해능력을 갖고 있다. 연료 gas와 공급되는 공기를 예열하는 축열실(蓄熱室)과 용해하는 반사로로서 되어 있다. 선철, 고철, 석회석 등을 장입하고, 축열실에서 gas와 공기를 1000 ~ 1200℃ 정도로 예열하여 연소실에 20 ~ 30 min 마다 교대로 보내어 1800℃ 정도로 가열하여 용융, 산화 및 정련하여 목표 성분의 용강(熔鋼)을 얻는다.

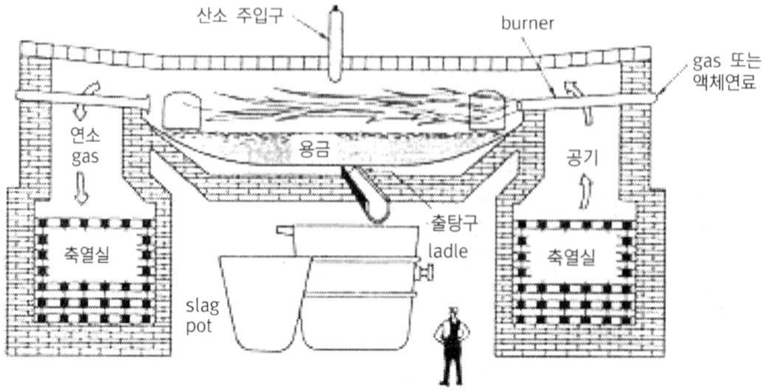

그림 1-85 평로(平爐)

그림 1-85는 평로(平爐)를 보여준다.

1.5.7 Rockwell식 전로(Rockwell式 轉爐; Rockwell converter)

아래 그림과 같이 2개의 노가 서로 연결되어 있어 한쪽에서 중유 burner로 연소 gas를 유입시켜 용해정련하고, 그 배기 gas로 다른 노의 지금을 예열한다. 이 노는 열효율을 높일 수 있고, 융점이 낮은 청동, 황동 등의 용해에 더욱 효율적이며, 용량은 장입 지금의 중량으로 표시한다. 그림 1-86은 Rockwell식 전로이다.

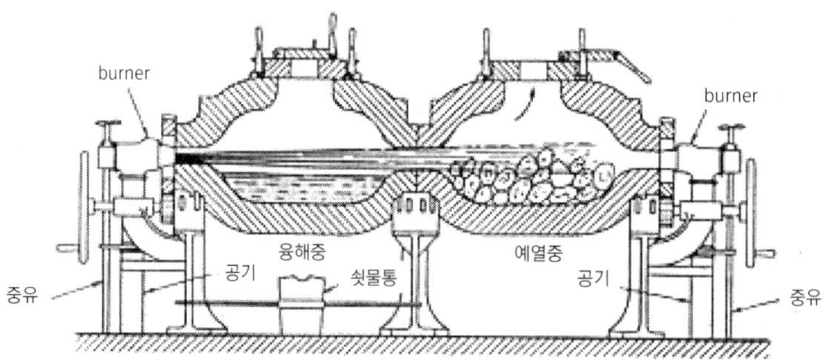

그림 1-86 Rockwell식 전로

1.5.8 전기로(電氣爐;electric furnace)

전기를 열원으로 하는 노로서 주로 제강, 특수주강의 용해에 사용되며, 조작이용이하고 온도 조절을 정확히 하기에 편리하다. 금속의 산화 손실이 적고 정확한 성분의 용탕을 얻을 수 있는 장점이 있으나, 전력비가 많이 들고 전극봉에서 불순물의 개입이 있을 수 있으므로 전극봉의 선택에 주의를 요한다. 전기로의 종류를 들어 보면 다음과 같다

- 전기로 (electric furnace)
  - ① 전기전호로 (electric arc furnace)
    - (i) 간접전호로(Detroit rocking furnace, indirect arc furnace)
    - (ii) 직접전호로(Heroult arc furnace, direct arc furnace)
  - ② 유도전기로 (induction furnace)
    - (i) 고주파유도로 (high frequency induction furnace)
    - (ii) 저주파유도로 (low frequency induction furnace)
  - ③ 전기저항로 (electric resistance furnace)

(1) 전호로(電弧爐; electric arc furnace):

탄소전극 사이에 발생하는 간접적인 열에 의하여 지금을 용해하는 간접전호로와 탄소전극과 지금이 각각 한극이 되어 직접 전호를 발생시켜 그 열로 자체의 지금을 용해하는 직접전호로가 있다.

아래 그림과 같이 2개의 탄소전극 사이에서 arc의 복사열과 반사열에 의하여 가열되어 용해되며, 용탕의 온도를 균일하게 하기 위하여 수평축 주위로 요동시킨다. 노체(爐體) 중앙에 장입구 및 출탕구가 있으며, 온도가 낮고 용해율이 낮기 때문에 주로 융점이 낮은 동합금 및 합금주철 등의 용해에 사용된다. 노의 용량은 250 ~ 1000 kg이며, 전력은 70 ~ 300 kw이고, 용해시간은 지금 1 ton에 대하여 황동에는 40 min, 동에는 60 min 정도이다. 그림 1-87은 간접전호로이다.

그림 1-88은 간접전호로이다.

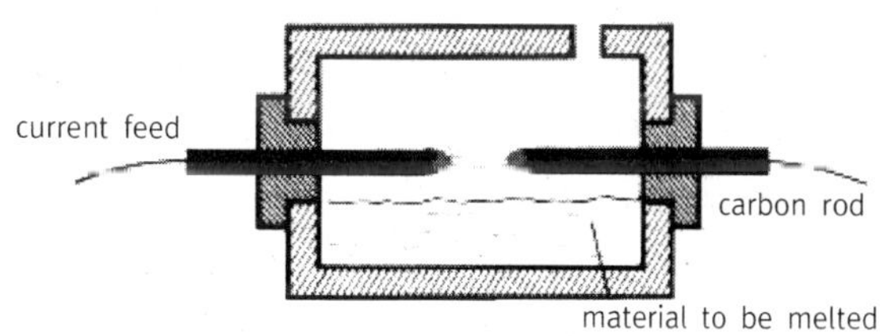

그림 1-87 간접전호로

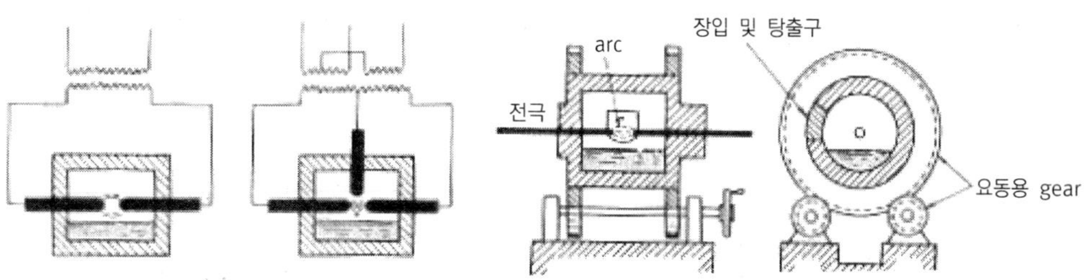

(a) (b)

그림 1-88 간접전호로

아래 그림과 같이 탄소전극과 직접전호를 발생시켜 지금을 용해시키는 직접전호로에는 단상 및 3상 등이 있으며, 전극과 지금 사이의 전호열과 전류가 지금을 통할 때의 저항열에 의하여 용금을 얻는다. 1800℃ 정도의 고온 이므로 휘발성이 적은 고력주철, 가단주철, 강의 제조에 사용되며, 노상(爐床)의 재료에 따라 산성로와 염기성로가 있다. 노의 측벽에 장입구와 용재출구가 있으며, 전동식 또는 유압식 경동장치가 있고, 노의 용량은 1 ~ 20 ton 정도 이다. 그림 1-89는 직접전호로를 보여준다. 그리고 그림 1-90은 직접전호로이다.

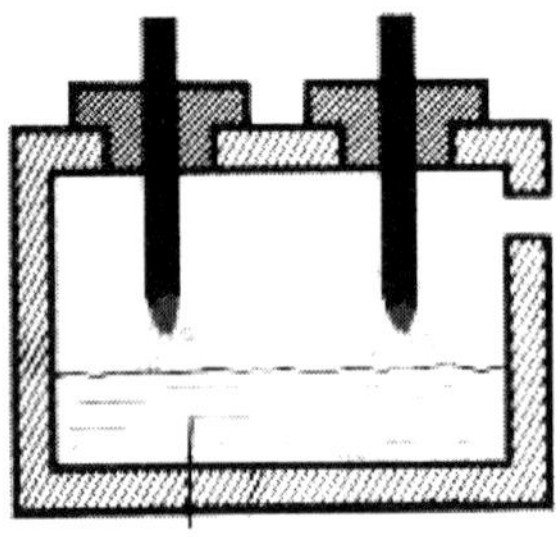

그림 1-89 직접전호로

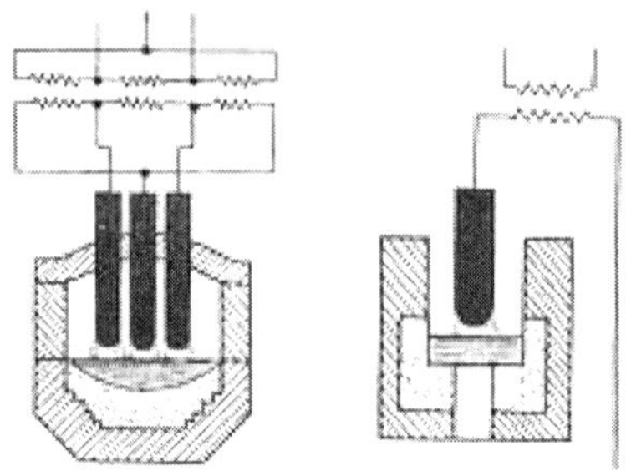

그림 1-90 직접전호로

(2) 유도전기로(誘導電氣爐; induction furnace):

유도 가열 방식에 의하여 금속의 냉재(冷材) 용해, 용탕의 승온(昇溫), 성분 조정을 하는 노로서, 전기도체의 주위에 coil을 감고 교류전류를 통하여 전자유도 작용으로 도체에 유도전류 I^2R가 발생하여 금속을 용해한다. 그림 1-91은 고주파 유도전로이며, 1차 coil을 외주에 감고 2차 coil에 해당하는 것은 노 내의 지금이다. 주로 특수강의 제조에 사용되며, 주파수는 400 ~ 100000 cycle/sec정도, 노의 용량은 2 ~ 8 ton 정도이고, 양질의 용탕을 얻을 수 있으나 전력 손실이 크다.

그림 1-92는 저주파유도로이며, 1은 1차 coil, 2는 변압기의 철심이다. 1에 전류를 통하면 V형 홈 3 속의 용금이 2차 coil의 역할을 하여 유도전류를 발생시켜 열을 낸다. 주파수는 60 ~ 180 cycle/sec이고, 노의 용량은 200 ~ 1000 kg이 보통이며 대형에는 10 ton급도 있다.

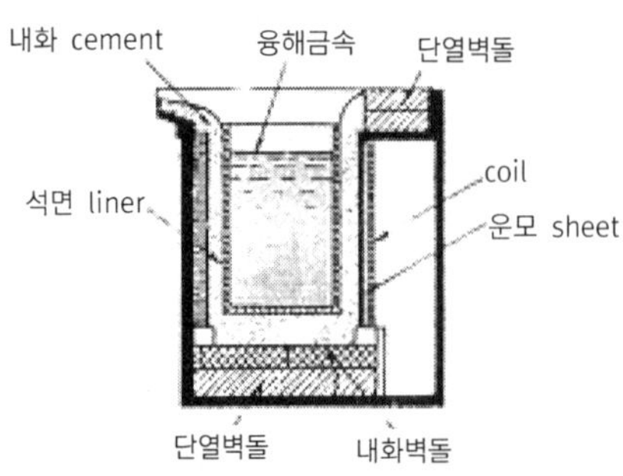

그림 1-91 고주파유도로

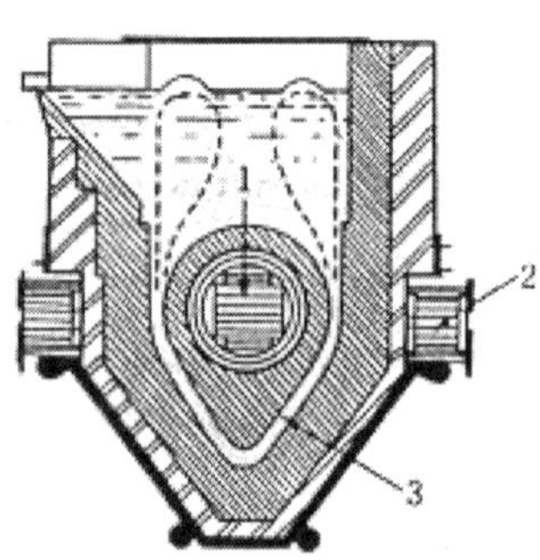

그림 1-92 저주파유도로

1.6 주물재료

주물재료에는 주철, 주강, 동합금, Al 합금, Zn 합금 등이 있으며, 주물의 사용목적에 따라 알맞는 금속을 선택할 수 있어야 하고, 주조시에 생기는 성분의 증감과 변화에 대한 지식이 있어야 한다.

1.6.1 주철(鑄鐵; cast iron)

주철은 강도는 다소 낮으나, 주조성이 좋고, 값이 싸며, 기계가공성이 좋아 널리 사용된다. 주철에는 주조시에 흑연이 석출하여 파단면이 회색인 회주철(灰鑄鐵; grey cast iron)과 흑연의 존재가 적은 백주철(白鑄鐵; white cast iron)이 있으며, 이 두가지의 중간에 속하는 반주철(斑鑄鐵; mottled cast iron)이 있다. 최근에는 회주철의 강도도 많이 향상되었고, 구상흑연주철(球狀黑沿鑄鐵) 등이 출현하여 주강(鑄鋼) 및 가단주철(可鍛鑄鐵) 못지 않게 많이 사용된다.

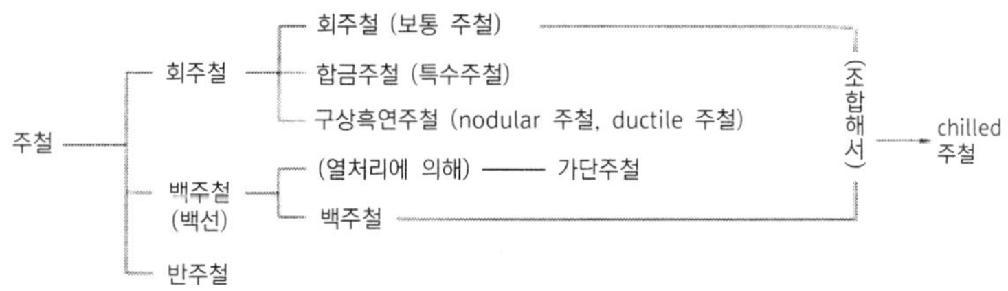

주철조직에 가장 큰 영향을 주는 원소는 C와 Si이며, 독일인 E. Maurer는 전탄소량(全炭素量; total carbon)과 규소량의 관계가 각종 주철조직에 미치는 영향에 대하여 아래와 같은 E. Maurer 선도를 발표하였다. E. Maurer는 용선(熔銑)을 1250℃에서 직경 75 mm의 건조형에 주입하고 냉각속도를 일정히 한 응고조직에서 data를 얻은 것이다. 그림 1-93은 E. Maurer 선도를 나타냈다.

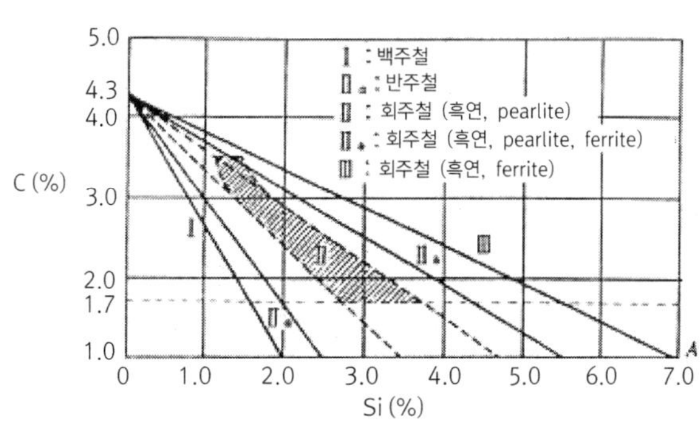

그림 1-93 E. Maurer 선도

(1) 회주철(보통주철, 灰鑄鐵; grey cast iron):

주철중의 탄소의 일부가 유리되어 흑연화되어 있는 것을 회주철이라 하며, 선철과 고철을 용해하여 만든다. 인장강도를 크게하기 위하여 강 scrap을 첨가하여 Ca-Si 등의 접종제로 C와 Si를 감소시켜 백선화(白銑化)되는 것을 방지한다. 회주철은 주조성(鑄造性)과 절삭성(切削性)이 양호하므로 각종 기구, 공작기계 bed, 내연기관 cylinder, piston 및 주철관 등에 사용된다. 회주철에도 흑연의 상태에 따라 편상흑연주철(片狀黑鉛鑄鐵), 구상흑연주철(球狀黑鉛鑄鐵) 및 공정상흑연주철(共晶狀黑鉛鑄鐵) 등이 있다.

(2) 고급주철:

보통주철의 인장강도는 10 ~ 20 kg/mm² 인 데 반하여, 고급주철의 인장강도는 30 ~ 40 kg/mm² 정도 이다. 제조법은 기지(基地)의 조직을 개선하는 방법과 흑연 상태를 개선하는 방법이 있다. 기지의 조직을 개선하는 Lanz 법은 T.C.(total carbon; 全炭素量)=2.5% ~ 3.5%, Si=0.5 ~ 1.5%, T.C.+Si=4.2%를 표준 성분으로 하고, 주형을 예열하여 냉각속도를 느리게 함으로써 백선화(白銑化)를 방지한 pearlite 조직을 얻는다. 이를 일명 pearlite 주철이라고도 한다. 흑연상태를 개선하는 방법에는 Emmel 법, Piwowarsky 법 및 Deschene 법 등이 있는데, Emmel 법은 용선로에 50% 이상의 강철 scrap과 선철을 용해하여 T.C.를 3% 이하로 저하시켜 제조하며, 조직은 흑연이 미세하고 균일하게 분포된 기지의 pearlite 이다.

Piwowarsky 법은 주입온도를 높게하면 흑연이 미세하고 균일하게 되는 경향을 이용하여 용선로에서 용탕을 전기로에 옮겨 1500 ~ 1600℃까지 가열하여 주입함으로써 강도가 큰 주철을 얻는 방법이며, 일명 고온주철이라고도 한다.

Deschene 법은 용융상태의 주철에 진동을 주어 비중이 작은 불순물 같은 것을 뜨게하고, 흑연의 성장을 방해하여 흑연이 완전히 용입(熔入)되며 미세하게 된다. 압탕구가 있는 주형에 이 방법을 사용하면 흑연이 생긴다 하여도 S와 같은 불순물과 함께 위로 부상(浮上)하여 제거되기 때문에 일명 진동탈황주철(振動脫黃鑄鐵) 이라고도 한다.

Meehanite 주철은 미국의 Meehan 회사가 개발한 것으로 선철에 많은 강 scrap을 배합한 저탄소 주철에 Ca-Si, Fe-Si 등으로 접종하여 균일 미세화시킨 고급주철의 일종이다. 열처리 경화가 가능하고, 내마모성이 우수하여 cylinder, cam, crank, 축, 치차, press die 등에 사용된다.

(3) 구상흑연주철(球狀黑沿鑄鐵):

보통주철 중의 편상흑연(片狀黑沿)을 구상화(球狀化)한 조직을 갖는 주철로서, 기지의 종류에 따라 pearlite 형과 ferrite 형이 있다. 미국에서는 nodular graphite cast iron, 영국에서는 spheroidal graphite cast iron 이라 부른다. pearlite 형은 인장강도가 50 ~ 70 kg/mm², 연율이 1 ~ 5%, ferrite 형은 인장강도가 50 ~ 60 kg/mm², 연율이 10 ~ 20%

이다. 구상흑연주철은 경도 220 ~ 230 HB 이며, 내열성 및 내마모성이 우수하고, 절삭성이 좋다.

구상흑연주철의 제조법은 다음과 같다.

- 선철, 강 scrap 등이 사용되고, 제품의 종류 및 용해로에 따라 배합비율이 다르다.
- 용선로, 저주파전기로 등의 노를 사용한다.
- S는 흑연구상화가 되기 전에 0.02% 이하가 되도록 탈황되어야 한다.
- Mg 처리법, Ce 처리법, Ca 처리법에 의하여 구상흑연주철을 얻는다.
- cementite 분해와 ferrite 화를 위하여 풀림한다.

(4) 합금주철(특수주철, 合金鑄鐵):

원소 C, Si, Mn, P, S 외에 Ni, Cr, Cu, Mo, Al, W. Mg, V 등을 첨가하던가 Si, Mn, P를 증가시켜 강도, 내열성, 내부식성, 내마모성 등을 개선한 주철을 합금주철이라 하며, 첨가되는 원소의 영향은 다음과 같다.

- Cu: 0.25 ~ 2.5% 첨가하면 경도,내마모성 및 내부식성이 커진다.
- Cr: 0.2 ~ 1.5% 첨가하면 pearlite 조직이 미세화되며, 경도, 내열성, 내마모성이 증가한다.
- Ni: 두꺼운 부분의 조직이 조대화 되는 것을 방지함과 동시에 얇은 부분의 chill 발생을 방지한다. 14 ~ 38% 첨가하면 내열성, 내산성, 내 alkali 성이 되며, 비자성(非磁性)인 austenite 가 된다.
- Mo: 흑연화를 방지하며, 0.25 ~ 1.25% 첨가하면 흑연을 미세화시키고, 강도, 경도, 내마모성을 증대시킨다.
- Ti: 탈산제로서 흑연화를 촉진하나, 너무 많이 첨가하면 흑연화를 방해한다. 0.3% 이하 첨가하면 고탄소, 고규소철의 흑연을 미세화시켜 강도를 높인다.
- V: 0.10 ~ 0.50% 첨가하면 흑연을 미세화시키고, 강력한 흑연화의 방지제가 된다.

그림 1-94는 보통주철에 합금원소를 첨가하였을 때 인장강도의 증가율을 보여준다.

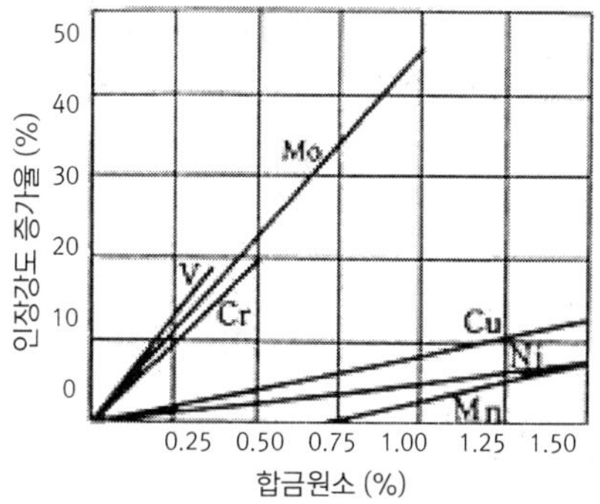

그림 1-94 인장강도의 증가율

(5) 가단주철(可鍛鑄鐵; malleable cast iron):

백선철(白銑鐵)을 열처리해서 가단성(可鍛性)을 부여한 것이며, 파단면의 상태에 따라 백심가단주철(白心可鍛鑄鐵)과 흑심가단주철(黑心可鍛鑄鐵)로 나눈다.가단주철은 인장강도와 연율이 연강에 근사하고 주철의 주조성을 갖고 있어 주조가 용이하므로 자동차 부품, 관이음 등에 많이 사용된다.

가단주철 조성(%)

종별	C	Si	Mn	P	S
백심 가단주철	2.8 ~ 3.5	0.4 ~ 0.8	0.2 ~ 0.4	0.15 >	0.20 >
흑심 가단주철	2.3 ~ 2.8	0.8 ~ 1.1	0.2 ~ 0.1	0.20 >	0.06 >

가단주철의 제조 과정은 다음과 같다.

- 화학조성: 앞의 표에서와 같이 백심가단주철에는 흑심가단주철에 비하여 S가 많고, Si가 적다. 반대로 흑심가단주철에는 Si가 많고 S가 적다. 흑연화를 촉진하는 것으로서 큰 것부터 나열하면 Co, Cu, P, Ni, Ti, Al, Si 등이고, 흑연화를방해하는 것은 W, Mo, Mn, V, Cr. S의 순이다.
- 용해 및 주조: 용해에는 용선로, 도가니로, 반사로, 전기로 등이 이용된다. 주입온도가 너무 높으면 흑연화에 시간이 너무 오래 걸리므로 용선로와 반사로에서는 1320 ~ 1420℃ 정도가 적당하다. 백선철은 탄소량이 보통주철보다 적으므로 용해온도가 높다.
- 열처리: 백선철 주물을 상자에 넣어 풀림로에서 다음 그림과 같이 열처리 한다. 열처리 온도가 흑연화에 미치는 영향은 크며, 저온에서 열처리를 행하면 시간은 오래 걸리나 흑연이 미세해져 가단성이 커진다. 그림 1-95는 가단주철의 열처리를 보여준다.

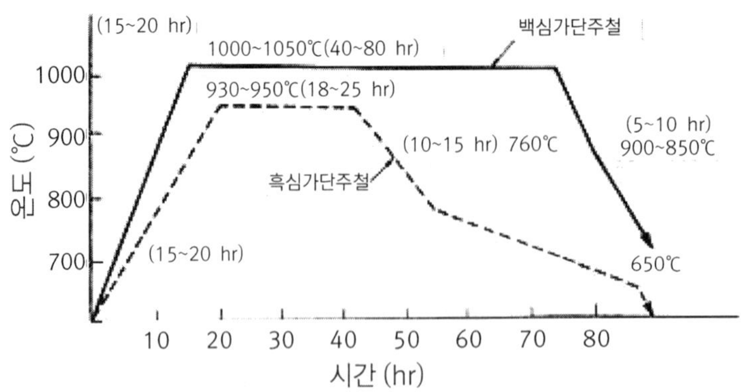

그림 1-95 가단주철의 열처리

1.6.2 주강(鑄鋼; cast steel)

일종의 탄소강으로서 C가 0.1 ~ 0.6% 정도이며, Si가 0.20 ~ 0.70%, Mn이 0.5 ~1.0%, P<0.05%, S<0.06% 이다. 기관차의 frame, hammer 등은 보통주철로서는 인장강도가 적고 충격에 약하며, 가단주철은 풀림 관계로 치수가 큰 주물에는 부적당 하므로 인성(靭性)이 큰 주강을 필요로 한다.

주강제품에는 기포, 기공 등이 금물이므로 제강(製鋼)을 할 때 보다도 충분한 탈산제를 사용하기 때문에 Mn과 Si가 많게된다. 주조온도는 1500 ~ 1550℃, 수축률이 2% 정도로서 양질의 주물을 얻기 위해서는 각부(角部)는 rounding하여 균열을 방지한다.

(1) 보통주강:

인장강도 35 ~ 60 kg/mm^2, 연율 10 ~ 20%이며, 주조상태에서 조직이 조대하므로 풀림 열처리하여 사용한다.

(2) 합금주강(특수주강):

Mn, Cr, Mo 등을 첨가하여 강도, 인성, 내열성, 내마모성, 내식성 등을 개선한 것이다. 그림 1-96은 합금주강(특수주강)의 기계적 성질을 나타낸다.

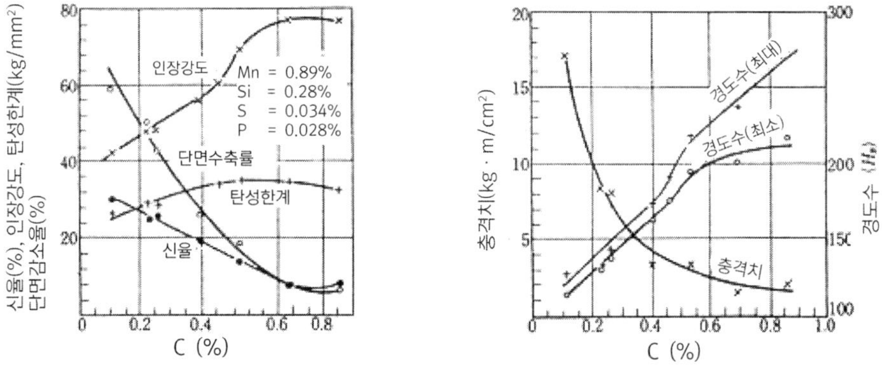

(a) 주강의 탄소량과 기계적 성질 (b) 주강의 탄소량과 기계적 성질

그림 1-96 합금주강(특수주강)의 기계적 성질

1.6.3 동합금(銅合金; copper alloy)

동의 용융금속은 강보다도 유동성이 불량하고 수축율도 크며, 기공이 생기기 쉽고 강도가 낮기 대문에 주조에는 합금인 황동(黃銅; brass)과 청동(靑銅; bronze)이 사용된다.

(1) 황동(黃銅; brass):

진유(眞鍮)라고도 하며 Cu와 Zn의 합금으로서, 주조성과 가공성이 좋고 기계적 성질 및 내식성이 크고, 값이 싸기 때문에 널리 사용된다. 연율이 가장 큰 황동은 Cu: 70%, Zn: 30%인 7-3황동 이다. Cu: 70%, Zn: 29%, Sn: 1%인 황동을 naval 황동이라 하여 해수에 대한 내식성이 크다. 해수에 내식성이 큰 6-4 황동, Cu: 55%, Zn: 41%, Pb: 2%, Fe: 2%인 delta 황동은 주조 및 단조에 적합하다. 그림 1-97은 황동판(1.5 mm, 풀림 한것)의 Zn 함량과 기계적 성질을 나타낸다.

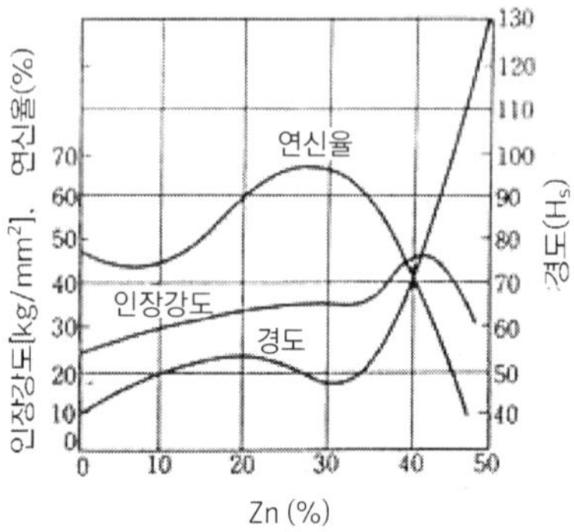

그림 1-97 황동판의 Zn 함량과 기계적 성질

(2) 청동(靑銅; bronze):

Cu와 Sn의 합금으로서, Sn은 강도, 경도, 내식성을 증가시키는 영향이 Zn보다 크다. Cu: 95%, Sn: 5%의 청동은 동화(銅貨)에, Cu: 96%, Sn: 4%의 청동은 동상(銅像)에, Sn: 12 ~ 16%, 잔여: Cu인 청동은 bearing에 사용된다. 그림 1-98은 청동판의 Sn 함량과 기계적 성질이다.

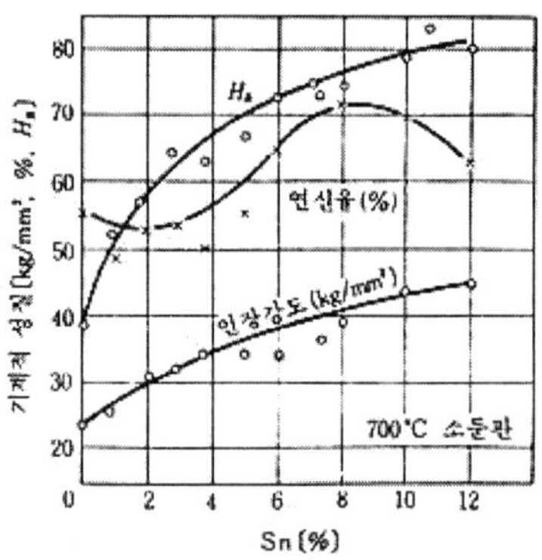

그림 1-98 청동판의 Sn 함량과 기계적 성질

1.6.4 aluminum 합금(aluminum alloy)

Al은 비중이 2.7이며 전기전도성이 양호하고, 가단성(可鍛性)이 있어 봉재(棒材) 및 판재(板材)로도 사용된다. Al 합금에는 Cu계, Si계, Zn계 등이 있으나 주조용의 대표적인 것은 Al-Si계 합금(silumin)이다.

(1) silumin:

silumin은 그대로 주조하면 조직이 조대하여 지므로 금속 Na 또는 Na염을 첨가하면 조직이 미세화 되며, 기계적 성질도 개선된다. 인장강도 18 kg/mm² , 연율 4 ~ 6% 정도 이며, 주형은 사형 및 금속형을 사용할 수 있다. 아래 그림에서 A, B는 Na 첨가 전의 인장강도 및 연율이고, A' , B'는 Na 첨가 후의 성질을 나타낸다. 그림 1-99는 개량효과를 보여준다.

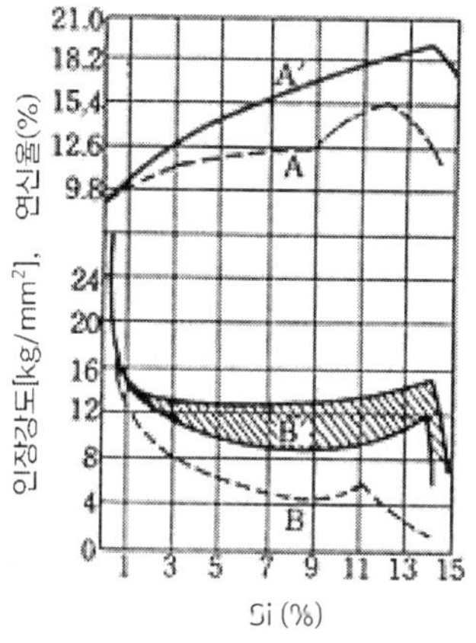

그림 1-99 개량효과

(2) Al-Cu계 합금:

4.5%의 Cu 합금은 주조성이 양호하고 내마모성이 크므로 cylinder head, piston 등에 사용된다.

(3) Al-Cu-Si계 합금:

Cu: 3 ~ 8%, Si: 3 ~ 8%로 되며, Si는 주조성을 개선하고, Cu는 절삭성을 좋게한다. 사형 및 금형의 주조에 적합하고, 인장강도 18 kg/mm², 연율 2% 이상이다. 500℃에서 뜨임(tempering)한 것은 인장강도가 28 kg/mm²에 달한다.

(4) Al-Mg계 합금:

Al에 3.5 ~ 11.0%의 Mg를 함유시키면 내식성, 강도, 연율이 크고, 절삭성도 좋다. 열처리한 것은 인장강도가 30 kg/mm²정도이고, 12% 이상의 연율을 갖는 것도 있다.

(5) Al-Cu-Ni-Mg계 합금:

Y계 합금이라 부르며, Al: 4%, Cu: 2%, Ni: 1.5%, Mg: 1.5% 정도 이고, 나머지가 Al이며, 인장강도 20 kg/mm², 연율 1.5%로서 내열성이 우수하여 자동차 및 비행기의 piston 등에 사용된다. 사형 및 금형을 사용할 수 있고, 금형을 사용하면 조직이 치밀하게 된다.

(6) 알루미늄 합금 종류 및 화학 성분

명칭	화 학 성 분 (%)								
	Si	Fe	Cu	Mn	Mg	Zn	Cr	Ti	기타	Al
1060	0.25	0.35	0.05	0.03	0.03	0.05	-	0.03		≧99.6
1100	1.0		0.05~0.20	0.05	-	0.10	-	-		≧99.0
2011	0.40	0.7	5.0~6.0	-	-	0.30	-	-	Pb : 0.20~0.6 Bi : 0.20~0.6	Remainder
2014	0.50~1.2	0.7	3.9~25.0	0.40~1.2	0.20~0.8	0.25	0.10	-	Zr + Ti : 0.20	Remainder
2024	0.5	0.5	3.8~4.9	0.30~0.9	1.2~1.8	0.25	0.10	-	Zr + Ti : 0.20	Remainder
2219	0.20	0.30	5.8~6.8	0.20~0.40	0.02	0.10	-	0.02 – 0.10	V : 0.05~0.15 Zr : 0.10~0.25	Remainder
3003	0.6	0.7	0.05~0.20	1.0~1.5	-	0.10	-	-		Remainder
3004	0.30	0.7	0.25	1.0~1.5	0.8~1.3	0.25	-	-		Remainder
3005	0.6	0.7	0.30	1.0~1.5	0.20~0.6	0.25	0.10	0.10		Remainder
4032	11.0~13.5	1.0	0.50~1.3	-	0.8~1.3	0.25	0.10	-	Ni : 0.5~1.3	Remainder

명칭	화 학 성 분 (%)								
	Si	Fe	Cu	Mn	Mg	Zn	Cr	Ti	기타	Al
4043	4.5~6.0	0.8	0.03	0.05	0.05	0.10	-	0.20		≧99.6
5005	0.30	0.70	0.20	0.20	0.5~1.1	0.25	0.10	-		≧99.0
5052	0.25	0.40	0.10	0.10	2.2~2.8	0.10	0.15~0.35	-		Remainder
5083	0.40	0.40	0.10	0.40~1.0	4.0~4.9	0.25	0.05~0.25	0.15		Remainder
5082	0.20	0.35	0.15	0.15	4.0~5.0	0.25	0.15	0.10		Remainder
6061	0.40~0.8	0.7	0.15~0.40	0.15	0.8~1.2	0.25	0.04~0.35	0.15		Remainder
6063	0.20~0.6	0.35	0.10	0.10	0.45~0.9	0.10	0.10	0.10		Remainder
6N01	0.40~0.9	0.35	0.35	0.50	0.40~0.8	0.25	0.30	0.10		Remainder
6951	0.20~0.50	0.8	0.15~0.40	0.10	0.40~0.8	0.20	-	-		Remainder
7003	0.30	0.35	0.20	0.30	0.50~1.0	5.0~6.5	0.20	0.20	Zr : 0.05~0.25	Remainder
7072	0.7		0.10	0.10	0.10	0.8~1.3	-	-		Remainder
7075	0.40	0.5	1.2~2.0	0.30	2.1~2.9	5.1~6.1	0.18~0.35	-	Zr + Ti : 0.25	Remainder
7N01	0.30	0.35	0.20	0.20~0.7	1.0~2.0	4.0~5.0	0.30	0.20	Zr : 0.25 V : 0.10	Remainder

1.6.5 magnesium 합금(magnesium alloy)

magnesium은 상온에서 비중이 1.74로서 공업용 금속 중 비중이 가장 낮다. Mg-Al-Zn계 합금을 Elektron이라 하며, Mg가 90% 이상이고 Al 및 Zn이 10% 정도로서, 인장강도 17 ~ 20 kg/mm^2, 연율 3 ~ 5%이다. Mg-Al 합금 중 미국의 Dow Metal Co.에서 개발한 Dow Metal은 Elektron과 함께 Mg 합금의 대표적인 것이다. Mg 합금은 비중이 1.75 ~ 2.0인데 비하여 인장강도가 15 ~ 35 kg/mm^{2}이고 (강도/비중)의 비가 커서 경합금(輕合金)재료로 적합하다. 주물에서도 인장강도, 연율, 충격강도 등이 Al 합금의 것과 비슷하고 절삭성도 좋다.

1.6.6 백색합금(white metal)

Pb, Sn 등을 주성분으로 하는 합금은 백색이므로 백색합금이라 부르며, 땜납(solder), 활자금속, bearing 금속 등에 사용된다.

(1) 땜납:

모재(母材)의 용융점보다 낮아야 하고 잘 밀착되어야 한다.

연납(軟납; soft solder): 용융점이 450℃이하로서 땜납이라 하면 연납을 의미하는 경우가 많다

경납(硬납; hard solder): 용융점이 450℃ 이상으로서 황동납(Cu-Zn), 은납(황동에 6 ~ 10%의 Ag), 양은납(황동에 8 ~ 12%의 Ni) 등을 들 수 있다.

(2) 활자금속:

용융온도가 낮고 응고수축이 적다. Sb는 응고시에 0.95% 팽창하고 Pb는 3.44% 수축한다. Pb에 Sb를 첨가하면 수축이 직선적으로 감소되어 Sb 75%에서 0 이 된다. 또한 Sb는 경도를 높이고 용융온도를 저하시킨다.

(3) bearing metal:

축(軸)에 적응할 수 있고, 점성과 인성이 크고, 열전도율이 크고, 주조성이 양호할 것, 마찰계수가 작고, 내마모성이 클 것, 윤활유에 부식 및 침식되지 않을 것 등이 bearing metal의 조건이다. 이에 적합한 재료로서 다음을 들 수 있다.

- 동기지(銅基地) bearing 합금: gun metal, P-청동, Pb: 20 ~ 40%이고, 나머지가 Cu인 Kelmet, Al-청동 등이다.

- 주석기지 bearing 합금: Sn에 Sb: 6 ~ 12%, Cu: 4 ~ 6%인 Babbit metal 이다.
- 납기지 bearing 합금: Sb: 10 ~ 20%, Sn: 5 ~ 15%, 나머지: Pb 이다.
- 아연기지 bearing 합금: Zn: 80 ~ 90%에 Cu 및 Sn 등을 첨가한다.

1.7 주입 및 주입 후 처리

1.7.1 주입(鑄入)

주형에 용탕을 주입하기 전에 압상력(押上力)을 고려하여 주형상자를 bolt로 고정하거나 중추를 놓아 안전하게 하여야 한다. 주입온도가 너무 높으면 조직이 조대화(粗大化)되고, 온도가 너무 낮으면 성분이 불균일하게 되므로 적당한 온도에서 가능하면 빠른 속도로 주입하는 것이 바람직하다. 아래 표는 주물재료에 대한 주입온도이다.

주물의 종류	주입온도(℃)	주물의 종류	주입온도(℃)
주철	1300 ~ 1350	Elektron	620 ~ 680
주강	1500 ~ 1600	babbitt metal	450
황동	1000 ~ 1100	aluminium	680 ~ 720
청동 및 포금	1050 ~ 1150	Y합금	670 ~ 700
		silumin	720 ~ 620

1.7.2 주입 후 처리

(1) 탕구(湯口):

주철주물의 탕구는 hammer 등으로 쳐서 자르고, 주강과 같이 강도가 큰 것은 gas torch로 용단(熔斷)한다. 동합금, Al 합금, 등과 같이 연성이 크고 열전도성이 큰 것은 hammer 절단 또는 gas torch 절단보다는 톱으로 절단하는 것이 좋다.

(2) 모래떨기:

크기가 작고 수량이 적은 주물에 대하여는 주물에 붙은 모래를 wire brush 등으로 떨어 낼 수 있으나. 수량이 많거나 큰 주물에 대하여는 다음과 같은 기계를 이용하는 것이 좋다.

- tumbler: 강제회전(鋼製回轉) drum 속에 주물과 철편(鐵片)을 넣고 회전시키면 상호

충돌에 의하여 모래떨기가 되고 주물표면이 평활하게 된다.

- sand blasting machine: 높은 압력의 압축 공기로 규사를 분사시켜 주물표면에 소착된 주형사를 청소한다.
- shot blasting machine: 작은 강구(鋼球)를 원심력을 이용한 분사기로 분사시켜 주물표면을 청소한다.

(3) 기계가공:

부분적으로 숫돌에 의한 grinding, 사포기에 의한 belt grinding을 한다.

(4) 산세척(酸洗滌):

주물표면에 붙은 미립물(微粒物)이나 산화물의 탈락을 쉽게 하고 균열의 발견을 쉽게 하도록 하기 위하여 불화수소산이나 희염산, 희황산액에 수십시간 침지하여 세척하고 묽은 수산화나트륨, 석회유 등으로 주물표면에 있는 산을 중화시킨다.

1.8 특수주조법(特殊鑄造法)

앞에서 취급한 사형(砂型)에서와는 달리 주형 내의 용탕에 압력을 가하거나 정밀주형에서의 정도가 높은 주물을 얻는 주조법을 통털어 특수주조법이라 하여 본장에서 다룬다. 용탕에 압력을 가하는 방법에 따라 원심주조법과 die casting법이 있으며, 정밀주조법에는 주형의 제작 방법에 따라 shell molding법, investment molding법 및 CO_2법 등이 있고, 이 밖에도 진공주조법과 연속주조법 등이 있다.

1.8.1 원심주조법(遠心鑄造法; centrifugal casting)

회전하는 원통주형 내에 용탕을 넣고 회전시켜 원심력에 의하여 주형 내면에 압착 응고하도록 하여 관(管), cylinder liner, piston ring, brake ring, 차륜(車輪) 등과 같은 중공주물(中空鑄物)을 얻는 주조법이다. 주형축의 방향에 따라 수평식 원심주조기와 수직식 주조기가 있다. 그림 1-100은 원심주조법으로 제작된 파이프 종류를 보여준다.

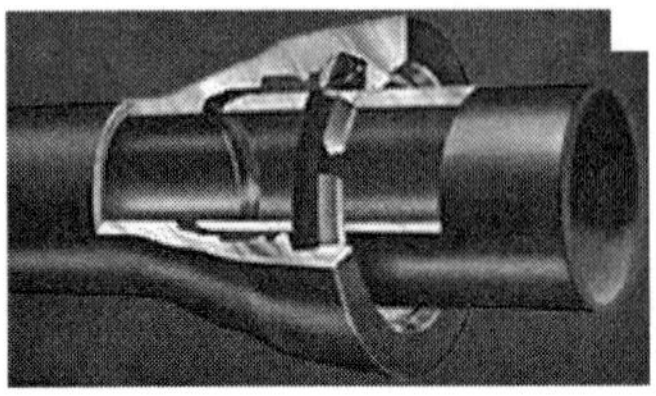

restrained joint pipe

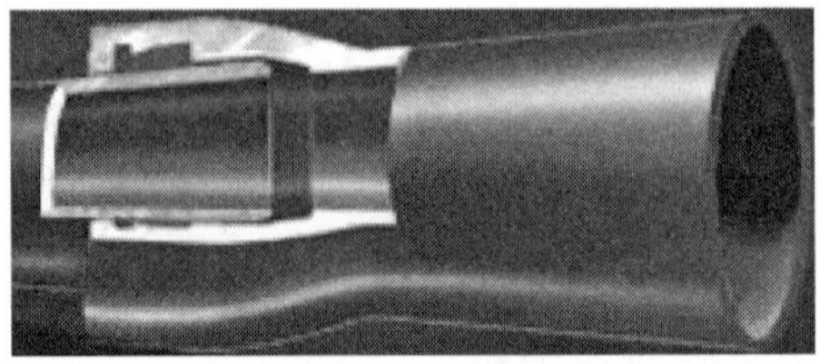

fastile joint pipe

flanged pipe

mechanical joint pipe

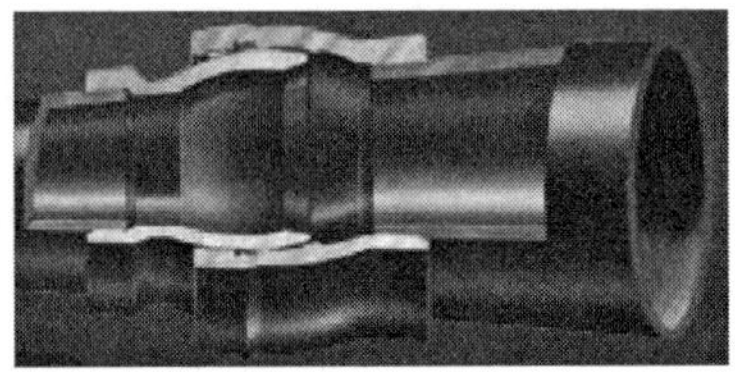

ball joint pipe

MT push pipe

그림 1-100 원심주조법으로 제작된 파이프 종류

원심주조법의 장점을 들면 다음과 같다.

- core가 필요없다.
- 질(質)이 치밀하고 강도가 크다.
- 기포(氣泡), 용재(鎔滓)의 개입이 적다.
- 탕구, riser, 압탕구가 필요없다.

그림 1-101은 수평식 원심주조기를 보여준다.

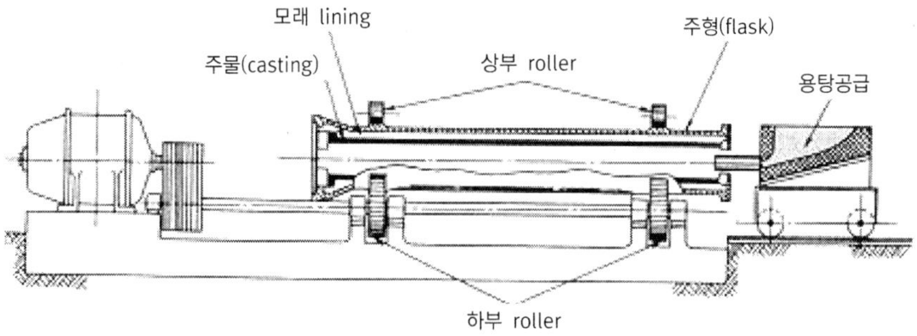

그림 1-101 수평식 원심주조기

그림 1-102는 수평식 원심주조기에 용탕의 주입을 보여준다.

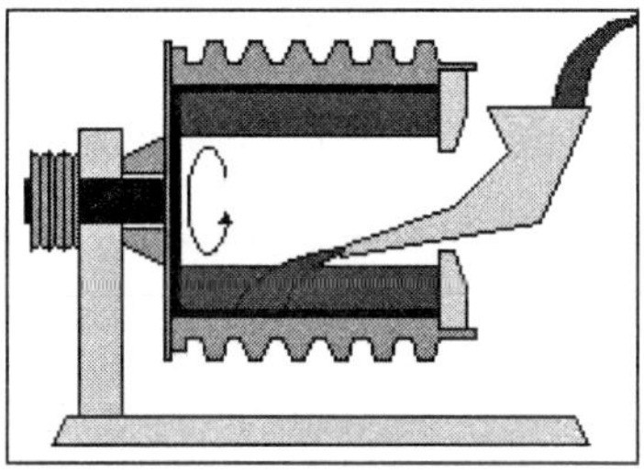

그림 1-102 수평식 원심주조기에 용탕의 주입

그림 1-103은 수직식 원심주조기이다.

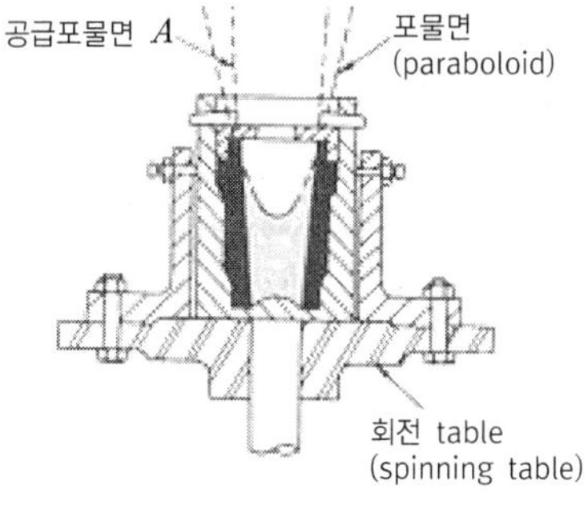

그림 1-103 수직식 원심주조기

주형재료에 따라 용탕이 금형벽과 직접 접촉하는 금형과 금형 내벽에 사층(砂層)을 두어 용탕이 사층과 접촉하는 사형이 있다. 금형은 주철, 주강, 특수강으로 되어 있고, 주형의 온도가 낮으면 주물의 외측이 백선화(白銑化)되는 경향이 있으므로 200 ~ 300℃ 정도로 예열하는 수가 있다. 대형 주물의 주조에서는 주형이 파괴될 염려가 있으므로 주형의 외벽을 수냉할 필요가 있다. 주형과 용탕 사이에 사층(砂層)을 두는 사형에서는 원심력에 의하여 사층이 파괴되지 않도록 석면 등을 혼합하여 제작하고, 금속 내벽에 요철(凹凸)을 두어 주형사의 부착을 돕는다.

(1) 수평식

r : 반지름, dm : 질량, ω : 각속도, dC : 원심력이라 하면

$$dC = dm \cdot r \cdot \omega^2 = (r \cdot d\theta \times dr \times 1) \cdot \frac{\gamma}{g} \times r \cdot \omega^2 = \frac{\gamma}{g} \cdot \omega^2 \cdot r^2 \cdot dr \cdot d\theta$$

단 γ는 비중량이다.

원통의 단위길이에 대한 원심력(주형표면의 작용력)은 회전수가 커지면 중심차는 작아지나, ω를 너무 크게 하면 원심력이 크게 되어 응고 직후의 약한 상태에서 원통에 너무 큰 인장력이 작용하여 crack이 생길 염려가 있고, e가 크면 회전할 때 마다 용탕이 교란되고 회전도 불균형하게 되므로 회전수는 G number, 즉 $\dfrac{\text{원심력에 의한 가속도}}{\text{중력에 의한 가속도}}$에 의하여 적정한 값으로 算定하는 것이 보통이다.

$$G_{No} = \frac{r \cdot \omega^2}{g} = \frac{\left(\dfrac{D}{2}\right)\left(\dfrac{2\pi N}{60}\right)^2}{(980\ cm/\sec^2)} = \frac{D \cdot N^2}{179{,}000}$$

단 D : 주물의 내경(cm), N : 회전수(rpm)

원심주조의 G_{No}

주 물	주형	G_{No}
주 철 관	사형	65 ~ 75
주 강 관	금형	30 ~ 50
포 금 관	금형	50 ~ 70
cylinder liner	금형	110 ~ 120

(2) 수직식

원주속도 $v = x \cdot \omega$, 원심력$= m \cdot \omega^2 \cdot x$가 중력 $m \cdot g$와 평형을 이루므로 $R = m\sqrt{g^2 + \omega^4 \cdot x^2}$이고, 액체가 정지상태에 있으므로 자유표면은 항상 R와 직각이어야 한다.

$$\tan\theta = \frac{m \cdot \omega^2 \cdot x}{mg} \qquad \tan\theta = \frac{dy}{dx}$$

$$\therefore \frac{dy}{dx} = \frac{\omega^2 \cdot x}{g}$$

$$\therefore g \cdot dy - \omega^2 \cdot x \cdot dx = 0,$$

$$gy - \frac{1}{2}\omega^2 \cdot x^2 = c$$

$x = 0$일 때 $y = 0 \quad \therefore c = 0$

$$\therefore g \cdot y - \frac{1}{2}\omega^2 \cdot x^2 = 0,$$

$$\therefore x^2 = 2\left(\frac{g}{\omega^2}\right) \cdot y$$

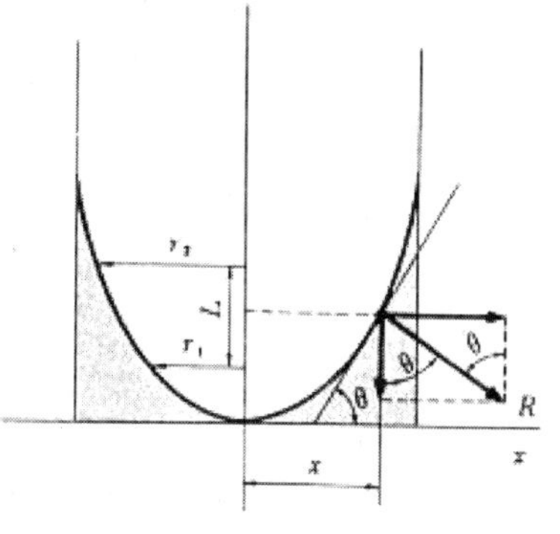

수직적 원심주조의 원리

∴ 포물선을 이루는 것을 알 수 있으며, 주형의 직경은 고정되어 있는데 y가 증가하면 x가 증가하므로 주물은 위로 갈수록 얇아진다. 실제로는 포물선의 정점으로부터 떨어진 일정길이의 부분을 사용하며, 이 때 저부(底部)의 안지름 r_1 (cm), 상부(上部)의 안지름 r_2 (cm)와 원통의 길이 L(cm)과의 관계는

$$y_2 = \frac{\omega^2}{2g}{r_2}^2$$

$$y_1 = \frac{\omega^2}{2g}{r_1}^2$$

$$\therefore L = y_2 - y_1 = \frac{\omega^2}{2g}({r_2}^2 - r_1^2) = \frac{\left(\frac{2\pi N}{60}\right)^2}{2 \times 980} \cdot ({r_2}^2 - {r_1}^2)$$

$$\therefore N = 422.9798\sqrt{\frac{1}{{r_2}^2 - {r_1}^2} \times L}$$

1.8.2 die casting

정밀한 금속주형에 고압, 고속으로 용탕을 주입하여 주물을 얻는 주조법으로서, 주물재료에는 Al 합금, Zn 합금, Sn 합금 등이 있으며, 제품에는 자동차 부품, 전기기기, 통신기기용품, 기타 일용품 등이 있다. 특징을 들면 다음과 같다.

[장점]

- 정도가 높고 주물표면이 깨끗하여 다듬질 작업을 줄일 수 있다.
- 조직이 치밀하여 강도가 크다.
- 얇은 주물의 주조가 가능하여 제품을 경량화(輕量化)할 수 있다.
- 주조가 빠르기 때문에 다량 생산으로써 단가를 줄일 수 있다.

[단점]

- 장비와 die 제작비가 고가이기 때문에 소량 생산에 부적합하다.
- die의 내열강도 때문에 용융점이 낮은 비철금속에 제한된다.
- 소형제품에 국한한다.

die에 가압주입을 하기 위한 die casting machine이 필요하며, 가압실의 구동방식에 따라 압축공기식, 수압식, 유압식이 있고, 각각에 대하여 수동식과 자동식, 열가압실식(熱加壓室式; hot chamber type)과 냉가압실식(冷加壓室式; cold chamber type)이 있다.

(1) die casting machine8

열가압실식 die casting machine은 아래 그림과 같이 내열주철제 pot에 내열주철제 gooseneck가 있어 pot 내의 용탕이 neck에 유입되고 plunger의 작동으로 neck 내의 비교적 용융점이 낮은 금속의 용탕을 die에 압류(壓流)시켜 주조하는 주조기이다. 용탕에 작용하는 가압력은 50 ~ 200 kg/cm^2 이며, 생산능률은 시간당 100회까지 이다. 냉가압실식 die casting machine에서는 황동, 청동과 같이 용융온도가 높은 금속을 온도가 그리 높지 않고 유동성이 낮은 상태에서 200 ~ 300 kg/cm^2 의 고압력으로 금형 내에 주입시키며, 계속 가압하여 단조효과까지 기대할 수 있다. 그림 1-104는 열가압실식 die casting machine 이다.

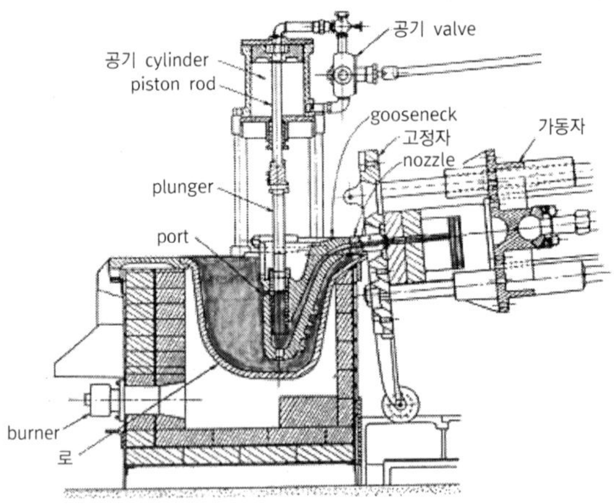

그림 1-104 열가압실식 die casting machine

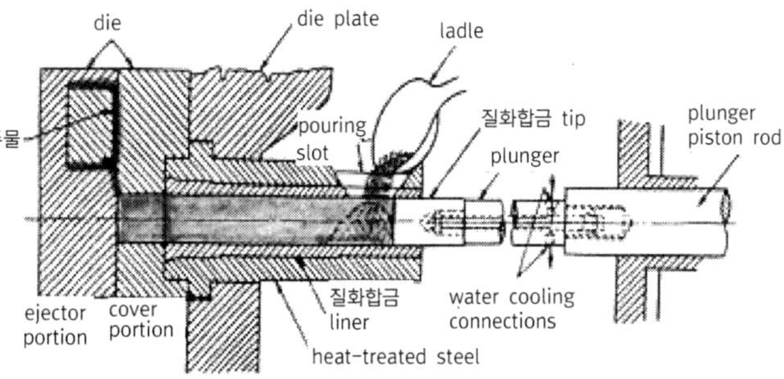

그림 1-105 냉가압실식 die casting machine

그림 1-105는 냉가압실식 die casting machine이다.

(2) 금형(金型; die)

die 재료는 내열성과 열처리의 안정성, 내부식성이 커야 하고, die 구조는 아래 그림과 같이 2편(片) 이상으로 되어 분리시켜 주물을 빼낼 수 있어야 한다. 그림 1-106은 금형의 작동 예이다.

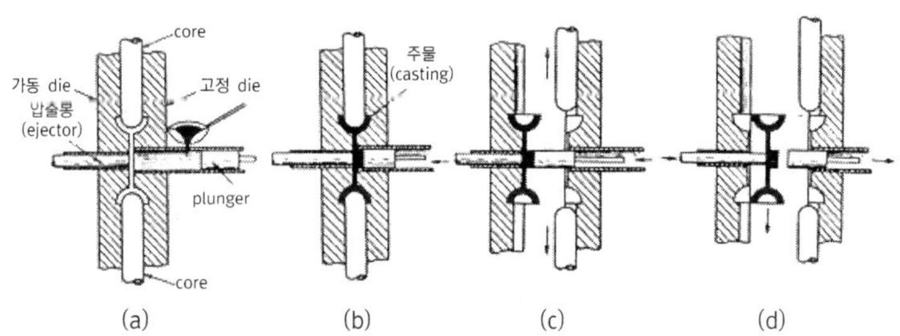

그림 1-106 금형의 작동 예

1.8.3 shell molding 법(shell molding process)

금속모형을 250 ~ 300℃로 가열 하고, 그위에 박리제인 규소수지를 바른 후 140 ~ 200mesh 정도의 SiO_2와 열경화성 합성수지를 배합한 주형재에 모형을 매몰하여 주형 제작을 하는 방법을 shell molding 법이라한다. 아래 그림과 같은 과정에서 모형에 주형재가 15 ~ 30 sec동안 용융하여 접한 후 dump box를 반전하여 반응하지 않은 것은 낙하시켜 분리하며, 이 과정을 setting이라 한다. 그림 1-107은 shell 조형법의 공정 및 shell 조형기이다.

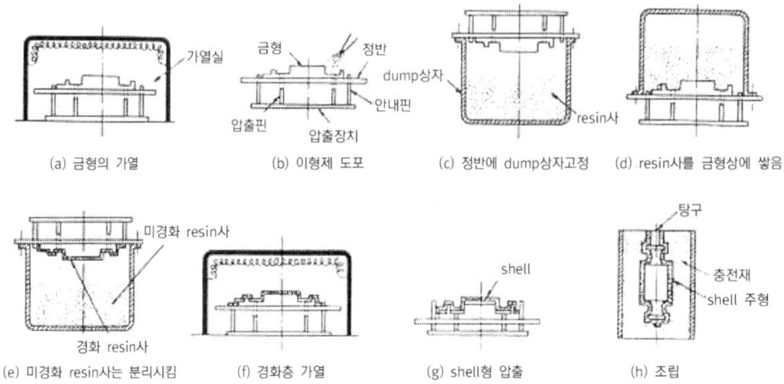

(A) shell 조형법의 공정

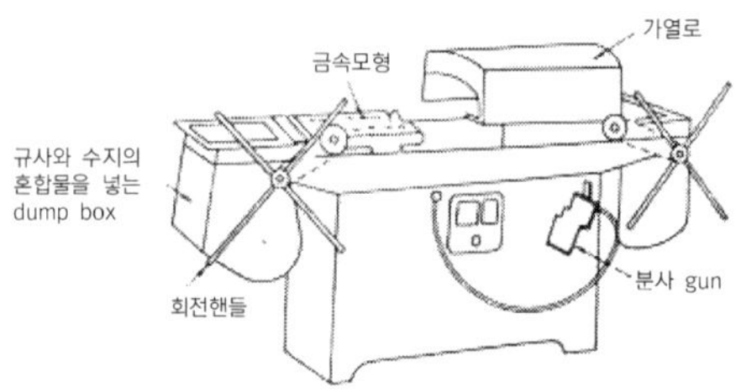

(B) shell 조형기

그림 1-107 shell 조형법의 공정 및 shell 조형기

성형된 shell을 모형과 함께 300 ~ 350℃까지 1 min 동안 가열로에서 가열시며, 이 과정을 curing이라 한다. curing 후 5 ~ 10 mm 두께의 shell을 모형에서 분리시켜 shell 쌍을 조립하여 주형을 제작한다. 주물이 작을 때에는 spring 도는 clamp 등으로 shell를 조립하고, 큰 주물에 대하여는 용탕의 압력에 대하여 shell의 조립상태를 유지할 수 있도록 주형상자에 모래 또는 철편 등을 장입한다. shell의 강도는 수지(樹脂)의 첨가량, 금형의 가열조건, setting 시간 및 curling 시간 등에 의한다. 특징을 들면 다음과 같다.

[장점]

- 미숙련공도 shell를 제작할 수 있다.
- shell을 준비한 후 일시에 다량생산을 할 수 있다.
- 철 및 비철 모든 금속의 주조에 이용할 수 있다.
- 주물의 정밀도가 높다.

[단점]

- 금형을 필요로 하기 때문에 소량의 주조에서는 비경제적이다.
- 수지(樹脂)가 비교적 고가이므로 주조비가 높다.
- shell 제작에 energy 비용이 높다.

1.8.4 investment molding 법(investment molding process, lost-wax process)

얻고자 하는 주물과 동일한 형상의 모형을 wax 또는 paraffin 등으로 만들어 주형재에 매몰하여 다진 다음 가열하여 주형을 경화시킴과 동시에 모형을 용출(熔出)시켜 주형을 완성하는 주형제작법을 말하며, 일명 lost wax 법이라고도 한다. 이 주형에 의한 주조에서 주물의 치수 정도와 표면 정도가 좋기 때문에 정밀주조법이라고도 한다. 이 방법에 의한 주조법은 철 및 비철금속에 대하여 특히 정밀하고 형상이 복잡하여 기계가공이 어려운 소형주물(1 g ~ 35 kg)의 주조에 적합하며, 주조과정을 나열하면 다음과 같다.

- wax 모형 제작용 금속주형에 wax를 30 kg/cm^2, 합성수지는 80 kg/cm^{2}의 압력으로 주입하여 모형을 만들거나, 절삭하여 만든다.
- wax 모형에 Al_2O_3와 점결제인 ethyl silicate 등을 혼합한 내화재료를 도포하며, 이 내화재료를 investment라 한다.
- 모형을 실온에서 건조하여 경화시킨다.
- 모형을 주형재에 매몰하고 다진다.
- 주형을 가열하여 모형을 용출시킨다.
- 주형을 500 ~ 1000℃정도로 가열하여 용탕의 유동성을 좋게한다.
- 주형에서 제품을 꺼낸다.

그림 1-108은 investment casting 순서이다.

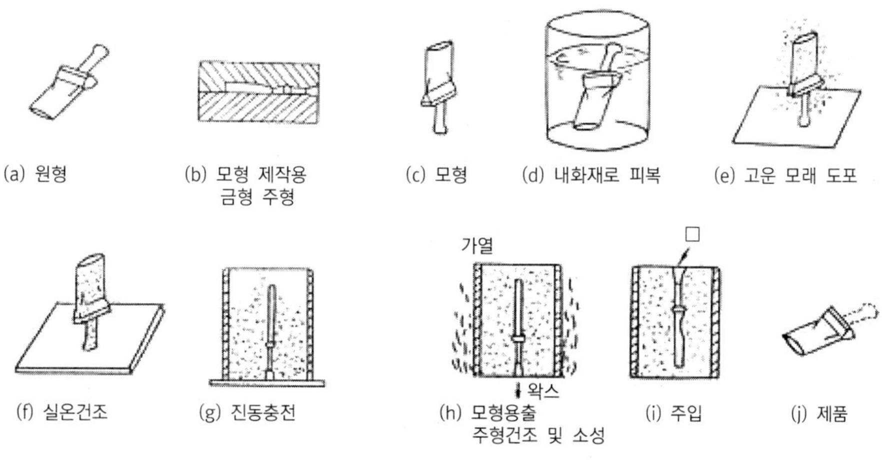

그림 1-108 investment casting 순서

1.8.5 진공주조법(眞空鑄造法; vacuum casting)

대기 중에서 철강(鐵鋼)을 용해하여 주조하면 O_2, H_2, N_2등의 gas가 용탕에 들어가서, O_2는 산화물을 형성하고, H_2는 백점(白點) 또는 hair crack의 원인이 되며, N_2는 경도가 큰 질화철을 형성한다. 이러한 부작용을 없게하거나, 감소시키기 위하여 10-3 mmHg 정도의 진공에서 주조한다.

(1) 탈(脫) gas 후에 주입하는 방법:

아래 그림과 같이 용탕이 담긴 ladle 또는 도가니를 진공실에 넣어 용탕의 gas를 빼낸 후 주형에 주입한다. 그림 1-109 탈 gas 장치이다.

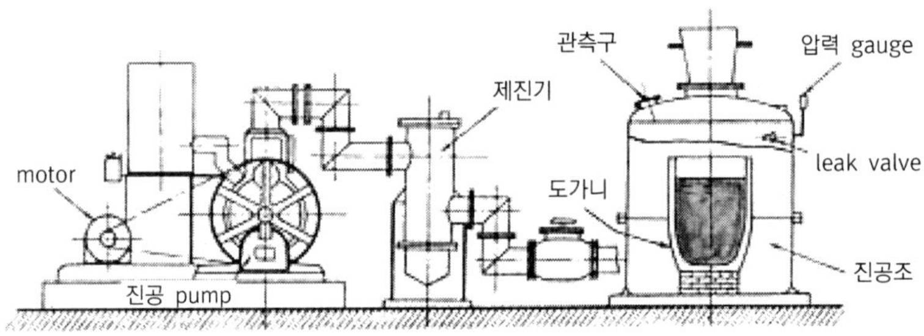

그림 1-109 탈 gas 장치

(2) 주입시 진공법:

아래 그림과 같이 ladle 마개를 뽑고 진공실 내에 있는 주형에 부어지는 중에 탈 gas하는 방법이다. 그림 1-110은 주입시 진공하는 방법이다.

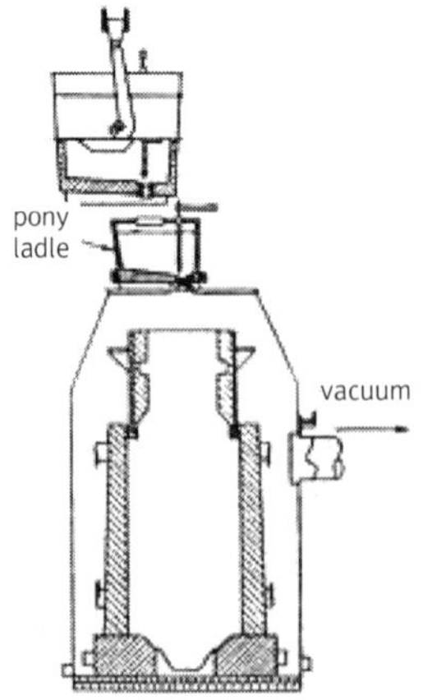

그림 1-110 주입 시 진공하는 방법

(3) 용해 및 주입실을 진공으로 하는 방법:

진공실 내에 고주파 유도가열로와 주형을 넣고 그 안에서 용해 및 주입작업이 이루어지도록 된 주조법 이다. 진공도는 10-3 mmHg ~ 10-4 mmHg 정도이며, 용해시간은 약 2 시간이다.

1.8.6 저압주조법(低壓鑄造法; low pressure casting, pressure pouring casting, pressure casting)

보통 사형을 이용하는 주조에서는 용탕의 주입이 중력에 의하여 이루어지고, 원심주조법 또는 die casting에서는 용탕에 압력을 가하나, 저압주조법에서는 흑연주형 또는 금형에서 pump로 흡입하여 주형 내를 저압 또는 진공으로 하고 그림과 같이 용탕을 빨아 올리거나, 불활성 gas로 밀어 올린다. 수분 후에 주형 내의 탕이 응고되면 가압을 중지하여 급탕관 내의 탕을 낙하시킨다. 이 주조법에 의하면 밀도와 강도가 크가며, 불순물이 적은 고급주물이 얻어진다. 특히 aluminum과 대기 중에서 산화가 심한 금속의 주조에 유리하다. 그림 1-111은 저압주조법을 보여준다.

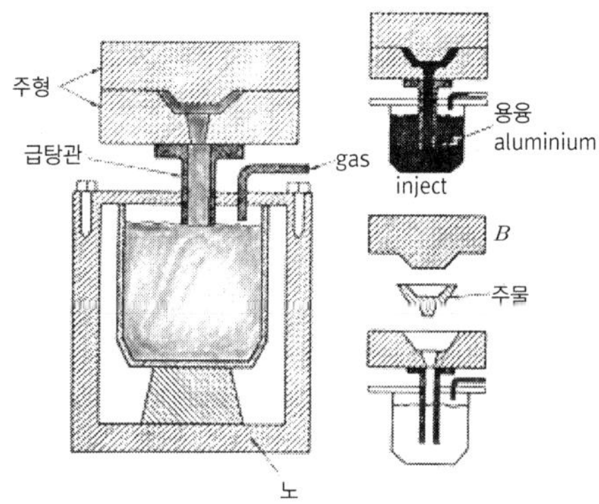

그림 1-111 저압주조법

1.8.7 연속주조법(連續鑄造法; continuous casting)

선재, 봉재, 판재 및 구조용재는 강 ingot을 압연, 인발 등의 과정을 거쳐 만들어지며, 이 때 제품의 규격에 따라 ingot의 단면치수와 길이가 정하여 진다. ingot은 보통 ingot case에 주입하여 만드나 case의 수명이 짧고 ingot이 불균일하게 되므로 아래 그림과 같은 연속주조법을 이용하면 편석(偏析)이 적고, 냉각조건에 따라 조직을 조정할 수 있으며, 수축공(收縮孔)이 없고, 주물표면이 매끄럽고, 단면치수를 조정할수 있고, 압연시에 재가열할 필요가 없는 장점이 있다. 그러나 시설이 고가이므로 소량 다품생산에는 부적합하다. 그림 1-112는 연속주조법을 보여준다.

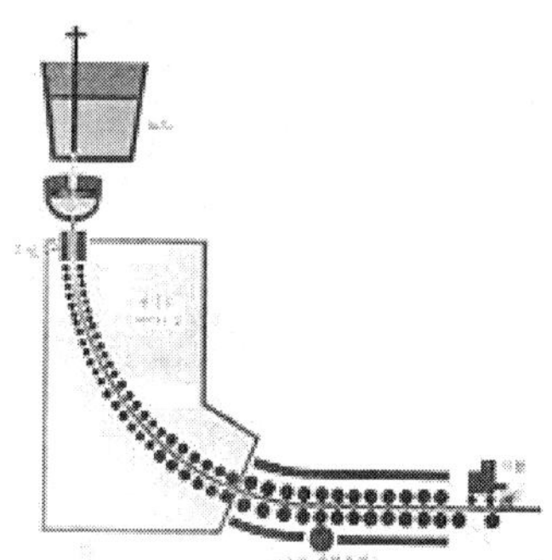
그림 1-112 연속주조법

1.8.8 CO_2 gas molding 법(CO_2 gas molding process)

단시간에 건조형을 얻는 것과 같은 효과를 보는 조형법으로서, 주형재인 주형사에 물유리(규산소다)를 5 ~ 6% 정도 첨가하여 만든 주형에 CO_2 gas 를 침투시켜 경화한다. CO_2 gas를 1 ~ 1.5기압으로 5sec 동안 침투시키고 주형사 0.5 kg의 증가마다 시간을 1sec의 비율로 증가시킨다. CO_2 gas 분사시 동결(凍結)을 방지하기 위하여 CO_2 gas bomb에 가열 장치를 둔다. 이 방법은 큰 강도의 core가 필요할 때도 이용된다. 그림 1-113은 CO_2 gas 조형법이다.

탄산가스(CO_2) 화학 반응에 의해 주형을 고화시켜 행하는 주조법

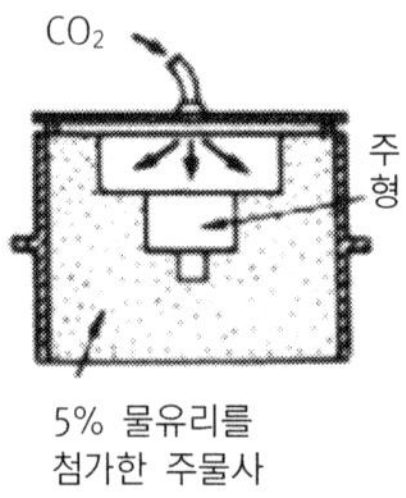

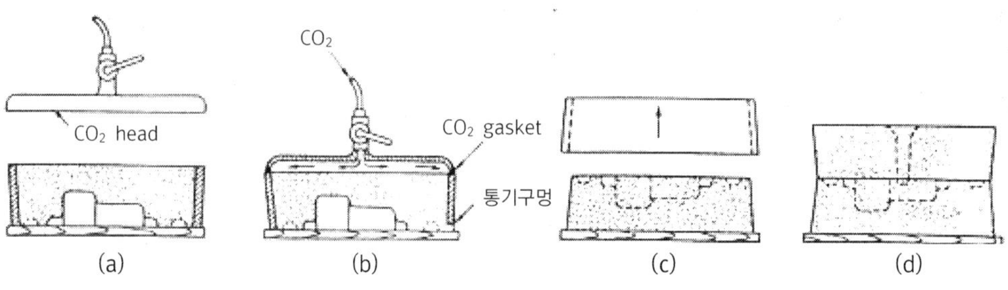

그림 1-113 CO_2 gas 조형법

[장점]

- 배합비율로 강도를 조정 할 수 있다.
- 조형이 용이하다.
- 단시간에 건조형의 효과를 얻을 수 있다.
- 숙련자가 필요 없다.
- gas 발생이 적고, 건조에 의한 변형이 없어 주물의 치수 정밀도가 높다.

[단점]

- 조형 후 주입시기까지 너무 장시간 방치하면 대기에서 수분을 흡수하여 주형의 강도가 떨어진다.

- 주입 후 주물을 꺼낼 때 주형의 해체가 힘들다.
- 주형사의 복용성이 없다.

1.9 주물의 결함과 검사 및 시험

본 장에서는 지금(地金)의 결함에서 오는 주물의 결함은 제외하고 주조과정에서 생긴 결함만을 취급키로 한다.

1.9.1 주물의 결함

(1) 기공(氣孔; blow hole):

주형내의 gas가 배출하지 못하여 주물에 생기는 결함을 기공이라 하며, 주형 내의 gas는 다음과 같다.

- 주형과 core에서 발생하는 수증기
- 용탕에 흡수된 gas가 응고할 때 방출한 것
- 주형 내부의 공기에 의한 것

(2) 수축공(收縮孔; shrinkage cavity):

주형 내의 용탕이 응고수축할 때 탕의 부족에 의하여 생기는 공동부(空洞部)를 수축공이라 하며, 이에 대한 원인을 들면 다음과 같다.

그림 1-114 (a)에서와 같은 큰 수축공은 응고온도 구간이 짧은 합금에서 압탕량(押湯量)이 부족할 때 생긴다.

그림 1-114 (b)에서와 같이 중심에 직선적으로 생기는 수축공은 응고온도 구간이 짧은 합금에서 온도구배가 부족할 때 생긴다.

그림 1-114 (c)에서와 같이 수축공이 결정립간에 널리 분포되는 것은 응고온도 구간이 긴 합금에서 발생한다. 그림 1-114는 수축공의 형상과 분포이다.

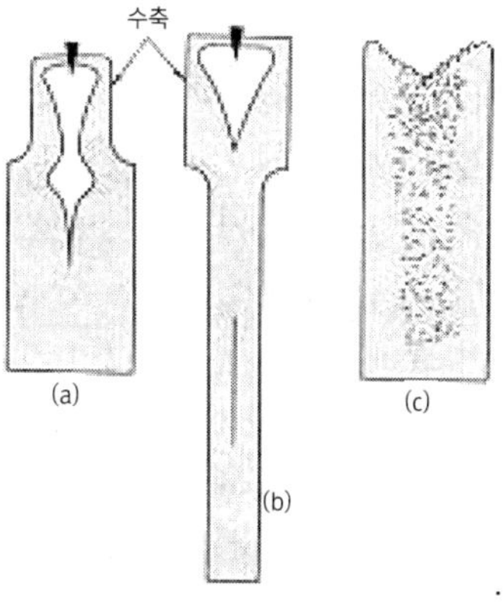

그림 1-114 수축공의 형상과 분포

(3) 편석(偏析; segregation):

주물의 일부분에 불순물이 집중되던가 성분이 국부적으로 치우쳐 있는 것 등을 편석이라 하며, 각각의 특징은 다음과 같다.

성분편석(成分偏析): 강의 예로서 그림에서 보는바와 같이 응고 초기 a_1에서 결정의 탄소함량은 M_1, 응고중 a_2에서 M_2이고, 응고말기 a_3에서 M_3로서 말기로 갈수록 탄소함량이 증가되고 있다. 이 사실로서 수지상(樹枝狀) 결정의 가지 사이에 탄소 함유량이 많음을 알 수 있다. 이와 같이 주물의 위치에 따라 성분의 차가 있는 것을 성분편석이라 한다. 그림 1-115는 성분편석 원리이다.

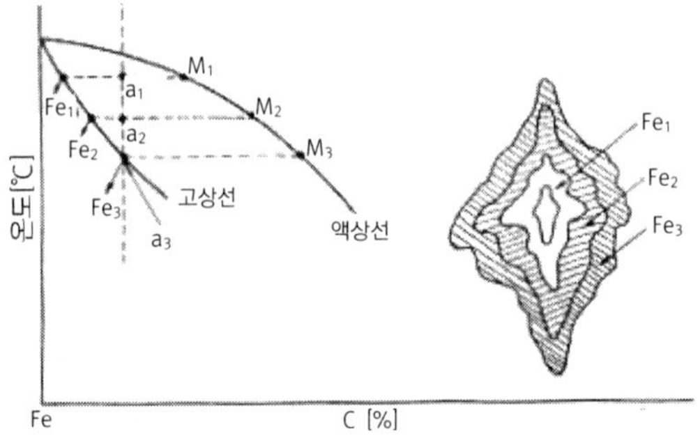

그림 1-115 성분편석 원리

중력편석(重力偏析): Pb-Sb-Sn基의 bearing 합금을 응고시킬 때 초기에 정출할 Sb가 많은 것은 Sb의 비중이 작기 때문에 위에 뜬다. 이와 같이 비중차에 의하여 불균일한 합금이 되는 편석을 중력편석이라 한다. 중력편석을 방지하기 위한 방법으로 특수 원소를 첨가하여 침상(針狀) 또는 수지상(樹枝狀) 결정을 생성시켜 침하(沈下) 또는 부상(浮上)을 못하도록 하거나, 용탕을 급랭하는 것이다.

정상편석(正常偏析)과 역편석(逆偏析): 응고방향에 따라 용질(溶質)이 액체중에서 이동하여 주물의 중심부에 모이는 편석을 정상편석이라 하고, 응고시간이 길수록 그 정도가 크다. 용질이 주물표면에 스며 나와 성분함량이 많은 결정이 외측에 생기는 편석을 역편석이라 한다.

(4) 고온균열(高溫龜裂):

금속이 응고냉각될 때

- 완전 융액영역
- 소량의 고체를 보유하는 융액영역
- 소량의 융액을 보유하는 고체영역

으로 생각할 수 있다. 1, 및 2의 경우에는 인장력의 영향을 받지 않으나, 3의 경우에는 어느 원인에 의하여 인장력을 받았을 때 융액이 보급될 수 있는 조건이 되지 못하기 때문에 영구균열로 남게 되며, 이때의 균열을 고온균열이라 한다. 이러한 현상은 황화물, 인화물과 같은 저용융점 불순물이 함유되었을 때 많이 발생한다. 그림 1-116은 고온균열의 원리이다.

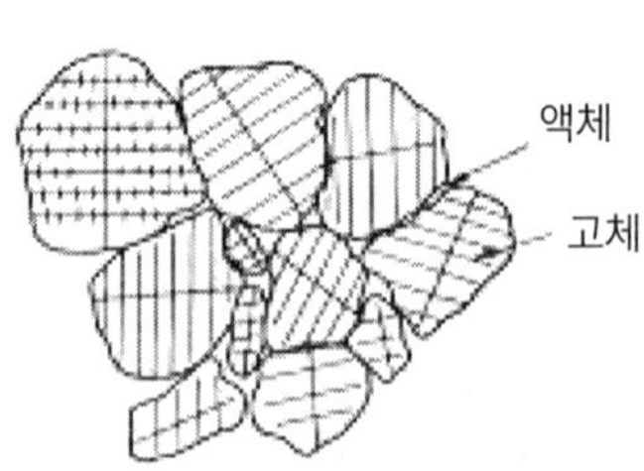

그림 1-116 고온균열의 원리

(5) 주물표면 불량:

주물표면이 불량하게 되는 원인을 들면

- 흑연과 같은 주형의 도포제에서 발생하는 gas에 의한 것
- 용탕의 압력에 의한 것
- 조대(粗大)한 사립(砂粒)에 의한 것
- 통기성의 부족에 의한 것
- 사립의 결합력 부족에 의한 것

등이 있다.

(6) 치수 불량:

주물의 치수 불량 원인을 들면

- 주물자 선정의 부적절에 의한 것
- 모형의 변형에 의한 것
- core의 변형에 의한 것
- 주형의 상형과 하형의 불량 조립에 의한 것
- 중추의 중량 부족에 의한 것

등이 있다.

(7) 변형과 균열:

금속이 고온에서 저온으로 냉각될 때 어느 온도 이상에서는 결정입자간에 변형저항을 주고 받지 않으나, 어느 온도 이하에서는 저항을 주고 받게되는데, 이 경계온도를 천이온도(遷移溫度)라 하며, 이온도 이하에서 결정립의 변형을 저지하는 응력을 잔류응력(殘留應力)이라 한다. 이상의 원인에 의하여 수축이 부분적으로 다를 때 변형과 균열이 생길 수 있으며, 이에 대한 방지법을 들면

- 단면의 두께 변화를 심하게 하지 말 것
- 各部의 온도차를 적게 할 것
- 角部는 rounding 할 것
- 급랭을 피할 것

등이 있다.

(8) 유동성 불량:

주물에 너무 얇은 부분이 있거나 용탕의 온도가 너무 낮을 때에는 탕이 말단까지 미치지 못하여 불량주물이 되는 경우가 있다. 보통 주철에서는 3 mm, 주강에서는 4 mm를 최소 두께로 정하고 있다.

(9) 협잡물 혼입:

주물에 불순물이 혼입되어 불량주물이 되는 원인은

- 용재의 점착력이 커서 금속탕에서 분리가 잘 되지않을 경우
- 용재가 압탕구나 riser에 불순물이 부유할 여유가 없이 금속탕에 빨려 들어가는 경우
- 주형 내의 주형사가 섞여 들어가는 경우

가 있다.

1.9.2 주물의 검사 및 시험

앞에서 열거한 주물결함을 알아 내는 검사 및 시험방법은 가능한 방법이 간단하고, 확실한 결과를 얻을 수 있어야 한다.

(1) 육안검사:

외관검사: 치수 검사, 표면 검사

파면(破面)검사: 주물의 파단을 보고 결정입자, 편석 등의 관찰

형광(螢光)검사: 주물의 검사면을 세척하고 형광물질을 바른 후 빛을 투사하면 균열 등의 결함부에 스며든 형광물질에서 나오는 형광에 의하여 결함의 유무 및 크기를 알아냄

(2) 기계적 성질시험:

강도시험

경도시험

마모시험

피로시험

충격시험

(3) 물리적 검사 및 시험:

- 현미경검사: 파면을 연마한 후 부식시켜 현미경에서 결정입자의 크기, 조직, 편석 여부 등의 관찰
- 압력시험: 유체압력으로 강도 및 누설 여부를 시험
- 타진음향시험: 타진에 의한 음향으로 균열의 여부 확인
- 방사선검사: x선 등의 촬영에 의하여 결함 여부 확인
- 초음파탐상검사: 그림과 같이 일단에서 초음파진동자를 대고 충격적인 진동을 주면 주물 내부를 통하여 타단까지 전파된 후 반사하여 돌아온다. 이때 중간에 결함이 있으면 그 곳에서 반사하여 온다. 이 들의 돌아오는 시간차에 의하여 결함 여부, 결함 위치 및 결함 크기를 추정할 수 있다.
- 자기탐상시험: 주물을 전류로 자화(磁化)하여 주위에 철분(鐵分)과 표면장력이 작은 액을 혼합하여 바르면 결함 부위에 철분이 모이게 되어, 그 위치와 양으로써 결함의 위치 및 크기를 추정할 수 있다. 그림 1-117은 초음파탐상 및 자기탐상 원리이다.

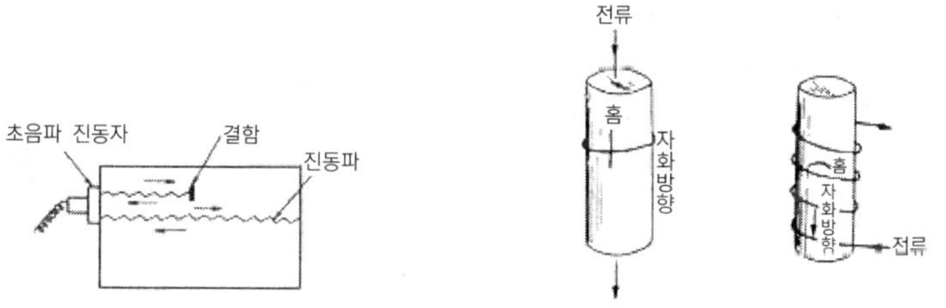

(a) 초음파탐상 (b) 자기탐상

그림 1-117 초음파탐상 및 자기탐상 원리

(4) 화학분석시험:

중요부의 위치를 drilling하여 얻은 chip을 화학분석 함으로써 성분의 종류와 양을 알아낸다.

(5) 내부응력시험:

그림과 같이 주물을 절단하여 수축을 자유롭게한 후 각 온도에서 풀림열처리하였을 때 치수 변화로써 내부응력을 비교 평가한다.

(6) 유동성시험:

주형에서 용탕에 영향을 주는 인자는 비중, 표면장력, 열팽창률, 점성, 비열, 열용량, 용해잠열, 열전도율, 주입온도, 응고온도, 주형 온도 등이며, 실온에서 그림과 같은 나선 형상의 주형에 용탕을 주입하여 유동한 길이로써 유동성을 비교 평가한다.

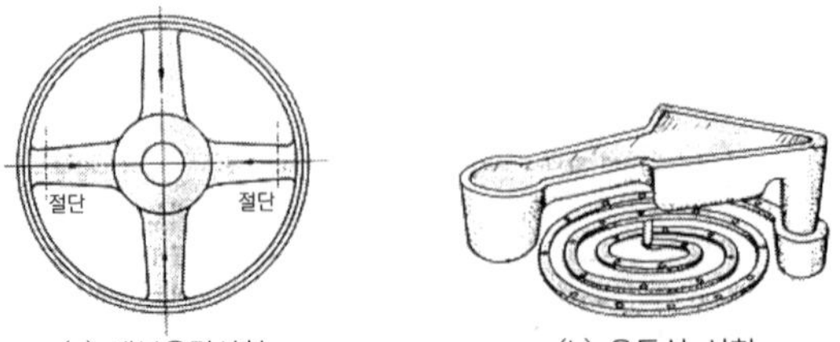

그림 1-118 내부응력시험 및 유동성시험 방법

그림 1-118은 내부응력시험 및 유동성시험 방법이다.

1.10 분말야금법(粉末冶金法; powder metallurgy)

분말야금법은 용어 자체가 의미하는 바와 같이 용탕을 주형에 주입해서 제품을 얻는 주조에 속하는 것은 아니지만, 분말재료를 형에 넣고 고압력을 가하여제품을 생산하는 것이 주조와 형식이 비슷하기 때문에 주조편의 끝에 삽입한다. 그림 1-119는 압축성형법이다.

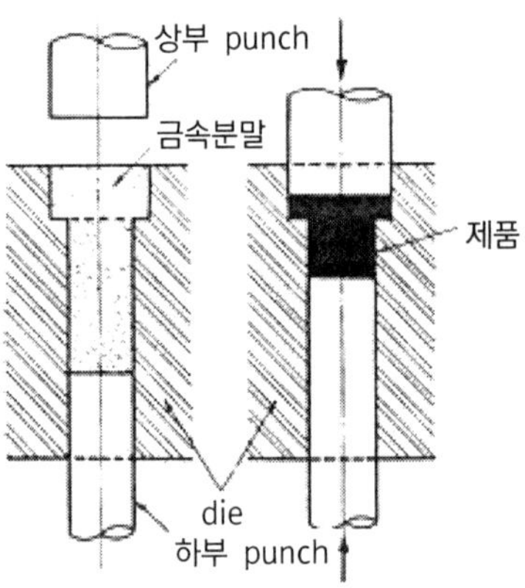

그림 1-119 압축성형법

분말야금법에는 금속분말을 die에 넣고 고압으로 압축하여 제품을 생산하는 압축성형법(壓縮成形法)과 압력 및 융점 이하의 열을 동시에 가하는 고온가압성형법(高溫加壓成形法)이 있다.

또는 성형 후 열을 가하여 결합을 돕는 소결(燒結; sintering) 과정을 거치는 경우도 있다. 초기에는 전구의 tungsten filament를 만드는데 이용되었으나, 최근에는 순금속, 합금, 금속과 비금속의 혼합물이 사용되며, 특히 철, 동, aluminum, 주석, nickel, titanium 등이 많이 사용된다. 이종(異種)의 금속 또는 비금속재료를 혼합함으로써 입자간의 결합강도를 향상시키고 필요한 성질을 부여한다. 금속분말에 중요한 사항은 입자의 크기, 형상, 입자분포, 물리적 성질, 화학적 성질, 유동성, 압축성, 밀도 및 소결성 등이다. 어느 금속이나 분말로 만들 수는 있으나 위에 열거한 성질의 적부(適否) 및 경제성으로 인하여 분말야금법을 이용하는 금속은 그리 많지 않다.

분말야금법에 의한 제품은 다른 주조, 단조 및 기계가공에 의한 제품에 비하여 강도, 경도, 내마모성 등이 우수하고, 정밀도가 높기 때문에 특별히 고정밀도를 요하는 제품이 아니면 일반적으로 기계가공을 하지 않는다. 분말야금법에 의한 제품에는 gear, cam, bushing, 절삭공구, 다공성을 요하는 filter 및 bearing, piston ring, valve, connecting rod 등이 있고, 크기에서는 ball-point pen의 ball과 같이 극히 작은 것에서 부터 50 kg 정도까지 있으나 2.5 kg 정도가 많다. 다음은 분말야금법의 과정을 보여 준다. 그림 1-120은 분말야금법의 공정이다.

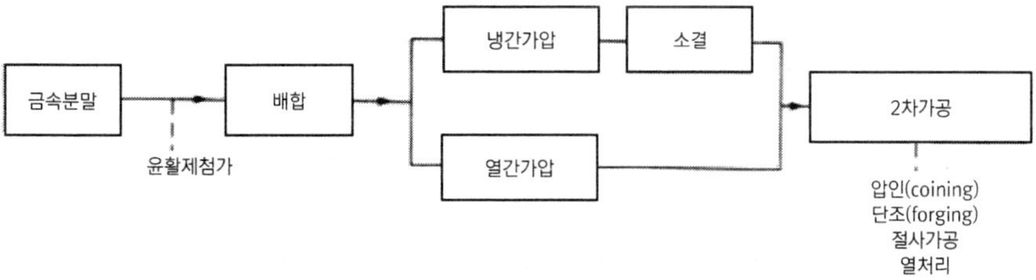

그림 1-120 분말야금법의 공정

1.10.1 분말제조(methods of powder production)

분말야금에 사용되는 입자의 입도, 입도분포, 형상, 순도 및 표면상테 등이 제품의 품질에 영향을 준다. 입자는 분쇄기(crusher), 회전mill(rotary mill) 등에 의하여 0.1 ~ 1000 ㎛의 크기로 제조되며, 이 때 입자간의 접합을 막기 위하여 기름을 첨가한다. 또는 용금(熔金)을 orifice을 통하여 분사시켜 물에 적하(適下)시키므로써 구상(球狀)의 입자를 얻는 방법도 있으나 입자가 크고, 절삭에 의하여 얻은 분말 입자는 거친 것이 단점이다.

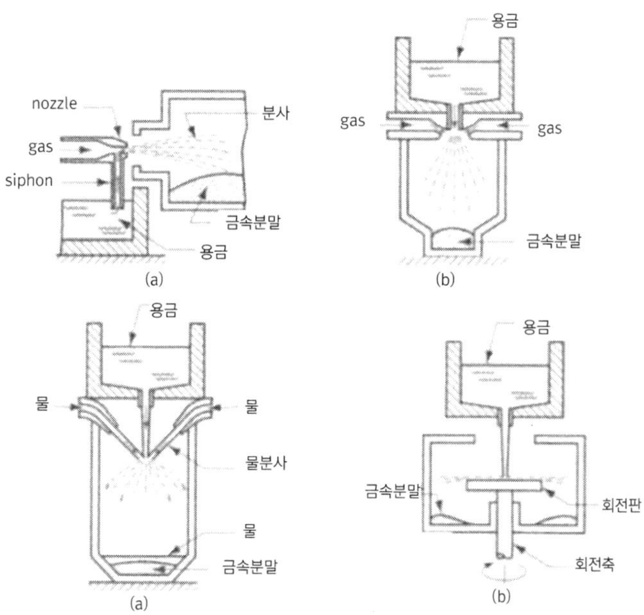

그림 1-121 분말제조

1.10.2 합금 배합(blending metal powders)

제품에 물리적 및 기계적 성질를 부여하기 위하여 이종 재료의 크고 작은 입자를 조정하면서 균일하게 배합한다. 작은 입자를 적당히 첨가하면 성형된 제품의 밀도, 강도 및 탄성한계가 증가한다. 분말의 압축률을 향상시키고 금형과의 마찰을 줄여 입자의 유동을 돕기 위하여 흑연, 합성수지, 비누 등을 0.2 ~ 1.0% 첨가한다.

1.10.3 가압성형(compaction of metal powders)

press, 압연법, 압출법 및 원심가압법 등으로 분말을 20 ~ 30 ton의 하중하에서 소정의 형상 및 밀도로 성형한 후, 철은 1095℃, stainless 강은 1180℃, 동은 870℃, tungsten carbide는 1480℃ 정도에서 20 ~ 40 min 동안 소결한다.

2장 열처리

2.1 개요

금속을 적당한 온도로 가열 및 냉각시켜 금속의 기계적 성질, 물리적 성질을 변화시키는 조작을 열처리(熱處理; heat treatment)라 하며, 강(鋼; steel)은 열처리 효과가 가장 큰 금속이다. 강의 열처리 중에서 중요한 것을 들면 다음과 같다.

- 담금질(燒入; quenching): 급랭시켜 경화(硬化)시킨다.
- 뜨임(燒戾; tempering): 담금질한 것에 인성을 부여하는 열처리이다.
- 풀림(燒鈍; annealing): 연성(延性)을 부여하거나 내부응력을 제거하기 위한 열처리이다.
- 불림燒準; normalizing): 내부응력을 제거하고 조직을 균질하게하기 위한 열처리이다.

사용 목적에 따라 표면은 경도가 크고 내부는 인성(靭性)이 큰 것이 요구될 때가 있다. 이와 같은 목적을 충족시키기 위한 열처리를 표면경화 열처리(表面硬化 熱處理; case hardening)라 하며,

강의 표면경화법에는

- 침탄경화법(浸炭硬化法)
- 질화법(窒化法)
- 청화법(青化法)
  화염담금질
- 고주파(高周波)담금질
- arc 방전 담금질
- 산화피막법(酸化被膜法)
- 심랭처리(深冷處理)

등이 있고, 강의 방식법(防蝕法)에는

삼투법(滲透法)

- Zn 삼투법
- Al 삼투법
- Cr 삼투법
- Si 삼투법
- 도금법(鍍金法)
- 습식도금법
- 건식도금법
- 도장법(塗裝法)

2.2 철과 강의 변태

탄소량이 0.01%보다 적은 철을 순철이라 하며, 순철은 가열하거나 냉각할 때 그림에서 A_2(770℃), A_3(910℃), A_4(1410℃)의 변태점(變態點; transformation point)이 나타나며, A_2 변태점 이하의 철을 α철, A_2 ~ A_3 변태점 사이의 철을 β철, A_3 ~ A_4 변태점 사이의 철을 γ철, A_4 변태점 이상의 철을 δ철이라 한다. A_2는 자기변태(磁氣變態)를 일으키는 변태점이며, 원자배열에는 변화가 없어 β철과 같다. α, β, δ철은 체심입방격자(體心立方格子; B.C.C.)의 원자배열을 하고 있고, γ철은 면심입방격자(面心立方格子; F.C.C.)의 원자배열로 되어 있다. 그림 2-1은 Fe-C 선도를 보여준다.

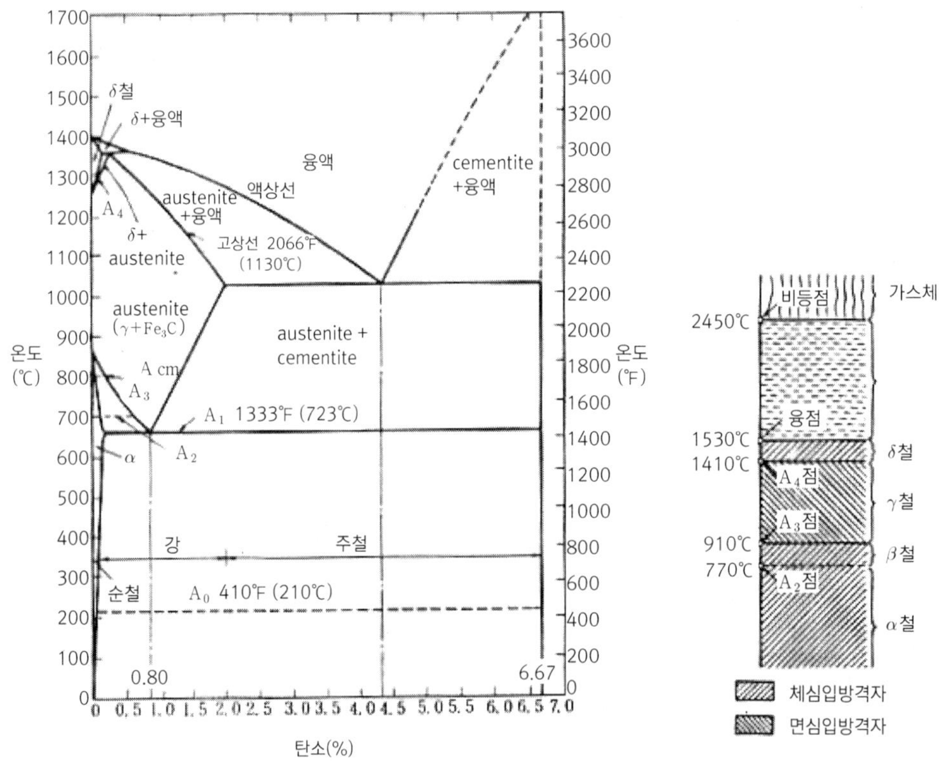

(a) Fe-C 평형도

(b) 순철의 변태

그림 2-1 Fe-C 선도

순철은 단체(單體)로서 존재하기 어렵고, 탄소와 함께 Fe-C로 존재한다. 강에서 탄소는 Fe_3C인 cementite로 존재한다. A_2 변태점 이하의 철, 즉 α철에 탄소나 cementite 등이 고용(固溶)된 것으로 이를 α고용체라 하고, 조직상 이것을 ferrite라 한다. A_1 변태점은 탄소량과 관계없이 723℃에서 발생하며, C가 0.8%일 때의 A_3와 일치한다. A_3 ~ A_4 변태점까지의 철, 즉 γ철에 cementite가 고용된 것을 γ고용체라 하며, 이 때의 조직을 austenite라 하고, 전부가 pearlite인 0.8%C의 강을 공석강(共析鋼; eutectoid steel)이라 한다. 0.8%C 이하에서는 pearlite와 ferrite의 혼합조직이며, 이를 아공석강(亞共析鋼; hypoeutectoid steel)이라 하고, 0.8%C 이상에서는 pearlite와 cementite의 혼합조직이 석출되며, 이를 과공석강(過共析鋼; hypereeutectoid steel)이라 한다.

탄소강의 조직을 검사하기 위해서는 재료의 표면을 연마하고 HNO_3(초산)나 $C_6H_3O_7N_3$로 부식시키며, 탄소강을 고온상태에서 가열한 후 냉각할 때 냉각속도에 따라 현미경조직이 다르게 나타나는 것을 알 수 있다.

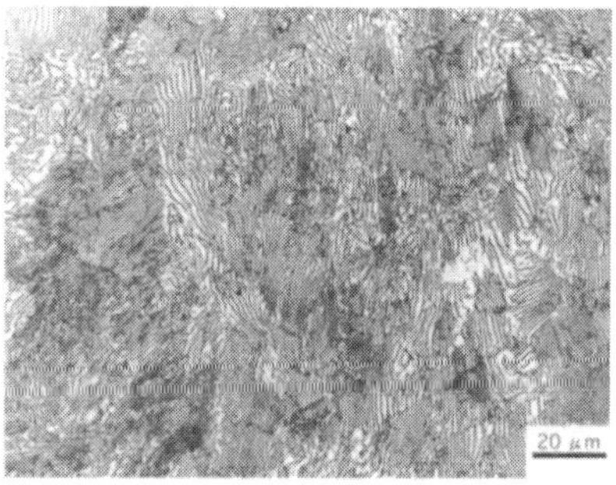

그림 2-2 공석강(0.8wt% C)

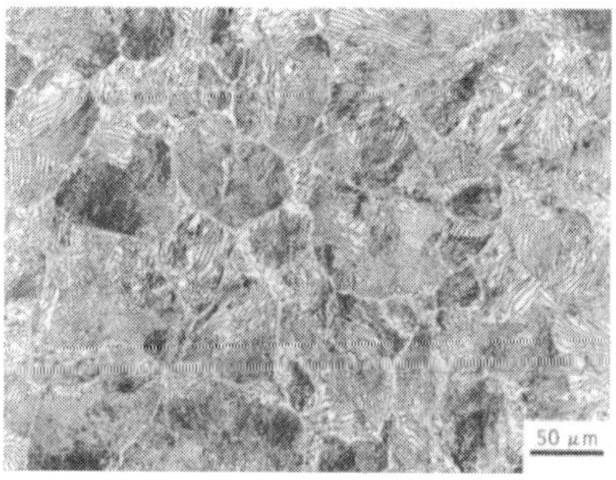

그림 2-3 과공석강(1.16wt% C)

2.2.1 급냉조직(急冷組織)

(1) austenite:

고온에서 안정된 조직으로서 이 상태에서 담금질하면 담금질 효과가 가장 크다. 보통탄소강에서는 얻을 수 없고, 특수강(Ni, Mn, Cr 등을 함유한 강)에서 얻을 수 있으며, 다각형 형상을 갖는다. 그림 2-4는 강의 급랭조직이다.

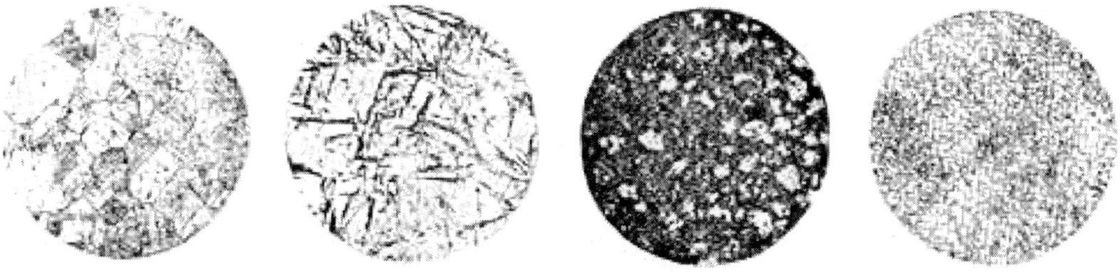

(a) austenite (b) martensite (c) troostite (d) sorbite

그림 2-4 강의 급랭조직

(2) martensite:

탄소강을 물에 냉각시켰을 때 나타나는 침상조직(針狀組織)으로서, 내부식성, 경도 및 강도가 크게 된다.

(3) troostite:

austenite를 냉각시킬 때 martensite를 거쳐 다음 단계에서 나타나며, 탄화철이 큰 입자로 된 조직이다. 경도는 크나 martensite보다 작고 부식하기 쉽다.

(4) sorbite:

大鋼材를 油中에 또는 小鋼材를 공기 중에서 냉각시킬 때 나타나는 입상조직(粒狀組織)으로서 troosite보다 경도가 작고, pearlite보다 경도가 크며, 강도, 인성 및 탄성이 큰 조직이다.

2.2.2 서냉조직(徐冷組織)

(1) ferrite:

지철(地鐵)이라고도 하며, 탄소를 소량 고용(固溶)한 순철조직으로 현미경 조직은 백색으로 보이며, 강조직에 비하여 경도와 강도가 작다. 30 HB, 인장강도 30 kg/㎠ 정도이며, 강자성체이다. ferrite와 Fe_3C는 alcohol, 피크린산, 초산 등에 부식되지 않고 그대로 남아 있기 때문에 현미경에서 백색으로 보인다.

(2) pearlite:

austenite를 매우 천천히 냉각시키면 A_1 변태점 부근에서 pearlite가 완료되며, ferrite와 Fe_3C가 파상으로 존재하는 조직이다. 강조직으로는 가장 연한 조직이며, 절삭성이 양호하다. 300 HB, 인장강도 400 kg/㎠ 정도이다.

(3) cementite:

탄화철(炭化鐵; Fe_3C)로서 침상조직(針狀組織) 또는 망상조직(網狀組織)으로서, 탄소강 및 주철 등에 혼재하며, 800 HB, 인장강도 40 kg/㎠ 정도이고, 취성이 크다. 아래 그림의 특수 주철로는 가단 주철(malleable cast iron), 구상흑연주철(spherical graphite cast iron)로 노듈러 주철(nodular cast iton) 또는 덕타일 주철(ductile cast iron)이라고도 불리며, 주철조직으로는 백주철(white cast iron), 반주철(mottled cast iron) 회주철(gray cast iron)로 분류한다.

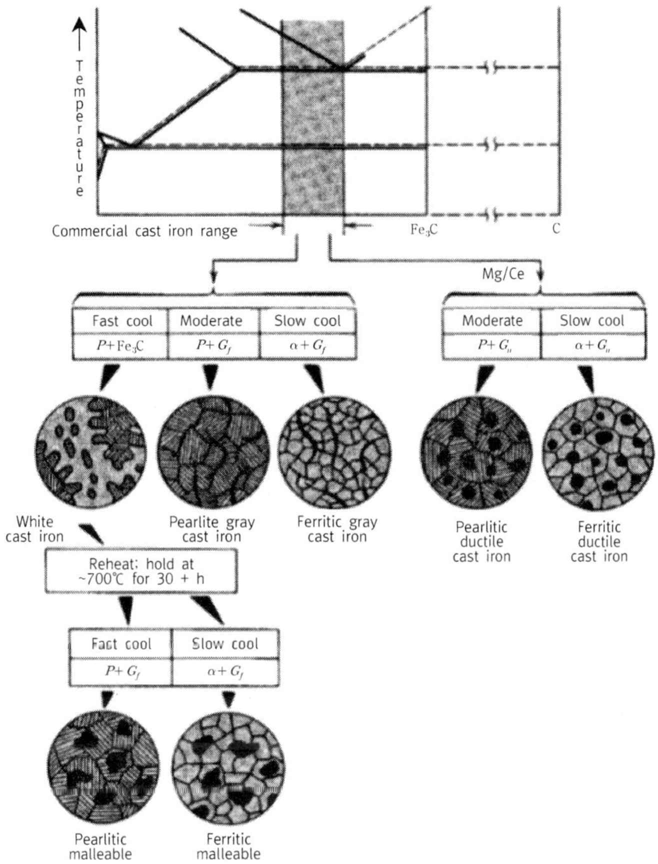

그림 2-5 주철의 분포

2.3 강의 열처리

2.3.1 담금질(燒入; quenching)

아공석강(亞共析鋼)의 경우에 Ac_3 변태점, 과공석강(過共析鋼)의 경우에 Ac_1 변태점 이상으로 가열하여 austenite나 그와 혼합된 조직을 얻은 다음 서냉(徐冷)하면 austenite에서 martensite를 거쳐 troostite, sorbite, pearlite의 순으로 조직이 변한다. 그러나 냉각속도를 크게 하면 그 중간 조직인 martensite, troostite, sorbite 등에서 멈추게 할 수 있다.

냉각속도의 차에 따른 변화는 다음과 같다.

austenite(A) → martensite(M) → troostite(T) → sorbite(S) → pearlite(P) 이고, 경도의 크기는 A 〈 M 〉 T 〉 S 〉 P 가 된다.

(1) 온도:

담금질의 목적은 큰 경도를 얻는데 있으며, 담금질 효과는 탄소량과 온도에 따라 다르므로 소정의 경도를 얻기 위해서는 그림과 같이 탄소량에 따라 적당한 온도를 정해야 한다. 온도가 너무 낮으면 담금질 효과가 적고, 너무 높으면 재질이 변하며, 보통 Ac_{321} 변태점보다 20 ~ 30℃더 높은 온도에서 담금질한다. 그림 2-6은 탄소 함유량과 담금질 온도이다.

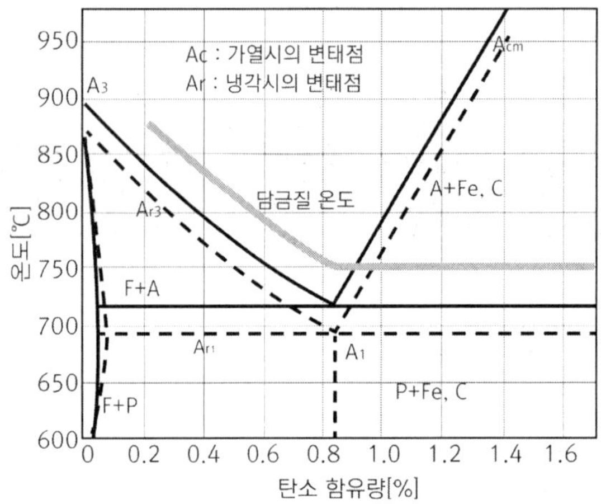

그림 2-6 탄소 함유량과 담금질 온도

(2) 냉각속도:

담금질 효과는 냉각액(冷却液; coolant))에 따라 크게 다르다. 즉 냉각액의 비열, 열전도도, 점성, 휘발성과 그 온도에 따라 다르다. 일반적으로 물이나 기름이 많이 사용되며, 물은 기름에 비하여 냉각속도는 크나 기름은 120℃ 정도에서도 담금질 효과에 변화가 적고, 물은 30℃ 이상만 되면 현저히 저하된다. 냉각능력이 적은 액체에는 유류(油類), 비눗물 등이 있고, 큰 것에는 염수, NaOH 용액, 황산 등이 있다. 냉각작업에 있어 가열물을 액 중에서 흔들어 주어 물체에서 전도성이 불량한 증기를 털어 주는 것이 담금질 효과를 크게 한다. 그림 2-7은 냉각액의 냉각속도이다.

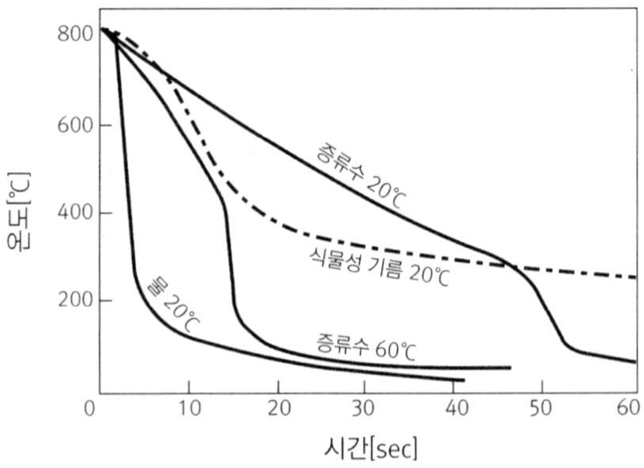

그림 2-7 냉각액의 냉각속도

(3) 질량효과(質量效果; mass effect):

동일 조건하에서 담금질하여도 물체의 크기에 따라 냉각속도에 차가 있어 담금질 효과가 다르다. 그림은 C가 0.45%인 강의 경화능을 표시한 것으로서, 지름이 큰 것은 작은 것에 비하여 냉각 효과가 적으며, 동일물체 내부의 냉각 효과는 외부에 비하여 낮고, 내외부의 차는 지름이 작을수록 줄어든다. 이와 같이 담금질 효과가 질량의 영향을 받는 것을 질량효과라 한다. 그림 2-8은 경화능이다.

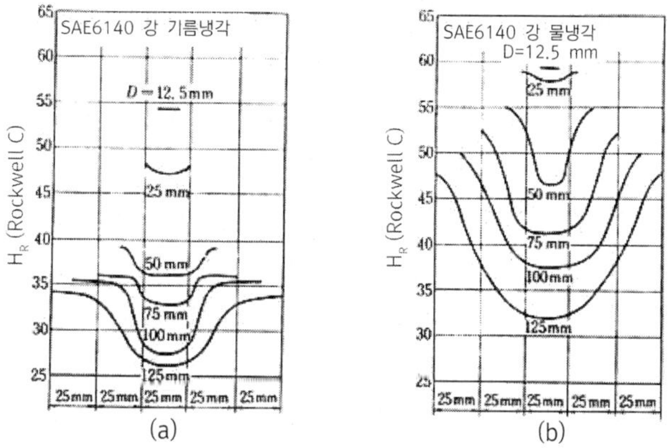

그림 2-8 경화능

(4) 담금질 균열(quenching crack):

담금질 균열에는 냉각액에 넣은 직후에 생기는 것과 담금질 후 얼마 되지 않아 상온에서 발생하는 경우가 있는데, 전자에서는 외부의 급격한 냉각수축과 내부의 느린 냉각에 의한 pearlite의 팽창에 의하고, 후자의 경우에는 외부가 martensite로 변하여 팽창하기 때문이며, 원인이 전자와는 반대이다. 이러한 균열을 방지하기 위해서는 물체의 단면적, 두께의 변화가 있는 부분과 물체의 구멍이 있는 부분은 지나친 급냉(急冷)을 피하는 것이 좋다.

2.3.2 뜨임((燒戾; tempering)

담금질된 강은 경도가 큰데 반하여 취성(脆性; brittleness)을 수반하므로 사용 목적에 따라서는 부적당 할 수가 있다. 즉 줄(file), 면도날 등은 담금질한 상태로 사용할 수 있으나, 인성(靭性)이 필요한 기계부품 등은 그대로 사용할 수 없어 경도를 다소 희생시키면서 인성을 부여할 필요가 있다. 이러한 목적으로 담금질한 물체를 A_1변태점 이하의 온도로 가열하여 적당한 속도로 냉각하는 열처리를 뜨임이라 한다.

담금질한 조직은 급냉에 의하여 변태가 저지된 것으로 기회만 있으면 안정된 상태로 돌아가려고 하기 때문에 가열하여 구속을 풀어 주면 그 정도에 따라 austenite, martensite, troostite, sorbite, pearlite 중 어느 조직으로 변한다. γ철의 원자배열에서 α철의 원자배열로 변하는 중간배열을 αmartensite라 하고, α철의 원자배열에서 cementite로 변하는 중간배열을 βmartensite라 하며, 가열온도에 따라 강의 조직이 다음과 같이 변하므로 적당한 온도에서 적당한 냉각속도로 냉각한다.

αmartensite(100 ~ 150℃) → βmartensite(250 ~ 350℃) → troostite(550 ~ 650℃) → sorbite(700℃) → pearlite

뜨임은 연성과 인성을 얻는 것이 목적이나 경우에 따라서는 인성이 연성과 같이 증가하지 않고 인성이 저하하는데 이를 뜨임취성이라 한다.

뜨임온도 200℃ 부근까지는 인성이 증가하나 300 ~ 350℃에서는 저온뜨임취성이 있으며, 이런 현상은 C: 0.2 ~ 0.4%인 강에서 흔히 볼 수 있다.

500℃ 부근에서 뜨임할 때 인성이 시간의 경과에 따라 저하하는 뜨임시효취성(時效脆性)이 있고, 550 ~ 650℃에서 서냉한 것의 취성이 물 및 기름에서 냉각한 것보다 크게 나타나는 뜨임 서냉취성이 있는데, 이것은 martensite에 용해된 탄화물이 가열하면 결정입자 사이에서 석출하기 때문이므로 급냉하면 이 변화는 생기지 않는다.

뜨임작업에서 물체의 전 부분을 뜨임하기 위해서는 유욕로(油浴爐; oil bath), 염욕로(salt bath) 및 연욕로(鉛浴爐; lead bath)를 사용하여 가열하는 것이 좋다. 공구날과 같이 국부적으로 뜨임을 필요로 할 때에는 경화를 요하는 부분만 급냉을 하고 꺼내면 나머지 부분의 열의 전도로 공구날이 뜨임된다.

실제에서는 산화막의 색에 의한 뜨임색으로 온도를 구별하는 경우가 많으며 다음 표는 뜨임색, 온도 및 적용 물체의 관계를 보인다.

뜨임색

색	온도(℃)	품 명
극담황색(very faint yellow)	215	銅조각용 정, cutter, 망치, 칼, 목재조각용 칼류
담황색(light yellow)	227	cutter, 骨切칼, 전단칼, tap, bite, 칼
보리짚색(straw)	240	打拔型, 목형 날공구, reamer, 石工용 날공구
암황색(deep yellow)	250	압정형, 원형 톱, drill
다색(brown)	260	목공원형 톱, 칼
농자색(brown purple)	270	강 및 주철용 정, 제관용 날공구, 금속용 톱날
담자색(purple)	280	목공용, 날공구, 단조용 날공구
농청색(blue)	300	driver, 목공대팻날, spring

2.3.3 풀림(燒鈍; annealing)

Ac_{321} 변태점 이상으로 가열한 후 서냉시킴으로써 강의 조직을 미세화 시키고 내부응력을 제거시키는 열처리를 풀림이라 한다.

풀림의 목적을 세분하면 다음과 같다.

- 단조, 주조, 기계가공에서 발생한 내부응력의 제거
- 가공 및 열처리에서 경화된 재료의 연화
- 재결정입자(再結晶粒子)의 조질(調質)
- 가열에 의한 강의 성질변화는 저온에서 부터 내부응력 제거, 연화, 재결정, 결정입자의 성장으로 나눌 수 있으나 뚜렷한 경계는 없고 중복되어 일어나기도 한다. 그림 2-9은 결정온도, 기계적 성질 및 조직이다.

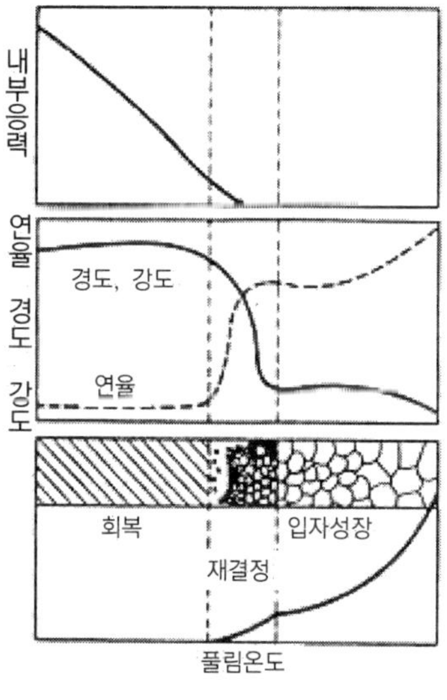

그림 2-9 결정온도, 기계적 성질 및 조직

풀림은 Ac_{321} 변태점보다 20 ~ 30℃ 높은 austenite 상태에서 행하며, 탄소량에 따른 풀림온도는 다음 표와 같다.

풀림온도

탄소함유량(%)	온 도(℃)
0.12 이하	875 ~ 925
0.12 ~ 0.20	840 ~ 870
0.30 ~ 0.49	815 ~ 840
0.50 ~ 1.00	790 ~ 815
1.00 ~ 1.50	800

위의 풀림을 완전풀림(고온풀림)이라 하고, A_1 변태점 이하에서 행하는 방법도 있으며, 이를 저온풀림이라 한다. 강의 풀림에서 물체의 치수와 풀림시간의 관계는 표와 같다. 가열할 때 물체의 변형, 균열, 등을 방지하기 위하여 400℃ 까지는 서서히 가열하고 400℃ 부근에서는 가열속도를 크게 하며, 유지시간은 표에 의한다. 냉각시간은 풀림 목적에 따라 적당히 정한다. 아래 그림은 탄소량에 따른 풀림온도를 보인다. 그림 2-10는 탄소량과 풀림온도이다.

크기와 풀림시간

치수(角 mm)	가열시간(hr)	유지시간(hr)
25	0.5	0.2
50	1.5	0.3 ~ 1.0
100	2.0	1.0
150	2.5	1.5
200	3.0	2.0
300	5.0	3.0
500	10.0	5.0
800	15.0	7.0

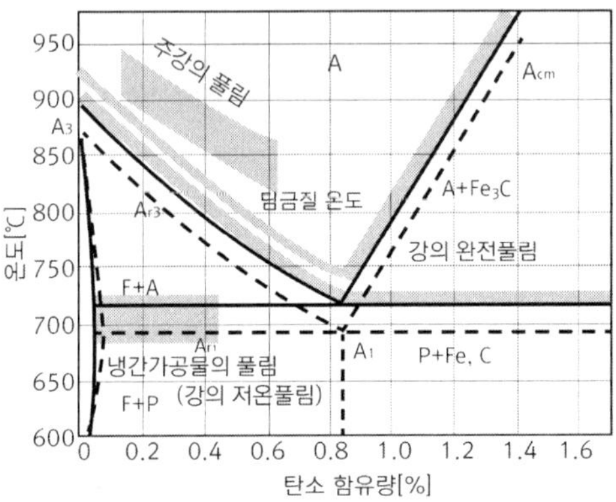

그림 2-10 탄소량과 풀림온도

다음 그림은 풀림방법의 종류이다. 그림 2-11은 풀림방법이다.

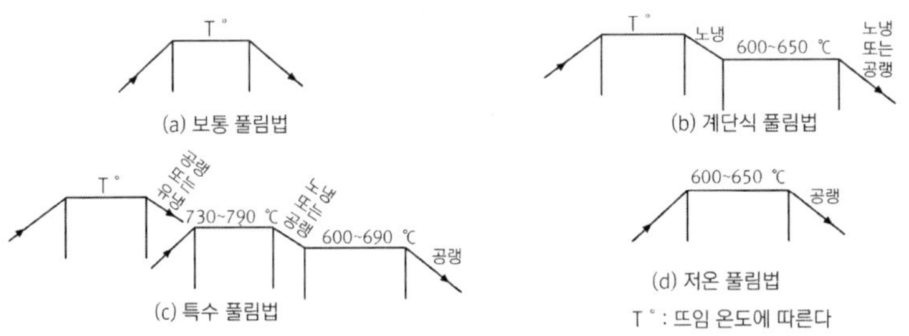

그림 2-11 풀림방법

2.3.4 기타 열처리

(1) 불림(燒準; normalizing):

완전풀림에 의한 과도한 연화와 성장을 피하기 위하여 Ac_{321} 변태점 또는 A cm 보다 50 ~ 80℃ 높은 온도로 가열하여 완전 austenite 상태로부터 정지된 공기 중에서 실온까지 냉각시켜 강의 내부응력을 제거하고 미세한 조직을 얻으며, 강도와 경도가 풀림의 것보다 높게 하는 열처리를 불림이라 한다.

(2) 항온열처리(恒溫熱處理; isothermal heat treatment):

담금질과 뜨임의 2가지 열처리를 동시에 할 수 있는 열처리법으로서, 그림에서 AB간을 가열하여 austenite 되게 하고, 이를 균일하고 완전한 austenite가 되도록 BC간을 유지한 후 CD간을 salt bath에서 급냉하여 담금질한다. 뜨임온도에서 DE간을 유지한 후 공냉(空冷)하여 뜨임을 한다. 그림 2-12는 항온열처리에서 가열 및 냉각이다.

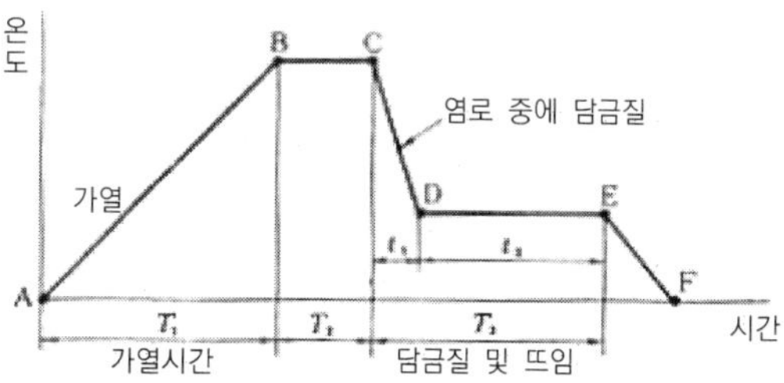

그림 2-12 항온열처리에서 가열 및 냉각

열처리의 목적에 따라 온도, 시간 및 변태의 관계를 다음 그림과 같이 그려 필요한 조직을 얻는다. 이와 같은 강의 항온변태선도(恒溫變態線圖; isothermal transformation diagram)를 TTT 곡선(time-temperature-transformation diagram), S 곡선 또는 C 곡선이라 부른다. 그림에서 M_s는 martensite의 개시점, M_f는 완료점을 표시하며, S 곡선의 좌단의 nose가 좌측으로 이동할수록 담금질의 냉각속도가 커져야 하기 때문에 담금질하기 어려운 재료이며, 우측으로 이동할수록 재료의 경화능(硬化能)이 커지게 된다. 강의 전조직(全組織)을 martensite로 할 수 있는 최저 냉각속도를 임계냉각속도(critical cooling rate)라 하며, knee 측에 존재한다. 그림 2-13은 S 곡선(TTT 곡선)이다.

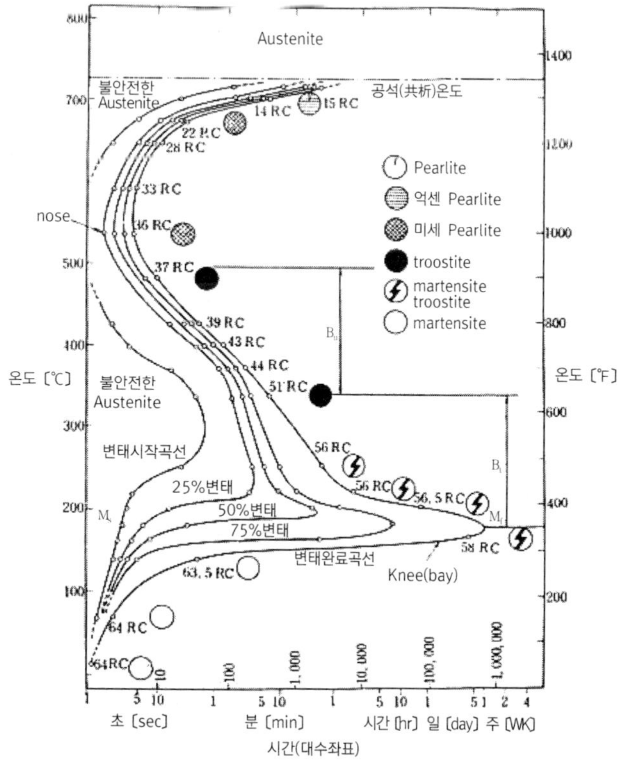

그림 2-13 S 곡선(TTT 곡선)

2.4 강의 표면처리

2.4.1 표면경화법(表面硬化法)

사용 목적에 따라 내부는 인성이 크고 외부만 경도가 큰 것을 요할 때 표면만 경화 처리하는 방법으로서 다음과 같은 방법이 있다.

(1) 침탄경화법(浸炭硬化法):

강의 담금질 효과는 탄소량에 비례하므로 연강의 표면에 탄소를 침투시켜 담금질하면 표면은 경강(硬鋼)이 되고, 내부는 연강으로 남아 있게 된다. 이와 같이 침탄하여 담금질하는 것을 합쳐서 침탄경화라 한다. 침탄에는 고체침탄과 gas 침탄이 있으며, 침탄용 강의 구비 조건은 다음과 같다.

- 저탄소강이어야 한다.
- 장시간 가열하여도 결정입자가 성장하지 않아야 한다.
- 표면에 결함이 없어야 한다.

침탄용 강에서 Cr, Ni, Mo 등은 침탄량을 증가시키고, C, V, W, Si 등은 침탄량을 감소시키는 원소 들이며, 침탄강의 성분은 다음 표와 같다.

침탄강 성분

종별	성분(%)			종별	성분(%)		
	C	Ni	Cr		C	Ni	Cr
1	< 0.18			4	< 0.18	3 ~ 4	0.1 ~ 1.0
2	< 0.18	2 ~ 3	< 0.3	5	< 0.15	4 ~ 5	< 0.5
3	< 0.15	3 ~ 4	< 1.5	6	< 0.18	4 ~ 5	0.5 ~ 1.0

침탄제에는 다음과 같은 것이 있다.

- 목탄(木炭), Na_2CO_3, $BaCO_3$ 등의 혼합물
- 목탄 90%, NaCl 10%의 혼합물
- KCN, $K_4Fe(CN)_6$의 혼합물
- $K_4Fe(CN)_6$, $K_2Cr_2O_7$의 혼합물

① 고체침탄법(固體浸炭法; solid carburizing):

침탄제와 강을 철제 상자에 넣고 gas가 새어 나오지 못하도록 내화점토를 발라 밀봉하고, 노(爐)에서 1000℃ 정도로 100 ~ 200 min 동안 가열한다. 침탄 깊이는 가열 시간에 따라 다르나 보통 0.5 ~ 2 mm 정도이다. 침탄제는 반복 사용하면 침탄효과가 떨어지므로 매회마다 적당량의 새로운 침탄제를 보충하여야 한다. 부분 침탄을 할

때 침탄이 필요 없는 부분에는 다음의 방법을 취한다.

- 동도금을 한다.
- 점토, 규산 natrium, 식염, 산화철분말 및 석면의 혼합물을 도포한다.
- 가공여유를 두어 침탄후 깎아낸다.

침탄로에서 꺼낸 강은 조직이 성장되어 있으므로 일단 상온까지 서냉하고, 다시 담금질온도인 800 ~ 900℃까지 가열하여 기름에 급냉시켜 1차로 담금질한다. 이 것을 다시 가열하여 2차 담금질을 함으로써 전체를 치밀한 조직으로 한다. 목적에 따라 200 ~ 300℃에서 뜨임하는 수도 있다. 침탄상자에서 꺼내면서 담금질온도가 되었을 때 직접 담금질하는 법도 있다.

② gas침탄법(gas solid carburizing):

gas 침탄제에는 CO_2, CO, CH_4, C_2H_6, C_3H_8, CmHn 등이 있으며, 이들 gas가 고온의 강재에 접촉되면 활성탄소가 석출되어 γ철 중에 고용(固溶)된다. 예를 들면

$CH_4 \rightarrow C + 2H_2$

$\gamma Fe + CH_4 \rightarrow (\gamma Fe + C) + 2H_2$

로 되어 C가 γ철 중에 고용(固溶)된다

(2) 질화법(窒化法; nitriding):

질소가 고온의 강에 작용하여 경도가 큰 질화철을 형성하며, 표면에만 작용시키면 표면은 내마모성이 크고, 내부는 원소재의 성질을 갖게 된다. 이 방법은 담금질할 필요가 없이 질화층이 생기는 것만으로 큰 경도가 얻어진다. 강을 NH_3 gas 분위기에서 500℃ 정도로 50 ~ 100 시간 정도 장시간 가열하면 Fe_2N 및 Fe_4N의 질화층이 형성된다. 질화법의 특징을 나열하면 다음과 같다.

- 경도는 침탄경화에 의한 것보다 크고 경화층은 얇다.
- 담금질하지 않으므로 변형이 적다.
- 가열온도가 낮다.

부분적으로 질화를 방지하기 위해서는 동도금 또는 아연도금한다. 질화에 사용되는 강을 질화강(nitriding steel)이라 하며, C: 0.3 ~ 0.4%, Mn: 0.4 ~ 0.7%, Cr: 1.2 ~ 1.8%, Al: 0.6 ~ 1.5%, Mo: 0.15 ~ 0.3%의 성분 범위가 좋다.

(3) 청화법(靑化法; cyaniding):

철을 청화물 CN과 작용시켜 침탄과 질화가 동시에 진행되는 표면경화법으로서, KCN 및 NaCN을 주성분으로 하고 용점을 낮게 하기 위하여 KCL, NaCl, K_2CO_3, Na_2CO_3 등을 첨가한 액 중에서 일정 시간 침지(浸漬)하여 가열하고 물 또는 기름에 담금질한다. 이를 액체침탄법(liquid carburizing)이라고도 하며, 다음은 그 화학 변화의 예이다.

$2NaCN + O_2 \rightarrow 2Na(CN)O$

$4Na(CN)O \rightarrow 2NaCN + Na_2CO_3 + CO + 2N\uparrow$(강으로)

$2CO \rightarrow CO_2 + C\uparrow$(강으로)

이 방법의 장단점은 다음과 같다.

[장점]
- 균일한 가열이 이루어지므로 변형이 적다.
- 온도 조절이 용이하다.
- 산화가 방지된다.

[단점]
- 비용이 많이 든다.
- 침탄층이 얇다.
- gas가 유독하다.

이상은 청화법 중 침지법이고, 가열된 강에 분말인 청화물을 살포하고 물이나 기름에 담금질하는 살포법도 있다.

(4) 화염(火焰)담금질:

이 방법은 담금질 효과를 나타낼 수 있는 C: 0.35 ~ 0.7%의 탄소강이나 합금강을 산소 acetylene gas 등의 화염을 이용하여 국부적으로 가열하고 공기 jet나 물로 냉각시키는 것이다. 물체의 형상 및 치수, 목표로 한 경도 등에 따라 화염의 크기, 이동 속도, 담금 시간 등이 정해져야 한다. 다음 그림은 gear의 치면, journal 및 임의 마찰면을 화염담금질하는 예이다. 그림 2-14은 화염담금질이다.

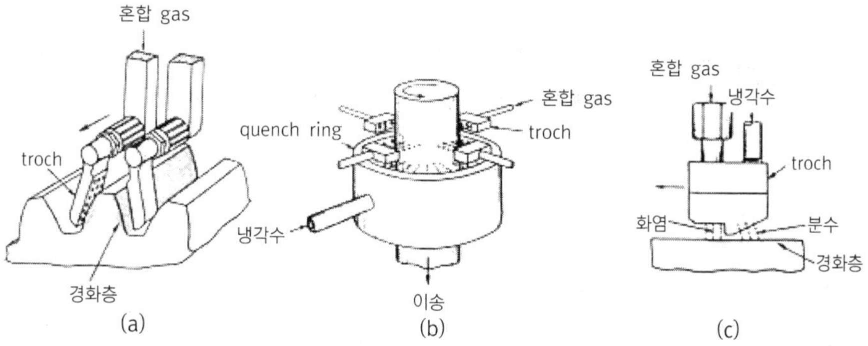

그림 2-14 화염담금질

(5) 고주파(高周波)담금질

그림과 같이 고주파유도전류(200 kc 이상)에 의하여 가열물의 표면만을 담금질 온도로 가열하여 냉각시키는 방법으로서, 주파수가 높을수록 표면에 과전류(過電流)가 집중하므로 가열물이 클수록 저주파를 이용하는 것이 좋다. 유도 coil 자체가 가열되어 녹는 것을 방지하기 위하여 pipe를 통하여 냉각수로 냉각한다. 가열물과 유도 coil의 접촉에 의한 방전을 막기 위하여 적당한 간격을 유지해야 한다. 이방법의 장점은 다음과 같다.

- 중심부까지 열의 전도가 없으므로 재질의 변화나 변형이 적다.
- 가열시간이 수초이므로 탈탄 및 산화의 염려가 없다.

그림 2-15는 고주파담금질을 보여준다.

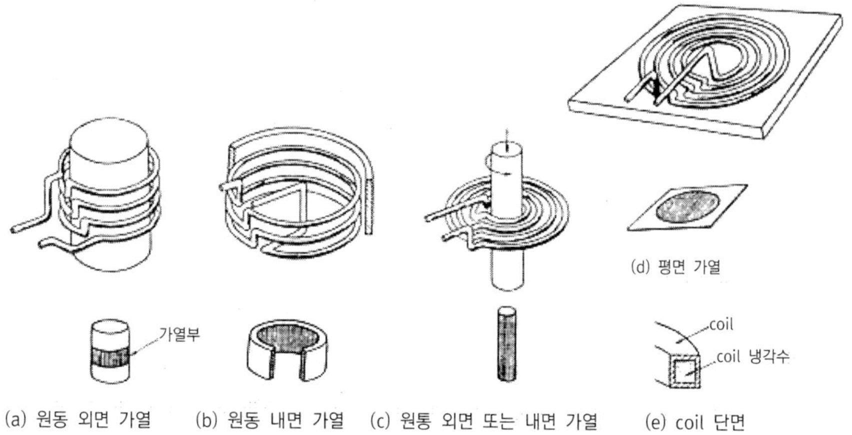

그림 2-15 고주파담금질

(6) arc 방전(放電)담금질:

경화 시키고자 하는 부분에 arc 방전을 일으켜서 담금질온도에 도달하였을 때 냉각시키는 방법으로서, 처음에 교류에서는 60 ~ 80 V, 직류에서는 40 ~ 60 V 정도의 전압에서 방전을 일으킨다. 가열부의 크기, 경화층 깊이 및 전극에서 가열부까지의 거리 등에 따라 arc 전류를 정한다.

(7) 산화피막법(酸化被膜法):

공구강 및 고속도강 등에 산화피막을 생기게 하는 방법으로서, 경도가 크고 다공성(多孔性)을 갖게 되어 윤활유를 간직하므로 내마모성이 크고 마찰계수가 작으며, 공기처리법, 증기처리법 및 약품처리법이 있다.

① 공기처리법:

담금질과 뜨임이 된 공구강 및 고속도강 공구를 grinder로 연마하여 탈탄층과 기름을 제거하고 공기 중에서 가열하여 480℃로 유지하면 다공질(多孔質)의 경도 높은 산화피막이 형성되어 절삭성을 40 ~ 100% 정도 증가시킬 수 있다.

② 증기처리법:

연마된 공구를 노(爐)에 넣고 360℃에서 30 min 정도 예열한 후 1 kg/㎠의 수증기를 도입하여 560℃로 1시간 정도 유지하고 공냉(空冷)하면 공구표면에 두께 2 ㎛되는 산화피막이 생긴다. 피막의 두께는 그림과 같이 가열온도와 가열시간에 따라 증가하나 보통 550℃ 이상 또는 100분 이상이 되면 Fe_3O_4의 일부가 붉은색의 녹으로서 Fe_2O_3가 되므로 좋지 않다. 고속도강에 대해서는 250℃로 예열하고 550℃ 정도에서 1 ~ 1.5시간 유지하는 것이 적당하다. chip이 절삭공구에 용착하는 온도가 200℃ 정도 높아지므로 built-up edge의 발생이 억제되어 좋으나, 절삭공구을 재연삭하면 피막의 성능을 잃게 된다. 그림 2-16은 가열온도와 시간에 대한 산화막 두께를 나타냈다.

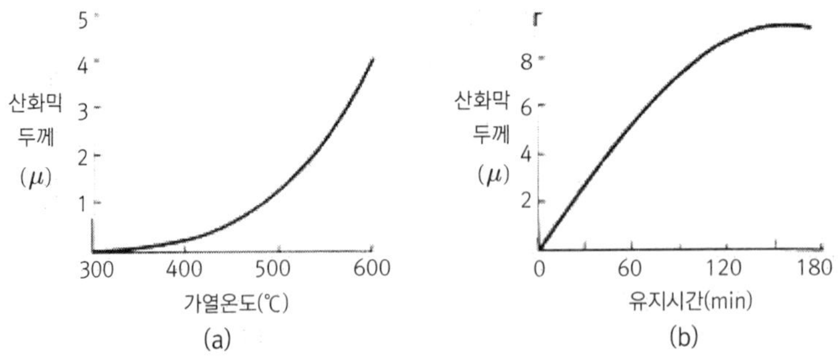

그림 2-16 가열온도와 시간에 대한 산화막 두께

(8) 심냉처리(深冷處理; sub-zero treatment):

필요한 금속의 조직 또는 기계적 성질을 얻기 위하여 0℃ 이하의 온도에서 처리하는 것을 심냉처리라 하며, 담금질에 의하여 경화된 강에 잔류 austenite를 martensite로 변화시키거나 austenite를 안정화시키는 것이다. 강을 급냉에 의한 담금질을 하였을 때 그림과 같이 austenite가 잔류하며, 그 양은 고탄소강일수록 많고 담금질온도 1000℃ 정도까지는 온도에 따라 austenite 량이 증가한다. 그림 2-17은 강의 담금질온도와 잔류 austenite 량이다.

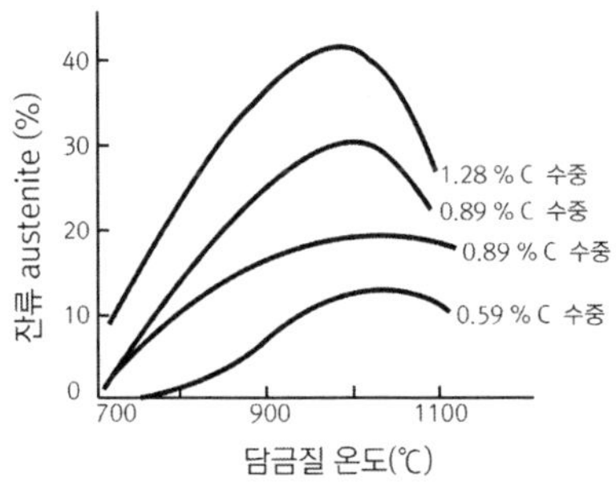

그림 2-17 강의 담금질온도와 잔류 austenite 량

잔류 austenite 량은 수중에서 담금질한 것보다 유중에서 담금질한 것에 많으며, 수중에서 보통 담금질했을 때 고탄소강에서는 10%, 고속도강에서는 20%, stainless 강에서는 100% 정도이다. 이와 같은 잔류 austenite가 있는 것은 담금질에서 martensite로 될 수 있는 온도범위가 되지 못한 데 있는 것 같다. 이와 같은 것을 심냉처리하면 잔류 austenite의 일부 또는 전부가 martensite로 변태될 수 있다. 담금질된 강을 상온에서 오래 방치하여 aging된 것 또는 뜨임한 것은 잔류 austenite가 이미 안정되어 심냉처리 효과가 없으며, 이 현상을 잔류 austenite의 안정(stabilization)이라 한다. 그림 2-18은 심냉처리 효과를 보여준다.

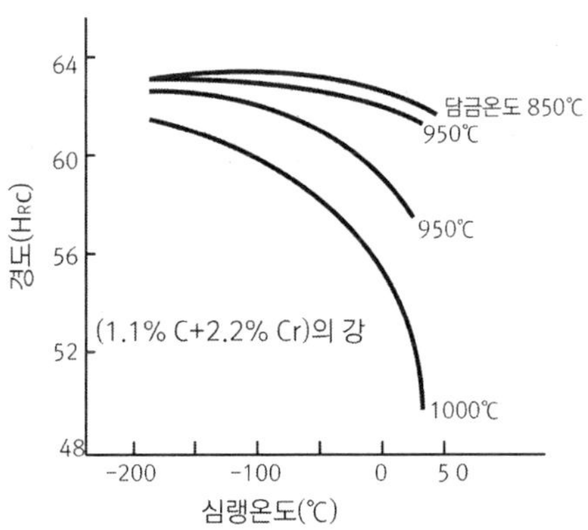

(a) 강의 심랭온도와 경도

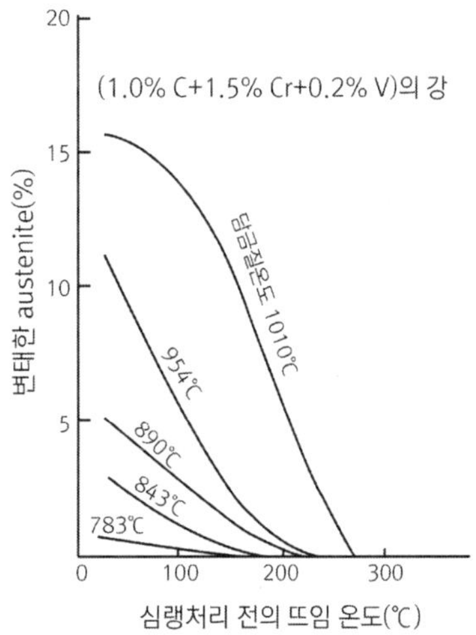

(b) 뜨임온도와 심랭처리에 의하여 변태한 austenite 량

그림 2-18 심냉처리 효과

2.4.2 강의 방식법(防蝕法)

(1) 삼투법(滲透法):

금속을 가열하여 Zn, Al, Cr 등으로 피복함과 동시에 확산(擴散)에 의한 합금피복을 얻는 방법으로서, 이미 도금된 것을 가열하여 합금피복층을 얻는 방법과 금속을 피복제 분말 속에 매몰하여 가열하는 방법이 있다. 삼투법은 주로 철강제품에 대하여 이용되며, 강의 내식성, 방수성(防銹性) 및 내마모성을 증가시키는데 목적을 둔다.

① Zn 삼투법(zincing):

강제품을 청정(淸淨)한 후 200 mesh 정도의 85 ~ 90% Zn 분말과 함께 철제 용기에 넣어 밀봉하고 전기 또는 gas 열로 350 ~ 375℃에서 2 ~ 3시간 유지하면 0.05 mm 정도의 Zn 삼투층이 생긴다. 이 방법은 소형 제품에 적합하고, 피막층이 균일하다.

② Al 삼투법(calorizing):

중량비 Al 50%, Al_2O_3 45%, NH_4Cl 5%로 된 혼합 분말을 철제품과 함께 철제 상자에 넣고 850 ~ 950℃에서 2시간 정도 가열하면 내고온산성의 화학층인 $FeAl_3$가 생기는데 이것은 취성이 크므로 너무 두껍게 하지 않는 것이 좋다. Fe: 50%와 Al: 50%의 분말을 사용하면 확산속도가 순 Al 분말의 경우보다 빠르며, 확산층의 두께 조정도 용이하다. 강과 황동의 처리온도는 700 ~ 800℃이다.

③ Cr 삼투법(chromizing):

중량비 Cr 55%, Al_2O_3 45%의 혼합분말과 철제품을 용기에 넣고 Cr는 산화막이 생기기 쉬우므로 진공 또는 수소와 같은 환원성 기체 분위기 상태에서 밀봉하여 1300 ~ 1400℃로 3 ~ 4시간 가열하면 내식성이 큰 Cr 확산층이 형성된다. Cr는 증기압이 낮으므로 확산제인 NH4Cl 또는 NaCl을 1 ~ 2% 정도 첨가하면 더욱 효과적이다. 주형 내면에 Cr 분말과 물유리의 혼합물을 바르고 건조시킨 후 용탕을 주입하여 얻은 강 ingot을 압연하면 표면에 Cr을 다량 함유한 내식성 강판을 얻을 수 있다. 저탄소강일수록 Cr의 농도가 크고 대기, 수증기 및 묽은 질산에 대해서는 내식성이 우수하나 묽은 염산과 황산에 대해서는 쉽게 부식된다.

④ Si 삼투법(siliconizing):

Si 분말과 강제품을 환원성 또는 불활성 분위기의 철제 상자 속에 넣어 밀봉하고 900 ~ 1000℃에서 2시간 정도 가열하면 Si를 15% 정도 함유한 내식성이 큰 0.7 mm 정도 두께의 확산층이 생긴다.

(2) 도금법:

녹(rust)이 잘 생기지 않는 금속의 피막을 철강 제품의 표면에 형성시켜 방수(防銹; rust prevention)하는 방법으로서 습식도금법과 건식도금법이 있다.

① 습식도금법:

금속염의 용액을 전해액으로 하여 양극(陽極)에는 피복제의 금속을 , 음극(陰極)에는 도금될 제품을 연결하여 직류를 통하면 전기분해에 의한 陽 ion 이 음극인 제품에 부착된다. 도금하기 전에 제품의 표면을 황산(5 ~ 10%) 또는 염산(3 ~ 7%) 용액으로 청정(淸淨)하며, 도금 후에는 온수로 씻는 등의 후처리를 하여야 한다.

② 건식도금법:

피복제의 용융금속에 제품을 넣어서 피복하는 방법으로서, 주로 Sn, Zn, Pb, Al 등이 피복제로 사용된다. 이 방법은 제품의 미관보다는 방식(防蝕)에 중점을 두는 경우에 이용된다.

(3) 도장법:

철강 표면을 청정(淸淨)한 다음 액상의 방수도료(防銹塗料)를 고화(固化)시키는 방법으로서 유성도료(油性塗料)인 boil 油, bitumen 도료인 asphalt 및 coaltar, 합성수시노료인 phenol 수지 등이 있다.

2.5 열처리설비

열처리에 필요한 설비에는 가열로, 냉각장치 및 고온계 등이 있다.

2.5.1 가열로(加熱爐)

가열로의 조건은 다음과 같다.

- 온도 조절이 용이하여야 한다.
- 노내의 온도분포가 균일하여야 한다.
- 간접가열하여 산화 및 탈탄 등이 없어야 한다.

가열로를 용도별로 분류하면 다음과 같다.

- 담금질, 뜨임, normalizing 용: muffle 로, 전기저항로, 연속가열로, 염조로 등
- 풀림용: 반사로, muffle 로, 가동상로(可動床爐) 등

열원으로는 석탄, coke, gas, 중유 및 전기 등이 있다. 아래에 각종 노가 있으며, 그 중에서 전기저항 염조로(salt bath)의 특징은 다음과 같다.

[장점]
- 가열물의 산화 및 탈탄 등이 방지된다.
- 전극의 간극 조절로 온도 조절이 용이하다.
- 균일하게 가열되어 변형이나 균열의 발생 가능성이 적다.
- 대류 및 복사에 의한 가열보다 4 ~ 5배 빨리 가열된다.
- 노의 설비비가 적다.

[단점]
- 부력 때문에 가열물의 취급에 곤란한 경우가 있다.
- 염조로는 가열로 뿐만 아니라 냉각에도 사용된다.

그림 2-19은 가열로이다.

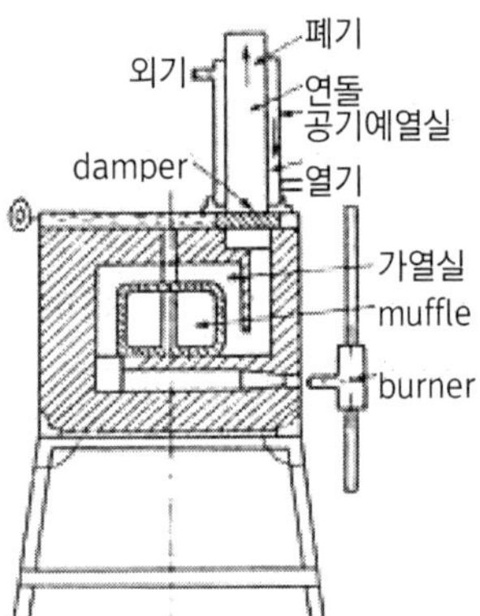

(a) gas muffle 로

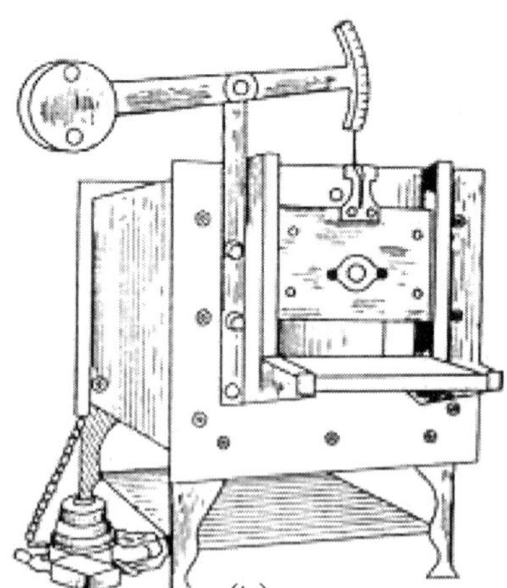
(b)

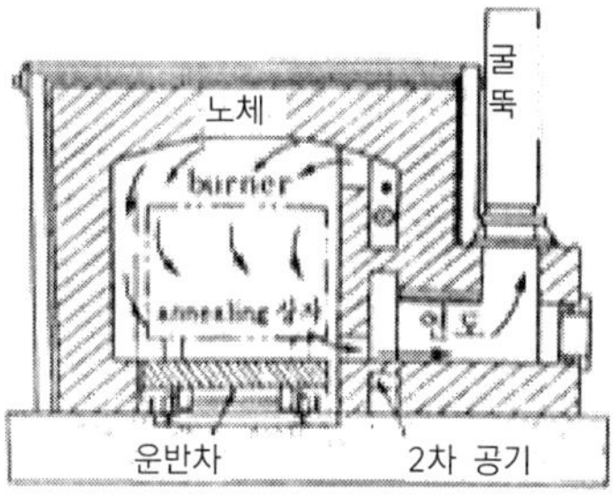

(c) 가동상로

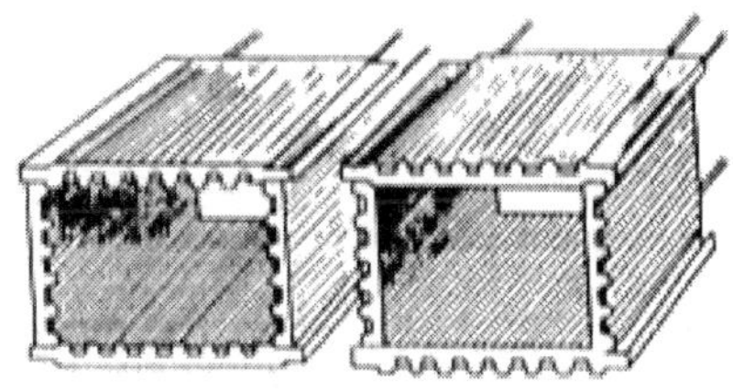

(d) 전기저항 muffle 로

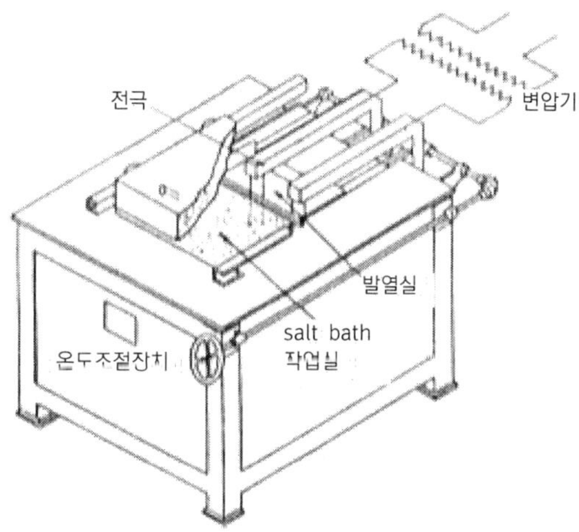

(e) 전기저항 salt bath 로

그림 2-19 가열로

salt bath로의 적용 범위

조 성	용융점(℃)	적용온도(℃)	용 도
22% $NaNO_3$ + 78% KNO_3	254	< 550	뜨임용
60% $BaCl_2$ + 40% KCl	660	550 ~ 950	탄소강 담금질용
70% $BaCl_2$ + 30% $Na_2B_4O_7$	940	1100 ~ 1300	고속도강 담금질용

2.5.2 냉각장치

일반적으로 사용되는 냉각액의 냉각효과가 적은 것부터 나열하면 기름, 물, 소금물, 묽은 황산용액 등이나 온도를 조절하면 여러 가지 목적에 사용할 수 있다. 가능하면 냉각조(冷却槽)를 크게 하고 냉각액이 잘 순환할 수 있게 하여 온도를 일정하게 유지하는 것이 좋다.

2.5.3 고온계

전기저항식 온도계 및 열전대식 온도계 등이 있으나 일반적으로 열전대식 고온계가 사용되며, 2개의 상이한 금속을 접합하였을 때 그 접점에서 발생하는 기전력(起電力)에 의하여 온도를 측정한다. 그림과 표는 각각 열전대의 사용법, 열전대의 종류 및 사용온도를 보인다.

그림 2-20은 열전대의 사용법이다.

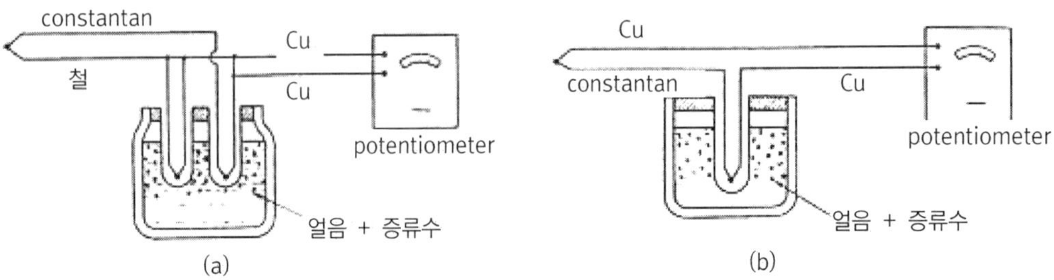

그림 2-20 열전대의 사용법

열전대의 종류와 최고 사용온도

열 전 대	최고 사용온도(℃)	열 전 대	최고 사용온도(℃)
Cu-constantan	600	$P_t - P_t \cdot Rh$	1600
Fe-constantan	800	$W - M_o$	1800
chromel-alumel	1200		

2.5.4 고주파 응용 열처리

고주파 가열 방식은 금속류의 가열에서 유도가열 방식의 경우 에너지 밀도가 높고 화염이 없으므로 화재, 화상 등의 안전사고 위험이 없다. 고주파는 반도체 방식은 소형이며 저전압 사용으로 취급이 아주 편리하다. 순간 가열 및 정지가 가능하며 자동화하기가 쉽고, 설비의 유지보수가 거의 없고, 또한 소모성 부품이 없다.

디스크 열처리

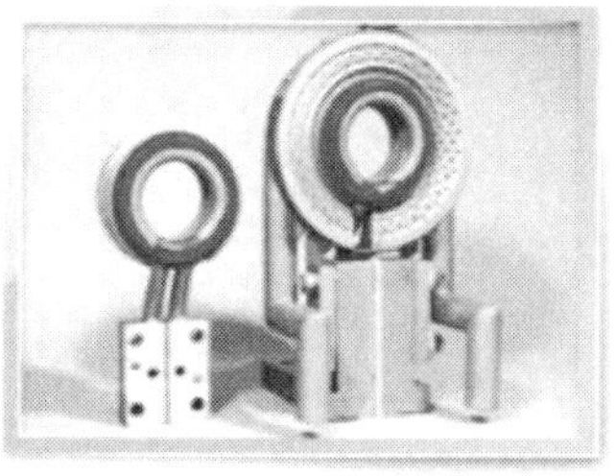
열처리용 코일

기어 열처리

SHAFT 열처리

스텐레스 열처리

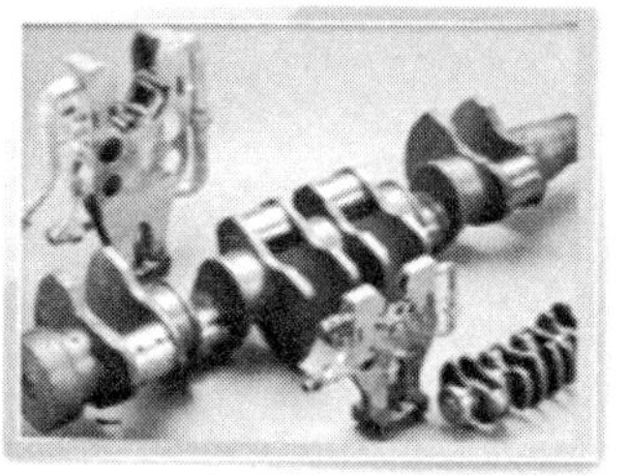
크랭크축과 코일

그림 2-21 고주파담금질

3장 측정

3.1 개요

기계제작에서 측정은 정확한 가공을 위하여 가공중 측정을 하는 경우와 가공을 마친 후 검사의 목적으로 측정하는 경우가 있다. 기계제작에서 사용되는 측정은 길이측정, 각도측정, 면측정 등으로 크게 분류할 수 있으며, 이들을 조합하여 활용할 수 있다. 각 측정에 사용되는 측정기를 들면 다음과 같다.

길이측정

- 강철자(steel rule)
- vernier calipers
- vernier height gauge
- micrometer

측장기(測長機; measuring machine)

- dial gauge(dial indicator)
- minimeter
- optimeter
- 전기(電氣) micrometer 또는 전자(電子) micrometer(electric micrometer, electronic micrometer)
- 공기 micrometer(pneumatic micrometer, air gauge, pneumatic gauge)
- 공구현미경(工具顯微鏡; toolmakers' microscope)
- 윤곽투영기(輪廓投影機; profile projector, contour projector, optical projector, optical comparator)
- block gauge
- 봉(棒) gauge(bar gauge)
- ring gauge
- 나사 gauge(thread gauge)
- 두께 gauge 또는 틈새 gauge(thickness gauge)
- 반경 gauge(radius gauge)
- wire gauge
- pitch gauge
- drill gauge
- 한계(限界) gauge(limit gauge)

각도측정

- 분도기(分度器; protractor)
- 수준기(水準器; level)
- sine bar
- tangent bar
- 분할대(分割臺; index head)

면측정

- 직정규(直定規; straight edge)
- 광선정반(光線定盤; optical flat)

나사측정

gear 측정

진원도 및 원통도 측정

- 진원도 측정
- 원통도 측정
- 좌표측정
- 예상문제

3.2 길이측정

길이의 기본 단위는 meter 이며, Paris의 국제도량형국(國際度量衡局)에 보관되어 있는 국제 meter 원기(原器)의 중립면상의 두점의 0℃에서의 거리로 표시한다. 그런데 meter 원기는 인공적인 것이므로 특정 물질로부터 조건에서 나오는 spectrum 파장(波長)의 배수(倍數)로 표시한다. 1960년 도량협회에서 krypton(Kr86)이 일정 조건하에서 발하는 광파의 파장(λ)을 기준으로 meter를 규정하였다. 즉 1m = 1650763.73λ이다.

길이의 기준과 meter 보조 단위는 다음 표와 같다. 영국에 yard에 대한 원기가 있고, 에서의 원기의 표점거리를 1 yard로 정의 하고 있으며, yard의 보조 단위는 다음 표와 같다.

길이의 기준 방식

기　　　준	의　　　　　미	예
선　기　준	동일 평면상의 2개의 평행선 간격을 기준	국제 meter 원기
단 면 기 준	2개의 평행 끝면 사이의 간격을 기준	block gauge
광 파 기 준	특정의 물체에서부터 한 가지 색에 의한 파장을 기준	krypton 86

meter 단위

m	dm	cm	mm	μ	mμ	Å
1	10	10^2	10^3	10^6	10^9	10^{10}
			1	10^3	10^6	10^7

yard 단위

yd	ft	in	line	mil	micro inch
1	3	36	432		
	1	12	144		
		1		10^3	10^4

공업 분야에서는 inch의 단위도 많이 사용되며, 연속적으로 2등분하여 $\frac{1}{2}in$, $\frac{1}{4}in$, $\frac{1}{8}in$, $\frac{1}{16}in$, $\frac{1}{32}in$, $\frac{1}{64}in$, $\frac{1}{128}in$로 세분되고, 10진법의 단위인 mil, micro 등이 사용된다. 그림 3-1은 metric graduation이며, 그림 3-2는 inch graduation이다.

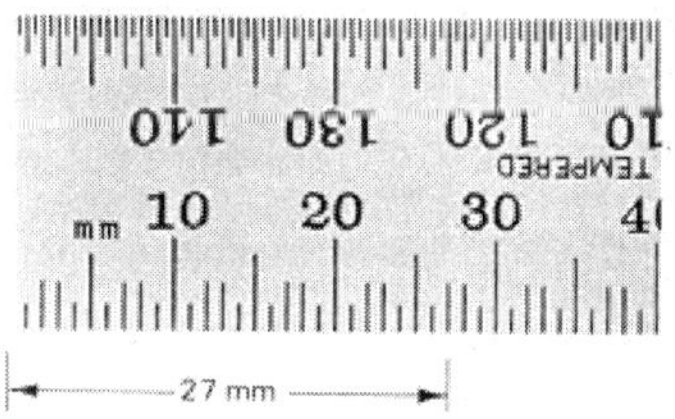

그림 3-1 metric graduation

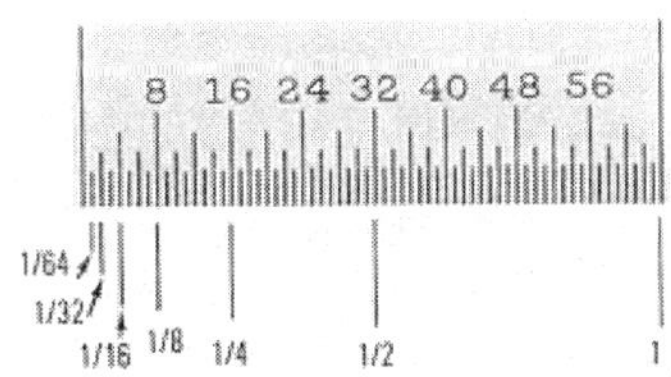

그림 3-2 inch graduation

inch와 meter의 환산관계는 다음과 같다.

영국식: 1 in = 25.39978 mm

미국식: 1 in = 25.40051 mm

온도변화에 따라 측정물과 측정기가 신축하기 때문에 측정 온도를 지정할 필요가 있으며, 지정된 온도가 아닐 때에는 측정 온도를 표시하거나 지정된 온도의 값으로 환산하여야 한다. 길이 측정의 표준온도는 20℃이다.

α_1: 측정기의 열팽창계수

α_2: 측정물의 열팽창계수

t: 측정시의 온도

L: t℃ 때의 측정물의 길이

L: 20℃ 때의 측정물의 길이라 하면

$$\begin{aligned} L' &= L + L \cdot \alpha_2 \cdot (20 - t) - L \cdot \alpha_1 \cdot (20 - t) \\ &= L - L \cdot \alpha_2 \cdot (t - 20) + L \cdot \alpha_1 \cdot (t - 20) \\ &= L + (\alpha_1 - \alpha_2) \cdot (t - 20) \cdot L \end{aligned}$$

정밀한 측정은 20℃, 기압 760 mmHg, 상대습도 58%의 표준 조건에서 행한다. 1μ 이하의 측정에서는 측정자의 체온이 영향을 미칠 수 있으므로 주의를 요한다.

길이의 측정은 측정기와 측정물을 접촉시켜 측정하는 경우가 많으므로 측정력이 작용하게 되며, 그것으로 인하여 접촉 strain이 발생하므로 보통 측정력은 50 ~ 1000 g 정도로 한다. 특히 측정력이 커서 측정기에 변형이 생길 때에는 측정 오차가 너무 크게 된다. 측정기는 공업규격에 합격한 것을 선택하여야 하며, 많이 사용하면 마모, 변형 등에 의한 오차가 발생하므로 수시로 점검할 필요가 있다.

3.2.1 길이측정기

(1) 자(ruler):

자에는 meter계자와 inch계 자가 있으며, 사용법에 대하여는 *수기가공편을 참조하기 바란다.

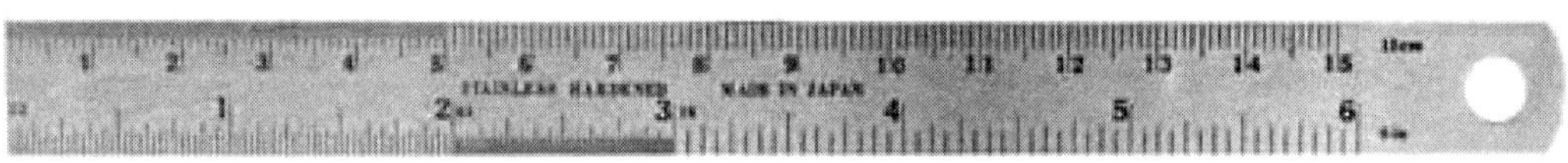

(2) vernier calipers:

vernier calipers는 본척(本尺)과 부척(副尺; vernier)을 이용하여 1/20 mm, 1/50 mm, 1/500 in 등의 정도까지 읽을 수 있는 길이 측정기의 일종이며, 다음 그림은 vernier calipers의 각부 명칭을 보여 준다. 그림 3-3은 vernier calipers의 각부 명칭이다.

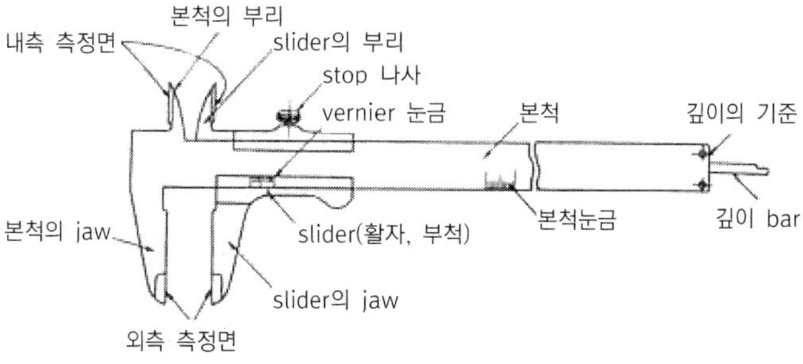

그림 3-3 vernier calipers의 각부 명칭

부척(vernier)의 눈금은 본척의 (n-1)개의 눈금을 n등분한 것이며, 본척의 1눈금을 A, 부척의 1눈금을 B라 하면 1눈금의 차 C는 다음과 같다.

$$C = A - B = A - \frac{n-1}{n} \cdot A = \frac{1}{n} \cdot A$$

그림 3-4는 vernier calipers의 원리이다.

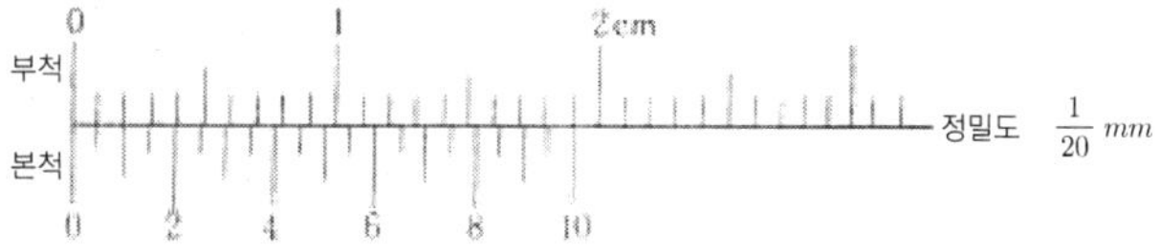

그림 3-4 vernier calipers의 원리

공작물을 측정하여 부척의 m 번째의 눈금이 본척의 눈금과 일치하였다 하고 부척의 0눈금의 왼쪽에서 본척의 눈금까지의 길이를 ℓ_o라 하면 측정물의 치수 ℓ은 다음과 같다.

$$\ell = \ell_o + m . C\, l$$

예제

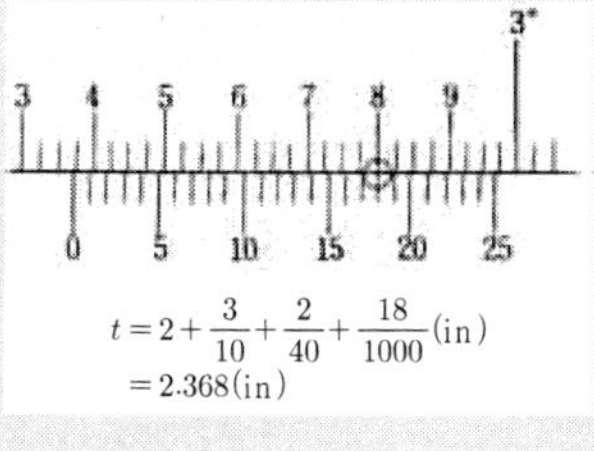

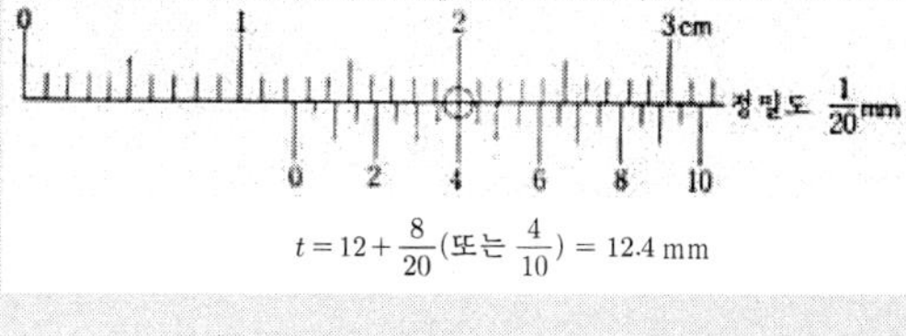

예제 정밀도

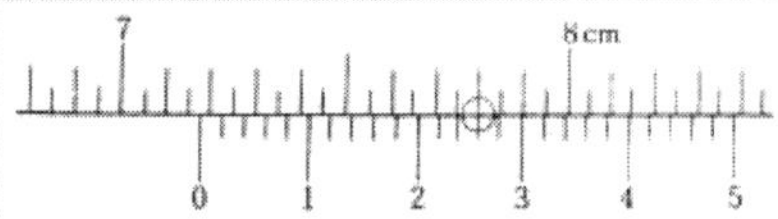

$$정밀도 = \frac{1}{2} - \frac{24}{25} \cdot \frac{1}{2} = \frac{1}{50}$$

$$l = 71.5 + \frac{13}{50} = 71.5 + 0.26 = 71.76\ mm$$

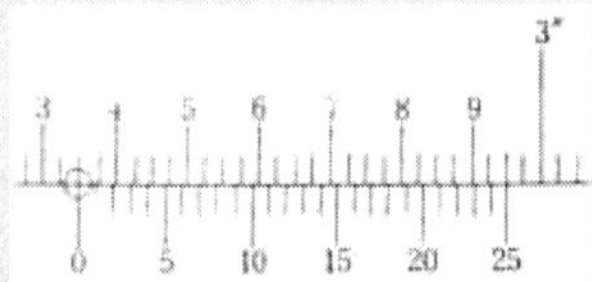

$$l = 2 + \frac{3}{10} + \frac{2}{40}(in) = 2.35(in)$$

vernier calipers 외에도 vernier를 이용한 측정기에는 vernier height gauge, vernier depth gauge, gear tooth vernier calipers 등이 있으며, dial gauge를 부착하거나 digital 식이 나와 있어 1/100 mm 이상의 정밀도를 갖고 있으며, 읽는 데에도 더욱 편리하다.

(3) micrometer:

micrometer는 고정된 nut에 screw를 끼워 회전시키면 screw의 이동량은 회전수에 비례한다는 원리를 이용하여 1/100 mm 및 1/1000 in 정도까지 읽을 수 있는 측정기 이다. anvil에 spindle면을 접촉시켰을 때 thimble상의 눈금 "0" 이 sleeve에 있는 기준선(index line)상의 눈금 "0"과 일치되어야 하며, anvi과 spindle 사이에 측정물을 넣어 접촉시키고 sleeve 눈금에 thimble 눈금을 더한 것이 측정길이 이다. 그림 3-5은 micrometer 이다.

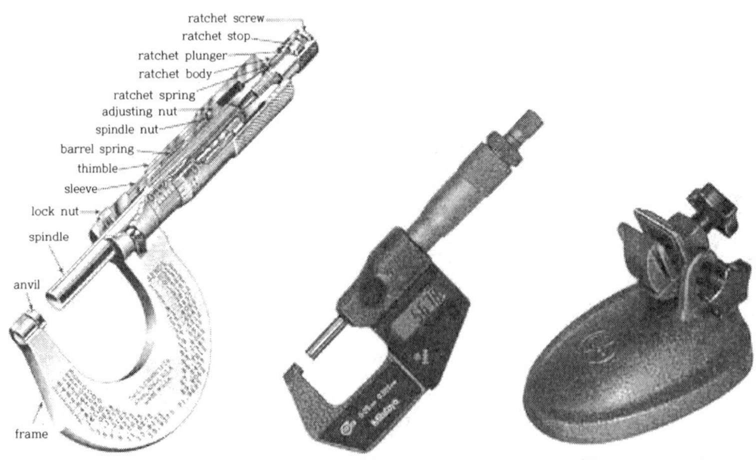

그림 3-5 micrometer

① metric micrometer:

thimble과 일체로 된 spindle screw의 pitch가 1/2 mm 이고 thimble의 원추면에 원주를 50등분한 눈금이 있으므로 thimble 상의 1눈금 이동하면 spindle은 만큼 이동한다.

vernier micrometer에서는 그림(c)에서와 같이 thimble상의 9 눈금을 10 등분하여 sleeve에 표시함으로써 thimble 상의 최소눈금에 대한 spindle 이동량의 1/10 , 즉 1/1000 mm까지 읽을 수 있다. 그림 3-6는 micrometer 눈금 읽기를 설명한다.

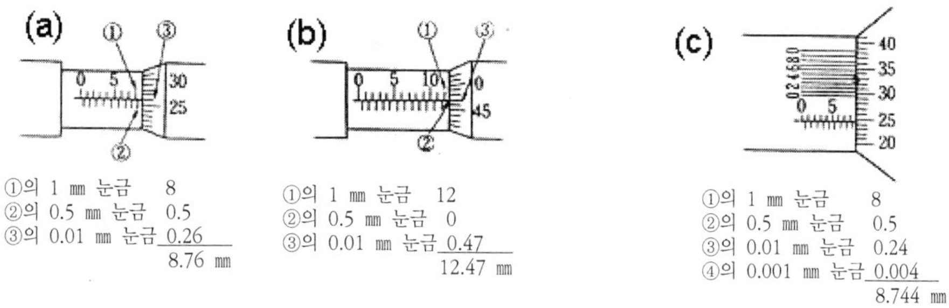

그림 3-6 micrometer 눈금 읽기

② inch micrometer:

spindle screw의 pitch가 1/40 in 이고 thimble의 원추면에 원주를 25 등분한 눈금이 있으므로 thimble 상의 1눈금 이동하면 spindle은 만큼 이동한다.

vernier micrometer에서는 그림(b)에서와 같이 thimble상의 9 눈금을 10 등분하여 sleeve에 표시함으로써 thimble 상의 최소눈금에 대한 spindle 이동량의 1/10, 즉 1/10000 in 까지 읽을 수 있다. 그림 3-7은 micrometer 예제이다.

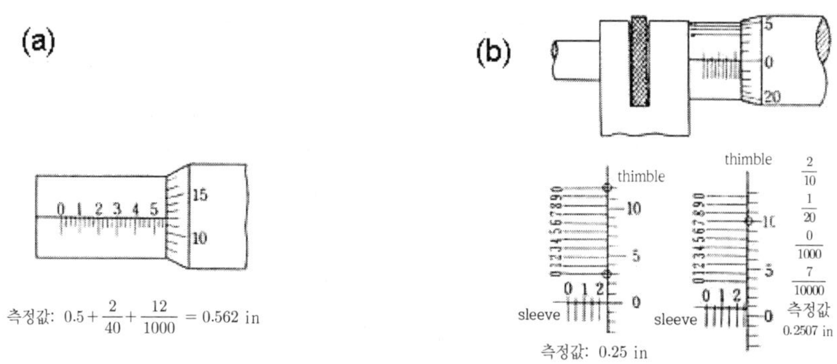

그림 3-7 inch micrometer 예제

외측 micrometer외에 내측 micrometer, 내측 bar 형 micrometer, 나사용 micrometer, 깊이 micrometer 등이 있으며, 눈금을 읽는 방법은 앞서 기술한 외측 micrometer의 경우와 같다.

(4) 측장기(測長機; length measuring machine):

정밀도가 높은 bed 상에 본척과 부척이 있어 측정기, gauge, 공구 등의 비교적 큰 치수를 정밀하게 측정하는데 사용되며, 여러가지 형식이 있으나 대표적인 것은 다음 그림과 같이 본척이 고정식인 것과 이동식인 것이다. 그림 3-8은 측장기이다.

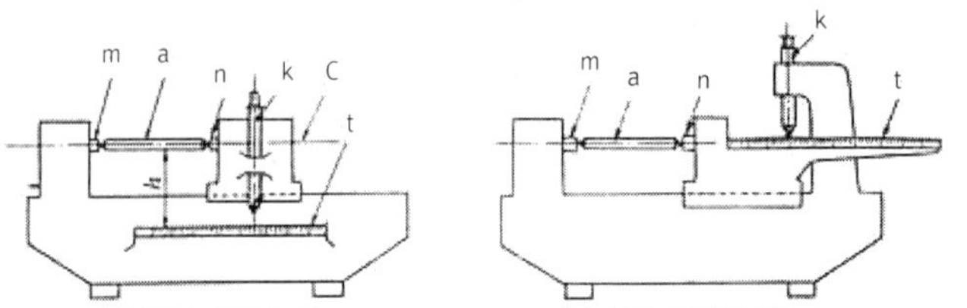

(a) 본척 고정일 때 (b) 본척 이동일 때

a:측정물, k:현미경, m,n:측정자, t:눈금자 눈금

그림 3-8 측장기

1 mm까지는 본척에서 읽고 그 이하는 micrometer나 그 외의 부척에서 읽는다. 위 그림 (a)에서 활동면(滑動面)이 정확하지 않거나 다소의 휨이 생기면 현미경 지지부가 경사지는 결과를 초래한다. 다음 그림 (a)에서 현미경의 기울림 각과 측정자의 중심선 C에서 본척까지의 거리를 각각 α, h라 하면 오차 e는 다음과 같다.

$$e = h \cdot \tan\alpha$$

윗식에서 h = 100 mm, α = 1'라 하면 e = 100×tan1' = 0.03 mm로 되며, e = 0.1 μ로 하기 위해서는 tanα = 0.0001/100, α = 0.2"보다 작아야 하나 실제에 있어서 불가능하기 때문에 h = 0으로 하면 좋다. 아래 그림 (b)가 이에 일치하는 구조이며, 이와 같이 본척을 측정물과 일직선상에 놓아 오차를 줄이는 것을 principle of Abbe라 한다. 그런데 아래 그림 (b)에서 bed 면이 정확하지 못하여 본척이 α만큼 경사져 b 점이 이동하여 a 점에서 현미경과 맞았다면 오차 e 는 다음과 같다.

$$e = L - L \cdot \cos\alpha = L \cdot (1 - \cos\alpha)$$

실제에서 α 〈 10" 이므로 α 로 인한 윗 식의 오차는 무시할 수 있다. 그림 3-9는 측장기의 오차이다.

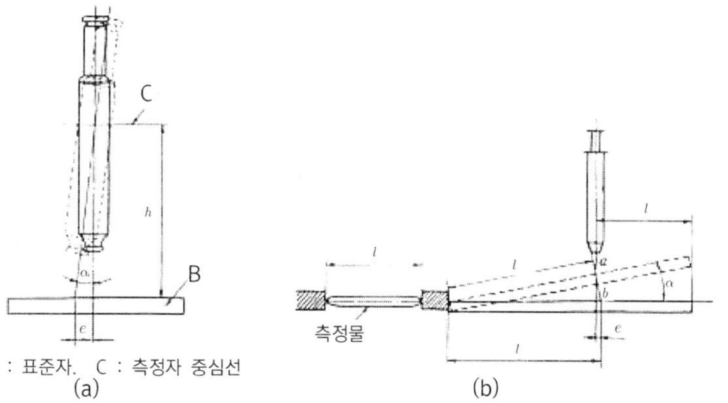

그림 3-9 측장기의 오차

(5) dial gauge(dial indicator):

dial gauge는 rack과 pinion을 이용하여 미소 길이를 확대 표시하는 기구로 되어 있는 측정기이며, 회전축의 흔들림 점검, 공작물의 평행도 및 평면상태의 측정 등에 사용된다. rack 이 1 mm 움직일 때 needle 이 1회전 하도록 gear열을 구성하고 눈금판을 100 등분하면 눈금판상의 1 눈금에 해당하는 spindle의 움직인 거리는 1/100 mm가 되는 것이다. dial gauge의 정밀도에는 1/100 mm, 1/1000 mm, 1/1000 in, 1/10000 in 등이 있다.

아래 그림과 같은 spindle 식 dial gauge에서는 spindle이 측정면에 대하여 항상 직각이어야 하므로 좁은 곳, 또는 구멍의 내부 등을 측정할 필요가 있을 때에는 곤란하기 때문에 지렛대식 dial gauge(lever type dial gauge)를 사용하면 편리하며, 최소 눈금은 0.01 mm 이고 측정압과 지시범위는 각각 30 g, 0.5 mm 정도이나 최근에는 2μ의 것이 제작되고 있다.

그림 3-10은 dial gauge와 stand이며, 그림 3-11은 spindle식 dial gauge의 내부구조이다.

그림 3-10 dial gauge와 stand

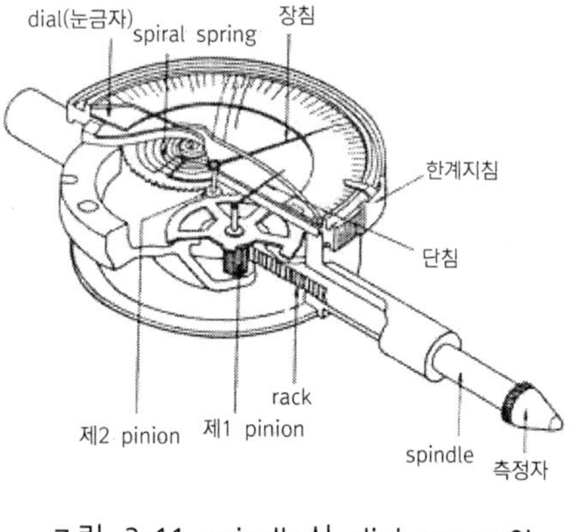

그림 3-11 spindle식 dial gauge의 내부구조g

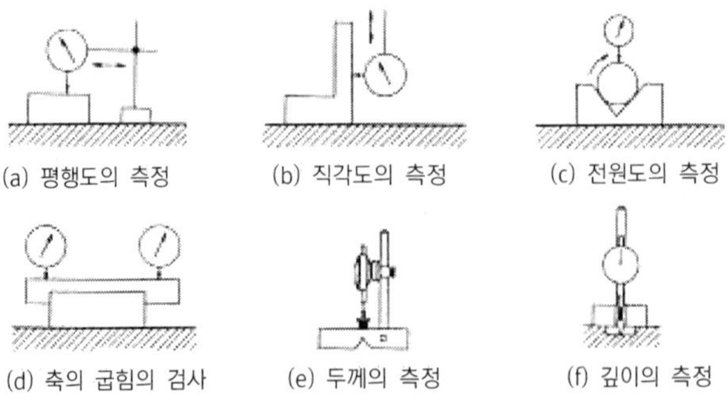

그림 3-12 dial gauge의 사용 예

그림 3-12 dial gauge의 사용 예이다.

(6) minimeter:

그림과 같이 지렛대를 이용하여 측정량을 100, 200, 500, 1000배로 확대하는 측정기로서, spindle a가 상하로 움직이면 지침 c는 b를 중심으로 회전운동을 하여 배로 화대하여 spindle a의 변위를 나타낸다. 이 때 지침 c 의 길이는 100 mm 이상으로 하는 것은 곤란하므로 l_1을 1 ~ 0.1 mm로 하고 b 점은 knife edge로 지지한다. 그림 3-12는 minimeter이다.

(7) optimeter:

minimeter는 lever에 의하여 측정자의 눈금을 확대하지만 optimeter에서는 그림과 같이 광학적으로 확대한다. 외부광원에서 눈금자 S를 조명하여 그 투과 광선이 대물 lens O를 통해 평행광선이 되며, 측정자에 의하여 움직이는 경사경(傾斜鏡) M에 이른다. 거기서 반사된 광선은 φ의 움직임에 대하여 2φ의 기울기로서 초점면에 눈금자의 상(償)을 나타낸다. 그림 3-13는 optimeter이다.

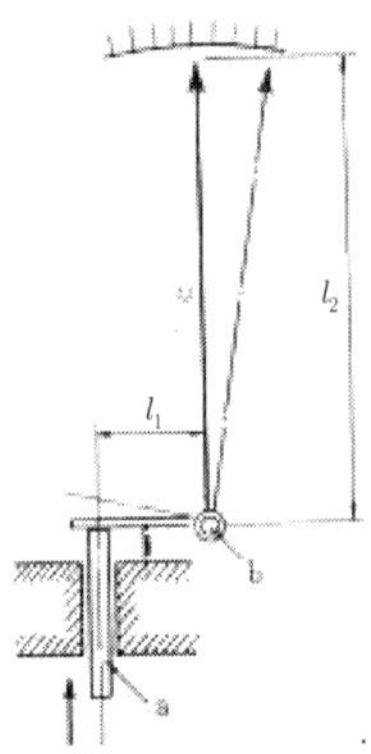

그림 3-12 minimeter

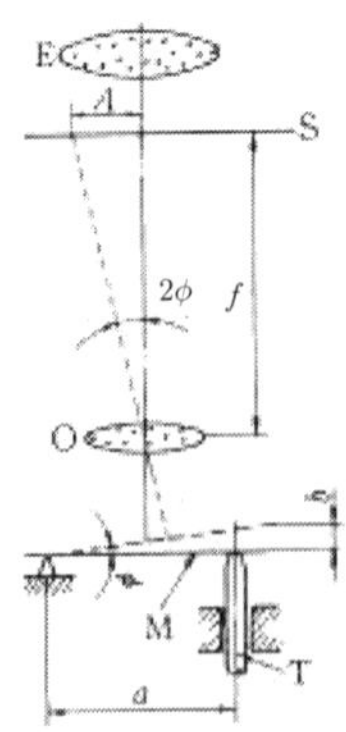

그림 3-13 optimeter

(8) 전기 micrometer(electric micrometer, electronic micrometer):

측정자(測定子)의 기계적 변위를 전기량으로 변환하여 지시계에 나타내는 정밀 측정기로서 0.01μ 정도의 미소 변위까지 측정하는 것도 있다. 변환 방식에는 저항형(抵抗形), 용량형(容量形), 유도형(誘導形)이 있다. 다음 그림은 유도형 전기 micrometer로서, 측정 spindle T가 판 spring에 지지된 가동철편(可動鐵片) A를 상하 운동시킨다. A가 양 coil L_1 과 L_2 의 중심위치에 있으면 양 coil의 유도전류 값은 같다. 철편 A가 한쪽 coil에 접근하면 inductance L_1 및 L_2 를 변화시켜 교류 bridge 회로에 생긴 전류를 정류(整流)하여 전류계 G에 나타난 전류값이 길이 변위에 비례하는 원리를 이용한다. 그림 3-14는 전기 micrometer이다.

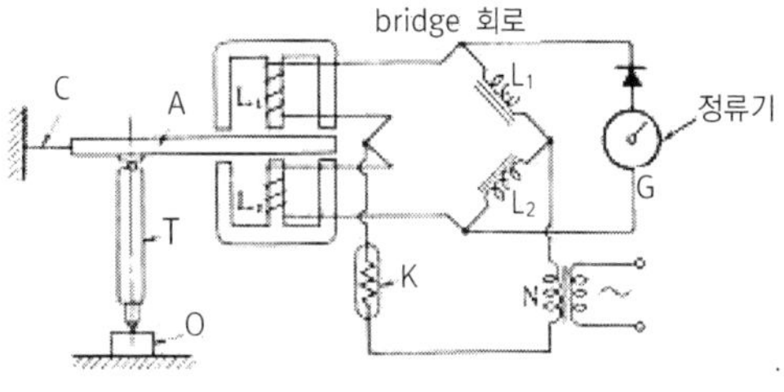

그림 3-14 전기 micrometer

(9) 공기 micrometer(air micrometer):

공기 micrometer(air micrometer, pneumatic micrometer, air gauge, pneumatic gauge)는 길이의 미소변위를 공기의 압력, 유량 및 유속으로 변환하여 확대지시하는 측정기로서, 측정압력이 극히 작고 배율이 10만배까지 가능하며, 측정부분으로부터 상당히 떨어진 곳에서도 측정할 수 있는 장점을 갖고 있으나, 정밀한 압력조정기 등의 보조장치를 요하고 이동하기에 불편한 점이 단점이다. 그림 3-15는 공기 micrometer(air micrometer)이다.

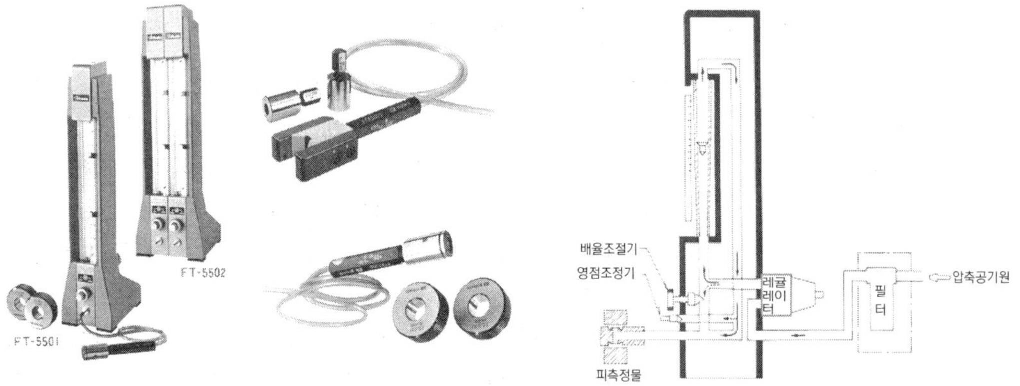

그림 3-15 공기 micrometer(air micrometer)

(10) 공구현미경(工具顯微鏡; toolmakers' microscope):

공구현미경은 길이 및 각도측정, 윤곽의 검사 등에 편리하도록 된 현미경의 일종이며, 특히 절삭공구의 측정에 많이 사용된다. 그림과 같이 부착된 micrometer를 이용하여 측정물 지지대(micrometer stage) 위에 놓인 측정물을 현미경을 보면서 측정 시작점에서 종점까지 이동하고 micrometer의 눈금을 읽어 길이를 측정하며, 각도, 진원도 및 반경은 형판접안(形板接眼) lens에 의하여 측정 및 검사한다. 지지대는 좌우로 25 ~ 150 mm, 전후로 25 ~ 50 mm의 이동범위를 갖고 있고, 정밀도는 0.01 ~ 0.001 mm의 범위에 있다. 배율은 대물 lens의 교환에 의하여 10, 15, 30, 50배 정도로 할 수 있다. 그림 3-16은 공구현미경아다.

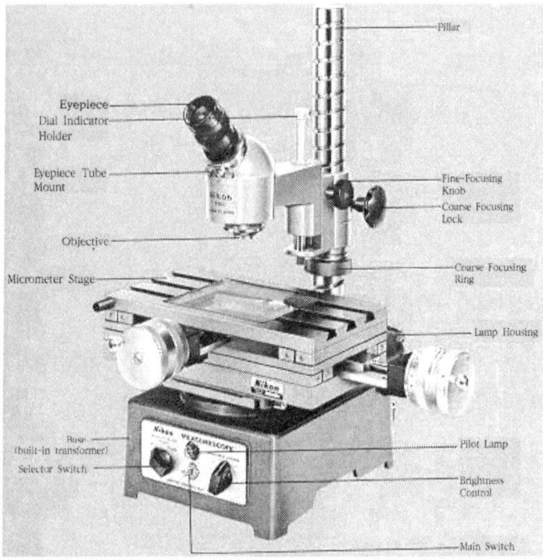

그림 3-16은 공구현미경

(10) 윤곽투영기(輪廓投影機; profile projector):

윤곽투영기(profile projector, contour projector, optical projector, optical comparator)는 피측정물의 확대실상(擴大實像)을 screen상에 나타나게 하여 윤곽을 검사하거나 치수를 측정하는 광학식 측정기이다. 광원(光源)으로서는 tungsten filament 전구 또는 고압수은등을 사용하고, 투영 lens와 screen의 위치가 정해져 있으므로 revolver의 회전으로 lens를 교환하여 배율을 10, 15, 20, 25, 50, 100배 등으로 조정한다. screen의 크기는 필요에 따라 다르나 보통 소형에는 200 mm, 대형에는 1 ~ 1.5 m 정도이며, 측정물의 치수는 screen상에서 직접 측정하여 배율로 제(除)하거나, screen상의 十字線을 중심으로 micrometer를 움직여 측정할 수 있다. 대물 lens와 screen간의 거리가 고정되어 있으므로 선명한 상(像)을 얻기 위해서는 측정물이 놓여있는 table을 이동시킨다. 그림 3-17은 profile projector이다.

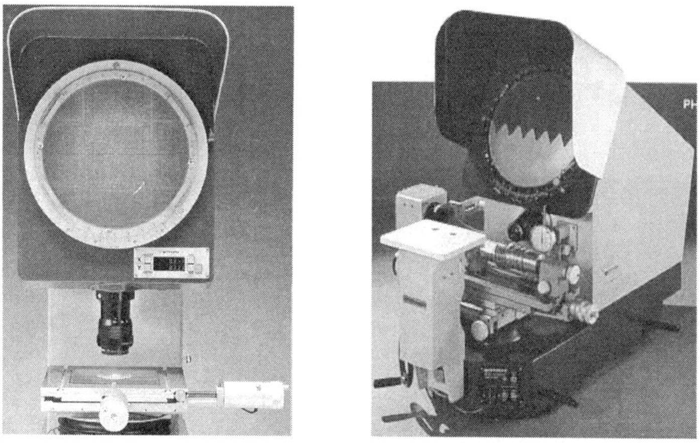

그림 3-17 profile projector

3.2.2 gauge

gauge란 정해진 크기(길이, 각도)를 이용하여 제품의 크기를 측정 및 검사하는데 사용되는 것으로서, 제품이 정해진 크기 내에 있는가를 검사하는 한계(限界) gauge와 측정범위를 변화시키면서 제품의 기본치수로부터 이탈 정도를 측정하는 indicating gauge 등이 있다. 또한 gauge는 표준으로 사용되는 표준(標準) gauge와 기계를 제작할 대 설계자가 미리 정한 허용오차 내의 것을 합격으로 하는데 사용되는 한계(限界) gauge가 있다.

(1) 표준 gauge(standard gauge):

① 표준 block gauge(standard block gauge):

표준 block gauge는 직6면체의 합금강 block을 열처리하고 내부응력을 제거하여 연삭 및 lapping한 것이며, HRC = 65 이상이고 지정된 치수로 되어 있다. block gauge의 사용상 주의 점은 다음과 같다.

목재대 위에 부드러운 천을 깔고 그 위에서 block gauge를 취급한다.

사용전에 방청유는 gasoline 등으로 벗겨내고 깨끗한 면포 등으로 닦아낸다.

측정실의 온도는 1.5℃ 이상 변하지 않거나 항온실이 좋다.

block gauge에 흠집이 있는가를 확인한다.

체온의 전도에 의하여 팽창하므로 장시간 손에 쥐고 있지 않아야 한다.

block gauge를 겹칠 때에는 다음 그림과 같이 서로 누르면서 밀어 밀착시킨다.

그림 3-18은 block gauge며, 그림 3-19는 block gauge를 겹치는 방법이다. 그리고 그림 3-20은 block gauge의 종류를 보여준다.

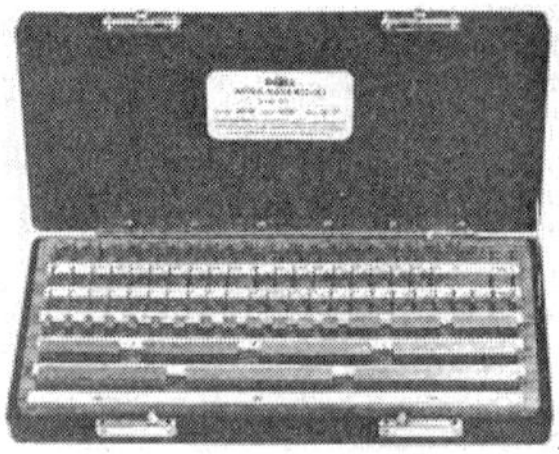

그림 3-18 block gauge

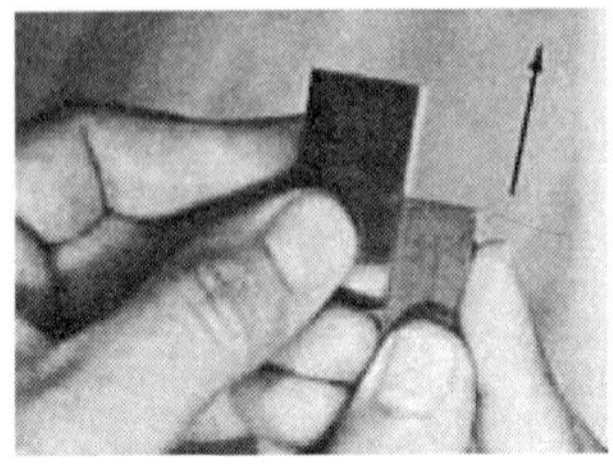

그림 3-19 block gauge를 겹치는 방법

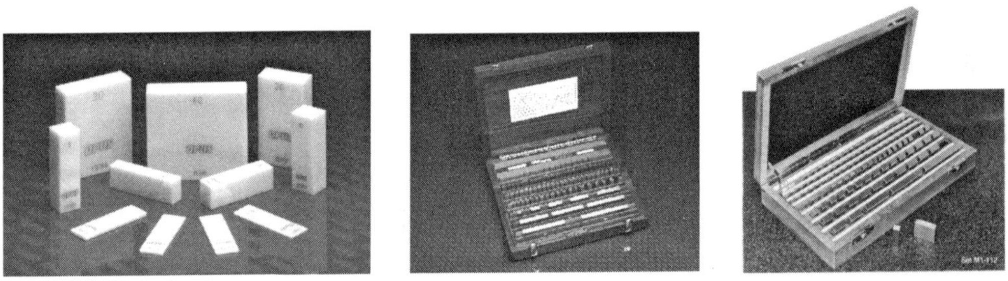

그림 3-20 block gauge의 종류

block gauge의 표준조합의 예

조	조합개수	치수단계(mm)	호칭치수(mm)	사용 가능 범위(mm)
103개 조	1	-	1.005	치수 단계
	49	0.01	1.01 1.02…1.49	0.005로
	49	0.5	0.5 1.0…24.5	2~225
	4	25	25 50 75 100	
8개 조	4	25	125 150 175 200	치수 단계
	2	50	250 300	25로
	2	100	400 500	250~1200
9개 조	9	0.001(+)	1.001 1.002…1.009	
	9	0.001(-)	0.991 0.992…0.999	

block gauge의 정밀도(μ)

호칭치수 (mm)	기준용 AA	참조용 A	검사용 B	공작용	
				C	D
20까지	0.045	0.08	0.15	0.20	0.70
20 ~ 25까지	0.05	0.09	0.15	0.20	0.70
25 ~ 30까지	0.055	0.10	0.20	0.30	0.80
30 ~ 40까지	0.065	0.12	0.20	0.30	0.90
40 ~ 50까지	0.08	0.15	0.25	0.40	1.00
50 ~ 75까지	0.12	0.22	0.46	0.60	1.20
75 ~ 100까지	0.16	0.30	0.55	0.80	1.50
100 ~ 125까지	0.20	0.37	0.65	1.00	1.50
125 ~ 150까지	0.24	0.45	0.80	1.20	2.00
150 ~ 175까지	0.28	0.52	0.95	1.40	2.00
175 ~ 200까지	0.32	0.60	1.10	1.60	2.50
200 ~ 250까지	0.40	0.75	1.40	2.00	2.50
250 ~ 300까지	0.48	0.90	1.70	2.40	3.50
300 ~ 400까지	0.64	1.12	2.20	3.20	4.50
400 ~ 500까지	0.80	1.15	2.70	4.00	4.50

② 표준 봉 gauge(standard bar gauge):

그림과 같은 형상의 것으로 양단의 길이가 75, 100, 125, 150, ..등과 같은 규정치수로 되어 있으며, 양단이 평면인 것과 구면(球面)인 것이 있다. 주로 평행면, 원통지름 및 정밀측정공구의 검사, calipers의 조절 등에 사용된다. 그림 3-21는 봉 gauge이다.

그림 3-21 봉 gauge

③ 표준 원통 gauge(standard cylindrical gauge):

그림과 같이 plug gauge와 ring gauge가 1 set로 되어 있으며, 담금질하여 호칭치수로 다듬는다. plug gauge는 구멍가공을 할 때 공경(孔徑)을 검사하거나 micrometer의 검사에 사용되고, ring gauge는 축의 바깥지름을 검사하거나 calipers로 치수를 옮길 때 사용된다.

그림 3-22는 plug gauge와 ring gauge이다.

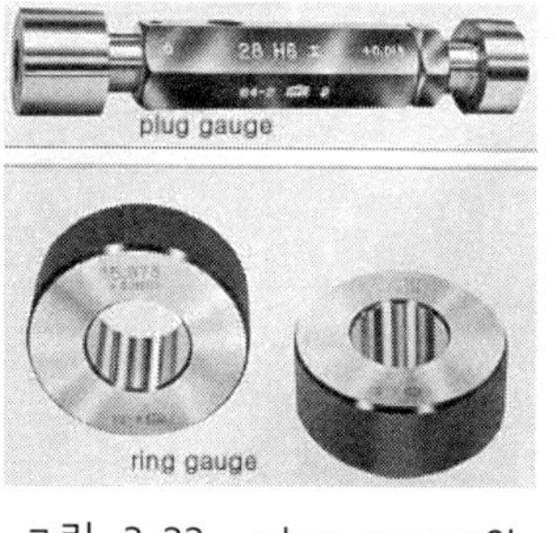

그림 3-22 plug gauge와 ring gauge

④ 표준 taper gauge(standard taper gauge):

taper gauge는 각도를 측정할 때 사용되나 표준 gauge의 일종이라는 공통점이 있으므로 여기에서 소개한다. 표준 plug gauge, 표준 ring gauge 처럼 plug taper gauge와 ring taper gauge가 1 set를 이루며, 공작물의 taper 측정에 사용된다. taper에는 Morse taper와 Brown & Sharpe taper가 있다. Morse taper는 drilling machine과 선반에 주로 사용되고, Brown & Sharpe taper는 milling machine과 grinding machine에 주로 사용된다. 그림 3-23는 taper gauge이다.

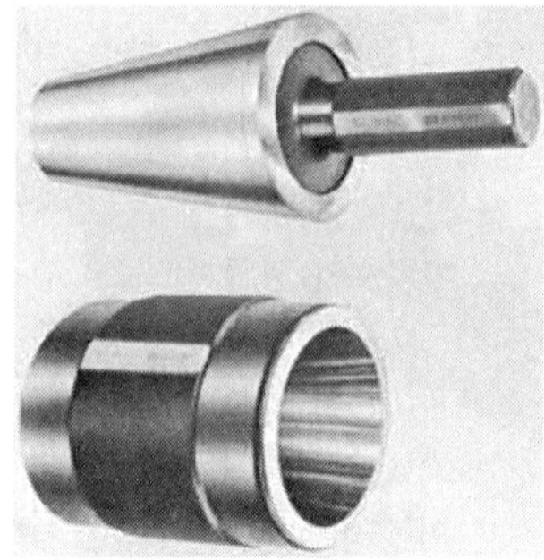

그림 3-23 taper gauge (1)

(a) Morse taper의 치수(mm)

No.	D	d	l	taper
0	9.045	6.401	50.8	1 : 19.212=0.05205
1	12.065	9.371	54	1 : 20.048=0.04988
2	17.718	14.534	65	1 : 20.020=0.04995
3	23.268	19.760	81	1 : 19.922=0.050196
4	31.269	25.909	103.2	1 : 19.254=0.0501938
5	44.401	37.470	131.7	1 : 19.002=0.0526265
6	63.350	53.752	184.1	1 : 19.180=0.052138
7	83.061	69.853	254	1 : 19.231=0.052

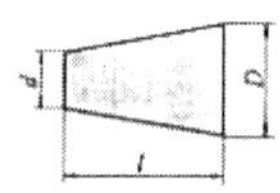

(b) Brown & Sharpe taper의 치수(mm)

No.	D	d	l	taper
1	6.076	5.080	23.813	0.04183
2	7.612	6.350	30.163	0.04183
3	9.530	7.938	38.100	0.04183
4	10.218	8.890	31.750	0.04187
5	13.287	11.430	44.450	0.04180
6	15.230	12.700	60.325	0.04194
7	18.425	15.240	76.200	0.04179
8	22.827	19.050	90.488	0.04175
9	27.102	22.863	101.600	0.04174
10	32.746	26.533	144.463	0.04301
11	38.908	31.750	171.450	0.04175
12	45.639	38.103	180.975	0.04164
13	52.654	44.450	196.850	0.04168
14	59.530	50.800	209.550	0.04167
15	66.411	57.150	222.250	0.04167
16	73.289	63.500	234.950	0.04167
17	80.166	69.850	247.650	0.04167
18	87.048	76.200	290.350	0.04167

그림 3-23 taper gauge (2)

⑤ 표준 나사 gauge(standard thread gauge):

그림과 같은 형상으로 각종 치수의 나사 가공시에 사용된다. 특히 die와 tap 등의 정밀한 나사를 제작할 때 필요하다. 그림 3-24는 나사 gauge이다.

그림 3-24 나사 gauge

⑥ 기타 표준 gauge:

두께 gauge는 간극을 측정할 때, 반지름 gauge는 곡률반지름을 측정할 때, wire gauge는 선재(線材)의 지름 및 판재(板材)의 두께를 측정할 때, 나사 pitch gauge는 나사의 pitch를 측정할 때, gear pitch gauge는 gear의 pitch를 측정할 때, drill gauge는 drill의 지름을 측정할 때 각각 사용된다. 그림 3-25는 기타 gauge이다.

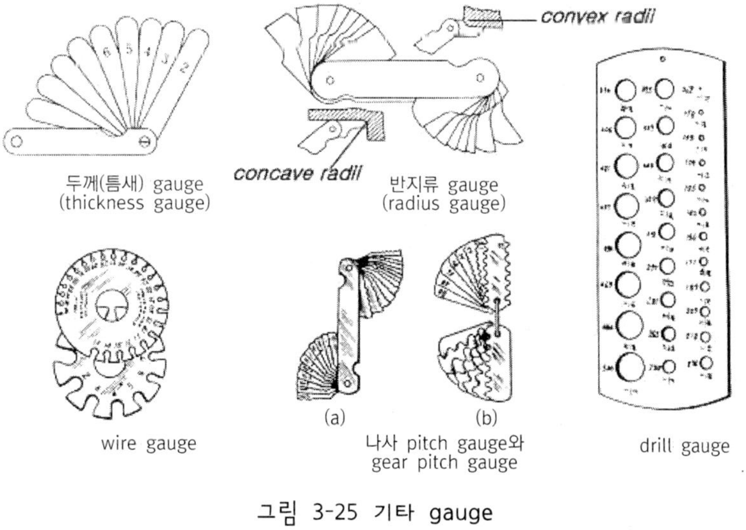

그림 3-25 기타 gauge

그림 3-26는 기타 게이지의 실물을 보여준다.

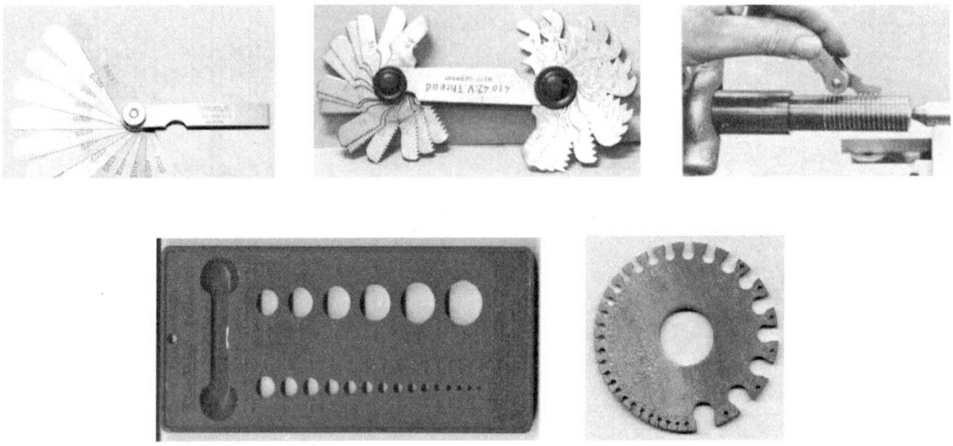

그림 3-26 기타 게이지의 실물

(2) 한계 gauge(limit gauge)

설계자가 허용하는 최대치수와 최소치수 사이에 있는가를 검사하는데 사용되는 gauge를 한계 gauge라 하며, 최대치수와 최소치수의 차를 공차(公差; tolerance)라 한다.

그림 3-27은 최대 및 최소 치수, 공차, 틈새, 죔새를 보여준다.

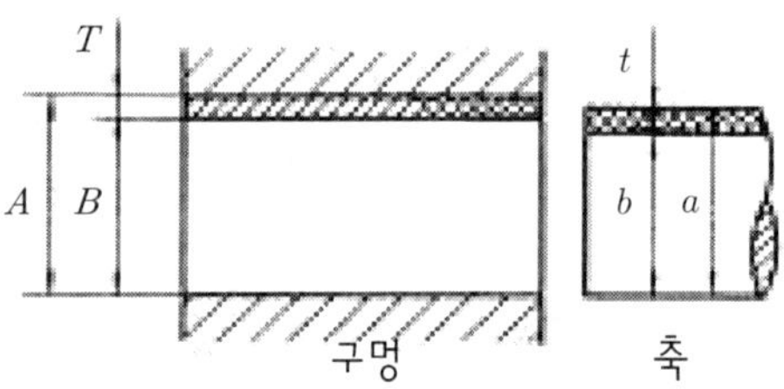

그림 3-27 축과 구멍의 최대 및 최소 치수

① 공차(tolerance):

구멍의 공차 T = (최대치수) - (최소치수) = A - B

축의 공차 t = (최대치수) - (최소치수) = a - b

② 틈새와 죔새(allowance & interferance):

최소틈새 = (구멍의 최소치수) - (축의 최대치수) = B - a

최대틈새 = (구멍의 최대치수) - (축의 최소치수) = A - b

최소죔새 = (축의 최소치수) - (구멍의 최대치수) = b - A

최대죔새 = (축의 최대치수) - (구멍의 최소치수) = a - B

측정부의 치수나 내부, 외부 등에 따라 각종 형상의 gauge가 있으나, 다음과 같이 대별할 수 있다.

축(軸)용 한계 gauge: ring gage, snap gage
구멍용 한계 gauge: plug gage
bolt용 한계 gauge: thread ring gage
nut용 한계 gauge: thread plug gage

축용 한계 gauge에는 그림과 같이 ring gauge와 판상(板上)의 snap gauge 등이 있으며, 한계 gauge의 이용에서 장단점은 다음과 같다.

[장점]
- 취급에서 있어 별도의 숙련도가 필요하지 않다.
- 제품간의 호환성(互換性)이 있다.
- 필요 이상의 가공을 하지 않으므로 가공이 용이하다.
- 분업방식을 취할 수 있다.

[단점]
- gauge의 제작비가 많이 든다.

그림 3-28은 축용 한계 gauge이다.

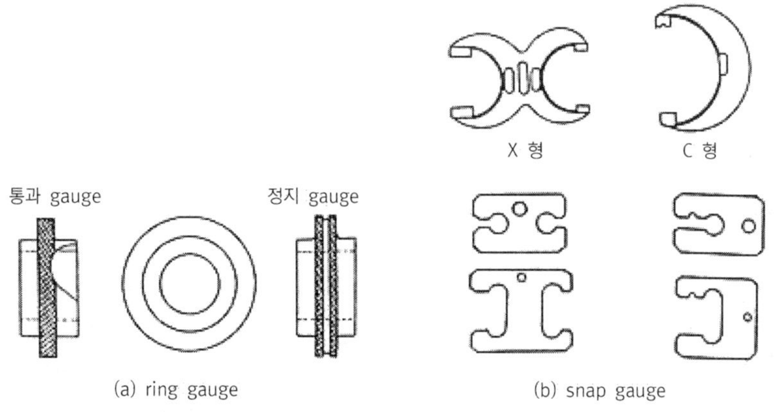

그림 3-28 축용 한계 gauge

그림 3-29는 축용 및 홀(hole)용한계 gage(ring gage), 그림 3-30은 thread ring gag 이며, 그림 3-31은 snap gage이다.

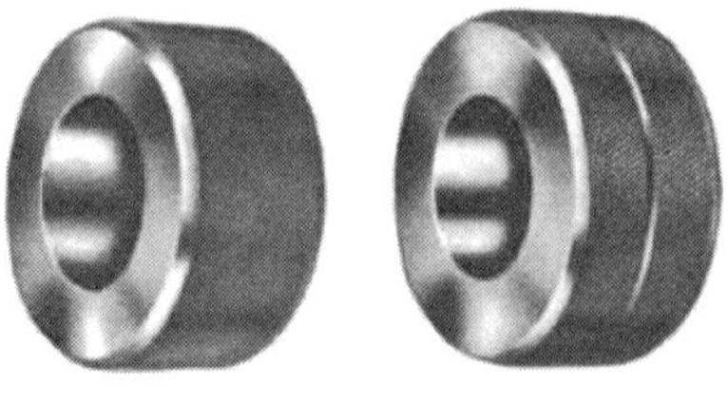

Go Plain Ring Gage No Go Plain Ring Gage

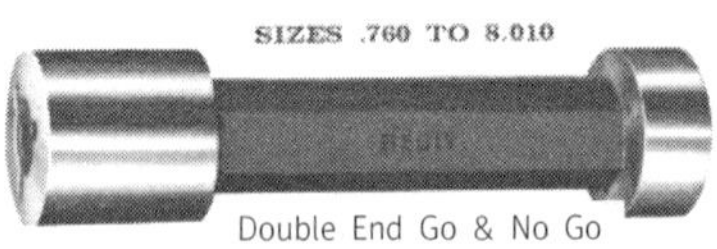

Double End Go & No Go

Single Go-No Go Progressive

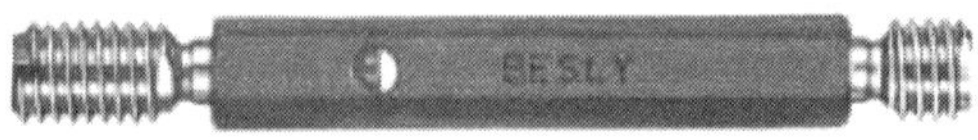

그림 3-29 축(shaft)용 및 홀(hole)용 ring gage 그리고 나사용 한계 gage

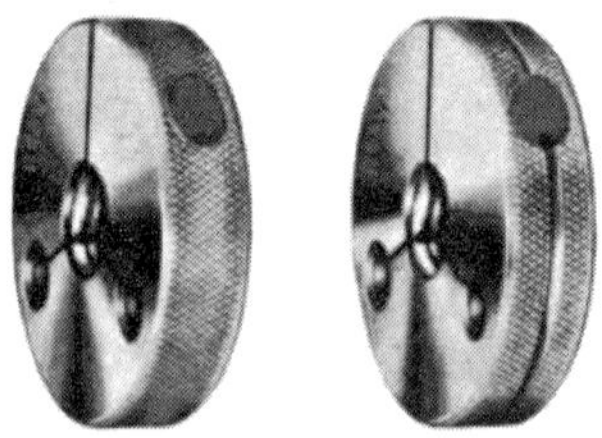

그림 3-30 thread ring gage

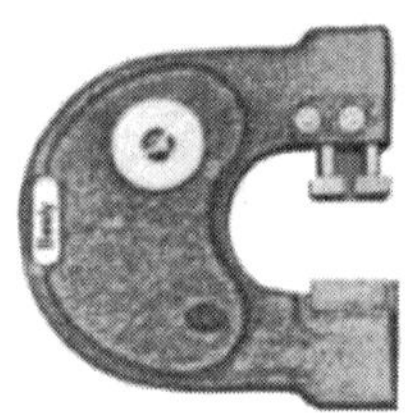

그림 3-31 snap gage

3.3 각도측정

각도의 단위는 도(度; degree)와 radian이 있으며, 원주를 360 등분한 호(弧)에 대한 중심각을 1도(°), 1도(°)의 1/60 을 1분('), 1분의 1/60 을 1초(")라 하며, 반지름과 같은 호에 대한 중심각을 1 radian 이라 한다. 각도의 측정은 길이의 측정에 비하여 정도가 낮은데, 이것은 길이의 측정은 현미경으로 확대되나, 각도의 측정은 반사에 의한 방법 및 worm과 worm gear에 의한 방법 등에 의존하기 때문이다. 각도측정법을 들면 다음과 같다.

- 각도 기준과 비교하는 방법(각도 gauge)
- 각도기를 사용하는 방법(角度定規, 角度計)
- 길이를 측정하여 3각법으로 계산하는 방법(sine bar)

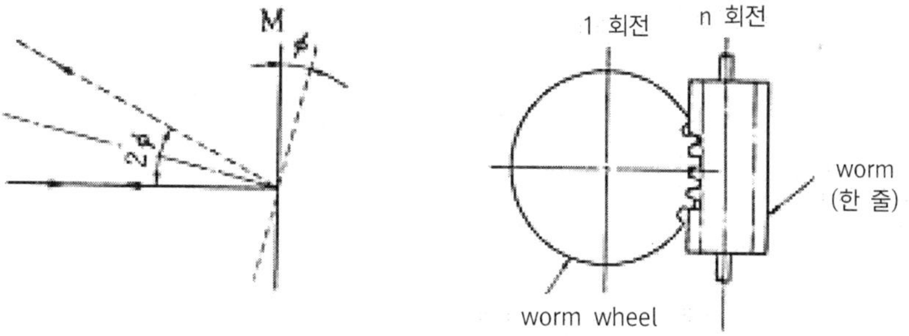

(a) 반사에 의한 확대 (b) worm과 worm wheel에 의한 확대

그림 3-32 각도의 확대법

그림 3-32은 각도의 확대법이다.

3.3.1 각도측정기

(1) 각도 gauge:

각도 gauge는 길이 측정기에서 block gauge에 해당하는 것으로서, 서로 조합하여 임의 각을 만들 수 있다. 일반적으로 사용되는 것은 Joanson 식과 N.P.L. 식 등이며, 다음 그림은 이들 gauge의 예이다. 그림 3-33은 각도 gauge 이다.

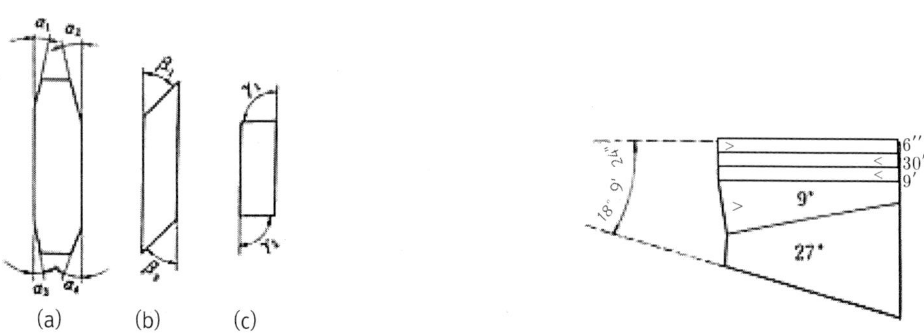

(a) Johanson식 각도 gauge (b) N.P.L.식 각도 gauge의 조합

그림 3-33 각도 gauge

(a) Johanson식 각도 gauge

조	각도범위	호 칭	block의 각수	개 수
1	0 ~ 11°	1′	4	15
2	0 ~ 90°	1°	(1 ~24°) 4 (25 ~90°) 2	30
3	89 ~ 90°	1′	2	30
직각 block				1
holder				1

(b) N.P.L식 각도 gauge

block의 각도	개 수	얻게 되는 각도		측정면(mm)
		범 위	단 계	
45°, 30°, 15°, 3°, 1° 40′, 25′, 10′, 5′, 3′, 1′ 30″, 20″	14	0 ~ 99°	10″	길이 100
45°, 30°, 14°, 9°, 3°, 1° 50′, 25′, 10′, 5′, 3′, 1′ 이 외에 30″, 15″, 5″	12 15	0 ~ 102°	1′ 5″	100×15
20°, 5°, 3°, 1° 20′, 9′, 3′, 1′ (90 °, 60 °, 30 °)	9	0 ~ 99°	1′	약 50×10

(2) 분도기, 만능분도기 및 직각자:

① 분도기(分度器; protractor);

그림과 같이 각도를 직접적으로 측정하는데 사용되는 간단한 측정기이다. 그림 3-34은 분도기이다.

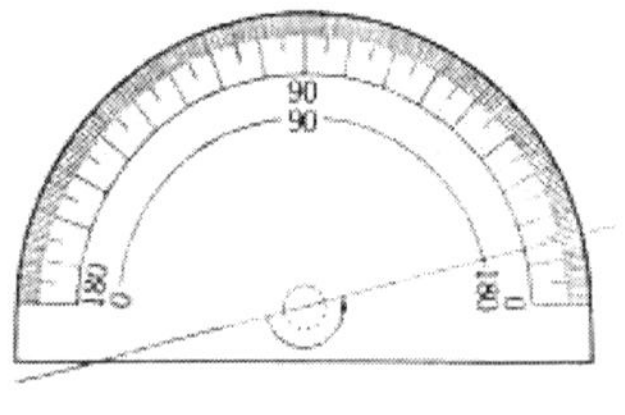

그림 3-34 분도기

② 만능분도기(萬能分度器; universal bevel protractor);

그림과 같이 부척(vernier)의 12개 눈금이 본척(protractor dial)의 23(23°) 개 눈금과 겹쳐지므로 C = 2°- 23°/12 = 1/12°= 5' 으로 되어 부척(vernier scale)의 1눈금은 본척의 2눈금(2°)보다 1/12°= 5' 만큼 작으며, 공작물의 각도를 측정하여 부척의 m 번째의 눈금이 본척의 눈금과 일치하고 부척의 0눈금 왼쪽 또는 오른쪽에서 읽을 수 있는 각도를 α_0라 하면 측정물의 각 α는 다음과 같다. 그림 3-35은 만능분도기이다.

$$\alpha = \alpha_0 + m \cdot C$$

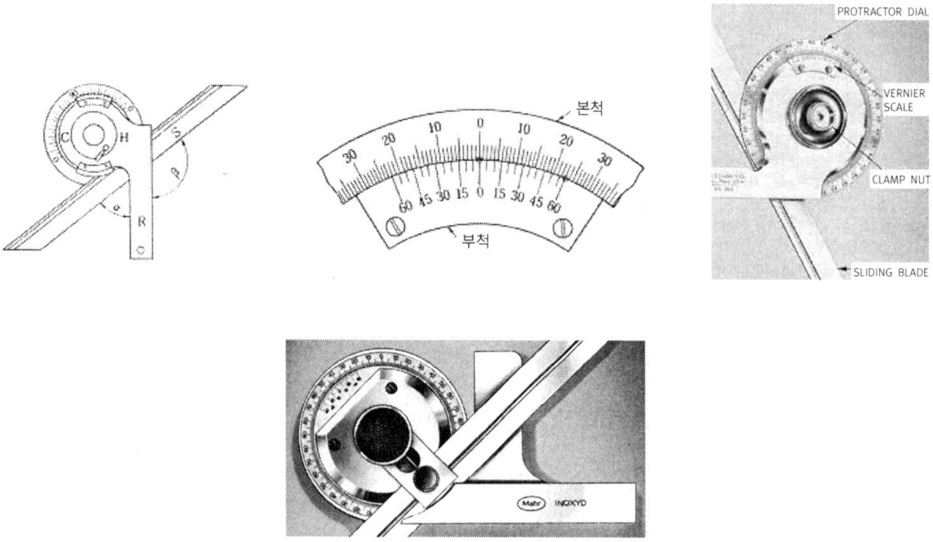

그림 3-35 만능분도기

다음 예제로 사용법을 익히기 바란다. 그림 3-36은 만능분도기의 사용 예이다.

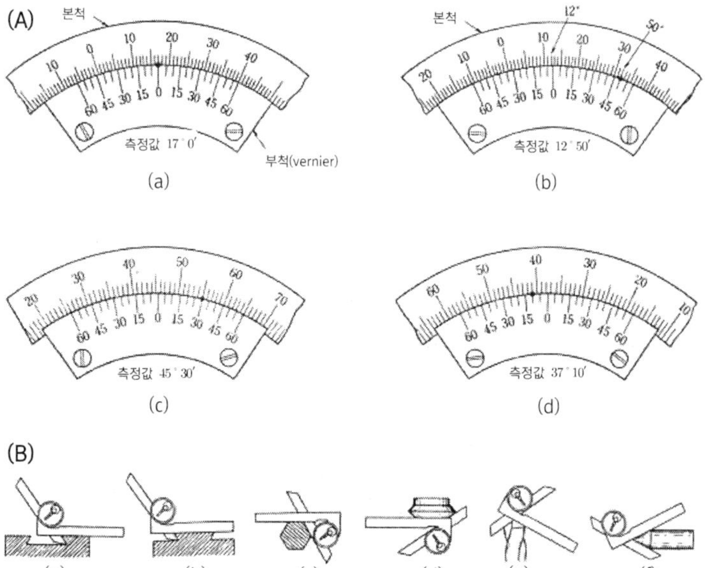

그림 3-36 만능분도기의 사용 예

③ 직각자;

그림과 같이 직각자를 사용하여 직각도를 검사할 수 있다. 그림 3-37는 직각자에 의한 직각도 검사를 보여 준다.

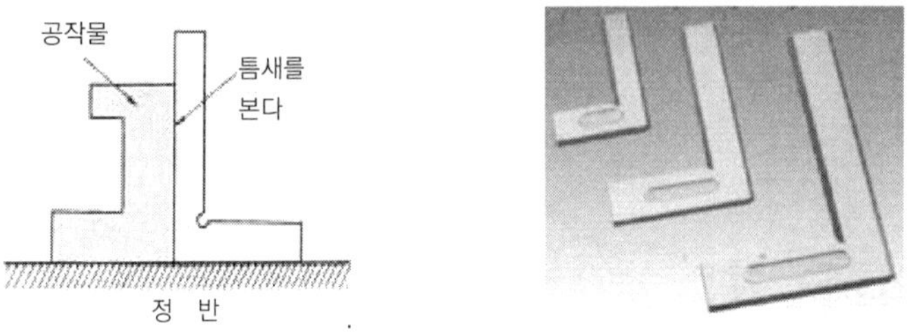

그림 3-37 직각자 직각도 검사

(3) 수준기(水準器; level):

그림과 같이 유리관에 alcohol 등을 봉입(封入)하고 작은 기포(氣泡)를 남겨 놓으면 기포가 항상 높은 위치에 떠오른다. 기포가 중앙에서 α(radian)만큼 기울어져 L의 위치에 있다면

$$L = R \cdot \alpha$$

가 된다. 단 R: 관의 곡률반지름이다. 위식으로 계산되는 L의 위치에 α값이 표시되어 있다. 1눈금만큼 경사시키는데 요하는 경사각 α를 그 수준기의 감도라 한다. 그림 3-38은 수준기이다.

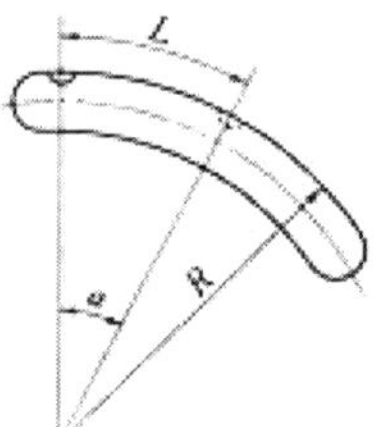

그림 3-38 수준기

(4) sine bar:

그림과 같이 정밀가공된 sine bar를 직경이 같은 2개의 steel pin 위에 올려 놓고 sine bar 위에 있는 측정물의 면이 정반과 평행하여 수평이 되도록 block gauge로 sine bar를 고인다.

다음에서

$$L = X - D$$

$$\sin\alpha = \frac{\left(H + \frac{D}{2}\right) - \left(h + \frac{D}{2}\right)}{L} = \frac{H - h}{L}$$

$$\therefore \alpha = \sin^{-1}\frac{H-h}{L} = \frac{H-h}{X-D}$$

와 같이 되며, 계산의 편의를 위하여 L = 100, 200 mm, ... 등으로 되어 있으므로 H와 h에 의하여 각 α를 계산할 수 있다. 그림 3-39는 sine bar 이다.

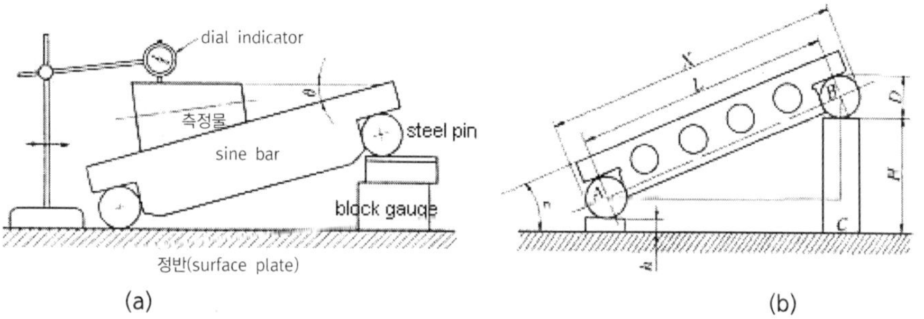

그림 3-39 sine bar

3.3.2 taper 측정

taper의 정의는 절삭가공편 선반에서의 taper 절삭을 참조하기 바라며, 임의 taper 측정법을 소개하면 다음과 같다.

(1) taper gauge에 의한 측정:

표준 taper gauge에는 Morse taper 식과 Brown & Sharpe 식이 있으며, plug taper gauge와 ring taper gauge가 있다는 것을 표준 gauge에서 소개한 바 있다.

(2) roller gauge(또는 鋼球)와 block gauge에 의한 측정:

① 외측 taper 측정:

그림과 같이 taper의 작은 단면이 축에 직각인가를 확인하고 지름이 동일한 roller gauge 2개와 높이가 h_1 및 h_2 인 block gauge 2쌍을 준비한다. M_1 및 M_2 를 micrometer로 측정하여 다음과 같이 taper를 계산한다.

$$taper = \frac{D_2 - D_1}{\left(h_2 + \frac{d}{2}\right) - \left(h_1 + \frac{d}{2}\right)} = \frac{M_2 - M_1}{h_2 - h_1}$$

$$\tan\frac{\alpha}{2} = \frac{\frac{M_2 - M_1}{2}}{h_2 - h_1} = \frac{M_2 - M_1}{2(h_2 - h_1)}$$

$$taper\text{ 각 }\ \alpha = 2 \cdot \tan^{-1}\frac{M_2 - M_1}{2 \cdot (h_2 - h_1)}$$

그림 3-40은 roller gauge에 의한 외측 taper 측정을 보여준다.

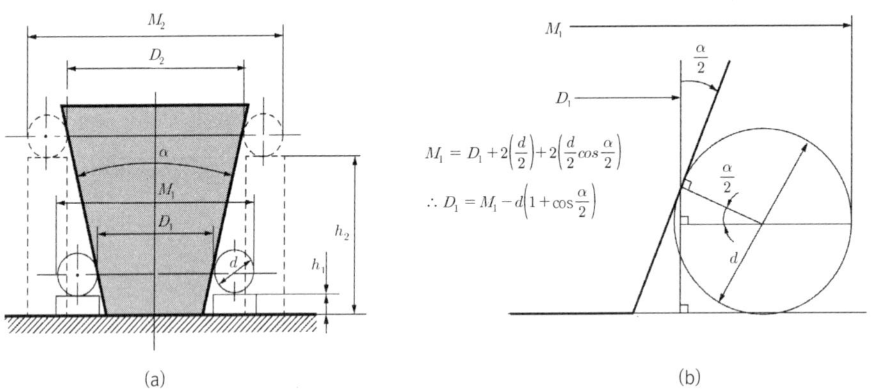

그림 3-40 roller gauge에 의한 외측 taper 측정

② 내측 taper 측정:

그림에서 M_1 및 M_2 를 측정하여 다음 식에서 taper 각을 구한다.

$$taper = \frac{M_2 - M_1}{h_1 - h_2}$$

$$taper\text{ 각 }\ \alpha = 2 \cdot \tan^{-1}\frac{M_2 - M_1}{2 \cdot (h_1 - h_2)}$$

그림 3-41은 鋼球에 의한 내측 taper 측정을 보여준다.

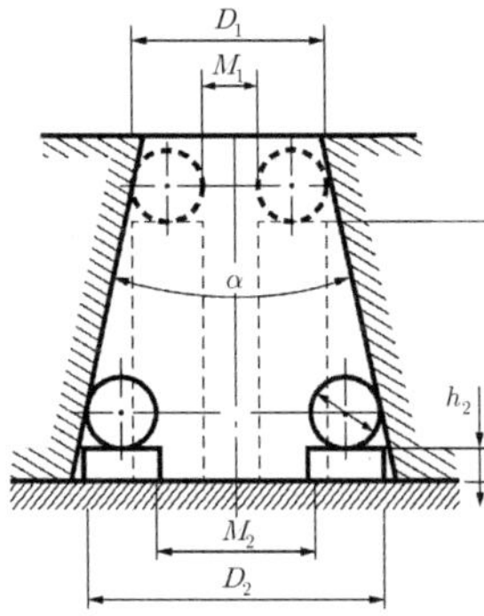

그림 3-41 鋼球에 의한 내측 taper 측정

3.3.3 평행도(平行度) 및 직각도(直角度)의 측정

기계의 직선부 또는 평면 부분이 기준선 또는 기준평면에 대하여 평행한 정도를 나타내는 것이 평행도이며, 기계의 직선 부분 또는 평면 부분이 다른 직선 또는 평면에 대하여 직각인 정도를 직각도라 한다. 다음 그림은 이들의 측정 예이다. 그림 3-42는 평행도 측정이다.

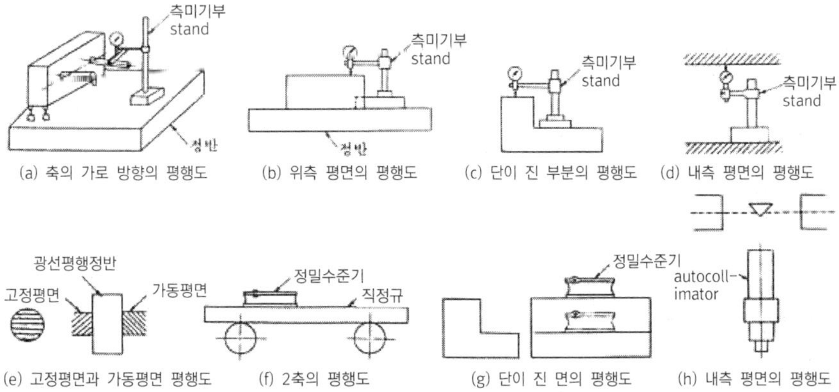

그림 3-42 평행도 측정

그림 3-43 직각도 측정이다.

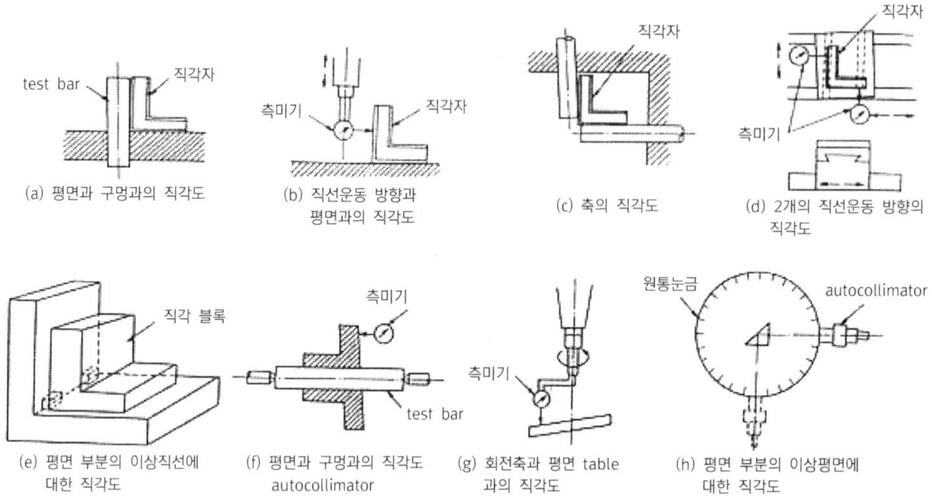

그림 3-43 직각도 측정

3.4 면측정

기계가공면은 기하학적인 이상면(理想面)에 크고 작은 요철면(凹凸面)이 연속해 있는 면이며, 이들면은 공작기계의 정도, 공구의 형상, 가공방법, 소재 등의 영향을 받는다. 면의 정도를 측정하는 대상은 평면도(平面度; flatness), 진직도(眞直度; straightness) 및 표면거칠기(粗度; roughness) 등이 있다.

3.4.1 평면도 및 진직도

가공면의 이상평면(理想平面)에 대한 접근 정도를 평면도라 하고, 가공물의 직선 부분이 이상직선에 접근하는 정도를 진직도라 한다.

(1) 직정규(直定規; straight edge)에 의한 측정:

직정규에는 knife edge 형 직정규, 강제장방형단면 직정규(鋼製長方形斷面 直定規) 및 주철제 직정규(鑄鐵製 直定規) 등이 있다.

knife edge 형 직정규는 그림과 같이 edge 부는 약간 round 되어 있고 열의 전도를 피하기 위하여 절연체의 손잡이가 있는 것이 있다. 측정법은 직정규를 측정면에 접촉시켜

edge와 측정면 사이에서 새어 나오는 빛에 의한다. 3μ 이상이면 백색이고, 그보다 좁으면 다른 색으로 보인다. 0.5μ 이하이면 보이지 않는다. 그림 3-44는 knife edge 형 직정규이다.

그림 3-44 knife edge 형 직정규

강제장방형단면 직정규는 그림과 같은 형상으로서, 측정법은 직정규를 측정면 위에 놓고 한쪽 끝을 손으로 밀면 중간에 높은 곳이 있을 때 그곳을 중심으로 직정규가 회전한다. 또 다른 끝을 움직여 같은 것을 관찰한다. 이 방법은 불확실하나 대체적인 면의 검사에 이용된다. 그림 3-45는 강제장방형단면 직정규이다.

그림 3-45 강제장방형단면 직정규

측정값을 숫자로 나타내기 위해서는 그림 (a)에서와 같이 동일 치수의 block gauge를 받쳐 직정규와 측정면간의 거리를 block gauge에 의하여 측정하거나, 그림 (b)에서와 같이 직정규 위에서 dial gauge를 활동(滑動)시키면서 측정면의 높낮이를 측정한다.

그림 3-46은 강제장방형단면 직정규, block gauge 및 dial gauge의 조합에 의한 측정 그림과 같이 넓은 면을 측정할 때에는 A, E, U 점에 동일 치수의 block gauge를 놓고, M 점을 구하여 그 간격에 맞는 block gauge를 놓고, 같은 방법으로 나머지 점에 대해서도 block gauge를 놓는다. 그림 3-47은 강제장방형단면 직정규에 의한 큰 정반의 측정이다.

주철제 직정규는 좁고 긴 정반이라 할 수 있으며, 이것은 기계의 설치 공구지지면의 수평 맞추기 및 평면 측정 등에 사용된다. 평면 측정에는 표면에 광명단(光明丹) 등을 바르고 측정면을 접촉시켜 밀어 보아 광명단이 묻어 있는지를 확인하는 방법도 있다.

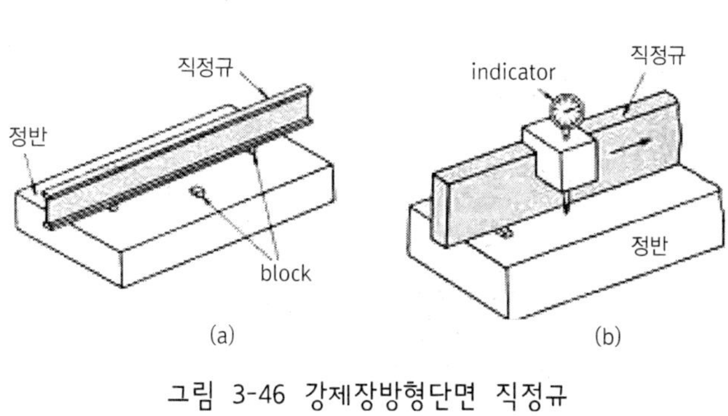

그림 3-46 강제장방형단면 직정규

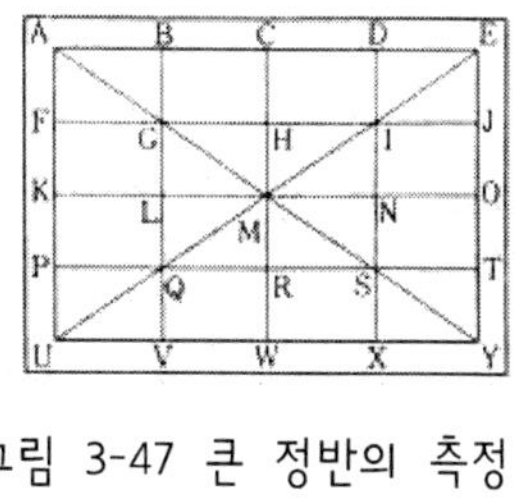

그림 3-47 큰 정반의 측정

그림 3-48은 주철제 직정규이다.

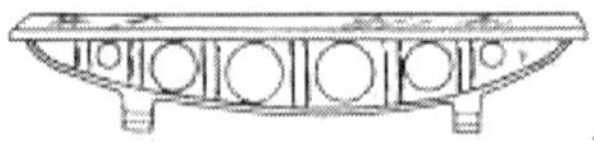

그림 3-48 주철제 직정규

(2) 강선(鋼線)에 의한 측정:

그림과 같이 팽팽하게 당겨진 강선을 기준으로 하여 활동면(滑動面)인 bed에 설치한 측미(測微) 현미경을 bed에 따라 이동시키면서 bed의 상하 편위(偏位)를 측정한다. 그림 3-49는 강선에 의한 bed의 진직도 측정이다.

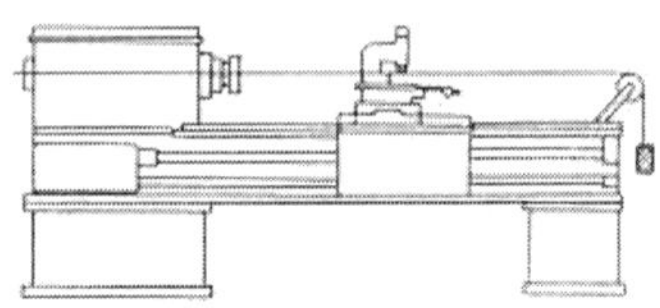

그림 3-49 강선에 의한 bed의 진직도 측정

(3) 광선정반(光線定盤; optical flat)에 의한 측정:

광선정반은 수정(水晶)이나 광학유리로 된 지름 30 ~ 60 mm, 두께 10 ~ 12 mm의 원판(圓板)으로서 상하면이 평행하게 정밀가공되어 있다. 측정물위에 광선정반을 놓고 빛을 투과 시키면 측정면과 광선정반간의 접촉 상태 즉 틈새에 의하여 그림과 같은 무늬가 다르게 나타나며, 면의 평면도, 평행도 등을 검사하는데 사용된다.

그림 3-50은 광선정반에 의한 간섭무늬이다.

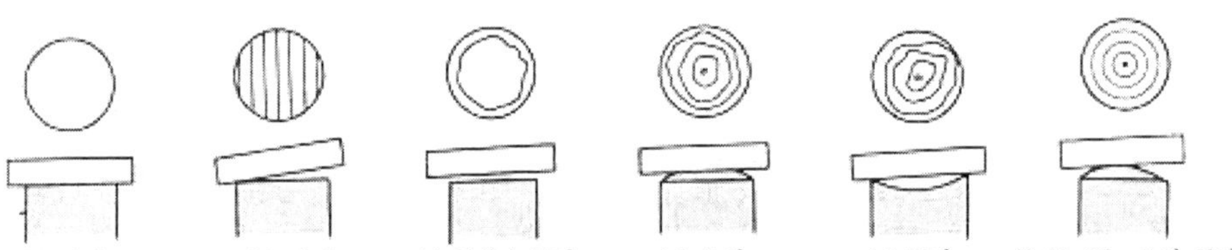

(a) 평면 (b) 평면 (c) 주위가 곡면 (d) 凸면 (e) 凹면 (f) 凹 또는 凸의 구면

그림 3-50 광선정반에 의한 간섭무늬

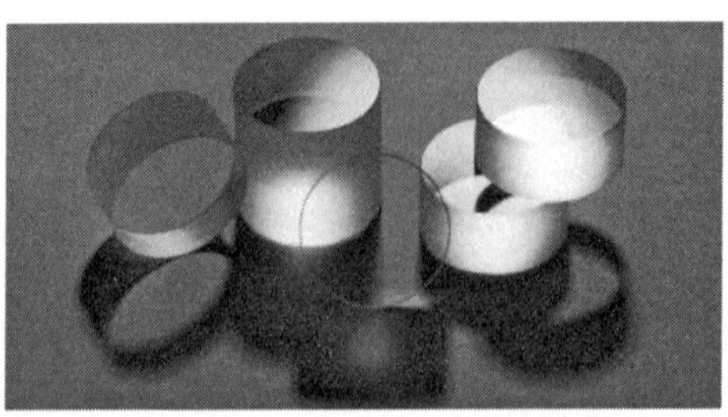

그림 3-50 광선정반 및 광선정반에 의한 간섭무늬

간섭무늬의 간격은 사용광선의 반파장(半波長)에 상당하며, 白色光에 대해서는 약 0.25 μ이다. 이와 같이 간섭무늬의 형상과 수에 의하여 측정면의 평면도를 측정할 수 있다는 것을 알 수 있다. 위 그림 (d)와 그림 (e)는 무늬가 비슷하나, 광선정반의 중앙을 손으로 눌러 무늬가 중앙에서 외측으로 움직이면 볼록면이고, 외측에서 중앙으로 움직이면 오목면이며, 본 예에서는 무늬가 4개이므로 측정면의 중앙에서는 의 높이 및 깊이를 갖고 있다.

3.4.2 표면거칠기(粗度) 측정

기계부품의 기능은 그 표면상태에 의존하는 경우가 많다. 따라서 최적의 성능을 갖는 기계의 설계를 위해서는 설계자와 가공자가 표면의 성질에 대하여 충분한 이해를 하고 있어야 한다. 표면의 성질에 미치는 영향은 표면거칠기, 잔류응력, 변질층 등이 있으나 여기에서는 표면거칠기의 측정법에 대하여 기술한다.

금속표면은 주조, 소성가공, 용단(熔斷), 절삭가공 등에 의하여 크고 작은 불규칙한 요철(凹凸)로 되어 있고, 이 상태를 나타내기 위하여 다음과 같은 용어가 사용된다.

- 표면(表面; surface): 한 물체가 다른 물체 또는 룰실과 분리되는 경계이다.
- 이상표면(理想表面; normal surface): 이론적으로 정확한 면으로서, 일반적으로 설계도면에 표시되는 면이다.
- 표면의 불규칙성(surface irregualities): 이상표면으로 부터 일탈 정도로서, 표면거칠기 및 파상도로 표시한다.
- 단면곡선(斷面曲線; unfiltered profile): 측정면의 평균 표면에 직각인 평면으로 절단하였을 때 그면의 윤곽선을 말하며, 특별한 언급이 없으면 조도가 가장 크게 나타나는 곡선을 단면의 윤곽선이라 한다.
- 조도곡선(粗度曲線; roughness profile): 단면곡선으로 부터 저주파 성분의 불규칙한 것을 제거하는 방법에서 정해지는 곡선이다.
- 파상도(波狀度; waviness): 깊이에 비하여 큰 간격으로 반복되는 이상표면으로 부터의 일탈 편차(偏差)로서. milling cutter의 편심, 공작기계 또는 공구의 진동 등에 의하여 생긴다.
- 파상도 높이(波狀度高; waviness height): 연속되는 파상선(波狀線; wave)의 산(peak)과 골(valley)간의 거리이다.
- 파상도폭(waviness width)연속되는 波(wave)의 산과 산 또는 골과 골간의 거리이다.
- lay 또는 lay direction: 절삭공구의 작용에 의하여 생기는 자국의 방향이다.
- flow: 불규칙적으로 나타나는 균열(crack), 기공(blow hole), 긁힘(scratch) 등을 말하며, 특별한 지시가 없으면 표면거칠기의 측정에 포함시키지 않는다.

- 표면거칠기(粗度; roughness): 상대적으로 작은 범위에서 표면의 요철의 정도로서, 파상도에 중첩되며, 높이, 폭, 방향이 표면거칠기의 형상을 정해 준다.
- 평균선(最小自乘平均線; mean line): 단면곡선(profile) 또는 거칠기 곡선의 채취 부분에서 측정면의 기하학적 형태를 갖는 선으로서 단면곡선까지의 편차의 제곱의 합이 최소가되는 직선이다. 그림 3-51은 평균선이다.

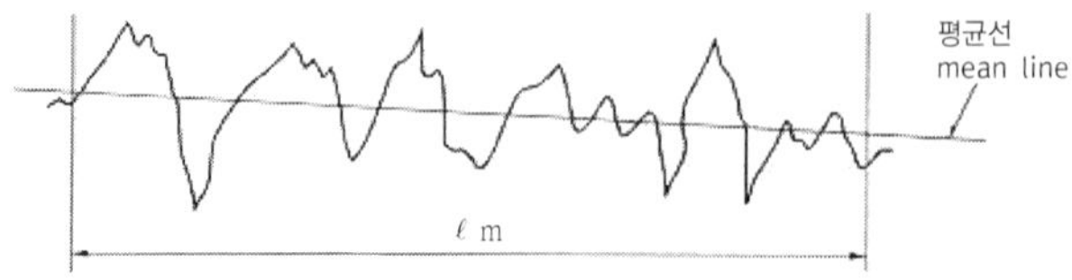

그림 3-51 평균선

- 중심선(中心線; centerline, arithmetric mean line of profile): 평균선에 평행하며 단면곡선으로 둘러싸인 상하 면적이 같게되는 위치의 직선이다. 그림 3-52는 중심선 이다.

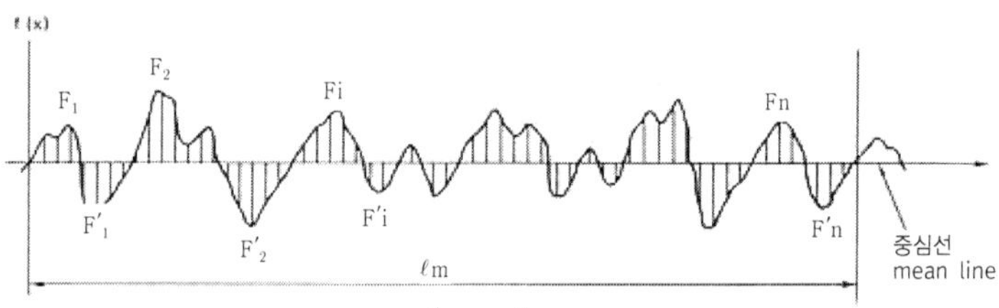

$$\sum_{i=1}^{n} Fi = \sum_{i=1}^{n} F'i$$

그림 3-52 중심선

- cut-off 값: 조도곡선을 구할 때 감쇠율이 -12dB/oct의 고역 filter의 사용에서 그 이득이 75%가 되는 주파수에 해당하는 파장으로서, 0.08, 0.25, 0.8, 2.5, 8.25 mm로 되어 있다.

그림 3-53은 용어 정의 및 조도의 기록법을 보여준다.

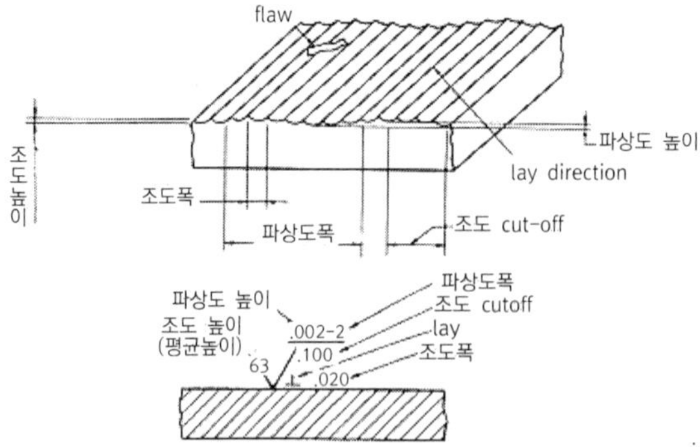

그림 3-53 용어 정의 및 조도의 기록법

(1) 조도 표시법:

① 중심선평균조도(中心線 平均粗度; arithmetrical average roughness, centerline average roughness):

중심선에서 단면곡선까지의 평균 높이로서 R_a, CLA, AA의 기호로 표시한다.

$$R_a = \frac{1}{L}\int_0^L |h_1| \cdot dx \fallingdotseq \frac{|h_1|+|h_2|+\cdots+|h_N|}{N} \ (\mu m,\ \mu in)$$

그림 3-54는 중심선평균조도이다.

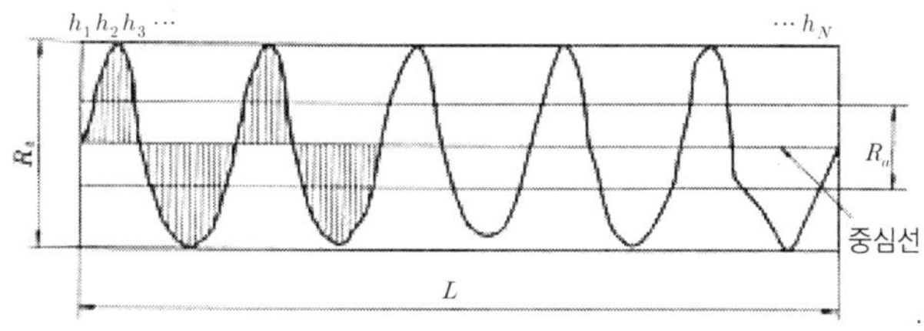

그림 3-54 중심선평균조도

cut-off의 표준값은 0.8 mm 이며, 조도의 표시 난위는 mm, μmRa, λc...mm이며, 다음 표를 참조하라.

표면조도의 호칭방법, 기준 길이(cut-off값) (KS B 0161)

<table>
<tr><th rowspan="2">조 도</th><th rowspan="2">호 칭 방 법</th><th colspan="3">기준 길이 L 또는 cut-off값(mm)</th></tr>
<tr><th>종류</th><th>거칠기의 범위(μm)</th><th>L(표준값)</th></tr>
<tr><td>최대 높이 조도(R_{max})</td><td>최대 높이…μm, 기준 길이…mm, 또는 ……μm R_{max}, L……mm</td><td>0.08</td><td rowspan="4">R_{max} 및 R_z</td><td>0.8 이하</td><td>0.25</td></tr>
<tr><td rowspan="3">10점 평균조도 (R_z)</td><td rowspan="3">10점 평균 거칠기……μm, 기준 길이……mm 또는……μm R_z, L……mm</td><td>0.25</td><td>0.8 ~ 6.3</td><td>0.8</td></tr>
<tr><td>0.8</td><td>6.3 ~ 25</td><td>2.5</td></tr>
<tr><td>2.5</td><td>25 ~ 100</td><td>8</td></tr>
<tr><td>중심선 평균 조도(R_a)</td><td>중심선 평균 거칠기……μm, cut-off값……mm 또는……μm R_a, λ_c……mm</td><td>8
25</td><td colspan="3">R_a에 대한 cut-off값의 표준값 : 0.8</td></tr>
</table>

② 최대높이조도(最大높이粗度; maximum height roughness):

채취 부분의 기준길이(cut-off) 내의 조도곡선에서 중심선에 평행하고 그 곡선의 최고점과 최저점을 지나는 두 평행선간의 상하 거리로 조도의 크기를 나타내며, cut-off는 위의 표와 같다. 그림 3-55는 최대높이조도이다.

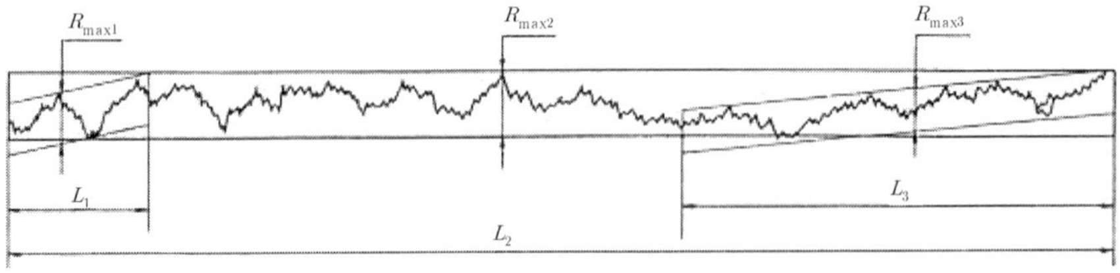

그림 3-55 최대높이조도

③ 10 점평균조도(十點平均 粗度; ten point median height):

KS에서는 채취 부분의 기준 길이(cut-off) 내의 조도곡선에서 제일 높은 곳에서부터 3 번째의 봉우리와 가장 낮은 쪽에서 순번대로 3 번째의 골을 지나고 중심선에 평행한 2 선간의 거리로 나타내고, ISO에서는 제일 높은 봉우리에서 5번째까지의 평균 높이와 제일 낮은 골에서 5번째까지의 평균 골 깊이 사이의 거리로 나타내는 조도 표시법이다. 10 점평균조도 R_z는 다음과 같이 구하며 cut-off와 R_z의 단위는 위의 표와 같다. 그림 3-56은 10 점평균조도이다.

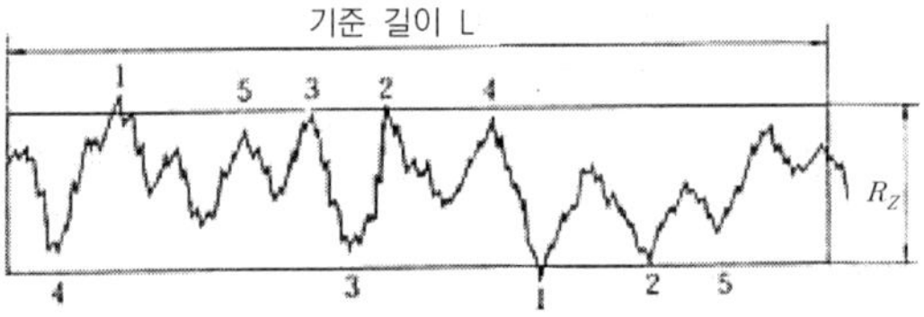

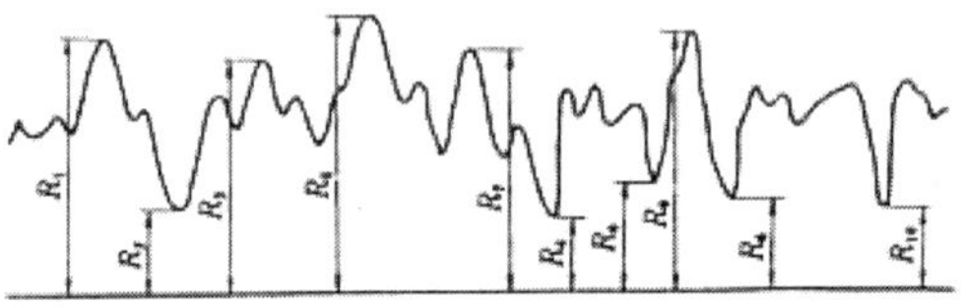

그림 3-56 10 점평균조도

$$R_Z = \frac{(R_1 + R_3 + \cdots + R_9) - (R_2 + R_4 + \cdots + R_{10})}{5}$$

R_{max}, R_z, R_a 및 삼각기호의 관계는 다음 표와 같다.

표면조도의 구분값과 삼각기호 (KS)

R_{max}	R_z	R_a	삼각기호	R_{max}	R_z	R_a	삼각기호
(0.05 S)	(0.05 Z)	(0.012 a)		(35 S)	(35 Z)		
0.1 S	0.1 Z	0.025 a		50 S	50 Z	12.5 a	▽
0.2 S	0.2 Z	0.05 a	▽▽▽▽	(70 S)	(70 Z)		
0.4 S	0.4 Z	0.1 a		100 S	100 Z	25 a	
0.8 S	0.8 Z	0.2 a		(140 S)	(140 Z)		
1.6 S	1.6 Z	0.4 a		200 S	200 Z	(50 a)	
3.2 S	3.2 Z	0.8 a	▽▽▽	(280 S)	(280 Z)		
6.3 S	6.3 Z	1.6 a		400 S	400 Z	(100 a)	
12.5 S	12.5 Z	3.2 a		(560 S)	(560 Z)		
(18 S)	(18 Z)		▽▽				
25 S	25 Z	6.3 a					

*괄호 안의 값은 특별한 경우가 아니면 사용하지 말 것

절삭가공면의 조도에 영향을 주는 인자에 대하여는 10편 가공면의 표면조도를 참조하라.

(2) 조도 측정법

가공면의 조도가 엄밀하게 규정되어 있지 않으며, 비교적 조도가 크고 정밀한 측정을 요히지 않을 때에는 촉감, 현미경, 확대경 및 육안 등으로 표준편(標準片)과 비교하는 방법을 택하고, 조도가 작거나 정밀한 측정을 요할 때에는 다음과 같은 방법으로 측정한다.

① 촉침법(觸針法):

그림과 같이 촉침, 확대장치, 이송장치, 지시장치 및 기록장치 등이 주요부로 되어 있으며, 촉침(stylus)의 선단반지름 r가 크면 실제의 조도보다 작게 기록되고, r가 너무 작으면 측정압에 의하여 측정면에 손상을 주고 촉침은 쉽게 마멸된다. 촉침은 sapphire 또는 diamond로 되어 있으며, 선단의 곡률반지름과 측정 압력은 다음표와 같이 규정하고 있다. 그림 3-57은 촉침식 조도측정기의 block diagram 이다.

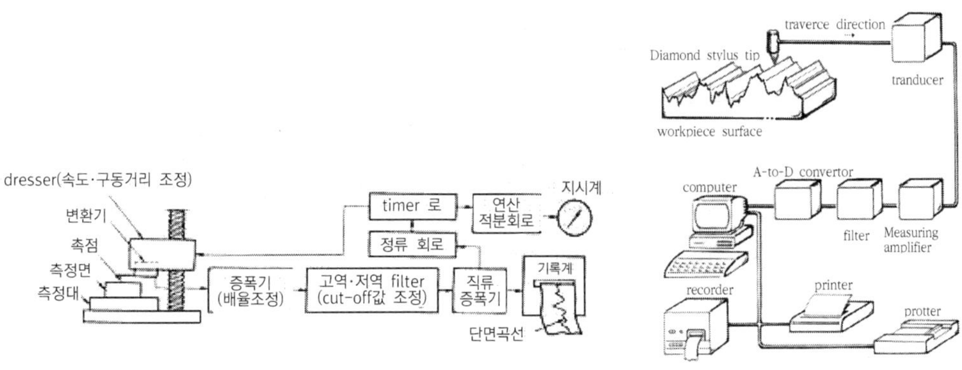

그림 3-57 촉침식 조도측정기의 block diagram

그림 3-58은 촉침의 선단반지름의 크기와 측정되는 조도의 크기이다.

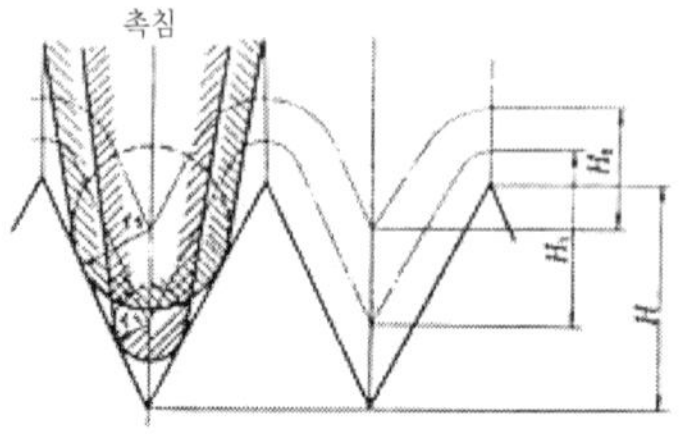

촉침의 곡률반지름과 측정압력

표면거칠기	0.1S ~ 0.8S ▽▽▽▽	1.6S ~ 25S ▽▽▽ ▽▽	35S ~ 560S ▽
끝의 반지름(μ)	5	10	30
측정압력(g)	0.5	1	10

*촉침 끝이 마멸되거나 흠이 생기는 경우가 있으므로 때때로 그 상태를 투영기 또는 현미경으로 검사한다

그림 3-58 촉침의 선단반지름의 크기와 측정되는 조도의 크기

그림 3-59는 table 용 촉침식 조도측정기 이다.

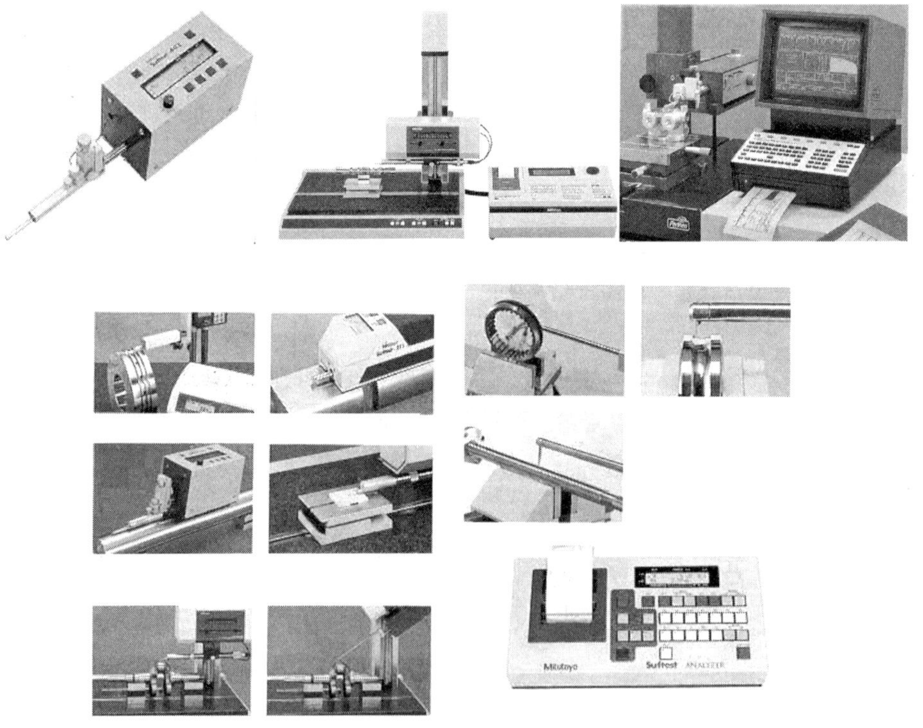

그림 3-59 table 용 촉침식 조도측정기

② 광절단법(光切斷法):

측정면을 기계적으로 절단하여 조도를 측정하는 방법이 있을 수 있으나, 절단시에 원래의 요철(凹凸)이 변형하는 결점이 있으므로 그림과 같이 filter에서 만들어진 가는 광속(光束)을 측정면에 경사지게 투사하여 생긴 단면을 확대경으로 측정하는 방법으로서, 다음과 같은 특징을 갖는다.

그림 3-60은 광절단법이다.

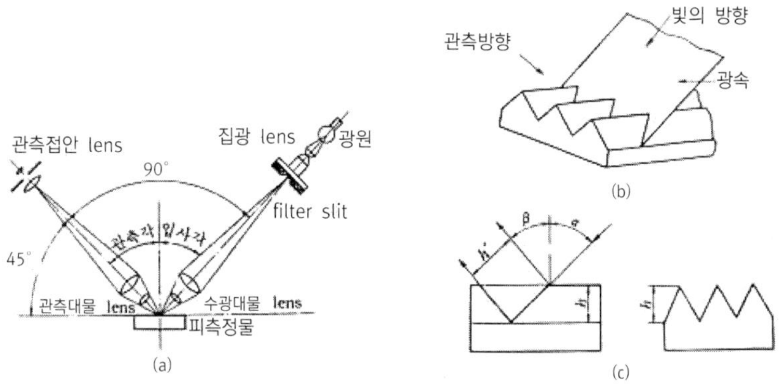

그림 3-60 광절단법

[장점]

- 측정면과 물리적인 접촉이 없어 측정면에 손상을 주지 않으므로 연질재료의 측정에 적합하다.
- 조작이 간편하고 신속히 측정할 수 있다.

[단점]

- 배율을 크게하면 시야에 나타나는 범위가 국부적이다.
- 배율이 크면 빛의 윤곽이 불투명하므로 10μ 이하의 조도 측정에는 부적합하다.
- 위 그림에서 $\alpha + \beta = 90°$ 일 때 배율이 최대이고, $\alpha = \beta = 45°$ 일 때 시야가 가장 밝게 되며, 이 때 $h' = 1.41 \times h$ 의 관계에 있다. 실제로 현미경에 나타나는 시야는 다음 표와 같다.

관측부의 실제 시야

조도 $R_{max}(\mu)$	0.8 ~ 6 이하	6 ~ 25 이하	25 ~ 100 이하	100 ~ 560 이하
실제시야의 지름(mm)	1	3	5	10

3.5 나사측정

나사를 사용 목적에 따라 분류하면 체결용(締結用) 나사와 운동용(運動用) 나사가 있고, 나사山의 형상에 따라 분류하면 3각나사, 둥근나사, 제형(梯形)나사, 4각나사, 톱니나사 등이 있다. 그림 3-61은 나사산의 형상이다.

(a) 3각 나사 (b) 둥근 나사 (c) 제형나사 (d) 4각 나사 (e) 톱니 나사

그림 3-61 나사산의 형상

본 장에서는 3각나사의 측정법에 대하여 기술하며, KS 규격에서 다음과 같이 규정하고 있다. 그림 3-62은 보통나사의 기준산형이다.

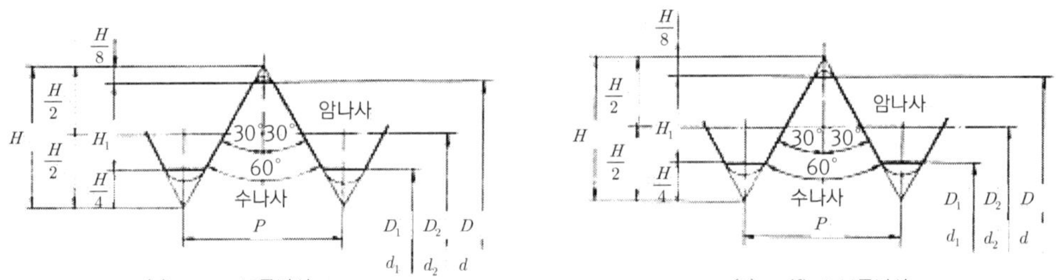

(a) meter 보통나사 (b) unified 보통나사

기호	meter 보통 나사	unified 보통 나사	기호	meter 보통 나사	unified 보통 나사
H	0.866025 P	0.866025 P	d_2	$d-H_1$	25.4d−1.082532 P
H_1	0.541266 P	0.541266 P			
r	-	-	P	P	25.4 / n
d_1	$d-2H_1$	25.4d−0.649519 P	a	60°	60°

* n : 나사산 수/in

그림 3-62 보통나사의 기준산형

나사를 측정할 때 다음 그림에 표시된 5가지 요소를 측정한다. 그림 3-63은 숫나사의 요소이다.

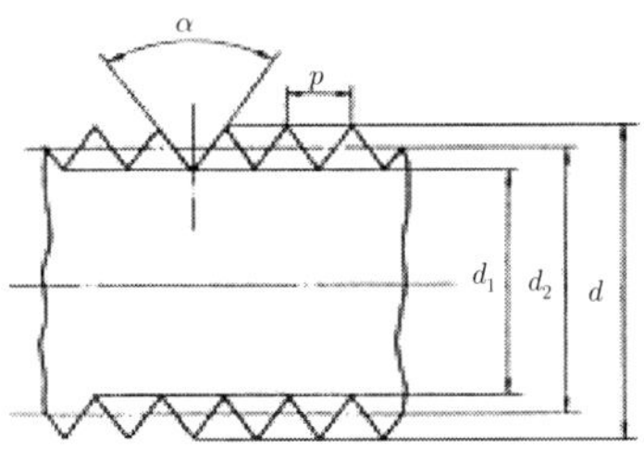

그림 3-63 숫나사의 요소

- 바깥지름(outside diameter): 나사산 끝과 끝을 접하는 가상 원통의 지름(d)
- 골지름(full diameter): 나사의 골과 골을 접하는 가상 원통의 지름(d1)
- pitch: 축선을 포함하는 평면 내에서 이웃하는 나사산과 산 또는 골과 골 사이의 거리(p)
- 유효지름, pitch 지름(effective diameter, pitch diameter): 나사홈의 너비와 산의 두께가 같도록 한 가상원통의 지름(d_2) ≒ $(d_1 + d_2)/2$
- 나사산의 각(angle of thread)

3.5.1 나사측정법

(1) gauge에 의한 측정:

① 표준 gauge:

앞의 표준 gauge에서 이미 기술한 표준나사 ring gauge와 표준나사 plug gauge가 있다.

② 한계 gauge:

나사가 공차범위에 있는가를 확인하기 위하여 통과측(go end)과 정지측(not go end)이 있는 plug gauge와 ring gauge가 있다. 그림 3-64는 한계 gauge이다.

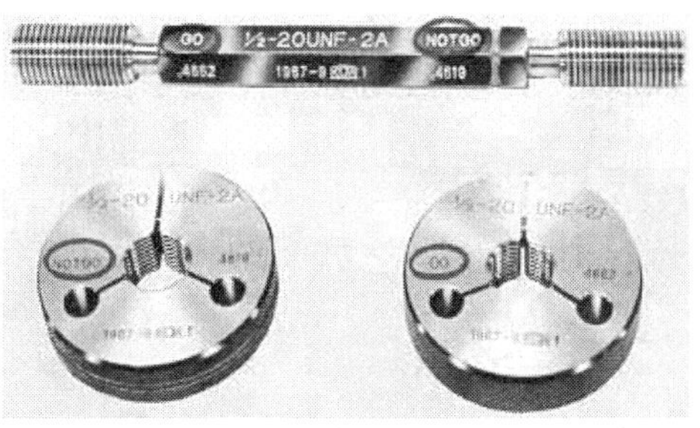

그림 3-64 한계 gauge

③ 각도 gauge(screw thread angle gauge):

선반의 나사절삭용 bite의 각을 측정하고 설치를 검사하는데 사용되며 그림과 같은 center gauge 등이 이에 속한다. 그림 3-65는 center gauge 이다.

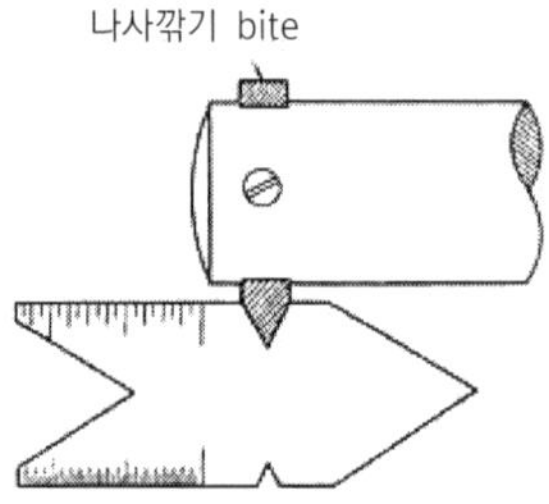

그림 3-65 center gauge

④ pitch gauge:

나사의 pitch를 측정하는 gauge이며, *표준 gauge를 참조하라.

(2) 수나사의 측정:

① 나사 micrometer:

그림과 같이 나사 micrometer로 수나사의 바깥지름, 골지름 및 유효지름을 나사축선에 수직인 방향에서 측정한다. 유효지름을 측정하는 micrometer anvil과 spindle의 선단에는 각각 원추형과 V 형 홈이 있으며, 이것을 서로 접촉시켰을 때의 치수를 M_1, 나사의 골과 산에 접촉시켰을 때의 치수를 M_2라 하면 유효지름 d_2는 다음과 같다.

$$d_2 = d - b = d + 2a - 2a - b = (d + 2a) - (2a + b) = M_2 - M_1$$

로 되어 M_1은 정해져 있으므로 M_2만 측정하면 유효경이 계산된다.

그림 3-66은 micrometer에 의한 수나사 지름 측정이다.

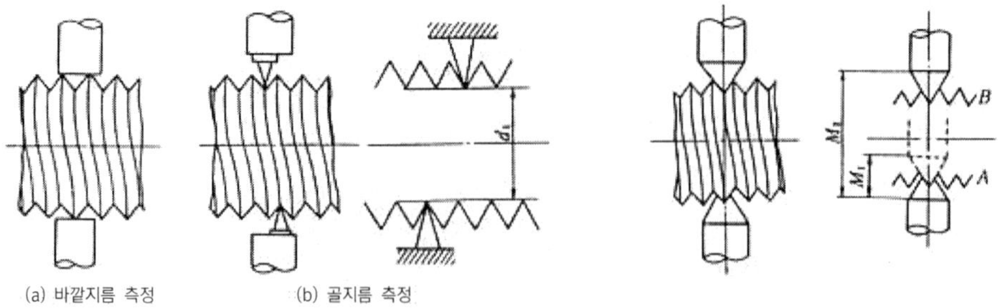

(a) 수나사의 바깥지름 및 골지름 측정 (b) 수나사의 유효지름 측정

그림 3-66 micrometer에 의한 수나사 지름 측정micrometer에 의한 수나사 지름 측정

② 3 침법(三針法):

그림과 같이 나사의 골에 3개의 침을 끼우고 이들 침의 외측 거리 M을 micrometer, 측장기 등으로 측정하여 수나사의 유효지름을 계산하는 방법이다. 침의 지름을 D, 나사의 pitch를 p, 나사각을 α라 하면 유효지름 d_2는 다음과 같다.

$$AB = \frac{D}{2} + OC - AC$$

$$= \frac{D}{2} + \frac{D}{2} \cdot \mathrm{cosec}\frac{\alpha}{2} - \frac{p}{4} \cdot \cot\frac{\alpha}{2}$$

그런데

$$d_2 = M - 2 \cdot AB$$

$$\therefore d_2 = M - D \cdot \left(1 + \mathrm{cosec}\frac{\alpha}{2}\right) + \frac{p}{2} \cdot \cot\frac{\alpha}{2}$$

meter 나사에서는 α=60° 이므로

$$d_2 = M - 3D + 0.86603p$$

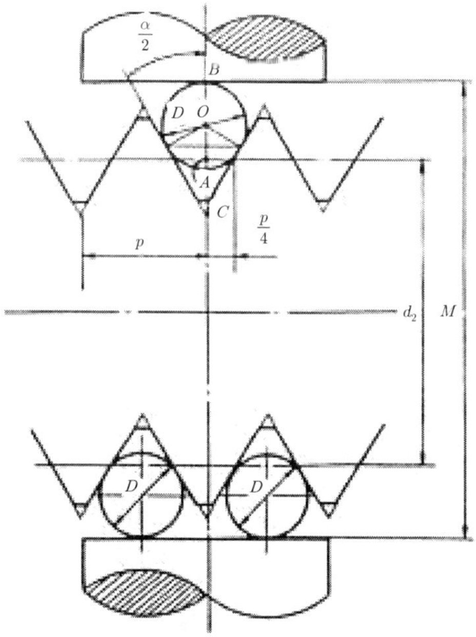

위 식에서 침의 지름 D는 pitch에 따라 정해져 있다.

③ 광학적 방법:

나사측정용 광학장치에는 현미경을 갖는 것과 투영장치를 갖는 것이 있으며, 높은 정밀도를 요하지 않는 짧은 것을 측정할 때에는 공구현미경이 사용되고, 보다 정도 높고 긴 것의 측정에는 윤곽투영기 등이 사용된다. 광학적 측정법은 측정압력으로 인한 오차가 없으며, 유효지름을 직접 읽을 수 있고, 특히 나사각을 정확히 측정할 수 있다.

그림과 같이 대안 lens 상의 十字線에 나사산면 E1F1을 겹치게 했을 때 micrometer의 읽음과 E_2F_2를 겹치게 했을 때 micrometer의 읽음의 차가 나사 pitch이고, E_1F_1과 E_2F_2에 대한 읽음의 차가 나사의 유효지름이 된다. 그림 3-67은 공구현미경에 의한 나사의 pitch 및 유효지름 측정이다.

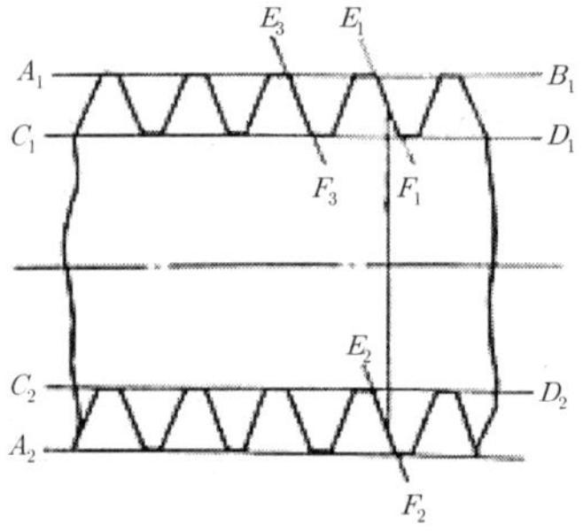

그림 3-67 공구현미경에 의한
나사의 pitch 및 유효지름 측정

공구현미경의 대안 lens에는 그림과 같이 형판(型板; templet plate)이 있어 나사각과 pitch를 검사할 수 있고, 분도기의 눈금이 있는 대안 lens를 사용하면 임의 각도 측정할 수 있다. 그림 3-68은 대안 lens 형판이다.

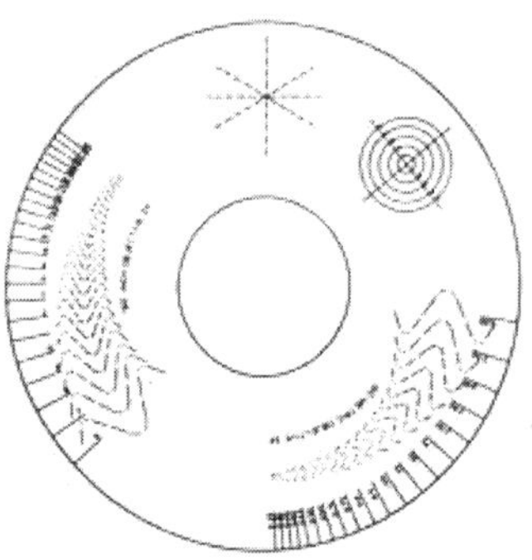

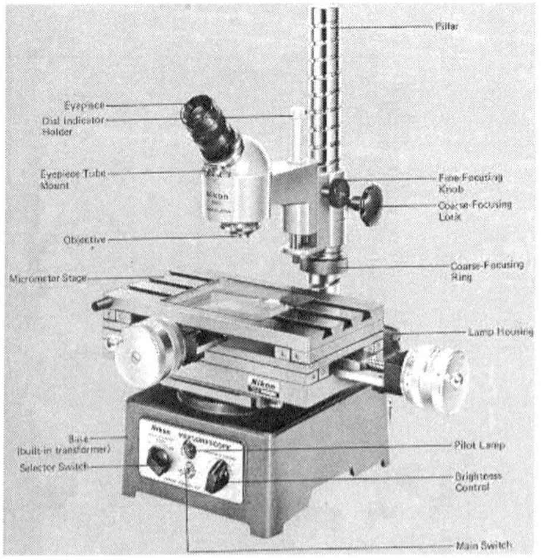

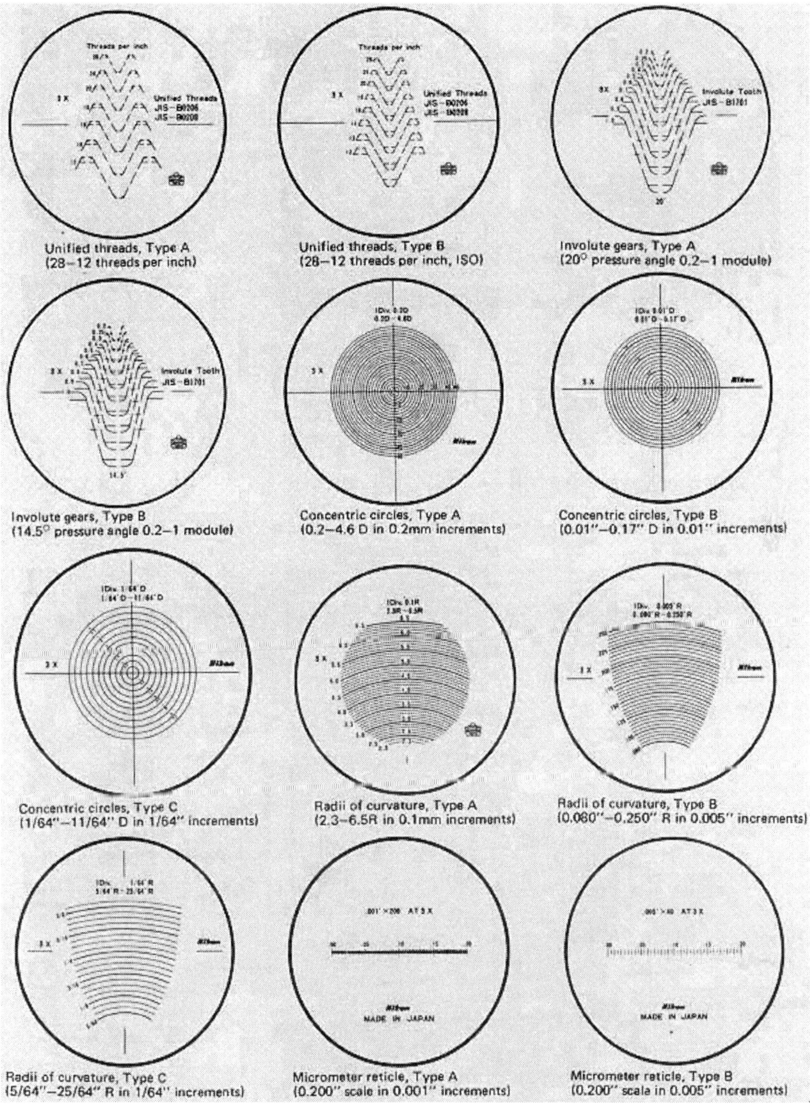

그림 3-68 대안 lens 형판

(3) 암나사의 측정:

암나사의 측정에는 수나사의 경우에서 보다 측정에 어려움이 많고 오차도 크며, 지름 10mm 이하의 나사에 대하여는 측정이 거의 불가능하다. 실제에서는 나사 plug gauge에 의하여 검사하는 것으로 암나사의 측정을 대신하는 경우가 많다. 석고, amalgam 등의 재료로 나사산의 본을 떠서 광학적 방법으로 pitch와 나사산각을 측정할 수도 있으며, 지름이 큰 암나사의 측정에는 그림과 같은 만능 pitch 측정기를 사용한다. bed A 위에 이동대 B가 있고 B에 표준자 C가 고정되어 있으며 lever D가 연결되어 있다. D의 선단에 있는 측정구(測定球) F를 나사골에 따라 움직일 때 B의 이동량을 측정현미경 G로 읽으면 pitch를 알 수 있다.

골지름 D와 안지름 D1은 내측 micrometer 등으로 측정하고, 유효지름은 3 침법에 의하여 측정할 수 있다. 그림 3-69는 만능 pitch 측정기이다.

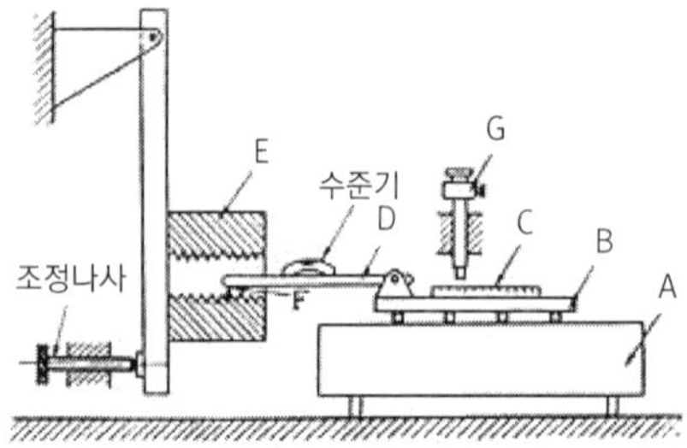

그림 3-69 만능 pitch 측정기

(4) taper 나사의 측정:

관(管)과 관부품 등에는 유체의 누설을 막기 위하여 taper 나사를 사용하며, 이에 대한 규격은 KS B 00222에 규정되어 있다. taper 나사는 그림과 같은 taper 나사 검사용 plug gauge와 ring gauge를 사용하여 검사하며, 유효지름의 측정은 4 침법 등에 의하여 행하여 지고, 자세한 내용은 생략한다. 그림 3-70은 taper 나사 gauge이다.

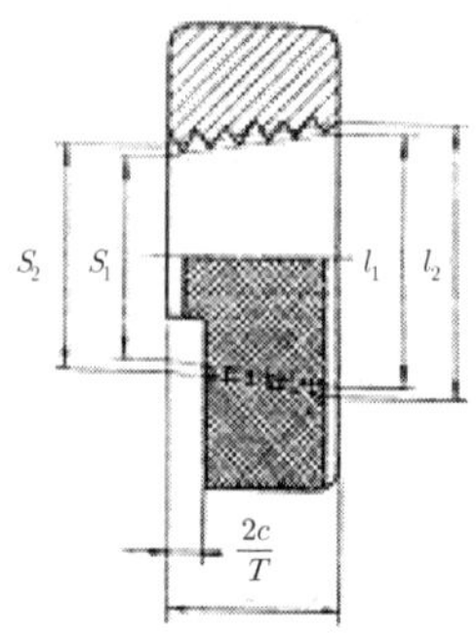

(a) ring gauge

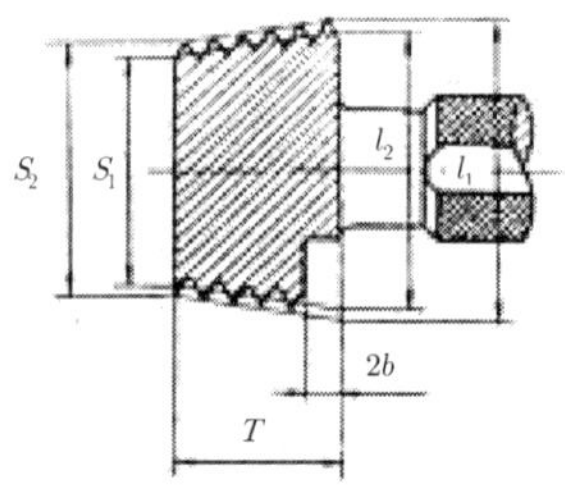

(b) plug gauge

그림 3-70 taper 나사 gauge

3.6 gear 측정

치차(齒車; gear)에는 축(軸)과 치형(齒形)에 따라 spur gear, bevel gear, worm gear, helical gear, involute gear, cycloid gear 등이 있으며, gear 검사기에는 치형을 검사하는 치형검사기, pitch 및 편심오차(偏心誤差)를 검사하는 gear 검사기, 한 쌍의 gear를 맞물리어 검사하는 물림검사기 및 치두께를 검사하는 치두께 측정기 등이 있다. 일반적으로

involute 치형의 평치차(平齒車; spur gear)가 많이 사용되며, 측정할 각 요소는 다음 그림 및 표와 같다. 그림 3-71는 gear의 측정부이다.

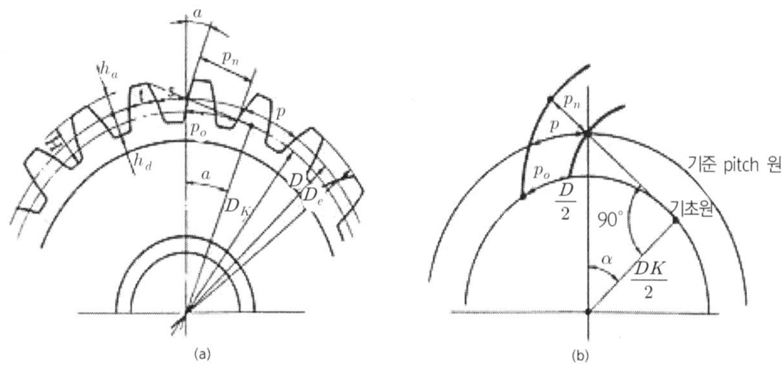

그림 3-71 gear의 측정부

기호	명 칭	치수비	
		meter 식	inch 식
a	압력각		
p	원주 pitch	$\pi M = \frac{\pi D}{Z}$	$\frac{\pi}{DP} = \frac{\pi D}{Z}$
p_n	법선 pitch	$\pi M \cdot \cos a$	
p_o	기초원 pitch	p_n	
t	이 두께	$1.5708M = \frac{p}{2}$	$\frac{1.5708}{DP} = \frac{p}{2}$
s	이 홈의 폭	〃	〃
h_a	이 끝 높이	$M = \frac{p}{\pi}$	$\frac{1}{DP} = \frac{p}{\pi}$
h_d	이뿌리높이	$1.157M$	$\frac{1.157}{DP}$
H	총 이높이	$2.157M$	$\frac{2.157}{DP}$
D	pitch 원지름	$MZ = \frac{p \cdot Z}{\pi}$	$\frac{\pi}{DP} = \frac{p \cdot Z}{\pi}$
D_K	기초원지름		
D_e	이끝원지름	$(Z+2)M$	$\frac{Z+2}{DP} = \frac{(Z+2)p}{\pi}$

3.6.1 gear 측정법

(1) pitch 측정:

gear의 pitch에는 위의 그림과 같이 원주(圓周) pitch(circular pitch) p, 법선(法線) pitch(normal pitch) pn, 및 기초원(基礎圓) pitch(base circle pitch) pb가 있으며, 이들 관계는 다음과 같다.

$$p_n = p_b = p \cdot \cos\alpha$$

① 원주 pitch :

그림과 같이 이끝면 또는 이뿌리면을 지지하고 인접한 pitch 점에 접촉시켜 점간의 직선거리의 不同을 측정하거나 점들이 gear의 중심에 대하여 이루는 중심각을 측정한다. 그림 3-72는 원주 pitch 측정이다.

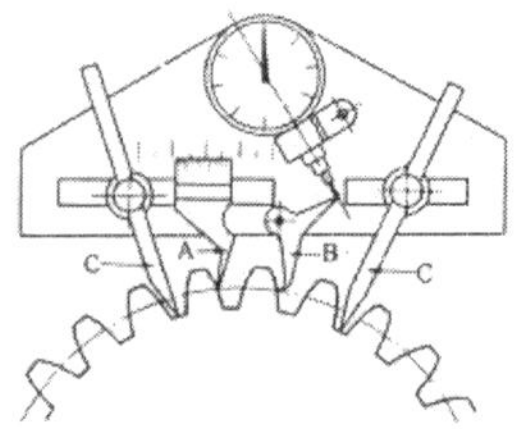

그림 3-72 원주 pitch 측정

② 법선 pitch :

그림과 같이 곡선의 성질을 이용한 것으로 기초원의 법선상에 인접한 치면간의 거리를 측정한다. 그림 3-73은 법선 pitch 측정이다.

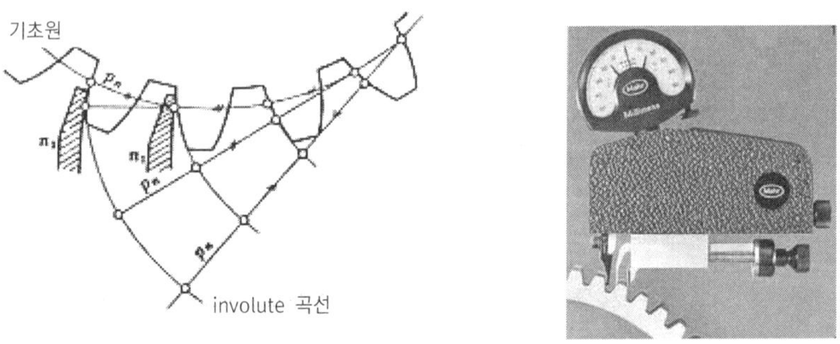

그림 3-73 법선 pitch 측정

(2) 물림검사:

① 중심거리의 변화 측정:

그림과 같이 검사 gear 을 handle H_2 에 의하여 표준 gear S에 물린다. 이 때 중심거리를 로 하고 handle H_1 에 의하여 gear를 회전시킬 때 오차가 있으면 축간의 거리변화량 δ 이 기록장치 R에 100 ~ 250배로 확대되어 기록된다. 그림 3-74는 gear 물림검사기 이다.

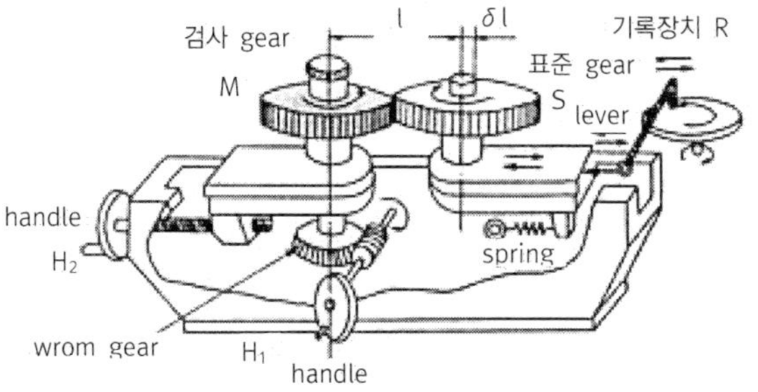

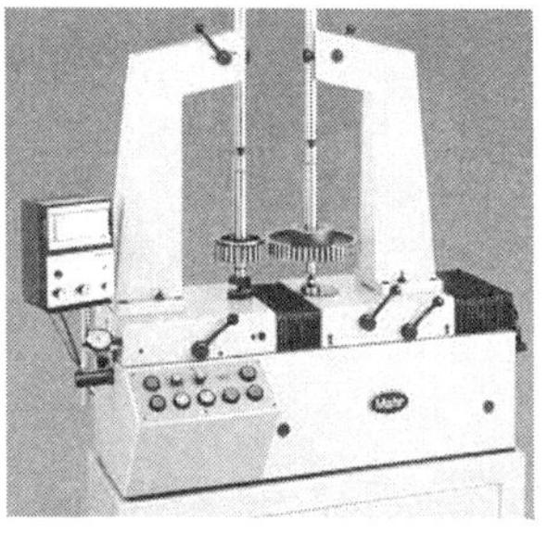

그림 3-74 gear 물림검사기

② 회전각의 변화 측정:

그림과 같이 Z_1 및 Z_2 축에 지름이 Z_1 , Z_2 의 것과 동일한 roller R_1 및 R_2 를 고정하고 Z_2 는 축에서 공전하도록 한다. 오차가 없다면 Z_2 는 R_2 와 같은 각만큼 회전할 것이고, 오차가 있다면 그 차 δ가 지침으로 지시될 것이다. 그림 3-75는 gear 물림검사기이다.

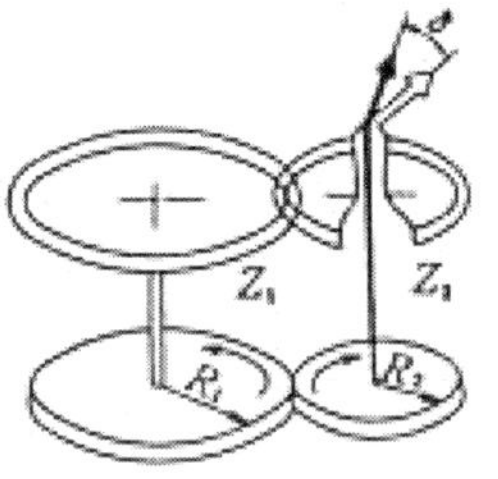

그림 3-75 gear 물림검사기

③ 치면의 접촉상태 검사:

치면의 접촉상태에 의하여 gear의 결함 및 오차 등을 검사하는 방법으로서, 광명단(光明丹)과 같은 것을 한쪽의 치면에 바른 다음 서로 맞물리고 회전시켜서 검사한다.

(3) 이(齒)두께 측정:

제작된 gear를 검사하여 소정의 정밀도를 갖고 있는지를 확인하는 방법으로서, 현(弦) 이두께 측정법, 걸치기 이두께 측정법, pin에 의한 이두께 측정법 등이 있다.

① 현 이두께(chordal thickness):

임의 깊이에서 두께 T를 측정할 수 있으나 일반적으로 이론적인 pitch 원 상에서 측정하며, 측정된 현의 두께 T는 pitch 원상의 두께와 차이가 있으나 그 차는 보통 무시한다. 단 치수가 적은 경우에는 문제가 된다. 그림 3-76은 치형 calipers에 의한 현 이두께 측정을 보여준다.

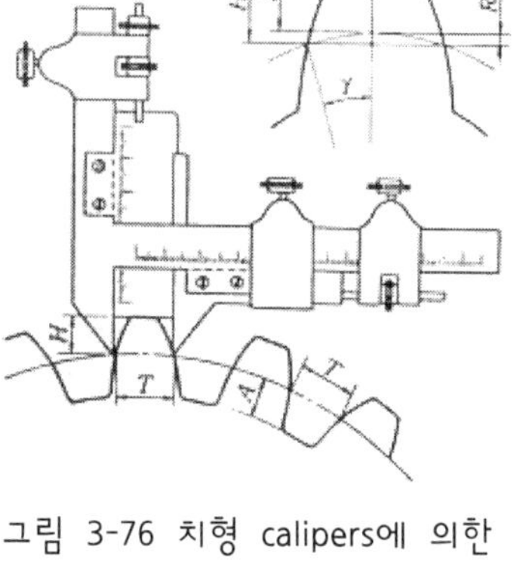

그림 3-76 치형 calipers에 의한 현 이두께 측정

위 그림에서 Z: 잇수, d_p: pitch 원 지름, d_a: 이끝원 지름, S: 이끝 높이, H: 수정된 이끝 높이, T: 현의 이두께라 하면

$$= 2\left(\frac{d_p}{2} \cdot \sin\frac{\pi}{2Z}\right) = d_p \cdot \sin\frac{\pi}{2Z}$$

$$H = \frac{d_p}{2}(1-\cos\gamma) + \frac{d_a - d_p}{2} = \frac{d_p}{2}\left(1-\cos\frac{\pi}{2Z}\right) + S$$

가 되며, H와 T를 측정하여 위 식에 의한 계산값과 비교검사할 수 있다.

② 걸치기 이두께 측정:

이 측정법은 바깥지름 변화에 의한 영향을 받고, 나선각이 크고 치면이 좁을 때에는 충분한 수의 이를 calipers로 물릴 수 없다. 다음 involute 치형 곡선에서 a: 기초원 반지름, r : 동경(動徑), θ : 방향각(radian), α : 압력각(radian)이라 하면

$$r = a/\cos\alpha$$

그림과 같이 3개의 이를 포함하는 걸치기 이두께 M을 측정하고, 다음 식에 의한 계산값과 비교한다. 본그림에서는 편의상 기초원을 이뿌리원보다 작게 표시하였다. r: pitch 원 반지름, T: pitch 원상의 원주 이두께, S: 측정구간에서 이 홈의 수, α: 압력각(radian)이라 하면 다음의 관계식이 얻어 진다.

$$M = a\left(2 \cdot \frac{T/2}{r} + \frac{2\pi \cdot S}{Z} + 2 \cdot \theta\right) = a\left(\frac{T}{r} + \frac{2\pi \cdot S}{Z} + 2 \cdot \theta\right)$$

$$M = r \cdot \cos\alpha\left(\frac{T}{r} + \frac{2\pi \cdot S}{Z} + 2 \cdot \theta\right)$$

그런데 $T = \frac{1}{2} \times (pitch) = \frac{1}{2} \cdot \frac{2\pi}{Z} \cdot r = \frac{\pi}{Z} \cdot r$이므로

$$M = r \cdot \cos\alpha\left(\frac{\pi}{Z} + \frac{2\pi \cdot S}{Z} + 2 \cdot \theta\right) = r \cdot \cos\alpha\left(\frac{\pi(1+2S)}{Z} + 2 \cdot \theta\right)$$

diametral pitch $DP = \frac{Z}{D}(D\,inch) = \frac{Z}{2r}$에서 $r = \frac{Z}{2 \cdot DP}$

$$\therefore M = \frac{1}{DP}\left(\frac{\pi(1+2S)}{2} \cdot \cos\alpha + Z \cdot \theta \cdot \cos\alpha\right)$$

만일 $\frac{\pi}{2}cos\alpha = C_1$, $\theta \cdot \cos\alpha = C_2$로 놓으면

$$M = \frac{1}{DP}[(1+2S) \cdot C_1 + Z \cdot C_2]$$

또 $(1+2S)C_1 + Z \cdot C_2 = C$로 놓으면

$$M = \frac{1}{DP} \cdot C(in)$$

C는 S의 함수이며, S는 적당히 택할 수 있으나 pitch원 부근에서 측정하는 것이 좋다. 그림 3-77은 involute 치형 곡선과 그림 3-78은 걸치기 이두께 측정이다.

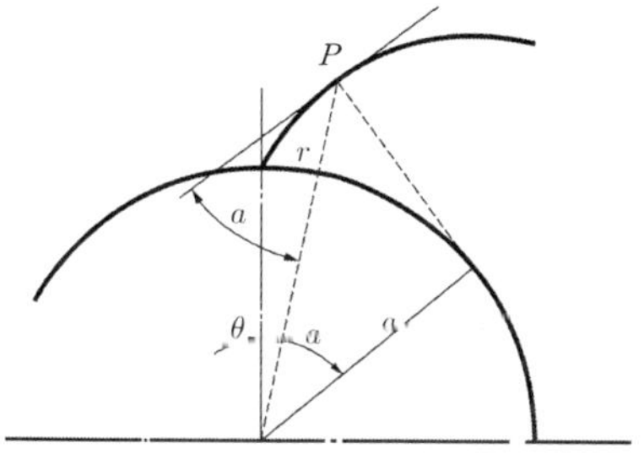

그림 3-77 involute 치형 곡선

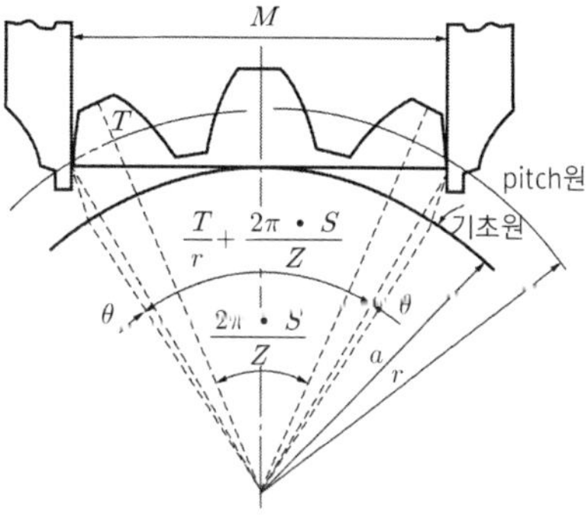

그림 3-78 걸치기 이두께 측정

3.7 진원도 및 원통도 측정

공작물의 형상을 정해주는 진직도, 평면도, 조도, 진원도 및 원통도는 piston rod, 측정기부품, 공작기계의 활동면 등이 정상적으로 기능을 하기 위하여는 설계와 제작에서 주어진 조건을 만족해야하는 중요한 기하학적 특성으로서 정밀한 측정이 필요하다. 진직도, 평면도, 조도 등에 대하여는 본교재의 분류기준에 의하여 앞에서 취급하였으므로 본장에서는 진원도(眞圓度; roundness)와 원통도의 측정에 한하여 설명한다.

3.7.1 진원도 측정

진원도란 기하학적 원으로부터 이탈정도를 말하며, 표시법에는 그림 (a)와 같이 최소영역원법(最小領域圓法; minimum zone circle, MZC)과 최소제곱원법(最小自乘圓法; least square circle, LSC)있다. 전자는 임의 점을 중심으로한 최대 내접원(MIC)과 최소 동심외접원(MCC) 사이의 간격으로 표시하고, 후자에서는 가중심(假中心)을 지나는 직교좌표를 잡고 m등분한 반지름선이 기록도형(記錄圖形)을 자르는 가로좌표를 x, 세로좌표를 y로 하여 $a=2\Sigma x/m$, $b=2\Sigma y/m$를 가각 가로 및 세로 좌표로 하는 점이 최소제곱 중심이다. 이 점을 중심으로 한 기록도형까지의 반지름은 $R=2\Sigma r/m$ 으로 주어진다. 이 최소 자승원으로부터 기록도형 편차의 최대 간격이 진원도이다.

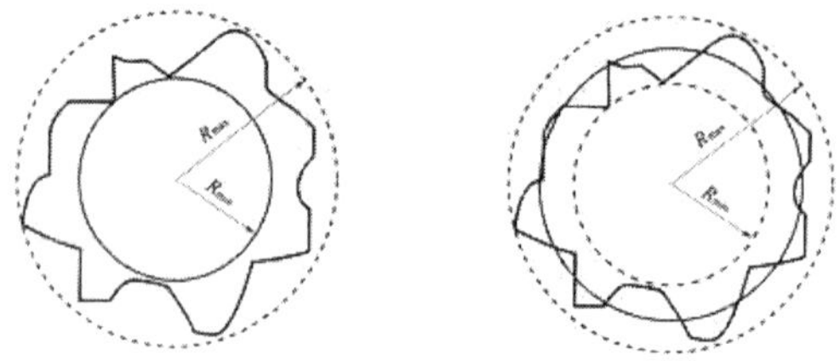

(a) 최소 영역원법 (b)최소 자승원법

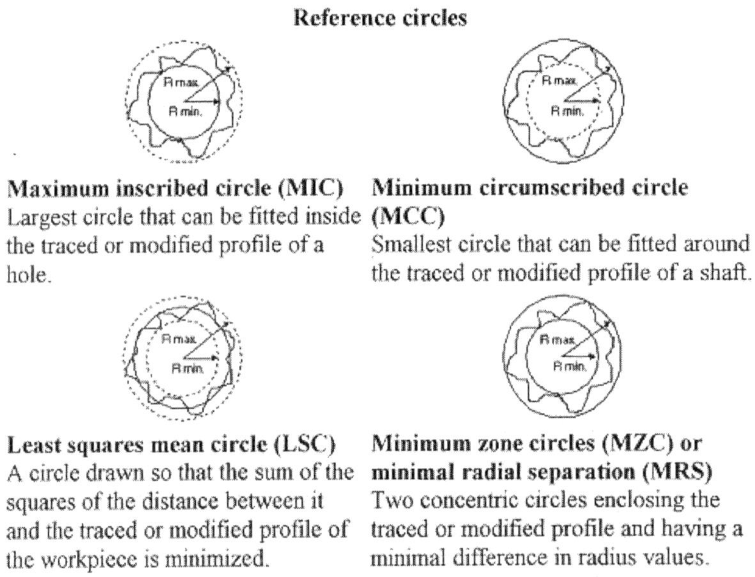

그림 3-79 진원도 측정기준

진원도 측정기에는 여러 가지가 있으나 크게 두 범주로 나눌 수 있으며, 그 중 하나는 그림 (b))와 같이 측정물을 회전시키고, 다른 하나는 그림 (c)와 같이 검출기(probe)가 측정물 주위를 회전하는 것이다. 진원도 측정기는 회전 table, stand, 검출기 및 전기제어부(전기조작부, 기록계, 공기제어부)로 되어 있다. 그림 3-79는 진원도 측정기준을 보여준다.

그림 3-80은 table 회전형 진원도 측정기, 그림 3-81은 probe 회전형 진원도 측정기, 그림 3-82는 진원도 측정기 및 주변장치를 나타낸다.

그림 3-80 table 회전형 진원도측정기

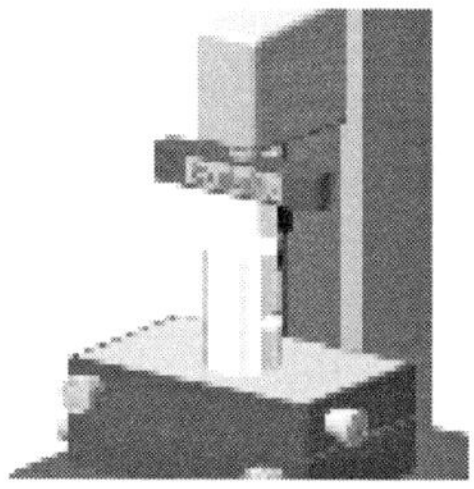

그림 3-81 probe 회전형 진원도측정기

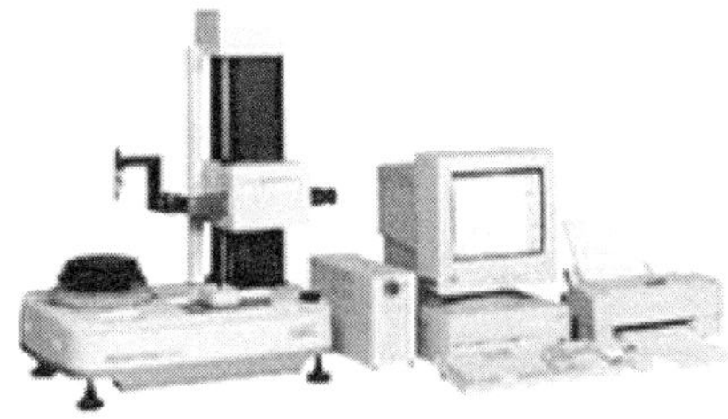

그림 3-82 진원도 측정기 및 주변장치

3.7.2 원통도 측정

공작물의 원통부분이 기하학적 원통부분으로 부터 이탈 정도를 원통도(圓筒度; cylindricity)라 하며, 동축(同軸)의 기하학적 원통에 공작물 원통을 끼웠을 때 양원통면의 간격이 최소가 되는 경우 양원통의 반지름 차로 표시한다. 원통도는 엄밀한 측정이 곤란하여 단면의 진원도와 윤곽선(모선)의 진직도 및 평행도로 나누어 측정하는 경우가 많나.

즉 데이텀 기호를 아래 그림으로 표시한다.

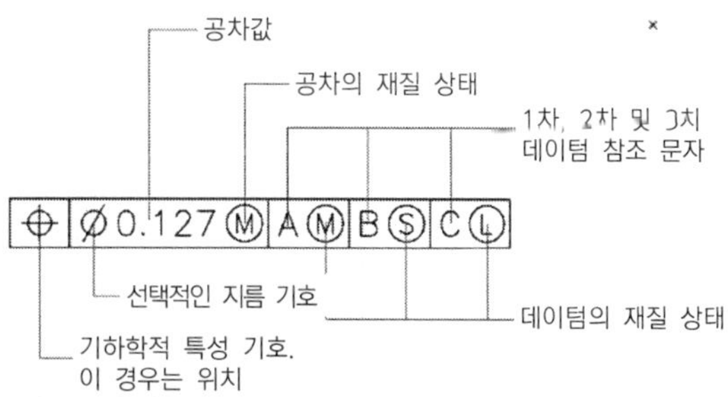

데이텀에 적용하는 형체	기하 공차의 종류		기호	비고
데이텀 없이 사용되는 단독 형체	모양 공차	진직도	⏤	
		평면도	⏥	
		진원도	○	
		원통도	⌭	
단독 또는 관련 형체		선의 윤곽도	⌒	
		면의 윤곽도	⌓	
데이텀을 기준으로 사용되는 관련 형체	자세 공차	평행도	//	KS B 0608
		직각도	⊥	
		경사도	∠	
	위치 공차	위치도	⌖	
		동심(축)도	◎	
		대칭도	⌯	
	흔들림 공차	원주 흔들림	↗	
		온(또는 전) 흔들림	⌰	

그림 3-83 데이텀 기호 및 표시법

3.8 좌표 측정

3.8.1 3차원 측정기

그림 3-83은 Coordinate measuring machine이다.

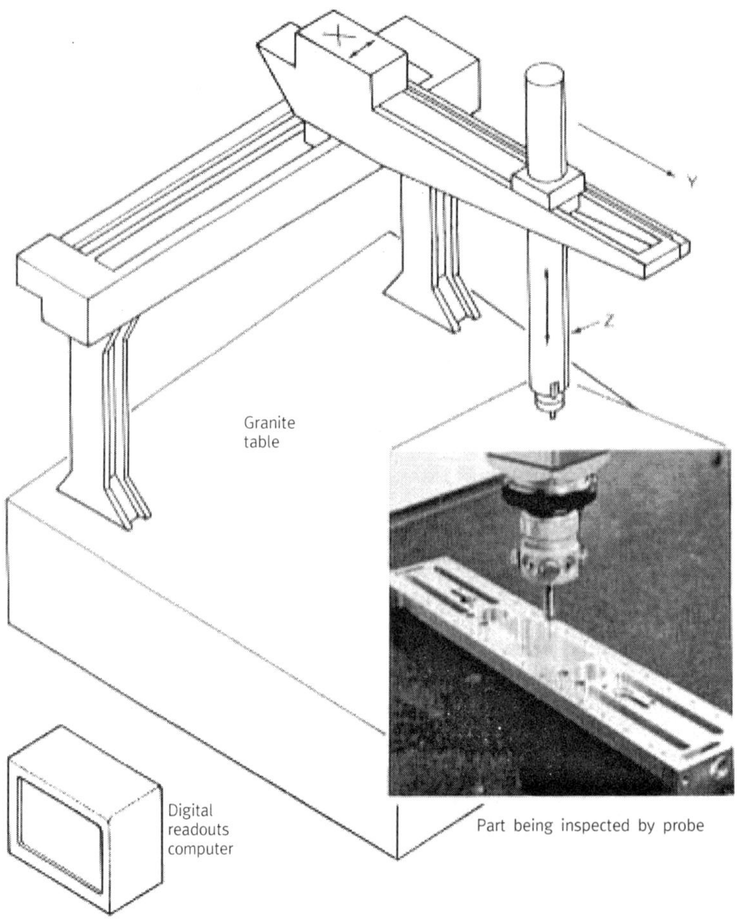

그림 3-84 Coordinate measuring machine

3차원 측정기는 대상물의 가로, 세로, 높이의 3차원 좌표가 디지털로 표시되는 측정기로써. 복잡한 모양의 물체라도 매우 짧은 시간에 정밀도를 높게 측정해 낼 수 있다. 여기에 컴퓨터를 이용한 제어장치(CNC)를 부착하면 무인측정이 가능하다. 측정자(probe)를 물체에 차례로 닿게 하는 접촉식이 주류이지만 반도체 레이저, CCD(전하결합소자) 카메라를 이용한 비접촉식의 개발도 추진하고 있다.

그림 3-85는 3차원 측정기의 외형도이다. 그림 3-86은 3차원 측정기의 사용한 정밀부품 조립종류를 보여준다.

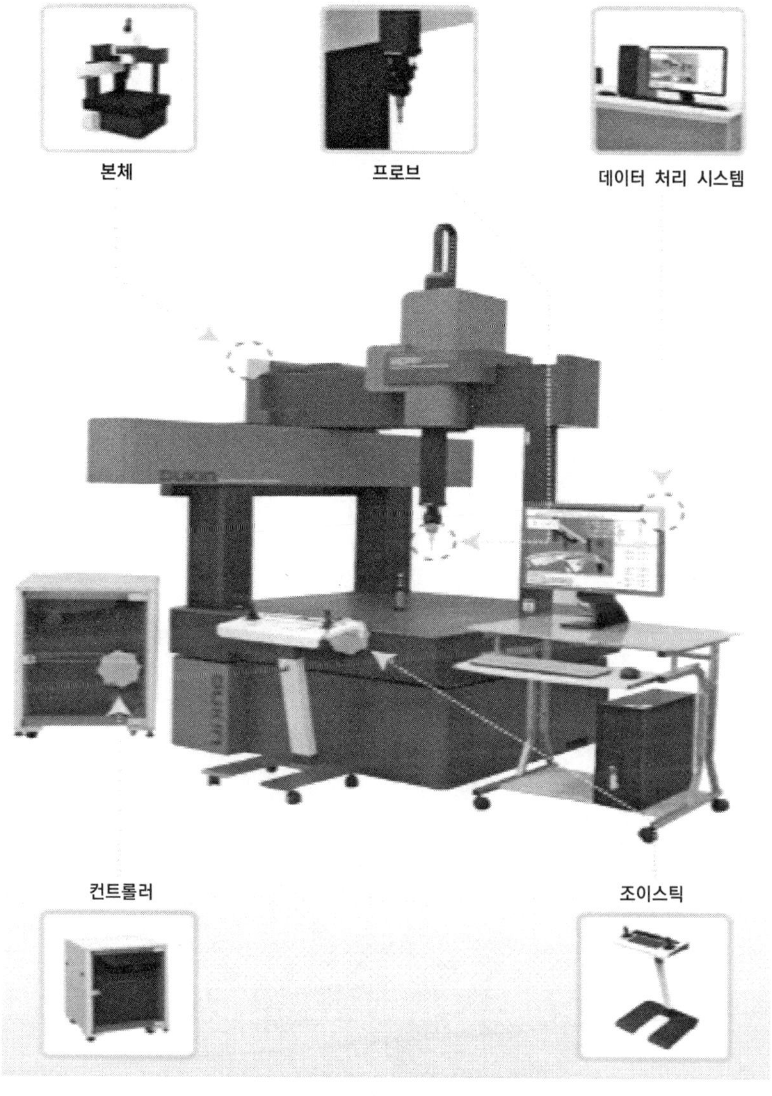

그림 3-85 3차원 측정기의 외형도

그림 3-86 3차원 측정기의 사용한 정밀부품 조립 터빈류

3.8.2 3차원 스캐너

그림 3-87은 3차원측정 3D 스캐너를 보여준다. 그림 3-88은 3D 스캐너 이미지 처리를 보여준다.

그림 3-87 3차원측정 3D 스캐너

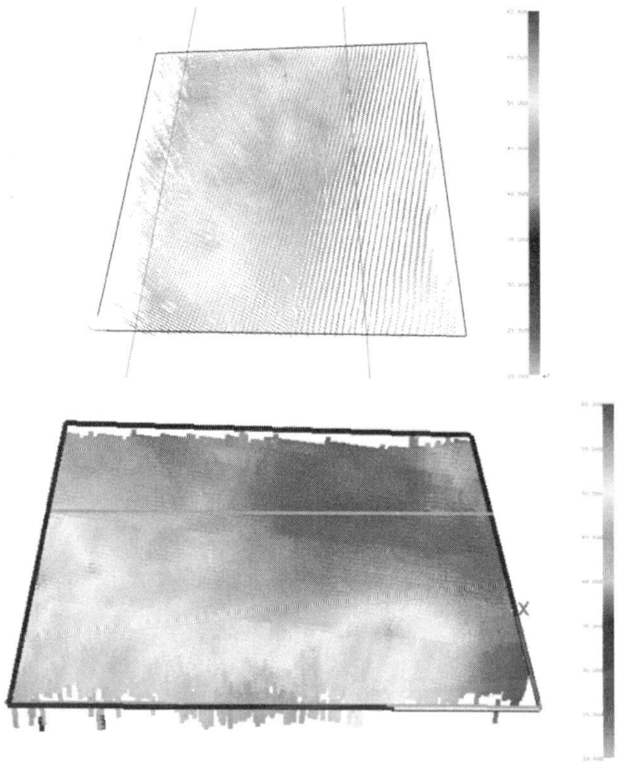

그림 3-88 3D 스캐너 이미지 처리

3.8.3 3차원 인쇄(printer)

3차원 인쇄(영어: 3D printing)[1]는 연속적인 계층의 물질을 뿌리면서 3차원 물체를 만들어내는 제조 기술로, 1984년에 개발되었다.

3차원 프린터는 밀링 또는 절삭이 아닌, 기존 잉크젯 프린터에서 쓰이는 것과 유사한 적층 방식으로 입체물로 제작하는 장치를 말하며, 컴퓨터로 제어되기 때문에 만들 수 있는 형태가 다양하고 다른 제조 기술에 비해 사용하기 쉽다. 단점으로는 현재 기술로는 제작 속도가 매우 느리다는 점과, 적층 구조로 인해 표면이 매끄럽지 못하다는 점 등이 있다.

3차원 인쇄 기술은 제 3의 산업혁명으로 불리며, 산업 전반에 걸쳐 제조 기술의 큰 변화를 가져올 것으로 예상되고 있다.

제조 프로세스는

(1) 모델링(modeling): 일반적으로 CAD 또는 3차원 모델링 소프트웨어를 이용하여 3차원 데이터를 완성하며, 3D 스캐너를 이용해 3차원 데이터를 얻을수도 있다. CAD와 기기 간의 표준 데이터 인터페이스는 일반적으로 STL 파일 형식이다. 3D 스캐너로 생성된 파일은 보통 PLY 파일 형식을 쓴다.
(2) 프린팅(printing): 기계가 모델링 과정에서 만들어진 도면을 이용해 물체를 만들어내는 과정이다. STL파일을 읽어들여 CAD모델에서의 가상적인 단면을 만들어내 액체나 분말등의 재료의 연속적인 층을 생성한다. 인쇄 과정은 사용 방법과 모델의 크기와 복잡성에 따라 몇 시간에서 며칠 정도의 시간이 소요될 수 있다.
(3) 마무리(finishing): 인쇄된 결과물에 대해서는 필요할 경우 마무리 공정이 추가되기도 한다. 사포로 연마하거나, 색칠하거나, 인쇄된 파트들을 조립하는 공정이 추가될 수 있다.

그림 3-89는 3D 프린트로 모델링한 제품을 보여준다.

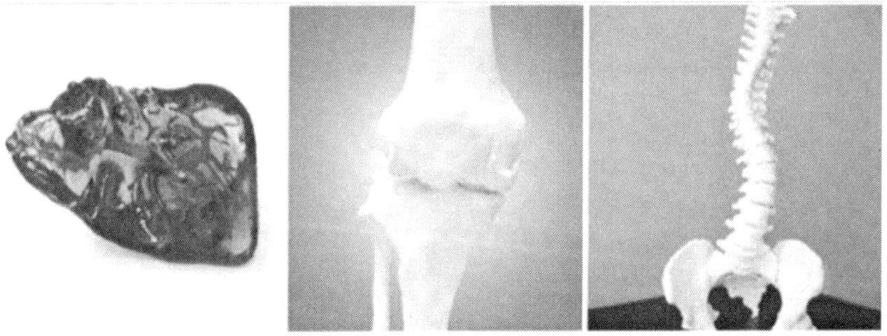
간 모델 무릎 관절 모델 척추 모델

그림 3-89 3D 프린트 제품

4장 용접

4.1 개 요

기계 및 여타 물건들은 개별적으로 만들어진 부품이 조립되고 체결되어 있다. 체결(joint)에는 bolt와 nut 및 rivet에 의한 기계적인 것과 용접이 있으며, 용접(熔接; welding)이란 2개의 금속을 용융상태 혹은 반 용융상태에서 접합하는 것을 말한다. 기계 및 여타 완제품을 단일 편으로 만들지 않고 여러 편의 부품을 제작하여 조립하고 체결하는 이유를 다음과 같이 들 수 있다.

- 완제품을 단일 편으로 만들 수 없을 때
- 다수의 부품을 만들어 조립하고 체결하는 것이 용이하고 경제적일 때
- 부품별로 관리 및 수리하는 것이 용이하고 경제적일 때
- bite의 절인부와 shank와 같이 제품의 부위에 따라 다른 성질을 요할 때
- 부품을 운반하여 현지에서 조립하고 체결하는 것이 용이하고 경제적일 때

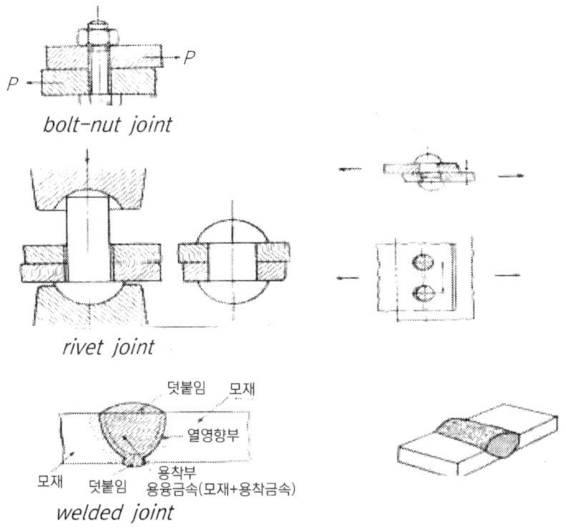

그림 4-1 체결방법의 종류

본 편에서는 용접에 의한 체결에 대하여 공부하며, 용접의 기계적 체결에 대한 장단점을 들면 다음과 같다.

[장점]
- 재료가 절약된다.
- 공정수가 절약된다.
- 접합효율이 좋다.

- 중량을 가볍게 할 수 있다.
- 보수하기 쉽다.
- 설비비가 싸다.

[단점]
- 열팽창을 받아 재질이 변하기 쉽다.
- 용접균열이 생기기 쉽다.
- 잔류응력이 생기기 쉽다.

용접의 발달사에서 중요한 변화 만을 시대별로 소개하면 다음과 같다.

1. 그림(a)에서와 같이 1885년 탄소전극과 모재(母材; parent) 사이에 arc를 발생시켜 용접하였다.
2. 1889년 그림(b)와 같이 탄소 전극봉 사이에 arc를 발생시키는 용접기가 개발 되었다. 1891년 현재 주로 사용되고 있는 금속전극과 모재 사이에 arc를 발생시키는 용접기가 개발되었다.

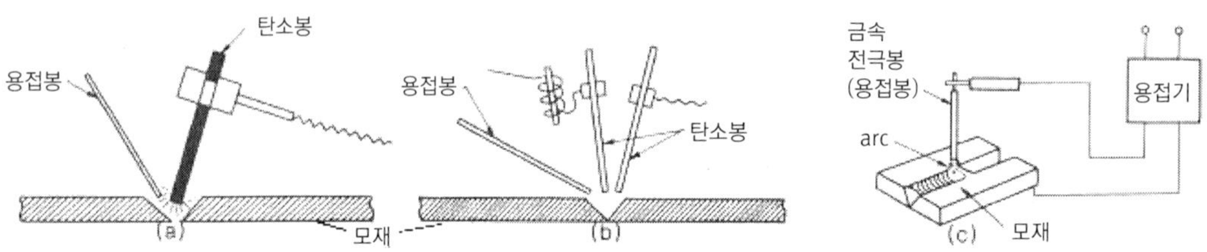

그림 4-2 용접기의 발달 과정

3. 1892년 acetylene gas 용접법이 실용화 되었다.
4. 1895년 thermit 용접법이 발명되었다.
5. 1920년 불활성 gas 용접법이 발명되었다.
6. 1926년 원자수소 용접법이 개발 되었다.
7. 1035년 submerged arc 용접법이 발명되었다.
8. 2차 대전 후에 냉간압접법, electro slag 용접법, CO_2 gas arc 용접법, 마찰용접법, 초음파용접법, 전자 beam 용접법, laser beam 용접법, plasma 용접법 등이 발명되었다.

4.2 용접의 종류와 기호

용접을 가열온도와 가열방식, 이음형식, 이음부 형상 및 자세에 따라 분류하면 다음과 같다.

4.2.1 용접의 종류

(1) 가열온도와 가열방식에 따른 종류:

용 접 (가열온도 및 가열방식에 따른 분류)
- 융접
  - arc 용접
    - 소모전극 arc 용접
      - 비피복 arc 용접
        - 금속 arc 용접
        - 자동 arc 용접
      - 피복 arc 용접
        - 피복 arc 용접
        - submerged arc 용접
        - 불활성 gas 금속 arc 용접
        - CO_2 gas arc 용접
    - 비소모전극 arc 용접
      - 탄소 arc 용접
      - 불활성 gas tungsten arc 용접
      - 원자수소 arc 용접
  - gas 용접
    - 산소 - acetylene gas 용접
    - 산소 - 수소용접
    - 공기 - acetylene gas 용접
  - thermit 용접
  - 전자 beam 용접
  - electro slag 용접
  - plasma 용접
- 압접
  - 가열식압접
    - gas 압접
    - 단 접
    - 전기저항용접
      - spot 용접
      - seam 용접
      - projection 용접
      - upset 용접
  - 비가열식압접
    - 냉간압접
    - 폭발압접
    - 초음파압접
- 납땜
  - 경 납땜
    - 가스 경납땜
    - 침적 경납땜
    - 전기 경납땜
    - 노중 경납땜
  - 연 납땜

(2) 이음형식에 따른 종류:

그림에서와 같이 맞대기용접(butt welding)(1), 겹침용접(lap welding)(2, 3, 4), fillet 용접(fillet welding)(5, 6), 모서리용접(corner welding)(7), 끝단용접(edge welding)(8), plug 용접(plug welding)(9)이 있다.

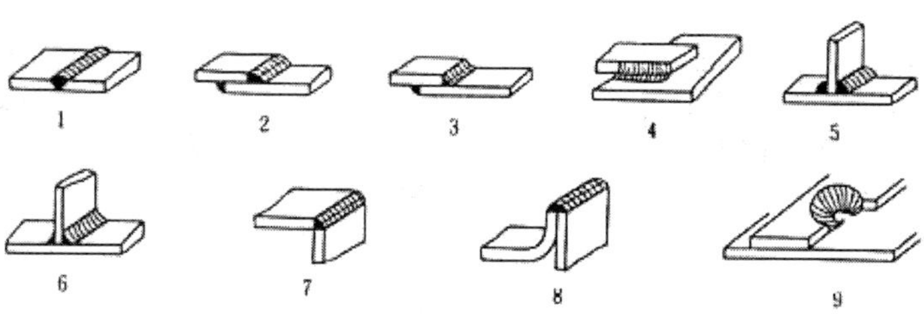

그림 4-3 이음의 기본 형식

(3) 맞대기 이음부의 형상에 따른 종류:

맞대기 용접에서 모재가 두꺼울 때 접합부에 홈을 파서 다층용접을 하며, 모재의 두께와 용접부의 요구되는 강도에 따라 I 형 용접, V 형 용접, X 형 용접, L 형 용접, K 형 용접, U 형 용접, H 형 용접, J 형 용접, 양면 J 형 용접 등이 있다.

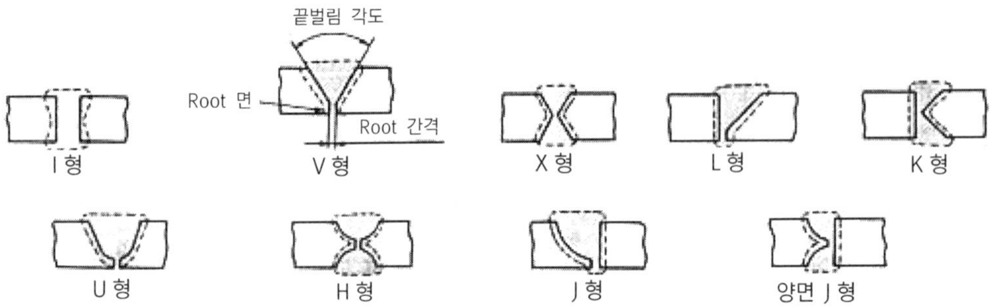

그림 4-4 홈의 형상

(4) 용접 자세에 따른 종류:

모재를 수평으로 놓고 용접봉을 아래로 향한 아래보기용접(下向熔接; flat welding, F), 모재의 용접면이 수직 또는 수직면에 대하여 45° 이내 이고 용접선이 수평인 수평용접(水平熔接; horizontal welding, H), 용접면이 수직 또는 수직면과 45° 이내의 각을 이룬 면상에서 용접선이 수직인 수직용접(垂直熔接; vertical welding, V), 용접면이 수평인 면에서 용접선이 수평이며 용접봉을 모재의 하방향에 대고 위를 향한 위보기용접(上向熔接; overhead welding, OH)이 있다.

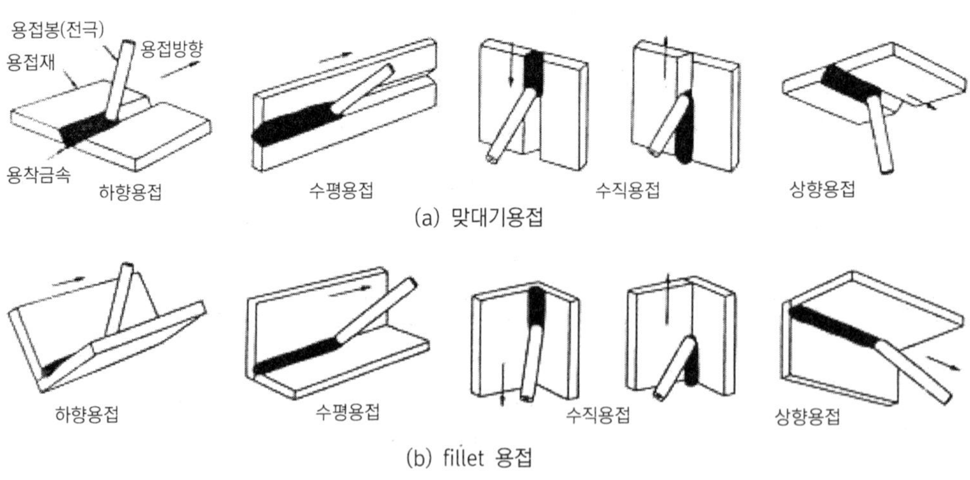

그림 4-5 용접 자세

4.2.2 용접 기호

용접설계도면에 의하여 제품을 제작할 때나 설계도면에 의하여 설계자의 의사를 전달할 때 아래 그림과 같은 기호를 이용한다.

방법	종류		기호	비고
arc 및 gas 용접	홈 용접	I형	‖	
		V형, X형	V	X형은 설명선의 기선에 대칭하게 그 기호를 기재한다.
		U형, H형	Y	H형은 기선에 대칭하게 그 기호를 기재한다.
		L형, K형	V	K형은 기선에 대칭되게 이 기호를 넣고, 세로선은 왼편에 기입한다.
		J형(兩面)	ᒋ	양면 J형은 기선에 대칭하게 넣는다.
		J형		기호의 세로선은 왼편으로 한다.
		flare V형		
		flare X형	八	flare X형은 긱선에 대칭하게 기호를 넣는다.
		flare L형 flare K형	川	flare K형은 기선에 대칭하게 기호를 넣는다.
	fille l 용접	연속	△	기호의 세로선은 왼편에 기입한다. 병렬용접은 기선에 대칭으로 기입한다.
		zigjag	△	뛈 용접은 다음 기호에 의한다.
	plug 용접		▭	
	bead 및 덧붙임 용접		◡	덧붙임 용접은 기호를 2개 연속해서 기재한다.
저항 용접	점용접		✳	기선 중심에 걸쳐서 대칭하게 기재한다.
	projection 용접		╳	
	seam 용접		XXXX	기선중심에 걸쳐서 대칭하게 기재한다.
	flash, upset 용접		|	기선 중심에 걸쳐서 대칭하게 기재한다.

구분		기호	비고
용접부의 표면형상	평평한 것	–	
	볼록한 것	⌒	기선의 바깥쪽으로 볼록
	오목한 것	◡	기선의 바깥쪽으로 오목
용접부의 다듬질방법	chipping	C	다듬질 방법을 구별하지 않을 때에는 F
	연마 다듬질 (grinding)	G	
	기계 다듬질 (machining)	M	

현 장 용 접	●	
온 둘 레 용 접	○	온둘레 용접이 분명할 때는 생략
온 둘 레 현 장 용 접	⊙	

그림 4-6 용접기호

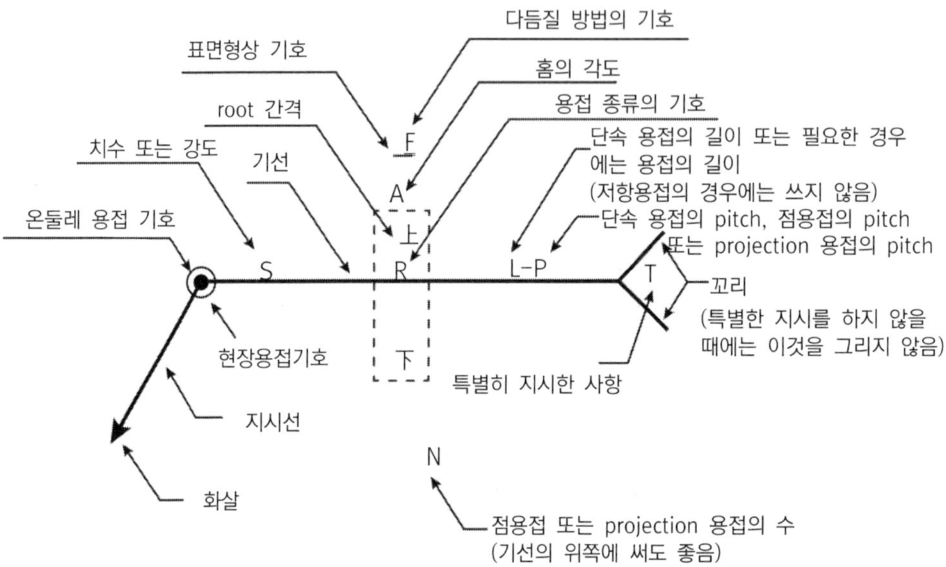

(a) 용접하는 쪽이 화살표 반대쪽인 경우(기선 위에 지시사항을 쓴다.)

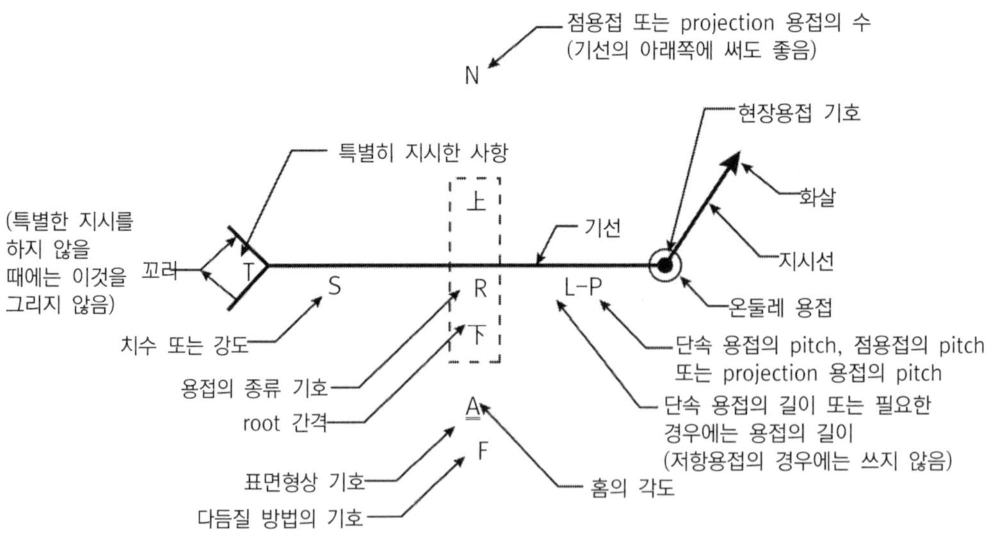

(b) 용접하는 쪽이 화살표 쪽인 경우(기선 밑에 지시사항을 쓴다.)

그림 4-7 용접치수와 기호 기재법

4.3 arc 용접

arc(電弧)란 용접봉과 모재 사이에 전압을 걸고 용접봉의 선단을 모재에 가볍게 접촉시켰다 떼는 순간에 방전으로 강한 빛과 고열을 내는 원호 모양의 불꽃이며, arc를 통하여 계속 큰 전류가 흐른다. arc 용접은 용접봉과 모재사이에 발생하는 arc(電弧) 열에 의하여 모재의 용접부를 용융시키고 용가제(熔加劑; filler metal)의 용적(熔滴)이 용접부에 첨가되어 부품이 결합되느 융접이다. arc 용접에는 전극이 용가제의 역할을 겸하는 용극식 arc 용접(熔極式 arc 熔接, 소모식 arc 용접)과 전극은 탄소봉이고 용가제가 별도로 있는 비용극식 arc 용접(비소모식 arc 용접)이 있으며, 전원이 직류인 직류 arc 용접과 교류인 교류 arc 용접 등, 다양한 용접법이 있다. arc 용접의 전류는 50 A ~ 300 A 이며, 보통 10 KW 이하가 사용된다. 탄소 arc에서는 4000℃ 정도, 금속 arc에서는 3000℃ 정도에 달하는 열을 낸다. 공기저항을 깨고 arc를 발생할 수 있는 개로전압(開路電壓)은 직류에서는 50 ~ 80 V이고, 교류에서는 70 ~ 135 V 정도이다.

4.3.1 피복 arc 용접(shielded metal arc welding)

전극과 용가제를 겸하는 피복용접봉(被覆金屬熔接棒)과 모재(母材; parent metal, base metal) 사이에서 발생하는 arc(電弧)의 열에 의한 용접으로서 역사가 가장 깊은 용접법의 하나이며 가장 손쉽게 수행할 수 있고 용섭상비가 상대적으로 저렴하기 때문에 산업체 및 유지보수의 용접에서 50% 이상을 점유하고 있다. 이 용접을 stick welding 또는 stick rod welding, electrode welding 또는 coated electrode welding, manual metal arc welding 이라고도 부른다.

일반적으로 arc 용접이라 하면 용극식 피복 arc 용접을 의미하며 용접봉을 수시로 교체하여야 하기 때문에 수동용접(手動熔接)을 한다. 본서에서도 피복 arc 용접이 아닌 arc 용접, 즉 용가제에 피복이 되어 있지 않아서 용가제를 연속적으로 공급할 수 있는 arc 용접을 특수 arc 용접으로 분리하여 다음에 별도로 공부하기로 한다.

그림 4-8 arc 용접 장치

그림 4-9 arc 용접

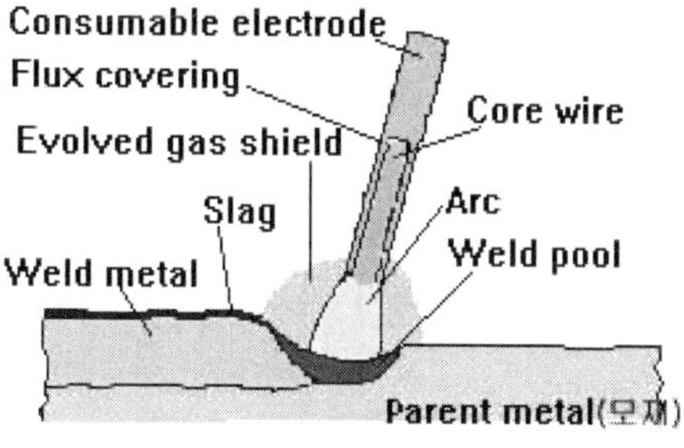

그림 4-10 수동 금속봉 arc 용접

(1) arc 용접기

arc 용접기는 낮은 전압으로 대전류를 흐르게 설계되어 있으며, 일반적으로 Ohm 법칙인 E = I×R에 의하여 전기회로에서는 전류(I)를 크게하면 전압(E)도 크게 되나, arc의 특성은 반대로 소전류의 범위에서는 전류의 증가에 따라 전압이 감소하며, 이를 부특성(負特性, 垂下特性; dropping characteristics)이라 하고, arc 용접은 이 범위에서 행하여 지는 것이 보통이다. 그림(a)는 arc 전압의 특성이고, 그림(b)의 점선은 arc 길이를 일정하게 했을 때 전류와 전압의 관계로서 소전류에서는 부특성을 표시하고, 실선은 용접기의 외부 특성곡선을 표시한다. M 및 양 곡선의 교점 P에서 arc가 발생하나 안정된 arc를 얻기 위하여는 P점과 같이 용접기의 외부 특성은 수하특성을 가져야 한다.

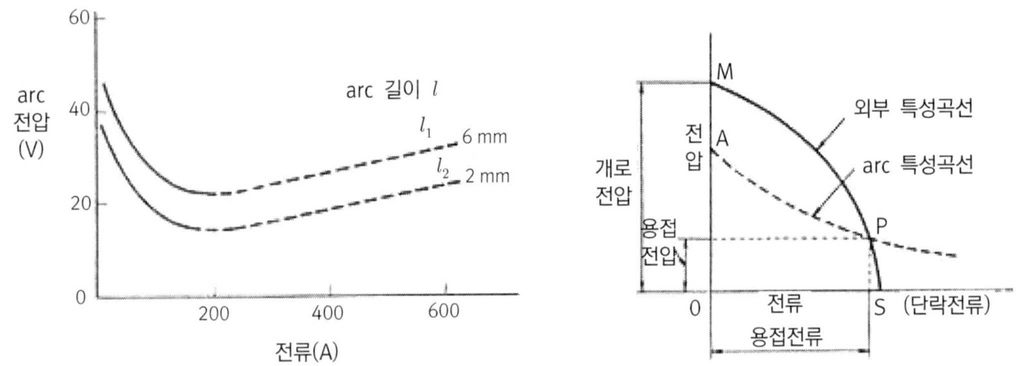

(a) arc전압의 특성(低電流)　　(b) 외부 특성곡선 및 arc특성곡선

그림 4-11 arc 전압의 특성

① 직류 arc 용접기:

직류용접에서는 모재를 (+)로하는 정극성(正極性; straight polarity)과 모재를 (−)로하는 역극성(逆極性; reverse polarity)이 있으며, 전체 발열량의 60 ~ 75%가 양극측에서 발생한다. 따라서 정극에 두꺼운 모재를 연결하고, 얇은 모재나 녹기 쉬운 비철금속의 경우는 역극성으로 하는 것이 유리하다.

전류가 (+)극에서 (−)극으로 일정 방향으로 흐르기 때문에 arc가 안정되어 나선봉(裸線棒)으로도 용접할 수 있다. 그러나 arc가 너무 안정되면 arc가 길기 때문에 용입불량(熔入不良)이 생길 염려가 있으며, 전류가 한쪽 방향으로만 흐르기 때문에 arc 주위에 자력선이 형성되어 magnetic blow 현상을 가져오고 arc가 정해진 위치를 이탈하여 불량용접의 원인이 되는 수도 있으므로 이 때에는 극을 바꿔주는 방법으로 대처하여야 한다.

그림 4-12
직류용접기

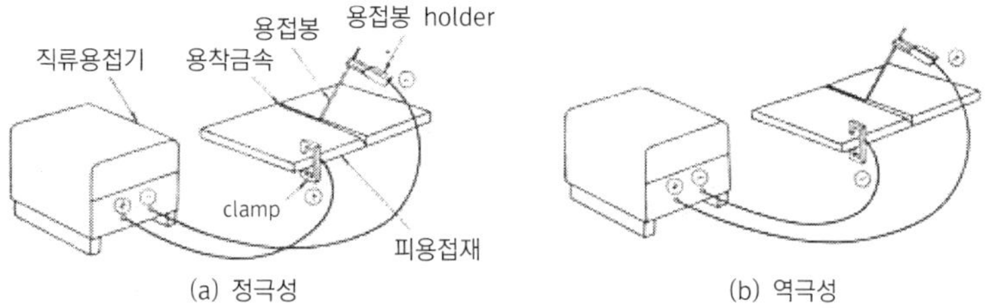

그림 4-13 직류용접기의 극성

직류 arc 용접기에는 발전기식과 정류기식이 있으며, 그림은 발전기식 직류용접기로서 교류전동기에 직류발전기를 직결하여 용접전류를 얻는 용접기이다. 금속 arc 용접에서 전극이 용융함에 따라 arc 길이가 변하고 전기적 특성이 변하나 용접기의 구조가 이에 적응하도록 되어 있어 안정된 arc를 얻을 수 있다. 이외에 gasoline 기관이나 diesel 기관 등으로 직류발전기를 구동시켜 직류를 얻는 용접기가 있으며, 전원이 없는 곳에서 이용하기에 편리하다.

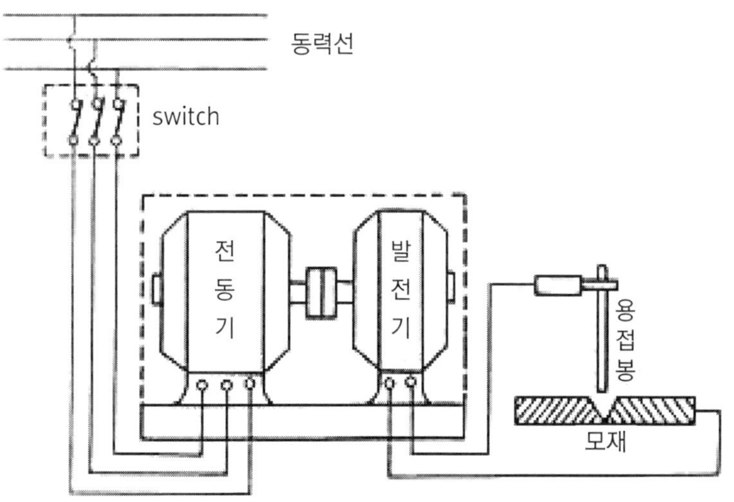

그림 4-14 발전기식 직류용접기

정류기식 직류 arc 용접기에 이용되는 정류기에는 selenium 정류기, silicon 정류기, germanium 정류기 등이 있다. 3상교류에서 반도체 정류기는 한쪽 방향으로는 전류를 잘 통하게 하고 다른 방향으로는 저항을 크게하여 적은 전류만 통해도 온도를 상승시켜 발열 효과를 더욱 크게 한다. 회전 부분이 없으므로 무부하(無負荷) 손실이 적으며, 값도 싸고 수리가 쉬어 수동 arc 용접 및 다음에 특수용접에서 논할 TIG 용접, MIG 용접, CO_2 용접 등에 널리 이용된다.

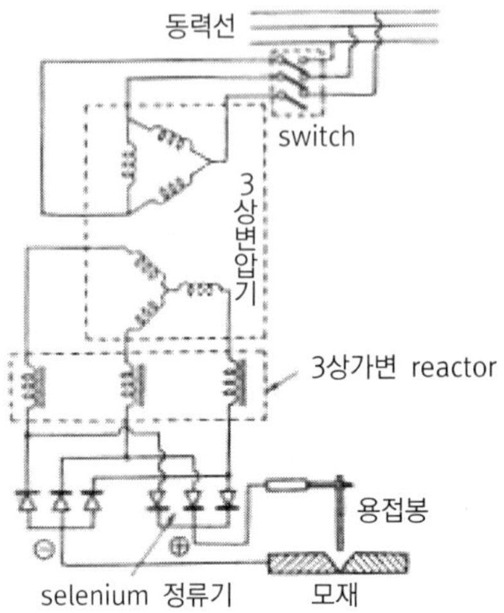

그림 4-15 selenium 정류기식 직류용접기

② 교류 arc 용접기:

교류용접기는 일종의 변압기로서 용접전류로 사용되는 2차 전류를 얻을 때 2차 전압이 이어지도록 설계되어 있다. 구조에 의하여 분류하면 가동철심형(可動鐵心形), 가동 coil 형(可動 coil 形), 가포화 reactor 형(可飽和 reactor 形) 등이 있다.

가동철심형 교류용접기는 용접에 적합한 낮은 전압, 큰 전류를 공급하도록 설계되었으며, 1차 coil은 교류전원에 연결하고 2차 coil은 70 ~ 100 V의 낮은 전압으로 한다. 그림(a)에서와 같이 coil 전환 tap이 움직여 큰 범위의 전류를 조정할 수 있고, 가동철심으로 미세조정을 한다.

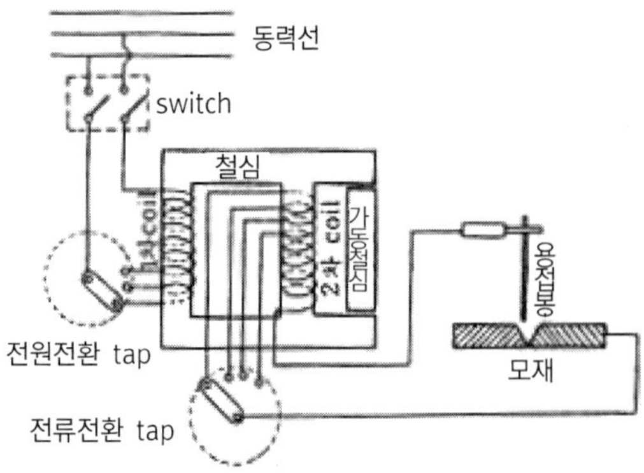

(a) 가동철심형 교류용접기의 원리

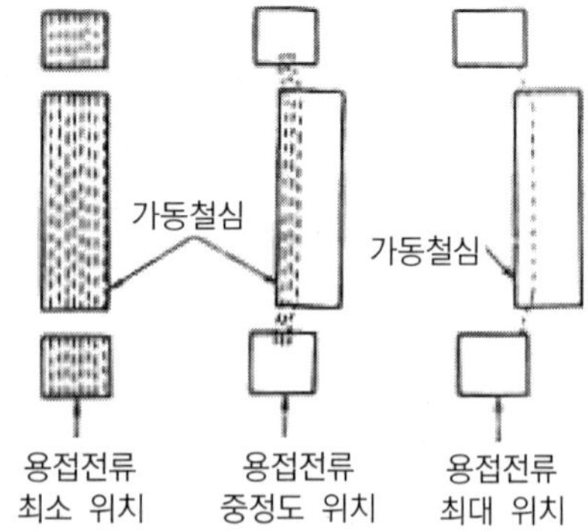

(b) 가동철심에 의한 누설자속의 변화

그림 4-16 가동철심형 교류 arc 용접기의 원리

위의 식에서 P가 일정하다면 E가 작을 때 Q가 크게 되며, E_2 가 작기 위해서는 n_2 가 작아야 한다. 가동 coil 형 교류arc 용접기는 그림과 같이 1차 coil을 교류전원에 연결하고, 가동 handle로써 1차 coil을 이동시켜 2차 coil과의 거리를 조정하면 reactance가 변하여 필요한 2차 coil 측의 전류를 얻는 용접기 이다.

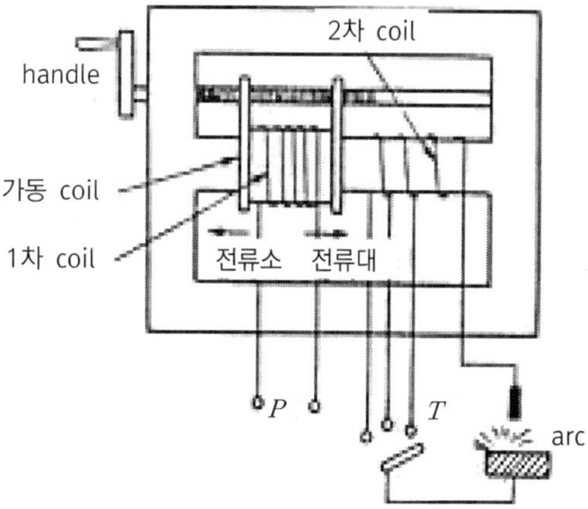

그림 4-17 가동coil형 교류 arc 용접기의 원리

tap 전환형 교류 arc 용접기는 그림에서 전환 tap A와 B를 옮겨 전류를 조정하여야 하기 때문에 다소 불편하다.

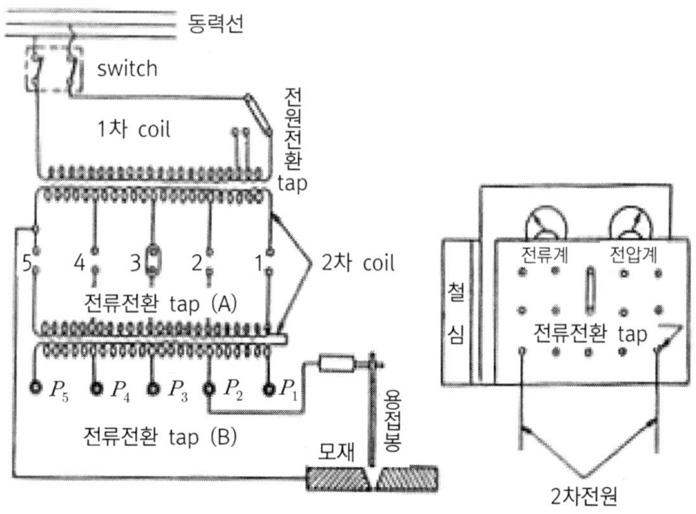

그림 4-18 tap 전환형 교류 arc 용접기의 원리

가포화 교류 arc 용접기는 그림과 같이 정전압(定電壓)의 변압기와 가포화 reactor를 조합한 것으로서 직류 여자(勵磁) coil을 가포화 reactor에 감아 놓았다. 전류조정을 직류 여자 전류의 증감에 의함으로 가동부가 필요 없으며, 원격 조정을 할 수 있어 편리하다.

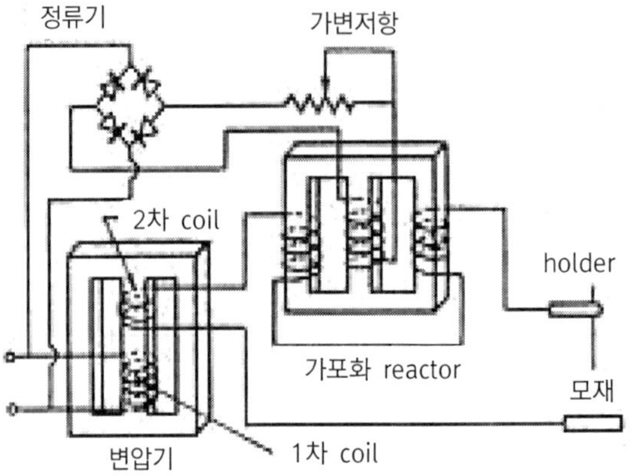

그림 4-19 가포화 reactor 교류 arc 용접기의 원리

(2) arc 용접봉

① 심선(心線):

연강용 피복 arc 용접봉의 심선의 지름은 1.0, 1.4, 2.0, 2.6, 3.2, 4.0, 5.0, 6.0, 7.0, 8.0 mm 등이 있으나 3 ~ 6 mm의 범위가 많이 사용된다.

심선의 재질은 모재가 주철, 특수강, 비철합금일 때에는 모재와 동일 재질의 심선이 많이 사용되나, 모재가 연강일 때에는 탄소가 비교적 적은 연강봉(軟鋼棒)이 사용된다. C를 적게 하여 용접온도를 높여 용입(熔入)을 양호하게 하고, 연성을 준다. Mn은 탈산의 역할을 하나, 많으면 재질이 경화된다. P는 상온취성(常溫脆性)을 일으키고, S는 고온취성(高溫脆性)을 일으킨다.

연강용 arc용접봉 심선 성분(KS)

종류		기호	화 학 성 분(%)					
			C	Si	Mn	P	S	Cu
1종	A	SWRW 1A	0.10 미만	0.03 이하	0.35~0.65	0.02 이하	0.02 이하	0.20 이하
	B	SWRW 1B	0.10 미만	0.03 이하	0.35~0.65	0.03 이하	0.03 이하	0.30 이하
2종	A	SWRA 2A	0.10~0.15	0.03 이하	0.35~0.65	0.02 이하	0.02 이하	0.20 이하
	B	SWRW 2B	0.10~0.15	0.03 이하	0.35~0.65	0.03 이하	0.03 이하	0.30 이하

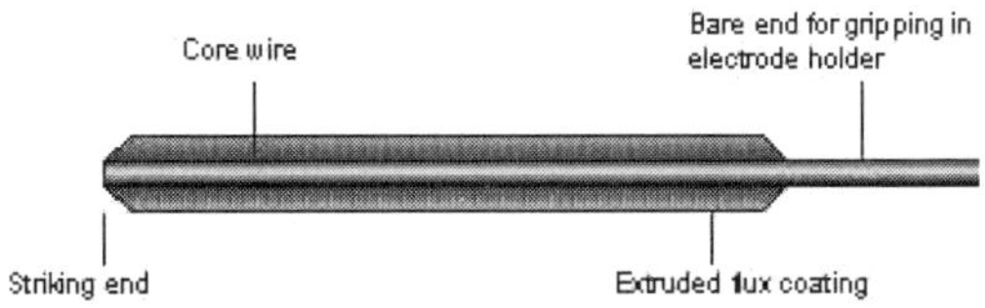

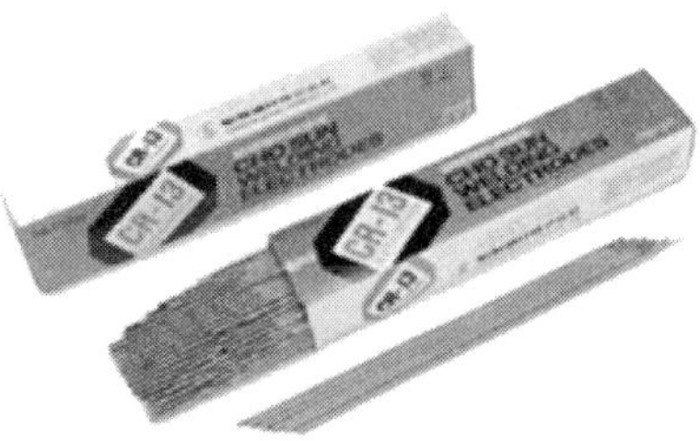

② 피복제(被覆劑):

arc 용접봉은 용접조건에 따라 여러가지 피복제가 사용되며, 대체로 피복제의 역할은 다음과 같다.

1. arc 열에 의하여 피복제가 연소되면서 gas를 발생하여 용접부에 공기 중의 산소와 질소의 침입을 방지한다.
2. 피복제 연소 gas의 ion화에 의하여 교류용접기에서 순간적으로 전류가 끊어졌을 때에도 arc를 계속 발생시켜 안정된 arc를 얻을 수 있다.
3. slag를 형성하여 용접부의 급랭을 방지한다.
4. 용착금속(熔着金屬)에 필요한 원소를 보충한다.
5. 불순물과 친화력이 큰 성분을 사용하여 용착금속을 정련(精鍊)한다.
6. 붕사, 산화티탄 등을 사용하여 용융금속의 유동성을 좋게한다.
7. 발생 gas의 유속에 의한 저압으로 용적(熔滴)의 이동을 가속시킨다.
8. 좁은 틈에서 작업할 때 절연작용(絶緣作用)을 한다.

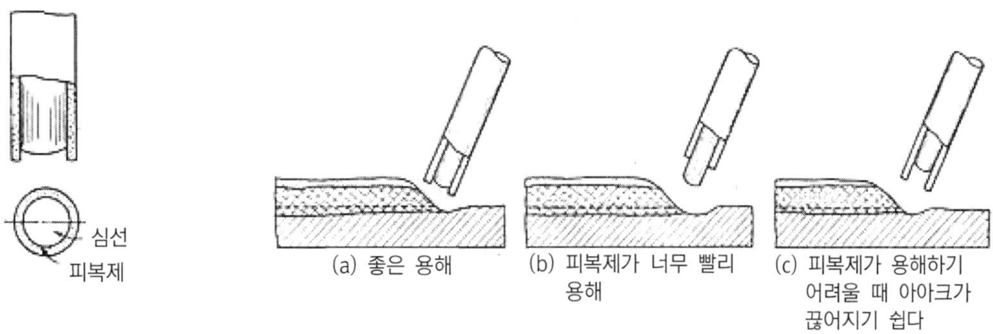

그림 4-20 arc 용접봉의 피복

피복제에는 gas 발생식, slag 생성식, 반 gas 발생식 등이 있으며, 이들을 용도에 맞게 잘 혼합하여 물을 가하고 심선에 도포한다.

gas 발생식 피복제는 피복제의 연소에 의하여 발생하는 일산화탄소, 수소 및 탄산 gas와 같은 환원성(還元性) gas 혹은 불활성(不活性) gas를 발생하여 용접부를 덮어 공기의 악영향으로부터 보호한다. 이런 피복제에는 유기물이 많아 유기물식 용접봉이라고도 한다. 용접봉에서 arc가 세게 분출되므로 전류와 운봉법(運棒法)의 선정이 잘못되면 undercut을 일으킬 염려도 있으며, gas 발생식 피복제의 특징을 열거하면 다음과 같다.

- arc가 세게 분출되므로 arc가 안정된다.
- 모든 자세의 용접에 적합하다.
- 용접속도가 빨라 능률적이다.
- slag는 다공성(多孔性)이고 쉽게 부서져서 slag의 제거가 용이하다.

slag 생성식 피복제는 고온에서 slag를 많이 생성하는 것으로서, 용접부가 공기와 접촉하는 것을 차단하고, slag가 용접부 위에 굳어져 용접부의 급랭을 방지한다. 피복제는 주로 무기물(無機物)로 되어 있기 때문에 이 피복제로 도포된 용접봉을 무기물식 용접봉이라고도 한다.

반 gas 발생 피복제는 gas 발생식과 slag 생성식의 특징을 절충한 것으로서, slag 생성식에 환원성 gas나 불활성 gas를 발생하는 성분을 첨가한 것이다.

arc 용접봉 피복제의 성분에는 산화물(SiO_2 , CaO, Al_2O_3, MgO, Fe_2O_3 , MnO_2), 규산염(Na_2O_3 , $Na_2Si_4O_9$), 탄산염($CaCO_3$, $MnCO_3$, $NaHCO_3$), 불화물(CaFe), 유기물, 붕산염($Na_2B_4O_7$ + $10H_2O$), 규산철(Fe_3Si), 망간철 등이 있고, 점착제에는 물유리, 아교, 고무, 해초, gelatin 등이 있으며, 섬유질이 있는 석면을 혼합하기도 한다.

용접봉의 종류는 KS D 7004의 규정에 따라 표시하는데, 표기된 각 위치는 다음의 의미를 갖는다.

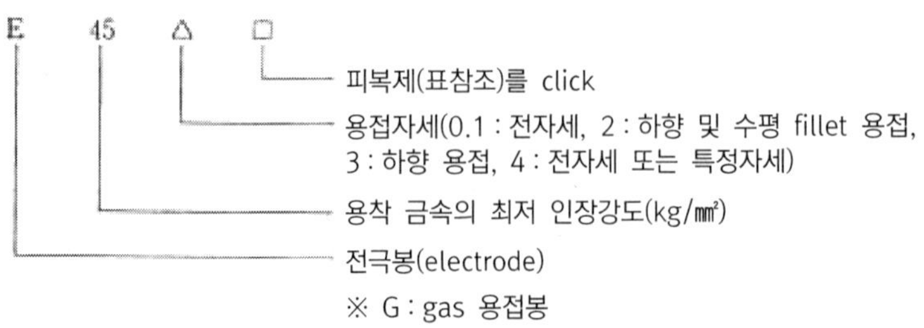

(3) arc 용접장비 및 작업

그림 4-21 arc 용접작업

① 용접장비:

전면에서 설명한 용접기 외에 다음과 같은 장비와 도구가 필요하다.

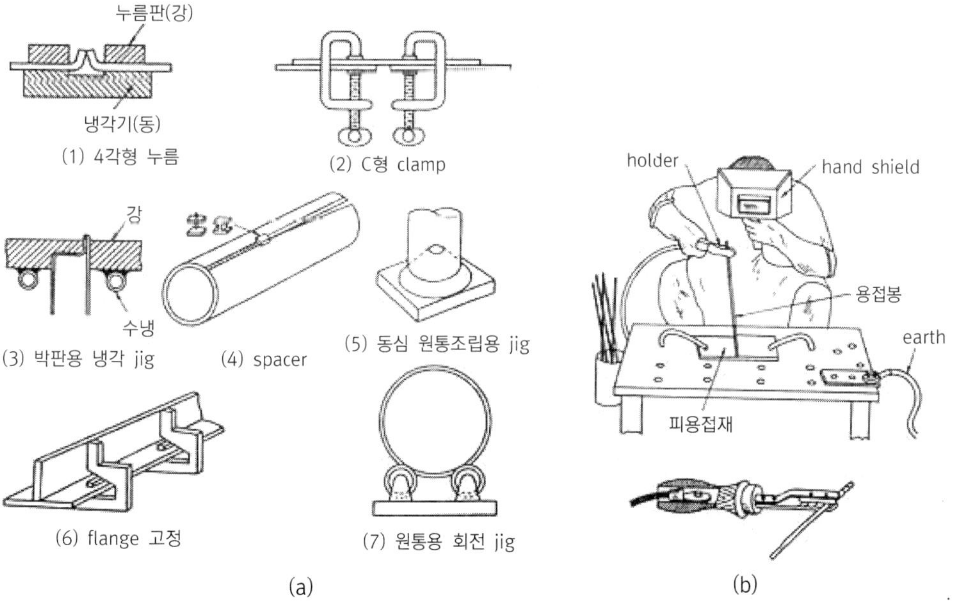

그림 4-22 arc 용접장비 및 용구

- 누름판: 용접 중 모재의 움직임을 방지하기 위하여 무거운 중추를 모재위에 올려놓는다.
- clamp: 용접 중 모재의 움직임을 보다 확실하게 방지하기 위하여 clamp로 고정한다.

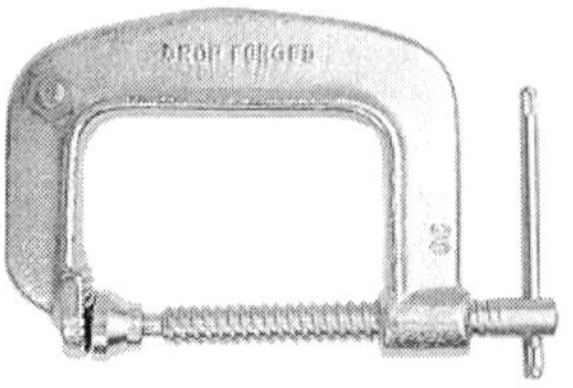

그림 4-23 clamp

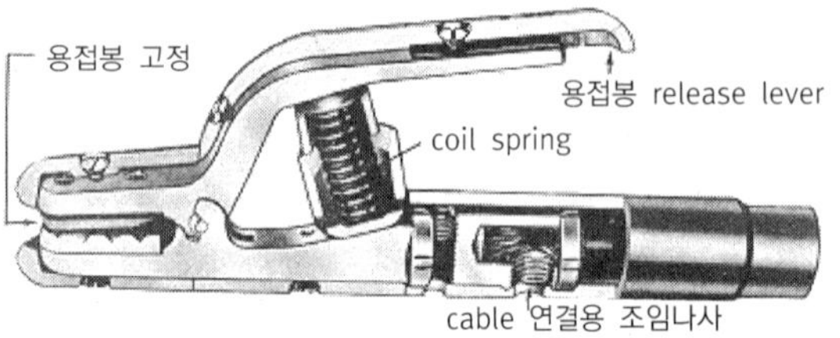

그림 4-24 용접봉 holder

- 냉각기: 용접 중 용접부 외의 모재가 열영향을 받지 않도록 열전도율이 큰 동(銅) block이나 수냉관을 이용하여 냉각시킨다.
- spacer; 용접이 진행되면서 용접부의 간격이 좁아지는 것을 감안하여 벌려놓기 위해 spacer를 사용하며, 용접을 진행하면서 중간 중간에 밀어 옮긴다.
- 동심 원통조립용 jig와 원통용 회전 jig: 원통을 용접할 때 작업자가 원통을 돌아가면서 용접하기가 불편하므로 원통을 회전시키면서 용접할 때 사용한다.
- flange 고정: 모재를 세워 지지하는데 사용한다.
- 용접봉 holder: 용접봉의 피복이 없는 부분을 물고 용접을 진행하는데 사용되며, 전류를 cable에서 용접봉으로 전하므로 감전사(感電死)나 전격(電擊)의 위험이 없도록 용접봉을 무는 부분을 제외한 다른 부분은 철저히 절연되어야 한다.
- 접지 clamp(ground clamp): 모재에 용접기를 접속시키는 것으로서, 접점에서 저항열이 발생하지 않도록 접속이 확실하여야 한다.

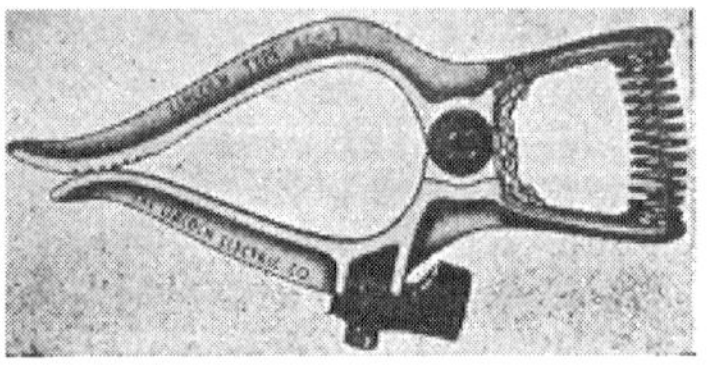

그림 4-25 접지 clamp

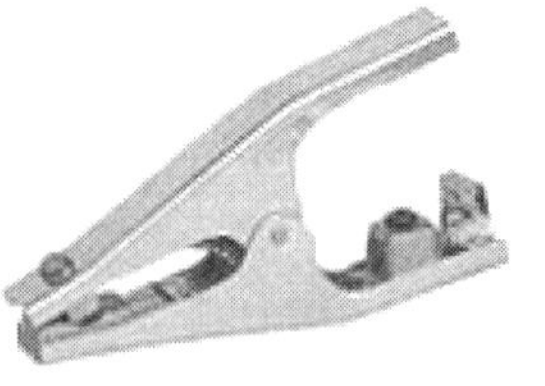

그림 4-26 접지 clamp

- 전선(welding cable): 용접기에 사용하는 전선에는 전원에서 용접기에 연결하는 1차측의 전선과 용접기에서 피용접물까지의 2차측의 전선이 있다. 규격에 맞는 것을 사용하여야 하며, 2차측의 전선은 유연성을 주기 위하여 수많은 가는선으로 되어 있다.
- 환기장치: arc 발생 부근에 hood를 설치하여 용접시 발생하는 gas를 빨아내야 한다. 특히 황동, 청동, 납합금 및 아연 도금판 등을 용접할 때에는 유해 gas에 유의해야 한다.

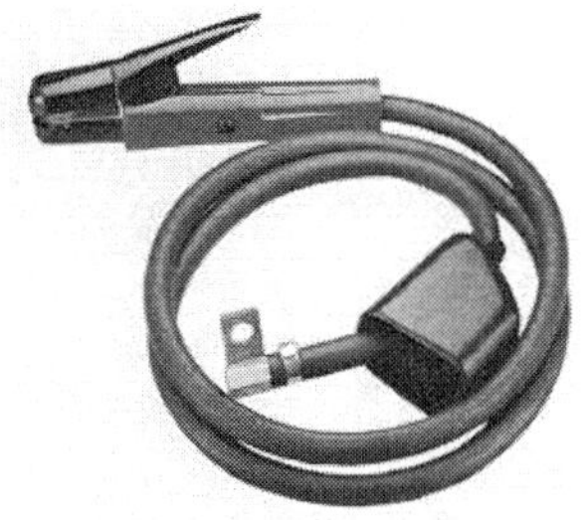

그림 4-27 2차측 전선의 외관

그림 4-28 2차측 전선이 가는 선의 모음

- helmet과 hand shield: 용접 arc에서 강열하게 나오는 유해 광선인 자외선(紫外線), 적외선(赤外線) 및 spatter로 부터 눈, 얼굴, 머리 등을 보호하기 위하여 사용하는 차광 lens가 있는 가리개이다.

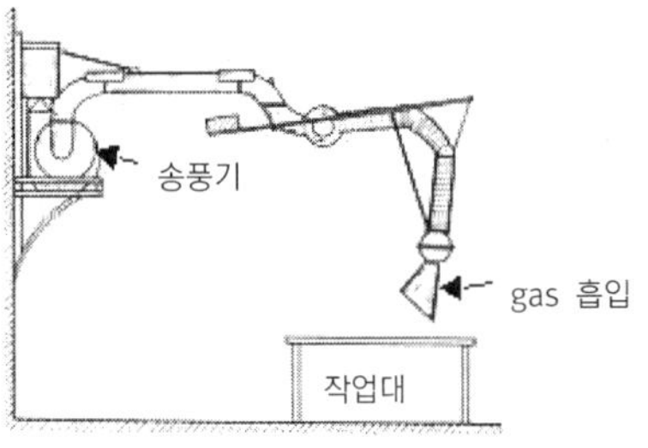

그림 4-29 환기장치

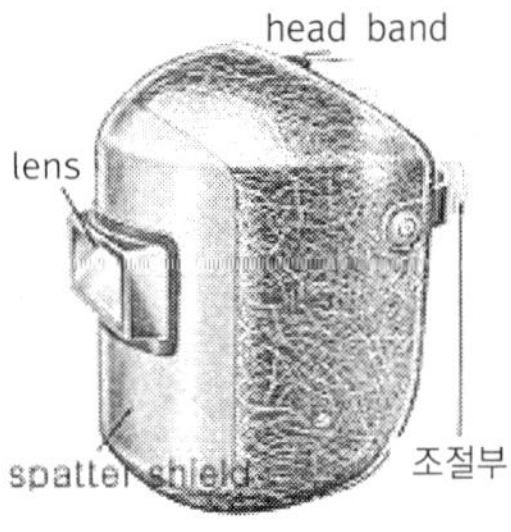

그림 4-30 helmet

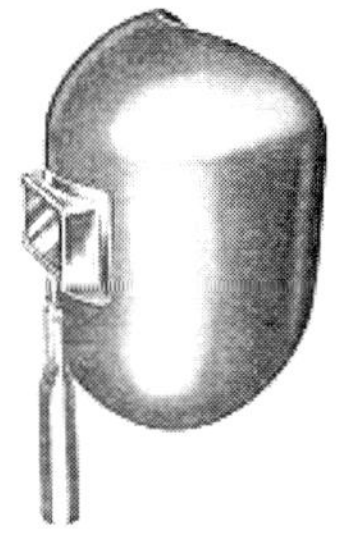

그림 4-31 hand shield

- 보호의(保護衣): 용접 중에 spatter로부터 몸을 보호하기 위하여 착용하는 것으로서, 가죽 또는 석면 등으로 만든 앞치마, 팔 cover, 장갑, 발 cover 등이 있다.
- chipping hammer: 용접 후 slag를 쪼아 내는데 사용된다.

그림 4-32 보호의를 착용한 모습

그림 4-33 작업복

그림 4-34 앞치마

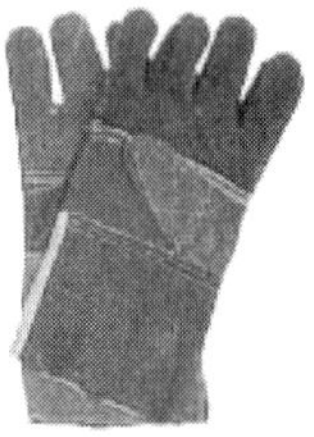

그림 4-35 가죽장갑

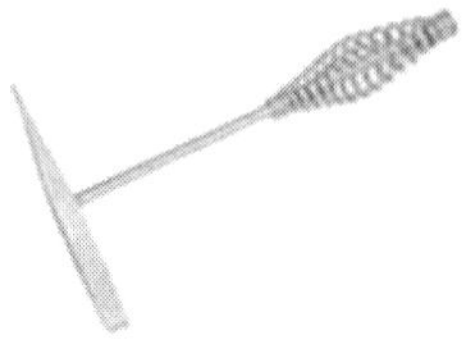

그림 4-36 chiping hammer

그림 4-37 chipping hammer

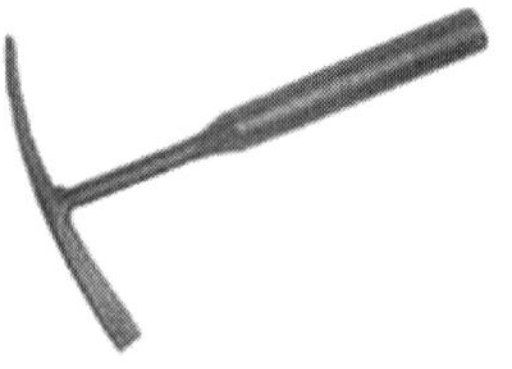

그림 4-38 chipping hammer

이들 외에 측정자, 각도기 및 용접부의 slag을 털어 내기 위한 wire brush 등이 필요하다.

② 용접작업:

용접재를 소정의 치수로 절단하여 홈(groove) 가공을 하며, 용접부에 불순물이 있으면 제거한다. 모재가 두꺼워 다층(多層) 용접을 할 때는 각 층마다 slag를 제거한 후에 다음 층의 용접을 시행한다. 고탄소강, 주철, 및 특수강처럼 국부적으로 가열하면 터지기 쉬운 것은 모재를 100 ~ 400℃ 정도로 예열한다. 용접순서는 잔류응력(殘留應力)과 변형의 방지, 공정수의 절감을 고려하여 정하며, 모재의 재질, 두께, 형상과 용접자세에 따라 용접봉을 선택하고 용접 조건을 정한다.

1) 용접방향:

용접 방향에 따라 용접을 분류하면 전방 용접, 후방 용접, 좌우 용접 등이 있다.

가) 전방 용접: 용접선(bead) 또는 그 연장선상에 용접공의 몸을 두고 전방을 향하여 용접해 가는 방법이며, 하향 용접뿐 아니라 수직 용접과 상향 용접에도 적용된다. 하향 및 상향 용접에서는 용접봉을 용접선에 대하여 70 ~ 80° 정도로 경사시키고, 수직 용접에서는 용재(鎔滓)가 용착금속(熔着金屬)에 혼입될 염려가 있으므로 피하는 것이 좋다.

나) 후방 용접: 전자와 반대로 용접공을 향해서 용접하여 오는 방법이며, 장단점도 대체로 전자 것의 반대이다. 탄소용접봉에 주로 사용되는 방법이다.

다) 좌우 용접: 용접선에 대하여 평행한 위치에 몸을 두고 좌에서 우로 혹은 우에서 좌로 용접하는 방법으로서, 수평 용접에 주로 채용되며, 하향 용접에도 잘 쓰인다. 그러나 상향 용접에서는 홈(groove)이 잘 보이지 않기 때문에 불편하다.

2) 운봉법(運棒法):

운봉법에는 용접선(bead) 위를 직선으로 움직이는 방법, 용접선의 폭을 넓게하고 용재의 부상(浮上)을 돕기 위하여 용접선 방향과 직각 방향으로 움직이는 운봉법 등이 있다.

용접작업 시발점에서 용적(熔滴)이 누적되어 용접선이 과대해지거나 종점에서 crater가 생기지 않도록 유의해야 한다. 용접선의 폭이 너무 크면 운봉을 빨리하고, 그 반대이면 느리게 한다. arc가 중단되면 crater가 생기므로 보다 전방에서 arc를 발생시켜 후방으로 이동하면서 crater를 메우고 용접을 계속한다.

운봉법

자세	운봉법	도해	봉각도	자세	운봉법	도해	봉각도
하향 V형 용접	직선		진행 방향에 대하여 60~90°	수직 용접	직선		진행 방향에 대하여 70°
	원형		위와 같음		파형		위와 같음
	파형		위와 같음		직선		진행 방향에 대하여 110°
하향 fillet 용접	직선		위와 같고 수직면에 45~60°		삼각형		
	타원형		위와 같음		back step		
	삼각형		위와 같음	상향 용접	직선		진행 방향에 대하여 60~80°
수평 용접	직선				파형		
	타원형				back step		

용접변형 및 잔류응력 감소를 위한 용접순서

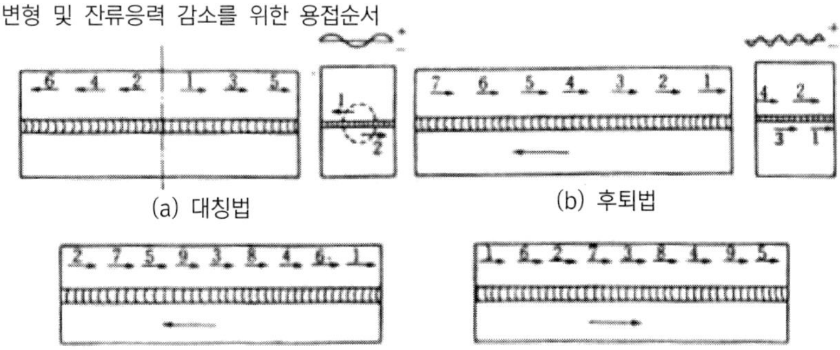

(a) 대칭법 (b) 후퇴법

(c) 교대법 (d) 비약법

용접작업 표준

하향자세 맞대기 이음

판두께(mm)	용접법	층수	전류(A)	용접봉 지름(mm)
3.2		1	80 ~ 120	3
4		2	90 ~ 150	3 ~ 5
4	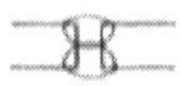	2	90 ~ 150	3 ~ 4
6		2	120 ~ 170	4
8		3	120 ~ 180	4
4	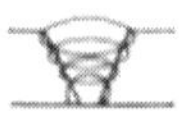	1	120 ~ 150	4
6		2	120 ~ 170	4
8		2	120 ~ 180	4
10		3	130 ~ 230	4 ~ 5
12		4	150 ~ 250	5

그림 4-39 운봉법, 용접변형 감소법, 작업표준

3) 용접봉의 각도:

용접부의 조건에 따라 다르나 용접작업의 편리함과 용접효과를 높이기 위하여 적정한 용접봉의 각도가 있으며, 일반적으로 다음 그림의 값을 택하고 있다.

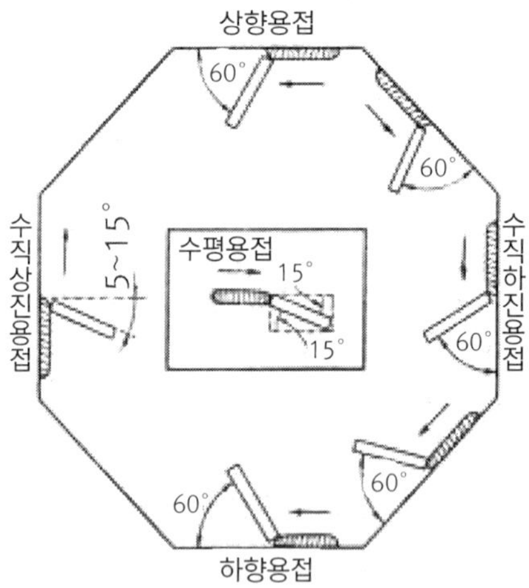

그림 4-40 맞대기 용접에서 용접봉의 각도

4) 용접봉의 지름과 전류:

강의 용접조건은 나선(裸線) 3 ~ 6 mm의 용접봉으로 하향용접을 할 때 전압이 15 ~ 25 V이고, 피복봉에서는 20 ~ 28 V 정도이다. 전류가 너무 크면 spatter가 많고 undercut이 일어나기 쉽다. 전류가 너무 약하면 용접봉의 용융속도가 늦고 용적(熔滴)이 커져 모재에 옮겨져서 overlap이 생기고 용입(熔入)이 불량해진다.

arc의 길이는 심선(心線)의 지름과 같은 정도가 좋다. 너무 길면 arc가 불안정하고 산화와 질화의 가능성이 커진다.

강판의 두께에 대한 용접봉의 지름(mm)과 전류(A)

전원		강판의 두께(mm)									
		박판(薄板)				중판(中板)			후판(厚板)		
		1.6	2.4	3.2	5	6	9	12	16	19	25
직류	용접봉지름	2	2 ~ 3	2 ~ 4	3 ~ 4	3 ~ 5	4 ~ 5	4 ~ 6	4 ~ 6	4 ~ 7	4 ~ 7
	용접전류	40 ~ 50	50 ~ 80	30 ~ 130	110 ~ 150	120 ~ 210	170 ~ 220	180 ~ 280	180 ~ 300	180 ~ 330	180~350
교류	용접봉지름	2	2 ~ 3	2 ~ 4	3 ~ 4	3 ~ 5	4 ~ 6	4 ~ 6	4 ~ 6	4 ~ 7	4 ~ 7
	용접전류	40 ~ 55	60 ~ 100	65 ~ 140	120 ~ 170	125 ~ 230	170 ~ 300	180 ~ 310	190 ~ 310	190 ~ 360	190 ~ 380

(4) 용접부의 조직 및 성질

① arc의 구분:

arc는 아래 그림과 같이 3부분으로 나누어 볼 수 있다.

- arc 중심부 백열부분(白熱部分)은 금속 arc의 경우 3000℃ 정도이고, 탄소 arc의 경우 4000℃ 정도이다.
- arc 중심부 주위의 청색부분을 arc stream이라 한다.
- arc 중심부 주위의 황색부분을 arc flame이라 한다.

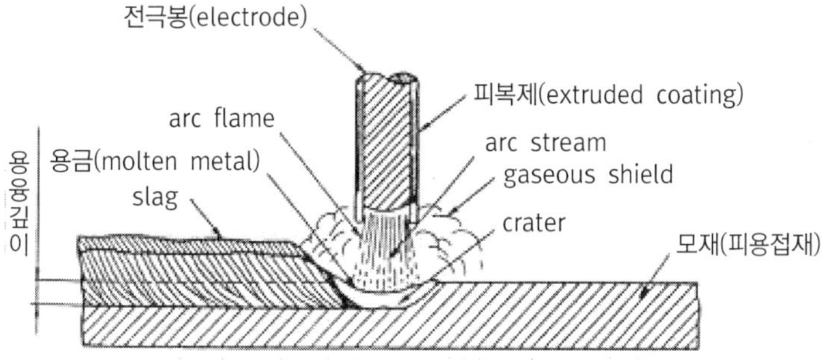

그림 4-41 arc 화염

② 용융금속의 응고:

그림과 같이 용융금속이 응고할 때 용금의 접촉면에 직각 방향으로 결정이 성장하며, 용접의 진행 방향에 경사지게 주상(柱狀)을 이룬다. 1층 용접 bead에 다시 2층 용접을 하면 1층 bead의 금속은 고상동소변태점(固相同素變態點, 철에서는 910℃, 강에서는 730℃)을 지나 냉각되며, 이 때 하층(下層)의 bead 금속은 미세하게 된다.

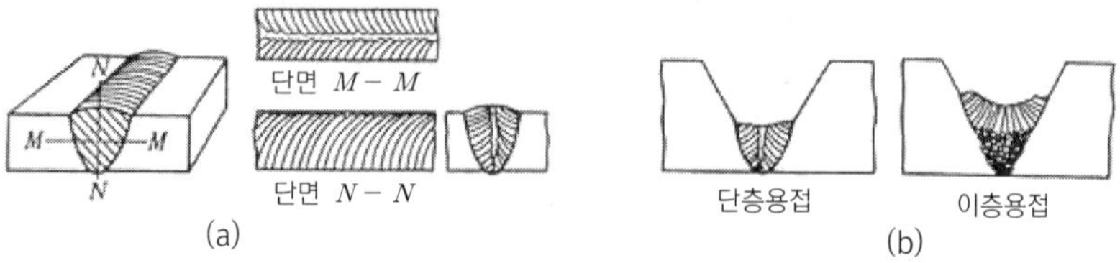

그림 4-42 응고조직

③ 조직 및 성질:

융합부(融合部)에 인접한 부분은 용접열에 의하여 조직이 변하며, 이 부분을 열영향부(熱影響部; heat affected zone, HAZ)라 하며, 뚜렷한 경계선은 없으나 편의상 용접부를 구분하면 아래 그림 4-43과 같다.

아래 그림 4-44는 강의 arc 혹은 gas 용접에서 나타나는 용접부의 온도와 조직을 보여준다. 일반적으로 C는 저온측에서 고온측으로 이동하므로 융합부에서는 C가 많아지고, 융합부에 인접한 모재에서는 C가 적어지며, 융합부는 급랭에 의한 영향을 크게 받는다.

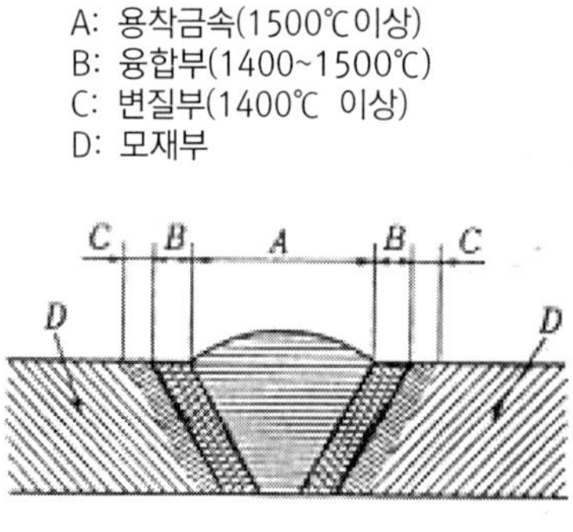

그림 4-43 용접부 구분

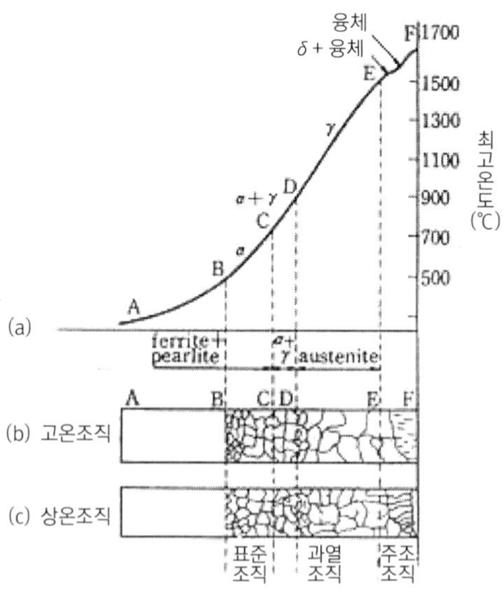

그림 4-44 용접부의 온도와 조직

4.3.2 특수 arc 용접

arc 용접이라 하면 일반적으로 손으로 용접봉을 이동하면서 하는 용접을 말하며, 용접물의 형상 및 크기에 따라 작업 조건이 다를 때에도 적응할 수 있어 편리하나 선박과 같이 작업조건이 일정하고 연속적인 용접을 할 때에는 용가재의 공급과 용접 방향의 이동을 기계화 또는 자동화하는 것이 능률적이고, 균일한 용접을 할 수 있다는 면에서 유리하다. 특수 arc 용접이라 하여 여기에 소개하는 용접 방법은 wire 형태로된 용가재를 계속 공급하는 것이 가능하기 때문에 용가재의 공급과 용접 방향으로의 이동에 기계화 및 자동화가 가능하고, 자동 arc 용접기를 사용하면 다음과 같은 이점이 있다.

- 용접속도가 수동 용접의 3 ~ 6배 정도로 크다.
- arc가 안정되어 양호한 용접이 된다.
- 작업자의 기능과 관계없이 일정하고 능률적인 용접을 할 수 있다.
- 다량 생산에서 생산비를 줄일 수 있다.

특수용접 중에서 arc 용접에 속하지 않는 것은 8장에서 기타 특수용접 이란 장을 두어 별도 취급하므로 특수용접을 정리해서 공부하기 위하여는 특수 arc 용접과 기타특수용접을 모아 하나의 단원으로 공부하기 바란다.

특수 arc 용접에 속하는 것을 열거하면 다음과 같다.

- 잠호용접(潛弧熔接; submerged arc welding)
- 불활성 gas arc 용접(不活性 gas arc 熔接; shield inert gas arc welding)
- 탄산 gas arc 용접(炭酸 gas arc 熔接; CO_2 arc welding)
- 원자수소 arc 용접(原子水素 arc 熔接; atomic hydrogen arc welding)
- arc spot 용접(arc spot welding)
- stud arc 용접(stud arc welding)

(1) 잠호용접(潛弧熔接; submerged arc welding):

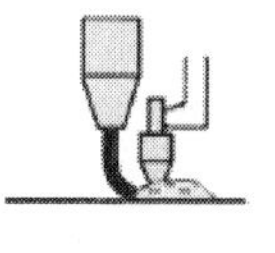

그림에서와 같이 용가재로서 계속해서 공급되는 나선(裸線) 또는 동피복선(銅被覆線)이 입상(粒狀)의 용제(熔劑; flux) 속에서 모재와의 사이에 arc를 발생하여 arc가 보이지 않은 상태에서 진행하는 용접을 submerged arc 용접이라 하며, arc 경로 전방에 공급되는 용제가 arc 열에 의하여 용융되어 소결된 slag는 용접부를 공기의 접촉으로부터 차단하고 bead를 덮어 보온한다. 전류로는 직류 및 교류가 모두 채용되며, 비교적 두꺼운 판도 I형 용접을 할 수 있고, 수동에의한 피복 arc 용접에 비하여 수배의 전류를 사용하므로 용가

제인 wire의 용융속도가 매우 크다.

Union melt 용접과 Lincoln 용접 등은 submerged arc 용접의 상품명이다. submerged arc 용접에서 용가재인 wire가 동시에 수 개 사용될 수 있다.

이 용접법은 탄소강, 합금강 및 stainless 강 등의 두꺼운판의 용접에 주로 이용하고, 비철금속의 용접에는 많이 사용되지 않는다.

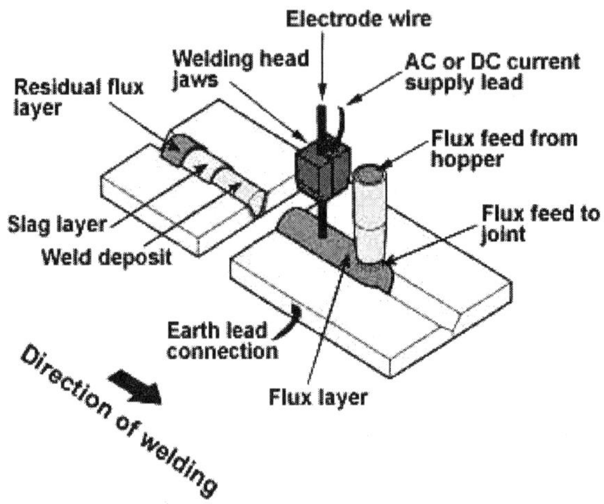

그림 4-45 submerged arc 용접

wire 2개를 20 mm 간격에서 직열식으로 배치하여 DC로 홈 가공을 하고 AC로 홈을 메워 나가는 예 submerged arc welding를 보여준다.

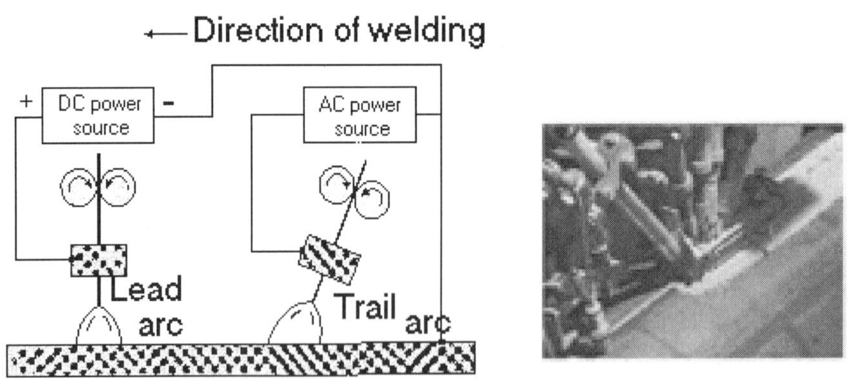

그림 4-46 pipe의 submerged arc welding

arc 전압의 변동에 따라 용가재인 wire의 공급속도가 조절되며, 모재가 연강(軟鋼)일 경우에는 저탄소, 저 Mn 합금 wire가 사용된다. wire의 지름과 사용 전류의 관계는 아래 표와 같고, 수동 arc 용접에서 피복제와 같은 역할을 하는 submerged arc 용접의 용제

(flux)에는 용융형(熔融形; SiO_2 , MnO, FeO, CaO, MgO, Al_2O_3 , BaO, TiO_2 , Fe, P, S), 소결형(燒結形; Fe-Si, Fe-Mn), 혼성형(混性形)이 있다.

wire 지름과 전류

wire 지름(mm)	2.4	3.2	4.0	4.8	6.4	8.0
전류 범위(A)	〈 400	300 ~ 500	350 ~ 800	500 ~ 1100	700 ~ 1600	〉 1000

submerged arc 용접의 장단점을 정리하면 다음과 같다.

[장점]

- 일정 조건에서 용접이 시행되므로 강도가 크고, 신뢰도가 높다.
- 용가재가 중단 없이 공급되고, arc가 용제 속에 있으므로 열 energy의 손실이 적어 용접 - 속도가 수동용접의 10 ~ 20배 정도로 크다.
- 운봉(weaving)할 필요가 없어 용접부 홈을 작게 할 수 있으므로 용접재료의 소비가 적고 용접부의 변형이 적으며, 용접속도가 크게 된다.

[단점]

- bead가 불규칙할 경우와 용제의 공급 때문에 하향용접 외의 용접은 곤란하다.
- 용접 홈의 정밀도가 높아야 한다.
- 시설이 고가이다.

(2) 불활성 gas arc 용접(不活性 gas arc 熔接; shield inert gas arc welding):

대기 중의 산소와 질소의 영향을 받지 않도록 argon(Ar)이나 helium(He)과 같이 고온에서도 금속과 반응을 하지않는 불활성 gas 중에서 시행하는 용접을 불활성 gas arc 용접이라 한다. 이 용접법의 개발로 인하여 종래에 용접이 곤란하거나 불가능했던 금속이 용이해지거나 가능해졌다. 이 용접법은 Al 합금, Mg 합금, Cu 합금, Ni 합금, Ti 합금 등의 용접에 많이 이용된다.

불활성 gas arc 용접법의 장단점은 다음과 같다.

[장점]

- 대체도 모든 금속의 용접이 가능하다.
- 용제를 사용하지 않으므로 slag가 없어 용접 후 청소가 필요없다.
- spatter나 합금원소의 손실이 적다.
- 전자세(全姿勢)의 용접이 가능하다.
- 용접 가능한 판의 두께 범위가 크다.
- 용접 능률이 높다.

[단점]

- 용접 비용이 크다.

불활성 gas arc 용접은 불활성 gas 분위기에서 모재와 용가재 사이에 arc를 발생시키는 불활성 gas 금속 arc 용접(metal inert gas arc welding, MIG 용접)과 tungsten 전극과 모재 사이에 arc를 발생시키고 용가재를 별도로 공급하는 불활성 gas tungsten arc 용접(tungsten inert gas arc welding, TIG 용접)이 있다.

① MIG 용접:

MIG 용접을 용극식(熔極式) 불활성 gas arc 용접 또는 소모식(消耗式) 불활성 gas arc 용접이라고도 하며, 상품명으로 aircomatic 용접 및 sigma 용접 등이 있다. 용접기는 전동발전기식과 정류기식의 직류용접기이고, 모재를 음극을로하는 역극성(逆極性)을 많이 채용한다. 동일 전류에서 arc 전압이 크게되면 용융 속도가 저하한다. arc가 길어지면 전압이 증가하여 용융 속도가 감소하므로 wire가 일정 속도로 공급될 때 arc 길이가 짧아져 원래의 길이로 되돌아간다. 이와 반대의 경우에도 원래의 길이로 돌아가며, 이를 MIG 용접 arc의 자기제어(自己制御)라 한다. MIG 용접은 TIG 용접에 비하여 arc가 집중적이며, 용융 속도가 크고, 응고 속도가 커서 gas와 불순물이 부유할 시간적 여유가 없기 때문에 기공과 편석이 생길 염려가 있다. 따라서 용접하기 전에 모재를 깨끗이 청소하고, wire는 기공의 원인이 되는 수분이 없도록 충분히 건조시켜 사용하는 것이 중요하다.

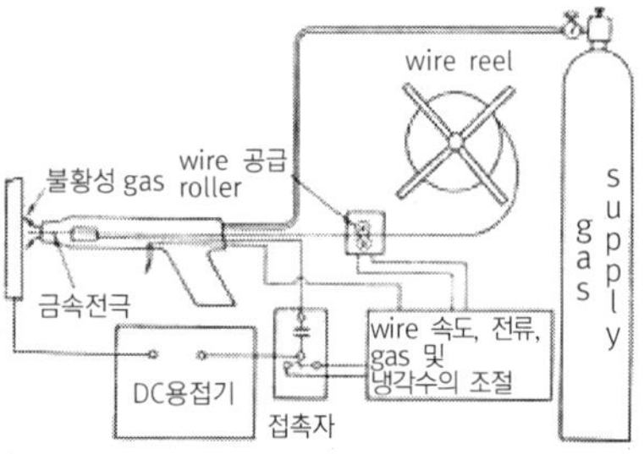

그림 4-47 MIG 용접기

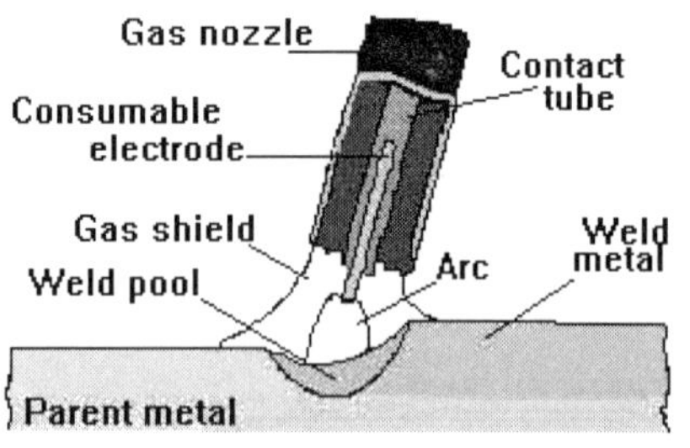

그림 4-48 MIG 용접

② TIG 용접:

TIG 용접을 비용극식(非熔極式) 불활성 gas arc 용접 또는 비소모식(非消耗式) 불활성 gas arc 용접이라고도 하며, 전원으로는 교류 및 직류를 사용할 수 있으나, 직류를 사용할 때에는 극성의 선택에 유의하여야 한다. tungsten 전극은 극성과 gas의 종류에 의하여 재질 및 크기가 정해져 있다. 정극성을 택하면 모재의 용입이 깊고 bead 폭이 넓게 되며, 역극성으로 하면 가속된 gas ion이 모재에 충돌하여 청정 작용을 한다. He은

Ar에 비해 가볍기 때문에 청정 효과가 적다. 따라서 aluminum은 표면에 2050℃에서나 녹는 내화성(耐火性) 산화물인 Al_2O_3가 있기 때문에 일반 용접에서는 곤란하나, 불활성 gas arc 용접에서는 역극성으로 용제 없이도 쉽게 용접할 수 있다. 교류용접은 직류의 정극성과 역극을 혼합한 것이라 볼수 있으며, wire 지름은 비교적 작은 편이고, 경합금(輕合金) 등의 표면에 있는 산화물을 청정하여 용입이 얕은 용접을 하기에 알맞다.

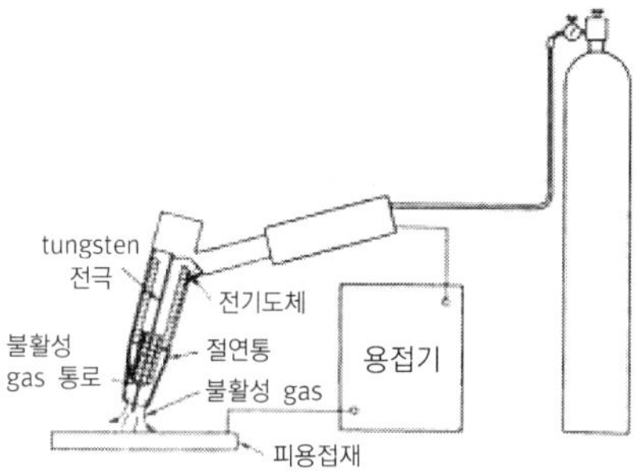

그림 4-49 TIG 용접기

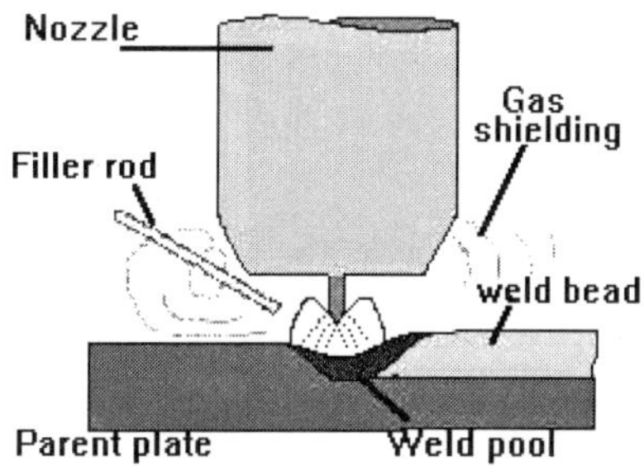

그림 4-50 TIG 용접

(3) CO_2 gas arc 용접(CO_2 gas arc welding):

Ar, He과 같은 불활성 gas 대신에 값이 저렴한 CO_2 gas를 사용하는 용접으로서, shield gas로서 순수 CO_2 외에 CO_2 - O_2 , CO_2 - CO , CO_2 - Ar , CO_2 - Ar - O_2 와 같은 혼합 gas가 사용된다. CO_2 gas가 arc 열에 의하여 CO gas와 O_2 로 분해되어 산화성으로 되기 쉬우나 탈산제인 Mn과 Si를 적당히 함유한 wire를 Ar이 혼합된 shield gas와 함께 사용하면 기공이 없는 양호한 용접이 된다. 연강를 용접할 때 MIG 용접을 하면 비경제적일 뿐만 아니라 용착금속에 기공이 생기기 쉬우나, CO_2 gas arc 용접을 하면 경제적이고 기공이 생길 염려가 적다.

그림(A)에서와 같이 wire와 모재 사이에 arc를 발생시키고, torch 선단 nozzle에 CO_2 와 용제(熔劑; flux)를 보내어 대기로부터 arc와 용융금속을 보호한다. 이 용접법에도 불활성 gas arc 용접에서와 같이 금속 wire가 전극이 되는 용극식과 전극은 tungsten이고 별도의 용가제를 공급하는 비용극식이 있으나 용극식 주로 채용된다.

그림(B)는 Union arc 용접으로서 심선(心線; wire)에 흐르는 직류전기에 의하여 생긴 자장(磁場)에 CO_2 와 자성(磁性)을 가진 용제가 공급되면서 금속전극에 부착하여 마치 피복용접봉처럼 된다.

CO_2 gas arc 용접에서는 심선의 지름에 비하여 대전류(125 ~ 250 A)를 사용하므로 용접속도가 크고 비용도 적게 들며, 전자세(全姿勢) 용접을 할 수 있고, bead도 곱고, 강도가 큰 장점이 있으나, 불활성 arc 용접에 비하여 spatter 다소 많이 발생하여 이를 최소화시키기 위하여 용접조건의 선정에 세심한 주의를 요한다.

그림(C)에서와 같이 wire 속에 Mn, Si, Ti, 및 Al 등의 탈산제와 arc 안정제를 넣어 저렴한 직류와 더불어 저렴한 교류를 사용하여 용접할 수도 있다.

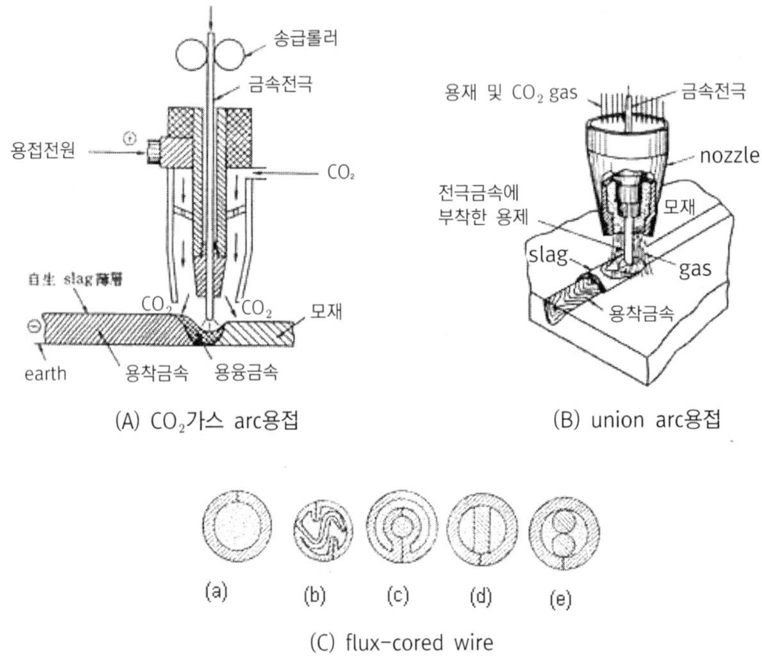

그림 4-51 CO_2 gas arc 용접

다음은 탈산제의 화학적 작용을 나타낸다.

CO_2 gas가 arc 열에 의하여: $CO_2 \rightarrow CO + O$

O는 용강에 흡수되고 C와 작용하여: $O + Fe \rightarrow FeO$, $FeO + C \rightarrow Fe + CO\uparrow$

CO의 기포가 생성되어 기공의 원인이 된다. 그러나 탈산제가 있으면 아래와 같이 산화철의 발생을 감소시켜 기포의 발생을 억제한다.

FeO는 탈산제 Si, Mn 등과 작용하여: $2FeO+Si \rightarrow 2Fe+SiO$, $FeO+Mn \rightarrow Fe+MnO$

SiO_2 와 MnO는 비중차에 의하여 bead 위에 slag로서 부유한다.

(4) plasma arc 용접(plasma arc welding):

기체를 고온으로 가열하면 기체원자는 격심한 운동을 하며, 마침내는 전자와 ion으로 분리된다. 이 때 기체는 도전성(導電性)을 띠며, 이와 같이 전자와 ion이 혼합되어 도전성을 띤 gas체를 plasma라 한다. plasma 용접에는그림(a)와 같이 tungsten 전극과 모재 사이에 arc를 발생시키면서 plasma용 gas를 공급하는 plasma arc 용접(移行形 arc 용접), 그림(b)와 같이 tungsten 전극과 nozzle 사이에 arc를 발생시키고 plasma용 gas를 공급하는 plasma jet 용접(非移行形 arc 용접)이 있는데, 전자에서는 모재가 도전성 재료이어야 하고, 후자에서는 비도전성 용접재도 용접이 가능하다.

이용접법의 특징을 열거하면 다음과 같다.

- 열 energy의 집중도가 좋아 고온(10000 ~ 30000℃)을 얻을 수 있고, 용입이 깊고, 용접속도가 크다.
- 용접홈은 I 형이면 되므로 용접봉의 소모가 적고, 용접속도를 크게하는 또 다른 원인이 된다.
- 1층 용접으로 완료되므로 능률적이다.
- 용접부가 대기로부터 보호되어 기계적 성질이 좋다.
- 도전성 및 비도전성 재료의 용접이 가능하다(plasma jet 용접).

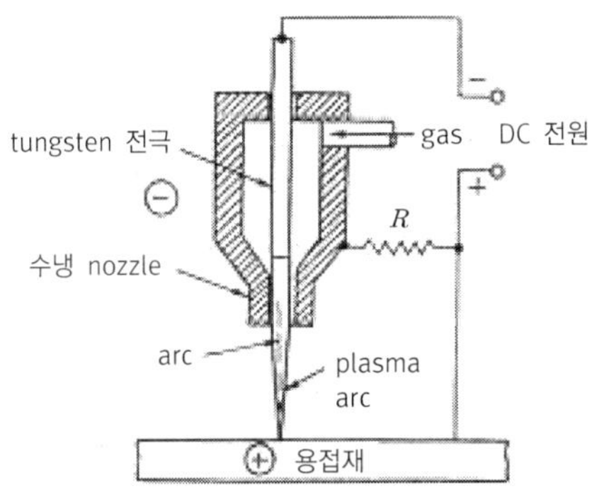

(a) plasma arc 용접

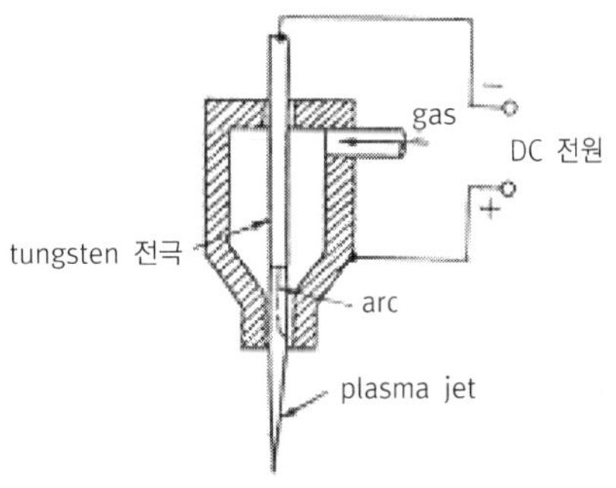

(b) plasma jet 용접

그림 4-52 plasma 용접

(5) 원자수소 arc 용접(原子水素 arc 熔接; atomic hydrogen arc welding):

그림과 같이 2개의 tungsten 전극 사이에서 arc를 발생시키고 이 arc에 H_2 를 분사할 때 H_2 가 H로 분해된 후 용접부에서 H_2 환원될 때 발산하는 열(최고 4000℃)에 의하여 용접하는 것이다. 환원성 수소 중에서 행해지므로 산화와 질화를 방지할 수 있어 양호한 용접결과를 얻을 수 있다. arc의 전원으로는은 직류 및 교류가 채용되나 일반적으로 교류전원을 사용하며, 전압은 300 ~ 400 V, 전류 15 ~ 70 A 정도 이고, 수소의 압력은 0.7 kg/cm_2 이하이다. 최근에는 불활성 gas arc 용접의 발달로 복잡한 구조를 가진 torch와 기술적으로 어려운 점이 많은 원자수소 arc 용접의 이용이 줄어들고 있다.

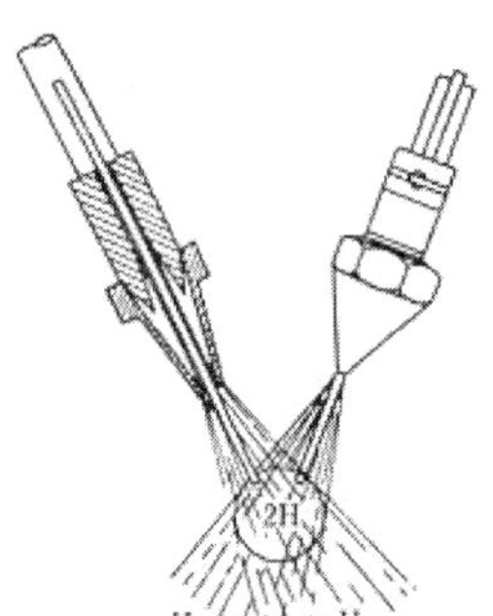

그림 4-53 원자수소 arc 용접의 원리

(6) arc spot 용접(arc spot welding):

그림과 같이 arc를 0.5 ~ 5sec 동안 발생시켜 모재를 국부적으로 용해하고 응고시키면 상판(上板)과 하판(下板)이 접합된다. 일명 plug 용접이라고도 하며, 용극식과 비용극식이 있다. arc spot 용접을 할 때 1. ~ 3.2 mm의 상판과 3.2 ~ 6.0 mm의 하판을 맞추어 행하는 경우가 많고, 이보다 두꺼울 때에는 미리 구멍을 뚫고 spot 용접을 한다. arc spot 용접은 다음 장에서 취급할 전기저항열에 의한 점용접에 비하여 다음의 특징을 갖고 있다.

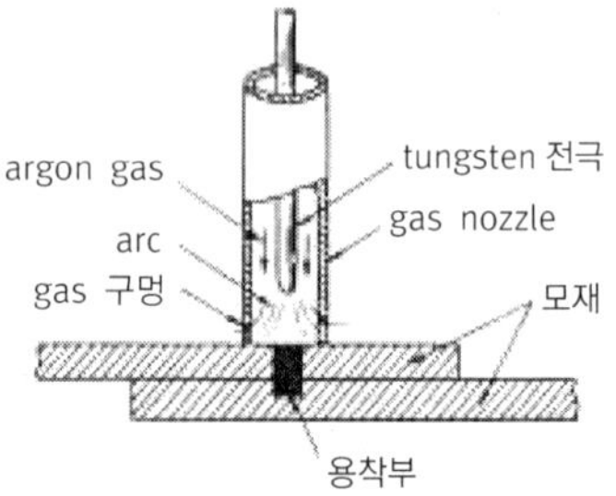

그림 4-54 arc spot 용접

전기저항 spot 용접에서는 300 ~ 1000 kg의 가압력이 필요하나, arc spot 용접에서는 손으로 누르는 정도로 충분하다.

전기저항 spot 용접은 양면에서 전극으로 가압하나, arc spot 용접에서는 한쪽면에서 가압한다.

arc spot 용접에서는 상하판의 두께의 차가 커도 지장이 없다.

전기저항 spot 용접에서는 전류가 널리 퍼지기 때문에 spot간의 거리인 pitch의 제한이 있으나, arc spot 용접에서는 제한이 없다.

(7) stud 용접:

stud arc 용접이라고도 하며, 그림과 같이 지름 10 mm 이하의 강, 황동재의 짧은 stud bolt 등을 평판(平板)에서 약간 거리를 두어 0.1 ~ 2sec 동안 arc를 발생시켜 용융상태에서 압입하여 접합하는 것을 stud 용접이라 하며, 전원은 교류 및 직류이다. base metal의 두께가 충분하며, 용접시에 타지 않고 용접압력에 대한 저항이 커야 한다. stud 용접은 stud welding gun으로 stud를 물고 전기적으로 자동화 되어 있으며, 가열시간이 짧기 때문에 열응력은 비교적 작으나 냉각속속도가 커서 경화성이 큰 모재에서는 모재를 예열할 필요가 있다. 용접부에 있는 녹, paint 등은 wire brush로 제거한 후 용접을 시행해야 건전한 용접결과를 얻을 수 있다. ring 형태의 ceramic ferrule을 stud 선단에 끼워 용금의 유동범위를 제한하기도 하며, 또한 금속테(ferrule)는 반도체로서 용제의 역할도 겸하거나, ferrule 내에 용제를 장입한다. 용접 후 금속테(ferrule)는 제거한다. stud 끝에 용제를 충전하는 경우도 있다.

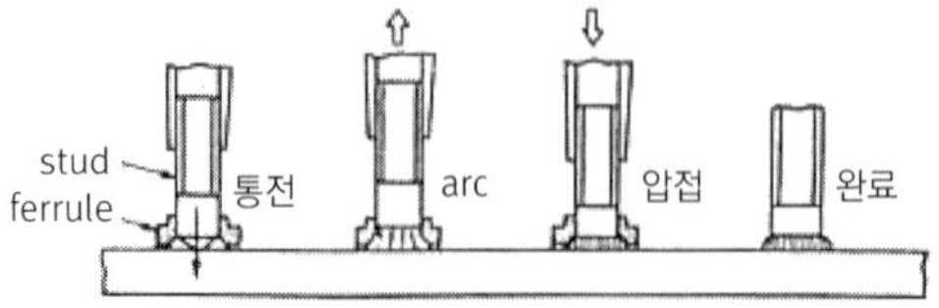

(a) stud 용접

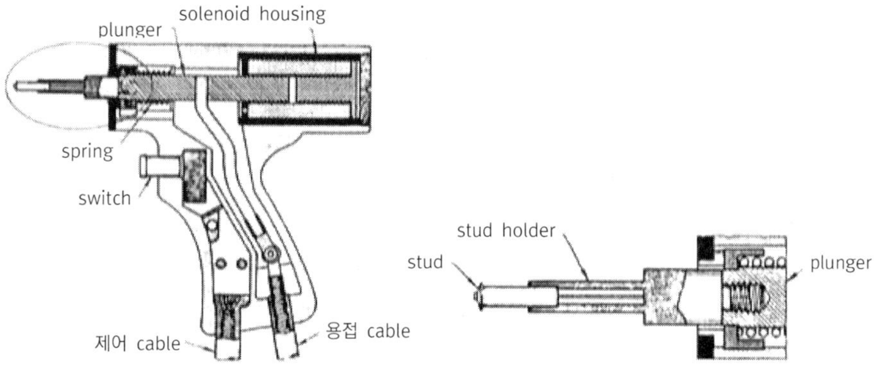

(b) stud용접 gun

그림 4-55 stud 용접 및 stud gun

4.4 전기저항용접

전기저항용접(電氣抵抗熔接; electric resistance welding)은 용접재를 서로 접촉시켜 적당한 압력을 주면서 통전(通電)하므로써 접촉저항 및 금속자체의 비저항에 의하여 발생하는 열로 가열되었을 때 압력을 가하여 접합하는 것이다. 전기저항용접에서는 arc 용접에 비하여 단시간에 많은 전류를 흐르게 하는 것이 필요하나, 용접온도는 arc 용접에서 보다 낮다. 전기저항용접기는 저전압, 대전류가 흐르도록 되어 있고, 가압장치 및 가압제어장치 등이 부설되어 있다.

Q: 발열량(cal), I: 전류(A), R: 전기저항(ohm), t: 시간(sec)라 하면

$$Q=0.24.I^2.R.t$$

가된다. 전극간의 전저항(全抵抗)은 다음과 같이 3부분으로 이루어져 있다.

(1) 용접물간의 접촉저항(Rc)

(2) 용접물의 비저항(Rm)

(3) 용접물과 전극간의 접촉저항(Re)

이 중 Rc는 고온에서 크나 곧 소실되고, 용접물의 저항 Rm은 온도 상승과 더불어 증가하며, Re는 온도가 상승하면 급격히 감소한다. 일반적으로 전기저항이 크고 열전도도가 낮으며 용융점이 낮고 소성구역의 온도범위가 큰 재료가 전기저항용접이 쉽다. 열전도도가 상대적으로 큰 재료에서는 보다 많은 전류를 단시가에 흐르게 하여야 한다.

전극의 재질은 전기와 열전도도가 크고 고온에서 기계적 내구성이 있어야 하며, 동이 많이 사용된다. 동은 처음 접촉저항에 의하여 Re가 크나, 온도 상승과 더불어 감소하며 열전도도가 좋아 쉽게 방열되어 전극이 과열되지 않기 때문이다. 이 용접기는 교류전원에 저전압(低電壓, 1 ~ 10 V), 강전류(强電流, 100 ~ 100000 A)의 전력을 얻는 변압기이다.

전기저항용접은 이음형식에 따라 다음과 같이 분류할 수 있다.

- 맞대기 용접(butt welding)
- upset 맞대기 용접(upset butt welding)
- flash 맞대기 용접(flash butt welding)
- 겹치기 용접(lap welding)
- 점용접(spot welding)
- seam 용접(seam welding)
- projection 용접(projection welding)

4.4.1 맞대기 저항용접

맞대기 저항용접은 금속봉, 선, 판 등의 단면(端面)을 맞대고 접합하는 방법이다. 이에는 모재를 압력으로 접촉시키고 대전류를 주어 저항열로 가열되었을 때 다시 가압하여 접합하는 upset 맞대기 용접과 적당한 거리로 벌려 놓은 상태에서 대전류를 주어 flash를 발생시키고 접근시켜 접촉 압력을 점차로 증가시키면 저항열에 의하여 가열되고 용접이 완료되는 flash 맞대기 용접이 있다.

맞대기용접 조건

용 접 법	가압력(kg/cm^2)		전류밀도(A/mm^2)	
	연 강	동 합 금	연 강	동 합 금
upset butt 용접	200 ~ 350	150 ~ 250	20 ~ 60	150 ~ 700
flash butt 용접	200 ~ 500	–	35 ~ 150	–

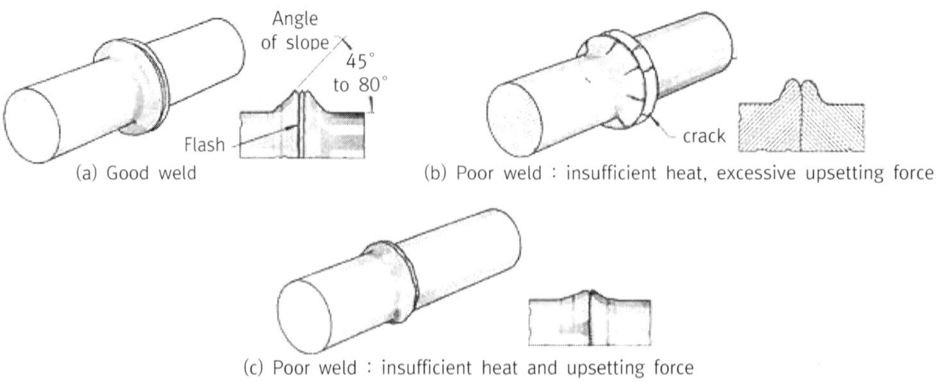

그림 4-56 upset 용접상태

(1) upset 맞대기 용접(upset butt welding):

upset 맞대기 저항용접은 그림과 같이 모재의 단면을 접촉시켜 가압하고 통전(通電)하면 접촉저항과 고유저항열에 의하여 압접온도에 달할 때 추가 압력을 가하여 접합하고 전류를 차단하여 용접을 완료하는 용접으로서 고상압접(固相壓接)에 속하며, 접합온도는 융점아이고 가압력을 크게하면 적용온도를 낮게한다. 그러나 가압력에도 한계가 있기 때문에 단면이 너무 큰 것의 용접은 곤란하다. 가압력으로는 수압, 유압, 공기압 등을 이용하고, 변압기는 보통 1차권선수(1次捲線數)를 변화시켜 2차전류를 조정한다.

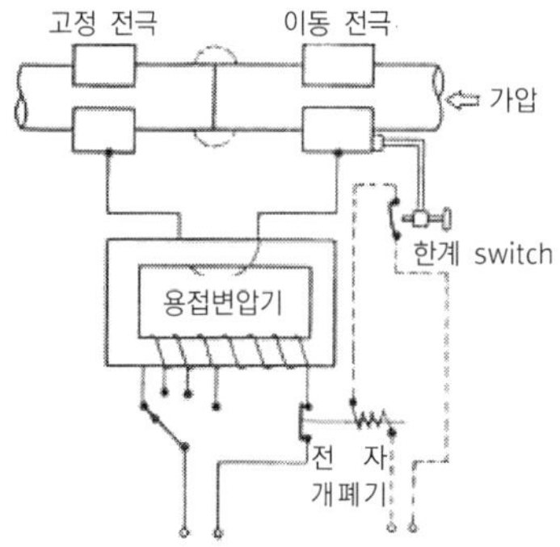

그림 4-57 upset 맞대기 용접기의 원리

upset 맞대기 용접의 특징은

- 접합면 사이에 산화물 등의 불순물이 잔류하기 쉽고,
- 다음에 취급하는 flash 맞대기 용접에 비하여 용접 속도가 늦다.

(2) flash 맞대기 용접(flash butt welding):

그림과 같이 모재를 서서히 접근시켜 통전하여 단면의 국부적 돌기에 전류가 집중되어 flash(불꽃)가 발생하고 비산한다. 더욱 접근하여 접촉시키면 나머지 부분에서도 flash가 계속 발생되면서 접합된 용융금속이 밖으로 밀려 나오며 미용융부(未熔融部)가 upset 맞대기 용접에서와 같은 방식으로 용접된다. upset 맞대기 용접에 비교한 이 용접법의 특징은 다음과 같다.

- 가열 범위가 좁아 열영향부가 적다.
- 접합면에 산화물이 잔류하지 않는다.
- 열이 능률적으로 집중 발생하므로 용접 속도가 크고, 소비 전력이 적다.
- 이질재료(異質材料)의 용접이 가능하다.

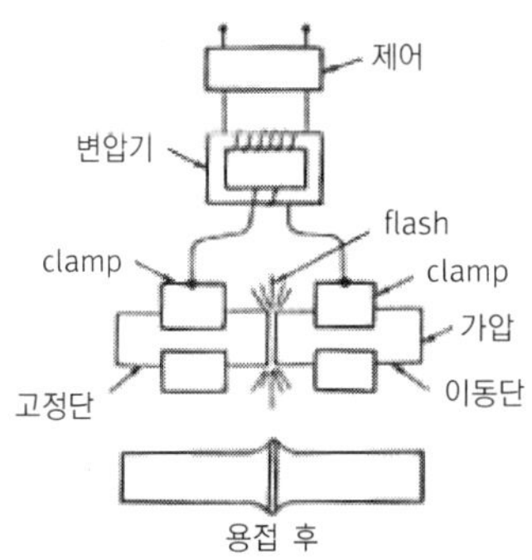

그림 4-58 flash 맞대기 용접기의 원리

4.4.2 겹치기 용접

(1) 점 용접(spot welding):

그림과 같이 판의 점접합을 행하는 용접으로서, 두 전극간에 2매의 판을 겹쳐서 넣고 가압하면서 통전하여 발생하는 저항열에 의한 용접(融接) 이며, 이 융합부를 nugget이라 한다. 1 mm 두께의 연강판에 대하여 75 ~ 225 kg, 전류 5600 ~ 8800 A, 통전시간

0.17 ~ 0.6sec 이다. 전극은 통전 역할뿐 아니라 압력을 가하고, 냉각 효과를 주어야 하므로 전기 및 열전도성이 양호하며, 경도가 큰 특수 동합금을 이용한다. 극이 클때에는 그림(b)와 같이 수냉을 행한다. 용접점 간의 거리인 pitch가 너무 작으면 전류가 흘러 용접이 불량하며, 연강에서는 두께 1 mm에 대하여 최소 pitch 18 mm 정도이다. 보다 두꺼운 재료에 대해서는 판의 두께에 비례하여 pitch를 크게 한다. 아래의 예는 단극식(單極式)이며, 1회의 조작으로 다수의 점을 용접할 수 있는 다극식(多極式)도 있다.

그림 4-59
spot용접기의 전극

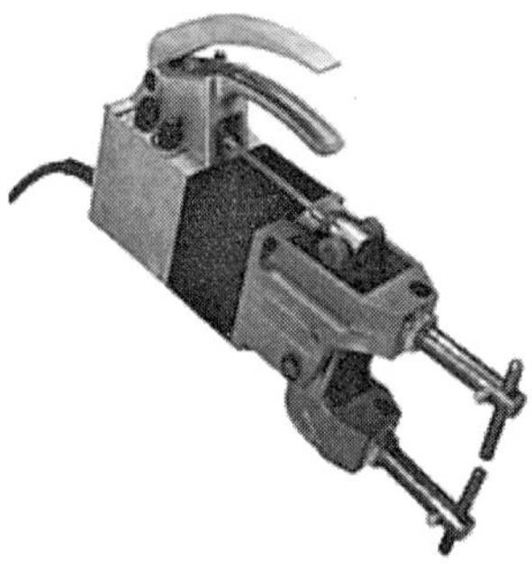

그림 4-60
이동식spot용접 gun

그림 4-61
이동식spot 용접gun

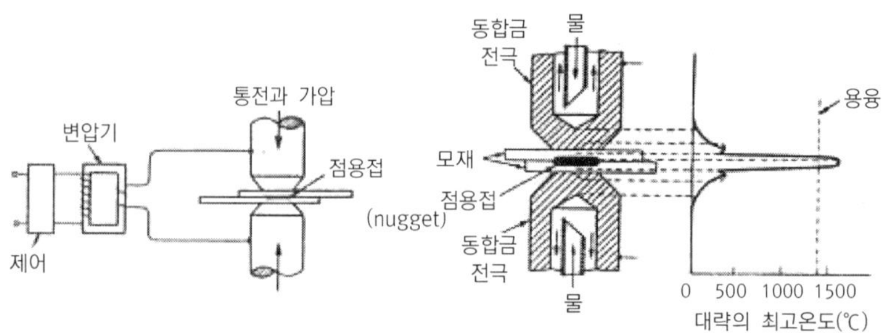

그림 4-62 점용접의 원리

점용접에서 저탄소강판의 두께에 대한 전력, 가압력, 가압시간

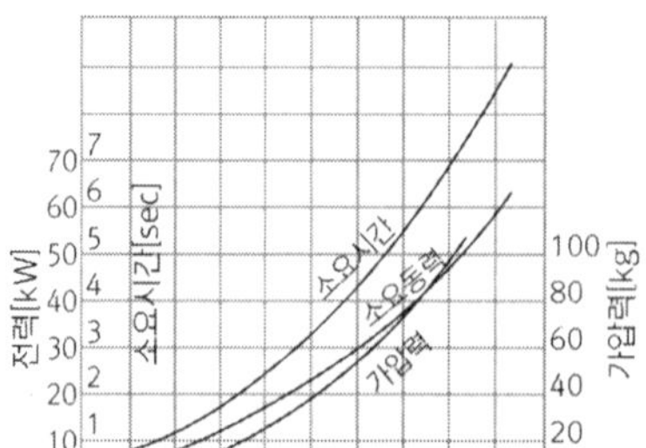

각종 재료의 sopt 영접의 적부

각종재료	연강(마재)	연강(흑재)	연강(주석도금)	연강(아연도금)	스테인레스 강	알루미늄 합금	마그네슘 합금	동 판	황 동 판	양 은	인 청 동	니켈 합금	molybdenum	텅 스 텐
연 강 (마 재)	A	C	B	B	A	E	E	D	C	B	C	B	B	B
연 강 (흑 피)	C	D	D	D	D	X	X	E	D	D	E	D	X	X
언 강 (주 식 도 금)	B	D	C	C	C	D	E	D	C	D	D	C	E	E
연 강 (아 연 도 금)	B	D	C	C	C	D	E	E	D	D	D	B	E	E
Stainless 강	A	D	C	C	A	X	X	E	C	C	E	C	D	D
aluminium 함금	E	X	D	D	X	B	C	X	D	C	D	E	X	X
magnesium 합금	E	X	E	E	X	C	B	D	E	D	E	X	X	X
동 판	D	E	D	E	E	X	D	C	C	C	C	C	X	X
황 동 판	C	D	C	D	C	D	E	C	B	C	C	B	X	X
양 은	B	D	D	D	C	C	D	C	C	B	C	C	X	X
인 청 동	C	E	D	D	E	D	E	C	C	C	C	B	X	X
nickel 합금	B	D	C	B	C	E	X	C	B	C	B	B	C	C
molybdenum	B	X	E	E	D	X	X	X	X	X	X	C	D	D
tungsten	B	X	E	E	D	X	X	X	X	X	X	C	D	D

A:용점양호, B:다소양호, C:다소용접불향, D:용접불량, E:용접곤란, X:용접불가

(2) seam 용접(seam welding):

그림과 같이 원판 전극을 사용하여 용접전류를 공급하면서 가압 회전시켜 spot 용접을 연속적으로 행하면 선용접인 seam 용접이 되며, 액체의 누설(漏泄)를 막고, 기체의 기밀(氣密)을 용하는 용기 및 관 등의 용접에 이용된다. seam 용접에 공급되는 전류의 일부는 이미 용접된 인접 용접부로 흘러 손실되고, 일부는 원판 전극 사이에 흐르므로 대전류를 요한다. 그러나 대전류를 연속적으로 공급하면 열량이 과대하여 용접부 전체를 용융시키므로 통전법(通電法)에는 단속통전법(斷續通電法), 연속통전법, 맥동통전법(脈動通電法)이 있으나, 단속적인 통전을 하는 경우가 많다. 강의 경우에는 (통전시간) : (휴지시간)=1 : 1, 경합금(輕合金)의 경우에는 (통전시간) : (휴지시간)=1 : 3 정도이다. seam 용접의 전류는 점용접의 1.5 ~ 2배 정도이며, 가압력은 1.2 ~ 1.6배 정도이다.

전극의 내부 또는 외부를 수냉하여 전극이 과열되는 상태를 피한다.

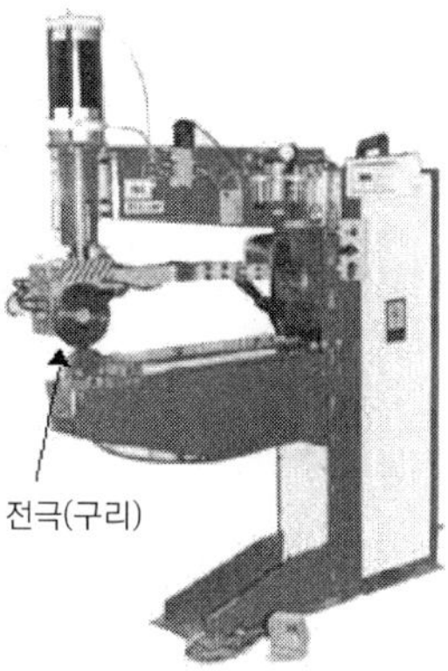

그림 4-63 seam 용접기

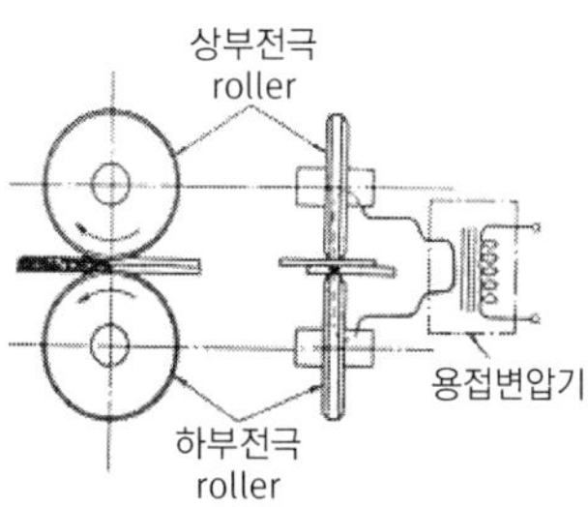

(a) seam 용접의 원리

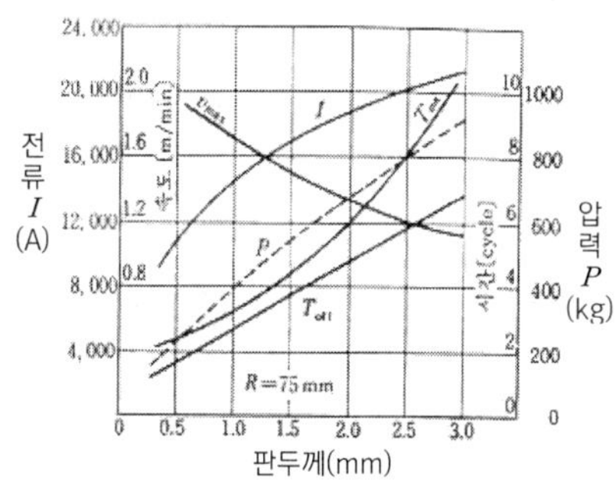

(b) 저탄소강의 seam 용접 조건

그림 4-64 seam 용접의 원리와 조건

seam 용접에는 아래 그림(A)와 같은 simple lap seam welding, 그림(B)와 같이 판두께의 1/2 정도를 포개고 가압하면 맞대기용접한 것과 같이 되는 mash seam welding, 그림(C)와 같이 판의 끝을 맞대고 가압하는 butt seam welding 등이 있다. 그림(D)에서와 같이 단속기간을 크게하여 nugget의 간격이 벌어질 때의 용접을 roll spot 용접(roll spot welding)이라 한다.

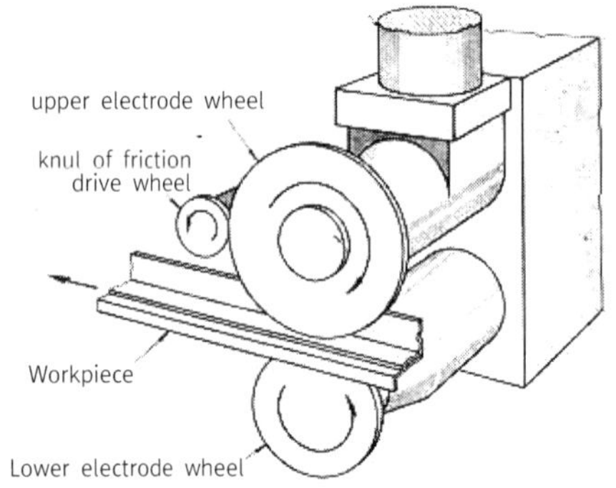

(a)

그림 4-65 simple lap seam welding

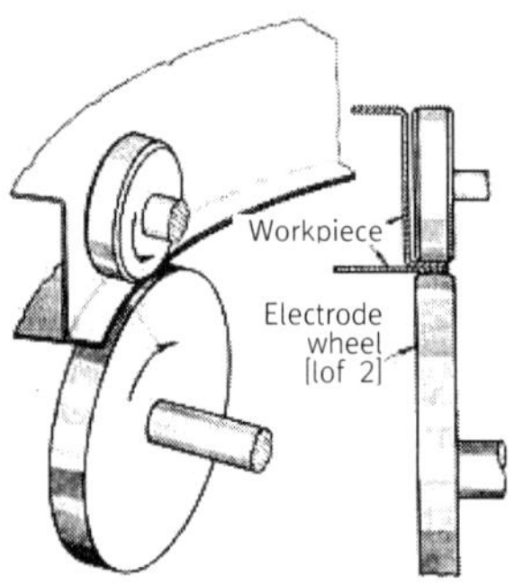

(b)

그림 4-66 mash seam welding

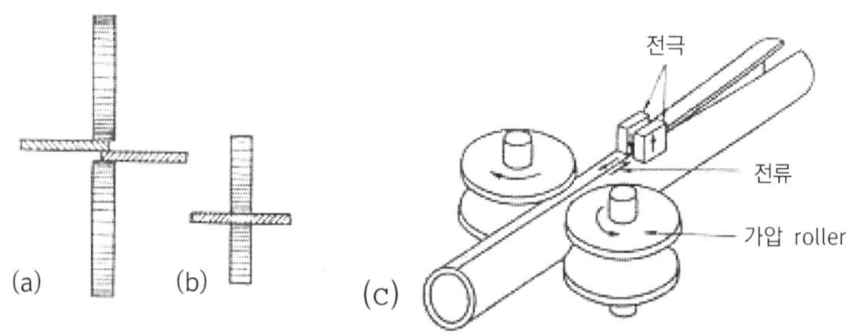

그림 4-67 pipe의 butt seam welding

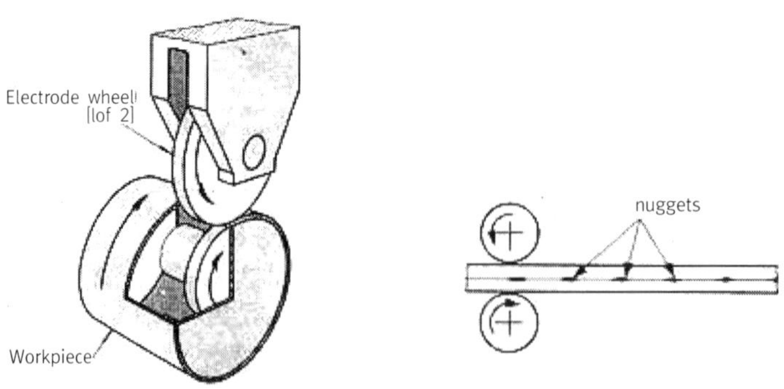

그림 4-68 roll spot welding

(3) projection 용접(projection welding):

금속판의 한쪽 또는 양쪽에 돌기부를 만들고 가압하면서 통전하면 돌기부에 전류가 집중되어 용접온도에 달할 때 가압력을 증가시키면 일시에 다점(多點) 용접을 할 수 있는 용접이다. 두꺼운 판과 얇은 판을 겹쳐 용접할 때에는 두거운 판에 돌기(projection)을 가공하고, 동기지의 전극은 편평하다. 돌기 높이는 대체로 판두께의 1/3 정도이며, 용접전류는 1 mm 두께의 연강판에 대하여 8000 A, 가압력은 250 kg, 용접시간은 1/3sec 정도이다. 이 용접의 특징을 정리하면 다음과 같다.

- 판재의 두께가 다른 것도 용접할 수 있다(厚板에 projection을 가공).
- 열전도율이 다른 금속의 용접이 가능하다(열전도율이 큰 판에 projection을 가공).
- pitch가 작은 용접이 가능하다.
- 전류와 가압력이 각 점에 균일하므로 용접의 신뢰도가 높다.
- 작업속도가 빠르다.

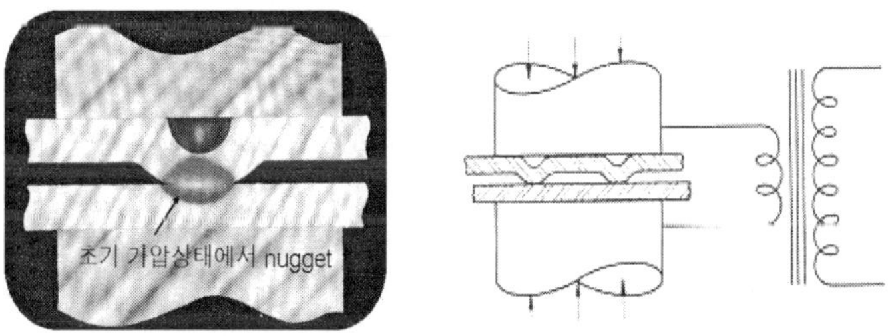

그림 4-69 용접의 원리

그림 4-70
projection 용접기

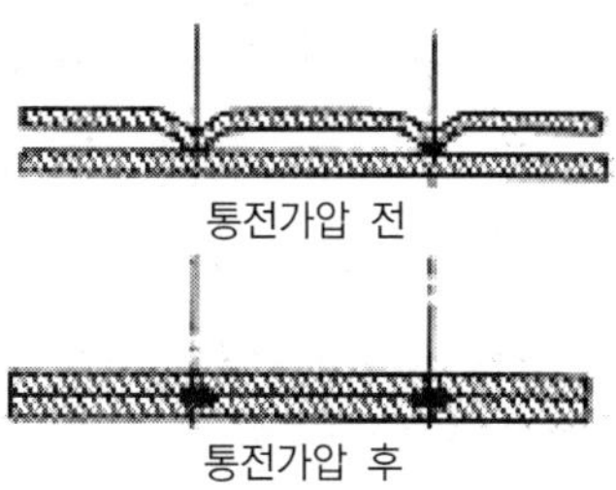

그림 4-71 용접 전후

4.5 gas 용접

gas 용접은 각종 가연(可燃) gas와 산소의 연소반응열을 용접열원으로 이용하는 용접이며, 용접부에 압력을 가하지 않는 경우와 압력을 가하는 경우가 있는데, 전자를 gas 용접, 후자를 gas 압접이라 한다. gas 용접에서는 가열부 및 용금이 gas에 노출되기 때문에 오염되기 쉽고 가열이 집중적으로 되지 않기 때문에 열영향부가 많아 용접변형이 잘 생긴다. 따라서 이와 같은 것이 허용되지 않는 용접에서는 arc 용접을 하는 것이 좋다.

가연 gas에는 acetylene(C_2H_2), prophane(C_3H_3), buthane(C_4H_{10}), 석탄 gas(CO, H_2, CH_4의 혼합 gas), 천연 gas, 수소(H_2) 등이 있으나, 산소-acetylene gas의 화염 온도가 높고 화염 조절이 용이하며, 모재에 끼치는 악영향이 적기 때문에 gas 용접에 널리 사용되며, 이 장에서도 공업적으로 주로 이용되는 산소-acetylene gas 용접(oxy-acetylene welding)에 대해서 언급하기로 한다.

gas의 화염온도

gas	발열량 (kcal/m³)	혼합비(gas : 산소)			최고화염온도 (℃)
		최 저	최 고	최 적	
acetylene	12,690	1 : 1.1	1 : 1.8	1 : 1.7	3430
수 소	2420	1 : 0.5	1 : 0.8	1 : 0.5	2900
propane	20,780	1 : 3.75	1 : 4.75	1 : 4.5	2820
methane	8088	1 : 1.8	1 : 2.25	1 : 2.1	2700
산화탄소	2860	1 : 0.5	1 : 0.5	1 : 0.5	2820

그림 4-72 가스 용접

acetylene gas 용접은 저탄소강, 합금강, 주강 등을 용제없이 용접할 수 있고, stainless 강, 주철 등은 용제를 사용하여 표준화염 및 산소과잉 화염으로 용접한다. Al과 같은 경합금(輕合金)은 acetylene 과잉화염, 동합금은 표준화염 및 산소과잉 화염으로 용접한다.

O_2 와 를 (1 : 1)로 혼합하면 그림의 A 부분(torch의 tip 부근)에서 다음의 화학반응을 일으킨다. 다음 단계에서 CO와 H_2 가 공기 중의 O_2 와 아래 그림의 B 부분에서 반응되어 내염의 끝부분에서 최대온도에 달하며, 대부분의 경우에 아래 그림과 같이 산소와

acetylene의 혼합비에 따라 화염의 상태가 다르게 나타난다. acetylene의 양이 너무 많아지면 탄화성 화염(炭化性 火焰, 還元性 火焰)이 되고, 산소가 지나치게 많으면 산화성 화염(酸化性 火焰)이 되며, 산소와 acetylene의 비가 적당하면 중성화염(中性火焰) 또는 표준화염(標準火焰)이 된다.

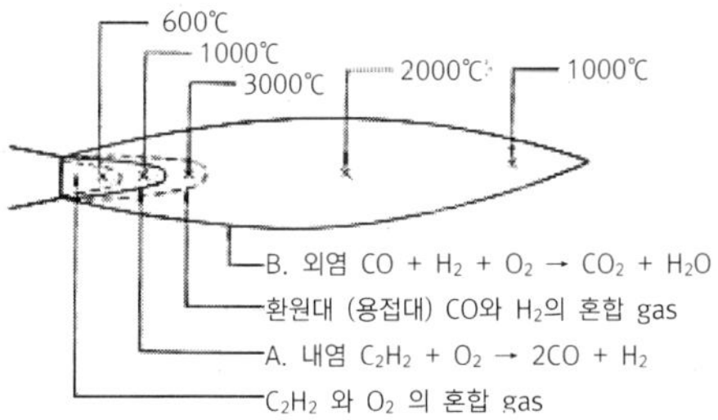

그림 4-73 화염의 각부 온도

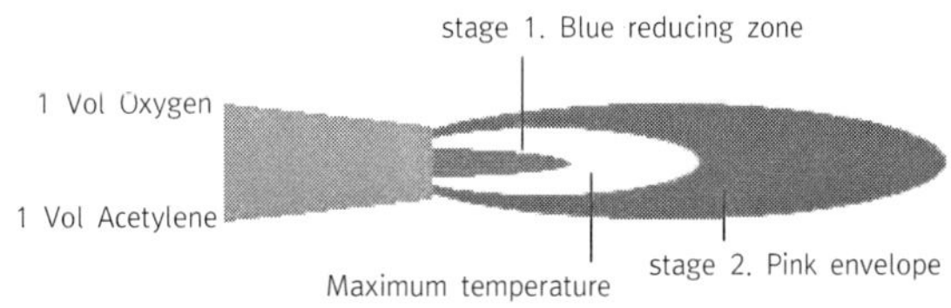

그림 4-74 산소와 acetylene을 1 : 1로 공급했을 때 (표준화염)

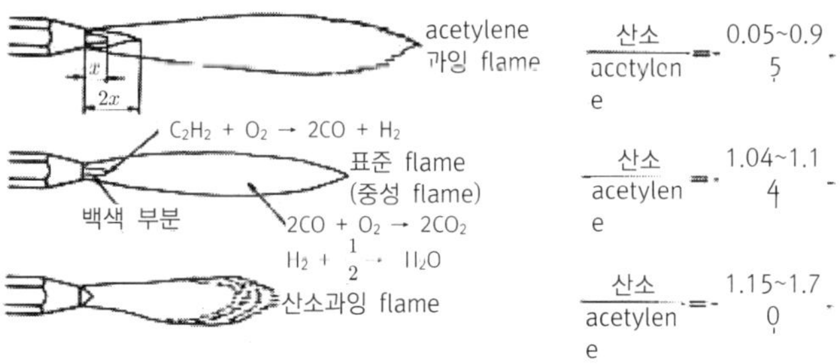

그림 4-75 각종 화염의 특성

그림 4-76 acetylene 과잉화염

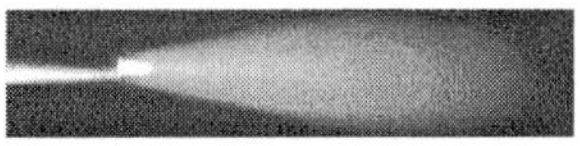

그림 4-77 중성화염

그림 4-78 산소 과잉화염

4.5.1 gas 용접장치

용접장치는 산소용기와 acetylene gas 용기로부터 hose를 통하여 torch에 도입시키고, torch에서 적당한 비율로 혼합하여 화구(火口; tip)로 분출되는 혼합 gas에 점화하여 열원을 얻는다. 아래 그림에서와 같이 산소는 산소용기(oxygen bomb)에서 공급받고, acetylene gas는 acetylene 발생기나 용해 acetylene 용기에서 공급받는다. acetylene 발생기를 이용할 때에는 acetylene 청정기(淸淨器)와 안전기(安全器)를 설치하는 것이 좋다. 그림 4-79는 산소-acetylene 용접장치 이다.

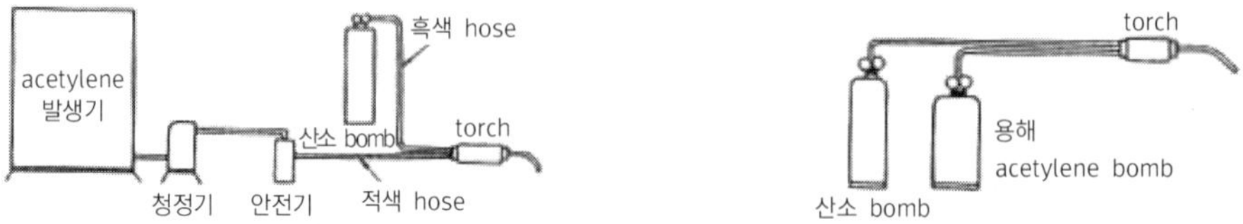

그림 4-79 산소-acetylene 용접장치

(1) acetylene gas 장치:

① 용해(溶解) acetylene gas 용기:

acetylene gas가 acetone에 용해되는 성질을 이용하여 그림과 같은 용기내의 acetone에 다량의 acetylene gas를 용해시켜 저장하면 gas상태에서 보다 안전하고 운반하기에 편리하다. 사용시에 valve를 열어 압력을 강하시키면 기화하여 hose로 도출된다. 용기에는 여러가지 크기가 있으나 두께 4.5 mm, 지름 310 mm로 내용적이 15 liter, 30 liter, 50 liter 등이 있고, 그 중 30 liter의 것이 많이 사용된다. 용기내에는 다공성(多孔性)의 규조토, 목탄분말, 석면 등이 들어 있고, 이것에 acetone을 용해시킨다. 50 liter의 용기에는 21 liter의 acetone이 흡수되어 있고, 15℃와 15기압에서 acetone 1liter에 acetylene gas 324 liter가 용해될 수 있다. 따라서 이 용기에는 21×324=6804 liter의 acetylene gas가 들어갈 수 있다. acetylene gas 910 liter가 1kg이므로 이 용기내의 acetylene의 무게는 6804/910=7.477 kg이다.

용기에서 일시에 너무 많은 acetylene gas를 방출시키면 증발잠열(蒸發潛熱)에 의하여 온도가 강하하고 압력이 떨어져 gas가 나오지 않는 경우가 있다. cylinder valve의 재질은 강이며, 사용시에 1/4 ~ 1/2 회전시켜 열고 (보다 많이 열어도 관계 없음) 1000 liter/h의 양 및 1 kg/cm^2 의 압력 이내로 하는 것이 능률적인 면이나 경제적인 면에서 좋다. acetylene gas가 동(銅)과 화학반응을 하므로 용기 valve는 동합금으로 만들지 않고 강철제로 되어 있다.

용해 acetylene gas의 사용상 주의 점을 열거하면 다음과 같다.

- 용기를 바로 세우고 통풍이 잘 되며 직사광선이 들지 않는 곳에 둘 것.
- 이음부는 비눗물로 검사한다.
- 용기의 안전 valve가 70℃에서 녹으므로 가열되지 않도록 한다.

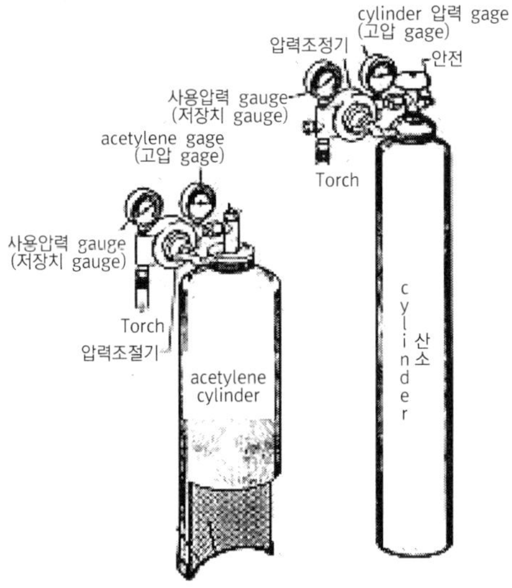

그림 4-80 acetylene gas 용기 및 산소용기

(모든 acetylene용 연결구는 왼나사로 되어 있고 산소용 연결구는 오른나사로 되어 구별된다.)

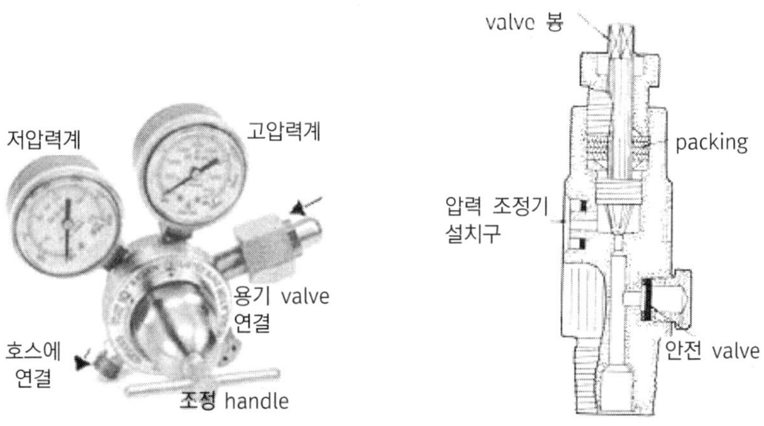

그림 4-81 acetylene gas 용기 valve

② acetylene gas 발생기:

앞에서와 같이 용해 acetylene을 사용하는 대신에 다음과 같이 현장에서 acetylene gas를 발생시키면서 용접을 행하는 경우에 대하여 설명코자 한다. acetylene gas 발생기에는 고정식과 이동식이 있으며, 압력에 따라 저압식(水柱 100 ~ 250 mm), 중압식(수주 300 ~ 2000 mm), 고압식(수주 2000 ~ 15000 mm)이 있다. 발생 구조에 따라 분류하면 투입식(投入式), 주수식(注水式) 및 침지식(浸漬式) 등이 있다.

acetylene gas()는 calcium carbide(CaC_2)에 물(H_2O)을 작용시켜서 얻으며, 이 때의 화학반응은 다음과 같다.

$$CaC_2 + H_2O \rightarrow C_2H_2 + Ca(OH)_2 + 31.672\ \ Kcal$$

carbide의 품질은 1 kg에서 발생하는 acetylene gas의 양에 의하여 다음 표와 같이 규정한다.

acetylene gas의 발생량

분류 \ gas량	acetylene gas(*l*)	인화수소 발생량(%)	황화수소 발생량(%)
1호	290 이상	0.05 이하	0.25 이하
2호	260 〃	0.07 .	0.25 〃
3호	230 〃	0.10 〃	0.25 〃
4호	200 〃	–	–

투입식 acetylene gas 발생기는 그림(a)에서와 같이 물속에 carbide를 투입하여 acetylene gas를 발생시키는 것으로서, acetylene gas가 물속을 통과하면서 청정(淸淨)되어 순도가 좋아지고, 반응열에 의한 온도 상승이 없어 좋다. 다량의 acetylene gas를 요할 때 사용되나, acetylene gas의 일부가 물속에 용해되어 손실되며, slag를 제거하는데 불편하다.

주수식 acetylene gas 발생기는 그림(b)와 같이 carbide에 주수하여 acetylene gas를 발생시키는 것으로서, 주수의 자동조절이 용이하고, slag를 제거하는데 편리하나, 온도가 상승하기 쉽고 투입식에 비하여 acetylene gas의 순도가 떨어진다.

침지식 acetylene gas 발생기는 투입식과 주수식을 절충한 것이라 할 수 있으며, acetylene gas 소비량에 따라 발생량이 자동으로 조절되나 반응열에 의하여 온도가 상승하는 단점이 있으며, 일반적으로 소량의 acetylene gas를 요할 때 사용된다.

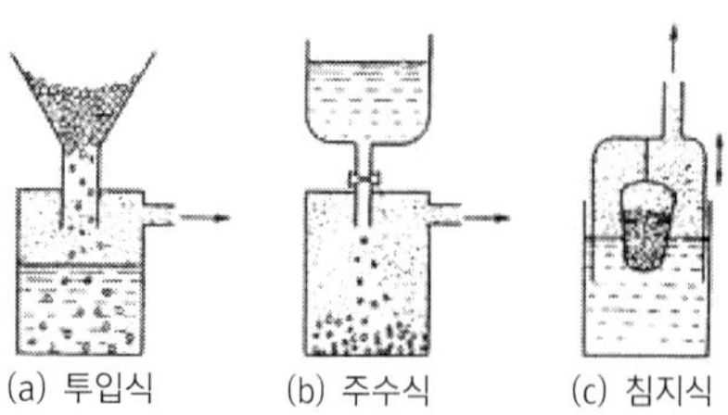

그림 4-82 acetylene gas 발생기

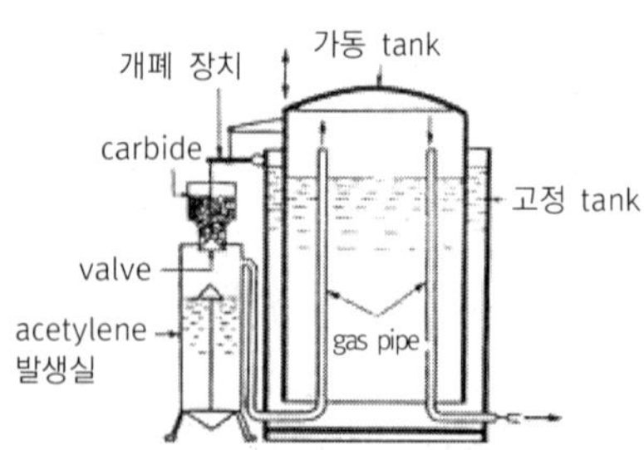

그림 4-83 투입식 acetylene gas 자동발생기

③ acetylene gas 청정기 및 안전기:

acetylene gas 청정기(acetylene gas cleaner)는 acetylene gas 발생기에서 발생된 gas에 인화수소(H_2P), 황화수소(H_2S), ammonia(NH_4) 등 유해한 물질이 들어 있어 화염의 온도를 저하시키고, 용접부에 악영향을 주며 작업능률을 저하시킨다. 이러한 불순물을 제거하기 위한 acetylene gas 청정법에는 수세(水洗)에 의한 방법, 여과(濾過)에 의한 방법, 화학처리법 등이 있으나, 일반적으로 화학처리법이 많이 이용된다. 아래 그림은 화학처리법의 예로서 표와 같은 청정제를 사용하고, 이것으로 인한 압력저하는 25 mmHg 이하가 적당하다.

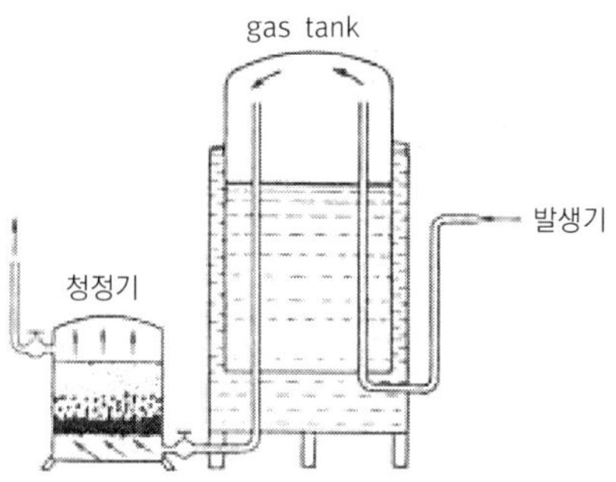

acetylene gas 청정장치

청정제의 중량비

규조토	40
K_2CrO_4	16
H_2SO_4	13
물	10

그림 4-84 acetylene gas 청정기와 청정제

안전기(安全器; safety device)는 용접 중 역화(逆火; back fire) 현상이 생기거나, torch가 막혀 산소가 acetylene gas쪽으로 역류(逆流; back flow)하여 gas 발생장치에 도달하면 폭발사고가 일어날 위험이 있으므로 그림과 같이 gas 발생기와 torch 사이에 수봉식안전가(水封式安全器)를 설치한다. 즉 발생기에서 발생한 acetylene gas가 수중을 통과하여 torch에 도달하고, 고압의 산소가 torch로 부터 acetylene gas 발생기를 향하여 역류(역화)할 때 물이 acetylene gas 발생기로의 진입을 차단하여 위험을 방지한다. 그러나 용해 acetylene을 사용할 때에는 안전기가 없어도 사고의 위험이 없다.

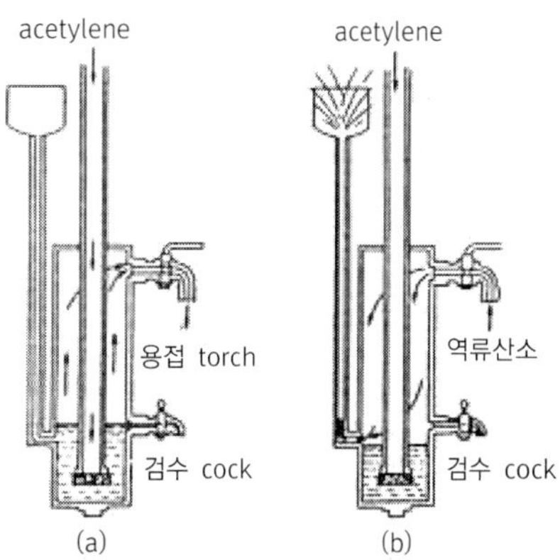

그림 4-85 안전기

4.6 납접

4.6.1 납접

납접은 모재의 용융온도보다 낮은 땜납(solder)을 용가재로 사용하는 용접이며, 땜납은 용융온도에 따라 대체로 450℃ 이하인 연납(軟납; soft solder)과 450℃ 이상인 경납(硬납; hard solder)으로 분류한다. 미국에서는 427℃를 기준으로 택한다.

납접의 장단점을 들면 다음과 같다.

[장점]

- 거의 모든 금속을 납접할 수 있다.
- 융점이 다른 이종금속을 납접할 수 있다.
- 가열온도가 낮기 때문에 접합시간이 짧고, energy의 소비가 적으며, 열영향의 정도와 범위가 적다.
- 자동화가 용이하다.
- 접합부를 재가열하여 납을 용융시키면 접합부의 분리가 가능하다.

[단점]

- 용가제인 납의 강도가 모재의 것 보다 낮기 때문에 접항강도가 낮다.
- 가열에 의하여 접합부가 약화되거나 파손되는 경우가 있다.

(1) 연납접(soldering):

연납(soft solder)에는 Sn-Pb 계: 사용범위가 가장 넓고 연납의 대표적인 것이다.

- Sn 계: Sn-Au 계, Sn-Ag 계, Sn-Sb 계 등이 있으며, 주로 반도체의 저온 납접에 사용된다.
- Pb 계: Pb에 소량의 Ag, Sn 등을 첨가한 것으로서 고온연납이다.
- Au 계: Si, Ge 반도체 및 Si chip과 기판의 납접에 사용된다.

등이 있으며, 저온에서 용이하게 납접을 할 수 있는 용가재이나, 기계적 강도가 낮다.

Sn-Pb 계의 연납에서 Sn의 양이 Pb보다 많은 납을 상납(上납)이라 하고, 아래 표는 Sn-Pb 계의 성분과 용도를 예시한 것이다. 얇거나 가느다란 강, 동, nickel 등의 판재 및 선재의 접합에 사용된다. 주철, stainless 강 및 Cr 도금판은 연납접을 할 수 없다.

연납은 강도가 낮기 때문에 큰 접합강도를 요하지 않는 전기부품의 결선 또는 수밀(水密) 및 기밀(氣密)을 요하면서 큰 강도를 필요로 하지 않는 곳의 접합에 많이 사용된다. 연납의 강도가 낮기 때문에 아래 그림과 같이 겹치기납접을 하거나 기계적으로 물린 상태에서 납접는 경우가 많다.

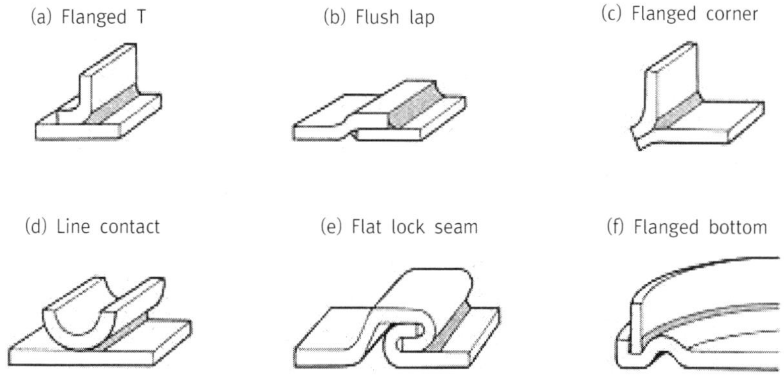

그림 4-86 lap soldering

모재의 산화막 등의 불순물을 제거하기 위하여 HCl, NH_4Cl, $ZnCl_2$, H_3PO_4 등의 용제를 선재의 내부에 넣은 상태와 paste 형태로 사용한다. 연납접 작업은 접합부를 wire brush, 사포(砂布) 등으로 불순물을 제거하고 용제를 사용하여 청소한다음 목탄(木炭)이나 torch 등으로 가열한 납땜 인두(soldering iron) 또는 전기인두로 납을 접합면에 대고 문질러 접합하며, 접합 후 표면에 묻은 용제를 제거하여 용제에 의한 부식을 방지한다. 제품의 형상 및 접합부의 위치 때문에 인두를 사용할 수 없을 때에는 침지법(浸漬法) 또는 화염법(火焰法)을 이용한다.

침지법(浸漬法): 제품을 전부 또는 일부를 납의 용융점보다 20 ~ 30℃ 높은 납욕(lead bath)에 담구어 수초 내에 접합한다. 담구기 전에 접합부에 용제를 발라 납욕에서 납이 붙도록 한다.

화염법(火焰法): 접합할 부분에 용제를 바르고 제품을 가열판 위에 놓아 torch 등으로 가열판을 가열하면서 분말상의 납을 공급하여 접합한다.

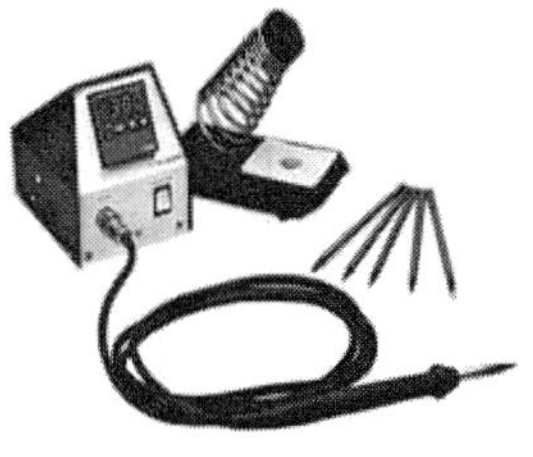

그림 4-87 soldering kit

그림 4-88 solder and flux

그림 4-89 soldering iron과 fume extractor

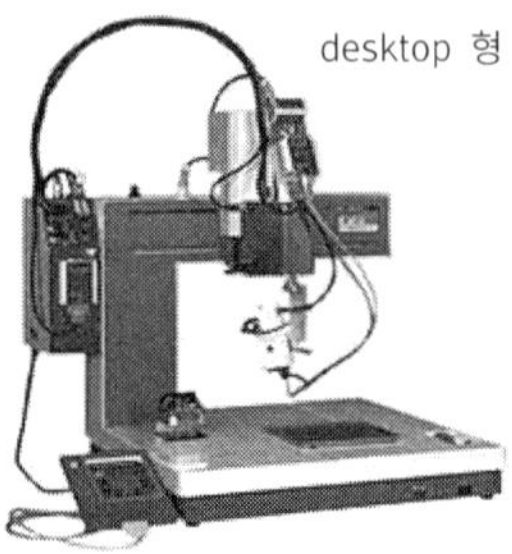

그림 4-90 soldering robot

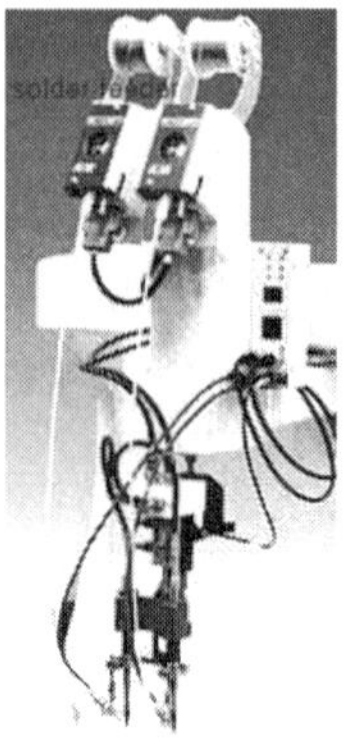

그림 4-91 soldering robot의 twin head

(2) 경납접(brazing):

경납(brazing filler metal)에는 은납, 황동납, 양은납, 금납, 백금납, aluminum 납, 철납 등이 있으며, 이들의 성분과 용도는 다음과 같다.

- 은납(silver solder): 황동에 Ag를 6 ~ 10% 정도 가한 것이며, 황동, 동, 연강의 땜에 사용된다. Ag를 가하면 유동성이 양호하고 강도가 커진다.
- 황동납(brass solder): Cu가 40 ~ 50%, 나머지가 Zn이며, 황동, 강, 동의 땜에 사용된다.
- 양은납(German silver solder): 황동에 Ni를 8 ~ 12% 가한 것이며, 동 및 강의 땜에 사용된다.
- 금납(gold solder): Au-Ag-Cu의 합금이며, 금과 은의 땜에 사용된다.
- 백금납(platinum solder): Ag-Au의 합금이며, 내열 및 내식성 등이 우수하며, 전자부품, 항공기 및 백금의 땜에 사용된다.
- aluminum 납(aluminum solder): Al-Mg-Zn의 합금이며, Al 금속의 땜에 사용된다.
- 철납(iron solder): 철분, 붕사, 붕산 등의 혼합물이며, 사용온도는 1150℃ 정도이다.

용제로서는 붕사 등을 물로 반죽하여 도포하거나 경납을 접하부상에 놓고 입상(粒狀)의 용제를 살포하여 산화막을 제거한다. 대표적인 용제에는 LiCl, NaCl, KCl, $ZnCl_2$ 등이 있다. 경납과 모재의 가열에는 gas burner, torch, 노(중유로, 전기저항로, 고주파로)를 사용하며, 그림은 bite tip을 몸체(shank)에 경납접하는 예로서 노에 넣어 경납을 용융시킨 후에 유중(油中)에서 냉각시킨다.

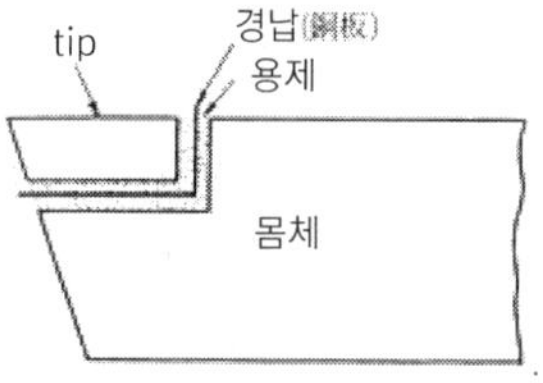

그림 4-92 bite의 경납접

그림 4-93 경납

4.7 금속의 절단(切斷)

금속의 절단에는 chip을 발생하는 기계적인 절단과 열에 의한 용단(熔斷)으로 크게 나눌 수 있다. 용단이 기계적인 절단에 비하여 절단면이 매끄럽지 못하고 용단이 되지 않는 금속이 있지만, 구조상 기계적 절단이 어려운 것을 절단할 수 있어 편리하게 사용되고 있다. 용단은 열원이 전기인 경우와 gas 연소에 의한 것 등으로 분류할 수 있으나, 본장에서는 gas 연소에 의한 절단 중에서 일반적으로 많이 이용되는 산소-acetylene 절단에 중점을 두어 설명코자한다.

4.7.1 arc 절단

arc 절단은 주철, 황동 등과 같이 gas 절단이 어려운 금속의 절단에 편리하며, 용접의 경우보다 큰 전류의 긴 arc를 사용한다.

arc 절단에는

- 탄소 arc 절단: 전극으로 탄소봉을 이용하여 전극과 모재 사이에 발생하는 arc 열에 의한 절단
- 금속 arc 절단: 특수피복 금속봉과 모재 사이에 발생하는 arc 열에 의한 절단으로서, 직류인 경우에는 정극성을 채용한다.
- 산소 arc 절단: 피복전극과 모재 사이에 arc를 발생시키고 심선 중심부의 중공을 통하여 용금을 불어내어 절단한다.

불활성 gas arc 절단: MIG 절단 및 TIG 절단이 있다.

plasma arc 절단: 도전성을 띤 gas체인 plasma에 의하여 용융시키고 불어낸다.

등이 있다.

4.7.2 laser beam 절단

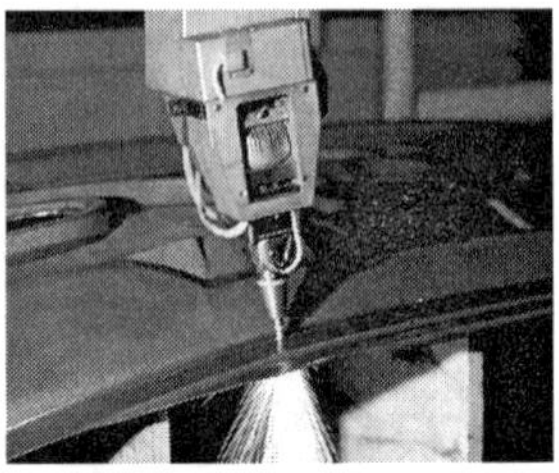

그림 4-94 laser 절단

laser beam 절단은 박판의 절단 및 구멍뚫기에 사용되나, 장비가 고가이고 energy 의 소비가 크다. 자동차 공장에서 body panel의 trimming 등에 이용된다.

4.7.3 gas 절단

대부분의 용단(熔斷)은 산소-gas 절단이며, 비철금속에서는 용단부를 단순이 용해시켜 불어내는 것으로써 용단이 수행되나, 철의 절단에서는 혼합 gas로 800 ~ 1000℃ 정도로 예열하고 이것에 순도가 높은 산소를 고압으로 분사하면 강열한 화학반응에 의한 고온으로 철은 산화(연소)되며, 기류가 화철을 불어내어 2 ~ 4 mm 폭의 홈으로 절단된다. 이 때의 화학반응은 다음과 같다.

$$Fe + \frac{1}{2}O_2 \rightarrow FeO + 64.0\,kcal$$

$$2Fe + \frac{3}{2}O_2 \rightarrow Fe_2O_3 + 190.7\,kcal$$

$$3Fe + 2O_2 \rightarrow Fe_3O_4 + 266.9\,kcal$$

gas 절단에는 수동절단(手動切斷)과 자동절단(自動切斷)이 있으며, 아래 그림은 torch tip의 형태, tip의 각도 및 tip과 가공물간의 간격을 보여 준다.

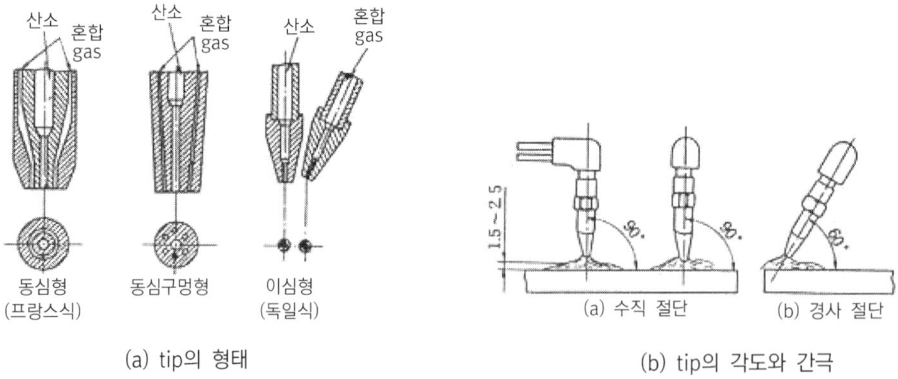

그림 4-95 gas 절단 torch의 tip

(1) 수동절단:

절단 torch에는 예열용 acetylene gas의 압력을 기준으로 하여 저압식(低壓式, 0.07 kg/cm^2 이하)과 중압식(中壓式, 0.07 kg/cm^2 이상)이 있으며, 그림은 저압식 torch로서, 예열용 산소-acetylene 혼합 gas 도관과 순수 산소만을 보내는 도관으로 되어 있다.

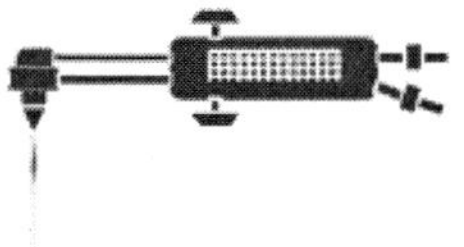

그림 4-96 gas 절단의 animation

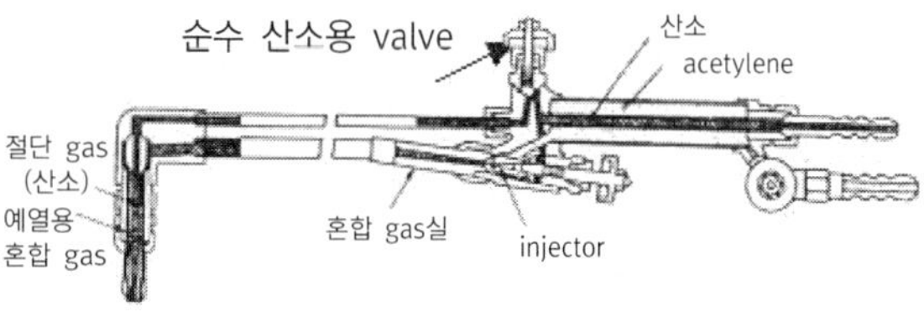

그림 4-97 저압식 torch의 구조

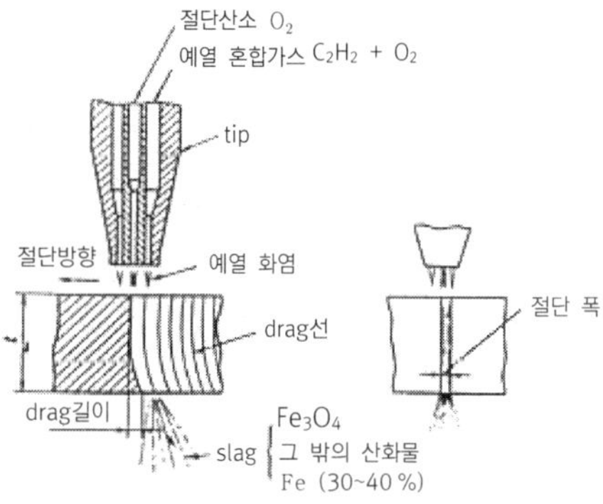

gas 절단에서는 절단홈의 밑으로 갈수록 slag의 방해, 산소의 오염 등에 의하여 산화작용이 느리고, 불어내는 압력이 저하하기 때문에 그림과 같이 上下의 절단거리에 차이가 생기며, 이 차이를 drag 또는 drag 거리라 한다. 이 drag는 절단성을 판정하는 기준이 되며, 절단속도, 산소소비량 등에 따라 변하고, 절단속도가 아주 느리면 drag는 0 이 된다. 산소량과 산소압력을 증가시키면 drag는 짧아지나, 산소압력을 증가시켜도 더 이상 drag가 짧아지지 않는 한계가 있다. drag가 길게 되는 조건에서 절단하면 절단비용은 감소하나, 절단깊이의 밑부분에서는 절단이 되지 않을 수도 있으므로 drag는 강판두께의 20% 정도가 작업능률의 관점에서 좋다.

$$\text{drag} = \frac{\text{drag길이}}{t} \times 100(\%)$$

수동 gas 절단 조건

강판 두께 (mm)	tip 지름 (mm)	산소압력 (kg/㎠)	절단속도 (mm/min)	gas 소비량(㎥/hr)		drag (%)
				산소	acetylene	
3	0.5 ~ 1.0	1.0 ~ 2.1	510 ~ 760	0.5 ~ 1.6	0.17 ~ 0.26	–
6	0.8 ~ 1.5	1.1 ~ 1.4	410 ~ 660	1.0 ~ 2.6	0.19 ~ 0.31	–
9	0.8 ~ 1.5	1.2 ~ 2.1	380 ~ 610	1.3 ~ 3.3	0.19 ~ 0.34	–
12	1.0 ~ 1.5	1.4 ~ 2.2	305 ~ 560	1.9 ~ 3.6	0.28 ~ 0.37	15 ~ 20
19	1.2 ~ 1.5	1.7 ~ 2.5	305 ~ 510	3.3 ~ 4.1	0.34 ~ 0.43	15 ~ 20
25	1.2 ~ 1.5	2.0 ~ 2.8	230 ~ 460	3.7 ~ 4.5	0.37 ~ 0.45	12 ~ 16
50	1.7 ~ 2.0	1.6 ~ 3.5	150 ~ 330	5.2 ~ 6.5	0.45 ~ 0.57	10 ~ 15

(2) 자동절단:

공작물을 절단할 때 절단기가 이동대와 함께 track 위를 자동 이동하면서 직선 또는 곡선 절단 할 수 있는 자동절단기가 있다. 아래 표의 조건에 따라 강판과 torch tip 간의 거리 등을 선정하고, 절단 시작점을 충분히 예열하여 용융점에 이를 때 순수 산소 valve를 열어 산화, 분출시키면서 이동대를 track상에서 이동시켜 절단한다.

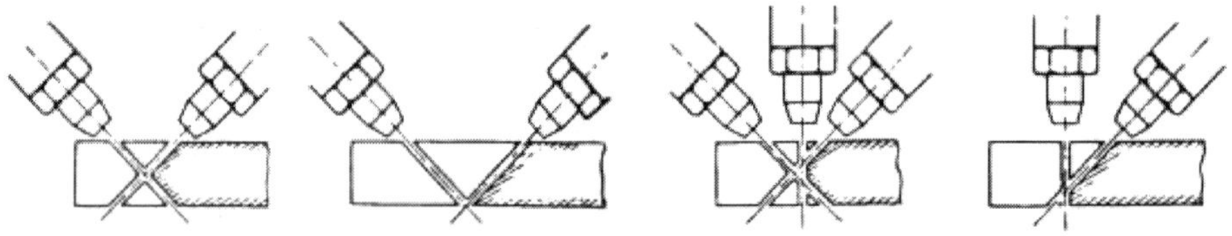

그림 4-99 2 ~ 3개의 torch로 홈을 자동절단하는 예

자동 gas 절단 조건

강판 두께 (mm)	tip 지름 (mm)	산소압력 (kg/㎠)	절단속도 (mm/min)	gas 소비량(㎥/hr)		drag (%)
				산소	acetylene	
6	0.8 ~ 1.5	1.1 ~ 2.4	510 ~ 710	1.0 ~ 2.6	0.17 ~ 0.31	–
9	0.8 ~ 1.5	1.2 ~ 2.8	480 ~ 660	1.3 ~ 3.3	0.17 ~ 0.34	–
12	0.8 ~ 1.5	1.4 ~ 3.8	430 ~ 610	1.8 ~ 3.5	0.23 ~ 0.37	15 ~ 20
19	1.0 ~ 1.5	1.7 ~ 3.5	380 ~ 560	3.3 ~ 4.5	0.34 ~ 0.43	15 ~ 20
25	1.2 ~ 1.5	1.9 ~ 3.8	350 ~ 480	3.7 ~ 4.9	0.37 ~ 0.45	12 ~ 16
50	1.7 ~ 2.1	1.6 ~ 4.2	250 ~ 350	5.2 ~ 7.4	0.45 ~ 0.57	10 ~ 15

(3) 수중 gas절단:

수중절단은 침몰선의 해체, 교량의 보수 등 불가피하게 수중 작업을 요하는 곳에서 이용되며, 일반 torch와 다른 점은 그림과 같이 용접 중 물의 침입을 막기 위하여 압축공기를 분출하는 구멍이 하나 더 있다. acetylene gas는 수중 7.5 m 깊이까지 사용할 수 있고, 보다 깊은 곳에서는 압력에 의한 안전상 수소 gas를 사용한다.

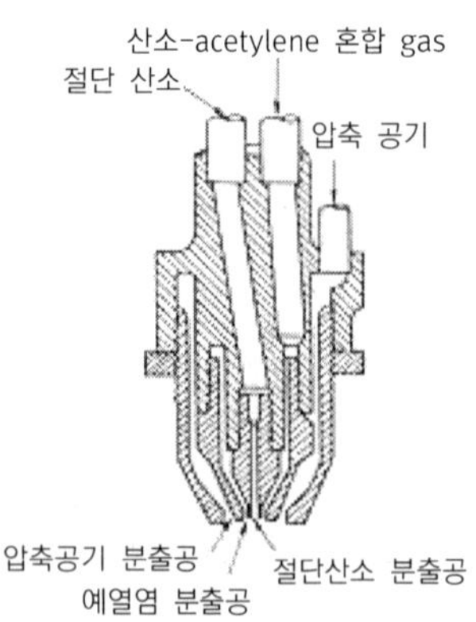

그림 4-100 수중 절단 torch tip

(4) gas gouging:

일명 따내기라고도 하며, 가공물의 일부분을 용융시켜 불어냄으로써 홈을 내는 가공이다. 아래 그림과 같이 gouging torch tip을 30 ~ 45° 경사지게 하여 예열하고, 표면이 점화온도에 달하면 tip을 6 ~ 12 mm 정도 후퇴시켜 산소 valve를 서서히 열고 작업을 진행한다.

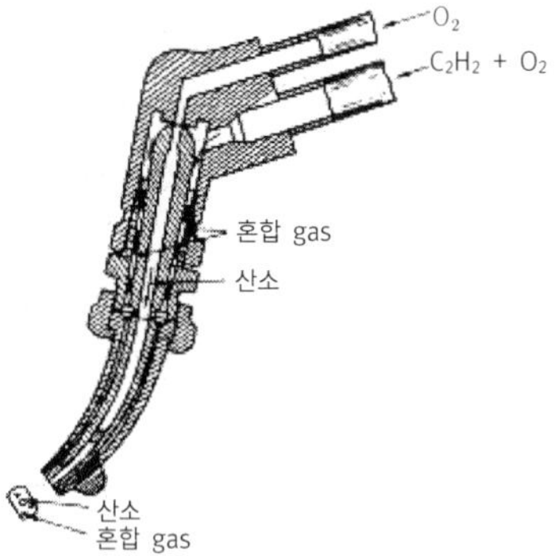

그림 4-101 U형 홈 가공용 gas gouging torch tip

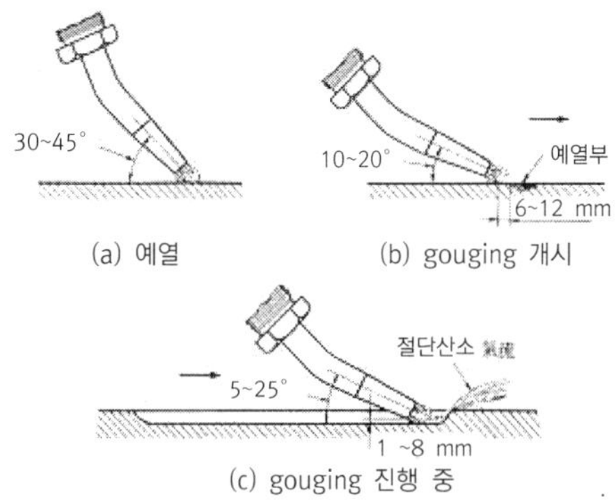

그림 4-102 gouging 작업

gouging조건

tip 지름 (mm)	산소압력 (kg/㎠)	진행속도 (cm/min)	홈의 크기(mm)	
			폭	깊이
3.4	4.5	30.4 ~ 36.5	8	3.2 ~ 4.8
3.4	5.2	45.6 ~ 55	8	4.8 ~ 6.4
4.8	5.6	48.5 ~ 58	9.5	4.8 ~ 6.4
4.8	6.3	58 ~ 61.4	11	6.4 ~ 9.5
6.4	6.3	58 ~ 61.4	12.7	6.4 ~ 9.5
6.4	7.0	78 ~ 85	12.7	8 ~ 11

4.8 기타 특수용접

특수용접 중에서 전호(電弧; arc)를 이용한 용접은 3장의 특수 arc 용접에서 다루고, arc를 이용하지 않는 특수용접만을 본장에서 취급한다. 저자에 따라서는 특수용접 전체를 같은 단원에서 취급하고 있으므로 특수용접의 단원으로 공부하려면 3장의 arc 특수용접과 본장을 모아 하나의 단원으로 공부하기 바란다.

4.8.1 electroslag 용접

그림과 같이 arc열이 아닌 wire(solid or flux-cored electrode)와 용제(熔劑; flux) 사이에 전기저항열(Q=0.24 EI cal/sec)을 이용하여 모재의 접합부와 용가재(熔加材; filler wire)인 전극 wire를 용융시키고, 수냉동판(水冷銅板)을 위쪽으로 이동시키면서 연속주조 방식에 의해 단층상진용접(單層上進熔接)하는 것을 electroslag 용접이라 한다. flux 속에서 wire로 된 전극과 모재의 하부 사이에서 arc가 발생하고, 이 열이 flux를 용해한 후 저항이 큰 slag가 형성되면서 arc는 사라지고 전기저항열에 의하여 용접이 진행된다. 모재의 두께에 따라 wire의 수를 정하고, 용제가 내재된 wire 전극(flux-cored electrode)이 사용되는 경우도 있다. 전류는 600 A 정도, 전압은 40 ~ 50 V, 용접속도는 0.2 ~ 0.6 mm 정도이다. 주로 저탄소강의 용접에 사용되나 중탄소강 및 고장력강을 비롯한 stainless 강 등 광범위에 걸쳐 적용되며, 50 ~ 90 mm 두께 정도의 용접이 가능하다.

이 용접의 특징을 들면 다음과 같다.

- 두꺼운 판의 수직용접에 유리하다.
- 홈가공 등을 할 필요가 없어 submerged arc 용접에 비하여 유리하다.

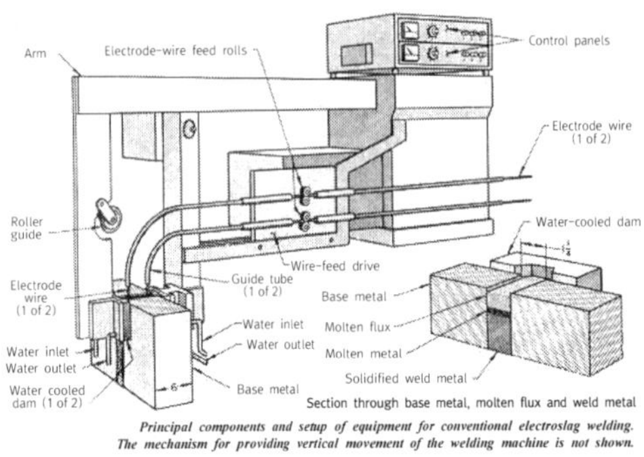

그림 4-103 electroslag 용접장치

그림 4-104 electroslag 용접 장면

연강용 electroslag 용접 wire의 화학성분(%)

wire	C	Mn	Si
SW-08 A	0.10	0.35 ~0.60	0.03〉

연강용 electroslag 용접 용제의 화학성분(%)

용제	SiO_2	Al_2O_3	MnO	CaO	MgO	FeO	CaF_2	S	P
AN8	33 ~ 36	11 ~ 15	21 ~ 26	4 ~ 7	5 ~ 7	~ 1.5	13 ~ 19	0.15〉	0.15〉

4.8.2 전자(電子) beam 용접

전자 beam 용접(electron beam welding)은 고진공(10^{-4} ~ 10^{-6} mmHg)실 내에서 적열(赤熱)된 filament로 부터 방출된 전자가 용접부에 빛의 1/2의 속도로 충돌될 때의 운동 energy에서 발생하는 열을 이용하는 것이다. 이 용접기는 진공실 밖에서 제어할 수 있으며, 창을 통하여 용접진행 상황을 관찰할 수 있다. 10-3 mmHg보다 높은 기압에서는 공간이 전리(電離)되어 방전(放電)현상이 일어난다. 용접속도는 200 mm/sec 정도로 크며, 150 mm 정도의 두께까지 용접할 수 있다.

이 용접법의 특징은 다음과 같다.

[장점]

- 가속된 강력한 energy가 전자 lens에 의해서 극히 좁은 부분에 방출되므로, 순간적으로 좁고 깊은 용입(熔入)을 얻을 수 있으며, 구멍뚫기나 절단에 더욱 유리하다.
- 얇은 것에서 부터 두꺼운 것까지 적용범위가 크다.
- 대부분의 용접에서 용가제를 사용하지 않는다.
- 접합강도가 크다.
- 이종금속도 용이하게 용접한다.
- 가까이 접근할 수 없어 상용용접이 어려운 곳의 용접이 가능하다.
- 열영향부가 좁아 변형 및 수축이 적다.
- 고진공실 내에서 용접이 되기 때문에 외부로 부터 용접부가 오염되지 않는다.

[단점]

- 진공실에 의하여 크기에 제한을 받는다.
- 전문가적 기술을 요한다.
- Zn계합금은 용접이 곤란하다.

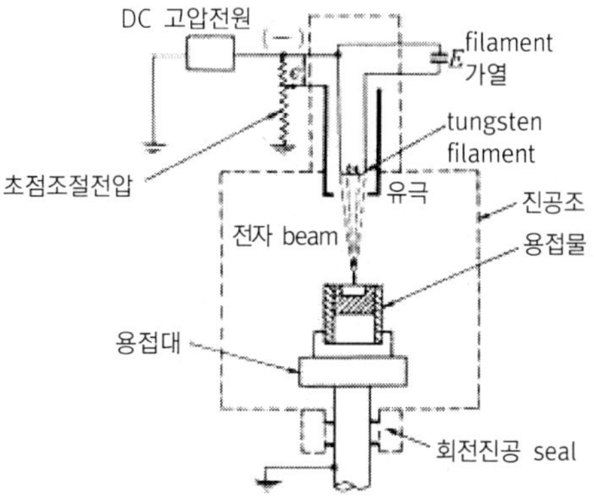

그림 4-105 전자 beam 용접 원리

4.8.3 테르밋(thermit) 용접

산화철(FeO, Fe_2O_3, Fe_3O_4)과 aluminum 분말의 혼합물을 thermit이라 하며, 이것에 점화시키면

$$3FeO + 2Al \rightarrow 3Fe + Al_2O_3$$

$$Fe_2O_3 + 2Al \rightarrow 2Fe + Al_2O_3 + 189.1kcal$$

$$3Fe_3O_4 + 8Al \rightarrow 9Fe + 4Al_2O_3 + 702.5kcal$$

와 같은 강력한 화학반응을 일으켜 1 분 안에 약 3000℃의 고열을 내며, Al은 산화하여 Al_2O_3가 되어 위에 떠오르고 용금(熔金)은 밑에 잠긴다. 점화제는 BaO_2 와 Mg 분말의 혼합물이다. 이와 같이 발생한 열을 사용하는 용접을 thermit 용접이라 하며, 큰 단조물, 주물, 관(pipe) 및 rail 등의 용접이나 수리에 이용된다. thermit용접에는 thermit 주조용접과 thermit 가압용접이 있고, thermit 용접의 특징을 열거하면 다음과 같다.

[장점]

- 전력이 필요없다.
- 설비가 간단하여 설치비가 저렴하다.
- 작업이 간단하다.
- 용접변형이 적다.
- 용접시간이 짧다.

[단점]

- 접합강도가 낮다.

thermit 주조용접(鑄造熔接)은 아래 그림(a)와 같이 용접부의 홈에 paraffin이나 wax를 채우고 둘레에 사주형(砂鑄型)을 만든 다음 열로 paraffin core나 wax core를 제거하고 공동부(空洞部)에 thermit에서 얻은 용금(熔金)을 주입하면 모재와 융합한다. 용접부가 클 때에는 홈을 800 ~ 900℃로 예열하면 좋다. 이 방법은 축, gear, frame 등을 수리하거나 rail의 접합 및 기계부품의 마멸부(磨滅部)를 보수할 때에 이용되고, 불필요한 부분은 gas 절단, 연삭 또는 기계가공으로 제거한다.

thermit 가압용접(加壓熔接)은 그림(b)와 같이 모재의 단면을 맞대어 접촉시키고, thermit 반응으로 생긴 slag와 용금을 주위에 부어 가열한 후 가압하여 용접을 행하는 방식이다. 이 때 높은 온도의 응고점을 갖는 slag가 먼저 주입(注入)되고 용금이 다음에 주입되므로써 용금과 피용접물의 직접 접촉을 막고, slag를 통한 열전도에 의하여 피용접재가 가열된다.

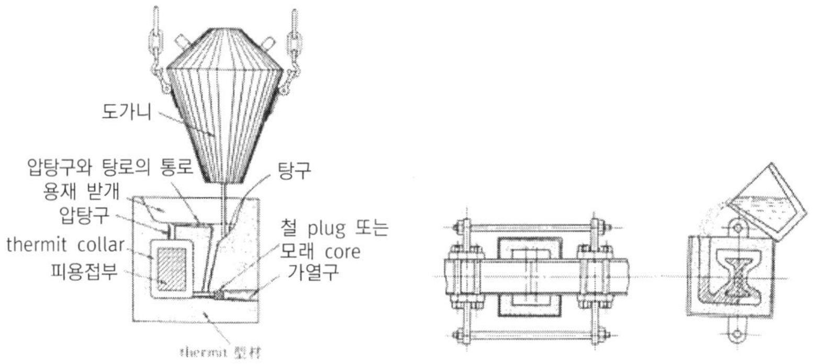

(a) thermit 주조용접 (b) thermit 가압용접

그림 4-106 thermit 용접

그림 4-107 thermit용접 현장사진

4.8.4 laser beam 용접

laser는 빛의 증폭기(增幅器; light amplifier)를 말하며, 정확한 어원은 유도방사(誘導放射)에 의한 빛의 증폭기(light amplification by stimulated emission of radiation)이다. 그림과 같이 크세논 섬광관(xenon flash tube)에서 발생하는 섬광(flash)이 rubby 결정(結

晶, Al_2O_3+15% Cr) 중의 Cr 원자에 의하여 자려발진(自勵發振)이 일어나고, 결정을 지나는 중에 증폭되어져 아주 격렬한 빛으로 된다. 이 빛을 lens를 통하여 집중시킨 열 energy를 이용한 용접을 laser 용접이라 한다. 이 용접의 특징은 다음과 같다.

- 진공실이 필요없다.
- 좁고 깊은 접합에 적합하며, 특히 얇은 부품의 용접에 유리하다.
- 변형과 수축이 적다.
- 용접속도가 크고, CNC 등에 의한 자동화가 쉽다.
- 가까이 접근할 수 없는 부재(部材)의 용접을 할 수 있다.
- 다양한 재료의 용접이 가능하며, 용접재가 부도체인 경우도 용접이 가능하다.
- 미세정밀(微細精密) 용접을 할 수 있다.
- 대부분 용가제를 사용하지 않고 모재의 합금화에 의한다.
- 이종재료의 용접도 성공적으로 수행할 수 있다.

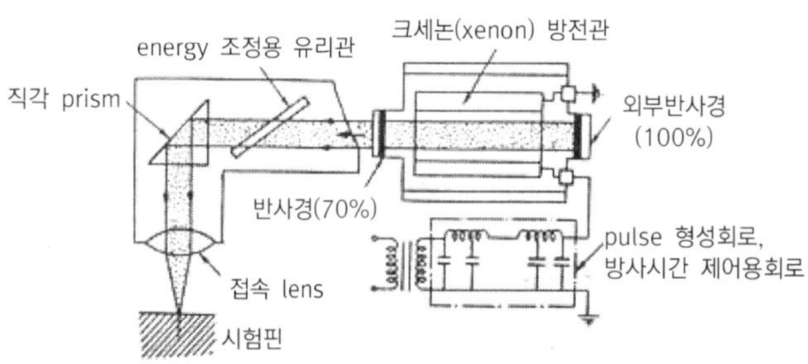

그림 4-108 laser 용접 원리

그림 4-109 laser 용접 예

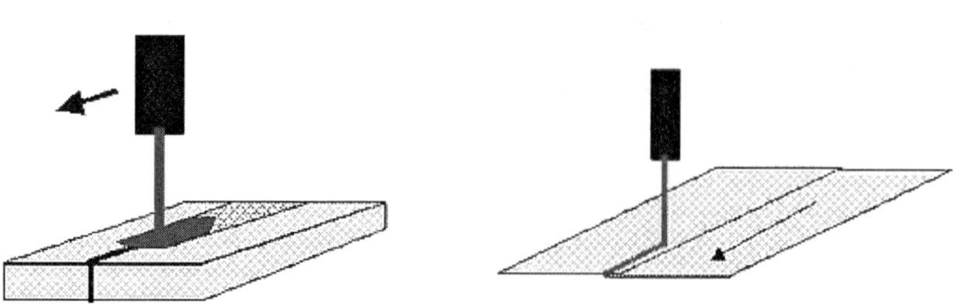

그림 4-110 plastic의 laser 용접 모형

그림 4-111 laser 용접 장면

4.8.5 저온용접(共晶低溫熔接)

2개 이상의 금속이 용융상태에서는 균일한 융액(融液)이 되나 냉각시에는 어느 일정온도에서 부터 2종 이상의 결정이 생겨 응고점 이하의 고체에서 2개 이상의 결정립(結晶粒)이 혼재된 것을 공정(共晶)이라 한다. 이 때 공정이 생기는 온도를 공정점(共晶點)이라 한다. 이와 같이 공정합금의 용융점이 공정합금이 아닌 금속에 비하여 낮다는 성질을 이용한 용접을 저온용접(低溫熔接; low temperature welding) 또는 공정저온용접(共晶低溫熔接)이라 한다.

이 용접에서는 모재를 예열하고 모재와 같은 계통의 공정합금인 용접봉을 사용하여 직류 또는 교류의 arc 용접 또는 gas 용접을 하며, 용제를 사용하여 산화를 방지한다. 이 용접은 용가재인 용접봉의 용융온도가 모재의 용융온도보다 낮으므로 일종의 납접이라고도 할 수 있다. 저온용접의 특징은 다음과 같다.

- 전력 및 gas의 소비량이 적다.
- 모재의 변형과 변질이 적다.

공정합금은 유동성이 좋고, 결정이 치밀하여 용접강도가 크다.

공성 저온 용접봉의 종류(봉의 지름 3.2mm 사용)

종별번호			주성분	용착 온도(℃)와 적정 전류(A)	인장력 kg/㎟	용도
주철	가스	14FC	Fe, C, Si, Mn	760 ~ 870	28	주철
	〃	15	Zn, Sn	230 ~ 320	11	주철, 주강, 강, 동합금
	아아크	27	Fe, Mn, C	AC, DC 60 ~ 120	42	주철, 강
	〃	244		AC, DC 65 ~ 125	43	주철, 동, 강
강·합금강	가스	16FC	Cu, Zn, Ni	750 ~ 800	70	강, 공구강
	〃	1800	Ag, Cu, Zn, Cd	600	63	강, 스테인레스강
	아아크	670	Fe, Cr, Ni	AC, DC 75 ~ 125	67	스테인레스강
	〃	6000	Fe	AC, DC 60 ~ 125	48	연강

4.8.6 고상용접(壓接; pressure welding)

고상용접(固相熔接)은 접합면을 청정(淸靜)하고 기계적인 힘에 의하여 밀착시켜 원자와 원자의 인력(引力)이 작용할 수 있는 거리에 접근시켜서 접합하는 것을 고상용접이라 하며, 일명 압접(壓接; pressure welding) 이라고도 한다. 엄밀한 의미에서는 용접에 속할 수 없으나 접합한다는 공통적 의미에서 특수용접에 소속시켰다. 고상용접에는 가열을 하지 않는 냉간압접과 가열하는 열간압접이 있으며, 열간압접에는 가열열원에 따라 전기저항용접, gas 압접, 단접, 마찰용접, 초음파용접 및 폭발압접 등이 있다. 맞대기저항용접과 gas 압접은 앞에서 취급하였으므로 여기에서는 나머지의 압접에 관해서만 공부하기로 한다.

(1) 냉간압접(冷間壓接; cold pressure welding):

가열하지 않고 상온에서 150 ~ 300 kg/mm^2 정도의 압력을 가하여 2개 면간의 거리를 Å(1Å=10^{-8} cm) 단위의 거리로 가까이 할 때 자유전자(自由電子)가 공통화 되고 공정격자점(共晶格子點)의 양 ion과의 인력으로 2개의 금속면이 결합한다는 것이다. 이 용접법에서는 접합면의 청정이 중요하며, 청정 후 1시간 이내에 접합 하므로써 산화막의 생성을 피한다. 이 용접법은 Al, Cu, Ag, Pb 및 각종 철강 등에 이용된다.

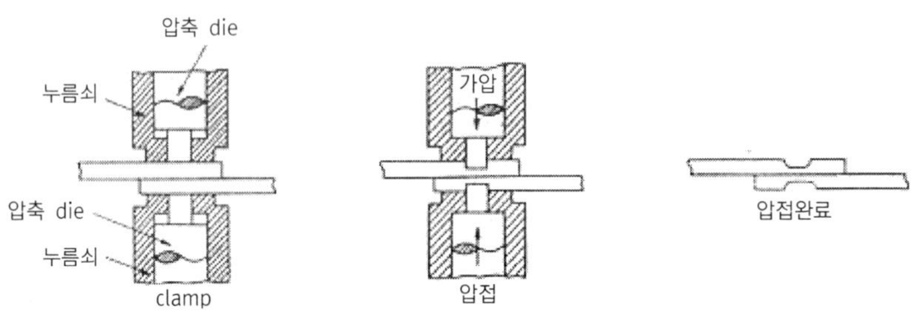

그림 4-112 냉간압접

(2) 열간압접(熱間壓接; hot pressure welding):

금속을 소성상태로 될 때까지 화덕에서 또는 gas torch 등으로 가열한 상태에서의 타격이나 압력을 가하여 접합하는 것으로서, 일명 단접(鍛接; forge welding)이라고도 하며, 주로 철강에 이용되나, 접합강도가 낮고 과열 또는 온도가 낮으면 접합상태가 불량하는 등의 기술상의 문제 때문에 이용도가 낮다.

(3) 마찰용접(摩擦熔接; friction welding):

그림과 같이 접합면을 맞대고 압력을 가한 상태에서 회전을 시켜 접합부가 적당한 온도에 달했을 때 회전을 멈추고 가압력을 증가시켜 압접하며, 일명 마찰압접(摩擦壓接)이라고도 한다. 마찰용접의 특징은 용접부에 있는 산화물 등의 불순물이 마찰 중 밀려 나가기 때문에 접합강도가 크며, 강과 동, 강과 aluminium, 강과 plastics, 동과 aluminium, 등 이종금속(異種金屬)의 용접도 가능하다. 이 용접법은 자동차 valve, drill 등과 같이 고급 소재를 절약하거나 별도로 제작하여 용접하는 것이 편리할 때 이용한다.

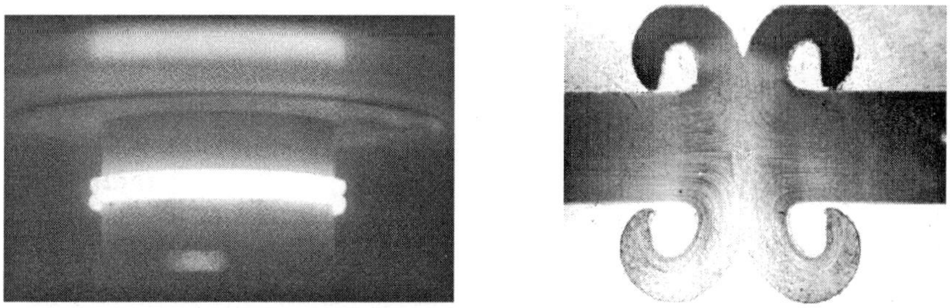

그림 4-113 마찰용접 장면

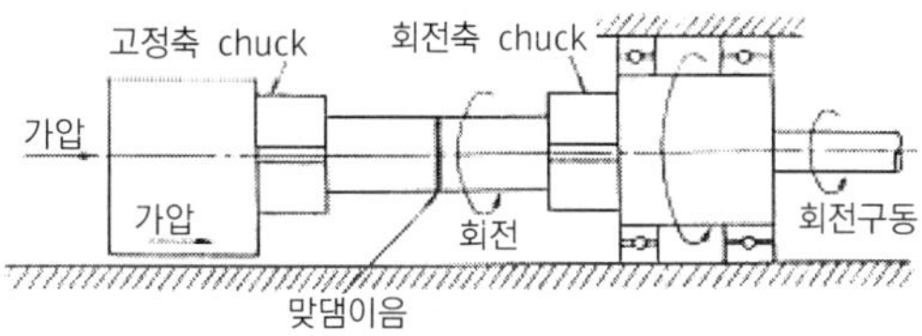

마찰용접

마찰용접 조건

용접재료	지름 (mm)	회전수 (rpm)	접촉 압력 (kg/㎟)	upset 압력 (kg/㎟)	용접 시간 (sec)
연 강	12	3000	3.5	3.5	7
stainless 강	25	3000	8.5	11	7
공 구 강	19	4000	10.5	14.0	10
동	25	6000	3.5	77.5	18
stainless 강-연강	19	3000	5.2	10.5	10
aluminium	19	3800	2.8	4.5	6
합 금 강	9.5	5000	17.5	28.0	10
Ti	19	10.000	0.56	6.0	20 ~ 25

그림 4-114 마찰용접

(4) 초음파용접(超音波熔接; ultrasonic welding):

그림과 같이 tip과 anvil 사이의 접합하고자 하는 소재면에 정하중을 가하면서 10 ~ 75 kHz 이상의 초음파진동을 1 ~ 7 sec 동안 주어 진동마찰열을 발생시켜 압접하는 방법이다.

발생열의 온도는 보통 융점의 1/3 ~ 1/2 정도로서, 용접부의 열영향이 적고, 필요 energy는 접합재의 두께와 경도에 따라 증가 한다. 초음파용접은 금속 및 비금속을 비롯한 이종재료에 까지 그 적용범위가 넓다. 진동과 열에 의하여 용접재의 계면에 있는 산화막 및 오염막이 파괴되어 금속간의 접촉상태애서 강력한 결합이 이루어진다. tip과 cone(transducer)간의 coupling의 선택이 능률적인 작업에 중요하다. Al, Al-Cu 등의 금속에는 0.01 mm ~ 2 mm, plastics 에는 1 ~ 5 mm의 얇은 제품의 용접에 이용된다.

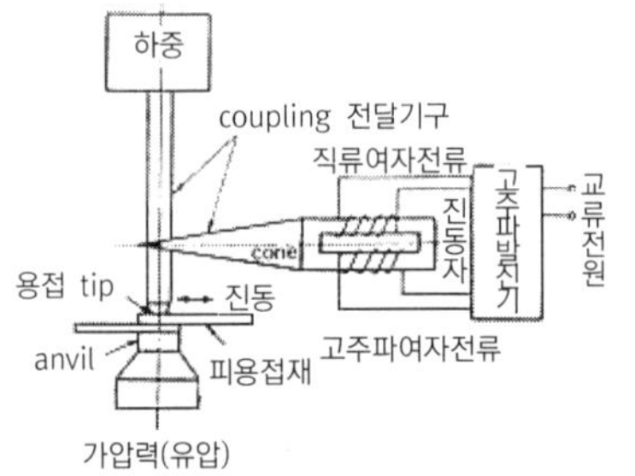

그림 4-115 초음파용접 원리(I)

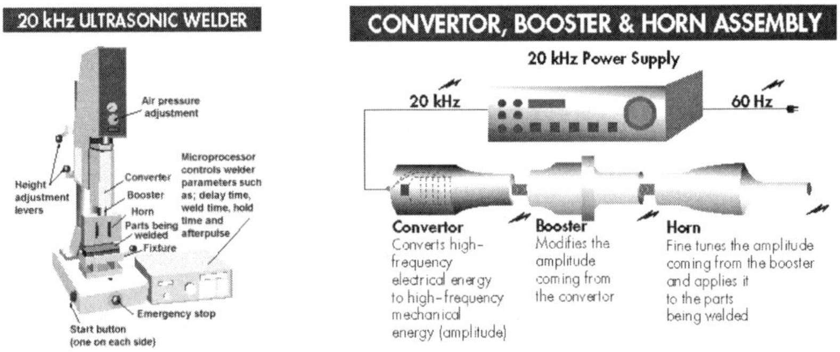

그림 4-116 초음파용접 원리(II)

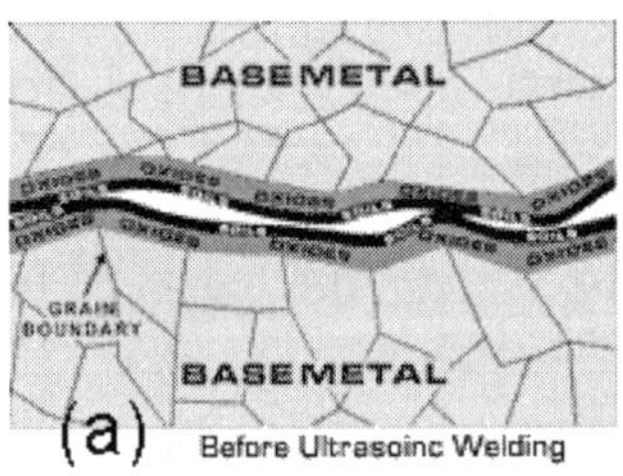

그림 4-117 용접 전

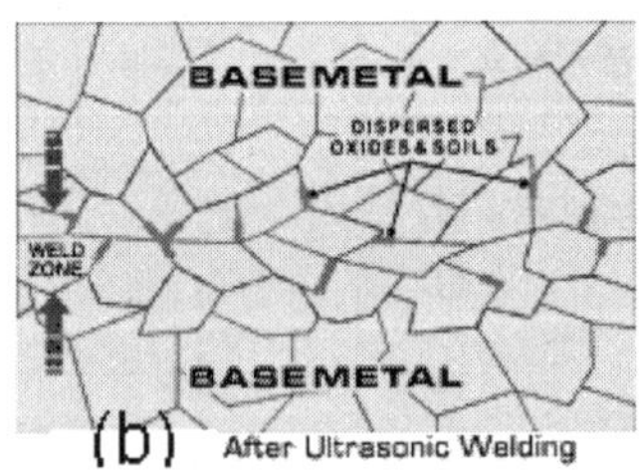

그림 4-118 용접 후

(5) 고주파용접(高周波熔接; high frequency welding):

고주파용접은 450 kHz 정도까지의 높은 주파수를 이용한다는 것 외에는 전기저항용접의 seam 용접과 같다. 관의 맞대기용접을 위하여 개발된 것으로서, 그림(a)에서와 같이 2개의 접촉자(contacts)를 통하여 성형된 관의 가장자리에 전류를 보내어 저항열로 가열시키고 roller로 압착하므로써 용접을 완료하는 고주파저항용접법과 그림(b)와 같이 성형된 관의 가장자리를 고주파유도열로 가열한 후 roller로 가압하여 용접을 완료하는 고주파유도용접법이 있다.

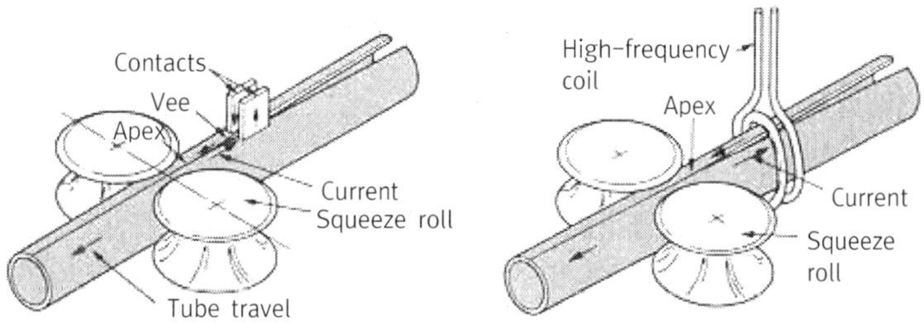

(a) 고주파저항용접 (b) 고주파유도용접

그림 4-119 고주파용접

(6) 폭발용접(爆發熔接; explosive welding):

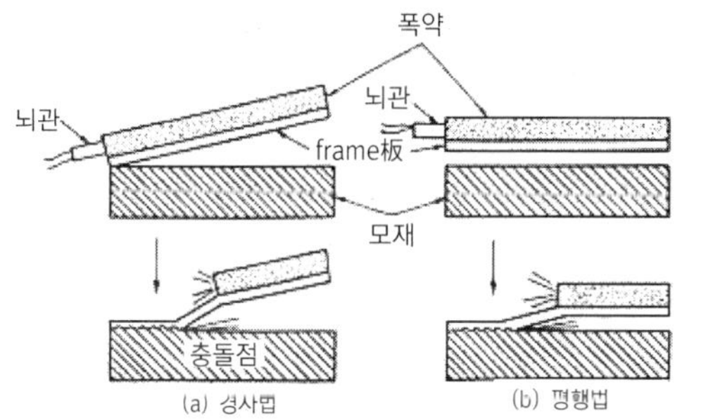

그림 4-120 폭발용접

그림과 같이 화약의 폭발압력에 의하여 2개의 금속판을 접합하는 방법이며, 다른 고상용접에서와 같이 이종재(異種材)도 용접이 된다. 일반적으로 부식저항이 큰 판을 base metal에 접합하거나, 큰 면적의 접합을 요할 때 적용되며, 접합부에 있던 표면막은 액체가 되어 밀려 나온다. 이 용접법에는 경사법(傾斜法)과 평행법(平行法)이 있으며, 경사법에서는 상판(上板)을 3 ~ 30° 로 경사시키고 그 위에있는 폭약을 뇌관을 통해 점화시키면 폭발압력에 의한 충격에 의하여 소성변형을 하면서 압접된다. 평행법에서는 2판의 적당한 간격에서 경사법에서와 같은 방법으로 폭발시키면 된다. 폭발용접의 특징은 다음과 같다.

[장점]

- 이종금속을 포함한 다른 방법으로 용접이 어려운 재료의 용접을 할 수 있다.
- 접합강도가 크다.
- 6 m ×2 m 정도의 큰 면적의 용접도 할 수 있다.

[단점]

- 취급에 위험이 따르므로 훈련된 기술자가 필요하다.

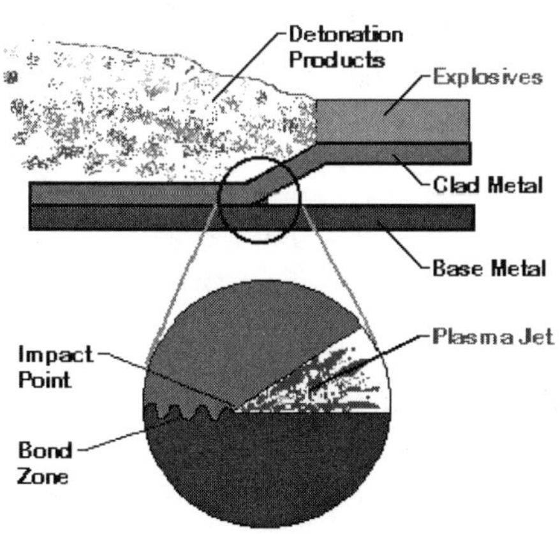

Figure 1 - Explosion Weld in Mid-event

그림 4-121 폭발용접

4.8.7 용사(熔射; metallizing, metal spraying)

gas 화염 및 전기 arc 및 plasma arc 열을 열원으로 하는 용사 gun을 사용하여 Zn 및 Al과 같은 금속의 용액(熔液)을 금속 및 비금속의 표면에 100 m/sec 정도의 압축공기로 분사시켜 0.25 mm 정도의 층을 기계적으로 결합시키는 것이다. 용사는 내식성, 내마모성, 열전도도, 전기전도도, 단열, 절연 및 표면의 미려 등을 향상시키기 위한 목적에 이용된다. 용사장치에는 용선식(熔線式), 용봉식(熔棒式), 분말식(粉末式) 등이 있다. 용사전에 모재를 shot peening 및 grit blasting 등에 의하여 표면을 청정하고 거칠게 하거나 기계가공으로 홈을 내므로써 밀착도(密着度)를 높이고 피막의 두께를 크게 할 수 있다. 다음 표는 모재와 용사재료의 관계를 나타낸다.

용사재료

모재	용사재료
요업 재료, plastic, 강, inconel, Mo, Al, Mg, 흑연, 구리	산화물 : Al_2O_3, ZrO_2, SiO_2, BeO, MgO, Al_2O_3-SiO_2, ZrO_2-SiO_2, 기타
inconel, stainless 강, Zr, 흑연	탄화물, 질화물 : Ti, BiC, B_4C, WC, Si_3N, TiC-B_4C
inconel, stainless 강, Zr, Mo	붕화물 : TiB, TiB_2, ZrB, Mo, B, WB, W_2B, TaB_2 붕화물과 금속의 혼합물
구리, stainless 강, inconel, Mo, Zr, 요업 재료, 흑연	금속 : Cr, W, Ti, Ni, Cd, Mo, Si, Ta, Nb, Al, B, Cr-Ni 합금 기타

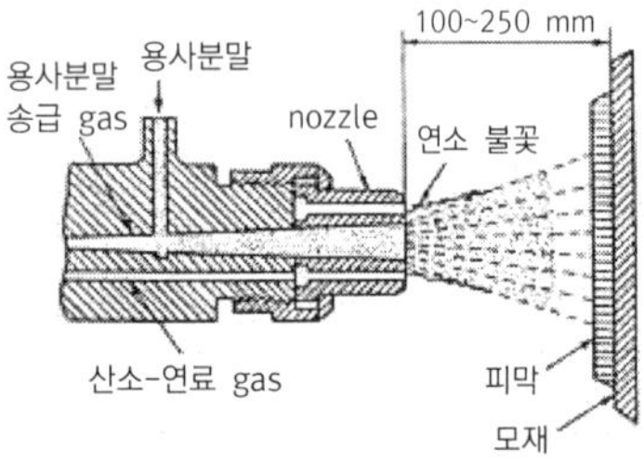

그림 4-122 분말식 gas 용사장치

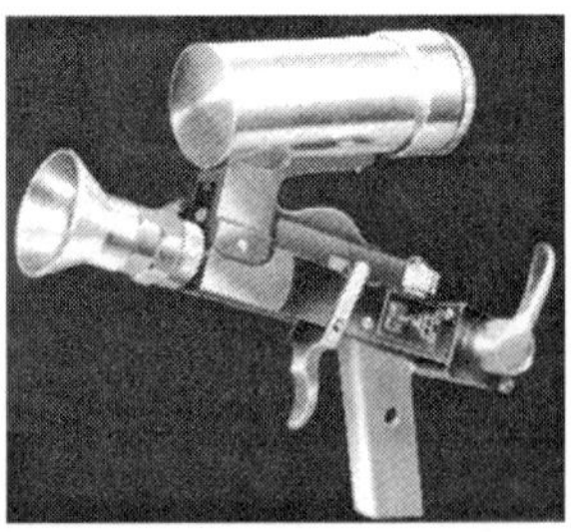
그림 4-123 분말식 용사기

그림 4-124 용사장면

4.8.8 plastic 용접

plastic에는 열가소성수지(熱可塑性樹脂; thermo-plastics)와 열경화성수지(熱硬性樹脂; thermosetting plastics)가 있으며, 열가소성수지는 열을 가하면 연화(軟化) 단계를 거쳐 유동하고 냉각시키면 초기의 상태가 된다. 전자가 plastic 용접에 사용되며, 후자는 용접이 불가능하여 접합제에 의한 접합, rivet 및 나사와 같은 기계적 접합법을 이용하여 체결한다. 여기에서는 열가소성 plastic의 용접에 대하여만 기술하기로 하며, 열풍용접(熱風熔接), 열기구용접(熱器具熔接), 마찰용접(摩擦熔接) 및 고주파용접(高周波熔接) 등이 있다.

(1) 열풍용접(hot gas welding):

그림과 같이 gas 가열식 hot gun 또는 전기 가열식 hot gun을 사용하여 모재와 용가재(용접봉)를 가열하고, 용접봉을 눌러 붙인다. 근래에 gas 가열식 hot gun은 사용하기에 불편하기 때문에 거의 사용되지 않고, 주로 전기 가열식 hot gun을 사용하고 있다. 모재가 두꺼울 때는 홈을 파고 다층용접을 한다. 아래 그림과 표는 hot gun의 구조, 용접법 및 피용접재에 대한 열풍온도(熱風溫度)를 보인다.

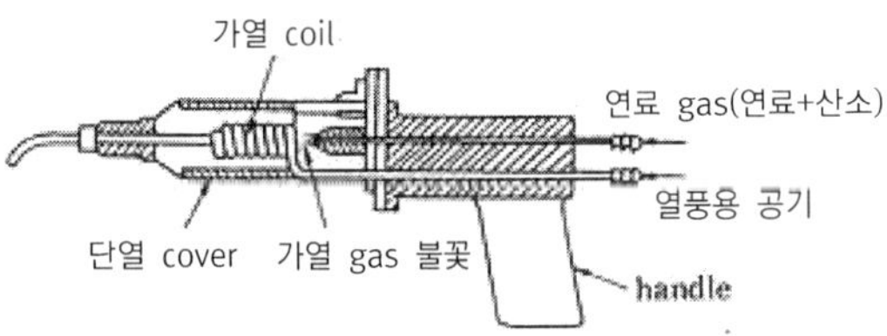

(a) gas 가열식 hot gun

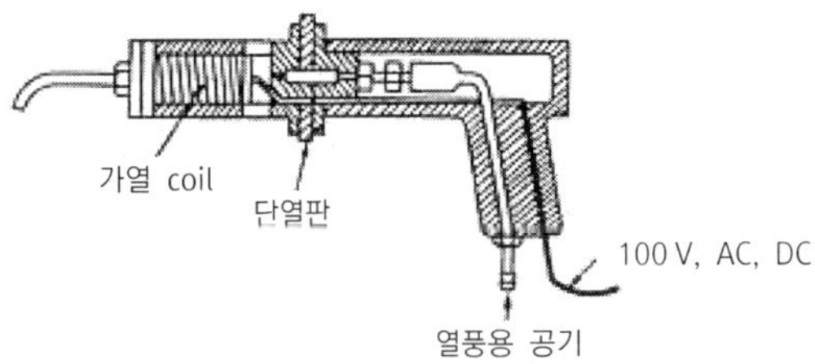

(b) 전기 가열식 hot gun

gun의 구조

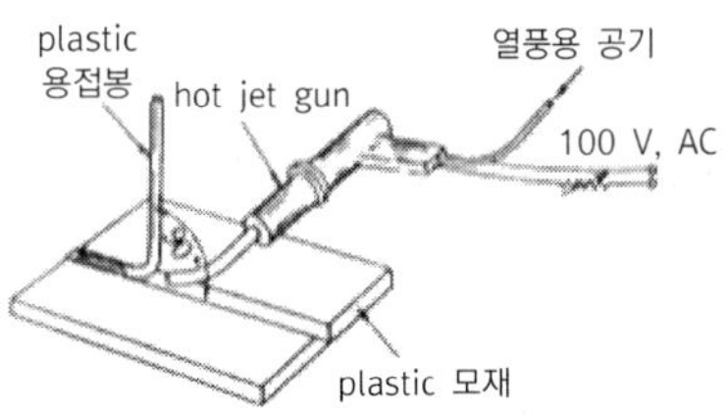

plastic의 열풍용접

열가소성 재료의 용접 gas 온도

피용접재	gas 온도(℃)
cellulose	274 ~ 304
polyamide 수지(nylon)	330 ~ 357
polyethylene 수지	
저밀도 polyethylene	260 ~ 280
중밀도 polyethylene	276 ~ 302
고밀도 polyethylene	288 ~ 316
폴리염화 vinyl	
경질염화 vinyl	260 ~ 287
연질염화 vinyl	246 ~ 76

그림 4-125 plastic 용접 장면

(2) 열기구 용접(heated tool welding):

그림과 같이 가열된 인두로 용접부를 가열하여 용접온도에서 압력을 가해서 용접을 행한다.

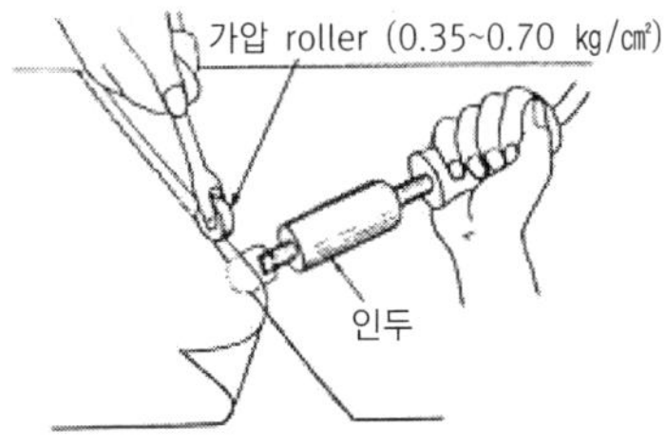

그림 4-126 열기구 seam 용접

(3) 마찰용접(friction welding):

2개의 plastic재를 맞대어 회전시킬 때 접합부가 용융점에 달하면 회전을 멈추고 가압하여 용접을 완료한다. 이 때 용접부의 강도는 모재의 것의 50 ~ 95%에 달하며, 이종(異種) plastic은 더욱 낮은 용접강도를 갖는다.

(4) 고주파용접(high frequency welding):

그림과 같이 2전극 사이에 절연체인 plastic 재를 넣고 통전하면 plastic의 분자가 격열하게 진동하여 발열한다. 이 열을 이용한 용접을 고주파용접이라 한다.

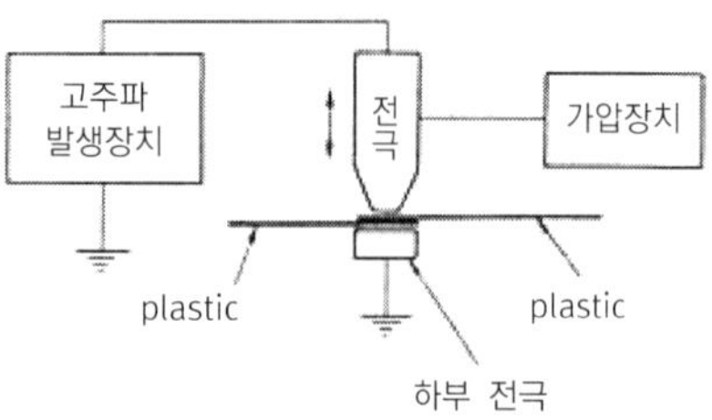

그림 4-127 고주파 (점)용접기의 원리

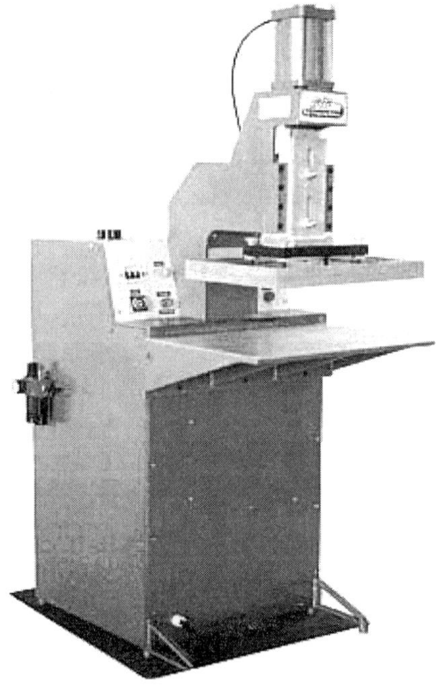

그림 4-128 고주파 용접기로서 공압(空壓)을 이용하고 있다

4.9 각종 금속의 용접

용접기술의 발달에 따라 대부분의 금속 재료는 용접이 가능하나, 재료에 따라 최적 용접을 위한 방법이 다르다. 주어진 조건에서 피용접재의 용접의 용이성 및 성능을 의미하는 용접성(熔接性; weldability)이 있다. 용접성이 좋다는 것은 용접의 필요조건에 쉽게 달할 수 있다는 것이 된다. 용접성은 피용접재, 용가제 및 용접방법 등의 용접조건에 의하여 결

정되며, 그 중에서 피용접재 및 용가제가 용접성에 영향을 미치는 성질은 이 재료의 강도, 인성, 연성, notch 취성, 탄성계수 등의 기계적 성질과 비열, 융점, 열팽창계수, 용금의 표면장력 등의 물리적 성질 이다. 재료에 따라서는 용접이 곤란하거나 불가능한 것들도 있으나, 각종 방법을 연구하여 이를 극복해 가고 있다.

각종 재료의 용접성
(A…일반으로 사용, B…때로 사용, C…드물게 사용, D…사용하지 않음)

재질 \ 용접 방법		피복금속 아아크 용접	서브머어 지드아 아크용접	탄소가스 아아크 용접	불활성 아아크 용접	산소 아세틸렌 용접	가스용접	점, 시임 용접	플래시 버트 용접	테르밋 용접	납 땜
공업용순철		A	A	A	C	A	A	A	A	A	A
주강	탄소강	A	A	A	B	A	B	B	A	A	B
	고 Mn강	B	B	B	B	B	D	B	B	B	B
주철	회주철	B	D	D	B	A	D	D	D	B	C
	가단주철	B	D	D	B	B	D	D	D	B	C
	합금주철	B	D	D	B	A	D	D	D	A	C
저합금강 (低合金鋼)	니켈(Ni)강	A	A	A	B	A	A	A	A	B	C
	니켈동(銅)강	A	A	A	-	A	A	A	A	B	B
	망간몰리브덴강	A	A	A	-	A	B	A	A	B	B
	탄소몰리브덴강	A	A	A	-	A	B	-	A	B	B
	니켈그롬강	A	A	A	-	A	A	D	A	B	B
	크롬몰리브덴강	A	A	A	B	A	A	D	A	B	B
	니켈그롬 몰리브덴강	B	A	A	B	B	A	D	B	B	B
	니켈몰리브덴강	B	B	B	A	B	B	D	B	B	B
	크롬강	A	B	A	-	A	A	D	A	B	B
	크롬바나듐강	A	A	A	-	A	A	D	A	B	B
	망간강	A	A	A	B	A	B	D	A	B	B
스테인레스	크롬강(마르텐사이트계)	A	A	A	A	B	B	C	B	D	C
	크롬강(페라이트계)	A	A	A	A	B	B	A	A	D	C
	크롬니켈강(18-8계)	A	A	A	A	A	A	A	A	D	B
내열초합금(耐熱超合金)		A	B	C	A	A	B	A	A	D	C
고니켈합금		A	B	C	A	A	B	A	A	D	B
경합금	순알루미늄	B	D	D	A	A	C	A	A	D	B
	알루미합금(비열처리성)	B	D	D	A	A	C	A	A	B	B
	알루미합금(열처리)	B	D	D	B	B	C	A	A	D	C
	순마그네슘	D	D	D	A	B	C	A	A	D	B
	마그ㅏ네슘합금	D	D	D	A	B	C	A	A	D	C
	순니탄	D	D	D	A	D	D	A	D	D	C
	티탄합금(α系)	D	D	D	A	D	D	A	D	D	D
	티탄합금(其他)	D	D	D	B	D	D	B	D	D	D
	순동	B	C	C	A	B	C	C	C	D	B
	황동	B	D	D	A	B	C	C	C	D	B
	연청동	B	C	C	A	C	C	C	C	D	B
	알루미청동	B	D	D	A	D	C	C	C	D	C
	니켈청동	B	D	D	A	C	C	C	C	D	B
지르코늄, 니오브		D	D	D	B	D	D	B	D	D	C

4.9.1 철 및 탄소강의 용접

철(鐵; iron)은 탄소 함량이 아주 적기 때문에 급랭경화(急冷硬化) 현상이 없고, 다양한 방법으로 쉽게 용접할 수 있다. 저탄소강(低炭素鋼, C=0.03 ~ 0.10%)과 중탄소강(中炭素鋼, C=0.15 ~ 0.55%)은 용접이 용이하나, 고탄소강(高炭素鋼, C=0.45 ~ 2.00%)은 균열과 기공이 많이 생기고 급랭경화 현상이 나타나므로 용접이 곤란하다. 고탄소강의 단층 용접에서 급랭 효과가 나타나므로 모재를 600 ~ 650℃로 예열 또는 후열처리 하고, 전류를 낮게 하고, 용접속도를 느리게 할 필요가 있다. 고탄소강 용접의 용접봉으로 저수소계(低水素系)의 모재와 같은 재질의 것, 연강, austenitic stainless steel, 특수강을 사용한다. austenitic stainless steel 용접봉을 사용하면 용착금속의 연성(延性)이 커져 잔류응력이 저하되고, 수소로 인한 취화도 일어나지 않는다. 모재와 동일 재질, 연강 및 특수강 용접봉을 사용할 때는 모재를 예열하고, 용접속도를 느리게 하며, 용접 후 바로 풀림열처리를 한다.

4.9.2 주철의 용접

주철(鑄鐵; cast iron)은 C: 1.6 ~ 6.67%의 Fe-C합금이지만 일반적으로 사용되는 주철은 C: 2.5 ~ 3.5%, Si: 1.5 ~ 2.5%, Mn: 0.2 ~ 1.2%, P<0.5%, S<0.1%의 조성을 갖고 있으며, Ni, Cr, Mo 등도 필요에 따라 함유하고 있다. 주철은 연강에 비하여 취약(脆弱)하며, 급랭에 의한 백선화(白銑化)로써 기계가공이 어렵고, 국부적 수축으로 균열이 생기기 쉬우므로 용접에 어려움이 있다. 이를 극복하기 위하여 용접을 하고 600 ~ 900℃에서 후열처리를 하여 용접부를 연화한다.

백선화를 방지할 목적으로 C: 3.5%, Si: 3 ~ 4%, Al: 1%의 용접봉을 사용하는 것도 좋다.

그림(a)와 같이 용접성이 좋은 stud bolt를 사용한다.

그림(b)와 같이 요철의 홈 가공을 하여 용접 면적을 크게하는 방법을 채용하기도 한다.

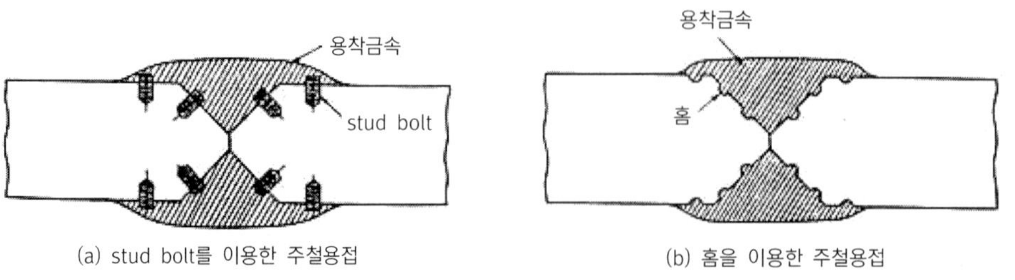

그림 4-129 stud bolt와 groove가공을 이용한 주철의 용접

4.9.3 고장력강의 용접

고장력강(高張力鋼; high tensile steel)은 인장강도 50 kg/mm² 이상의 강을 말하며, 인장강도를 높이기 위하여 Mn, Si, Ni, Cr, Mo, V, Ti 등를 첨가한 것이다. 인장강도가 100 kg/mm² 이상인 것도있다. 고장력강의 용접에는 연강 용접법이 그대로 이용되나, 연강에 비하여 열영향인 경화가 심하므로 예열 및 후열처리를 하여 연성(延性)을 부여 한다. 냉간균열(冷間龜裂)을 방지할 목적으로 용접봉을 470℃ 정도에서 1시간 정도 건조시켜 수분을 0.1% 이하로 한 저수소계 용접봉을 사용하며, 공기중의 수분이 용접부에 들어 오므로 습도가 낮은 곳에서 용접하는 것이 좋다.

4.9.4 stainless강의 용접

stainless 강은 철에 Ni과 Cr을 첨가시킨 합금강으로서 내부식성(耐腐蝕性), 내열성(耐熱性) 등의 좋은 성질을 갖고 있다. stainless 강에는 martensite계 stainless 강, ferrite계 stainless 강, austenite계 stainless 강의 3종이 있으며, 이 들의 용접성도 다르다.

martensite계 stainless 강의 용접부는 급랭경화로 경도가 큰 martensite계 조직으로 된다. 특히 C가 많을 수록 경화 현상이 심하며, 냉각 후 균열이 생기기 쉽다. 이 경화 현상을 줄이기 위하여는 200 ~ 400℃로 예열 또는 층간온도(層間溫度)로 유지하거나, 용접 후 냉각하기 전에 700 ~ 800℃로 가열하여 공랭(空冷)하면 연성(延性)으로 된다.

ferrite계 stainless 강의 용접에서는 용접부가 거의 경화하지 않으나, 용착금속 부근의 가열된 영역은 조직이 조대(粗大)하여 연성과 인성이 떨어진다. Cr>16%강을 400 ~ 600℃로 장시간 가열하든가 이 온도 구간에서 서냉(徐冷)하면 탄화 chromium이 석출하여 매우 약하게 된다. 특히 475℃에서 장시간 예열하면 이런 현상이 심하여 이 것을 475℃ 취화(脆化)라 한다. 모재를 70 ~ 100℃로 예열하여 용접하고 서냉시키는 것이 좋다.

austenite계 stainless 강은 stainless강 중에서 가장 널리 사용되며, austenite계 조직을 갖고 있다. 용접에서 용착금속 인근의 열영향부는 조대화 되고, 그옆에 부분은 탄화물이 석출되어 입계부식(粒界腐蝕)이 쉽게된다. 입계부식을 피하려면 C<0.03%인 stainless 강 용접봉을 사용하든가 Ti 및 Nb 등의 원소가 첨가된 것을 사용한다.

4.9.5 aluminum과 그 합금의 용접

aluminum과 그 합금은 내식성이 우수하며, 강도가 비교적 크고, 비중이 2.7로서 연강의 1/3 정도로 가벼운 경합금(輕合金)이다. aluminum과 그 합금은 전신재(展伸材; wrought alloy)와 주조재(鑄造材; cast alloy)로 대별하고, 열처리 경화가 되는 열처리합금(熱處理合金; heat treatable alloy)과 경화가 되지 않는 비열처리합금(非熱處理合金; nonheat treatable alloy)으로도 분류한다. 열처리합금에는 Mg-Si, Cu, Zn-Mg-Cu, Si계가 있으며, 그 중 가장 대표적인 것은 duralumin(Al-Cu_mg-Si)이다.

aluminum 합금은 불활성(不活性) gas arc 용접으로써는 비교적 용이하나, 일반 용접법으로는 용접이 곤란하며, 그 이유는 다음과 같다.

- 비열과 열전도도가 커서 용접온도까지 가열하기 위하여는 고온의 열원이 필요하다.
- 용융점이 비교적 낮고, 색에 의한 온도의 식별이 어려워 지나친 용해온도가 되기 쉽다.
- 산화 aluminum은 융점이 2050℃ 정도로 높기 때문에 용융되지 않은채로 유동성을 해치고, aluminum 표면을 덮어 융합을 방해한다.
- 산화 aluminum은 비중이 4.0으로 aluminum의 것보다 크기 때문에 부유하지 않고 용착금속 내에 남는다.
- 고온강도가 낮고 용접 변형이 크며, 균열이 생기기 쉽다.
- 수소 gas 등을 흡수하여 응고할 때 용착금속에 기공을 발생시킨다.
- aluminum 용접에서는 용접봉과 용제(熔劑)의 선택이 중요하며, 불순물이 적은 aluminum 용접봉을 사용해야 한다. aluminum 합금의 용접봉으로는 모재와 동일한 화학조성을 갖는 것을 사용하는 것 외에 Si: 4 ~ 13%인 Al-Si 계 합금이 사용된다. 이 외에 Cd, Cu, Mn 등의 합금도 사용된다. aluminum 용접에서는 산화가 심하고 gas의 흡수가 심하므로 적절한 용제의 선택이 중요하다. 용제의 대표적인 것은 LiCl을 주성분으로 한 것이다.

4.9.6 동과 그 합금의 용접

동(銅; copper)은 전기 및 열의 양도체이기 때문에 전기 재료로 많이 사용되고, 내식성도 커서 다방면에 많이 사용된다. 용접에서는 열전도성이 크기 때문에 석면 등으로 보열(保熱)하거나 예열을 충분히하며, 높은 전류를 사용해야 한다. 용접봉은 모재의 강도보다 큰 인청동, 규소망간동, 청동의 피복봉이 쓰인다.

황동(黃銅; brass)은 Cu와 Zn의 합금으로서 Zn의 함량이 20 ~ 40%이다. Zn의 비등점이 960℃ 이며, 고온도의 용접열로 기화하여 생긴 독성의 아연 및 산화 아연증기 때문에 작업이 곤란하고, 용접부는 다공성(多孔性)으로 되며, Zn 함유량의 감소로 변색이 되는 등의 용접에 어려움이 있다. 용접봉은 모재와 같은 조성의 것이좋고, 될 수 있으면 Zn 함량이 많은 것은 피하는 것이 좋다. gas 용접에서는 산화 불꽃을 사용하고, torch를 모재에서 약간 멀리한다. 특히 금속 arc 용접에서는 Zn 함량이 많은 것은 곤란하다.

청동(靑黃銅; bronze)은 Cu와 Sn의 합금으로서, Sn: 6 ~ 10%이며, 540℃ 이상에서 고온취성(高溫脆性)이 있으므로 용접시 충격 및 응력집중 등에 유의하여야 한다. 용접봉은 모재와 같은 성분의 것과 합금 용접봉이 사용되며, 일반적으로 황동의 용접성보다는 좋다. gas 용접에서는 화염의 집중으로 용접속도를 높일 수 있고, 좁게 가열하므로 모재의 변형도 적다. arc 용접에서는 직류정극성이 좋다.

4.9.7 magnesium과 그 합금의 용접

magnesium은 비중이 1.74 ~ 1.83으로서 aluminum의 1/1.5이며, 절삭성, 고온 가공성 및 용접성이 양호하다. magnesium과 그 합금의 용접성은 aluminum과 그 합금의 것과 비슷하고, 불활성 gas 용접의 이용이 많다.

4.9.8 titanium과 그 합금의 용접

titanium과 그 합금은 합금강과 같은 정도의 강도를 갖고 있으며, 비중이 약 4.5로서 강보다 30 ~ 40% 가볍고, 400 ~ 450℃의 고온에서도 강도의 저하가 거의 없다. 이 재료는 내식성과 내열성이 크기 때문에 항공기, missile, 등 그외 용도가 광범위 하다. titanium은 고순도에서는 연(軟)하나 불순물이 들어가면 단단하고 취성을 갖게 된다.

titanium 합금은 고온에서 다른 원소 및 화합물과 반응을 하여 쉽게 취화 되므로 gas 용접, 피복 arc 용접 및 잠호용접은 사용하지 않고 불활성 gas 용접 만이 사용된다. titanium과 그 합금의 용접에서 문제가 되는 것은 기공, 균열 및 취화 이다.

4.10 용접결함 검사 및 시험

용접에서 발생하는 결함의 종류와 검사 및 시험의 종류는 다음 표와 같고, 이 중에서 특히 중요시되는 것만을 설명하기로 한다.

4.10.1 용접결함

(1) 치수결함

단시간에 가열, 냉각 및 용착금속의 수축 등으로 변형과 잔류응력(殘留應力; residual stress)이 생긴다. 이와 같은 현상을 최소화하기 위해서는 용접설계와 시공법에 관한 연구가 필요하며, 그림은 용접에서 발생할 수 있는 변형의 예를 든 것으로서, 이런 결함이 설계자의 요구조건을 벗어나면 불량용접의 판정을 받게된다.

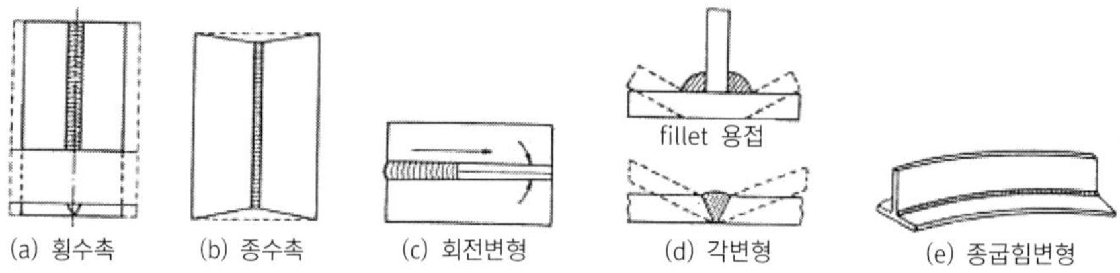

그림 4-130 용접변형의 종류

(2) 구조결함

용접결함 중에서 가장 중요한 것으로, 역학적인 원인과 금속학적인 원인이 있을 수 있다.

① 역학적 원인:
온도구배에 의한 열응력
변태에 의한 체적변화
구조상 또는 판재의 두께에 의한 내외부의 작용력

② 금속학적 원인:
열영향에 의한 모재의 취화
응고시 입계에 존재하는 P, S, Sn, Cu, Zn 등의 편석에 의한 취화
용접시에 침입한 H_2에 의한 취화

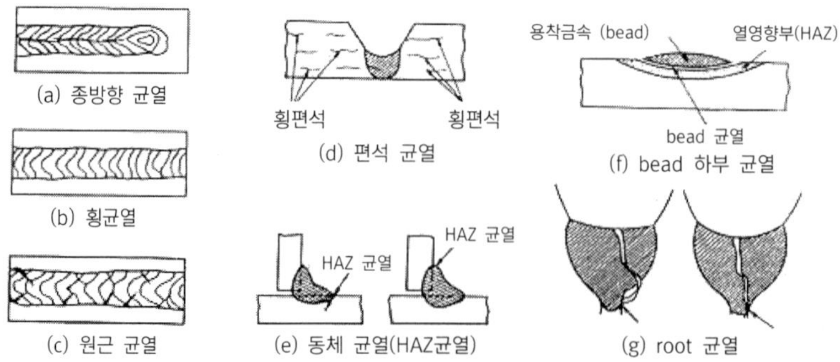

그림 4-131 각종 균열의 형상

③ slag의 혼입:

산화물, 용제 및 비복재가 용착금속에 혼입

이를 방지하기 위하여는 각 용접층에서 wire brush 등으로 slag를 충분히 제거하고, shielding gas를 충분히 공급하며, 적합한 용접봉의 선택이 중요하다.

④ undercut과 overlap:

그림과 같이 녹은 모재부의 홈에 용착금속이 충분히 차 있지 않으면 모재와 용착금속의 경계에 오목한 부분이 생기는데, 이를 underfill 이라 하며, 전류가 과대하여 모재가 파이는 것을 undercut 이라 한다. underfill은 용접부 단면적의 감소를 가져오고, undercut 부위는 응력이 집중되는 notch효과를 초래한다. 용융금속이 넘쳐서 표면에 융합되지 않은 상태로 덮여 있을 때, 이를 overlap이라 하며, 이 부분에 응력이 집중되어 균열의 원인이 되기도 한다. 이들의 원인을 나열하면 다음과 같다.

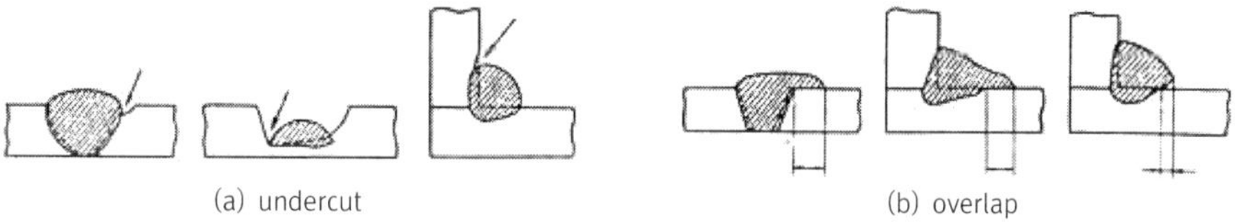

그림 4-132 undercut과 overlap

underfill의 원인
- 용접속도가 너무 클 때

undercut의 원인
- 전류가 과대하여 arc를 짧게할 수 없을 때
- 용접봉의 사용방법이 부적절할 때

overlap의 원인
- arc가 너무 길어서 용착금속의 집중을 저해할 때
- 용접봉의 용융점이 모재의 것보다 너무 낮을 때
- 용접전류가 다소 부족하여 용적이 클 때
- 용접속도가 너무 느릴 때

(3) 성질결함

용접부는 국부적 가열을 크게 받기 때문에 모재의 기계적, 물리적 및 화학적 성질을 그대로 유지하기 힘들다. 용접부의 이런 성질들이 설계자의 요구를 만족시키지 못하면 이 용접부는 성질결함이 있다고 말 할 수 있다.

4.10.2 검사법

용접부의 검사에는 비파괴검사와 파괴검사가 있으며, 비파괴검사는 제품 전체를 대상으로 검사할 수 있으나, 파괴검사는 sample 검사를 한다.

(1) 용접결함의 비파괴검사

이상의 결함을 검사할 때 1편 9장 주조결함에서 소개한 방사선검사(放射線檢査), 초음파검사(超音波檢査), 자기탐상검사(磁氣探傷檢査) 및 형광탐상검사(螢光探檢査) 등 비파괴검사법을 이용할 수 있다.

(2) 용접결함의 파괴검사

파괴검사에는 기계적 성질을 알기 위한 기계적 시험과 화학적인 성질과 성분을 알기위한 금속학적 시험이 있겠으나. 여기에서는 용착금속 및 용접이음부에 대한 기계적 시험법을 소개한다.

① 인장강도시험:

아래 그림과 표는 용착금속의 인장강도를 시험하기 위한 치수와 시편 채취위치를 보여준다.

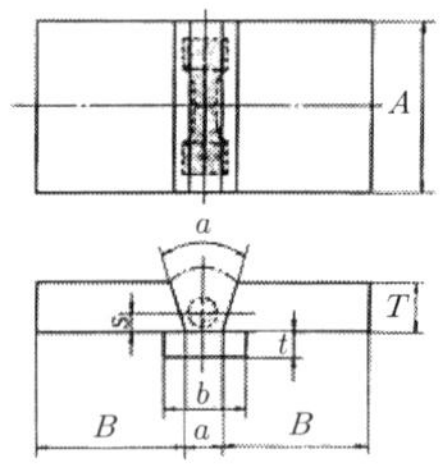

용착금속의 인장시험편 채취

용착금속의 인장시편을 위한 용접 조건 및 채취 위치

(단위 : mm)

용접방법 / 시험재	arc 용접					gas 용접	
두께 (T)	32	25	19	12	6	9	6
길이 (A)	약 150	약 150	약 150	약 120	약 75	약 125	약 120
폭 (B)	125	125	125	125	125	125	125
덮개판의 두께 (t)	12	6	6	3	3	–	–
덮개판의 폭 (b)	25	25	25	25	25	–	–
root 간격 (a)	12	12	12	6	4	4	4
홈 각 도 (α)	45°	45°	45°	45°	45°	75°	70°
시험편채취위치(S)	약 25	약 19	약 12	약 9	약 4	약 5	약 4
채취시험편	A 1호			A 2호	A 3호	A 2호	A 3호

아래 그림과 표는 용착금속의 인장시험편 규격 이다.

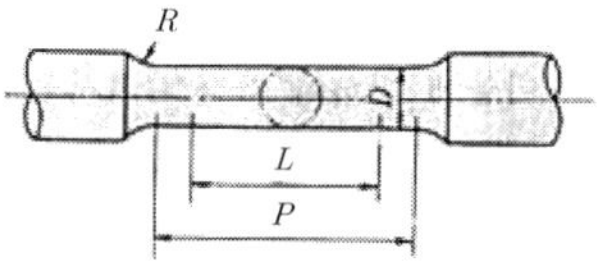

용착금속의 인장강도 시험편 규격

용착금속의 인장시편 규격

(단위 : mm)

시편종류	A 1호	A 2호	A 3호
지름 (D)	12.5	6	3
표 점 거 리 (L)	50	24	12
평행부의 길이 (P)	60	32	18
neck부의 반지름 (R)	15 이상	6 이상	3 이상

인장강도와 연율은 다음 식에 의한다.

$$\text{인장강도 } \sigma_t = \frac{\text{인장하중}(P)}{\text{시편단면적}(A)}$$

$$\text{연율 } \epsilon = \frac{\text{연신량}(\Delta L)}{\text{표점거리}(L)} \times 100(\%)$$

아래 그림은 맞대기용접 이음의 인장시편 규격이다.

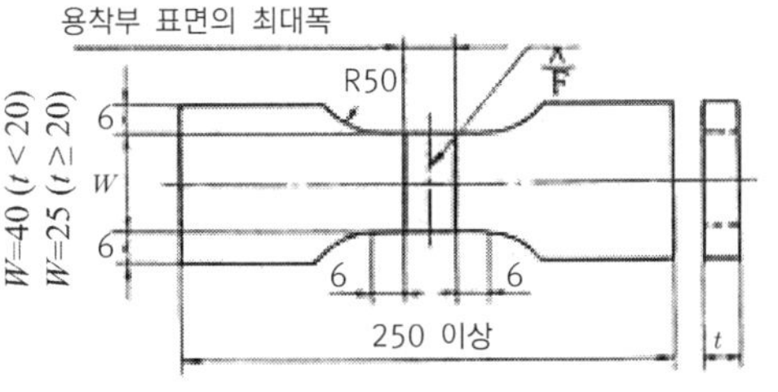

아래 그림과 표는 덧붙임면 fillet 용접이음의 인장시편이다.

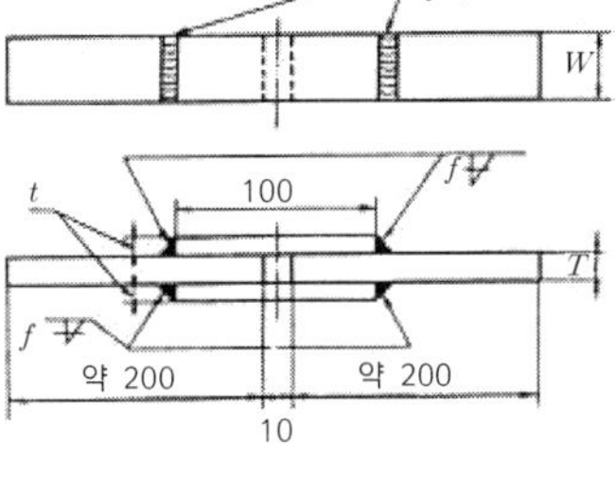

단위(mm)

각 장 (f)	6	9	12
덮개판두께 (t)	9 이상	12 이상	16 이상
모 재 두 께(T)	12 이상	19 이상	25 이상

아래 그림과 표는 덧붙임 측면 fillet 용접이음의 전단시편이다.

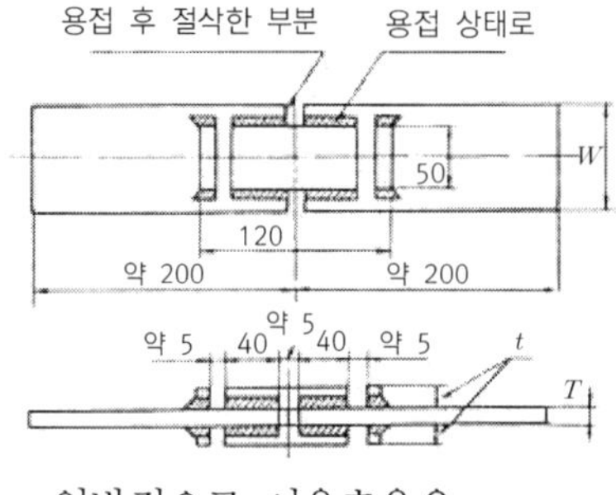

단위(mm)

각 장(f)	3	6	9	12
덮개판두께 (t)	9	12	19	25
모재두께(T)	9	19	25	32
시편폭(W)	75	75	75	90

일반적으로 이음효율은

$$\text{이음효율}\ \eta = \frac{\text{시편의 인장강도}}{\text{모재의 인장강도}} \times 100(\%)$$

에 의한다.

② 굽힘시험:

굽힘시험에는그림과 같이 표면굽힘, 후면굽힘, 측면굽힘 등이 있으며, 합격 기준에 따라 정해진 굽힘각도의 크기, 균열의 크기 및 균열의 수로써 용접 결과를 판정한다.

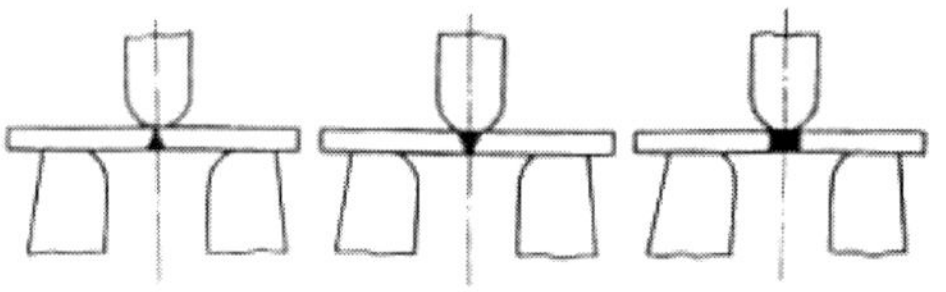

(a) 표면 굽힘 (b) 후면 굽힘 (c) 측면 굽힘

다음 그림과 표는 굽힘시험 jig의 규격과 굽힘시험편의 규격이다.

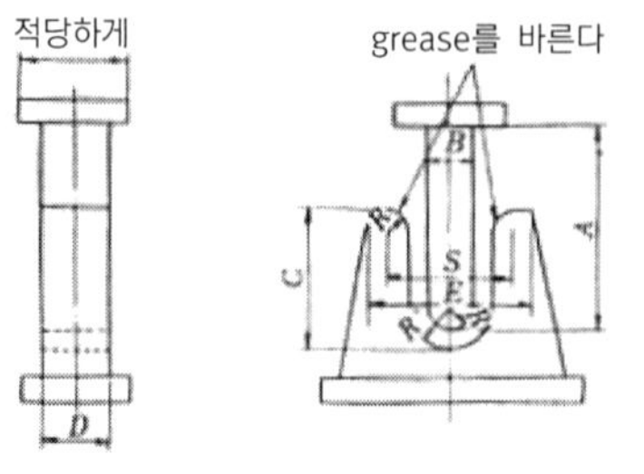

型굽힘시험 jig의 형상

단위(mm)

jig 치수	A 1형	A 2형	A 3형
R	7	13	19
S	38	68	98
A	100	140	170
B	14	26	38
C	60	85	110
D	50	50	50
E	52	94	136
R′	12	21	30
시험편	1 호	2 호	3 호

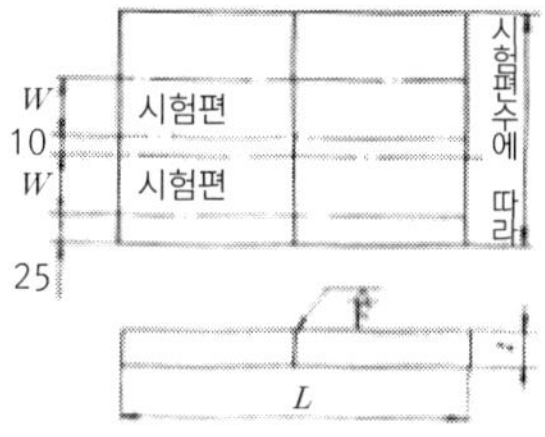

굽힘 시험편

단위(mm)

	1호	2호	3호
판 두 께 (t)	3.0~3.5	5.5~6.5	8.5~9.5
판 길 이(L)	약 150	약 200	약 250
판 폭(W)	19~38	19~38	19~38

5장 소성가공

5.1 개 요

재료에 어느 한계의 외력을 가하여 변형한 후 외력을 제거하면 원형으로 돌아간다. 이때 원형으로 돌아가는 성질을 탄성(彈性; elasticity), 그 변형을 탄성변형(彈性變形; elastic deformation)이라 하며, 그 물체를 탄성체(彈性體; elastic body)라 한다. 외력을 어느 정도 이상으로 크게 하면 재료가 항복(降伏; yield)하여 외력을 제거하여도 완전히 원형으로 돌아가지 않고 영구변형으로 남아있는 성질, 즉 재료를 파괴시키지 않고 영구히 변형시킬 수 있는 성질을 소성(塑性; plasticity), 그 변형을 소성변형(塑性變形; plastic deformation)이라 한다. 이와 같은 재료의 소성을 이용하여 가공하는 것을 소성가공(塑性加工; plastic working)이라 하며, chip을 생성하지 않는 주조, 용접에 이어 비절삭가공의 일종이다. 소성가공으로 재료를 변형시켜 목적하는 형상과 치수를 얻을 수 있고, 재료의 성질도 변화시킬 수 있다. 일반적으로 비금속재료에 비하여 금속재료의 소성이 아주 크고, 기계재료로 금속이 주로 사용되므로 본 편에서는 금속재료의 소성가공을 취급키로 한다.

소성변형은 변형 과정이 아주 복잡하기 때문에 이론적으로 해석하는 것이 어렵거나 불가능한 경우가 많다. 따라서 많은 가정 하에서 소성변형을 해석하고, 이를 소성변형의 개략을 파악하는데 이용하고 있다.

앞에서 언급한 소성가공의 목적을 다음과 같이 정리할 수 있다.

① 금속재료를 소요 목적의 형태로 변형시킨다.

② 금속재료의 조대(粗大)한 결정입자(結晶粒子)를 균일하고 미세하게 하여 재질을 개선한다.

소성변형 방법에 따른 주요 소성가공을 들면 다음과 같다.

(가) 단조(鍛造; forging): 금속재료를 hammer 또는 press 등으로 압축력 또는 충격력을 가하는 가공이다.

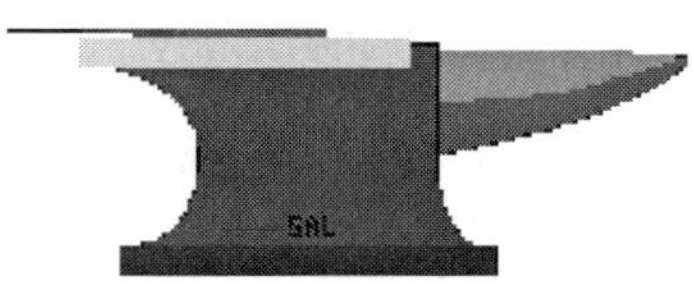

그림 5-1 anvil

그림 5-2 단조품

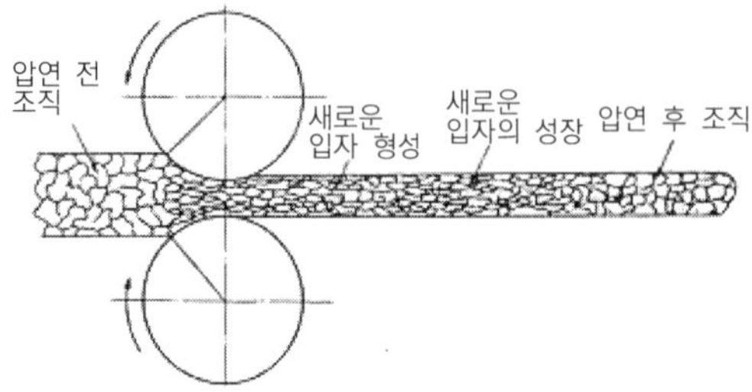

그림 5-3 압연

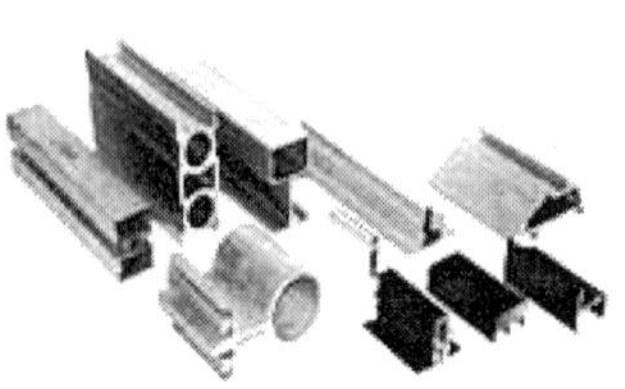

그림 5-4 압출재의 단면

(나) 압연(壓延; rolling): 금속재료를 회전하는 roll(roller) 사이에 넣어 가압함으로써 두께 또는 단면적을 감소시켜 길이방향으로 늘리는 가공이다.

(다) 압출(押出; extrusion): 각종 단면재(斷面材) 및 관재(管材)를 얻기 위하여 소성이 큰 상태의 재료를 container에 넣고 강력한 압력으로 die orifice를 통하여 밀어내는 가공이다.

(라) 인발(引拔; drawing): taper 형상구멍을 갖춘 die를 통하여 소재를 인발(引拔; drawing)함으로써 선(線) , 봉(棒) 및 관(管)을 얻는 가공이다.

5.1.1 소성가공에 이용되는 성질

소성가공에 이용되는 소성에는 가단성(可鍛性; forgeability) 또는 전성(展性; malleability), 연성(延性; ductility), 등이 있으며, 이 들 성질은 상호 의존성이 있고, 중복되기도 한다. 동일 금속에서도 온도 및 가공속도 등에 따라 이들 성질의 절대값이나 상호 의존성이 달라진다.

(1) 가단성(可鍛性; forgeability) 또는 전성(展性; malleability):

hammer나 press 등으로 금속을 내려치거나 누를 때 파괴되지 않고 영구 변형되는 성질로서, 상온에서 hammering의 경우 가단성이 좋은 것부터 나열하면 Au, Ag, Al, Cu, Sn, Pt, Pb, Zn, Fe, Ni 등의 순이고, 압연기(壓延機)에서 상온가공(常溫加工)할 때 가단성이 좋은 것부터 나열하면 Pb, Sn, Au, Ag, Al, Cu, Pt, Fe 등과 같다.

(2) 연성(延性; ductility):

금속선을 뽑을 때 항복점을 지나 파단에 이르기까지 길이 방향으로 늘어나는 성질이며,

연성이 큰 금속부터 나열하면 Au, Pt, Ag, Fe, Cu, Al, Ni, Zn, Sn, Pb 등의 순서이다. 연성의 크기는 연신율 또는 단면수축율로 표시한다.

5.1.2 냉간가공(冷間加工)과 열간가공(熱間加工)

금속의 소성가공에는 가공온도에 따라 냉간가공(cold working)과 열간가공(hot working)이 있으며, 전자는 재결정온도(再結晶溫度) 이하에서, 후자는 재결정온도 이상에서 가공하는 것을 의미한다.

(1) 재결정(再結晶; recrystallization):

금속재료를 가열하면 내부응력(內部應力)이 이완되고, 가공경화(加工硬化) 현상이 제거되어 연화(軟化)되는 등의 성질 변화가 있게된다. 어느 온도에서부터 그림과 같이 새로운 결정핵이 생겨 이것이 점점 성장되면서 구결정(舊結晶)은 없어져 가는데 이 현상을 재결정이라 하며, 이때의 온도를 재결정온도라 한다. 이러한 변화는 재료, 가열온도, 가열속도, 가공도 등에 따라 다르다. 결정에는 변화가 없으면서 내부응력만 이완(弛緩)되는 현상을 회복(回復: recovery)이라 하고, 금속이 연화되는 온도 이하에서 행하여진다.

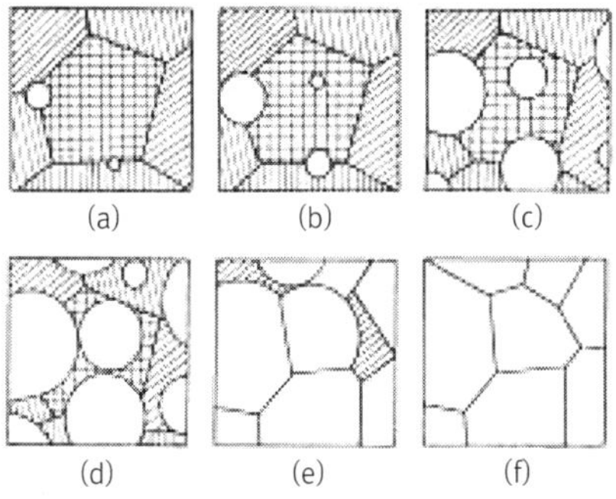

그림 5-5 재결정과정(백색: 신결정, 사선: 구결정)

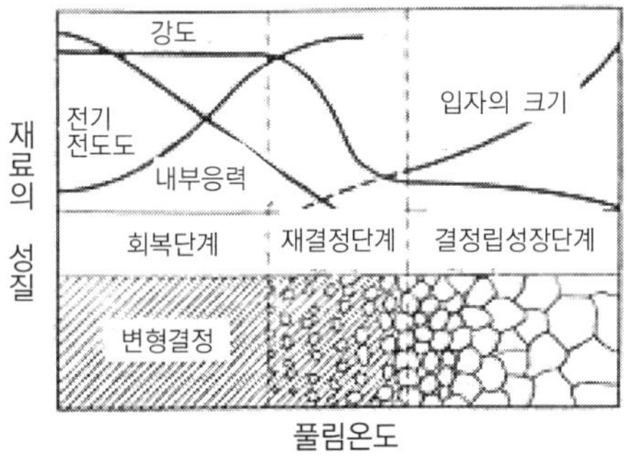

그림 5-6 냉간가공재의 풀림온도에 대한 재료성질 변화

순금속의 재결정온도

순금속	재결정온도(℃)	T_r/T_n	순금속	재결정온도(℃)	T_r/T_n
금(Au)	약 200	0.35	aluminium(Al)	150~240	0.45~0.5
은(Ag)	약 200	.038	아연(Zn)	7~75	0.4~0.5
동(Cu)	210~250	.037~0.37	주석(Sn)	-7~25	0.53~0.59
철(Fe)	350~450	0.35~0.40	납(Pb)	-35	0.4
nickel(Ni)	530~650	0.40~0.54	백금(Pt)	50	0.359

* T_r/T_n : 재결정온도와 용융온도의 비이다.

(2) 냉간가공(冷間加工; cold working):

재결정온도 이하에서의 가공으로서 그림에서와 같이 경도, 인장강도, 항복점 등은 증가하고, 연율 및 단면수축율 등 기계적 성질에 영향을 주며, 연율 50% 이상에서는 이들의 변화가 완만함을 알 수 있다.

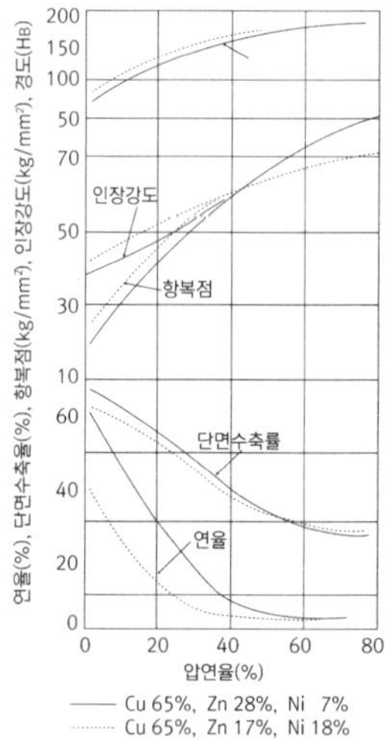

그림 5-7 냉간압연에 의한 기계적 성질의 변화

(3) 열간가공(熱間加工; hot working):

재결정온도 이상에서의 가공으로서, 안정된 범위 내에서 1회에 많은 양의 변형을 할 수 있어 가공시간을 단축할 수 있는 장점이 있으나, 가공된 제품은 표면이 산화되어 변질되기 쉽고, 냉각됨에 따라 형상, 치수, 조직 및 기계적 성질 등이 불균일하게 되는 단점이 있다. 가공물 중에 혼입된 불순물이 저온에서 용융하여 이른바 적열취성(赤熱脆性; hot shortness)이 발생하는 경우가 있으므로 유의하여야 한다.

따라서 일반적으로 열간가공에서는 많은 변형을 시키고, 냉간가공에서는 형상과 치수를 맞추며, 조직 및 기계적 성질을 향상시키고, 재질을 균일하게 하는 것이 바람직하다.

5.1.3 응력(應力; stress)과 변형률(變形率; strain)

단면적 $A_0[mm^2]$인 시편에 하중 $P[kg]$을 작용시키면 공칭응력(normal stress) σ_x은 다음과 같다.

$$\sigma_x = \frac{P}{A_0}\,[kg/mm^2]$$

변형 중의 임의 단면적을 A라 하면 진응력(true stress) σ_t는 다음과 같다.

$$\sigma_t = \frac{P}{A}\,[kg/mm^2]$$

표점거리를 L_0, 인장된 상태의 거리를 L이라 하면 공칭변형률(normal strain) ϵ_x은 다음과 같다.

$$\epsilon_x = \frac{L-L_0}{L_0} = \frac{\Delta L}{L_0} = \frac{L}{L_0} - 1$$

$$\therefore \frac{L}{L_0} = 1 + \epsilon_x$$

어느 순간의 변형률은 $\dfrac{dL}{L}$이고, Ludwik가 제안한 진변형률 ϵ_t는 다음과 같다.

$$\epsilon_t = \int_{L_0}^{L} \frac{dL}{L} = \ln\frac{L}{L_0} = \ln(1+\epsilon_x) \quad \text{(진변형률과 공칭변형률의 관계식)}$$

ϵ_t를 진변형률(true strain), 대수변형률(log arithmic) 또는 자연변형률(natural strain)이라 한다. 비압축성 재료라 하면 $A_0 \cdot L_0 = A \cdot L$의 관계가 성립되므로

$$\frac{A_0}{A} = \frac{L}{L_0} = \frac{L_0 + \Delta L}{L_0} = \frac{L_0}{L_0} + \frac{\Delta L}{L_0} = 1 + \epsilon_x$$

$$\therefore A = \frac{A_0}{1+\epsilon_x}$$

$$\therefore \sigma_t = \frac{P}{A} = \frac{P(1+\epsilon_x)}{A_0} = \sigma_x(1+\epsilon_x) \quad \text{(진응력과 공칭응력의 관계식)}$$

위에서 진응력 σ_t가 공칭응력 σ_x보다 크다는 것을 알 일이다.

5.1.4 가공경화(加工硬化; work hardening)

보통금속은 수많은 작은 입자(粒子)로 되어 있으며, 외력을 받아 소성변형할 때 입자들 간에 slip이 생긴다. 변형이 진행되어 감에 따라 slip에 대한 저항력이 증가하여 변형시키

는데 보다 큰 외력이 필요하다. 이와 같이 재료를 변형시키는데 변형저항이 증가하는 현상을 가공경화 또는 변형경화(變形硬化; strain hardening)라 한다.

시편에 외력 P를 작용시켜 시편의 임의 단계의 단면적 A에 대한 진응력(眞應力)은 $\sigma_t = \frac{P}{A}$이며, 상온에서는 변형속도의 영향이 적고 근사적으로 다음 식을 이용한다.

$$\sigma_t = c \cdot \epsilon_t^n$$

단 ϵ_t:대수변형도 $= \ln\frac{A_0}{A} = \ln(1+e_x)$

c: 소성계수

n: 가공경화지수

n=0은 가공물이 가공경화되지 않는 것을 의미하며, 이 때 가공물은 완전소성상태에 있다고 말할 수 있다.

냉간가공에서 전가공(前加工)의 strain을 ϵ_{t1}, 그 후 가공의 strain을 ϵ_{t2}라 하면 일반 경화식은 다음과 같다.

$$\sigma_t = c.(\epsilon_{t1} + \epsilon_{t2}).n$$

5.1.5 가공력(加工力)과 일

소성가공 과정의 역학적 해석은 실제 관찰 현상에 접근시킬수록 복잡하여진다. 여기에서는 단축인장(單軸引張)을 받아 균일 변형을 하는 경우를 설명한다. 필요한 외력은 재료의 항복응력과 그 단면적의 積으로 표시된다. 즉

$$P = \sigma_y \cdot A$$

단, σ_y: 재료의 항복응력(ㅛielding stress)

A: 임의 순간의 단면적

비경화성(非硬化性) 재료가 하면 $n = 0$이므로, $\sigma_y = c \cdot \epsilon^n = c$가 되어 일정하다. 체적변화를 무시하면 $A \cdot l = A_0 \cdot l_0 = V_0$가 된다. 따라서 $P = \sigma_y \cdot A = c \cdot A = c \cdot \frac{V_0}{l}$이다.

인장의 경우에서는 항복강도에 달할 때 최대 張力이 발생하며 시편이 2배로 신연(伸延)

하면 단면적은 $\frac{1}{2}$이 되어 인장력은 $\frac{1}{2}$이 된다. 또 압축의 경우에는 試片이 $\frac{1}{2}$로 압축되면 단면적이 2배로 되어 압축력은 2배가 된다. 변형 과정 중의 탄성변형에 대한 일량은 적으며, 이를 무시하면 일량 W는 다음과 같다.

$$W = \int_{l_0}^{l} Pdl = c \cdot V_0 \int_{l_0}^{l} \frac{dl}{l} = c \cdot V_0 \ln\left(\frac{l}{l_0}\right)$$

인장의 경우 $l = 2l_0$라 하면

$$W_t = c \cdot V_0 \ln\left(\frac{2l_0}{l_0}\right) = 0.694\, c\, V_0$$

압축의 경우 $l = \frac{1}{2} l_0$라 하면

$$W_c - c\, V_0 \ln\left(\frac{l_0}{2l_0}\right) = -0.694 c\, V_0$$

이상과 같이 진변형률의 절대값이 같으면 압축과 인장의 일량은 같다

가공경화성 재료에서는 $\sigma_y = c \cdot \epsilon_t^n$이므로 $P = c \cdot \epsilon_t^n \cdot A$이고, $A = \frac{V_0}{l}$이므로 $P = c\left(\frac{V_0}{l}\right)\epsilon_t^n$이다.

단위체적의 재료를 변형시키는 데 요하는 일량은 응력-변형도곡선하(變形度曲線下)의 면적과 같으므로 체적 V_0인 재료의 소성변형에 대한 일은 다음과 같다.

$$W = V_0 \int_{cy}^{cn} \sigma_y d\epsilon = c\, V_0 \int_{cy}^{cn} \epsilon_t^n d\epsilon = c\, V_0 \frac{\epsilon_m^{n+1}}{n+1}$$

단 ϵ_y: 재료의 최소대수 strain(=0), ϵ_m:재료의 최대대수 strain

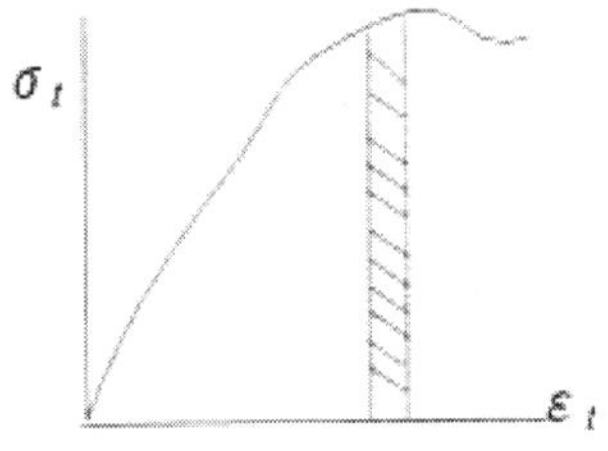

$$\sigma_t \cdot \epsilon_t = \left[\frac{Kg}{cm^2} \cdot \frac{cm}{cm} =\right] = \left[\frac{Kg \cdot cm}{cm^3}\right]$$

5.2 단조

단조(鍛造; forging)란 금속을 소성유동(塑性流動)이 잘 되는 상태에서 정적(靜的) 또는 동적(動的)인 압력을 가하여 결정립(結晶粒)을 미세화(微細化)시키고, 조직을 균일화시키는 동시에 소정의 형상으로 성형(成形)하는 가공을 말한다.

일반적으로 금속은 고온에서 소성이 크므로 단조할 때는 고온으로 가열하며, 작은 규모에서는 hand hammer와 anvil로 단조할 수 있으나, 현대에는 동력 hammer, press 및 die 등의 장비를 이용하는 것이 보통이다. 연속된 판 및 단면재를 만들어 내는 압연(rolling)과는 달리 단조에서는 개개의 제품을 만들며, 금속유동과 결정립 구조를 조정할 수 있기 때문에 강도와 인성이 큰 *제품을 얻을 수 있는 것이 특징이다. 단조에는 단조물의 크기에 따라 대물단조(大物鍛造)와 소물단조(小物鍛造)가 있으며, 단조기계에 따라 press 단조와 hammer 단조, 단조온도에 따라 열간단조(熱間鍛造)와 냉간단조(冷間鍛造), 단조형에 따라 자유단조(自由鍛造)와 형단조(型鍛造) 등이 있다.

5.2.1 단조온도와 가열로

(1) 단조온도(鍛造溫度):

단조물의 온도는 재질, 단조물의 크기, 단조기계의 용량 등에 따라 다르고, 일반적으로 순금속, 고온일수록 변형저항이 감소하므로 단조가 용이하나, 다음과 같은 제한을 받는다.

① 재질이 변하기 쉬우므로 너무 고온으로 가열하지 말 것과 장시간 가열하지 말 것.

② 변형될 염려가 있으므로 균일하게 가열할 것.

③ 너무 온도가 낮으면 내부응력이 잔류하게 되므로 적당한 온도로 가열할 것.

즉 온도가 낮으면 조직은 미세하여져서 기계적 성질은 개선되나, 소성이 적어 가공시간이 많이 걸리고, 동력이 많이 들며, 잔류응력이 존재한다. 온도가 너무 높으면 위에서 언급한 단점이 수반되므로 다음 표에 있는 최고 단조온도와 단조완료온도를 지키는 것이 좋다.

단조온도

단조재료	최고 단조온도 [℃]	단조완료 온도 [℃]	단조재료	최고 단조온도 [℃]	단조완료 온도 [℃]
탄소강 ingot	1200	800	고속도강(H.S.S.)	1250	950
특수강 ingot	1200	800	spring 강	1200	900
탄소강	1300~1100	800	niekel 청동	850	700
nickel(Ni) 강	1200	850	인청동	600	400
chromium 강	1200	850	duralumin	550	400
Cr-Ni 강	1200	850	동	800	700
stainless 강	1300	900	황 동	750~850	500~700

강의 경우에는 300℃ 부근에서 *청열취성(青熱脆性; blue shortness)이 생기므로 유의하여야 하며, 완료온도는 결정립(結晶粒)의 미세화(微細化)의 견지에서 변태점(變態點) 직상(直上) 온도(750 ~ 800℃)를 취하는 것이 바람직하다.

(2) 가열로(加熱爐):

금속을 단련하거나 열처리할 때 가열하는 노(爐)에는 여러 가지가 있으며, 가열물과 연료가 직접 접촉하는 직접식 가열로와 연료와 직접 접촉하지 않는 간접식 가열로로 분류할 수도 있다. 직접식 가열로에는 벽돌화덕을 들 수 있고, 간접식 가열로에는 반사로, 전기저항로, 염조로 등이 있다.

벽돌화덕은 그림과 같은 구조를 갖고 있으며, coke, 목탄, 석탄 등의 연료를 사용하고, 소형물의 가열에 적합하다.

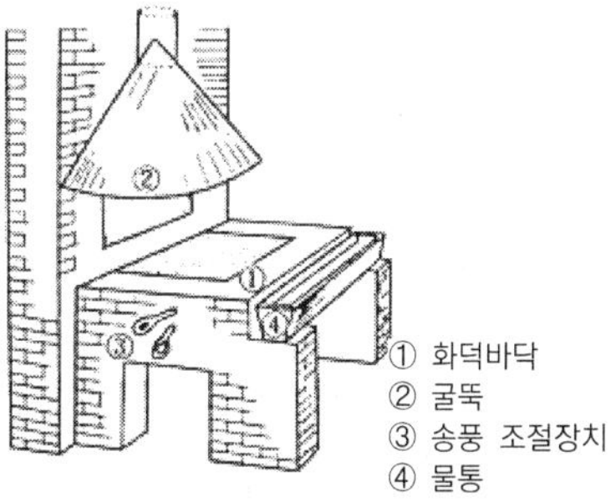

그림 5-9 벽돌화덕

지면화덕은 그림과 같이 작업장 바닥을 활용하는 노로서 대형물의 가열에 사용되며, 불필요할 때는 덮고, 작업장으로 사용한다.

반사로는 그림과 같은 구조로 되어 있으며, 무연탄, 중유 및 gas 등을 연료로 사용하고, 대물가열(大物加熱)에 적합하다.

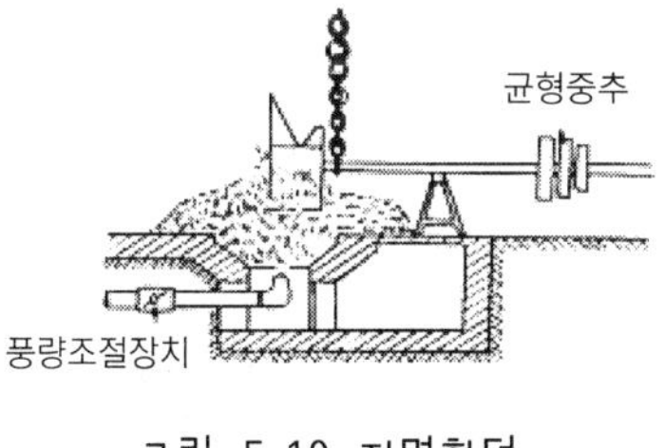

그림 5-10 지면화덕

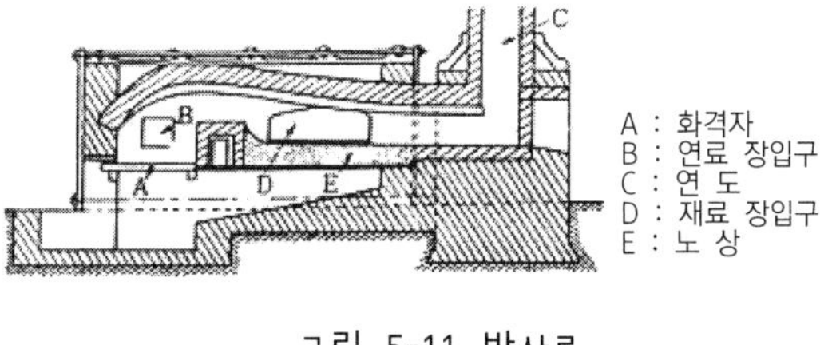

그림 5-11 반사로

상자형 가열로는 그림과 같이 상자형 노 내에서 가열하며, 연소 위치에 따라 상부연소실로, 하부연소실로가 있고, 상자형 로 내의 muffle에 가열물을 놓는 muffle식로가 있다.

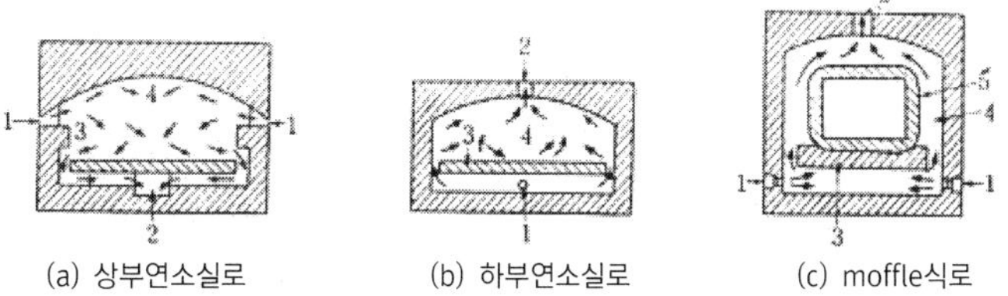

(a) 상부연소실로 (b) 하부연소실로 (c) moffle식로

그림 5-12 상자형 가열로

연속식 가열로는 그림과 같이 conveyor로 이송된 가열물을 들어올려 가열실에 장입하면 전에 들어가 가열된 것은 순차적으로 떨어져 단조기계로 이송된다.

전기저항로는 그림과 같은 구조를 갖고 있으며, 온도 조절이 용이하고, 재질의 변화가 적다.

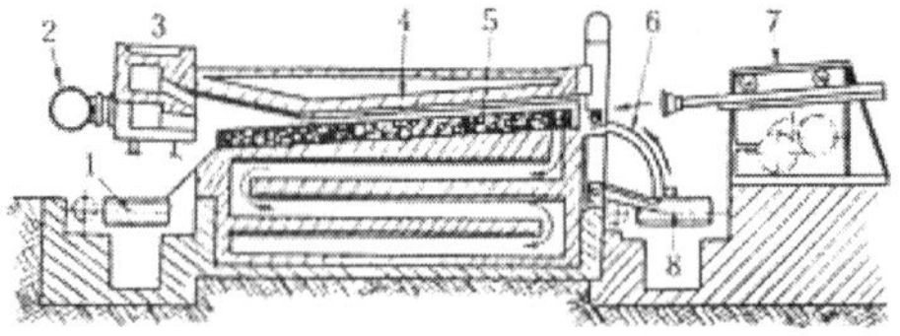

1. 압연공장 conveyor
2. 연료
3. 공기공급관
4. 연소실
5. 가열재
6. 가열재 장입장치
7. 가열재 이송장치
8. conveyor

그림 5-13 연속식 가열로

그림 5-14 전기저항로

5.2.2 단조용 공구와 기계

(1) 단조용 공구

① anvil:

그림과 같은 형상을 하고 있으며, 단조시 받임대로 사용되고, 연강(軟鋼)의 표면에 경강(硬鋼)을 단접하거나 주강(鑄鋼)이 많이 사용된다. anvil의 용량은 작은 것으로는 70 kg 정도, 큰 것으로는 250 kg 정도가 있다.

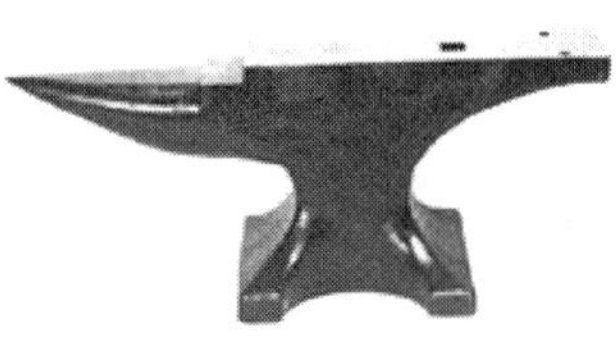

그림 5-15 영국식 anvi

그림 5-16 France식 anvil

② 정반(定盤; surface plate):

아래 사진과 같은 table형상의 주물로 된 것으로서, 금긋기 및 측정의 기준대로 각종 측정기와 함께 사용하며, 주철, 주강 및 대리석 등으로 되어있다.

정반사용의 주의 점을 들면 다음과 같다.

그림 5-17 정반

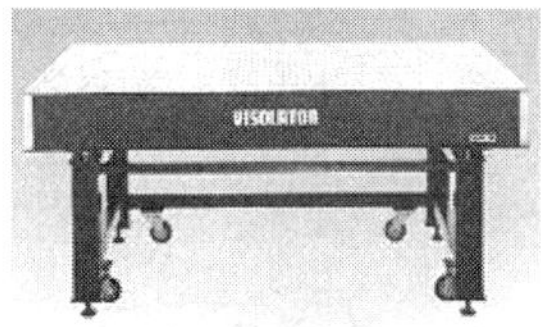

그림 5-18 desktop식 정반

- 공작물 표면을 깨끗이 한다.
- 공작물 또는 공구 등이 정반에 타격을 주지 안도록 취급에 주의한다.
- 공작물을 놓을 때는 가능하면 공작물 밑에 평행대를 받친다.
- 공작물의 burr 등을 제거한 후 정반에 놓는다.
- 정반표면에 윤할류를 바르고, 사용하지 않을 때에는 덮개를 씌워 보호한다.

③ 이형공대(異形孔臺; swage block):

사진과 같이 크고 작은 홈과 구멍이 있는 block으로서, 단조물의 형상을 변형시킬 때 받침대로 사용하거나, 가공물을 구멍에 넣어 구부릴때 등의 용도에 사용된다. 크기는 300 ~ 350 mm角이다.

그림 5-19 이형공대

④ hammer:

hammer에는 1/4 ~ 1 kg 정도의 hand hammer와 3 ~ 10 kg 정도의 대메(sledge hammer)가 있으며, 재질은 경강(硬鋼)이 많고, 두부(頭部)는 열처리하여 경화한다.

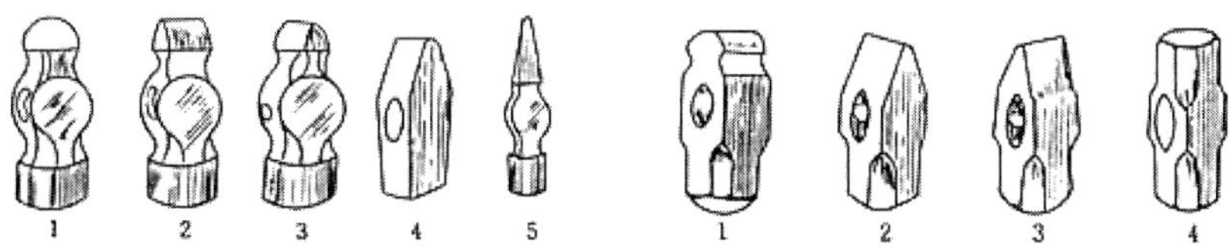

(a) 손망치　　(b) 大메

그림 5-20 hammer

⑤ 집게(tong):

단조물을 집어 노에 넣거나 꺼낼 때, 또는 단조할 때 가열물을 잡기 위하여 사용되며, 사용 목적에 따라 그 형상과 크기를 정하여 제작한다.

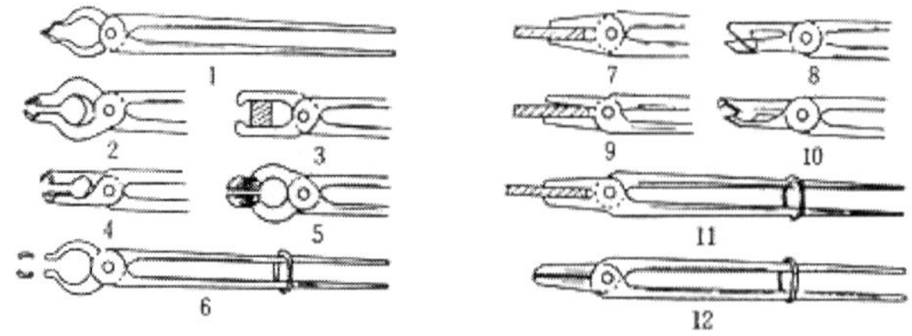

그림 5-21 집게

⑥ 다듬개:

단조물의 표면에 대고 다듬기하는 공구로서 다듬면의 형상에 따라 평면 및 곡면 다듬기용이 있다.

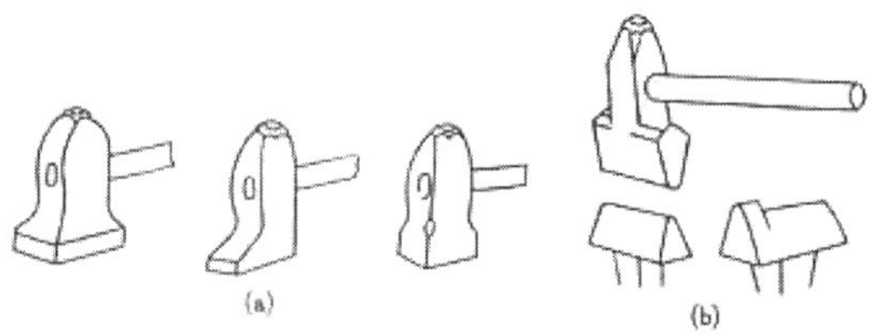

그림 5-22 다듬개

⑦ 정(chisel):

금속재료를 절단하거나, 부분적으로 깍아낼 때 사용되는 공구로서, 절인이 직선인 것과 곡선인 것이 있다.

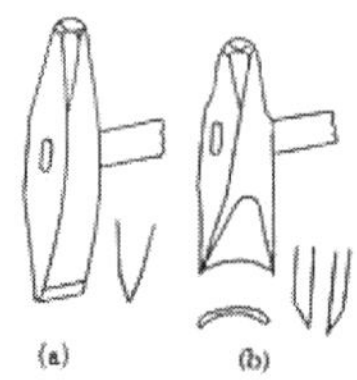

그림 5-23 정

⑧ 단조용 tap:

단조재에 원형, 4각형, 6각형 등의 단면을 얻는데 사용되는 공구이다.

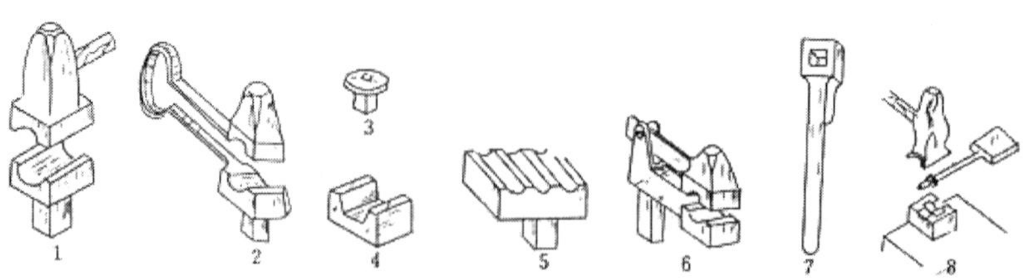

그림 5-24 단조용 tap

⑨ 단조용 측정기구:

고온의 단조물을 측정하기 위하여 그림과 같이 손잡이를 길게 제작하여 사용한다.

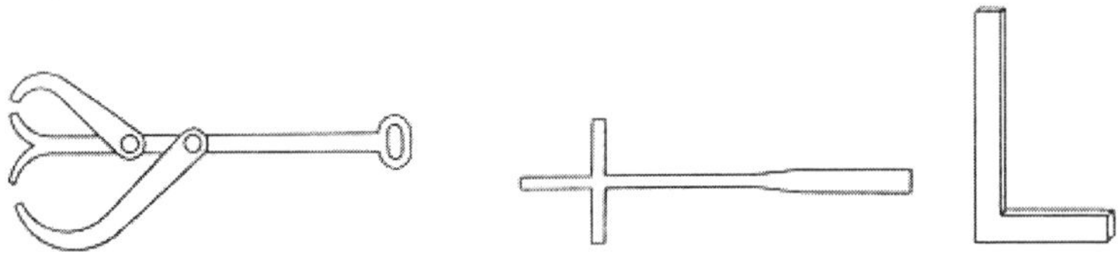

(a) calipers (b) 직각자

그림 5-25 단조용 측정기구

(2) 단조기계

① hammer:

가공물에 순간적으로 타격력(打擊力)을 작용시키는 기계로서, 용량은 ram, piston head, piston rod 및 상부 die의 낙하중량 또는 그 일량으로 표시하나, 때로는 낙하 hammer에서는 (낙하중량/0.75)을 용량으로 표시한다. hammer는 ram을 인력(人力), crank, 마찰, 압축공기, 증기력 등으로 상향운동을 시키고, 중력, 압축공기, 증기, spring 등의 작용에 의하여 낙하시키도록 되어있다. 아래 그림은 각종 hammer를 보여준다.

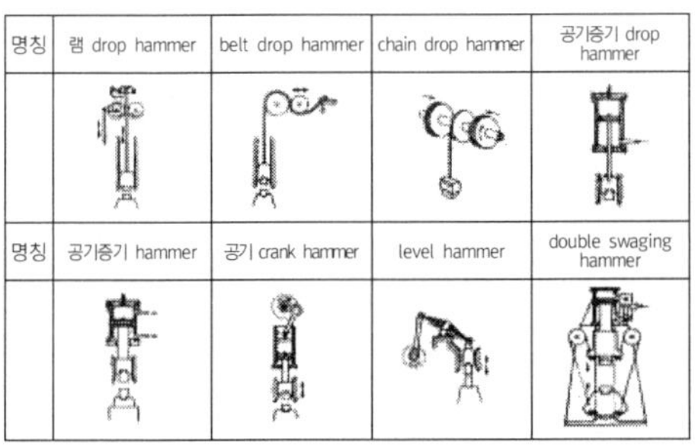

그림 5-26 hammer의 종류

그림 5-27 hammer 사용 예

1) 낙하(落下) hammer(drop hammer):

앞서 hammer의 종류에서 본바와 같이 belt, rope, board 등을 이용하여 ram을 일정한 높이까지 끌어올린 후 자유낙하시켜 가공물에 타격을 가하는 gravity drop hammer와 power drop hammer가 있고, 타격속도는 15 ~ 60회/min 정도이다.

아래 그림에서 자유낙하부(board, ram, 상부 die)의 속도를 v, 타격 후 낙하부와 피

타격체가 일체로되어 운동하는 속도를 v_2, 낙하부의 질량을 $m_1(= W_1/g)$, 피타격체(anvil, 하부 die, 가공물)의 질량을 $m_2(= W_2/g)$라 하고, 비탄성체의 충격의 경우로 생각하여 momentum 一定式을 적용하면 다음과 같다.

$$m_1 \cdot v = (m_1 + m_2) \cdot v_2$$

타격시의 운동 energy는

$$E_1 = \frac{1}{2} m_1 \cdot v^2$$

타격 후의 유효 energy는

$$E_2 = \frac{1}{2} m_1 \cdot v^2 - \frac{1}{2}(m_1 + m_2) \cdot \left(\frac{m_1 \cdot v}{m_1 + m_2}\right)^2 = \frac{1}{2} v^2 \cdot \left(\frac{m_1 \cdot m_2}{m_1 + m_2}\right)$$

$$\therefore \text{효율 } \eta = \frac{E_2}{E_1} = \frac{1}{2} v^2 \left(\frac{m_1 \cdot m_2}{m_1 + m_2}\right) / \frac{1}{2} m_1 v^2$$

$$= \frac{m_2}{m_1 + m_2} = \frac{W_2}{W_1 + W_2}$$

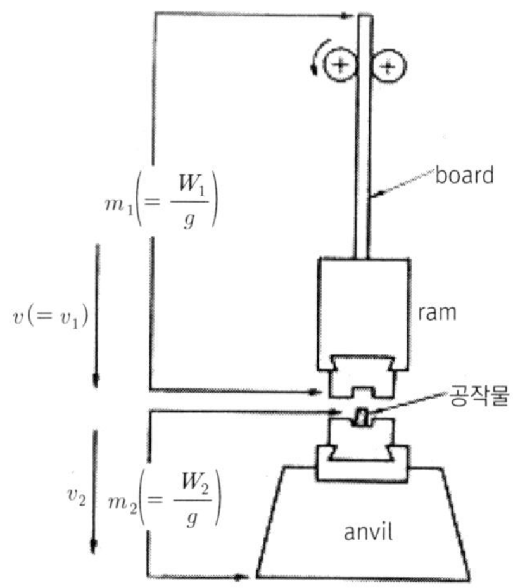

로 되며, 피타격체의 중량에서 anvil의 중량이 대부분을 차지하므로 anvil의 중량이 클 수록 hammer의 효율은 증가하고, 실제에 있어서는 anvil의 중량을 무한정 크게 할 수 없으므로 낙하체 중량의 20 ~ 25배를 취하고 있다. 예로서 $m_2 = 20 \times m_1$ 인 경우에는 효율이 95%이다.

2) spring hammer:

아래 그림과 같이 connecting rod의 일단에 spring을 연결하여 단조깊이에 관계없이 crank가 계속 회전할 수 있으며, 탄성변형된 spring이 복원되면서 다음 타격을 하기 때문에 타격 energy가 증가된다. crank의 회전수는 대형물에 대하여 70회/min, 소형물에 대하여 200 ~ 300회/min 정도이며, crank pin의 위치를 조정하여 행정(行程; stroke)을 변경할 수 있고, 상대적으로 stroke가 짧고 타격속도가 크므로 소형물 단조에 적합하다.

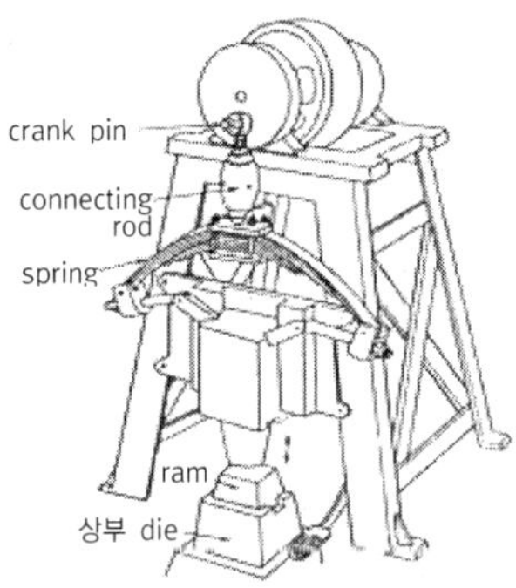

그림 5-28 spring hammer

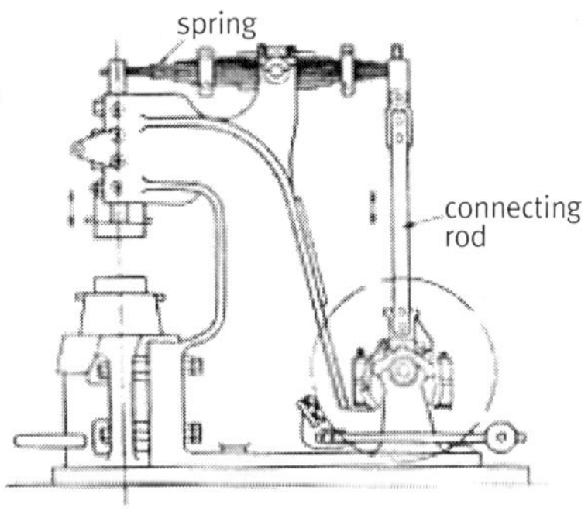

그림 5-29 spring hammer

3) lever hammer:

그림과 같이 구조가 비교적 간단하며, ram의 중량은 100 kg 정도로서 타격회수는 많으나, anvil 면과 ram 면이 평행관계가 아닌 것이 단점이다.

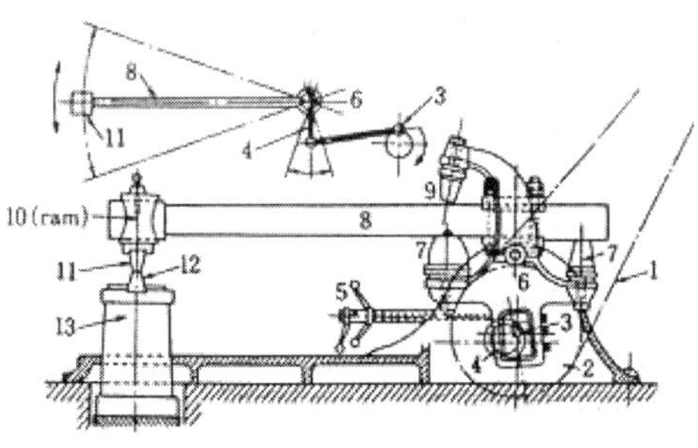

그림 5-30 lever hammer

4) 공기 hammer(air hammer):

그림과 같이 자체내에 공기압축 장치가 있으며, 이 압축공기를 piston의 상하에 교대로 보냄으로써 ram을 상하로 운동시킨다. 용량은 1/4 ~ 2 ton 정도이고, 상승높이는 350 ~ 820 mm, 타격속도는 100 ~ 200회/min이며, 용량 1 ton에 대하여 약 100 HP 비율의 전동기가 필요하다.

그림 5-31 air hammer

5) 증기 hammer(steam hammer):

그림과 같은 구조를 갖고 있으며, 단동식(單動式)과 복동식(復動式)이 있다. 단동식에서는 ram이 상승할 때만 증기압이 작용하고, 복동식에서는 ram이 낙하할 때에도 증기압이 작용한다. 용량 3 ton 이하에서는 단주식(單柱式)으로 되어 있고, 그 이상에서는 쌍주식(雙柱式)으로 되어 있다.타격력의 미세한 조정이 이 hammer의 특징이며, 증기량의 조절은 수동 또는 자동으로 행한다.

그림에서 A를 수평으로 회전시켜 증기구(蒸氣口)를 개폐(開閉)하고 lever B를 돌려 현위치에서 piston 상부 cylinder 내의 증기를 배기구(排氣口)로 보내고 증기가 piston 하부 cylinder 내에 들어가 piston을 상승시킨다. valve를 위로 올리면 증기는 piston 위로 올라가고 piston 밑에 있던 증기는 valve의 중공(中孔)을 통하여 위로 나간다. 이와 같은 동작이 수동 또는 자동으로 되풀이 된다.

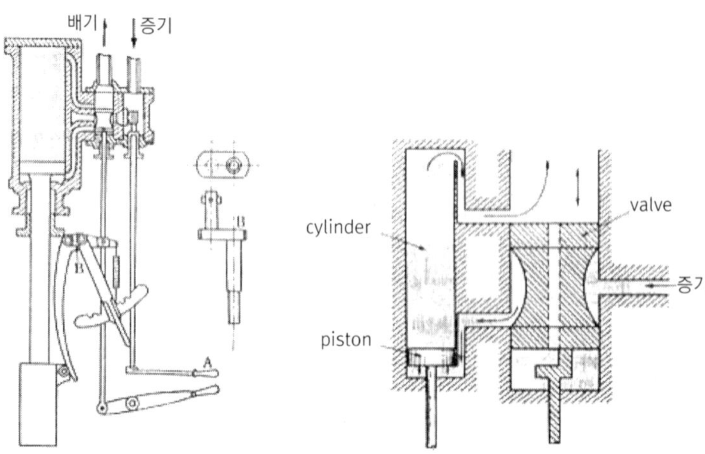

그림 5-32 증기 hammer valve의 작동 구조

② press

press는 타격력을 가하는 hammer와는 달리 저속운동으로 압력을 가하며, hammering에 비하여 작용력이 가공물의 내부까지 잘 전달되고, energy 손실도 적으며, 진동도 적다. press의 용량은 ram에 작용하는 최대 전압력(全壓力)으로 표시하며, A(cm^2)를 cylinder의 단면적, p(kg/ cm^2)를 cylinder 내의 압력이라 하면 press의 용량 P(ton)는 다음과 같다.

$$P = \frac{p \cdot A}{1000}[\text{ton}]$$

유효 단면적 A_e 변형저항을 K_f라 하고 press의 기계효율을 η라 하면

$$P = \frac{A_e \cdot K_f}{\eta}$$

가 된다.

아래 그림은 press의 종류이고 표는 press의 용량과 hammer의 용량을 비교한 것이다.

명칭	수압 press	eccentric press	knucle press	마찰 press
	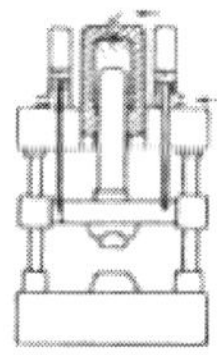		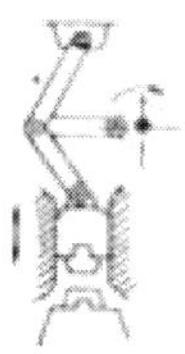	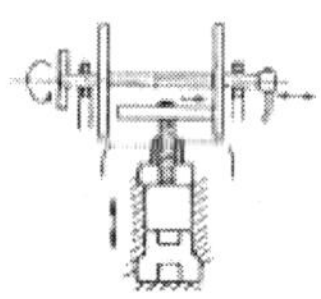
용량	W(t) 10~50,000 t	W(t)-하사점 0.2~200 t	W(t)-하사점 30~10,000 t	W(t)-최하점 10~3,000 t
종류	고압수	회전 crank	회전 crank와 link	원반의 마찰
작용	대형용	소형용	중·소형용	중·소형용

그림 5-33 press의 종류

수압 press의 가공능력과 증기 hammer의 용량 비교

수압 press 용량(t)	가공할 강괴 최대치수(직경,mm)	환산증기 hammer 용량(kg)
300	305	1350
500	406	2270
750	410	4500
1000	763	7250
1500	1015	11,300
2000	1240	22,700
3000	1520	-
4000	1650	-
5000	1750	-

단조물이 변형할 때 자유단조에서는 소재가 가압면과 마찰을 하면서 유동하고, 형단조에서는 소재가 형(型; die) 내에서 가압면 및 형의 벽과 마찰을 하면서 유동하나, 기계공작법의 수준에서는 전자인 자유단조(open-die forgig)에서 4각주(四角柱) 또는 원주(圓柱)를 단조할 때 소재와 가압면간에 마찰이 없는 것으로 가정하고 단조 energy를 구해본다.

그림과 같이 초기 높이 및 단면적이 각각 h_0, A_0인 4각주 또는 원주를 압축하는 경우의 단조 energy를 구해본다.

dh를 변형시키는데 요하는 energy dE는 다음과 같다.

$$dE = P \cdot dh = \frac{P \cdot V \cdot dh}{A \cdot h} = = V \cdot \frac{P}{A} \cdot \frac{dh}{h}$$

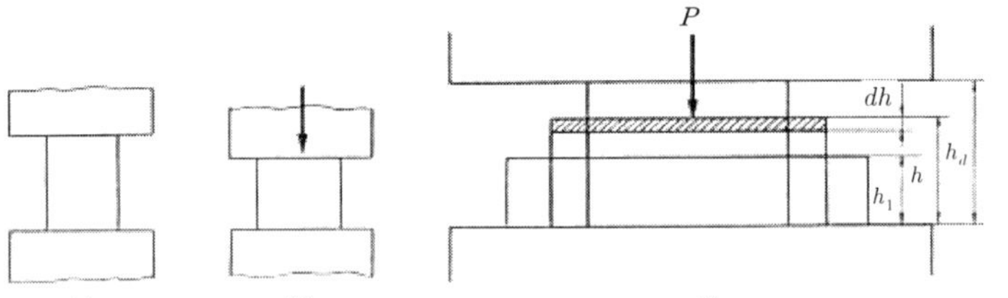

단, A: 임의 단면적, V: 체적, h: 임의 높이

소재를 비압축성 재료로 생각하면(실제에서 체적 변화는 무시할 수 있을 정도로 적다) $V = A \cdot h = A_0 \cdot h_0 = A_1 \cdot h_1$와 같이 쓸 수 있다. 변형 중 소재의 압축저항을 K_f라 하면 위 식에서 P/A를 K_f로 대치할 수 있고, K_f에 저항하면서 높이 dh만큼 감소하므로 위 식은 다음과 같이 쓸 수 있다.

$$dE = -V \cdot K_f \cdot \frac{dh}{h}$$

따라서 h_0에서 h_1까지 변형시키는 데 요하는 energy는 다음과 같다.

$$E = -\int_{h_0}^{h_1} V \cdot K_f \cdot \frac{dh}{h} = V \int_{h_1}^{h_0} K_f \cdot \frac{dh}{h}$$

K_f의 전변형 과정에 대한 평균값을 K_{fm}이라 하면

$$E = V \cdot K_{fm} \int_{h_1}^{h_0} \frac{dh}{h} = V \cdot K_{fm} \ln \frac{h_0}{h_1}$$

이며, 이 식으로부터 단조기계의 능력을 계산 할 수 있다.

고온변형저항($K_f\ kg/mm^2$)

강의 종류			온 도(℃)					
			700°	800°	900°	1000°	1100°	1200°
탄 소 강	C	0.14%	47.7	31.7	26.0	22.7	19.1	17.0
탄 소 강	C	0.24%	60.5	39.1	30.0	25.0	20.8	17.2
탄 소 강	C	0.55%	–	42.0	34.3	28.0	21.0	15.9
Cr-Mo 강	C Cr Mo	0.14% 3.12% 0.20%	51.6	31.7	27.6	25.0	20.7	12.7
Cr-Mn 강	C Cr Mn	0.49% 0.77% 1.12%	78.0	39.6	34.2	28.0	23.3	18.8
13 Cr 강	C Cr Ni	0.14% 13.09% 0.66%	–	39.5	36.0	29.1	25.2	21.1
Cr-Ni 강	C Cr Ni	0.09% 18.59% 8.33%	–	39.2	33.5	28.2	25.8	23.8
Cr-Ni 강	C Cr Ni Si	0.10% 20.59% 9.14% 1.62%	42.3	39.2	35.7	34.4	29.2	23.5

1) 순수수압 press(純粹水壓 press; pure hydraulic press):

ram의 상하 운동은 가압 cylinder와 복귀 cylinder 내에 압력수(壓力水)를 교대로 공급하여 행한다. ram 하강용 cylinder 내의 수압은 200 ~ 300 kg/cm^{2}이고, 복귀 cylinder 내의 수압은 10 kg/cm^2 정도이다.

그림에서 I은 pump 실, II는 축압기(accumulator), III은 press의 몸체이다. ram을 하강시킬 때에는 흡입관 2 → 송수관 5 → 조정 valve 10 → 송수관 12 → 수압 cylinder 14의 순으로 압력수가 유동하고, ram을 상승시킬 때에는 cylinder 14 → 관 12 → 조정 valve 10 → 송수관 24로 연결하여 cylinder 14 내의 물을 tank로 빼내고, valve 10에서 압력수를 송수관 13으로 보내어 복귀 cylinder 내의 piston 하부에 공급한다.

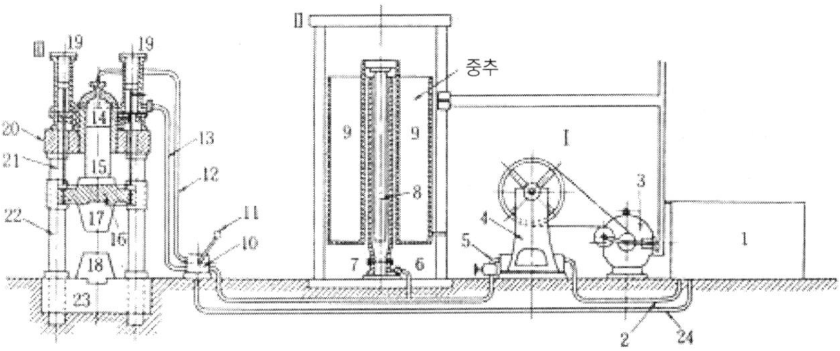

그림 5-34 순수수압 press

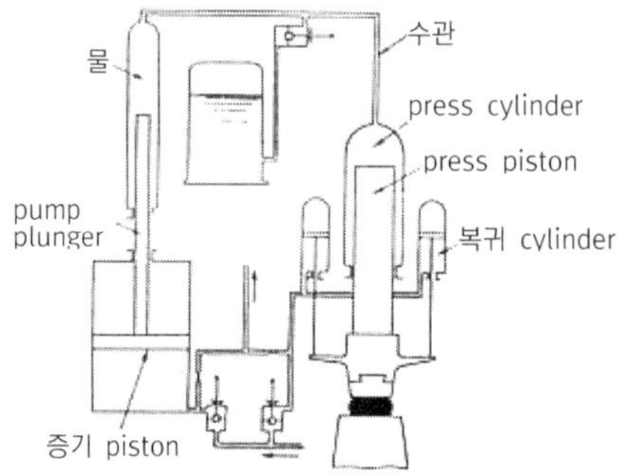

그림 5-35 증기수압 press

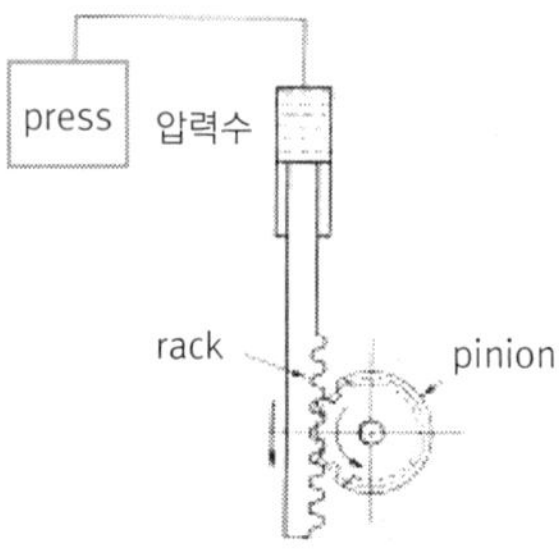

그림 5-36 전기수압 press

2) 증기수압 press(蒸氣水壓 press; steam hydraulic press):

그림에서와 같이 고압의 증기로 작동되는 pump에 의하여 고압의 압력수를 가압 cylinder 내에 공급하며, 가압 cylinder 압력은 400 ~ 500 kg/cm^{2}가 되어 순수수압 press 보다 고압이다.

3) 공기수압 press(空氣水壓 press; air hydraulic press):

증기수압 press에서 증기 대신에 압축공기로 pump를 작동시켜 압력수를 얻는 press이다.

4) 전기수압 press(電氣水壓 press; electric hydraulic press):

그림과 같이 motor에서 전달받은 pinion의 회전운동으로 rack을 왕복운동시켜 압력수를 얻는 press로서, 증기수압 press나 공기수압 press에서 증기 및 공기 대신에 motor의 회전운동을 이용한다는 차이에서 명명된 press 명이다.

5) crank press:

crank press에는 그림과 같이 crank의 수에 따라 단식(單式) crank press와 복식(復式) crank press가 있다.

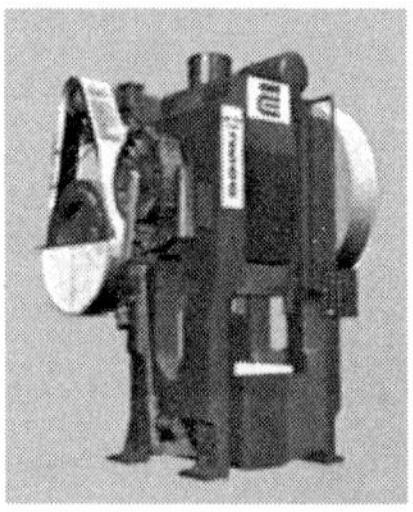

그림 5-37 crank press

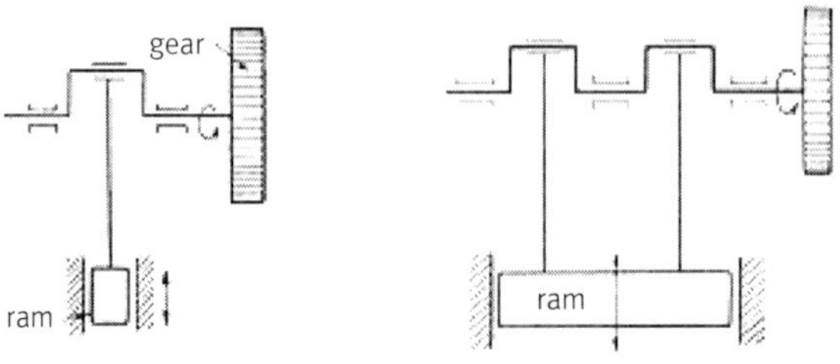

(a) 단식 crank press (b) 복식 crank press

crank press의 종류

그림에서 C : crank 축 , e : crank arm의 길이(cm), p : crank pin,

h : 단조물의 변혀높이(cm) p : press의 가압력(kg), θ상부 : die가 가공면에 접촉했을 때의 crank arm의 중심각(rak.),

n : 회전수(rpm), w :각속도 (rad/sec)라 하면 torque $T(kg-cm)$는

$$T = (P \cdot \sin\theta) \cdot e = P \cdot (e \cdot \sin\theta) - P \cdot \sqrt{e^2-(e-h)^2} = P \cdot \sqrt{h(2e-h)} \quad \text{(a)}$$

그런데 동력 $H(kg-cm/\text{sec})$는

$$H = \text{접선력}(F)[kg] \times \text{접선속도}(v)[cm/\text{sec}] = F \cdot e \cdot w$$

$$= (F \cdot e) \cdot w = T \cdot w$$

의 관계에 의하여 동력$N(HP)$는

$$N(HP) = \frac{2\pi n}{60} \cdot \frac{T}{75 \times 100}$$

로 되어

$$T = 71620 \cdot \frac{N}{n} \quad \text{(b)}$$

로 된다.

단조조건이 주어지면 식(a)와 식(b)에 의하여 동력N을 구할 수 있다.

5.2.3 단조작업

앞에서 언급한 바와 같이 단조에는 단조형(鍛造型)에 따라 자유단조(自由鍛造)와 형단조(型鍛造)가 있으며, 본서에서는 이들의 기본작업에 대하여 설명한다.

(1) 자유단조(自由鍛造; open-die forging):

가공물에 압력을 가할 때 가압력의 방향과 직각인 방향으로의 금속유동에 구속을 주지않는 단조를 자유단조라 하며, 주로 小形物이 많고, 단조 후에 기계가공을 하는 경우가 많다.

늘리기(drawing)는 그림과 같이 단면적을 감소시키고 길이 방향으로 늘리는 단조작업이다.

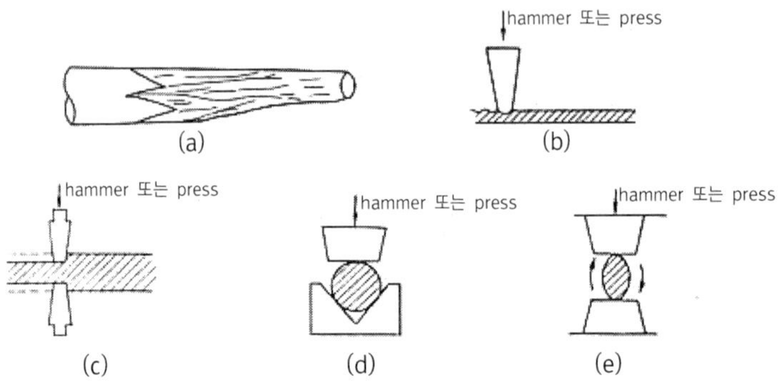

그림 5-38 늘리기 작업

축(軸)박기(upsetting, upset forging, heading)는 그림과 같이 축방향으로 압축하여 단면을 크게 하고 길이를 짧게하는 단조로서, 자유단의 길이를 L_0, 단면적을 A_0라 하고 upsetting 후의 길이를 L_1, 단면적을 A_1이라 하면 $L_0 \cdot A_0 = L_1 \cdot A_1$에서 단조비(鍛造比; forging ratio)는 다음과 같다.

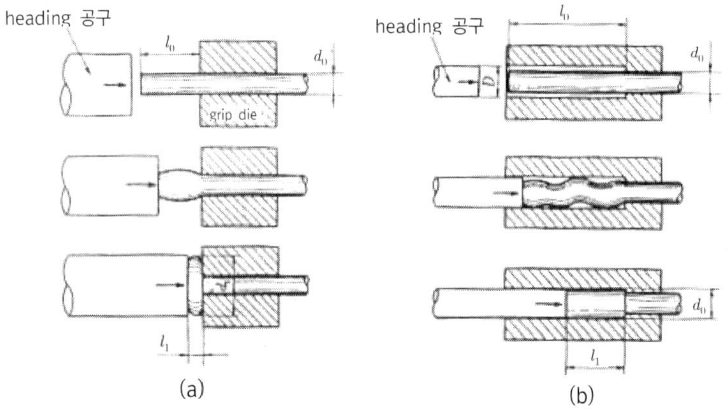

그림 5-39 upsetting

위 그림(a)에서는 $L_0 < 3 \cdot d_0$ (b)에서는 $L_0 \leq 6 \cdot d_0$까지 가능하고, 이 이상에서는 좌굴현상(座屈現狀; buckling)이 나타날 염려가 있다.

동일 재질의 가공재를 동일 온도에서 가공하여도 원형상, 압력, 가압속도 및 가압 방법의 차에 의하여 단조 후 형상이 다르게 나타난다. 동일 재질의 가공물을 동일 조건에서 가공하여도 온도가 국부적으로 다를 때에는 아래 그림과 같이 여러 형상으로 변할 수 있다.

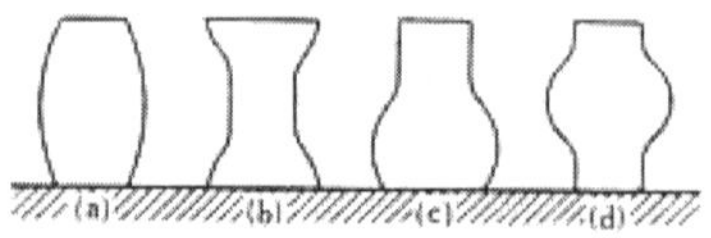

그림 5-40 온도차에 의한 변형

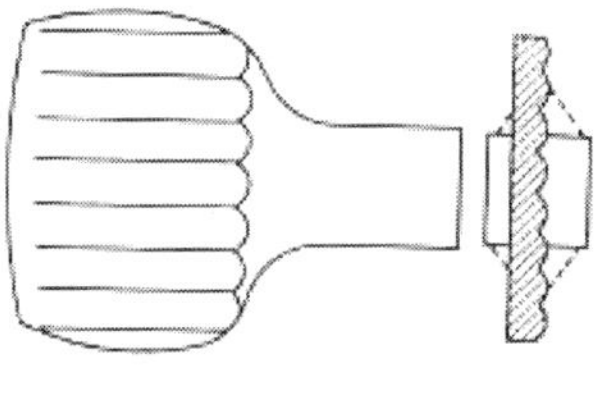

그림 5-41 온도차에 의한 변형

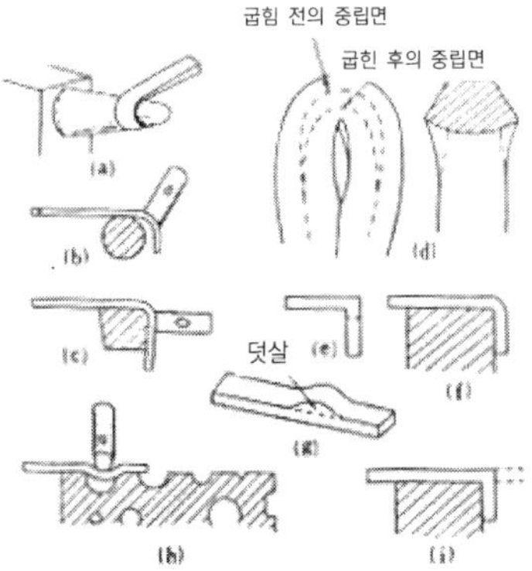

그림 5-42 굽히기

넓히기(spreading)는 그림과 같이 가공물을 anvil 상에 놓고 가압하여 폭을 넓히는 단조이다.

굽히기(bending)할 때 외측은 연신되고, 내측은 압축되며, 그림 (d)에서와 같이 응력과 인장 및 압축이 없는 중립면은 내측으로 이동한다. 굽힘 부위가 얇아지는 것을 피하기 위하여는 그림(g)와 같이 덧살을 붙이고 굽힘 가공한다.

단짓기(setting down)는 그림과 같이 예리한 정으로 단면적을 급변시켜 단을 짓는 작업이다.

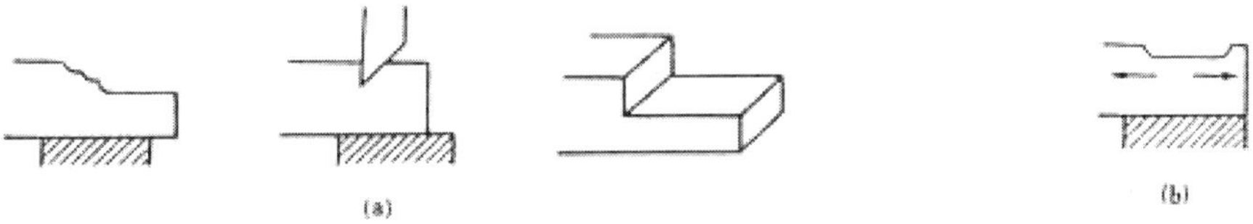

그림 5-43 단짓기

구멍뚫기(punching)는 그림과 같이 punch를 대고 타격을 가하거나, 구멍이 큰 경우에는 anvil의 horn 부에 끼우고 확대한다.

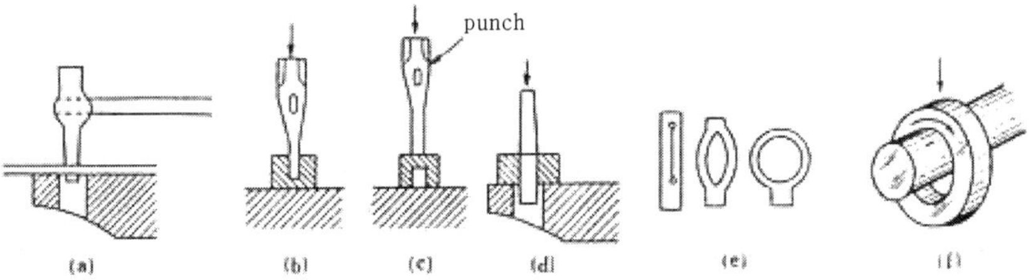

그림 5-44 구멍뚫기

비틀기(twisting)할 때 그림(a)의 중심부에서는 높이의 변화가 없고, 외주에서는 약간 낮아진다. 외부는 인장응력, 내부는 압축응력을 받게 되며, 장력(張力)이 과대하면 균열이 생긴다. 그림 (b)는 양단(兩端)이 평면을 유지하도록 고정한 상태에서 비트는 경우이며, 높이는 균등하게 변하나, 외부는 인장응력, 내부는 압축응력이 발생한다.

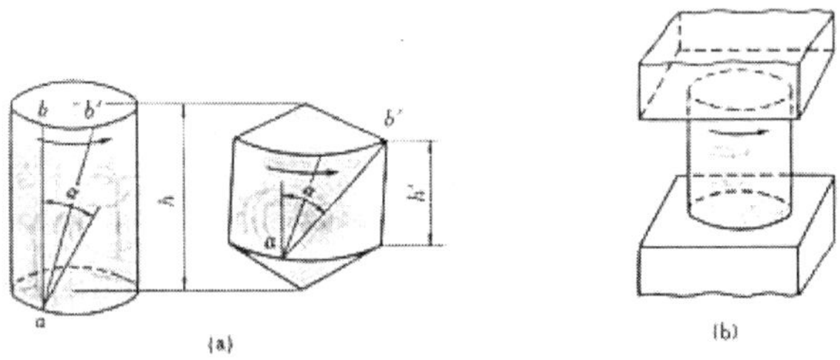

그림 5-45 비틀기

rotary swaging은 주축과 함께 型(die)을 회전시켜 형에 타격을 가하여 단조하는 것이며, 그림 (a)는 형이 2개인 경우이고, 그림 (b)는 형이 4개인 경우이다. rotary swaging에서는 형과 hammer가 회전하면서 hammer 頭가 roller에 접할 때 형을 타격한다. hammer가 roller와 roller 사이에 있을 때는 원심력에 의하여 형이 열리고, 이 때 소재가 공급된다.

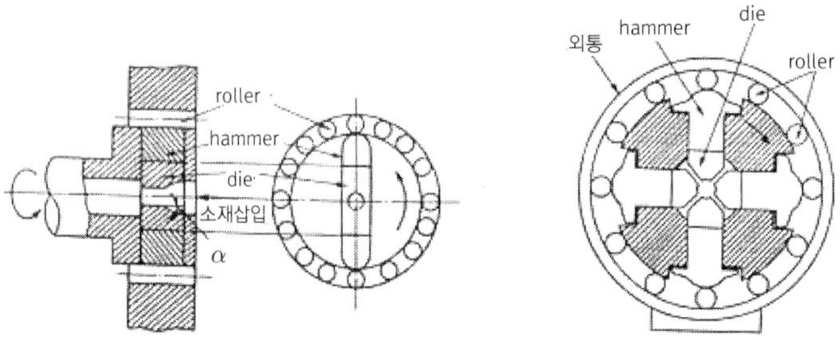

(a) die가 2개 (b) die가 4개

그림 5-46 rotary swaging

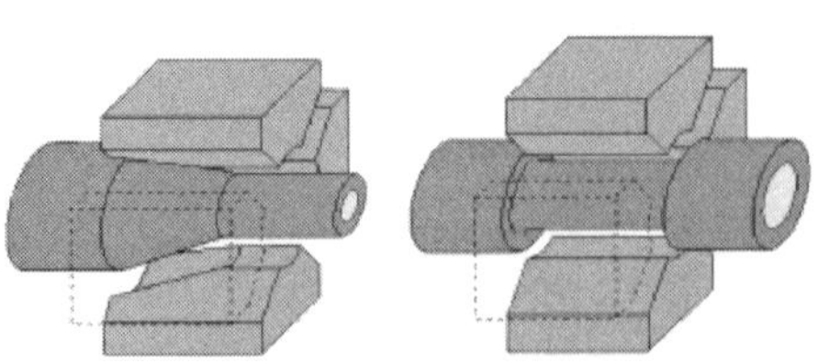

그림 5-47 rotary swaging die

ram end forming은 성형 die를 가공물 안 또는 밖에 직선적으로 압입하는 가공으로서, die 또는 가공물이 회전하지 않으므로 비대칭적이거나 복잡한 단면재의 가공도 가능하며, 그림과 같이 관재의 가공에서는 내외부를 동시에 가공할 수 있다.

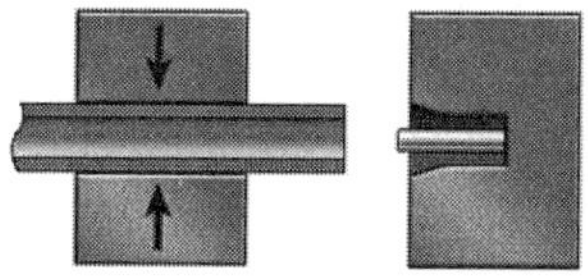

그림 5-48 ram end forming

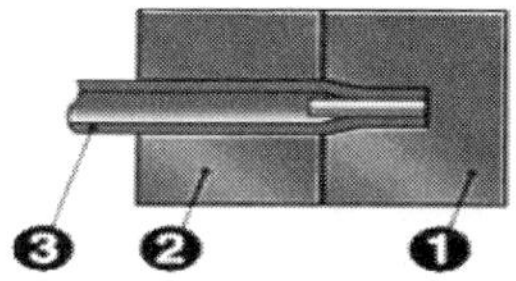

그림 5-49 ram end forming

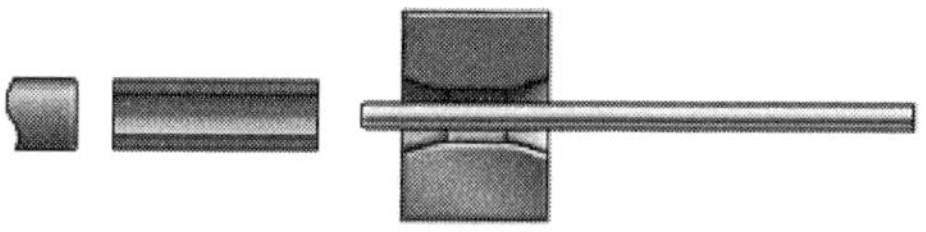

그림 5-50 ram end forming

압연단조(壓延鍛造; roll forging)는 그림과 같이 맞물고 회전하는 roll 사이에서 가공물을 단조하는 것으로서, roll의 홈 또는 돌기를 이용하여 소정의 단면 형상을 갖는 단조물을 얻을 수 있으며, 차축(車軸; axle) 및 leaf spring 등을 제작할 수 있다.

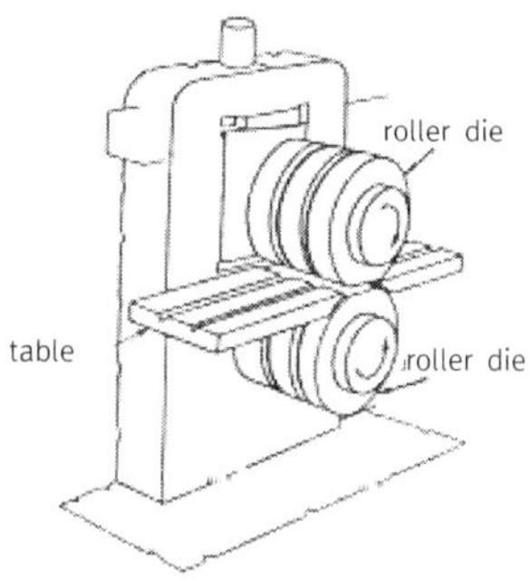

그림 5-51 압연단조

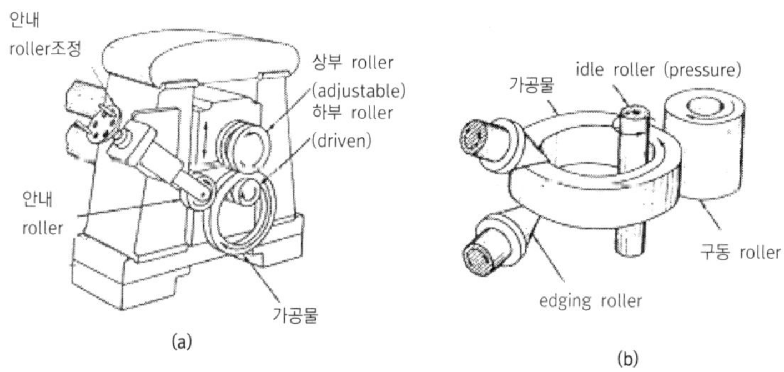

그림 5-52 ring의 압연단조

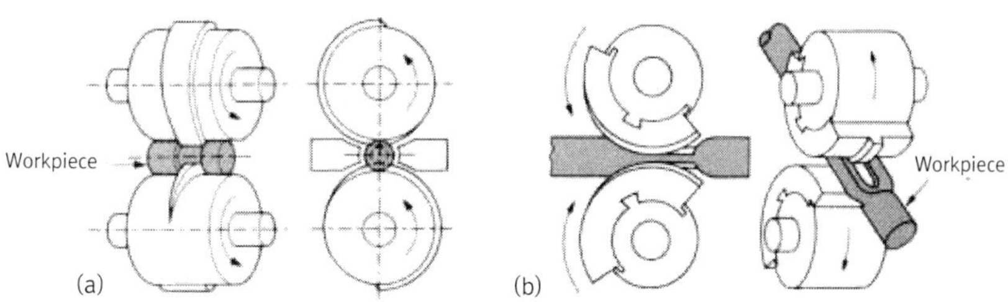

그림 5-53 roll 단조의 예

tap 작업(tapping)은 그림과 같이 tap을 이용하여 소재의 단면을 소정의 단면으로 가공하는 것을 tap 작업이라 한다.

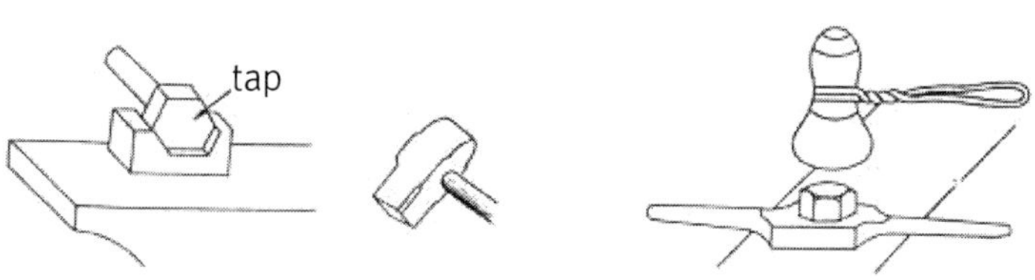

그림 5-54 tap 작업

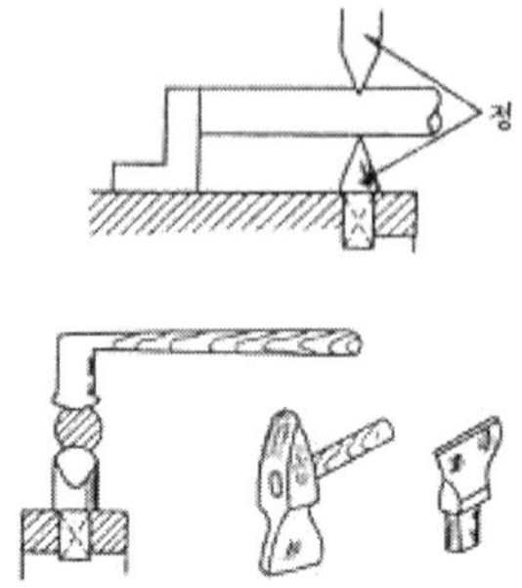

그림 5-55 절단

절단(切斷; cutting-off)에는 기계톱 또는 절단기를 사용하는 경우가 많으나, 단조작업 중 고온의 소형재를 절단할 때에는 그림과 같이 정을 사용한다.

(2) 형단조(型鍛造; closed-die forging):

압축에 의한 금속의 유동이 형(型; die) 내에서만 행하여지며, 여분의 금속은 형의 접합면 사이에 flash로 유출된다. 절삭가공, 또는 자유단조 후 절삭가공에 의한 제품에 비하여 조직이 미세하고 강도가 크다. spanner, crank shaft, connecting rod, 차축 등이 형단조에 의하여 제작된다.

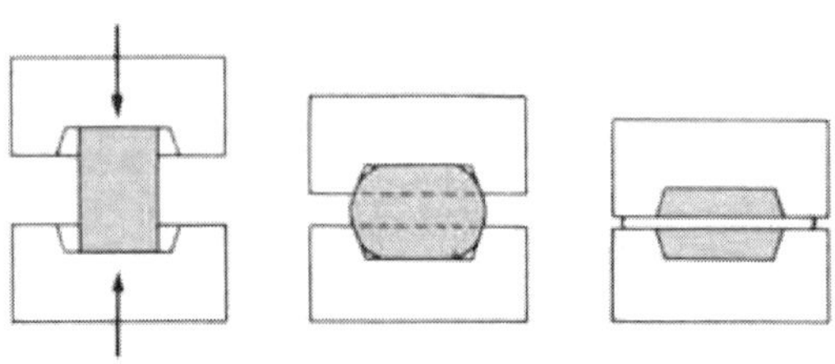

그림 5-56 형단조

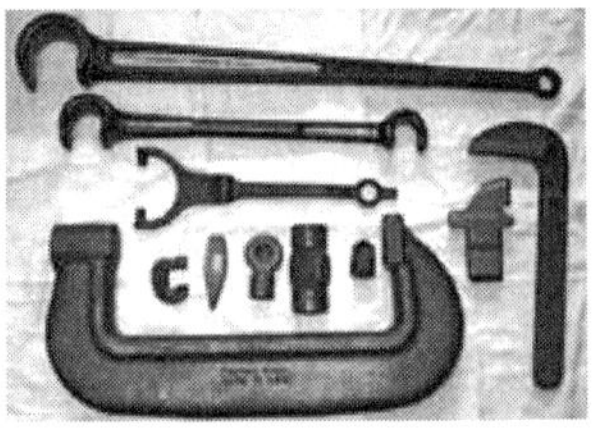

그림 5-57 closed die forgings

① 형 재료:

형은 고온에서 고압의 하중을 받고, 그 상태에서 금속의 유동에 의한 마찰을 극심하게 받으므로 다음의 성질을 가져야 한다.

- 내마모성이 커야한다.
- 내열성이 커야한다.
- 강도가 커야한다.

아래 표는 단조형 재료의 예로서, No. 1, 4, 7 등은 drop hammer에 적합하고, No. 2, 5, 6은 press에 적합하며, No. 8, 9는 대형물 단조에 적합하다. 형의 사용온도는

150 ~ 250℃가 적당하며, Shore 경도 60 정도가 좋다. 경도가 큰 die는 hammer에는 부적당하고, press에 사용하는 것이 좋다.

단조형 재료(재료%)

No.	C	Si	Mn	S	P	Cr	Ni	Mp	V	W
1	0.47~0.55	0.1~0.2	0.5~0.6	0.04	0.03	0.6~0.75	1.5~1.75	-	-	-
2	0.6~0.75	0.1~0.2	0.3~0.4	0.04	0.03	3.25~3.75	-	-	-	-
3	0.48~0.50	0.25~0.26	0.57~0.67	0.04	0.03	0.8~0.9	-	-	-	-
4	0.25	0.25~0.26	0.2	0.04	0.03	3	1.7~1.8	-	-	7.5
5	0.25	0.25~0.26	0.2	0.04	0.03	3		-	-	14
6	0.45~0.55	0.25~0.26	0.69~0.90	0.04	0.03	0.45~0.75	1.0~1.55	0.3~0.7	-	-
7	0.50~0.60	0.25~0.26	0.69~0.90	0.04	0.03	0.50~0.75	1.25~1.75	0.10~0.30	0.3	-
8	0.6~0.8	0.25~0.26	0.3~0.50	0.04	0.03	-	-	-	0.3	-
9	0.9~1.0	0.25~0.26	0.3~0.50	0.04	0.03	-	-	-	0.3	-

② 형설계:

인발(引拔)기울기는 아래 표를 기준으로 하며, 제품을 형에서 쉽게 인발할 수 있게 하기 위한 것이다. 형의 두께는 단조방향과 직각인 부분에서 다음 표를 기준으로 정한다.

인발기울기

단조면 깊이	외면인발 기울기	내면인발 기울기
60 mm 미만	7°	7°
60 mm 이상	7°	10°

형두께

형단조면적 (cm^2)	60미만	60~125	125~250	250~350	350~500
최소두께 (mm)	3	4	5	6	8

홈(flash gutter)을 형의 접합면에 파서 여분의 금속(flash)이 유출될 수 있게한다.

가공여유를 기계가공이 필요한 제품에 다음 표를 기준으로 둔다.

가공여유

기준치수 (mm)	50 미만	50~125	125~250	250~500	500 이상
가공여유 (mm)	2.5	3.0	4.0	4.5	6.0

③ 재료채취:

형단조에서 재료의 채취는 인발기울기, 모서리 둥글기, 형 어긋남 공차, 가열손실여유, 가공여유 등을 고려하여야 한다. 또한 상형과 하형의 접합면 사이로 밀려나오는 flash의 두께는 다음 표를 기준으로 한다.

flash의 두께

제품정미중량 (kg)	flash의 두께(mm)		제품정미중량 (kg)	flash의 두께(mm)	
	열 간	냉 간		열 간	냉 간
0~2.3	3.2	1.6	11.5~22.7	6.4	4.8
2.3~4.5	4.0	2.4	22.7~45.5	8.0	6.5
4.5~6.8	5.0	3.2	45.5~90.0	9.5	-
6.8~11.5	5.5	4.0			

④ 형단조작업:

1회의 가압이나 타격으로 제품을 완성하는 것은 어렵고, 그림과 같은 과정을 거쳐 connecting rod가 얻어진다. 물론 sliding 면은 기계가공을 한다.

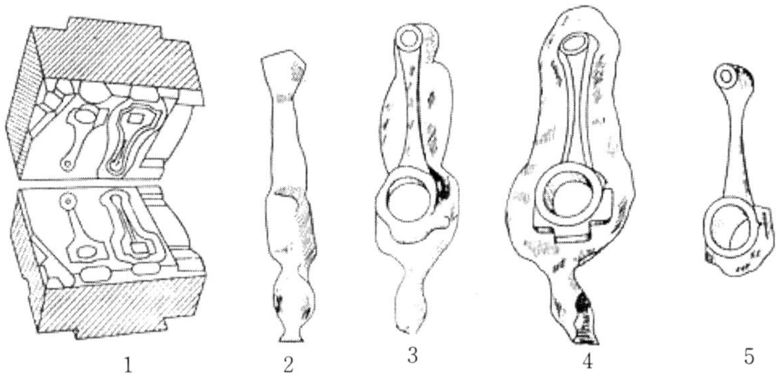

그림 5-58 connecting rod의 형단조 예

(3) 단접(鍛接; forge welding):

강과 같은 금속재료가 고온에서 점성과 금속간에 친화력이 크게되는 성질을 이용하여 부품에 압력 또는 타격을 가하여 접합하는 것을 단접이라 한다. 예로서 연강의 단접온도는 1100 ~ 1200℃ 정도가 적당하다. 접촉면의 산화물 등을 제거하기 위하여 붕산 및 붕사 80%와 염화암모니아 20%의 혼합제 또는 철분 85%와 붕산 10% 및 붕소 5%의 혼합물인 용제가 사용된다. 다른 접합에 비하여 단접의 접합강도가 특별히 큰 것도 아니고, 기술적인 어려움 등으로 인하여 현대에는 다른 접합법으로 대체되고 있다. 다음 그림은 단접방법을 보여주며, 공통점이 있는 것을 group 별로 분류하면 다음과 같다.

- 맞대기단접(butt smith welding): 1, 2
- 겹치기단접(lap smith welding): 3, 4, 5, 6
- 쪼개어 물리기단접(split smith welding): 8, 9, 10

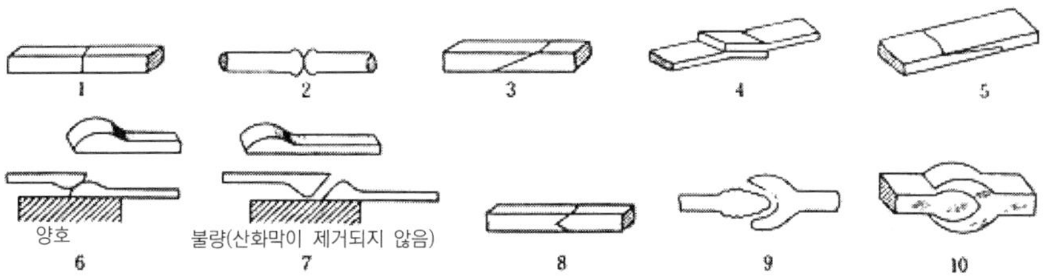

그림 5-59 단접방법

(4) rivet 이음(rivet joint):

기계부품 또는 요소를 결합하는 데에는 나사결합과 같이 분해가 용이한 것, 용접과 같이 영구적인 것, rivet 이음과 같이 분해 가능하나 rivet을 파단시켜야만 하는 반영구적인 것이 있다. 나사 결합에 대하여는 기계요소설계에서 취급하고 용접은 이미 공부하였으므로 여기에서는 소성가공의 일부로서 rivet 이음을 설명한다. rivet 이음은 사용 목적에 따라 다음과 같이 구별할 수 있다.

- 고압, 기밀(氣密)을 요하는 경우(boiler, 고압용기 등)
- 기밀만을 요하는 경우(물통, 저압용기, 연돌 등)
- 강도만을 요하는 경우(교량, 건축물, 철도차량, 구조물 등)

punch 또는 drill로 구멍을 뚫고 rivet을 구멍에 끼운다. 한쪽은 snap으로 받치고 다른 쪽에서는 snap을 대고 그 위를 rivet hammer로 타격을 가한다. 기밀을 요할 때에는 그림과 같이 caulking 공구를 사용하여 판끝을 눌러 붙임으로써 틈막기를 하고, 이것을 caulking이라 한다. 판을 어긋나게 밀어줌으로써 rivet 구멍과 rivet 간의 틈인 유체의 통로를 차단하는 것을 fullering이라 한다.

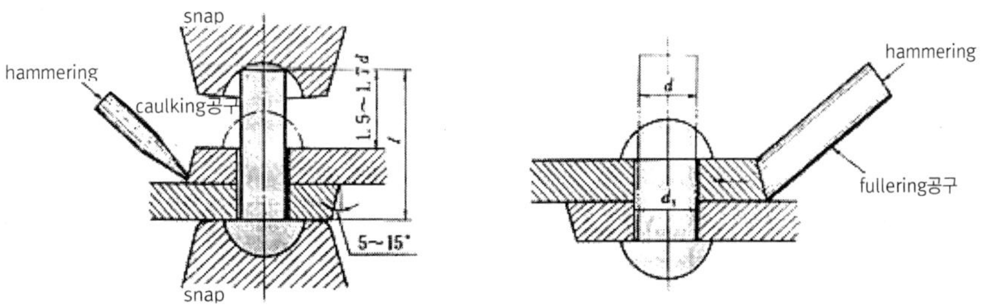

그림 5-60 caulking과 fullering

5.3 압연(壓延)

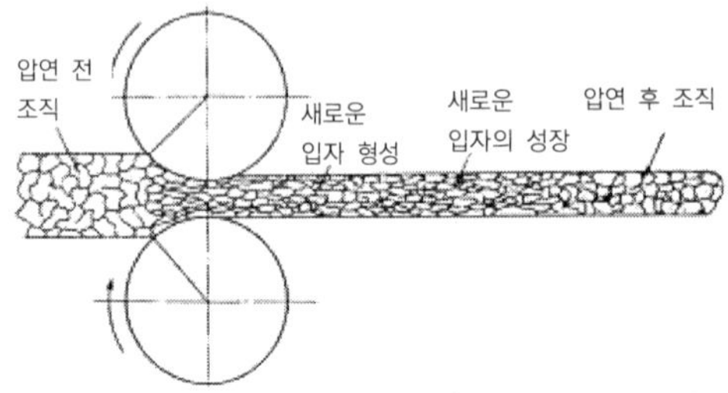

그림 5-61 압연조직

금속재료를 회전하는 roll(roller) 사이에 넣어 가압함으로써 두께 또는 단면적을 감소시켜 길이방향으로 늘리는 가공을 압연(壓延; rolling)이라 한다. 작업온도에 따라 열간압연(熱間壓延; hot rolling)과 냉간압연(冷間壓延; cold rolling)이 있으며, 열간압연에서는 가공물의 소성이 크므로 압연 동력이 적게 소비되고, 변형을 크게 할 수 있는데 반하여, 냉간압연에서는 동력 소비는 크나 정밀한 완성가공을 할 수 있고, 기계적 강도를 증가시킬 수 있다.

압연에 의하여 금속의 주조조직(鑄造組織)을 파괴하고, 내부의 기공(氣孔)을 압착(壓着)하여 균질하게 한다. 아래 그림은 압연작업에서 조직의 변화를 보여주는 것으로서 압연 전의 결정입자가 신연(伸延)되고 조직이 치밀하여 지며 방향성을 갖는다는 것을 보여준다.

주괴(鑄塊; cast ingot)를 분괴(分塊)하는 가공을 분괴압연(分塊壓延)이라 하고, 이에 사용되는 압연기를 분괴압연기(分塊壓延機)라 한다. 분괴압연으로 얻어지는 제품에는 정확한 한계는 없으나, 단면의 형상과 크기에 따라 일반적인 분류를 소개하면 다음과 같다.

- bloom: 대략 정사각형의 단면을 가지며, 치수는 250 mm × 250 mm ~ 450 mm × 450 mm 정도이다.
- billet: 대략 정사각형의 단면을 가지며, 치수는 50 mm × 50 mm ~ 120 mm × 120 mm 정도이다.
- slab: 장방형(長方形)의 단면을 가지며, 두께 50 ~ 150 mm이고, 폭 600 ~ 1500 mm인 판재(板材)이다.
- sheet bar: 분괴압연한 것을 재압연한 것으로서, slab 보다 폭이 작은 200 ~ 400 mm 정도이고, 길이 1 m의 중량이 10 ~ 80 kg 정도이다.
- sheet: 두께 0.75 ~ 15 mm이고, 폭 450 mm 이상인 판재이다.
- wide strip: 두께 0.75 ~ 15 mm이고, 폭 450 mm 이상인 coil로된 긴 판재이다.
- narrow strip: 두께 0.75 ~ 15 mm이고, 폭 450 mm 이하인 coil로된 긴 판재이다.
- plate: 두께 3 ~ 75 mm의 긴 판재이다.
- flat: 두께 6 ~ 8 mm이고, 폭 20 ~ 450 mm인 평평한 재료이다.
- round: 지름 200 mm 이상인 환봉(丸棒)이다.
- bar: 지름 12 ~ 100 mm, 또는 100 × 100 mm 범위의 사각단면을 갖는 긴 봉재(棒材)이다.

- rod: 지름 12 mm 이하인 긴 봉재(棒材)이다.
- section: 각종 단면형상의 단면재이다.

그림 5-62 ingot으로 부터 각종 제품에 이르는 과정

그림 5-63 blooming mill

그림 5-64 bar mill

그림 5-65 cold finishing mill

그림 5-66 rod rolling mill

그림 5-67 heat treating

압연전의 압연재의 쪽, 높이, 길이를 b_0, h_0, l_0라 하고 압연 후의 것을 b_f, h_f, l_f 라 할 때

$h_0 - h_f$	: 압하량	$(h_0 - h_f)/h_0$	: 압하율	h_f / h_0	: 압하비
$b_f - b_0$	: 증폭량	$(b_f - b_0)/b_0$	: 증폭율	b_f / b_0	: 증폭비
$l_f - l_0$	: 연신량	$(l_f - l_0)/l_0$	: 연신률	l_f / l_0	: 연신비

압연전의 단면적을 A_0, 압연 후의 것을 A_f라 하면 $(A_0 - A_f)/A_0$를 단면감소율이라 한다. 증폭량 $(b_f - b_0)$는 roller의 지름, 압하율, 압연속도, 피가공재의 단면형상 및 대소(大小), 압연온도, 가공물의 재질, roll과 가공재의 표면상태 등에 따라 영향을 받으나 E. Siebel은 다음의 근사식을 발표하였다.

$$b_f - b_0 = C \cdot \frac{h_0 - h_f}{h_0} \cdot \sqrt{\frac{D}{2}(h_0 - h_f)}$$

단, C: 상수로서, 연강에서 C=0.31 ~ 0.35, Al에서 C=0.45, 납에서 C=0.33 정도이다.
D: roll의 지름

5.3.1 압연기(壓延機)와 roll

(1) 압연기:

압연기는 분류기준에 따라 다음과 같이 분류된다.

작업온도에 따라
- 열간압연기
- 냉간압연기

분괴압연기(blooming mill) 중 제품에 따라
- billet 압연기 (billet mill)
- slab 압연기(slab mill)
- sheet bar 압연기(sheet bar mill)
- sheet 압연기(sheet mill)

roll의 수 및 회전방향에 따라
- 비가역 2단압연기(two-high nonreversing mill)
- 가역2단압연기(two -high reversing mill)
- 3단압연기(three-high mill)
- 4단압연기9four-high mill)

특수압연기

실제에는 roll 수와 회전방향에 따른 분류가 보통이기 때문에 이 기준에 의한 분류로서 각각의 특징을 설명코자 한다. 그림 (a)는 비가역 2단압연기로서, 지름이 같은 2개의 roll을 1쌍으로 하여 한쪽 방향으로만 압연한다. 재압연을 위하여는 소재를 운반하여야 하는 불편이 있다. 그림 (b)는 가역 2단압연기로서, (a)와 비슷하나 roll을 역전시킬 수 있기 때문에 재압연시 소재를 운반할 필요없다. 그림 (c)는 3단압연기로서, 중간 roll이 구동하고, 상하의 roll은 마찰에 의하여 구동하며, 동시에 2단압연기 2대의 기능을 한다. 그림 (d)는 4단압연기로서, 소재와 접촉하는 roll의 지름이 작고, 외측에 보강 roll이 있다. roll의 지름이 작으면 압연압력이 크게되어 소성이 적어 압연이 어려운 소재의 압연에 사용된다. 그림 (e)는 20단압연기의 예이다.

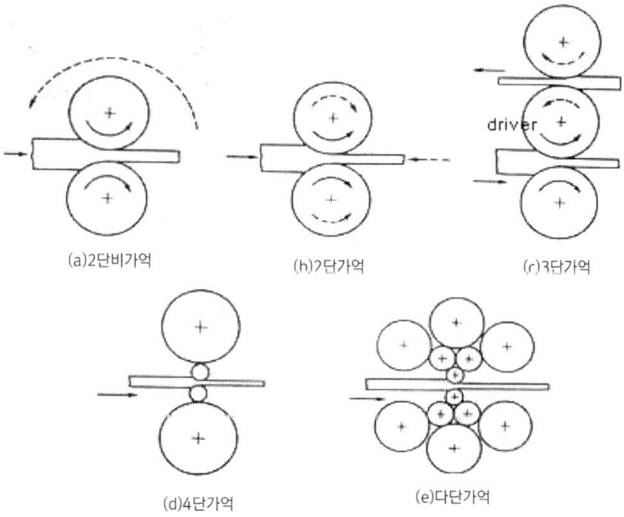

그림 5-68 압연기의 종류

아래 그림과 같은 연속압연기(連續壓延機)를 사용함으로써 생산능률을 올릴 수 있으며, 압연폭의 변화가 없는 조건이라면 소재가 적체되지 않고 압연되기 위해서는 roll의 속도가 출구측으로 갈수록 점점 커져야한다.

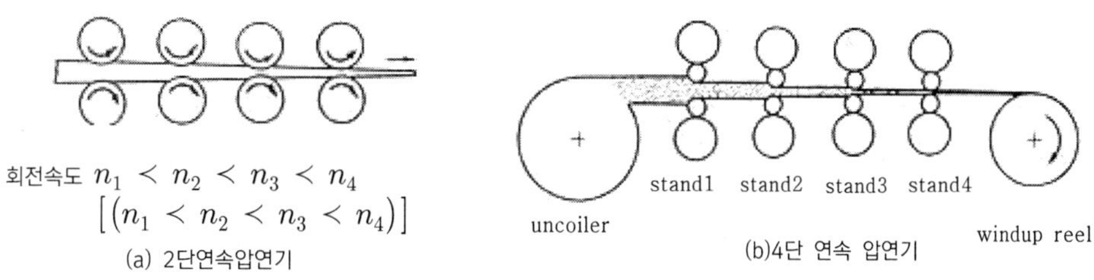

그림 5-69 연속압연기

아래 그림과 같이 전방(前方)인장과 후방(後方)인장을 가하는 coil 장치를 갖는 Steckel 압연기가 있다. 이 압연기는 박판(薄板)의 냉간압연에 사용되어 제품의 표면을 매끈하게 한다.

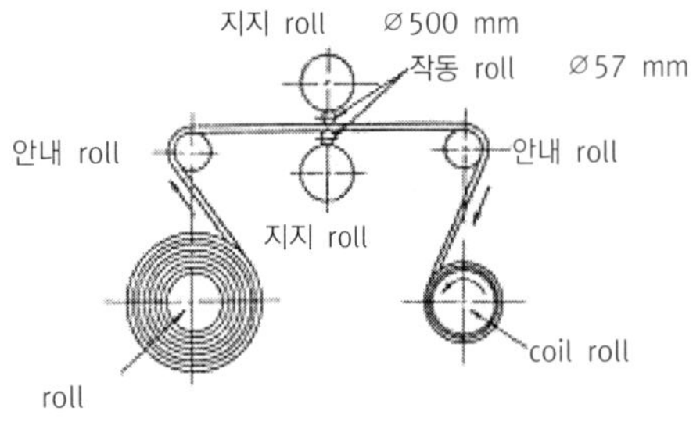

그림 5-70 coil 장치를 갖는 4단 압연기

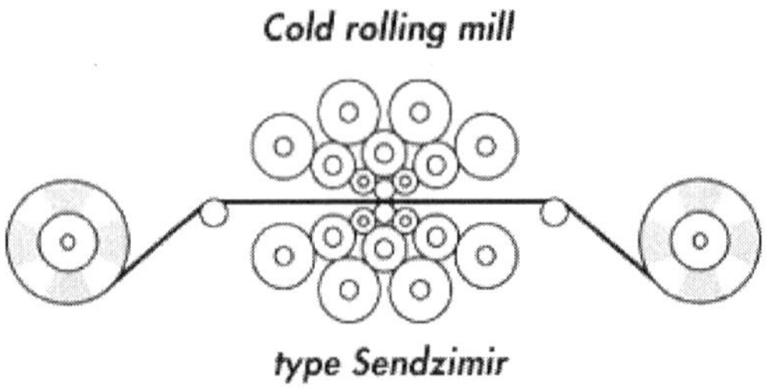

그림 5-71 다단압연기

아래 그림은 유성압연기(遊星壓延機; planetary rolling mill)로서, 작업 roll의 자전과 공전에 의하여 소재를 압연하고, 1회의 통과로 큰 압하량을 얻으며, 압연속도는 작업 roll의 원주속도로 조정한다. 많은 roll이 교대로 작업하기 때문에 roll의 과열을 피할 수 있다.

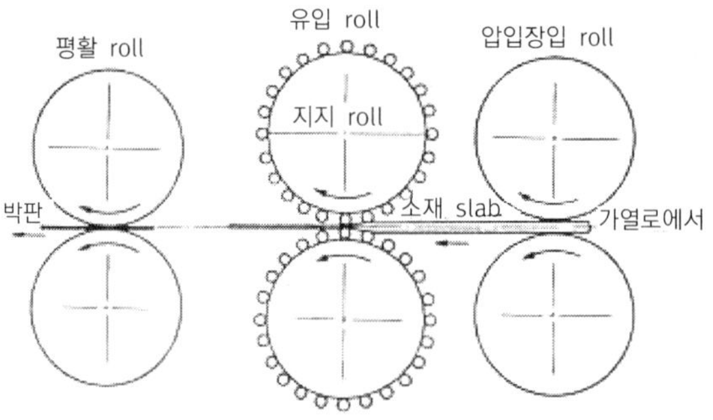

그림 5-72 유성압연기

아래 그림은 만능압연기(萬能壓延機; universal rolling mill)의 예로서, 상하압연과 동시에 측면압연도 할 수 있는 압연기로서, rail과 같은 I 형재, H 형재, channel 등의 압연에 사용된다.

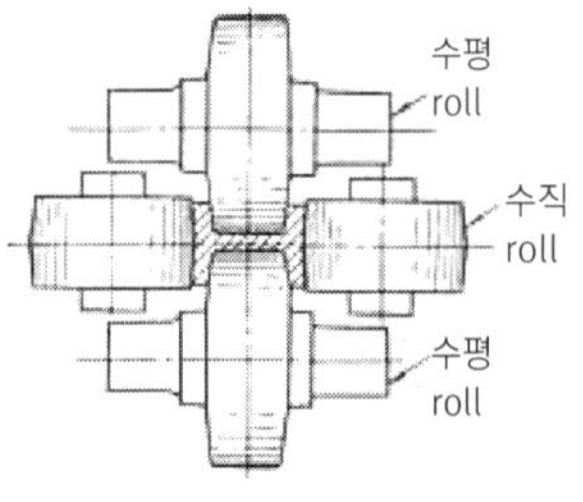

그림 5-73 만능압연기

그림 5-74 만능압연기 사진

(2) roll:

roll은 압연기에서 가장 중요한 부분의 하나로서, 축두(軸頭)인 neck, 회전전달부인 wobbler 및 동체(胴體; body)로 되어 있으며, roll에 따라 제품의 형상 및 질이 결정되고, 압하량 등이 정해진다.

roll을 각 기준에 따라 분류하면 다음과 같다.

표면 형상에 따라

- 평 roll(plain roll): 핀재용으로 사용된다.
- 홈 roll(grooved roll): 각종 *형재(形材)의 압연에 사용된다.

재질에 따라

- 주철 roll: 사형 주물과 금형 주물이 있으며, 전자는 pearlite 주철로서 내외부의 경도 차가 적고, 후자는 chilled 층이 15 ~ 40 mm 정도이고 내부는 pearlite 조직이다. 최근에는 구상흑연주철(球狀黑鉛鑄鐵; nodular cast iron)도 사용된다.
- 강철 roll: 주강 roll과 단강(鍛鋼) roll 등이 있다.
- roll 재질의 가장 중요한 성질은 강도와 내마모성이며, 이러한 측면에서는 단강(鍛鋼)이 고가이지만 양호하다. 아래 그림과 표는 평 roll의 각부 명칭과 치수의 예이다.

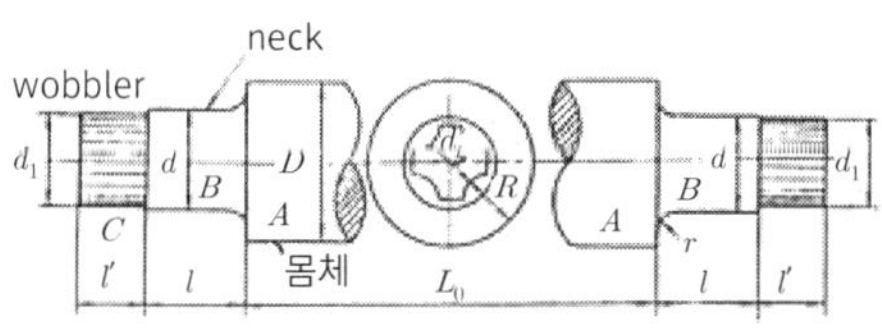

(a)

(b) wobbler의 형상

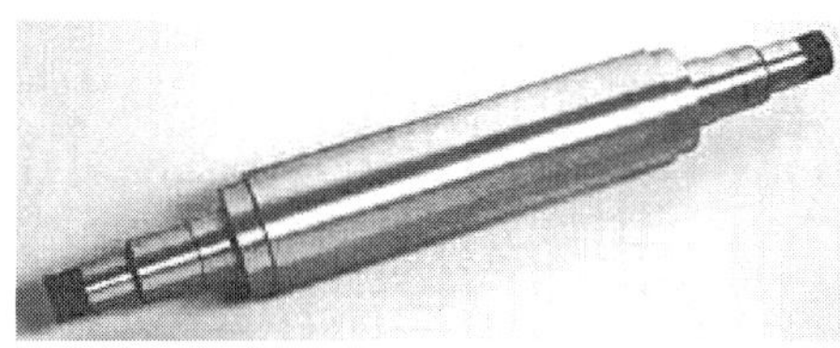

roller의 치수

roller 명	d	l	d_1	r	d_t	R	L	roller의 형식
분괴 roller	$0.95D$	$0.86d$	$0.92d$	$0.13d$	$0.6\ d$	$0.25d_t$	$2.5D$	2단 역전식
대형 roller	$0.60D$	$0.8\ d$	$0.9\ d$	$0.1\ d$	$0.6\ d$	$0.25d_t$	$3.0D$	〃
중형 roller	$0.60D$	$0.8\ d$	$0.9\ d$	$0.1\ d$	$0.6\ d$	$0.23d_t$	$3.0D$	2중 2단식
소형 roller	$0.55D$	d+30 mm	$0.9\ d$	$0.1\ d$	$0.6\ d$	$0.23d_t$	$3.0D$	3단 또는 2중식
판재 roller	$0.68D$	$0.9\ d$	$0.9\ d$	$0.1\ d$	$0.66d$	$0.30d_t$	$3.0D$	Lauth 식
판재 roller	$0.75D$	$0.9\ d$	$0.9\ d$	$0.1\ d$	$0.66d$	$0.30d_t$	$2.0D$	2단식
연속 roller	$0.58D$	$0.8\ d$	$0.9\ d$	$0.1\ d$	$0.6\ d$	$0.25d_t$	$2.0D$	2단 또는 4단

그림 5-75 평 roll의 각부 명칭과 치수

roll의 파손 원인은 재질 불량, 열처리 부족, 형상 불량, 과도한 압하율 등을 들 수 있으며, roll의 국부별 파손 원인은 다음과 같다.

- neck 부의 파손: 주물 불량, 소재온도의 불균일, roll의 조절 불량
- neck와 동체의 경계 파손: 진동과 충격, housing 설치 불량
- 동체파손: 소재의 저온, 압하율의 과도
- roll의 표면 조대(粗大): 소재의 과열, roll의 경도 부족

5.3.2 열간압연(熱間壓延)과 냉간압연(冷間壓延)

분괴압연을 비롯한 많은 변형을 요하는 작업에서는 열간작업을 하며, 상대적으로 잔류응력이 적으나, 표면이 거칠고 정밀한 치수가 얻어지지 않는다. 반면에 냉간압연에서는 제품의 기계적 강도가 향상되고, 표면이 고우며, 치수가 정확하고, 주로 박판(薄板) 및 대강(帶鋼) 등에 사용된다. 그러나 냉간압연에는 소요동력이 크고, 내부응력이 커지며, 가공경화(加工硬化; work hardening)에 의한 취성(脆性; brittleness)을 동반하므로 냉간압연재를 deep drawing이나 bending에 사용할 때는 풀림(燒鈍; annealing)처리를 하여 내부응력을 제거하고 연화시켜야 한다.

열간압연온도(℃)

재료	압연온도		온도 구간	재료	압연온도		온도 구간
	최고	최저			최고	최저	
연 강	1180	800	380	Al-Cu 합금(5% Cu)	480	360	120
특 수 강	1100	850	250	duralumin K (Al-Mg-Si)	540	400	140
동	950	650	300	Al-Mn 합금 (Mg 2%)	520	350	170
α 황동	870	820	50	Al-Mg 합금(Mg 7%)	360	330	30
$\alpha+\beta$ 황동	870	600	270	Al-Mg-Mn 합금	500	400	100
순 aluminium	520	300	220	AZM(Al 6%, Zn 1%)	310	280	30
duralumin (Al-Cu-Mg)	440	360	80	AM 503	350	300	50
Y 합 금 (Al-Cu-Ni)	460	360	100				

5.3.3 압연조건

(1) 압연속도:

압연속도가 점차 증가하는 추세에 있으나, 어느 한계에 달하면 roll의 온도 상승에 대한 냉각이 문제가 된다. 압연속도가 큰 대강압연(帶鋼壓延; strip rolling)에서는 수용성유제(水

溶性油劑, 물 95%)를 분사하여 냉각시킨다. 아래 표는 열간 및 냉간의 압연속도와 동력의 예이다.

극연강의 연속열간 strip mill의 압연속도

roller 수		roll 몸지름(in)	roll 몸지름(in)	압연속도(m/s)	전동기(IP)
scale breaker 2중 roll		27	43	1.02	500
연속조압연	1. 2단 roll	32	43	1.09	2500
	2. 2단 roll	32	43	1.09	2500
	3. 2단 roll	32	43	1.67	2500
	4. 2단 roll	32	43	2.23	2500
연속다듬질압연	1. 4단 roll	backup roll 45 work roll 18	43	1.85~3.72	3500
	2. 4단 roll		43	4.11~5.66	3500
	3. 4단 roll		43	4.12~7.40	3500
	4. 4단 roll		43	4.76~10.30	3000
	5. 4단 roll		43	4.76~10.30	3000

극연강의 연속냉간 strip mill의 압연속도

roller 수		roll 몸지름(in)	roll 몸지름(in)	압연속도(m/s)	전동기(IP)
연속압언	1. 4단 roll	backup roll 49 work roll 18	42	1. 13~1.70	500
	2. 4단 roll		42	2. 0.5~2.74	1000
	3. 4단 roll		42	3. 47~3.65	1000
	4. 4단 roll		42	4. 88·4.50	1000
	5. 4단 roll		42	5 72~7.60	1250
skin pass roll		27	42	5. 97~7.15	500

아래 그림에서 소재의 높이를 h_0, 입구에서의 속도를 v_0라 하고, 출구에서의 것을 h_f, v_f 로 하며, 입구와 출구 사이의 임의 위치에서의 것을 h 및 v라 한다. 압연 중폭의 변화가 없는 것으로 하여 b로 놓고, 비압축성 재료라 하면 다음 식이 성립된다.

$$b \cdot h_0 \cdot v_0 = b \cdot h \cdot v = b \cdot h_f \cdot v_f$$

그런데 $h_0 > h_f$이므로 $v_f > v_0$로 되며, 압연이 진행되면서 입구에서 출구로 갈 수록 압연속도가 증가한다는 것을 알 수 있다. 입구측에서는 소재의 유동속도보다 roll의 속도가 커서 slip이 생기고, 출구측에서는 소재의 유동속도가 roll의 속도보다 커서 slip이 생기며, 중간 어느점에서 소재와 roll의 속도가 같아 slip이 없는 점이 있을 수 있다. 이 점을 등속점(等速點; no-slip point)이라 한다.

(2) 압하량, 압연압력 및 압연동력:

roll과 소재간의 마찰력에 의하여 소재가 자력(自力)으로 공급되기(압연개시) 위한 조건을 구하기 위하여 마찰계수를 f, 마찰각을 ρ라 하면

$f \cdot P_r \cdot \cos\alpha \geq P_r \cdot \sin\alpha$ 의 조건을 얻을 수 있다.

$$\therefore f \geq \tan\alpha \text{ 또는 } \rho \geq \alpha$$

f를 크게힉 위해서는 roll의 표면을 거칠게 만들거나 홈을 판다.

다음은 압하량$(h_0 - h_f)$과 roll의 지름 D의 관계를 구하여 본다.

$$\frac{h_o - h_f}{2} = R - R \cdot \cos\alpha = \frac{D}{2}(1 - \cos\alpha)$$

$$\therefore h_0 - h_f = D(1 - \cos\alpha) = D\left(1 - \frac{1}{\sqrt{1 + \tan^2\alpha}}\right)$$

$f \geq \tan\alpha$(roll과 소재의 마찰계수가 위치에 무관하다면)의 관계에서

$$h_0 - h_f \leq D\left(1 - \frac{1}{\sqrt{1 + f^2}}\right)$$

이 된다.

위의 식에서 압하량을 크게하기 위하여는 D와 f가 커야 한다는 것을 알 수 있다.

접촉호의 압하력 P에 수직한 투영길이는 $L_p^2 + \left(R - \frac{h_0 - h_f}{2}\right)^2 = R^2$에서 구하여 진다.

$$L_p = \left[R \cdot (h_0 - h_f) - \frac{(h_0 - h_f)}{4}\right]^{1/2}$$

$$\cong [R \cdot (h_o - h_f)]^{1/2} + \frac{1}{2}R \cdot (h_0 - h_f)^{-1/2} \cdot \left[-\frac{(h_0 - h_f)^2}{4}\right]$$

$$\cong [R \cdot (h_0 - h_f)]^{1/2}$$

$$\therefore p = \frac{P}{L_p \cdot b} = \frac{P}{b \cdot [R \cdot (h_0 - h_f)]^{1/2}}$$

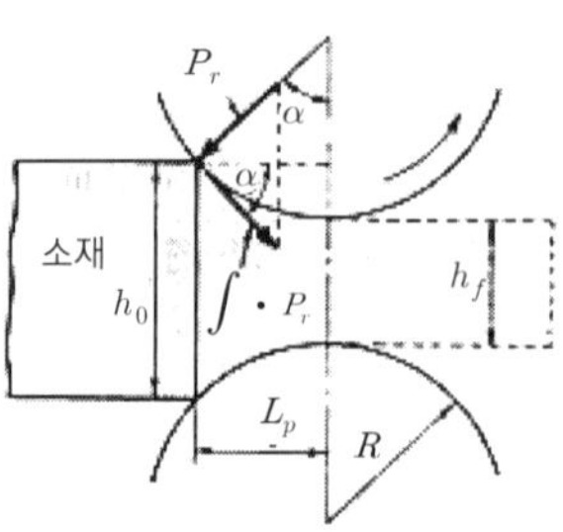

위 식에서 P가 일정하다면 R가 작을수록 압연압력 p가 증대되는 것을 알 수 있다. 이때 p는 소재의 변형저항보다 커야 한다. Geuze가 제시한 열간에서의 온도에 따른 변형저항은 아래 표와 같다.

온도(℃)	강(kg/mm^2)		???(kg/mm^2)		연신률(%)
	이론	실험	이론	실험	
800	-	-	10	-	} 1
850	11.25	11.25	8.5	8.5	} 1.07
900	10.50	-	7.94	-	} 1.14
950	9.20	-	6.96	-	} 1.21
1000	7.60	-	5.75	-	} 1.28
1050	5.95	6.00	4.45	4.5	} 1.35
1100	4.40	-	3.30	-	} 1.42
1150	3.10	-	2.30	-	} 1.49
1200	2.08	2.10	1.55	1.6	} 1.56
1200 이상	-	-	-	-	

roll이 탄성변형을 받아 R가 R'로 변한다면 총압연압력 P는

$$P = \int_0^{\alpha} (b \cdot R' \cdot d\theta) \cdot p = R' \cdot b \cdot \int_0^{\alpha} p \cdot d\theta$$

단, b는 압연폭, p는 압연압력, α는 접촉각 이다.

압연에 요하는 torque와 동력을 계산하기 위하여 그림에서와 같이 roll의 축심(軸心)에서 a(cm)인 거리에 총압연압력 P(kg)가 작용한다고 하면 2개의 roll를 회전시키기 위한 torque T는 T=2P·a 이며, roll의 회전수를 n(rpm)라 하면 일량 W는

W=2(2π a·n·P)=4π a·n·P 이다. 따라서 동력 N(HP)는 다음과 같다.

$$N[HP] = \frac{4\pi\alpha \cdot n \cdot P}{75 \times 60 \times 100}$$

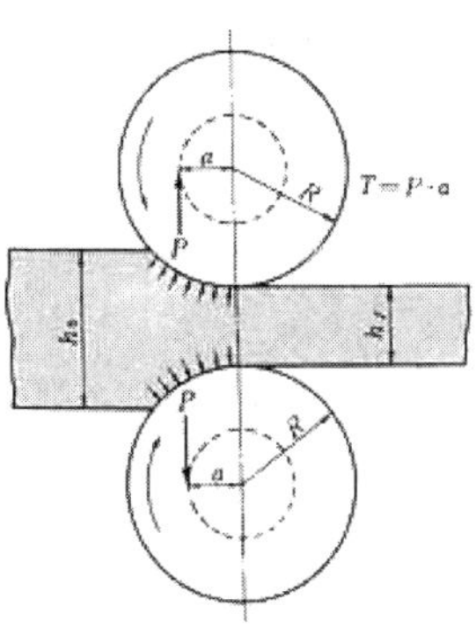

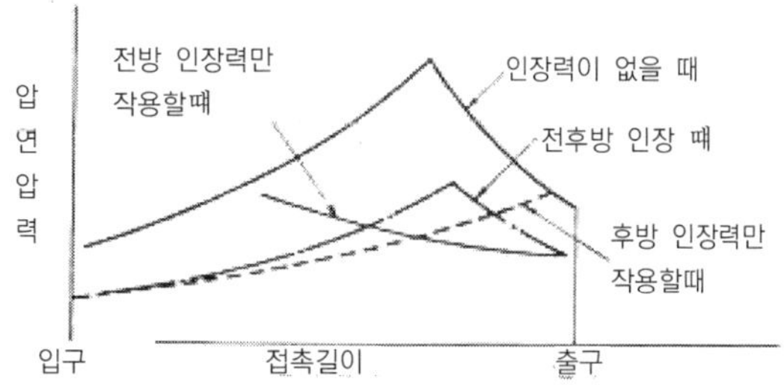

그림 5-76 압연방법이 압연압력에 미치는 영향

위 식은 금속을 변형시키는데 요하는 동력이며, 원동기의 동력손실과 원동기에서 roll까지의 동력전달 과정의 마찰손실 등은 별도로 계산하여야 한다.

단, 무늬 있는 roll로 냉간압연할 때 λ' =0.43, 평활한 roll로 냉간압연할 때 λ' =0.48 이상의 Larke와 Ford의 식에서 torque arm의 길이 a를 계산할 수 있다.

마찰계수 f는 다음 torque에 의하여 계산된다.

$$T = (P_r \cdot f) \cdot R$$

$$\therefore f = \frac{T}{P_r \cdot R}$$

강재의 열간압연에 대한 마찰계수는 0.20 ~ 0.70 정도이고, 냉간에서는 0.03 ~ 0.12 정도이다. 또한 압연에 영향을 주는 인자는 roll 지름, 금속변형저항, 마찰계수 외에 전방인장과 후방인장 등이 있다. 그림과 같이 후방 인장력을 작용시키면 압연압력이 감소되는 것을 알 수 있고, 제품이 매끈하게되는 장점도 있다.

(3) 윤활 및 냉각제:

철합금의 열연(熱間壓延)에는 윤활제로서 흑연 등을 사용하고, 냉각수를 15 kg/cm^2 정도의 압력으로 분사하여 roll을 냉각시킨다. 냉연(冷間壓延)에서는 수용성유제를 사용하여 roll과 압연재 간의 마찰과 소용동력을 감소시키고 압연재의 표면을 곱게하며, 발생하는 열을 제거한다.

5.4 압출(押出; extrusion)

Al, Cu, Mg, Pb 등 및 그 합금의 각종 단면재(斷面材), 관재(管材)를 얻을 때 소성이 큰 상태에서 billet을 container(chamber)에 넣고 ram에 강력한 압력을 작용시켜 die orifice를 통하여 밀어내는 가공을 압출(押出; extrusion) 또는 압출가공이라 한다. 압출이 되는 동안 die의 형상과 크기가 정해져 있으므로 제품의 단면은 일정하며, Al, Cu, Mg, Pb 등 재료의 거의 모든 단면재의 압출이 가능하다. 압출이 전에는 연질금속에 한정되었으나, 최근에는 각종 강재(鋼材) 및 특수강(特殊鋼)에도 적용된다. 압출에는 큰 압력이 필요하므로 일반적으로 열간압출(熱間押出; hot extrusion)을 시행하나, 연성이 큰 재료에 대하여는 냉

간압출(冷間押出; cold extrusion)이 가능하다. 압출 제품의 특징을 들면 다음과 같다.

- 대형의 주괴를 수차에 걸쳐 압연할 것을 1회의 압출로 얻을 수 있다.
- 압연제품에 비하여 "강도/비중"이 크다.
- 절삭성이 양호하다.
- 치수정밀도와 표면의 정도가 높다.
- 측면의 내외부에 rib를 둘 수 있다.

그림 5-77 압출제품 단면형상

ram의 진행방향과 압출재의 유동방향에 따라서 직접압출(直接押出; direct extrusion)과 간접압출(間接押出; indirect extrusion)이 있다. 직접압출은 그림 (a)와 같이 ram의 진행방향과 압출재의 유동방향이 같은 경우로서, container 내의 billet이 전부 동시에 이동하기 때문에 container 벽과 billet 사이에 마찰에 의한 동력이 ram의 진행방향과 압출재의 유동방향이 반대인 간접압출에 비하여 크며, 압출시 직접압출에서는 20 ~ 30%의 billet이 container에 잔류하나 간접압출에서는 10% 정도까지 줄일 수 있다. 직접압출을 전방압출(前方押出; forward extrusion), 간접압출을 후방압출(後方押出; backward extrusion)이라고도 한다.

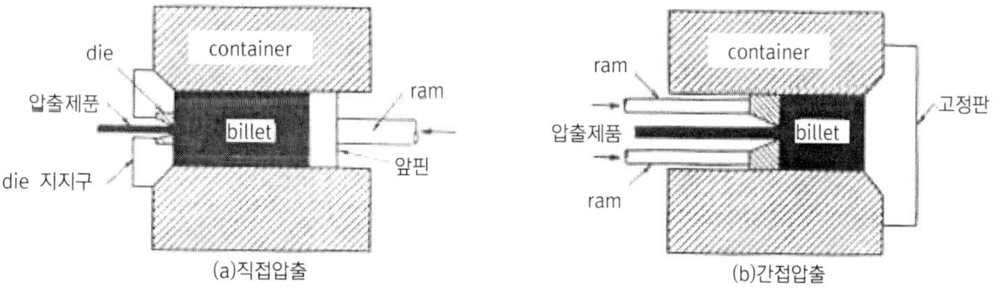

그림 5-78 (a)접압출 (B)간접압출

관제품은 여러 가지 방법으로 얻을 수 있으나 여기에서는 소성가공의 일종인 압출에 대하여 설명한다. 관의 압출에는 복동 press에서 아래 그림(a)에서와 같이 심봉(心棒; mandrel)이 먼저 작동하여 천공(穿孔; piercing)을 하고 압출하는 방법, 그림(b)와 같이 단동 press에서 심봉과 ram 이 동시에 작동하여 천공하고 압출하는 방법, 고압에서 접합이 잘 되는 Al 및 Mg 등에는 그림(c)와 같이 spider mandrel을 사용하여 die의 출구부에서 접합되게 하는 방법 및 주조 또는 기계가공에서 구멍을 낸 billet을 사용하여 압출하는 방법이 있으며, spider mandrel을 사용하는 압출에서는 윤활제는 접합을 방해하므로 윤활제를 사용할 수 없으며, 주조 또는 기계가공으로 구멍을 낸 것을 압출하면 구멍벽에 있는 산화막이 혼입될 수 있는 단점이 있다. 관재압출에서는 die와 mandrel의 동심을 유지하는 것이 중요하다.

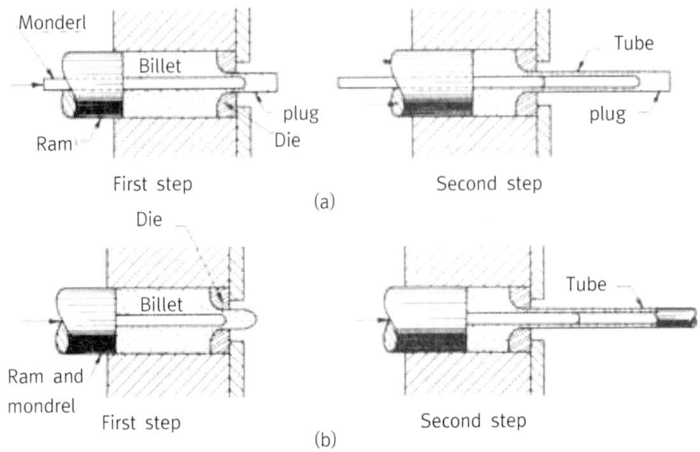

그림 5-79 internal mandrel을 이용한 관재압출

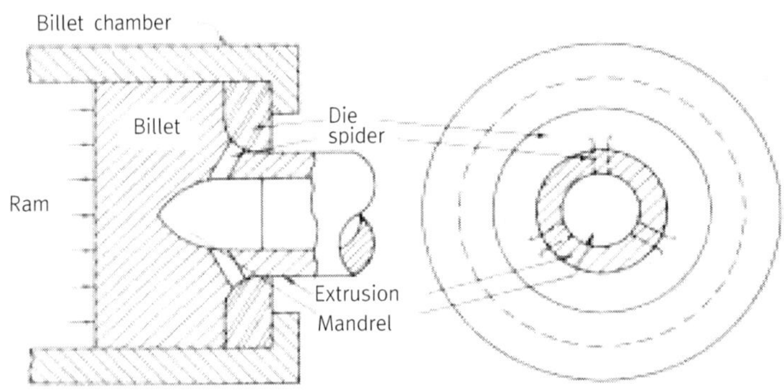

그림 5-80 재압출

5.4.1 압출기와 die

압출기에는 1000 ~ 4000 ton 정도의 압력을 가할 수 있는 유압 press로 되어 있는 것이 보통이고, 큰 것은 15000 ton에 달하는 강력한 구조로 되어 있으며, 압출기에서 가장 중요한 부분은 container, ram, die 등이다. 동력은 유압식 press, toggle press, crank press 등이 제공하고, die는 강도, 내열 및 내마모성이 큰 W 강, Cr-Mo 강, W-Cr 강으로 되어 있다. die 구멍은 제품 지름이 25 ~ 65 mm의 봉일 때에는 봉 지름의 0.94배, 25 mm 이상일 때에는 0.97배로하는 등 제품의 치수보다 다소 작게한다. 정형부(整形部; bearing)의 길이를 짧게하면 소재와 정형부간의 마찰이 적기 때문에 동력은 적게 소모되나, 정형부의 마모가 커져 수명이 짧게 된다. 정형부를 길게하면 정형부의 수명이 커지고 제품의 치수가 정확하나, 동력 소비가 많다. container의 liner는 외측에 여러 겹으로 보강되어 있다.

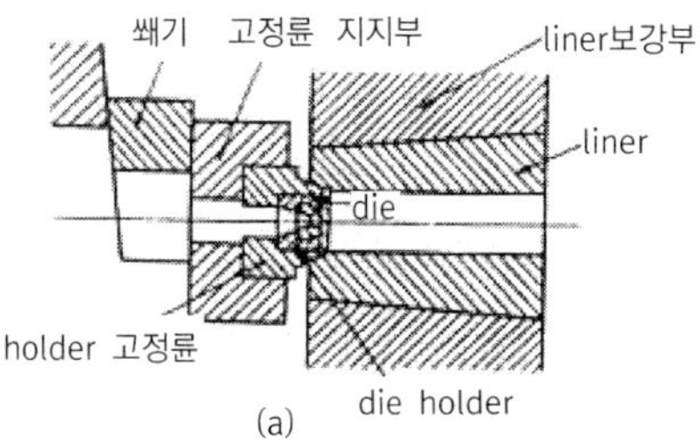

그림 5-81 die 및 container

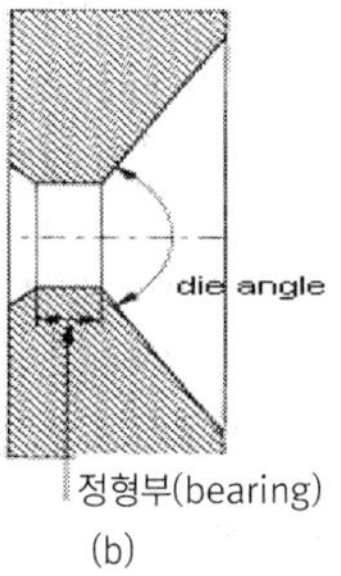

그림 5-82 die

5.4.2 압출력에 영향을 미치는 인자

압출력에 영향을 미치는 인자에는 압출방법(직접압출 및 간접압출), 마찰, 압출비, 가공온도, 변형속도, die의 형상 등을 들 수 있으나, 이들은 독립적으로 영향을 미치는 것이 아니라 상호 관련성이 있어 복합적으로 영향을 준다.

(1) 압출방법:

그림에서와 같이 직접압출에서는 최대 압력치에서 die를 통하여 압출을 시작하여 점차 압력이 하강하고, 간접압출에서는 유출하는 동안 일정 압력을 유지하고 있다. 이것은 직접압출에서는 container 벽과 소재간의 마찰면적이 점점 작아지나, 간접압출에서는 어느 구간 동안 sliding 면적이 일정하기 때문이다. 또 container 내의 소재의 길이가 짧아지면 출구 바로 뒤의 소재가 출구쪽으로 빨려 들어가게 되면서 뒷부분에 깔대기 모양의 구멍이 생겨 ram의 면에 압력이 작용하지 않거나 적어지는 순간 압력이 급강하한다. 그 후 소재가 너무 짧아 유동이 어렵게 되면 압력은 급상승한다.

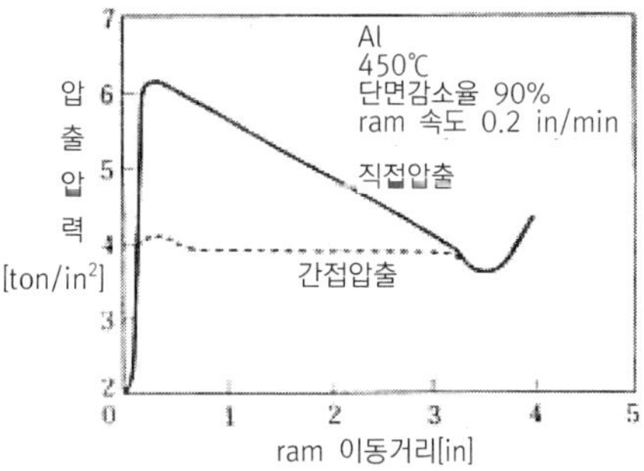

그림 5-83 직접압출과 간접압출의 압력 비교

(2) 압출비, 압출온도 및 압출속도:

billet과 container 사이에 마찰이 없으며, 소재는 단면의 모든 위치에서 균일하게 변형한다고 가정한다. 압출 전의 소재의 길이를 L_0, 단면적을 A_0, 압출 후의 것을 L_f, A_f라 할때 비압축성 재료로서 $L_0 \cdot A_0 = L_f \cdot A_f = V$이므로 압출비(extrusion ratio) r는 다음과 같이 표시할 수 있다.

$$r = \frac{L_f}{L_0} = \frac{A_0}{A_f}$$

압출비는 보통 10 : 1 ~ 100 : 1 이고, 연성이 큰 재료에 대하여 500 : 1 정도까지도 적용하며, 알루미늄 Al에 대하여 지름 1 mm ~ 1 m 정도의 압출제품을 얻을 수 있다.

소재길이 dL의 변화에 필요한 energy dE

$$dE = \sigma \cdot A \cdot dL$$

변형저항 $\sigma = \sigma_0$로 일정하다면 L_0에서 L_f로 변형하는데 요하는 총 energy E는 다음과 같다.

$$E = \sigma_0 \int_{L_0}^{L_f} A \cdot dL = \sigma_0 \int_{L_0}^{L_f} A \cdot \frac{L}{L} \cdot dL = \sigma_0 \cdot V \int_{L_0}^{L_f} \frac{dL}{L} = \sigma_0 \cdot V \ln \frac{L_f}{L_0}$$

ram의 work W는 압출압력을 p라 하고 이동거리 L일 때

$$W = p \cdot A \cdot L$$

이다. 따라서

$$\sigma_0 \cdot V \ln \frac{L_f}{L_0} = p \cdot A \cdot L$$

그런데 $V = A_0 \cdot L_0 = A \cdot L = A_f \cdot L_f$

$$p = \sigma_0 \cdot \ln \frac{L_f}{L_0} = \sigma_0 \cdot \ln \frac{A_0}{A_v}$$

위 식은 이상적 가정에 의한 것으로서 실제 압출력의 50% 정도에 불과하다. 실제에서는 그림(a) 단면감소율과 압출압력, 그림(b) 압출비와 압출압력에서 보는 바와 같이 변형이 크면 가공경화 현상 등의 원인으로 압출압력이 상승한다. 그림 (c)에서와 같이 온도를 높게하면 소재의 소성이 커져 압출압력은 감소하나, die의 온도가 상승하고 윤활이 곤란하게 되어 압출온도에 제한을 받는다. 그림 (d)에서는 압출속도가 커지면 압출압력이 증가하나 속도가 커지면 금속의 유동에 의한 자체 내의 발생열이 커지는 긍정적인 영향도 있다. ram의 속도는 30 m/min 정도이고, Al, Mg 및 Cu 등의 압출에서는 압출속도를 낮게 취하며, 강, Ti 및 내열합금 등의 압출속도를 크게 취한다. 금속의 유동에 의한 자체 내의 발생열이 상당히 크기 때문에 상한계(上限界)로 적열취성(赤熱脆性) 온도 이하를 취하는 것이 좋다. 아래 표는 각종 금속의 압출조건이다.

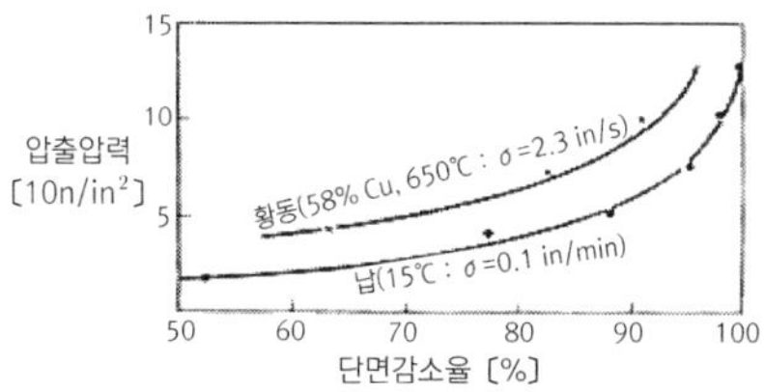

(a) 단면감소율과 압출압력

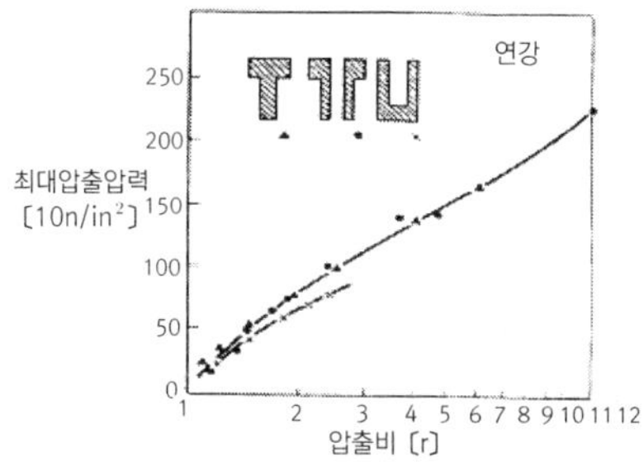

(b) 압출비와 최대 압출압력

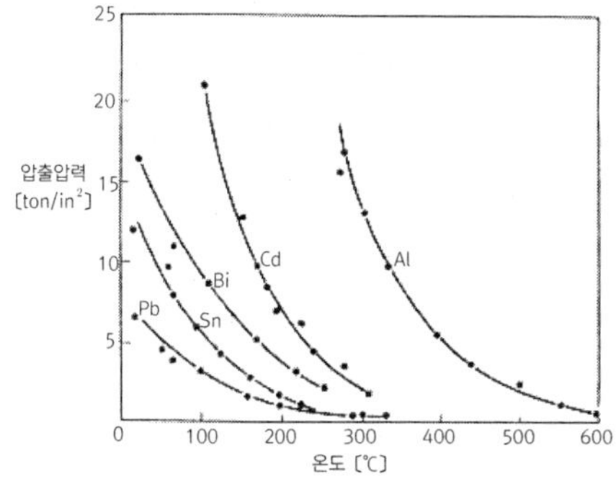

(c) 압출온도와 압출압력

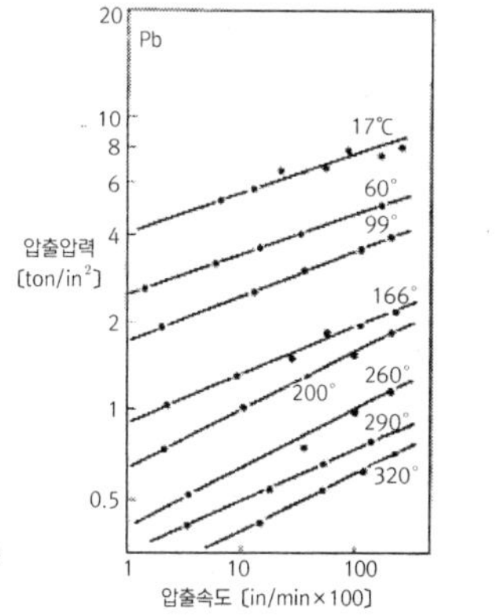

(d) 압출속도와 압출압력

열간압출 재료의 압출조건

재료		가열온도 (℃)	압출비	압출속도 [m/min]	압출압력 [kg/mm²]	용도
aluminium 및 그 합금	純 aluminium	400~550	~500	27 ~75	30~60	
	내식 합금	380~520	6~(30~80)	1.5~30	40~100	건축, 차량, 장식
	고력합금 2.4 종	400~480	6~30	1.5~6	75~100	항공기용
	고력합금 6종	380~440	6~30	1.5~5.5	75~100	
납 및 그 합금		200~260	-	6~60	30~65	gas, 수도관용 땜, 납선
magnesium 및 그 합금	純 magnesium	350~440	~100	15~30	~80	건축, 차량
	AZ 31, 61, 80X	300~400	10~(50~80)	1~10	~100	가송기, ??전극
	Dow metal	300~420	10~80	0.5~7.5	-	
아연 및 그 합금	純 아연	250~350	~200	2~23	~70	저압냉수관, 전기부
	합금	200~320	~50	2~(5~12)	80~90	분품, 건축, rail
동 및 그 합금	純 동	820~910	10~400	6~300	30~65	황동봉재, 櫬소재
	$\alpha+\beta$ 황동·청동	650~840	10~(300~400)	6~200	20~50	열교환 기관용재
	10~13% NI 동	700~780	10~(150~200)	6~100	60~80	건축용
	20~30% NI 동	980~1100	-	6~(25~35)	50~85	
nickel 및 그 합금		1000~1200	유리~200 흑연~20	20~200	-	내식-내열관 turbine

그림 5-84 각종 금속의 압출조건

(3) 윤활:

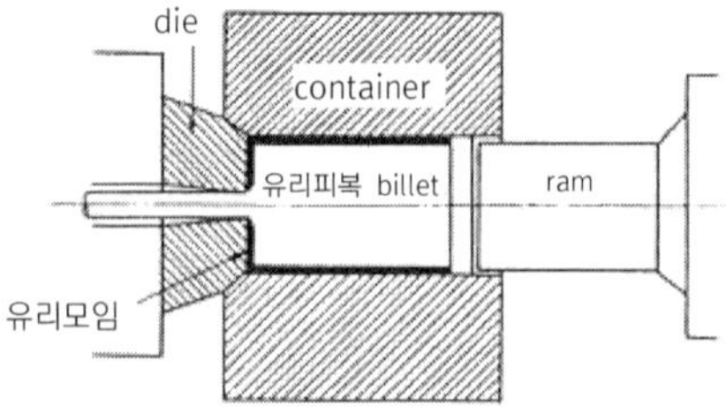

그림 5-85 유리 윤활법

Al, Cu, Zn 등은 열간압출에서 비교적 전연성(展延性)이 양호하기 때문에 윤활제를 사용하지 않고 압출할 수 있으나, 윤활제를 사용하여 die, container 벽면 및 관압출의 경우 mandrel과 die의 마찰을 감소시키고, 압출제품의 표면품질을 향상시키며, 압출력을 감소시킬 수 있다.

윤활제로는 등유 등에 흑연을 5 ~ 35% 정도 첨가하여 사용하고, 강(鋼)의 압출에서는 Ugine과 Sejournet에 의하여 공동 개발된 유리(glass)윤활이 있는데 그림과 같이 billet에 유리분말을 도포하고 container에 장입하여 압출을 시행하면 유리가 용해되어 윤활작용을 한다. 특히 유리윤활은 강, stainless 강, 합금 및 고온 금속의 압출에서 효과가 크다. container와 die에 압출소재가 접착이 잘 되는 경우에는 강도가 적은 연질재료인 Cu 및 연강을 container 벽에 lining하기도 한다. 냉간충격압출에서는 billet을 15%의 H_2SO_4로 세척하고 인산염 피복을 한 후 압출을 하면 효과가 있다.

압출에서 금속의 유동현상을 관찰하는 것은 제품의 성질 및 압출력 등을 파악하는데 중요하고, 압출품의 결함과도 관계가 있다. billet을 길이 방향으로 자르고 그 단면에 격자무늬를 새겨 다시 조합하여 압출한 다음 단면을 관찰하면 그림에서 보는 바와 같이 금속이 관내의 유체 유동에서 처럼 유동하는 것을 볼 수 있다.

A형은 container와 billet 사이에 윤활이 잘 되는 경우의 유선을 보여주는 것으로서, billet의 변형이 die 입구까지 균일하고, 유동을 하지않고 정체되어 있는 dead zone이 적다. B형은 billet과 container 사이의 마찰이 상대적으로 큰 것으로서, 중심부와 container 벽 사이에서 속도차가 크기 때문에 외주의 금속은 유동이 잘 되지 않고 밀려 있다가 압출 끝에가서 일시에 밀려 들어가면 압출결함을 가져올 수 있다.

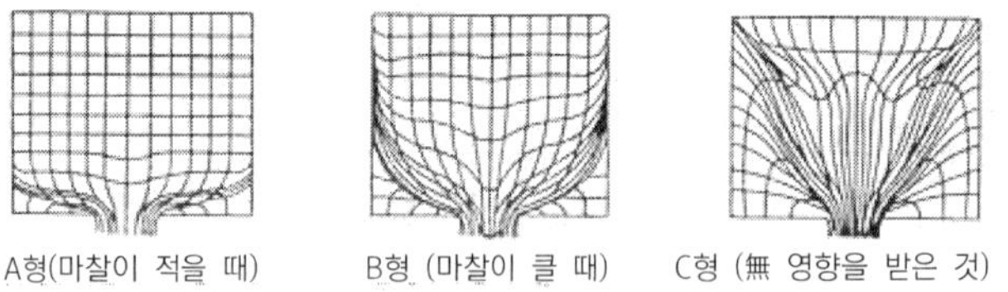

그림 5-86 마찰에 의한 금속의 유선 특성

A형: chamber와 billet의 계면마찰이 적은 경우의 유선

B형: chamber와 billet의 계면마찰이 큰 경우의 유선

C형: 온도가 강하하여 billet의 강도가 증가한 경우의 유선

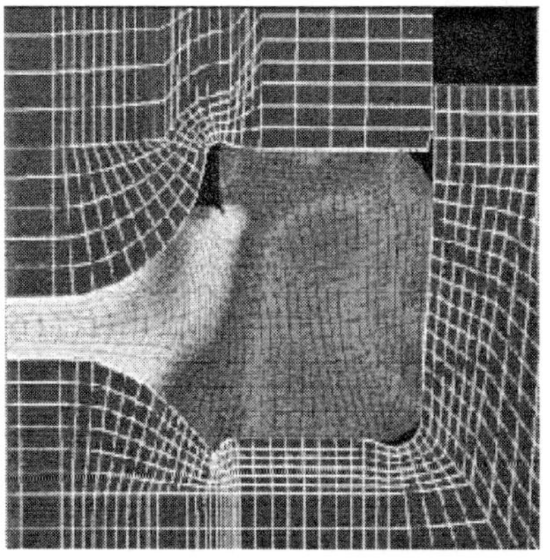

그림 5-87 die내의 유동상태 simulation

(4) die 각:

실험에 의하여 die 각이 작으면 표면층의 금속과 중심층의 금속간에 속도차에 의한 slip energy는 적어지나 die의 접촉면적이 커지기 때문에 마찰 energy가 커지고, die 각이 크면 앞에서와는 반대로 금속 자체의 slip energy는 커지고 die의 마찰 energy는 적어지는 것을 알 수 있다. 아래 표는 주어진 조건에서 die의 최적각을 보여 준다.

die 각에 대한 입출입력[T_i]

	die 반정각 α°	단위체적당의 일량 또는 평균 ram 압력 [kg/mm^2]	가공조건
열간	90	24.9	870℃
	80	23.0	압출비 $r = 21$
	70 (최적각)	20.0(극소치)	저점성 grease 윤활
	60	27.0	
냉간	75	11.4	불화물 피막윤활
	60	10.4	
	45	10.0	

5.4.3 특수압출

(1) 충격압출(impact extrusion):

Zn, Pb, Sn, Al, 및 Cu와 같은 연질금속을 die에 놓고 punch로 충격을 가함으로써 치약 tube나 약품의 용기, 건전지 case 등을 제작하데 이용되는 방법으로서, 간접압출과 유사하다. tube의 두께는 punch와 die의 간극에 의하여 정하여 지며, punch와 die의 동심도가 중요하다. 보통 crank press가 사용되며, 대부분의 비철금속은 수직식 press에서 1초에 2개 정도의 압출을 할 수 있는 냉간압출의 일종이다. 후술할 deep drawing에 비하여 공정이 많이 단축되고 가공이 신속하다. die와 punch 사이의 마찰을 적게하기 위하여 die의 깊이를 작게하고, Zn에 대하여 직경 60 mm, Sn에 대하여 75 mm, Al에 대하여 130 mm, 깊이는 직경의 4 ~ 6배, 직경의 1/200까지의 최소두께 를 갖는 압출제품을 얻을 수 있다.

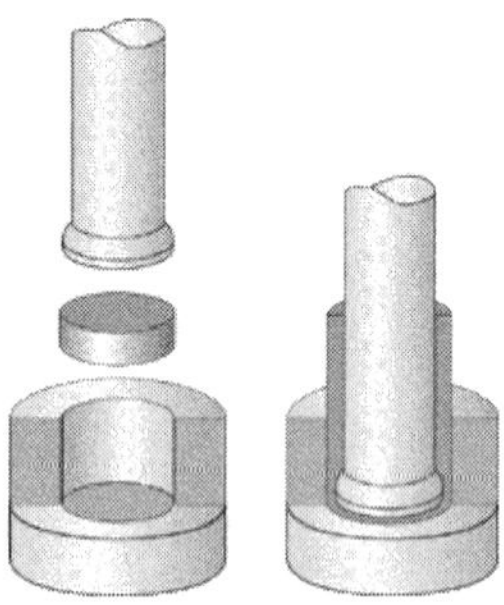
그림 5-88 후방충격압출

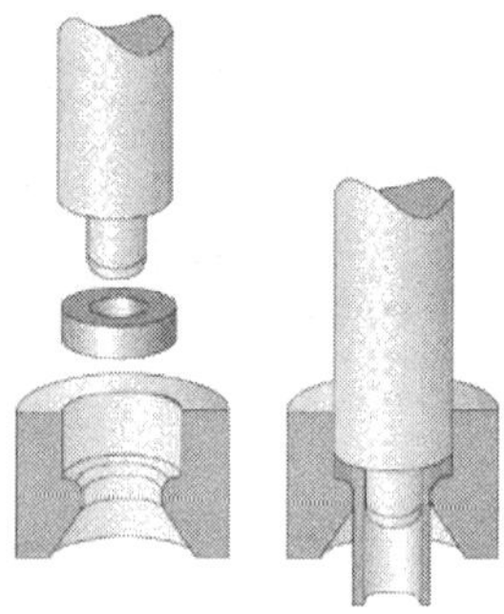
그림 5-89 전방충격압출

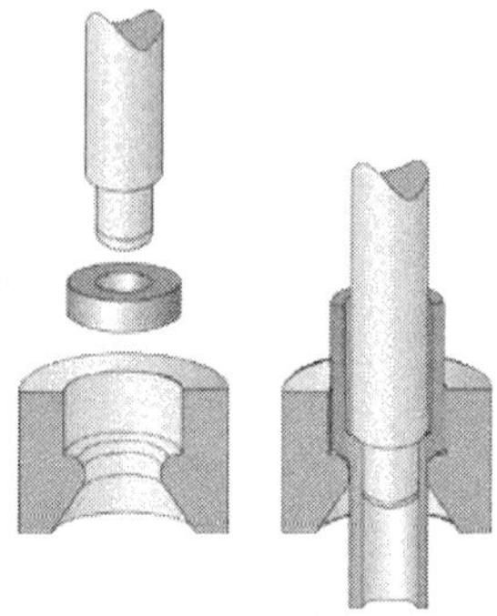
그림 5-90 복합충격압출

(2) 정수압출(hydrostatic extrusion; 靜水壓出):

container와 billet 사이의 마찰이 문제가 될 때에는 그림과 같이 billet을 기계가공하여 die에 끼우고 container에 액체를 채워 press로 가압하여 어느 이상의 압력에 달하면 압출되기 시작한다. 정수압출은 일반적으로 실온에서 행하여지며, 윤활성이 좋고 온도 상승과 고압이 점도에 미치는 영향이 적은 식물성유가 많이 사용된다. 이 방법의 특징은 다음과 같다.

[장점]

- billet이 container와 유체마찰을 하여 압출력이 감소한다.
- 취성재료의 압출도 가능하다,
- 실온(室溫)에서 가공이 가능하다.

[단점]

- 설치의 복잡성과 경험을 요하므로 공업적 응용에 제한을 받는다.
- 고압을 요한다.

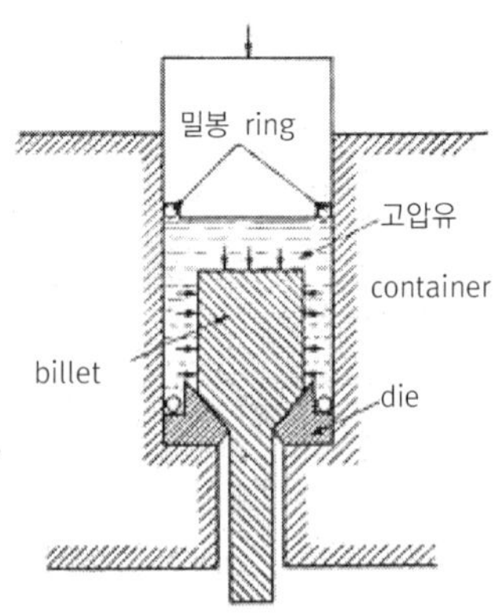

그림 5-91 정수압출

그림 5-92 분말압출기

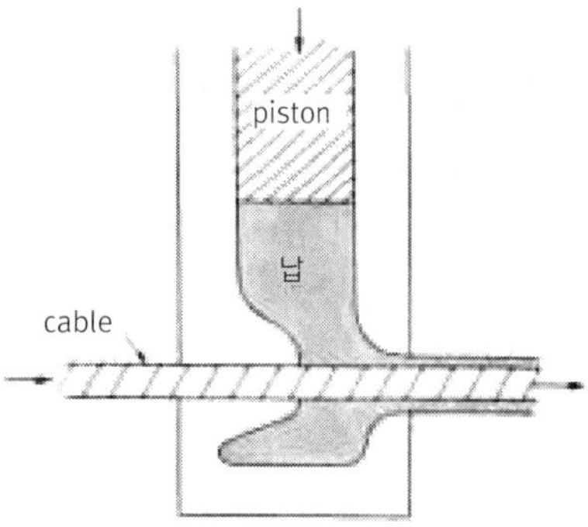

그림 5-93 압출에 의한 전기 cable의 피복

(3) 분말압출(粉末壓出):

분말을 가열하여 회전 screw로 압출한 후 공기 또는 물로 냉각하여 압출을 완료한다. 일반 소결 제품보다 연성, 강도 및 인성 등의 기계적 성질이 양호하고, 열 및 전기 전도성도 크다.

(4) 기타 압출:

그림 5-93은 압출에 의하여 전기 cable에 연피복(鉛被覆)을 하는 예 이다.

5.4.4 압출제품의 결함

소재의 조건과 가공조건에 다라서 압출제품의 품질에 영향을 주는 결함이 생길 수 있다.

온도가 너무 높거나 압출속도 및 마찰이 크면 표면온도가 상승하여 표면에 균열(surface crack)과 뜻김(surface tear)이 발생할 수 있으며, 이는 특히 Al, Mg, Zn 등의 압출에서 결정입계에 발생하고 적열취성에 기인하는 경우가 많다. 표면균열은 온도가 낮을 때에도 생길 수 있는데, 이것은 die에 소재가 주기적으로 응착하기 때문이다.

billet 길이의 2/3 정도가 압출된 후에는 billet 표면이 산화막과 함께 중심으로 유동되어 압출될 수 있어 내부에 결함이 생길 수 있으며, 이 때 생긴 구멍을 pipe defect, 균열을 center crack이라 한다. 이들 결함을 방지하기 위한 방법으로 다음의 조치를 한다.

- billet의 2/3 정도가 압출되었을 때 잔류재료를 제거한다.
- 황동 등의 압출에서는 압판의 지름을 container의 지름보다 작게하여 산화피막이 있는 표면재료는 container에 잔류하게 한다.
- 압출 전에 billet 표면을 기계가공하여 제거한다. 가열시 기계가공한 표면에 다시 산화막이 생기지 않도록 하여야 한다.

- 선단(先端)은 압출압력이 상대적으로 낮은 상태에서 압출되어 다른 부분보다 강도가 낮으므로 큰 강도를 요하는 제품에서는 압출 후 처음에 압출된 부분은 절단해 내는 것이 좋다.

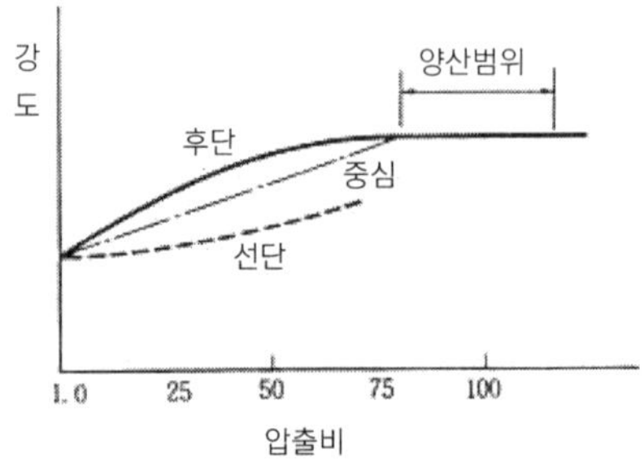

5.5 인발(引拔; drawing)

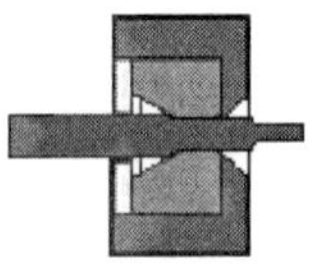

⇒ 인발(引拔) ⇐

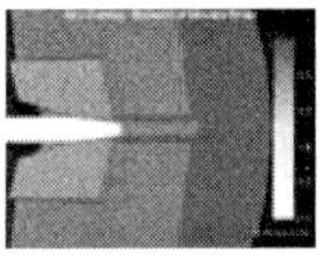

taper 형상의 구멍을 가진 die에 소재를 통과시켜 인발하므로써 구멍의 최소 단면치수로 가공하는 것을 인발((引拔; drawing) 또는 인발가공이라 하며, 외력으로는 인발력이 작용하고, die 벽면은 소재에 압축력을 작용시킨다. 선(線), 봉(棒), 관(管) 등의 반제품(半製品)은 압연 및 압출 등에 의하여 만들어지나 치수공차가 작은 단면재는 인발에 의한다. 인발은 보통 상온에서 행하고, 가공 중 변형에 의하여 많은 열이 발생한다. 인발에서는 주로 그림(a)와 같이 선 및 그림(b)와 같이 환봉을 얻으나, 그림(c)와 같이 이미 중공으로 된 관을 인발하여 외경, 내경 및 벽의 두께를 조정하기도 한다.

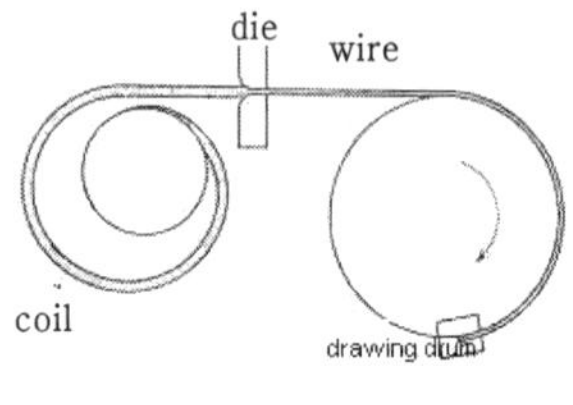

그림 5-95 (a) wire drawing

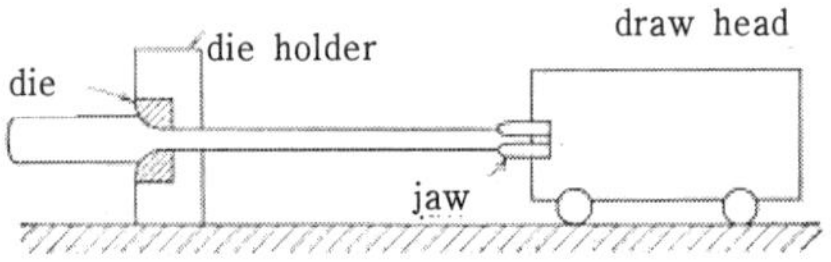

그림 5-96 (b) rod drawing

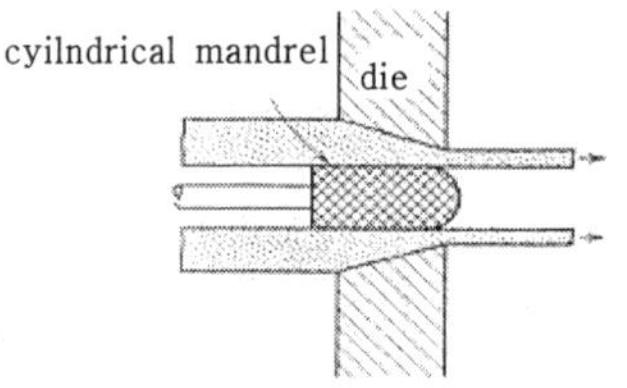

그림 5-97 (c) tube drawing

5.5.1 인발기와 die

선(wire), 봉(rod), 관(tube) 등을 인발하는 원리는 같으나 소재나 제품의 형상 및 치수에 따라 drum에 감을 수 없는 경우와 감을 수 있는 경우가 있다. drum에 감을 수 없는 봉 및 관의 인발에서는 그림과 같이 die에서 나온 인발제품을 jaw에 물고 chain 또는 유압장치에 의하여 25 ~ 150 ton의 인발력에 의하여 10 ~ 20 m/min의 속도로 인발한다.

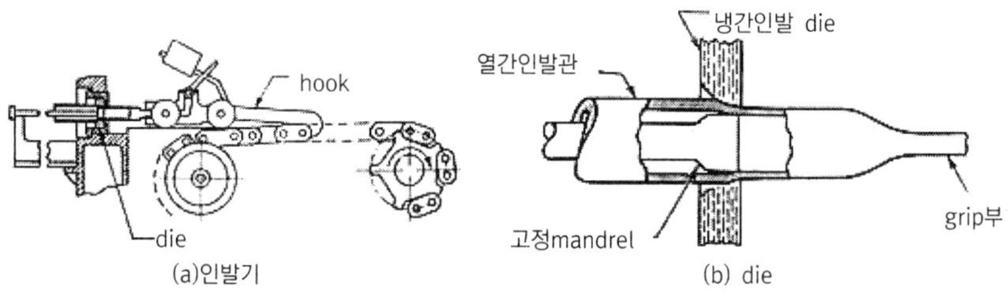

그림 5-98 관의 냉간입발기

지름 5 mm 이하의 가는 선의 인발을 신선(伸線; wire drawing)이라 하고 drum에 감아 인장하며, 그림 (a)와 같은 단식신선기(單式伸線機; single wire drawing machine)와 그림 (b)와 같은 연속신선기(連續伸線機; continuous wire drawing machine)가 있다. 완성 제품의 지름이 1/4 in 이상일 때에는 단식신선기를 사용하고, 보다 작은 지름의 선을 얻고자할 때에는 연속신선기에서 완성 치수에 달할 때까지 신선한다. die의 매 통과당 단면감소율은 가는 선에 대하여 15 ~ 25%, 굵은 선에서는 20 ~ 50% 정도이다. 연질재료에서는 경질재료에서보다 단면감소율을 크게할 수 있다. 신선속도는 강선에서 4 m/sec, 황동선에서 5 m/sec 정도이나, 최근에는 20 ~ 30 m/sec 정도인 것도 있다.

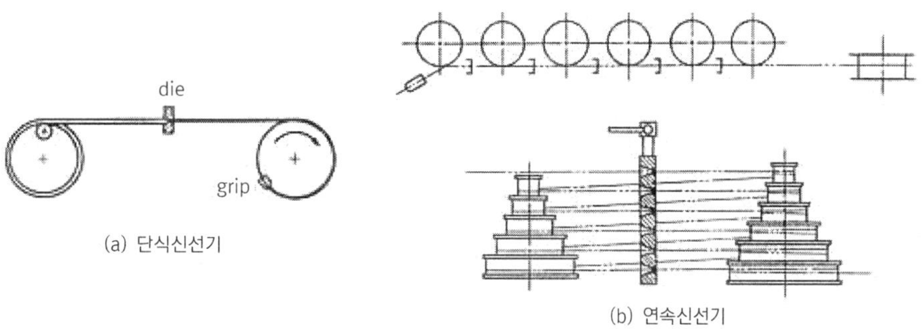

그림 5-99 wire die

그림 5-100 draw-m.jpg 연속신선기

소재와 die 간의 마찰이 크고 단면감소율이 클 때에는 인발력이 크게되므로 인발재의 재질에 대한 die의 재질, 형상 및 치수가 중요하다. 아래 그림에서 도입부에서는 윤활제가 도입되고 안내부에서 부터 인발재의 단면이 감소한다.

die는 내마모성과 강도가 커야하며, 지름이 큰 제품의 인발에서는 열처리된 탄소강, 특수강이 사용되고, 지름이 작은 제품의 인발에는 경질합금이나 diamond 등이 사용된다. die 중에서 중요한 것은 die 각으로서, 연질 소재에 대하여는 die 각을 크게하여 단면감소율을 높이고, 경질 소재에 대하여는 die 각을 작게한다. Al, Ag의 소재에는 die 각을 30°, Cu에는 28°, Cu-Zn 및 Cu-Sn에는 20°, 강에는 16°정도 이다. 정형부(整形部; bearing)의 길이는 연질 소재에 대하여 짧게하고, 경질 소재에는 길게한다. 그러나 너무 길게 하면 인발력이 증가하고, 인발 제품 내의 응력이 커지므로 가능하면 짧게 취한다.

die의 성분[%]

종류	C	Si	Mn	P	S	Cr	W
(1) 탄소강	1.2~2.0	0.1~0.3	0.3~0.4	〈0.03	〈0.03	-	-
(2) chromium 강	1.2~2.2	0.1~0.3	0.3~1.0	〈0.03	〈0.03	12~14	-
(3) tungsten 강	1.2~2.4	0.2~0.5	0.3~0.4	〈0.03	〈0.03	-	3 ~ 8 0.5 ~ 5.0
(4) tungsten~ chromium 강	1.2~2.4	0.2~0.5	0.3~0.4	〈0.03	〈0.03	12~14	6 ~ 8

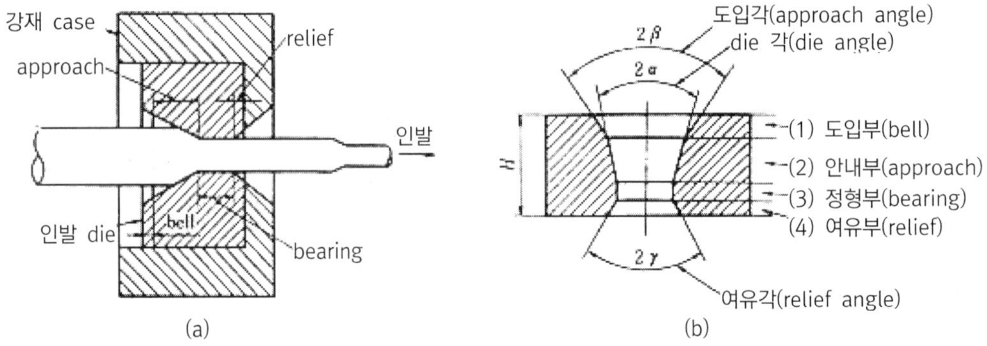

그림 5-101 die 형상 및 명칭

인발에서 윤활제의 선택은 매우 중요하다. die와 인발재 사이의 윤활은 마찰을 줄여 die의 수명을 크게하고, 제품의 표면 상태를 좋게하며, 인발력을 감소시킨다. 또한 냉각효과도 있다. 윤활제에는 건식(乾式)과 습식(濕式)이 있으며, 건식윤활제에는 석회, grease, 비누, 흑연 등이 있고, 습식에는 종유(種油) 등에 비누 1.5 ~ 3%을 첨가하고 다량의 물을 혼합한 것이 있다. 경질금속의 인발에는 소재에 Pb, Zn 등을 도금하거나 인산염을 피복한다.

5.5.2 인발응력

인발력은 die의 수명 및 인발제품의 품질에 영향을 미치며,

- 소재의 지름을 감소시키는데 요하는 힘
- 소재와 die 사이의 마찰을 이기는데 요하는 힘
- die 입구와 출구에서 표면층의 전단변형에 요하는 힘으로 구성되고, 인발력에 영향을 미치는 인자는 다음과 같다.

(1) die 각:

그림 (a)의 실험 data에서 단면감소율을 일정하게 할 때 die 각이 증가하면 전단변형이 증가하고 순변형에 요하는 응력은 일정하며, 외부 마찰응력은 감소하여 이들의 합인 인발응력의 최소값을 갖는 die 각이 있음을 알 수 있다. 그림 (b)는 각 단면감소율에 대한 인발응력을 최소로 하는 최적 die 각을 보여 준다.

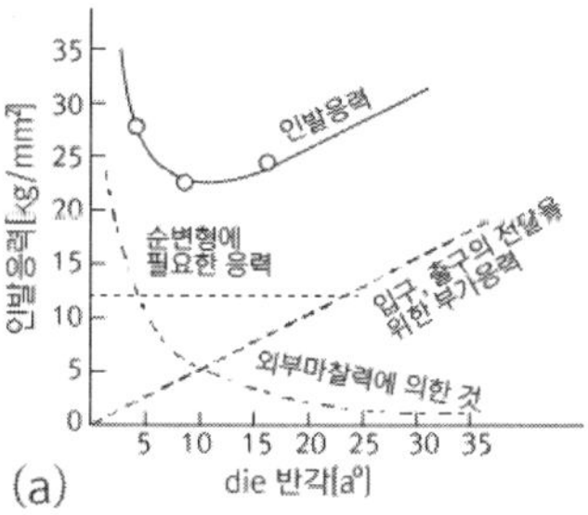

그림 5-102 die 각과 인발응력의 관계

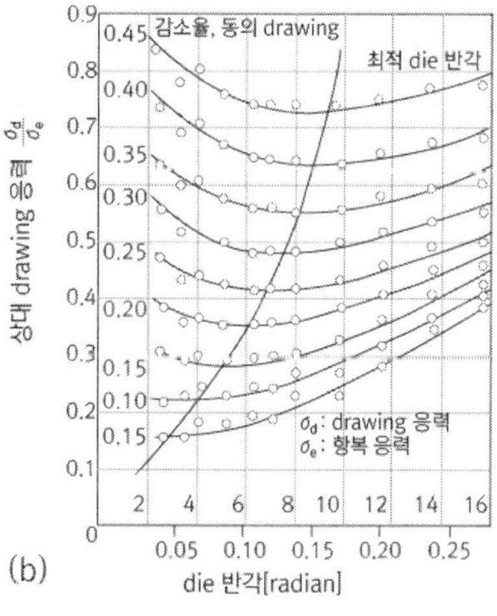

그림 5-103 단면감소율에 대한 최적 인발응력

(2) 마찰력:

마찰력 f·p가 작을수록 좋으며, 마찰계수 f는 die 벽면압력 p, die 내부의 표면상태, 윤활제 및 윤활방법 등에 따라 다르고, 그림은 윤활제에 대한 die 벽면압력과 마찰계수와의 관계를 보인다.

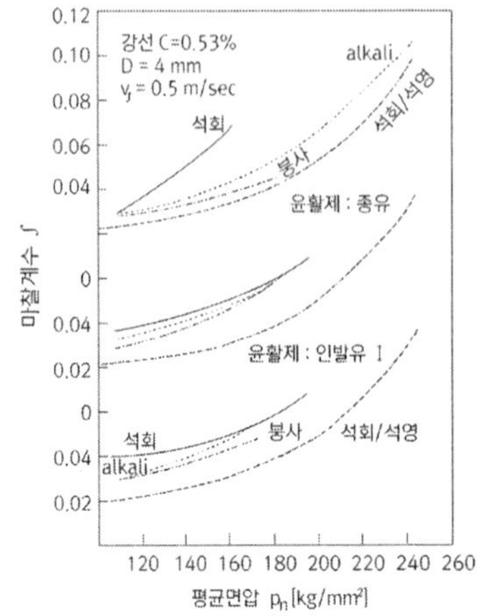

그림 5-104 각 윤활제에 대한
die 벽면압력과 마찰계수의 관계

(3) 단면감소율:

소재의 단면적을 A_0, 인발 후의 것을 A_f라 할 때 $(A_0 - A_f)/A_0$를 단면감소율이라 하고, die 각이 일정할 때 인발력은 단면감소율의 증가와 더불어 증가하며, 강봉에 대한 단면감소율은 10 ~ 30%, 비철금속봉에서는 15 ~ 30%, 강관에는 15 ~ 20%정도이다. 그림은 동선을 인발할 때의 단면감소율과 인발력의 관계를 보인다.

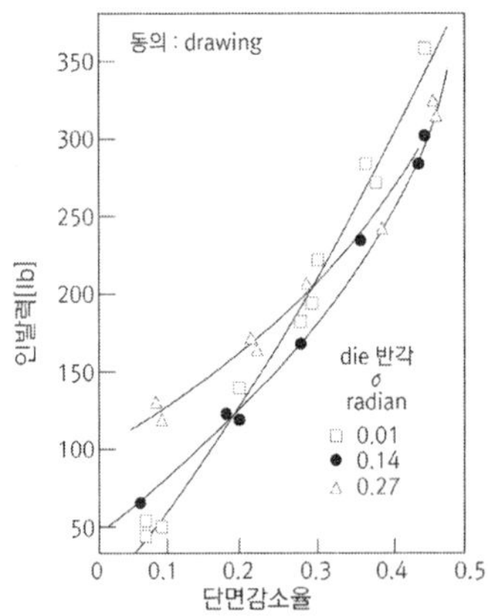

그림 5-105 동선의 인발에서
단면감소율과 인발력의 관계

(4) 역장력(逆張力):

인발력과 반대방향으로 가하는 힘을 역장력이라 하며, 이를 가하면 die의 마찰력이 적어 die의 수명이 커지고, 정확한 치수의 제품을 얻을 수 있다. 또한 역장력을 가하면 소재의 중심부와 외측부의 소성변형이 균등하게되고, 열발생이 적어지며, 제품에 잔류응력이 적다. 그림은 C가 0.44%인 강을 D_o = 2.49 mm, D_f = 2.03 mm의 조건에서 인발할 때의 역장력과 인발력의 관계이다. 그림에서 역장력이 커질 때 인발력도 증가하나 인발력에서 역장력을 감한 die의 추력(推力; thrust)은 감소함을 알 수 있다. 이는 die의 벽압력 p가 감소하는 것을 의미한다.

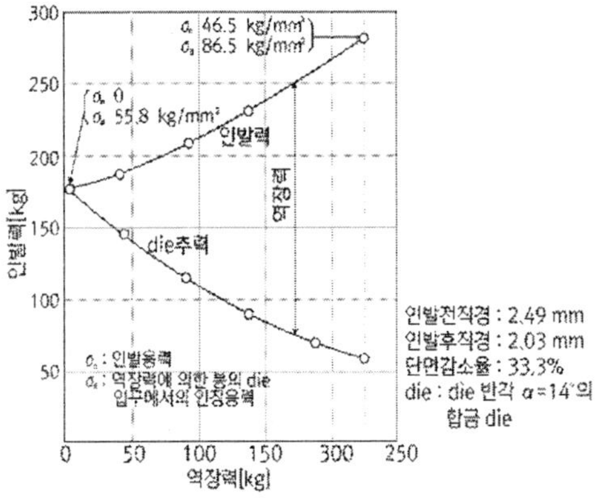

그림 5-106 역장력과 인발력의 관계

(5) 인발속도:

저속도 범위에서 인발속도가 증가하면 인발력이 급증하나, 속도가 어느 이상되면 인발력에 대한 속도의 영향은 적다. 조건에 따라 실용속도는 30 ~ 2500 m/min이지만 고속에서는 열의 발생이 많다.

5.5.3 인발제품의 결함

인발제품의 결함에는 소재의 결함에서 오는 경우와 인발과정에서 오는 경우가 있으나, 여기에서는 후자에 대해서만 언급한다.

pass 당 단면감소율이 1% 이하인 경우에는 축방향의 잔류응력은 표면에서 압축응력, 중심에서 인장응력이 발생하고, 반지름 방향의 잔류응력은 표면에서 0이고, 중심에서 인장응력이 발생한다. 원주의 것은 축방향의 것과 비슷하다.

단면감소율이 클 경우에는 위의 경우와 반대로 축방향과 원주방향의 잔류응력은 표면에서 인장응력, 중심에서 압축응력이 발생하고, 반지름 방향의 것은 중심에서 압축응력이 발생한다. 그림 (a)는 중심으로 부터 거리에 대한 잔류응력, 그림 (b)는 die 각과 단면감소율에 대한 잔류응력의 관계를 보인다.

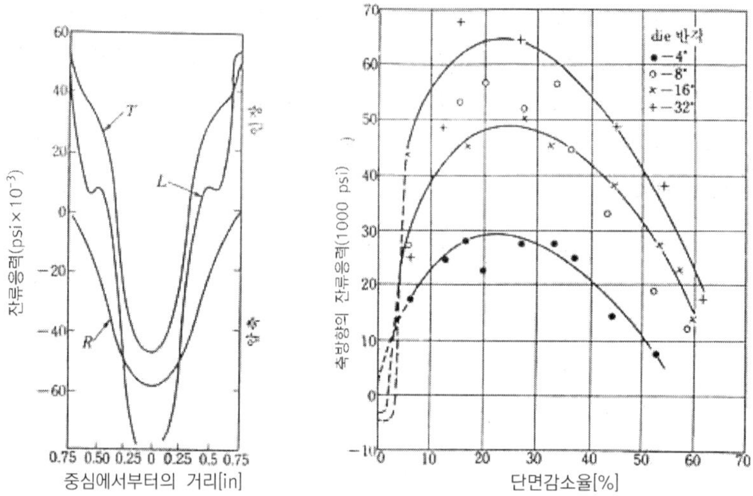

(a) 1045 탄소강을 20% 냉간 drawing한 봉의 잔류응력 : T 원주방향(또는 접선), L 세로, R 반지름

(b) 신선한 황동선의 표면에서의 잔류응력

그림 5-107 잔류응력

5.6 관(製管; tube making)

관(管; pipe)은 주조, 용접, 압연, 압출 및 인발 등에 의해서 만들거나, 만들 때 이들 중 한 과정을 거칠수 있다. 따라서 각 해당 편 및 장에서 제관법을 부분적으로 취급하였으나 제관법에 대한 종합적 지식을 얻는데에 도움을 주기 위하여 여기에 이미 취급한 내용에는 link하고 소성편에 속하면서 앞에서 취급하지 않은 제관법을 모아 소개한다.

제관법

- seamless pipe
- 원심주조법(centrifugal casting)
  원심주조법은 소성가공 과정이 없기 때문에 본장에 속할 수 없으나, seamless pipe라는 공통점이 있어 삽입하였음.
- 압출법(extrusion process)
- 인발법(drawing process)
- 천공법(穿孔法; piercing process)
- Mannesmann 압연천공법(Mannesmann piercing process)
- seamed pipe
- 용접법

관은 재질에 따라 강관, 동관 등이 있고, 이음매의 유무에 따라 seamless pipe와 seamed pipe, 단면형상 따라 원형관, 4각관 등, 용도에 따라 도관(導管; conduit), 배관(配管; line pipe), 압력관(壓力管; pressure pipe), 구조용관(構造用管; structual pipe), 구동관(驅動管; drive pipe), 관주(管柱; tubular pole) 등이 있다.

그림 5-108 pipe

5.6.1 seamless pipe

(1) Mannesmann 압연천공법(Mannesmann piercing process):

그림 (a), (b)에서 보는 바와 같이 재료를 압축하면서 회전시키면 중심부에 균열이 생기는 것을 흔히 볼 수 있을 것이다. 그림 (c)에서와 같이 roll(roller)이 수평에 대하여 5 ~ 10℃ 정도 경사되어 있으며, 중앙부는 25 mm 정도가 동일 지름으로써 평탄부를 이룬다. 두 roll은 수평면 상에서 서로 6 ~ 12° 정도 교차되어 있어 billet이 회전운동과 직선운동을 하게 된다. 이 때 2개의 roll의 회전방향은 같고, billet은 반대 방향으로 회전한다.

그림 (d)에서 roll 표면의 접선력(마찰력) F의 분력인 F • cos α에 의하여 가공물인 billet이 회전하게 되고, 분력 F • sin α 의하여 가공물이 직진운동을 한다. roll의 중앙부로 갈수록 지름이 크기 때문에 가공물은 심한 비틀림을 받아 표면이 인장되는데 지름의 감소만으로는 보충할 수 없으므로 가공물 중심의 재료가 유동하게 된다. 가공물이 roll 사이에서 이탈되지 않도록 guide가 설치되어 있고, roll의 주속은 75 ~ 900 mm/min 정도이며, 소재의 가열온도는 1250℃정도로서 열간가공이다.

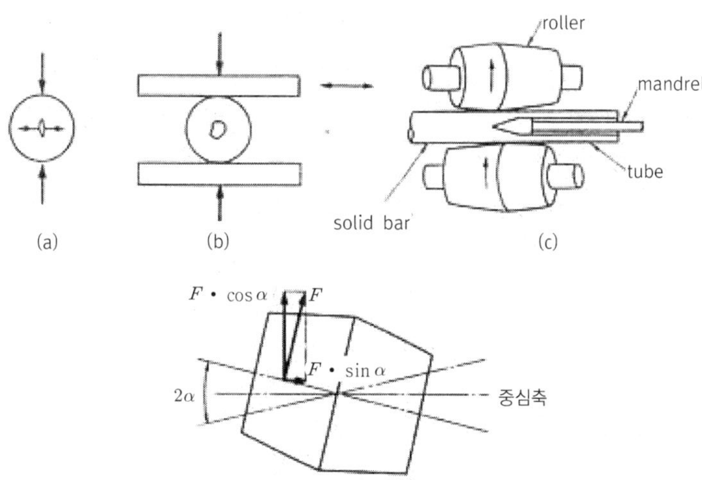

그림 5-109 Mannesmann 압연천공법의 원리

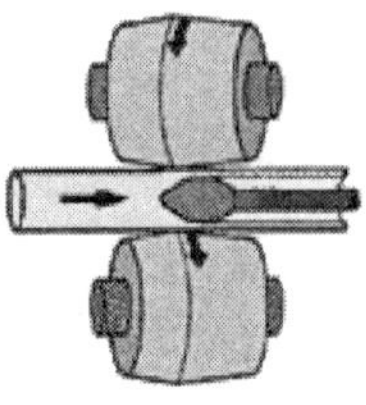

그림 5-110 first piercer(구멍을 낸다)

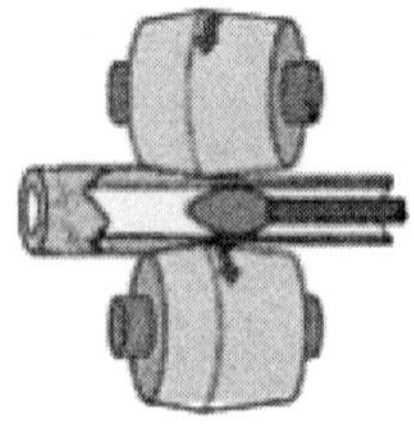

그림 5-111 second piercer(지름을 확대하고 벽두께를 얇게한다)

Mannesmann 압연천공법에 의한 관은 조잡하고 치수가 정확하지 않으므로 필요에 따라 다음의 압연과정을 거쳐서 제품이 완성된다.

plug 압연기(plug mill)의 roll 사이에 가공할 pipe를 재가열하여 놓고 pipe 내에 plug를 넣은 상태에서 압연함으로써 pipe 지름을 조정하고 벽의 두께를 감소시킬 수 있다. 1회 통과시킨 후 소재를 회전시켜 다시 압연한다.

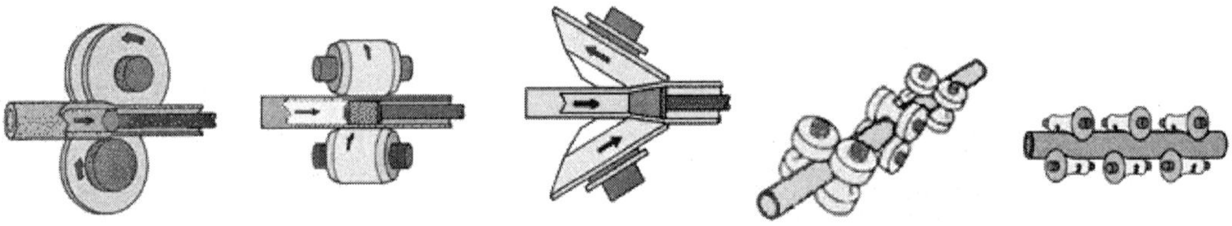

그림 5-112 압연기

rotary 압연기는 그림과 같이 pipe 벽을 얇게하면서 지름을 확대할 때 사용된다.

reeling 압연기(reeling mill)의 roll은 원주형이며, 내경을 조정하며 전가공에서 생긴 내외면의 상처를 없애고 매끈하게 한다.

정경(定徑)압연기(sizing mill)는 reeling 압연기를 거친 관을 재가열하여 plug나 mandrel을 사용하지 않고 외경을 지정된 치수로 조정한다.

최종적으로 rotary straightener에서 진직도를 높인다.

5.6.2 seamed pipe

seamed pipe 제조법은 노(爐)를 통과시켜 1400℃로 가열된 강 strip을 roll로 성형하고 roll로 압접하는 방법과 상온에서 성형하고 접합부를 전기용접하는 경우가 있다. 전기용접 중에는 submerged arc arc 용접, 전기저항용접, 고주파용접 등이 사용된다.

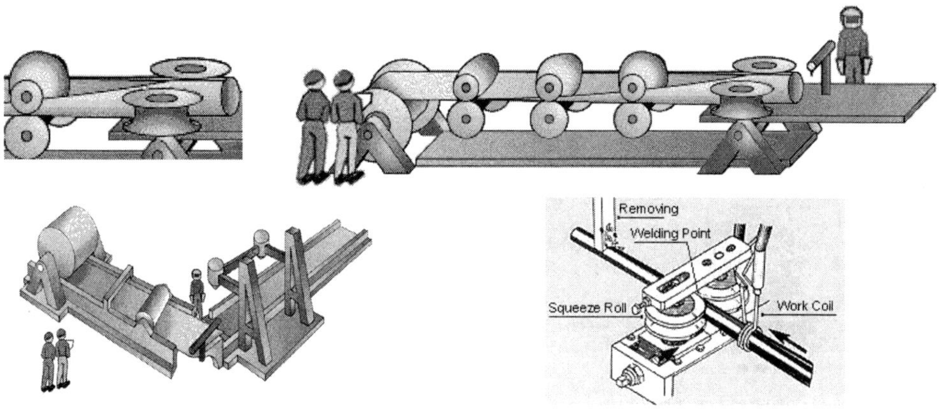

pipe welder 고주파용접

그림 5-113 strip을 원통으로 성형하여 용접

5.7 전조(轉造; form rolling)

소재나 공구(roller) 또는 양자를 회전시켜 소재에 공구의 표면형상을 각인(刻印)하는 일종의 특수압연이라 볼 수 있는 가공을 전조 또는 전조가공이라 한다. 전조는 냉간가공으로서 제조되는 것에는 원통 roller, ball, ring, 나사, gear, spline 축, 냉각 fin이 붙은 관 등을 들 수 있다. 아래 그림은 절삭가공에 의한 제품과 전조에 의한 것의 섬유상태를 비교한 것이며, 전조의 특징을 열거하면 다음과 같다.

- 압연이나 압출 등에서 생긴 소재의 섬유가 절단되지 않기 때문에 제품의 강도가 크다.
- 소재와 공구가 국부적으로 접촉하기 때문에 비교적 작은 가공력으로 가공할 수 있다.
- chip이 생성되지 않으므로 소재의 이용률이 높다.
- 소성변형에 의하여 제품이 가공경화되고, 조직이 치밀하게 되어 기계적 강도가 크다.

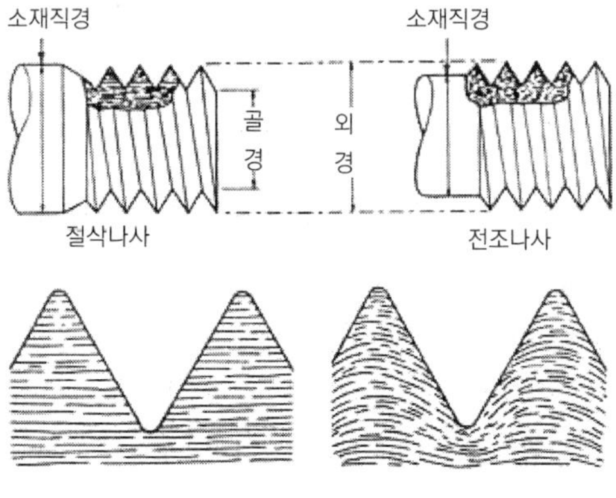

그림 5-115 절삭가공과 전조 제품의 섬유상태 비교 (click하면 각종 나사를 보임)

(1) 나사전조(螺絲轉造; thread rolling):

제작하고자 하는 나사의 형상과 pitch가 같은 die에 나사의 유효지름과 거의 같은 소재를 넣고 die를 통하여 소재에 압력을 가하면서 소재를 회전시켜 나사를 만든다. 나사전조기에는 평(平) die 전조기, roller die 전조기, rotary planetary 전조기 등이 있다.

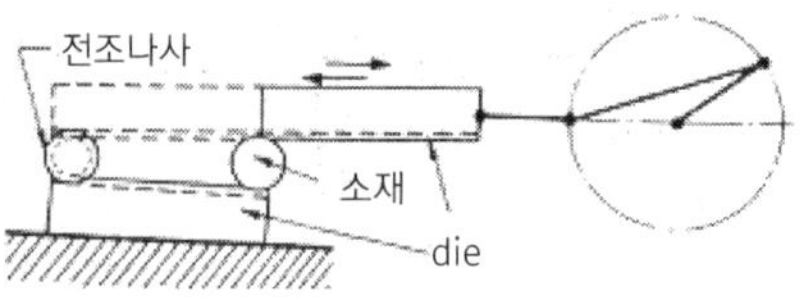

그림 5-116 평 die 전조기

평 die 전조기는 그림과 같이 die 중 1개는 고정하고 다른 1개는 직선운동을 하면서 1회의 행정으로 나사를 완성한다. 전조 때의 하중은 die 면에 수직성분, 회전방향 성분인 접선력, 나사 축방향의 성분으로 되어 있다. die에는 성형부와 다듬질부가 있으며, 다듬질부의 최소길이는 나사의 1/2회전 길이인 "유효경에 대한 원주/2"로 한다.

roller die 전조기는 그림 (a)와 같이 2개의 roll die로 되어 있으며, 2축은 평행하고 그 중 1개는 위치가 고정되고 다른 1개는 이동할 수 있게 되어 가압하면서 die와 소재가 회전한다. 그림 (b)는 나사 지름에 대한 전조력을 보여주는 예이다. 3개의 roller를 사용하는 경우도 있는데 소재의 위치는 안정되나 정밀도는 2개로 된 전조기에서 보다 떨어진다.

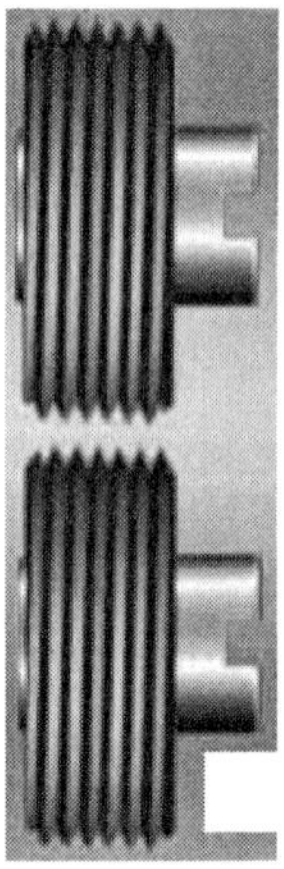

그림 5-117 roll die

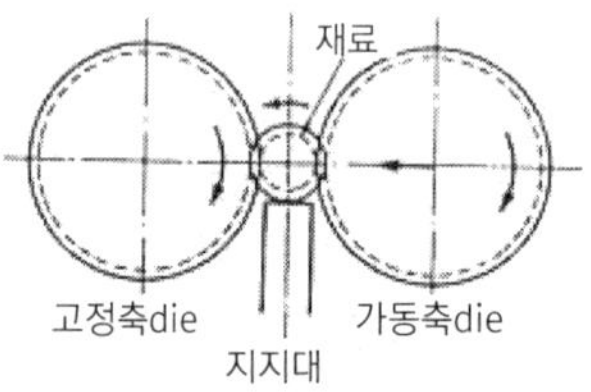

그림 5-118 roller die 전조기

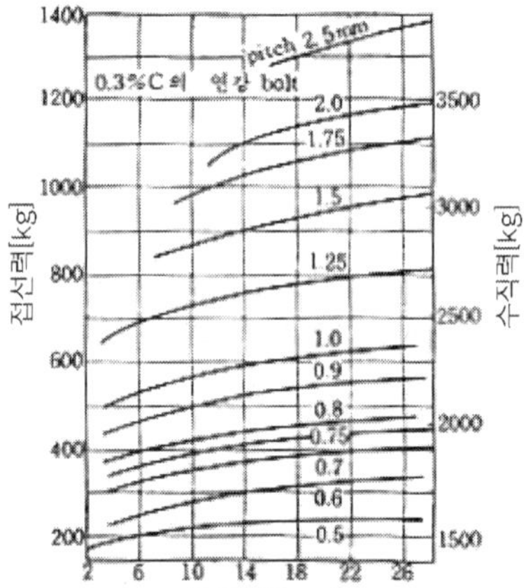

그림 5-119 나사 지름과 전조력

rotary planetary 전조기는 그림과 같이 segment die를 고정시키고 원형 die를 회전시켜 자동으로 끌려 들어가는 소재가 출구에서 나사가 가공되어 나온다. crank 운동에 의한 평 die에서는 가공을 하지 않는 귀환행정(歸還行程; return stroke)이 있으나, rotary planetary 전조기에서는 그와 같은 공회전이 없어 생산능률이 높다.

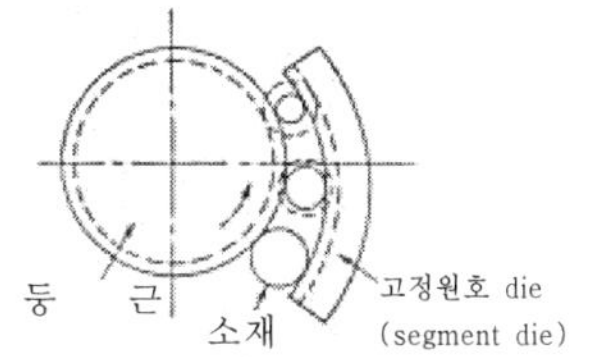

그림 5-120 rotary planetary 전조기

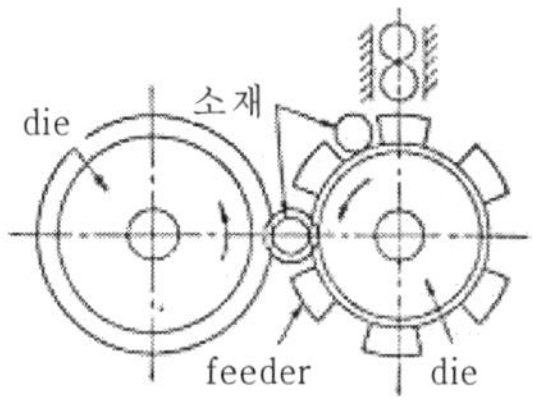

그림 5-121 차동식 나사전조기

차동식(差動式) 전조기는 2개의 원형 die를 동일 방향으로 회전시키며 소재를 die의 원주속도차의 1/2의 속도로 접선방향에서 공급하여 die의 최소 간격을 통과할 때 나사가공이 완성된다.

$$\frac{\text{원주속도차}}{2} = \frac{\pi d_1 \cdot n_1 - (-\pi_i \cdot d_2 \cdot n_2)}{2} = \frac{\pi d_1 \cdot n_1 + \pi d_2 \cdot n_2}{2} = \pi d$$

나사전조력을 구하여 보기로 한다.

그림(a)에서 소재와 die의 접촉호의 길이를 b, 축 방향에서 소재와 die의 접촉 길이를 $l = \sum l_i$, 전조압력을 p라 하면 전조력 P는 $P = p \cdot l \cdot b$이다.

전조과정 중 전조력의 변화는 그림(b)와 같으며, $p_{max} = \dfrac{P_{max}}{l \cdot b}$로서 소재의 항복강도의 6~8배의 값이다.

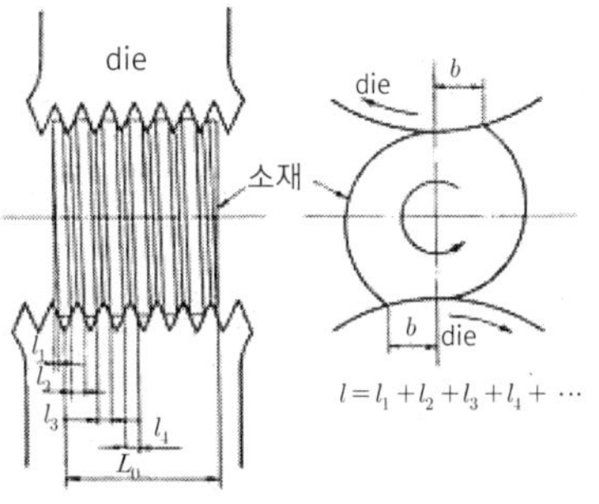

(a) 소재와 전조 die와의 접촉

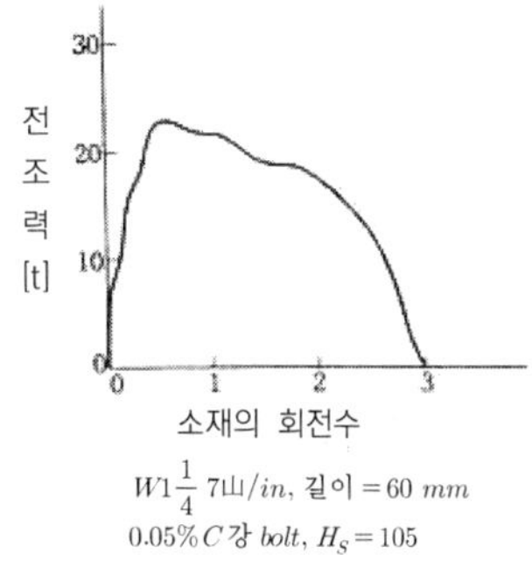

(b) 전조력

(2) ball 및 원통 roll 전조:

ball 전조는 그림과 같이 2개의 die roll 이 동일 평면상에 있지 않고 서로 교차되어 있어 소재를 가압하면서 이송시킨다. die 홈은 ball을 형성하고 산은 소재를 들어가게 하여 최후에는 절단한다. 강구(鋼球)는 800 ~ 1000℃에서 전조한다.

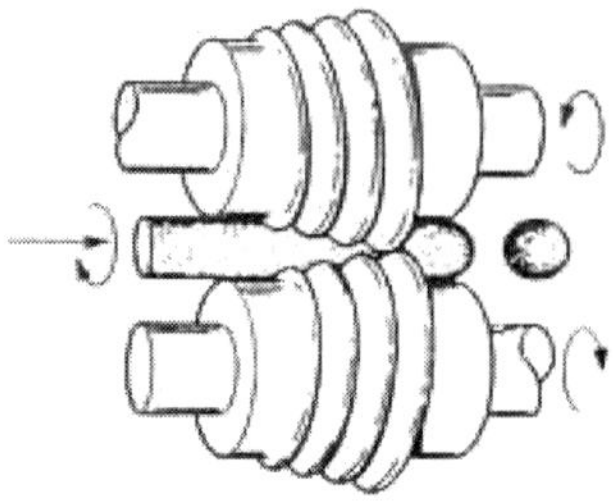

그림 5-122 ball 전조

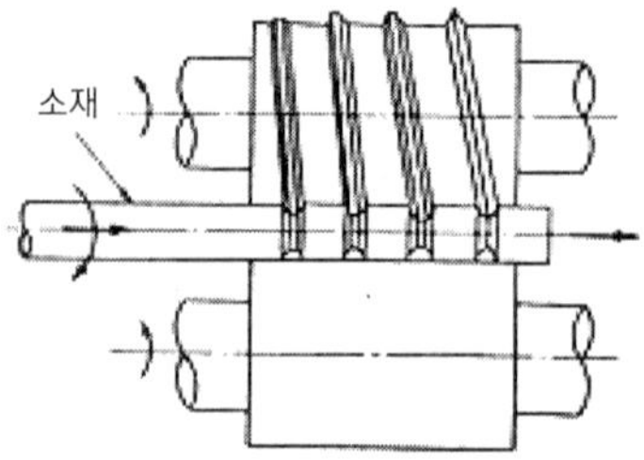

그림 5-123 원통 roller 전조

원통 roll 전조에서는 그림과 같이 die인 roll을 상호 평행하게 하며, 1개의 roll에만 필요한 돌기를 나선형으로 만든 전조기를 사용한다.

(3) gear 전조:

gear 전조는 치형(齒形)과 치폭(齒幅)이 작은 것에 많이 이용되며, 전조방식에는 rack die, pinion die 및 hob 형 die 등을 이용하는 것이 있다.

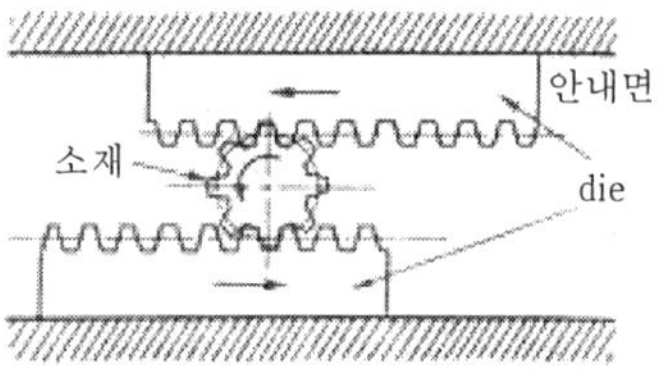

그림 5-124 rack die 전조기

rack die 전조기는 그림과 같이 한 쌍의 rack die 사이에 소재를 넣고 가압하면서 rack die를 이동시켜 소재를 굴리면 die 홈과 맞물리는 gear 및 spline 축이 가공된다. 이 방법은 소형 gear의 제조에는 많이 사용되나 대형 gear에서는 die가 길어져야 하므로 부적당 하다.

pinion die 전조기는 그림과 같이 pinion die로 소재를 가압하면서 소재를 맞물고 회전시켜 gear를 제조한다. 치형이 클 때에는 2개 또는 3개의 pinion die로 다른 방향에서 가압한다.

hob die 전조기는 전조공구를 소재의 상하에 두고 가압하면서 hob die를 회전시켜 소재를 축방향으로 이동시켜 가공하고, 다음 차례의 가공을 위하여 소재를 분할대(分割臺; index head)에 의하여 소정의 각도만큼 회전시켜 die 사이에 넣는다.

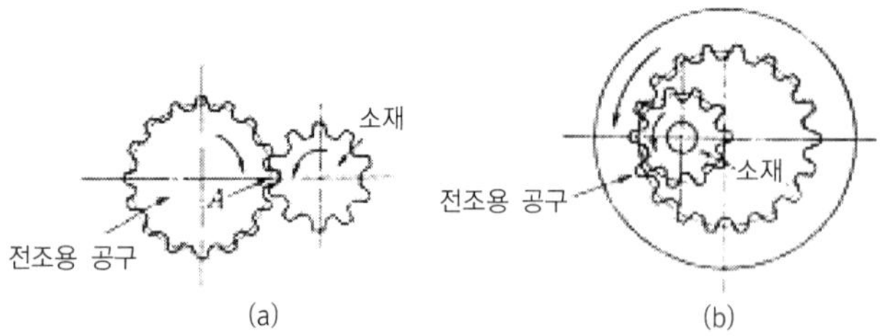

그림 5-125 pinion die 전조기

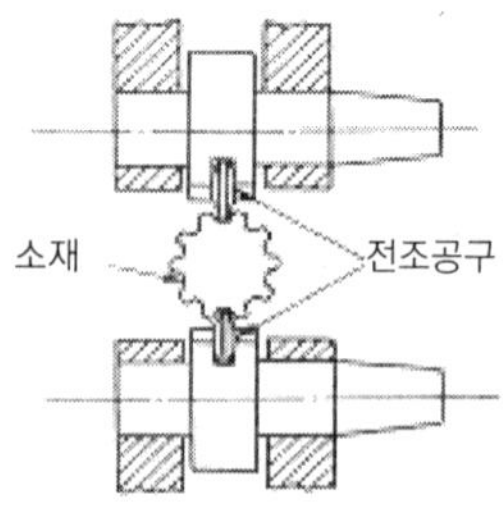

그림 5-126 hob die 전조기

(4) drill 전조:

drill 전조기는 drill과 tap에 홈가공을 하고, 이 때 소재는 길이 방향으로 연신되면서 홈이 생기며, die에는 홈만을 가공하기 위한 것과 여유면 가공용이 따로 있다.

(5) 단붙이축(軸) 전조:

종래에는 자동차축의 단(段), 전동기축의 단을 기계가공에만 의존하였으나, 최근에는 그림과 같이 roll die로 소재를 회전시키고, 축방향으로 인발하여 축에 단을 만든다.

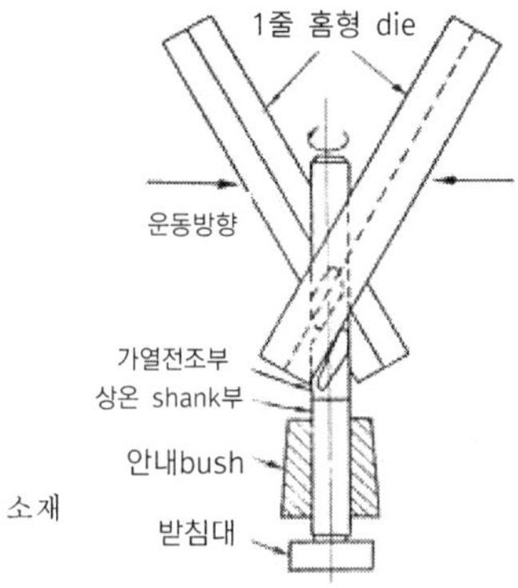

그림 5-127 drill 전조기

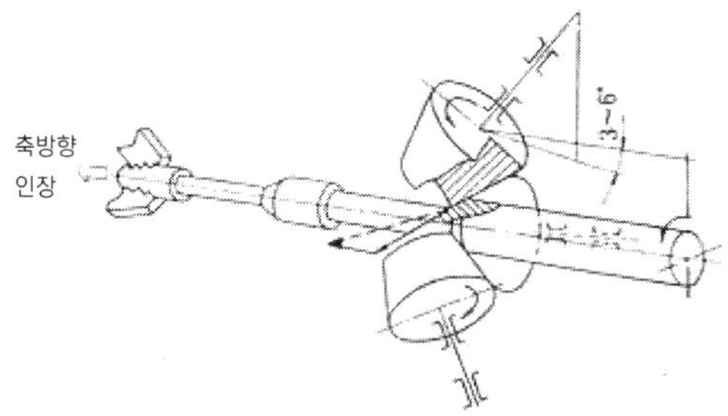

그림 5-128 단붙이 축 전조기

5.8 press 가공(press work)

판재(板材)의 성형가공(成形加工; sheetmetal forming)이 소성가공 중에서 차지하는 비중이 크며, 다량생산용 기계로서 press가 사용되는 경우가 많아 소성가공의 대분류로서 판금가공(板金加工; sheet metal work, plate work)의 의미로 press가공의 장을 두기로 한다. 회전운동을 직선운동으로 바꾸는 crank 기구에 의한 crank press, 유압에 의한 유압 press 등을 사용하여 die 위에 놓인 소재를 punch을 통하여 가압함으로써 성형한다.

press 에 의한 판금가공은 무수히 많으나, 전단가공(剪斷加工; shearing), 굽힘가공(bending), deep drawing, 부조가공(浮彫加工; embossing), 압인가공(壓印加工; coining) 등이 기본가공이다. 전단가공은 소성가공에 속하지 않으나 본장에서 취급하는 모든 판금성형가공에 수반되기 때문에 여기에 넣었으며, 본장을 판금 성형가공이라 title을 붙이지 않고 press 가공이라 한 이유도 여기에 있다.

press는 기준에 따라 여러가지로 분류할 수 있으나, 동력원과 기구에 따라 분류하면 다음과 같다.

press의 형식과 종류

구분	분류	종류	구동기구
인력 press		수동 press	나사, 편심축과 원판,
		족로 press	lever
동력 press	기계 press	crank press	crank
		crankless press	편심축과 원판
		loggle press	crank와 toggle
		cam press	cam과 crank
		마찰 press	마찰차와 나사
	압력 press	유압 press	유압
		수압 press	수압

5.8.1 press

(1) 人力 press

인력 press에는 그림 (a)는 수동 편심 press, (b)는 수동 나사 press, 그림 (c)는 족답(足踏)이며, 주로 얇은 판의 가공에 사용된다.

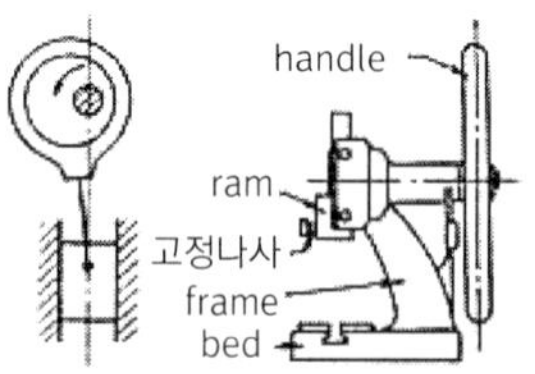

그림 5-129 (a) 수동 편심 press

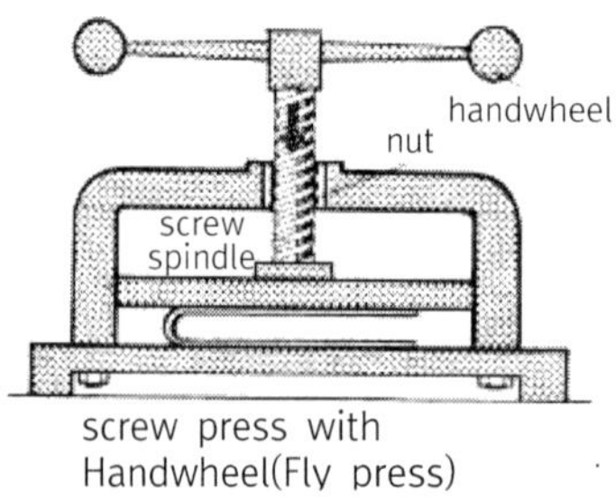

그림 5-130 (b) 수동 나사 press

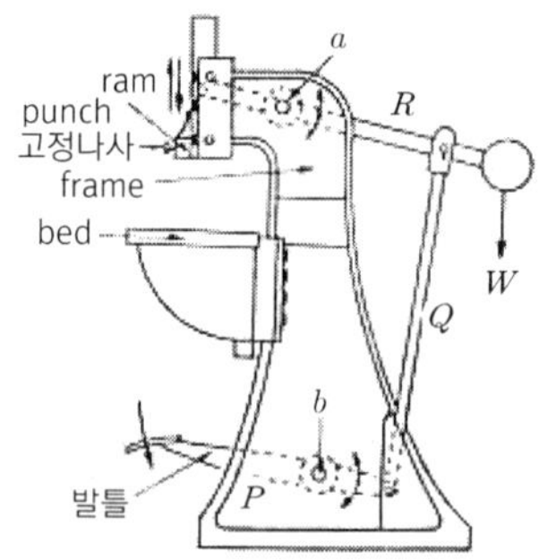

그림 5-131 (c) 족답(足踏) press

(2) 動力 press

동력 press는 기계 press(mechanical press)와 유압 press(hydraulic press)로 분류할 수 있다. 기계 press는 일반적으로 작동속도가 크고 행정(stroke)이 짧으며, 유압 press는 작동속도가 느리고 행정이 크다.

① 기계 press

기계 press에는 crank press, eccentric press, crankless press, knuckle press, toggle press, 마찰 press 등이 있다.

crank press에는 crank의 수에 따라 단식 crank press(single crank press)와 복식 crank press(double crank press)가 있으며, 소재압판의 유무에 따라 단동식 crank press와 복동식 crank press가 있다. 그림 (d)는 복동식 crank press에서 crank의 회전각에 대한 punch의 행정을 보여 준다.

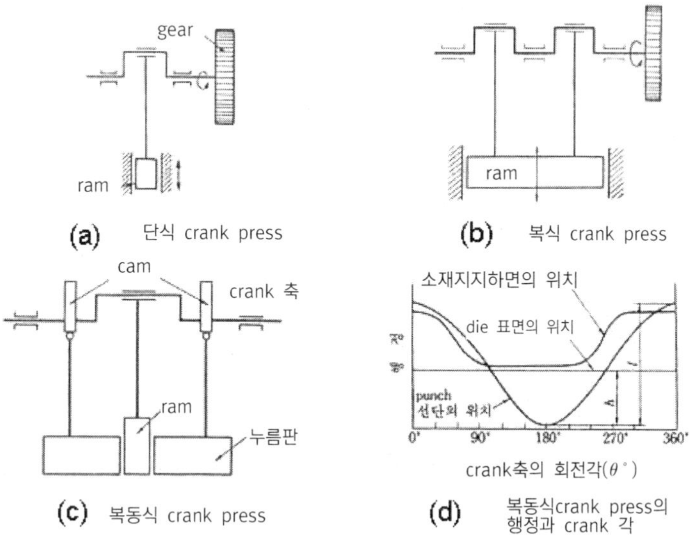

그림 5-132 crank press

편심 press(eccentric press)는 그림과 같이 ram을 회전원판상의 편심 pin과 연결하여 crank의 역할을 하는 press 이다.

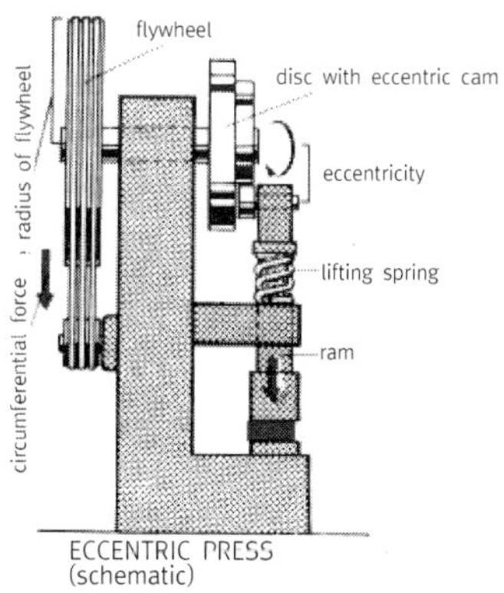

그림 5-133 편심 press

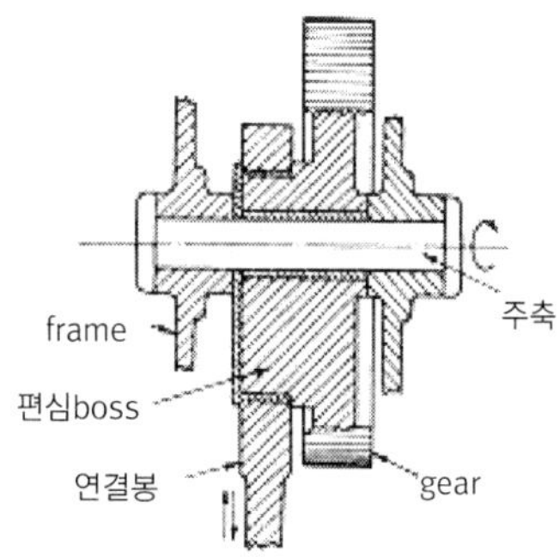

그림 5-134 crankless press

crankless press는 그림과 같이 주축은 frame에 끼워져 있고 동력을 전달하는 gear 축에는 편심된 boss가 끼워져 있어 gear의 회전에 의한 주축의 회전은 편심 boss를 통하여 연결봉을 직선운동 시킨다.

knuckle press는 그림과 같이 편심 gear 또는 flywheel의 회전운동을 crank 기구에 의하여 직선운동으로 바꾸고, 이를 knuckle 기구를 이용하여 ram에 일정행정의 직선 운동을 시킨다.

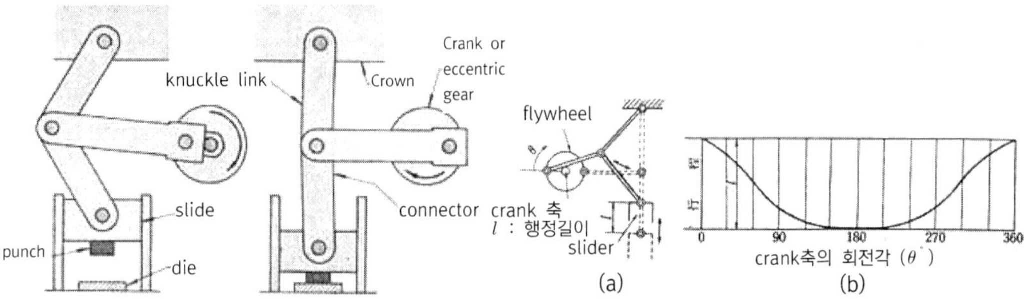

그림 5-135 knuckle press

toggle press는 그림과 같이 crank의 회전운동이 수개의 link를 거쳐 punch에 동력을 전달한다. 속도가 느리기 때문에 가공물에 충격을 주지 않고 가공행정의 끝에서 큰 힘을 발생하고, punch가 blank holder의 작용까지 하기 때문에 타발(打拔; blanking), 타공(打孔; punching) 및 압출가공 등에 많이 사용된다.

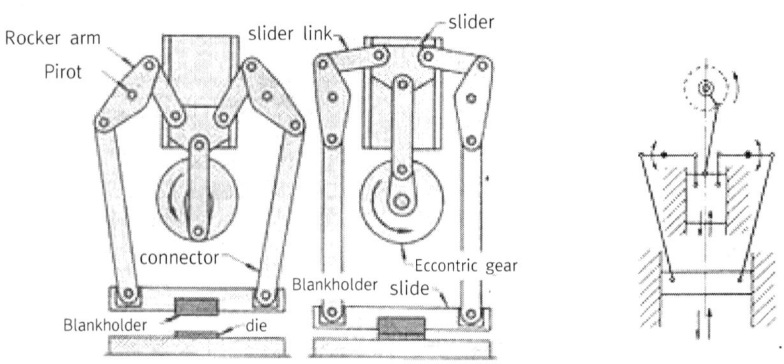

그림 5-136 toggle press

마찰 press는 그림과 같이 회전하는 마찰차를 좌우로 이동시켜 수명마찰차와 교대로 접촉시킴으로써 나사에 고정된 punch slider를 상하 운동시킨다. slider가 하강하면 flywheel인 미찰차의 외주에서 접촉하므로 수평차의 속도가 커져 slider의 하강속도가 커진다. 마찰 press는 마찰차인 flywheel에 저장된 energy를 1회의 작업에 전부소비하므로 deep drawing과 같이 행정의 중간부에서 주로 가공하고 그 전후에서는 큰 하중이 걸리지 않는 경우에는 부적당하며, 성형, 부조, 굽힘가공, 압인 등에 주로 사용된다.

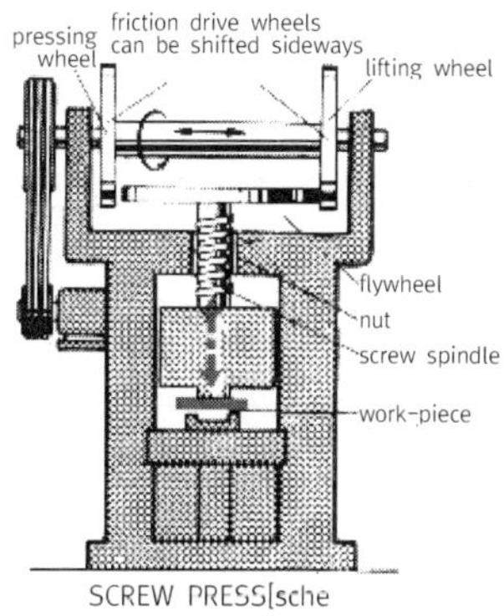

그림 5-137 마찰 press

② 액압(液壓) press

액압을 이용하여 slider를 운동시키는 press로서, 유압식과 수압식이 있고, 그 구조는 거의 같다. 행정을 임의로 조정할 수 있고, 행정에 관계없이 큰 힘을 낼 수 있으며, 그림은 수압 press의 원리를 보여주며, 기구는 앞에서 소개한 단조기계의 순수수압 press를 참고하기 바란다.

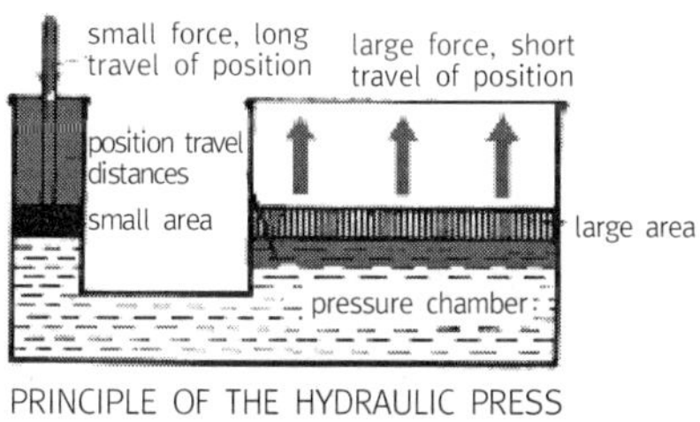

그림 5-138 액압 press의 원리

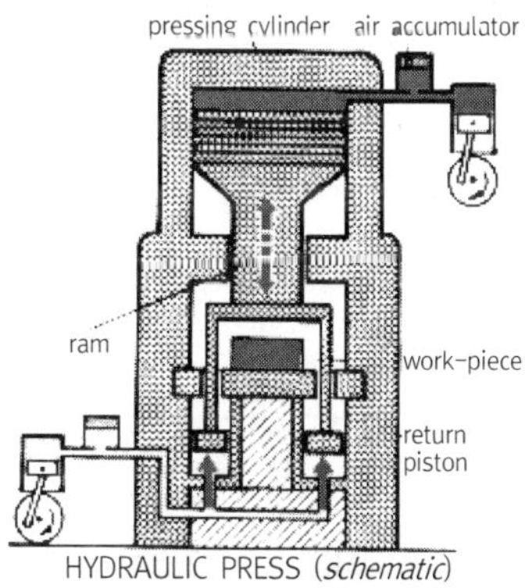

그림 5-139 액압 press

5.8.2 전단가공(剪斷加工)

(1) die와 punch

press 가공에서 보통 下型을 die, 上型을 punch라 하나, 때로는 상형이 die이고 하형이 punch인 경우도 있다. die와 punch의 형상 및 재질의 선택은 가공조건에 적합하도록 하여야 하며, press에 사용되는 die는 용도에 따라

- 전단용(타발 용, 타공용 등)
- 성형용(굽힘용, drawing 용, stamping 용 등)

가 있으나, 여기에서는 전단용 die만을 취급하며 전단용 die를 작동방법에 따라 분류하면 다음과 같다.

단식 die((單式 die; single operation die): 그림과 같이 1회의 전단만으로 blank를 얻는 die로서 가장 간단하고 흔히 사용된다.

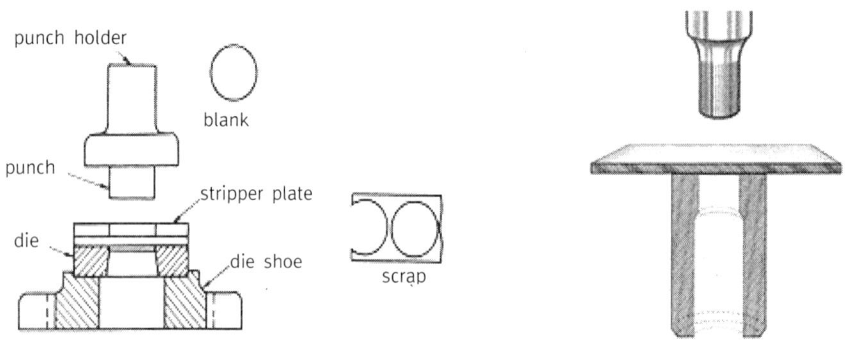

그림 5-140 단식 die

복식 die(複式 die; compound die): 그림과 같이 동일 가공재에 대하여 press의 단일 행정으로써 타발(blanking) 및 타공(punching)을 동시에 하는 die 이다.

본예에서는 상부 (hole)punch와 하부 die에 의하여 타공을 하고, 타공시의 die가 하부 punch로 되어 상부 die와 함께 타발을 한다.

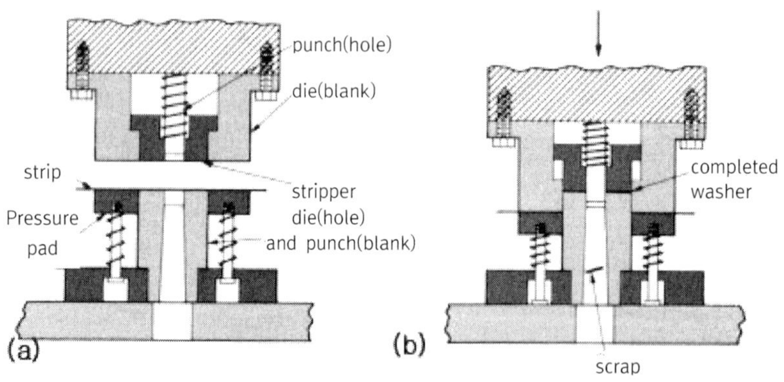

그림 5-141 복식 die

다단 die(多段 die; follow die): 소재가 각 행정에서 다음 station으로 이동됨에 따라 가공이 완성되어 가는 die로서, 본예에서는 처음 station에서 원형타공되고 strip이 좌측으로 이동되어 다음 station에서 pilot이 구멍에 들어간 후 타발 punch가 하강하여 타발하고 blank를 얻는다.

다열 die(多列 die; multiple die): press의 1회 행정에서 2개 이상의 가공물을 얻는 die로서, 이들이 서로 관련된 것일 수도 있고, 관련이 없을 수도 있으며, 때로는 동일가공이 이뤄질 수도 있다. 이 때 punch 높이에 차이를 두어 충격과 소음을 적게 한다.

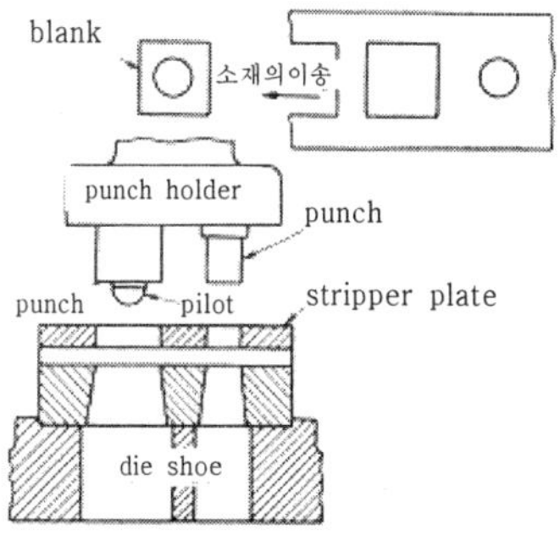

그림 5-142 다단 die

그림과 같이 punch가 die 위의 소재를 가압하면 소재는 먼저 탄성변형을 거쳐 소성변형을 하고, 전단 과정을 거쳐 파단 된다. 즉 소재 표면은 인장응력을 받으며, 그 응력은 punch와 die의 edge 부근에 집중되고, 가공이 진행됨에 따라 소재의 탄성한계를 넘어 소성변형에 들어가 소재를 압축한다. 가공이 더욱 진행되어 edge의 압축응력이 소재의 전단저항보다 크게되면 그림 (b)와 같이 전단이 시작되고 마침내 그림 (c)와 같이 punch edge와 die edge의 전방에서 crack이 발생하여 그것이 서로 이어지면 파단되는 것이다. 이 때 그림 (d)와 같이 세로 및 가로 방향의 집중응력에 의한 굽힘 moment가 소재를 punch와 die의 측면에 밀착시킴으로써 전단면을 광택있는 깨끗한 면으로 하는 소위 burnishing 작용이 이루어 진다.

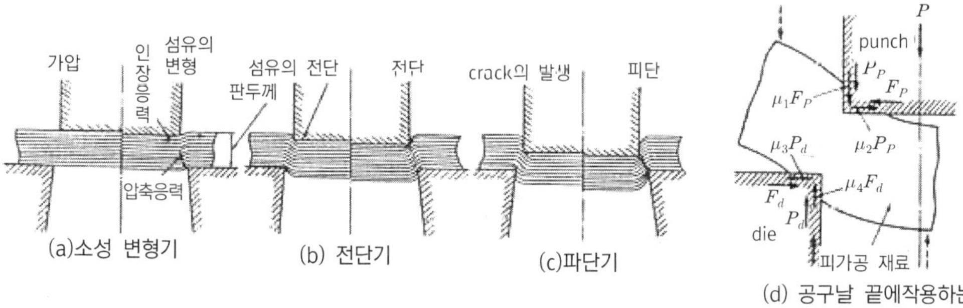

그림 5-143 전단 과정 및 edge의 작용력

cold blanking(blanking은 소송변형에 속하는 일종의 전단가공이다.

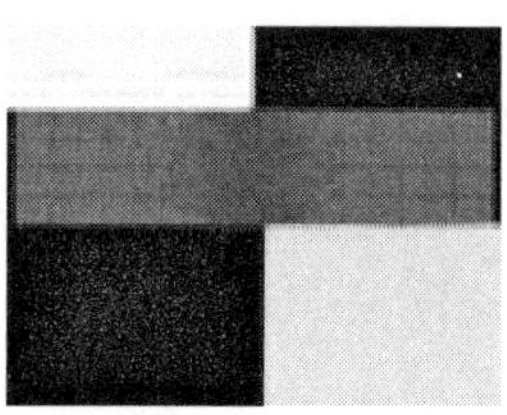

그림 5-144 cold blanking

아래 그림 (a)는 punch와 die의 각부 명칭을 보여주며, punch와 die 사이에 어느 정도의 간극이 필요하다. 간극이 너무 크면 소재가 굽힘을 받고, 너무 적으면 전단에 필요한 punch 력이 급증한다. 이 간극은 가공물의 재질 및 punch와 die의 상태에 따라 다르나, 그림 (b)는 어느 조건에서 소재 두께에 대한 punch와 die의 적정한 간극의 예이다.

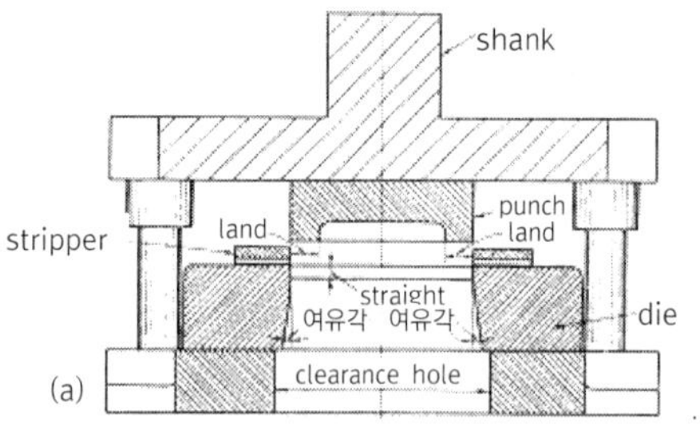

그림 5-145 punch와 die의 각부 명칭

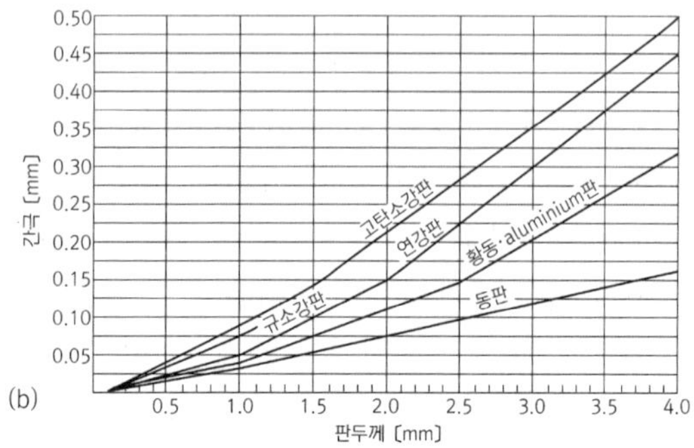

그림 5-146 punch와 die의 간극

아래 표는 각 재료에 대한 전단강도의 예이고, 위 식에서 k 값은 가공조건에 따라 다르며, edge가 마모된 상태에서는 15% 정도 증가한다.

재료의 전단강도

재료	전단강도[kg/mm^2]		재료	전단강도[kg/mm^2]	
	연질	경질		연질	경질
납	2~3	-	강철판	45~50	55~60
주석	3~4	-	강철 0.1% C	25	32
aluminium	7~11	13~16	강철 0.2% C	32	40
duralumin	22	38	강철 0.3% C	36	48
아연	12	20	강철 0.4% C	45	56
동	18~22	25~30	강철 0.6% C	56	72
황동	22~33	35~40	강철 0.8% C	72	90
청동	2~400	40~60	강철 1.0% C	80	105
양은	28~36	45~56	규소탄소강	45	56
철판	32	40	stainless 강판	52	56
deep drawing 용 철판	30~35	-	nickel	25	-

(2) 전단가공방식

① 타발과 타공(打拔과 打孔; blanking and punching):

blanking과 punching은 소재에 전단응력을 발생시켜 소정의 형상 및 치수로 절단하는 가공으로서, blanking은 폐곡윤곽(閉曲輪廓)을 뽑아내는 가공이며, 이 때 절단된 폐곡윤곽제품을 blank라 하고 남은 부분이 scrap 이다. punch와 die 사이에 여유 간극이 있어야 하며, punch에 scrap이 끼워져 올라오지 않도록 stripper가 설치되어 있어야 한다. blanking에서는 그림 (a)에서와 같이 die를 소정 치수로 하고, shear도 die에 두어야 한다. punching은 blanking과 달리 구멍 뚫인 판이 제품이 되는 가공이며, punch를 소정 치수로 하고, shear를 punch에 둔다.

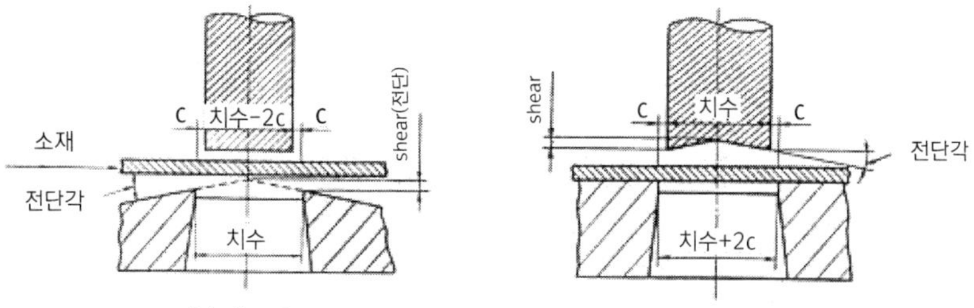

(a) die shear (b) punch shear

그림 5-147 blanking과 punching

② 전단 또는 재단(剪斷, 裁斷; shearing):

press 가공용 소재를 직선으로 자르거나 원형전단기(circle shearing machine) 또는 nibbling machine을 사용하여 원형(圓形)이나 이형(異形)의 소재를 잘라내는 것을 재단이라 하며, 대개 punch에 shear를 둔다. 이는 절단 분리되는 부분이 shear 각에 의하여 bending 되기 때문이다.

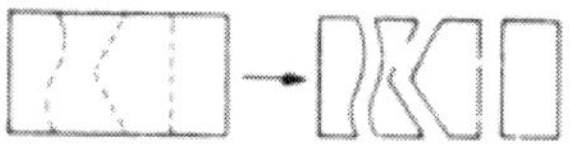

그림 5-148 전단, 재단

③ notching 또는 slotting:

전단윤곽(剪斷輪廓)은 한쪽 끝에서 다른 끝까지 완전히 분리 절단 되나 notching에서는 한쪽 끝에서 시작하여 같은 쪽으로 개방(開放)되는 윤곽절단이다.

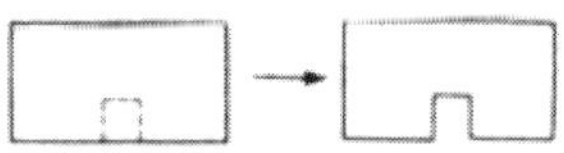

그림 5-149 notching, slotting

④ shaving:

shearing이나 blanking에서 전단면 또는 drawing 제품의 측면을 punch와 die 의 간극을 작게 하여 깍아내므로써 미려하고 정확한 치수가 되게하는 가공으로서, 2차 가공에 속한다.

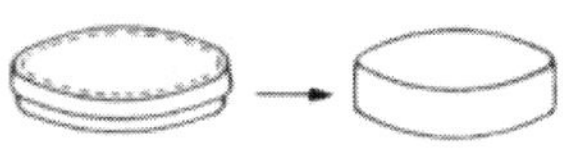

그림 5-150 shaving

⑤ trimming:

punch와 die로써 drawing 제품의 flange를 소요 형상과 치수로 잘라내는 가공으로서, 2차 가공이다.

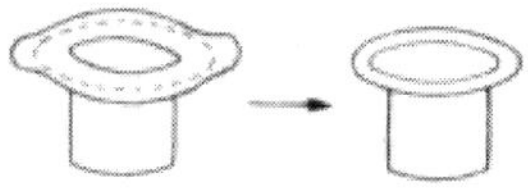

그림 5-151 trimming

⑥ 분단(分斷; parting):

제품을 분리하는 가공으로서, 전단에 의한 것과 chip을 발생하는 절삭에 의한 것이 있다. 제품에 bending이 생기므로 punch와 die에 shear를 둘수 없고, 변형과 튀어오름을 방지하기 위하여 강력한 holder를 설치하여야 하며, 분단은 2차 가공에 속한다.

⑦ broaching:

broaching은 절삭가공에 속하나 보통 press를 사용하며 판재를 겹쳐놓고 구멍의 확대가공 등에 사용된다.

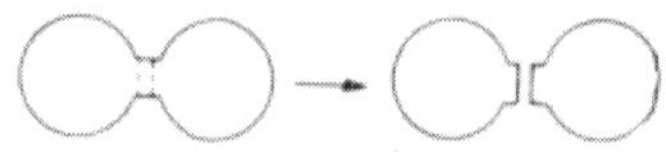

그림 5-152 trimming

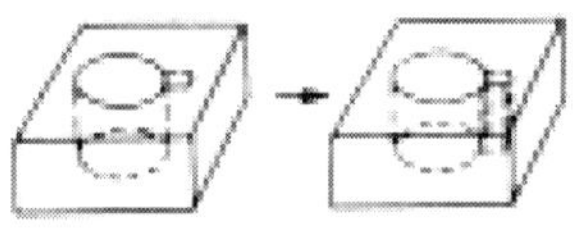

그림 5-153 broaching

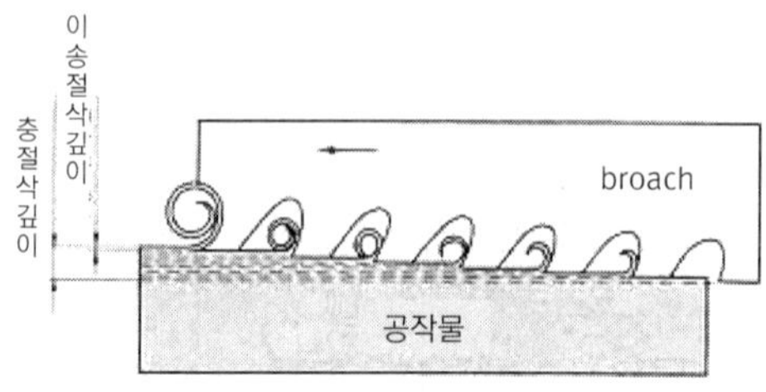

그림 5-154 broaching의 정의

⑧ bridge:

소재의 이용률을 높이기 위해서는 blank의 外形 간격이나 blank 간의 간격을 작게 하는 것이 좋다. 그러나 간격이 너무 작으면 가공할 때 소재가 punch와 die 사이에 끌려 들어가게 되어 하중이 급증하고 불량품이 되는 수가 있으므로 최소한의 여유는 두어야 한다. 이 때의 여유를 bridge라 한다.

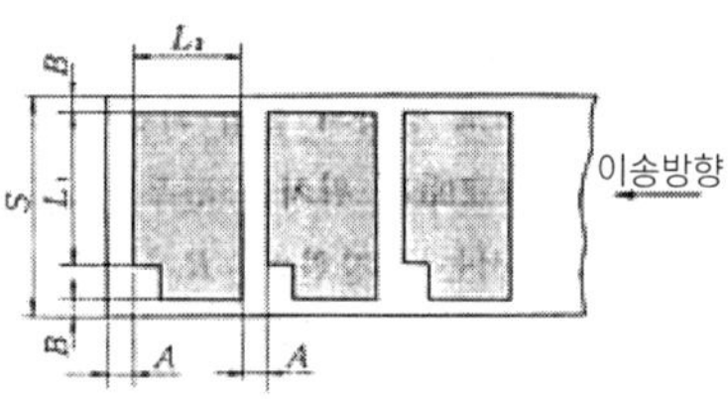

그림 5-155 feed bridge와 edge bridge

재료	길이(L_n) / 판두께	feed bridge[A]			edge bridge[B]
		50 미만	50 ~ 100	100 이상	
일반금속	0.5 미만	0.7	1.0	1.2	1.2 A
	0.5 이상	0.4+0.6l	0.65+0.7l	0.8+0.8l	
규소강	0.5 미만	1.2	1.4	1.6	1.2 A
	0.5 이상	0.9+l	1.1+l	1.3+l	
phenol 수지 운모	0.5 미만	1.2	1.4	1.6	1.5 A
	0.5 이상	0.8+0.8l	0.9+l	1+1.2l	
faber celluloed	0.5 미만	1.0	1.2	1.4	1.5 A
	0.5 이상	0.65+0.7l	0.8+0.8l	0.9+l	

※ 그밖의 felt, 가죽, 고무 등은 최소 1.5mm, 두께 1.5mm를 넘는 것은 판두께로 하고, 종이 등은 뽑는 크기에 따라 2.5~4.0mm 정도로 한다.

그림 5-156 bridge의 최소치수[mm]

press 가공에 속하지는 않으나 plate를 전단하는 다른 방법을 참고하기 바란다.

5.8.3 굽힘가공

(1) die와 punch

press를 사용한 각종 굽힘작업에서 단순형(單純型) die, 총형(總型) die 또는 복동형(複動型) die를 사용한다. 단순형 die은 punch의 1회 하강에 한 곳씩 굽힘가공하여 수회의 가공을 거쳐 소요의 형상을 얻는 형(die)이며, 총형 die는 punch의 1회 하강으로 소요의 형상을 얻는 형(die)으로서, 보통 punch의 1회 하강으로 2곳 이상이 굽힘가공 된다.

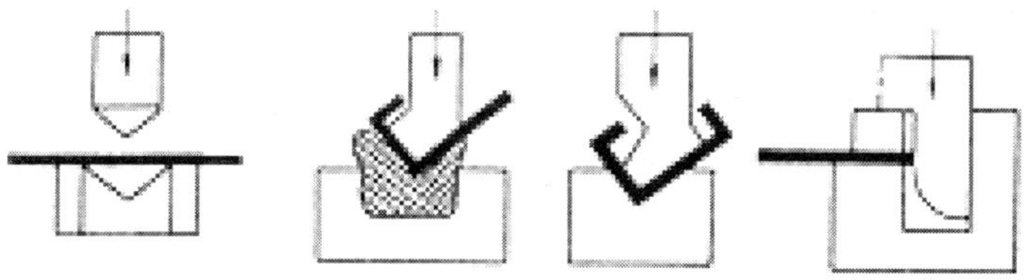

그림 5-157 단순형 die

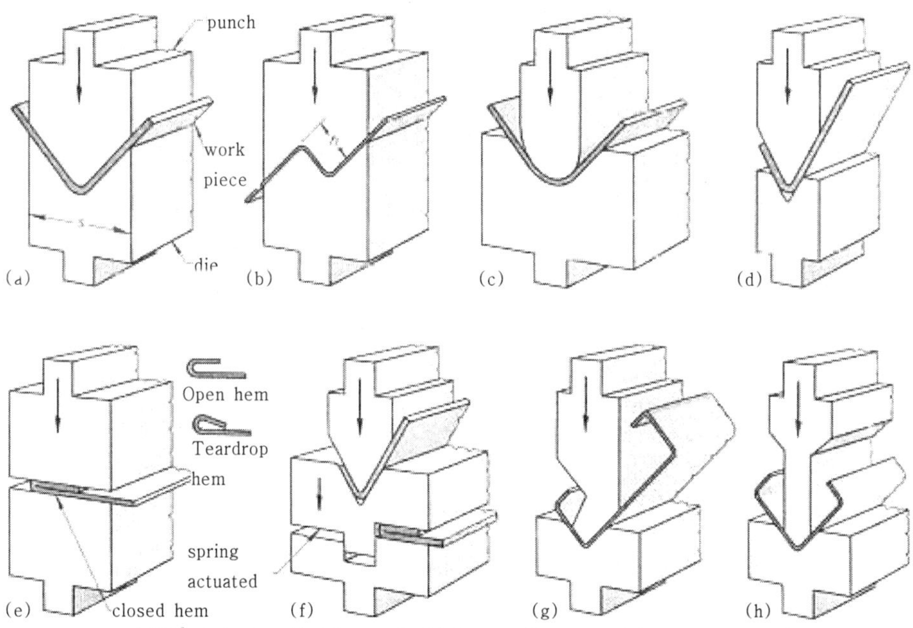

(a)90° V-bending (b) Offset bending(c) Radlused 90 bending (d) Acute-angle bending (e) Flatterning for three types of hems(f)Combination bending and flattening (g) Gooseneck punch for multple bends (h) special clearance punch for multiple bends.
Dies and Punches most commonly used in press brake forming

그림 5-158 press-brake forming

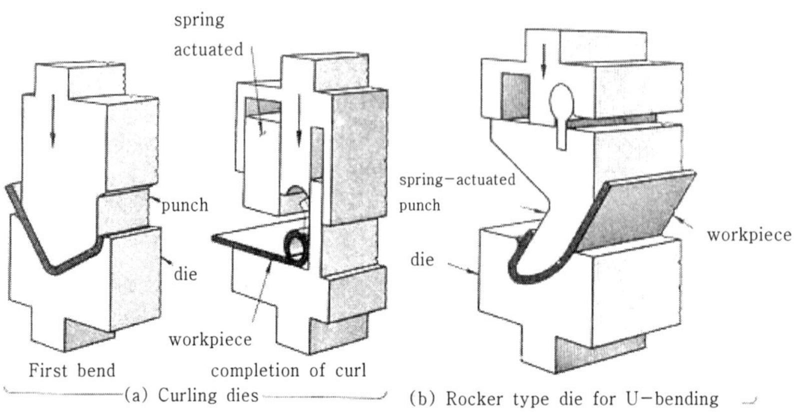

Special punches and dies for curling and U-bending in a press brake

그림 5-159 press brake

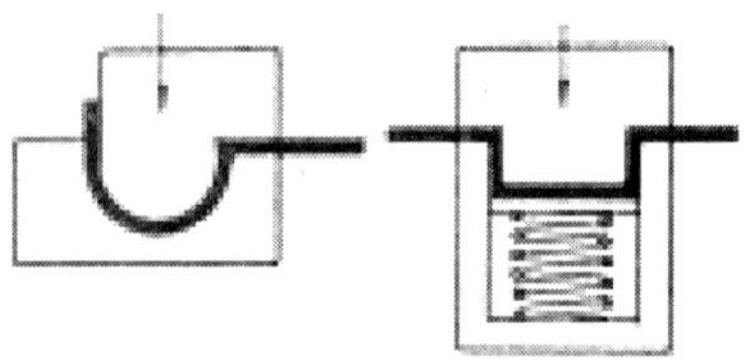

그림 5-160 총형

복동형 die는 punch의 하강으로 다른 가공동작이 동시에 이루어지는 형(die)이다.

판(板; plate)을 굽힐 때 그림과 같이 굽힘 외측은 인장응력, 내측은 압축응력을 받고, 응력을 받지 않는 중립면(中立面)의 위치는 판두께의 중앙에서 내측으로 이동하며, 폭방향으로 외측에서는 수축하고 내측에서는 팽창한다. R가 작거나, b 〈 (5 ~ 6)T 일 경우에는 폭 전체에 휨이 생기고, R가 크거나 굽힘폭 b가 클 때에는 양단(兩端)의 일부만이 휘게 된다.

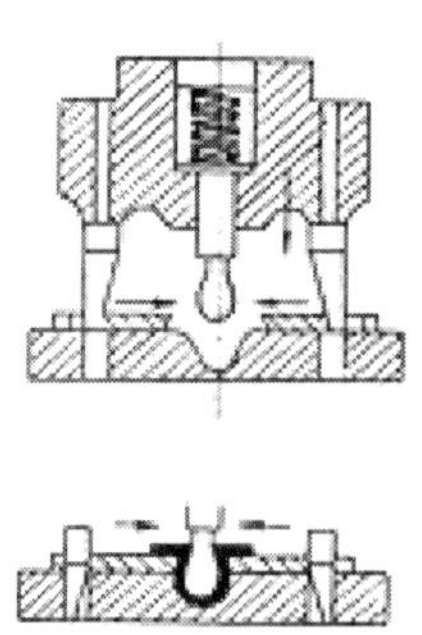

그림 5-161 복동형

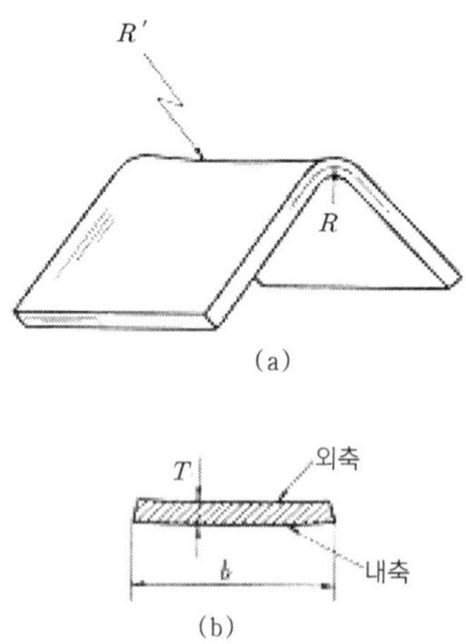

그림 5-162 판을 굽힐 때 각부의 변형

그림 5-163과 같이 굽힘가공에서 변형 중 일부 탄성변형이 복원되는 되는 것을 springback이라 한다. V 굽힘에서는 springback이 보통 벌어지는 쪽이나, U 굽힘에서는 가공조건에 따라 외측 또는 내측으로 된다. springback 량은 판의 재질, 두께, 등 가공조건에 따라 다르며, springback이 작을 수록 정밀한 제품이 얻어진다. 이것을 작게 하려면 굽힘 반지름을 작게하고 기계 press보다 액압 press로써 장시간 가압하는 것이 유리하다. 특히 U 굽힘에서 punch 모서리 반지름이 크고 여유가 크면 외측으로 springback이 생기며, punch 모서리 반지름이 작고 die 모서리 반지름이 클 때에는 springback이 내측으로 생긴다.

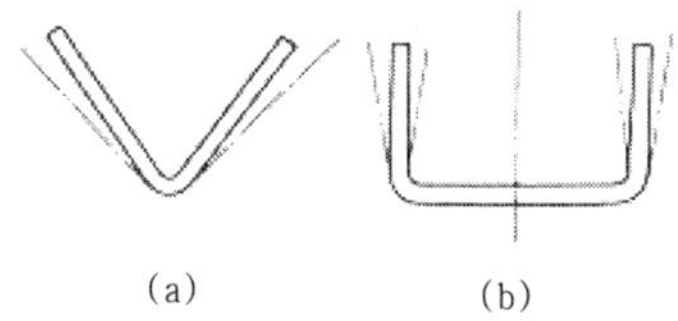

그림 5-163 V 굽힘, U 굽힘의 spring back

(2) 굽힘방식

① V 굽힘:

아래 그림 (a)는 springback을 고려하여 die와 punch 각을 작게한 경우이고, 그림 (b)는 punch에 홈을 두어 판이 내측으로 오게 하는 방법이며, 그림 (c)는 punch의 밑면에서 모서리 부분을 타격하여 springback을 억제하는 방법을 보여준다.

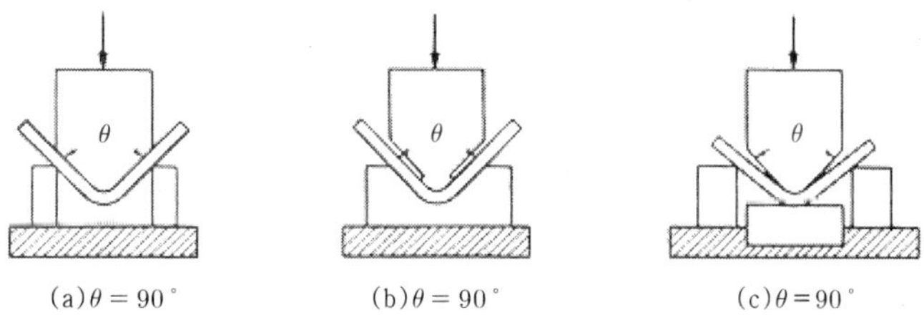

그림 5-164 90° V 굽힘을 얻고자 할 때의 예

V 굽힘에서 다른 조건이 동일하고 굽힘 반지름 r가 판의 두께 t의 어느 값 이하이면 角部는 두께 방향으로 찌그러지면서(squeeze) punch의 하중이 급상승한다. squeeze가 없는 조건에서

σ : 소재의 인장강도[kg/cm^2]	b : 소재의 폭[mm]
t : 소재의 두께[mm]	L : V홈의 폭[mm]
k_v: 계수	M : 굽힘 moment[$kg \cdot mm$]

라고 하면 90° V 굽힘에서 punch의 하중 P_v[ton]는 다음과 같이 계산된다.

재로역학적으로 $M = 1000\ P_v \cdot \frac{L}{2} = \sigma \cdot \frac{b \cdot t^2}{6}$에서 $P_v = \frac{1}{3} \cdot \frac{\sigma \cdot b \cdot t^2}{1000L}$로 되어 실제에서는 $\frac{1}{3}$을 포함한 계수를 k_v라 하면

$$P_v = k_v \cdot \frac{\sigma \cdot b \cdot t^2}{1000L} \text{ 가 된다.}$$

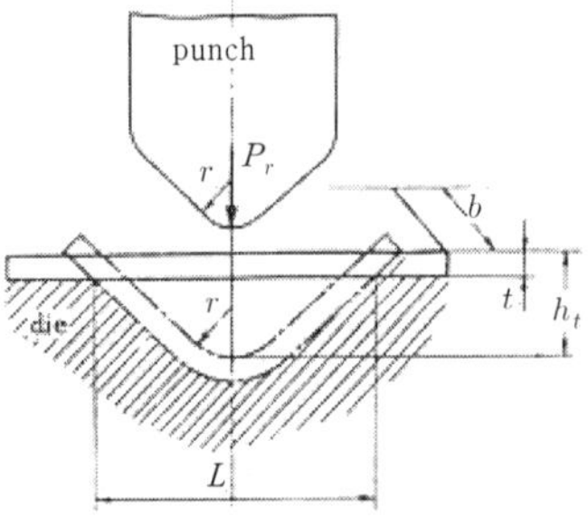

(a) V굽힘가공

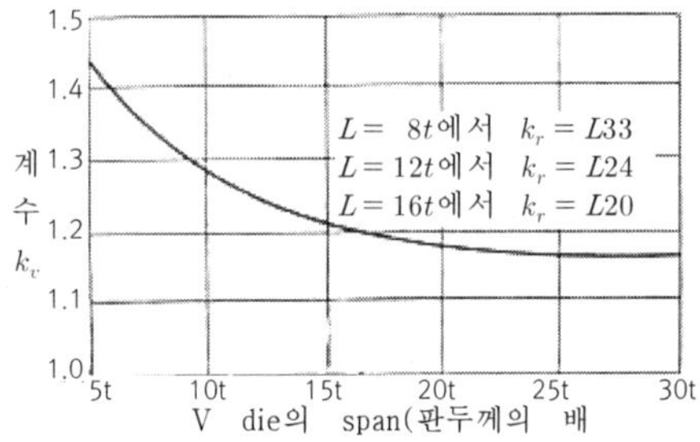

(b) 계수 k_v의 값

② U 굽힘:

U 굽힘 초기에는 그림 (a)와 같이 punch 선단(先端)에 공극(空隙)이 생기고, 가공이 끝날 때에는 그림 (b)와 같이 punch 측면에 공극이 생기며 판의 끝은 외측 또는 내측으로 다시 변형한다. 이상과 같은 springback을 고려하여 die와 punch 형상을 다음 그림과 같이 한다. 그림 (a)는 punch의 외측 springback을 고려하여 punch에 구배를 두고, 그림 (b)와 (c)는 외측 springback을 고려하여 punch 밑에 홈을 두고, 그림 (d)는 내측 springback을 고려하여 die 측면에 구배를 두었으며, 그림 (e)는 내외측 springback을 고려하여 punch 저면을 타격하는 방법을 보여 준다.

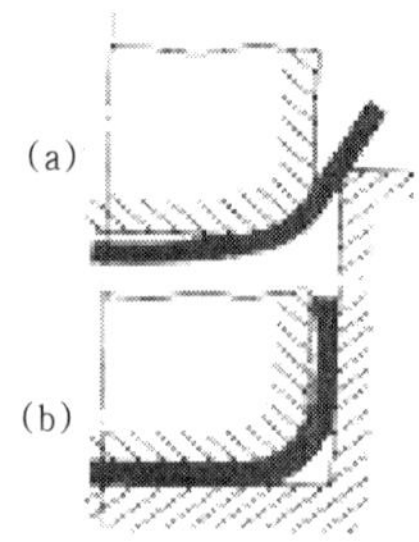

그림 5-165 V 굽힘 변형과정

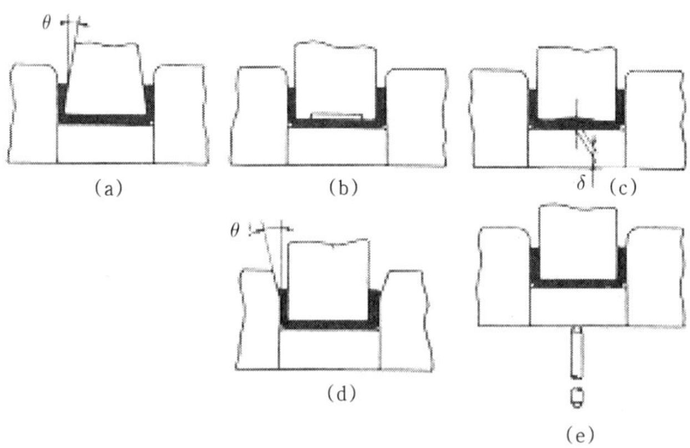

그림 5-166 U 굽힘에서 springback에 대처하는 방법

그림에서와 같이 무리없는 굽힘의 범위에서 r_p와 r_d의 최소값은 각각 $r_p = (1 \sim 1.5) \cdot t$, $r_d = (0.5 \sim 1) \cdot t$정도이며, $L = 10\,t$ 이상 일 때 punch의 하중P_v[ton]의 대략값은 판재에 인장하중이 작용하는 것으로 가정하면

$$P_U = k_U \cdot \frac{\sigma \cdot b \cdot t}{1000}$$

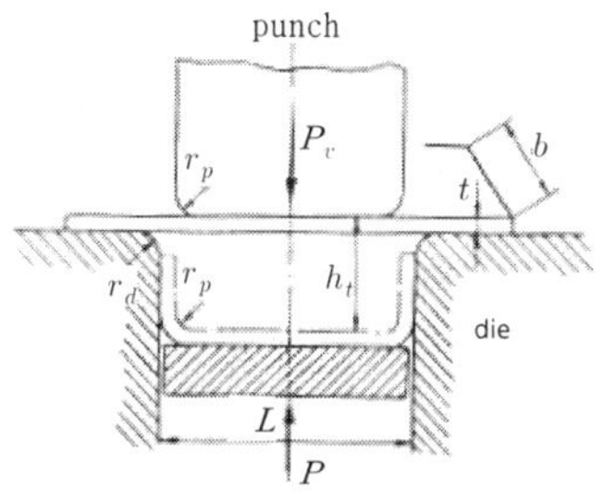

그림 5-167 U 굽힘가공

단,

σ : 소재의 인장강도[kg/mm^2] b : 소재의 폭[mm] t : 소재의 두께[mm]
L : U홈의 폭[mm] k_U: 계수(0.22~0.40)

일반적으로 U굽힘력은 V굽힘력의 2배 정도이다 이상과 같이 탄성변형으로 가정한 값에 계수 k_U 및 k_U를 곱해서 굽힘하중을 구할 수 있다.

③ L 굽힘:

L 굽힘에서 springback으로 굽힘각은 작아지고 곡율반경은 커지나 중립면의 위치에 변화가 없다면 중립면에서 굽힘 전후의 길이가 같으므로 그림에서 다음 식이 성립하여 spring 상수 Ks가 정의 된다.

$$\alpha\left(r_1 + \frac{t}{2}\right) = \alpha_2\left(r_2 + \frac{t}{2}\right) \text{에서}$$

$$K_s = \frac{\alpha_2}{\alpha_1} = \frac{r_1 + \frac{t}{2}}{r_2 + \frac{t}{2}}$$

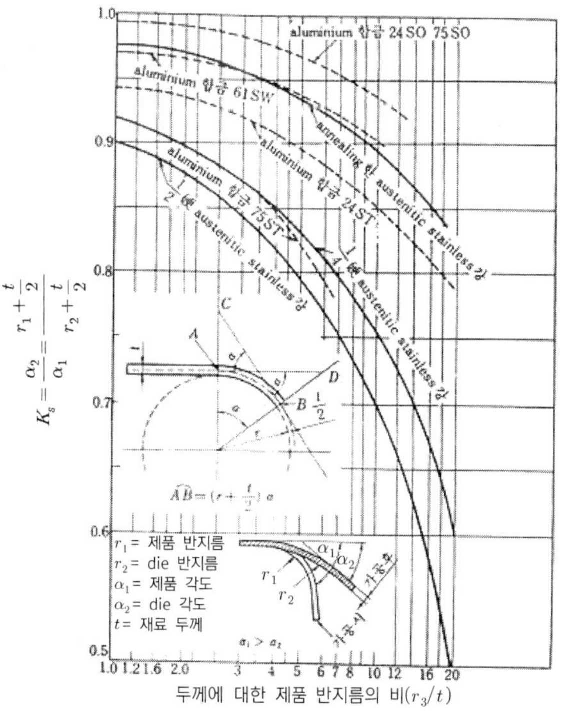

각종 재질의 springback (K_s)

L 굽힘에서 외측은 인장을 받고 내측은 압축을 받으며, 중립면은 내측으로 이동하여 제품의 형상은 그림 (a)와 같이 되나, 그림 (b)와 같이 생각하여 내측에서 중립면까지의 거리를 d라 하면 준비해야할 소재의 길이 L은 다음과 같다.

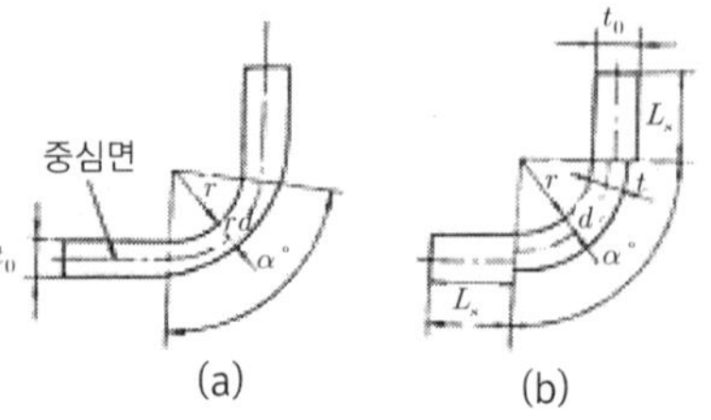

$$L = L_1 + L_2 + (r+d) \cdot \frac{\pi \cdot \alpha^{\circ}}{180^{\circ}}$$

$\frac{d}{t_0}$는 $\frac{r}{t_0}$의 함수이며 굽힘가공법 및 전판(全板)에 가해지는 인장력과 압축력의 정도에 다라 변한다.

$\frac{r}{t_0 > 6}$이면 $\frac{d}{t_0} = \frac{1}{2}$, $\frac{r}{t_0} \leq 5$이면 $\frac{d}{t_0} = 0.4$ 가 되어 $\frac{d}{t_0} = \frac{1}{3} \sim \frac{1}{2}$사이에 있다 . 연질 재료에서는 $\frac{d}{t_0}$은 작아진다.

④ 관(管)의 굽힘:

관의 굽힘가공은 소성가공에 속하나 press 가공은 아니다. 그러나 굽힘가공을 모아서 정리하는 것도 의미가 있어 여기에 소개 하기로 한다. 그림 (a), (b)와 같은 불량 제품이 나오지 않기 위해서는 그림 (c), (d), (e), (f) 및 (g)와 같은 기구를 사용하여 squeeze 현상을 억제 하거나, 관 내부에 모래 또는 저융점을 갖는 송지(松脂), 납 등을 충전하여 가공하고 용출시킨다.

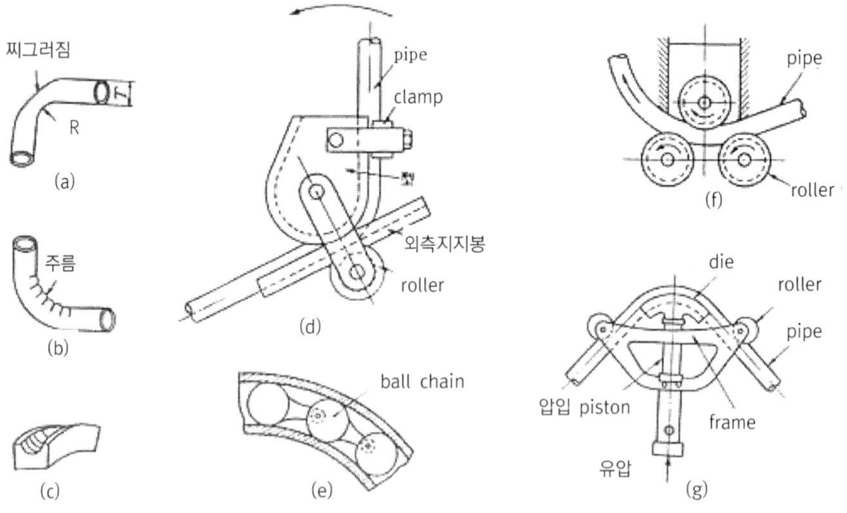

그림 5-168 관의 굽힘 가공의 예

⑤ 교정작업(矯正作業):

교정작업은 굴곡이 있는 판이나 봉에 굽힘을 주어 펼치는 것이므로 굽힘가공의 범주에 넣기로 한다. 압연, 압출 및 인발 등에 의하여 얻어진 제품에 굴곡이 있을 때 평면, 또는 직선으로 교정한다. 교정법에는 roller 교정법(roller leveling process), 逆굽힘법, 인장법(引張法; stretching) 및 국부 가열법(局部 加熱法) 등이 있다. 그림 (a)의 roller 교정기에서는 출구로 갈 수록 상하 roller 간격을 판두께까지 점점 크게하고, 그림 (b)의 인장교정기에서는 전단면의 응력이 항복점 이상이 되도록 인장하여 0.5 ~ 2% 정도의 영구strain을 가져오게 한다.

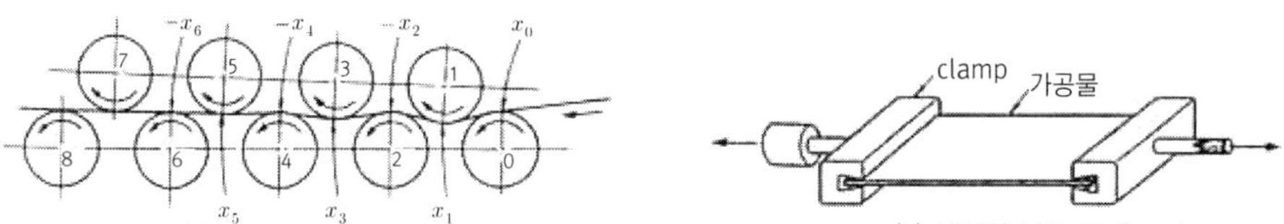

(a) roller에 의한 교정 (b) 인장에 의한 교정

그림 5-169 교정방법

5.8.4 drawing

평면 blank를 원통형(圓筒形), 각통형(角筒形) 및 반구형(半球形) 등의 형상을 갖는 용기를 주름살 없고 이음매없게 press에서 punch와 die를 사용하여 성형하는 가공을 drawing이라 한다. 여기에서 drawing이란 press를 사용하는 drawing, 즉 press drawing을 의미하므로 앞에서 공부한 인발(引拔)이란 의미의 drawing과 혼돈 없기 바란다.

drawing 제품의 예로서 주위에서 흔히 볼 수 있는 것을 들면 냄비, 식료품 용기, 음료수 용기, 부엌 sink, 자동차 연료 tank 등이 있다. 용기의 깊이가 지름보다 작은 경우의 drawing을 shallow drawing이라 하고, 깊이가 지름보다 큰 경우의 drawing을 deep drawing이라 구별하는 경우가 있으나, 일반적으로 deep drawing하면 shallow drawing까지를 포함한다. 원통을 drawing하는 경우의 예를 들면 압판으로 blank를 누른 상태에서 punch를 하강시키면 소재는 die와 punch 사이에서 원주방향으로 압축되고 반지름 방향으로 신연(伸延)되는 금속유동을 한다. 이 때 압판압력이 불충분하면 flange에 주름이 생기기 쉽고, 압판압력이 너무 크면 파열될 수 있다.

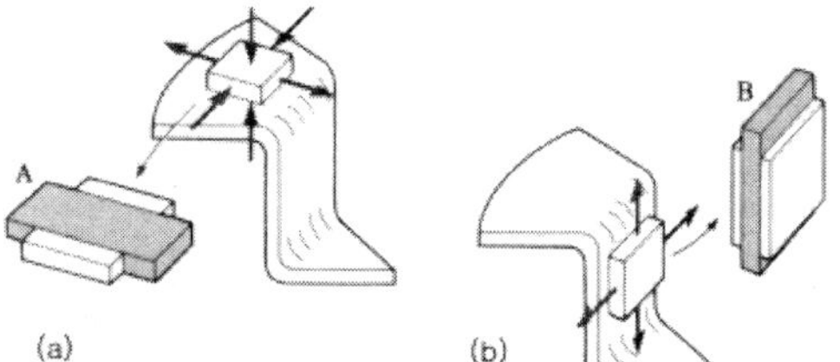
(a) (b)

그림 5-170 (a) flange 의 응력, (b) cup wall의 응력

deep drawing에서 중요한 인자는 판금의 성질, drawing률, punch와 die의 모서리 반지름, 압판압력, 마찰 및 윤활이다.

(1) die와 punch

die에는 압판(押板)이 없는 단동식 die와 압판을 갖춘 복동식 die가 있다.

단동식 die에서는 그림 (a)와 같이 blank를 die 위에 놓고 punch를 하강시키면 그림 (c)와 같은 용기로 성형되어 die의 하단부(下端部)에서는 springback에 의하여 punch와 제품 사이에 간극이 생기므로 제품이 밑으로 떨어진다.

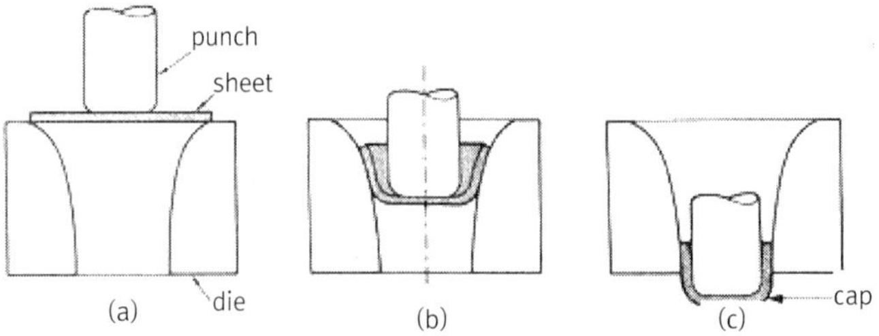

그림 5-171 단동식 die

복동식 die에서는 압판이 punch보다 먼저 하강하여 소재를 누르고, 다음에 punch가 하강하여 drawing을 하며, 아래의 예에서는 압판이 2중으로 설치되어 외주의 압판과 중간 punch로 blank를 만들고, 그 다음 중간 punch가 압판 역할을 하고 중심에 있는 punch가 하강하여 drawing을 한다. punch에 구멍을 내어 공기가 들어가 제품이 punch에서 쉽게 빠질 수 있게 한다.

준복동식 die에서는 그림과 같이 punch가 고정되어 있고 die가 하강하면 knock-out이 상승하면서 압판이 하강하여 drawing이 이루어진다. drawing이 완료되어 die가 상승하면 knock-out spring에 의하여 제품이 밀려 빠진다. 가공 초기에는 압판의 압력이 적으나 가공이 진행됨에 따라 점차 증가하기 때문에 기준압력을 정하기가 곤란하므로 주로 얇은 제품의 drawing에 이용된다.

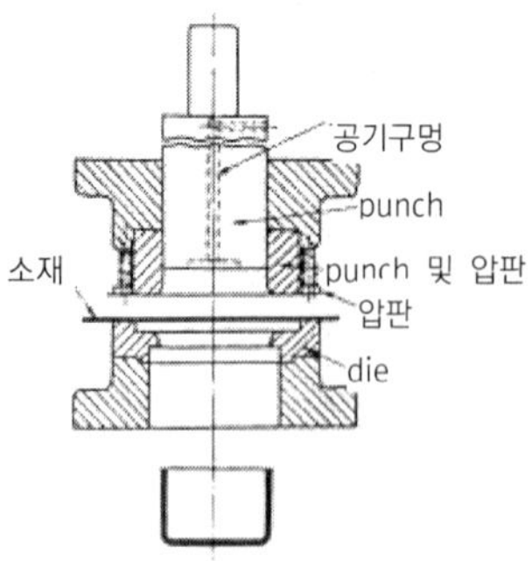

그림 5-172 복동식 die

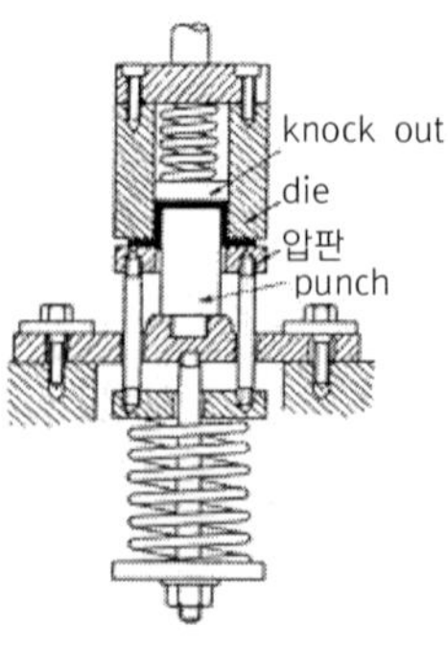

그림 5-173 준복동식 die

① die 및 punch의 nose 반지름:

그림 (a)에서 die의 nose 반지름 rd와 punch의 nose 반지름 r_p가 커지면 blank의 굽힘 저항이 감소되어 drawing이 용이하나, 너무 크면 blank가 빨리 끌려들어가 용기에 주름이 생기며, 너무 작으면 인장변형이 커져서 모서리가 얇아지고 인장이 너무 심하면 파열된다.

그림(b)는 $\frac{r_p}{t}$ 및 $\frac{r_d}{t}$와 drawing률의 관계이며, r_d와 r_p가 커질수록 drawing률이 감소하므로 단면감소를 크게할 수 있다. 일반적으로 1회 drawing 에서 r_d와 r_p가 $(4 \sim 6) \cdot t \sim (10 \sim 20) \cdot t$이며, 2회, 3회에서는 r_d 및 r_p는 작아진다.

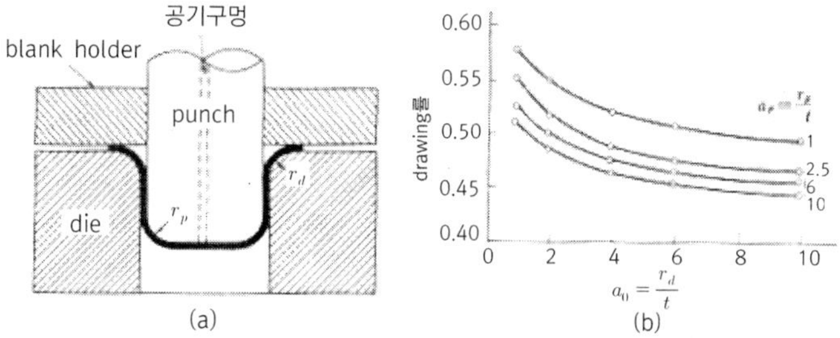

그림 5-174 drawing die의 r_d와 punch의 r_p가 drawing 률에 미치는 영향

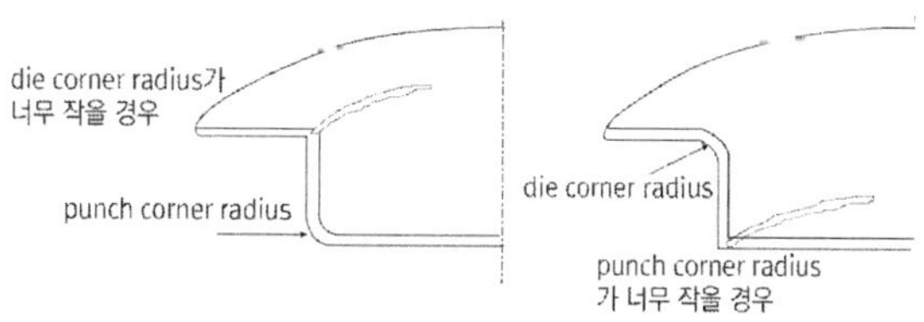

그림 5-175 punch와 die의 모서리 반지름이 너무 작을 때 파열

② die와 punch 사이의 간극(間隙):

die와 punch 사이의 간극은 소재의 두께 및 die와 punch 사이의 마찰을 줄이기 위한 여유의 합이며, 이 여유는 소재두께의 7 ~ 20% 정도로서 소재의 강도 및 가공정도에 따라 다르다. 간극이 너무 작으면 전단가공이 될 수 있고, 간극이 너무 크면 blank 외경의 압축으로 인하여 rim 근처의 벽 두께가 크게되는 등 불균일하게 된다.

이와 같이 간극이 너무 커서 생기는 불균일한 벽 두께를 조정하기 위하여 그림과 같이 die와 punch의 간극을 drawing된 제품의 벽두께보다 작게 취하여 벽의 두꺼운 부분을 얇게하면서 규일하게하는 가공을 ironing 이라하며, 동시에 높이도 늘어나는 redrawing이 된다.

drawing die 간극

소재두께[in]	1차 가공	2차 가공	정화한 치수가공
0.015 이하	1.07 t ~ 1.09 t	1.08 t ~ 1.1 t	1.04 t ~ 1.05 t
0.016~0.050	1.08 t ~ 1.1 t	1.09 t ~ 1.12 t	1.05 t ~ 1.06 t
0.051~0.125	1.1 t ~ 1.12 t	1.12 t ~ 1.14 t	1.07 t ~ 1.09 t
0.126 이상	1.12 t ~ 1.14 t	1.15 t ~ 1.2 t	1.08 t ~ 1.1 t

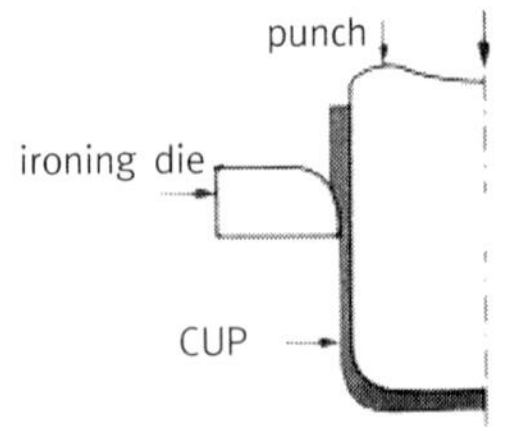

그림 5-176 ironing

③ earing:

압연재인 판재는 방향성을 갖고 있기 때문에 deep drawing하면 아래 그림에서와 같이 연신의 차이로 파형의 단면(端面)을 갖게 된다. 이 현상을 귀발생(耳發生; earing)이라 하며, 이방성(異方性)이 적은 blank를 사용하면 귀(耳; ear)의 크기는 작아진다.

그림 5-177 earing

④ 윤활제(潤滑劑; lubricant):

윤활제의 사용목적은 마찰을 감소시키고, 소재의 외부 및 내부에 발생하는 열을 냉각시키며, 성형을 깨끗이 하고 녹스는 것을 막는데 있다. punch와 blank 사이에는 마찰이 있음으로 해서 하중이 견인부(牽引部)에 집중되지 않고 분산되는 효과가 있어 유리하므로 윤활은 die와 blank 사이에 하는 것이 좋다.

⑤ blank holder의 지지력(支持力):

drawing 중 제품에 주름이 생기지 않도록 blank holder로 blank를 눌러 준다. blank holder의 압력이 너무 크면 punch의 하중이 커지고 blank가 파열될 수 있으므로 blank holder의 압력은 제품에 주름이 생기지 않을 정도의 범위에서 최소로 하는 것이 좋다. blank holder에는 고정식(固定式)과 정압식(定壓式)이 있는데 전자에서는 die 상면과 holder의 간격을 일정히 하며, 가공 중 약간의 주름이 발생하나 punch와 die 사이에서 제거된다. drawing할 때 주연부(周緣部)의 두께가 약간 증가하므로 die 상면과 holder와의 간극은 (1.1 ~ 1.3)t 정도로 하는 것이 좋다. 정압식의 경우에는 고무, spring, 유압, 공기압 등으로 가공 중에 일정한 힘 H로 가압한다.

blank의 지름을 d_0, die의 지름을 d_d, blank holder의 압력을 h_s라 하면 가압력 H는

$H = \frac{\pi(d_0^2 - d_d^2) \cdot h_s}{4}$ 이며, h_s는 인장강도의 5~6% 정도로서 5~35 kg/cm^2이다. 다음 그림은 blank holder의 압력이다.

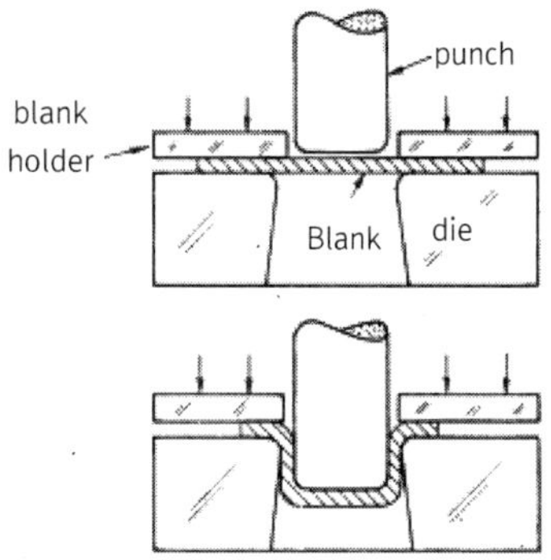

blank holderml
지지력

⑥ punch의 작용력:

punch의 작용력 계산에서 흔히 사용되는 것은 blank가 파열되는 응력을 drawing 압력의 기준으로 하나, 실제의 작용응력은 이보다 작다.

그림과 같이 용기의 평균지름을 d, 판의 두께를 t, blank의 인장강도를 σ라 하면 punch 력 P는

$$P = \pi d \cdot t \cdot \sigma \qquad \text{(a)}$$

식(a)에서 σ가 너무 크다하여 σ와 항목강도 σ_y의 평균값을 택한 다음식을 이용하기도 한다.

$$P = \pi d \cdot t \cdot \frac{\sigma + \sigma_y}{2} \qquad \text{(b)}$$

Schuler 사에서는 d/d_0의 값에 의한 보정 계수 n을 식(a)dp 곱한 것을 drawing력으로 택하고 있으며, n 값은 다음그림과 같다

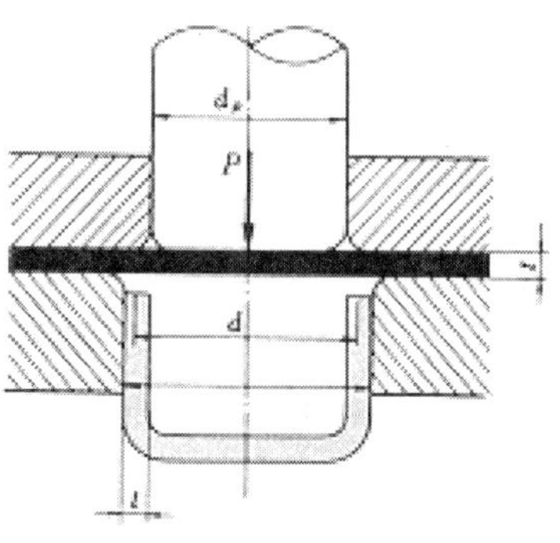

drawing 압력
계산상의 치수

d/d_0에 의한 n값

drawing률 d/d_0	0.55	0.575	0.6	0.625	0.65	0.675	0.7	0.725	0.75	0.775	0.8
drawing률 d_0/d	1.82	1.74	1.67	1.60	1.54	1.48	1.43	1.38	1.33	1.29	1.25
n	1.0	0.93	0.85	0.79	0.72	0.66	0.6	0.55	0.5	0.45	0.4

실험식인

$$P = 3(\sigma - \sigma_y)(d_0 - d_d - r_d) \cdot t \qquad \text{(c)}$$

를 이용하기도 한다.

여기에서 σ : 소재의 인장강도(kg/cm^2), σ_y : 소재의 항복강도(kg/cm^2), d_0 : 소재의 지름(mm), d_d : die의 구멍지름(mm), r_d : die의 모서리 반지름(mm) 이다.

(2) drawing 방식

1차 drawing으로 최종 제품을 얻는 경우도 있고 재 drawing(redrawing)하여 깊은 용기를 만드는 경우에 전drawing을 1차 drawing 이라고 한다. 단일 공정에서 cup 형상의 제품을 얻는 drawing을 cupping이라고도 하며, 이 때의 제품을 cup이라 한다.

redrawing에는 용기의 內外面이 cupping 때의 것과 같은 직접 redrawing(direct redrawing)과 cupping 때의 내외면이 바뀌는 역식 drawing(reverse drawing)이 있다. 그림 A(a)는 cup을 annealing하여 직접 deep drawing을 행하는 것이며, 그림 A(b)는 연속적으로 직접 deep drawing을 하는 것을 보여 준다. 그림 (B)는 역식 deep drawing을 보여주며, 내외면이 바뀌므로 같은 면이 계속 인장 또는 압축만을 받는 일이 없는 등 다음과 같은 특징을 갖고 있다.

- 큰 단면감소율을 얻을 수 있다.
- 중간에 annealing할 필요가 없다.
- 복잡한 형상에서도 금속의 유동이 잘 된다.
- 두께 1/4 in보다 두꺼운 판에 대해서는 곤란하다.
- 정확한 조정을 요한다.

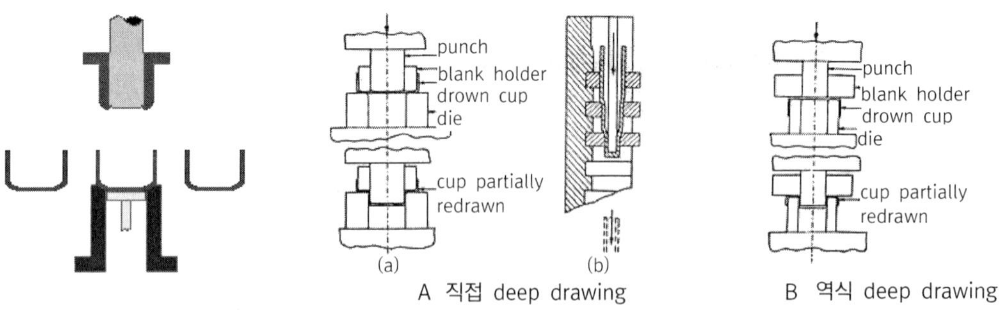

그림 5-178 deep drawing

(3) 소재(blank)의 치수

압연, 압출, 인발 등에서는 소재의 체적과 제품의 체적이 같다고 보고 소재의 치수를 결정하였으나, drawing에서는 blank와 제품의 표면적이 같다고 보고 소재의 치수를 정한다. 아래 표는 복잡하지 않은 용기의 drawing에 필요한 blank 치수 예이며, 복잡한 형상의 것은 실험적인 방식에 의하여 근사적으로 구한다.

drawing 제품에서 blank 치수의 계산

제 품	blank 지름(D)	제 품	blank 지름(D)
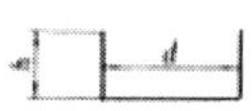	$\sqrt{d^1+4dh}$	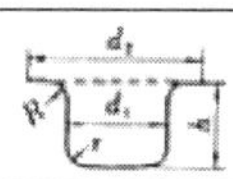	$\sqrt{d_1^2+4d_1[h-(0.43R+0.43)]}$
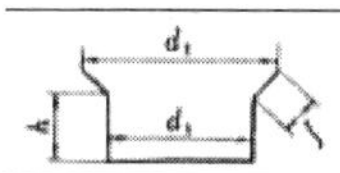	$\sqrt{d_1^2+4d_1h+2\int(d_1+d_2)}$	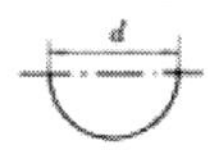	$\sqrt{2d^2=1.414d}$
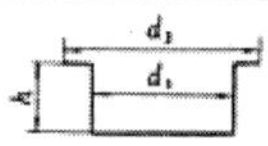	$\sqrt{d_2^2+4d_1h}$	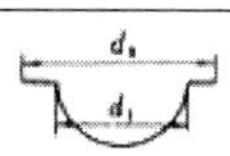	$\sqrt{d_1^2+d_2^2}$
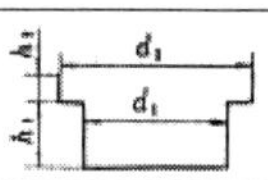	$\sqrt{d_2^2+4(d_1h_1+d_2h_2)}$	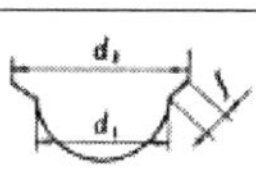	$1.414\sqrt{d_1^2+\int(d_2+d_2)}$
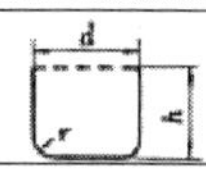	$\sqrt{d^2+4d(h-0.43r)}$		

표에서 blank 치수의 계산예

$$\frac{\pi}{4} \cdot D^2 = \frac{\pi}{4} \cdot d^2 + \pi d \cdot h$$

$$\therefore D^2 = d^2 + 4d \cdot h$$

$$\therefore D = \sqrt{d^2 + 4d \cdot h}$$

(4) drawing 률

deep drawing에서는 필요에 따라 1회, 2회, 등으로 가공하여 제품의 지름을 줄여 나간다. 이 때 blank의 지름을 do, 1회 가공품의 지름을 d1, 최종 n회 가공에서 얻은 것의 지름을 dn라 하면 全 drawing 률 m은 다음과 같다.

$m = \frac{d_n}{d_0} = \frac{d_1}{d_0} \cdot \frac{d_2}{d_1} \cdot \frac{d_3}{d_2} \cdots \frac{d_n}{d_{n-1}}$ 이며, $\frac{d_1}{d_0} = m_1$, $\frac{d_2}{d_1} = m_2$, $\frac{d_3}{d_2} = m_3$, $\cdots$, $\frac{d_n}{d_{m-1}} = m_n$이라 하면

$$m = m_1 \cdot m_2 \cdot m_3 \cdots m_n$$

즉 全 drawing 률은 각 drawing 률의 積과 같다. drawing 률은 재질, blank 두께 t/do에 따라 다르며, 표 (a)는 각종 재료에 대한 drawing 률이고, 표 (b)는 t/do를 고려한 drawing 률의 예이다.

(a) 材料에 따른 drawing률

재 료	제1회 drawing	2,3,4회 drawing	재 료	제1회 drawing	2,3,4회 drawing
연강	0.50~0.55	0.75~0.80	황동	0.50~0.55	0.80~0.95
stainless 강	0.50~0.55	0.80~0.85	nickel	0.50~0.55	0.75~0.80
양철	0.60~0.65	0.90~0.95	aluminium	0.55~0.60	0.80~0.85
동	0.53~0.60	0.80~0.85	duratumin	0.55~0.60	0.90~0.95

(b) t/d_0를 고려한 drawing률 [연강, 황동]

drawing 률	제품의 상대 두께 $t/d_0 \times 100$											
	1.0~0.8	0.8~0.6	0.5~0.4	0.3	(0.2)	(0.15)	(0.1)	(0.09)	(0.08)	(0.07)	(0.06)	(0.05)
m_1	0.52	0.53	0.55	0.59	(0.66)	(0.75)	(0.85)	(0.86)	(0.88)	(0.89)	(0.90)	(0.92)
$m_1 \cdots m_n$	0.7	0.7	0.7	0.7	(0.73)	(0.75)	(0.85)	(0.86)	(0.88)	(0.89)	(0.90)	(0.92)

(5) 가공경화(加工硬化; work hardening)

drawing 깊이가 점점 커지고 drawing 회수가 많아짐에 따라 가공재료는 소위 가공경화되어 소성변형이 어렵게되며, 잔류응력이 커진다. 이런 상태에서 계속 무리한 가공을 하면 가공재료가 파열되므로 annealing하여 소성을 회복시켜 주어야 한다. 재료의 가공경화성은 재료와 가공정도 및 가공조건에 따라 다르나, 냉간 drawing에서는 다음 가공경화곡선을 이용하고 있다. 각 곡선의 아래 부분에서는 가공재료가 연질상태이고, 위 부분에서는 경질상태 이다. 곡선의 기울기는 가공경화율의 척도로서 기울기가 클 수록 경화속도가 큰 것이 된다.

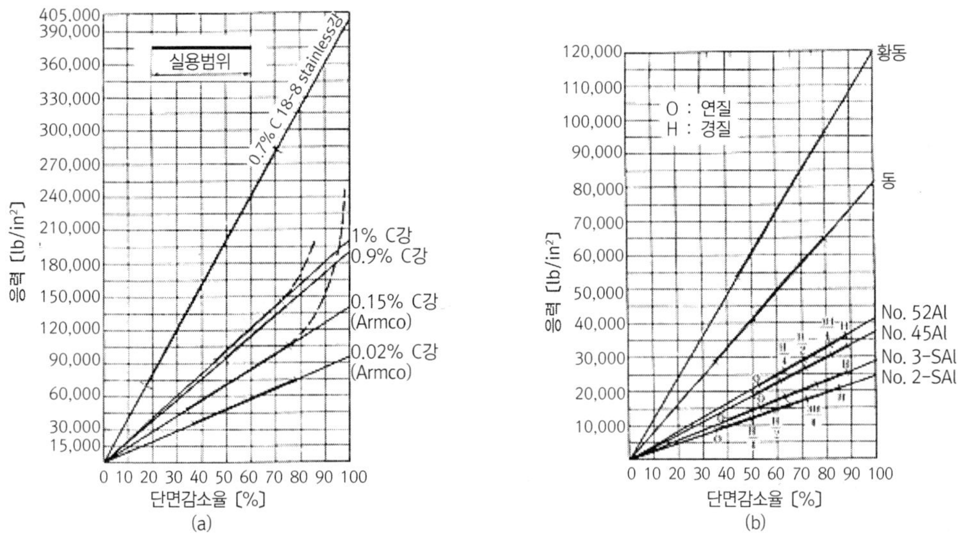

그림 5-179 가공경화곡선

아래 그림은 최저사용항복점 σ_1 = 48,000 lb/in² , 최고사용항복점 σ_2 = 92,000 lb/in² 인 재료에 대한 가공경화곡선이다. 예로서 1차 가공에서 40%, 2차 가공에서 30%의 단면감소율로 하면 全단면감소율은 이다.

위 예제의 계산 대신에 graph에서 全단면감소율과 가공응력을 구해보기로 한다. 경화곡선상의 σ_3 와 x 축에서의 단면감소율을 나타내는 점들과 있고, σ_1 점에서 x 축에 평행하게 그어 단면감소율 40%의 선과의 교점에서 y 축에 평행선을 그어 1차가공에서의 응력을 구한다. 1차가공응력점에서 x 축에 평행하게 단면감소율 30%의 선과의 교점에서 수직선을 올려 2차가공에서의 가공응력 σ = 83,000 lb/in² 를 구할 수 있다.

2차가공 후 응력이 최고범위에 접근하므로 풀림처리를 하여 3차가공 및 그 이상의 가공을 하는 것이 좋다.

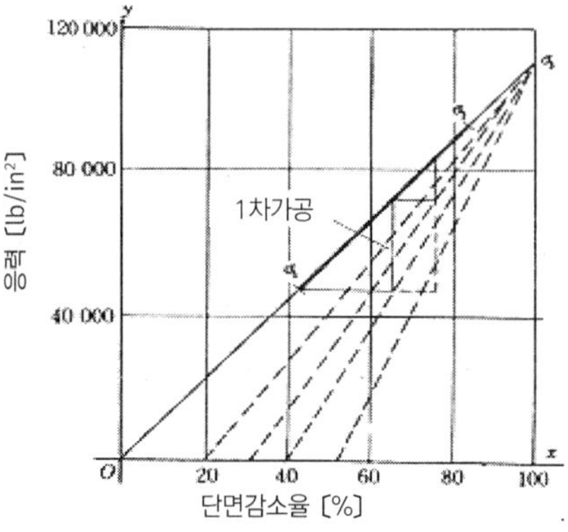

그림 5-180 가공경화곡선의 사용예

5.8.5 압축가공(壓縮加工)

본 압축가공에서는 上下의 die 사이에 판재를 넣고 압축력을 가하여 판에 凹凸을 내는 압인가공(coining)과 부조가공(embossing)만을 취급한다.

그림과 같이 소재를 上下面에서 압축할 때 압축면적을 A , 단위면적의 압축저항을 kf라 하면 압축력 P는 다음과 같다.

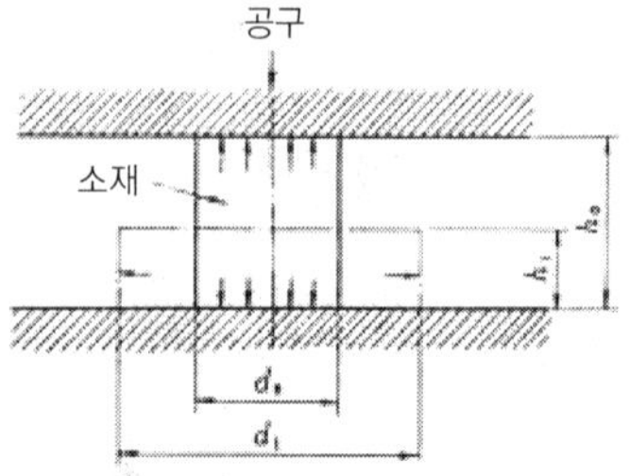

그림 5-181 압축가공

$$P = k_f \cdot A$$

k_f는 재료 및 가공조건에 따라 다르로, 압축변형률 $\frac{h_0 - h_1}{h_0}$의 함수이다.

(1) 압축가공방식

① 압인가공(壓印加工; coining):

그림과 같이 소재면에 요철(凹凸)을 내는 가공으로서, 가공면의 형상은 이면(裏面)의 것과는 무관하며, 판두께의 변화에 의한 가공이다. 화폐(貨幣), medal, badge, 문자 등을 압인가공하는 경우가 많으며, colsed-die forging의 일종으로서 윤활을 하면 윤활유가 공간을 차지하여 성형이 제대로 되지 않는다. 압인가공의 punch 력 Pc는

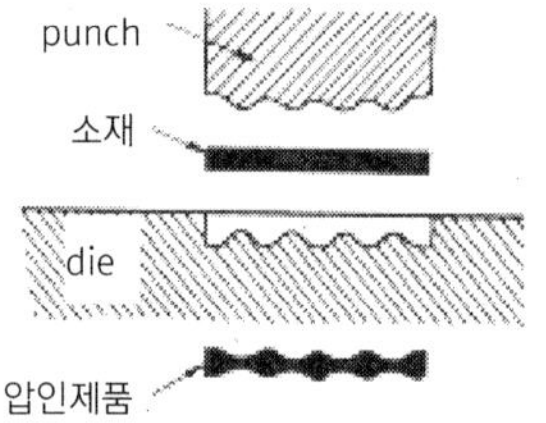

그림 5-182 압인가공

$$P_c = 3P = 3k_f \cdot A$$

정도 이다.

② 부조가공(浮彫加工; embossing):

그림과 같이 요철이 있는 die와 punch로 판재를 눌러 판에 요철을 내는 가공으로서, 일종의 shallow drawing이며, 판의 이면(裏面)에는 표면과는 반대의 요철이 생기어 판의 두께에는 변화가 거의 없다. 이 가공법은 장식품의 가공 또는 판의 강성을 높이는데 사용된다. 따라서 분류상 굽힘가공이나 drawing에 속할 수 있으나 coining과 대조가 되어 여기에서 소개한다.

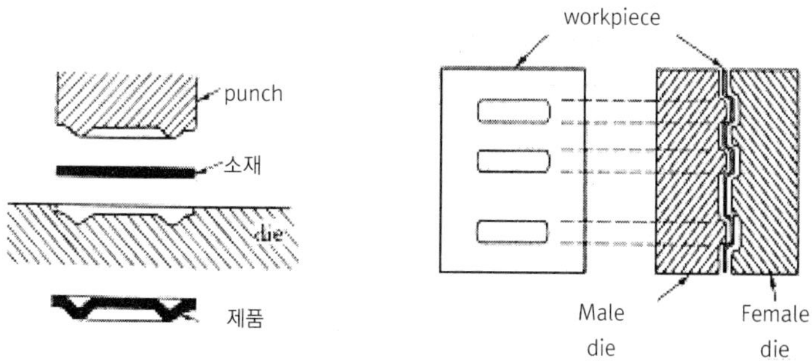

그림 5-183 부조가공

5.8.6 박판 특수성형가공(薄板 特殊成形加工)

(1) 고무압에 의한 성형(rubber forming):

앞에서는 die가 강성이 큰 고체로 되어 있으나, 고무압력에 의한 성형에서는 어느 한쪽이 고무로 되어 있기 때문에 고무에 접하는 측의 성형제품에 scratch 또는 기타 손상이 없으며, 복잡한 형상의 성형도 가능하는 등, 사용범위의 융통성이 크다.

Marform 방법은 Marform에 의하여 개발된 것으로서, 그림과 같이 punch를 아래쪽에 고무 등의 흡압재(吸壓材)로 된 die가 위쪽에 놓여 있다. 이방법의 특징은 flange가 작아져 소재가 파열될 가능성이 적어지므로 모서리 반지름을 작게 할 수 있다는 것과 가공 중 punch의 측면에 수평압력이 작용하는 것 등이다.

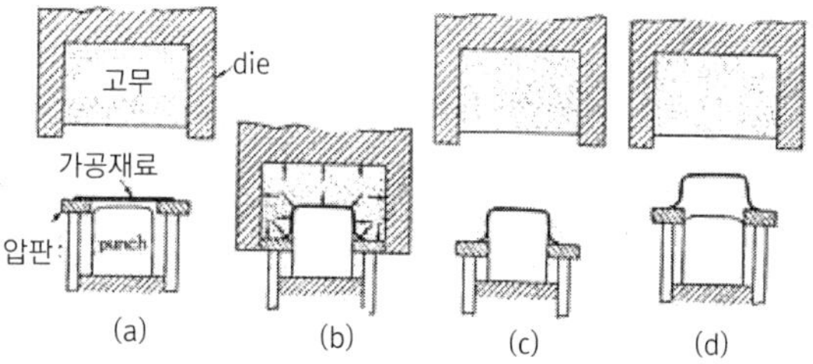

그림 5-184 Marform 성형공정

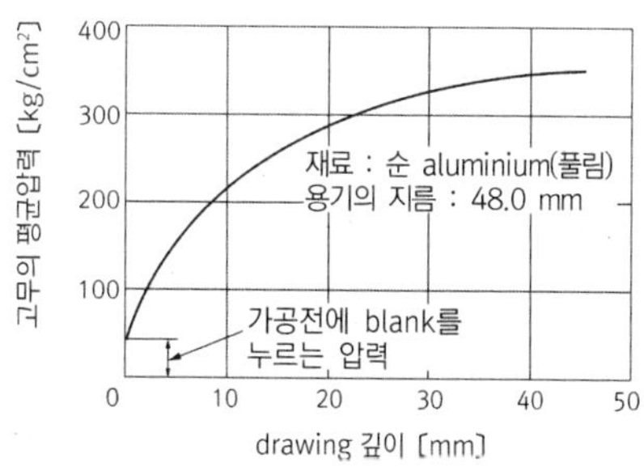

그림 5-185 drawing 깊이와 고무의 압력

drawing 깊이와 판의 최소 두께 [고무 압력 400 kg/cm^2]

재 료	변형정도 지름에 대한 drawing 깊이[%]	변형정도 지름에 대한 최소 판두께[%]
순 aluminium	100	1.0
	50	0.5
고력 aluminium 합금	75	1.0
	38	0.5
deep drawing 강판	75	0.5
	30	0.25
stainless 강판	33	-

[주] 이표는 용기의 지름 30 mm 이상인 것에 적용한다. 그 이하의 지름인 것에 대해서는 최소 판 두께 약 0.4 mm

Guerin 방법은 아래 그림과 같이 die 위에 blank를 놓고 고무 die로 가압하여 성형하는 방법이며, 고무가 밑으로 밀려나오지 않도록 retainer가 설치되어 있다. 특징은 die 값이 싸다는 것과 die를 고정할 필요 없이 놓기만 하면 된다는 것 등이다. Marform 방법과 다른 점은 압판이 없고 얕은 drawing에 이용된다는 것이다.

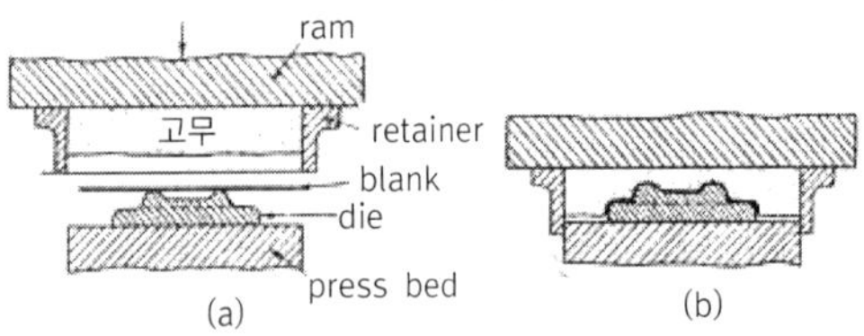

그림 5-186 Guerin 성형공정

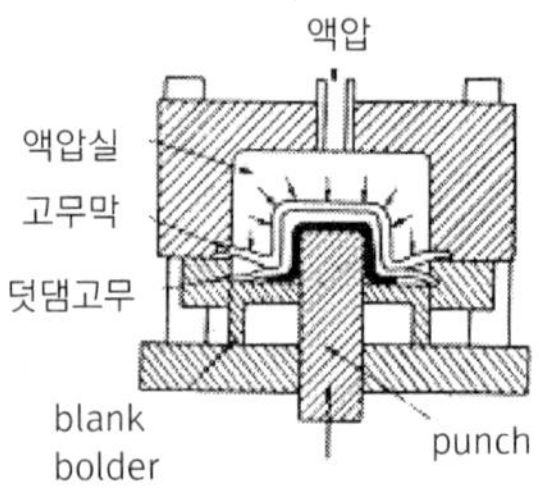

그림 5-187 액압 성형공정

(2) 액압성형법(液壓成形法: hydroforming):

Cincinnati Milling and Grinding Machine Inc.에서 개발한 성형법으로서, Marform 방법에서 고무 대신에 액체를 사용한 것이다. 그림과 같이 2개의 고무막 중 하나는 액체 밀폐용이고, 다른 하나는 blank와 접촉하는 성형용이다. punch가 상승하여 액압을 조절하며, 1000 kg/cm^2 까지 압력을 얻을 수 있다. 또는 punch의 운동에 의하지 않고 액압실의 압력을 독자적으로 600 kg/cm^2 까지 올릴 수 있다. 이 방법의 특징은 작업 중 압력을 자유로이 조절할 수 있다는 것이다.

(3) bulging:

그림과 같이 최소 지름으로 성형된 용기에 고무를 넣고 압축하는 고무 bulging과 액체를 넣는 액체 bulging이 있다.

고무 bulging은 그림과 같이 고무를 넣고 압축하면 고무가 가로 방향으로 팽창하면서 원용기(原容器)를 die 형상으로 성형한다.이 방법에서는 die를 최대 지름부에서 분리할 수 있게 되어야 제품을 빼낼 수 있다. 이방법으로 용기뿐 아니라 뚜껑에 나사를 성형할 수도 있다.

액체 bulging에서는 앞에서 설명한 고무 bulging에서 고무 대신에 액체를 고무주머니에 넣어 사용한다. 이 방법에 의하여 deep drawing의 난관인 flange 주름살이 해결된다. 그림 (c)는 등반사경 이다.

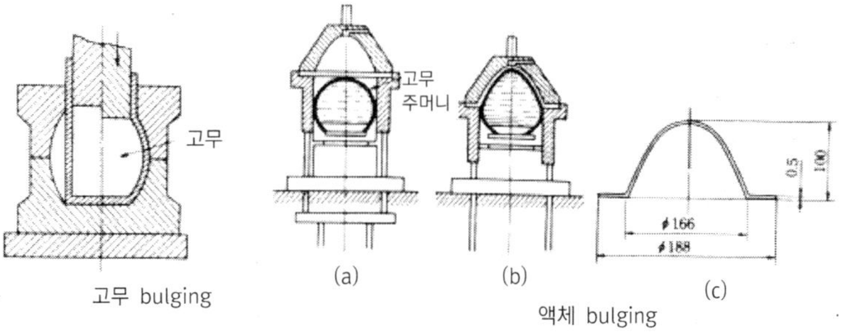

그림 5-188 bulging

(4) beading:

그림과 같이 요철이 있는 한쌍의 die 또는 roller를 사용하여 판에 홈과 돌기를 성형하는 가공으로서, 보강(補强)이나 장식이 목적이다.

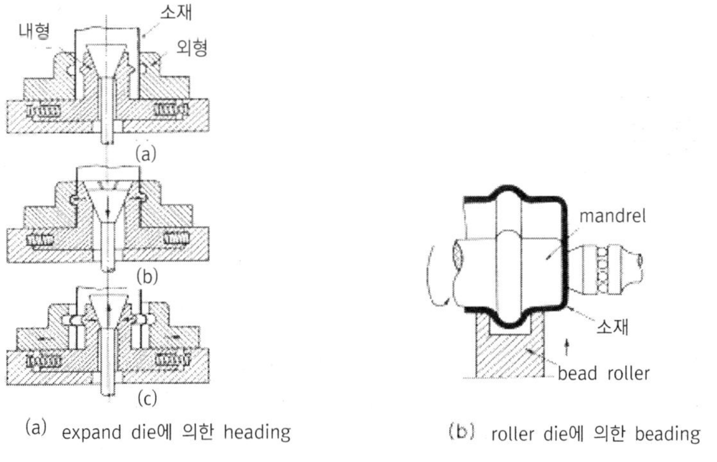

그림 5-189 beading

내외의 roller가 회전하면서 beading한다.

그림 5-190 beading machine

(5) spinning:

선반의 주축과 같은 회전 축에 die를 고정하고 그 die에 blank를 심압대로 눌러 blank를 die와 함께 회전시키면서 spinning stick이나 roller로 blank를 die에 밀어 붙이어 die 형상의 제품으로 성형하는 가공법으로서, 도자기의 성형법과 유사하다.

die로는 금속 또는 경목재(硬木材)를 사용하며, blank와 stick은 마찰이 심하므로 비누 등으로 윤활하는 것이 필요하다. spinning은 보통 상온에서 시행하나 전성이 낮은 금속 또는 두께가 큰 blank에 대하여는 가열하여 가공한다. 공구인 stick 또는 roller는 수동이나 자동으로 작동시킨다. 그림 (a)와 같이 얇은 blank를 die에 눌러대어 blank 직경을 감소시키는 성형하는 spinning을 convential spinning 이라하고, 그림 (b)와 같이 소재의 최대직경을 유지하면서 벽의 두께를 얇게하는 spinning을 shear spinning이라 한다.

그림 5-191 spinning 제품 예

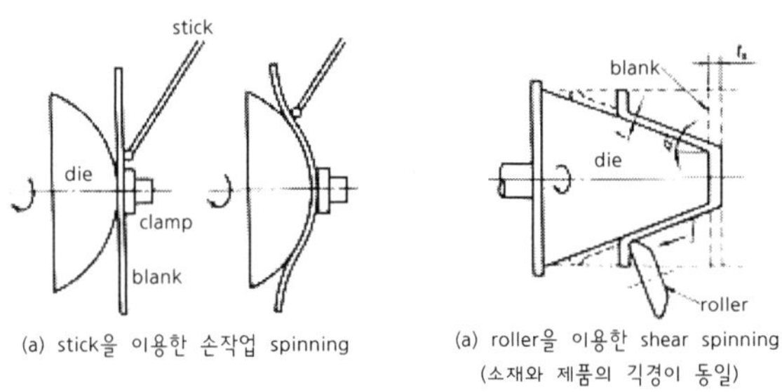

그림 5-192 spinning

(6) curling:

아래 그림과 같이 판재 또는 용기 등의 가장자리를 둥글게 하는가공법이며, beading과 같이 보강, 장식 및 취급에 안전을 주는 것이 목적이다. curling의 원리는 간단하나 곡률반경이 작아서 curl의 내외는 압축과 인장을 심하게 받기 때문에 보통 다음의 조건 내에서 작업하는 것이 안전하다.

curl의 안지름은 판두께의 3 ~ 8배 정도가 적당하다.

curling 할 통의 지름이 너무 작으면 curl 내외의 변형차가 크기 때문에 균열이 생기므로 통의 지름은 판두께의 30배 이상이어야 하고, 평판의 경우에는 curl 지름이 판두께의 2배까지 가능하다.

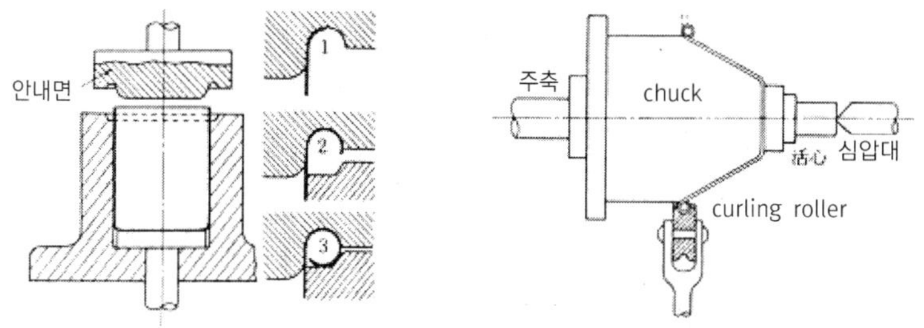

(a) press died에 의한 curling (b) roller die에 의한 curling

그림 5-193 curling

(7) flange 가공:

판의 가장자리를 굽혀서 flange를 만드는 가공으로서, 그림 (A)와 같이 외형선이 오목꼴(concave)을 취하고 있는 flange는 신장(伸張)을 받으므로 신장 flange(stretch flange)라 하고,

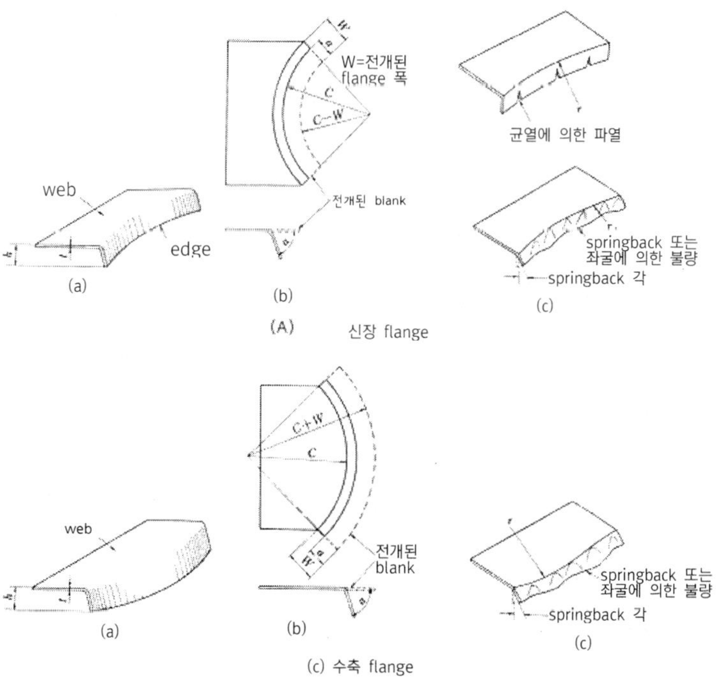

그림 5-194 flange

그림 (B)와 같이 외형선이 볼록꼴(convex)을 취하고 있는 flange는 수축을 받으므로 수축 flange(shrink flange)라 한다. 즉 원통의 가장자리를 외측으로 굽혀 만든 것은 신장

flange이고, 원통의 가장자리를 내측으로 굽혀 만든 것을 수축 flange라 할 수 있다.

Al 또는 다른 경합금(輕合金) 등은 실온에서 Marform 성형법 등으로 flange 가공을 할 수 있으나, 항복응력에 대한 탄성계수의 비가 작은 Mg 및 Ti 등은 springback, 좌굴(座屈), 균열 등으로 불량품이 되기 쉽다.

(8) 인장성형법(引張成形法; stretch forming):

판금의 가장자리를 clamping하여 인장하고 성형 die 또는 성형 block을 성형기에 따라 압상, 하강 및 측면으로 이송하여 시켜 소재를 항복응력 이상까지 인장하는 가공법으로서, 항공기, 지붕 panel 등의 성형에 많이 이용된다. 그림 (a)에서는 성형 punch die가 수직으로 이동할 때 인장 jaw가 수평으로 작용하여 성형하고, 그림 (b)에서는 인장된 상태에서 punch가 하강하여 drawing한다.

대부분의 합금은 2 ~ 4% 연신(延伸)되었을 때 의외로 연성이 커져서 신연되지 않은 상태에서의 성형력의 1/3 정도로 성형이 가능하다. 판재는 대부분 4각형으로서 길이방향으로 인장하고 폭방향향으로의 수축을 허용한다. die의 재료는 는 비철금속, 강 및 목재가 사용되며, 윤활제는 거의 사용하지 않는다. 인장성형법에서는 소재의 파열을 피하는 것이 중요하며, 예리한 모서리를 갖는 제품은 가공할 수 없다. Boeing 767의 aluminum skin도 인장성형법에 의하여 성형되며, 그 크기는 12 m×2.5 m×2.5 mm이고, 인장력은 9 MN 정도이다.

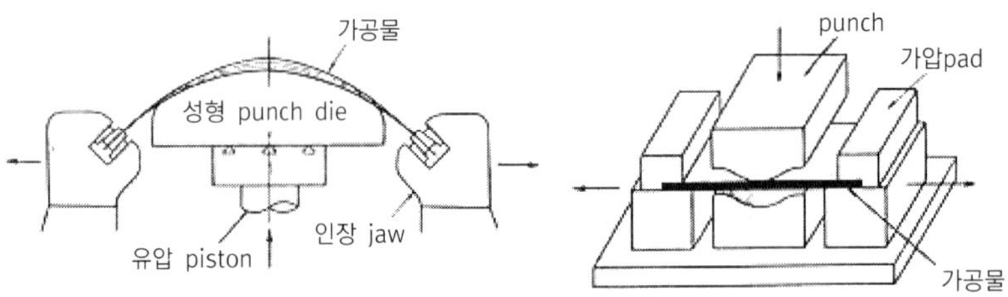

(a) stretch forming (b) stretch draw forming

그림 5-195 인장성형법

(9) seaming:

판과 판 또는 동일 판의 양단(兩端)을 접어서 잇는 것으로서, 곡률반경을 작게 접을 수 있는 판이어야 한다.

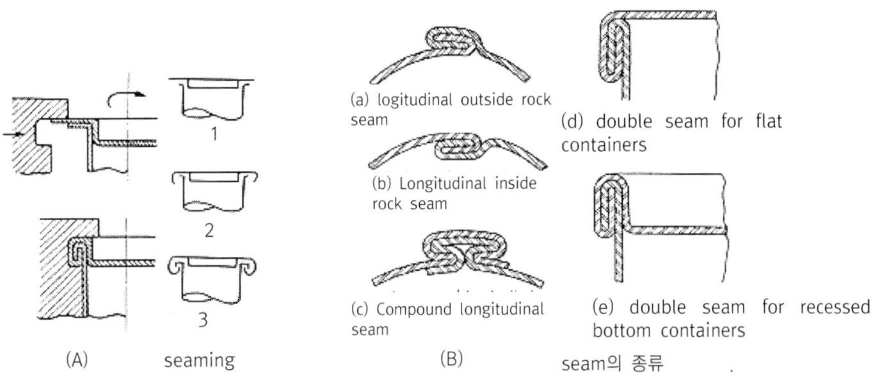

그림 5-196 seaming

5.9 高 energy 성형법

高 enrgy 성형법(high-energy-rate forming process, HERF)은 高壓을 高速으로 작용시켜 생긴 高 energy를 이용하여 성형하는 것이며, 高速成形法(high-velocity forming process, H VF)이라고도 한다.

高 energy의 발생원에 따라 분류하면 폭발성형법(爆發成形法; explosive forming process), 액중방전성형법(液中放電成形法; electro-hydraulic forming process), 자력성형법(磁力成形法; magnetic forming process) 및 gas 성형법(gas forming process) 등이 있다. 高 energy 성형법을 이용하면 고장력합금과 같이 강도가 큰 재료와 형상이 복잡한 것도 1회의 가공에 완전 성형이 가능하고, 시설비가 비교적 적으나, 단위시간당 생산량이 적으므로 소량 생산에서 유리하고 다량 가공에는 비경제적이다.

(1) 폭발성형법(explosive forming method):

고 energy 화약을 점화 시켰을 때의 충격파를 이용하는 성형법으로서, 그림과 같이 열린 die(open die)를 사용하는 경우와 닫힌 die(closed die)를 사용하는 경우가 있다.

open die 식에서는 die가 1개이며 blank를 clamping한 상태에서 충격력을 가하며, 다양한 형상의 제품을 얻을 수 있다. 소재의 전성이 크기만 하면 가공품의 크기에는 제한이 없으며, 강판에 대하여 두께 25 mm, 지름 3.6 m까지 성형한 예가 있다.

closed die 식은 소재가 얇고 소품일 때 주로 사용되며, bulging의 경우 두께 25 mm까지도 성형을 한 예가 있다.

충격 energy는 폭약에서 blank까지의 거리와 die span에 관계하며, 발생 energy의 일부만 이용하기 때문에 비경제적이나 물 또는 Al 용액 속에서 폭발시키면 energy의 손실을 다소 줄일 수 있다.

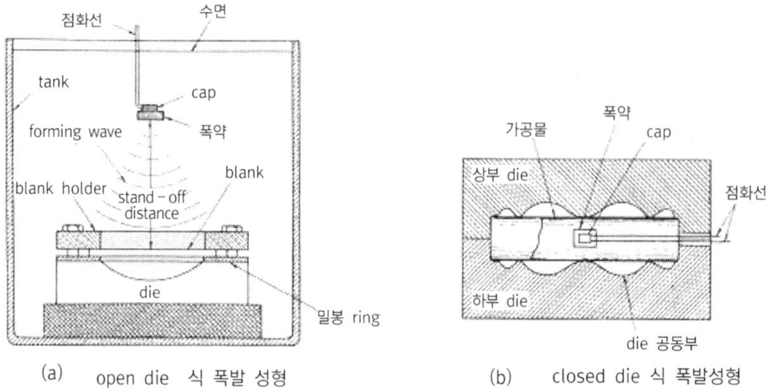

그림 5-197 폭발성형

(2) 방전성형법(spark-discharge forming method):

앞에서의 폭약 대신에 10 ~ 20 kv의 고압으로 충전된 condenser가 大電流로 액중의 전압에서 방전시켜 6 ~ 172 kJ의 높은 energy로 액체를 급격히 가열하여 기화시킬 때 물이 팽창하고, 그 충격으로 인하여 성형된다. 보통방법으로 성형이 되는 것은 거의 어느 것이나 액중방전성형이 가능하며, 광범위한 치수범위에 대하여 가공할 수 있고, 항공기 제작회사 등에서 성형(forming), beading, drawing, blanking 등에 많이 이용된다.

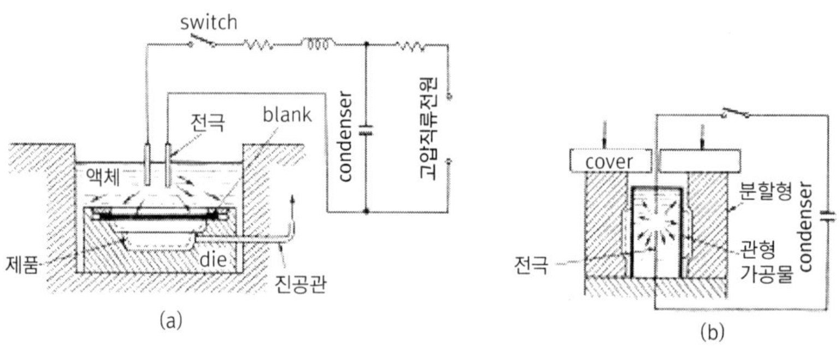

그림 5-198 액중방전성형

(3) 자력성형법(electromagnetic forming method):

도전성(導電性)이 좋은 가공재에 대해서 전자력(電磁力)을 이용하여 직접 성형하고, 도전성이 불량한 가공재에 대하여는 도전성이 좋은 재료를 보조로 사용하여 성형한다. condenser에 충

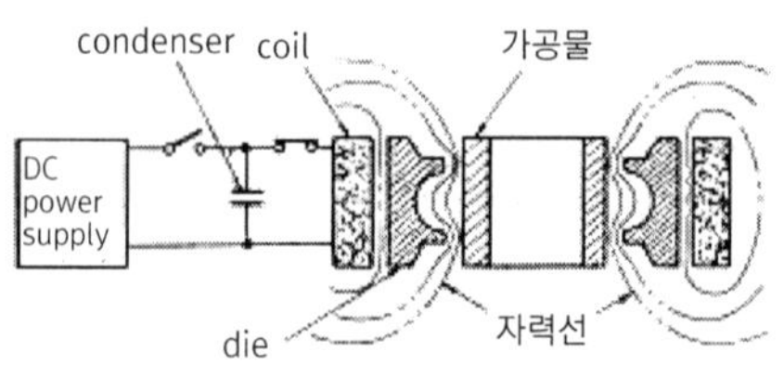

그림 5-199 자력성형

전된 고압의 전류를 단시간에 방전할 때 생기는 고밀도의 자장이 생겨 그림과 같이 강력한 힘으로 성형하게 된다. 이때 전류 I_1 과 I_2 가 같은 방향이면 인력이 생기고, 반대 방향이면 반발력이 생기며, 작용력은 I_1 , I_2 의 크기에 비례한다.

(4) gas 성형법(gas forming method):

그림과 같이 고 energy 연료 gas에 점화하여 폭발압력을 이용하는 방법으로서, 폭발이 안정되어야 하고, 연료 gas는 독이 없어야 하며, 정해진 온도 및 압력하에서 gas 체를 유지하고 있어야 한다. 이에 사용되는 연료에는 H_2 , ethane, methane 등이 있다.

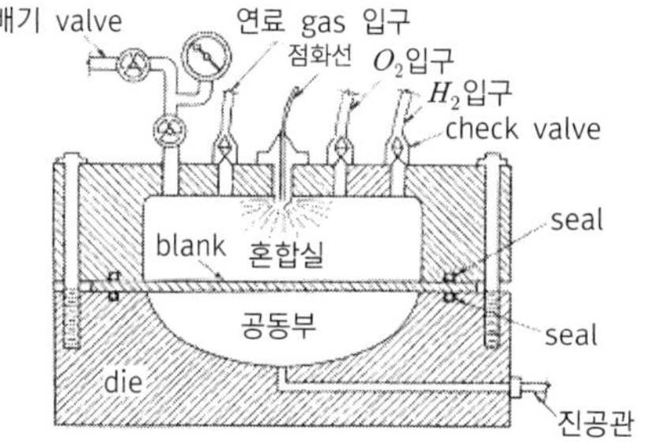

그림 5-200 gas 성형

6장 절삭가공

6.1 개요

기계를 만들 수 있는 기계를 공작기계(工作機械; machine tool)라 하며, 공작기계에는 앞에서 공부한 press, hammer 등과 같이 chip(쇠밥)을 발생하지 않고 가공하는 비절삭 공작기계와 공작물에서 불필요한 부분을 절삭하여 chip으로 제거하면서 가공하는 절삭 공작기계가 있으며, 절삭작용을 하는 공구를 절삭공구(cutting tool)라 한다. 좁은 의미에서 공작기계라 하면 절삭 공작기계를 의미하며, 절삭 공작기계에서의 가공을 절삭가공(切削加工) 또는 기계가공(機械加工; machining)이라 한다. 절삭공구는 절삭인(切削刃; cutting edge)의 수에 따라 주절삭인이 1개인 단인공구(單刃工具)와 2개 이상인 다인공구(多刃工具)가 있다. 1장 선삭에서 6장 planer 가공까지는 단인공구에 의한 가공이고 이 단인공구를 일명 bite라 한다. 7장 drill 가공에서 12장 연삭가공까지는 다인공구에 의한 가공으로서 drilling에 사용되는 절삭공구를 drill, milling에 사용되는 절삭공구를 cutter, hobbing machine에서 치차가공에 사용되는 절삭공구를 hob, 기계톱에서 절단에 사용되는 절삭공구를 톱날, broaching에 사용되는 절삭공구를 broach, 연삭에 사용되는 절삭공구를 연삭숫돌이라 한다.

공작기계가 소정의 절삭가공을 수행하기 위해서는 기본적으로 절삭운동(切削運動; cutting motion), 이송운동(移送運動; feed motion) 및 위치조정운동(positioning motion)이 필요하다.

(1) 절삭운동:

공작물과 공구인(工具刃)의 상대적인 운동을 말하며, 공작기계의 대부분의 동력은 이 절삭운동에 소비된다. 선반, planer 등에서 공구는 일정위치에 있고 공작물의 이동에 의하여 절삭운동이 이루어지며, shaper, drilling machine, broaching machine 등에서는 공작물이 일정 위치에 있고 공구의 운동에 의하여 절삭운동이 이루어진다.

절삭운동의 크기(절삭속도)는 단위시간에 공작물이 공구인을 통과하는 거리(m/min, ft/min)로 표시된다. 선반과 drilling machine에서와 같이 공작물 또는 공구가 회전운동을 할 때에는 회전체의 원주속도가 절삭속도이며, 그 방향은 접촉점에서 접선방향이다.

(2) 이송운동:

절삭운동인 선요소(線要素)를 면요소(面要素)로 되게하는 운동으로서 일반적으로 공작물의 평삭(平削) 및 형삭(形削)에서는 절삭이 중단되는 귀환행정에서 이송운동이 되고, 선삭(旋削), drilling, 연삭(研削) 및 milling 등에 있어서는 절삭운동의 중단없이 연속적으로 이송운동이 된다.

이송운동의 크기는 절삭행정당(또는 1 왕복당) 이송운동량(mm/stroke), 공작물 또는 공구의 1 회전당 이송운동량(mm/rev)으로 나타내며, 이송운동 또는 이송운동량을 단순히 이송(移送; feed)이라고도 한다.

(3) 위치조정운동:

절삭운동과 이송운동이 시작되기 전에 공작물과 공구의 상대위치를 조정하는 운동으로서, 기계의 운동중심과 공작물의 중심조정, 가공시간의 절략을 위하여 이송방향으로 공작물과 공구의 거리 단축, 소정의 치수 및 조도를 얻기 위한 절삭깊이 및 이송의 조정 등이 있다. 따라서 위치조정운동은 절삭운동과 이송운동을 위한 보조운동이라고 볼 수 있다.

다음은 대표적인 공작기계에서 기본운동의 조합을 보여 준다.

절삭운동과 이송운동의 조합

가공방식	공작기계	절삭운동	이송운동
turning	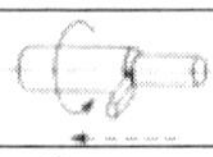 (lathe)	공작물(회전운동)	공구(직선운동)
drilling	 drilling machine	공구(회전운동)	공구(직선운동)
grinding	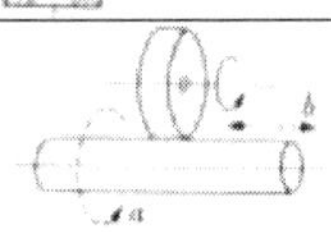 griding machine	공구(회전운동)	공작물(a)(직선운동) 공구(b)(직선운동) 또는 (a+b)(직선운동)
milling	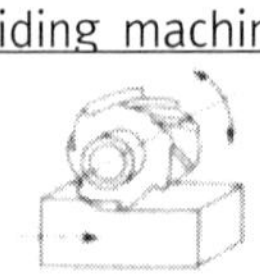 milling machine	공구(회전운동)	공작물(직선운동)
planing	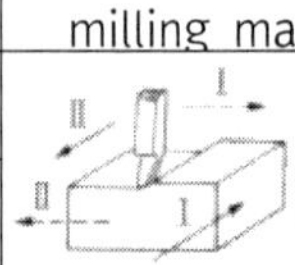 planer	공작물(직선운동)	공구(직선운동)
shaping	shaper	공구(직선운동)	공작물(직선운동)

6.1.1 선반가공(旋盤加工, 旋削; turning)

그림과 같이 공작물의 회전과 공구의 직선운동에 의하여 절삭하는 공작기계를 선반(旋盤; lathe)이라 하고, 선반에서의 가공을 선삭(旋削; turning) 또는 선삭가공이라 한다. 선삭공구는 단인공구로서 일명 bite라고 한다.

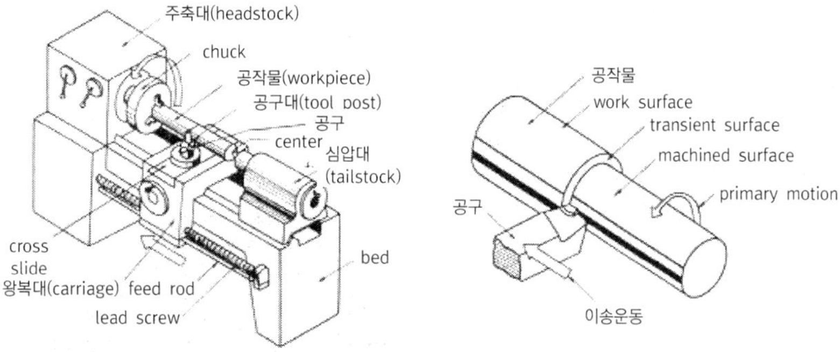

(a) 선반의 각부 명칭 (b) 선반의 절삭운동

그림 6-1 lathe

6.1.2 boring machine 가공(boring)

drilling 또는 주조 등에서 이미 뚫린 구멍을 확대하는 가공인 boring을 주로하는 전문 공작기계를 boring machine이라 하며, boring은 선반에서도 할 수 있으나 가공물이 크고 복잡한 형상을 갖고 있는 경우에는 공구를 회전시켜 가공하는 boring machine에서 가공한다. boring machine의 가공물에 대한 공구의 상대운동은 선반에서와 같으나 그림과 같이 보통 가공물을 좌우로 이동시키고 공구를 회전시킨다.

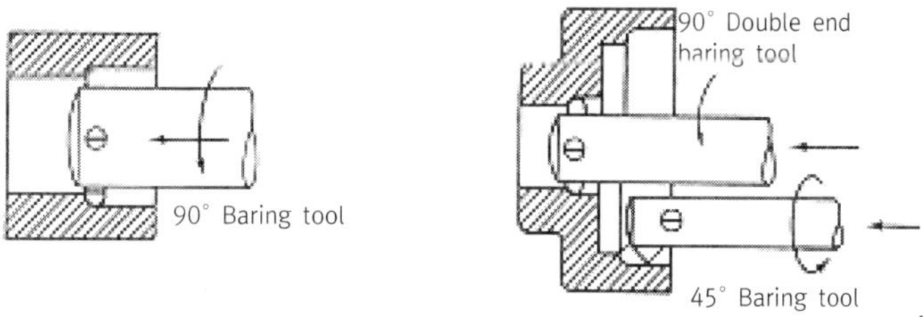

그림 6-2 boring

그림 6-3 boring machine

6.1.3 shaper 가공(形削)

그림과 같이 공구에 직선 왕복운동을 주고 가공물에 간헐적 이송운동을 줌으로써 주로 평면가공을 하는 공작기계를 shaper(形削機)라 하며, shaper에서의 가공을 shaper 가공 또는 형삭(形削)이라 한다.

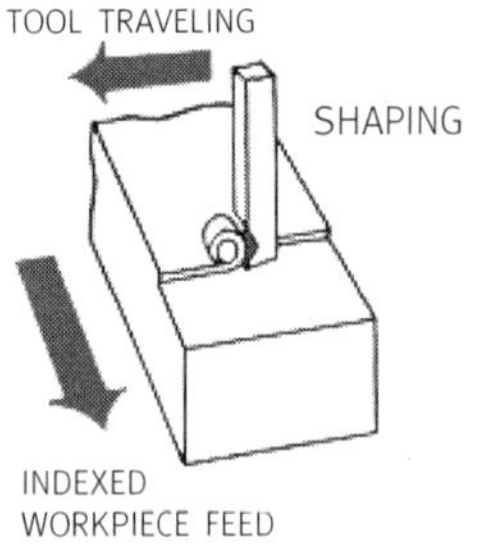

그림 6-4 shaper

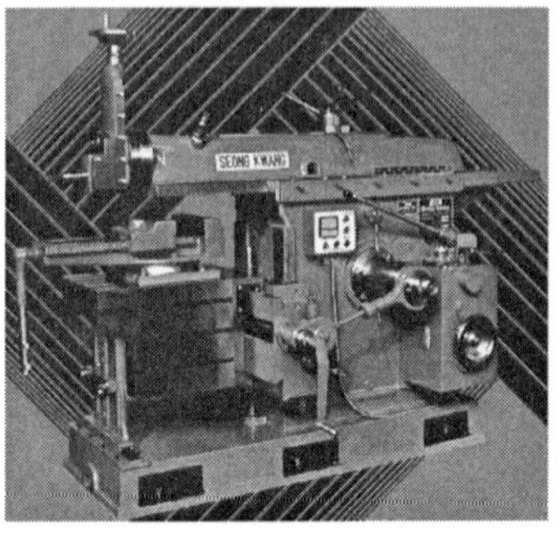

그림 6-5 shaping machine

6.1.4 slotter가공(立削)

그림과 같이 가공물을 고정하는 table에 대하여 공구가 수직 직선운동을 하는 공작기계를 slotter(立削機)라 하고, slotter에서의 가공을 slotter 가공 또는 입삭(立削)이라 한다. slotter는 shaper를 90° 만큼 세워 놓은 것으로 생각하면 이해가 쉬울 것이다.

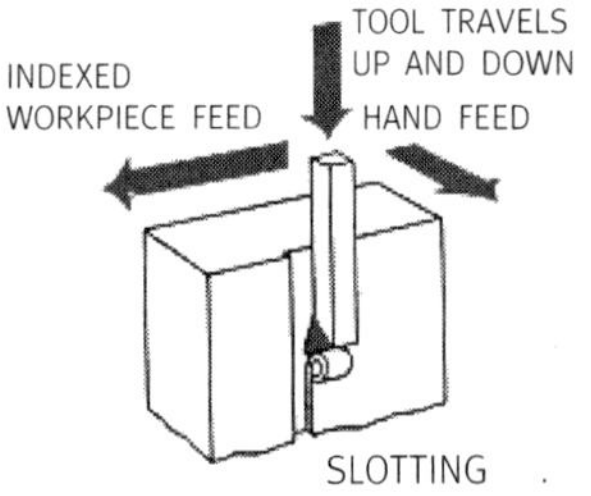

그림 6-6 slotter

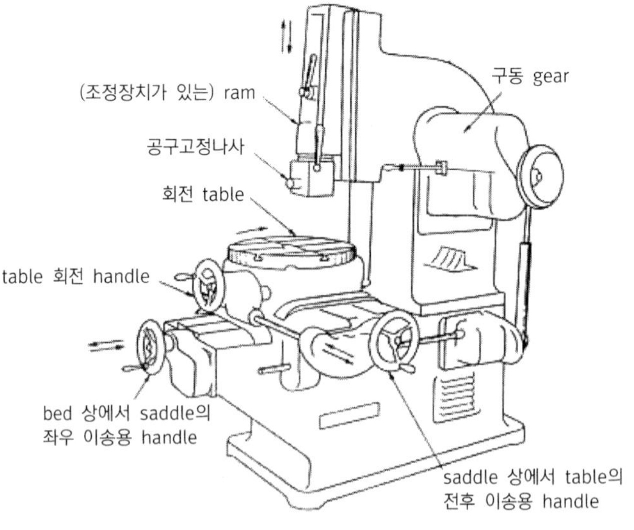

그림 6-7 slotting machine

6.1.5 planer 가공(平削)

shaper에서는 공구가 직선 왕복운동을 하였으나, planer(平削機)에서는 그림과 같이 가공물에 직선 왕복운동을 주고 공구에 간헐적 이송운동을 주며, planer에서의 가공을 planer 가공 또는 평삭(平削)이라 하고, 주로 대형물의 평면가공을 한다.

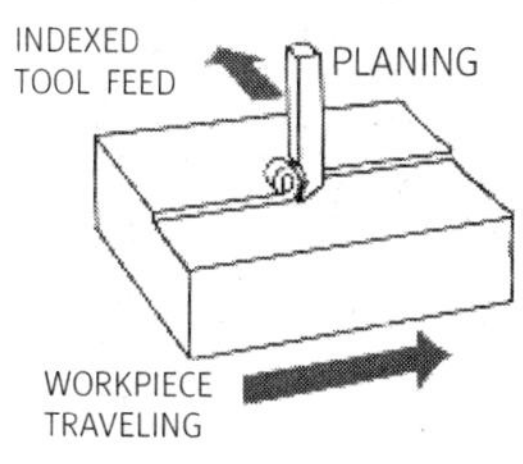

그림 6-8 planer

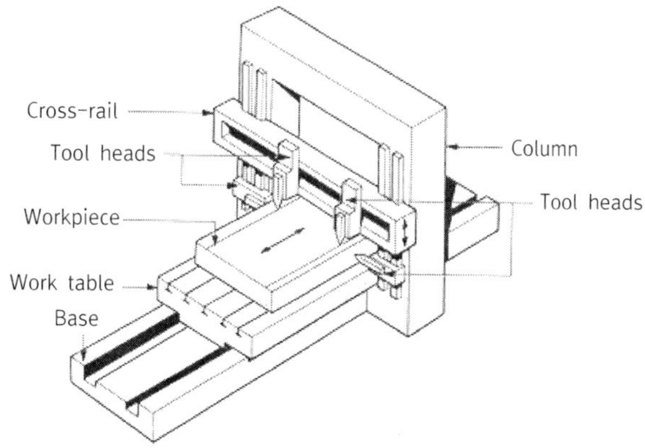

그림 6-9 planning machine

6.1.6 drilling machine 가공

다인공구인 drill을 회전시키면서 축방향으로 이송을 주어 주로 구멍가공을 수행하는 공작기계를 drilling machine 또는 drill press라 하고, 이 때의 구멍가공을 drilling, drill 가공, drilling machine 가공이라 한다.

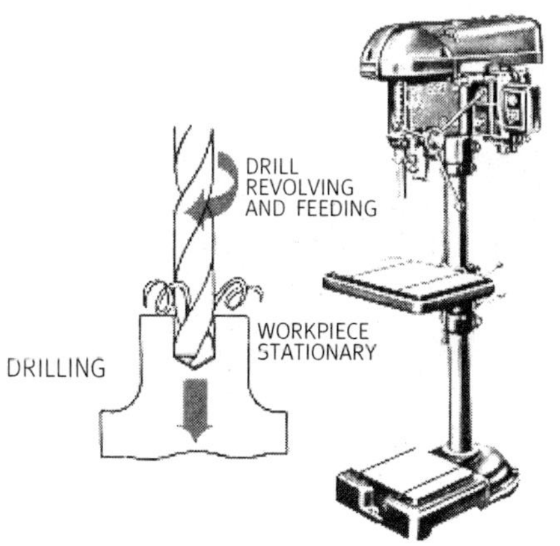

그림 6-10 drill and drilling machine

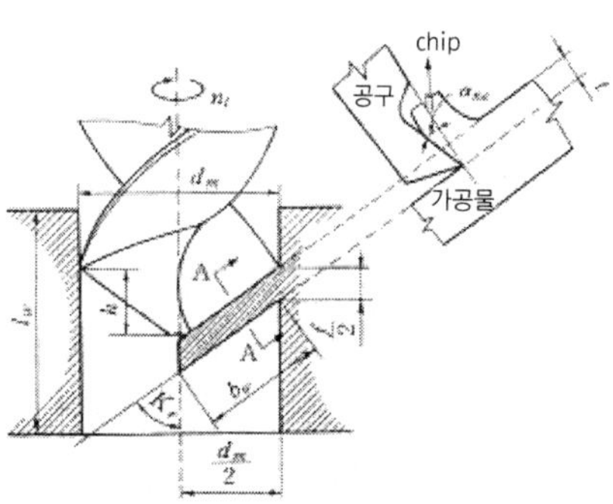

그림 6-11 drill의 절삭작용

6.1.7 milling machine 가공

그림과 같이 milling cutter라 하는 다인공구를 정해진 위치에서 회전시키고 가공물를 전후, 좌우로 이동시킴으로써 평면가공을 기본으로한 다양한 형상의 가공을 하는 기계를 milling machine이라 하며, milling machine에서의 가공을 milling, milling 가공 또는 milling machine 가공이라 한다.

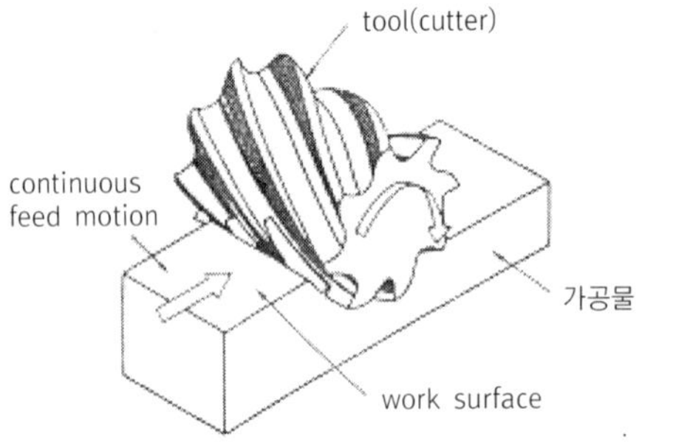

그림 6-12 milling

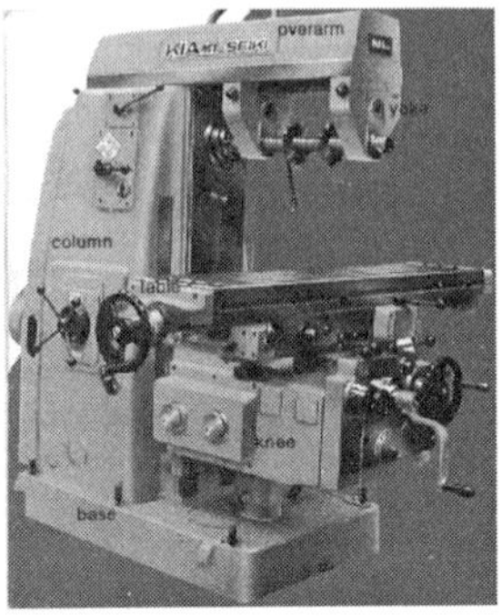

그림 6-13 milling machine

6.1.8 치차 가공

치차를 가공하는 공작기계에는 여러가지가 있으나 평치차(spur gear), worm gear, helical gear 등의 가공에 주로 사용되는 hobbing machine을 예로 들어 설명한다. worm과 worm gear가 맞물고 돌아갈때 처럼 worm에 해당하는 hob라는 공구가 worm gear에 해당하는 가공물에 치(齒; tooth)를 가공하는 공작기계를 hobbing machine이라 하고, hobbing machine에서의 가공을 hobbing이라 한다.

그림 6-14 hobbing

그림 6-15 hobbing machine

6.1.9 절단가공

톱날을 직선 또는 회전운동시켜 가공물을 절단하는 공작기계를 기계톱이라 하며, 기계톱에는 직선형상의 톱을 왕복운동 시키는 hacksawing machine, band 형상의 톱을 pulley에 걸어 운동시키는 band sawing machine 및 원판 형상의 톱을 회전시키는 circular sawing machine이 있고. 마찰열에 의한 마찰절단 및 숫돌에 의한 연삭절단 등이 있으나, 본개요에서는 hacksawing machine에 의한 절단가공만을 소개한다. 이 외에 절단 방법에는 용단(熔斷)이 있으나 용접편에서 취급한다.

그림 6-16 hack sawing machine

그림 6-17 hack-sawing

6.1.10 broaching machine 가공

그림과 같이 다인공구인 broach를 가공물에 눌러대고 통과시켜 가공하는 공작기계를 broaching machine이라 하고, broaching machine에서의 가공을 broaching, broach 가공 또는 broaching machine 가공이라 한다.

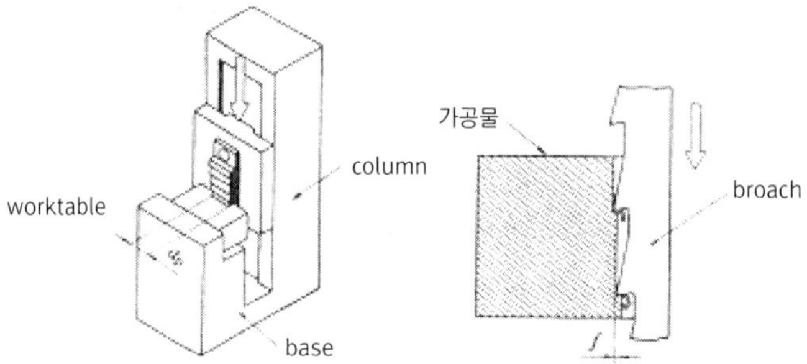

그림 6-18 broaching

6.1.11 연삭기 가공

연삭숫돌 입자(粒子; abrasive grain)의 절삭작용으로 가공물에서 미소한 chip을 발생하면서 가공하는 공작기계를 연삭기(硏削機; grinding machine)라 하고, 연삭기에서의 가공을 연삭(硏削; grinding) 또는 연삭기가공이라 한다. 연삭에는 수평축 평면연삭기, 수직축 평면연삭기, 원통연삭기, 공구연삭기 등이 있으나 본개요에서는 수평축 평면연삭기만을 소개한다.

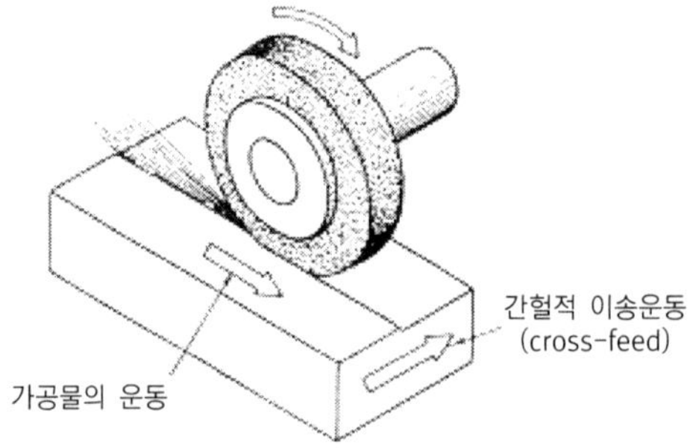

그림 6-19 grinding

6.2 선반가공(旋盤加工)

공작물의 회전과 그 회전축을 포함하는 평면내에서 공구의 선운동에 의하여 공작물을 소정의 형태로 가공하는 공작기계를 선반(旋盤; lathe)이라 하고, 선반에서의 가공을 선반가공 또는 광의(廣義)로 선삭(旋削; turning)이라고도 한다. 선반에서 할 수 있는 기본가공은 다음 그림과 같다.

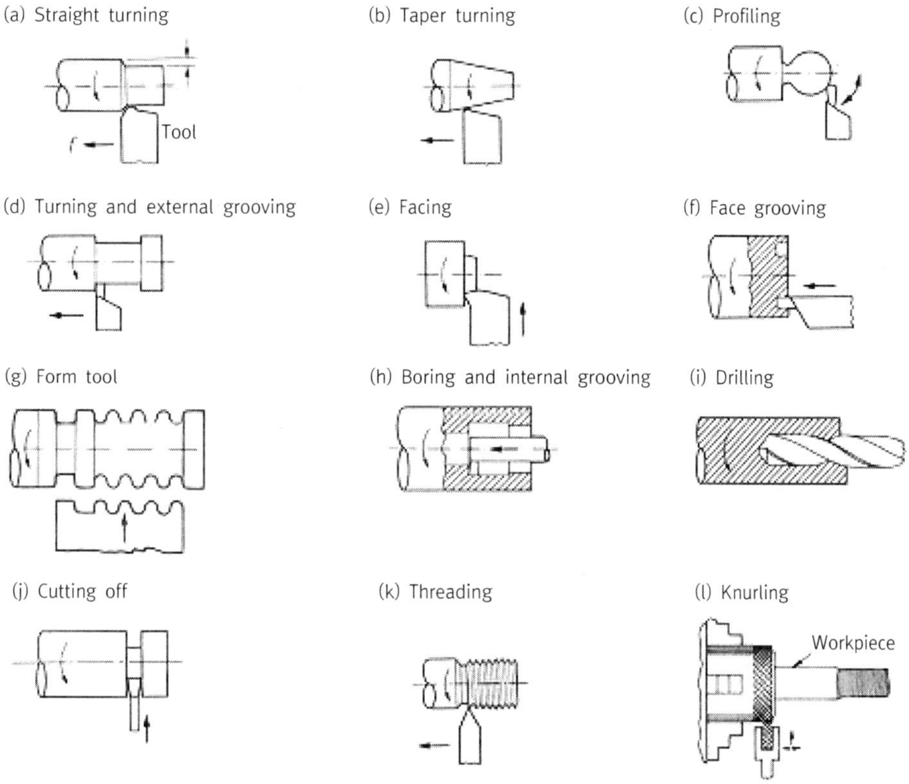

그림 6-20 선반에서의 기본작업

선반의 크기는 가공 할 수 있는 가공물의 최대치수와 관계가 있는 bed의 길이와 bed에서 center까지의 높이 또는 bed의 길이와 swing으로 나타낸다. 그림에서와 같이 swing은 bed에서 center까지 높이의 2배이며, bed 길이는 주축대가 놓인 부분의 길이를 포함한다.

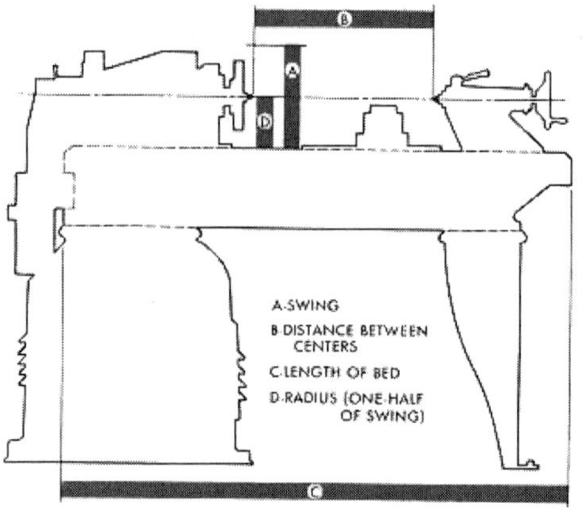

그림 6-21 선반의 크기표시

6.2.1 선반의 종류

분류기준에 따라 선반에는 다음과 같은 종류가 있다.

가공물의 재료에 따라

- 금속용 선반(metal working lathe)
- 목공용선반(wood working lathe)
- 설치 방법에 따라
- 고정식 선반(stationary lathe)
- 이동식 선반(movable lathe)

동력 전달방식에 따라

- 피대차식 선반(belt driven lathe)
- 유압식 선반(hydraulic lathe)
- 치차식 선반(gear driven lathe)
- 무단차식 선반(stepless speed driven lathe)
- 변속전동기식 선반(variable speed lathe)

축방향에 따라

- 수평식 선반(horizontal lathe)
- 수직식 선반(vertical lathe)

이송기구에 따라

- 자동식 선반(automatic lathe)
- 비자동식 선반(non-automatic lathe)

축의 회전수에 따라

- 저속선반(low speed lathe)
- 고속선반(high speed lathe)

절삭량에 따라

- 경력선반(light duty lathe)
- 중력선반(medium duty lathe)
- 강력선반(heavy duty lathe)

축의 수에 따라

- 단축선반(single spindle lathe)
- 다축선반(multi-spindle lathe)

bed의 형상에 따라

- 영식 선반
- 미식 선반

작업 목적에 따라

- 보통선반(engine lathe)
- 탁상선반(bench type lathe)
- 공구선반(tool room lathe)
- 정면선반(face lathe)
- turret 선반(turret lathe)
- 다인선반(multi-cut lathe)
- 차축선반(shaft lathe)
- relieving 선반(relieveling lathe)
- 모방선반(copying lathe)
- 나사절삭 선반(screw cutting lathe)

위에서와 같이 분류 기준에 따라 많은 종류가 있으나 기본 원리는 거의 같으므로 본장에서는 주로 사용되는 선반에 대하여, 특히 보통선반(普通旋盤; engine lathe)에 대하여 설명한다.

6.2.2 보통선반(普通旋盤; engine lathe)

기력선반(氣力旋盤)이라고도 부르며 초기의 수족선반(手足旋盤)에서 증기기관(蒸氣機關; steam engine)의 발명에 의하여 engine을 사용한 lathe라 하여 engine lathe라는 명칭을 갖게 되어 오늘에 이르렀으며, 이 engine lathe가 다목적인 범용으로 사용되기 때문에 우리는 이 선반을 보통선반(普通旋盤)이라 부른다. 보통선반은 특수 목적에 사용하기에는 불편하나 기본적인 작업을 거의 다 할 수 있기 때문에 가장 많이 사용된다. 따라서 다른 종류의 선반은 기본 기능 중 특정 목적의 가공에 편리하도록 설계된 것이므로 먼저 보통선반의 구조, 기능 및 사용법을 아는 것이 중요하다.

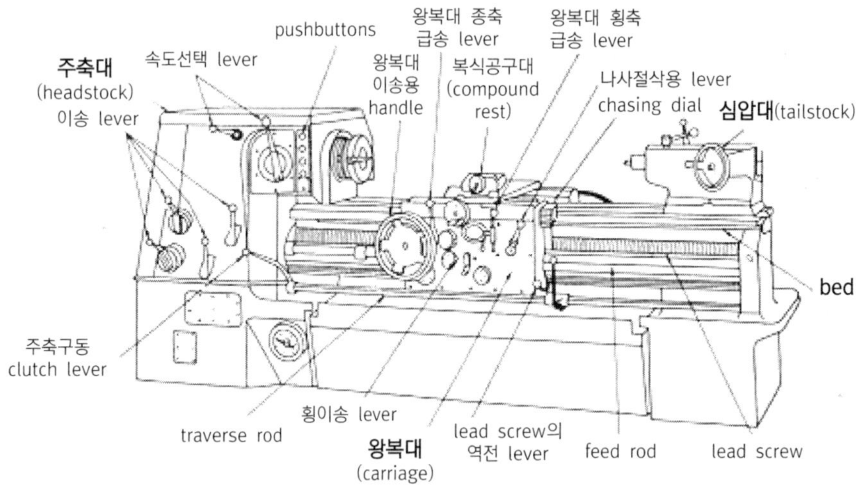

그림 6-22 보통선반의 각부 명칭

그림 6-23 보통선반

(1) 선반의 구조와 부속장치:

선반의 중요 부분인 주축대(headstock), 왕복대(carriage) 및 심압대(tailstock)와 부속장치에 대하여 설명한다.

① 주축대(headstock):

주축대에는 전동기의 동력을 받아 회전하는 주축(主軸; spindle), 주축의 나사부에 가공물을 고정하는 chuck 또는 면판(面板; face plate)이 있다. 가공물의 회전수가 되는 주축의 회전수는 아래 그림과 같이 변속 gear 장치에 의하여 조정한다. 변속장치로는 이 외에 단차(段車), back gear, 유압장치 및 무단변속장치 등이 있다.

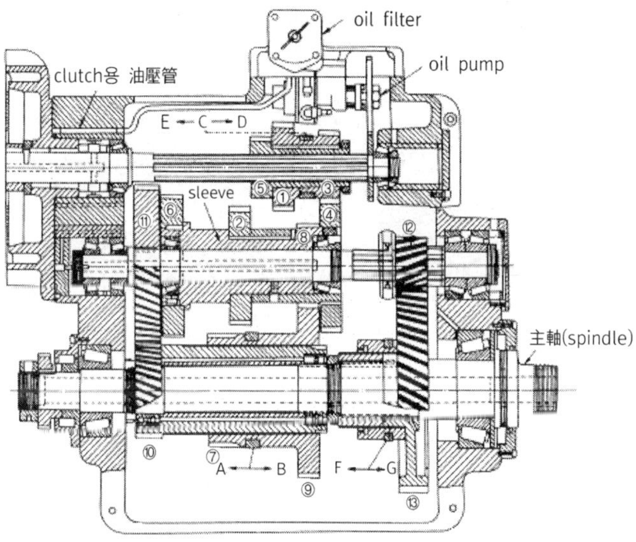

齒車의 미끄럼 운동	齒車의 회전전달 방향		
A·C·F	①→②→⑥→⑦	A·C·G	①→②→⑥→⑦→⑩→⑪→⑫→⑬
A·D·F	③→④→⑥→⑦	A·D·G	③→④→⑥→⑦→⑩→⑪→⑫→⑬
A·E·F	⑤→⑥→⑦	A·E·G	⑤→⑥→⑦→⑩→⑪→⑫→⑬
B·C·F	①→②→⑧→⑨	B·C·G	①→②→⑧→⑨→⑩→⑪→⑫→⑬
B·D·F	③→④→⑧→⑨	B·D·G	③→④→⑧→⑨→⑩→⑪→⑫→⑬
B·E·F	⑤→⑥→⑧→⑨	B·E·G	⑤→⑥ (sleeve 회전)→⑧→⑨ (sleeve 회전)→⑩→⑪→⑫→⑬

그림 6-24 미끄럼 gear에 의한 주축구동장치

② 왕복대(carriage):

왕복대에는 그림과 같이 apron, saddle, 복식공구대(複式工具臺; compound rest) 및 공구대(工具臺; tool post) 등으로 되어 있으며, apron hand-wheel에 의하여 왕복대를 bed에 따라 이동시키고, cross-feed handle에 의하여 cross slide를 bed 안내면에 직각 방향으로 움직인다. 또 복식공구대 handle에 의하여 복식공구대를 운동 시킨다.

cross-feed handle과 복식공구대 handle에 각각 micrometer collar가 설치되어 있어 1/100 mm까지의 눈금을 읽을 수 있으며, 이 collar는 set screw를 늦추어 0의 위치를 임의로 맞출 수 있다. 자동이송마찰 clutch는 세로 방향과 가로 방향의 자동이송을 할 때 사용되며, 이송 방향은 주축대에 있는 역전장치에 의하여 정한다. half-nut lever는 나사절삭시에 자동이송을 주기 위하여 half nut를 닫아 lead screw에 물리게 하여 왕복대가 bed에 따라 이동토록 하는데 사용된다.

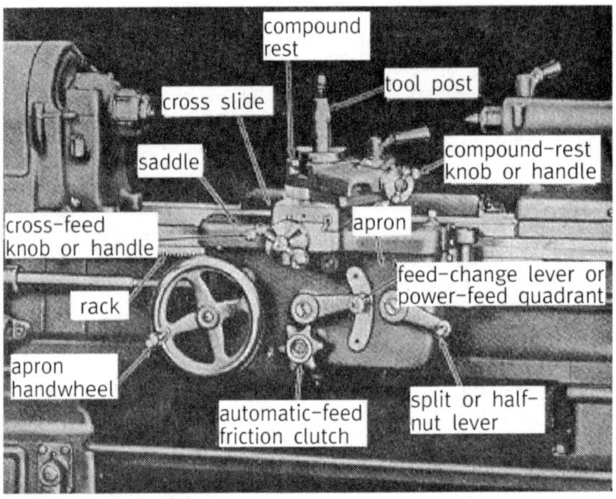

그림 6-25 왕복대

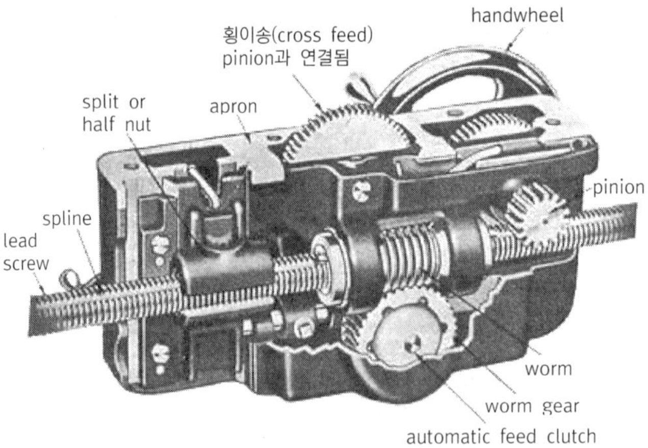

그림 6-26 apron의 내부 구조

③ 심압대(tailstock):

그림과 같이 spindle에 morse taper 를 갖는 center를 끼워 가공물의 지지에 사용되며. center 대신에 drill을 꽂아 drilling도 할 수 있다. 수평면 내에서 주축의 center와 심압대의 center가 동일 선상에 있지 않을 때에는 clamp bolt-nut를 풀고 편심조정 나사로써 조정하고 clamp bolt-nut를 다시 조인다. clamp bolt-nut를 풀고 심압대를 밀어 적당한 위치에서 clamp bolt-nut를 조인 다음 spindle 고정 handle을 돌려 spindle의 조임을 푼 후 hand wheel을 돌려 center가 가공물을 지지할 때까지 spindle을 밖으로 나오게 한 상태에서 spindle 고정 handle을 돌려 spindle을 고정한다.

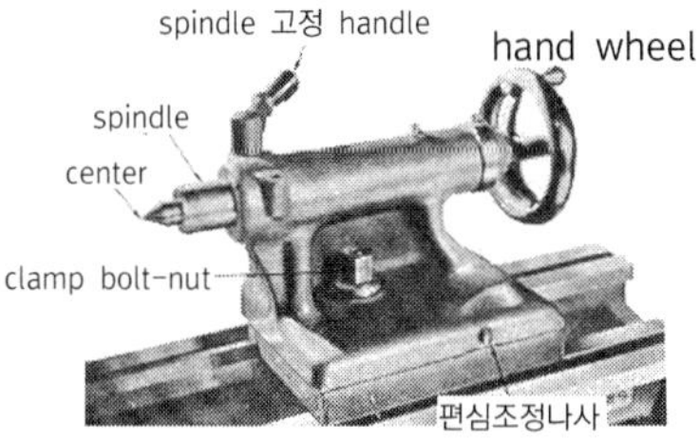

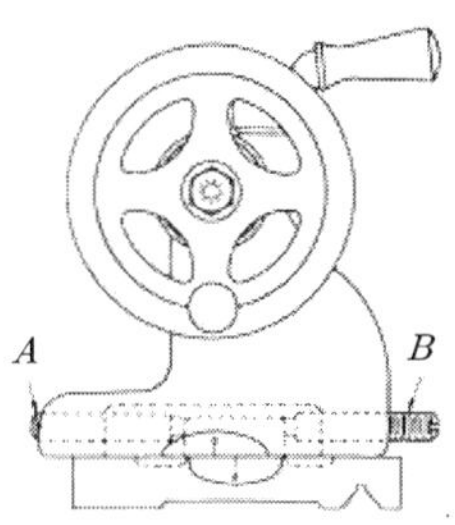

그림 6-27 심압대

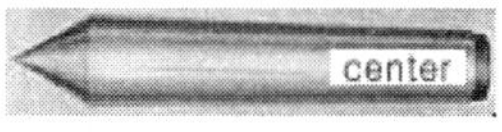

그림 6-28 center

④ bed:

bed는 주축대, 왕복대 및 심압대를 지지하는 주철주물로된 지지대이며, 왕복대가 bed 안내면위를 활동(滑動; sliding) 한다.

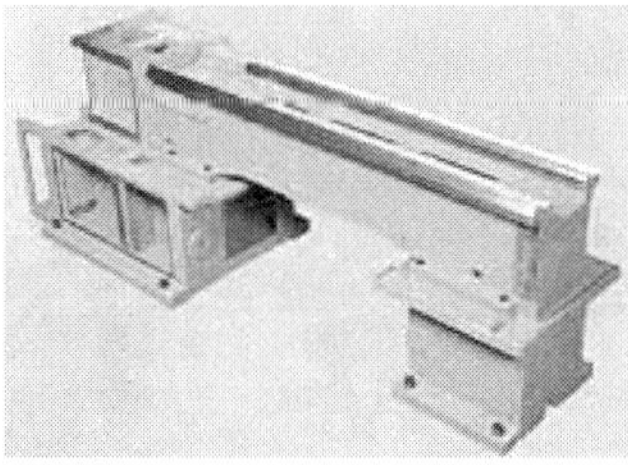

그림 6-29 bed

⑤ 선반의 부속장치:

작업의 종류에 따라 선반에는 center, 면판(面板; face plate), 돌리개(dog), 심봉(心棒; mandrel), chuck, 방진구(防振具; work rest) 등의 각종 부속장치가 사용된다.

1) center:

center는 심압대의 spindle에 끼워 넣어 주축의 chuck 또는 면판과 함께 가공물을 지지하는 부속품으로서, 그림과 같이 가공물과 함께 회전하지 않고 정지한 상태에서 회전하는 가공물과 면접촉을 하면서 지지하는 dead center와 center에 bearing이 있어 가공물과 함께 회전하는 live center가 있다. center의 shank는 Morse taper로 되어 있고, 원추각은 보통 60° 이며, 큰 가공물에 대하여는 75° 또는 95° 이다. dead center의 경우 가공물이 고속회전을 하거나 큰 경우에는 원추부에 초경합금(超硬合金)을 붙여 만든다.

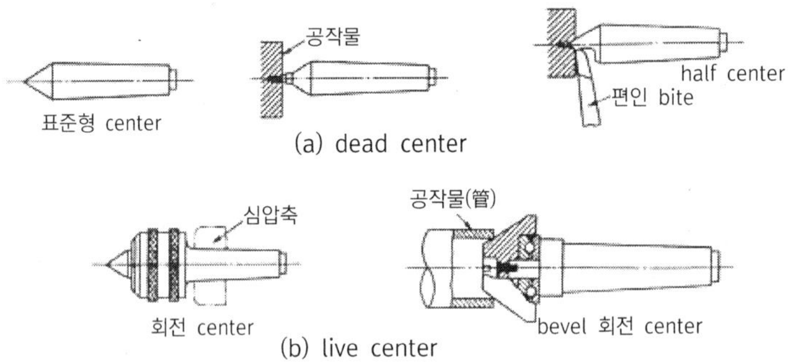

그림 6-30 center

2) chuck:

chuck이란 회전하는 vise의 일종으로서 주축의 나사부에 설치하여 가공물을 고정하는데 사용되는 것이며, 다음과 같은 종류가 있다.

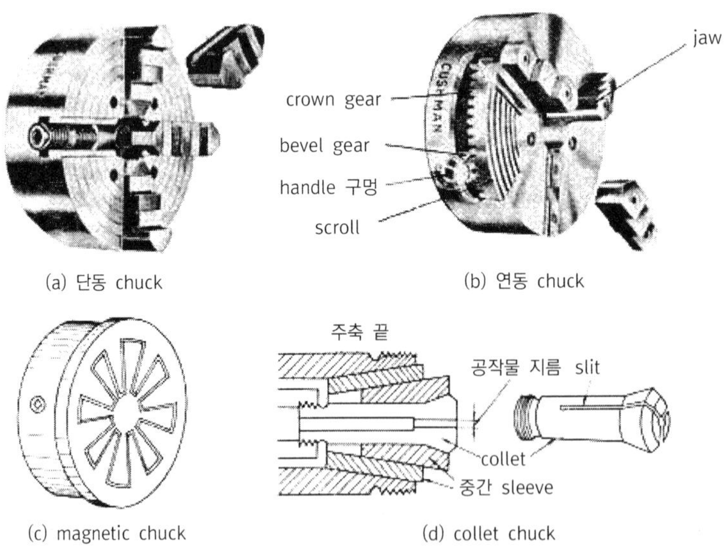

그림 6-31 chuck의 종류

단동 chuck(單動 chuck; independent chuck): 위 그림 (a)와 같이 4개의 jaw로 되어 있으며, 각 jaw가 독립적으로 움직여 불규칙한 공작물의 고정에 적합하다.

연동 chuck(連動 chuck; scroll chuck): 위 그림 (b)와 같이 3개의 jaw가 scroll에 의하여 동시에 움직이며, 원형단면봉 등을 고정하면 자동으로 중심이 조정되어 편리하다. jaw는 내경용과 외경용이 별도로 있는 것도 있고, 방향을 바꾸어 쓰는 것이 있다. scroll이 마모되면 정밀도가 떨어지는 단점이 있다.

자석 chuck(磁石 chuck; magnetic chuck): 위 그림 (c)와 같이 chuck 내부에 있는 전자석에 직류를 통하면 chuck이 자화(磁化)되어 가공물을 흡착한다. 가공 후 가공물의 잔류자기를 제거하기 위하여 탈자기(脫磁機)를 사용한다.

collet chuck: 위 그림 (d)와 같은 형상으로 작은 가공물의 고정에 사용된다.

3) 면판(面板; face plate):

면판이란 주축의 나사부에 고정하여 공작물의 형상이 불규칙하여 chuck으로 지지할 수 없는 경우에 아래 그림과 같이 공작물의 지지에 사용되는 부속이다.

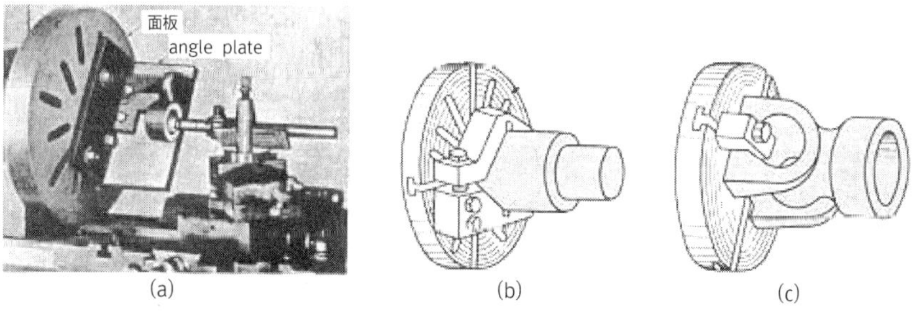

그림 6-32 면판

그림 6-33 면판에 공작물을 장착한다.

4) 돌리개(dog):

돌리개(dog)란 아래 그림과 같이 공작물을 양 center에 걸고 주축에 고정된 면판과 함께 공작물을 회전시키는 부속품이다.

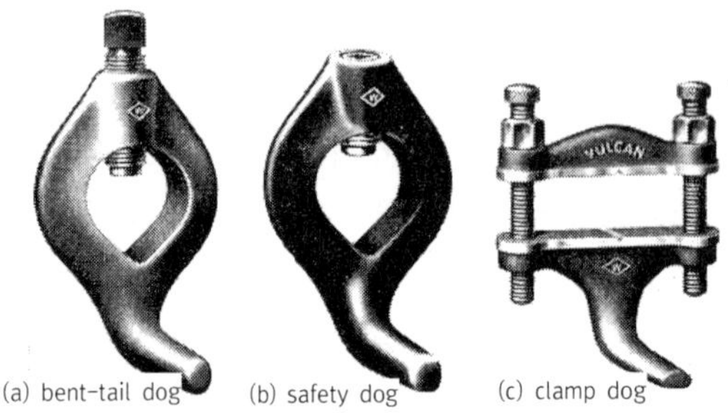

그림 6-34 돌리개

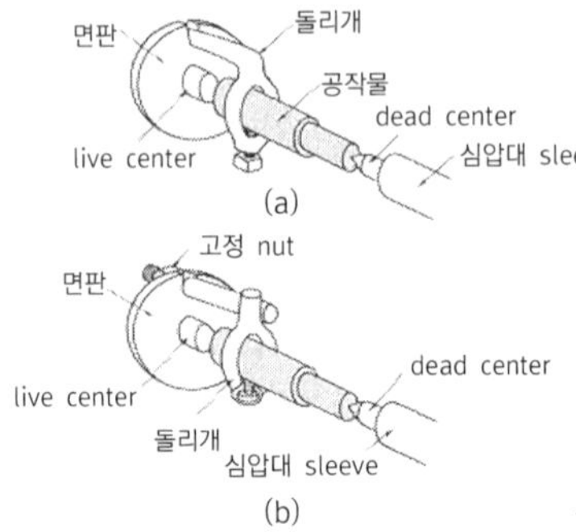

그림 6-35 돌리개

5) 심봉(心棒; mandrel):

심봉이란 공작물을 center로 지지할 위치에 구멍이 있을 때 그림과 같이 구멍에 끼워 공작물과 일체 시켜 center를 사용할 수 있게하는 부속이다.

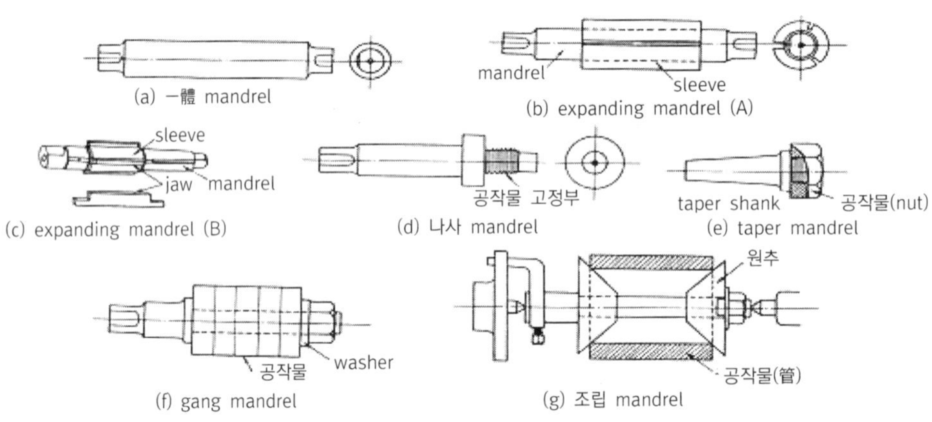

그림 6-36 각종 심봉

6) 방진구(防振具; work rest):

방진구란 지름이 작고 긴 공작물의 가공에서 공구의 작용력에 의하여 공작물이 휘어지기 때문에 안정된 가공을 할 수 없을때 공작물의 굽힘과 이로 인한 진동을 방지해 주는 도구이다.

그림 6-37 방진구

(2) 절삭공구(切削工具; cutting tool):

선삭에서 절삭공구란 주로 bite를 말하며, 선반에서 사용되는 절삭공구의 용도별 종류는 선반에서의 기본작업에서 이미 소개하였으므로, 여기에서는 선반에서 주로 많이 사용되는 단인공구의 bite에 한에서 설명한다.

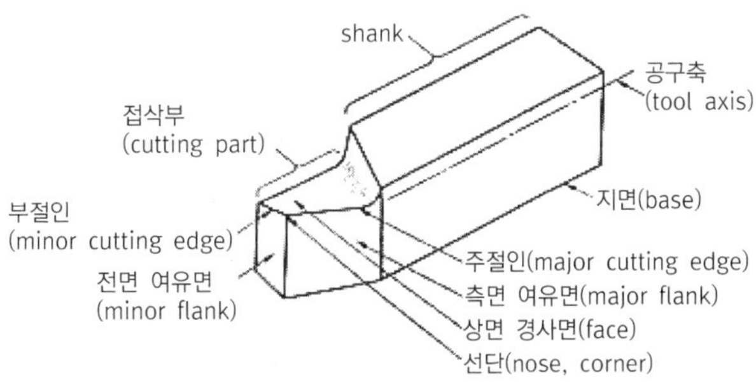

그림 6-38 bite의 각부 명칭

① 공구각 및 재료:

bite의 각도는 가공면, 공구수명, 절삭저항 등에 미치는 영향이 크며, 공작물 축과 bite의 절삭점을 포함하는 평면이 수평일 때 중요한 각을 들면 아래 그림과 같다.

(가) 경사각(傾斜角; rake angle): 절인(切刃)의 임의점(일반적으로 선단)을 지나고 저면(底面)에 평행한 평면과 상면(上面) 경사면이 이루는 각

- 상면경사각(上面傾斜角; back rake angle): 절인의 임의점(일반적으로 선단)을 지나는 bite 저면 및 가공물의 축선에 직각인 평면에서 측정한 경사각(α_b)
- 측면경사각(側面傾斜角; side rake angle): (i)의 측정면과 직각인 평면내에서 측정한 경사각(α')
- 수직경사각(垂直傾斜角; normal rake angle): 주절인(主切刃)의 bite 저면에 대한 투영과 직가인 평면내에서 측정한 경사각(α_n)
- 평행경사각(平行傾斜角; parallel rake angle): 주절인과 평행하고 bite 저면에 수직인 평면내에서 측정한 경사각(α_p)

(나) 여유각(餘裕角; relief angle): bite 저면에 수직인 평면내에서 인(刃)에서 저면에 내린 수직선과 여유면이 이루는 각, 제 2 여유면과 이루는 각은 clearance angle 이라 한다.

- 제1 선단여유각(제1 전방여유각: end relief angle): 부절인의 bite 저면에 대한 투영과 직교하고 저면에 수직인 평면내에서 측정한 1차 여유면의 여유각(γ_{e1})
- 제2 선단여유각(제2 전방여유각: end clearance angle): 부절인의 bite 저면에 대한 투영과 직교하고 저면에 수직인 평면내에서 측정한 2차 여유며의 여유각(γ_{e2})
- 제1 횡여유각(제1 측면여유각: side relief angle): 주절인의 bite 저면에 대한 투영과 직교하고 저면에 수직인 평면내에서 측정한 1차 여유면의 여유각(γ_{s1})
- 제2 횡여유각(제2 측면여유각: side clearance angle): 주절인의 bite 저면에 대한 투영과 직교하고 저면에 수직인 평면내에서 측정한 2차 여유면의 여유각(γ_{s2})

(다) 절인각(切刃角; cutting edge angle): 절인의 위치를 나타내는 각

- 주절인각(主切刃角; major cutting edge angle): 주절인과 공구축이 이루는 각(C_1) 또는 주절이과 공작물 축이 이루는 각
- 부절인각(副切刃角; minor cutting edge angle): 부절인이 공작물 축과 이루는 각(C_2)

(라) 선단(先端; nose): 주절인과 부절인의 교점을 선단이라 하며, 절삭조건에 맞는 선단반지름을 취한다.

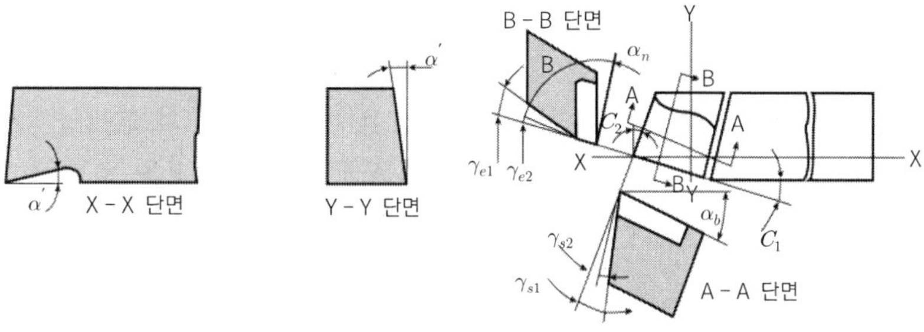

그림 6-39 bite의 각

이상과 같은 정의에 의한 bite 형상은 다음과 같이 표시한다.

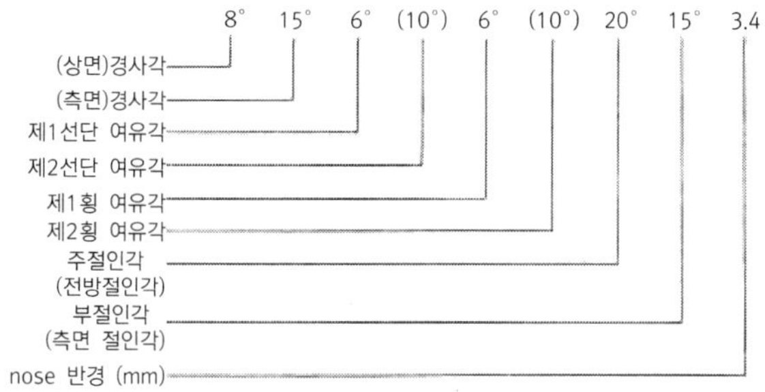

bite의 형상 표시법

가공물재료 및 공구재료에 대한 bite 각의 표준치는 다음과 같다.

vite 각의 표준실용치[度]

가공물재료	고속도강 bite				초경합금 bite			
	a_0	a'	γ_{e1}	γ_{s1}	a_0	a'	γ_{e1}	γ_{s1}
탄소강	8~12	12~14	8	10	0~10	4~12	5~10	5~10
	12~18	14~22	8	12	0~15	8~15	5~12	6~12
특수강	8~12	12~14	8	10	0~16	4~12	5~10	5~10
	10~12	12~14	8	10	0~15	8~15	6~12	6~12
쾌삭강	12~16	18~22	8	12	5~15	0~15	6~12	6~12
주 철	5	12	8	10	0~6	0~10	4~6	4~6
	5	12	8	10	0~6	0~12	4~6	4~10
황동 및 청동	0	-2~0	8	10	0~5	4~8	4~10	4~6
	0	-4~0	8	10	0~10	4~16	4~8	4~8
구리(Cu)	16	20	12	14	6~10	15~25	7~10	7~10
Al	35	15	8	12	5~15	8~15	6~10	6~10
plastic	5~16	0~10	8~10	12~15	0~10	8~15	6~10	6~10

※ α_b : 상면 경사간, α' : 측면 경사각, γ_{e1} : (제1선단)여유각, γ_{s1} :측면 여유각(제1횡 여유각)

위에서 정의한 각 만으로는 충분하지 않으나, 이에 대한 상세한 내용은 기계공작법의 정도를 넘는다. 보다 많은 정보를 얻기 위하여 다음 보충을 참조하기 바란다.

② chip breaker:

chip breaker란 금속을 절삭할 때 길게 감겨져 나오는 chip을 적당히 절단하거나 지장이 없는 방향으로 유도하기 위하여 bite에 설치 또는 bite 자체에 만들어진 돌기 및 홈이다. chip breaker의 역할은 chip이 가공물의 표면에 손상을 주는 것을 예방하고, 작업자를 chip에 의한 부상으로부터 보호하고, chip을 미리 제거하여 절삭유제가 bite의 절삭점에 쉽게 도달 할 수 있게 한다.

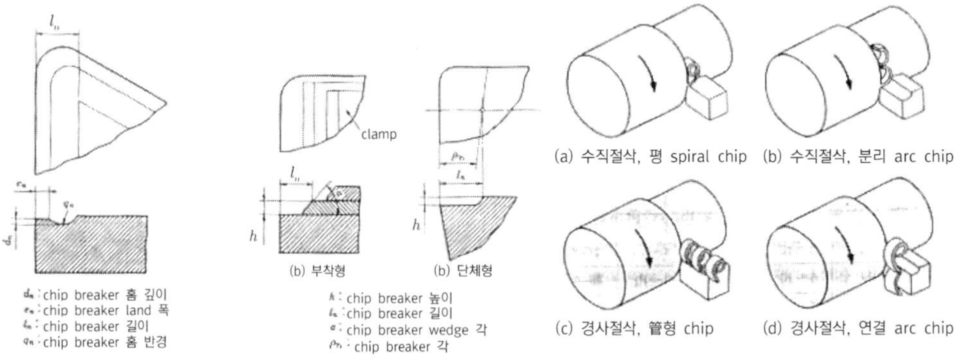

(A) 홈형 chip breaker (B) 돌기형 chip breaker (C) chip의 유동 형태

그림 6-40 방진구

아래 그림과 같은 돌기형 chip breaker를 사용할 때 chip의 곡율반지름 rchip은 다음과 같다.

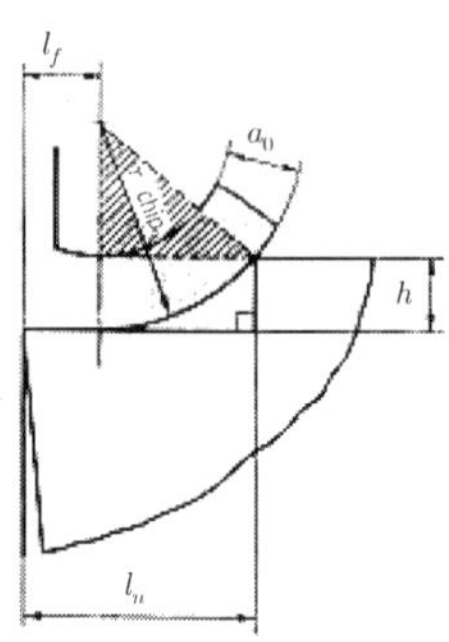

단체형 chip breaker에서의
chip 곡률 반경

$$r_{chip}^2 = (l_n - l_f)^2 + (r_{chip} - h)^2$$

$$\therefore r_{chip} = \frac{(l_n - l_f)^2}{2h} + \frac{h}{2}$$

$\frac{l_f}{\alpha_0} = K$라 하면(주어진 가공재료에 대하여 일정하다.)

$$r_{chip} = \frac{(l_n - K \cdot a_0)^2}{2h} + \frac{h}{2}$$

동에서는 $K=1$이므로

아래 그림과 같은 돌기형 chip breaker에서의 chip의 곡율반지름 r_{chip}은 다음과 같다.

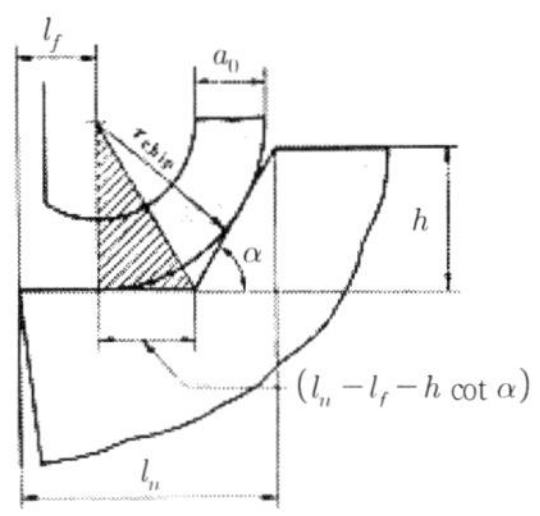

부착형 chip breaker에서의
chip 곡률 반경

$$r_{Chip} = [(l_n - l_f) - h \cdot \cot\alpha] \cdot \tan\left(\frac{\pi - \alpha}{2}\right)$$

$$= [(l_n - l_f) - h \cdot \cot\alpha] \cdot \cot\frac{\alpha}{2}$$

$l_f = \alpha_0$라 하면

$$r_{Chip} = [(l_n - \alpha_0) - h \cdot \cot\alpha] \cdot \cot\frac{\alpha}{2}$$

아래 그림과 같은 홈형 chip breaker에서는 다음과 같은 조건하에서 chip breaker의 역할을 한다.

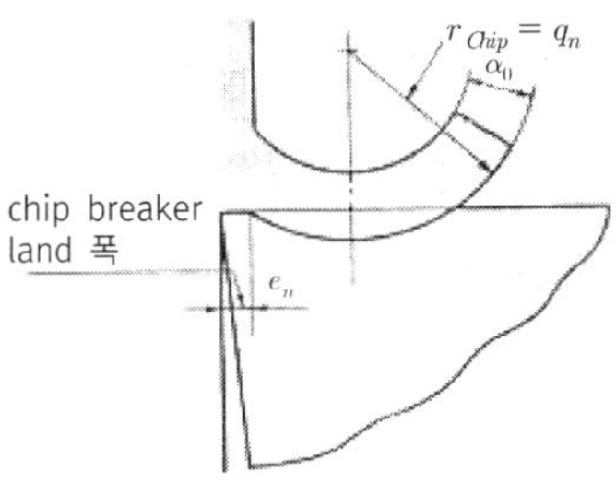

홈형 chip breaker에서의 chip의
곡률 반경

e_n 〈 f 일 때에 한하여 chip은 홈(groove)을 따라 유동하고 홈의 반지름 q_n의 곡율 반지름을 갖는 chip을 생성하는 chip breaker의 역할을 한다. chip과 공구의 접촉길이 f = ao 라 하면 e_n 〈 a_o 인 조건에서 chip breaker의 역할을 하며, chip 두께 ao가 중요한 인자이다.

(3) 선반작업:

선반에서 할 수 있는 기본작업은 앞에서 그림으로 소개했으며, 그 작업을 하기 위한 구체적인 방법을 다음 순으로 소개한다.

1. center 작업(center work)
2. chuck 작업(chuck work)
3. 단면절삭(端面切削; facing)
4. knurling
5. drilling
6. tapping
7. boring
8. taper 절삭(taper turning)
9. 구면절삭
10. 나사절삭(threading)
11. relieving
12. 절단(切斷; cutting-off)
13. 편심축절삭(偏心軸切削; turning an eccentric)
14. 모방절삭(模倣切削; copying)

① center 작업:

1) center 조정:

공작물을 주축 center와 심압대 center 사이에 지지하고 면판과 dog 등으로 회전시켜 절삭하는 것을 center 작업이라 하며, center와 center를 잇는 중심선과 bite의 운동방향이 평행할 때 단면의 지름이 일정한 원주(圓柱)가 가공된다. bed에서 양 center의 높이가 같고 수평면상에서 중심선과 bite의 이동선이 평행하지 않으면 taper 가공이 되어 원추면이 되고, center와 center를 잇는 중심선의 수평투영선과 bite의 운동방향이 평행하고 양 center의 높이가 다를 경우에는 아래 그림과 같은 쌍곡면체(雙曲面體)가 가공된다.

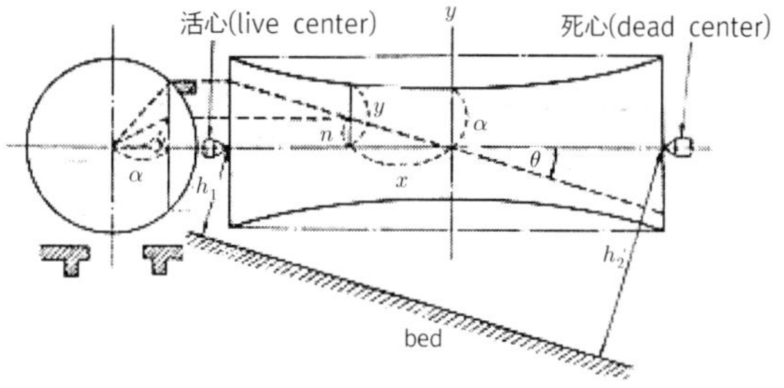

bed 상에서 center의 높이를 각각 h_1, h_2라 하고 bite의 이동 방향과 중심선의 교차각을 θ라 하면

$y^2 = \alpha^2 + n^2$, $\quad n = \chi \cdot \tan\theta$이며

$$y^2 = \alpha^2 + \chi^2 \tan^2\theta$$

$$\therefore \frac{y^2}{\alpha^2} - \frac{\chi^2}{\left[\frac{\alpha}{\tan\theta}\right]^2} = 1$$

로 되어 중심선을 회전축으로 하는 쌍곡면체가 된다.

이상과 같이 taper 절삭이나 쌍곡면체 절삭이 되지 않고 단면의 지름이 일정한 원주(圓柱)로 절삭하기 위하여 가공 전에 다음과 같은 검사방법으로 양 center의 상태를 확인할 필요가 있다.

주축 center에 심압대 center를 맞추는 방법: 심압대를 이동하여 심압대의 center를 주축의 center에 접근시켜 이들의 축선이 일직선상에 있는지를 확인하고, 수평면상에서 어긋날 때에는 심압대의 조절나사에 의하여 조정한다.

시험절삭법: 가공 후 시편의 양단(兩端)의 지름을 측정하여 동일 여부를 확인한다. 지름이 동일하지 않는 taper 가공이 되었으면 심압대를 조정한다.

bite에 의한 방법: bite 끝을 심압대의 center에 맞추고 왕복대를 이동하여 bite 끝이 주축대의 center와 일치하면 정상 상태이다.

시험봉에 의한 방법: 그림과 같이 양 center로 시험봉을 지지하고 왕복대에 설치한 dial gauge로 검사한다.

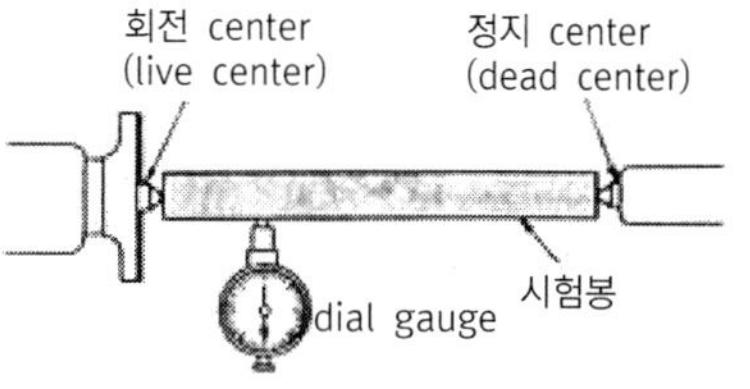

그림 6-41 시험봉에 의한 center 맞추기

2) center 구멍:

피삭재의 재질에 따라 center 구멍의 크기가 다를 수 있으나, 보통 가공물의 크기에 따라 다음 표에 있는 규격의 center drill을 사용하며, center 구멍은 center와 면접촉이 잘 이루어 져야 한다.

center drill의 규격 (mm)

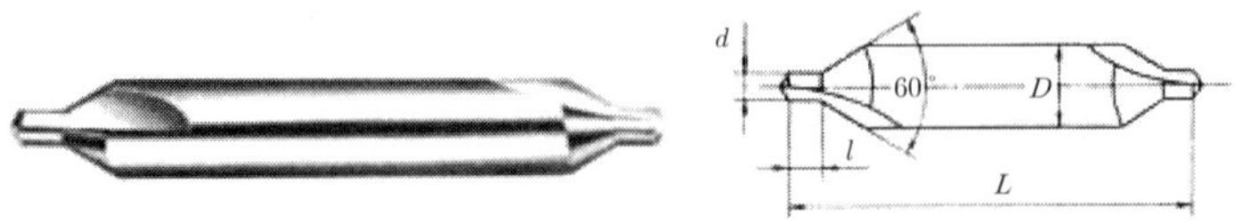

공작물의 지름	호칭치수	d	D	L	t
5 이하	0.7	0.7	3.5	35	1
5~15	1	1	4	35	1.5
10~15	1.5	1.5	5	40	2
20~35	2	2	6	45	3
30~45	2.5	2.5	8	0	3.5
35~60	3	3	10	55	4
40~80	4	4	12	66	5
60~100	5	5	14	78	6.5
80~140	6	6	18	90	8

그림 6-42 center 구멍

② bite의 고정:

bite 의 선단(先端)이 중심선의 높이(center 높이)에 오도록 하는 것이 이상적이고, 지름이 큰 공작물의 황삭(荒削)에서는 중심선으로 부터 중심각 5° 이내의 높이에 설치할 수도 있으나, 지름이 작을 때 bite 선단을 중심선보다 낮게 위치시키면 공작물이 bite 위로 올고, bite 선단을 중심선보다 높게 위치시키면 공구가 공작물 위로 올라와 정상적인 가공을 할 수 없다.

bite holder가 너무 길게 나오면 holder가 굽혀져 선단의 위치가 변하므로 이를 피할 것이며, 아래 그림(a)와 같이 bite 선단이 심압대를 향하게 하여 약간 경사지게 함으로써 절삭저항에 의한 bite의 변형으로 bite가 공작물에 파고 들어가지 않도록 한다.

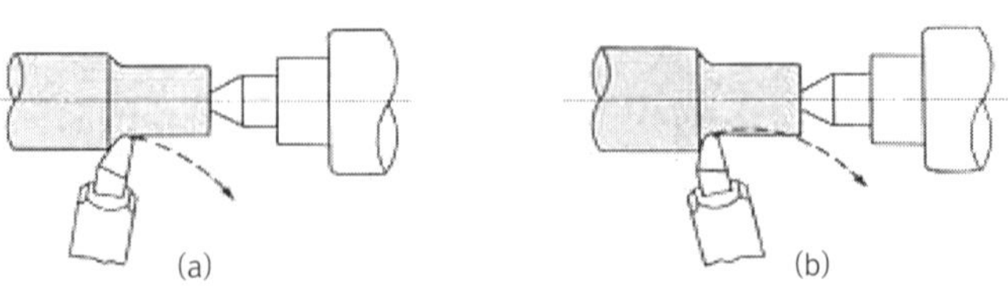

그림 6-43 bite를 심압대 측으로 경사시키는 이유

아래 그림 (b)에서와 같이 외경절삭의 경우 공구를 가공물의 중심선보다 h만큼 높여 절삭할 때 유효경사각 $\alpha e = \alpha + \theta$ 가 되어 경사각은 증가하고, 유효전방 여유각 $\gamma e = \gamma - \theta$가 되어 감소한다. 이 때 offset 에 대한 교정각(較正角) θ는

$$\sin\theta = \frac{h}{D/2} = \frac{2h}{D}$$

그림 (c)에서와 같은 내경절삭에서는 외경절삭의 경우와 반대로 경사각이 감소하여 $\alpha e = \alpha - \theta$ 로 되고, 전방 여유각(제1 선단 여유각)은 증가하여 $\gamma e = \gamma + \theta$로 된다.

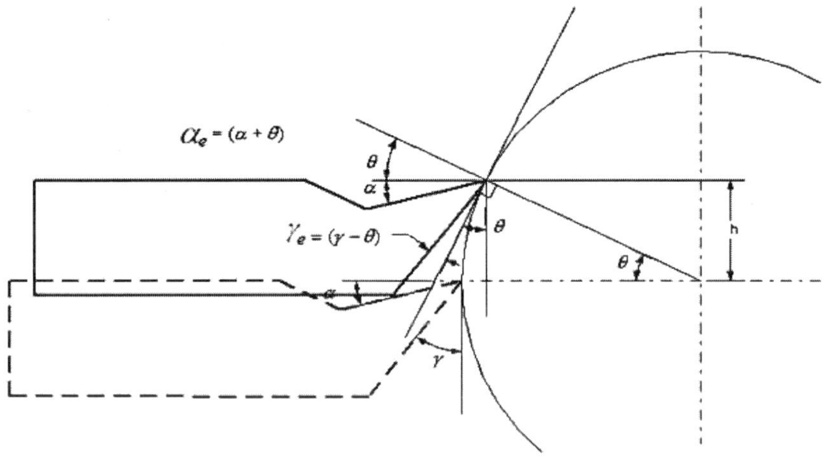

그림 6-44 bite의 위치에 의한 절삭 깊이 및 사용각의 변화

③ chuck 작업:

공작물이 짧아서 심압대로 지지할 필요가 없거나 drilling, boring, tapping 및 reaming을 위하여 chuck에 의해서만 고정할 때가 있다. 공작물을 단동 chuck으로 고정할 때 중심을 잡는 방법을 소개한다.

1) chalk method:

그림과 같이 chuck에 공작물을 물린 다음 chalk를 일정 높이에 대고 주축을 손으로 천천히 회전시켜 공작물에 닿은 chalk 흔적에 의하여 편심 정도를 검사하면서 chuck jaw의 이동으로 중심을 조정하여 간다.

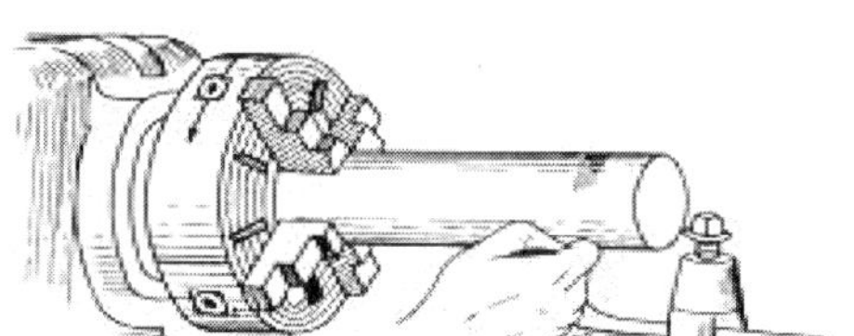

그림 6-45 chalk에 의한 중심 잡기

2) surface gauge method:

그림과 같이 공작물의 자유단에 미리 중심을 표시하고 주축을 손으로 회전시키면서 surface gauge의 pin이 그리는 원이 처음 표시한 것과 동심원을 그릴 때까지 jaw를 조정하여 가거나, surface gauge의 pin과 가공물의 원주 사이의 거리를 보면서 jaw를 조정하는 방법이 있다.

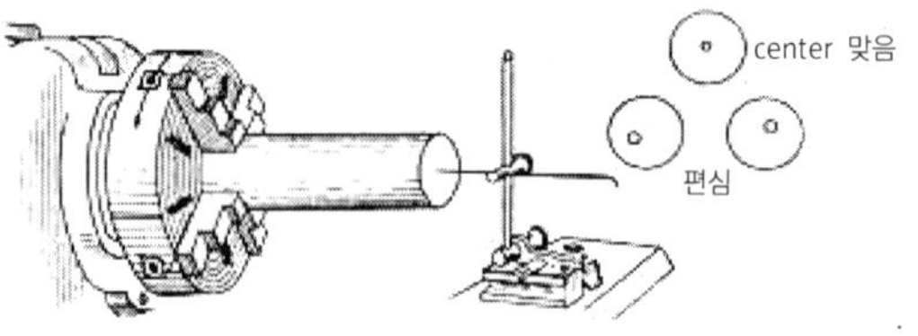

그림 6-46 surface gauge 의한 중심 잡기

그림 6-47 surface gauge 중심 잡기

3) wiggler method:

그림과 같이 pin의 우단(右端)이 원을 그리지 않고 심압대의 center와 같은 높이가 될 때까지 jaw를 조정하여 가는 방법으로 중심을 맞추는 방법이다.

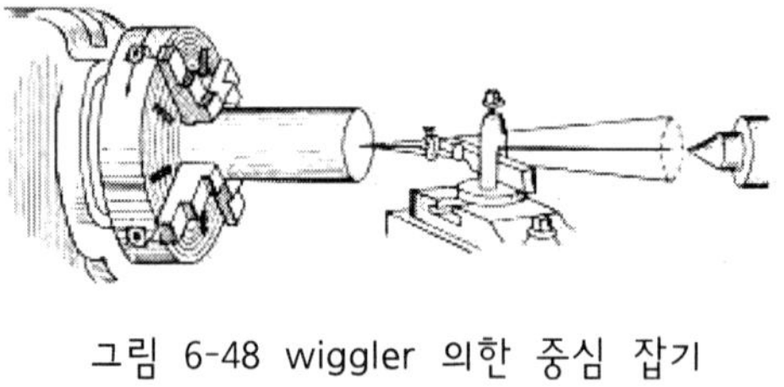

그림 6-48 wiggler 의한 중심 잡기

4) dial indicator method:

다음 그림과 같이 dial indicator에 의하여 편심 정도를 검사하면서 편심량의 1/2 로 조정하여 가는 방법이며, 특히 중공축(中空軸)의 중심잡기에 편리하다.

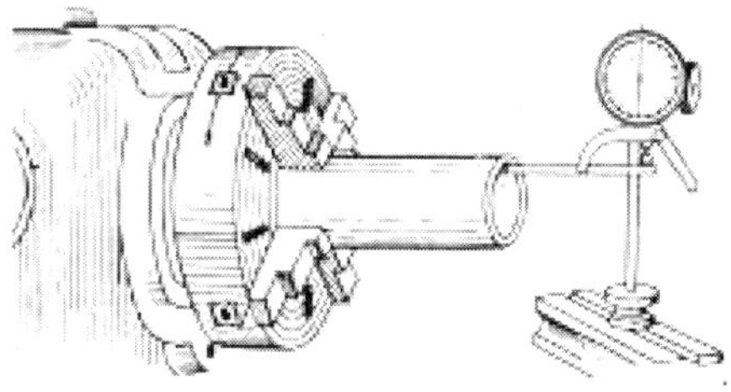

그림 6-49 dial indicator 중심 잡기

④ 단면절삭(端面切削; facing):

그림과 같이 수평면상에서 bite 선단을 공작물측에 기울이고 단면을 절삭한다. 황삭일 때는 bite를 외주(外周)에서 중심을 향하여 절삭하거나 중심에서 외주를 향하여 절삭하여도 관계 없고, 다듬질절삭에서는 중심에서 외주를 향하여 절삭하여야 단이 생기지 않는다. 중심부에 미가공부를 남기지 않기 위해서는 half center를 사용한다.

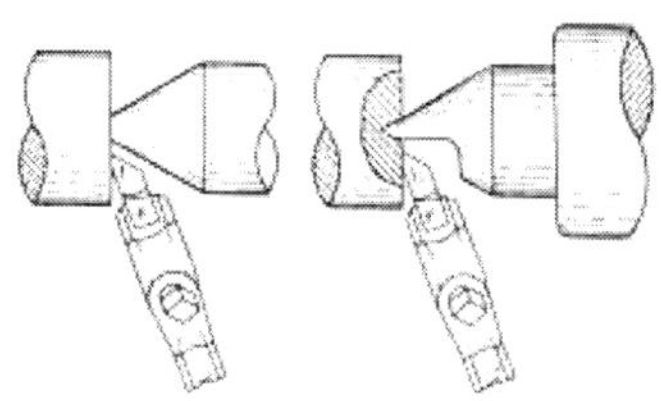

그림 6-50 단면절삭

⑤ knurling:

그림과 같이 표면에 요철(凹凸)이 있는 knurling 공구를 공작물에 압입하여 가공면에 요철이 생기게 하는 가공이며, micrometer, gauge 등의 손잡이에 미끄럼 방지, 지름의 증가 또는 장식을 위한 가공을 할 때 이용 한다. knurl이 1개인 경우에는 knurl의 중심선과 공작물의 중심신이 같은 높이에 있어야 하고, 2개인 경우에는 knurl이 공작물의 중심선에 대하여 대칭적으로 위치해야 한다. knurl 공구를 주축대를 향하여 약간 기울린 상태에서 공구대에 고정하므로써 추력을 적게한다. 주축의 회전수는 최저로 하고 종방향(從方向)의 이송은 다소 크게 하며, 1 ~ 2회 가공으로 완성한다. knurling을 하면 다듬질 치수보다 0.2 ~ 0.4 mm 정도 지름이 크게되는 것도 고려하여야 하며, 절삭유제를 약간 공급하는 것도 잊지 말아야 한다. knurling은 절삭기공이 아니지만 선반에서의 작업의 일종으로 소개한다.

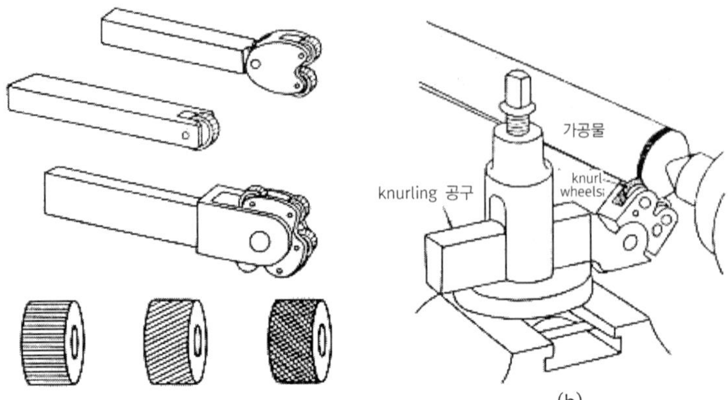

(a) knurling 공구(roulette) (b)

그림 6-51 knurling

⑥ drilling:

공작물을 chuck에 물리고 그림 (a)와 같이 drill고정구의 handle이 공구대에 걸치게 하여 drill이 회전하지 못하게한 상태에서 주축을 회전시키면서 심압대에서 drill에 이송을 준다. drill 또는 reamer의 지름이 5/8 in 이하일 때는 shank에 taper가 없으므로 drill chuck에 drill 또는 reamer를 고정한 후 chuck을 그림 (b)와 같이 심압대 spindle의 구멍에 넣고 주축을 회전시키면서 심압대에서 drill 또는 reamer에 이송을 준다. 주철외의 금속을 drilling 또는 reaming할 때에는 절삭유제를 공급하여야 한다.

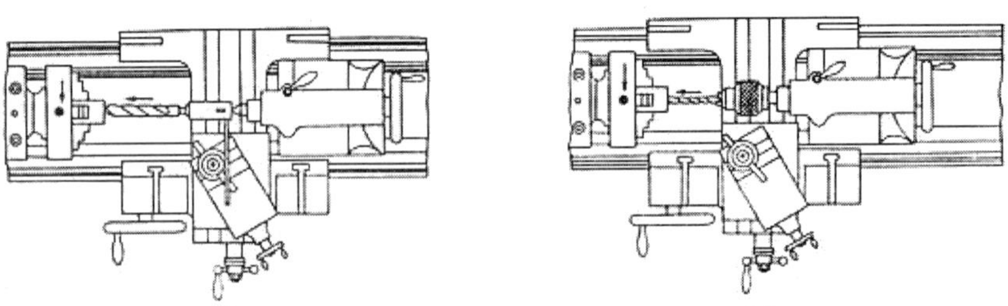
(a) (b)

그림 6-52 drilling

⑦ tapping:

그림과 같이 주축에 고정된 공작물단면(端面)의 구멍에 tap을 넣고 tap handle에 의하여 tap의 회전을 막은 상태로 공작물을 저속 회전시키면서 심압대의 handle을 회전시켜 tap을 밀어주어 내면나사절삭을 할 수 있다. 수시로 tap을 가공물과 분리시켜 chip을 제거한 후 tapping을 되풀이 하며, 절삭유제를 공급한다. 2번 tap과 3번 tap에 의한 가공은 선반으로 부터 가공물을 분리한 후 실시하는 것이 용이하다.

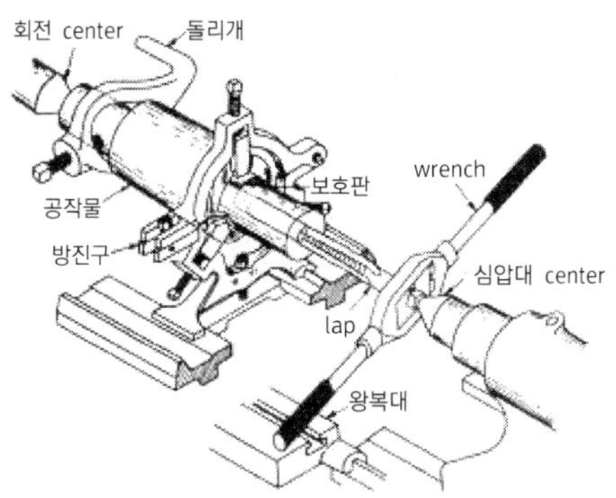

그림 6-53 tapping

⑧ boring:

그림과 같이 boring 공구로 이미 뚫려 있는 구멍의 원통 내면을 선삭하여 확대하는 작업을 boring이라 하며, 공구의 끝을 중심선보다 약간 높게 위치시켜 공구의 여유면이 구멍의 내면에 접촉되는 것을 피할 수 있어 안전하다. 구멍이 깊을 경우에는 boring bar가 길게 되므로 bar의 변위가 커져 정확한 가공이 어렵게 된다. 막힌 구멍의 boring에는 boring bar의 끝에 절삭인을 장착한다. 선단여유각과 측면여유각을 크게하여 가공면과의 마찰을 피하여야 한다.

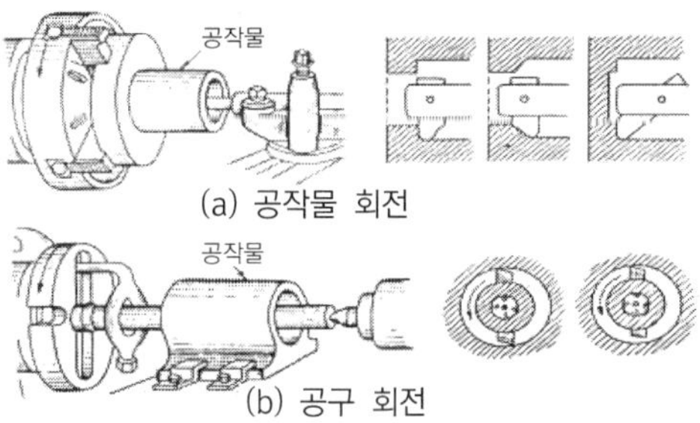

그림 6-54 boring

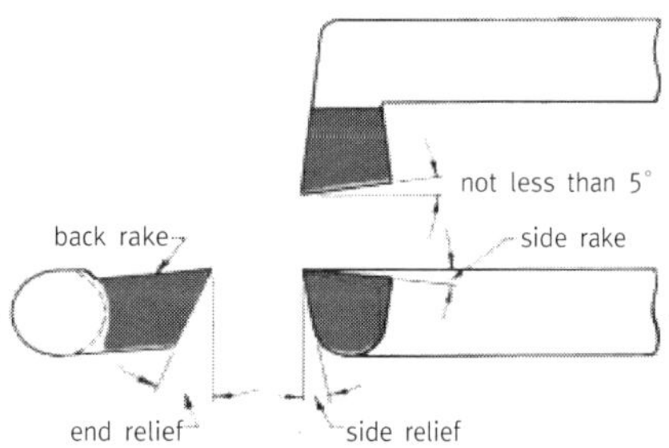

그림 6-55 공구의 각

⑨ taper 절삭:

그림 (a)에서 원추대의 큰 직경을 D, 작은 직경을 d, 길이를 , 꼭지각을 2α라 할 때 (D - d)/ = 2 $\tan\alpha$로 되며, (D - d)를 1로 환산한 1/x를 taper라 하고, 2α를 taper 각이라 한다. 그림 (b)와 같은 원추에서 = L 이므로 d = 0가 되며, taper는 D/L = 2 $\tan\alpha$와 같다.

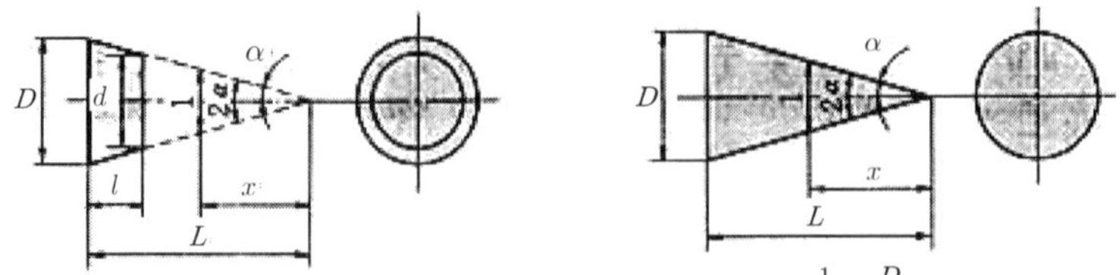

$\frac{1}{x} = \frac{D-d}{l} = 2\tan\alpha$

(a) 원추대

$\frac{1}{x} = \frac{D}{L} = 2\tan\alpha$

(b) 원추

그림 6-56 taper

taper의 선삭법을 들면 다음과 같다.

- 심압대의 편위(偏位)에 의한 것(tailstock set-over method)
- taper 장치에 의한 것(taper attachment method)
- 복식공구대의 경사에 의한 것(compound rest method)
- 가로이송과 세로이송을 동시에 주는 방법

1) 심압대의 편위(偏位)에 의한 방법:

그림 (a)와 같이 심압대를 편위 시켜 taper 절삭을 하는 방법이며, 그림 (b)에서 보는 바와 같이 편위 거리 e가 같아도 가공길이에 따라 taper가 다르다.

그림 (a)에서 공작물의 길이 L, taper 진 부분의 양단의 지름을 각각 D, d, taper 진 부분의 양단 거리를 라 할 때 편위 거리 e는 다음과 같이 계산된다.

$$\frac{e}{L} = \sin\alpha \qquad \tan\alpha = \frac{\frac{D-d}{2}}{l} = \frac{D-d}{2l}$$

$$\therefore = L \cdot \sin\alpha = L \cdot \sin\left[\tan^{1}\frac{D-d}{2l}\right] \text{이며}$$

$[D-d]$가 작고 l이 클 때에는 $e = \frac{L \cdot (D-d)}{2l}$, $L = l$일 때에는 $e = \frac{D-d}{2}$가 된다.

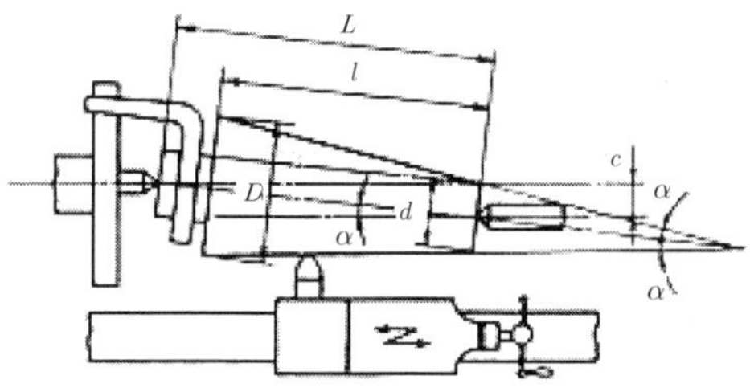

(a)

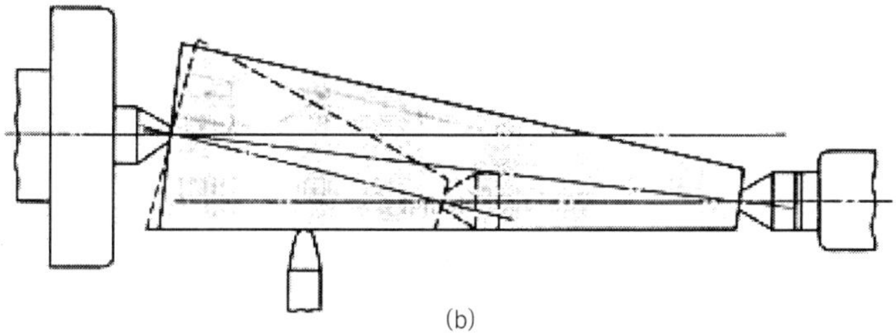

(b)

공작물의 center 구멍과 심압대의 center가 정상적인 접촉을 못하므로 불규칙적인 마모에 의한 치수오차에 주의하여야 한다.

2) taper 장치에 의한 방법:

아래 그림과 같이 선반 뒤에 장착된 taper 장치(attachment)에 왕복대를 연결하고 (이 때 cross feed nut를 잡고 있는 screw를 풀어준다.) attachment의 taper bar에 따라 왕복대를 이동시켜 taper 절삭을 하며, 필요한 taper 각은 taper bar의 기울림 각에 의한다. 이 방법의 장점을 들면 다음과 같다.

- 공작물의 center 구멍과 심압대의 center가 가공물의 중심선상에 있으므로 구멍과 center가 정상적으로 접촉하여 상호 손상이 없다.
- taper 장치의 taper bar 각을 조정하여 놓으면 공작물의 길이에 관계없이 동일한 taper를 절삭 할 수 있다.
- 심압대의 center 지지 없이 가공할 수 있으므로 taper boring이 용이하다.
- 편위법보다 큰 범위의 taper 절삭을 할 수 있다.

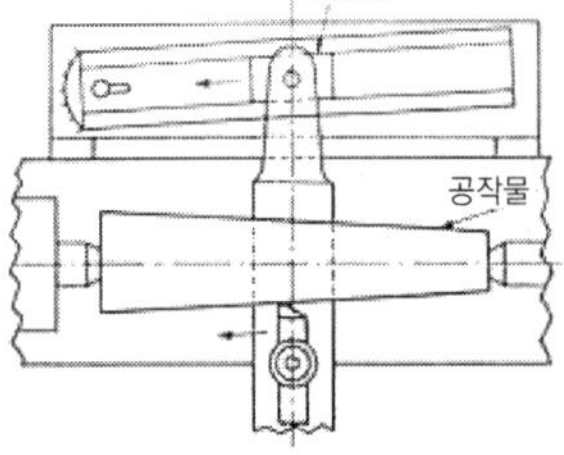

(a) taper 절삭

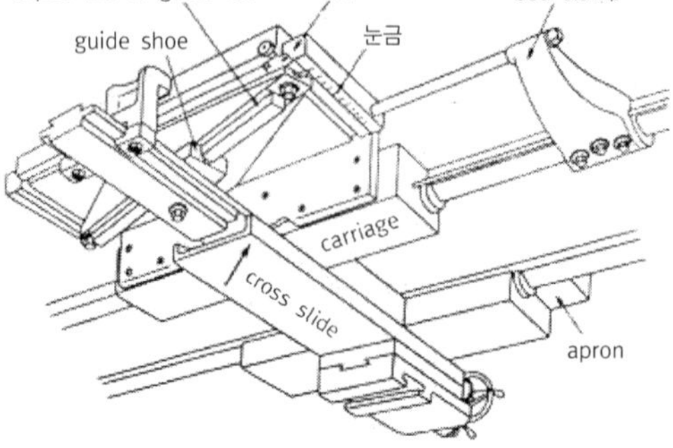

(b) taper 절삭

그림 6-62 taper 장치에 의한 taper 절삭

3) 복식공구대의 경사에 의한 방법:

taper가 크고 공작물이 짧을 때 이용하는 방법으로 그림과 같이 필요한 각만큼 복식 공구대를 가공물의 중심선에 대하여 경사시키고 수동으로 복식공구대의 handle을 회전시켜 bite를 이송시킨다.

즉 $\tan\alpha = \dfrac{D-d}{2l}$에 의하여 복식공구대를 α만큼 회전시킨다.

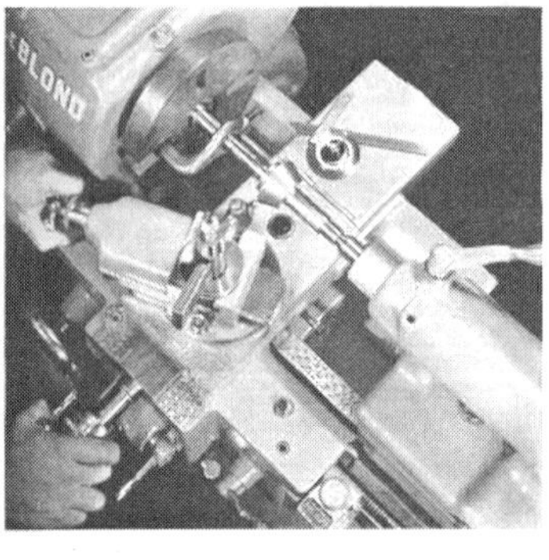

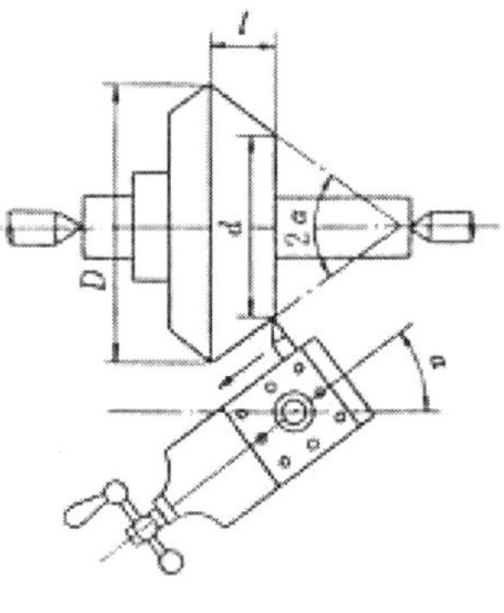

그림 6-63 복식공구대의 경사에 의한 taper 절삭

4) 가로이송과 세로이송을 동시에 주는 방법:

bed 아래에 있는 lead screw에 따른 이송과 함께 이와 직각방향인 횡방향이송(横方向移送; cross feed)장치가 있는 선반에서 종방향이송(從方向移送; longitudinal feed)과 횡방향이송을 동시에 주어 taper를 가공할 수 있다.

⑩ 구면(球面)가공:

bed 위에 별도로 설계된 saddle을 놓고, 그 위에 회전 table, 회전 table 위에 전용 공구대를 고정한다. 회전 table은 선반의 이송기구에서 worm과 worm gear를 거쳐 구동하거나, 회전 table의 worm을 수동으로 구동하여 table과 함께 공구대를 회전시켜 구면가공을 한다.

그림 6-64 구면가공장치

⑪ 나사절삭:

선반에서 나사를 절삭할 때 주축과 lead screw를 gear로 연결하여 가공나사의 pitch에 따라 주축과 lead screw의 회전속도비를 정하면 소정의 나사를 절삭 할 수 있다. bite 끝은 나사산의 형상에 맞추어 상면경사각이 0° 되게 연삭하고, center gauge에 의하여 그림 (A)와 같이 공작물의 중심선과 직각으로 같은 높이에 고정한다. bite를 오른쪽에서 왼쪽을 향하여 절삭함으로써 오른나사 가공이 이뤄지고, 왼나사의 절삭에서는 그림 (B)에서 주축내에 있는 역전 lever를 조직하여 bite를 왼쪽에서 오른쪽으로 향하게 한다.

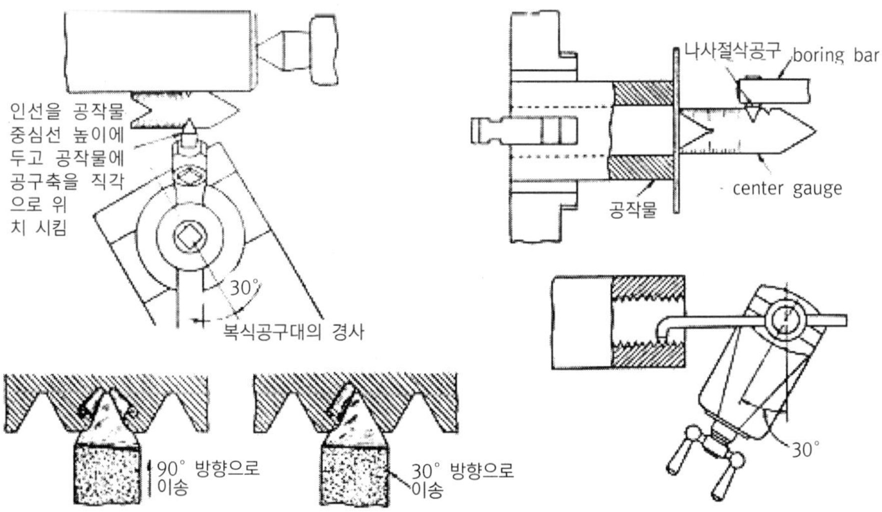

그림 6-65 나사절삭을 위한 공구(bite)의 설치

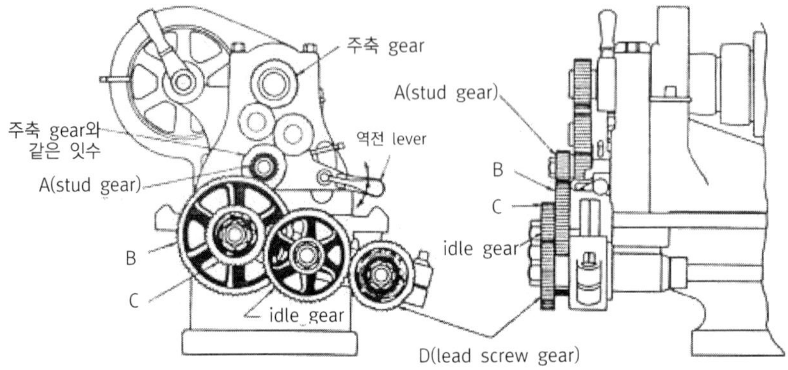

그림 6-66 주축과 lead screw 간의 변환 gear 열

1) 변환 gear의 계산:

선반의 변환 gear는 inch system에서는 20 ~ 120(5 teeth 差)과 27, meter system 에서 20 ~ 64(4 teeth 差)와 72, 80, 127 잇수의 것이 있으나 실제에는 보유한 gear를 사용할 수 있도록 변환 gear를 계산하여 선정하여야 한다. 그림 (a)는 단식변환 gear 열, 그림 (b)는 복식변환 gear 열이며, 이송역전장치는 회전수에 영향을 주지 않으므로 그림에 표시하지 않았다.

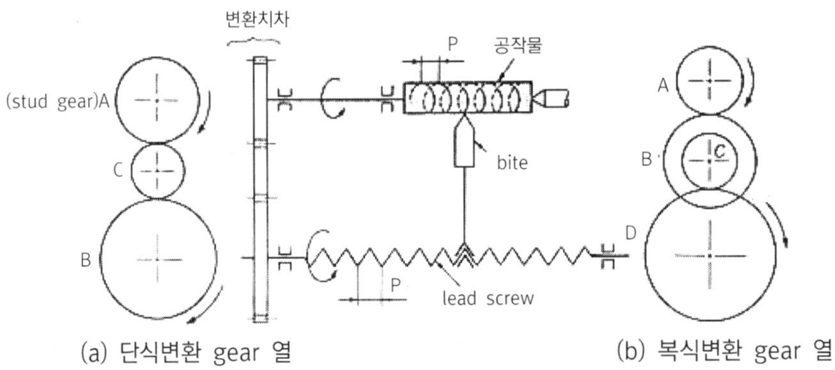

그림 6-67 나사절삭기구

n : 절삭되는 나사의 단위 길이당 산수

N : lead screw의 단위 길이당 산수

p : 절삭되는 나사의 pitch$\left(=\frac{1}{n}\right)$

P : read screw의 pitch $\left(=\frac{1}{N}\right)$

A,B,C,D를 변환 gear의 명칭과 그 gear의 잇수라 하면 공구대가 lead screw에 따라 이동하는 길이와 가공되는 나사의 길이가 같으므로

$$N \cdot P = p \cdot n(=1) \text{에서 } \frac{N}{n} = \frac{p}{P} \qquad (1)$$

gear A의 회전수((r_A) • $A = gear\,B$의 회전수 (r_B) • B에서

$\frac{r_b}{r_A} = \frac{A}{B}$: 공작물이 1회전할 때 (1 pitch : p를 절삭할) lead screw의 회전수

∴ 공작물상에서 bite가 pitch p만큼 이동하기 위하여 lead screw가 동일한 길이 $P \cdot \frac{A}{B}$만큼의 이동을 하여야 한다.

$$\text{즉 } p = p \cdot \frac{A}{B} \text{로 되어 } \frac{p}{P} = \frac{A}{B} \qquad (2)$$

∴ (1)과 (2)에서

단식의 경우 : $\frac{N}{n} = \frac{p}{P} = \frac{A}{B}$

복식의 경우 : $\frac{N}{n} = \frac{p}{P} = \frac{A}{B} \cdot \frac{C}{D}$

가 된다.

2) 나사절삭 방법:

나사에는 산의 형상에 따라 3각나사, 4각나사, 제형(梯形)나사 등이 있으나, 이 중에서 가장 많이 사용되는 1줄 3각나사에 대하여 설명하며, 4각나사, 제형나사 등에 대하여는 아래에 pdf-file로 추가 하므로 3각나사절삭법을 기초로 하여 공부하기 바란다.

1. bite를 공작물의 중심선과 같은 높이에서 center gauge를 사용하여 중심선과 직각이 되도록 설치한다.
2. 60° 산 나사절삭을 위한 복식공구대를 그림과 같이 30° 로 회전시켜 고정함으로써 절삭작용은 주로 bite의 좌측인이 하게하고 우측인은 나사변을 나듬는 역할을 하게한다.
3. 나사절삭시 절삭속도는 원통선삭의 1/3 ~ 1/4 정도로 정하며, bite 끝을 가공물의 표면에 가볍게 접촉시킨 상태에서 micrometer collar의 눈금을 0 에 맞추고 set screw를 조인다.
4. 절삭깊이는 복식공구대의 이송나사로 조정하며, 나사산의 높이를 h, 복식공구대 이송나사의 이동거리를 , 복식공구대의 회전각을 30° 라 하면

$$\frac{h}{l} = \cos 30^{\circ}$$

$$\therefore l = \frac{h}{co30^{\circ}} = 1.1547h$$

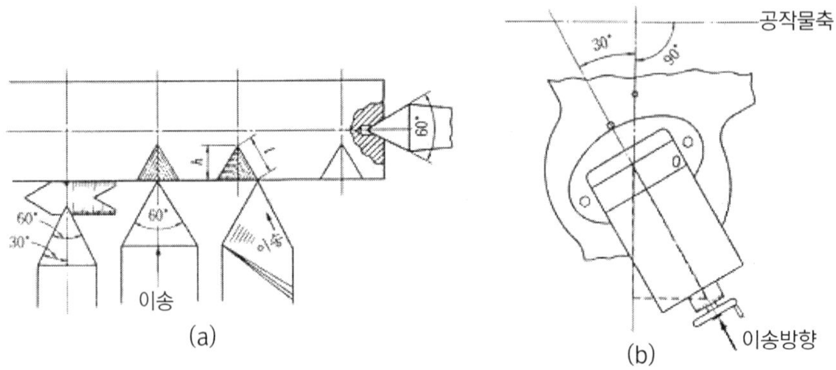

그림 6-68 60° 山 나사절삭법

3) chasing dial의 사용법:

나사는 1회 절삭으로 완성되는 것이 아니고 같은 홈을 반복 절삭하여야 한다. bite를 같은 홈에 넣을 수 있도록 half nut 닫는 시기를 지시하여 주는 아래 그림과 같은 장치를 chasing dial이라 한다. lead screw가 회전하면 chasing dial도 회전하나 half nut를 닫으면 chasing dial은 회전하지 않는다. dial 면에는 수자가 표시된 눈금 (1, 2, 3, 4) 4개와 수자 표시가 없는 눈금 4개가 있다.

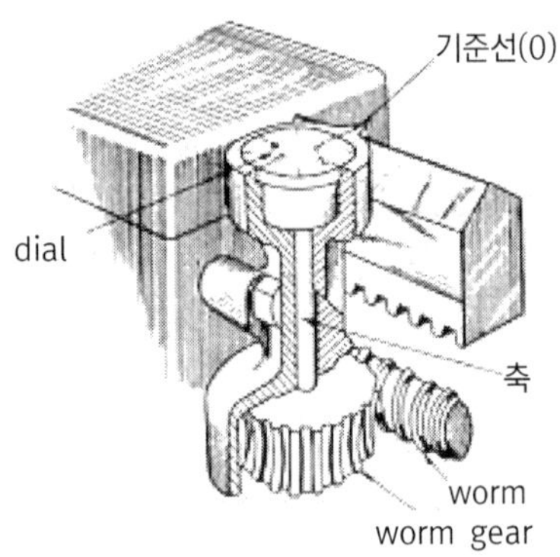

그림 6-69 chasing dial의 worm gear가 lead screw와 물림

그림 6-70 chasing dial의 외관

lead screw가 worm의 역할을 함

chasing dial에서 worm gear의 잇수는 worm(lead screw가 worm의 역할을 함)의 산수의 정수배(整數倍)로 되어 있어, worm이 4산/in 이면 worm gear는 16산, 24산 등으로 된다. 아래 그림은 worm과 공작물의 pitch 관계로 half nut의 닫는 시기를 설명한 것이다. 그림 (a)는 공작물과 worm의 pitch가 같은 경우이고, 그림 (b)는 공작물의 산수가 worm 산수의 배수일 때이며, 그림 (a)와 그림 (b)에서는 half nut를 어느때나 잠가도 된다. 그림 (c)는 worm이 4산/in인데 대하여 공작물이 6산/in로서 worm이 2회전할 때 공작물은 3회전하므로 worm이 2회전할 때마다 잠그면 된다. 그림 (d)는 worm이 4산/in 이고 공작물이 5산/in 인 경우로서 worm이 4회전마다 잠그면 된다.

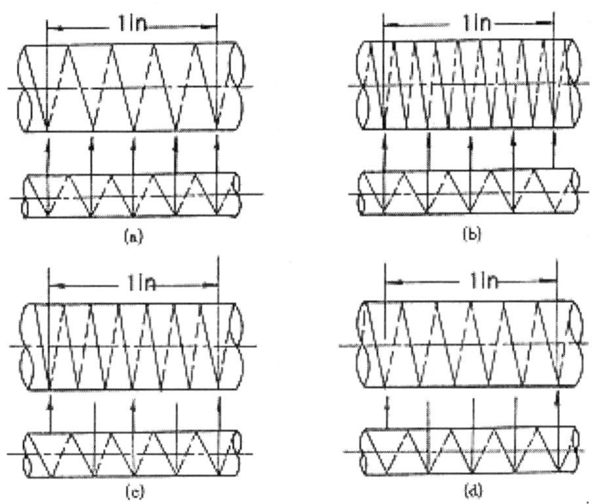

그림 6-71 half nut를 닫는 시기

그림(c)의 경우 $\text{공작물회전수} \times \frac{1}{6}in = worm\text{회전수} \times \frac{1}{4}in$에서 $\frac{\text{공작물 회전수}}{worm\ \text{회전수}} = \frac{3}{2}$로 되어 공작물이 3회전 할 때 worm이 2회전한다.

그림(d)의 경우 $\text{공작물회전수} \times \frac{1}{5}in = worm\text{회전수} \times \frac{1}{4}in$에서 $\frac{\text{공작물 회전수}}{worm\ \text{회선수}} = \frac{5}{4}$로 되어 공작물이 5회전 할 때 worm이 4회전 한다.

아래 그림은 가공물의 in당 산수에 따라 half nut의 닫는 시기를 정리한 것이다.

복가공물의 1 in 당 山數	half nut의 물림위치	
偶數(우수)	임의의 dial 눈금이 기준선과 일치할 때	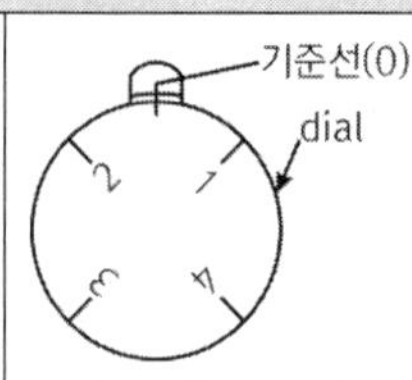
奇數(기수)	숫자의 dial 눈금이 기준선과 일치할 때	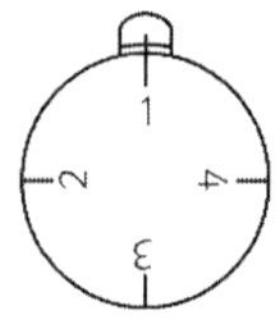
$\frac{1}{2}$로 표시되는 분수 $\left(5\frac{1}{2}, 11\frac{1}{2}\text{ 등}\right)$	기수의 dial 눈금(1,3)이 기준선과 일치할 때	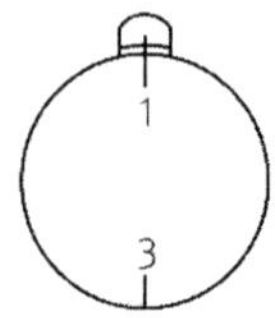
기타의 분수 $\left(\frac{1}{2}\text{로 표시되는 것 제외}\right)$	처음 절삭할 때의 dial 눈금이 기준선과 일치할 때	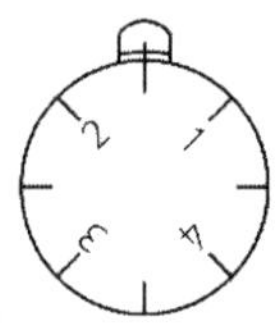

그림 6-72 half nut를 닫는 시기

나사절삭할 때 대부분의 작업자는 half nut를 lead screw에 물린 상태에서 공구를 후퇴시고 lead screw를 역전시켜 bite를 나사절삭 시작위치에 옮겨 다시 절삭깊이를 주고 반복 가공한다.

$$\text{다중(多重)나사에서는 lead} = \text{pitch} \times \text{줄수}$$

이므로 공작물의 1줄나사에서 pitch 대신에 lead를 넣어 생각하면 된다.

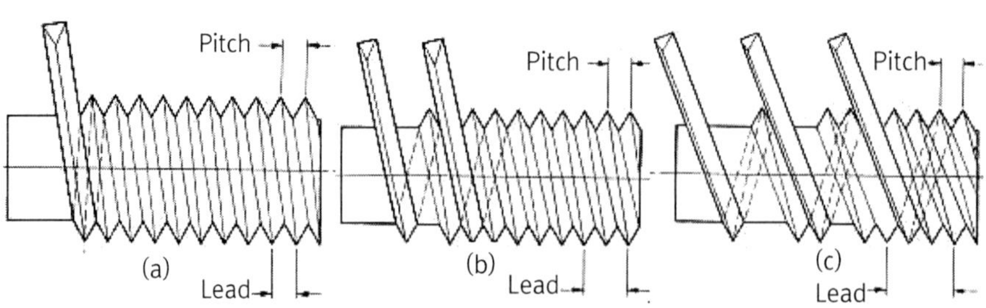

pitch와 lead의 관계

n중나사를 가공할 때 1줄 나사홈을 가공한 후 중간gear를 분리시키고 주축을 1/n 만큼 회전시킨 다음 중간gear를 연결하거나, 다음과 같이 chasing dial을 이용한다.

⑫ relieving:

milling cutter, hob 등에 여유면을 가공하기 위하여 그림과 같은 장치로 양각가공(陽刻加工)하는 것을 relieving이라 한다. 그림 (a)에서 cam 축 p에 의하여 cam c가 회전하고 공구대에 고정된 nail a가 활동(滑動; sliding)하여 bite에 횡이송(横移送; cross feed)을 주고, cam과 nail의 최고부를 통과하면 spring 작용에 의하여 bite는 본래의 위치에 급귀환 한다.

그림 (b)에서 bevel gear에 의한 동력전달에 의하여 cam을 회전시키고, cam이 1회전 할 때마다 bite가 이동하여 relieving 하며. 공작물이 1pitch 회전할 때마다 bite가 1회의 동작을 하여야 한다. cutter, hob 등의 공구를 연삭하여도 여유각이 변하지 않고 일정하기 위하여는 여유면을 대수곡선(對數曲線)으로 하여야 하나, 보통 제작하기 쉬운 Archmedian spiral을 이용한다.

그림(a)의 임의 각 θ에서 cutter의 flank까지의 반지름 r는

$$r = R - \frac{\theta}{2\pi/N} \cdot H = R - \frac{N \cdot H}{2\pi} \cdot \theta$$

P점에서 접선과 동경이 이루는 각을 β라 하면

$$(r - dr) \cdot d\theta = dr \cdot \tan\beta$$

$$\therefore r \cdot d\theta = dr \cdot \tan\beta$$

$$\therefore \tan\beta = \frac{r}{dr} \cdot d\theta$$

∴ 절인부에서는 r대신에 $\dfrac{D}{2}$, dr대신에 H, $d\theta$대신에 $\dfrac{2\pi}{N}$를 대입하면

$$\tan\beta = \frac{\pi D}{N \cdot H}$$

그런데 $\tan\beta = \tan\left(\frac{\pi}{2} - \alpha\right) = \cot\alpha = \frac{1}{\tan\alpha}$

$$\therefore \tan\alpha = \frac{N \cdot H}{\pi D}$$

여유각 α가 너무 크면 cutter 인은 예리하나 약해지므로 8~12° 정도로 한다.

$\alpha = 10^{\circ}$ 라 하면

$$H = \frac{\pi D}{N} \cdot \tan 10^{\circ} = 0.55 \times \frac{D}{N} \sim \frac{D}{2N}$$

여기에서 D : cutter의 지름, N : cutter의 잇수, H : relieving 높이

⑬ 절단가공(切斷加工; cutting-off):

다수의 동일한 짧은 부품을 spindle을 통하여 chuck 또는 collet에 물린 봉재에서 연속하여 가공할 때가 있으며, 각 부품을 소정의 치수로 가공된 후 center의 지지 없이 봉재로 부터 절단하여 분리할 수 있다. 심압대의 center가 지지한 상태에서는 절단 종기(終期)에 center의 압력으로 절단면이 절단 blade의 측면을 눌러 마찰력이 급증하면서 blade는 파단된다.

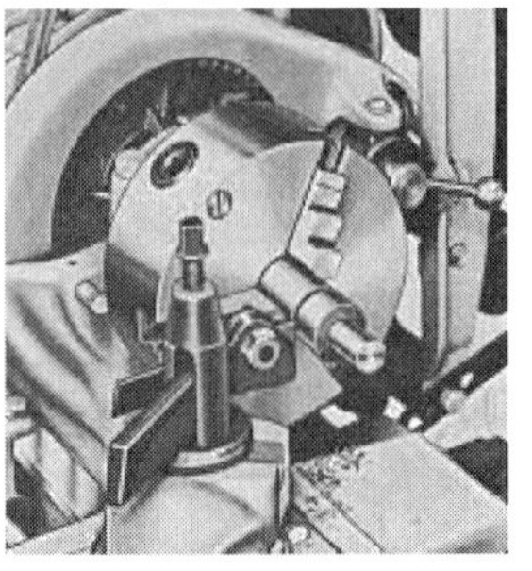

그림 6-73 절단가공

이 때 원활한 절단을 위하여 지켜야할 사항을 나열하면 다음과 같다.

- 공작물을 chuck 또는 collet에 견고하게 고정고, 심압대로 지지하지 않는다.
- 공작물의 돌출부를 가능하면 짧게한다.
- 부분적으로 직경이 다를 때에는 큰쪽을 고정한다.
- 치환(置換) blade는 toolholder에서 가능하면 짧게 나오게한다(반경+여유).
- blade의 선단을 center의 높이에 위치시키고, toolholder를 가능하면 공구대에서 짧게 나오게하여 견고하게 고정한다. 인선이 중심선보다 높으면 지름이 작아질 때 가공물에 bite가 올라타고, 낮으면 가공물이 bite 위로 올라와 절단가공을 완성할 수 없다.
- 가공면과 blade의 마찰을 피하기 위하여 blade에 5° 정도의 측면여유각, 8 ~ 12°의 선단여유각, 극히 작거나 0° 정도의 상면경사각을 준다.
- 절삭속도는 보통선삭속도의 1/2 정도로 한다.
- crossfeed handle를 회전시켜 bite를 가공물의 중심을 향하여 이송하고, 절단 종기(終期)에는 이송을 작게한다.
- 중심을 향하여 이송을 주는 동안 수시로 bite를 약간 후퇴시켜 왕복대를 좌우(左右)로 약간 이동시키므로써 blade가 홈에 끼워지는 것을 방지한다.
- 절삭유제를 충분히 공급한다.

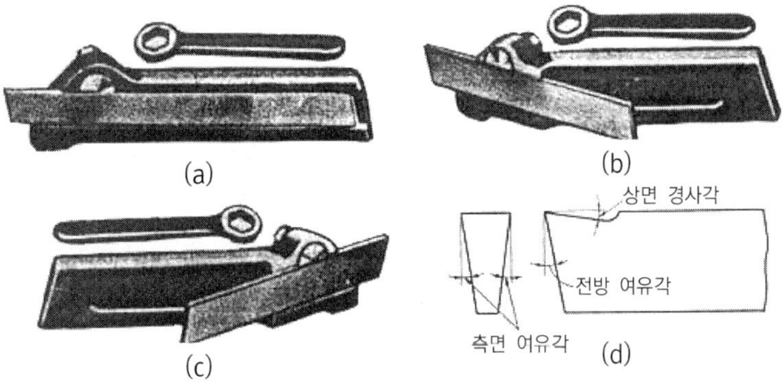

그림 6-74 절단 bite

⑭ 편심축절삭(偏心軸切削; turning an eccentric):

1개의 축(軸)에서 직경이 상이한 축이 평행하나 동심에 있지 않을 때 center 구멍간의 거리를 편심거리라 하며, 이러한 편심축은 요동운동을 하며, crank 축과 같이 편심이 큰 경우도 있다.

선반에서 편심축을 가공할 때

- 그린(a)는 공작물의 단면에 center 구멍을 전부 가공할 수 있는 경우이며, 편심거리가 작을 때에는 구멍을 얕게하여 옆의 구멍과 합치되는 것을 피한다.
- 편심거리가 너무 커서 가공물의 단면에 center 구멍 전부를 가공할 수 없을 경우에는 그림 (b)와 같이 가공물의 양단에 지지판을 나사로 고정하여 지지판의 center 구멍을 이용하고, 지지봉을 사용하여 가공물의 변형 및 지지판의 변위를 방지한다.

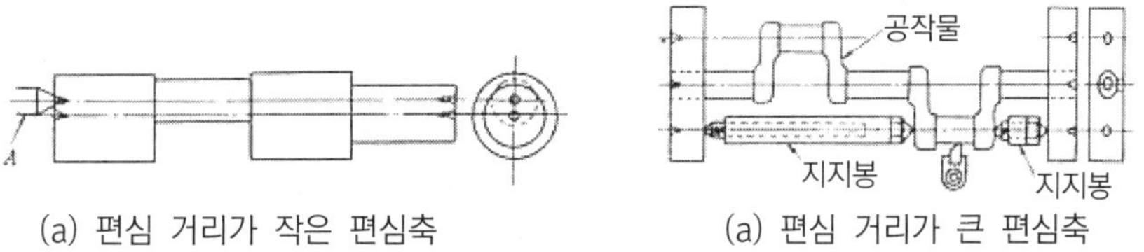

(a) 편심 거리가 작은 편심축 (a) 편심 거리가 큰 편심축

그림 6-75 편심축절삭

⑮ 모방절삭(模倣切削; copying):

불규칙한 윤곽(輪廓)의 절삭을 할 때 횡이송(橫移送; cross feed)이 형판(型板)을 따라 이루어지면서 절삭하는 방법으로서, 일명 윤곽선삭(contour turning)이라고도 한다. 이 가공법은 같은 제품을 다량으로 생산할 때 유리하며, 형판의 접촉저항과 절삭저항이 같은 기계적 장치, 접촉자(stylus)의 형판에 대한 접촉저항을 확대하는 전기적 장치 및 유압장치를 이용한다.

1) 기계적 장치에 의한 방법:

그림과 같이 공구대를 축방향으로 자동이송시킬 때
횡이송을 하면서 절삭한다. 본예에서는 횡방향으로
때문에 중절삭(重切削)에는 사용하지 않고 주로 절삭
다. 가장 간단한 방법은 taper 절삭장치에 형판(型板)
시키면서 가공하는 것이다. 이 방은 공구대와 형판
절삭저항과 같은 크기의 큰 힘이 형판에 작용하므로
서 채용될 수 있다.

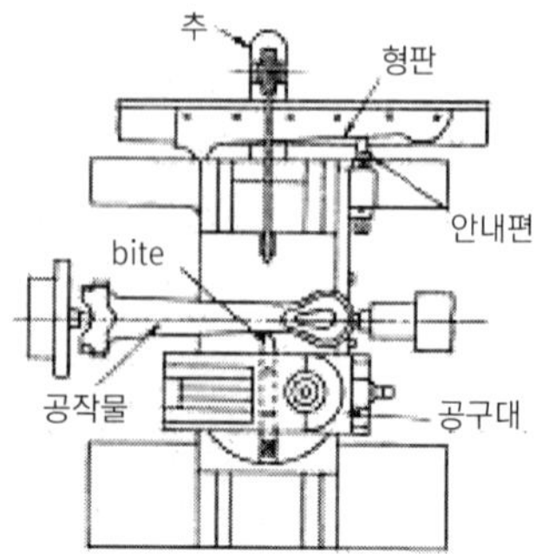

그림 6-76 기계적 모방절삭장치

2) 전기적 장치에 의한 방법:

그림과 같이 촉침이 형판을 따라 접촉 이동하면 open 또는 closed되어 종방향 이송용 motor 또는 횡방향 이송용 motor switch를 on 또는 off한다.

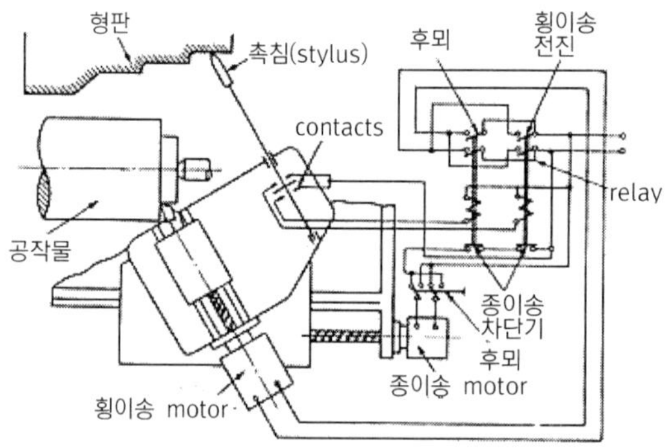

그림 6-77 전기적 모방절삭장치

촉침이 중립에 있으면 이송용 motor가 구동되어 가공물의 회전축 방향에 평행하게 가공하고, 촉침이 움직여 전기적 접촉이 closed되면 종방향 이송은 멈추고 횡방향의 이송이 된다. 공구대는 촉침운동 방향과 같은 방향으로 운동한다. 즉 촉침과 공구대의 거리는 본래의 값으로 복원되며, 촉침의 접촉이 다시 시작되고 횡방향의 이송이 중지되며 종방향의 이송이 재개된다.

3) 유압식 장치에 의한 방법:

그림과 같이 arm 선단(先端)에 pilot valve와 tracer가 있으며, 공구대의 이송은 pilot valve에 의하여 조작되는 작동 valve에 의하여 행하여 진다. tracer는 spring에 의하여 뒤로 잡아당기는 힘을 받고 있다. tracer가 모형에 접할 때까지 이동하도록 valve가 열리고 모형에 접촉하면 유압회로를 닫아 공구대는 정지하며, tracer가 눌러지면 공구대가 후진하도록 회로가 열린다.

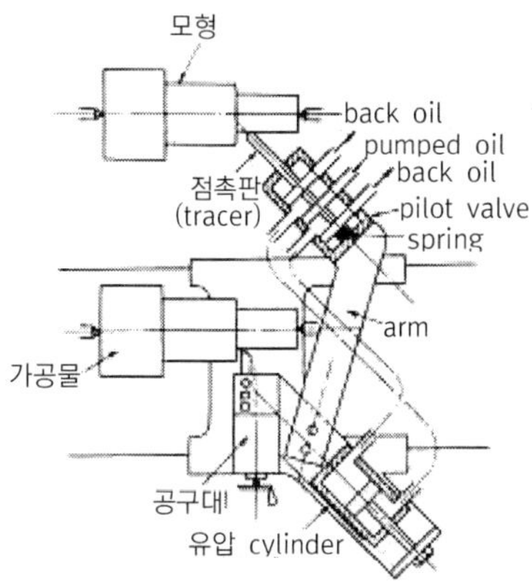

그림 6-78 유압식 모방절삭장치

6.2.3 turret 선반(turret lathe)(교과서 p.425)

turret 선반은 동일 공작물에 대하여 선삭(turning), drilling, boring, reaming, 단면절삭, 및 나사절삭 등의 가공을 할 수 있도록 일련(一連)의 가공순에 따라 절삭공구를 공구대인 4각 turret과 보통선반의 심압대 위치에 있는 6각 turret에 고정할 수 있는 선반을 turret 선반이라 하며, 형상, 크기 및 정도가 같은 부품을 다량생산할 때 유리하다.

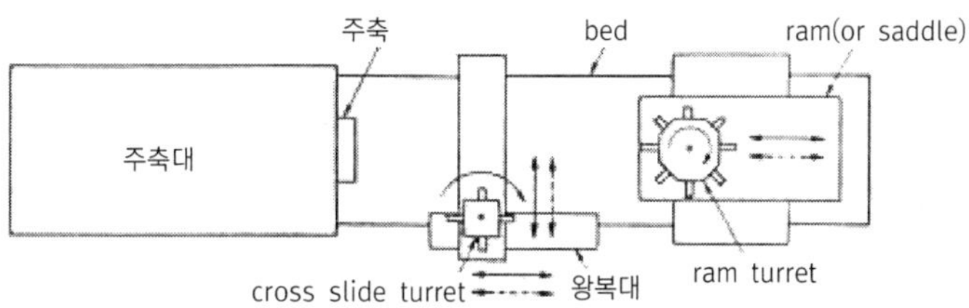

그림 6-79 turret 선반의 block diagram

보통선반에 대한 turret 선반의 특징은 다음과 같다.

- 필요한 다수의 절삭공구를 고정해 놓을 수 있다.
- 前加工과 동일한 가공이 될 수 있도록 절삭범위를 미리 정하여 공구를 고정할 수 있다.
- 다중절삭이 가능하다.
- taper 절삭, 나사절삭, 모방절삭 등을 할 수 있도록 부속장치가 구비되어 있다.

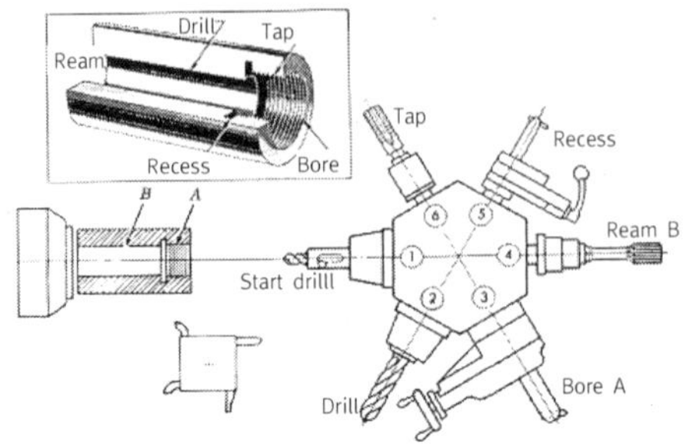

그림 6-80 공구의 배치

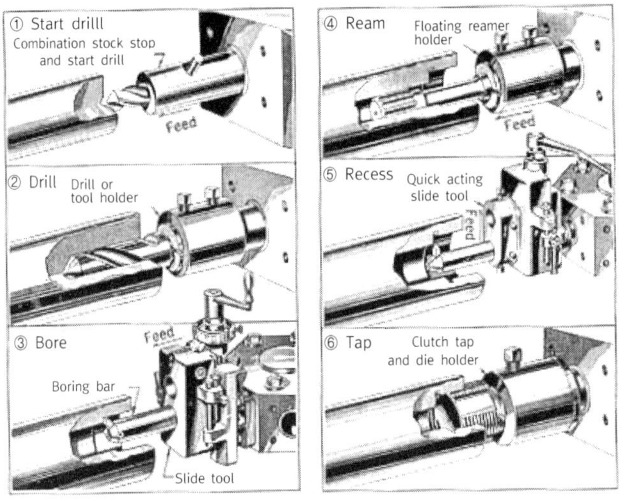

그림 6-81 공구의 고정

turret 선반에는 주축의 방향에 따라

1. 수평식 turret 선반(horizontal turret lathe)
- ram 형 turret 선반(ram-type turret lathe)
- saddle 형 turret 선반(saddle-type turret lathe)
2. 수직식 turret 선반(vertical turret lathe)

가 있으나, 본서에서는 수평식 turret 선반을 소개한다.

(1) 수평식 turret 선반:

(가) ram 형 turret 선반

아래 그림은 ram 형 turret 선반으로서, 6각 회전공구대가 bed에 따라 이동되는 saddle 상에서 활동(滑動; slide)하는 ram에 설치되어 있다. 봉재(棒材) 등 가벼운 공작물의 가공에 적합하다.

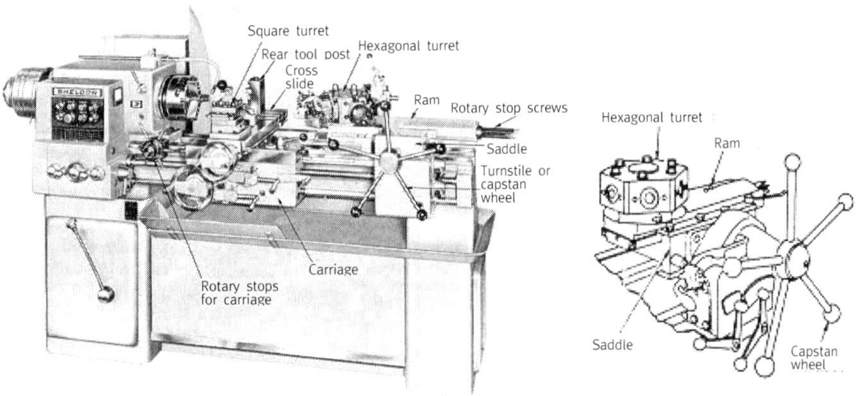

그림 6-82 ram 형 turret 선반

(나) saddle 형 turret 선반

아래 그림과 같이 6각 회전공구대가 직접 saddle 상에 설치되어 있으며, ram 형에 비하여 절삭공구를 보다 견고하게 고정할 수 있고, 큰 공작물의 가공에 적합하다.

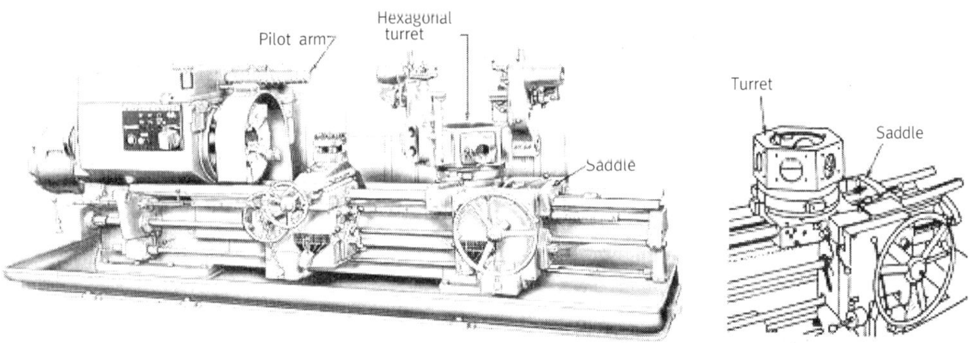

그림 6-83 saddle 형 turret 선반

6.3 boring machine 가공(boring)

boring은 drilling 또는 주조 등에서 이미 뚫린 구멍을 확대하거나 내부를 완성하는 가공으로서, boring의 원리는 선삭과 같고, boring을 할 수 있는 공작기계에는 선반, drilling machine, 수직 milling machine 등이 있으나, 공작물의 형상이 복잡하거나 치수가 큰 것에는 주로 절삭공구가 회전운동하고 table에 고정된 공작물이 선운동하는 전문 boring machine 이 사용되고, 본장에서는 boring machine에서의 가공만을 취급한다.

boring machine은 주로 구멍의 확대 및 내부의 완성가공에 사용되나 drilling 과 milling 도 할 수 있다.

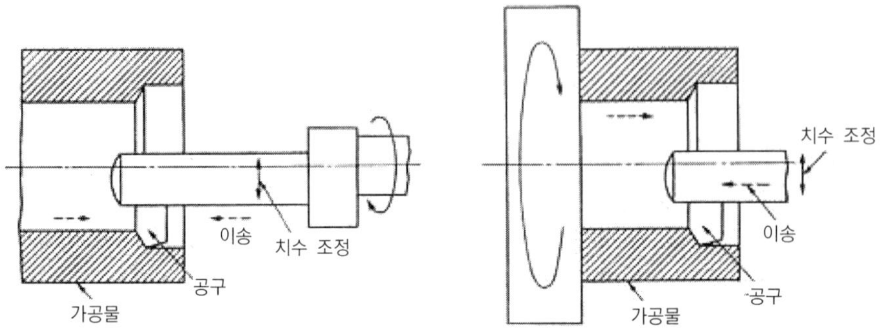

(a) 가공물의 정지, 공구의 회전과 이송 (b) 공작물의 회전, 공구의 이송

그림 6-84 boring 공구와 공작물의 상대운동

6.3.1 boring machine

boring machine을 구조, 가공 방법 및 정밀도에 따라 분류하면

- 수평식 boring machine(horizontal boring machine)
- 수직식 boring machine(vertical boring machine)
- 수직식 turret boring machine(直立 turret 선반, vertical turret boring machine)
- core boring machine
- jig boring machine

등이 있다.

(1) 수평식 boring machine:

주축이 수평인 수평식 boring machine에는 table 형, planer 형, floor 형 및 이동형이 있다.

① table 형:

table 형은 주축이 수평이며, 그림과 같이 2개의 column 사이에 종방향으로 이동하는 saddle과 그 위에 횡방향으로 이동되는 table, 상하로 움직이는 주축대, 주축대와 boring bar를 지지하는 column으로 구성되어 있다.

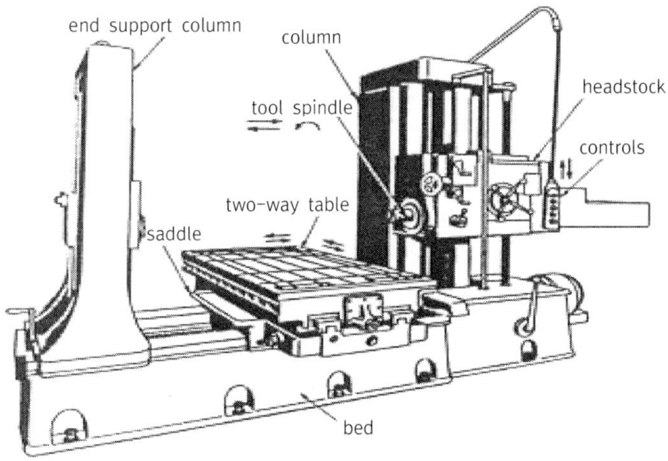

그림 6-85 수평식 table 형 boring machine

② planer 형:

table 형과 비슷하나 saddle이 없고 planer와 같이 table이 주축에 대하여 직방향으로 운동하도록 되어 있으며, table에 직각인 방향의 이송은 주축의 이송운동에 의하고, 이동대에 대한 column의 이송은 중량이 크고 긴 공작물의 정밀절삭을 위하여 특별히 큰 강성을 요할 때 사용한다. 본 공작기계는 큰 공작물의 가공에 적합하다.

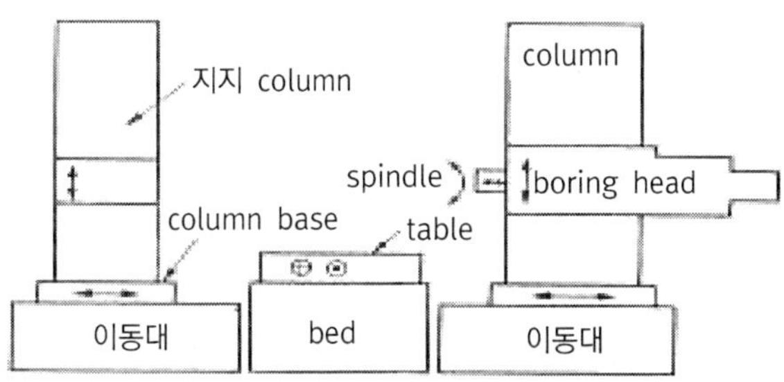

그림 6-86 수평식 planer 형 boring machine

③ floor 형:

그림과 같이 saddle과 table이 없으며, 공작물을 T 홈이 있는 floor plate에 직접 고정하고 주축대가 장치된 column을 횡방향으로 이동하여 이송을 준다. 공작물의 중량 및 치수가 크거나 형상이 복잡하여 table의 왕복운동이 어려운 경우에 사용된다.

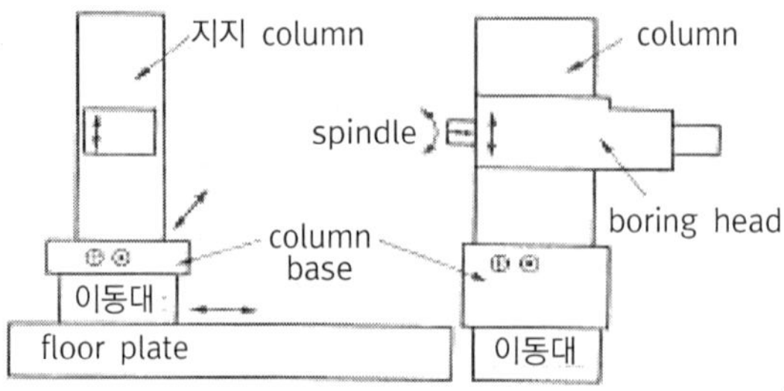

그림 6-87 수평식 floor 형 boring machine

④ 이동형(portable type):

이동하기에 편리한 소형의 boring machine으로서 공작물의 이동 대신에 공작기계를 이동하여 조립된 큰 기계의 수리나 선박내부 등에서 사용된다.

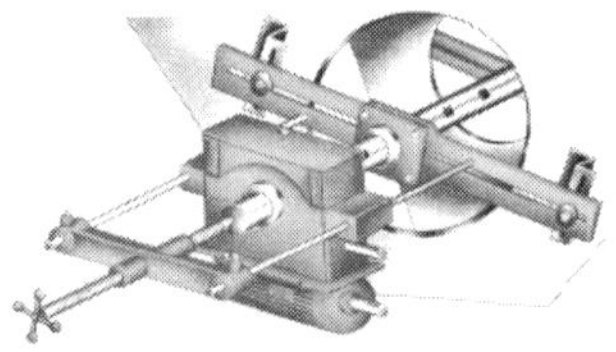

그림 6-88 이동형 boring machine

그림 6-89 이동형 boring machine

(2) 수직식 boring machine:

그림과 같이 주축이 수직으로 위치하고 있으며, 공구의 위치는 cross rail과 cross rail 상의 주축대(tool head)에 의하여 조정된다. 공작물을 고정한 table이 회전운동을 하여 boring, 수평면가공 및 수직선삭 등을 할 수 있다.

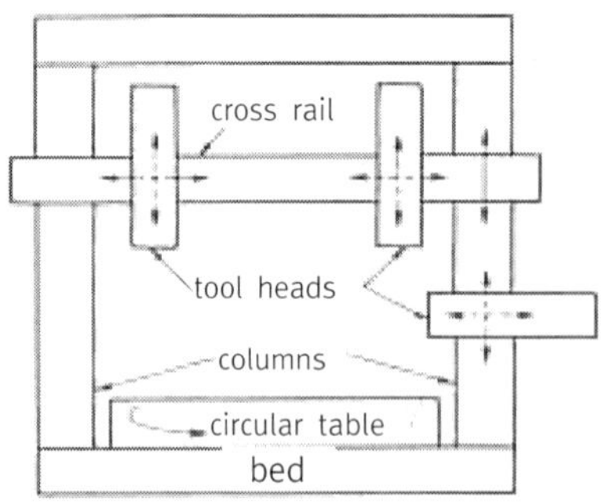

그림 6-90 수직식 boring machine

(3) 수직식 turret boring machine:

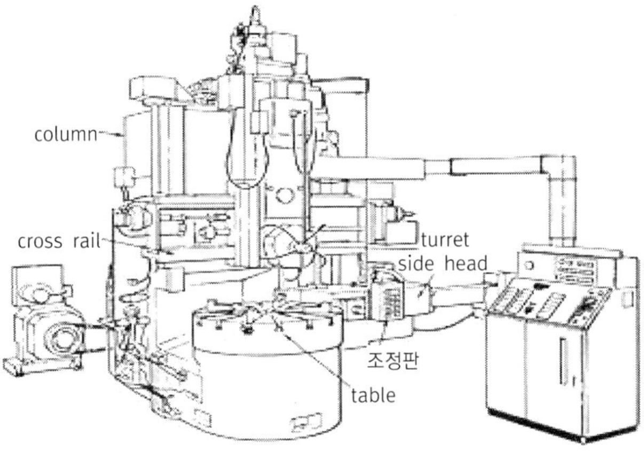

그림 6-91 수직식 turret boring machine

일명 직립 turret 선반이라고도 하며, 그림과 같이 주축대를 수직축상에 수평으로 위치시켜 cross rail이 상하로 이동하고, turret head가 cross rail 상에서 이동하며, 공작물을 고정한 table이 회전하도록 되어 있는 boring machine이다. 이 공작기계는 길이가 짧고 중량이 큰 공작물의 가공에 적합하다.

(4) core boring machine:

가공할 구멍이 drill 가공할 수 있는 것에 비하여 아주 클 때에는 환형(丸形)으로 절삭하여 core를 나오게 하며, core는 별도의 목적에 사용된다.

(5) jig boring machine:

drilling에서 부정확한 구멍가공, 각종 jig의 제작, 기타 정밀한 구멍가공을 위한 수직 boring machine으로서, 제품의 허용오차가 ±0.002 ~ 0.005 mm 정도이다. table과 주축대의 위치를 정하기 위하여 나사식 측정장치, 표준봉 gauge, dial gauge, 현미경에 의한 광학적 측정장치 등을 갖추고 있다. 쌍주형(雙柱形)과 단주형(單柱形)이 있다.

6.3.2 boring 공구

(1) boring bar:

boring bar는 bite를 고정하고 주축의 구멍에 끼워 회전시키는 봉(棒)으로서, 그림 (a)와 같이 taper를 갖는 것과 그림 (b)와 같이 평행부로 되어 있는 것이 있다.

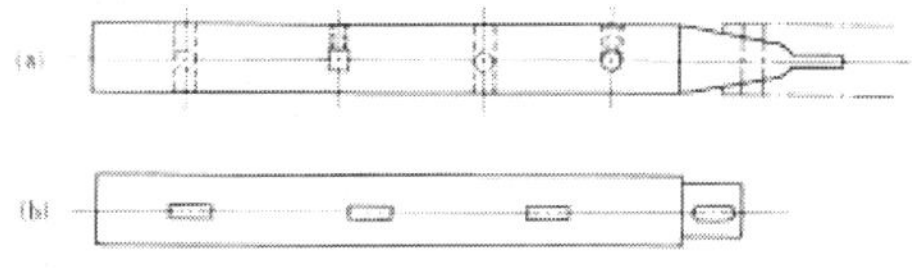

그림 6-92 boring bar

boring bite는 필요에 따라 수없이 많을 수 있으나, 예를 들어 다음을 소개한다.

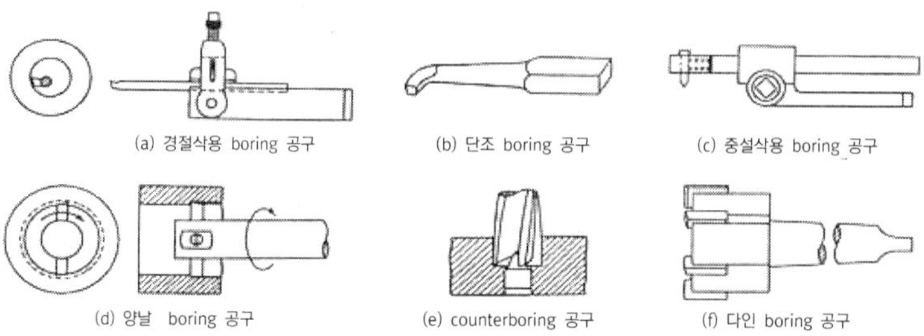

그림 6-93 boring bite

boring bite(cutter)를 bar에 고정하는 방법에는 다음과 같은 방법이 있다.

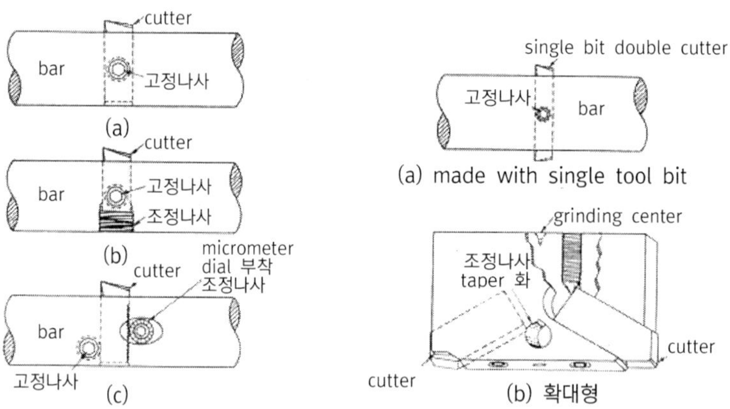

그림 6-94 boring bite를 bar에 고정하는 방법

다음 그림은 boring bar가 길게 되어 boring bar에 bush를 넣어 굽힘을 방지하는 것과 가공부의 지름이 커서 boring bar를 사용할 수 없을 때 boring head를 사용하는 예를 보인다.

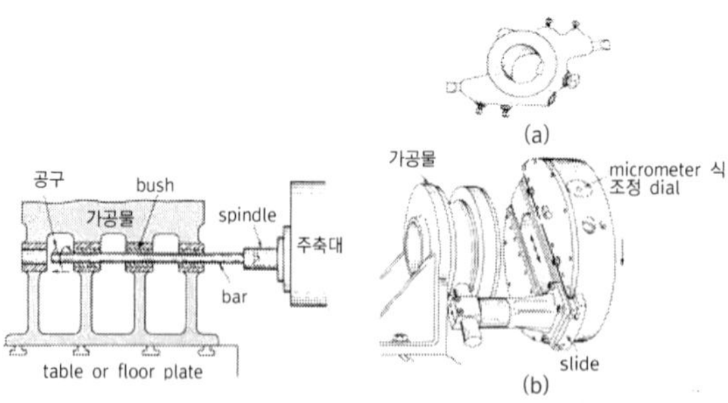

그림 6-95 bush와 boring head의 사용예

6.3.3 절삭조건

boring 공구(bite)의 각은 가공부의 재질, 지름 및 공구재료에 따라 다르다. 가공부의 지름이 커질수록 공구의 반경경사각(radial rake angle)과 측경사각(side rake angle)은 작게 취할 수 있으며, 다른 각들의 크기는 공작물의 재질에 따라 다르다. 가공 중 chip이 가공면에서 멀리 중심을 향하여 배출되어 가공면에 손상을 주지 않도록 하여야 한다.

Ti 이 50 ~ 80%이고 molybdenum carbide와 nickel을 결합제로 사용한 공구는 경도가 크고 내마모성이 우수하여 정밀 boring에 많이 사용된다. 다음 표는 titanium carbide 공구로 강을 절삭할 때의 절삭속도와 이송을 예시한다.

titanium carbide 공구의 boring 조건

피 삭 재	절삭속도[m/min]	이송[mm/rev]
1045 강	200~500	0.1~0.25
4340 강 (열처리, 35~42 H_{RC})	150~250	〃 (깊이 0.25~0.5)
416 stainless 강	10~250	〃 (깊이 0.25~0.5)

6.4 shaper 가공(形削; shaping)

ram의 선단에 위치한 공구대에 고정된 bite의 수평 왕복운동에 의한 절삭운동과 tabl상의 vise에 고정된 공작물의 이송운동에 의하여 수평평면가공, 수직평면가공, 경사평면가공 및 홈파기 등에 사용되는 공작기계이다. 근래에는 수직 milling machine이 shaper의 작업을 대신하는 경우가 많으나 아직도 shaper가 유용하게 사용된다.

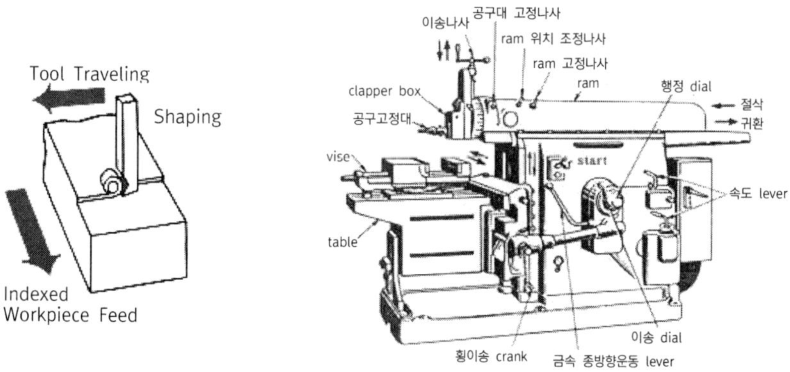

그림 6-96 shaper

shaper에서 아래와 같은 가공을 기본으로 하고, 부속장치를 이용하면 치형가공 및 곡면 가공 등도 할 수 있다.

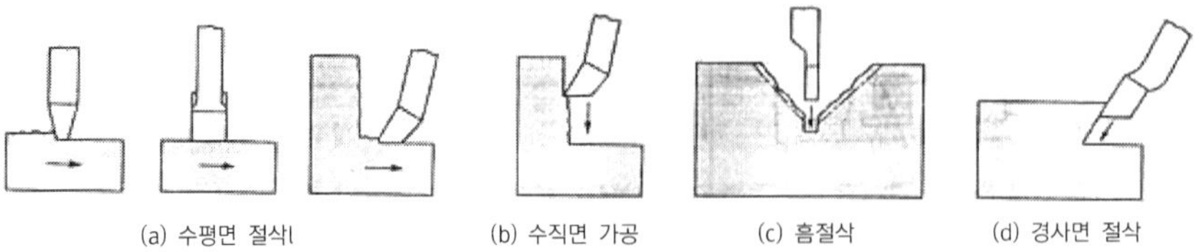

그림 6-97 shapr 가공의 종류

일반적으로 shaper의 크기는 ram의 최대행정(行程; stroke)으로 표시하며, 행정에 따른 각부의 치수는 다음 표와 같다.

shapaer의 크기

기계호칭	14[in]	184[in]	21[in]	24[in]
ram 최대행정[mm]	365	457	533	610
행정수/min	17~104	11~101	9~85	8~74
table 上面의 넓이[mm×mm]	305×250	416×305	467×305	584×330
가로 방향의 이동거리[mm]	406	527	610	755
세로 방향의 이동거리[mm]	356	-	281	292
vise jaw의 벌림[mm]	190	273	273	324
전동기동력[HP]	2	4	4	5

shaper는 분류기준에 따라

1. ram의 방향에 따라
   - 수평식 shaper(horizontal shaper)
   - 수직식 shaper(vertical shaper)
2. ram의 왕복기구에 따라
   - crank와 slotted rocker arm에 의한 shaper
   - 유압기구에 의한 shaper
   - rack과 pinion에 의한 shaper
   - screw와 nut에 의한 shaper
3. 구조에 따라
   - 표준형 shaper(standard shaper)
   - 만능형 shaper(universal shaper)
   - 인삭형(引削形) shaper(draw-in shaper)

등이 있으나 본장에서는 crank식 shaper와 유압식 shaper에 대해서만 설명한다.

6.4.1 shaper 기구

(1) ram의 운동기구:

① crank와 slotted rocker arm에 의한 것:

그림과 같이 감속장치를 거쳐 bull gear를 회전시키고 bull gear는 crank arm을 회전시켜 rocker arm을 pivot을 중심으로 요동시킨다. rocker arm의 上端은 ram screw에 연결된다. 행정은 crank pin과 crank 중심간의 거리를 bevel gear의 회전에 의하여 조절하고, 절삭위치의 결정은 ram screw의 회전에 의한다. crank arm의 일정한 각속도에서 귀환행정의 중심각이 적으므로 귀환속도가 절삭속도보다 크다.

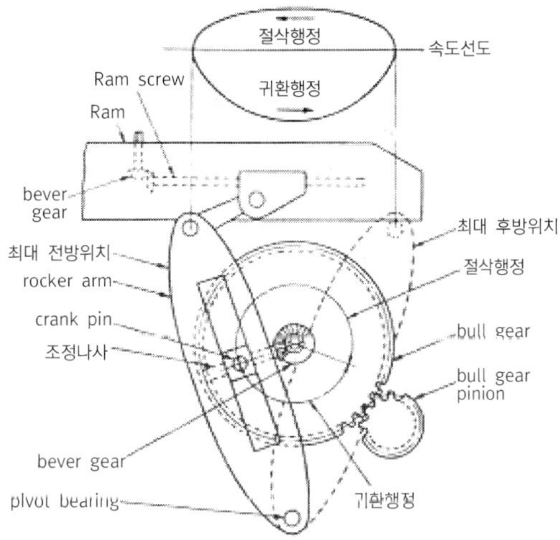

그림 6-98 crank 식 shaper의 ram운동 기구

② 유압기구에 의한 것:

아래 그림에서 gear pump에 의한 압력유(壓力油)가 방향 valve의 동작으로 작동 cylinder의 *左右*에 교대로 공급되어 piston을 운동시키고, piston rod에 체결된 ram이 운동한다. ram에 고정된 dog가 방향변환 lever를 통하여 방향변환 valve를 작동시며, 행정의 위치와 크기는 dog의 조정에 의한다. ram의 속도 및 이송은 제어 valve로 조정하며, 귀환행정(歸還行程; return stroke)에서는 piston rod가 cylinder의 용적을 감소시키기 때문에 ram의 귀환속도가 절삭행정(切削行程; cutting stroke)의 속도보다 크다.

유압식 shaper의 crank식 shaper에 대한 장점은 다음과 같다.

- 절삭속도가 균일하다.
- 가공면에 gear chatter mark가 없다.
- 운전 중 속도와 이송을 조정할 수 있다.

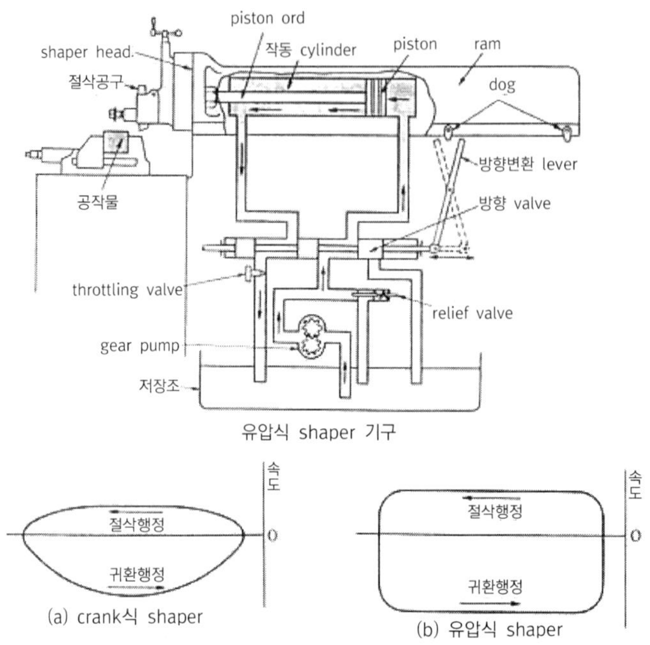

그림 6-99 유압식 shaper의 ram운동 기구

(2) table의 이송기구:

이송은 ram의 귀환행정 중에 ram의 운동방향과 직각방향으로의 table의 운동에 의하며, crank 식 shaper에서 crank 축에 편심윤상(偏心輪狀)의 홈이 있는 원판이 끼워져 있고, 이 원판 a의 회전에 의하여 b가 요동하고 rachet c를 요동시킨다. ratchet이 ratchet wheel을 회전시키며, ratchet wheel은 이송나사 e를 회전시켜 table을 이동시킨다. 이송량은 나사 f에 의하여 거리 r의 조절에 의한다. table의 상하이동은 cross rail의 조임을 푼 다음 상하이동용 나사의 회전에 의한다. 유압식 shaper에서는 유압식 feed 조절장치에 의하여 rack을 운동시키고 table의 이송나사에 고정된 pinion을 회전시켜 이송을 한다.

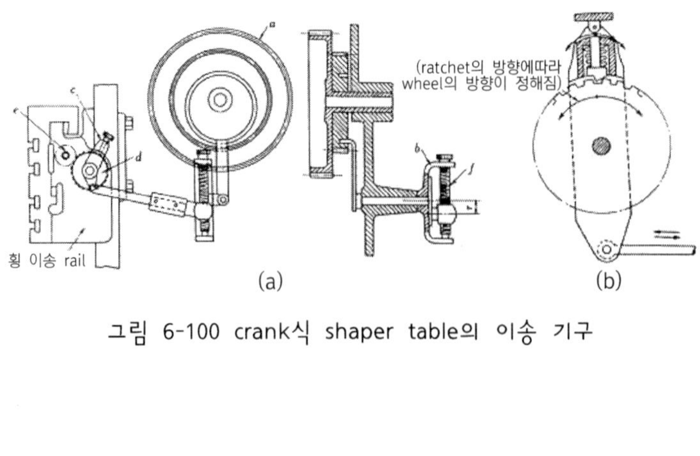

그림 6-100 crank식 shaper table의 이송 기구

(3) 공구대(工具臺; tool post):

그림과 같이 bite를 고정하여 수평절삭, 수직절삭 및 경사절삭을 할 수 있는 기구로 되어 있다. bite의 이송은 공구대 handle을 돌려 활자(滑子; slider)를 이동시키고 bite를 임의 각도로 경사시키려면 회전판(swivel plate)을 돌리면 된다. 귀환행정 때 bite가 공면을 긁어 가공면과 공구가 손상되는 것을 막기 위하여 hinge를 중심으로 clapper가 들리도록 되어 있다.

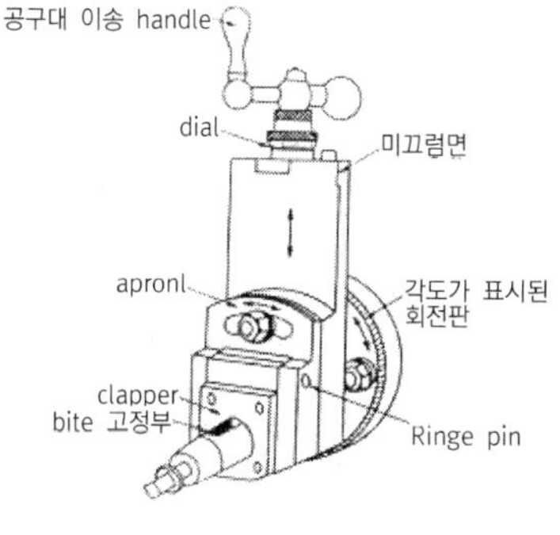

그림 6-101 공구대

6.4.2 bite 및 공작물의 고정

(1) bite 및 bite의 고정:

shaper 용 bite를 형상에 따라 분류하면 그림과 같으며, 선반용의 것과 유사하나 선단여유각이 4° 정도로서 선삭용의 것에 비하여 작고, shaper 가공에서는 선삭에서와 같이 절삭 중 이송을 주지 않으므로 측면여유각은 2 ~ 8° 정도이며, 측경사각은 다듬질 bite에서 10 ~ 20° 정도이고, 그 외에서는 여유각을 두지 않는다.

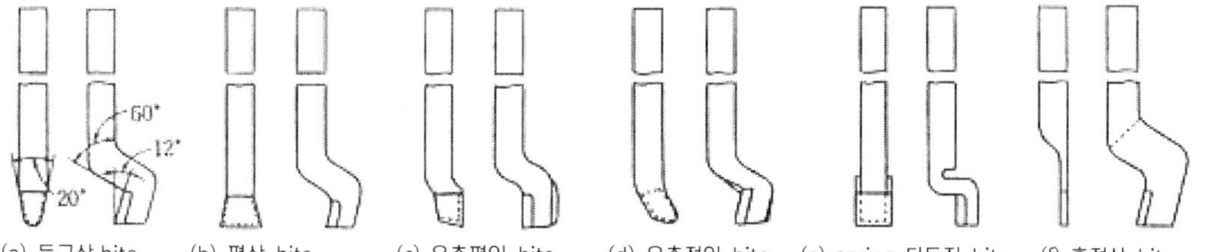

(a) 둥근삭,bite (b) 평삭 bite (c) 우측편인 bite (좌측절삭용) (d) 우측절인 bite (좌측절삭용) (e) spring 다듬질 bite (f) 홈절삭 bite

그림 6-102 shaper 용 bite

shaper 가공에서 절삭저항이 크므로 bite의 고정은 필요한 각도에서 견고하게 고정하여야 한다. 가능하면 goose neck를 갖는 bite를 사용하여 bite 선단이 bite의 회전중심을 지나는 수직선상에 위치시키므로써 bite가 굽힘 때문에 예정깊이 이상으로 가공면에 파고 들어가는 일이 없도록 고정하는 것이 필요하다. 또한 가능하면 짧게 고정하여야 굽힘변위를 적게 할 수 있다. 그림 (c)와 같이 음(陰)의 경사각이 되도록 하여 bite가 파고 들어가지 않고 밖으로 회전하는 식의 굽힘을 유도하는 방법도 있다.

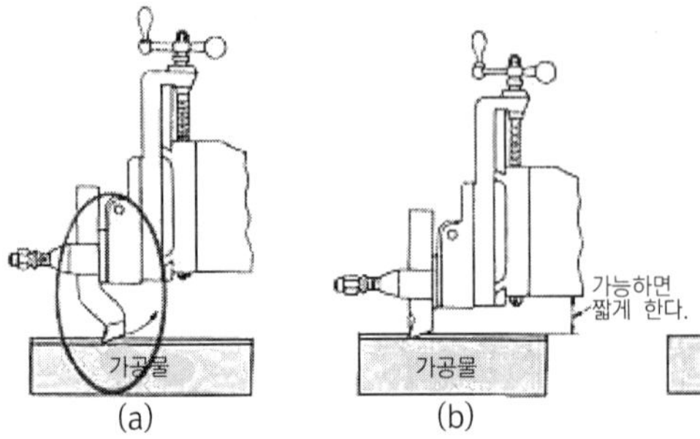

그림 6-103 bite 고정법 그림

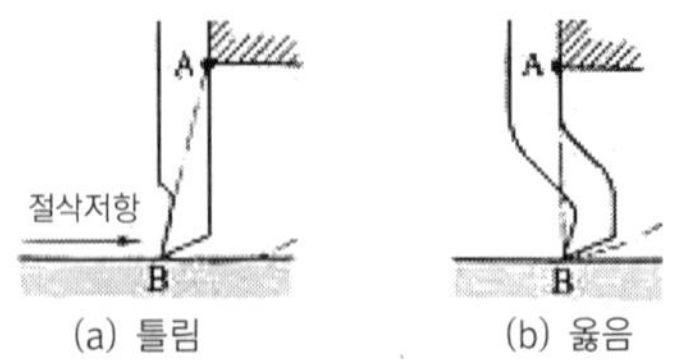

6-104 goose neck bite 고정법

(2) 공작물의 고정:

vise를 사용하여 공작물을 고정하는 경우와 shaper table에 angle plate와 clamp 등을 사용하여 직접 고정하는 경우가 있다.

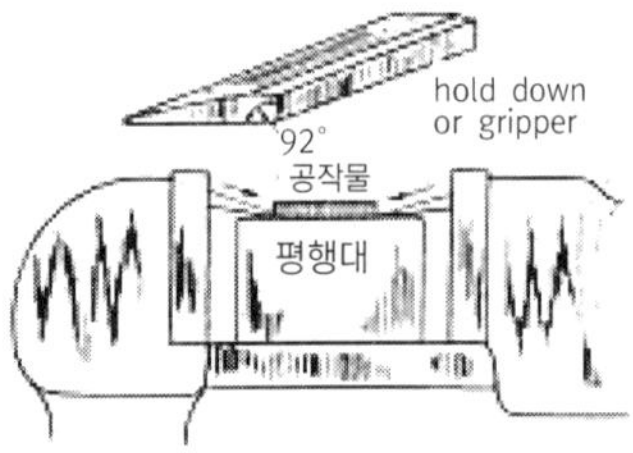

그림 6-105 vise에 얇은 공작물의 고정

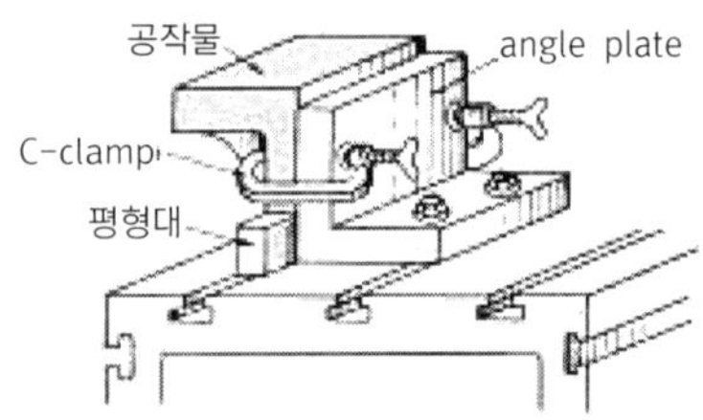

그림 6-106 C-clamp에 의한 공작물의 고정

아래 그림에서 bolt에 힘 F를 작용시켜 공작물을 f_1, 지지대를 f_2로 누른다면 다음의 관계가 성립된다.

$f_1 \cdot l_1 = f_2 \cdot l_2$에서

$$\frac{f_2}{f_1} = \frac{l_1}{l_2}$$

$$\therefore \frac{f_1 + f_2}{f_1} = \frac{l_1 + l_2}{l_2}$$

그런데 $f_1 + f_2 = F$이므로

$$f_1 = \frac{l_2}{l_1 + l_2} \cdot F \quad \text{이다.}$$

l_2가 클수록, $l_1$dl 작을수록 고정 효과가 크다.

공작물을 고정할 때 다음 사항을 지켜야 한다.

- vise와 table을 깨끗이 청소한다.
- 그림과 같이 vise에 직각자를 고정하고 A, B 점이 dial gauge 상에서 같은 눈금을 가르키도록, 즉 공작물과 접촉하는 jaw가 수직이 되도록 vise 밑에 얇은 금속판 등을 끼운다.

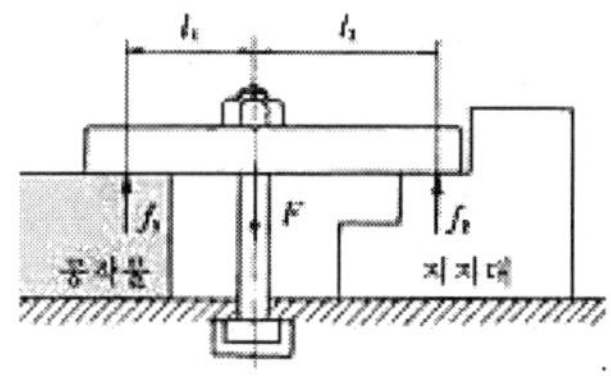

그림 6-107 고정 bolt의 위치와 고정 효과

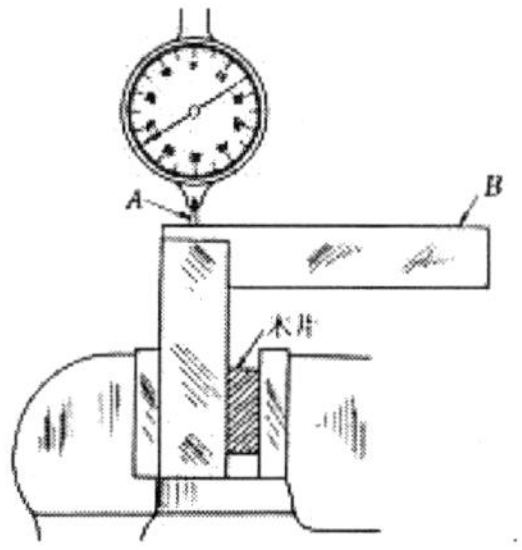

그림 6-108 vise jaw 면의 검사 및 조정

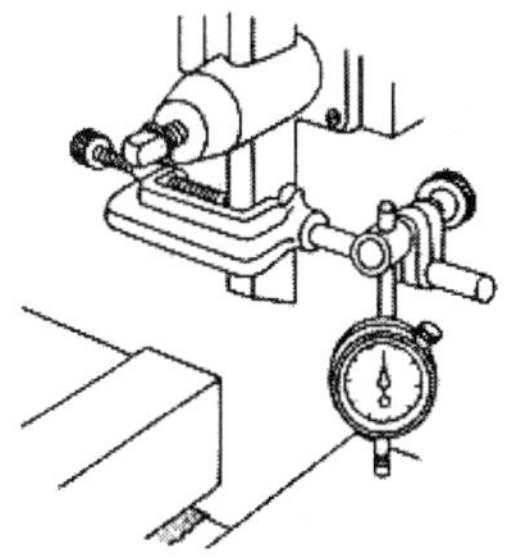

그림 6-109 공구대에 dial gage를 고정하는 방법

- 평행봉(평행대)을 vise 높이보다 높게하고, vise 폭보다 20 ~ 30 mm 정도 길게 한다.
- 그림과 같이 공구대에 dial gauge를 고정하고, vise 밑에 종이 등을 끼워 넣어 가면서 A, B, C, D 점의 높이를 같게하고, jaw가 행정방향과 평행하게 한다.

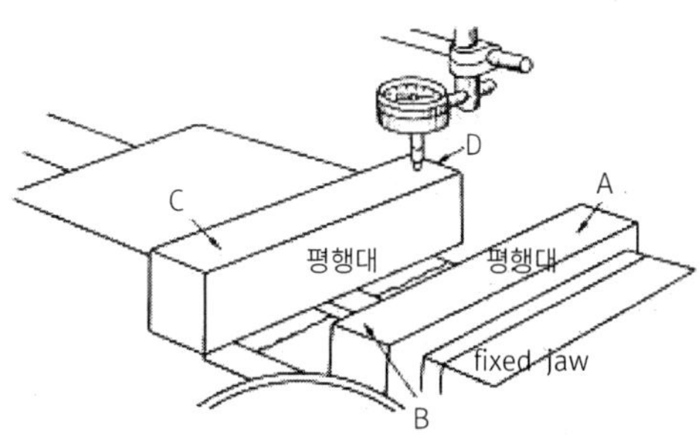

그림 6-110 공작물의 자리가 행정방향과 평행하게 조정

6.4.3 shaper의 절삭 방법

(1) 수평면 절삭:

수평면 절삭은 shaper에서 가장 기본이 되는 것으로서, 절삭깊이는 공구대의 이송나사에 의하고, 수평이송은 table의 수동 또는 자동에 의한다. 취성재료인 주철 등을 가공할

때에는 행정말단(行程末端)에서 공작물의 모서리가 떨어져 나가는 것을 방지하기 위하여 그림과 같이 45° 정도로 가공전에 모따기 (chamfering)를 하는 것이 좋다.

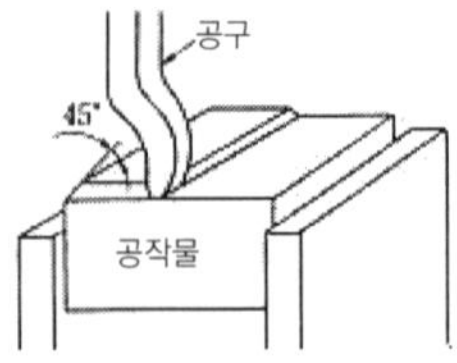

그림 6-111 모따기

(2) 수직 및 경사면 절삭:

공작물의 측면, 단, 홈, key way 등의 다듬질에는 수직절삭을 하고, dovetail 홈 등의 다듬질에는 경사절삭을 한다. 경사절삭에서는 apron을 경사시키며, 수직절삭 및 경사절삭에서 귀환행정 중 bite가 가공면을 긁어 가공면에 손상을 주고, bite 날이 마멸되는 것을 피하기 위하여 clapper box를 그림(B)와 같이 경사시킨다.

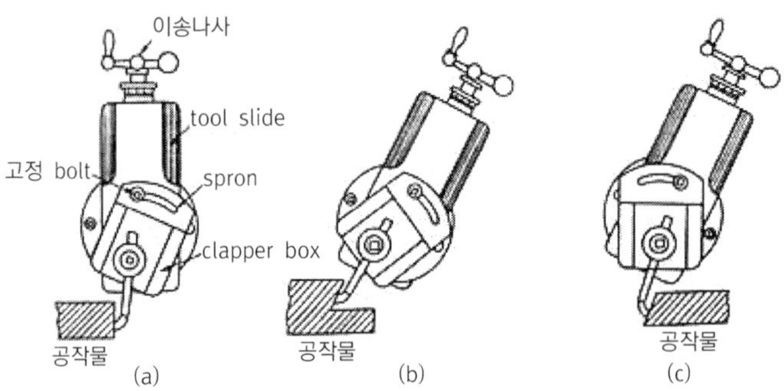

그림 6-112 공구대의 경사

(3) 직각 4 면 절삭:

공작물의 4면을 직각으로 가공할 때 공작물의 고정과 가공순서는 다음과 같다.

- 평행봉 위에 공작물을 고정하고 면1을 가공한다.
- 면1을 vise jaw에 접촉시켜 고정하고 면2를 가공한다. 이 때 면1이 밀착되지 않으면 환봉을 반대면에 넣고 조인다.
- 앞에서와 같은 방법으로 면3을 가공한다.
- 평행봉위에 올려놓고 고정한 후 면4를 가공한다.

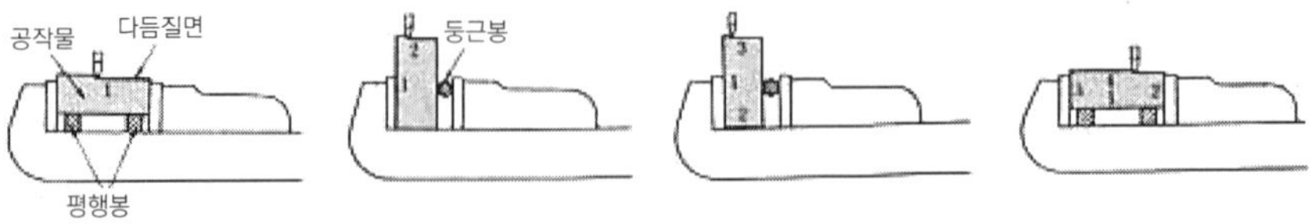

그림 6-113 직각 4 면 절삭

(4) 곡면 절삭:

폭이 좁은 곡면절삭에는 총형 bite를 사용하면 좋으나, 폭이 넓은 경우에는 금긋기를 하고 먼저 황삭을 한 후 table에 자동이송을 주면서 공구대 이송 handle을 돌려 수직이송을 그은 곡선에 따라 준다.

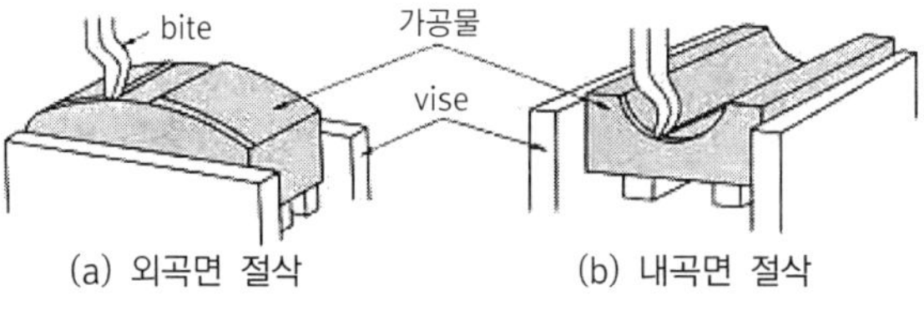

그림 6-114 곡면 절삭

(5) 홈 절삭:

shaper로 가공하는 홈에는 넓은 홈과 좁은 홈이 있다. 넓은 홈의 가공은 그림과 같이 다듬질 bite로 측면, 바닥면 및 구석을 가공한다.

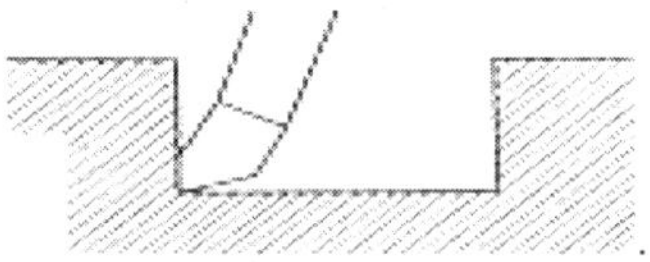

그림 6-115 넓은 홈질삭

축의 key way와 같이 좁은 홈 가공은 양끝을 drill 가공하고 shaper로 홈가공 하며, 구멍의 key way와 같은 것은 구멍에 들어갈 수 있는 bite holder를 사용한다.

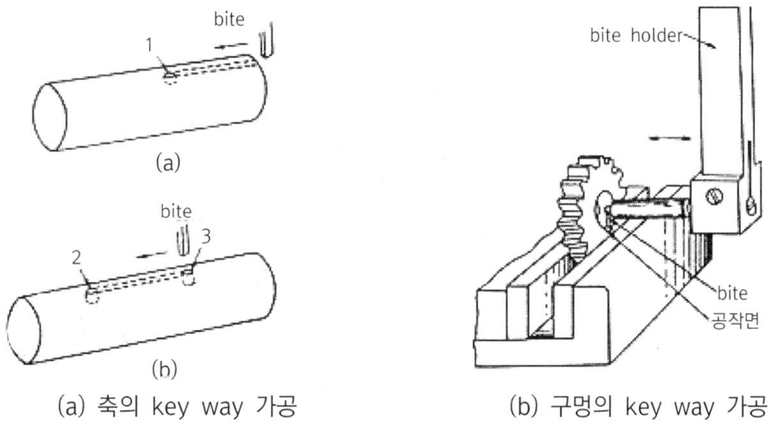

그림 6-116 좁은 홈절삭

절삭조건은 가공재료, 가공길이, 공구 및 가공정도 등에 따라 다르며, 다음 표는 초경공구를 사용하는 공작물의 재질에 따른 절삭조건이다.

shaper 절삭조건(초경공구)

재질	절삭깊이 [mm]	이송 [mm]	절삭속도 [m/min]	재질	절삭깊이 [mm]	이송 [mm]	절삭속도 [m/min]
硬한주철 Meehanite 주철	12.5 까지	0.125~0.50	30~45	中 鋼	9.3 까지	0.25~0.38	45~52
軟한주철	〃	〃	가능한 최고속도	硬 鋼	6.25 까지	0.125~0.25	45~60
주 철	6.25 까지	0.125~0.25	45~52	die 鋼	〃	〃	〃
연 강	10.9 까지	0.25~0.38	22~30	연黃銅	10.9 까지	0.25~0.38	30~37

6.5 slotter 가공

slotter(立削機, 立削盤)의 구조는 shaper를 90° 회전시켜 세워놓은 것과 같다고 하여 수직 shaper(vertical shaper)라고도 한다.

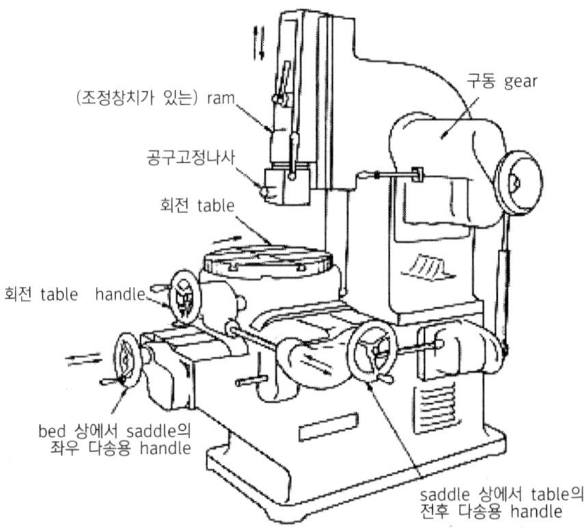

그림 6-117 slotter

boss에 key way, gear 등을 가공하는데 사용되며, 가공물을 회전 table 상에 고정하고, table에 수직방향으로 ram이 절삭운동을 한다. slotter의 크기는 ram의 최대 행정으로 표시하며, 다음 그림은 slotter 가공의 예이다.

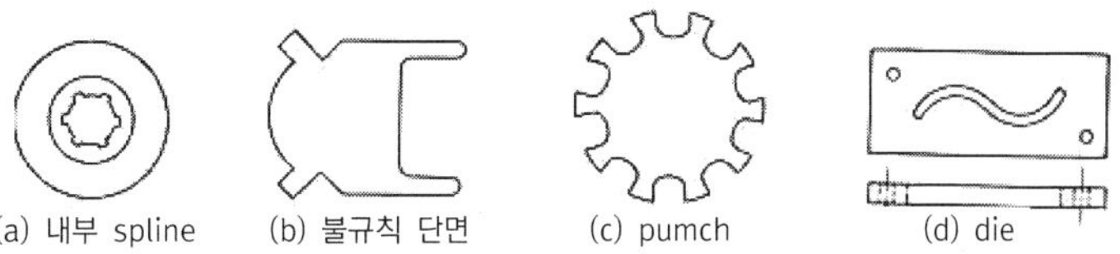

(a) 내부 spline (b) 불규칙 단면 (c) pumch (d) die

그림 6-118 slotter 가공 예

6.5.1 slotter 기구

그림은 crank 식 slotter의 ram 운동기구로서, rocking arm 3에 pin 2를 끼워서 crank를 만든다. 연결봉 5는 crank와 ram 8을 연결하고, 행정을 변경하는 데에는 pin 2의 위치를 이동시켜 crank의 회전반경을 조정한다. 행정의 위치를 바꿀 때에는 체결나사 6을 풀고 handle 7을 돌려 ram screw 8을 회전시킨 후 6을 조인다. ram의 귀환행정을 돕기 위하여 중추(重錘) 혹은 flywheel을 설치한 것이 있다.

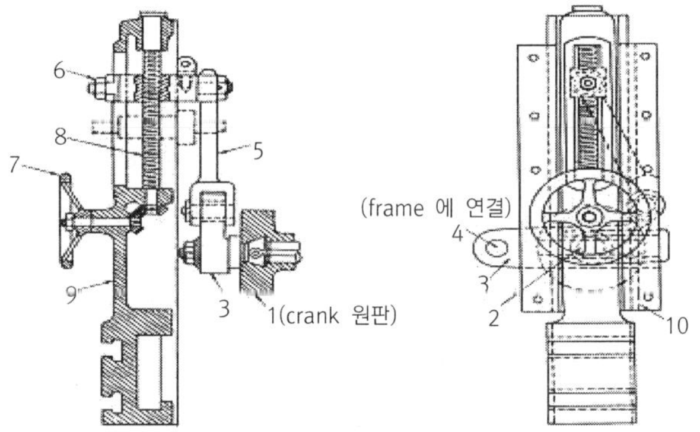

그림 6-119 crank 식 ram의 운동기구

공작물을 경사절삭할 때 ram을 경사시키는 방법에는 ram을 활동면(滑動面)에 평행한 평면 내에서 경사시키는 것과 그 면과 직각인 평면 내에서 경사시키는 방법이 있으며, 아래 그림은 후자의 예이다.

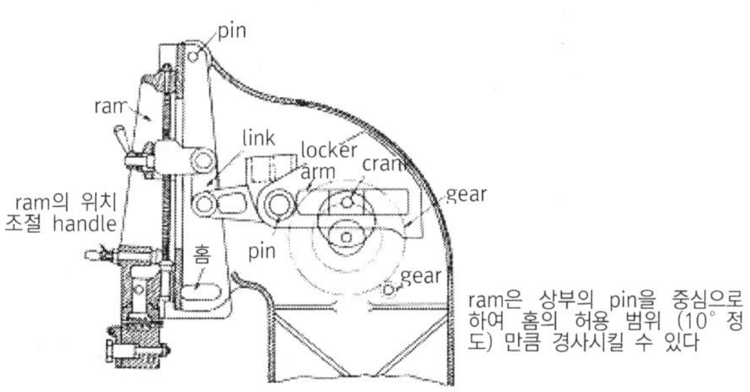

그림 6-120 ram의 경사장치

6.5.2 slotter 작업

공간 여유가 충분하므로 강력한 bite holder를 사용하는 것이 좋다. 귀환행정 중 bite가 가공면에 접촉하여 가공면에 손상을 주거나 bite의 마멸을 피하기 위하여 relief block A는 자중에 의하여 pin P를 중심으로 회전할 수 있게 되어 있다. bite B는 쐐기 W를 나사 S로 가압하여 고정한다.

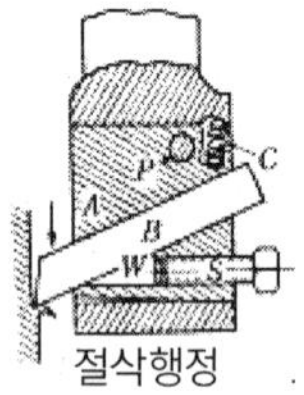

그림 6-121

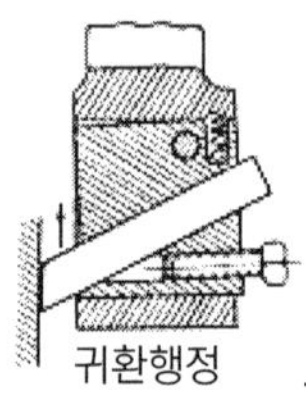

그림 6-122

(1) slotter bite의 고정구

공작물은 table 위에 직접 고정하는 경우와 그림과 같이 평행대 위에 놓고 각종 clamp를 사용하여 고정하기도 한다. 측면가공에서는 table에 이송을 주고, 원통면가공에서는 공작물의 가공원호 중심을 table의 회전 중심과 일치하게 공작물을 고정하여 공작물에 회전 이송을 준다.

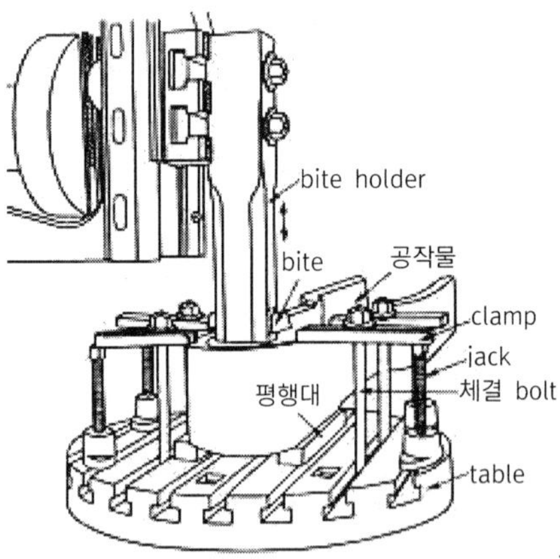

그림 6-123 공작물의 고정 예

6.6 planer 가공(planing)

shaper, slotter 및 planer가 평면을 가공하는 공작기계라는 점에서는 공통점을 갖고 있으나, shaper와 slotter에서는 小形物을 가공하며 가공물에 이송을 주고, planer에서는 大形物을 가공하며 공구(bite)에 이송을 준다. 따라서 planer는 각종 기준면 및 안내면이 될 평면가공에 많이 사용된다.

planer의 크기는 column 사이의 거리, table에서 cros rail까지의 최대높이 및 최대행정으로 표시한다.

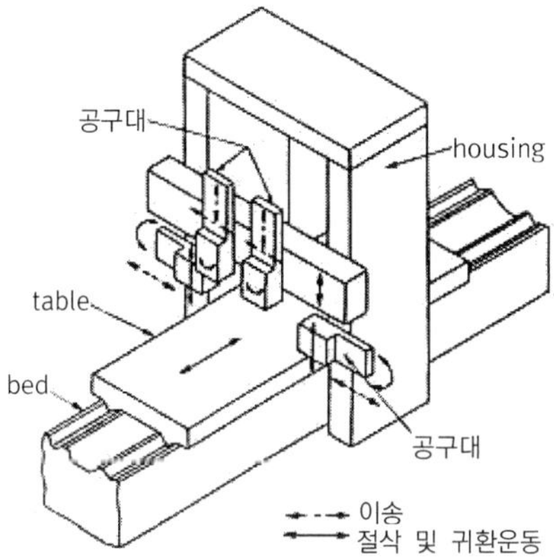

그림 6-124 planer의 block diagram

1. planer는 분류기준에 따라
   - 직주(直柱; column)의 수에 따라
   - 쌍주식 planer(雙柱式 planer; double-housing planer, closed type planer)
   - 단주식 planer(單柱式 planer; open-side planer)
2. 용도에 따라
   - 일반용 planer
   - 특수용 planer
3. table의 구동방식에 따라
   - gear 식 planer
   - spur gear 식 planer
   - helical gear 식 planer
   - worm gear 식 planer
   - 나사식 planer

- belt-pulley 식 planer
- 변속전동기식 planer
- 유압식 planer(hydraulic planer)

등이 있다.

6.6.1 planer의 종류

(1) 쌍주식 planer:

그림과 같이 2개의 직주(直柱; column)가 있고, 그 사이에 있는 횡주(橫柱; cross rail)가 상하로 이동하게 되어 있다. 공작물을 고정하는 table 이 왕복운동하여 절삭행정이 되고, 공구를 고정하는 공구대가 횡주에 따라 운동하여 이송을 준다. 쌍주식 planer의 크기는 table의 크기(길이×폭), 공구대의 수평 및 상하 이동거리, 공구선단에서 table까지의 최대 거리로써 표시한다.

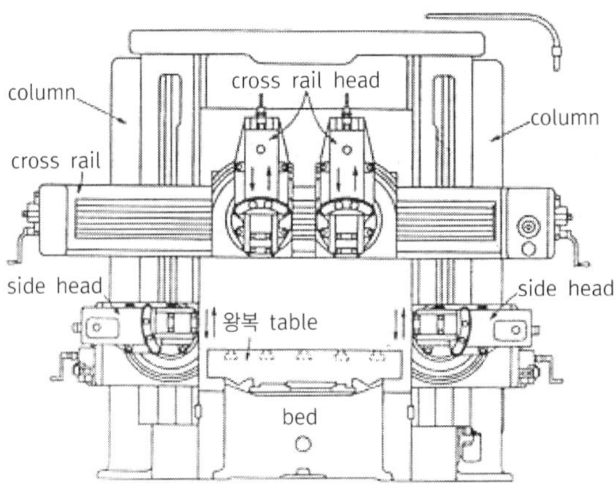

그림 6-125 쌍주식 planer

(2) 단주식 planer:

그림과 같이 측부(側部)에 단일직주가 있어 횡주(cross rail)와 공구대를 지지한다. 폭이 넓은 공작물도 가공할 수 있는 장점이 있으며, 가공할 수 있는 최대폭은 직주의 내측면에서 공구대까지의 최대 거리이다. 필요에 따라 rolling table을 설치하고 planer table과 함께 그 위에 공작물을 올려 놓고 가공한다. 단주이기 때문에 중절삭(重切削)에서는 직주와 횡주가 변형하는 단점이 있다.

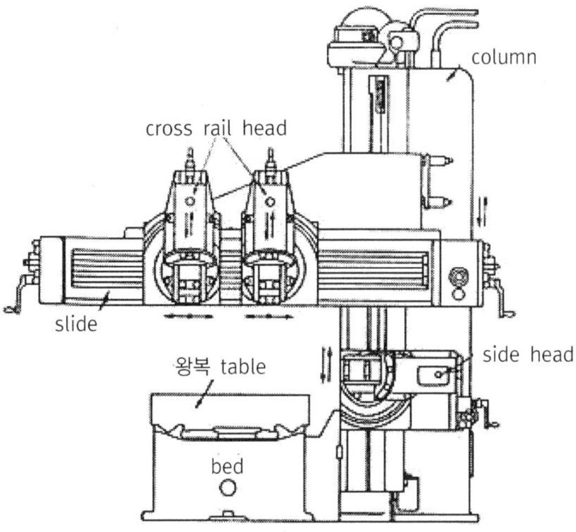

그림 6-126 단주식 planer

(3) 특수용 planer:

① pit형 planer:

pit 형 planer는 대형으로서, table이 고정되어 있고 직주가 bed 안내에 따라 활동(滑動)하며 ram 형 공구대가 cross rail에 설치되어 있다.

그림 6-127 특수 planer

② plate 또는 edge planer:

edge planer는 압력용기용 강판(鋼板) 등의 가장자리(edge)의 가공에 편리하게 제작된 planer로서, 가공물인 판(plate)은 bed에 고정하고 공구가 전후로 이동하면서 가공하며, 대부분의 edge planer에서는 bite 대신에 milling cutter가 사용된다.

6.6.2 planer 기구

(1) table의 운동 기구:

① gear식:

그림은 spur gear 식 table로서, pinion의 회전운동이 rack을 통하여 table에 직선운동을 준다. pinion은 여러가지 방법으로 구동할 수 있으나 belt-pulley에 의한 예를 든다. 그림에서 1은 동력전달차, 2 와 3은 idle 車, 4, 5, 6, 7, 8, 9는 gear(spur gear), 10은 rack, 11은 table이며, 동력전달은 1 - 4 - 5 - 6 - 7 - 8 - 9 - 10의 순서에 의하여 이루어진다.

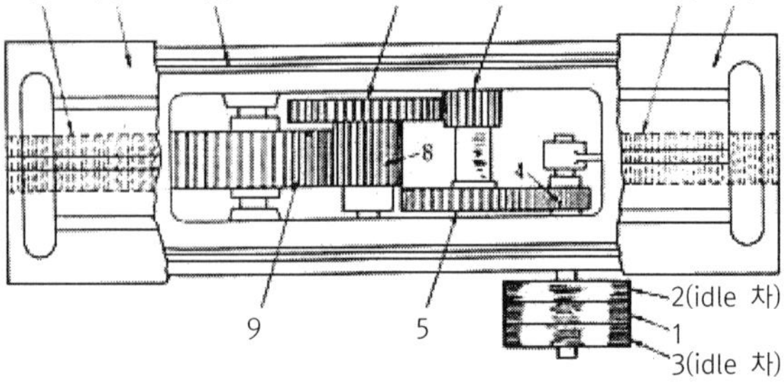

그림 6-128 spur gear에 의한 table의 구동

아래 그림 (a)는 강력한 구조를 갖는 helical gear에 의한 table의 구동기구이고, 그림 (b)는 worm gear 식 table의 구동기구로서 A는 역전용 motor, B와 C는 helical gear, D는 worm, E는 rack이다.

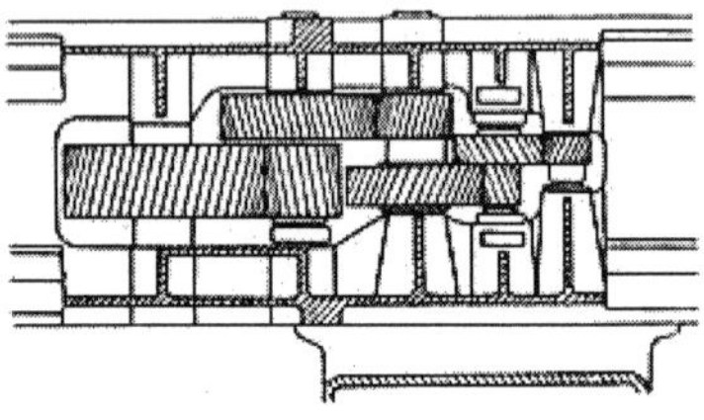

(a) helical gear 식 bable 구동

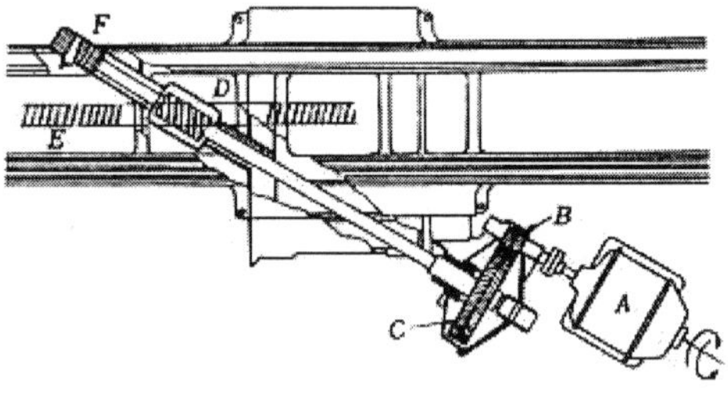

(b) worm gear 식 bable 구동

그림 6-129 table 구동 방법

② 나사식:

아래 그림과 같이 nut을 table 하부에 고정하고 이것에 나사봉을 연결하여 table을 구동시킨다.

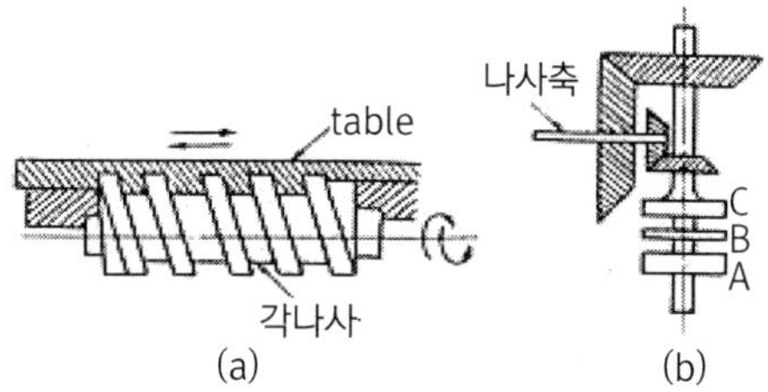

그림 6-130 나사에 의한 table의 구동

③ 변속전동기식:

아래 그림은 Ward Leonard 제어직류전동기에 의한 table의 구동기구이며, 직류전동기에 의해서 변속과 회전방향을 바꾸는 방식이다. 속도의 조정범위가 크고 운전이 용이하나, 설비비가 많이 든다.

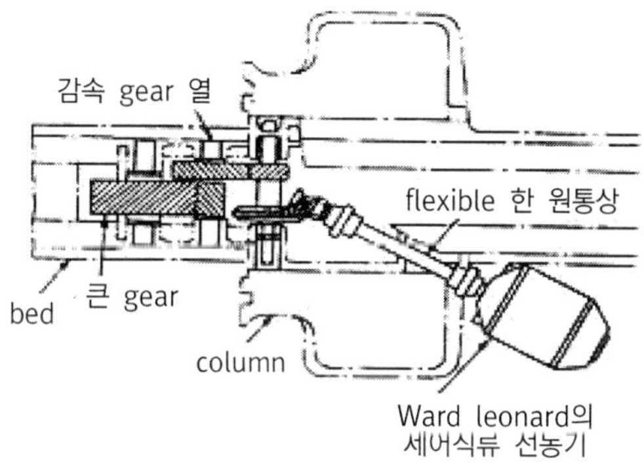

그림 6-131 변속전동기에 의한 table의 구동

④ 유압식:

bed에 cylinder를 설치하고 table 하부에 piston rod를 고정하면 유압에 의하여 piston이 왕복운동을 하여 절삭행정과 귀환행정이 이루어지며, 유압식 shaper의 ram 운동 기구와 같다.

유압식 planer의 특징은 무단변속을 할 수 있어 임의 절삭속도와 귀환속도를 얻을 수 있다. 유압 cylinder의 수에 따라 單 cylinder 식, 複 cylinder 식이 있으며, 복 cylinder 식에서는 절삭행정과 귀환행정에 각각 cylinder를 갖고 있는 경우가 많다.

⑤ belt-pulley 식 역전장치:

앞에서 설명한 gear 식 및 나사식 planer에 사용되는 장치로서, 귀환행정에서는 아래 그림 (a)와 같이 중간 belt 차의 지름을 크게하며, 十字 belt 걸기를 하여 절삭행정방향과 반대방향으로 table을 구동시킨다. 공작물의 길이에 따라 dog 4, 5의 위치를 정하면 절삭행정을 마칠 때 dog 4는 6을 밀어 7의 좌측으로 당기며, belt shift가 내측으로 이동하여 open belt를 idle pulley에 옮기고 cross belt를 구동 pulley에 옮겨 귀환행정을 수행한다. 귀환행정을 마칠 때 dog 5가 8을 밀어 7이 우측으로 밀리면서 belt shift를 돌려 절삭행정을 수행하도록 belt가 이동한다.

그림 (b)는 table의 급유장치(給油裝置)로서 V 형 홈에 적당한 간격으로 유조(油槽; oil basin)를 두고 조합된 원추 roller를 유조에 침지시켜 table이 운동하면 원추 roller가 table과 접촉마찰을 하면서 활면(滑面)에 윤활유를 공급하도록 되어 있다.

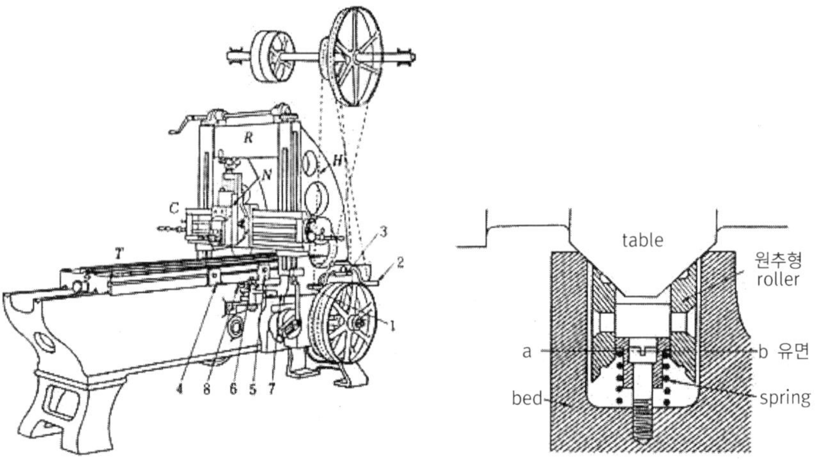

(a) belt-pulley식 역전장치 (b) table의 급유장치

그림 6-131 belt-pulley 식 역전장치

(2) 공구대(工具臺; tool post, tool head)의 운동 기구:

공구대는 bite를 고정하고 cross rail 상에서 이동하면서 수평이송을 주고, 공구대의 이송나사에 의하여 상하방향의 절삭깊이를 조정한다. 공구대의 이송은 table의 귀환행정 중 이루어지며, 귀환행정에서 bite가 가공면과 접촉마찰을 하여 가공면에 손상을 주고 bite가 마멸되는 것을 피하기 위하여 hinge를 중심으로 clapper가 들리도록 되어 있다. planer의 clapper는 shaper의 것에 비하여 크기 때문에 압축공기 또는 전자석의 자력으로 들어 올리는 것이 보통이다.

그림 (a)는 공구대의 단면으로서 1은 이송 handle, 2는 이송나사, 3은 활자(滑子; slide), 4는 apron, 5는 saddle, 6은 이송축, 7, 8, 9, 10은 bevel gear, 11은 이송나사, 12는 clapper, 13은 공구 holder이다. 공구대의 상하이송은 6 - 7 - 8 - 9 - 10 - 2 순의 운동전달에 의하여 이루어 진다. 그림 (b)는 그림 (a)의 6과 11을 회전시키는 기구이다.

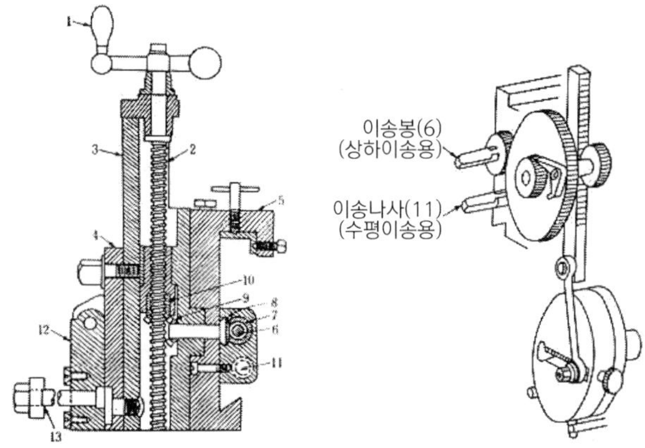

(a) planer 공구대 (b) 이송기구

그림 6-132 planer 공구대

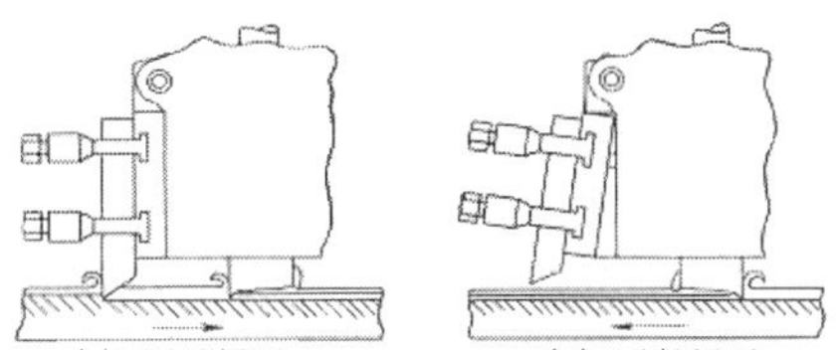

(c) 절삭행정 (d) 귀환행정

그림 6-133 clapper

6.6.3 bite 및 공작물의 고정

(1) bite 및 bite의 고정:

가공조건에 따라 bite 형상, 크기 및 고정법이 결정되므로 보통 사용되는 공구와 고정예를 소개한다.

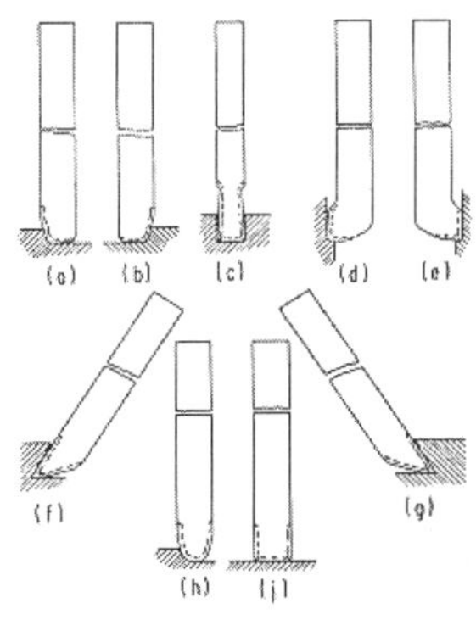

그림 6-134 plain-roughing and finishing tools

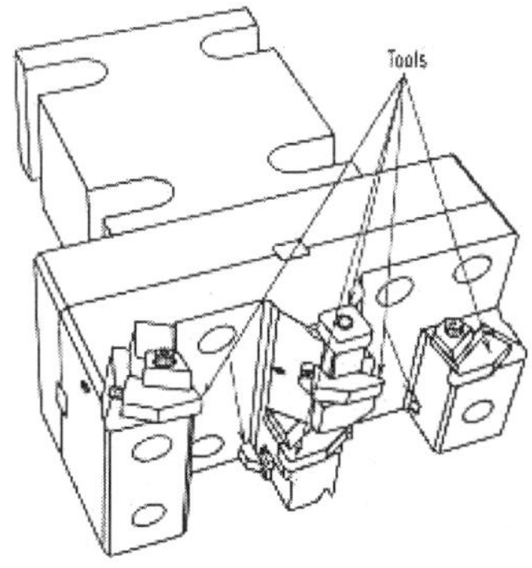

그림 6-135 gang toolholder with tool bites

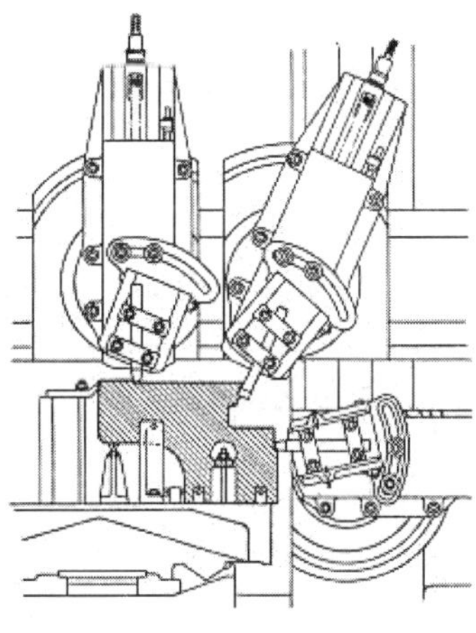

그림 6-136 setup for simultaneous top and right-hand side planing

(2) 공작물의 고정:

공작물을 table에 고정할 때 공작물의 수평을 맞추거나 절삭압력을 지지하기 위하여 그림 6-137(A)와 같은 jack과 공작물이 table 위에서 미끄러지는 것을 방지하기 위하여 그림 6-137(B)와 같은 정지구(停止具; stop)를 사용하며, 그림 6-138은 공작물의 고정 예이다.

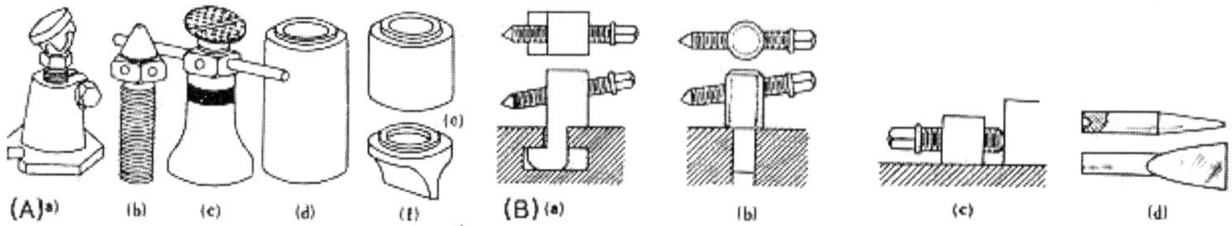

그림 6-137 planer jack 및 정지구

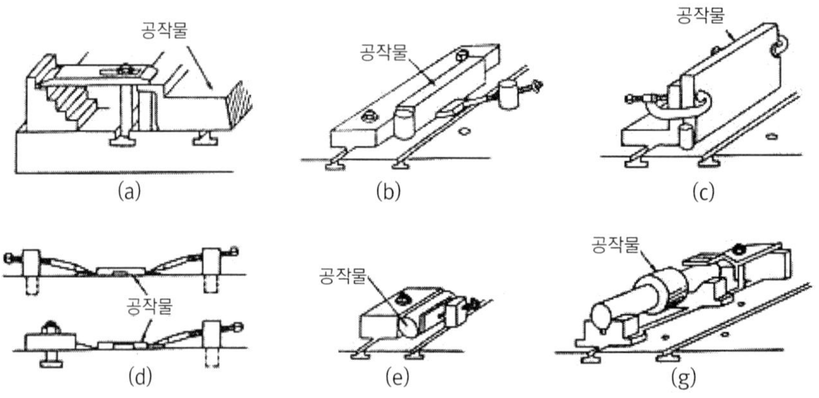

그림 6-138 공작물의 고정 예

6.6.4 절삭조건

planer에서의 절삭속도는 table의 속도와 동일하며, 그림은 table의 행정위치에 따른 속도변화를 나타내고, 아래 표는 공구재료와 가공재료에 따른 절삭속도, 이송 및 절삭깊이의 예이다. 절삭속도가 크면 절삭 초기 bite에 충격을 주고, 귀환행정으로의 방향전환에 소비되는 energy가 커지므로 belt-pulley 구동식에서 기계효율이 20 ~ 30% 정도서 매우 낮다.

절삭속도[m/min]

절삭조건 / 가공재질	고속도강공구				주조합금공구				초경질합금공구			
	절삭깊이(depth of cut)[mm]											
	3.2	6.4	12.8	25.4	3.2	6.4	12.8	25.4	3.2	6.4	12.8	25.4
	이 송(feed)[mm/행정]											
	0.8	1.6	2.4	3.2	0.8	1.6	2.4	3.2	0.8	1.6	2.4	3.2
주철(軟)	29	23	18	15	48	41	33	29	90	73	59	50
주철(中)	21	17	14	11	38	32	27	23	73	59	48	40
주철(硬)	14	11	7.5	-	29	24	20	-	50	40	32	-
? 삭 강	27	21	17	12	42	32	26	20	106	82	64	47
강(보통절삭성)	21	17	12	9	32	24	18	14	90	68	53	40
강(저절삭성)	12	9	7.5	-	30	15	12	-	65	48	38	-
청동	45	45	38	-	최대	최대	최대	최대	최대	최대	최대	최대
aluminium	60	60	45	-	최대	최대	최대	최대	최대	최대	최대	최대

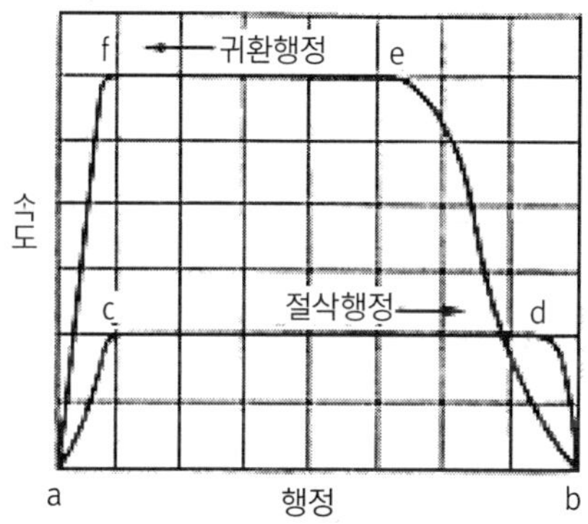

그림 6-139 행정과 절삭속도의 관계

6.6.5 plner의 특수가공

planer는 기본적으로 평면가공용 공작기계이나, 공구와 공작물 사이의 상대운동에 변화를 줌으로써 여러 형상의 가공을 할 수 있으며, 다음과 같은 예를 소개한다.

(1) 반경봉(半徑棒)을 이용한 반지름이 큰 원호곡면가공:

그림과 같이 공작물이 반경봉에 고정되어 반경봉과 함께 table 상에 고정된 안내판에서 요동할 수 있게 되어 있어 각 행정마다 반경봉을 일정 각도 만큼 회전시키고 원호가공을 한다.

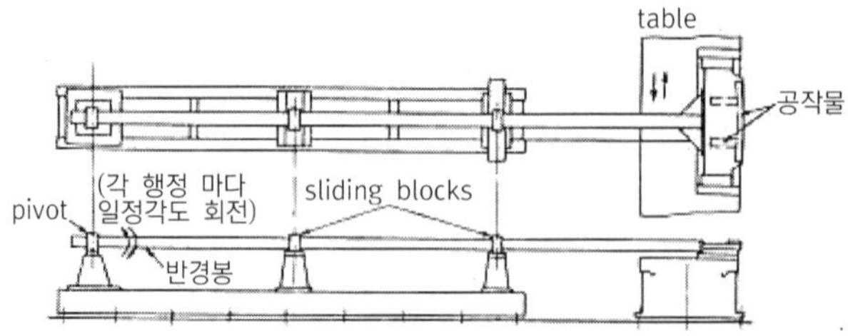

그림 6-140 반경봉에 의한 원호곡면가공

(2) rack와 부분 gear에 의한 원호곡면가공:

그림과 같이 매 행정에서 rack에 의하여 부분 gear(gear sector)와 함께 공구대를 saddle 상에서 회전시키고 가공한다. 이 때 saddle은 cross rail 상에 고정하며, 곡률반경은 회전중심(swivel center)에서 공구선단까지의 거리이고, clapper box를 활동면에 따라 이동시키면 곡률반경이 변한다.

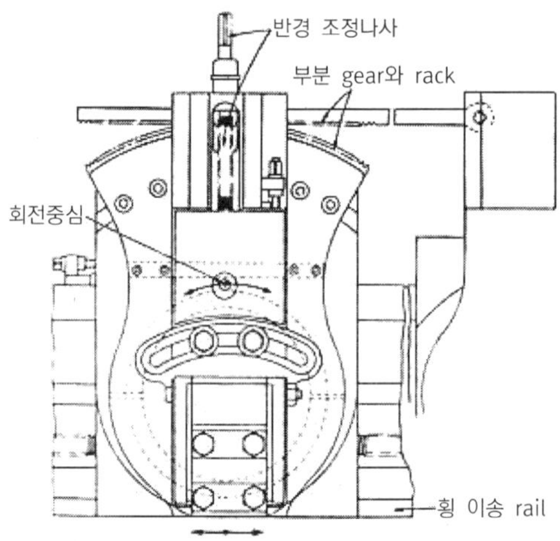

그림 6-141 rack와 부분 gear에 의한 원호곡면가공

(3) roller의 나선가공:

그림과 같이 가공물인 roller를 V block에 올려 놓고 angle plate에 의하여 길이방향으로이동을 못하게한다. roller neck에 고정된 arm이 절삭행정 중 bed에 고정된 경사판에 따라 각변위(角變位)를 함으로써 roller가 회전되면서 나선가공이 이루어 진다.

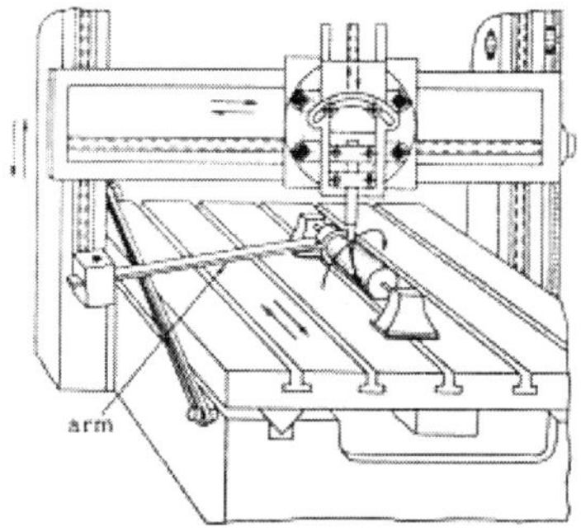

그림 6-142 roller의 나선홈가공

(4) cam에 의한 곡면가공:

그림과 같이 공구대 할자(滑子)를 cam에 연결하여 수직이송을 줌으로써 cam 곡선 형상의 곡선단면을 가공한다.

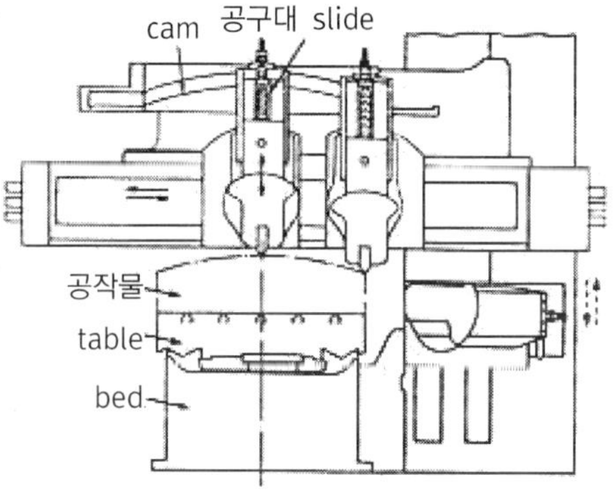

그림 6-143 cam에 의한 곡면가공

6.7 drilling machine 가공

drill(송곳)을 회전시키면서 축방향으로 이송을 주어 구멍을 뚫는 작업을 drilling이라 하고, 이에 사용되는 공작기계를 drilling machine이라 한다. drilling machine의 크기는 가공할 수 있는 구멍의 최대 지름 및 길이 또는 column 내측에서 주축까지의 최대거리와 주축 하단(下端)에서 table 상면까지의 최대 거리로 표시한다. drilling machine에서 할 수 있는 작업은 drilling이 주가 되나, drilling을 포함하여 다음과 같은 작업을 할 수 있다.

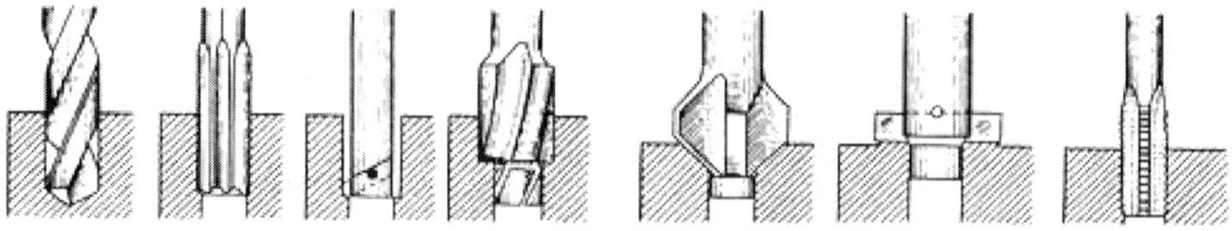

그림 6-144 drilling machine에서의 작업

- drilling: 공작물에 drill을 회전시키면서 이송을 주어 구멍을 뚫는 작업이다.
- reaming: reamer라는 절삭공구를 사용하여 drilling된 구멍의 치수를 정확히하는 가공으로서, 가공여유는 0.4 mm를 초과하지 않는다.
- boring: drilling에 의하여 뚫린 구멍을 확대하는 것이 주이고, 구멍의 형상을 바로 잡기도한다.
- counterboring: 구멍에 나사의 납작머리가 들어갈 부분을 가공하는 것으로, end mill과 같은 공구를 사용하여 drilling에 의한 구멍과 동심(同心)으로 구멍의 한쪽을 확대하며. 밑은 평탄하다.
- countersinking: 구멍에 나사의 접시머리가 들어갈 부분을 가공하는 것으로, 원추형으로 확대는 가공이다.
- spot facing: nut 또는 cap screw 머리가 밀착하도록 구멍축에 직각인 평탄면을 가공하는 것이다.
- tapping: tap 공구를 사용하여 구멍의 내면에 나사를 내는 작업이다.

6.7.1 drilling machine의 종류

drilling machine(drill press)은 그림과 같이 base, column, table, head 및 주축(spindle)의 구조로 되어 있으며, 사용목적, 구조 및 각 특징에 따라 drilling machine을 분류하면 다음과 같다.

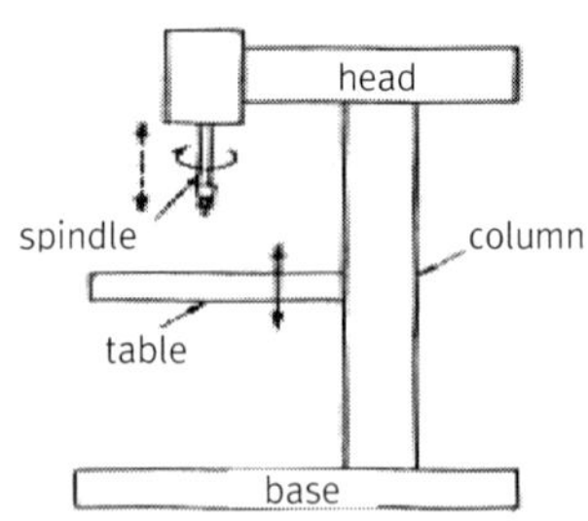

그림 6-145 drilling machine의 구조

- 휴대용 drill machine(portable drilling machine)
- 수조절(手調節) drilling machine(sensitive drilling machine, hand-feed drilling machine)
- 탁상식 drilling machine(bench mounting type drilling machine)
- floor식 drilling machine(floor mounting type drilling machine)

- 직립식 drilling machine(upright drilling machine)
- radial drilling machine
- 보통식 radial drilling machine(plain type radial drilling machine)
- 만능식 radial drilling machine(universal type radial drilling machine)
- 다축(多軸) drilling machine(multi-spindle drilling machine)
- 다두(多頭) drilling machine(gang drilling machine)
- 심공(深孔) drilling machine(deep hole drilling machine, gun drilling machine)
- 3축 turret drilling machine(3 axis turret drilling machine)

(1) 휴대용 drilling machine:

그림과 같은 형상으로 휴대할 수 있으며, 전동 또는 공압구동 drilling machine으로서 손으로 지지하면서 임의 장소 및 임의 방향에서 구멍을 뚫을 수 있다. 구동력과 최대 가공직경에 따라 다양한 크기의 휴대용 drilling machine이 있다.

그림 6-146 휴대용 drilling machine

(2) 수조절 drilling machine:

그림과 같이 이송을 수동으로하는 소형의 belt 전동식 drilling machine으로서 가장 많이 사용되는 것으로서 table 또는 bench에 올려놓고 사용하는 탁상 drilling machine(bench drilling machine)과 높이가 높아 공장바닥에 놓고 사용하는 floor식 drilling machine이 있다. 수조절 drilling machine은 spindle의 외부 sleeve 위에 있는 rack을 pinion으로 상하 이동시키며, 보통 사용되는 drill의 크기는 직경 15 mm 이하이다. 이송압력을 손의 느낌에 의하여 조정한다는 의미에서 일명 sensitive drilling machine이란 명칭으로 불린다. 직경이 1/2 보다 작은 구멍의 가공에는 수조절 drilling machine이 사용되고, 그 이상의 구멍가공에는 동력이송(power-feed) drilling machine이 사용된다. 아래와 같이 수조절 drilling machine을 예시한다.

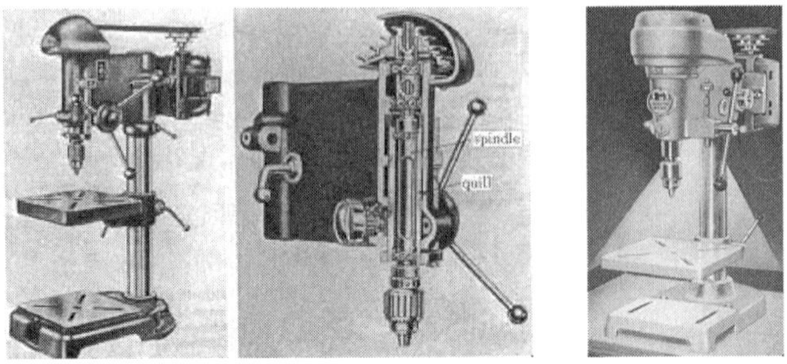

그림 6-147 탁상식 drilling machine

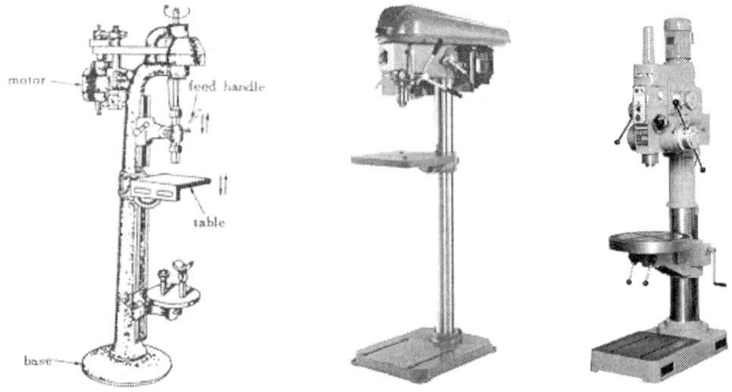

그림 6-148 floor식 drilling machine

(3) 직립식 drilling machine(upright drilling machine):

수조절 drilling machine과 유사하나, 다른 점은 다음과 같다. 수조절 drilling machine 보다 크다. 주축의 이송이 hand lever, hand wheel 및 자동이송의 선택이 가능하다. gear box가 있어 주축속도와 이송을 다양하게 변화시킬 수 있는 것이 있다. 절삭유제를 공급하기 위한 장치가 있는 것도 있다.

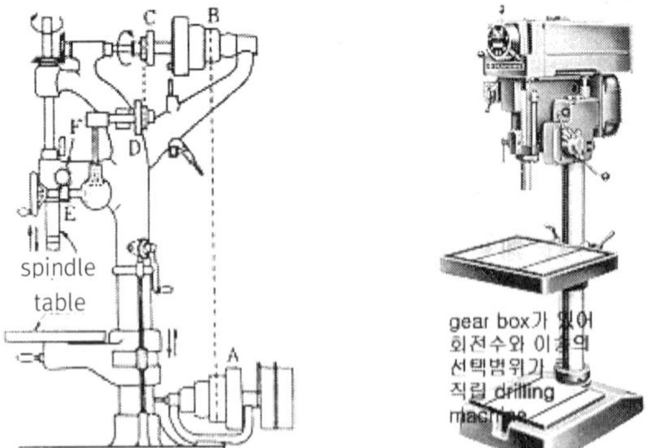

그림 6-147 직립식 drilling machine

A → B → C → D → E 의 순으로 동력이 전달되어 worm E가 worm gear F를 회전시켜 F 축상에 있는 pinion이 spindle sleeve의 rack을 下向시켜 자동이송하거나, worm E와 worm gear F를 분리시키고 수동으로 lever → pinion → lack을 거쳐 spindle을 하향시키는 이송을 준다.

(4) radial drilling machine:

대형의 공작물에 여러개의 구멍을 뚫을 때 공작물을 이동시키지 않고 그림과 같이 arm을 column 주위로 회전시키고 drilling head를 arm 상에서 이동시켜 arm 반경 내의 임의 위치에 drill을 위치시킬 수 있는 공작기계이다. drilling head가 arm 상에서 직선운동만 되는 것을 보통식(plain type)이라 하고, 직선운동과 회전운동이 되는 것을 만능식(universal type)이라 한다. column에서 주축대까지의 최대 거리가 3 m 만큼 큰 것도 있다. drill의 이송운동은 직립 drilling machine에서와 같이 수동 및 자동이 가능하다.

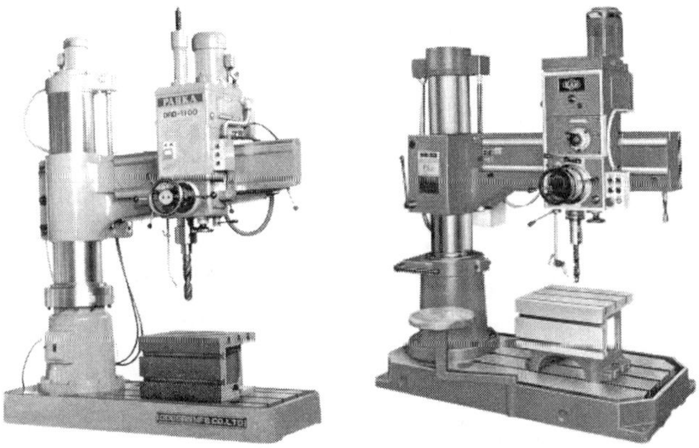

그림 6-158 radial drilling machine

(5) 다축(多軸; multiple-spindle) drilling machine:

그림과 같이 1개의 구동축으로 부터 universal joint 등을 통히여 2 ~ 60개의 주축이 회전하며, 주축간의 위치를 조정할 수 있는 drilling machine로서, 여러 개의 구멍을 동시에 뚫을 때 편리하다. 이 drilling machine에서 가공한 제품은 정밀도와 호환성이 높다.

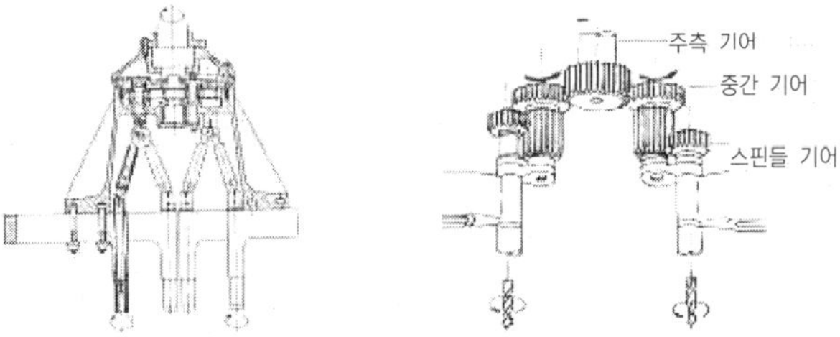

그림 6-159 다축(多軸)간의 간격을 두는 방법

그림 6-160 다축(多軸) drilling machine

그림 6-161 다축(多軸)의 고정방법

(6) 다두(多頭; gang) drilling machine:

그림과 같이 2개 이상의 주축을 단일 table과 조합한 drilling machine으로서, 주축간의 간격이 고정된 것과 조절할 수 있는 것이 있다. 각 주축은 별도로 운전되며, 순차적인 가공을 할 때 편리하다.

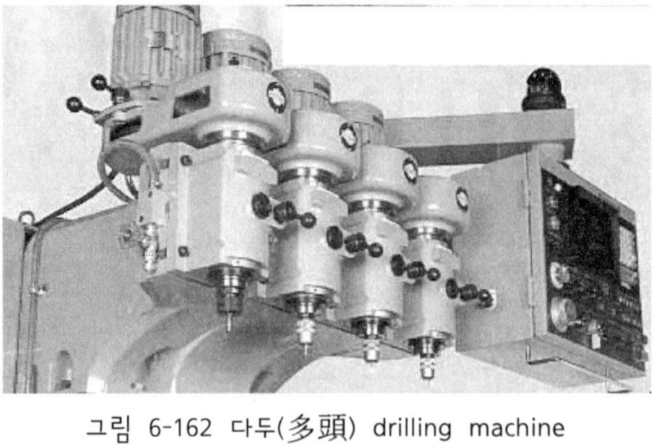

그림 6-162 다두(多頭) drilling machine

(7) 심공(深孔) drilling machine(deep hole drilling machine):

일반적으로 구멍의 깊이가 직경의 5배 이상인 구멍을 심공(deep hole)이라 하며, 심공 drilling machine은 처음에 총신(銃身)의 구멍가공을 위하여 개발된 것으로서 일명 gun drilling machine이라고도 부른다. 총신외에 긴 축(軸), connecting rod 등과 같이 긴 구멍을 요하는 구멍가공에 적합한 drilling machine이다. drill의 유공으로 절삭유제를 공급하여 윤활, 냉각 및 chip 배출을 용이하게 하며, drill의 비틀림 및 처짐을 고려한 강도가 중요하다.

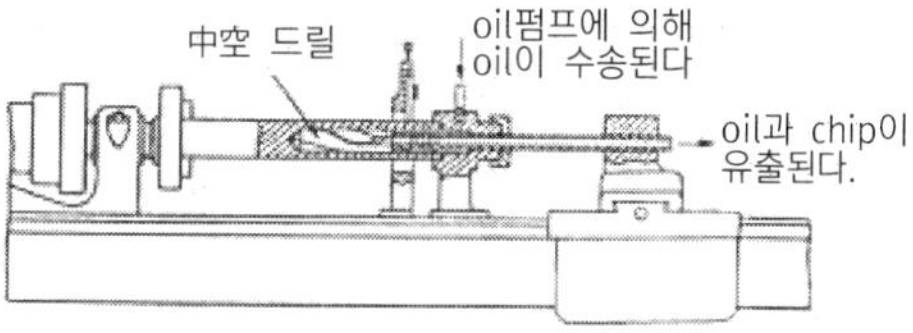

그림 6-163 심공(深孔) drilling machin

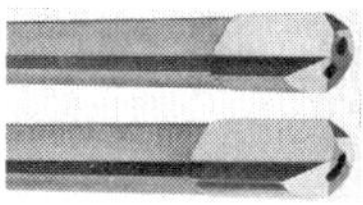

그림 6-164 심공 drill

(8) 3축 turret drilling machine:

3축이송을 할 수 있는 drilling machine으로서, turret에 일련(一連)의 작업에 필요한 공구를 장착하여 능률적인 가공이 가능하다.

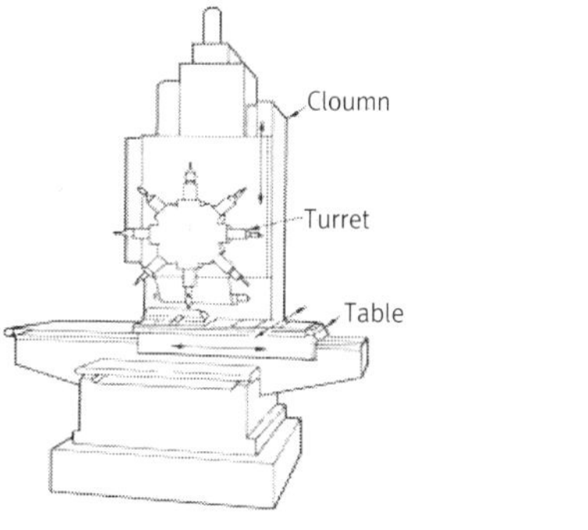

그림 6-165 3축 turret drilling machine

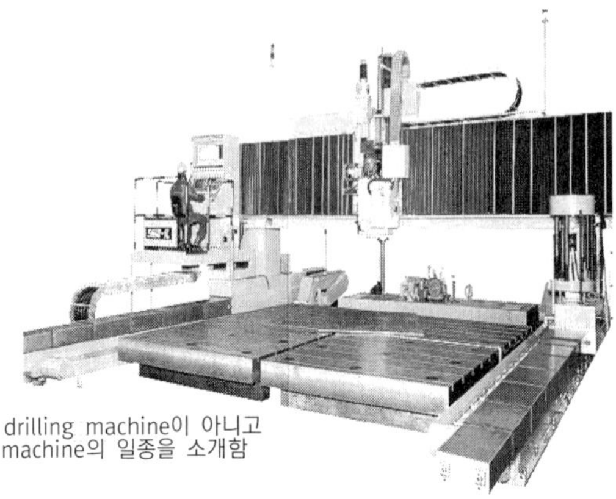

이것은 turret drilling machine이 아니고
CNC drilling machine의 일종을 소개함

그림 6-166 CNC drilling machine

6.7.2 drill 가공(drilling)

drill은 탄소공구강, 특수공구강, 고속도강의 재질로 되어 있는 것과 초경합금을 비롯한 경질합금의 부인(附刃)으로 되어 있다.

(1) drill:

① drill의 종류:

drill을 형태와 사용 목적에 따라 분류하면 다음과 같다.

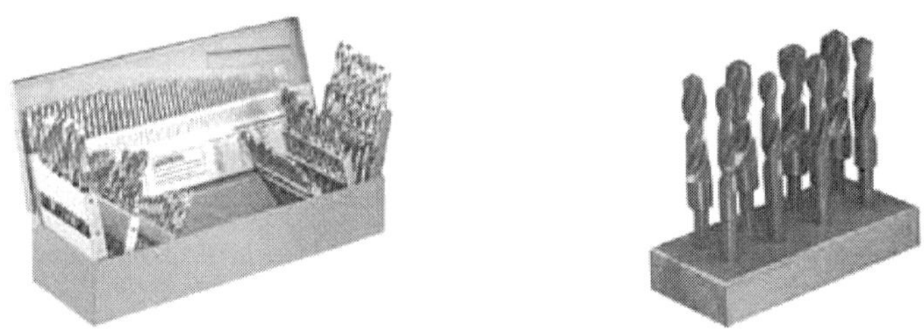

그림 6-167 drill의 종류

1. flat drill(A): 주로 목재가공에 사용되며, 단조 제작한다.
2. twist drill(B)
   - 보통 twist drill(ordinary twist drill)(a)
   - flat twist drill(b)
   - 3 edge twist drill(c)
   - 4 edge twist drill(d)

3. special drill(C)
   - center drill(a): 선반가공에서 center 작업에 사용된다.
   - 유공부(油孔部) drill(oil hole drill)(b): 심공부를 가공할 때 사용되며, chip이 절삭유제와 함께 배출된다.
   - 중공부(中孔部) drill(hollow drill)(c)
   - 반원 drill(rifle barrel drill)(d)
   - 포신(砲身) drill(gun barrel drill)(e)
4. hard metal drill

② drill의 각부 명칭:

보통 twist drill의 각부 명칭과 정의는 다음과 같다.

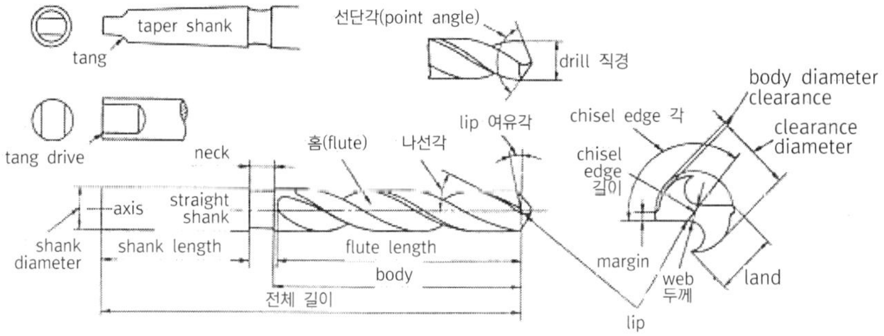

그림 6-168 보통 twist drill의 각부 명칭

- drill point: drill의 끝부분으로서 원추형이다.
- body: drill의 몸체로서 홈(flute)이 있다.
- flute: drill의 몸체에 있는 홈으로서 chip을 배출하고 절삭유제를 공급하는 통로이다.
- shank: drill을 고정하는 부분으로서, 평행부인 것과 Morse taper 진 것이 있다.
- dead center: drill 끝에서 절삭인이 만나는 점이다.
- tang: drill에 회전력을 전달하기위한 drill shank 부의 납작한 부분이다.
- margin: drill 홈의 가장사리에 있는 좁은 면으로서, drill의 인내 역할을 힌다.
- web: drill 홈 사이의 단면으로서, shank 쪽으로 갈 수록 커진다.
- point angle: drill 끝의 절삭날 사이의 각이다.
- helix angle: drill의 중심축과 helix line 사이의 각이다.
- body clearance: 돌기로 나와 있는 margin 부분의 높이이다.
- lip clearance angle(lip relief angle): 절삭인의 작용에 방해가 되지 않도록 그림에 표시된 각이다.

- normal clearance angle(수직경사각): 다음 그림과 같이 가공면에 수직인 면상에서의 경사각이다.

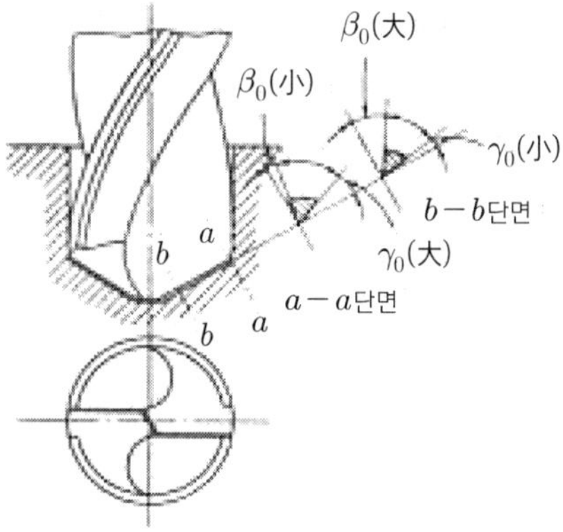

그림 6-169 drill의 수직경사각

③ drill의 연삭:

drill을 손으로 잡고 연삭하는 방법과 drill 연삭장치를 이용하여 연삭하는 방법이 있다. 아래 그림은 수작업에 의한 연삭을 보여주며, 작업 순서는 다음과 같다.

- 연삭숫돌을 평탄하게 dressing 한다.
- 절인(lip)을 지지대에 평행하게 위치시킨다.
- 절삭인의 길이가 같도록 연삭한다.
- 선단각(point angle)을 적정하게 정하고 축선에 대하여 대칭되게 연삭한다.
- 절인(cutting edge, lip) 여유각을 적정하게 정하고 shank를 선단보다 낮게 밑으로 내리면서 heel(背面)을 점점 깊게 연삭한다(drill을 회전시키지 않는다). 작은 drill은 web 두께가 문제되지 않으나 큰 drill에서는 그림과 같이 web를 얇게(thinning) 연삭한다. 연삭된 drill을 drill point gage로 검사한다.

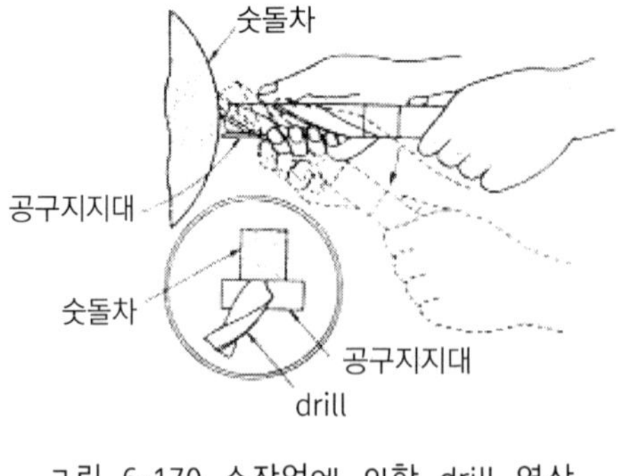

그림 6-170 수작업에 의한 drill 연삭

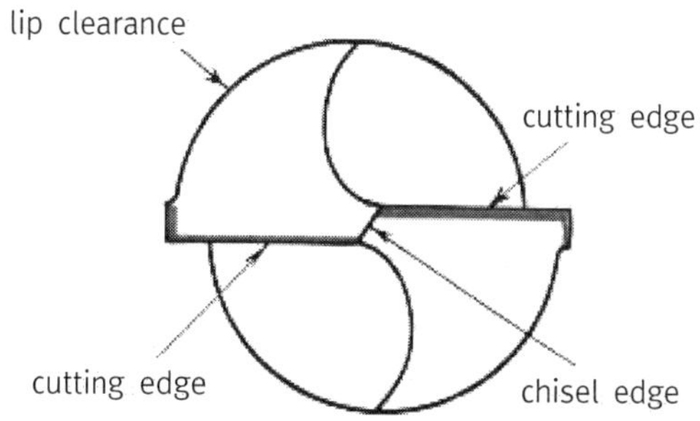

그림 6-171 drill의 절인(cutting edge)

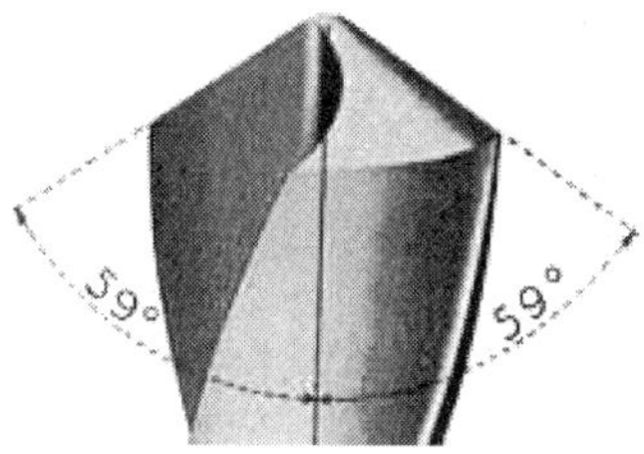

그림 6-172 drill의 선단각

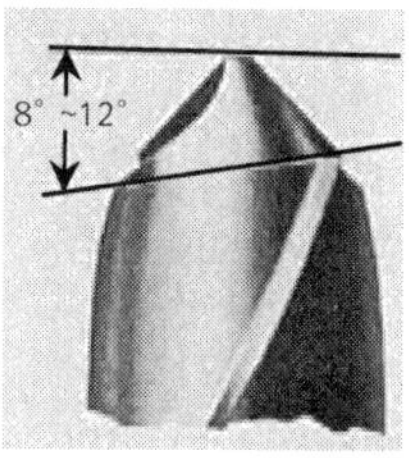

그림 6-173 drill의 절인여유각

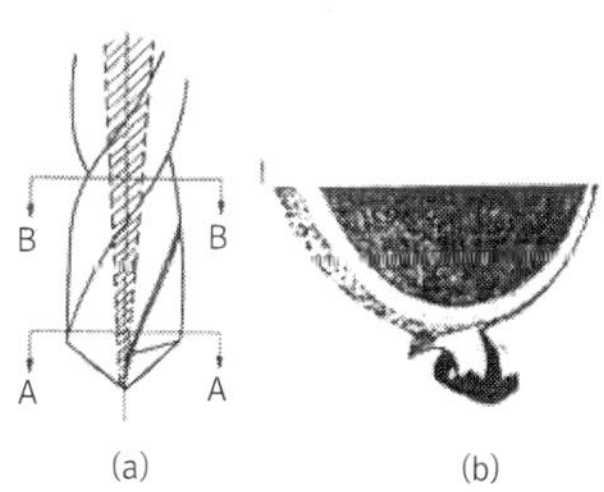

그림 6-174 drill의 thinning

아래 그림은 공구연삭기에서 drill 연삭장치에 의한 연삭을 보여 주며,

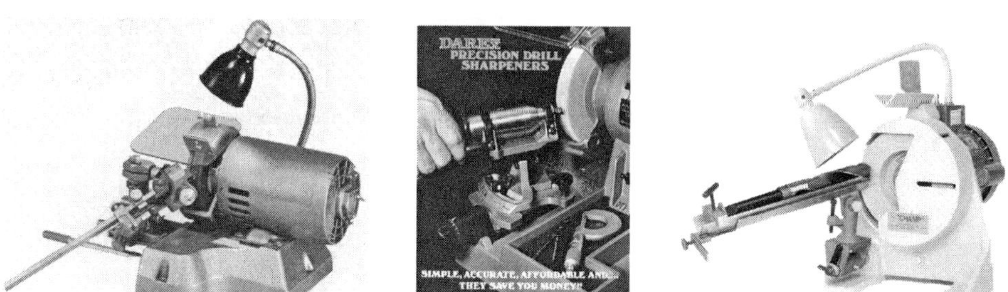

그림 6-175 drill 연삭장치

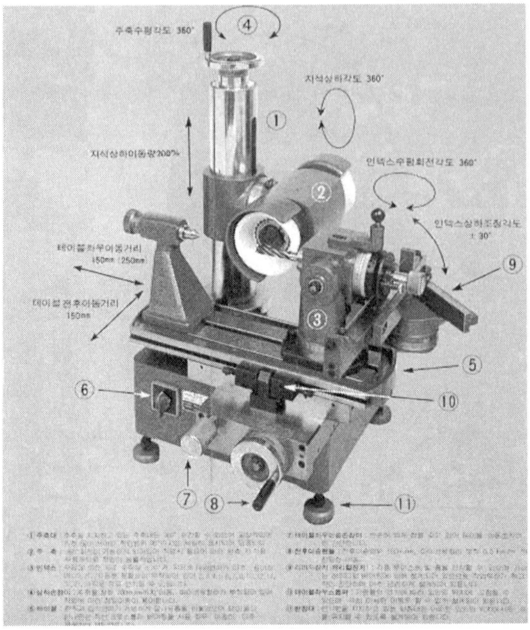

그림 6-176 만능공구연삭기

attachment(부속장치)를 연삭기 table 좌측에 고정한다.

drill 선단각은 attachment column 에서 조정하며, 연강의 가공에는 118°에 맞춘다.

drill flute의 우측벽이 회전방지용 돌기에 닿도록 drill을 돌려 고정하고, shank端을 고인다. 이때 가능하면 edge가 수평을 유지하도록 하면 연삭중인 edge전체가 동시에 연삭된다. 고정된 drill의 뒷쪽을 잡고 상하로 요동시키면서 연삭하고, drill을 돌려 다른 edge를 같은 방법으로 연삭한다. 연삭된 drill을 다음 그림과 같이 검사한다.

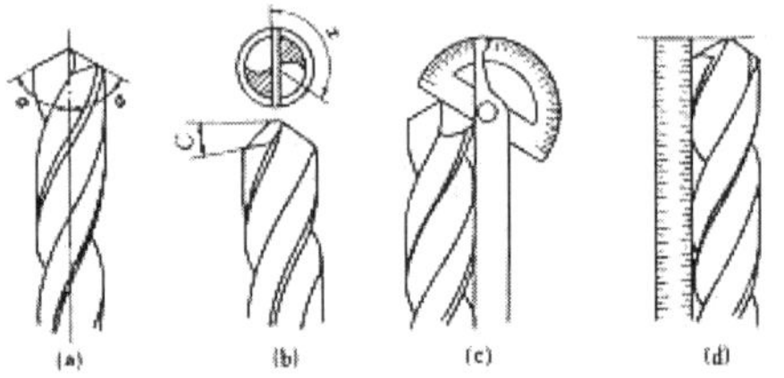

그림 6-177 각도기와 자에 의한 drill의 검사

그림 6-178 drill point gage에 의한 drill의 검사

drill의 point angle이 너무 크면 이송이 곤란하고, 너무 작으면 선단(先端)이 약해지므로 공작물의 재질에 따라 다음 표값을 택한다.

drill의 角(度)

공작물 재료	선단각 (point angle)	선단여유각 (lip relief angle)	chisel dege angle	나선각 (helix angle)
표준형 drill (일반작업, 탄소강, 주강, 주철 등)	118	12~15	125~135	20~32
Mn 강	150	10	115~125	20~32
Ni 강질화강	130~150	5~7	115~125	20~32
황동청동(연)	90~118	12~15	125~135	20~32
구리동합금	118	12~15	125~135	10~30
積層 plastics	110~130	10~15	125~135	30~40
경질 고무	90~118	12~15	125~135	10~20
주 철	60~90	12~15	125~135	10~20

④ drill의 고정:

drill shank에는 평행식과 taper 식이 있으며, 평행식은 지름이 12 mm 이하인 drill에, taper 식은 그 이상에서 사용된다. 평행식 shank를 갖는 drill은 drill chuck에 고정하고, drill chuck에 arbor를 끼워서 arbor를 다시 drilling machine의 주축 taper 구멍에 압입한다. taper shank를 갖는 drill은 주축 taper 구멍에 직접 압입하거나, drill shank가 taper 구멍 보다 작을 때에는 drill sleeve를 중간에 끼우고 taper 구멍 보다 클 때에는 socket을 중간에 끼워 고정한다.

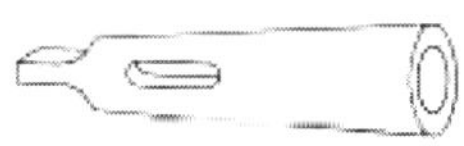

(a) drill sleeve

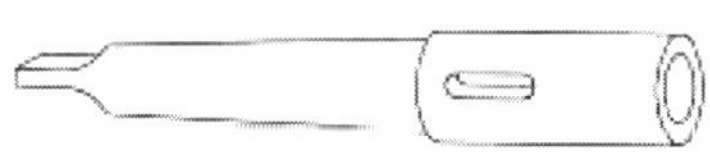

(b) socker

drill sleeve와 socker

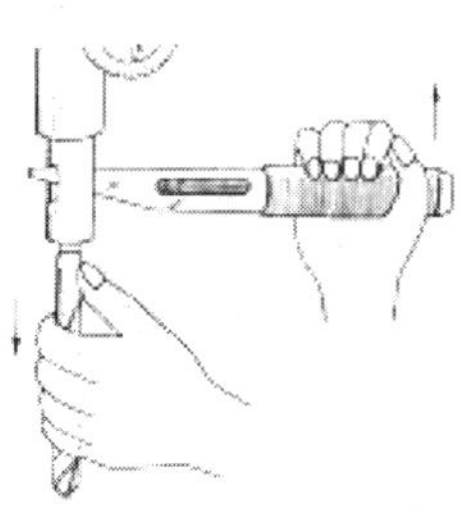

drill 뽑기

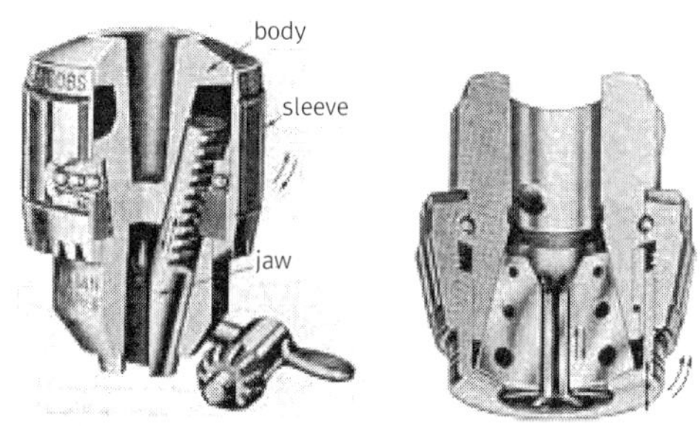

Jacobs chuck

그림 6-179 드릴 고정식

그림 6-180은 drill chuck과 drill chuck arbor를 보여준다.

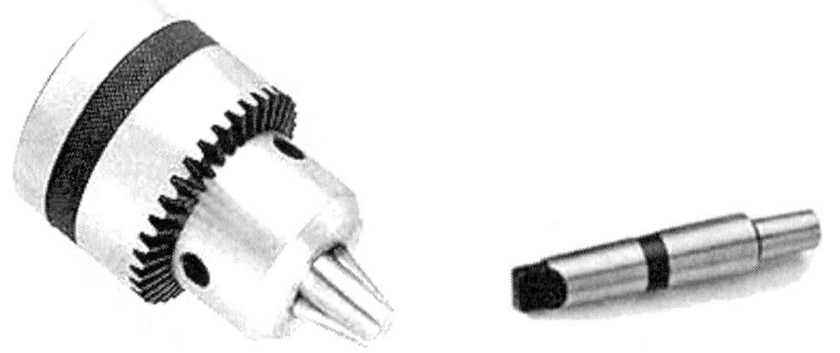

그림 6-180 drill chuck과 drill chuck arbor

아래 표는 drill shank의 taper 이다.

drill shank의 taper

drill 지름 범위[in]	morwe taper 번호	drill 지름 범위[in]	morwe taper 번호
~9/16	No, 1	1. 17/64~2	No, 4
37/64~29/32	No, 2	2. 1/64~3	No, 5
59/64~11/4	No, 3	3. 1/16~4	No, 6

(2) 절삭조건:

drill의 절삭속도는 중심으로부터 외경부까지에 걸쳐 절인의 위치에 따라 다르나 일반적으로 외주의 속도로서 호칭하며, 고속도강 drill의 절삭속도 및 이송의 적정값은 다음 표와 같다.

고속도강 drill의 절삭조건

V : 절삭속도[m/min] f : 이송[mm/rev]

drill의 직경 [mm]	강 $\sigma_t \le 50[kg/mm^2]$		강 $\sigma_t = 50 \sim 70[kg/mm^2]$		강 $\sigma_t = 70 \sim 90[kg/mm^2]$		강 $\sigma_t = 90 \sim 110[kg/mm^2]$	
	V	f	V	f	V	f	V	f
2~5	20~25	0.1	20~25	0.1	15~18	0.05	10~14	0.05
6~11	20~25	0.2	20~25	0.2	15~18	0.1	10~14~14	0.1
12~18	30~35	0.25	20~25	0.25	15~18	0.2	12~18	0.15
19~25	30~35	0.3	25~35	0.3	18~22	0.3	16~20	0.2
26~50	25~30	0.4	25	0.4	15~20	0.35	14~16	0.3
drill의 직경 [mm]	주 철 $\sigma_t = 12 \sim 18[kg/mm^2]$		주 철 $\sigma_t = 18 \sim 30[kg/mm^2]$		황동 · 청동(軟)		靑 銅(硬)	
	V	f	V	f	V	f	V	f
2~5	25~30	0.1	12~18	0.1		0.05		0.05
6~11	30~40	0.2	14~18	0.15		0.15		0.1
12~18	25~30	0.35	16~20	0.2	≤50	0.3	≤35	0.2
19~25	20	0.6	16~20	0.3		0.45		0.35
26~50	20	1.0	16~18	0.4		-		-

(3) 작업순서:

공작물의 소정 위치에 punching 하여 compasses의 중심을 잡고 drill 지름보다 약간 크게 원을 그린다. 표시된 원주 밖으로 clamp나 jig로 공작물을 고정하고, drilling machine table를 적당한 위치에 고정한다. 주축의 회전수와 이송을 정한다.

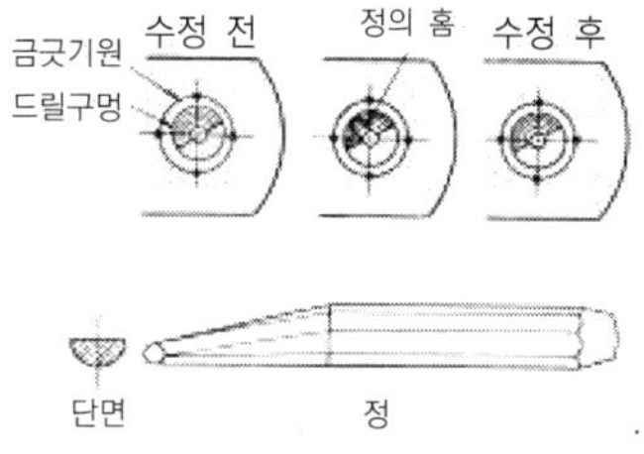

그림 6-181 drill 선단의 위치 조정

handle을 가볍게 눌러 drill이 약간 들어 갔을 때 drill을 들어 올려 위치를 확인하고, 중심이 정확하지 않을 때에는 그림과 같이 정(chisel)으로 잘못된 자리를 메운 후 중심잡기를 다시 한다.

위와 같이 drill의 미끄러짐을 방지하기 위하여, 특히 web 두께가 큰 drill를 사용할 때는 먼저 center drill로 drilling의 위치를 정한다.

drill 선단이 공작물을 관통할 때는 절삭저항이 급증하고, burr가 생기므로 이송을 줄인다.

(4) 구멍의 불량:

구멍의 방향, 형상 및 크기가 소정의 것과 다를 때에는 이를 불량구멍이라 하며, 그 원인을 들면 다음과 같다.

- 절삭날의 길이와 각도가 drill의 중심축에 대하여 대칭이 아닐 때에는 drill 지름보다 큰 구멍이 뚫린다.
- 공작물의 재질이 불균일 하거나 기공(氣孔) 등이 있으면 절삭저항이 적은 쪽으로 drill이 굽혀져 들어간다.
- 주축이 table에 대하여 직각이 아닌 경우에는 경사구멍이 가공된다.
- 주축의 bearing이 헐거워져 있거나 drill, socket 및 주축구멍의 taper가 정확하지 않을 경우에는 가공 구멍이 drill 지름보다 크고 진원이 되지 않는다.

(5) drill의 파손 원인:

- 절삭날이 바르게 연삭되지 않아서 절삭인에 국부적으로 과대한 절삭력이 작용할 때
- 작업 중 drill이 굽힌 상태에서 계속 작업할 때
- thinning이 너무 깊어서 선단이 약해졌을 때
- 구멍에 chip이 너무 많이 충전되어 있어 torque가 과대할 때
- 이송이 너무 커서 절삭저항이 과대할 때
- drill을 너무 길게 고정하여 휘어졌을 때

(6) 특수 drill 가공:

① trepanning:

그림과 같은 단인공구 또는 다인공구를 사용하여 제거부분을 전부 chip으로 절삭해 내지 않고 일부만을 chip으로 절삭해 내어 큰 구멍 뚫기, 원판 도려내기 및 지름이 큰 얕은 홈파기 등을 하는 가공을 trepanning이라 하며, 가공을 위한 강성을 고려하여 가공물의 두께가 6 mm 이상 되어야 한다. 가공구멍의 지름과 길이가 클 대에는 가공시간이 단축되고, core를 다른 용도에 사용할 수 있으며, 부위별 재료를 분석할 수도 있다.

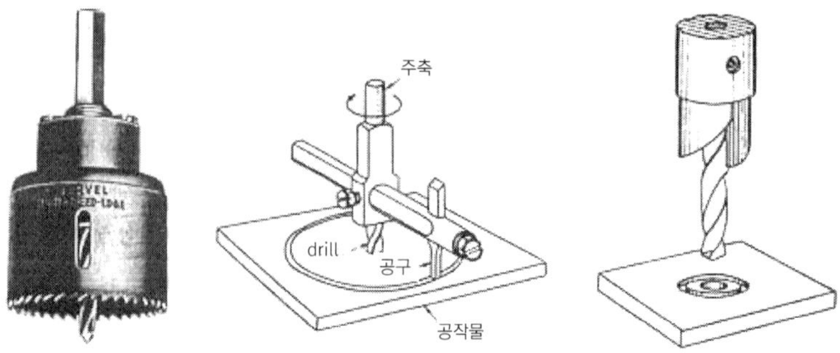

(a) saw cutter (b) fly cutter (c) 홈파기 공구

그림 6-182 trepanning

② 경사면 및 정부(頂部)의 가공:

경사면이나 뾰족한 부분에 구멍을 뚫을 때에는 그림 (a)와 같이 cap을 붙이거나 그림 (b)와 같이 end milling 등으로 drill 축에 수직되게 가공을 하고, 그림 (c)와 같은 경우에는 jig를 사용한다.

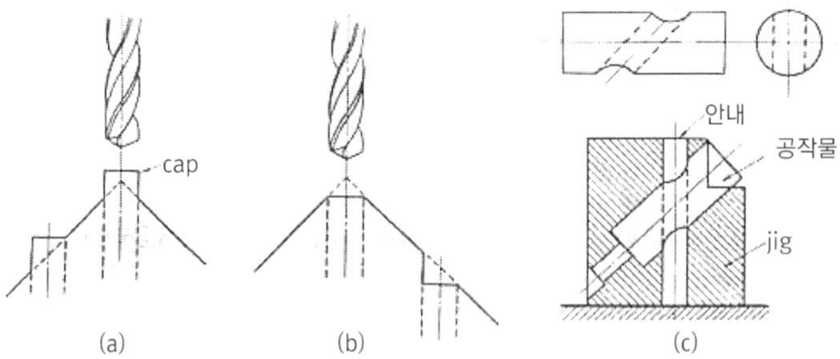

(a) (b) (c)

그림 6-183 경사면과 정부의 drilling

③ 겹친 구멍 뚫기:

겹쳐진 구멍을 뚫을 때에는 절삭저항이 대칭이 되도록 그림과 같이 먼저 뚫은 구멍을 같은 종류의 재료로 메우고 옆의 구멍을 뚫은 다음 메운 재료를 빼낸다.

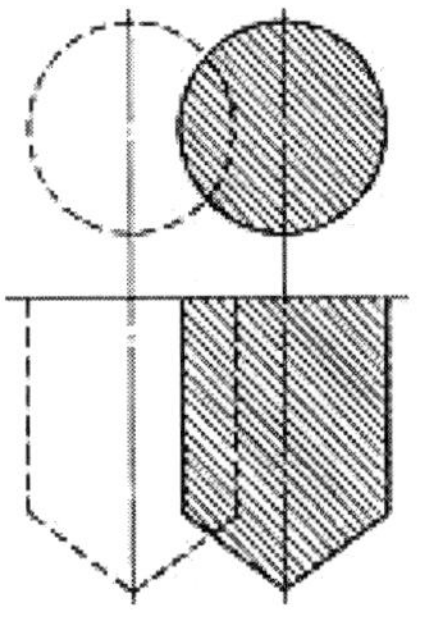

그림 6-184 겹침 구멍뚫기

(7) 절삭유제:

drilling에서는 절삭날이 깊은 구멍 내에 있어 절삭유제의 사용 효과가 적다. 붓으로 절삭유제를 공급할 때에는 drill 지름의 20%, oil pump로 공급할 때에는 drill 지름의 3배 정도의 깊이까지만 절삭유제의 효과를 기대할 수 있다. 유공(油孔) drill을 사용하지 않고 심공(深孔)을 뚫을 때에는 drill을 자주 빼내어 chip을 제거함과 동시에 drill을 냉각시켜야 한다.

절 삭 유 제

피 삭 제	절 삭 유 제	절 삭 속 도[m/min]
aluminium	석유, 소다수, 수용성유제	150~200
주 철	乾 절 삭	12~26
가단주철	수용성 유제	16~30
청 동	수용성 유제	20~40
인 강	豚 油, 소다수	20~35
경 강	석유, terebene 유, 소다수	17~25

6.7.3 reamer 가공

reamer 가공은 drilling machine에서는 물론 수기가공(手技加工)으로도 할 수 있기 때문에 이 곳에 수기가공도 함께 소개한다.

reamer는 drill로 뚫은 구멍을 정확한 치수로 매끄럽게 다듬는데 사용되는 공구로서 몸체에 직선 또는 나선형 절인(切刃)이 있으며, 각부의 명칭은 아래 그림과 같다. reamer 가공을 위해서는 소요의 치수보다 0.4 mm 정도의 작은 치수의 drill로 가공한다.

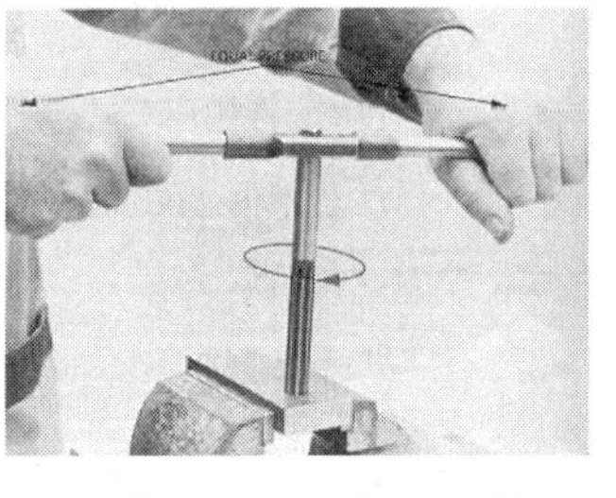

그림 6-185 수동에 의한 reaming

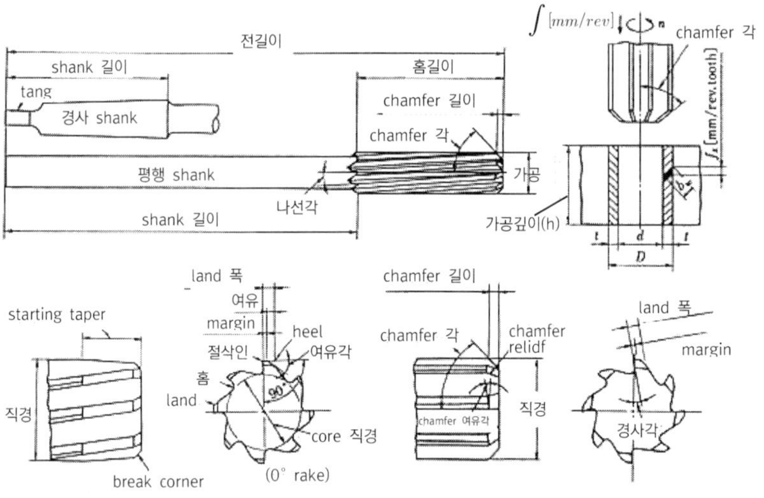

그림 6-186 reamer의 각부 명칭

- chamfer: 절삭작용을 수행하는 모서리 부분으로서, 절삭날 배면에 여유각을 준다.
- body: 수개의 홈과 land로 되어 있으며, land 가장자리에는 margin이 있다. 몸체에는 여유각과 경사각(rake, rake angle)이 있다.
- shank: 주축구멍에 들어가 공정되는 부분으로서, 평행인 것과 taper진 것이 있으며, 끝 부분에는 4각부인 tang있어 주축구멍과의 slip을 방지한다.

(1) reamer의 종류:

reamer에는 분류 기준에 따라 다음과 같은 종류가 있다.

구멍의 형상에 따라
- 곧은 reamer(straight reamer)
- taper reamer

사용 방법에 따라
- hand reamer
- machine reamer

구조에 따라
- 일체(一體) reamer(solid reamer)
- 중공(中孔) reamer(hollow reamer)
- 조정 reamer(adjustable reamer)

아래 그림은 reamer의 종류를 예시한 것이다.

srbor for shell reamer

fluted chucking reamer

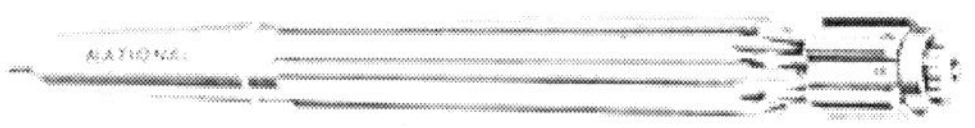

carbide-tipped shell expansion reamer

laper pin reamer

hand reamer

그림 6-187 solid reamer의 종류

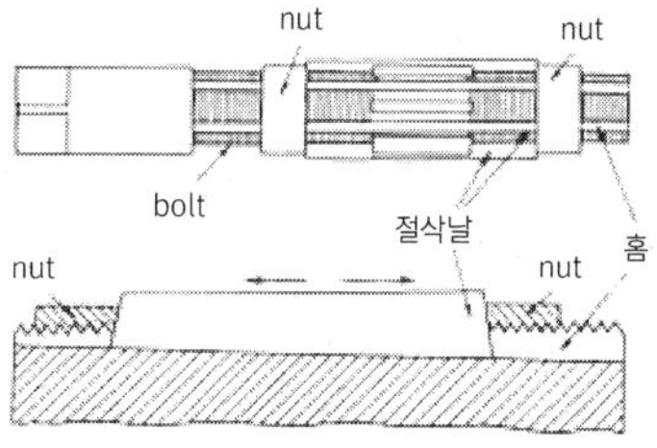

bolt에는 홈이 있으며 삽입 절삭날에 경사가 있어 nut를 이동하면 삽입 절삭날이 taper 홈에 따라 이동하면서 reamer의 반경방향으로 이동한다.

그림 6-188 adjustable reamer

(2) 절삭조건:

drill 가공에 비하여 절삭속도를 느리게 하고 이송은 크게 한다. 절삭속도를 작게하면 reamer의 수명은 길어지나 생산성이 떨어지며, 절삭속도를 너무 크게하면 reamer의 수명은 단축되고, land 부가 쉽게 파손되어 가공면이 불량해 진다. 고속도강(高速度鋼; high speed steel, H.S.S.)재질의 reamer에서는 drill 가공시의 2/3 ~ 3/4의 절삭속도와 2 ~ 3 배의 이송을 준다. 아래 표는 고속도강 reamer의 절삭속도와 이송의 예이다.

reamer의 절삭속도와 이송

가공물 재료	절삭속도 [m/min]	이송[mm/rev]			
		reamer의 지름[mm]			
		50이하	5~20	21~50	50이상
탄소강 및 주강 { 軟 硬	3~6 2~4	0.2~0.3	0.3~0.5	0.5~0.6	0.6~1.2
합금강 단조품 { 軟 硬	3~4 2~3	0.1~0.2	0.2~0.4	0.4~0.5	0.5~0.8
주 철 { 軟 硬	4~6 3~4	0.3~0.5	0.5~1	1~1.5	1.5~3
可 변 주 철 { 軟 硬	4~6 3~4	0.2~0.3	0.3~0.5	0.5~0.6	0.6~2.0
동, 황 동	8~14	0.3~0.5	0.5~1	1~2.5	1.5~3
Al 및 Al 합금 { 軟 硬	12~20 0~32	0.3~0.5	0.5~1	2~1.5	1.5~3
Mg 및 Mg 합금	30	0.4~0.5	0.5~1.2	1.2~2	1.2~2

(3) reamer 취급의 주의사항:

reamer의 수명 및 가공정밀도 등은 reamer의 상태에 의존하므로 다음 사항을 지키도록 한다.

- reamer 절인이 손상되므로 충격을 피하며, 각각 case에 보관한다.
- 녹슬지 않도록 기름을 칠하여 보관한다.

(4) reamer 가공(reaming)시 주의사항:

가공정밀도를 높게하고 reamer의 수명을 크게 하기 위하여 다음 사항을 지키도록한다.

- 가공전에 reamer의 절인상태를 점검하고, burr 등을 제거한다.
- 가공정밀도와 reamer 수명을 향상시키기 위하여 절삭유제를 사용한다.
- 깊은 구멍의 가공에는 helical reamer를 사용하고, 높은 정밀도를 얻기 위하여 straight reamer를 사용한다.
- reamer가 손상되므로 역전시키지 않는다.
- 고정밀도를 얻기 위하여는 황삭용 reamer로 먼저 가공하고 다듬질용 reamer를 사용한다.
- 불규칙한 면을 reaming하면 절삭저항이 적은 쪽으로 reamer가 이동하므로 표면정밀도가 좋지 않고 진원이 되지 않는다.
- chatter가 발생하면 기계를 정지시킨 후 속도를 줄이고 이송을 증가시킨다.

6.7.4 tap 가공

tap 가공은 drilling machine에 tapping장치를 부착하여 수행할 수 있고 또는 수기가공(手技加工)으로도 할 수 있기 때문에 이 곳에 수기가공도 함께 소개한다.

tap은 3 ~ 4개의 홈(flute)이 있는 bolt 형상을 갖는 내부 나사절삭을 위한 공구로서, 다음 그림은 tap의 각부 명칭, tap의 절삭작용 및 1조의 tap을 보여준다.

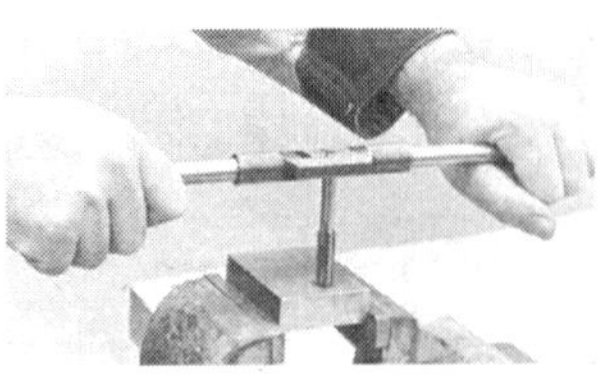

그림 6-189 hand tap에 의한 tapping

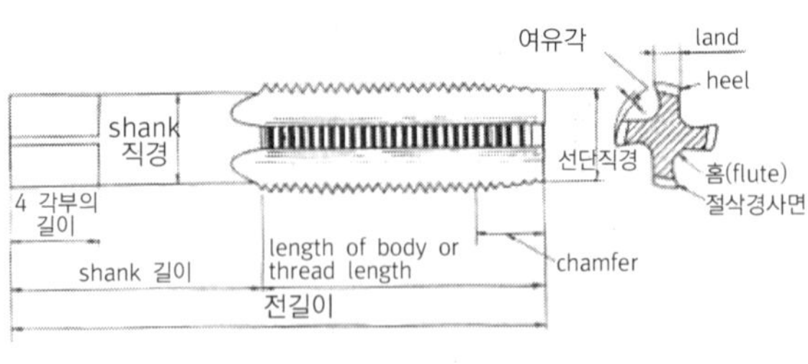

그림 6-190 tap의 각부 명칭

- chamfer: tap의 taper진 부분
- 홈(flute): 경사면을 형성하기 위한 홈으로서, chip과 절삭유제의 통로가 된다.
- heel: land의 뒷부분
- point diameter(선단직경): tap부 끝의 외경
- (thread)relief: 마찰을 적게하기 위하여 절삭인의 뒷부분을 깍아내어 생긴 간격

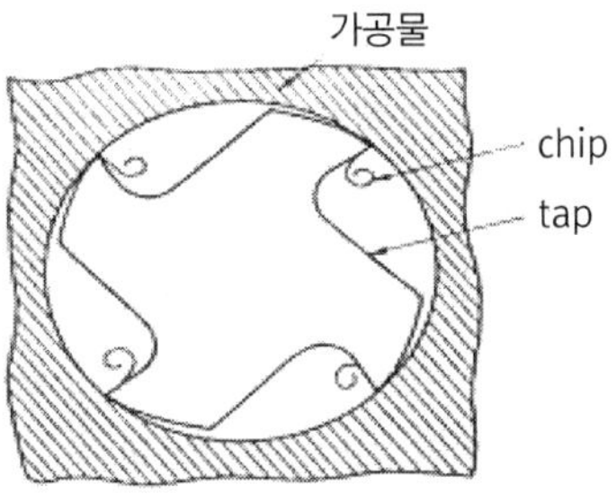

그림 6-191 tap의 절삭작용

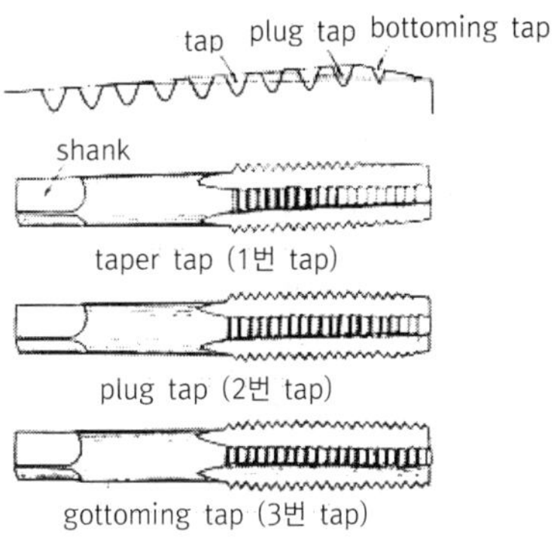

그림 6-192 hand tap의 1조

(1) tap의 종류:

tap을 용도에 따라 분류하면 다음과 같다.

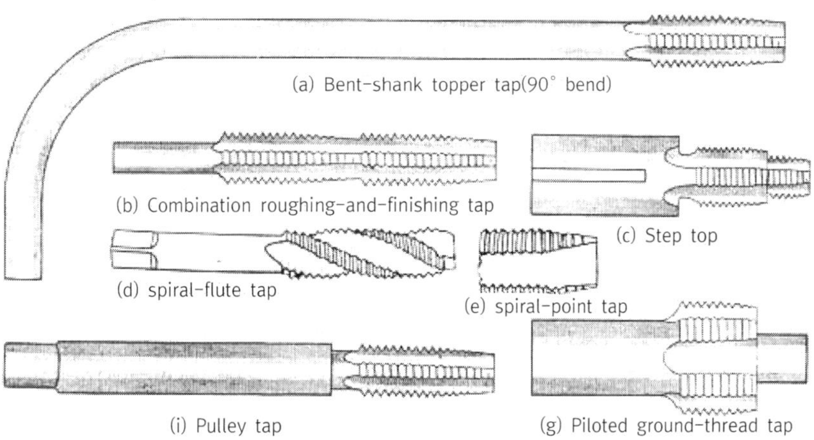

그림 6-193 tap의 종류

(a) bent-shank tapper tap: 가공물인 nut를 연속적으로 tapping한 후 shank로 빼낸다.
(b) roughing-and-finishing tap: 관통구멍에서만 사용할 수 있다.
(c) step tap: 직경이 다르고 pitch가 같은 나사를 동시에 가공할 때 사용한다.

(d) spiral-flute tap: 오른쪽 또는 왼쪽 방향의 나선홈을 갖는 tap으로서, chip을 보다 강력히 밀어낸다.

(e) spiral-point tap: 선단 부위에 왼쪽 방향의 깊은 홈을 내어 chip을 tap 진행 방향으로 밀어 낸다. 관통구멍의 tapping에 적합하다.

(f) pulley tap: shank가 길고 shank부의 직경이 나사부의 직경과 같아 tap이 pulley에 접근할 때 안내역할을 한다.

(g) pilot ground thread tap: 가공물의 구멍과 나사 가공부가 동심을 유지하게 한다.

- hand tap: 3개의 tap이 1조로 되어 있으며, 보통 손으로 회전시켜 나사가공을 하는 tap으로서, shank 단면이 4각으로 tap wrench를 사용하도록 되어 있다.
- machine tap: drilling machine에서 tap 고정구와 함께 사용하도록 된 tap이다. tapping machine으로는 보통 drilling machine이 tapping head와 함께 주로 사용되고, turret 선반 등도 사용된다.
- taper tap: 나사절삭부가 taper진 것으로서, taper 구멍 또는 관(管; pipe)의 연결부의 가공에 사용된다.
- tapper tap: 아래 그림과 같은 형상으로 tap shank가 길고 shank 부의 지름이 나사의 골지름보다 작아서 tapping이 완료된 nut가 shank에 가득 채워질 때까지 tapping할 수 있다.

그림 6-194 tapper tap

- pulley tap: pulley의 set screw나 oil cup을 위한 나사가공을 할 때 사용되는 tap으로서 pulley rim의 구멍을 통하여 들어갈 수 있도록 자루가 길다.
- gun tap: hand tap과 다른 점은 그림과 같이 taper 부의 5산 정도 길이의 홈을 넓고 깊게 파서 tap의 진행방향으로 chip이 쉽게 배출 되도록 제작된 tap이다.

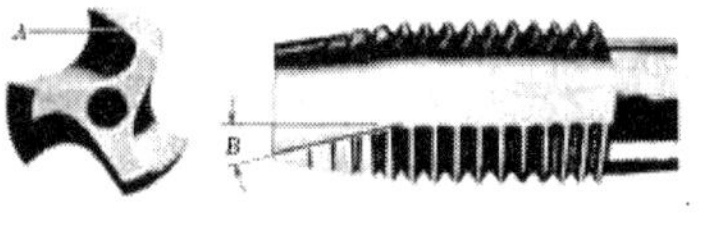

그림 6-195 gun tap

- stay tap: 아주 긴 tap으로서, 선단에는 reamer 부, 중간에는 나사절삭부, shank 부쪽에는 안내부로 되어 있으며, boiler 등의 내외판을 연결하는 stay bolt 용 구멍가공에 사용된다.
- drill 겸용 tap: 그림과 같이 tap 선단에서 drilling을 하고, 이어서 tapping을 하는 tap이다.

그림 6-196 drill 겸용 tap

(2) tap 작업:

tapping에서는 적합한 tap의 선택, 절삭유제의 선택, 작업자의 숙련이 중요하다. tapping할 구멍의 크기는 metric screw thread, unified screw thread 등 나사의 종류에 따라 다르나, 나사의 최소경보다 약간 크게 뚫는 것이 보통이다. 구멍을 너무 작게 뚫으면 절삭저항이 커져 가공면이 거칠며, tap이 파손될 수도 있다. 구멍이 너무 크면 나사산이 완성되지 못한다.

일반적으로 100% 山높이 나사, 80% 山높이 나사, 75% 山높이 나사가 많이 사용되며, 이 경우에 대한 tap drill 지름(tap drill diameter, T.D.D.)의 계산은 다음과 같다. 단 h는 나사산높이다.

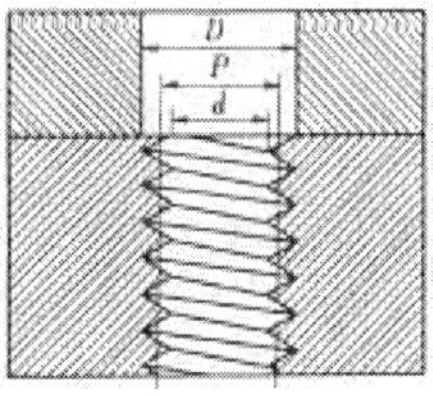

100% 산 높이 나사 $T.D.D. = D - 2h$

80% 산높이 나사 $T.D.D. = D - 2 \times \frac{4}{5}h = D - \frac{8}{5}h$

75% 산높이 나사 $T.D.D. = D - 2 \times \frac{3}{4}h = D - \frac{3}{2}h$

로 되며, 윗식 대신에 다음과 같은 방법으로 tap drill를 정하기도 한다.

미국 표준나사에서 (inch system) $T.D.D. = D - \frac{1}{N}$

meter 나사에서 $T.D.D. + D - p$

단 N : 1in 당의 산수 p ; pitch(mm)

hand tap으로 tapping할 때는 그림 (a)와 같이 처음에는 수직으로 약간 누르면서 오른나사일 경우 시계방향으로 돌려 어느 정도 들어가면 그림 (b)와 같이 누르지 않고 돌리기만 하면 된다. 가끔 역전시켜 chip의 배출을 용이하게한 후 나사가공을 계속 한다.

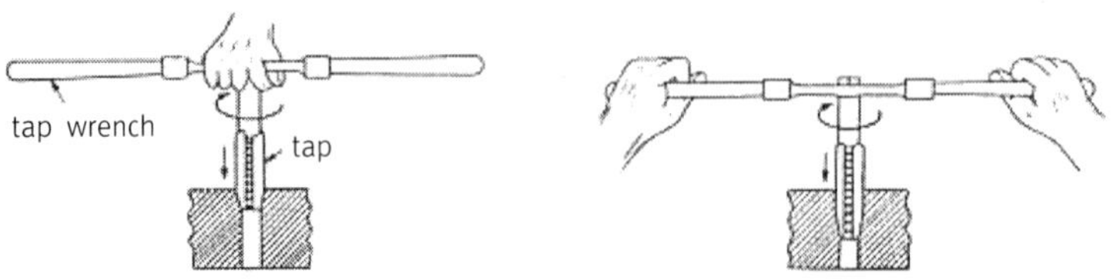

(a) hand tap 작업의 시작 (b) hand tap 작업

그림 6-197 hand tap에 의한 작업

(3) 절삭조건:

다음 표는 tapping machine에서 작업할 때 고속도강 tap의 절삭속도 예이다.

tap(H.S.S.) 절삭속도

재 료	절삭속도[m/min]	재 료	절삭속도[m/min]
연 강	20~25	황 동	25~30
Ni-Cr 강	10~15	청 동	20~25
열처리한 Ni-Cr 강	2~4	Al 합금	56~65
주 철	10~20		

※ 절삭유제를 충분히 사용할 경우

(4) tap의 파손 원인:

tap은 다음의 경우에 파손되기 쉽다.

- tap 구멍이 너무 작아서 절삭저항이 과대할 때
- tap이 한쪽으로 기울어져 밀착될 때
- 절삭유제 없이 tap이 구멍에 너무 밀착될 때
- chip이 충전되어 있는 상태에서 tap을 무리하게 회전시킬 때
- tap이 구멍의 바닥에 닿은 상태에서 tap을 회전시킬 때

이상과 같은 원인으로 tap이 구멍 내에서 파단되었을 때에는 다음과 같은 방법으로 파단된 tap을 빼낸다.

아래 그림과 같이 cape chisel을 tap 홈에 넣고 망치로 가볍게 타격하여 빠지는 방향으로 돌린다.

소량의 질산(窒酸; nitric acid)을 구멍에 적하(滴下)하여 가공물과 tap을 부식시켜 헐겁게된 상태에서 tap을 빼내고 잔류 질산을 세척하여 제거한다.

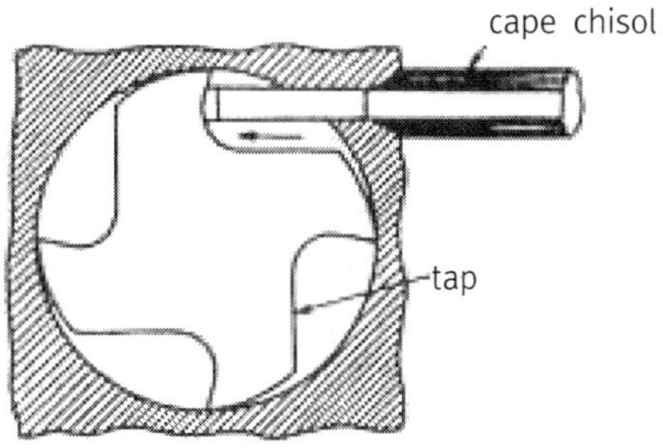

그림 6-198 파단된 tap을 빼내는 방법

bolt가 구멍에서 파단되었을 경우에는 아래 그림과 같이 bolt에 구멍을 뚫고 오른나사의 경우 왼쪽방향 나선을 갖는 나사뽑기 기구(screw extractor)를 bolt에 뚫은 구멍에 넣고 screw extractor를 반시계방향으로 돌리면 screw extractor가 들어가면서 bolt는 빠지게 된다.

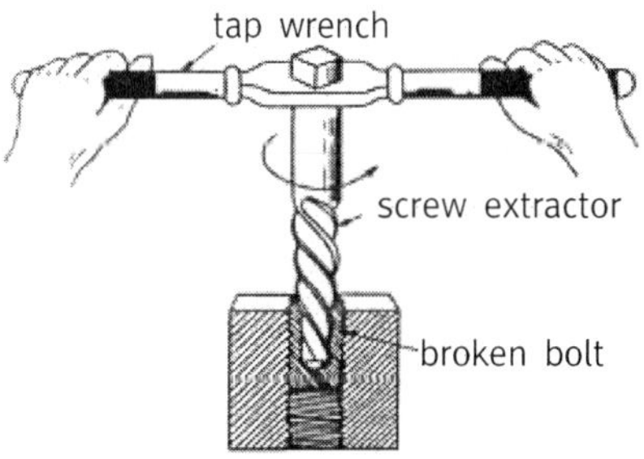

그림 6-199 파단된 drill을 빼내는 방법

그림 6-200 drill과 screw extractor의 set

6.8 milling machine 가공

milling machine은 회전하는 절삭공구에 공작물을 이송하여 소정의 형상으로 가공하는 공작기계이며, 이 기계에서의 가공을 milling machine 가공 또는 milling이라 하고, 이 때의 절삭공구를 milling cutter라 한다. 아래 그림은 milling machine의 일종인 knee type 수평식 milling machine으로서, 공작물은 table에 고정하고, 공작물은 table에 의하여 세로방향(左右)(longitudinal direction), saddle에 의하여 가로방향(前後)(crosswise direction), knee에 의하여 上下방향(vertical direction)으로 이동된다. milling machine의 크기는 table의 최대 이동량 "좌우거리×전후거리×상하거리"로 표시한다.

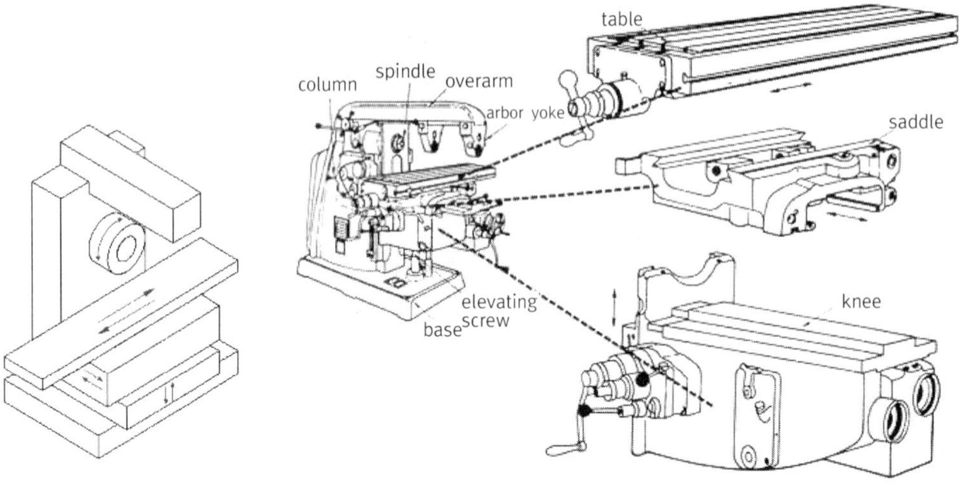

그림 6-200 knee type 수평식 milling machine

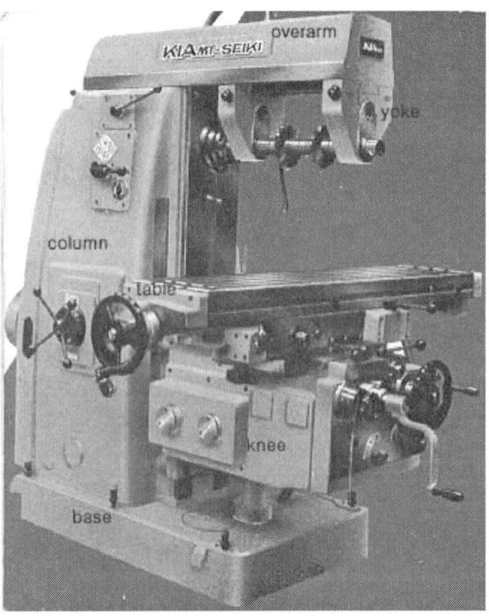

그림 6-201 knee type 수평식 milling machine

그림 6-202 bed type 수평식 milling machine

milling machine으로 할 수 있는 가공에는 평면가공, 홈가공, 곡면가공, 단면가공, gear의 치형(齒形)가공, 특수 나사가공, cam 가공 등이 있다. 분할대(分割臺; index head)와 같은 부속장치를 사용하여 drill, reamer, cutter 등도 제작할 수 있다.

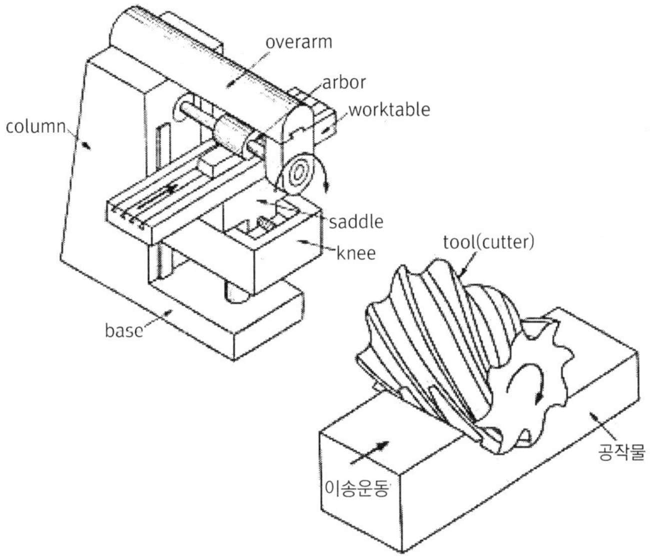

그림 6-203 수평식 milling machine의 운동

6.8.1 milling machine의 종류

주축의 구동은 belt, 단독전동기, 유압 등에 의하며, 공작물의 이송은 수동, 자동 및 유압에 의한다. 분류방식에 따라 다음 종류의 milling machine이 있다.

knee 또는 column type milling machine

동력전달 방식에 따라

- 단차식(段車式) milling machine(cone puller type milling machine)
- gear 식 milling machine(all geared type milling machine)

주축의 방향에 따라

- 수평식 milling machine(horizontal type milling machine)
- plain milling machine
- 만능 milling machine(universal milling machine)
- 수직식 milling machine(vertical milling machine)
- 생산형 milling machine

절삭량에 따라
- 경력형(輕力形) milling machine(light duty type milling machine)
- 강력형(强力形) milling machine(heavy duty type milling machine)

주축의 방향에 따라
- 수평식 milling machine
- 단두식(單頭式) milling machine)
- 양두식(兩頭式) milling machine)
- 수직식 milling machine
- 주축고정식 milling machine)
- 주축경사식 milling machine)
- 특수형 milling machine
- planer 형 milling machine
- 모방 milling machine
- 공구 milling machine
- 나사 milling machine
- cam milling machine
- pantograph milling machine
- 유성(遊星) milling machine

6.8.2 milling machine 기구

가장 많이 사용되는 knee type 수평식 milling machine과 knee type 수직식 milling machine 기구에 대하여 설명한다.

(1) 수평식 milling machine:

① column과 base:

column은 base에 견고하게 고정되어 있거나 일체로 된 지지대로서, column 前面의 안내에 따라 knee를 上下로 이송한다. base는 knee의 이송용 나사를 지지하며, 절삭유제의 tank로도 이용된다.

② knee, saddle 및 table:

knee는 column의 안내면에 따라 상하이송을 하는 부분으로서, saddle과 table을 지지하고 있으며, knee는 상하이송, 공작물을 고정하는 table은 좌우이송을 할 수 있게 되어 있다.

③ 주축과 overarm:

주축은 column에 직각되게 taper roller bearing으로 지지되어 있다. 주축은 강성이 크고 flywheel 이 설치되어 있어 회전수와 절삭력의 변동 및 진동을 완화시키고 있다. overarm은 column 상부에 주축과 평행하게 설치되어 있으며, cutter를 고정하는 arbor는 주축에 끼워 주축과 함께 회전하고 1개 또는 2개의 지지대(yoke, support)로 overarm에 지지한다.

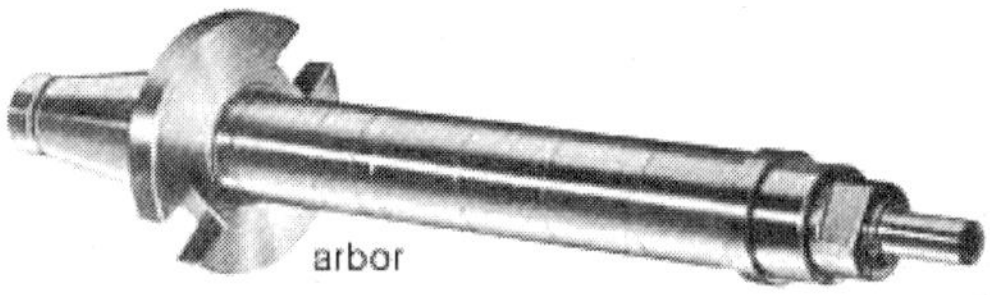

그림 6-204 arbor와 collar

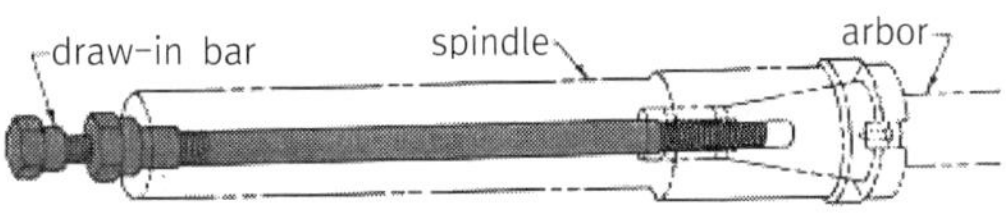

그림 6-205 arbor와 draw-in bar의 체결

그림 6-206 arbor 주축에 고정

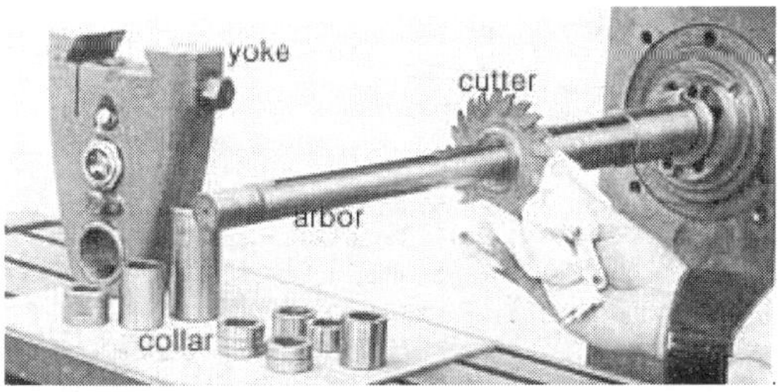

그림 6-207 cutter를 모포로 감싸서 취급

그림 6-206은 arbor를 draw-in bar로 주축에 고정하며, 그림 6-207은 예리한 cutter를 arbor에 착탈할 때에는 모포로 감싸서 취급한다.

④ 구동기구(驅動機具; driving mechanism):

주축회전은 다음 그림(A)에서와 같이 3상교류전동기 → V-belt 차 → 변속 gear → 주축의 순으로 행해진다.

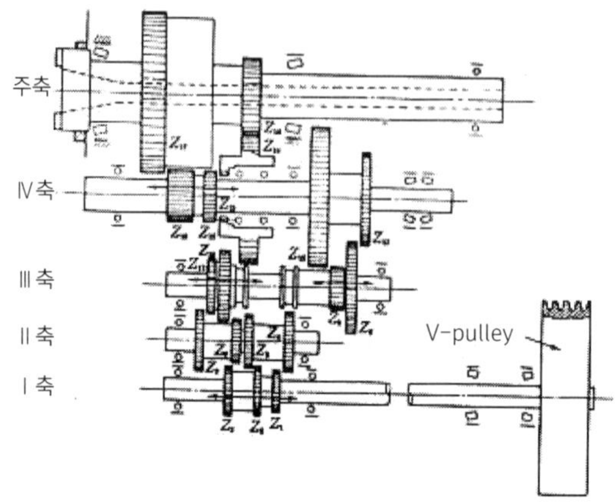

(A)

그림 6-208 주축의 구동기구

아래 그림 6-210의 (B) (a)에서 동력전달은 이송용 전동기(M) → 1 → 2 → 4 → 5 → 多版 clutch → 6 → 7 → V-pulley → 9(worm) → 10(worm gear) (축 V)로 되고, V 축상의 sliding gear 11, 12, 13과 VII 축상의 sliding gear 20을 조합하여 6 단계의 회전수가 VIII 축에 전달된다. 6 종의 속도 사이에 다시 V-pulley를 조정하여 무단변속 한다.

M → 1 → 2 → 3 → 23 → 多板 clutch A → B → VIII에 의하여 급속 이송한다. 이상에서 변속된 속도로 그림 6-210의 (B) (b)와 그림 (C)에서와 같이 3 방향의 이송을 한다.

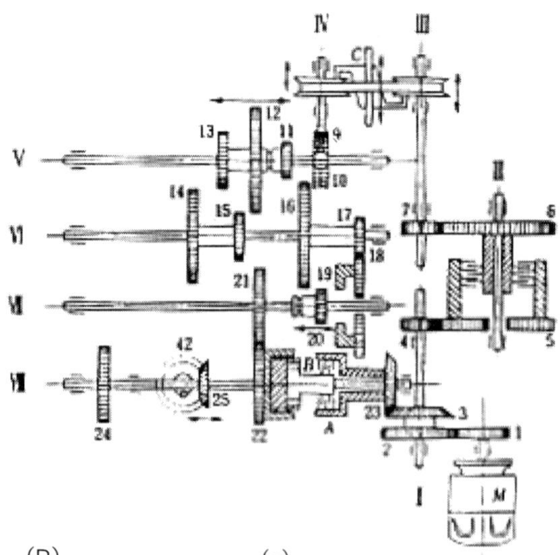

(B) (a)

그림 6-209 이송변속기구

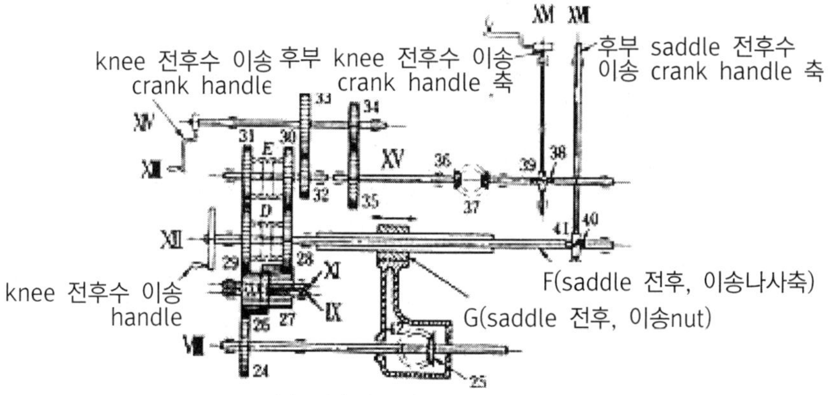

(b) 이송전동기구

그림 6-210 이송전동 기구

25(Ⅶ 축) → 42 → 43 ↗44 ↘44′ ↘↗ clutch H → table의 左右 이송나사

24(Ⅶ 축) → 26 ↗29 ↘27 → 28 ↘↗ clutch D → saddle의 前後 이송나사(F)

24(Ⅶ 축) → 26 ↗29 → 31 ↘27 → 28 → 30 ↘↗ clutch E → 32 → 33 → 34 → 35 → 36 → 37(knee의 上下 이송나사)

그림 6-211 (C)의 44와 44′는 공전(空轉)하여 clutch와 연결되었을 때 이송나사를 회전시킨다. table이 수평면 내에서 회전하는 만능 milling machine에서는 그림 (C)(b)와 같이 table을 회전시키기 위한 기구가 saddle의 중심에 일치하도록 장치되어 있다. 그림 (C)(c)는 knee의 上下 이송나사기구의 예로서 D에는 內外나사가 있으며, D와 S를 함께 올리면 더욱 높게 할 수 있다.

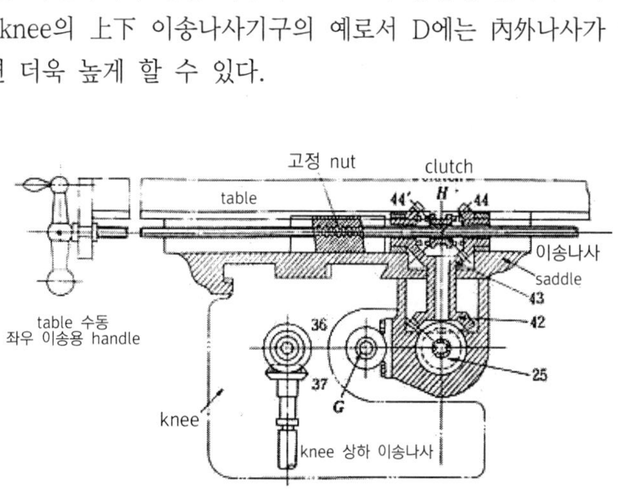

(C) (a)

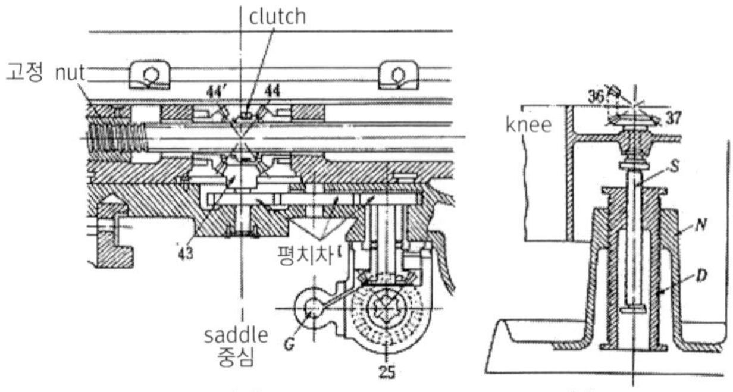

(b) (c)

그림 6-211 수평밀링머신의 테이블과 knee의 이송기구

(2) 수직식 milling machine:

수평식 milling machine에 직립 milling 장치를 장착하여 수직식 milling machine의 대용으로 사용하는 동안에는 수평식 milling machine의 기능을 할 수 없으므로 대부분의 산업체에서는 수직식 milling machine을 별도로 사용한다. 수직식 milling machine은 주축이 수직인 것 외에는 수평식 milling machine과 같은 구조를 갖고 있다.

수직식 milling machine에는 표준형과 ram 식이 있으며, end mill을 사용하여 홈 가공 및 측면가공, drill을 사용하여 구멍뚫기를 하고 정면(正面) cutter(face cutter)을 사용하여 능률적인 평면가공을 할 수 있다.

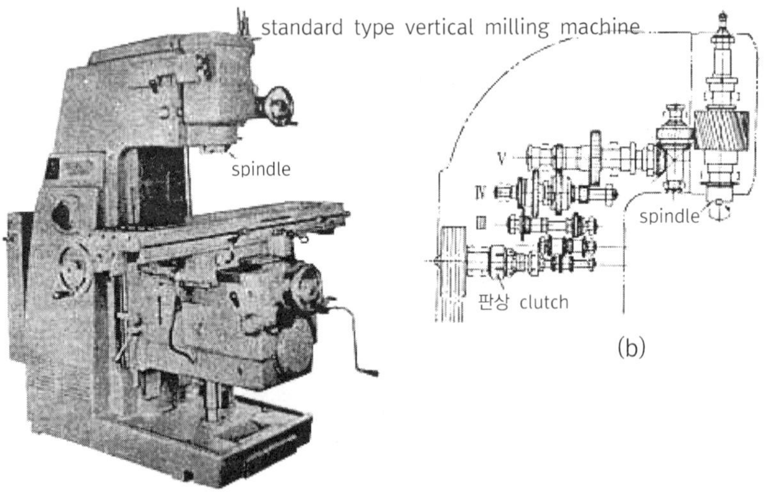

(a) (b)

그림 6-212 수직식 milling machine 그림

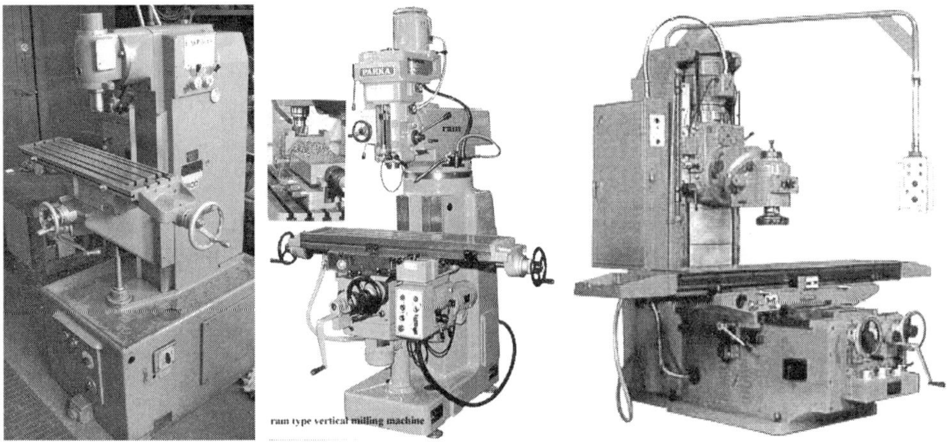

그림 6-213 수직식 milling machine 사진

6.8.3 부속장치

milling machine의 부속장치에는

- vise, 회전 table, 분할대 등과 같이 공작물의 고정에 사용되는 것
- 직립 milling 장치, 만능 milling 장치, slotting 장치, rack milling 장치와 같이 주축에 장착하고, 이 것에 cutter를 장착하는 것
- arbor, collet chuck 및 adaptor와 같이 cutter 또는 end mill을 장하기 위한 것

등이 있으며, 이 들 부속장치는 milling machine에 보다 다양한 기능을 부여한다.

(1) 공작물 고정장치

공작물을 고정하는 방법에는 다음과 같이

- 고정구(fixture)를 사용하여 table에 직접 고정하는 방법
- machine vise를 table에 고정하고 공작물을 vise에 고정하는 방법
- 회전 table을 milling machine의 table에 고정하고 회전 table에 공작물을 고정하는 방법
- 분할대에서 center로 지지하고 부착구(附着具)로 고정하는 방법 및 분할대에서 chuck으로 고정하는 방법 등이 있다.

① 고정구(固定具):

고정구(固定具; fixture)는 보통 큰 공작물을 table에 직접 고정하는데 사용한다. 그림 6-223은 고정구(fixture)를 사용하여 공작물을 table에 고정한다.

그림 6-214 고정구(fixture)

② machine vise:

machine vise에는 그림과 같이 횡식 vise(보통 vise, plain vise), 회전식 vise(swivel vise), 만능 vise(universal vise)가 있다.

횡식 vise는 공작물이 길이 방향 또는 그와 직각인 방향으로 절삭하기 위한 공작물의 고정에 사용되며, 회전식 vise나 만능식 vise에 비하여 견고하고 공작물을 table에서 낮은 높이에 고정할 수 있어 강력절삭에 적합하다.

회전식 vise는 보통 vise의 밑 부분에 각도 표시가 있어 회전대가 수평면 내에서 임의 각도로 vise jaw의 위치를 조정할 수 있다.

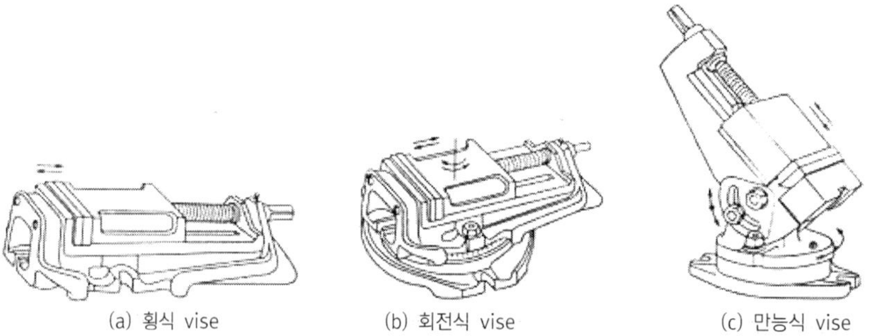

(a) 횡식 vise (b) 회전식 vise (c) 만능식 vise

그림 6-215 machine vise

만능식 vise는 공간의 임의 방향으로 jaw의 위치를 조정할 수 있어 편리하나, 공작물이 table에서 높게 고정되고, vise에 체결부가 많기 때문에 보통식 vise에서 만큼 견고하지 못하다.

vise를 table에 고정하기 전에 table과 vise를 청소하여야 하며, 아래 그림(a)에서와 같이 arbor에 dial gauge를 부착하여 vise jaw의 수직도를 검사하고, 그림(b)에서와 같이 milling machine의 column에 직각자를 대고 vise jaw의 table 길이 방향에 대한 직각도를 검사하면서 vise를 고정한다.

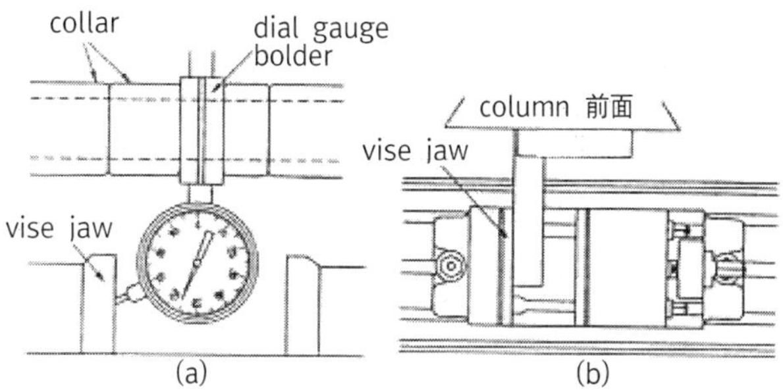

그림 6-216 vise의 고정

③ 회전 table:

회전 table에는 그림 (a), 그림 (b)와 같은 원형 table, 그림 (c)와 같은 가경(可傾)식 table, 그림 (d)와 같은 만능경사식 table, 그림 (e)와 같은 NC 용 만능경사식 table 등이 있다. 회전 table에 공작물을 직접 고정할 수도 있고, 회전 table에 machine vise를 장착한 다음 machine vise에 공작물을 고정할 수 있다.

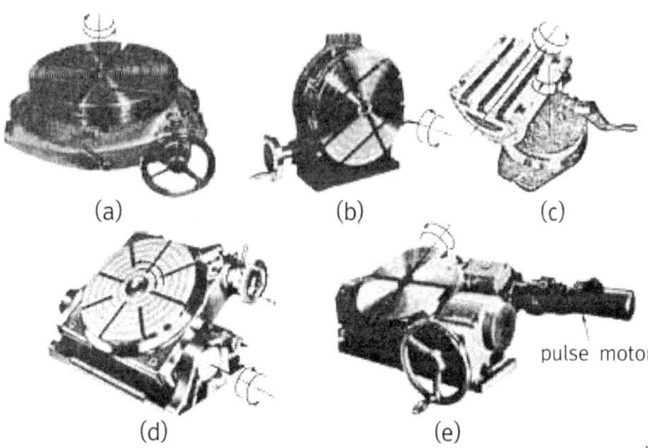

그림 6-217 회전 table

④ 분할대(分割臺; index head, dividing head)(교과서 p.483):

분할대는 그림과 같이 table에 고정되고 공작물을 분할대의 spindle과 심압대 사이에 지지하여, 원주분할가공(圓周分割加工), 각도분할가공(角度分割加工) 등에 사용된다. 본래 milling machine에서 용도로 고안되었으나 shaper 및 planer 등에서도 사용할 수 있다.

그림 6-218 분할대(Cincinnati 형)

분할법에는

- 직접분할법(直接分割法, 面版分割法; direct dividing method)
- 단식분할법(單式分割法; simple dividing method)
- 차동분할법(差動分割法; differential dividing method) 등이 있다.

1) 직접분할법:

직접분할법은 분할대 spindle을 직접 회전시켜 분할하는 것으로 가능한 분할수는 분할판의 구멍(또는 홈)에 관계하며, Cincinnati type, Brown & Sharpe type에서는 분할판이 24 등분 되어 있어 24의 인수인 2, 3, 4, 6, 12, 24의 분할이 가능하다. Cincinnati type에서는 24孔, 30孔, 36孔의 3列을 갖는 분할판도 있다.

직접분할작업을 할 때에는 그림 (a)와 같은 직접분할전용기구를 사용하거나 그림 (b)와 같은 단식분할기구에서 분할 crank의 측면에 있는 worm handle을 돌려 worm을 빼고 spindle(주축)이 자유로이 회전할 수 있게 하여 그림 (a)의 사용법을 적용한다.

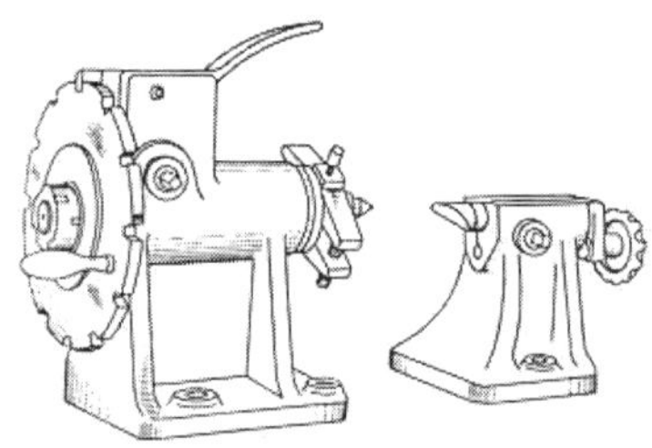

그림 6-219 직접분할기구

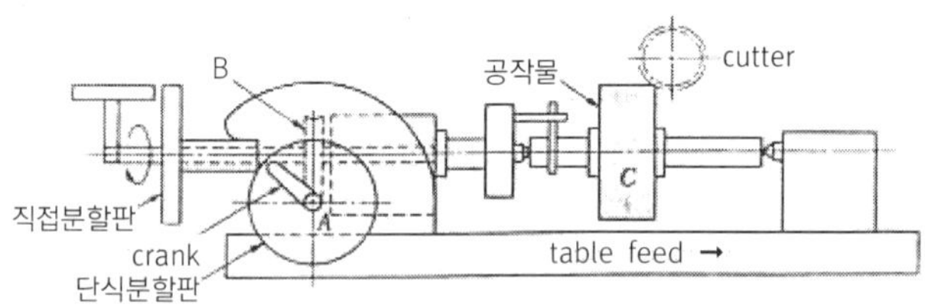

그림 6-220 직접분할기구

2) 단식분할법:

단식분할법은 분할 crank의 40 회전(worm shaft의 40 회전)이 분할대의 주축을 1 회전(index head spindle을 1회전)시키도록 되어 있다. 즉 reamer에 8개의 홈을 가공한다면 crank를 5 회전씩 하고 가공하면 된다.

N : 가공물의 분할 수

n : 1회의 분할에 요하는 crank의 회전수라 하면

$$n = \frac{40}{N}$$

R : worm과 worm gear의 회전비[= 40]

H : 분할판의 공수

h : 1회의 분할에 요하는 공수라 하면

$$h = \frac{R}{N} \cdot H$$

$$\therefore \frac{h}{H} = \frac{R}{N}$$

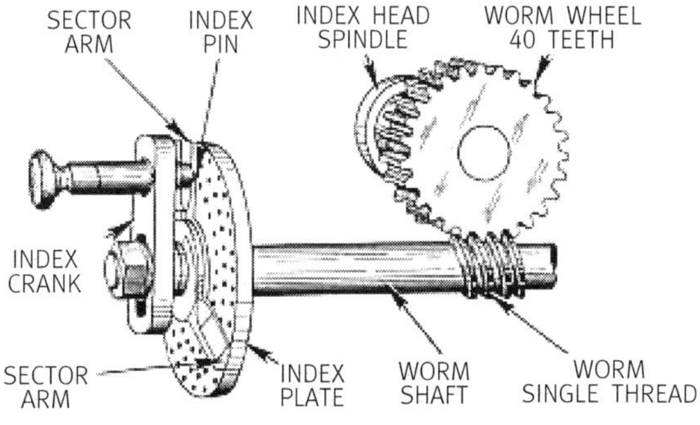

그림 6-221 단식분할기구

다음 표는 분할대에서 교체해서 사용 할 수 있는 분할판이다.

분합판의 구멍 수

형 식		구 멍 수
Cincinnati type	전 면	24 25 28 30 34 37 38 39 41 42 43
	후 면	46 47 49 51 53 54 57 58 59 62 66
Brown & Sharpe type	No. 1	15 16 17 18 19 20
	No. 2	21 23 27 29 31 33
	No. 3	37 39 41 43 47 49

3) 차동분할법:

Cincinnati 형과 Brown & Sharpe 형은 crank handle의 회전(worm의 회전)을 분할판에 전달하는 과정의 gear 열이 서로 약간 다르고, Cincinnati 형은 milling machine table의 우측에 위치하고 Brown & Sharpe 형은 좌측에 위치하도록 되어 있다는 것 외에는 같은 원리로서 worm과 worm gear의 회전비는 40 이다. 본 교재에서는 많이 사용되는 Cincinnati 형을 예로 들어 설명하기로 하나 이에 대한 분할 공식은 Brown & Sharpe 형에도 적용할 수 있다.

차동분할법은 직접분할법이나 단식분할법에서 분할할 수 없는 분할에 이용하고, 차동분힐법에서는 분할판이 worm 축에 고징되어 있지 않으며(분할판과 몸체를 일체시키는 set screw를 풀어 준다), 그림(A)(a)에서 crank handle를 돌리면 주축이 회전하여 변환 gear A, M, D를 회전시키고, A와 D 사이의 중간 gear가 1개이면 sleeve와 일체인 분할판은 crank handle의 회전방향으로 전진하나 중간 gear가 2개이면 crank handle의 회전방향과 반대 방향으로 회전한다. 운동전달 순서는 crank 축 → E1 → E2 → worm → worm gear(공작물의 회전) → A → M → D → F1 → F2 → 분할판 이다.

gear A와 D의 치수비(齒數比) 및 중간 gear를 적당히 택함으로써 차동회전을 조정할 수 있다. 변환 gear가 1열로 된 것을 단식차동분할법, 2열로 된 것을 복식차동분할법이라 한다.

(A) 차동분할기구

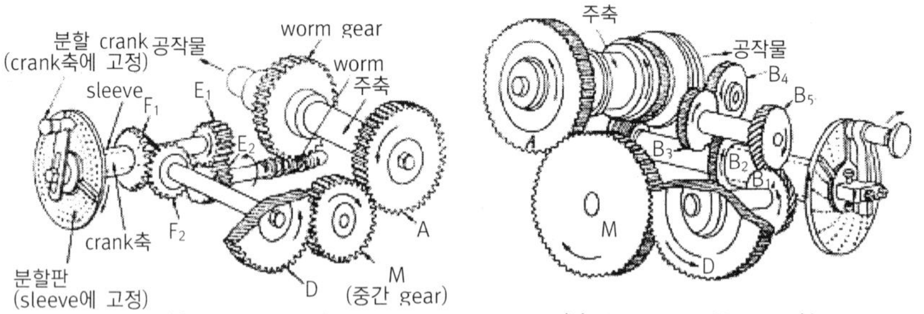

(a) Cincinnati 형
(b) Brown & Sharpe 형 (잇수 $B_1=B_2=B_3=B_4=B_5$)

그림 6-222 Cincinnati 형과 Brown & Sharpe 형

(B) crank handle과 분할판의 회전을 아래 그림에서 보여 준다.

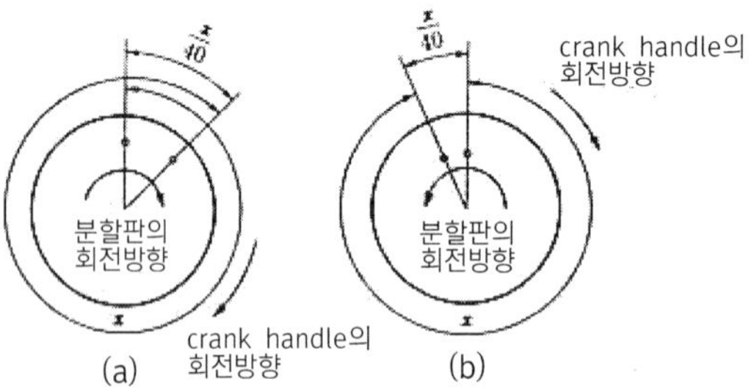

(a) (b)

그림 6-223 crank handle과 분할판의 회전

위 그림 6-222 (A)(a)에서 gear E1과 E2, F1과 F2의 치수(齒數)는 같다. A와 D의 치수가 동일하다면 그림 6-223 (a)에서와 같이 crank handle이 분할판상에서 1 회전할 때 crank의 실제은 x 만큼 회전한 것이 되며, crank handle의 분할판상에서 1 회전과 실제 1회전과의 차는 .

즉

$$x-1=\frac{x}{40}\text{에서 } x=\frac{40}{39}$$

이상과 같이 중간에 gear가 1개인 그림 (a)에서 crank handle을 분할판상에서 1 회전 시키면 주축 (공작물)은 $40+\frac{40}{39}=39$ 등분된다.

중간 gear가 2개인 그림 (b)에서 crank handle이 분할판상에서 1회전할 때 crank handle의 실제 회전 x는

$$x-1=-\frac{x}{40} \text{에서 } x=\frac{40}{41}$$

즉 crank handle을 분할판상에서 1회전 시키면 공작물은 $40+\frac{40}{41}=41$등분된다.

gear A에 대한 D의 회전비를 r이라 하면 분할판의 회전을 r배가 되며

$x-1=\frac{\pm r \cdot x}{40}$에서

$$x=\frac{40}{40 \mp r} \quad \left(\begin{array}{l} - : \text{중간 gear가 1개인 경우} \\ + : \text{중간 gear가 2개인 경우} \end{array}\right)$$

분할판상에서 crank handle의 1회전은 주축(공작물)을 $\frac{40}{40 \mp r}$의 $\frac{1}{40}$회전인 $\frac{1}{40 \mp r}$로 회전시킨다.

N : 공작물의 분할수 H : 사용중인 분할판의 구멍수

h : crank handle의 회전에 의한 구멍수

n : 주축(공작물)을 $\frac{1}{N}$을 회전시키는데 요하는 crank handle의 회전수 라 하면 다음의 식이 성립된다.

$n : \frac{1}{N}=1 : \frac{1}{40 \mp r}$에서

$n=\frac{40 \mp r}{N}$이고, $n=\frac{h}{H}$의 관계에서

$\therefore (\mp)r=\frac{A}{D}=\frac{h}{H} \cdot N-40$으로 되며, A와 D는 gear의 명칭 및 그 gear의 치수를 함께 나타낸다.

N_1을 단식분할이 가능한 N에 가까운 수라 하면, N_1의 분할을 위한 crank handle의 회전수 $n+\frac{40}{N_1}$으로 되며 위 식에서

$\therefore (\mp)r=\frac{40}{N_1} \cdot N-40=\frac{40(N-N_1)}{N_1}$ 가 된다.

다음 그림은 차동분할 변환 gear 열의 예이다.

(A) 단식 gear열을 아래 그림으로 보여 준다.

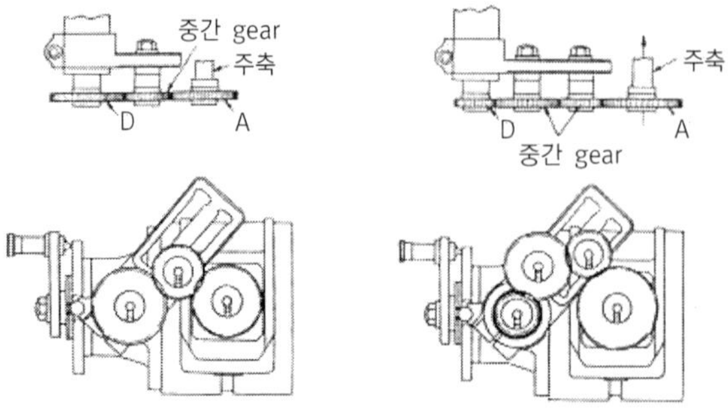

(a) 변환 gear 2개, 중간 gear 1개의 예

(a) 변환 gear 2개, 중간 gear 2개의 예

그림 6-224 단식 gear열

(B) 복식 gear열을 아래 그림으로 보여 준다.

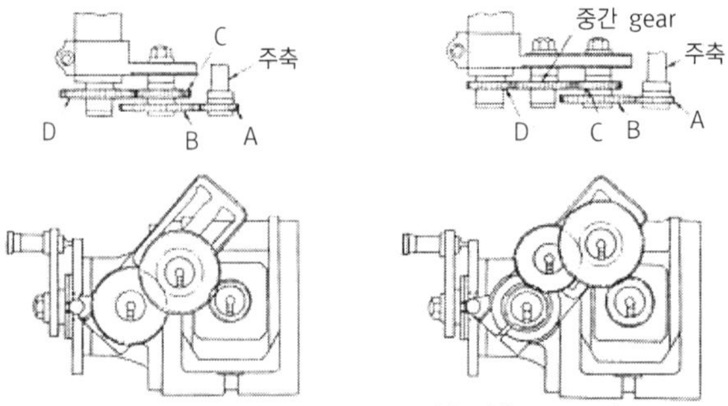

(c) 변환 gear 4개, 중간 gear가 없는 예 (회전 방향의 결정에서는 중간 gear 1개로 간주)

(d) 변환 gear 4개, 중간 gear 1개의 예 (회전 방향의 결정에서는 중간 gear 2개로 간주)

그림 6-225 복식 gear열

단식에서 $r = \dfrac{A}{D}$

복식에서 $r = \dfrac{A}{B} \cdot \dfrac{C}{D}$(단, $A + B > C$, $C + D > B$이어야 한다.)

위 식에서 변속 gear 의 회전비가 (−)값일 때, 즉 $N < N_1$ 일 때에는 crank handle 과 분할판의 회전방향이 같도록 중간 gear를 기수(奇數)개로 정하고, r 가 (+)값일 때, 즉 $N > N_1$ 일 때에는 crank handle의 회전 방향과 분할판의 회전 방향이 반대가 되도록 중간 gear를 우수(偶數)개로 정한다.

Cincinnati 형에서는 치수(齒數) 17, 18, 19, 20, 21, 22, 24, 27, 30, 33, 36, 39,

42, 45, 48, 51, 55, 60의 변환 gear가 있고, Brown & Sharpe 형에는 24, 28, 32, 40, 44, 48, 56, 64, 72, 86, 100의 변환 gear가 있어 분할등분수가 정해지면 표에 의하여 변환 gear를 알 수 있으나, 본교재에서는 원리를 익히도록 하기 위하여 임의 치수를 갖는 gear를 이용할 수 있다고 가정하여 다음 계산 예제를 소개한다.

(2) 직립, 만능, slotting 및 rack milling 장치

① 직립(直立) milling 장치(vertical milling attachment):

이 장치는 그림과 같이 수평식 milling machine의 column 전면에 고정하여 수직식 milling machine으로 변환시키는데 이용되며, column 전면에 평행한 면에서 필요한 각도만큼 회전시킬 수 있다. 이 장치를 장착하므로써 face milling, end milling, drilling, boring 등의 가공을 할 수 있다.

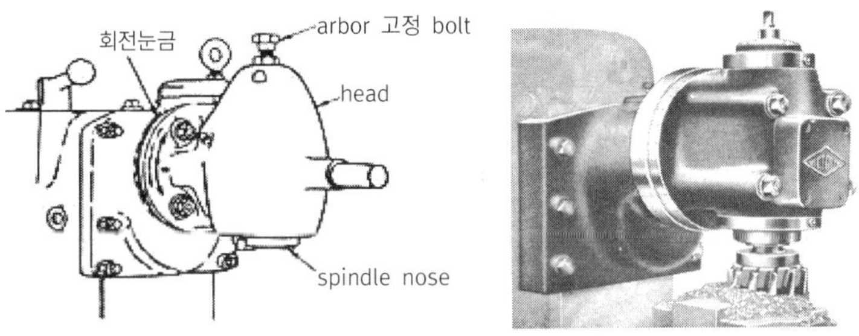

그림 6-226 회전식 직립 milling 장치

② 만능 milling 장치(universal milling attachment):

그림과 같이 수평식 milling machine에 장착하여 수평의 주축과 연결하는 것은 직립 milling 장치의 경우와 같고, 수평 및 수직면에서 임의 각도로 자유로이 회전시킬 수 있다. end mill을 사용하면 key 홈, 금형(金型) 등을 가공하는데 편리하고, 분할대와 함께 사용하여 만능 milling machine을 대신할 수 있다. 만능 milling machine에 이 장치를 사용하면 나사, milling cutter, drill 등의 홈을 가공할 수 있다.

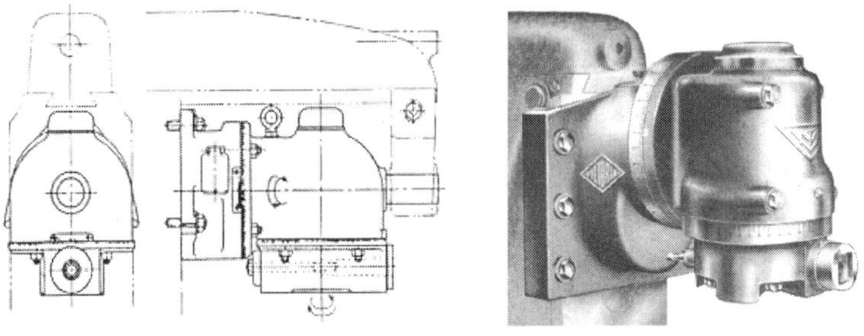

그림 6-227 만능 milling 장치

③ slotting 장치(universal milling attachment):

그림과 같이 수평식 milling machine의 column에 장치하여 milling machine 주축의 회전운동을 ram의 上下운동으로 변환하여 slotter의 기능을 갖게 한다. column에 평행한 평면 내에서 임의 각도로 경사시킬 수 있다.

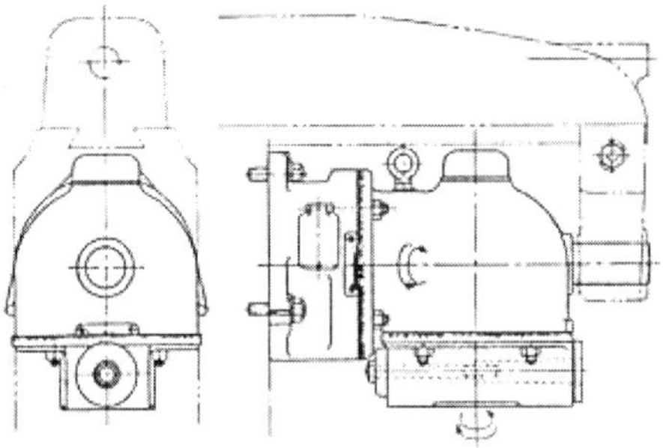

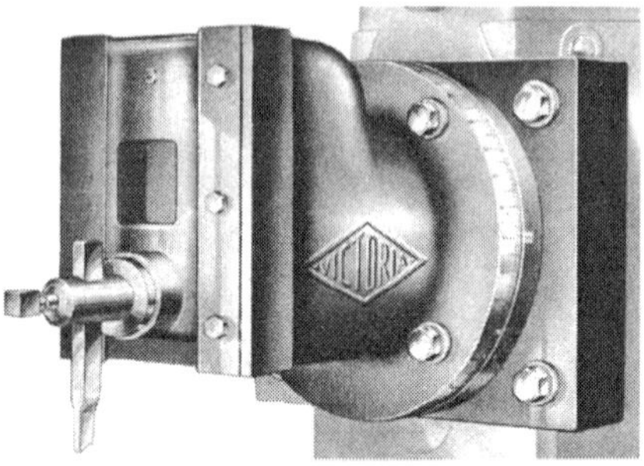

그림 6-228 slotting 장치

④ rack milling 장치(rack milling attachment):

그림과 같이 rack milling 장치의 cutter축 회전은 milling machine 주축으로부터 bevel gear 등을 통하여 받고, 공작물을 vise 또는 table에 고정하여 총형 cutter로 rack을 가공한다. 가공부의 길이가 길면 rack milling 장치의 cutter축을 table에 평행하게 위치 시킨다. table을 1 pitch 만큼 이송하려면 table의 이송나사에 부착된 등분판(rack indexing attachment)을 이용하거나 분할대를 이용한다.

그림 6-229 rack milling 장치

(3) arbor와 milling chuck

milling machine 주축의 taper 구멍에 고정하고 다른 쪽은 yoke로 지지되는 봉을 arbor라 하며, arbor에 cutter를 끼우고 collar에 의하여 cutter의 위치를 조정하며 key로 arbor 상에서 cutter의 공전을 막는다.

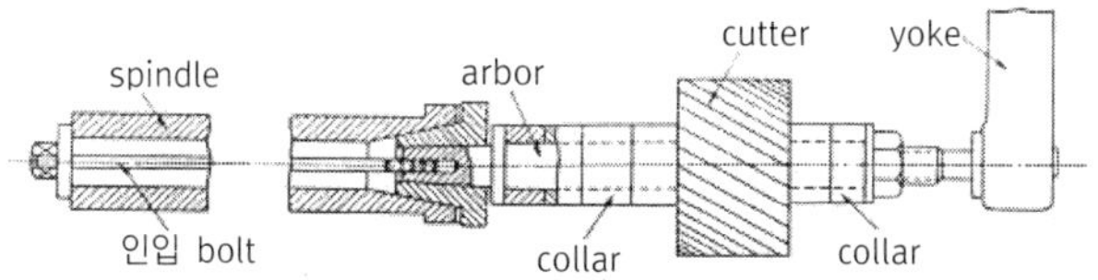

그림 6-230 arbor와 cutter의 고정법

end mill과 같이 shank의 크기나 taper가 주축의 것과 다를 때에는 각종 chuck을 중간에 끼워 주축에 고정한다.

6.8.4 milling cutter

cutter는 기본적으로 생산성과 가공정밀도가 커야하나, 중절삭에서는 pitch를 크게하여 chip의 배출을 용이하게하고, 다듬질 절삭과 같은 경절삭에서는 pitch를 작게한다. 가공물이 얇을 때에는 helix 각이 큰 cutter를 사용하면 straight cutter 또는 helix 각이 작은 cutter에 비하여 가공물의 변형이 적기 때문에 이송을 보다 크게할 수 있다.

(1) cutter의 종류: milling cutter는 분류기준에 따라 다음과 같은 종류가 있다.

작업에 따라

- plain cutter
- 측면(側面) cutter(side cutter)
- 각형(角形) cutter(angular cutter)
- 총형(總形) cutter(formed cutter)

구조에 따라

- 일체형(一體形) cutter(solid type cutter)
- 조립형(組立形) cutter(built-up cutter)

형태에 따라

- 원통형(圓筒形) cutter(shell type cutter)
- 자루형 cutter(taper & straight shank cutter)

본 교재에서는 작업에 따른 종류에 대하여 설명한다.

① plain cutter:

plain cutter는 외주면(外周面)에만 절인(切刃)이 있으며, 보통 폭이 10 ~ 15 mm인 것은 절인이 직선이고, 그 이상의 폭에 대해서는 helical로 되어 있다. cutter의 폭보다 좁은 평면가공에 사용된다. helical 절인의 cutter는 각 절인이 절삭을 순차적으로 하여 직선절인의 결점을 보완하며, 소비동력이 적고 가공면의 정도가 좋으나 추력(推力; thrust)이 작용하는 결점이 있다.

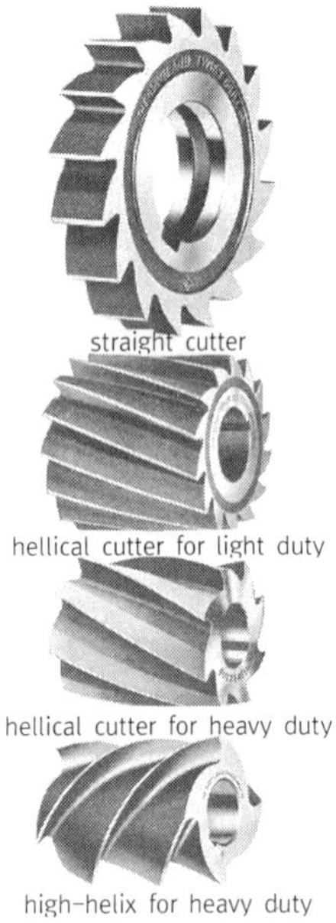

그림 6-231 plain cutter

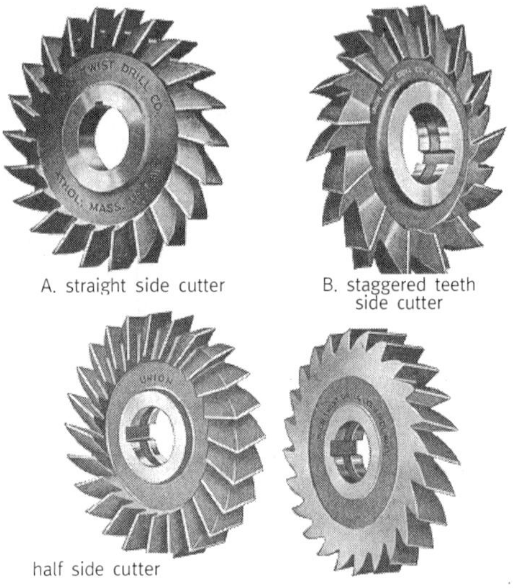

그림 6-232 side cutter

② side cutter:

side cutter는 외주면과 양측면에 절인을 갖는 폭이 비교적 좁은 원통형 cutter로서, 홈, 단면가공(端面加工) 및 평면가공에 사용된다. half-side cutter는 한쪽 외주면과 한쪽 측면에 절인을 갖는 cutter이다.

③ 총형 cutter(formed cutter):

총형 cutter는 외주에 소요제품의 외형과 같은 곡선의 윤곽을 갖고 있으며, gear, cutter, reamer 등의 가공에 사용된다.

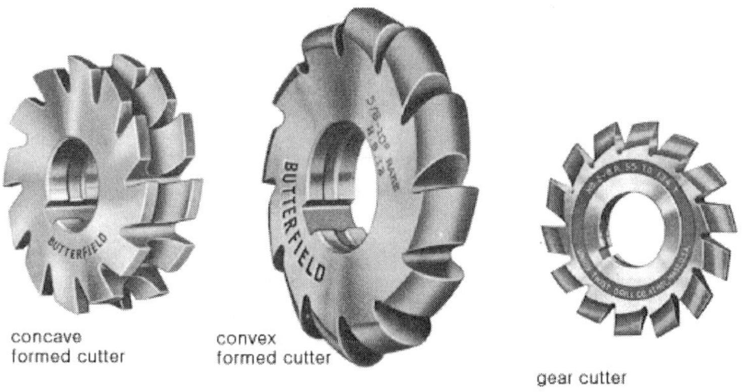

그림 6-233 총형 cutter

④ angular cutter:

angular cutter는 원추면(圓錐面)에 절인을 갖고 있으며, 각절삭가공(角切削加工) 등에 사용된다.

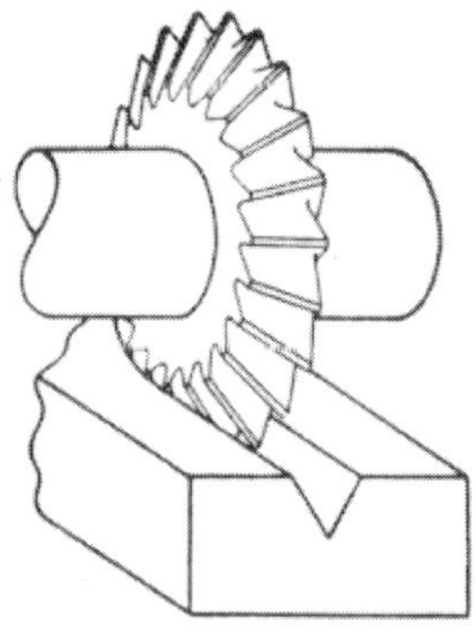

그림 6-234 angular cutter

그림 6-235 double angle cutter

그림 6-236 single angle cutter

⑤ metal slitting saw:

그림 6-237 metal slitting saw

metal slitting saw는 폭이 0.8 ~ 5.0 mm인 plain cutter 및 side cutter로서 측면이 접시형태로 들어가 여유면을 두어 마찰을 피하며, 절단(切斷) 및 좁고 깊은 홈가공에 사용된다. metal slitting saw는 얇기 때문에 이송/tooth은 plain cutter의 것의 1/8 ~ 1/4 정도로 한다.

⑥ 正面 cutter(face cutter):

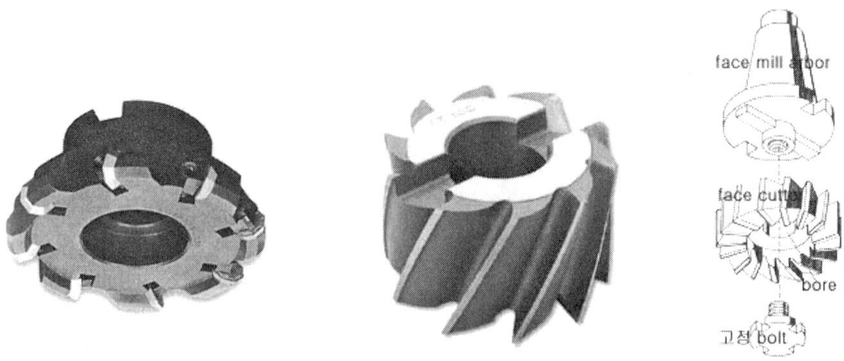

그림 6-238 正面 cutter(face cutter)

정면 cutter는 지름이 150 mm 정도이고 외주와 한쪽 단면 및 모서리에 절인이 있으며, face mill arbor에 고정하여 수직식 milling machine에서 넓은 평면가공에 사용된다.

face cutter에 의한 정면가공을 한다.

⑦ end mill:

그림 6-239 straight flute endmill

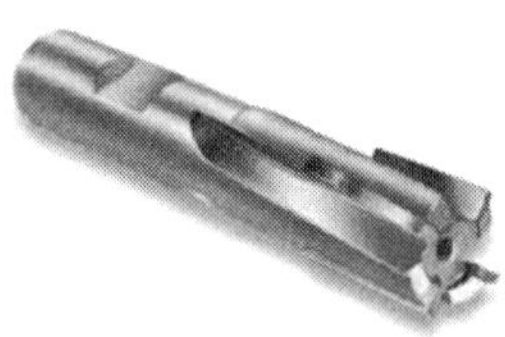

그림 6-240 right spiral flute endmill

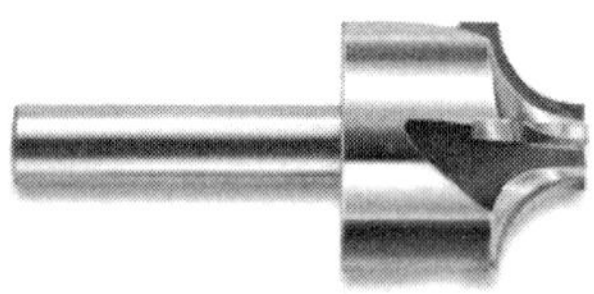

그림 6-241 corner rounding endmill

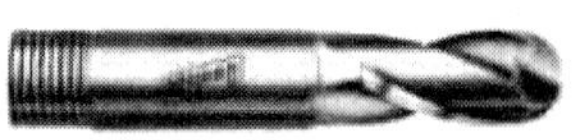

그림 6-242 threaded shank ball endmill

그림 6-243 dovetail endmill

그림 6-244 woodruff endmill

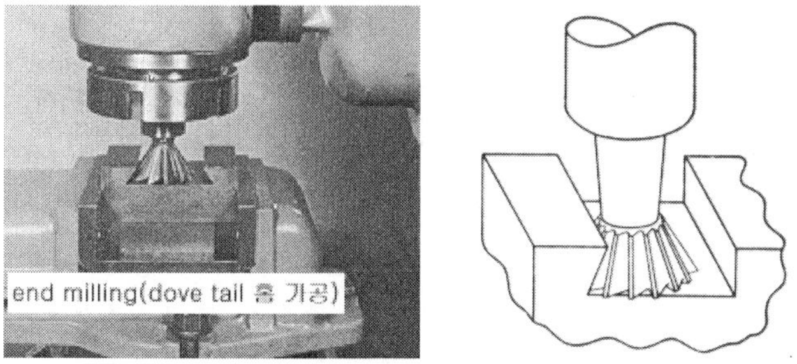

그림 6-246 dove tail 홈가공

그림 6-245 end milling

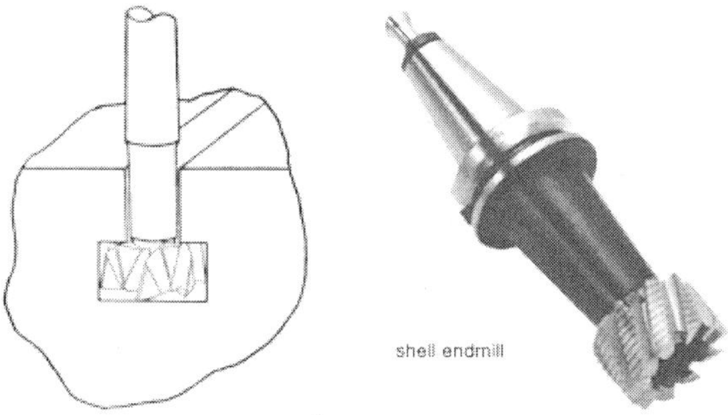

그림 6-247 shell endmill

그림 6-248 end mill chuck

end mill은 정면 cutter와 같이 외주와 단면에 절인이 있고 자루(shank)가 있어 chuck에 고정하여 수직 milling machine에서 홈가공 및 곡면가공 등에 사용된다.

T 홈과 같은 형상의 가공용은 외주와 상하면에 절인이 있고, 대형의 end mill은 자루와 절인부가 별개로 되어 있으며 이를 shell end mill이라 한다.

⑧ fly cutter:

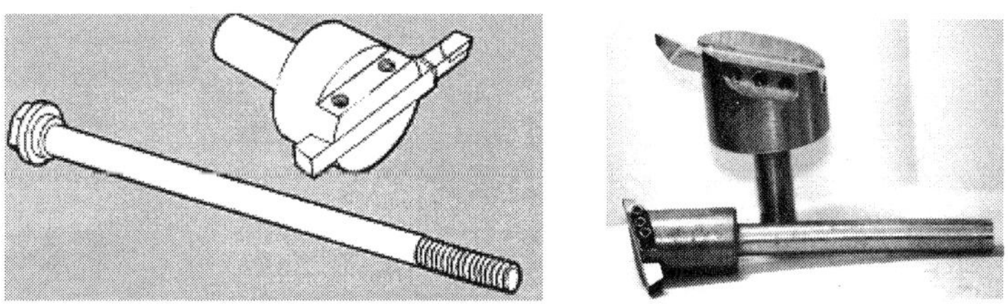

그림 6-249 fly cutter

fly cutter는 선삭용 bite와 같은 공구를 특수 holder에 고정한 것으로서, 넓은 평면가공에 사용된다.

(2) cutter 재료:

cutter의 절삭작용은 단속적(斷續的)으로 행하여 지기 때문에 큰 경도와 인성(靭性)을 함께 요구하고 있으며, 대부분의 일체형 cutter에는 고속도강(高速度鋼; high speed steel, H.S.S.)이 주로 사용되나 최근에는 초경합금(超硬合金; sintered carbide)을 경납땜 및 insert 형태로 많이 사용되어 절삭속도가 고속도강의 3 ~ 10배에 이른다. 고속도강에서 C는 경화에 효과가 있고, W과 Mo은 고온경도를 유지케 하는데 효과가 있다. 초경합금의 단점은 값이 비싸고, 재연삭이 어려우며, 취성이 있어 공작기계를 포함한 공작물의 고정강성이 커야한다.

(3) cutter의 各部 명칭과 角:

절삭을 효율적으로 수행하기 위하여는 cutter 각을 적정하게 취하여야 하며, 그 크기는 가공정밀도, 가공재료, 공작기계의 상태 및 절삭조건 등에 따라 다르다. 일반적으로 경도와 강도가 낮은 금속의 절삭에서는 경사각을 크게하고, 경도와 강도가 큰 금속의 절삭에서는 경사각을 작게하여 절인의 강도를 크게한다.

一體形 cutter의 各部 명칭과 角

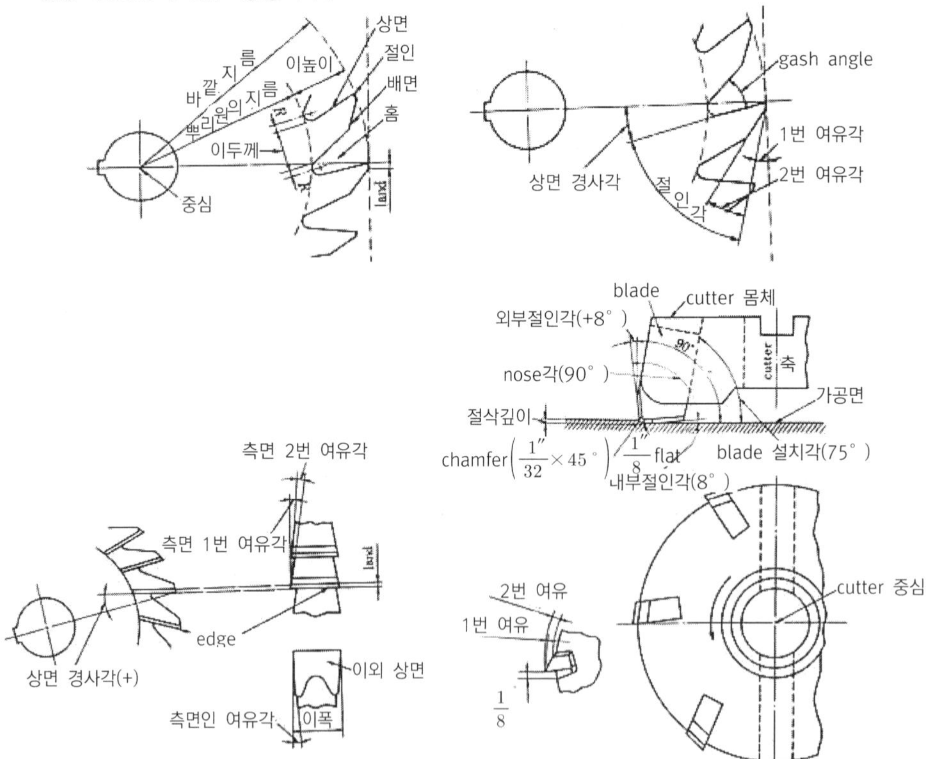

그림 6-250 삽입형 face cutter의 각부 명칭과 각

① 상면경사각(반경경사각):

인선(刃先)에서 cutter의 중심을 통하는 선(법선)과 cutter의 경사면(face)이 이루는 각으로서, Cincinnati Milling Machine Co.에서는 고속도강 cutter로 강을 절삭할 때 15°, 주철의 절삭에서는 8 ~ 10° 정도를 추천하고 있다.

② 여유각:

이(齒)의 land와 인선의 접선이 이루는 각이 1번 여유각이며 1번 여유각은 land와 가공면의 마찰을 피하기 위한 것이고, land면과 배면(背面)이 이루는 각을 2번 여유각이라 하며 land의 폭을 조정하기 위한 각이다.

cutter가 무디어지어 여유면을 재연삭할 때에는 1번 여유면을 먼저 연삭한다. 문헌에 따라서는 제 2번 여유각이 제 1번 여유각을 포함하는 경우가 있으므로 유의하기 바란다.

다음 표는 고속도강 cutter에 대한 추천 여유각이다.

여유각(度)

가공재료	1번 여유각	2번 여유각	가공재료	1번 여유각	2번 여유각
저탄소강	3~5	9~15	보통 및 경청동	4~7	11~19
고탄소강 및 합금동	3~5	9~15	황동 및 연청동	10~12	23~27
주 철	4~7	11~15	Al, Mg, plastic	10~12	23~27

(4) cutter의 연삭:

절삭을 능률적으로 행하기 위해서는 cutter의 절인(切刃)이 예리하여야 하며, 마모되었을 때에는 적당한 시기에 재연삭 함으로써 cutter의 수명을 연장하고 가공면을 곱게 할 수 있다. 마모가 심하면 마찰열에 의하여 마모가 가속화된다. 보통 plain cutter와 side cutter에서는 land를 재연삭하고, 총형 cutter에서는 경사면(face)을 재연삭한다.

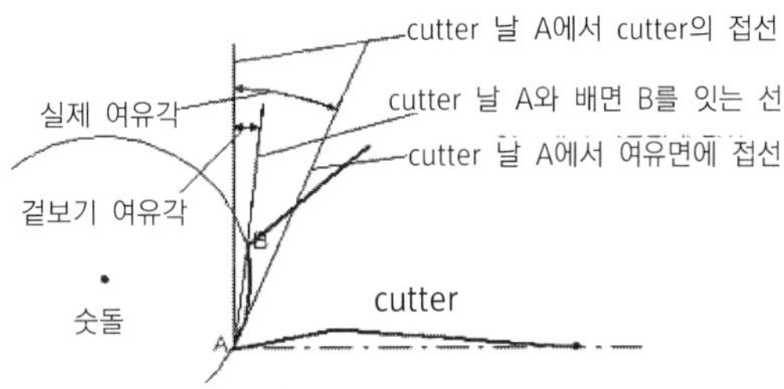

그림 6-251 평형 숫돌로 연삭한 여유면 형상 (절인이 弱하여 지는 관점에서 命名하였음)

cutter의 연삭에는 平形 숫돌과 cup 形 숫돌을 사용하며, 평형 숫돌을 사용할 경우에는 그림과 같이 연삭면이 곡면으로 되어 실제의 여유각과 겉보기의 것에 차이가 있어 불필요하게 절인의 강도가 약해지나, cup 형 숫돌에서는 평면으로 되어 평형 숫돌에서 나타나는 폐단이 없다. 평형 숫돌을 사용할 때에는 숫돌의 지름이 20 mm 이상 되어야 평면에 가까운 연삭을 할 수 있다.

아래 그림 (a), (b)를 하향연삭(下向研削), 그림 (c), (d)를 상향연삭(上向研削)이라 한다. 하향연삭에서는 숫돌의 회전이 날 끝을 향하므로 burr가 생겨 연삭 후 기름숫돌(oilstone)로 burr를 제거하여야 한다. 상향연삭에서는 절인이 예리하게 되지만 cutter 지지대에서 cutter가 떨어졌다 붙었다 하는 경우가 있어 불안정하다.

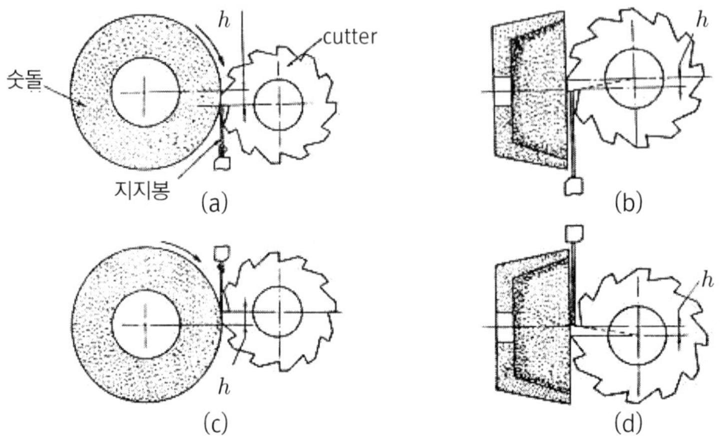

그림 6-252 plain cutter의 연삭법

아래 그림은 원주면의 land 연삭에서 cutter의 중심과 숫돌의 중심을 편위(偏位)시킨 것으로서, β: 여유각, D: 숫돌의 지름(평형 숫돌) 및 cutter의 지름(cup 형 숫돌), h: 편위거리라 하면 편위량과 여유각의 관계는 다음 식과 같다.

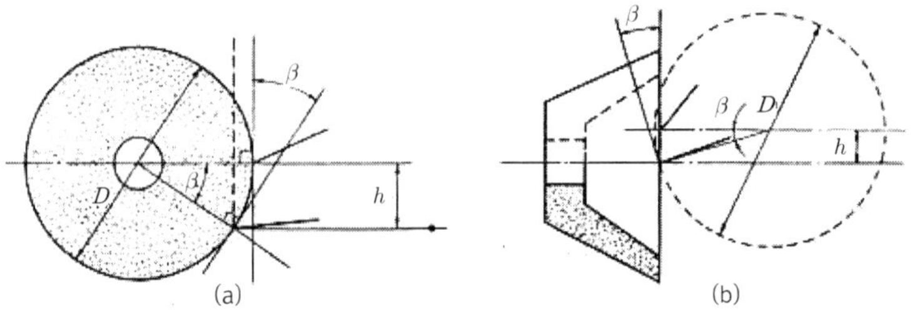

그림 6-253 plain cutter의 여유각과 편위 거리의 관계

다음 표는 지름 D에 대한 여유각과 편위거리의 계산 예이다.

여유각β와 지름 D에 대한 편위거리$h[mm]$

$\beta[°]$ \ $D[mm]$	100ϕ	125ϕ	150ϕ	175ϕ
5	4.3	5.4	6.5	7.5
9	7.8	9.7	11.7	13.6
12	10.3	13.0	15.6	18.0
15	12.9	16.1	19.4	22.0
20	17.1	21.3	25.6	30.0

작은 pitch의 cutter에는 숫돌이 이웃 절인에 닿지 않도록 지름이 작은 숫돌을 사용한다.

총형 cutter에서는 곡선으로 된 land의 연삭이 곤란하므로 경사면(face)을 연삭한다. 그림(a)와 같이 경사각이 0° 일 때에는 숫돌의 연삭면이 cutter의 중심선상에 있게하고, 그림(b)와 같이 경사각이 0° 가 아닐 때에는 숫돌의 연삭면을 cutter의 중심선상에서 편위시킨다.

그림(b)에서 α: 경사각, h: 편위거리, D: cutter의 지름이라 하면

$$h = \frac{D}{2} \cdot \sin \alpha$$

cutter의 배면은 그림과 같이 지지대(rest)로 지지하며, 1 회의 연삭량은 0.05 ~ 0.07 mm가 적당하고, 연삭 중에 횡방향의 이송을 변화시키면 안 된다.

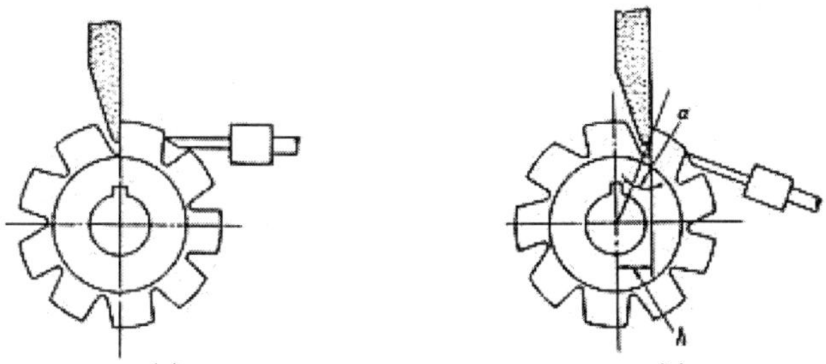

그림 6-254 총형 cutter의 경사각과 편위거리의 관계

6.8.5 milling 작업

milling에는 원주면에 다수의 절인을 갖는 cutter(plain cutter)로 cutter의 축과 평행한 평면을 가공하는 slab milling, 원주면과 단면(端面)에 다수의 절인을 갖는 cutter(face cutter)로 cutter의 축과 수직하게 넓은 평면을 가공하는 정면가공(正面加工; face milling) 및 원주면과 단면에 다수의 절인을 갖는 공구인 end mill로 die 가공, 홈가공, 윤곽가공 등을 하는 endmilling 이 있다.

(1) cutter의 절삭방향:

cutter의 회전축과 가공면이 평행한 원주 milling(slab milling, peripheral milling)에서 그림과 같이 cutter의 회전방향과 가공물의 이송방향에 따라 상향절삭(上向切削; up-milling, up-cutting, conventional cutting)과 하향절삭(下向切削; down-milling, climb milling, down-cutting)이 있다.

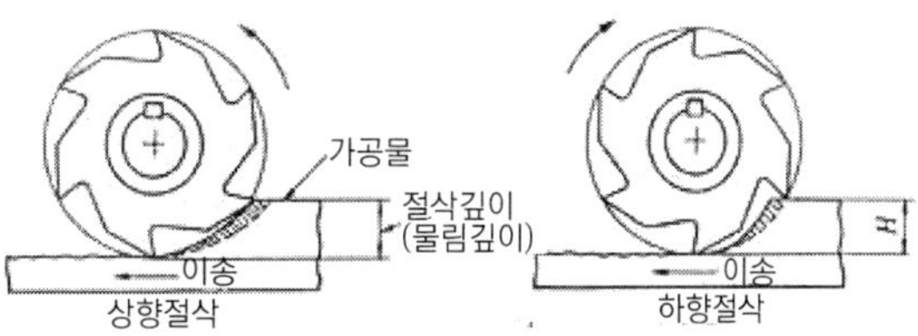

그림 6-255 상향절삭과 하향절삭

① 상향절삭:

일반적으로 많이 사용되는 방법으로서 위 그림과 같이 cutter의 회전방향과 가공물의 회전방향이 반대일 때, 즉 cutter의 절인이 절삭을 시작할 때 chip이 가장 얇고 절삭이 끝날 때 가장 두껍게되는 절삭을 상향절삭이라 하며, 다음의 장단점이 있다.

[장점]

- chip이 절삭인의 진행을 방해하지 않는다.
- cutter와 chip의 진행 방향이 상반되므로 backlash가 없다.
- 진동이 없는 상태에서 공구형상과 이송에 의해서만 결정되는 이론적 조도가 작다. (∵ 식7.20, 식7.21)

[단점]

- cutter가 가공물을 들어 올리려 하므로 가공물을 견고하게 고정하여야 한다.
- 절인이 무디거나 절삭 초기에 이송이 적으면 인부(刃部)가 sliding하여 마모가 쉽게 되고, - arbor의 spring 작용으로 떨림(chattering)이 발생할 수 있다.

② 하향절삭:

cutter의 회전방향과 가공물의 이송방향이 같을 때, 즉 절삭 초기에 chip의 두께가 가장 두껍고 절삭이 끝날 때에 가장 얇게 되는 절삭을 하향절삭이라 하며, 다음의 장단점이 있다.

[장점]

가공물을 누르면서 절삭하므로 가공물의 고정 방법이 간단하고, 고정이 어려운 얇은 가공물의 가공, 절단 및 깊고 폭이 좁은 홈파기의 가공에 유리하다.

상향절삭에서와 같은 sliding이 없어 cutter 刃部의 마모가 적다.

[단점]

table 이송기구의 backlash에 의하여 가공물이 cutter에 끌려 들어가 떨림 또는 가공물과 cutter에 손상을 가져올 수 있으므로 backlash 장치가 있어야 한다.

주철과 같이 표면의 경도가 큰 가공물을 절삭할 때 cutter의 절인이 충격을 받아 절인이 손상되기 쉽다.

③ 상하향절삭:

face cutter의 회전축이 가공면과 수직관계에 있는 아래 그림과 같은 정면절삭(正面切削; face milling)에서는 절삭방향이 slab milling의 상향절삭과 하향절삭이 조합된 것으로 볼 수 있다.

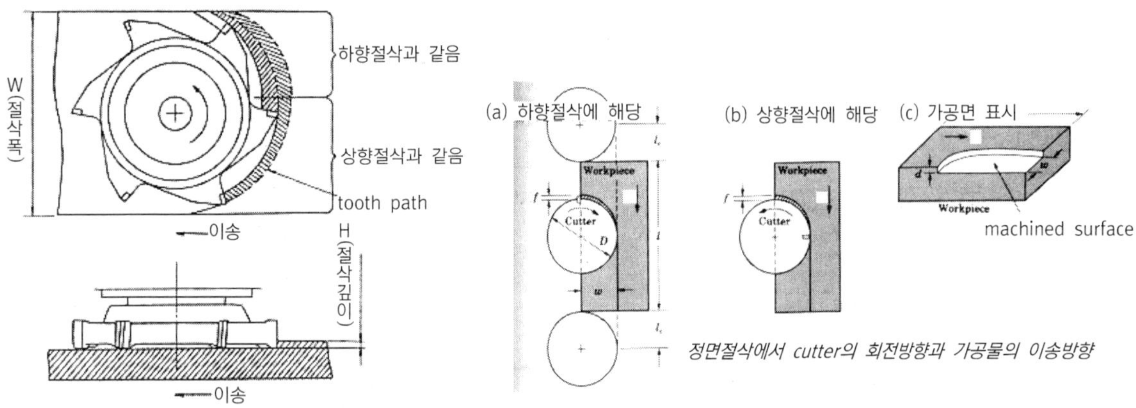

그림 6-256 정면절삭(face milling)

최근의 milling machine에는 screw와 nut를 서로 밀착 시키는 backlash 제거장치가 있으며, 본교재에서는 유압식 backlash 제거장치만을 소개한다.

screw와 nut의 마모를 줄이기 위해서는 절삭 중에만 backlash 제거장치가 작동되도록 하는 것이 좋다. nut A의 一端에 압력을 가하여 nut C와 screw B를 밀착시켜 backlash를 제거하며, nut A는 회전하지 못하도록 cylinder head D와의 사이에 key가 끼워져 있다.

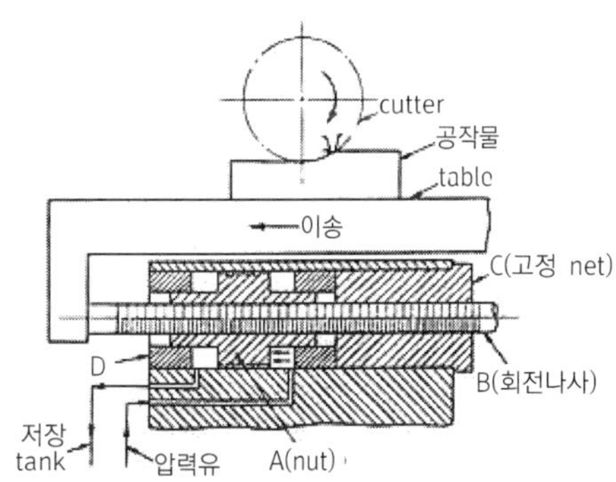

그림 6-257 유압식 backlash 제거장치

(2) 평면절삭:

수평식 milling machine에서 가공면의 폭보다 cutter의 폭이 크고, 가공물에 cutter의강도 등의 조건이 충족되면 폭이 넓은 plain cutter를 사용하여 평면을 가공하는 것이 능률적이고 가공정도가 좋다. 절삭할 가공면의 폭이 커서 plain cutter의 사용이 곤란하거나 각도절삭을 할 때에는 side cutter를 사용한다. 수직식 milling machine에서는 넓은 평면에 대해서 face cutter를, 구멍이나 좁은 틈새가공에서 end mill을 사용하여 평면가공을 한다.

그림 6-258 plain milling

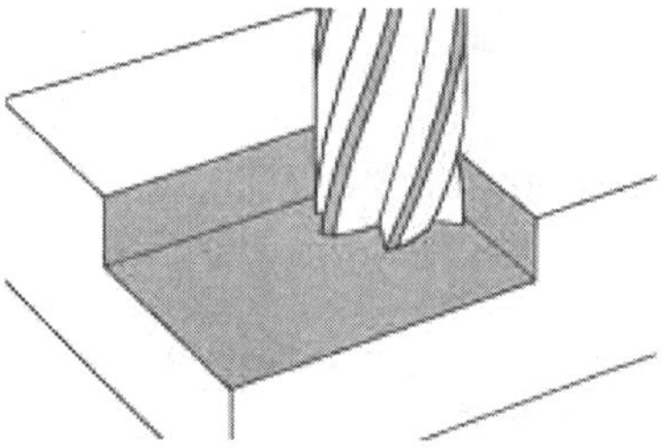

그림 6-259 end mill에 의한 평면절삭

그림 6-260 face cutter에 의한 평면절삭

그림 6-261 end mill에 의한 dove tail의 경사면 및 바닥면의 평면절삭

(3) gang milling:

2개 이상의 cutter를 arbor에 장착하여 수평, 수직 및 각진 면 등을 한번 통과로 동시에 가공하는 것을 gang milling이라 하며, 다량생산에 적용될 수 있으나, milling machine의 동력 및 강성이 충분하여야 한다.

그림 6-262 gang milling

(4) 곡면절삭:

gear의 치형(齒形)과 같은 곡면절삭에는 총형 cutter를 사용하고, 구멍가공이나 임의 곡면가공에는 end mill을 사용한다.

그림 6-263 end mill에 의한 곡면절삭

(5) 치차절삭(齒車切削; gear cutting):

gear 절삭은 전문 gear cutting machine인 hobbing machine, Maag gear shaper, Gleason bevel gear shaper 등이 있으나 본장에서는 milling machine에서의 평치차(平齒車; spur gear) 및 worm gear의 가공법에 한해서 설명한다. milling machine에서도 gear를 절삭할 수 있다는 것에 의미를 두며, 각종 전문기계가 많이 보급된 현재에 milling machine에서 gear 절삭은 거의 하지 않고 있다.

① 평치차 절삭:

치의 대소는 diametral pitch(DP), module(M), 원주 pitch(circular pitch)(CP)로 표시하며, 이늘 정의는 나음과 깉다.

$$DP = \frac{N}{D}(N: \text{잇수},\ D[in]: \text{gear의 pitch원의 지름})$$

$$M = \frac{D}{N}(N: \text{잇수},\ D[mm]: \text{gear의 pitch원의 지름})$$

$$CP = \frac{\pi D}{N}(N: \text{잇수},\ D[in \text{ 또는 } mm]: \text{gear의 pitch원의 지름})$$

D_0 : 이끝원의 지름, a : 이끝높이 라 하면

$$D_0 = D + 2a = D + 2\times 0.33\times CP = D + 2\times 0.33\times \frac{\pi}{DP} \sim \frac{D\bullet DP + 2}{DP}$$

$$\therefore DP = \frac{D\bullet \dfrac{N}{D} + 2}{D_0} = \frac{N+2}{D_0}$$

같은 방법으로

$$M=\frac{D}{N}=\frac{D_0}{N+2}\quad CP=\frac{\pi D}{N}=\frac{\pi D_0}{N+2}$$ 이며,

위 식에서 DP, M, CP와 잇수 N을 알면 gear의 소재지름 D_0가 계산된다.

그림은 DP = 4 ~ 16 까지의 齒의 크기를 상대적으로 비교한 것이다.

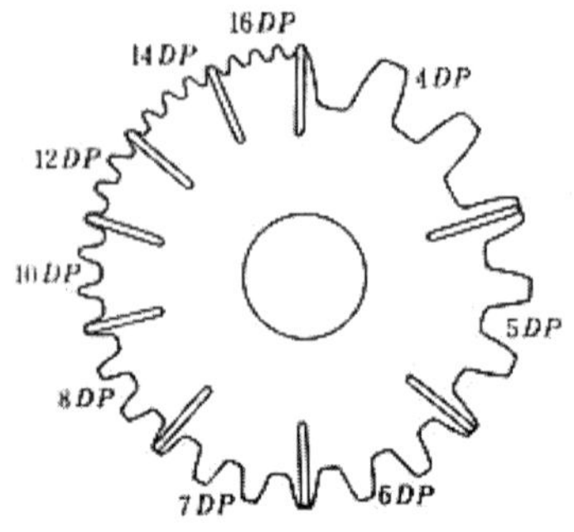

그림 6-264 齒 크기 상대적 비교

gear의 치형곡선은 잇수에 따라 약간씩 다르므로 cutter도 gear의 잇수에 알맞는 것을 사용하여야 하나 무수히 많은 cutter를 준비할 수 없으므로 약간의 오차를 감수하고 數種으로 대체하고 있다. 다음 표는 involute gear cutter에서 절삭할 gear의 齒의 크기(diametral pitch, module)에 따라서 잇수 12로부터 rack까지 8구분하여 8종의 gear cutter가 사용되는 것을 보여 준다. 보다 정도(精度)를 요하는 가공에서는 半番號의 cutter 도 사용한다.

(a) Involute gear cutter(표준)

No.	1	2	3	4	5	6	7	8
잇수	135~rack	55~134	35~54	26~34	21~25	17~20	14~16	12~13

(b) Involute gear cutter

No.	$1\frac{1}{2}$	$2\frac{1}{2}$	$3\frac{1}{2}$	$4\frac{1}{2}$	$5\frac{1}{2}$	$6\frac{1}{2}$	$7\frac{1}{2}$
잇수	80~134	41~54	30~34	23~25	19~20	15~16	13

다음 그림은 diametral pitch 10일 때의 involute 齒形 cutter의 1 set 이다. 예로서 잇수 = 40, DP = 10인 gear를 가공할 때에는 cutter No. 3, DP = 10 인 cutter를 사용한다.

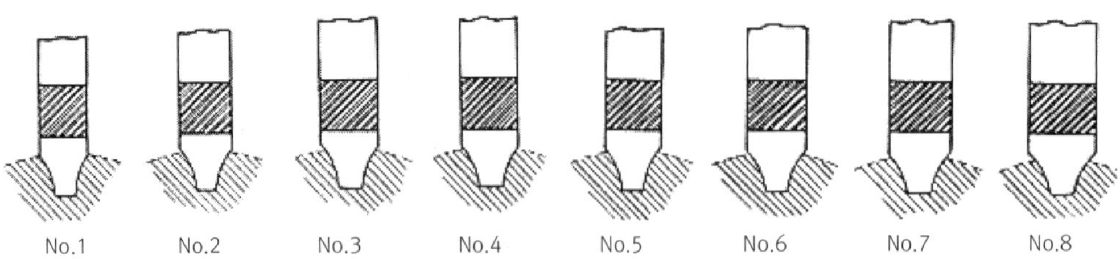

그림 6-265 DP =10 인 cutter 1조(8개)

평치차절삭의 작업 순서는 다음과 같다.

- 가공될 gear의 잇수와 pitch에 맞는 cutter를 선정한다.
- 가공물의 축선에 cutter 폭의 중앙면이 오도록 위치시킨다.
- 분할계산하여 분할판의 구멍수를 정한다.
- cutter가 가공물에 접촉할 때까지 table을 올리고 knee의 上下이송용 micrometer를 0에 맞추고 gear의 全齒높이 만큼 table을 올리면서 齒形을 가공한다. 1개의 齒의 절삭이 끝나면 다음 것을 차례로 가공한다.

그림 6-266 평치차가공

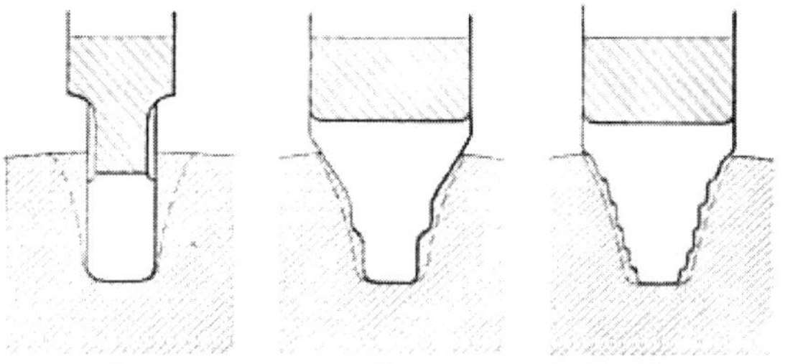

그림 6-267 stocking cutter에 의한 황삭의 예

pitch가 큰 gear를 절삭할 때 그림과 같이 stocking cutter(roughing cutter; A, B 또는 C)로 황삭을 하고 측면에 남겨진 부분만 총형 cutter로 치형을 완성하는 경우도 있다.

② worm gear 절삭:

worm과 worm gear는 회전방향을 90° 로 전환시키며 회전비를 크게 줄이는데 편리하게 이용된다. worm은 1중(一重) 또는 다중(多重) Acme 나사의 일종이며 나선각은 14.5° ~ 30° 사이에 있다.

worm과 worm gear의 치수비는"1 : worm gear의 잇수"의 관계에 있으므로 50산의 worm gear에 대해서는 회전비가 "50 : 1"이 된다. 2중 worm에서는 "50 : 2", 즉 "25 : 1"이 된다.

그림 6-268 milling machine에서 hob에서 의한 worm gear 가공

milling machine에서의 worm gear 절삭은 소재의 원주면을 worm 뿌리원 반지름(root diameter)으로 곡면가공을 한다.

소재를 분할대에 고정하여 involute cutter로 평치차의 절삭에서와 같은 방법으로 cutter 폭의 중심면이 소재폭의 중앙에 오도록 위치시키고 pitch와 잇수에 따라 1차 가공한다.

1차 가공이 끝나면 arbor에 worm cutter(hob cutter)를 장착하여 2차로 완성가공한다.

(6) cam과 cam 절삭:

① cam:

cam은 회전운동을 왕복운동으로, 선운동을 왕복운동으로 변환시키거나 jig나 fixture 등에서 고정장치에 쓰이는 기소(機素; machine element)로서, 그림 (a), (b)와 같이 cam이 홈에 물리어 운동하는 것과 그림 (c), (d), (e)와 같이 cam이 종동절을 밀어주고 종동절의 自重 또는 spring 力에 의하여 종동절이 cam과 접촉을 유지하는 것이 있다. cam이 종동절에 주는 운동에 따라 분류하면 등속도운동(等速度運動) cam, 조화운동(調和運動) cam 및 등가속도운동(等加速度運動) cam(또는 등감가속도운동 cam) 등이 있다.

radial cam에서 종동절에 왕복운동을 주는 cam의 돌기 부분을 lobe라 하며, cam에 따라서 1개에서 여러개가 있는 것이 있다. cam이 1 회전할 때 lobe 1개의 양정(揚程)을 rise라 하며, lobe가 여러개 있을 때 전체 lobe의 총양정을 lead라 한다. 즉 2개의 lobe가 있는 cam의 lead는 1개 있는 cam의 것에대하여 2배의 lead를 갖는다. cam에 대하여 보다 상세한 정보는 기구학에서 얻기 바란다.

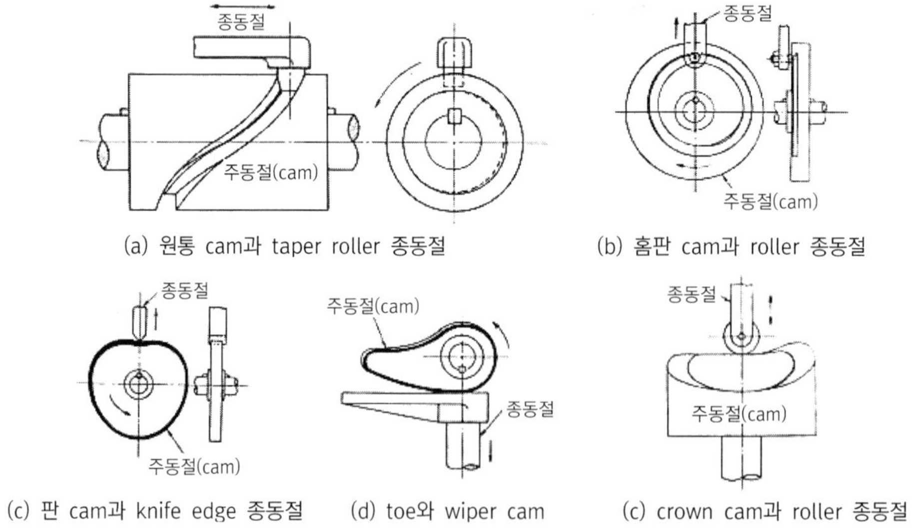

그림 6-269 cam 종류의 예

② cam 절삭:

등속양정판(等速揚程板) cam이 아닌 경우에는 소재에 cam의 윤곽을 표시하고 그 윤곽에 접근할 수 있는 데까지 절삭한 다음 줄(file)가공 및 polishing 등으로 완성가공하는 경우가 많다. 다음 그림에서와 같이 수직식 milling machine에서 가공물을 고정한 분할대축과 end mill을 장착한 주축이 table에 수직으로 위치하고 table의 이송나사와 분할대를 gear로 연결하면 table의 전진운동에 따라 cam blank와 end mill 간의 거리가 가까워지면서 cam의 반경이 작아진다. 주축과 분할대축이 table에 수직인 설치에서는 정해진 gear연결에서 lead가 동일한 cam 외에는 절삭할 수 없다.

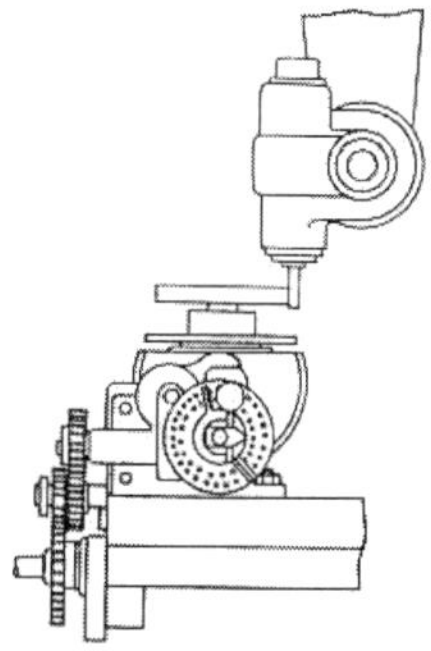

그림 6-269 cam 절삭

다음 그림과 같이 가공물의 축과 주축이 table에 대하여 평행하면 table이 전진운동하여도 blank와 end mill 간의 거리에 변화가 없어 cam 절삭이 아닌 원주절삭이 된다.

아래 그림과 같이 milling machine의 주축대를 table에 대하여 경사(0 ~ 90°)시키면 cam의 lead는 gear의 연결과 기울림각에 의하여 결정되나, 1set의 gear 연결에 대하여 table의 이송 범위 내에서 임의 lead를 갖는 cam 절삭이 가능하다. 이와 같이 경사시키지 않으면 lead가 다를 때마다 gear 변환을 하여야 하며, gear의 수가 무수히 많아야 할 것이다.

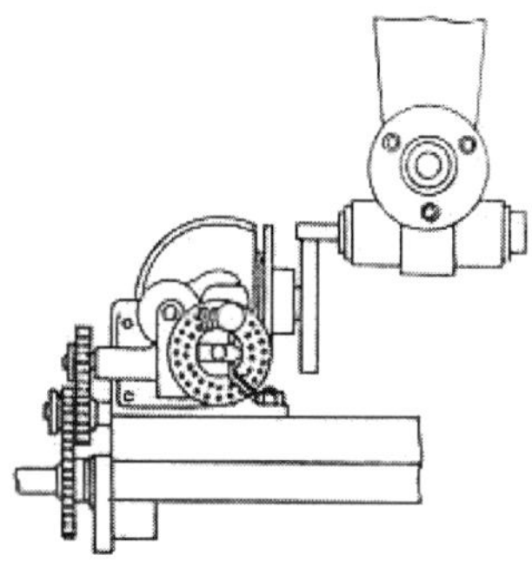

그림 6-270 주축과 가공물축이 table에 평행하게 고정

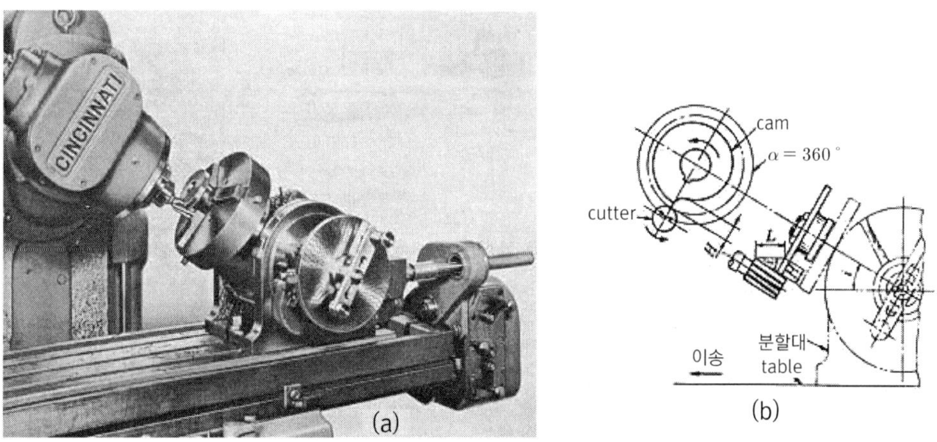

그림 6-271 Archimedes 나선으로 cam 절삭

위 그림(b)에서와 같이 등속양정(等速揚程) cam(uniform rise cam)을 갖는 Archimedes 나선으로 된 cam을 절삭할 때 cam의 임의 회전각 α에 대한 cam의 양정(lead)을 h, 360° 회전에 대한 양정을 H, α 회전에 대한 table의 이송량을 F, 360° 회전에 대한 table의 이송량을 L, 소재와 cutter가 이루는 각을 i라 하면 $\frac{H}{L}=\frac{h}{F}=\sin i$와 $L=\frac{360^\circ}{\alpha}\cdot F$의 관계에서 $L=\frac{360^\circ\cdot h}{\alpha\sin i}$가 되므로

$$\sin i=\frac{360^\circ\cdot h}{L\cdot\alpha}$$

이다.

위 식에서 cam의 회전각 α와 양정 h(360° 에 대한 양정 H)가 주어질 때 table의 임의 이송량 $F(L)$에 대한 기울림각 i를 계산할 수 있다.

(7) 절삭조건:

milling에서 뿐만 아니라 모든 절삭에서 절삭속도, 이송, 절삭깊이는 공작기계의 생산능률에 큰 요소가 되며, 그 크기의 결정에서 공작기계의 성능, 공작물의 재질 및 가공정도 등에 따라 다음 사항을 준수하는 것이 좋다.

① 절삭속도

절삭깊이와 이송이 정해졌을 때 공작기계의 동력에 맞는 절삭속도를 정한다.

cutter 수명을 크게 하려면 저속으로 가공한다.

처음 취급하는 재료에 대하여는 저속에서 시작하여 점점 증가하여 간다.

정밀도가 높은 가공이 요구될 때에는 속도를 크게하고 이송을 적게 택한다.

절삭유제를 사용하여 냉각작용, 윤활작용 및 chip 제거를 돕게 하여 공구수명을 크게 하고, 가공면의 정도를 높이고 절삭속도를 증가시킬 수 있다.

② 이송

절삭깊이가 정해졌을 때 공작기계의 강성과 동력에 맞는 이송을 정한다.

절삭 폭이 클 때에는 이송을 작게 한다.

가공재료의 경도 및 강도가 크면 이송을 작게 한다.

큰 정밀도를 요하는 가공에서는 이송을 작게 한다.

절삭속도가 크면 이송을 작게 한다.

다음 표를 기준으로 하여 정한다.

(8) 절삭유제의 공급:

milling에서 절삭유제의 공급은 cutter의 냉각작용과 cutter와 공작물간의 윤활작용을 위한 것이며, 그림과 같이 A, B, C, D에서 공급하는 것이 가장 좋은 방법이지만 한쪽에서만 공급할 때에는 A와 D의 위치에 nozzle을 두는 것이 좋다. 원주 milling에서는 A의 위치에서 공급함으로써 cutter를 충분히 냉각하고 절인에 적셔진 절삭유제가 다시 공작물과 cutter 사이에 유막작용을 한다. 정면 milling에서는 D의 위치에서 공급함으로써 원주 milling에서와 같은 효과를 낼 수 있다. 필요에 따라서는 nozzle을 납작하게 하여 절삭유제가 넓게 퍼지도록 한다.

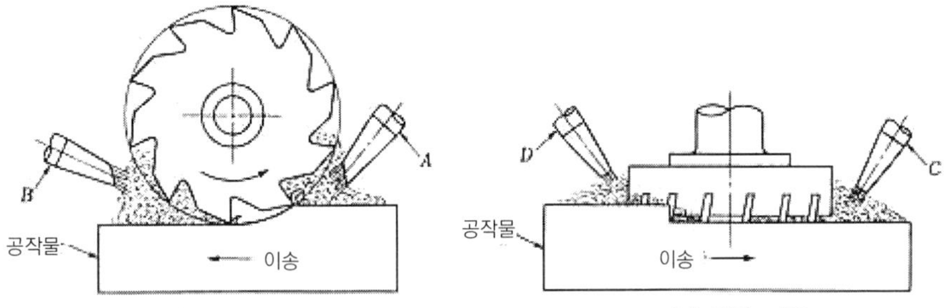

(a) 원주 milling (b) 정면 milling

그림 6-272 절삭유제의 공급방법

6.9 치차가공(齒車加工; gear cutting)

축에서 축으로 회전운동을 전달하는 수단에는 belt와 pulley, chain과 sprocket wheel, 치차(齒車; gear) 등이 있다. 축간의 거리가 멀고 축이 서로 평행하면 평 belt(flat belt)에 의해 pulley의 상대적 크기로 피동축의 속도를 조정하여 운동을 전달할 수 있고, 축간의 거리가 가차우면 미끄럼을 피하기 위해 V-belt와 수개의 단차(段車; stepped pulley)에 의해 속도를 조정하여 운동을 전달할 수 있으며, 축이 서로 평행하고 축간의 거리가 더욱 가차우면 roller에 의해 운동의 전달이 가능하나 미끄럼 때문에 소요의 속도비를 얻을 수 없는 것이 문제가 된다. 치차(齒車; gear)는 축간 거리가 가차울 때 축의 평행 여부와 관계없이 소요의 속도비를 갖는 torque가 큰 동력전달이 가능하여 기계요소로 많이 사용된다.

6.9.1 치차절삭법의 종류

치차절삭법의 종류는 분류기준에 따라 다음과 같다.

(1) 치성형기구(齒成形 機構)에 의한 분류

총형공구에 의한 절삭법: 그림과 같이 gear의 이(齒; tooth)와 같은 형상의 공구를 사용하여 이를 1개씩 가공하여 가는 방법으로서, shaper, slotter, planer, milling machine 등에서 분할대와 총 형공구를 사용하여 치차를 가공할 수 있다.

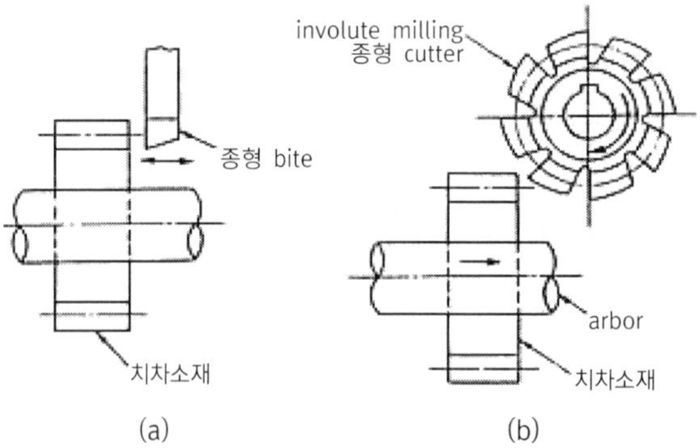

그림 6-273 총형공구에 의한 치차절삭

창성법(創成法): 정확한 involute 치형을 가공할 수 있는 방법서 그림과 같이 치차형상의 공구인 pinion cutter 또는 rack cutter가 가공물과 맞물고 돌아가면서 축방향으로 왕복운동하여 공구인 pinion cutter와 rack cutter의 운동에 방해가되는 부분을 제거하므로써 치차를 가공하는 방법 및 hob 공구가 가공물과 맞물고 돌아가면서 hob 운동에 방해가 되는 부분을 제거하므로써 치차를 가공하는 방법이 있다.

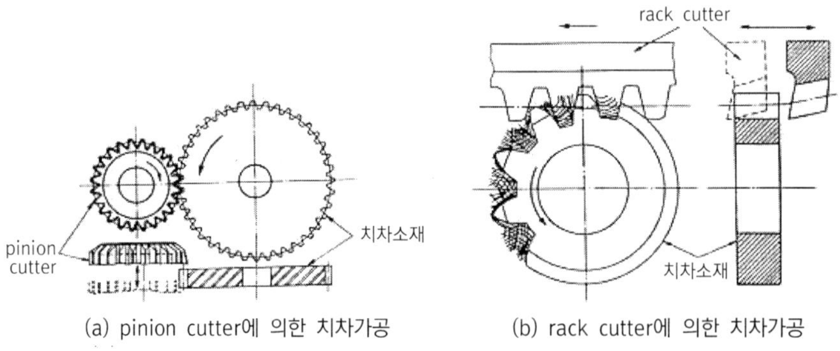

그림 6-274 창성법에 의한 치차절삭

rack cutter는 아래 그림(b)에서와 같이 a, b, c, d 를 수차적으로 접촉하면서 rack의 운동에 방해가 되는 부분을 절삭하여 involute 치형을 형성한다.

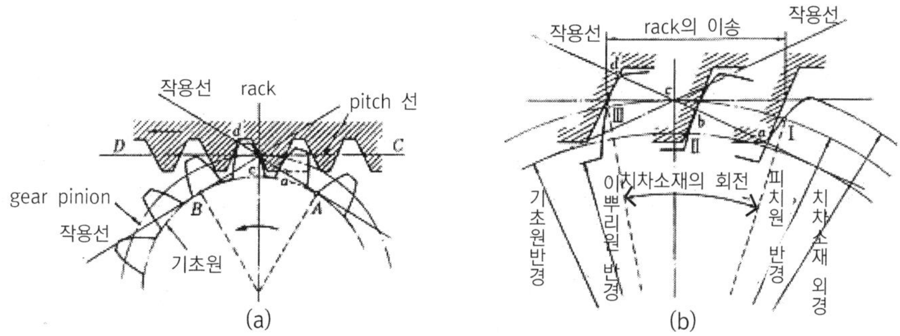

그림 6-275 rack cutter에 의한 involute 치형의 가공원리

형판(型板)에 의한 방법: 그림 예에서와 같이 shaper table에 형판과 공작물을 고정하고 화살표 방향으로 이송을 주면 공구대가 형판의 치형곡선을 따라 움직이는 모방절삭에 의하여 공작물에 치형가공을 하게 된다. 형판을 따라 공구대를 sliding 시킬 때에는 공구대와 절삭깊이용 이송나사를 서로 분리시켜야 한다.

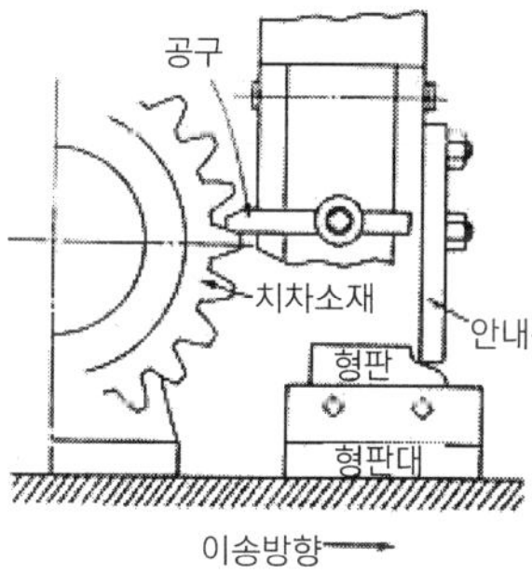

그림 6-276 shaper에서 치차의 모방절삭

(2) 치형가공기(齒形加工機)에 의한 분류

압연전조 성형법

milling machine에 의한 가공

hobbing machine에 의한 가공

shaper, slotter 및 planer에 의한 가공

연삭에 의한 가공

본 장에서는 hobbing machine에 의한 치차가공, shaper, slotter 및 planer에 의한 치차가공 만을 취급하고 연삭에 의한 치차가공은 12장 연삭가공에서 차후에 취급하기로 한다.

6.9.2 hobbing machine에 의한 치차가공

그림과 같이 worm과 worm gear에서 worm에 해당하는 것이 절삭공구인 hob이고, worm gear에 해당하는 것이 가공물로서 서로 물고 돌아가면서 치차를 창성(創成)하는 공작기계가 hobbing machine 이며, hob에 회전운동을 주면서 slider와 함께 소재의 축방향으로 이송을 시켜 1 pass하면 치의 전 깊이로 치차(1개 또는 수개)가 가공된다. hobbing machine으로 가공할 수 있는 gear는 spur gear, helical gear 및 worm gear 등이다. 본서에서는 구조가 다양한 모든 hobbing machine를 다룰 수 없고 기존의 hobbing machine 중 특정 구조를 갖는 것을 택하여 그 원리를 소개함으로써 기계 마다 제공되는 사용서를 읽고 쉽게 접근할 수 있도록 돕고자 한다. hob는 milling cutter와 같은 회전공구이며, worm에 절인을 만들기 위하여 hob 축 방향으로 홈을 파서 경사면에 경사각을 두고 절인의 후면을 연삭하여 여유각을 두면 milling cutter의 절인과 같이 된다. rack cutter에 의한 치차절삭에서는 1개의 치(齒)를 형성하고 rack cutter를 원위치로 옮기는 불편이 있으나 hobbing machine에서는 hob가 같은 위치에서 가공물과 맞물고 회전하므로 편리하며 능률적인 작업을 할 수 있다.

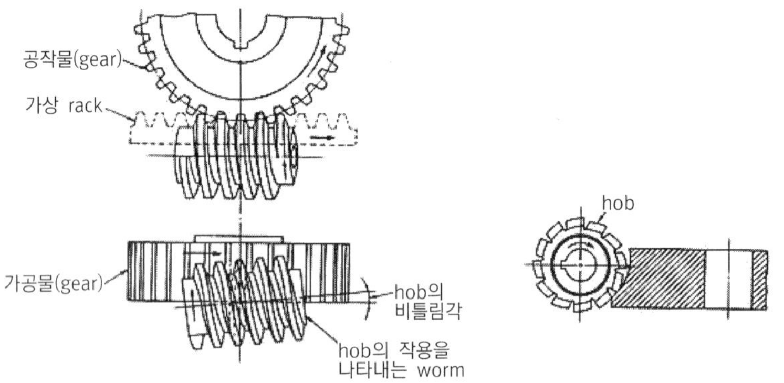

그림 6-277 hob와 가공물의 상대운동

그림 6-278 hobbing machine에서 spur gear를 가공

hobbing machine의 규격은 절삭할 수 있는 최대 pitch, 외경, 이폭 등으로 표시하며, hobbing machine에는 공작물을 고정하는 축이 수직인 것과 수평인 것이 있으며, 다음 그림은 수직식 hobbing machine의 각부 명칭과 동력전달계통도의 예이다.

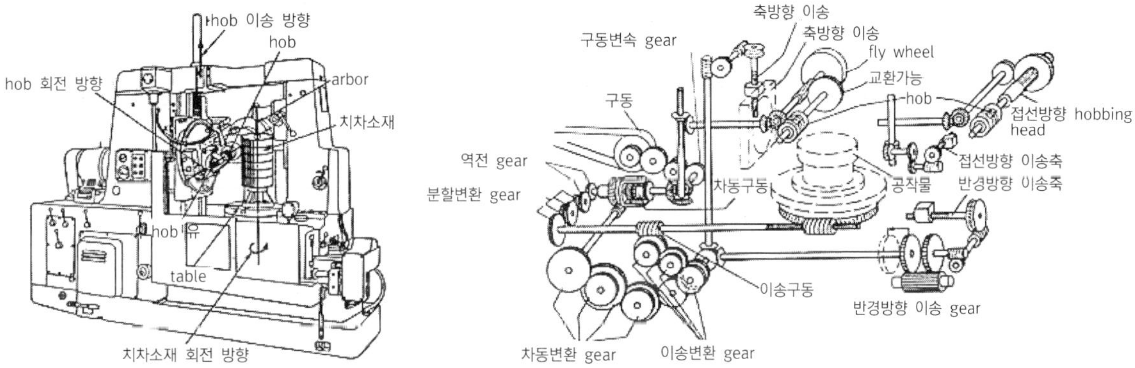

그림 6-279 hobbing machine의 각부 명칭과 동력전달계통

(1) hobbing machine 기구(동력전달순서에서 차동장치가 분활 gear의 앞에 위치한 경우):

hobbing machine에서 치차를 절삭하기 위해서는 다음 4가지의 운동이 조합된다.

- hob의 회전운동
- table의 회전운동
- hob의 이송(feed)운동
- 차동장치의 운동

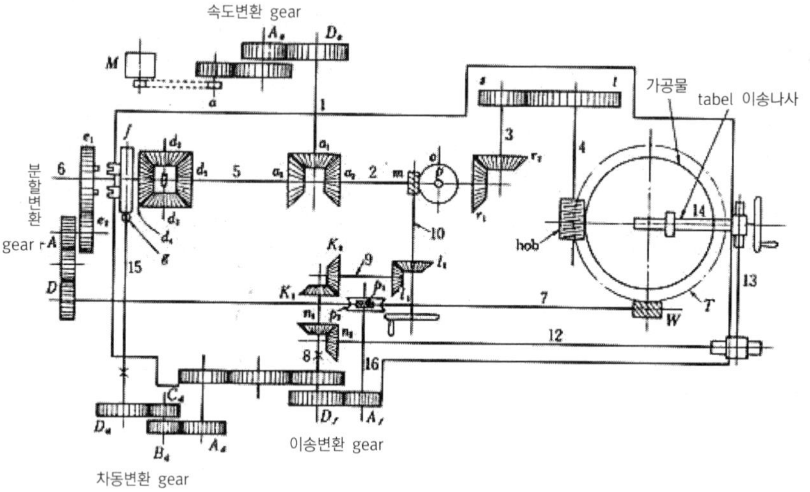

그림 6-280 hobbing machine의 계통(평면도)

(2) hobbing machine 기구(동력전달순서에서 차동장치가 분활 gear의 뒤에 위치한 경우):

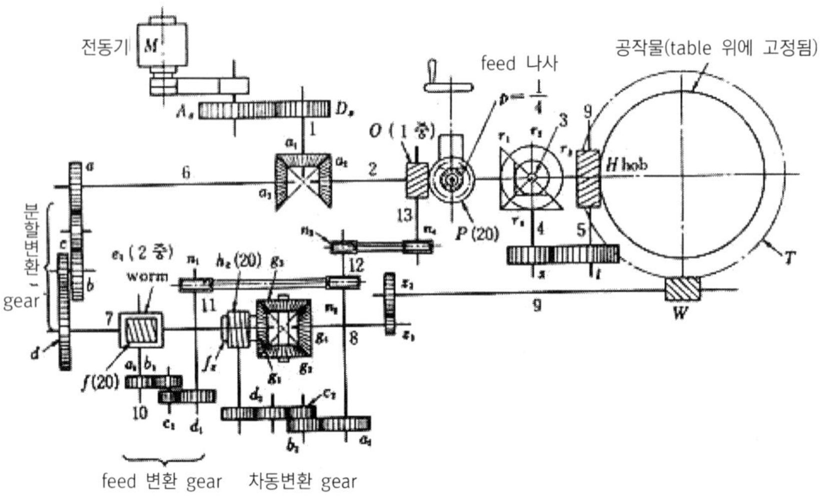

그림 6-281 hobbing machine의 계통(평면도)

(3) hob 축의 경사각:

평치차(spur gear)나 helical gear를 가공할 때 hob의 나선각(helix angle), 가공될 gear의 나선각 및 나선방향에 따라 hob 축의 경사방향과 각도가 다음 그림과 같이 달라진다.

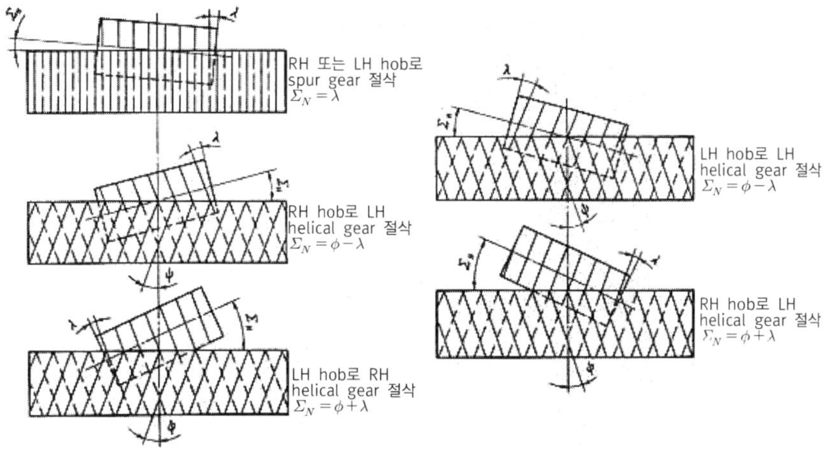

그림 6-282 hob 축의 경사각

(4) hob:

hob 재료에는 고속도강이 많이 사용되고 고속절삭에는 초경 tip을 부착한 hob를 사용하기도 한다. 그림은 hob의 각부 명칭을 보여주며, gear 절삭용 hob의 표준 치형과 깊이는 다음과 같다. C: hob의 최대 가공깊이, F: 깊이 여유, DP: diametral pitch, α: 압력각이라 하면

$$\text{AGMA 계와 Fellow계에서는 } C+F = \frac{2.250}{DP}, \quad \alpha = 14\frac{1}{2} \sim 20^\circ$$

$$\text{worm gear에서는 } C+F = \frac{2.157}{DP}, \quad \alpha = 14\frac{1}{2} \sim 30^\circ$$

이다.

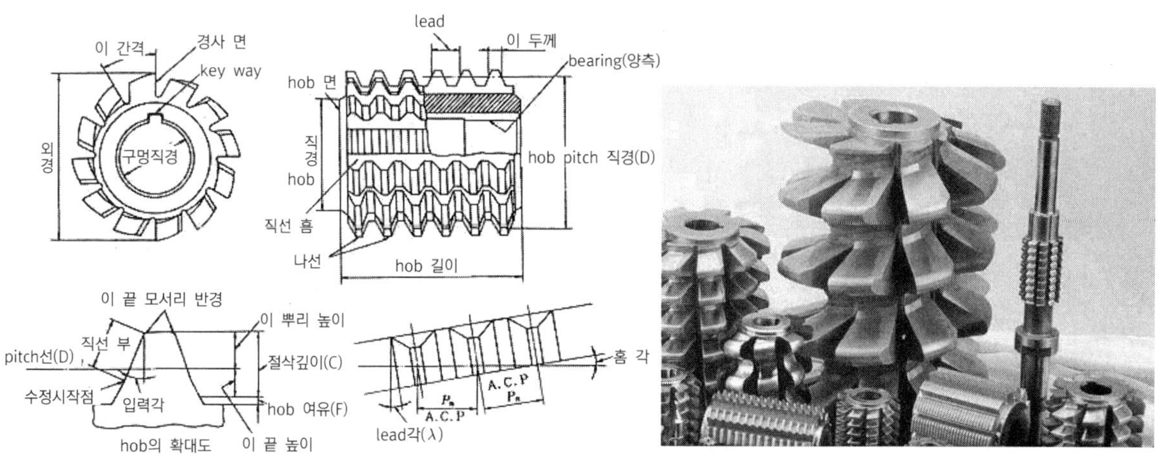

그림 6-283 hob의 각부 명칭

그림 6-284 hob의 종류

(5) spur gear(평치차) 가공:

1줄 hob로 평치차를 가공할 때 치차소재의 1회전에 대한 hob의 회전수는 가공될 치차의 잇수와 같다. 예로서 잇수 40개인 치차를 가공한다면 소재(회전 table)의 1회전에 대하여 hob가 40회전하도록 hobbing machine에 부착되어 있는 변환치차표에 의하여 변환치차를 정한다.

$$1\text{줄 hob에서 : } \frac{table\text{회전수}(n_r)}{hob\text{회전수}(N_H)} = \frac{1}{\text{가공잇수}(N_r)}$$

$$2\text{줄 hob에서 : } \frac{table\text{회전수}(n_r)}{hob\text{회전수}(N_H)} = \frac{2}{\text{가공잇수}(N_r)}$$

hobbing machine에서 정해진 치차열의 비가 기계에 따라 달라질 수 있으므로 변환치차를 정하기 전에 그 비를 알 필요가 있다. 가공치차의 이 크기에 맞는 hob를 선택하여 hob의 이(tooth)가 가공치차의 축과 평행하도록 hob 축을 나선각(helix angle) 만큼 경사시키고, table에 의하여 가공치차의 반경방향으로 이깊이 만큼 이송을 준 후 hob를 가공치차의 축방향으로 이송하여 gear의 전폭에 걸쳐 가공한다.

그림 6-285 5개의 super gear를 가공하는 예

(6) worm gear 가공:

① hob를 가공물의 반경방향으로 이송을 주는 방법에 의한 가공:

그림과 같이 hob 축을 가공물 폭의 중앙에 정확히 위치시키고 hob와 가공물의 회전비를 정한 후 반경방향으로 hob를 이송하여 창성법으로 가공한다. 원칙적으로 hob의 형상과 크기는 worm gear와 맞물릴 worm과 같다고 하나 worm의 addendum과 wom gear의 dedendum 사이의 간극, worm의 dedendum과 worm gear의 addendum 사이의 간극 때문에 hob의 외경은 worm의 외경보다 약간 크게한다.

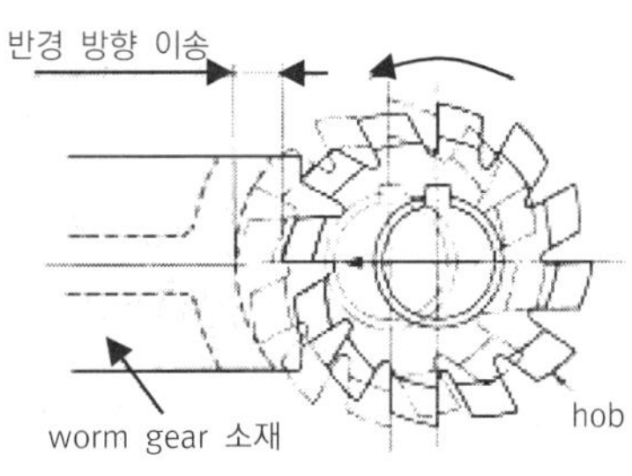

그림 6-286 hob의 반경방향 이송에 의한 worm gear 가공

그림 6-287 worm gear 용 hob

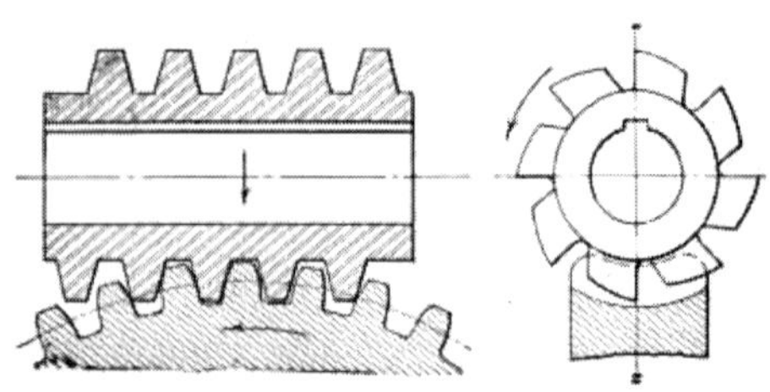

그림 6-288 straight hob와 가공물의 접촉상태

② taper hob를 가공물의 접선방향으로 이송을 주는 방법에 의한 가공:

그림과 같이 taper hob를 가공물의 접선방향으로 이송함으로써 절삭이 보다 정확한 worm gear를 가공할 수 있으며, 반경방향의 이송에 의하여 가공된 worm gear를 다듬는 데에도 사용된다. hob와 가공물의 거리를 가공되는 치(齒)의 전높이가 가공될 위치에 두고 가공을 시작한다. taper hob는 worm gear의 치형폭과 높이를 점진적으로 생성하도록 설계되어 절삭저항이 균등하게 분포되도록 해야 한다.

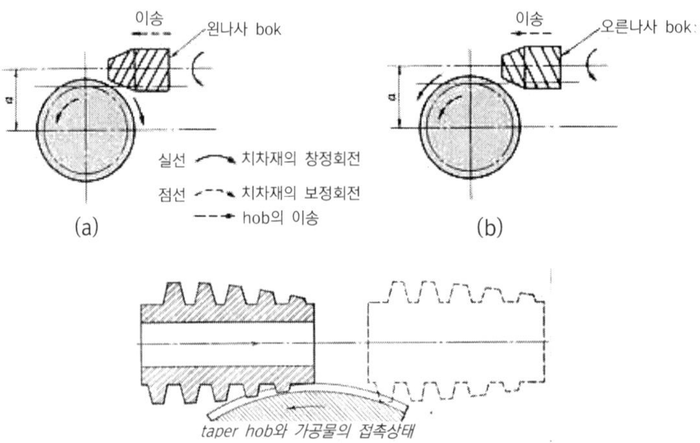

그림 6-289 taper hob의 접선방향의 이송 의한 가공

6.9.3 planer 및 shaper에 의한 치차가공

(1) gear planer에서 단인 rack cutter에 의한 가공:

그림에서와 같이 단인총형 rack cutter A를 planer의 slide에 따라 왕복운동시키고 A의 귀환운동 중에 slide B에 의하여 공구를 횡방으로 이동시키면서 가공물을 회전시키므로써 lack 이 가공물인 pinion과 맞물고 있는 상태에 있는 것 과 같은 상태에서 1개의 치형을 완성하고, 가공물을 분할기구에 의하여 분할하고 다시 다른 치를 가공하는 과정을 통하여 평치차가공을 완성한다.

그림 6-290 Bilgram gear planer with single rack tooth cutter

(2) gear shaper에서 다인 rack cutter에 의한 가공:

다음 그림은 gear shaper에 의한 치차가공의 대표적인 예로서, 공구대가 고정된 ram이 범용 shaper 또는 slotter에서와 같이 직선운동을 하면서 공구대에 설치된 rack cutter가 치차 소재를 가공하도록 되어 있다. spur gear 전용에서는 ram을 경사시킬 수 없으나, spiral gear도 가공할 수 있는 것에서는 ram을 임의 각으로 경사시킬 수 있다. ram의 귀환행정 중에 가공물이 회전하여 가공물인 pinion이 cutter인 rack과 맞물고 돌아가는 것과 같은 운동을 하면서 절삭작용이 이루어진다.

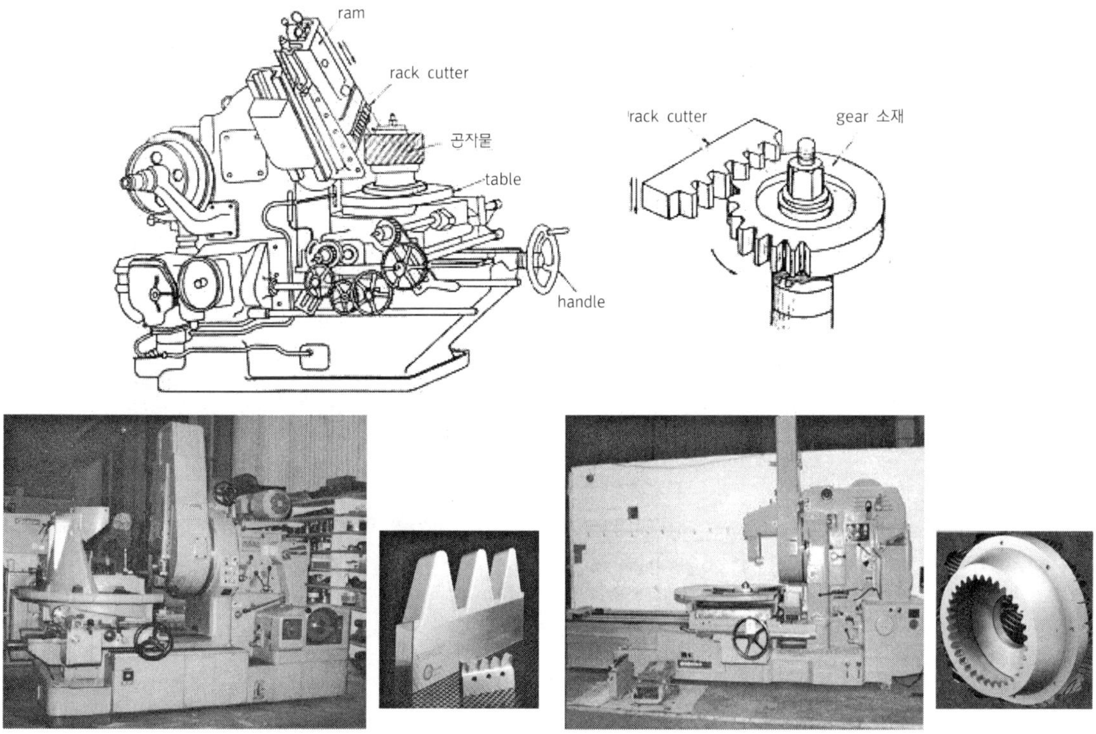

그림 6-291 Maag gear shaper with rack type cutter

(3) gear shaper에서 pinion cutter에 의한 가공:

그림과 같이 치차 형상의 pinion cutter를 왕복운동 시켜 처음에 치형높이 만큼의 깊이로 가공하고, 이어서 cutter와 가공물에 회전운동을 주어 완성하여 간다. 가공물의 회전은 변환 gear에 의하며 가공물의 1회전으로 gear가 완성될 수도 있고 가벼운 다담질가공이 따를 수있다. 1500 strokes/min 정도로서 아주 능률적인 절삭을 수행할 수 있다.

gear shaper에서 pinion cutter에 의한 평치차 가공

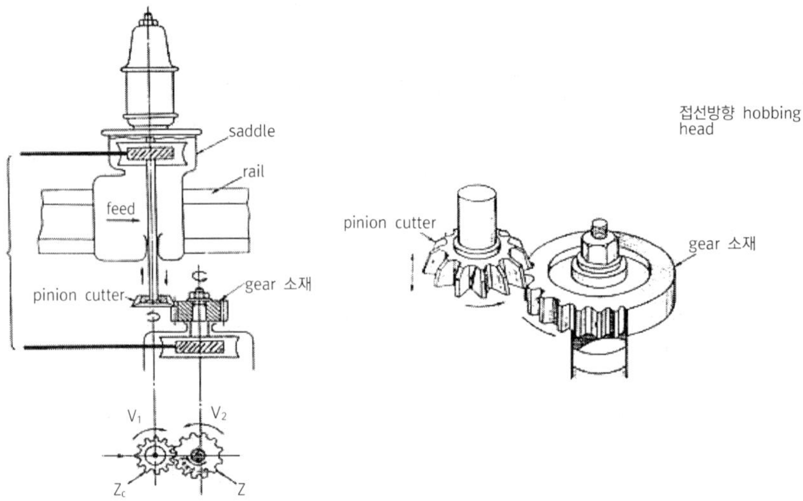

그림 6-292 gear shaper에서 pinion cutter에 의한 평치차 가공

그림 6-293 pinion cutter

그림 6-294 pinion cutter에 의한 내치차 가공

그림 6-295 pinion cutter에 의한 helical gear 가공

(4) gear shaper에서 gang cutter에 의한 가공:

Stevenson Gear Co.에서 개발된 것으로서 그림에서와 같이 반경방향으로 설치된 총형 cutter에서는 반경방향의 이송을 주고 가공물이 왕복운동을 하여 평치차를 가공한다. bevel gear의 외측과 내측에서 치폭이 다르기 때문에 총형 cutter로 치형을 가공할 수 없다. 치형을 균일하게 하기 위하여 각 행정 후에 가공물을 분할회전 시키고 가공한다.

그림 6-296 Stevenson gear shaper with gang type cutter

6.9.4 bevel gear 가공

원추면(圓錐面)에 이(齒)를 가공한 치차를 bevel gear 라 하고, 교차하는 축간의 회전운동을 전달한다. bevel gear에는 직선 bevel gear(straight bevel gear), 나선 bevel gear(helical bevel gear) 및 spiral bevel geal 등이 있다.

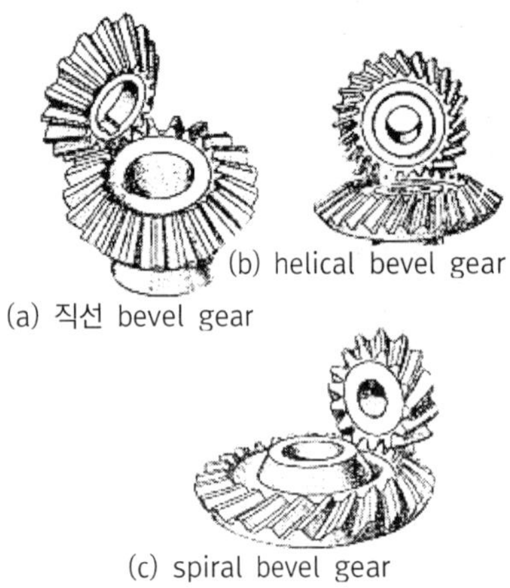

그림 6-297 bevel gear의 종류

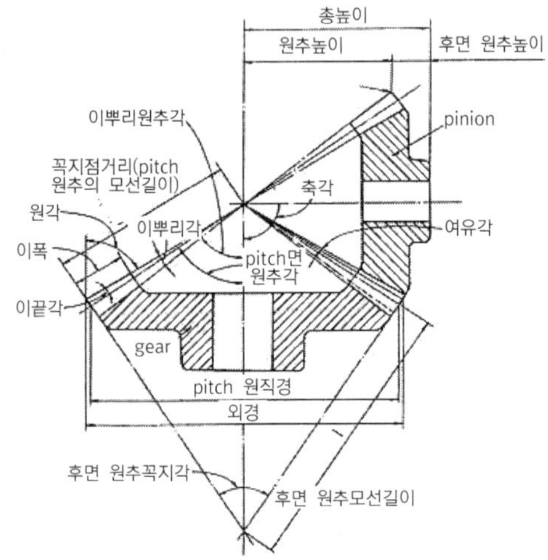

그림 6-298 직선 bevel gear의 각부 명칭

bevel gear 가공법에는

1. 총형공구(總形工具)에 의한 milling 가공
2. 창성법(創成法)
3. 형판(型板)을 이용한 모방절삭
   - Gleason 식
   - Reinecker 식
   - Bilgram 식
   - Klingelnberg 식
   - Heidenreich 식

등이 있으나 주로 사용되는 것은 Gleason 식이다.

(1) 직선 bevel gear 가공:

① Gleason 식에 의한 방법:

그림은 Gleason 식 치차절삭기의 원리를 보여주는 것으로서, bevel gear와 같은 치형의 각을 갖는 공구가 gear 소재 W를 가공한다. 즉 공구 C(왕복하는 2개의 공구)가 D면을 활동(滑動)하면서 절삭작용을 하며 소재 W를 요동시켜 bevel gear의 외측 홈을 넓게 가공한다. crown gear 상에서 요동하는 master gear B와 가공되는 bevel gear가 같은 pitch angle을 갖게되면 요동 조정이 용이하다. 1개의 치형이 완성되면 공구 C를 소재와 분리하여 변환 gear(표로 제공됨)에 의하여 정해진 1 pitch 만큼 회전시켜서 다시 가공을 시작한다. 이 공작기계는 초벌 홈가공된 가공물을 다듬는데에 사용되기도 한다.

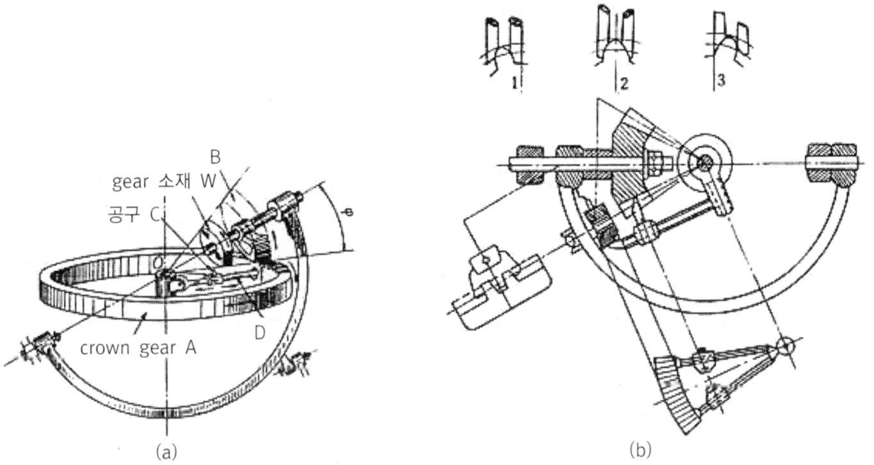

그림 6-299 Gleason 식 bevel gear shaper에 의한 창성 원리

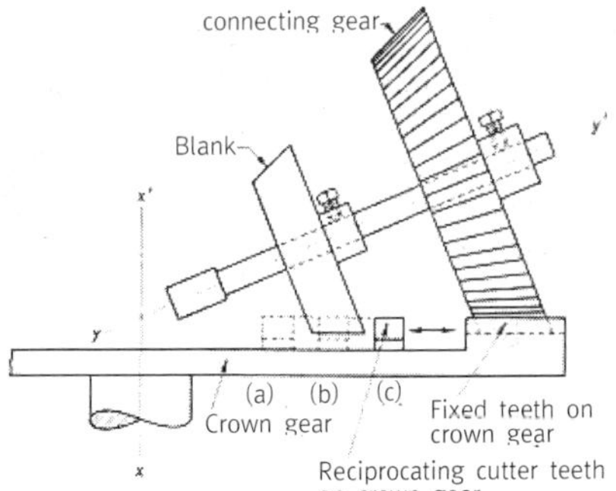

그림 6-300 bevel gear generating machine

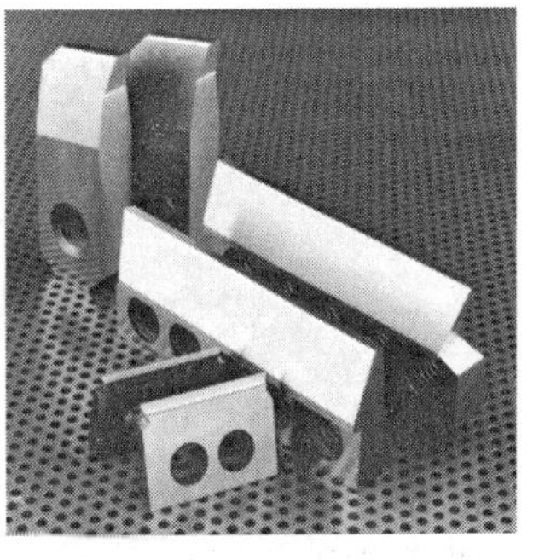

그림 6-301 Gleason bevel Gear Shaper에 사용되는 절삭공구

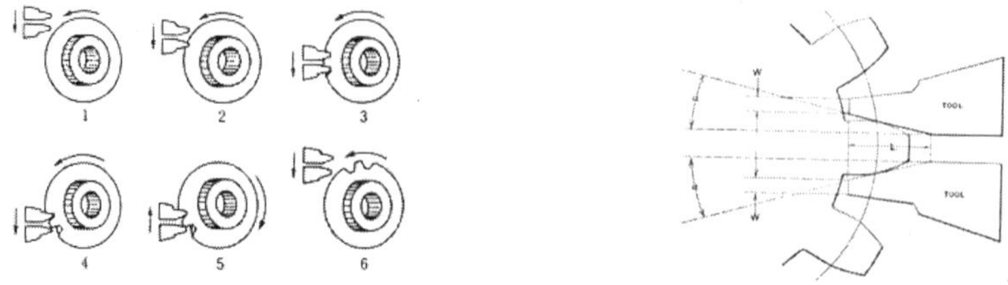

그림 6-302 Gleason Bevel Gear Shaper에서 창성과정

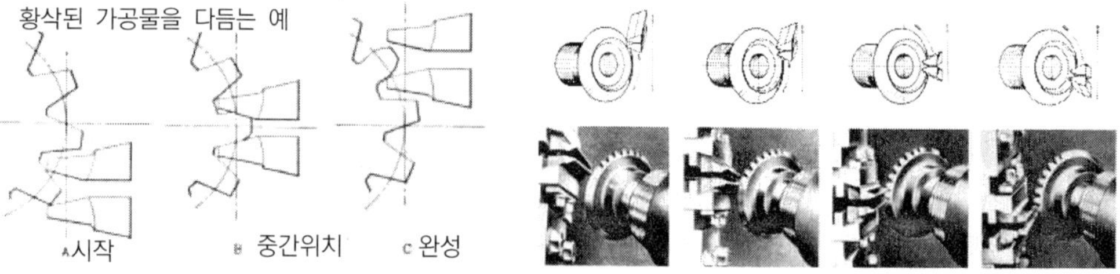

그림 6-303 Gleason Bevel Gear Shaper에서 황삭된 가공물을 다듬는 예

아래 그림은 bevel gear 창성법의 다른 예이다.

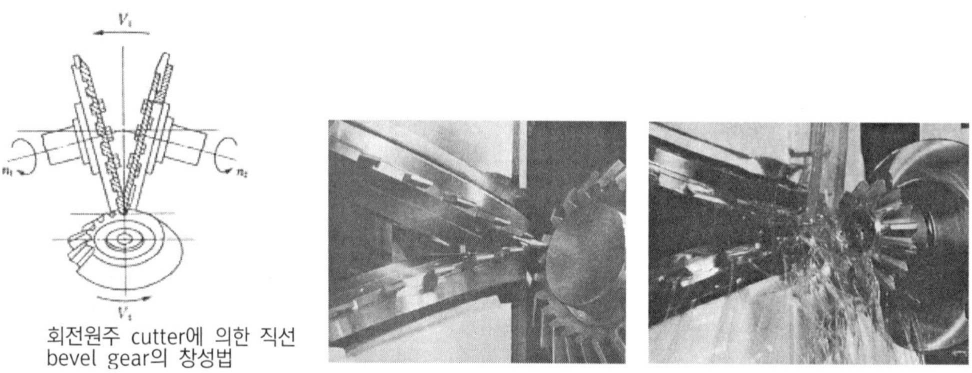

그림 6-307 2개의 cutter에 의한 직선 bevel gear 창성법

(2) spiral bevel gear 가공:

미국의 Gleason 회사에서는 원호(圓弧), 이탈리아의 Fiat 회사에서는 cycloid 곡선, 독일의 Klingelnberg 회사에서는 involute 곡선을 각각 치형곡선으로 택하고 있다. 다음 그림은 ring cutter에 의한 spiral bevel gear 가공 원리를 도시한 것이며, ring 상의 cutter의 회전으로 원호상의 치형을 얻을 수 있다.

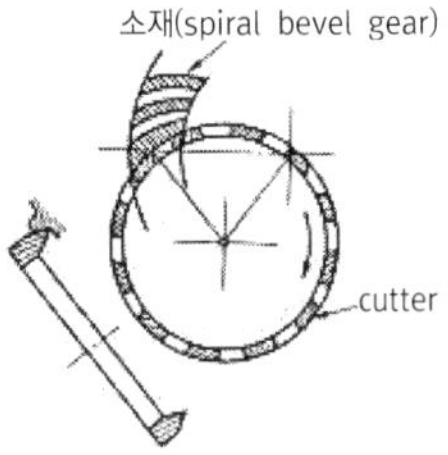

그림 6-308 ring cutter에 의한 spiral bevel gear 가공

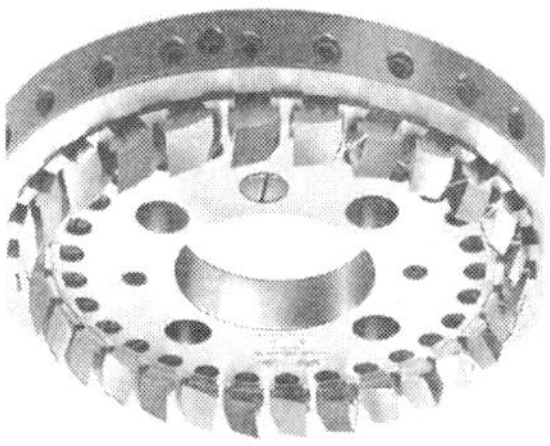

그림 6-309 ring cutter

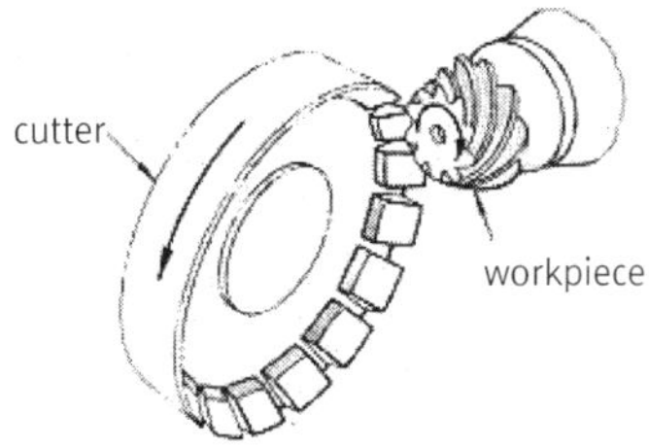

그림 6-310 ring cutter에 의한 spiral bevel gear 절삭

6.9.5 rack 가공

rack은 총형공구에 의한 평삭 또는 milling으로 가공되거나 창성법으로 가공된다. 즉 knee type milling machine에서는 table를 이송하고, rack 절삭용 특수공작기계에서는 cutter를 이송하기도 한다. 단일 cutter로 rack을 가공할 수도 있고, pitch의 간격으로 배열된 2개 이상의 gang cutter를 사용하여 능률적인 생산을 할 수 있다. gang cutter는 단계적으로 절삭할 수 있도록 되어 있으며 최종 가공에는 총형 cutter가 사용된다. 그림 6-312 rack cutting machine에서 폭이 좁은 roughing cutter 1개와 finishing cutter 2개를 사용한 예이며, 그림 6-313 rack cutting machine에서 폭과 직경이 작은 roughing cutter 2개와 finishing cutter 1개를 사용한 예이다

그림 6-311 roughing cutter 1개와 finishing cutter 2개 사용

그림 6-312 roughing cutter 2개와 finishing cutter 1개 사용

6.9.6 치차의 다듬질

치차절삭기에 의하여 가공된 치차는 치(齒)홈 또는 치면(齒面)이 거칠고, 열처리 등을 할 경우에는 치형(齒形)이 변형하여 치차의 물림이 원활하지 못한 경우가 있으며, 이를 바로 잡는 방법은 다음과 같다.

(1) shaving:

pitch가 정확한 齒形을 가진 그림과 같은 shaving cutter를 가공 gear와 교차시켜 맞물고 회전시키면 운동에 방해가 되는 부분을 shaving cutter에 있는 절인이 깍아내어 정확한 치홈 폭, helix 각, 치형, 중심도 등으로 다듬는다. 축을 교차시키는 대신 평치차에 대해서는 helical cutter를, helical gear에 대해서는 평 cutter(spur cutter)를 사용하기도 하며, shaving 여유는 가능하면 적은 것이 좋으며, shaving cutter의 원주속도는 보통 100 ~ 130 mm/min, 이송은 0.2 ~ 0.4 mm/rev, 반지름방향의 절삭깊이는 0.02 ~ 0.04 mm, 교차각은 8 ~ 12° 이다.

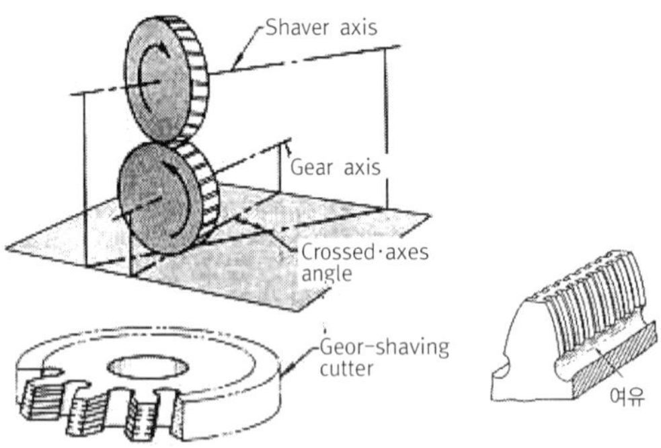

그림 6-313 회전형 shaving cutter 구조

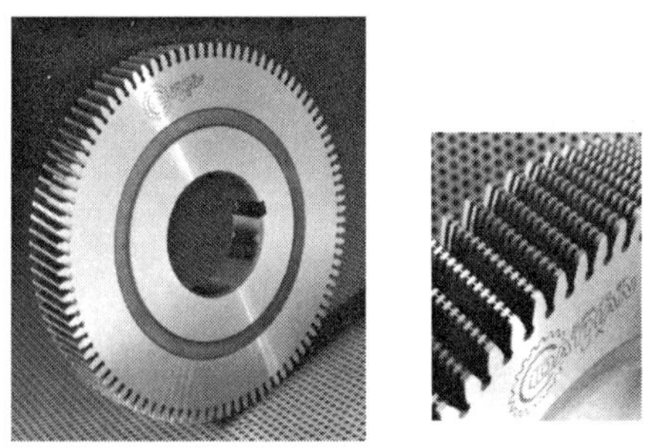

그림 6-314 회전형 shaving cutter 사진

보다 정밀도가 높은 shaving에는 그림과 같이 rack 형 shaving cutter를 사용한다. shaving cutter의 齒面에는 0.7 ~ 1 mm 폭의 홈이 많이 새겨져 있어 이것과 가공물의 치면이 접촉하면서 맞물고 돌아가면 소량씩 가공물의 치면이 다듬어 진다.

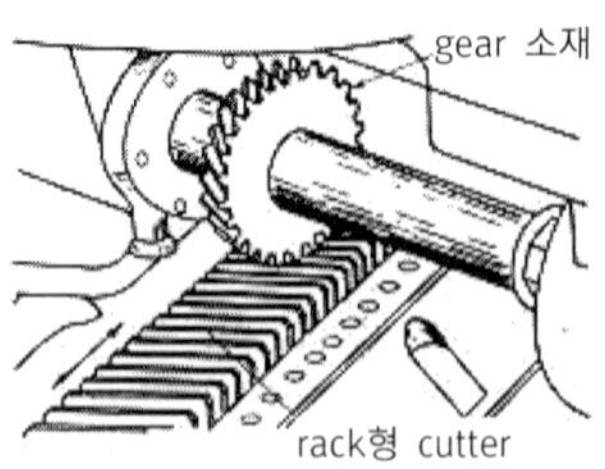

그림 6-315 rack 형 shaving cutter

(2) honing, lapping 및 연삭:

경화된 치차의 齒에 있는 burr의 제거, 치의 표면정도 향상을 위하여 치차를 공작물과 맞물리고 honing 입자를 첨가한 액을 분사하면서 공작물을 축방향으로 왕복운동시키는 액체 honing을 1분 정도 하면 정밀한 다듬질이 된다.

6.10 기계톱 가공

금속의 절단에는 chip을 발생을 동반하는 절삭에 의한 절단(切斷), press에서의 전단 및 열에 의한 용단(熔斷) 등이 있고, chip을 발생하는 절단은 모든 절삭 공작기계에서 가능하나 본 장에서는 절단 전용기계인 기계톱에서의 절단을 취급한다.

금속을 절단하는 톱기계(sawing machine)에는 톱날이 왕복운동하는 활톱기계(hacksawing machine), 톱날이 회전운동을 하면서 원주에 있는 절인으로 절단하는 원주톱기계(circular sawing machine), 톱날인 band가 pulley에 의하여 운동하면서 절단하는 띠톱기계(band sawing machine) 등이 있다.

6.10.1 활톱기계(hacksawing machine)

(1) 활톱기계의 종류:

hacksawing machine에는 운동방향과 구조에 따라 다음 그림과 같은 것이 있을 수 있다.

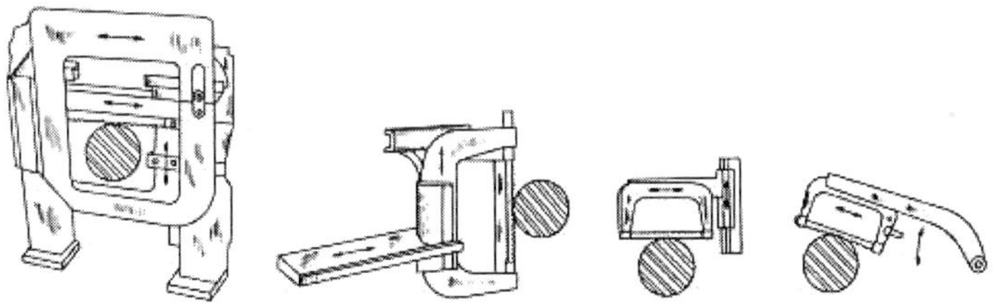
(a) (b) (c) (d)

그림 6-316 hacksawing machine의 종류

(2) 활톱기계 기구:

그림과 같이 톱날(blade)의 왕복운동과 이송(移送; feed)으로 가공물을 절단하며, 2행정 중에서 1행정에서만 절삭작용을 하기 때문에 원주톱기계와 띠톱기계에서 만큼 능률적이지 못하다. 왕복운동에는 일반적으로 crank 기구가 많이 사용된다. saw frame 1은 crank의

회전에 의하여 arm 2를 따라 활동(滑動)하여 왕복운동한다. 귀환행정에서는 톱날의 공작물에 대한 접촉을 가볍게 하도록 유압창치가 설치되어 있어 piston이 상승할 때에는 piston 3에 있는 구멍 4를 통하여 oil이 쉽게 밑으로 유출할수 있으나 하강할 때에는 valve 5에 의하여 방해를 받아 서서히 이송하게 된다. hacksawing machine의 크기는 톱날의 행정 또는 절삭할 수 있는 최대 치수로 표시한다.

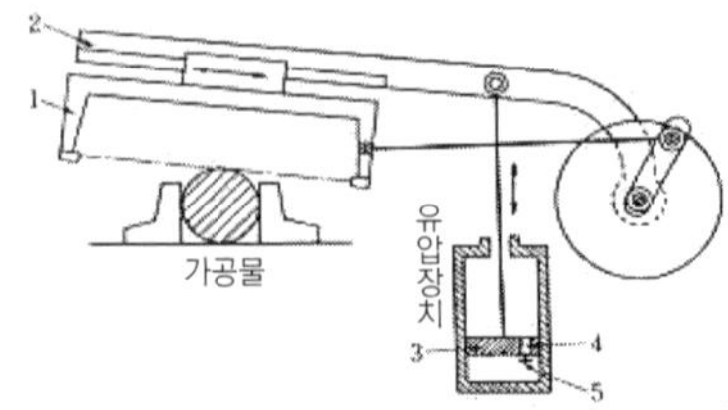

그림 6-317 활톱기구

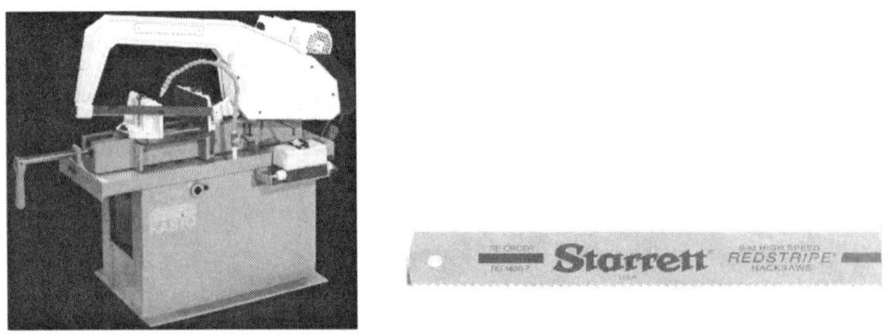

그림 6-318 활톱날

(3) 활톱날(hacksaw blade):

활톱기계날은 손톱날과 비슷하며, C: 1 ~ 1.1%인 탄소강, C: 1.1 ~ 1.2%이고 W: 2 ~ 2.5%인 합금공구강, 18-4-1의 고속도강(高速度鋼; high speed steel, H.S.S.) 등의 재료로 제작된다. 고속도강 톱날의 경우 길이가 300 ~ 900 mm, 두께가 1.3 ~ 3.1 mm 정도이고, pitch는 1.8 ~ 10 mm 이다.

톱날의 치형에는 아래 그림과 같이 경삭이 0° 이고 여유각이 30° 정도인 straight tooth(precision or regular tooth), 경삭이 0° 가 아니고 여유각이 작은 undercut tooth(clow or hook tooth) 및 straight tooth와 같고 이(齒)의 간격이 큰 skip tooth(buttress tooth)이 있다. straight tooth는 가장 많이 사용되는 치형으로서 정밀절단에 사용되고, undercut tooth는 고속절단, 장시간 가공에 사용되며. skip tooth는 연성(軟性)재료의 절단에서 두께가 클 때 사용된다.

이(齒)의 배열에는 이가 좌우로 번갈아 가면서 offset된 straight set, 이가 좌우로 번갈아 offset되고 3번째의 이는 직선상에 있는 raker set과 이가 집단으로 좌우로 offset된 wave set이 있다. straight set(alternate set)은 비철금속, 판금속, plastics 및 목재 등의 절단에 사용되고, raker set은 대부분의 절단에 사용되며 offset된 이가 주로 절단하고 직선상에 엤는 이는 주로 chip을 제거한다. wave set은 구조강단면, 주물 또는 관(pipe) 등과 같이 단면이 변하는 재료의 절단에 사용된다.

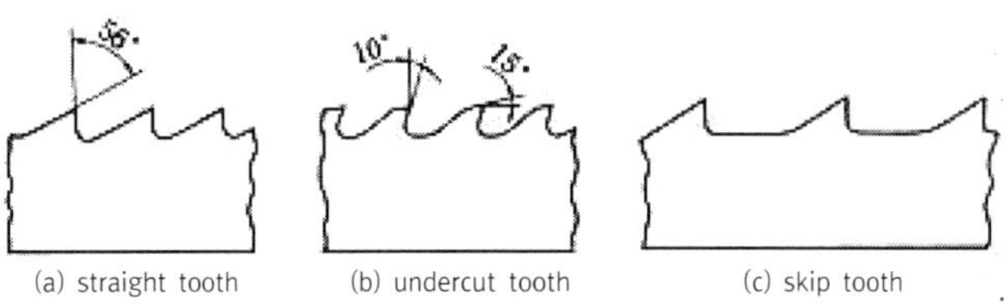

그림 6-319 hacksaw/bandsaw의 치형 종류

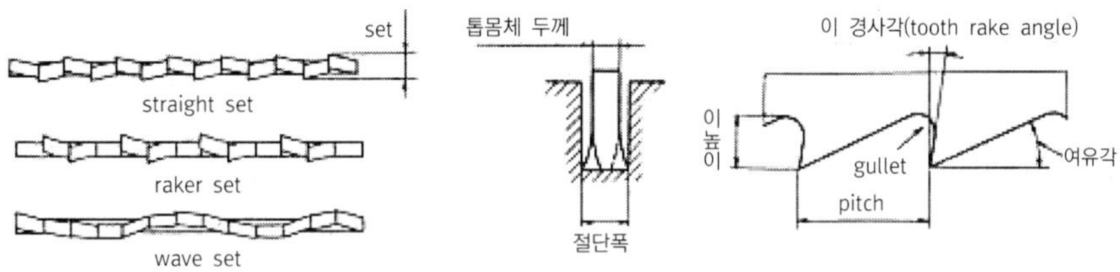

그림 6-320 hacksaw/bandsaw의 이(齒) 배열

(4) 활톱작업:

① 공작물 및 hacksaw의 고정:

공작물을 고정하는 방법에는 기계적인 것과 유압에 의한 것이 있으며, 다음 사항을 준수하는 것이 좋다.

- 얇은 strip의 경우에는 평평하여 많은 매수를 동시에 고정하여 절단할 수 있을 것.
- 각봉(角棒)은 평면이 vise의 밑바닥에 접촉시켜 고정한다.
- 환봉(丸棒) 여러개를 동시에 고정할 때에는 그림과 같이 직4각형을 이루게 하고, 열간(列間)의 봉은 서로 홈에 끼워지게 한다.
- rail과 같은 것을 절단하고자 할 때에는 rail head가 고정 vise jaw 측에 위치하도록 함으로써 절삭능률을 한층 크게한다.
- angle이나 channel 등의 재료를 절단하고자 할 때에는 그림과 같이 넓은 면이 고정 jaw 측에 위치하도록 한다.

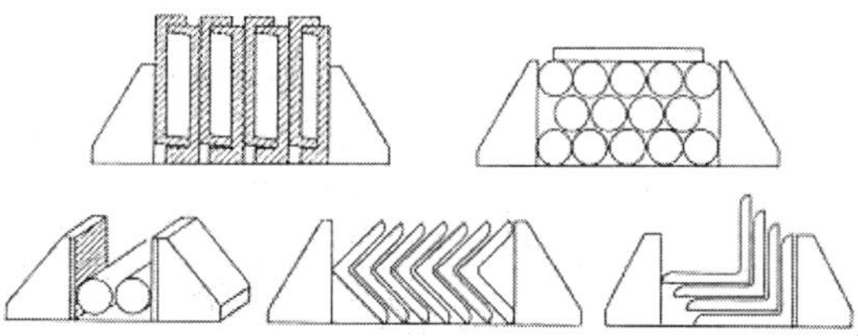

그림 6-321 hacksawing machine vise에 공작물의 고정 예

hacksaw를 frame에 고정할 때에는 다음 사항을 준수하는 것이 좋다.

- 톱날의 측면과 활동(滑動) frame의 운동방향이 같은 평면에 있어야 한다.
- 톱날이 끼워지는 pin과 hacksaw의 구멍의 차가 적어야 한다.
- 톱날에 적당한 인장력을 작용시키도록 인장 bolt를 조여야 한다.

② 절단시작에서 유의점:

예리한 곳 또는 절단될 재료의 절단폭이 좁을 때에는 그림(a)와 같이 pitch가 작은 톱날을 사용하며, 이송을 줄이고 절삭속도를 증가 시킨다.

그림(b)에서와 같이 폭이 좁은 가공물을 절단할 때에는 pitch가 작은 톱날을 사용하여 많은 톱니가 가공물에 접촉하도록 하여 날의 물림깊이를 줄인다.

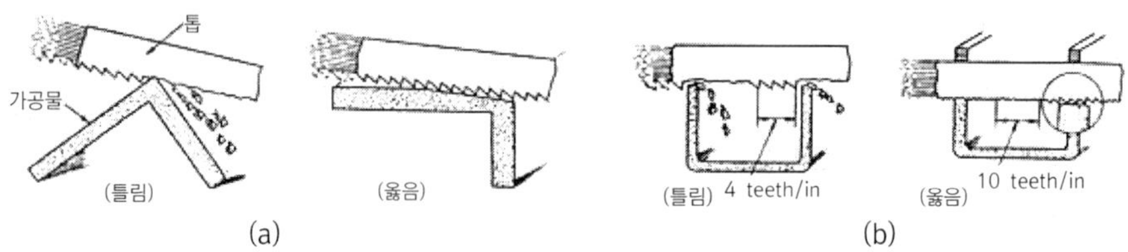

그림 6-322 톱날당 과대 절삭저항을 피하는 방법

③ 절삭속도:

hacksawing machine의 절삭속도는 공구의 조건, 가공물의 조건, 절삭유제 등에 따라 다르나, 일반적으로 다음 표의 범위를 택한다.

기계활톱(H.S.S.)의 톱날과 절삭속도

피삭재	날의(개/in)	속도 (m/min)	절삭유제
aluminium 합금	4 ~ 6	50	광물섬유
white metal	4 ~ 6	45	경유
황동	4 ~ 6	45	유화유
주철	6 ~ 10	25 ~ 35	건식
drill rod	6 ~ 10	30 ~ 40	함황광유
nickel 합금	4 ~ 6	25 ~ 40	함황광유 또는 유화유제
rail	6 ~ 10	20 ~ 40	함황광유 또는 유화유제
탄소공구강	4 ~ 6	30 ~ 40	함황광유 또는 유화유제
고속도강	4 ~ 6	30 ~ 35	함황광유 또는 유화유제
구조용강	6	35 ~ 45	유화유제

6.10.2 원주톱기계(circular sawing machine)

원주톱기계는 그림과 같이 원판톱(saw cutter)의 회전과, 원판톱과 가공물간의 상대 이송에 의하여 절단작업이 이루어지며, 톱날의 강도와 내구력이 크며, 능률적인 절단을 할 수 있다.

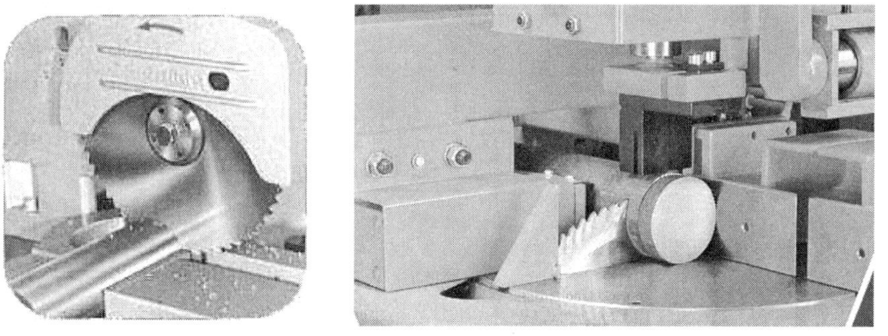

그림 6-323 원주 톱 기계

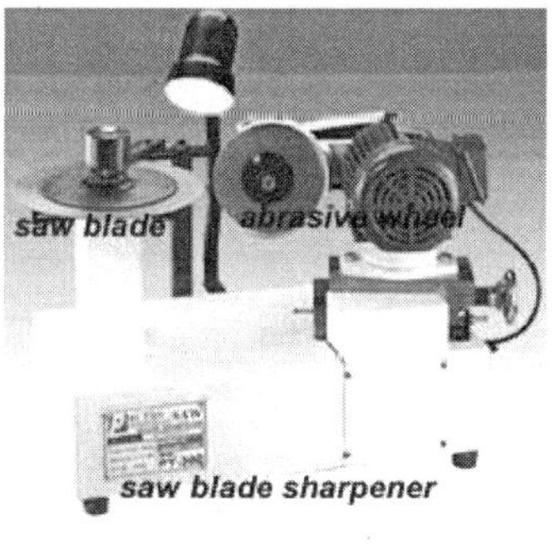

그림 6-324 톱날연삭기

그림 6-325 톱날(carbide tipped saw blade)

(1) 원주톱기계의 종류:

원주톱기계를 각 기준에 따라 분류하면 다음과 같다.

- 절삭온도에 따라
- 상온(常溫)절삭용
- 고온(高溫)절삭용
- 이송기구에 따라
- column을 따라 bed가 상하 및 전후로 이송되는 것.
- column을 따라 원판톱이 상하 및 전후로 이송되는 것.

(2) 원주톱기계 기구:

다음 그림은 원주톱기계의 유압식 이송장치의 일종으로서, gear pump ① → 유로개폐 valve ② → cylinder ⑤ → piston ③의 순서로 유압이 전달되어 이송하고, 이송압력은 배압(背壓) valve ④에 의하여 일정하게 조정한다. 귀환시에는 cylinder 내에 piston rod가 있기 때문에 cylinder의 용적이 적으므로 급속 귀환 한다. 원주톱기계의 크기는 원판톱의 지름 또는 절단할 수 있는 가공물의 최대 지름으로 표시한다.

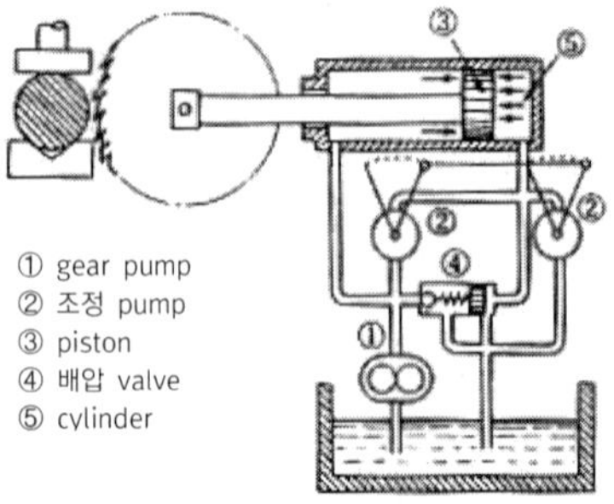

그림 6-326 원주톱기계의 유압식 이송장치

(3) 원판톱(circular saw):

원판톱에는 톱니를 부착하는 방법에 따라 고속도강(H.S.S.)으로 된 톱몸체에 톱니를 새긴 일체형(一體形; solid type)과 초경합금 등으로 된 날 하나하나를 톱몸체에 경랍접한 심은날형(inserted type)이 있다. 일체형에는 지름 350 ~ 400 mm의 소형톱이 많고, 심은날형에는 대형의 톱이 많다. 절단능률면에서는 초경합금이 우수하나 고가이기 때문에 고속도강이 많이 사용된다.

톱이의 형상은 거친절단에서는 이(齒)의 강도에 역점을 두고, 정밀절단에서는 이의 예리도에 역점을 둔다. 톱날의 연삭은 절삭능률면에서 대단히 중요하다. 경사각은 12 ~ 25°, 여유각은 7 ~ 11°의 범위에 있으며 비철(非鐵)이나 연철(軟鐵)과 같은 연재(軟材)에서는 최대경사각 25°, 여유각 11°까지로 한다. 강인한 합금강에 대해서는 경사각 12°, 여유각 7°까지 택할 수 있다.

가공물의 크기에 따라 톱의 크기가 정해지고 가공물의 성질에 따라 톱의 pitch가 선정되며, 다음 표는 그 예이다.

가공물의 재질 및 크기에 대한 원판톱의 pitch(in)

피삭제	공작물치수(in)	톱의 pitch	피삭제	공작물치수(in)	톱의 pitch
연강	1 - 3	0.40 - 0.60	황동(연)	1 - 3	0.40 - 0.65
	4 - 7	0.60 - 0.90		4 - 7	0.65 - 0.80
	8 - 15	0.90 - 1.10		8 - 15	0.80 - 1.30
합금강(풀림)	1 - 3	0.25 - 0.50	황동(경)	1 - 3	0.40 - 0.70
	4 - 7	0.50 - 0.80		4 - 7	0.70 - 0.80
	8 - 15	0.80 - 1.10		8 - 15	0.80 - 0.90
합금강(압연)	1 - 3	0.20 - 0.50	Al-Mg 합금	1 - 3	0.50 - 0.80
	4 - 7	0.50 - 0.80		4 - 7	0.80 - 1.10
	8 - 15	0.80 - 1.10		8 - 15	1.10 - 2.00
주철	1 - 3	0.40 - 0.70			
	4 - 7	0.70 - 0.90			
	8 - 15	0.90 - 1.10			

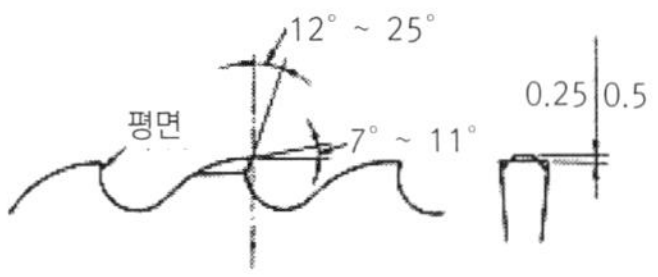

그림 6-327 톱날의 각

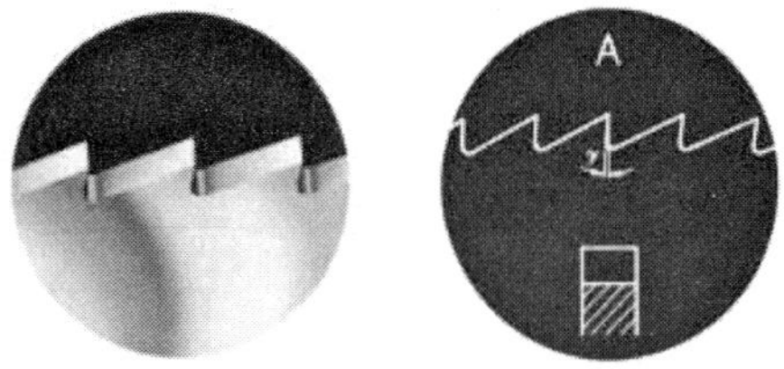

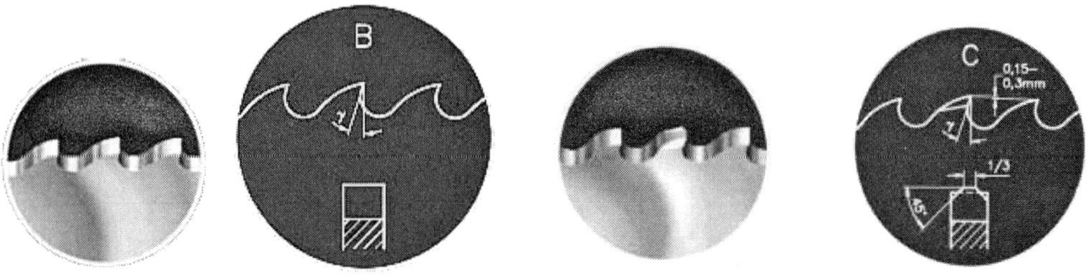

그림 6-328 톱날의 각 종류

절삭속도 또한 공작물의 성질 및 절단전의 가공물의 표면상태 등에 따라 다르나 일반적으로 사용되는 절삭속도 및 공구각은 다음 표와 같고, 이송은 절단될 가공물의 단면적에 따라 다르다. 예를 들면 연강의 경우 25 in^2 /min이고, 폭이 5 in라면 이송속도는 5 in/min가 될 것이다.

원판톱날의 절삭속도와 각도

피삭제	절삭면적속도 (in ²/min)	경사각 (度)	여유각 (度)	피삭제	절삭면적속도 (in ²/min)	경사각 (度)	여유각 (度)
연강	20 - 30	20	10	rail(연)	2 - 4	18	8
합금강(풀림)	8 - 14	16	8	rail(경)	1 - 2	14	7
합금강(압연)	4 - 9	14	8	연강관(얇음)	5 - 9	20	8
공구강(풀림)	3 - 8	12	7	연강관(두꺼움)	4 - 7	20	8
주철	8 - 14	10	7	구조단면재(얇음)	5 - 9	20	8
순 Ni	5 - 8	18	9	구조단면재(두꺼움)	4 - 6	20	8
구리	30 - 60	22	9	Ti			
황동(경)	20 - 40	20	8	arc 용해 ingot	6 - 9	14	7
황동(연)	50 - 90	22	10	합금 150	5 - 8	14	6
Al-Mg(경)	500 - 1000	24	11	nimonic 80 합금	4 - 6	12	6
Al(연)	70 - 250	20	11				

(4) 원주톱 작업:

가능하면 가공물을 1개씩 절단함으로써 conveyor 등을 사용할 수 있으나 여러개를 동시에 절단할 필요가 있을 때에는 다음 그림의 예에서와 같은 방법으로 고정한다. 특수한 형태의 가공물을 절단 할 때에는 적절한 고정구를 사용하여 vise에 고정한다.

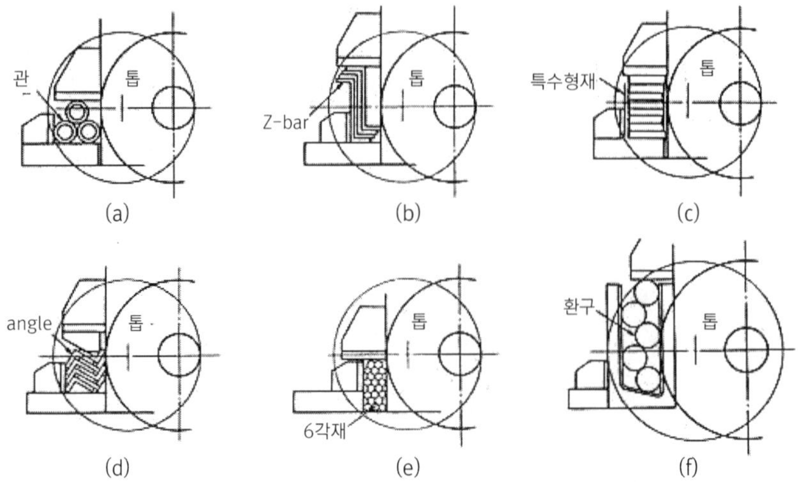

그림 6-329 원주톱기계에서 공작물의 고정 예

6.10.3 띠톱기계(bandsawing machine, bandsaw)

그림과 같이 pulley의 회전운동에 의하여 띠톱을 운동시켜 절단작업을 하는 기계를 띠톱기계(band sawing machine)이라 하며, 띠톱의 절단운동 방향에 따라 수평식과 수직식이 있다.

금속절단용 띠톱날(bandsaw blade)의 재료, 치형상 및 치의 배열은 활톱날(hacksaw blade)에서와 같다. 정밀한 직선으로 절단하기 위하여는 폭이 넓은 띠톱날을 사용하고, 곡율반경이 작은 곡선절단을 위하여는 좁은 폭의 띠톱날을 사용한다. 두꺼운 재료의 절단에서는 pitch가 큰 띠톱날을 사용하고 얇은 재료의 절단에서는 작은 pitch의 톱날을 사용한다. 기본적으로 적어도 2개 이상의 이(齒)가 동시에 가공재료와 물리고 있어야 한다. 띠톱날의 두께는 톱날의 폭에 따라 표준화 되어 있다. 폭 1/2 in 까지는 두께가 0.025 in, 폭 5/8 in와 3/4 in에 대하여는 0.032 in, 폭 1 in에 대하여는 0.035 in의 두께로 되어 있다. 두꺼운 톱날은 강도가 크므로 강인한(tough) 재료의 절단에 사용된다. 띠톱날은 일반적으로 coil 형태로 되어 있어 톱기계에 따라 필요한 길이 만큼 절단하여 양끝을 맏대고 용접하여 사용한다.

(1) 수평식 띠톱기계(horizontal bandsawing machine):

수평식 bandsawing machine에서는 belt 형상의 얇은 톱날(blade)이 좌우 또는 수평으로 위치한 pulley의 회전운동에 의하여 한쪽 방향으로 연속운동을 하면서 절단작업을 수행한다. roller guide가 톱날을 틀어 수직으로 위치시키고, pulley 축방향으로의 이동을 방지하며, 톱날을 ~ 450 kg 정도까지 인장하여 톱날에 적당한 강성을 준다. 수평식 띠톱기계는 절삭속도가 20 ~ 150 m/min 정도로 크고 가공물의 고정이 용이하며 scrap 손실이 적은 등의 장점을 갖고 있어 널리 사용된다.

그림 6-330 수평식 bandsawing machine

그림 6-331 수평식 CNC bandsaw (경사진 위치의 톱날이 절삭을 시작여 수평의 위치에서 절단을 완성한다.)

그림 6-332 수평식 CNC bandsaw (수평인 위치의 톱날이 절삭을 한다.)

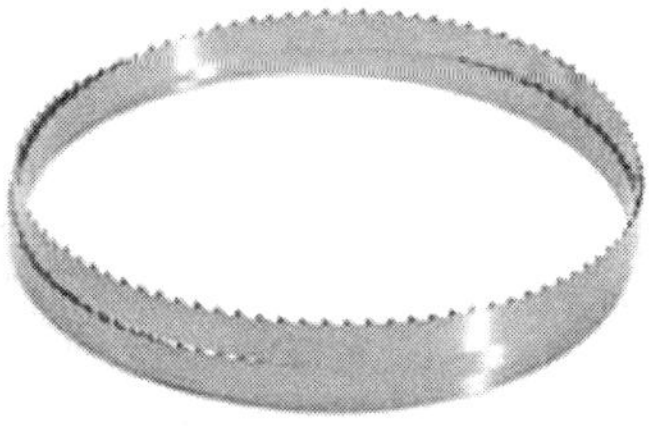

그림 6-333 띠톱날

(2) 수직식 띠톱기계(vertical bandsawing machine, counter bandsawing machine):

상하에 위치한 pulley의 회전운동에 의하여 띠톱날(band blade)이 연속적으로 수직 절삭운동을 하고 table상에서 가공물에 이송을 하므로써 절단작업을 하며, table을 경사시켜 경사절단 및 경사가공을 한다. 톱작업외에 다양한 부속장치 및 공구를 설치하여 사포작업, polishing 및 마찰절단 등을 할 수 있다.

수직식은 절단작업과 윤곽작업(輪廓作業)을 할 수 있고 윤곽작업은 가공물을 table에서 움직여 행한다. 수직식 띠톱날(bandsaw blade)에는 용도에 따라 다음 그림 (a)와 같이 여러 종류가 있고, 1 in 당 2 ~ 32개의 톱니를 갖는 pitch로 되어 있다. 윤곽가공에서는 절단곡선의 곡률반지름에 따라 톱의 폭이 다르며, 그림 (b)는 톱의 폭에 따른 가공할 수 있는 최소 곡률반지름을 표시한 것이다.

절삭속도는 가공재료, 톱날재료 및 가공부의 크기 등에 따라 다르나 고속도강(高速度鋼; high speed steel, H.S.S.) 톱날에 의한 절단에서 가공재료가 보통강일 때 50 ~ 80 m/min, 구조용강일 때 20 ~ 45 m/min, 주철일 때 25 ~ 65 m/min, 주강일 때 25 ~ 70 m/min 정도이다.

그림 6-334 수직식 band sawing machine

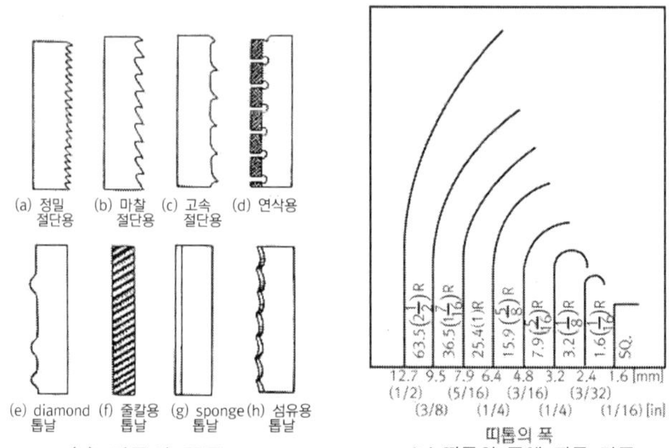

(a) 띠톱의 종류

(b) 띠톱의 폭에 따른 가공 가능한 최소 곡률 반지름

그림 6-335 띠톱의 종류 및 띠톱날 폭

절삭속도는 띠톱기계, 띠톱 , 절삭유제, 절삭깊이, 및 가공물의 성질과 두께 등의 조건에 따라 다르다. 띠톱의 butt 용접은 대단히 중요한 것으로서, 톱기계에 용접기가 설치된 것도 있고, 용접열이 식기 전에 풀림(annealing) 처리까지 한다.

절삭가공편의 기계톱 가공을 기술하는 범위에 연삭절단(研削切斷), 마찰절단(摩擦切斷), 및 수류절단(水流切斷)을 포함시키는 것은 본교재의 분류상 다소 어색한 감이 있으나, 절단이라는 공통점이 있기 때문에 이어서 기술하기로 한다.

6.10.4 연삭절단

본장에서는 톱가공에 관하여 논하도록 되어 있으나, 절단이라는 공통점이 있어 연삭절단을 소개한다. 결합제로 합성수지 등을 사용한 얇은 연삭숫돌로 금속 및 비금속을 절단하며, 봉(棒)은 지름 50 mm 정도까지, 관(管)은 지름 90 mm 정도까지 절단할 수 있다. 절삭속도(원주속도)는 5000 m/min 까지 취할 수 있어 발생열이 냉각되기 전에 절단하기 때문에 절단속도가 크다. 숫돌을 보호하기 위하여 연삭유제를 공급할 때는 절단작업이 열로 인한 연화에 의한 것이 아니고, 절삭작용에 의한 것이 되며 절삭속도는 2500 mm/min 정도로 한다.

(a) 연삭절단기

그림 6-336 연삭절단

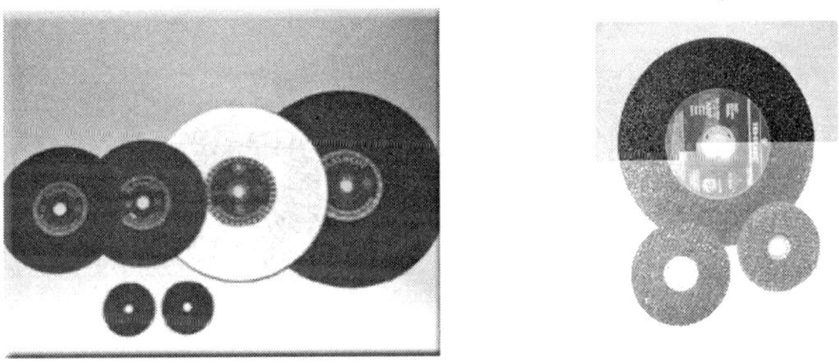

그림 6-337 절단 디스크 류

6.10.5 마찰절단

마찰절단은 톱날과 가공물의 마찰열에 의하여 가공물의 접촉부가 연화(軟化)되고 산화된 상태의 금속을 밀어내므로써 수행되며, 절단속도가 어느 절단에서 보다 크고 절단면도 다소의 burr가 있으나 비교적 매끈하다. 톱의 속도를 500 m/min 정도로 아주 크게하여 짧은 시간에 열을 많이 발생시키므로써 가공물이 발생열을 전도하여 흡수하기 전에 절단되는 조건이 필요하다. 톱날을 보호하기 위하여 톱날이 긴 원주톱기계 또는 띠톱기계가 사용되며, 마찰절단에 사용되는 톱날은 표준 탄소합금강으로서 절삭절단 톱날에 비하여 두껍게 함으로써 강도를 크게 하고 있다.

마찰절단은 열전도도가 상대적으로 낮은 철금속의 절단에 유리하며 25 mm 정도의 두께까지 절단이 가능하다. 특히 가공경화 때문에 절삭절단이 어려운 stainless steel과 경도가 큰 철합금 등의 절단에서 더욱 유리하며, 가공능률은 가공물의 경도와는 무관하다. 반면에 절단되기 전에 금속입자가 파괴되는 주철, 열전도도가 큰 aluminum과 황동 등은 열이 국부적으로 집중되기 어렵고 가공 중 톱날에 늘어붙는 성질 때문에 마찰절단에 부적당하다. 마찰톱절단에는 원판마찰전단(circular friction sawing)과 띠마찰절단(friction bandsawing)이 있으며, 원판마찰전단은 원주톱기계에서 행하여 지고 띠마찰절단은 띠톱기계에서 행하여 진다. 원판마찰톱날은 폭이 12.7 mm, 19.5 mm, 25.4 mm이고, raker set에서 pitch가 10산/in 및 14산/in 이며, 날을 예리하게하는 연삭은 하지 않는다. 절단작업 시에 작업자를 보호하기 위한 보호막이 필요하다.

그림 6-338 원판마찰톱

그림 6-339 지름 1000 mm ~ 2400 mm) peg tooth(standard profile.)

그림 6-340 peg tooth with land(for cutting steel tube)

그림 6-341 XLR tooth(for cutting jumbo beam)

그림 6-342 handsaw tooth(for cutting solid bar and billets)

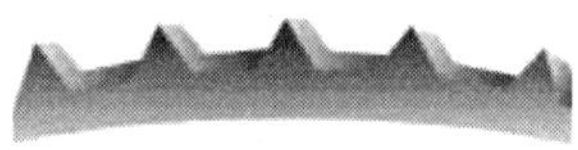

그림 6-343 skip tooth(for cutting jumbo beam)

그림 6-344 톱 이의 형상

그림 6-344 bands awing machine에서 마찰절단

6.10.6 수류절단(水流切斷; waterjet cutting)

연마입자를 첨가한 물을 nozzole를 통하여 가공물에 따라 다르나 압력 4200 kg/㎠ 정도, 속도 28 km/min 정도로 분사하여 절단하는 것을 수류절단이라 하며, 유리에서 고강도합금에 이르기까지 금속재료 및 비금속재를 망라하여 거의 모든재료를 두께 250 mm 정도까지 절단할 수 있다. 절단면은 사포질한 것처럼 보인다. 연마입자가 수류절단 비용의 60 ~ 65%를 차지하기 때문에 최근에는 압력을 높게하여 사용함으로써 연마입자 없는 수류절단을 시도하고 있다.

그림 6-345 수류절단 예

그림 6-346 water jet에 의한 절단

수류절단법의 장점을 들면 다음과 같다.

- 절단면의 온도가 20℃ 정도로 낮기 때문에 열변형을 포함한 열영향부가 발생하지 않는다.
- 분사방향을 임의로 조정할 수 있기 때문에 임의 각도로 절단할 수 있으며, 복잡한 곡선의 절단이 가능하다.

- 분류의 지름이 0.7 ~ 1.5 mm 정도이므로 절단에 의한 재료 손실이 적다.
- 1회의 통과로 절단이 완료되며, 절단속도가 전통적인 방법에서 보다 크다.
- burr가 거의 없고 치수와 절단면의 표면정도가 높이 2차가공이 필요 없다.

6.11 broaching machine 가공

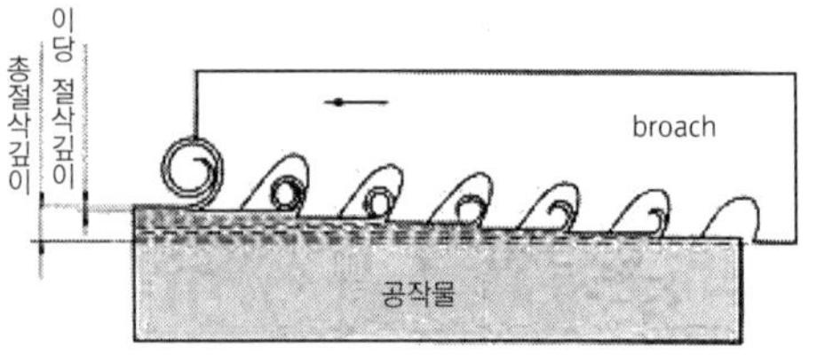

broaching이란 그림과 같은 다인공구(多刃工具)를 공작물에 눌러대고 통과 시킴으로써 절삭가공하는 것이며, 이에 사용되는 기계를 broaching machine, 절삭공구를 broach라 한다. broaching에는 인발식(引拔式)과 압입식(押入式)이 있다. broaching은 복잡한 형상의 구멍이나 홈도 broach의 1회 통과로 완성할 수 있어 대량생산에 많이 이용되며, 다듬질면이 균일하고 정도가 높다.

6.11.1 broaching machine의 종류

broaching machine에는 분류기준에 따라 다음과 같은 종류가 있다.

1. broach의 운동방향에 따라
   - 수평식 broaching machine
   - 수직식 broaching machine
2. 가공면의 內外에 따라
   - 내면가공 broaching machine
   - 외면가공 broaching machine
3. roach 공구대의 수에 따라
   - 단두식(單頭式) broaching machine
   - 쌍두식(雙頭式) broaching machine

4. 구동력 전달방식에 따라
   - 나사식 broaching machine

- rack 식 broaching machine
- 유압식 broaching machine

5. broach의 절삭방향에 따라
- 인발식(引拔式) broaching machine
- 압입식(押入式) broaching machine
- 연속식(連續式) broaching machine

다음 그림은 broaching machine의 예이다.

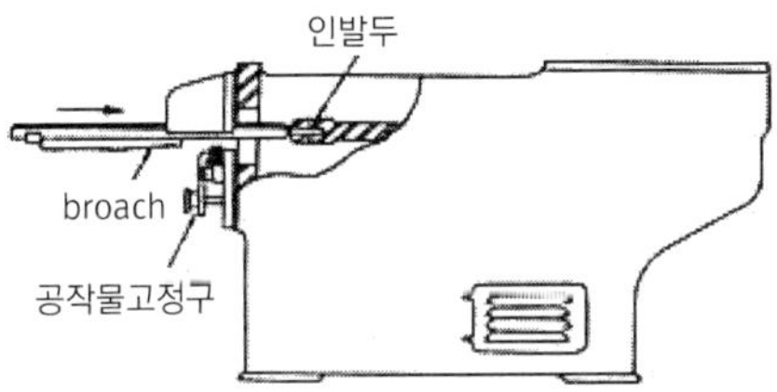

(a) 수평식 broaching machine

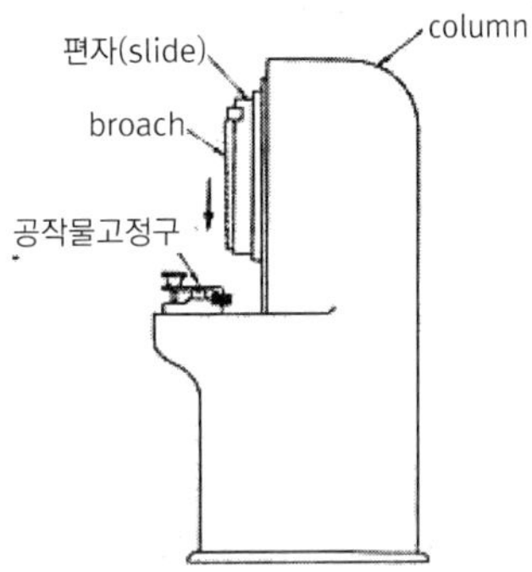

(b) 수직식 broaching machine

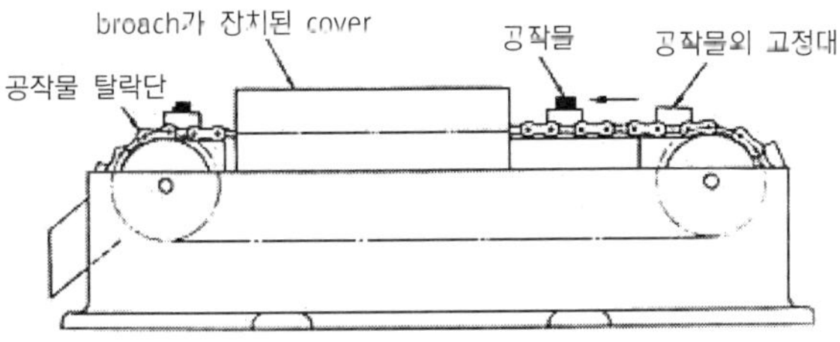

(c) 연속식 broaching machine

그림 6-348 broacing machine

6.11.2 broach

(1) broach의 종류:

broach에는 날과 몸체가 일체로된 일체형(一體形) broach, arbor 위에 날이 붙은 shell을 끼워서 사용되는 shell broach 및 tool holder에 고속도강 또는 초경합금으로 된 날이 삽입되어 사용되는 삽입형 broach 등이 있으며, broach는 다음 그림 (a)에서와 같이 자루

(shank), 안내부(front pilot), 절삭부(cutting teeth), 평행부(finishing teeth) 등으로 되어 있다. 그림 (b)는 broach 刃의 각부 명칭을 보여주며, 그림 (c)는 broach 종류의 예이다.

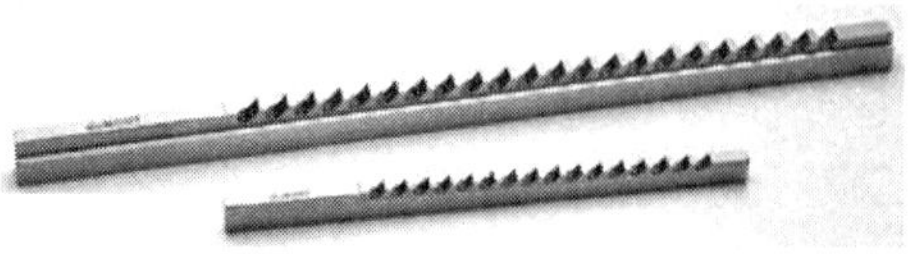

그림 6-349 keyway booach

그림 6-350 surface booach

그림 6-351 surface booach

그림 6-352 round booach

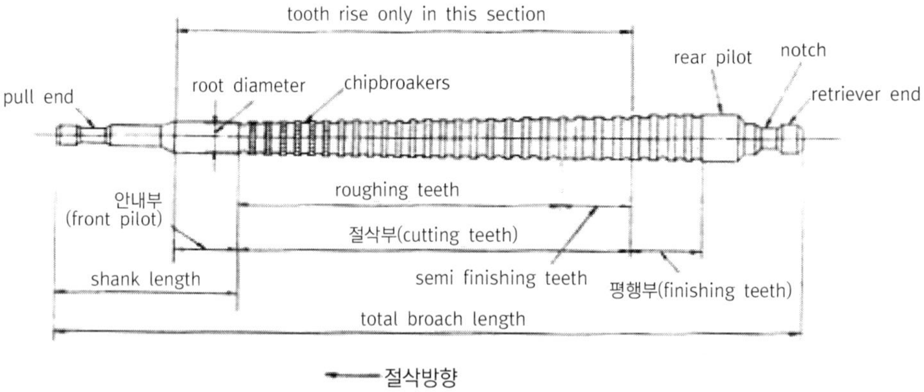

(a) broach 날의 각부 명칭

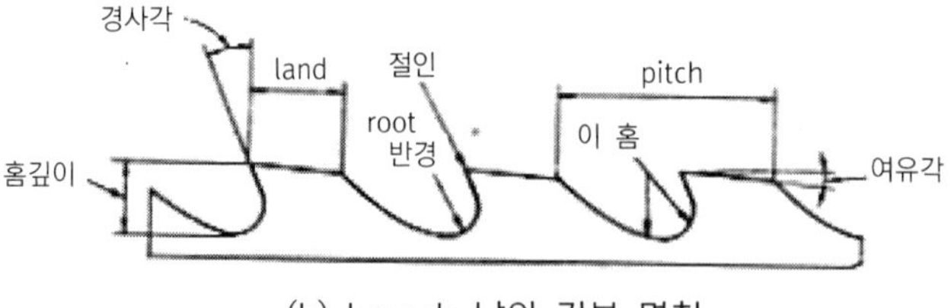

(b) broach 날의 각부 명칭

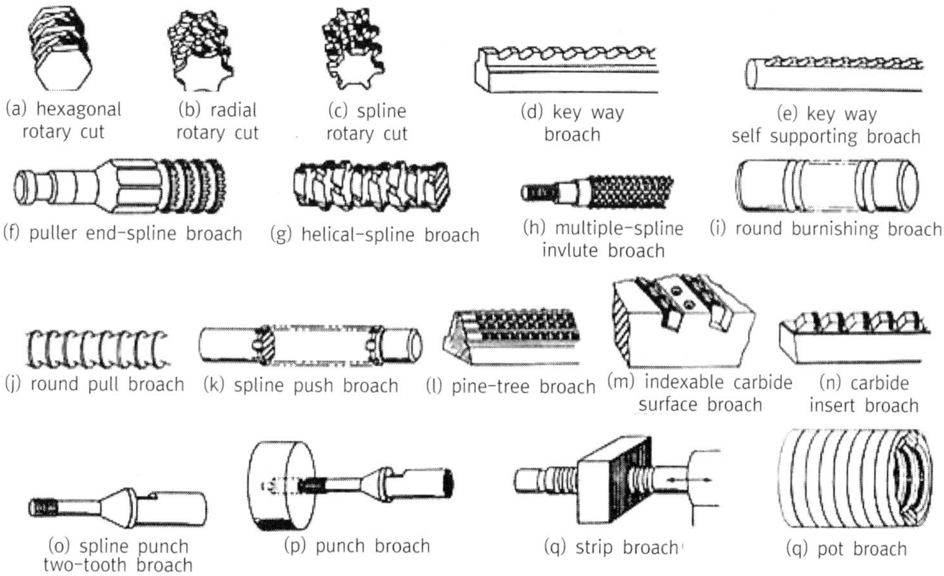

(c) broach의 종류

그림 6-353 broach

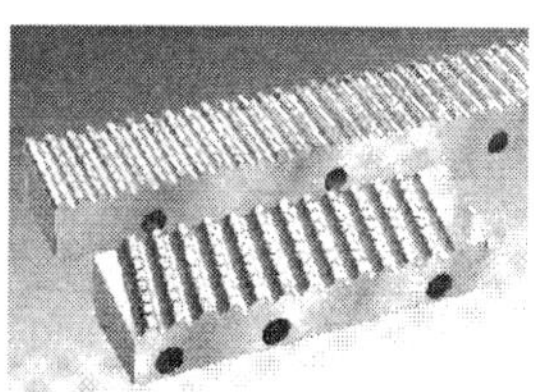

그림 6-354 surface broach

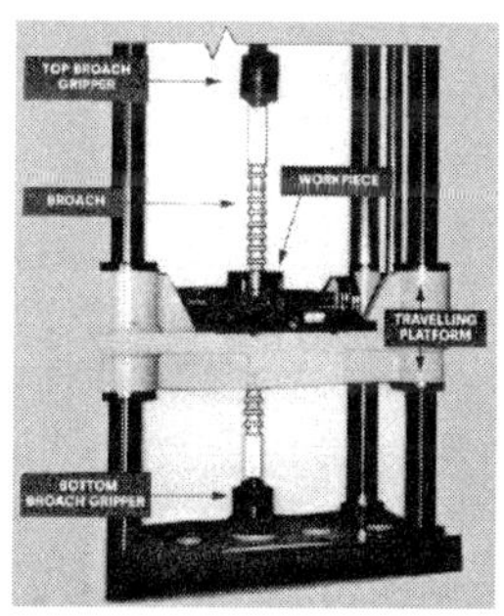

그림 6-355 vertical broaching machine

그림 6-356 horizontal broaching machine

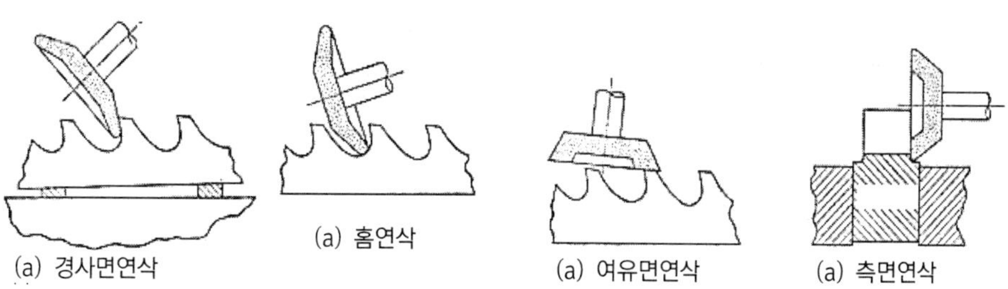

그림 6-357 broach 연삭법

(2) broach의 설계:

① broach의 치(齒):

절삭부에서 중요한 것은 pitch와 角이다. 앞의 그림 (b)에서 p: pitch, L: 절삭할 부분의 길이라 하면

$$p = c \cdot \sqrt{L}$$

C = 1.5 ~ 2(연재에서는 작은 값, 경재에는 큰 값을 취한다)

다음 표는 broach의 산수와 절삭길이의 관계를 보여준다.

山의 수 n과 절삭 길이와의 관계

n	1	2	3	4	5	6
$L(c=1.5)$	2 mm 이하	9 mm 이하	15 mm 이하	-	-	-
$L(c=1.8)$	-	-	30 mm 이하	52 mm 이하	82 mm 이하	80 mm 이하

broaching에서 진동을 방지하기 위하여 pitch를 서로 다르게 하여 시간에 대한 절삭저항의 분포를 균등하게 한다. 일반적으로 pitch를 0.1 ~ 0.5 mm 정도씩 점진적으로 증가시키는 것이 좋다.

h: 치높이(gullet depth)로서 앞의 치보다 0.07 mm 정도씩 높게 취하고 후단부에서 3개 정도는 같은 높이로 하며, p: pitch라 하면

$$h = (0.35 \sim 0.5) \cdot p$$

절삭저항에 제한이 있으므로 동시에 절삭작용을 하는 치수는 6 ~ 8개 정도가 좋다.

root 반지름 r와 pitch의 관계는 다음과 같다.

$$r = (0.1 \sim 0.2) \cdot p$$

broach의 경사각과 여유각, pitch와 land의 관계는 다음 표와 같다.

broach의 각(度)

피삭재	경사각(α)	여유각(γ)	피삭재	경사각(α)	여유각(γ)
탄소강	15 ~ 17	4 ~ 7	주철, 주강	4 ~ 10	3 ~ 4
경강, Ni강, 공구강	13 ~ 15	4 ~ 7	청동, 황동	2 ~ 4	3 ~ 4

pitch와 land[mm]

pitch p	6	6~10	10~18	18~30	30~50
land f	0.2	0.2	0.5	0.8	1.0

② broach의 재질과 열처리:

broach는 보통 고속도강(高速度鋼; high speed steel, H.S.S.)으로 제작되고, 정확한 다듬질 치수가 요구될 때에는 초경합금을 붙여 만든다. 대형의 broach는 본체는 탄소강으로 하고, 인부(刃部)는 고속도강 또는 초경합금을 심어 만든다.

broach는 형상이 복잡하여 열처리가 어렵고, 굽힘에 주의하여야 한다. 열처리 후 온도가 내려가기 전에 press 등으로 굽힘을 바로잡고 전용연삭기를 사용하여 shank부와 刃部를 연삭한다.

6.11.3 절삭조건

절삭속도와 절삭깊이는 broach의 재질 및 형상, 공작물의 재질 및 크기 등과 같은 조건에 따라 다르나, 보통 사용되는 절삭속도와 깊이는 다음 표와 같다.

broach(H.S.S)의 절삭속도[m/min]

피삭재	절삭속도	피삭재	절삭속도
aluminium	110	열처리합금	7
황 동	34	동합금 또는 플립처리한 탄소강	14
강	22		
주 철	16	연 강	18
가단주철	18		

broach(H.S.S)의 외면절삭 깊이

피삭재	절삭날 1개마다의 절삭깊이[mm]		
	정면 broach		측면 broach
	거친가공	다듬질가공	거친가공
강(고항장력)	0.03~0.05	0.01	0.10
강(중항장력)	0.06~0.10	0.01	0.15
주 강	0.06~0.10	0.01	0.15
가단주철	0.06~0.10	0.01	0.20
주 철	0.10~0.25	0.01	0.30~0.50
황 동	0.10~0.30	0.01	-
청동주물	0.30~0.60	0.01	-

6.12 연삭기 가공

보통 연삭가공이라고 하나 본교재에서는 앞서의 내용과 일치시켜 연삭기를 사용한 가공이란 의미로 연삭기 가공이라 한다. 그림과 같이 연삭숫돌 입자(粒子; abrasive grain)의 절삭작용으로 가공물에서 미소 chip 이 발생토록하는 가공을 연삭(硏削; grinding)이라 하고, 연삭에 사용되는 공작기계를 연삭기(硏削機; grinding machine)라 한다.

연삭가공은 bite나 milling cutter와 같은 절삭공구에 의한 가공에 비하여 금속제거률(metal removal rate)이 낮으나 다음과 같은 장점을 갖고 있다.

- 연삭숫돌 입자의 경도가 높기 때문에 다른 절삭공구로 가공이 어려운 경화강(硬化鋼)과 같은 경질재료의 가공이 용이하다.
- 생성되는 chip이 매우 작아 가공정밀도가 높다.
- 연삭숫돌 입자가 무디어져 연삭저항이 증가하면 숫돌입자가 탈락되는 자생작용(自生作用)을 하므로 다른 공구와 같이 작업중 재연마를 할 필요가 없어 연삭작업을 계속할 수 있다.

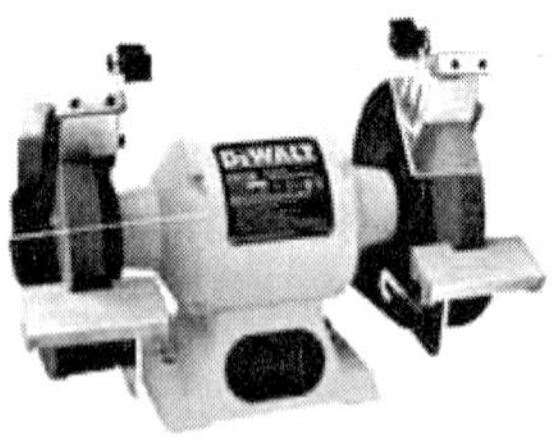

그림 6-358 bench grinder

그림 6-359 숫돌

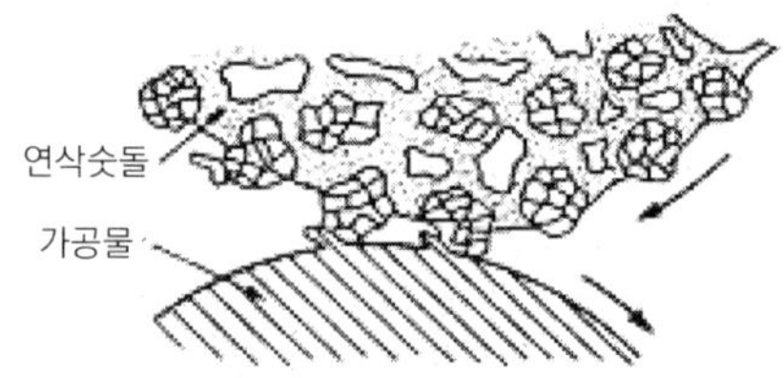

그림 6-360 숫돌입자의 절삭작용

연삭숫돌 입자가 결합제로 결합되어 있어 입자가 둔화되어 연삭저항이 결합제의 강도 이상이 되면 입자가 탈락되고 새로 예리한 입자가 출현한다. 숫돌입자가 초기에는 금강사(金剛砂; emery), corundum 등의 천연산이었으나 그 후 SiC, Al_2O_3 등의 인조숫돌 입자가 발명되어 연삭능력이 향상되었다. 정밀연삭조건은 숫돌입자 뿐만 이니라 조용한 연삭을 할 수 있는 연삭기의 구비를 필요로 한다.

6.12.1 연삭기의 종류

연삭기를 분류하는 방법에는 연삭기의 기구특성 또는 가공특성에 따라 분류할 수 있으나 여기에서는 가공특성에 따라 분류하기로 한다.

- 원통연삭기(cylindrical grinding machine)
- center식 원통연삭기(center-type cylindrical grinding machine)
- 원통외면연삭기(plain cylindrical grinding machine)
- 원통내면연삭기(internal cylindrical grinding machine)
- centerless식 원통연삭기(centerless cylindrical grinding machine)
- 원통외면연삭기(plain cylindrical grinding machine)
- 원통내면연삭기(internal cylindrical grinding machine)
- 평면연삭기(surface grinding machine)
- 수평축 평면연삭기(horizontal spindle surface grinding machine)
- 수직축 평면연삭기(vertical spindle surface grinding machine)
- 만능연삭기(universal grinding machine)
- 특수연삭기(special grinding machine)
- 만능공구연삭기(universal tool grinding machine)
- 나사연삭기(thread grinding machine)
- spline 연삭기(spline grinding machine)
- crank 축 연삭기(crank shaft grinding machine)
- roller 연삭기(roller grinding machine)
- gear 연삭기(gear grinding machine)
- cam 연삭기(cam grinding machine)

(1) center식 원통외면연삭기(圓筒外面硏削機):

연삭기하면 일반적으로 원통외면 연삭을 말할 정도로 가장많이 사용되는 연삭기로서 가공물을 center에 의하여 지지하고 외경부를 연삭하며, bed, slide work table, 주축대, 및 심압대 등으로 되어 있으며, 공작물 축선각도를 10° 정도 조정할 수 있도록 되어 있다.

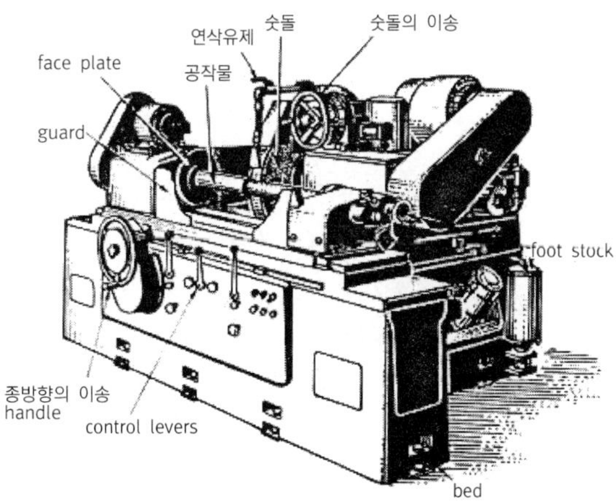

그림 6-361 원통외면연삭기

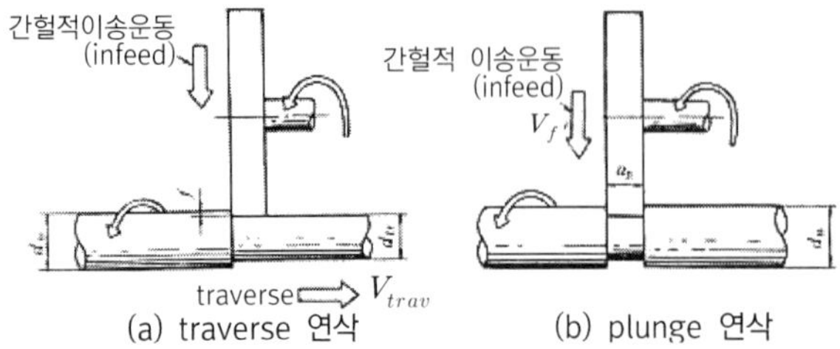

그림 6-362 원통외면연삭기의 연삭적용

그림 6-363 원통 외면연삭을 한다

그림과 같이 3가지의 연삭방식이 있다. 그림 (a)는 table에 이송을 주고 숫돌차로 깊이를 주는 방식, 그림 (b)는 숫돌차로 이송과 깊이를 주는 방식, 그림 (c)는 숫돌차로 깊이만을 주는 plunge-cut 연삭방식이 있으며, 각종 축(軸) 및 원통단면을 갖는 부품의 외경부와 단면부(端面部)를 연삭한다.

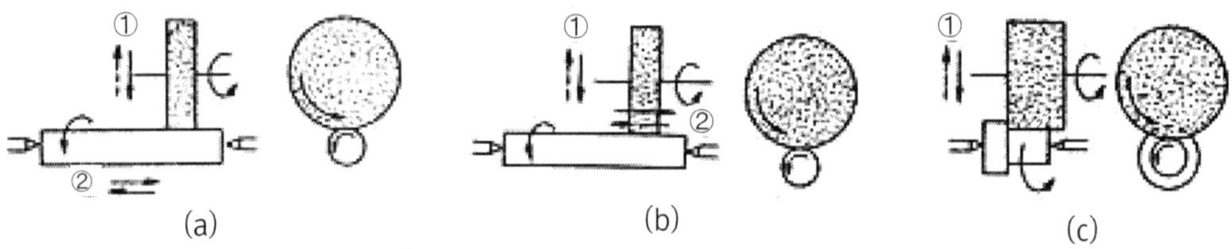

그림 6-364 원통연삭방식의 종류

(2) 내면연삭기(內面研削機):

내면연삭기는 공작물 구멍의 내면을 연삭하기 위한 연삭기로서, 숫돌이 작기 때문에 필요한 연삭속도를 얻기 위해서는 숫돌주축의 회전수가 커야하고, 원통외면연삭(외주연삭)에 비하여 숫돌의 마모가 크다. 다음 그림 (a)는 center식 내면연삭기에서의 가공을 보여주고, 그림 (b)는 centerless 내면연삭기에서의 가공을 보여준다.

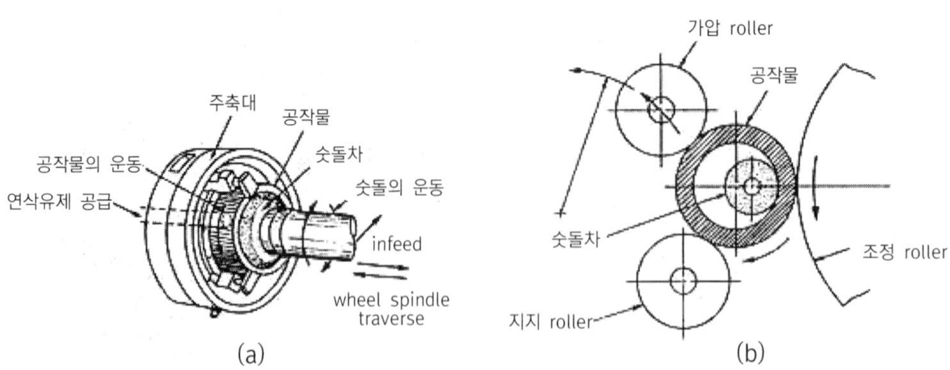

그림 6-365 내면연삭방식

다음 그림은 center식 내면연삭기에서 연삭깊이를 조정하는 방법의 예로서 bearing 부 A가 활동(滑動)함으로써 축이 上下로 이동하여 연삭깊이를 조정한다.

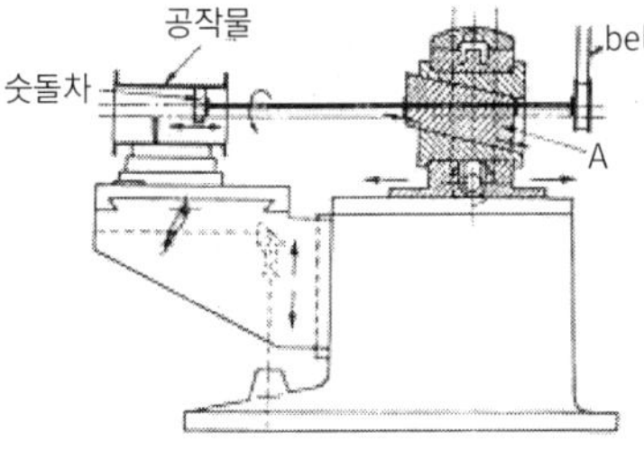

그림 6-366 내면연삭기의 연삭깊이 조정

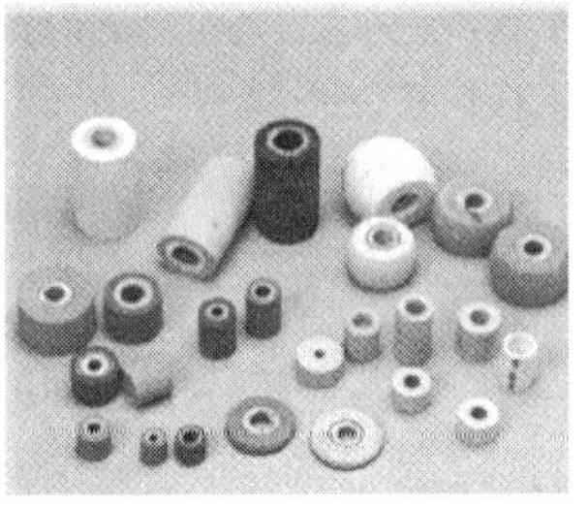

그림 6-367 수평축 내면연삭기용 숫돌

그림 6-368 수평축 내면연삭기

그림 6-369 수평축 내면연삭기

그림 6-370 수직축 내면연삭기

(3) 평면연삭기(平面研削機):

평면을 연삭하기 위한 연삭기를 평면연삭기라 하며, 숫돌의 원주면으로 연삭하는 수평축 평면연삭기와 숫돌의 단면(端面)으로 연삭하는 수직축 평면연삭기가 있다. table에 공작물을 고정할 때는 자석(磁石) chuck 또는 vise를 사용한다.

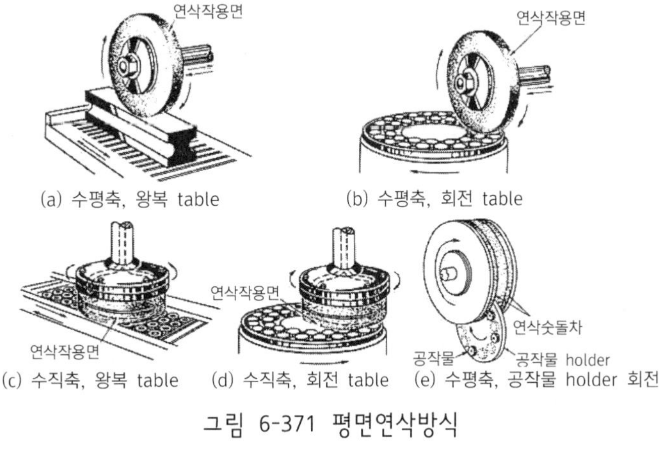

그림 6-371 평면연삭방식

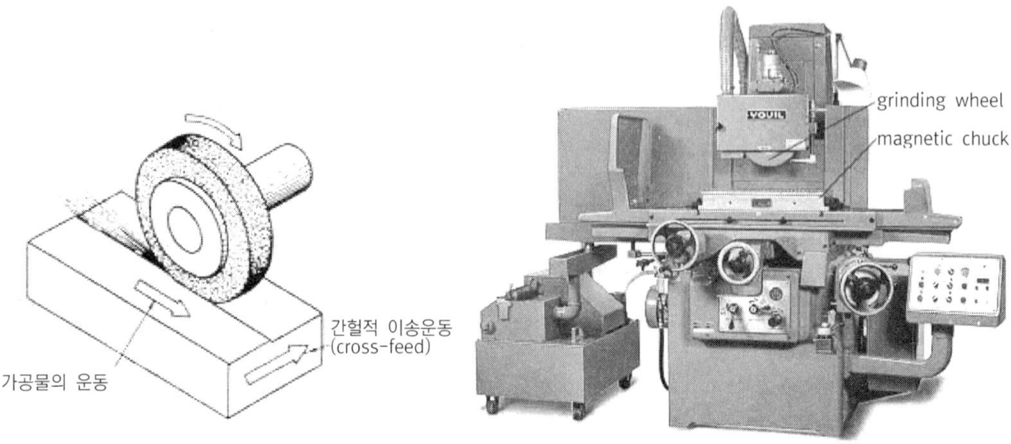

그림 6-372 평면연삭기에서 평면을 연삭한다

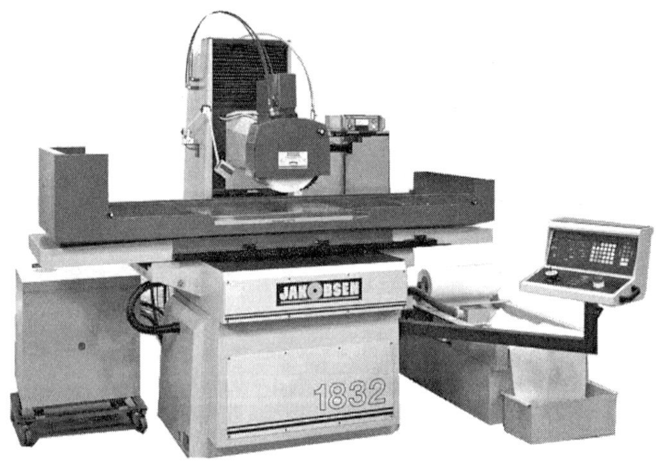

그림 6-373 CNC horizontal spindle surface grinding machine with reciprocating table

(4) 만능연삭기(萬能硏削機):

원통외면연삭, 원통내면연삭, taper연삭, 평면연삭 등을 할 수 있으며, 소규모의 공장에서 다목적으로 사용한다. 원통연삭기와 다른 점은

- 주축대 및 숫돌대가 선회(旋回)할 수 있다.
- 내면연삭장치를 부착할 수 있다.
- 숫돌을 숫돌대의 좌우에 장착할 수 있다.
- 주축대에서 center 및 chuck을 병용할 수 있다.

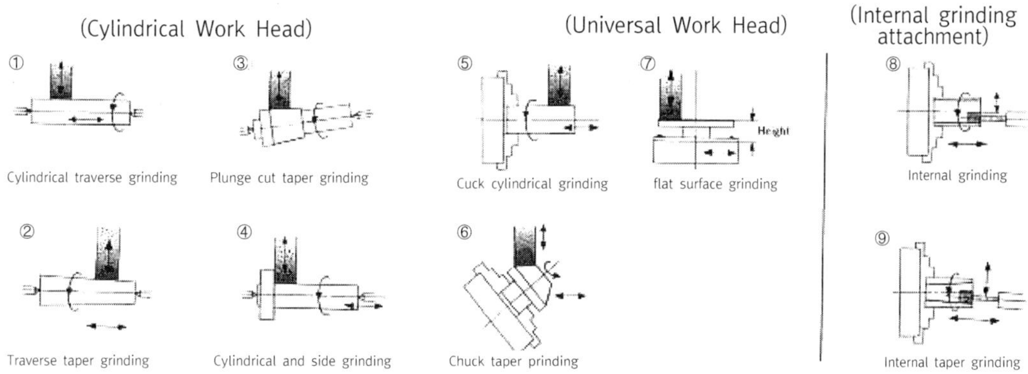

그림 6-374 만능연삭기에서의 연삭방식

그림 6-375 만능연삭기

(5) 부착형 내외면연삭장치:

선반, milling machine, drilling machine, 기능이 다른 연삭기 등에 부착하여 사용되는 연삭장치로서 motor에서 belt로 동력을 전달받는 경우와 motor 직결형이 있다.

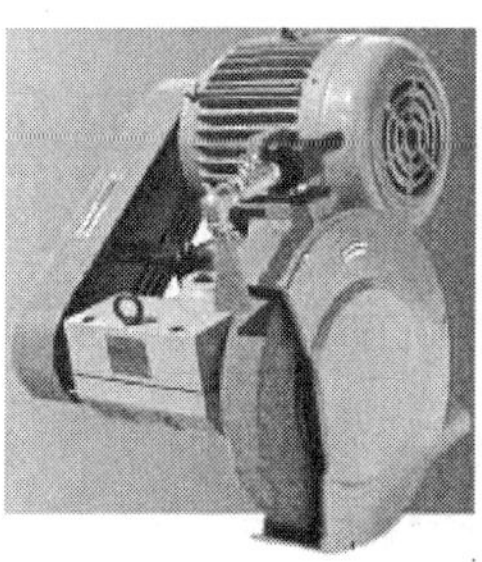

그림 6-376 원통외면연삭장치

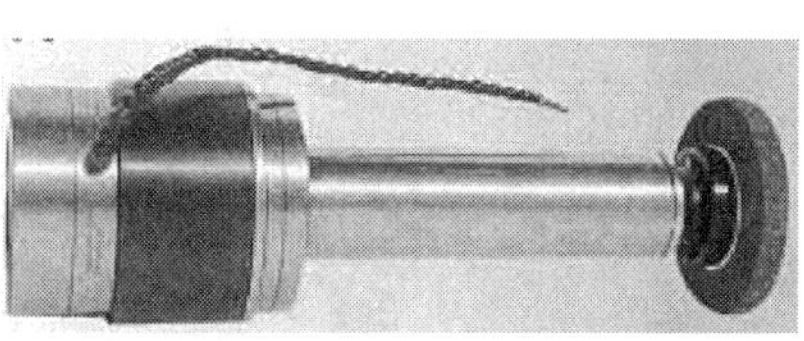

그림 6-377 원통내면연삭장치

그림 6-378 선반에서 원통내면연삭장치의 사용 예

(6) 만능공구연삭기(萬能工具研削機):

절삭공구인 bite, milling cutter, drill, reamer, tap 등을 연삭하기 위하여 공구제작실 등에서는

- bite 연삭기(bite grinding machine)
- cutter 연삭기(cutter grinding machine)
- drill 연삭기(drill grinding machine)
- 만능공구연삭기(universal tool grinding machine)

와 같은 전문 연삭기를 사용하고 있으며, 이 중 만능공구연삭기는 다목적용 공구연삭기로서 소규모의 공장에서 사용한다. 다음 만능공구연삭기는 handwheel에 의하여 table의 左右운동, saddle에 의한 table의 前後운동, 주축대(숫돌대, wheelhead)의 上下운동, 회전(360°) 및 숫돌축의 기울임을 할 수 있게 되어 있으며, 분할대, 만능 vise 등에 가공물인 공구를 고정하여 숫돌차와 가공물의 상대위치를 임의로 조정함으로써 다양한 종류의 공구를 임의 형상 및 임의 각도로 연삭할 수 있다. milling cutter의 연삭을 참조하라.

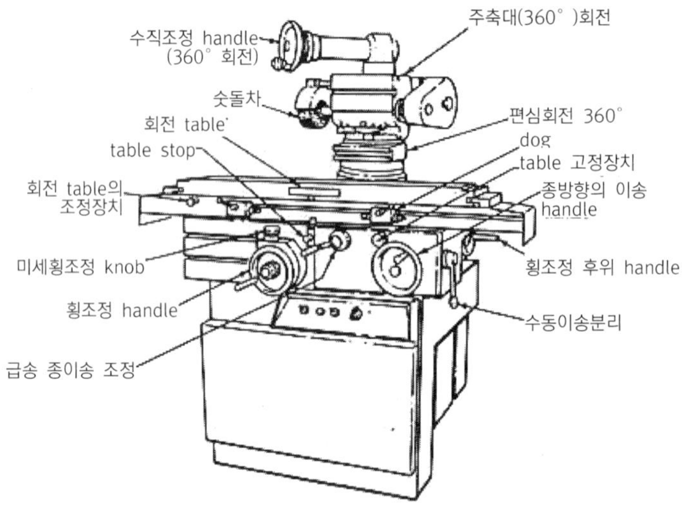

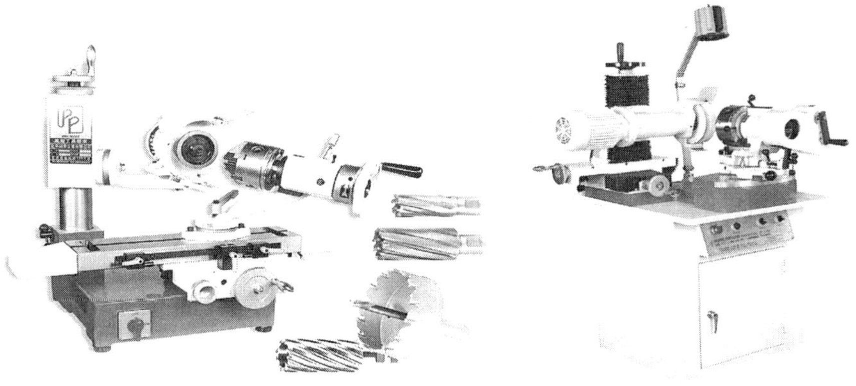

그림 6-379 만능공구연삭기

(7) centerless 연삭기:

centerless 연삭기는 공작물을 center로 지지하지 않고 연삭숫돌차(grinding wheel)와 조정차(regulating wheel, regulating roller) 사이에 공작물을 삽입하고 지지대로 지지하면서 연삭하는 연삭기이다. 고무결합제(rubber bond)로 된 조정차와 공작물간의 마찰에 의하여 공작물을 회전시키고, 조정차의 회전수와 공작물에 대한 압력을 조절하여 공작물의 회전수를 조정한다. 숫돌차와 조정차는 동일방향으로 회전하며, 회전차 사이의 거리 및 지지대높이의 조정으로 가공물의 직경이 정해진다. centerless 연삭의 장단점을 열거하면 다음과 같다.

[장점]
- 연삭에 숙련을 요하지 않는다.
- 연속적인 연삭을 할 수 잇다.
- 공작물의 굽힘이 없으므로 중연삭(重硏削)을 할 수 있다.
- 공작물 축방향의 추력에 의한 응력이 없으므로 지름이 작은 공작물의 연삭에 적합하다.

[단점]
- 가공물의 단면이 진원으로 되기 어렵다.

centerless 외경연삭기에 의한 연삭에는 이송방식에 따라 세로이송연삭(thru-feed grinding), 가로이송연삭(infeed grinding), 접선이송연삭(tangential feed grinding) 및 정지연삭(endfeed grinding) 등이 있다.

세로이송연삭에서 f: 공작물의 이송속도(mm/min), N: 조정차의 회전수(rpm), α: 숫돌차축에 대한 조정차축의 경사각(2 ~ 8°), d: 조정차의 지름(mm)이라 하면

$$f = \pi d \cdot N \cdot \sin\alpha$$

로 되며, 이송속도는 조정차의 속도(π d·N) 및 경사각(α)에 의존하는 것을 알 수 있다.

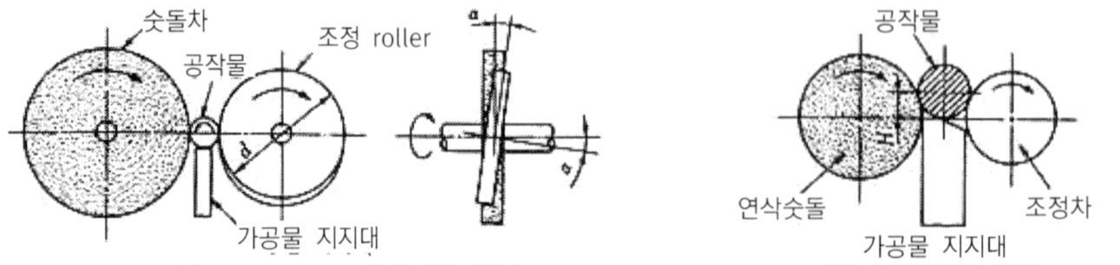

(a) centerless 연삭기의 원리 (b) 지지판의 위치

그림 6-380 centerless 연삭

그림 6-381 centerless 연삭작업

그림 6-382 centerless 연삭숫돌

공작물의 회전방향과 숫돌차의 방향은 일반적으로 반대이며, 공작물 지지대의 위치는 위의 그림에서

$$\frac{1}{2}\times(\text{공작물 지름}) \approx H < 15\,[mm]$$

의 조건에 있다. H가 크면 가공물의 단면은 진원으로 되지만, 가공물이 위로 들리는 분력이 증대하여 가공물이 위로 들렸다 밑으로 낙하하므로써 진동이 발생하기 쉽다.

가공물의 지름(mm)을 d_w, 회전수를 $n_w(rpm)$라 하면 $\pi n_w \cdot d_w = \pi N \cdot d$에서

$$n_w = N \cdot \frac{d}{d_w}$$

로 되며, 조정차의 속도는 15 ~60 m/min, 회전수는 20 ~ 40 rpm 이다. 연삭속도는 숫돌차의 원주속도로 표시하며, 2000 m/min 정도이나. 연삭깊이는 거친연삭에서 최대 0.2 mm, 다듬질가공에서 최대 0.02 mm 정도이다.

centerless 내면연삭은 공작물을 지지하는 방식에 따라

- 그림(a)와 같이 공작물과 숫돌차의 중심을 잇는 직선을 조정차(조정 roller)의 중심 보다 높게 위치시키는 off-center식 연삭
- 그림(b)와 같이 공작물, 숫돌차 및 조정차의 중심을 수평직선상에 위치시키는 on-center식 연삭
- 그림(a) 및 그림(b)에의 3개의 roller 대신에 shoe를 사용하는 shoe-support식 연삭

등이 있으며, centerless 내면연삭기에서도 가로이송연삭(infeed grinding) 및 정지연삭(endfeed grinding)이 가능하다.

off-center식과 on-center식에서는 지지 roller, 동력을 전달하는 조정 roller 및 가압 roller에 의하여 공작물을 회전시키면서 공작물의 내면을 편심오차(偏心誤差) 0.0025 mm 정도인 높은 정밀도의 연삭을 한다. off-center형과 on-center형에서는 지지 roller와 조정 roller는 고정된 중심에 있고, 가압 roller와 요동하면서 가공물을 다른 2개의 roller에 가압하면서 연삭하고 가압 roller와 숫돌차를 후퇴시켜 공작물을 낙하시킨다.

on-center형에서는 공작물의 지지가 안정되고 공작물의 변형이 적어 얇은 제품의 연삭에 적합하나 외경의 진원도가 내경의 진원도에 직접 영향을 주는 단점이 있다.

off-center형에서는 외경치수에 변형이 있어도 공작물의 중심이 거의 상하로만 이동하므로 내경치수에 미치는 영향이 적다.

shoe-support형은 주축대에 장착된 magnetic chuck 상의 2개의 shoe의해 공작물울 e 만큼 편심시키고 미끄럼제어하면서 연삭을 수행하는 연삭기로서, bearing의 inner race 등의 연삭에 많이 사용된다.

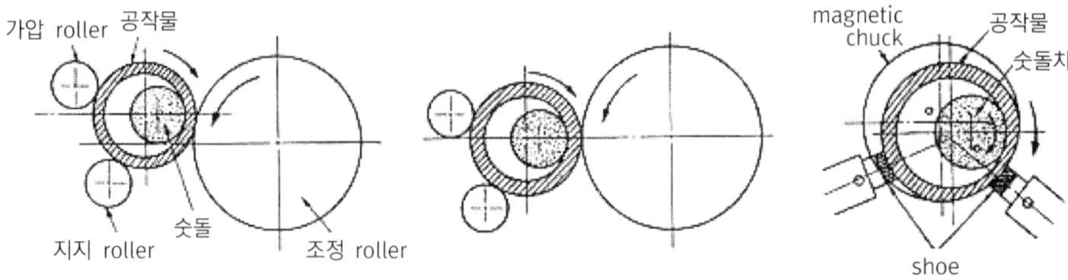

(a) off-center 형 (b) on-center 형 (c) shoe-support 형

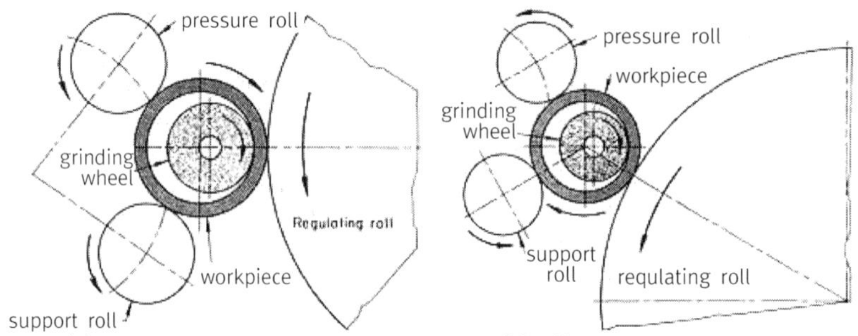

(a) on-center arrangement (b) off-center arrangement

Two arrangements of rolls and workpiece for centerless internal grinding

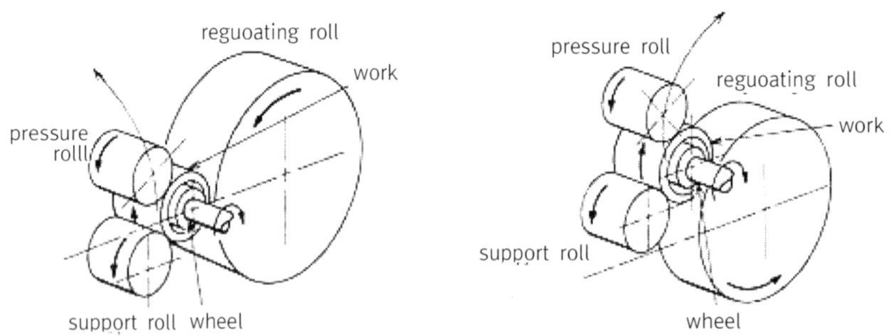

(a) On-center type of internal centerless grinding, minimizes distorlion in finishing thin-wall workpieces.

(b) Ahove-center type of internal centerless grinding, eliminate direct reproduction of hale-size errors and waviness.

그림 6-383 centerless 내면연삭방식

다음 그림은 centerless ball 연삭법을 보인다.

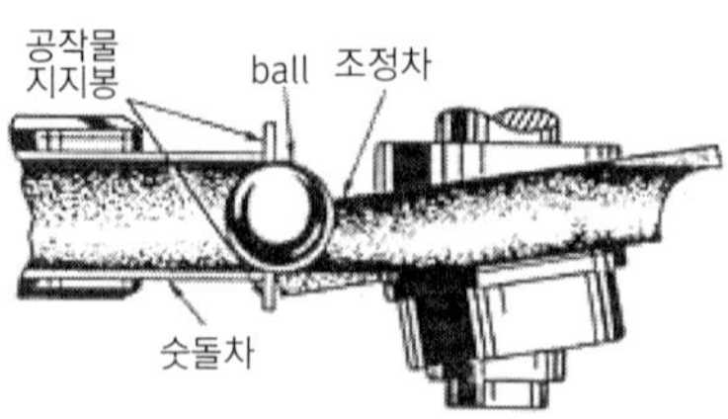

그림 6-384 centerless ball 연삭법

(8) 나사연삭기:

나사연삭은 총형숫돌차를 회전하는 공작물에 접촉시키고 숫돌차와 공작물을 축방향으로 상대적 이송을 주어 수행된다. 나사연삭기에서는 그림과 같이 1山形 숫돌차에 의한 나사연삭과 다산형(多山形) 숫돌차에 의한 나사연삭을 하며, 나사연삭법은 나사 gauge, 측정기의 이송나사 등과 같이 고정밀도를 요하는 나사의 가공 또는 나사의 다듬질 연삭에 이용된다. 1산형 숫돌차에 의한 방법에서는 공작물을 축방향으로 pitch 이송을 주어 연삭하며, 1 pass 또는 2 pass로 나사가공을 완성할 수 있으나, 보통 이 이상의 pass에서 완성된다. 다산형 숫돌차에 의한 방법은 1회전하기 전에 全나사깊이로 연삭을 한다.

1산형 숫돌차에 의한 가공은 정밀도는 높으나 생산성이 낮고, 다산형에 의한 가공은 정밀도는 다소 떨어지나 생산성이 높다.

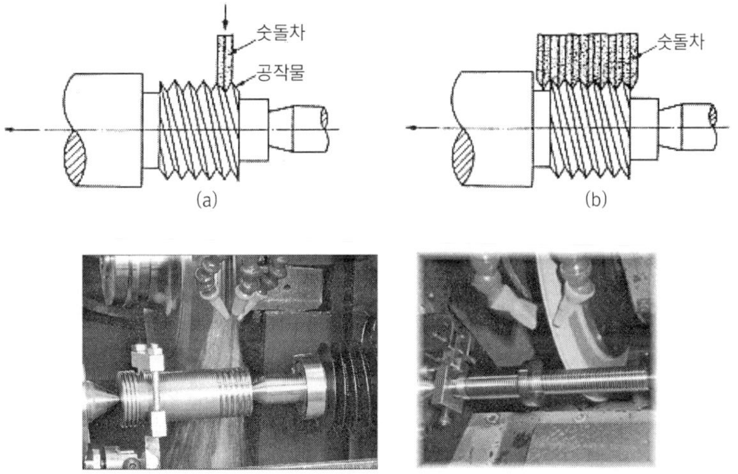

그림 6-385 나사연삭방식

(9) spline 축 연삭기:

spline 축을 전문적으로 연삭하는 연삭기로서, 그림과 같이 단차법(單車法), 3 車法이 있다. 단차법에서는 그림 (a) 및 그림 (b)와 같이 숫돌차 1개로 spline의 저면(底面)과 측면(側面)을 동시에 연삭하고, 3 차법에서는 그림 (c)와 같이 각 숫돌차가 분담하여 연삭한다.

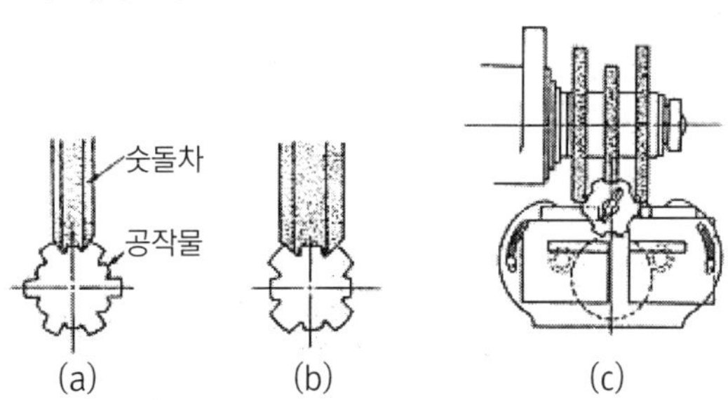

그림 6-386 spline 축 연삭방식

(10) crank 축 연삭기:

그림과 같이 원통연삭에서의 plunge-cut 연삭법과 같은 방법으로 연삭하는 연삭기로서 가공부가 연삭기의 center에 직접 지지되지 않는다는 것이 다를 뿐이다. 숫돌차를 나사장치 또는 유압장치에 의하여 이송하여 연삭깊이를 조정하며, 보통 깊이방향의 이송만을 주나 연삭무늬를 피하기 위하여 세로방향으로 미소한 이송을 줄 때도 있다.

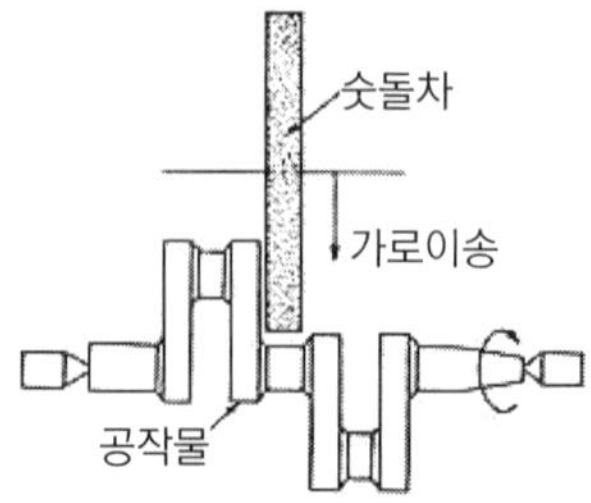

그림 6-387 crank 축 연삭법

(11) roller 연삭기:

금속압연용, 제지용, 인쇄용 등의 roller를 전문적으로 연삭하는 데 사용되는 연삭기로서, 원통연삭기와 다른 점은 세로이송과 가로이송을 동시에 주어 roller의 중앙부를 볼록하게 또는 오목하게 연삭할 수 있다는 것이다.

(12) 치차 연삭기:

치차의 2차 정밀가공에 치차연삭기를 사용하는 경우가 많으나, 그 외에 경화된 치차 및 pitch가 작은 치차는 blank에서 부터 연삭한다.

치차를 연삭하는 방법에는 그림 (A)와 같이 rack을 숫돌차로하는 창생법(創生法; generated method)과 그림 (B)와 같이 치형(齒形) cutter와 같은 숫돌차로 齒를 1개씩 분할하여 연삭하는 성형법(成形法; formed wheel method)이 있다. 그림 (A)에서 G는 소형 전동기에 의하여 회전하는 숫돌차로서 2개의 숫돌차가 서로 압력각(壓力角)으로 경사져서 rack의 齒面을 이룬다. 숫돌차의 rack 치면에 소재를 요동시키면 involute 齒形이 가공된다. 그림 (C)는 0°연삭법(zero degree grinding method)이며, 齒의 두께를 측정하는 원리를 이용한 것으로서, 숫돌축은 수평이고 소재를 좌우로 요동하면서 가공한다.

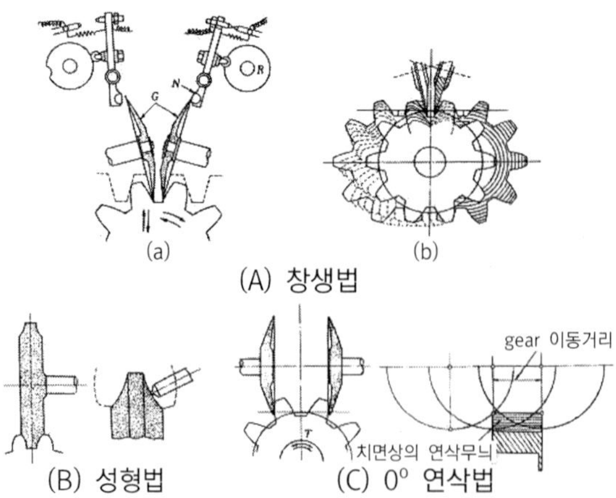

그림 6-388 치차 연삭법

그림 6-389 hob 형 숫돌에 의한 지자연삭 작업

다음 그림은 hob 형 숫돌차에 의한 치차연삭법으로서 worm과 worm gear가 맞물고 돌이기는 것과 같은 운동을 하면서 소재에 치형을 가공한다.

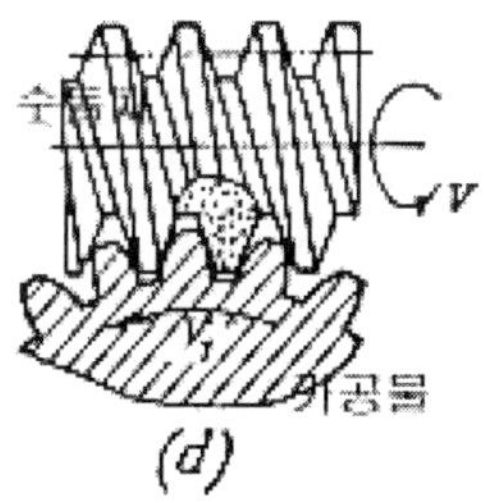

그림 6-390 hob 형
숫돌에 의한 치차연삭법

(13) cam 연삭기:

일종의 모방연삭기이며, 그림과 같이 lead를 따라 cam을 연삭한다. 공작물과 lead cam이 동일축에서 회전하면서 요동중심에 대하여 요동하여 lead cam과 roller, 공작물과 숫돌차가 압력접촉하여 lead cam 형상의 cam이 가공된다.

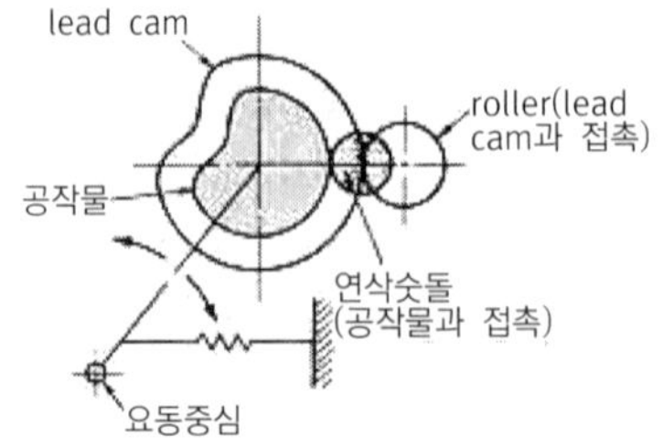

그림 6-391 cam 연삭기

그림 6-392 cam shafts

6.12.2 연삭숫돌

선삭에서 bite, milling에서 cutter의 선택이 중요한 것 같이 연삭가공에서 연삭숫돌의 선택이 중요하므로 연삭숫돌에 대한 지식이 필요하다.

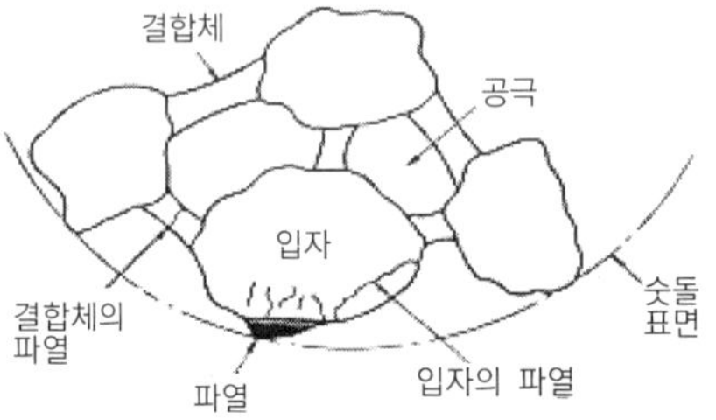

그림 6-393 연삭숫돌의 조직과 연삭작용

연삭숫돌은 위의 그림과 같이 예리한 모서리를 가진 입자(粒子; abrasive grain), 결합제(結合劑; bond) 및 기공(氣工)으로 되어 있으며,

- 입자(粒子; abrasive grain)
- 입도(粒度; grain size)
- 결합도(結合度; grade)
- 조직(組織; structure)
- 결합제(結合劑; bond)

등이 연삭성능에 영향을 준다.

(1) 입자:

연삭입자는 연삭숫돌의 절삭날이 되므로 그 경도(硬度), 인성(靭性), 조성(組成) 및 형상(形狀) 등이 연삭저항, 가공면의 조도와 기타 연삭가공의 양부(良否)에 영향을 주며, 절삭에서 절삭공구의 재질이 차지하는 비중과 같다.

연삭숫돌에 사용되는 입자에는 천연입자(天然粒子)와 인조입자(人造粒子)가 있으며, 천연입자에는 사암(砂岩; sandstone), emery(50 ~ 60% 결정체Al_2O_3 + 산화철), corundum (75 ~ 90% 결정체 Al_2O_3 + 산화철), diamond, garnet 등이 있고, 인조입자에는 탄화규소(silicon carbide, SiC), 산화 aluminium(aluminium oxide, Al_2O_3), 탄화붕소(boron carbide, B_4C), zirconium oxide(ZrO_2) 등이 있다. 인조입자가 출현하기 전에는 천연입자만을 사용하였으며, 입자가 균질하지 못하여 숫돌의 마모가 불균일 하다. diamond 숫돌은 결합제로서 bakelite를 사용하며, 마모와 발열이 적어 초경합금공구의 연삭에 적합하다.

인조입자중 탄화규소는 경도가 diamond 것과 비슷하여 연삭 중 마멸이 되지 않고 부서져 예리한 새로운 입자가 출현하므로 경도가 높은 주철, 냉강주철, 초경합금 등의 연삭에 사용된다. 탄화규소입자는 SiO_2, 석유 cokes, 톱밥, 염을 노에서 2350℃ 정도로 가열하여 만들어진 결정체를 파쇄한 것이다.

산화 aluminium 입자의 숫돌은 강, 고속도강 등의 연삭에 사용된다.

인조숫돌입자의 기호

종 류	기호	적 용 범 위
갈색용융 alumina 질	A	보통 탄소강, 합금강, stainless 강 등 강계통의 연삭에 적합하다.
백색용융 alumina 질	WA	
탄화규소질	C	alumina 질보다 굳으나 취성이 있으므로 인장강도가 낮은 재료,
녹색 탄화규소질	GC	즉 주철·황동·경합금·초경합금 등을 연삭하기에 적합하다.

(2) 입도:

입자의 크기는 mesh로 표시하며, 숫돌에는 입도가 같은 것만 있는 것이 아니라 입도가 다른 것들이 혼합되어 있다. 예로서 No.24 combination이라 표시한 것에는 No.24의 입자가 주가 되고, 기타 No.36, 46, 60 등이 배합되어 있다. 세립(細粒)이 많으면 다공성(多孔性)이 감소되어 연삭능률이 떨어지고 숫돌의 강도와 내마모성은 증가된다.

연삭숫돌의 입도

호칭	조립(coarse)	중립(medium)	세립(fine)	극세립(extra fine)
입도(번)	10, 12, 14, 16 20, 24	30, 36, 46, 54 60	70, 80, 90, 100 120, 150, 180, 220	240, 280, 320, 400, 500, 600, 700, 800

일반적으로 조립(粗粒)과 세립(細粒)이 많이 사용되며, 입도의 선정은 다음 기준에 의한다.

정밀도에 따라

- 거친연삭에는 조립을 선택하여 연삭률을 크게한다.
- 다듬질연삭에는 세립을 선택하여 정밀도를 높인다.

공작물의 재질에 따라

- 경도가 큰 재료에는 세립을 선택하여 연삭저항을 적게하는데 관점을 둔다.
- 연삭성이 좋은 연질 재료에는 조립을 선택하여 연삭률을 높인다.

(3) 결합도:

결합도란 연삭입자를 결합시키는 접착력의 정도를 의미하며, 이를 숫돌의 경도(硬度)라고도 하고, 입자의 경도와는 무관하다. 숫돌의 입자가 숫돌에서 쉽게 탈락될 때 연(軟)하다고 하고, 탈락이 어려울 때 경(硬)하다고 한다. 공작물의 재질 및 연삭조건에 따라 적당한 결합도의 숫돌을 택하여야 한다.

숫돌의 기공이 너무 작거나 동(銅), aluminum 및 납 등과 같이 연성(延性; ductility)이 큰 재료를 연삭할 때 그림(c)와 같이 숫돌표면의 공극을 chip 이 메워 연삭이 어렵게 되는 것을 눈메움(loading)이라 한다. 숫돌이 너무 경하면 자생작용(自生作用; self-sharpening)이 잘 되지 않아서 그림(b)와 같이 마모에 의하여 절인이 점점 더 둔화되어 연삭이 어렵게되는 것을 날무딤(grazing)이라 하고, 이 때 발열이 심해져 chip의 대부분은 용융된 상태로 배출되지만 일부가 기공을 메워 눈메움(loading)이 동반되면 연삭저항이 과대(過大)하게 되며, 연삭열에 의하여 가공물 재질이 변하게 된다.

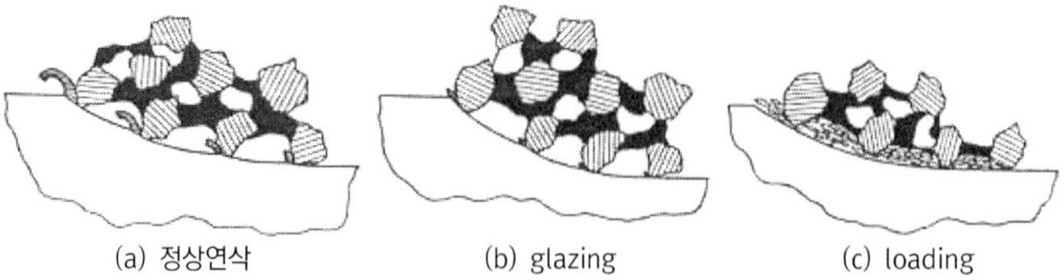

그림 6-394 숫돌의 결합도와 연삭 상태

다음 표는 결합도를 표시하는 기호이다.

결합도

호칭	극연(very soft)	연(soft)	중(medium)	경(hard)	극경(very hard)
결합도 기호	ABCDEFG	HIJK	LMNO	PQRS	TUVWXYZ

결합도의 선정은 다음 기준에 의한다.

공작물의 재질에 따라서
- 연질재료(軟質材料)에는 연삭율과 숫돌수명의 관점에서 硬한 숫돌을 선택한다.
- 경질재료(硬質材料)에는 예리한 숫돌입자의 출현을 위한 자생자용의 관점에서 연한 숫돌을 선택한다.

숫돌의 원주속도에 따라서
- 속도가 클 때(얇은 chip이 발생됨)에는 숫돌입자의 자생자용을 고려하여 연한 숫돌을 선택한다.
- 속도가 작을 때에(두꺼운 chip이 발생됨)는 숫돌수명의 관점에서 경한숫돌을 선택한다.

공작물의 원주속도에 따라서
- 속도가 클 때(두꺼운 chip이 발생됨)에는 숫돌수명의 관점에서 경한숫돌을 선택한다.
- 속도가 작을 때(얇은 chip이 발생됨)에는 숫돌입자의 자생자용을 고려하여 연한 숫돌을 선택한다.

공작물과 숫돌의 접촉면적에 따라서
- 면적이 클 때에는 앞의 연삭입자가 제거하지 못한 것을 뒤에 오는 입자가 제거하므로 연한 숫돌을 선택한다.
- 면적이 적을 때에는 적은 수의 입자가 예정량을 제거해야 하므로 경한 숫돌을 선택한다.

(4) 조직:

연삭숫돌의 단위체적 내에 들어 있는 입자의 수를 밀도(密度)라 하고, 그림과 같이 입자의 수가 많으면 밀(密)하고, 적으면 성기다고 한다. 연삭숫돌의 체적에 대한 입자체적의 비인 입자률(粒子率; grain percentage)로 조직을 표시하며, 숫자가 밀(密)하다고 하고 낮을수록 조(粗)하다고 한다. 호칭(기호)은 숫자가 높을 수록 조(粗)한 것이다.

조직의 분류와 기호는 다음 표와 같다.

(a) 정조 조직 (b) 중위 조직 (c) ??밀 조직

그림 6-395 숫돌의 조직

조직 기호

조 직	밀	중	조
KS 기호	O	M	W
숫돌입자률(%)	50 이상	42~50	42 미만
숫돌 기호	0. 1. 2. 3. 4. 5	6. 7. 8. 9	

조직의 선택 기준은 다음과 같다.

공작물의 재질에 따라서
- 연질재료에서는 연삭저항이 적으므로 연삭률의 관점에서 성긴 조직을 선택한다.
- 경질재료에서는 연삭저항이 크므로 입자당 연삭저항의 관점에서 조밀한 조직을 선택한다.

공작물의 정밀도에 따라서
- 거친연삭에서는 연삭률의 관점에서 성긴 조직을 선택한다.
- 다듬질연삭에서는 정밀도의 관점에서 조밀한 조직을 선택한다.

공작물과 숫돌의 접촉면적에 따라서
- 거친연삭에서 면적이 클 때에는 연삭률의 관점에서 성긴 조직을 선택한다.
- 다듬질연삭에서 면적이 적을 때에는 정밀도의 관점에서 조밀한 조직을 선택한다.

(5) 결합제:

결합제는 숫돌입자를 결합하여 숫돌의 형상을 갖도록 하는 재료이며, 결합제로서 필요한 조건은 다음과 같다.

- 입자간에 기공이 생기도록 할 것
- 균일한 조직으로 임의 형상 및 크기로 만들 수 있을 것

- 고속회전에 대한 안전강도를 가질것
- 연삭열과 연삭유제에 대하여 안전할 것

널리 사용되는 결합제에는 다음과 같은 것들이 있다.

① vitrified 결합제(vitrified bond, V):

vitrified 결합제의 원료는 장석(長石) 및 점토이고, vitrified 결합제를 ceramic 결합제라고도 하며, 현재 사용되고 있는 숫돌의 대부분이 vitrified 결합제로 되어 있다.

vitrified 법은 숫돌입자를 점토성분의 결합제와 혼합하여 수분을 가하고 주형에 넣어 가압 성형한 후 실온에서 수일간 건조시킨 다음 자기를 굽는 방법으로 소결(燒結)시키고, crack의 발생을 방지하기 위하여 서냉 시켜 규격치수로 다듬질 한다. 연삭속도는 1600 ~ 2000 m/min이다.

이 결합제에 의한 숫돌의

[장점]

- 다공성(多孔性)이다.
- 강도 및 강성이 크다.
- 물, 연삭유제, 산(酸) 등의 영향을 거의 받지 않는다.

[단점]

- 기계적 및 열적 충격에 약하다.

② silicate 결합제(silicate bond, S):

규산 soda(물유리: water glass)를 숫돌입자와 혼합하여 주형에 넣어 성형하고, 260℃에서 1 ~ 3시간 가열하여 수일간 건조시킨다. vitrified 결합제 보다 취성이 크고 강도가 낮기 때문에 연삭입자의 탈락이 용이하여 연삭열이 적어야 하는 절삭공구 등의 연삭에 적합하다.

③ shellic 결합제(shellic bond, E):

shellic이 주성분이며, 숫돌입자에 증기가열 혼합기에서 shellic을 피복하고, 이를 가열된 주형에 넣어 압축하여 성형하고 150℃에서 수시간 가열한다. 이 숫돌은 강도와 탄성이 크므로 얇은 형상의 것에 적합하다.

④ 고무결합제(rubber bond, R):

결합제의 주성분이 고무이고, 그 외에 유황 등을 첨가하여 숫돌의 입자와 혼합해서 소요의 두께로 rolling 성형한 다음 원형(圓形)의 숫돌을 잘라내어 가압하고 경화(硬化)시킨다. 탄성이 크므로 얇은 숫돌을 만드는데 적합하며, 절단용 숫돌 및 centerless 연삭기의 조정차로 많이 사용된다. 또한 고속연삭에 적합하며 연삭속도는 최대 5000 m/min 정도이다.

⑤ bakelite 또는 합성수지 결합제(bakelite bond or resinoid bond, B):

결합제의 주성분이 합성수지이며, shellic 숫돌과 고무결합제에서 처럼 연삭열로 인한 연화(軟化)의 경향이 적고 연삭유제에도 안정하고, 탄성이 커서 건식(乾式) 절단용 등 광범하게 사용된다. 숫돌입자를 합성수지 및 액체용제와 혼합하여 주형에 넣고 155℃ 에서0.5 ~ 3일간 전기로 내에서 가열한다. 연삭속도는 2800 ~ 4900 m/min이다.

고무결합제 및 합성수지 결합제를 사용한 숫돌에 유연성을 주기 위하여 인조직물 및 섬유, 유리섬유, 비철금속의 wire mesh 등의 복합물질을 사용할 수 있다.

⑥ vinyl 결합제(vinyl bond, PVA):

polyvinyl이 주성분이며, 이 결합제를 사용한 숫돌은 초탄성(超彈性) 숫돌로서 buff와 유사하다. polyvinyl alcohol 용액과 숫돌입자를 혼합하고, formalin을 첨가하여 탈수시켜서 주형에 넣어 결합시킨 후 수세하여 숫돌제작을 완성한다.

⑦ 금속결합제(metal bond, M):

숫돌의 입자인 diamond 및 입방보론질화물(cubic boron nitride, CBN)에 구리, 황동, Ni, 철 등의 금속을 결합제로 사용하여 분말야금법으로 금속제 wheel의 원통면에 최대 6mm 정도의 두께로 부착시켜 숫돌을 제작한다. diamond의 함량이 1 ㎤ 중에 4 carat의 것을 100%라 하며, 50%, 25%의 것이 주로 사용된다. 금속결합제를 사용한 숫돌은 입자의 결합은 강력하나 자생작용(自生作用)이 없고, dressing 등에 어려움이 있다.

(6) 숫돌차의 형상:

연삭기에 따라 또는 특정의 연삭목적을 효과적으로 수행하기 위해서는 적절한 숫돌형상의 선택이 필요하며, 제조자 및 사용자의 편의를 위하여 다음 그림과 같은 13종을 표준형상으로 규정하고 있다.

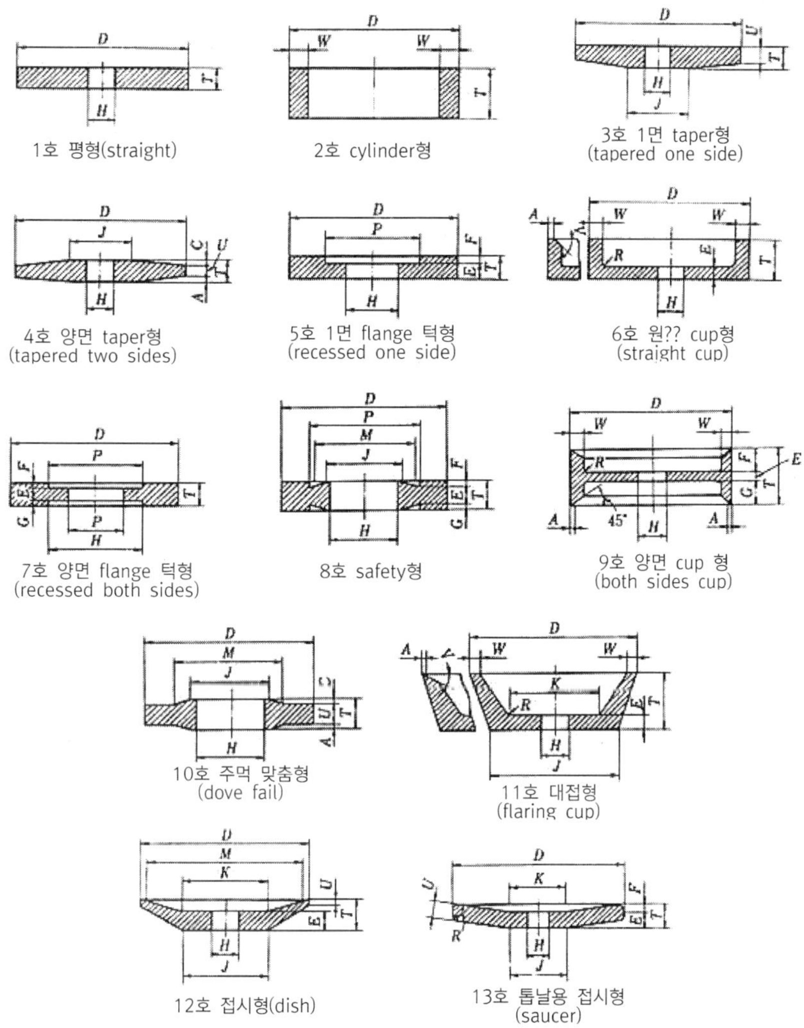

그림 6-396 연삭숫돌차의 표준형

그림 6-397 vitrified tool room wheels

그림 6-398 diamond & CBN wheels

그림 6-399 sanding, polishing & finishing

그림 6-400 cutoff wheels

그림 6-401 segments

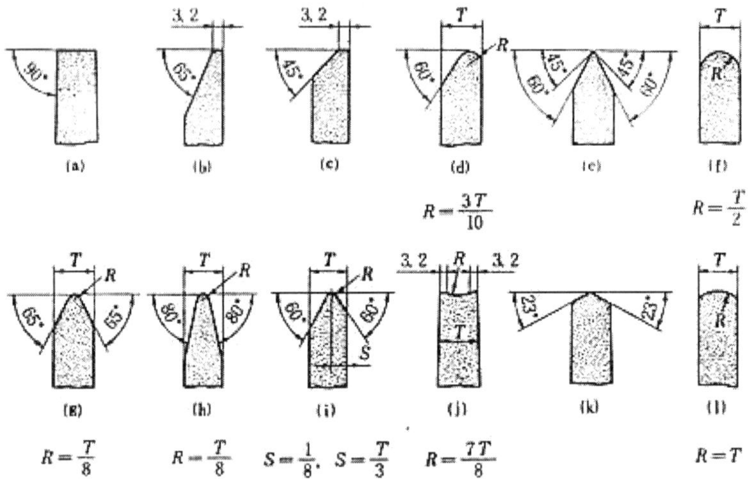

그림 6-402 연삭숫돌차의 선단(先端) 표준형

(7) 연삭숫돌 표시법:

연삭숫돌은 숫돌입자의 재료 및 입도, 숫돌의 경도(결합도) 및 조직, 결합제, 숫돌 형상 및 치수의 순으로 다음과 같이 표시한다.

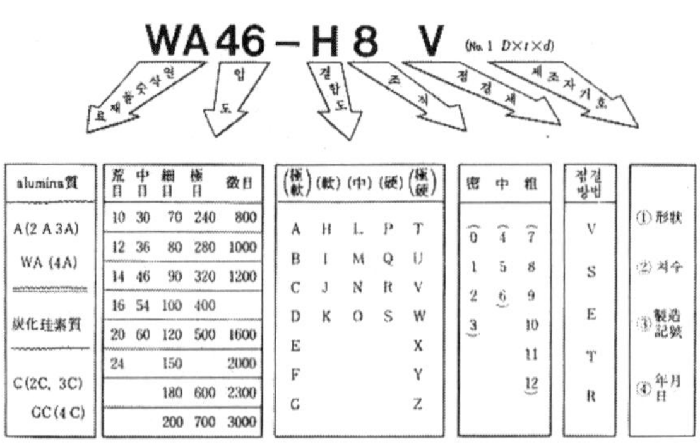

그림 6-403 연삭숫돌 표시법

6.12.3 연삭작업

(1) 연삭조건:

숫돌의 연삭속도, 연삭깊이, 이송은 서로 밀접한 관계가 있으며, 가공물의 재질, 숫돌의 성질, 가공물의 정밀도 및 생산성 등에 따라 적절한 선택이 필요하다. 이들의 선택기준을 원통연삭의 예로 다음과 같이 설명한다.

① 숫돌의 원주속도:

숫돌의 원주속도는 연삭능률과 관계가 있는 하나의 인자로서, 공작물의 속도가 일정할 때 숫돌의 속도가 느리면 숫돌은 연(軟)하게 작용하고 너무 느리면 유효일에 비하여 숫돌의 마멸이 심하다. 숫돌의 속도가 빠르면 숫돌이 경(硬)하게 작용하고 너무 빠르면 숫돌입자가 공작물에 파고 들어갈 수 없어 정상적인 연삭이 어렵게 된다.

숫돌의 원주속도

작 업 종 류	속도[m/min]	속도[ft/min]
원통연삭	1650~2000	5500~6500
내면연삭	600~1800	2000~6000
평면연삭	1200~1800	4000~6000
주물귀 절단(수동, vitrified 숫돌 사용)	1500~2000	5000~6500
주물귀 절단(resinoid 숫돌 사용)	2100~2900	7000~9500
습식공구연삭	1500~1800	5000~6000
건식공구연삭	1400~1800	4500~6000
금속절단(resinoid)	2700~4900	9000~16000
초경합금연삭	1400~1650	4500~5500

② 공작물의 원주속도:

숫돌의 속도가 일정할 때 숫돌의 마모와 다듬질면의 상태면에서는 공작물의 속도가 느린 것이 좋고, 연삭능률면에서는 다소 큰 것이 유리하다.

가공물의 표준속도[m/min]

피삭재	원통의면 연삭		내면연삭
	다듬질연삭	거친연삭	
담금된 강	6~12	15~18	20~25
특수 강	6~10	9~12	15~30
강	8~12	12~15	15~20
주 철	6~10	10~15	18~35
황동 및 청동	14~18	18~21	25~30
aluminium	30~40	40~60	30~50

③ 이송:

원통연삭에서 축방향으로의 이송은 연삭깊이 및 공작물의 원주속도와 관계하며, 연삭깊이 또는 원주속도가 크면 이송을 작게하여 숫돌과 연삭기에 무리가 없도록 해야 하고, 연삭깊이 또는 공작물의 원주속도가 느릴 때에는 이송을 크게하여 생산성을 높인다. 공작물의 원주속도가 너무 느릴 때에도 미변형 chip이 너무 얇기 때문에 발생하는 배분력에 의한 변형을 방지하기 위하여 이송을 작게한다. 이송은 숫돌의 폭 이하가 되어야 하며, 이송 f 의 숫돌 폭 B에 대한 표준값은 다음과 같다.

$$\text{구리}:\ f = \left(\frac{1}{3} \sim \frac{3}{4}\right) \cdot B$$

$$\text{주철}:\ f = \left(\frac{3}{4} \sim \frac{4}{5}\right) \cdot B$$

$$\text{다듬질 연삭}:\ f = \left(\frac{1}{4} \sim \frac{1}{3}\right) \cdot B$$

이송 $f[mm/rev]$, 공작물의 회전수 $n[rpm]$이라 하면 이송속도 $v_f[m/\mathrm{min}]$는 다음과 같다

$$v_f = \frac{f \cdot n}{1000}$$

원통 외면연삭이나 내면연삭에서 숫돌이 공작물을 떠날 때까지 이송을 주지말고 숫돌이 숫돌폭의 1/3을 초과하지 않을 정도로 공작물 밖으로 나왔을 때 이송을 중지하는 것이 좋다. 그 이상 나오면 숫돌이 공작물에 미치는 압력이 증가하여 공작물의 연삭깊이가 커져서 외면연삭의 경우 가공물이 가늘게 되고 내면연삭의 경우 구멍이 크게 된다.

④ 연삭깊이:

연삭깊이는 숫돌의 종류, 공작물의 재질 및 형상, 공작물의 가공면 정도 등에 따라 다르나 일반적으로 강을 연삭할 때에는 다음을 기준으로 한다.

강의 연삭깊이(mm)

	원통연삭	내면연삭	평면연삭	공구연삭
거친연삭	0.01~0.04	0.02~0.04	0.01~0.27	0.07
다듬질연삭		0.0025~0.005		0.02

⑤ 연삭여유:

연삭여유는 공작물의 재질, 크기, 가공 전의 정밀도, 연삭기의 능력 등에 따라 다르나, 일반적으로 적용되는 원통연삭의 연삭여유는 다음 표를 기준으로 한다.

원통연삭의 연삭여유[mm]

공작물	공작물의 길이										
지름	50	100	150	200	250	350	450	600	750	900	1000
3	0.15	0.17									
6	0.15	0.20	0.25								
9	0.17	0.20	0.25	0.30	0.33						
12	0.20	0.22	0.28	0.30	0.33	0.38	0.40				
20	0.20	0.22	0.28	0.33	0.35	0.40	0.43	0.45			
25	0.22	0.25	0.30	0.33	0.35	0.40	0.45	0.48	0.50		
32	0.22	0.28	0.30	0.35	0.38	0.43	0.45	0.48	0.50	0.55	
38	0.25	0.28	0.33	0.35	0.40	0.43		0.48	0.53	0.58	0.60
50	0.30	0.33	0.35	0.40	0.43	0.45	0.48	0.53	0.55	0.60	0.66
75	0.38	0.40	0.43	0.45	0.48	0.50	0.55	0.60	0.63	0.68	0.70
100	0.43	0.45	0.48	0.50	0.53	0.58	0.63	0.68	0.70	0.75	0.80
150	0.50	0.53	0.58	0.60	0.63	0.68	0.73	0.78	0.80	0.85	0.90
200	0.60	0.63	0.68	0.70	0.73	0.78	0.83	0.88	0.90	0.95	1.00
250	0.68	0.70	0.75	0.78	0.80	0.83	0.88	0.93	1.00	1.05	1.10

(2) 연삭가공중에 발생하는 결함과 대책:

연삭조건이 적절하지 않으면 연삭가공 중에 여러가지 문제가 발생하므로 이에 적절하게 대처하여야 한다.

① 연삭균열:

연삭열에 의하여 열팽창 또는 재질의 변화 등으로 가공물에 연삭균열(硏削龜裂)이 발생할 수 있으며, 이러한 균열은 미세하여 육안으로 식별하기가 어렵다. 경험에 의한 내용을 정리하면 다음과 같다.

- C 가 0.6 ~ 0.7% 이하의 강에 대해서는 거의 연삭균열이 발생하지 않는다.
- 공석강(共析鋼)에 가까운 탄소강에서는 연삭균열이 자주 발생한다.
- 담금질 상태에서는 경연삭(輕硏削)에서도 연삭균열이 발생하나 뜨임 후 행하면 방지되는 수가 있다.

연삭균열이 발생하지 않도록 하기 위해서는 다음 사항을 지키는 것이 좋다.

- 결합도가 낮은 숫돌을 사용하여 예리한 숫돌입자를 출현 시킴으로써 연삭저항을 적게 한다.
- 연삭률이 일정하다면 이송을 크게하고, 연삭깊이를 작게 취한다.
- 연삭유제를 충분히 공급하여 열의 발생을 적게하고, 발생열을 신속히 제거한다.

② 떨림(chatter):

연삭중 떨림현상은 정밀도를 해치며, 그 원인은 다음과 같다.

- 숫돌의 평형 상태가 불량할 때
- 숫돌의 결합도가 너무 클 때
- center 및 center rest 등의 사용이 불량할 때
- 연삭기 자체에 진동이 있을 때
- 외부의 진동이 전해졌을 때

(3) 연삭숫돌의 dressing과 truing:

숫돌의 형상을 바로 잡아주는 truing과 숫돌입자를 돌출시키는 dressing은 숫돌을 제조할 때 기본적으로 하게되나 사용자가 숫돌을 연삭기에 장착하고 사용하기 전에 truing과 dressing을 하여주는 것이 좋으며, 사용중 숫돌의 상태가 부적합게 되면 필요에 따라 truing과 dressing을 한다.

① dressing:

연삭숫돌의 입자가 무디어지거나 눈메움이 생기면 연삭능력이 저하하고, 가공면에 결함을 유발하며, 가공물의 치수정밀도를 저하시키므로 예리한 날이 나타나도록 dresser 공구로 숫돌표면을 가공하는 것을 dressing이라 한다. 절삭유제의 공급 여부에 따라 건식(乾式) dressing과 습식(習式) dressing 이 있다.

dresser의 이송을 작게하면 숫돌표면이 매끈하게 되어 가공물의 연삭면이 좋게되나, dresser의 이송을 너무 작게 하면 숫돌표면의 날이 무디어지므로 적당한 값을 취해야 한다.

단석(單石) diamond dresser를 사용한 연삭조건에 따른 dressing 조건은 다음 표를 기준으로 한다.

숫돌 dressing 조건

다듬질 정도	입도 [mesh]	diamond의 절압깊이 [mm]	dressing 반복횟수 [회]	이송속도		spark-out 왕복횟수 [회]
				숫돌1회전당 [mm/rev]	매분당 [mm/min]	
거친연삭	36~46	0.03	4	0.4	600	0
중연제	46~54	0.02	3	0.3	400	0
다듬질연삭	60~80	0.01	3	0.2	200	3
정밀연제	100~180	0.005	3	0.1	100	4

그림 6-404 단석(單石) diamond dresser에 의한 수동 dressing

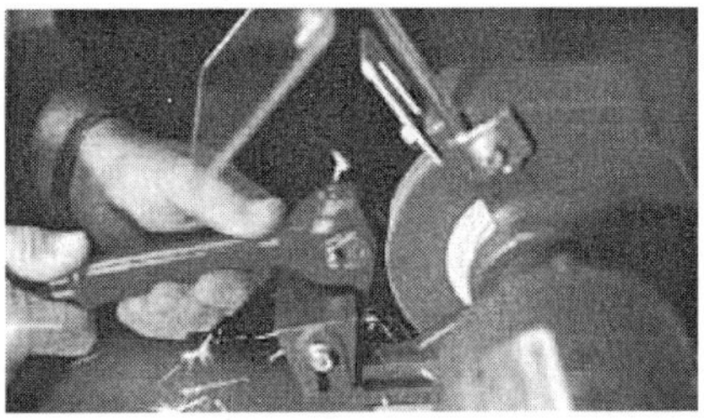

그림 6-405 성형(星形) dresser에 의한 수동 dressing

② truing:

총형연삭 등에서 연삭가공 중에 숫돌의 입자가 탈락되어 숫돌의 단면형상이 변하면 이것을 정상적인 단면형상으로 깍아 다듬는 작업을 truing이라 하며, diamond dresser로 truing할 때는 동시에 dressing도 된다. truing에서도 보통 diamond dresser를 사용하나, 총형숫돌의 truing에는 숫돌의 윤곽을 갖는 crushing roller로 먼저 truing하고 dresser로 결합제를 긁어내어 숫돌압자를 돌출시키기 위한 derssing을 한다.

단석 diamond dresser를 사용한 연삭조건에 따른 truing 조건은 다음 표를 기준으로 한다.

숫돌의 truing 조건[mm/rev]

다듬질면 거칠기 R_{max} (μ) \ 입 도			조 립 10~24	중 립 30~60	세 립 80~220	극 세 립 240~800
KBS0161 표면거칠기 규 격	거친연삭	50 이하	1	-	-	-
	보통 다듬질연삭 (중 및 상)	6 이하	1/2~1	1/2~1	1/2~1	-
	상 다듬질 연삭	1.5 이하	1/5~1/2	1/5~1/2	1/5~1/2	1~1/2
	정밀연삭	0.4 이하	-	1/10~1/5	1/10~1/5	1/10~1/5
초정밀 연삭		0.2 이하	-	1/20~1/10	1/20~1/10	1/20~1/5

③ dresser:

dresser는 dressing과 truing에서 숫돌입자를 탈락시키는데 사용되는 공구이다. 그림 (a)는 diamond dresser로서, diamond를 자루 끝에 고정하여 만들며, diamond의 수에 따라 단석(單石) diamond dresser와 다석(多石) diamond dresser가 있다. 그림 (b)는 성형(星形) dresser(Hantington dresser)로서, 성형강판(星形鋼板) 사이에 간극재(間隙材)를 넣고 여러장 포개어 pin으로 자루에 고정하여 만든 dresser이다.

그림 6-406 dresser

그림 6-407 diamond dresser

다음 그림은 diamond dresser의 설치각을 표시하며, dressing 및 truing 작업은 연삭 숫돌을 손으로 회전시키면서 숫돌의 높은 면이 dresser와 접촉할 때까지 조심스럽게 숫돌과 dresser를 서로 접근 시킨 후, 앞에서 소개한 dressing 조건 및 truing 조건에 따라 작업한다.

dresser를 숫돌의 중심을 행하거나 회전방향과 반대방향으로 위치시키면 diamond의 정부(頂部)가 쉽게 마멸되고, 부주의로 과대한 깊이에서 dressing할 때 위험하므로 안전을 위하여 다음 그림과 같이 숫돌의 회전방향으로 dresser를 경사시켜 설치한다.

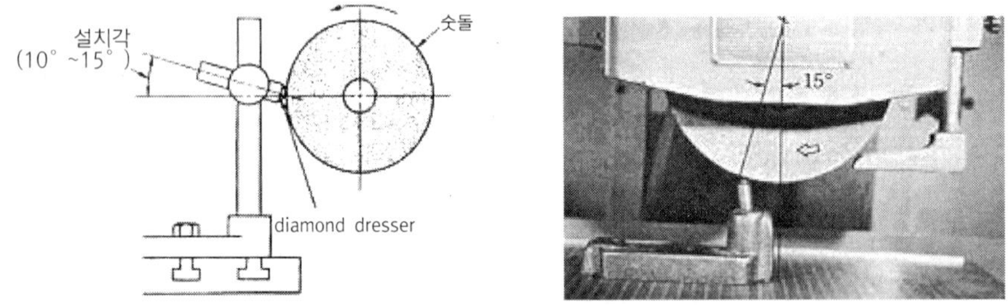

그림 6-408 diamond dresser의 설치각 (숫돌의 회전방향과 dresser위치를 본다)

④ crushing roller:

공작물의 회전수가 정해졌을 때 숫돌이 저속회전하면 미변형 chip의 두께가 커져 숫돌입자가 받는 큰 연삭저항으로 인하여 숫돌입자가 탈락될수 있다. 이와 같은 현상을 이용하기 위하여 숫돌을 저속회전시키고 경화강(硬化鋼)을 큰 압력으로 밀어대어 숫돌입자를 탈락시키는데 사용되는 공구를 crushing roller라 한다.

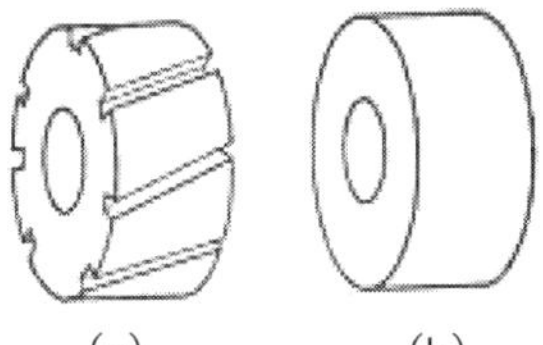

그림 6-409 경화강 crushing roller

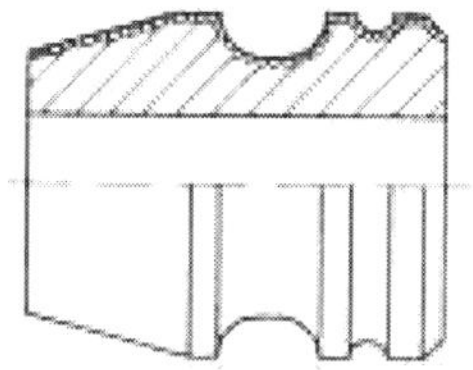

그림 6-410 총형숫돌 용 diamond crushing roller

6.12.5 연삭유제

연삭에서는 다른 절삭가공에 비하여 단위체적의 연삭분(硏削粉; grinding chip)당 가공 energy가 크기 때문에 열이 많이 발생하며, 숫돌의 열전도도가 낮아 chip에 의하여 나가는 열 외에는 대부분의 연삭열이 가공물에 전도된다. 따라서 연삭열로 인하여 가공물이 변질되거나 연삭균열이 발생할 수 있으므로 연삭유제를 공급하여 이에 대처하여야 한다.

연삭유제는 윤활성, 냉각성, 침투성을 가져야 하며, 윤활작용은 숫돌입자의 마모를 적게 하고 열발생을 적게 한다. 냉각성은 발생열을 신속히 제거함으로써 숫돌입자의 마모를 적게하고, 가공물의 열변형 및 변질을 방지한다. 침투성은 숫돌입자 사이가 chip 으로 메워지지 않도록 함으로써 숫돌입자의 연삭작용을 돕는다.

연삭유제의 구비조건은 윤활성, 냉각성, 침투성을 포함하여 다음과 같이 정리할 수 있다.

- 연삭성을 좋게 할 것(chip 생성을 용이하게 할 것).
- 가공면의 정밀도를 좋게 할 것.
- 숫돌입자의 마모를 적게하여 연삭숫돌의 수명을 크게 할 것.
- 가공물 및 연삭기에 녹슬지 않게 할 것.
- 인체에 무해하고, 악취가 없을 것.
- 거품이 없어 열을 흡수할 있는 질량이 클 것.
- 연삭기의 도장(塗裝)을 침해하지 않을 것.
- 변질되지 않아 장시간 사용할 수 있을 것.

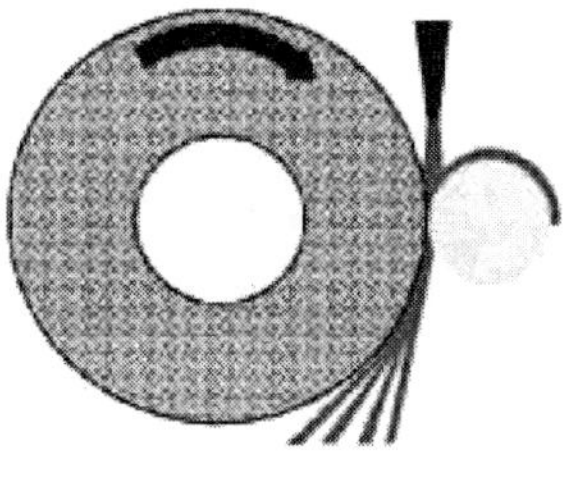

그림 6-411 연삭유제의 공급방법

6.12.6 숫돌차의 안전사용

연삭숫돌은 고속으로 회전하기 때문에 연삭중에 숫돌이 파열되면 대단히 위험하므로 안전을 위해 다음 사항을 준수할 필요가 있다.

- 숫돌을 사용 전에 세심하게 검사 할 것.
- 숫돌을 정확히 고정 할 것.
- 숫돌에 덥개(cover)를 씌울 것
- 숫돌의 원주속도를 조건에 맞게 지킬 것.
- 냉각된 상태의 숫돌로 단시간에 중연삭(重硏削)하거나, 건식연삭에서 갑자기 다량의 연삭유제를 공급하면 숫돌에 균열이 발생할 수 있으므로 이를 피할 것.

(1) 숫돌의 검사:

① 음향검사:

숫돌을 hammer로 가볍게 두드려 소리에 의하여 떨림 및 균열 여부를 판정하는 방법이다.

② 회전시험:

숫돌을 사용속도의 1.5 배로 3 ~ 5 min 동안 회전시켜 원심시력에 의한 파열여부를 시험한다.

③ 균형검사:

연삭숫돌의 두께나 조직이 불균일하여 회전중 떨림이 발생하는 경우가 있으며, 작업자의 안전과 필요한 가공정밀도를 얻기 위하여 숫돌차의 重心과 주축의 中心이 일치하도록 조정하여야 한다. 소형 숫돌차는 직접 주축에 고정하나, 지름이 큰 숫돌차는 sleeve라 하는 adapter에 숫돌차를 고정한 후 이것을 주축에 고정한다. 이 때 주축에 고정하기 전에 sleeve를 포함한 重心을 조정한다. 그림과 같이 숫돌을 올려 놓고 회전시키면 어느 위치에서나 숫돌이 정지할 수 있도록 balancing weight a 및 b의 위치를 조정한다. 小形 숫돌에서는 불평형량(不平衡量)이 적고 회전반지름이 작으므로 크게 문제되지 않으나 大形 숫돌에서는 불평형량이 클 수 있고 회전반지름이 크므로 원심력에 의한 위험이 있으므로 숫돌고정 flange에 있는 중추(重錐)를 홈에 따라 활동(滑動)시켜서 불평형이 없도록 다음과 같은 순서에 따라 검사하면서 중추를 고정한다.

- 숫돌을 평면연삭기에 장착하고 truing 한다.
- 숫돌에 taper 진 balancing arbor를 끼우고 그림 (a)와 같이 balancing stand에 올려놓는다.
- 숫돌을 돌려 정지한 후 아래쪽에 있는 부위에 표시를 한다. 즉 重心이 아래쪽에 있음을 표시하는 것이다.
- 각각 1/4, 1/2, 3/4 회전시켜 평형을 check 하여 간다.
- 중추(重錐) screw를 풀고 앞에서 표시한 쪽과 반대쪽으로 중추를 옮겨 가면서 숫돌을 회전시켰을 때 어떤 위치에서나 정지될 때 중추 screw를 조여 고정한다.

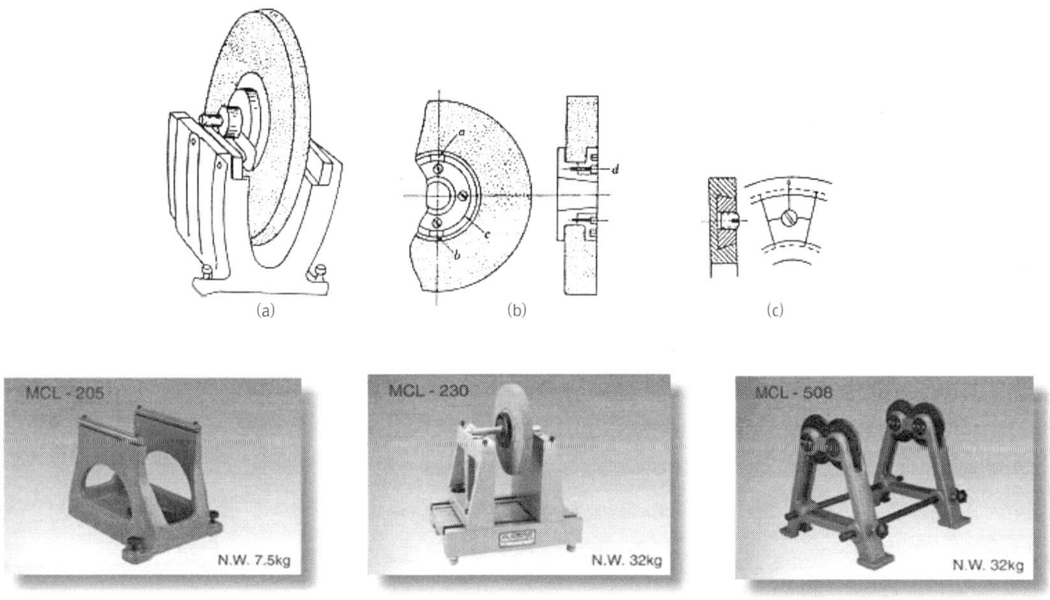

그림 6-412 숫돌 평형(平衡)잡기

(2) 숫돌의 고정:

숫돌을 연삭기의 주축에 고정할 때 다음 사항을 준수하는 것이 좋다.

- 숫돌은 취약(脆弱)하므로 중심축에서 직접 고정하는 것은 위험하며, 숫돌지름의 1/2 ~ 1/3의 flange로 그림 (a)와 같이 고정한다.
- 숫돌과 flange 사이에는 두께 0.5 mm 이하의 압지(壓紙) 또는 얇은 고무 washer를 끼운다.
- 축의 열팽창에 의한 숫돌의 파열을 피하기 위하여 숫돌구멍과 축과의 간격을 0.1 ~ 0.15 mm 정도로 유지하는 것이 좋다.

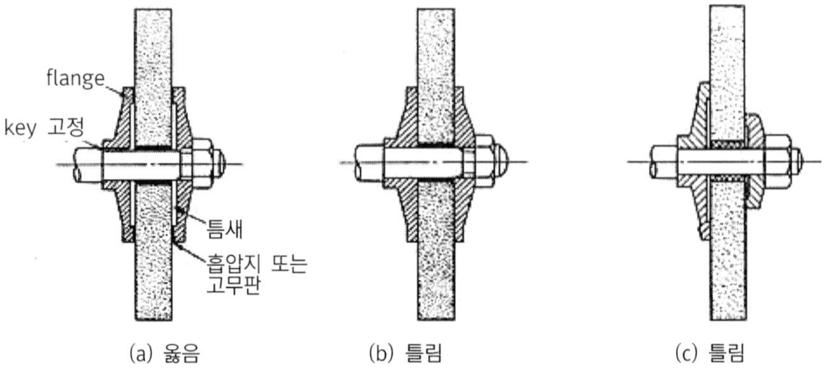

그림 6-413 숫돌의 고정

(3) 숫돌의 덮개:

숫돌이 회전중 파열되는 경우에 안전을 위하여 연삭기의 종류, 형상 및 치수에 따라 알맞는 덮개를 그림과 같이 씌워야 한다.

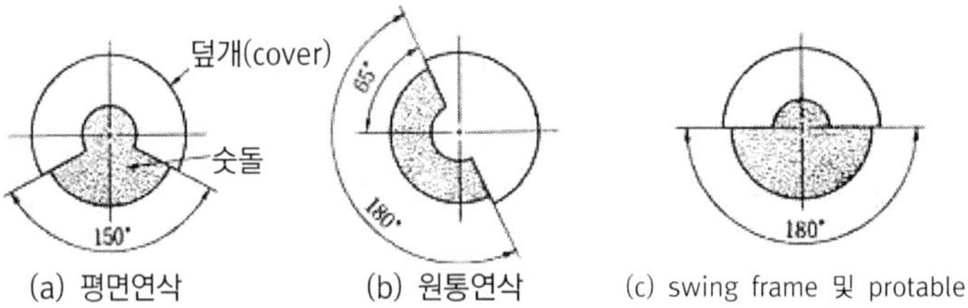

그림 6-414 숫돌덮개

(4) 숫돌의 취급:

숫돌을 보관할 때에는 목제(木製)의 선반 또는 wheel hanger에 놓아 진동이나 충격을 받지 않게 하는 것이 좋으며, 많은 양을 포개 놓거나 중량물(重量物)을 올려 놓지 않도록 한다. 대형의 숫돌을 운반할 때에는 숫돌면이 손상을 입지 않도록 보호하여야 한다.

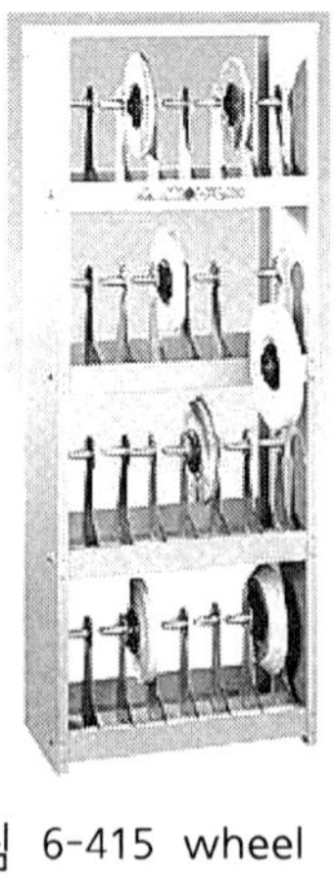

그림 6-415 wheel hanger

7장 정밀입자가공

7.1 개요

절삭가공 또는 연삭가공에서 생성된 면을 연삭입자나 수돌편(片)을 사용하여 치수정밀도와 조도를 한층 높이는 가공을 정밀입자가공이라 하기로 한다. 정밀입자가공에서는 절삭가공 및 연삭가공에서와 같이 가공물에 큰 압력을 가하여 절삭인을 일정한 깊이까지 절입(切入)시키는 것이 아니고 상대적으로 낮은 압력하에서 문지르므로써 미세한 가공을 한다. 가공 능률보다는 정밀도, 즉 다듬질가공(finishing)이란 관점에서 별도 취급키로 하였으며, 정밀입자가공의 정밀도가 공구 구동장치의 기하학적 정밀도와는 무관하고, 공구자체의 기하학적 및 역학적 성질에 의해 정해지는 가공현상에 의해 결정된다는 것이 절삭가공 또는 연삭가공과 다른 점으로서, 정밀입자가공을 하는 공작기계 이상의 가공정밀도를 얻을 수 있다. 본 편에서는 honing, lapping, super-finishing, buffing 및 polishing, barrel 가공을 포함키로 한다.

7.1.1 honing

honing은 boring 및 내면연삭기 등에 의하여 가공된 원통내면(圓筒內面) 세립자(細粒子)로 된 각봉형(角棒形)의 숫돌(abrasive stick)을 원통 주위에 끼워 넣은 hone 이라는 공구를 회전과 동시에 축방향으로 왕복운동을 주어 가공면에 가볍게 접촉운동시키므로써 정밀가공하는 것이며, 이에 사용되는 기계를 honing machine이라 한다.

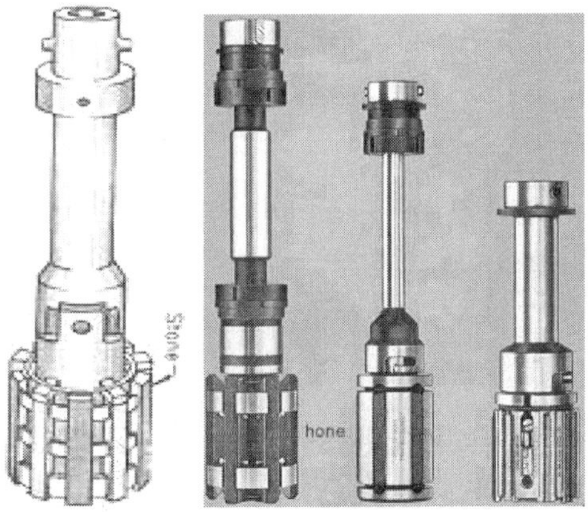

그림 7-1 honing 공구

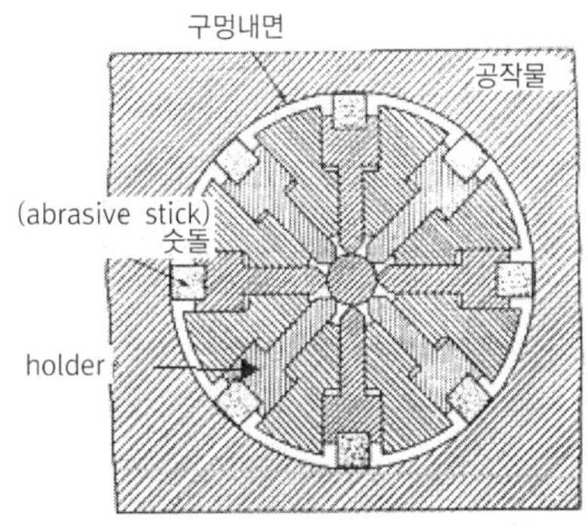

그림 7-2 가공면과 숫돌의 접촉

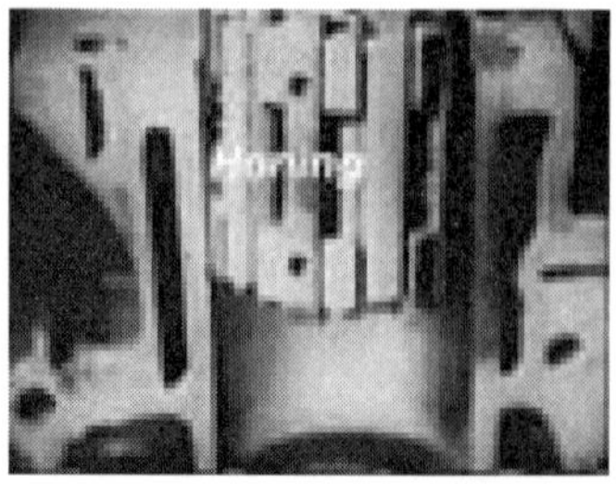

그림 7-3 hone 및 숫돌

7.1.2 lapping

가공물 표면과 주칠 및 구리와 같은 연한 재료로된 회전연마반(回轉硏磨盤)인 lap 공구 사이에 연마제인 lap 제(lapping powder)넣고 상대 회전운동시켜 정밀한 가공면을 얻는 가공을 lapping이라 하고, lapping에 사용되는 기계를 lapping machine이라 한다.

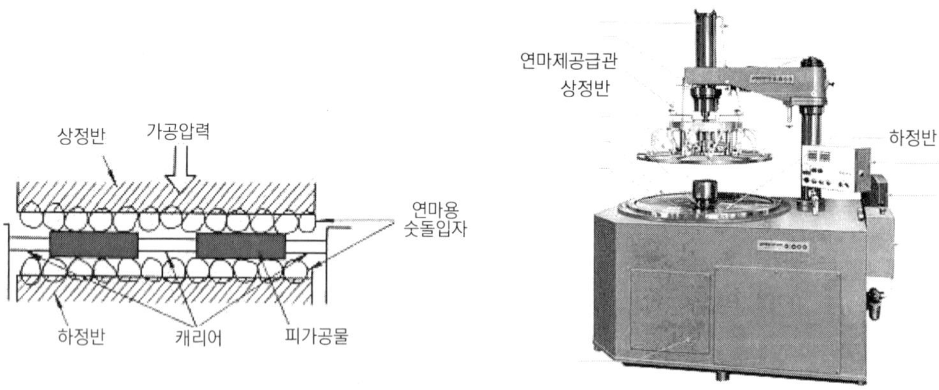

그림 7-4 lap 제의 작용

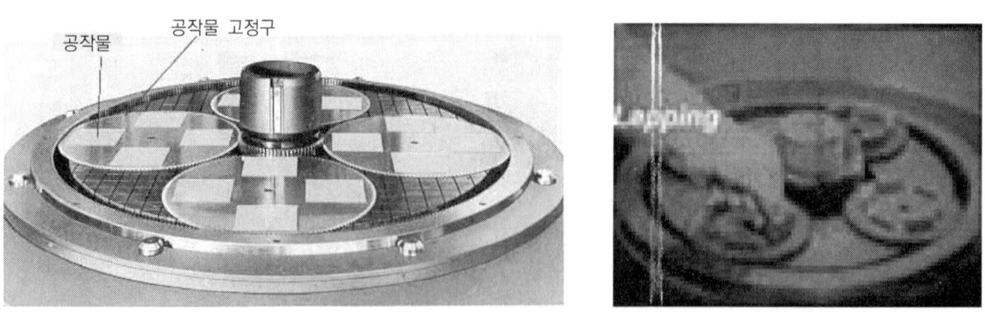

그림 7-5 work holding plate에 공작물을 놓고 공작액을 공급하면서 lapping하는 것을 보여준다.

7.1.3 superfinishing

superfinishing은 입도(粒度)가 작은 연한 숫돌을 그림과 같이 가공면에 낮은 압력을 가하면서 가공물의 축방향으로 진동을 주어 숫돌에 의한 방향성이 없고 고정도의 가공면을 얻는 가공법이다.

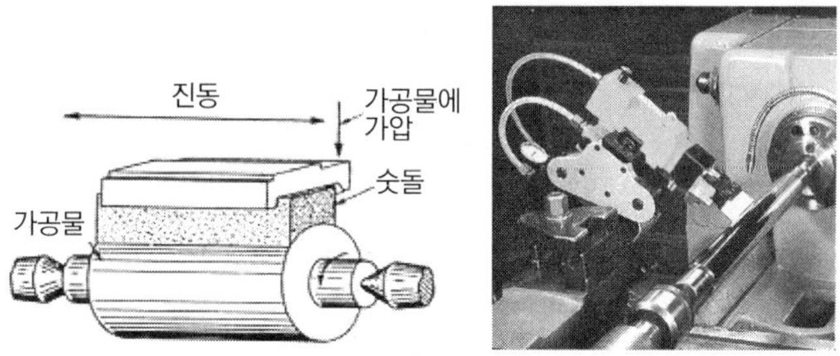

그림 7-6 원통 외면의 superfinishing

7.1.4 buffing과 polishing

직물(織物; cloth) 등의 부느러운 원반(圓盤; cloth wheel)에 지료(砥料; compound)를 부착시키고 고속회전시킨 상태에서 가공물을 접촉시켜 미량(微量)의 금속을 제거함으로써 가공면을 다듬질하는 가공을 buffing이라 한다. polishing을 buffing과 동일하게 취급하는 수도 있으나, polishing은 연삭숫돌과 같이 산화 aluminum 등의 연마입자가 부착된 연마 felt(abrasive felt)에 의한 가공으로서, buffing에 선행되는 가공이라 볼 수 있다.

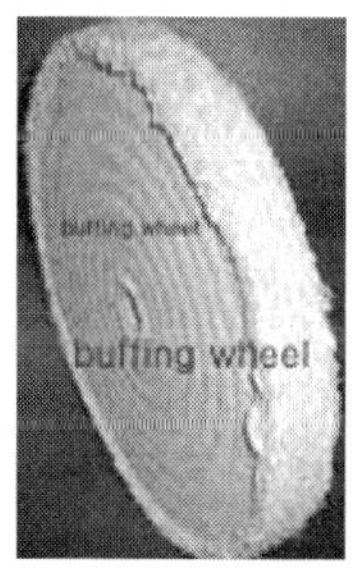

그림 7-7 buffing wheel

그림 7-8 buff

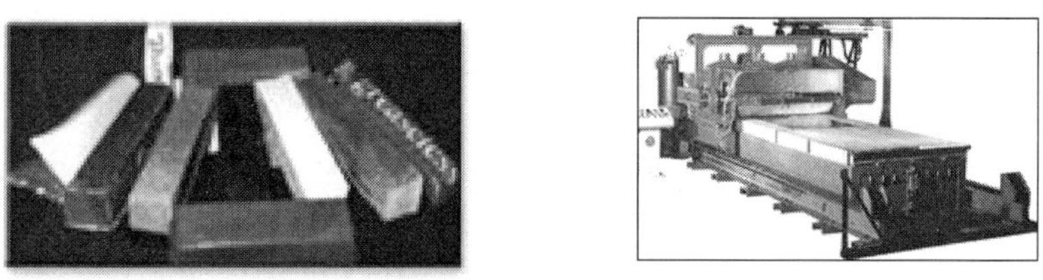

그림 7-9 sheet buffing machine

그림 7-10 buff와 bar compound

그림 7-11 buffing machine

7.1.5 barrel 가공

회전 또는 진동하는 통 속에 공작물과 숫돌입자, 공작액, compound 등의 media를 넣고 서로 충돌시켜 가공물표면의 burr 제거, scale 제거, 조도향상, 광택처리 등의 가공으로써 매끈한 면을 얻는 것을 barrel 가공, barrel 다듬질 또는 barrel finishing이라 하고, 그 통을 barrel이라 하며, barrel 내부는 고무 등으로 lining되어 있다.

7.2 honing

honing공구에 Al_2O_3 또는 SiC의 숫돌을 끼워 구멍내에서 회전과 동시에 왕복운동을 시켜 구멍내면을 정밀가공하는 것을 honing이라 하고, 이 가공을 하는 기계를 honing machine이라 한다. honing에 적합한 가공물 재료에는 주철, 강, 초경합금, 황동, 청동, Al, Cr, 은 등의 금속과 유리, ceramics, plastic 등의 비금속이 있으며, 경도에 제한이 없고, 다만 honing 속도에 차이가 있을 뿐이다. honing은 원통 內外面의 어느것에도 가능하나 cylinder, 포신(砲身), bush, bearing race 등과 같이 주로 원통 내면가공에 사용된다. 작업중에 다량의 절삭유제를 공급하므로써 발생열을 제거하고, chip을 배출시켜 절삭작용을 돕는다. honing machine에는 수직형과 수평형이 있으며, 주로 수직형이 사용된다. 구멍의 지름이 작고 길이가 길 때에는 설치상 어려움 때문에 수평형이 사용된다. 다기통(多氣筒)을 동시에 honing 하기 위한 multiple spindle honing machine도 있다.

honing의 장점을 들면 다음과 같다.

- 발열(發熱)이 적고 경제적인 정밀가공을 할 수 있다.
- honing 전에 있는 진직도, 진원도, taper 등을 바로 잡는다.
- 표면정밀도를 높인다.
- 치수정밀도를 높인다.

7.2.1 hone(honing 공구)

honing 숫돌을 고정하고 가공물에 압력을 가하면서 가공하는 부품이며, 그림은 내경용 hone으로서 회전자루부(shank), 원추봉(cone rod), 구동축(drive shaft), 팽창부(expander), 원추(cone) 및 몸체(body)로 되어 있다. shank는 taper에 의해 honing machine의 주축에 고정되고 구동축이 가공구멍의 축선과 일치하도록 universal joint가 있으며, 원추봉으로 원추를 아래로 밀어 숫돌을 가공구멍의 표면에 접촉시키고 회전시키면 원심력에 의하여 숫돌를 묶어 놓은 spring이 늘어나면서 숫돌이 가공면에 압력을 가한다.

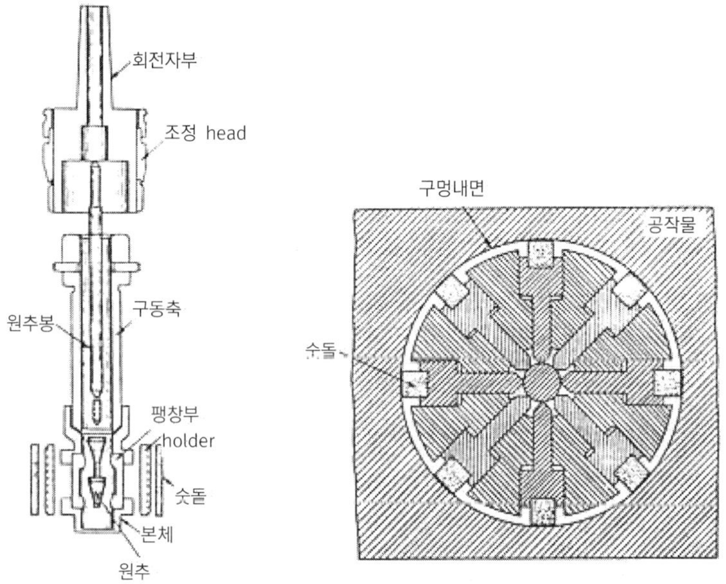

(a) 고정식 honing 공구 (b) 가공물과 숫돌의 접촉

그림 7-12 hone

(1) honing 숫돌(abrasive sticks):

hone에 고정하는 角形 숫돌(abrasive stick)의 재질로는 Al_2O_3 및 SiC가 주로 사용되나, 초경합금이나 자기(磁器) 등에는 diamond가 사용된다. 결합제로는 Vitrified bond나 resinoid bond가 주로 사용된다.

(2) 입도(粒度):

가공물의 요구되는 표면정밀도에 다라 거친 다듬질에는 #120 ~ 180, 중간 다듬질에는 #320 ~ 400. 정밀 다듬질에는 #600 이상의 입도를 갖는 숫돌이 사용된다. 그림은 honing 숫돌의 입도와 가공면의 조도와의 관계를 보인다.

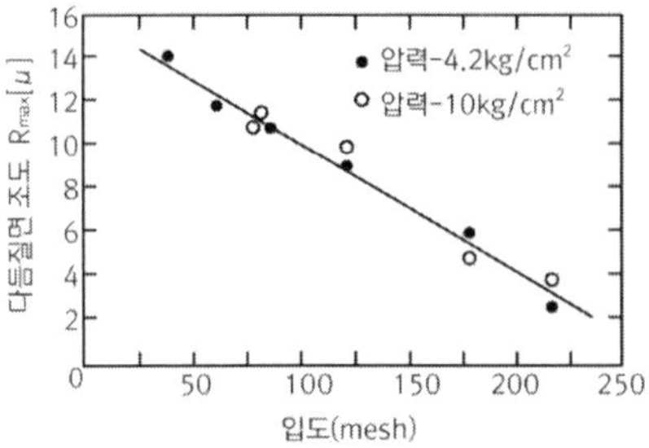

그림 7-13 숫돌의 입도와 가공면의 조도

(3) 경도(硬度):

가공물의 표면 전체에 균일하게 접촉하고, 새로운 절삭인이 출현할 수 있도록 비교적 숫돌의 경도(결합도)가 작은 숫돌을 사용한다. 열처리 경화강에서는 J ~ M, 연강에서는 K ~ N, 주철 및 황동에서는 J ~ N 범위의 것을 사용한다. 다음 표는 각종 가공재료의 다듬질 여유에 대한 honing 숫돌의 선택조건을 숫돌 표시법으로 나타낸 것이다.

honing 숫돌의 선택

피삭재	다 듬 질 여 유			
	0.15~0.304(mm)	0.05~0.127(mm)	0.0127~0.037(mm)	0.0025~0.01(mm)
연 강	A-120-N A-180-M	A-180-M A-220-L	A-220-L A-320-L	A-400-K A-500-K
열 처 리 강	A-120-M A-180-L	A-180-L A-220-L	A-220-K A-320-K	A-400-J A-500-I
경 강 $R_2 \geq 60$ Cr 강	A-180-L A-220-K	A-220-K A-220-J	A-320-J A-320-I	A-500-J A-500-I
주 철 가 단 주 철	C-120-N C-180-M	C-180-M C-220-L	C-320-L C-320-K	C-500-K C-500-J
황 동 청 동 alluminium	A-180-L A-220-K	A-220-K A-220-J	A-320-L A-320-K	A-500-K A-500-J

(4) honing 숫돌의 크기:

숫돌의 작용면적이 구멍의 크기에 비하여 어느 비의 값을 가져야 한다. 즉 ℓ: 숫돌의 길이, D: 구멍의 지름, b: 숫돌의 총폭, A: 숫돌의 작용면적이라 하면 접촉면적비 φ는 다음과 같다.

$$\rho = \frac{A}{l \cdot \pi D} = \frac{A}{\pi D^2}$$

보통 $\lambda = \frac{l}{D} = 1 \sim 2$에서 $\frac{l}{D} = 1$을 취하고, $\rho = \frac{b}{\pi D} = 0.6 \sim 0.8$라 하면

$$\rho = \frac{l \cdot b}{\pi D^2} = \frac{l}{D} \cdot \frac{b}{\pi D} = \lambda \cdot \rho$$

숫돌의 길이가 구멍 길이의 1/2 보다 크면 공작물에 접촉하지 않는 곳이 있어 수돌의 마모가 불균일하여 가공 구멍의 치수가 불균일하게 된다. 따라서 숫돌의 길이는 가공 길이의 1/2 보다 크면 안 된다.

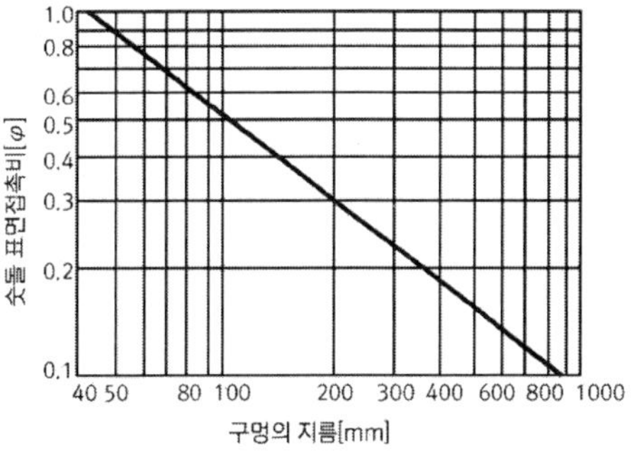

그림 7-14 구멍 지름과 숫돌 표면적의 접촉비

7.2.2 가공액(加工液)

가공액은 honing 숫돌에 끼워진 chip을 제거하여 절삭능력을 향상시키고, 윤활작용으로 가공면의 표면조도를 좋게하며, 발생되는 열을 제거한다. 일반적으로 황화유(黃化油), lard유 등과 석유의 혼합액이 honing 할 때 대부분의 금속에 좋은 결과를 보인다. honing에는 수용성(水溶性) 절삭유제가 윤활성의 관점에서 바람직하지 않다.

7.2.3 속도와 압력

hone의 회전수가 너무 크면 열이 많이 발생하고, 숫돌 표면에 chip이 고착(固着)되어 절삭능력이 저하한다. 그림은 열처리된 Mo강을 원주속도와 왕복속도를 비례적으로 증가시켜 흠자국이 24.6°가 되게 했을 때의 절삭속도에 대한 숫돌 손모량과 다듬질량의 관계이다.

honing 속도

피삭제	경도[R_c]	공작물 형상	주속도[m/min]	피삭제	경도[R_c]	공작물 형상	주속도[m/min]
주철	15~50	홈 있음	61	강	15~35	홈 있음	45
	15~50	홈 있음	33		15~35	홈 있음	24
	50~65	홈 있음	33		35~50	홈 있음	24
	50~65	홈 있음	18		35~50	홈 있음	18
					50~65	홈 있음	24
					50~65	홈 있음	15

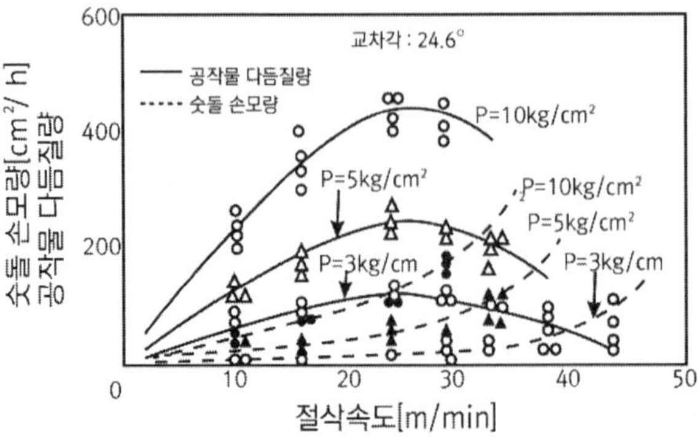

그림 7-15 절삭속도에 대한 숫돌 손모량과 다듬질량

honing 숫돌의 회전운동과 왕복운동에 의하여 그림과 같은 흠자국을 내면서 가공하고, 흠자국의 방향을 왕복운동속도와 원주속도의 비로써 나타낸다.

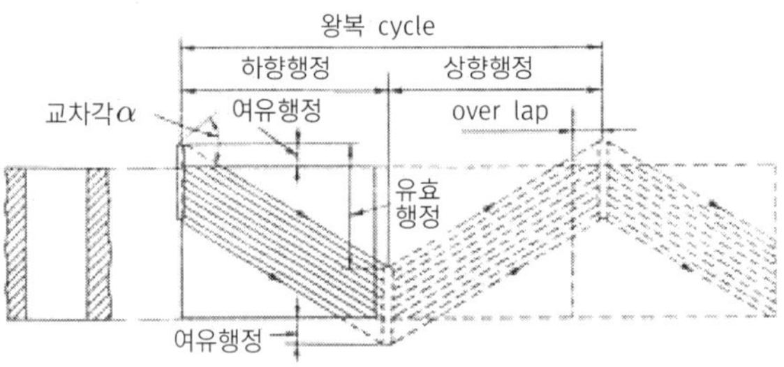

그림 7-16 회전운동과 왕복운동에 의한 흠자국

va: 숫돌의 왕복운동속도, vc: 원주속도라 하면

$$\tan\frac{\alpha}{2} = \frac{V_a}{V_c}$$

가 되며, α가 너무 크거나 작으면 지립(砥粒)이 같은 흠자국을 통과하여 절삭량이 줄어든다. 다음 그림에서 교차각이 40 ~ 50°일 때 다듬질량이 가장 많다는 것을 알 수 있다. 즉, 정도가 좋다는 것이다.

honing 압력은 가공면의 정밀도와 작업능률에 영향을 준다. 압력이 커짐에 따라 다듬질량은 증대하나, 압력이 너무 크면 다듬질량의 증가는 압력의 증가에 따르지 못하고, 발생열과 숫돌의 손모만 커진다. 다음 그림은 압력과 다듬질량의 관계를 나타낸 것으로서, 다듬질량이 압력 10 kg/cm²까지는 압력에 거의 비례하나, 그 이상에서는 다듬질량이 거의 일정하다.

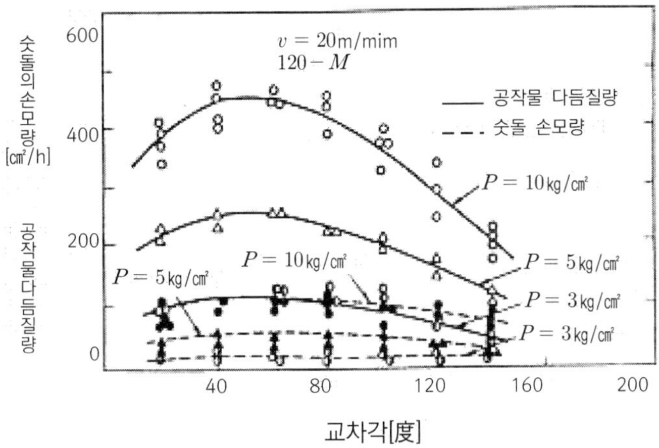

그림 7-17 회전운동과 왕복운동에 의한 흠자국

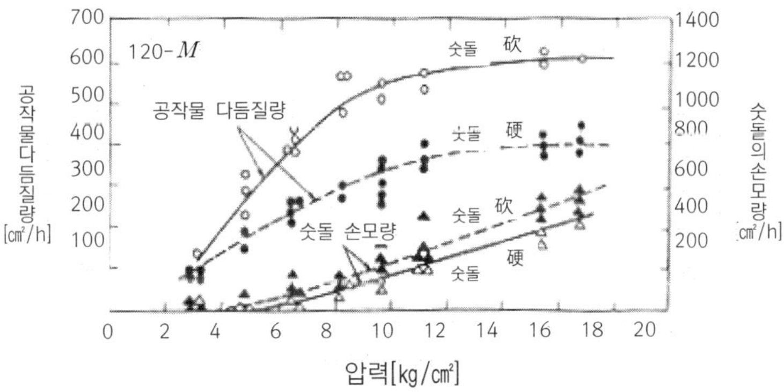

그림 7-18 숫돌의 압력에 대한 다듬질량

7.2.4 액체(液體) honing(liquid honing)

가공물 표면에 공작액(工作液)과 미세연삭입자(微細研削粒子)의 혼합물을 분사하여 매끈한 다듬질면을 얻는 가공법을 액체 honing이라 한다. 입자의 hammering 효과로 인하여 가공면이 strain 경화되고, 피로강도(疲勞强度; fatigue strength)와 내마모성(耐磨耗性)이 증가된다. 그림에서와 같이 공작물의 오목한 부분은 공작액이 채워져 있으므로 볼록한 부분에 지립(砥粒)이 충돌하여 평탄한 가공면이 되게 한다. 지립으로는 carborundum, alundum, SiO_2를 #600 ~ #500으로 하고, 물과 지립의 비는 1 : 1 로 한다. nozzle과 공작물 표면과의 거리는 6 ~ 8 cm로 하고, 분사각은 45° 정도로 한다.

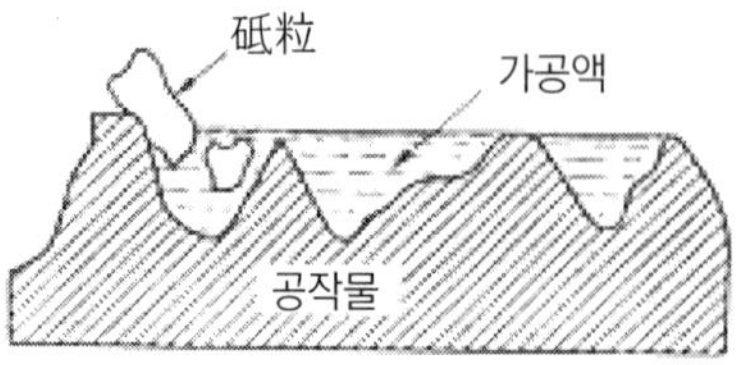

그림 7-19 액체 honing에서 지립의 작용

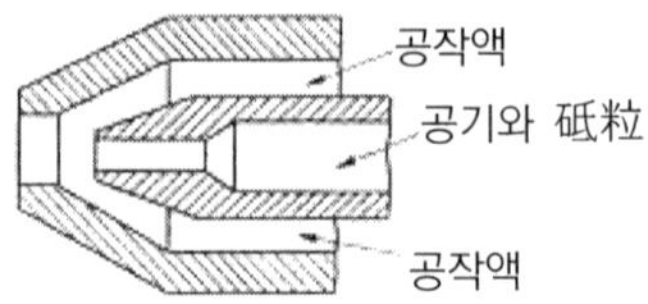

그림 7-20 액체 honing용 nozzle

액체 honing의 장단점은 다음과 같다.

[장점]
- 가공시간이 짧다.
- 가공물의 피로강도를 10% 정도 향상시킬 수 있다.
- 형상이 복잡한 것도 쉽게 가공할 수 있다.
- 가공물 표면의 산화막이나 burr를 쉽게 제거할 수 있다.

[단점]
- 지립이 가공물의 오목한 부분에 묻어있어 접촉면을 마멸시킬 수 있다.
- 다듬질면의 정밀도(진직도, 진원도 등)가 그다지 좋지 않다.

7.3 lapping

주철, 구리 또는 목재와 같은 연질재료로된 회전원반(回轉圓盤)인 lap과 가공물 사이에 연마액인 lap 제(劑)를 공급하면서 lap과 가공물을 상대운동시켜 정밀가공하는 것을 lapping이라 한다. 다음 그림은 수직형 lapping machine 기구의 예로서, 1 → 2 → M → A의 순으로 동력이 전달되어 하부 lap을 회전시키고, M → 3 → 4 → 5 → 6 → N → P → H의 순으로 동력의 전달이 이루어지면서 상부 lap H를 저속 회전시킨다. 이 때 pin P의 이동으로 편심거리를 조정할 수 있다.

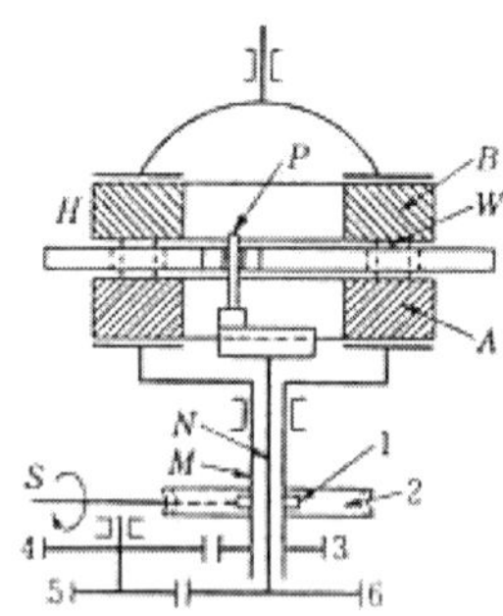

그림 7-21 수직형 lapping machine 기구

lapping으로 다듬가공을 요하는 것에는 block gauge, limit gauge, plug gauge, ball, roller, 내연기관의 연료분사 pump, prism, lens 등이 있다. lapping 액의 유무에 따라 습식법(wet method)과 건식법(dry method)이 있으며, lapping 다듬질의 장단점은 다음과 같다.

[장점]

- 거울면(mirror surface)과 같은 다듬질면을 얻을 수 있다.
- 잔류응력 및 열적 영향을 받지 않는다.
- 평면도, 진원도, 직직도 등에서 거의 이상적인 기하학적 형상을 얻을 수 있다.
- 다량생산에 적합하다.
- 시설과 작업방법이 간단하다.
- 다듬질면은 내식성과 내마모성이 좋다.

[단점]

- 작업자의 옷이 더렵혀진다.
- lap 제가 비산하여 다른 기계나 제품에 부착하면 마멸의 원인이 된다.
- 고도의 정밀가공을 위해서는 숙련을 요한다.

7.3.1 lap 재료

lap은 재질이 연하고 입자가 치밀하여 표면에 공극(空隙)이나 결함이 없어야 하며, 주철, 구리, 연(鉛), 활자합금, Al, Babbit metal, 주석 등이 사용된다. lap의 형상과 재료면에서 곤란할 때에는 비금속재료인 목재, 가죽, fibre 등을 사용하기도 한다.

7.3.2 lap 劑와 lapping 油劑

lap 제(lapping powder)의 중요한 성질은 경도, 모서리의 예리함, 인성 등이다. 경도가 크고, 예리하고, 강도가 클 수록, 또는 입자가 쉽게 부서져서 새로운 절삭인이 출현하는 것이 가공능률이크며, 다듬질면의 조도를 좋게하기 위해서는 모서리가 예리하지 않고 둔한 것이 좋다. lap 제를 경도가 큰 것부터 나열하면 diamond, B6C(boron carbide), SiC, Al_2O_3 등이다. 다음 그림은 각각 lap 제의 종류에 따른 다듬질능률, lap 제의 농도에 따른 다듬질량, lap 제의 크기에 따른 다듬질 능률을 보여준다. 그림 (b)의 lapping 조건은 시험편의 지름 13.6 mm, 0.1%C의 탄소강과 0.9%C의 탄소강, 작용압력 1.46 ㎏/㎠, 회전수 300 rpm 이며 500 회전 전후에서 측정한 것이다. 그림 (c)에서는 보통 #200 이상의 것을 사용하는데 #800까지는 입자가 작아져도 lapping 능률에 크게 지장이 없다는 것을 알 수 있다. lap 제가 #1000 이상이 되면 가공면의 요철(凹凸)에 lap제가 잠입되어 lapping 유제와 함께 작용하는 lap 제가 적게되어 lapping 능률이 떨어진다.

래핑 파우더	LAPPING POWDER	
	精密硏磨는 A그레이드로 可能 SPEEDFAM의 축적된 노하우에 의해 개발된 래핑 파우더는 고밀도?도분포, 높은 연마율, 긴 수명, 향상된 경제성을 가진 A그레이드의 품질이다.	
FAM GC (GREEN CARBIDE)	다이아몬드 다음으로 경도가 높은 양질연마재이므로, 어떠한 경질의 재질도 초정밀 연마가 가능하다(20㎏/pack). 加工適応物 … 세라믹, 훼라이드, 수정, 초경합금, 초경공구 刄物類 등	
FAM C (S I S I C O N CARBIDE)	고열반응에 의해 GC다음으로 품질과 硬度가 있으므로 抗張力이 낮은 무른 재질의 硏應에 최적이다. 加工適応物 … 수, 알미늄, 석재, 경질고무, 유리 등	
FAM A (A L U M I N U M OXIDE)	강한 성을 가진, 불순물이 제거된 대표적인 인조연마재이므로 업종이나 재질에 관계없이 광법위하게 사용되고 있다(20㎏/pack). 加工適応物 … 실리콘쉐이퍼, 수정, 유리, 일반금속 등	
FAM MA (MICRO ALUMINA)	FAM·A 보다 초성이 낮은, 바꿔 말하면 경도가 높은 溶?精製에 의한 연마재이므로 동질의 피가공물을 정밀사상하는 것이 가능하다(20㎏/pack). 加工適応物 … 경동, 특수동, 高速度동, 수정	
FAM O (OPTICAL EMERY)	적정한 경도와 성이 있으므로 반도체나 광학렌즈의 加工適応物 … 실리콘, 게르마늄, GaAs, GaP, 렌즈, 프리즘, 수정, 옥석 등	

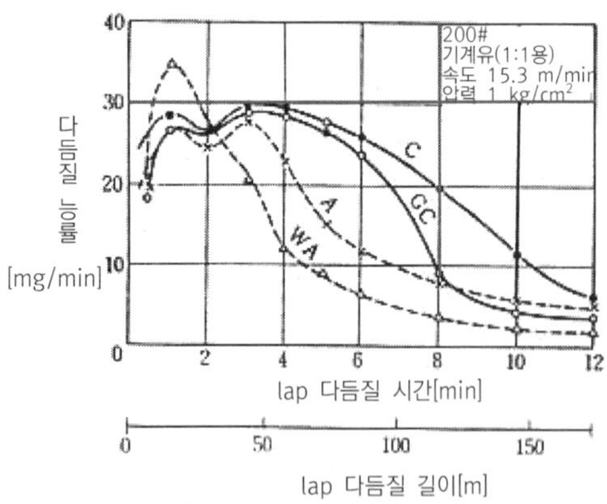

(a) lap 제와 다듬질률

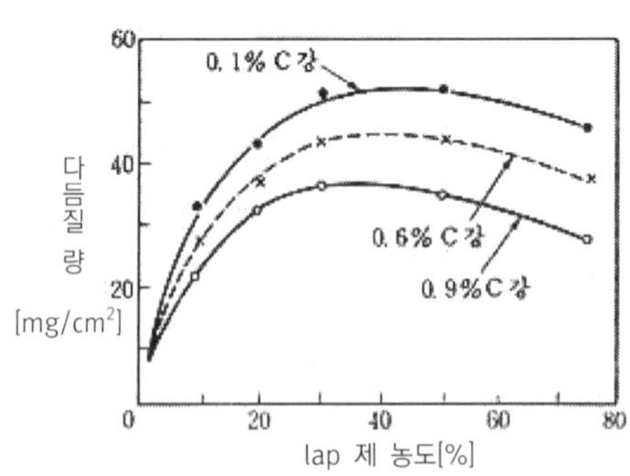

(b) lap 제 농도와 다듬질량

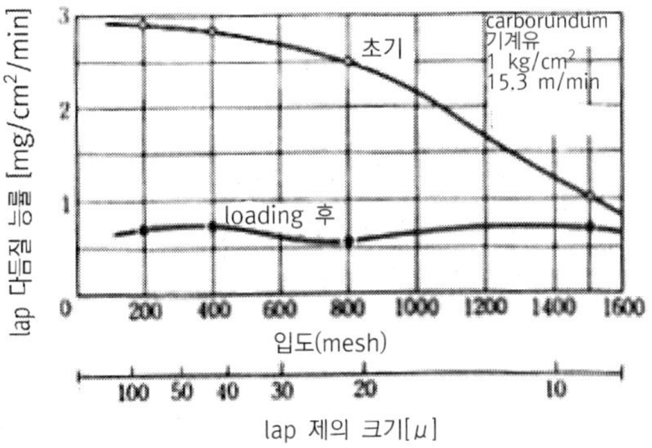

(c) lap 제의 크기[μ]와 다듬질 능률

그림 7-22 lap 제의 조건에 따른 다듬질 결과

lapping 유제에는 광물유와 식물유가 있으며, 보통 습식 lapping은 좋은 조도보다는 많은 다듬질량을 얻는 것이 목적이므로 점도가 적은 경유를 사용하는 것이 좋으나 어느 정도의 조도를 고려하여 경유에 spindle 유, 기계유 등을 혼합한다. 다듬질량이 적기는 하나 조도를 좋게 하기 위하여 점도가 큰 spindle 유, grease 등이 사용된다.

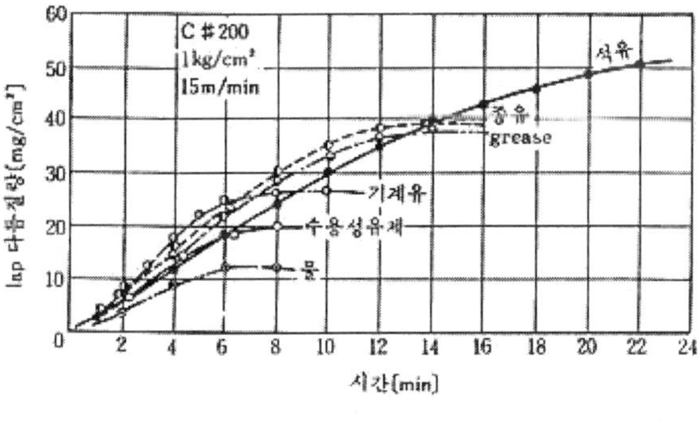

그림 7-23 유제에 대한 다듬질량

7.3.3 다듬질면의 조도

다음 그림은 각각 가공시간, lap제의 입도, 압력, 공작물의 경도, 습식과 건식에 대한 조도를 비교한 것이다.

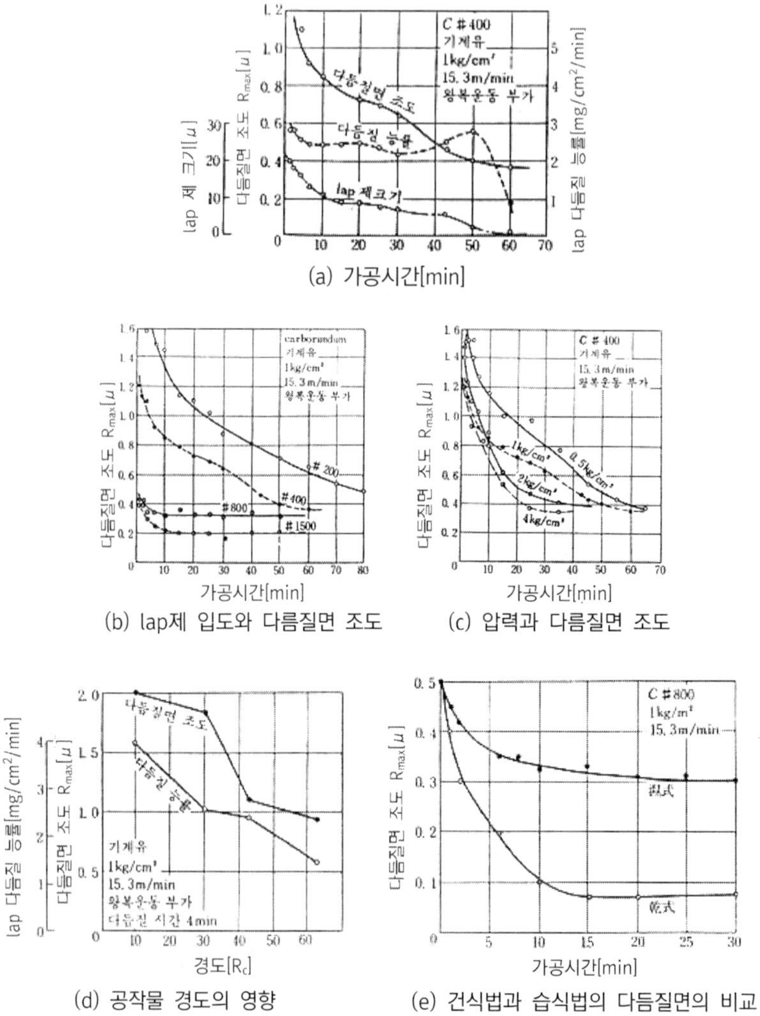

(a) 가공시간[min]

(b) lap제 입도와 다듬질면 조도

(c) 압력과 다듬질면 조도

(d) 공작물 경도의 영향

(e) 건식법과 습식법의 다듬질면의 비교

그림 7-24 다듬질면의 조도

7.3.4 lapping 방법

(1) 손 lapping(hand lapping):

hand lapping은 수기가공에 속하나 lapping이라는 공통점이 있기 때문에 lapping에 대하여 총체적으로 공부할 기회를 갖기 위하여 여기에 첨부한다.

평면을 lapping할 때는 lap(lap 정반)위에 적당량의 lap 제를 산포(散布)하거나 lap 제를 포함한 가공액을 칠하면서 손으로 가공물을 밀어붙이면서 왕복운동시켜 평면을 lapping한다. lap위에서 평면을 lapping할 때는 그림 (A)와 같이 가장자리가 다른 곳에 비하여 많이 가공되며, 특히 lapping제를 많이 공급하거나 lapping 압력 및 lapping 속도가 클 때 이런 현상을이 심하므로 주의가 필요하다. lap과 가공물의 크기가 다를 때에는 그림 B와 같이 가공면이 볼록 또는 오목면이 될 수 있으므로 이를 방지하기 위하여는 lap의 다른 면 또는 다른 lap에서 가공할 필요가 있다. 그림 C(a)와 같이 가공물을 장시간 손으로 잡고 열팽창이 된 상태에서 가공한 후 온도가 강하하면 그림 C(b)와 같이 볼록한 면이 될 수 있으므로 정밀제품을 얻기 위하여는 부도체를 사용하여 가공물을 잡고 가공할 필요가 있다.

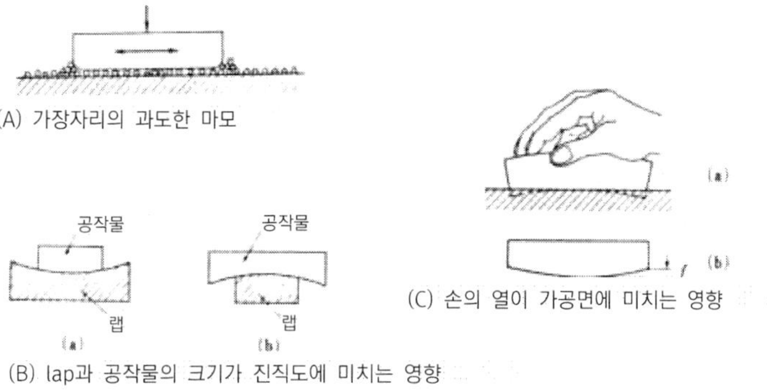

그림 7-25 손에 의한 평면 lapping

다음 그림은 원통의 내외면을 가공할 때 사용되는 lap을 예시한 것으로서, lapping제를 공급하면서 lap을 가공물의 축방향으로 왕복운동 시키면서 원통의 내외면과 상대 회전운동접촉을 시킨다. lap에는 가공부위에 따라 plug gage 등의 lapping에 사용되는 ring lap(externak lap)과 구멍 내부를 lapping하는데 사용되는 internal lap(hole lap)이 있으며, lap 지름의 조절 여부에 따라 lapping 이 되지 않은 상태의 지름을 갖는 lap에서 완성치수에 달하는 지름에 이르기까지의 다단계 치수로 된 1set의 lap과 가공의 진행에 따라 지름을 조절할 수 있는 조절 lap이 있다.

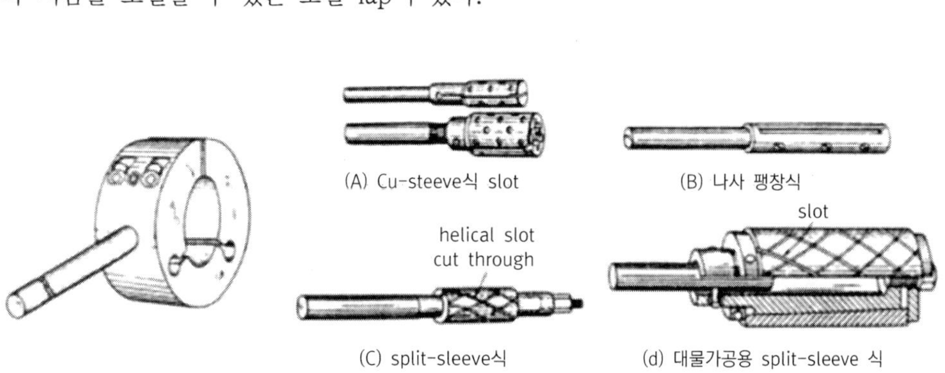

그림 7-26 원통의 내외면용 lap

(2) 기계 lapping:

① 원통 lapping:

홈 파진 retainer가 원통형상의 공작물을 지지하고 lap의 속도는 반지름의 위치에 따라 다르므로 가공물의 모든 부분이 고르게 lapping 되려면 접촉되는 원주속도가 가공물의 모든 점에서 고르게 되어야 하는 문제가 있다.

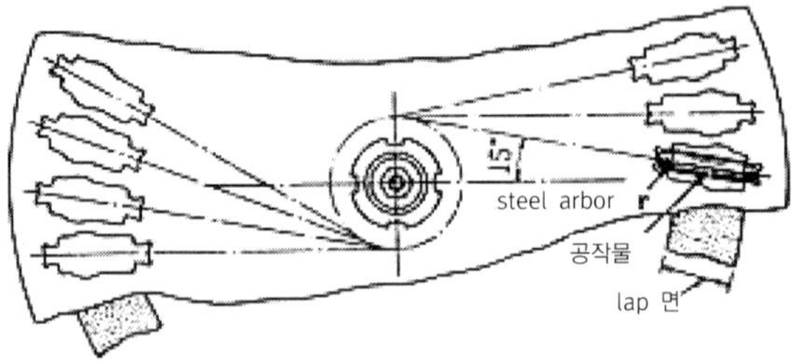

그림 7-27 원통 lapping을 위한 공작물의 고정구(retainer, workholder)

② 평면 lapping:

그림은 얇은 공작물의 평면 lapping을 위한 공작물의 고정구로서, 선회운동을 하여 공작물과 lap의 상대운동량을 고르게 하고 공작물과 lap의 접촉면이 바꾸어 지기 때문에 양호한 평면도를 얻을 수 있으며, 동시에 다수량의 양면 가공을 할 수 있다.

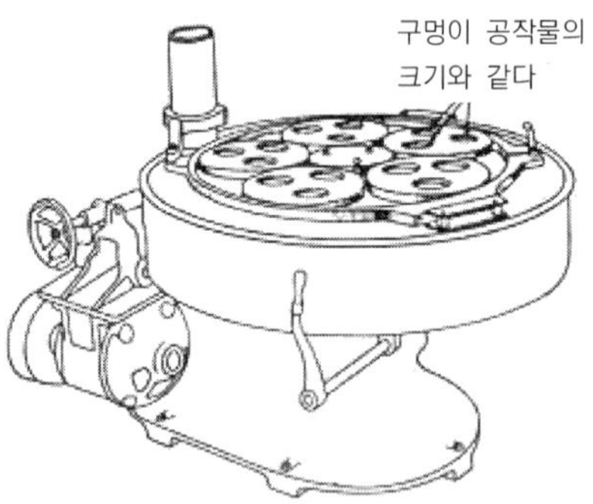

그림 7-28 평면 lapping을 위한 공작물의 고정구(retainer, workholder)

③ 기타 lapping:

다음 그림은 centerless lapping과 구면(球面) lapping의 예를 보여는 것으로서, 그림 (a)의 centerless lapping 장치에서는 centerless grinding machine에서 보다 숫돌차

와 조정차의 폭이 커서 가공물과의 접촉을 길게 하였여 grinding lap, first lap 및 final lap을 순차적으로 바꾸어 가면서 원통외면을 정밀가공한다.

구면(球面) 또는 ball의 lapping에서는 가공될 면의 형상과 반경을 갖는 오목면(concave) 또는 볼록면(convex)의 lap을 사용한다. 그림 (b)의 왼쪽에서는 drilling machine 등의 주축과 가공물의 중심이 동일 선상에 있도록 crank 기구와 공작물을 장착하여 crank 상의 lap과 가공물이 상대적으로 선회운동 접촉을 하게하고, 그림 (b)의 오른쪽에서는 lap 축과 공작물축이 교차하며 동시에 회전하고, lap과 가공물이 각각의 축에 일체로 고정되어 있다.

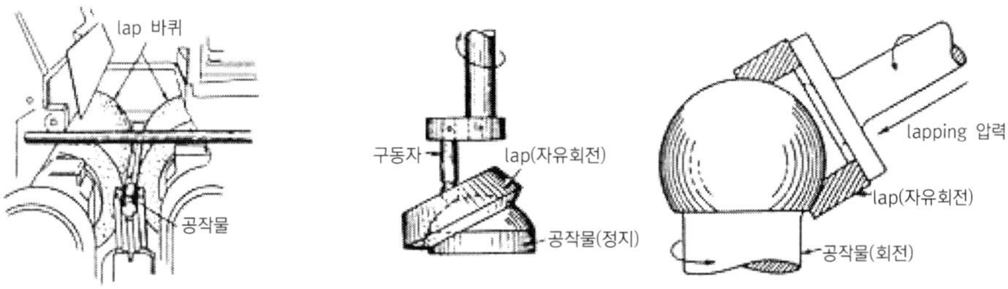

(a) centerless lapping 장치 (b) 구면 lapping 장치

그림 7-29 기타 lapping

7.4 superfinishing

superfinishing은 원통면, 평면 또는 구면에 미세한 입자로 된 숫돌을 접촉시키면서 진동을 주는 정밀가공이며, 이것은 치수 변화가 주목적이 아니고 고정도의 표면을 얻는 것이 주목적이다. 연삭에서는 숫돌과 가공면의 접촉면적이 작아서 이송자국이 생기지만 superfinishing에서는 접촉면적이 크고 회전하는 가공물의 축방향으로 진동을 주어 동일 숫돌입자가 같은 자리를 연삭하지 않기 때문에 연삭자국이 거의 없다.

superfinishing의 특징과 효과

특징		예	효과
숫돌	결합도	G~M	1. 다듬질 시간이 짧다. 2. 다듬질면이 매끄럽다. 3. 치수 정도가 높다. 4. 다듬질면의 내마모성이 좋다. 5. 다듬질면의 내식성이 좋다. 6. 다듬질면의 마찰 성능이 좋다.
	입도	# 100~1000	
운동	다방면	-	
	저속도	15~20 m/min	
	경진동	진폭 진동수 1000~ 1~4 mm, 2500 cycle/min	
압력	소	0.4~2 kg/㎠	
공작액	점도가 적당한 것 다량	석유 3+machine 유	

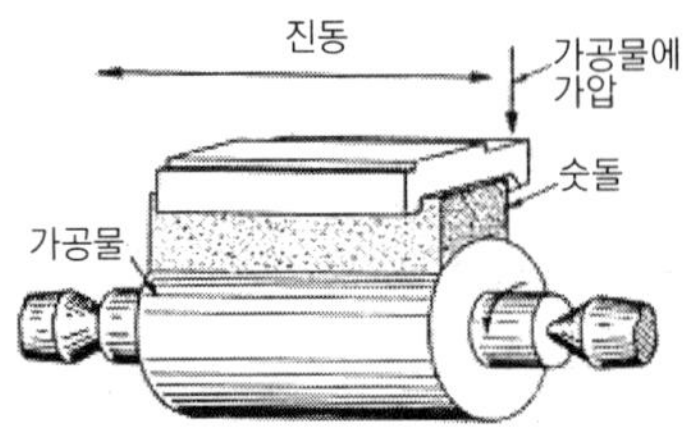

그림 7-30 원통 외면의 superfinishing

7.4.1 숫돌

(1) 숫돌(砥石) 재료:

입자로는 일반적으로 Al_2O_3 및 SiC가 사용되고, 최근에는 CBN 또는 diamond가 사용된다. 결합제로는 vitrified, silicate, resinoid, rubber 등이 사용된다.

(2) 입도(粒度):

입자가 크면 다듬질 능력은 크게 되지만 다듬질면의 조도는 좋지 않게 되며, 입자가 작으면 반대의 결과를 가져온다. 그러나 입자가 작을 때 눈막힘(loading)이 생겨 전가공면이 고루 가공되지 않기 때문에 오히려 좋지 않은 표면 상태를 얻을 수도 있다.다음 표는 가공물에 대한 숫돌의 적당한 입도를 보여 준다.

숫돌의 입도

공작물	압도[#]
brake판, clutch판, 관성바퀴	180~320
crank축, cam축, piston, valve rod	500
鏡 面	600

(3) 결합도(結合度):

연삭숫돌의 결합도에 비하여 연한 것을 사용하며, 결합도가 크면 새로운 입자의 출현이 힘들고, 너무 무르면 숫돌의 손모가 크고 다듬질면이 거칠다. 가공조건에 따라서 적당한 결합도를 선정하여야 하나 보통 H ~ M 범위로 한다.

7.4.2 숫돌의 압력

숫돌의 압력 大小에 따라 숫돌의 손모량, 가공면의 조도, 다듬질량 등이 달라지며, 그림은 이들의 경향을 보여준다. 숫돌의 압력은 honing의 것에 비하여 낮고, 0.2 ~ 2 kg/㎠의 범위에 있다.

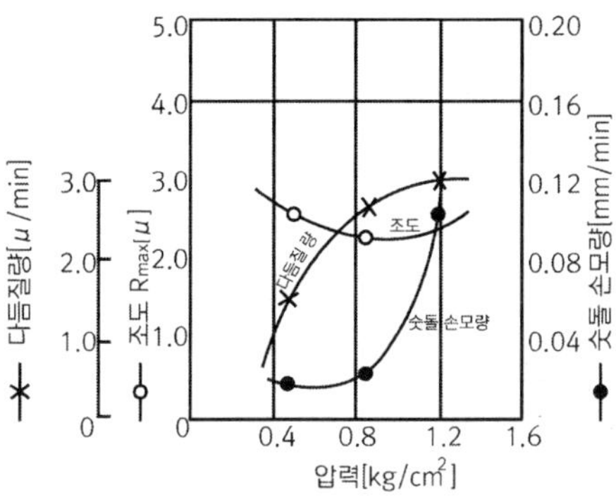

공작물의 경도와 압력

공작물 재료	Shore경도	압력(kg/㎠)
경 강	21~30	〈 0.8
반 경 강	17~32	〈 0.8
주 철	27~36	〈 1.1
aluminium	11~13	〈 0.2

그림 7-31 숫돌 압력의 영향

7.4.3 공작물의 속도

공작물의 속도가 크면 지립(砥粒)에 작용하는 절삭저항이 작으므로 결합도가 큰 숫돌을 사용하는 것과 같은 효과로서 신생립(新生粒)의 출현이 어렵게 되며 절삭능력이 떨어진다. 반면에 속도가 느리면 다듬질 능률은 크게 되나 가공면이 거칠게 된다. 이상의 것을 고려하여 가공초에는 6 ~ 10 m/min의 저속, 마무리에서는 8 ~27 m/min으로 하는 것이 좋다. 그림은 공작물의 속도가 조도 및 (숫돌손모량/절삭길이)에 미치는 영향을 보여준다.

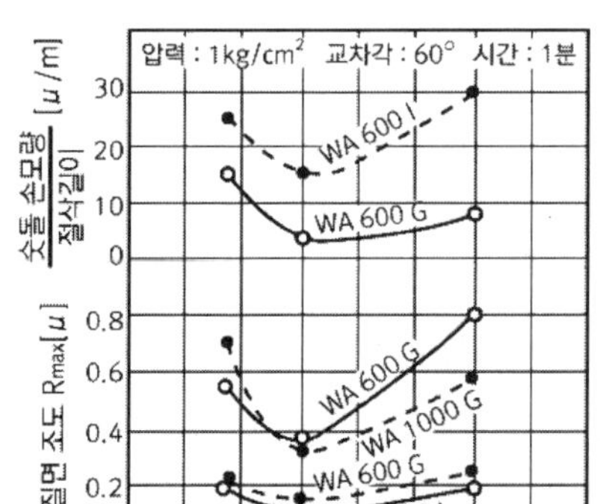

그림 7-32 공작물속도의 영향

7.4.4 숫돌의 진동수와 진폭

숫돌의 진동수가 높고 진폭이 작은 것이 특징이며, 공작물의 원주속도와 관련시켜 지립이 동일한 경로를 지나지 않도록 하여야 한다. 다음 그림에서 θ: 흠의 교차각, N: 회전수(rpm), n: 진동수, a: 진폭이라 하면 $\tan\frac{\theta}{2} = \frac{2a \cdot n}{\pi D \cdot N}$에서

$$\frac{\theta}{2} = \tan^{-1}\frac{2a \cdot n}{\pi D \cdot N}$$

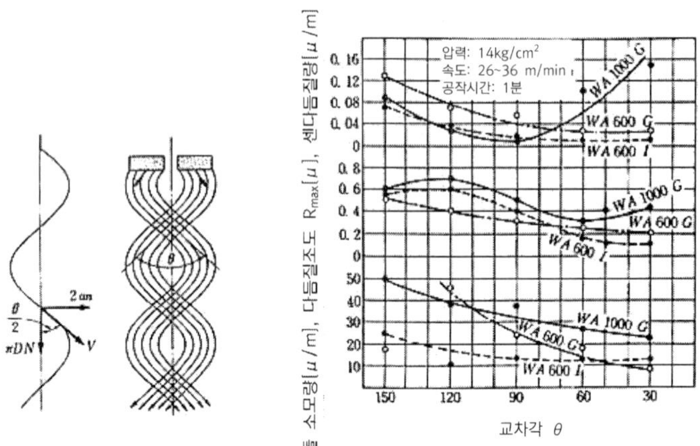

(a) 숫돌의 진동수와 진폭 (b) 교차각의 영향

그림 7-33 숫돌의 진동수와 진폭

7.4.5 공작액(工作液)

절삭작용의 관점에서는 공작액의 점도가 낮아서 숫돌의 세척작용을 잘 하여야 하나, 조도의 관점에서 보면 점도가 커야 한다. 일반적으로 석유가 사용되고, spindle 유 및 기계유를 10 ~ 30% 혼합하여 사용할 때도 있다.

7.4.6 superfinishing 장치

(1) 원통면의 superfinishing 장치:

원통면의 superfinishing은 여러가지 기계에서 할 수 있으나 그림은 superfinishing 장치를 선반에 설치하여 사용하는 예이다. 장치의 구조는 숫돌에서 오는 하중을 spring으로 지지하고 숫돌을 진동시키도록 되어 있으며, 숫돌을 가공물 원통의 길이 방향으로 425 cycle/min로 진폭 5 mm 정도 진동시킨다. 공작물의 원주속도는 15 ~ 18 m/min, 숫돌의 압력은 1.5 ㎏/㎠ 정도로 하고, 숫돌의 폭은 공작물 지름의 60 ~ 70% 정도로 하며,

길이는 공작물의 것과 같게 하는 것이 보통이다. 가공면의 정밀도는 0.3 μ 정도이며, 가공시간은 1 min 정도면 된다.

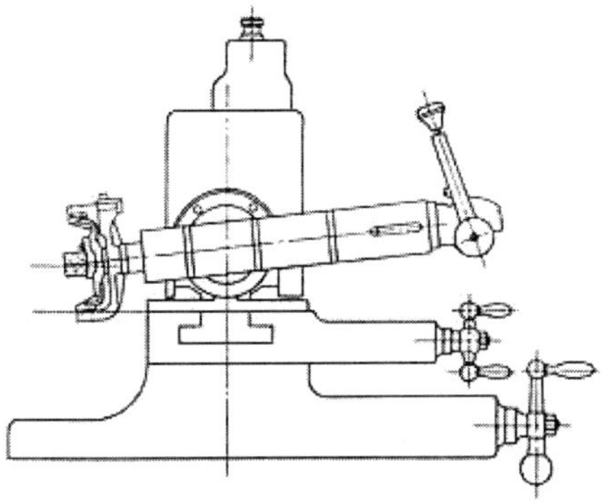

그림 7-34 선반 또는 원통연삭기상의 superfinishing 장치

숫돌의 dressing과 truing은 공작물에 사포(砂布)를 감고 숫돌을 사포에 접촉시켜 숫돌이 원호형(圓弧形)으로 되게 한 후 diamond 공구가 설치된 boring bar에 의하여 숫돌면을 완싱한다.

(2) 평면과 구면의 superfinishing 장치:

평면과 구면(球面)의 superfinishing 장치는 그림과 같이 숫돌축과 공작물의 고정축이 상하에서 동시에 회전하도록 되어 있다. 상부의 숫돌은 회전운동과 동시에 진동을 하며, 하부의 공작물 고정축은 회전만을 한다. cup형 숫돌축을 하부의 축에 대하여 평행이 아닌 어떤 각도로 경사시키면 구면의 가공을 할 수 있다.

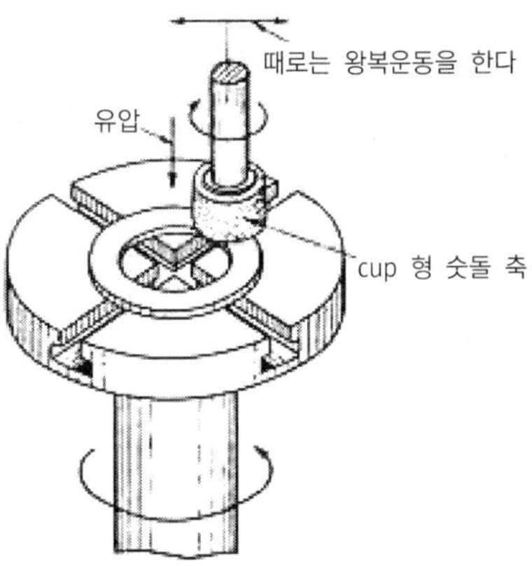

그림 7-35 평면 superfinishing 장치

7.5 buffing과 polishing

직물(織物; cloth) 등의 연질 재료로 만든 buff라 하는 회전원반(回轉圓盤; buffing wheel)에 지료(砥料; buffing compound)를 부착시키고 가공물을 접촉시켜 다듬질하는 가공법을 buffing이라 하고, buffing을 하는 기계를 buffing machine이라 한다.

buffing은 최종다듬질 및 도금을 위한 전처리 등에 이용된다. 때로는 buffing과 polishing을 혼동 하는 경우도 있으나, polishing은 연삭입자를 felt 및 가죽으로 된 belt 또는 원판(圓板)에 고착(固着)시켜 가공물의 표면을 연마(硏磨)하여 다듬질하는 일종의 사포연삭(砂布硏削)이라 할 수 있다. 최근에는 접착제의 발달로 연삭유제를 공급하면서 polishing을 하기도 한다. polishing하는 재료에는 stainless 강, aluminum, 황동, 납, 유리, 도기 및 plastic 등이 있다. belt는 가요성(可撓性)이 있으므로 곡면가공에 편리하나, 높은 정밀도를 요하는 가공에는 부적당하고, 거친다듬질에 사용된다.

다음 그림은 buffing wheel에 봉상(棒狀)의 compound를 부착시키는 방법과 buffing 방법을 보여주며, buffing은 정밀을 요하는 가공보다는 광내기(coloring)에 주로 이용된다.

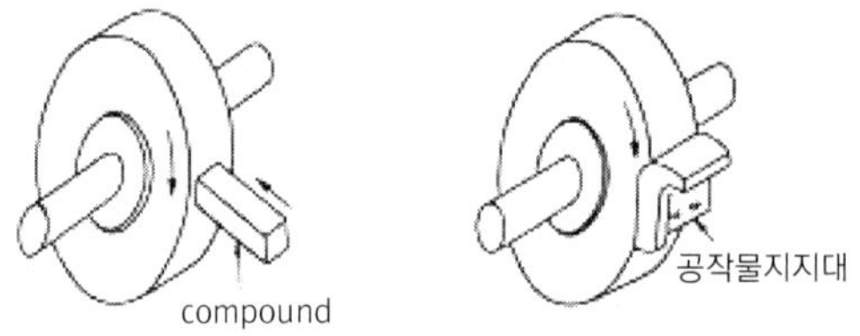

(a) 지료를 칠함 (b) buffing

그림 7-36 compound 부착과 buffing 방법

7.5.1 buff

buff(buffing pad)는 고속회전하는 원반(圓盤)으로서 buffing wheel이라고도 하며, 사용목적에 따라 직물, 피혁, cork, 목재 등이 사용되고, 이들을 조합해서 만든 것도 있다. 강성이 큰 buff 일수록 공작물에 큰 힘을 작용시키므로 가공능률은 높고, 광택내기에서는 강성이 약한 것이 좋다. 또한 buff의 질량이 클수록 원심력이 크게 되어 강성이 커진다. buff의 선택에서 buff의 내구력도 고려해야 한다.

7.5.2 buffing 연삭제

buffing 연삭제에는 경(硬)한 것과 연(軟)한 것이 있으며, 흠집 전체를 제거하는 것이 목적일 때에는 #300 정도의 경도가 큰 Al_2O_3, SiC 등을 , 중간 다듬질에서는 #400 ~

#2000 정도의 emery 등, 광택내기에는 경도가 낮은 Cr_2O_3, 규조토 등의 연삭제와 접착제를 혼합하여 buff에 고착시켜 사용한다.

거친 buffing에는 buff의 외주에 지료를 아교로 접착시켜 사용하나, 보다 정도가 높은 buffing에서는 연삭입자를 유지(油脂) 및 기타의 매체(媒體)와 혼합하여 만든 buffing 연마제를 buffing compound라 하며, 보통 stick(bar)의 형상으로 되어 있고 buff에 문지러 바르고 buffing 한다.

buffing은 연삭작용, burnishing 작용, 화학작용 등을 한다. burnishing 작용은 공작물이 압력을 받으면서 고속으로 회전할 때 표면이 국부적으로 고온으로 되어 표층의 유동을 초래하여 평활한 면을 얻는 것으로서 특히 aluminum, 구리와 같은 것에서 진가를 발휘한다. 화학작용은 buffing에 의한 고열로 인하여 유지 중의 지방산이 금속과 반응하여 금속비누를 발생시키고 가공면을 경면(鏡面)으로 되게 한다.

7.5.3 buff 속도와 압력

buff 속도와 압력은 buff의 종류, 공작물의 재질, 다듬질 정도 등에 따라 다르나, buff의 속도가 너무 낮으면 강성이 떨어지고, 속도가 너무 크면 가공불과의 사이에 마찰력이 커져서 buff의 소모가 많아지고 buff가 타는 경우도 있으며, buff 압력은 거친 다듬질에서는 크게하고 buff의 강성이 클 때에는 압력을 작게 한다.

수가공 buffing의 표준속도[ft/min]

재질 / 가공정도	탄소강	stainless 강	황동	Ni 강	Cr 강	연한 금속
보통 완성가공	9000	10,000	4000~9000	5000~9000	-	4600~8000
광택있는 완성가공	4600~8000	7000~9000	7000~9000	6000~8000	7000~8000	1000~7000

7.5.4 buff와 공작물의 방향

다음 그림에서 buff의 회전방향과 공작물의 이송방향이 반대일 때에는 다듬질면이 buff의 새로운 입자에 의하여 가공면이 생성되나, 방향이 같을 때에는 앞에서 사용되어 파쇄된 작은 연삭입자가 가공면을 계속 buffing하므로 가공면이 더 곱게된다.

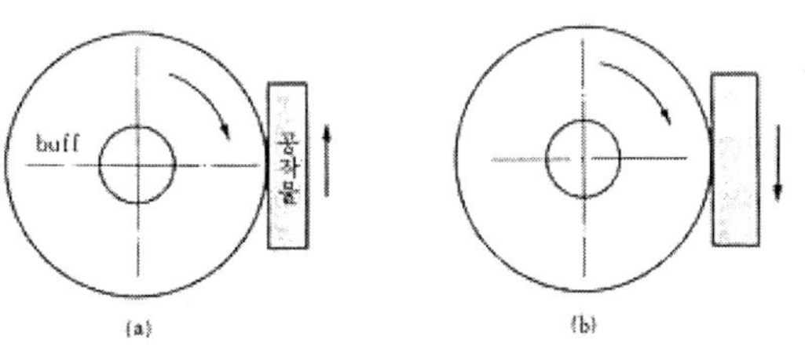

그림 7-37 buff와 공작물의 운동방향

7.6 barrel 가공(barrel finishing)

회전 또는 진동하는 통속에 공작물과 숫돌입자, 모래, 강구, 나무 및 가죽 등의 media 및 수용성(水溶性)의 compound를 넣고 서로 충돌시켜 가공물표면의 burr 제거, scale 제거, 조도향상, 광택처리 등의 가공으로서 매끈한 면을 얻는 것을 barrel 가공, barrel 다듬질 또는 barrel finishing이라 하고, 그 통을 barrel이라 하며, barrel 내부는 고무 등으로 lining되어 있다.

7.6.1 barrel 가공 방법

barrel 속에 내용적의 1/2 정도까지 공작물과 media를 넣고 공작액을 첨가하여 저속 회전운동 시킨다. barrel 가공이 될 수 있는 재료에는 주철, 강, 구리, 구리합금, aluminum 합금 등의 금속과 bakelite, fiber, vinyl 수지, 목재 등의 비금속이 있다.

7.6.2 media

가공물 사이에서 가공작용을 하는 것이 media이며, media의 선정은 가공물의 크기, 성질 및 가공정도 등에 따라 다르다. 거친 다듬질에는 숫돌입자, 석영, 석괴(石塊), 모래 등이 사용되고, 광택내기에는 木, 皮, 톱밥 등이 사용된다. 특히 deburring 등에는 연강 및 아연과 같은 금속 media를 사용함으로써 barrel 가공의 능률을 높인다.

media의 작용을 나열하면 다음과 같다.

- deburring(burr 제거)
- 연삭작용
- descaling(녹제거)
- polishing
- burnishing

7.6.3 compound

barrel 가공에는 media 외에 수용성(水溶性) compoun가 사용되며, compound에는 산성, alkali 성 및 중성이 있고, 경수(硬水)의 연화(軟化), 세정성(洗淨性), 윤활성 및 녹방지 등의 역할을 한다.

다음은 barrel 가공용 compound의 예이다.

배럴다듬질용 콤파운드

종류	主劑 또는 작용
산 성	염산, 황산, 설파민산이 주체, 열처리제의 스케일 제거, 중화, 세정이 필요
알 칼 리 성	피로인산소오다, 아질산소오다, 탄산소오다, 시안화나트륨 등 산성콤파운드의 중화, 기름의 세정, 철강의 대충 다듬질할 때의 발수방지와 광태의 유지
중 성	농축비누, 전작업에 대한 청정 및 검화제
절 삭 제	연삭입자와 산, 알카리, 중성콤파운드의 혼합물, 전작업의 정식공작액
습 윤 제	공작물의 건조방지
기름의 주가	발수방지

7.6.4 barrel 가공조건

(1) 물의 경도(硬度):

물은 화학 compound를 용해시키고 media를 부유시키며, 가공물을 보호하는 외에 가공 중에 발생하는 물질을 제거하는 작용을 한다. 물의 경도가 크면 공작물에 pin hole 상의 부식이 생기므로 경도가 작은 연수(軟水)를 사용한다.

(2) 공작액의 양:

공작액이 barrel 내에서 공작물과 media의 완충작용을 하므로 다듬질량을 크게하기 위해서는 공작액을 적게하고, 광내기가 주목적일 때에는 공작액을 많게 한다. 우선 공작물과 media의 혼합물의 높이까지 공작액을 채우고 가공 정도를 관찰하면서 서서히 첨가하는 것이 보통이다. 연한 공작물에는 공작액을 많게하여 cushion 작용을 돕는다.

(3) 공작물과 media의 혼합비:

공작물에 대한 media의 용적혼합비율은 (1 : 6) ~ (1 : 2)가 보통이다. media의 양을 많게하면 공작물간의 직접 충돌을 방지하고 다듬질량이 증가되나, 1 : 1 이상에서는 오히려 다듬질량이 감소한다.

(4) barrel 속도:

barrel의 회전속도가 크면 다듬질량이 커지나, 어느 이상이 되면 오히려 다듬질량이 감소한다. 그림에서 보는 바와 같이 회전수가 크면 원심력에 의하여 미끄럼층의 상단(上端)이 상승하고 어느 위치에서 하락하게 되어 barrel 다듬질에 필요한 미끄럼운동이 없어지고, 공작물끼리 충돌하여 파손되기 쉽다. barrel의 회전속도는 공작물의 형상, 크기, 중량에 따라서 다르나, 보통 6 ~ 30 rpm이고, 공작물이 작을 때에는 35 rpm까지도 가능하다. 공작물이 강과 같이 경도가 큰 것은 경도가 작은 구리, aluminum보다 고속으로 한다.

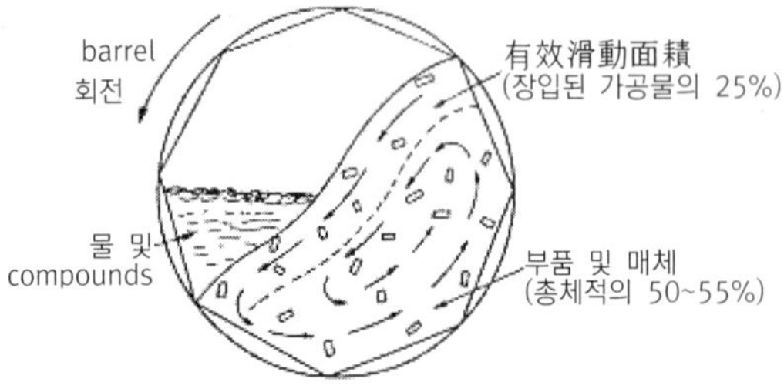

그림 7-38 barrel 공작액의 유동

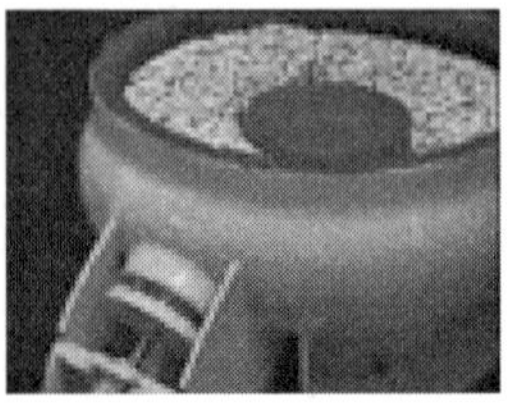

그림 7-39 barrel 가공

7.7 belt 연삭(abrasive belt grinding)

연삭 belt(abrasive belt)에 의하여 가공물을 연삭하여 다듬질하는 것을 것을 belt 연삭이라 하며, belt 연삭에 사용되는 기계를 belt 연삭기(abrasive belt grinder)라 한다. 과거에는 목공용에만 belt sander가 사용되었으나 오늘날에는 천바탕에 지립(砥粒)을 합성수지로 접착시킨 belt에 가공액을 공급하면서 금속 및 plastic과 같은 가공물의 평면 및 곡면을 belt면 또는 바퀴의 곡면 에서 능률적으로 가공할 수 있으며, 줄가공과 사포가공을 대신하는 경우가 많다.

그림 7-40 belt grinder 가공

그림 7-41 belt grinder에서 오목면 가공을 위한 곡율반경을 조정

7.7.1 belt 연삭기

다음 그림은 많이 사용되는 belt 연삭기의 일종으로서, 구동 pulley와 idler wheel인 2개의 pulley에 의하여 belt가 주행하고, 2개의 pulley 중 아래에 위치한 것을 belt가 하향으로 운동하도록 구동시키므로써 연삭 belt에 장력을 준다. contact wheel의 표면은 천,

고무, 특수복합재료 또는 금속으로 되어 있고, 표면의 요철(凹凸)은 belt의 slip과 눈메움을 막고 있다. 필요에 따라 가공물을 올려놓고 가공하기 위한 table을 설치하도록 되어 있다.

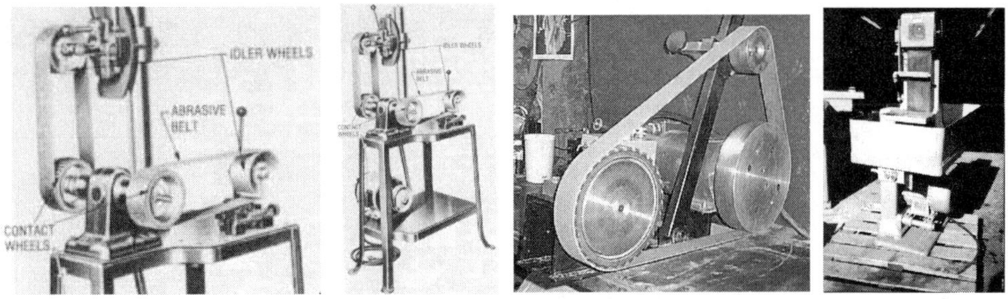

그림 7-41 belt 연삭기

7.7.2 연삭 belt

연삭 belt는 지립, 접착제 및 포지(布紙)로 된 기재(基材)의 3요소로 되어 있으며, 용도에 따라 이들의 조합이 다른 것을 선택하여 사용하고 있다. 일반적으로 연삭 belt의 인장강도, 유연성, 연삭성, 열 또는 연삭유제에 대한 내완성성 및 동석내구성 등이 중요시된다.

많이 사용되는 지립에는 용융 alumina(AA), 흑색탄화규소(CC), emery(E) 등이 있으며, 입도(粒度)는 거친다듬질에는 #100 이하, 정밀다듬질에는 #200 ~ 400 정도가 사용되고, 연삭숫돌의 조직에 상당하는 지립의 농담(濃淡)은 연삭 belt의 눈메움과 다듬질량에 영향을 주며 연성(延性)재료에는 지립의 분포가 성긴 것을 사용한다.

belt의 크기는 폭 12 ~ 2000 mm, 길이 500 ~ 10000 mm이고 두께에는 얇은 것, 중간, 두거운 것이 있다. 미세한 지립을 부착하고 연삭 belt에 가요성(可撓性)을 주어 곡면을 다듬질할 때에는 얇은 연삭 belt를 사용하고, 중간 크기의 지립을 부착하여 평면을 다듬질할 때는 중간두께의 연삭 belt를 사용한다.

다음 표는 가공조건에 따른 연삭 belt의 선택 기준의 예이다.

공작물에 적합한 연삭벨트

공작물	연삭입자	입도			벨트
		거친다듬질	중간다듬질	정밀다듬질	
동부품	A 계	24~60	80~120	180~240	포(布) 벨트
동판	A 계	60~100	150~220	-	지(紙) 벨트
동 다듬질	C 계	50~60	150~180	-	포(布) 벨트
불수제	C 계	-	-	100~400	지(紙) 벨트
비철금속	C 계	24~36	50~80	100~240	포(布) 벨트

7.7.3 belt 연삭작업

평면을 가공할 때에는 연삭 belt의 후면에 평평한 판(platen)을 설치하고, 요철이 있는 윤곽면을 가공할 때에는 연삭 belt가 가공면의 형상에 따라 굴곡할 수 있는 형(型)과 연질재료를 belt의 후면에 설치한다.

belt 연삭에서 안전을 위하여 다음 사항을 준수하여야 한다.

- 보안경을 착용한다.
- 연삭 belt를 하향으로 운동하도록 한다.
- 연삭량이 많을 때에는 가공액을 공급한다.
- 예리한 모서리를 가공할 때에는 가볍게 접촉시켜 belt의 손상을 막는다.
- belt 연삭의 능률은 압력, 지립의 종류와 크기, 가공액, 요구정밀도, 가공재료, 연삭 belt의 수명 등에 등에 따라 다르다.

(1) 속도와 압력:

belt의 속도는 지립의 절삭작용과 다듬질면의 조도에 영향을 주며 가공재료에 따라 다음과 같은 속도를 표준으로 정하고 있다.

- 연질금속(aluminium, 황동) 2300 m/min
- 단강(鍛鋼) 2100 m/min
- 주철, 연강(軟鋼) 2000 m/min
- 합금강, 불수강 1400 m/min

가공물을 연삭 belt에 미는 압력은 속도와 관련이 있으며, 속도를 크게하고 압력을 줄이면 지립에 가해지는 절삭저항이 적고 가공정밀도가 높으며 belt의 수명은 커진다. contact wheel의 요철은 접촉압력을 크게하고 연삭작용을 증가시키며 belt의 수명을 크게한다. 단단한 contact wheel에서는 belt의 장력을 크게하고, 가공압력을 크게할 수 있으며, belt의 장력은 단위폭당 4 ~ 40 b/in 정도이다.

(2) 가공액:

belt 연삭에는 가공액을 사용하지 않는 건삭(乾削)도 많이하고 있으나 가공능률과 belt의 수명을 크게하기 위하여 가공액의 사용을 권장한다. 가공액은 발생열을 제거하고 chip을 유출시켜 눈메움이 생기지 않도록 하기 위하여 사용하며, 비열이 크고 점도가 낮은 물과 수용성유제를 주로 사용한다. 그러나 아교를 결합제로 사용한 연삭 belt에서는 물과 수용선유제를 사용할 수 없고 석유, 황화유(黃化油) 등을 사용한다.

8장 특수가공

8.1 개요

8.2 기계적 특수가공

8.3 화학적 특수가공

8.4 전기적 특수가공

8.5 초음파 가공

8.1 개요

기술의 발전에 따라 고정도, 고능률의 가공이 요구되고 있으며, 새로운 기계재료의 출현으로 상용가공법(常用加工法)으로 가공이 어려운 경우가 많다. 지금까지 기술한 상용가공법 외의 방법으로 가공하는 것을 특수가공이라 하여 본편에서 다루기로 한다. 본편에서는 특수가공을 기계적 특수가공, 화학적 특수가공, 전기적 특수가공으로 나누어 기술하나, 문헌에 따라서는 절삭공구나 연삭숫돌과 같이 실체(實體)의 공구를 사용하는 가공법을 상용가공법(常用加工法; conventional machining processes), 전기, 전자, 열 등과 같이 실체가 없는 공구에 의한 가공법을 특수가공법(unconventional processes, non-traditional processes)으로 분류하므로, 분류기준에 의미를 두지 말고 각 가공법과 적용범위 및 특징에 관심을 갖기 바란다.

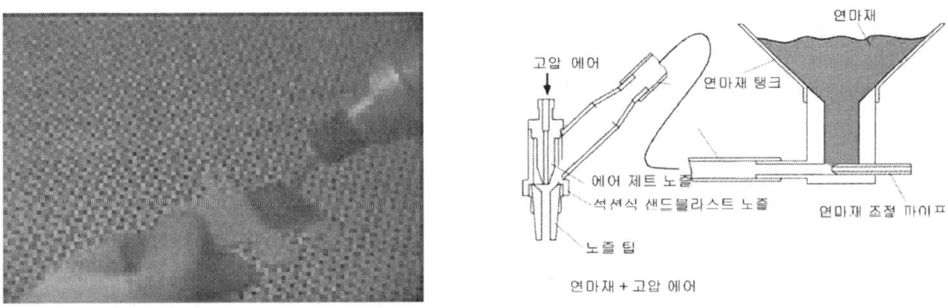

그림 8-1 sand blasting에 의하여 금속표면의 녹을 제거한다

8.1.1 기계적 특수가공

(1) grit blasting:

주물의 표면을 청정(淸淨)하거나, 도금 및 도장 전에 고압의 공기로 석영사(石英砂; sand)를 분사시켜 불순물을 제거하고 다듬질하는 방법을 sand blasting이라하고, 모래 대신에 작은 강구(鋼球; shot)를 사용하는 가공을 shot peening, 강구를 파쇄한 grit를 사용하는 가공을 grit blasting이라 한다.

(2) burnishing:

원통의 내면을 다듬질할 때 그림과 같이 원통의 안지름보다 약간 큰 강구(鋼球)나 초경합금구(超硬合金球)를 압입(壓入)하므로써 내면의 거친 요철을 압궤(壓潰)하여 다듬질면을 얻는 방법을 burnishing, ball burnishing 또는 ball finishing 이라 하고, 선반 등으로 가공된 표면의 뜯긴 자국 및 절삭공구의 형상에 의한 요철을 그림과 같이 roller로 압궤하는 것을 roller burnishing 또는 roller finishing 이라 한다.

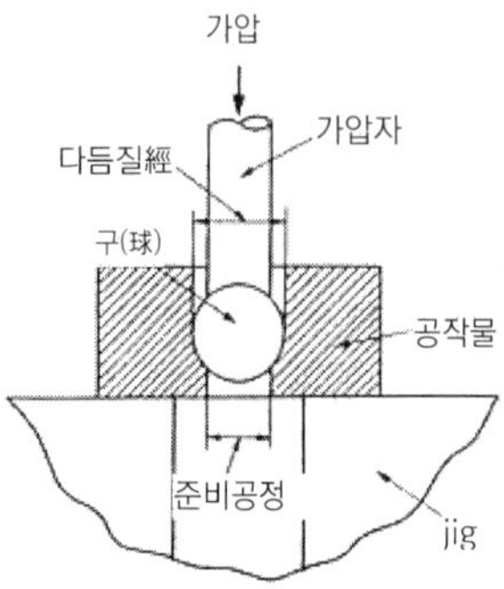

그림 8-2 ball burnishing

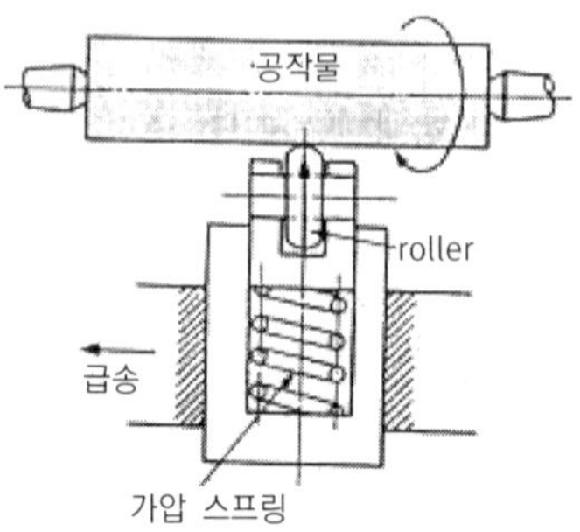

그림 8-3 roller burnishing

8.1.2 화학적 특수가공

대부분의 재료는 화학적으로 용해(溶解) 및 부식(腐蝕)시킬 수 있으며, 이런 현상을 이용한 가공법을 화학적 가공법(chemical machining, chemical milling)라 하고, 복잡한 형상, 가공면이 넓고 기계적 부하를 피해야 하는 경우 및 기계적인 지지가 어려운 공작물 등의 가공에 이용된다.

오래 전부터 녹을 제거하는 산세정(酸洗淨), 공예에서의 etching 및 금속표면의 광휘침지(光輝浸漬) 등에 화학적 특수가공법이 적용되었으나 최근에는 단순하게 표면처리에 국한하지 않고 재료의 제거를 목적으로 하는 가공법의 일종으로서 지위를 갖게 되었다.

8.1.3 전기적 특수가공

(1) 전해연마:

전해연마(electrolytic polishing)는 전기도금과는 반대로 공작물을 양극(陽極)으로 하여 적당한 용액 중에 넣어 통전하면 양극의 용출작용(溶出作用)에 의하여 닦음질되고 광택이 난다.

(2) 전해가공:

전해가공(electrochemical machining)은 전해연마의 전기화학적 반응을 보다 크게하고 기계적 작용을 첨가시켜 내열강, 초경합금, 고장력강 등과 같이 상용가공하기 어려운 것을 가공하는 방법으로서, 그림과 같이 공작물을 양극으로 하고 음극전극과 함께 alkali 성의 전해액에 넣어 가공부를 전해시켜서 구멍을 뚫거나 홈파기를 한다.

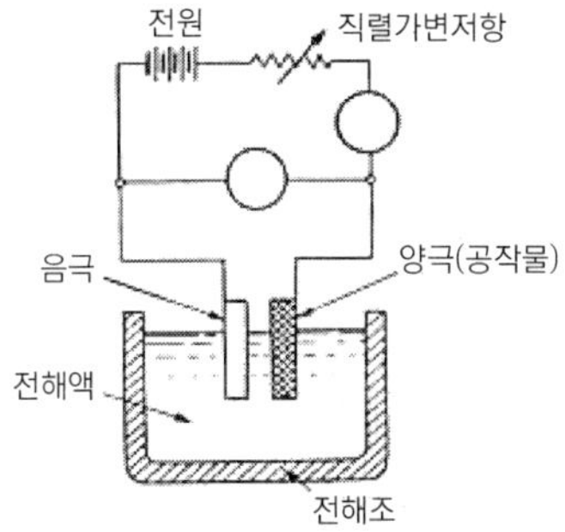

그림 8-4 전해연마

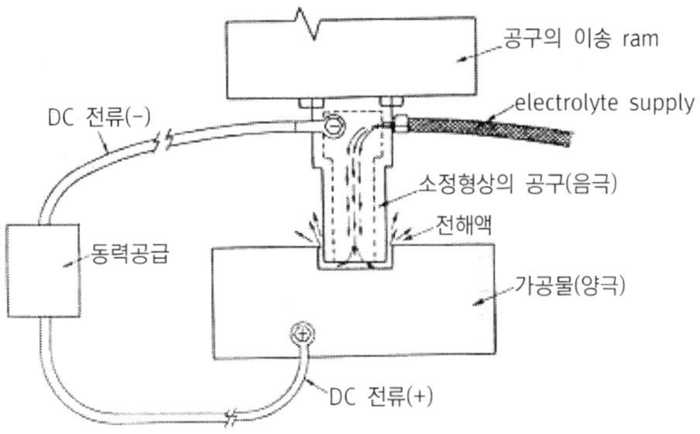

그림 8-5 전해가공

(3) 방전가공:

전극과 가공물을 등유 등과 같은 가공액 중에서 0.04 mm 정도의 간격을 유지한 상태에서 양자 사이에 100 V 정도의 전압을 가하면 절연(絶緣)이 깨져 방전(放電)이 생긴다. 이 불꽃방전(spark discharge)에 의하여 재료를 미량(微量)씩 용해(熔解)하여 제거하는 방법을 이용한 가공을 방전가공(electrodischarge machining, EDM)이라 하며, 구멍뚫기, 조각, 절단 등에 이용된다.

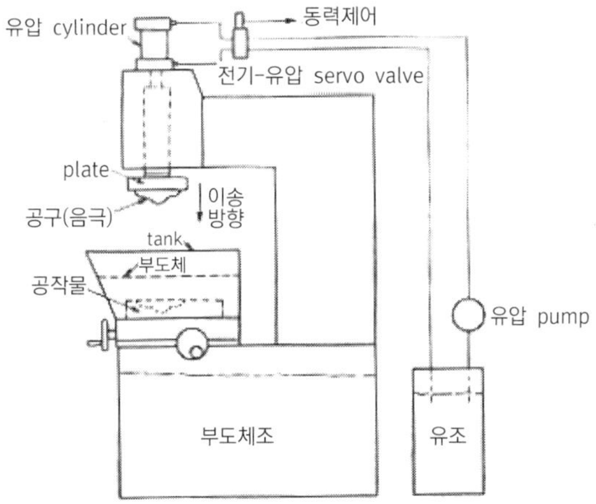

그림 8-6 방전가공

(4) 초음파가공:

그림과 같이 초음파진동을 하는 공구와 공작물 사이에 지립(砥粒)과 공작액을 넣고 공구에 초음파진동을 주면 지립이 공작물에 충돌하여 전사가공(轉寫加工)을 하는 것을 초음파가공(ultrasonic machining)이라 하고, 유리, ceramics, 반도체 등 비금속재료와 stainless steel과 같은 금속재료에 die 조각, 이형관통(異形貫通)구멍, pipe 형상의 공구에 의한 blanking 등에 이용된다.

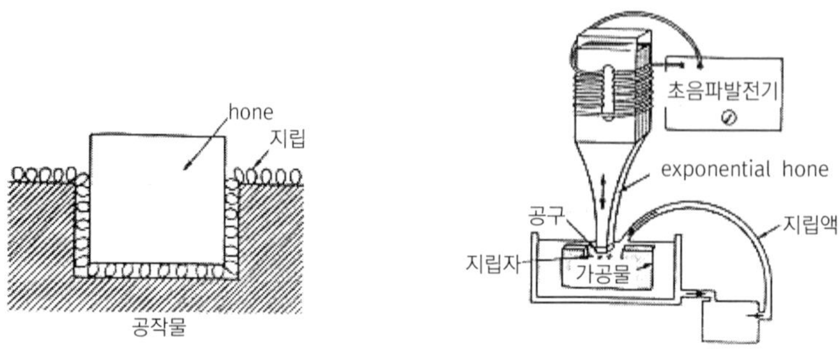

(a) 초음파가공의 원리 (b) 초음파 가공장치

그림 8-7 초음파가공

8.2 기계적 특수가공(機械的 特殊加工)

작은 강구(鋼球)인 shot이나 shot을 파쇄한 grit을 사용하여 가공물 표면의 산화막 제거, 청정(淸淨) 및 burr 제거 등으로 다듬질을 하는데, 전자를 shot peening, 후자를 grit blasting이라 한다.

8.2.1 shot peening

*shot peening은 경화된 소강구(小鋼球)인 shot을 공작물 표면에 분사하여 공작물을 다듬질하고, 피로강도(疲勞鋼度), 인장강도 및 기타 기계적 성질을 향상시키며, micro crack을 없애주는 방법이다.

(1) shot peening 방법:

shot peening machine의 주요부는 shot 분사기와 공작물의 고정장치이다. shot 분사기는 압축공기를 이용하는 분사방식과 원심력에 의한 원심식이 있다. 분사방식은 sand blasting machine을 그대로 사용할 수 있으며, 다음 그림은 원심식 shot peening machine에서 shot을 고속으로 분출하고 공작물을 자동이송시키는 예이다.

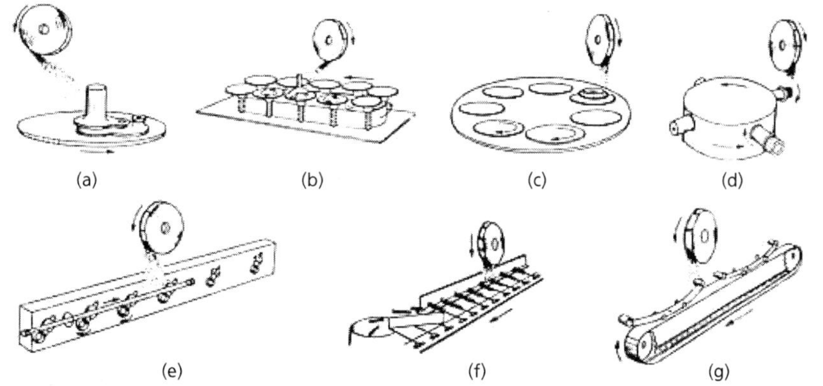

그림 8-8 shot peening에서 공작물의 자동이송장치

(2) shot:

shot에는 chilled 주철 shot, 가단주철 shot, 주강 shot, cut wire shot와 드물게 사용되는 구리 또는 유리 shot가 있다.

① chilled 주철 shot:

용탕(熔湯)을 수중(水中)에 산포하여 급냉경화(急冷硬化)한 것으로서, 그 성분은 3% C, 1.4% Si, 0.3% Mn인 것이 보통이다. 경도는 800 ~ 900 HV로서 작업능률은 높지만 쉽게 파괴되기 때문에 열처리해서 경도를 낮추는 경우도 있다.

② cut wire shot:

강선(鋼線)을 절단하여 만들며, 인성이 크기 때문에 수명이 chilled 주철 shot의 수10배 이다.

cut wire shot의 SAE 규격

shot 번호	지름(in)	경도(R_c)	인장강도(lb/in^2)	10개의 길이(in)	50개의 중량(gr)
CW-62	0.0625±0.002	36 이상	237000~272000	0.620±0.040	1.09~1.33
CW-54	0.054±0.002	39 이상	243000~279000	0.540±0.040	0.72~0.88
CW-47	0.047±0.002	41 이상	248000~286000	0.470±0.040	0.48~0.58
CW-41	0.041±0.002	42 이상	255000~293000	0.410±0.040	0.31~0.39
CW-35	0.035±0.001	44 이상	261000~301000	0.350±0.030	0.20~0.24
CW-32	0.032±0.001	45 이상	265000~305000	0.320±0.030	0.14~0.20
CW-28	0.028±0.001	46 이상	271000~311000	0.280±0.030	0.10~0.12
CW-23	0.023±0.001	48 이상	275000~314000	0.230±0.020	0.05~0.07
CW-20	0.020±0.001	48 이상	283000~324000	0.200±0.020	0.04~0.05

(3) 가공조건:

shot peening에서 중요한 것은 분사속도, 분사각도 및 분사면적이다. 분사속도가 크면 peening 효과도 크게 되지만 속도에도 한계가 있어 공기분사식에서 압력을 4 ㎏/㎠ 이내로 한다. 압력이나 속도가 너무 크게 되면 가공물 표면의 조직이 파괴된다. 분사각도가 90° 일 때 가공층의 두께가 크고, 분사각이 더 커지면 단위면적의 peening 효과가 떨어지며, 분사면적의 각 위치에서 분사각이 서로 다르기 때문에 peening 효과가 위치에 따라 다르다. shot peening은 최초에는 판(板) spring에 주로 이용되었으나 현재에는 자동차 및 항공기에 사용되는 coil spring, 연결봉, washer, pin 류, 차축, gear 등에 사용된다.

shot peening에 의한 피로한도 증대

기계부품	피로한도의 증가(%)	기계부품	피로한도의 증가(%)
crank 축	900	coil spring	1370
板 spring	600	gear	1500
연결봉	1000	rocker arm	1400

8.2.2 grit blasting

shot을 분쇄하여 만든 grit을 가공면에 고속으로 분사하여 주물 표면 등의 청정에 사용되며, 녹 제거, 기타 paint 전처리 등에 사용되는 sand blasting에 비하여 분진이 없어 위생적이고, 보다 능률적인 작업이다. sand blasting machine을 그대로 사용할 수 있으며, 공기분사식과 원심력을 이용하는 원심식이 있다.

(1) 가공조건:

① grit의 크기 :

grit 입자가 크면 다듬질량은 많으나 가공면이 거칠고, 입자가 작으면 다듬질량이 적고 가공면은 매끄럽게 되므로 공작물의 재질과 요구되는 가공면의 정도에 따라 grit을 선정한다. 일반적으로 경도가 큰 공작물에는 큰 grit을, 연한 공작물에는 작은 grit을 사용한다. cylinder liner, crank shaft, 선반 bed와 같은 것에는 #15 ~ 20 정도가 적당하며, 두께가 아주 얇고 작은 공작물에는 #60 정도의 grit을 사용한다.

공작물에 대한 입도와 공기압력

공작물	grit 입도	공기압력(lb/in^2)
비철금속 주물과 연금속	# 40 ~ # 60	18 ~ 20
주 철	# 24 ~ # 30	25 ~ 35
가단 주철	# 24	40 ~ 45
주강	# 10 ~ # 12	60 ~ 80
강판 단조품	# 16 ~ # 24	45 ~ 60

② 공기의 압력과 공기량:

공작물의 경도가 작을 때에는 공기압력을 낮게하고, 경도가 클 때에는 공기압력을 크게한다.

공 기 량

nozzle 지름(in)	공기유량(ft³/min)							적당한 hose의 지름(in)	유량	
	압력 40 (lb/in²)	50	60	70	80	90	100		모래	grit
2/16	27.50	32.80	37.50	43.00	47.50	52.50	57.88	3/4~1	500	1250
1/4	49.10	58.20	67.00	76.00	85.00	94.00	103.00	1~11/4	900	2250
5/16	76.70	90.70	105.00	119.00	133.00	146.00	161.00	11/4~11/2	1200	3250
3/5	110.00	130.00	151.00	171.00	191.00	211.00	232.00	11/4~11/2	1700	4250
7/16	150.00	178.00	206.00	233.00	260.00	286.00	315.00	11/2~13/4	2200	5500

③ 분사거리와 각도:

분사거리를 멀리 하면 가공면적은 넓어지나 다듬질량이 적으므로 경도가 큰 공작물에 대해서는 분사거리를 짧게하고, 연한 공작물에는 멀리하여 가공면적을 넓게한다. 다음 그림은 각각 분사거리와 분사각도가 다듬질량에 미치는 영향을 보여준다.

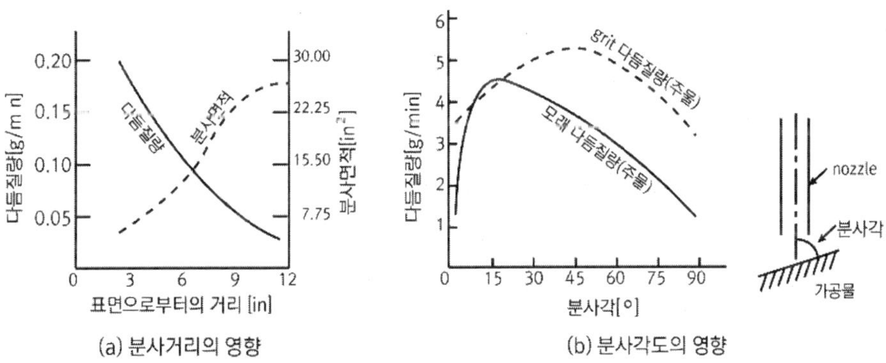

그림 8-9 분사거리 및 분사각도의 영향

8.2.3 burnishing

앞서 개요의 그림에서와 같이 원통의 내면 및 외면을 강구(鋼球; steel ball)나 roller로 거칠게 나온 부분을 눌러 골 부분으로 유동시켜서 매끈힌 면으로 다듬는 가공을 burnishing이라 하며 일종의 소성가공이다. burnishing에는 분류기준에 따라 ball burnishing과 roller burnishing , 내경 burnishing과 외경 burnishing 이 있다.

(1) 강구에 의한 burnishing:

공작물의 두께가 얇으면 burnishing할 때 가공물이 탄성변형하여 burnishing 효과가 적으며, 두께가 크면 효과가 크다. 공작물이 강재(鋼材)일 때는 강구가 쉽게 마모되므로 aluminium과 같이 경도가 낮은 비철금속에 주로 사용된다. 지름을 정하여야 한다.

다음 그림은 강구와 구멍의 치수차에 대한 구멍의 확대 정도를 표시한 것으로서, burnishing 공구(강구)의 크기가 일정할 때 가공물의 두께가 얇을 때는 변형이 거의 탄성적으로 행하여 져서 소성변형이 극히 적어 burnishing 효과가 없거나 적어진다. 따라서 실제의 burnishing에서는 이와같은 관계를 고려하여 강구의 다듬질면의 조도는 치수정밀도와 더불어 중요한 burnishing 효과의 문제이다. 가공면의 조도는 일반적으로 강구의 조도와 같은 정도이나, 다듬질하기 전 구멍의 치수와 강구의 치수 차가 와 가공유(加工油)의 종류에 따라 다르다. 구멍과 강구의 치수 차가 적을 때에는 가공 전의 요철(凹凸)이 가공면에 잔류하여 조도가 좋지 않고, 치수차가 커지면 조도는 양호하여지나, 치수차가 너무 크면 다듬질면에 뜯긴 자국이 생기고 면의 광택도 좋지 않다.

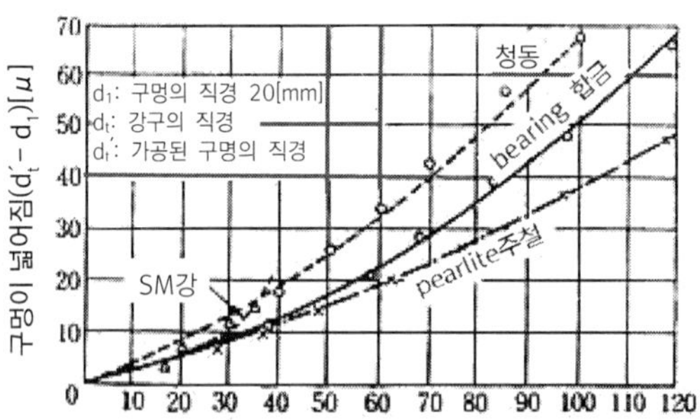

그림 8-10 강구와 구멍의 치수차에 대한 구멍의 확대 정도

(2) roller에 의한 burnishing:

roller burnishing에는 외면 burnishing, 내면 burnishing 및 평면 burnishing이 있으며, 공구인 roller에는 1개로 된 것과 다수개로 된 것이 있다. roller burnishing에서도 ball burnishing에서와 같이 전 기계가공에서 생긴 scratch, 공구자국 등을 제거하고 가공면의 피로강도, 부식저항, 내마모성, 치수정밀도, 조도 등이 향상된다. 다음 그림은 각각 burnishing roller와 적용예를 보인다.

그림 8-11 내경용 burnishing roller

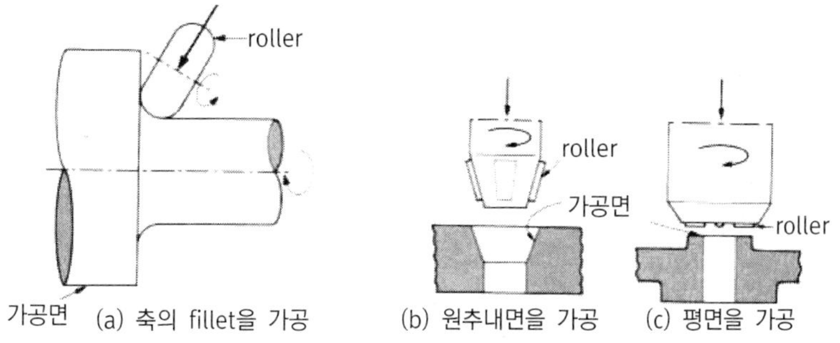

그림 8-12 burnishing roller의 적용 예

8.3 화학적 특수가공(化學的 特殊加工)

화학적 가공법(chemical machining, chemical milling)은 복잡한 형상을 얻기 위하여 용해(溶解), 부식(腐蝕) 등의 방법으로 가공하는 것으로서, 과거에는 정도가 그다지 높지 않은 부분에 이용되었으나 현재에는 기계나 전기적으로 가공할 수 없는 재료의 정밀가공에 이용된다. 예를 들면 정밀도가 높은 자눈板, 진공관 격자(格子), 반도체(半導體) 등이다. 가공을 필요로 하지 않는 부분에는 neoporene, vinyl, wax 등으로 감싸거나 도금하여 보호한다.

8.3.1 부식가공

교반(攪拌)되는 부식액 중에 가공물을 침지(浸漬)하거나 부식액을 가공물의 해당 부위에 분사하므로써 금속을 제거하는 가공을 부식가공이라 하며, 기계적 press에 의한 blanking에서는 공구 및 가공물에 부하가 크게 걸려 아주 얇은 판이나 복잡한 형상의 blanking 또는 punching을 할수 없는 경우가 많기 때문에 기계적 부하가 없고 비교적 복잡한 가공도 가능한 부식법을 이용한다. 부식액으로는 HNO_3, NaOH, H_2SO_4 등을 가공재료에 적당한 배율로 혼합하여 사용한다. 다음 표는 가공재에 따른 부식액을 보여준다.

공작물 재료에 대한 가공액

피가공재료	가공액
aluminium	NaOH 5~25%, HCl 5~20%
철강	HNO_3 15~30%, H_3SO_4 10~15% + HNO_3 10~20%
stainless 강	HNO_3 5~10% + HF 5~10%
구리 및 구리 합금	HNO_3 5~10%, H_3SO_4 10~15%
tungsten	HNO_3 20cc + HF(50%) 30cc + H_3PO_4 50cc

8.3.2 화학 연마(化學 硏磨; chemical polishing)

화학연마에서는 일정한 온도의 강산(强酸), 强 alkali 용액에 가공물을 단시간 담근 후 세척하여 광택을 얻는 방법이다. 화학연마법을 많이 이용하고 있는 금속에는 동합금, 아연, aluminium 합금 등이 있다. 동합금의 화학연마는 농인산(濃燐酸) 7 ℓ, 농질산(濃窒酸) 3 ℓ, 초산(醋酸) 0.5 ~ 0.7 ℓ의 혼합액 40℃에서 행한다. 아연 및 cadmium 도금한 면을 연마하기 위해서는 0.5 ~ 0.7% 질산에 담그면 광택도 나고 내식성(耐蝕性)이 향상된다. aluminium의 화학연마는 순도가 높은 것은 순가성 soda, 가성 alkali, 인산, 황산으로 화학연마 할 수 있고, 순도가 낮은 aluminium 합금은 인산 1 ℓ, 질산 0.5 ℓ, 액온 110 ~ 120℃, 시간 10 min 또는 불소산 1 ~ 5%, 질산 5%, 시간 1 ~ 5 min의 조건에서 행한다. 철강의 화학연마조건은 다음 표와 같다.

철강의 화학연마액

연마액		온도[℃]
인산 1l	질산 500cc	130~160
인산 400cc 황산 200~600cc	염산 25cc 질산 100~200cc	
황산 100g 황산동 150g	질산 250g	〉80
질산 30cc 불소산 70cc	물 300cc	60

8.4 전기적 특수가공(電氣的 特殊加工)

8.4.1 전해연마(電解硏磨; electrolytic polishing)

전해연마는 전기도금과는 반대로 공작물을 양극(陽極)으로 하여 적당한 용액에 넣어 전기를 통하면 양극인 공작물의 거칠게 튀어 나온 부분이 용출작용(溶出作用)으로 제거됨으로써 평활한 면으로 다듬는 가공법이다.

철과 강은 다른 금속에 비하여 전해연마가 어려우며, 그 원인은 강에는 불활성 탄소가 포함되어 있기 때문이고, 유리탄소를 함유한 주철은 전해연마가 불가능하며, 탄소량이 적을 수록 전해연마가 용이하다. 다음 표는 각각 주강,구리 및 그 합금, aluminium 및 그 합금에 대한 전해연마조건의 보기이다.

주강의 전해연마조건

전 해 액	온 도(℃)	극간전압(V)	전류밀도(A/dm²)	시간(sec)
正인산(d.1.2~1.75)	0~140℃	A.C. D.C.	100	15
正인산(d.1.6)1000cc gelatine 40g 수산 40g	~50	D.C. A.C. 15~25	30~200	數~10數
正인산 1000cc 초산 30~3000cc		A.C. D.C.	50~150	0.5~1

구리 및 그 합금의 전해연마

전 해 액	온 도(℃)	극간전압(V)	전류밀도(A/dm²)	시간(sec)
正인산 또는 피러인산	15~25	D.C. 1.5~8	6~8 60	10~15 min 10~15 min
正인산(60%) 우무(寒天) 1g/l		D.C.	20~30	30~60 sec
正인산 90% 포름할데히드(30%) 10%	20	D.C.	2	5 min
正인산 600cc 무수초산 400cc 젤라틴 20g	30	D.C. 8	200	20~30 sec

알루미늄 및 그 합금의 전해연마

전 해 액	온 도(℃)	극간전압(V)	전류밀도(A/dm²)	시간(sec)
과염초산 220cc 무수초산 700cc	15	D.C. 50~100	5~8	5~10 min
과염초산(d. 1. 12) 200cc 주정(3% 에틸에테르를 함유) 20g	~35	D.C. 110~220	200~400	8~12 sec
正초산(특히 1.5) 1l 우무(寒天) 20g 가성소다(첨가하지 않을 때도 있음) 10g	~100	D.C. 40~100	20~30	5~10 sec
正인산 주정, 글리세린, 아교 등	40~40	A.C. 25	50	40 sec
正인산, 황산	60~93	D.C.	10~16	

8.4.2 전해가공(電解加工; electrochemical machining, ECM)

금속재료의 전기화학적 용해에는 그 진행을 방해하는 양극생성물(陽極生成物)인 금속산화물막이 생기는데 이를 분류(噴流)에 의해 제거하면서 가공하는것이 전해가공이며, 내열강, 초경합금, 고장력강 등 기계가공이 어려운 가공물을 양극으로 하고, 음전극과 함께 alkali 성의 전해액에 넣어 가공부를 전해시켜 구멍을 뚫거나 홈파기 등을 한다.

직류전압 10 ~ 20 V, 전류 20 ~ 200 A/㎠, 전해액압력 5 ~ 6 ㎏/㎠의 범위로 하며, 가공속도는 30 ~ 170 ㎏/min 정도이다. 가공능률은 공작물의 경도와는 무관하며, 표면조도는 1 ~ 20 μR_{max}, 가공정도 ±(0.1 ~ 0.3) mm 정도이다. 전해가공의 특징을 열거하면 다음과 같다.

- 경도가 크고 인성이 큰 재료에 대해서도 가공률이 높다.
- 복잡한 3차원가공도 공구자국이나 burr가 없이 쉽게 가공할 수 있다.
- 열이나 힘의 작용이 없으므로 금속적인 결함이 생기지 않는다.
- 공구인 음극의 소모가 거의 없다.

음극은 경면(鏡面; mirror surface)으로 가공되어야 하며, 공구인 음극과 공작물인 양극간에 충분한 전류밀도를 유지하게 하고, 전해액의 공급방법은 다음 그림과 같다. 전해가공의 일종으로서 공작물이나 공구를 회전시켜 표면을 다듬질하는 방법을 전해연삭(電解研削; electrochemical grinding, ECG 또는 electolytic grinding)이라 한다. 이 방법은 전해작용에서 생긴 산화막을 기계적으로 제거하는데 주목적이 있으며, 가공물 다듬질량의 대부분은 전해작용에 의한다.

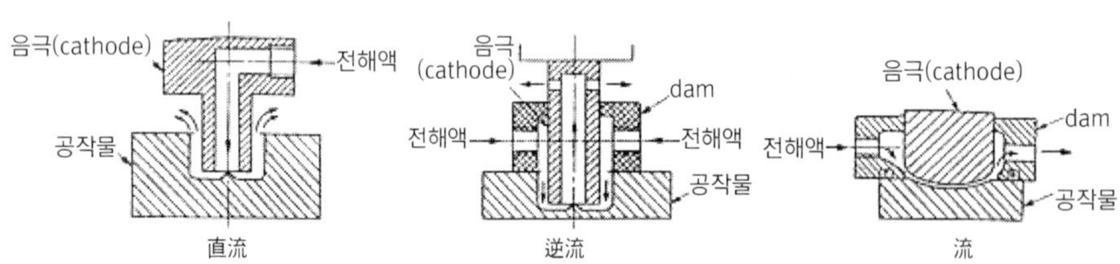

그림 8-13 전해액의 공급방식

8.4.3 방전가공(放電加工; electrodischarge machining, EDM)

방전가공은 불꽃방전(spark discharge)에 의하여 재료를 미량씩 용해(熔解)하여 제거하는 방법이며, 구멍뚫기, 조각, 절단 등에 사용된다. 다음 그림은 방전가공기와 방전에 의한 crater를 보여준다.

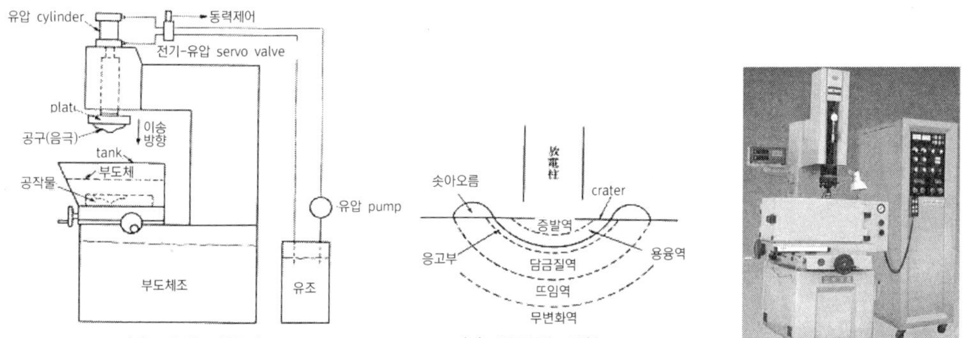

(a) 방전 가공기 (b) 방전에 의한 crater

그림 8-14 방전가공기와 방전에 의한 crater

공작물을 등유와 같은 액에 담그고 공구인 음전극과 공작물인 양전극의 간격을 0.02 ~ 0.05 mm로 하여 60 ~ 150 V 정도의 전압을 준다. 방전에서는 양극이 음극보다 많이 소모되므로 공작물을 양극으로 한다. 공작액을 사용하고 전극, 전류를 사용하는 점에서는 전해가공과 같으나 공작액이 절연물이고 pulse 상 전류가 주체가 되는 점이 다르다.

(1) 방전방법과 회로:

① 금속가공:

1) 축전기법(畜電器法):

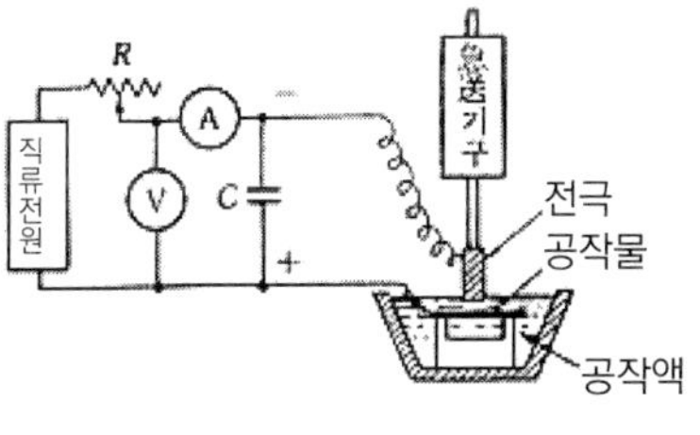

그림 8-15 축전기법 회로(RC 회로)

그림은 축전기법의 대표적인 회로의 예로서, 직류전원으로 부터 가변저항을 지나 condenser C를 축전하고, 이 전류가 방전하는 사이에 가공부의 가공이 이루어 진다. 양극과 음극의 간격을 일정하게 유지하도록 이송기구에 의하여 공구인 음극을 이송한다. 공작액으로는 변압기유, 석유, 물 및 비눗물을 사용한다. 전원전압은 30 ~ 400 V로서 높을 수록 가공능률은 좋으나 가공면이 조잡하므로 100 V 정도가 많이 채용된다. 저항은 작을 수록 전류가 많이 흘러 가공능률은 좋으나 너무 작으면 간헐방전을 하지 않고 방전이 지속되어 가공할 수 없게 되므로 보통 10 Ω 정도로 한다. 축전기의 용량이 크면 가공능률은 좋으나 가공정도가 좋지 못하므로 보통 100 ~ 200 μF 정도로 한다.

다음 그림은 방전특성을 표시한 것이며, 축전이 진행됨과 함께 축전기압은 상승하고 방전하면 순간적으로 0 까지 하강한다. 이때 전류가 흐르며 이것이 반복된다. 전극으로는 황동이 많이 사용되며 가공면과 같은 형상의 전극을 만들어 복잡한 형상도 쉽게 가공할 수 있다는 것이 방전가공의 특징이다.

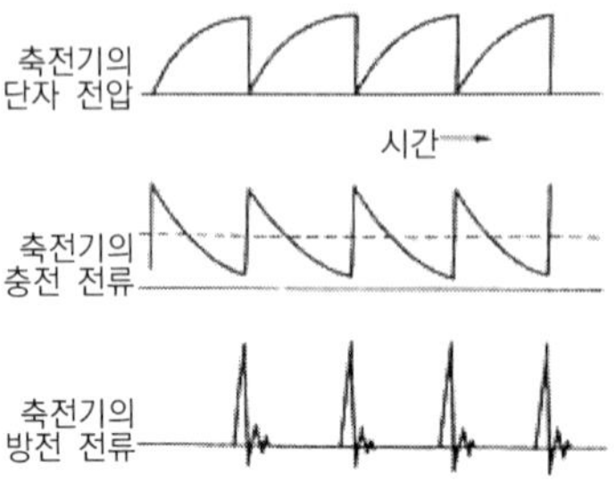

그림 8-16 방전특성

2) 저전압 직류법(低電壓 直流法):

다음 그림과 같이 진동에 의하여 전극과 공작물간에 접촉과 분리를 반복시키고, 분리되는 순간에 과도적인 고전압이 발생하여 spark가 생기는 것을 이용하는 방법이다. 이 방법은 반복 횟수가 적으므로 가공면의 조도 및 가공속도가 condenser 방식보다 못하며, 정도를 요하지 않는 작업, 예를 들면 부러진 drill이나 tap 등의 제거에 이용된다.

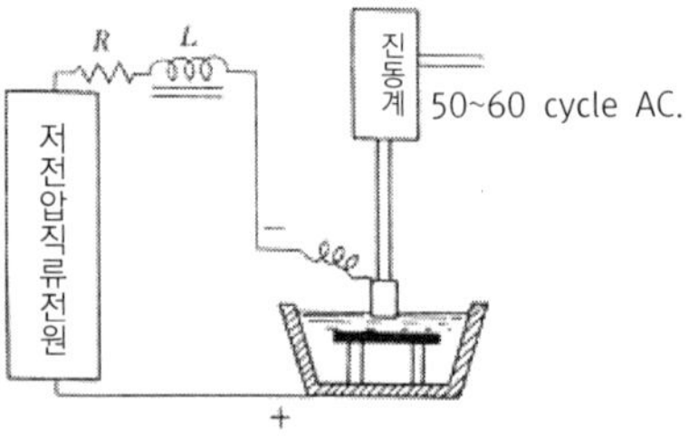

그림 8-17 저전압 직류법

3) 저전압 교류법(低電壓 交流法):

다음 그림과 같이 100 V 이하의 교류를 전극에 주고 가공전극에 진동을 주어 저전압직류법에서와 같이 전극이 떨어지는 순간의 spark에 의한 가공법이며, 장치는 간단하나 가공 정도가 좋지 않다.

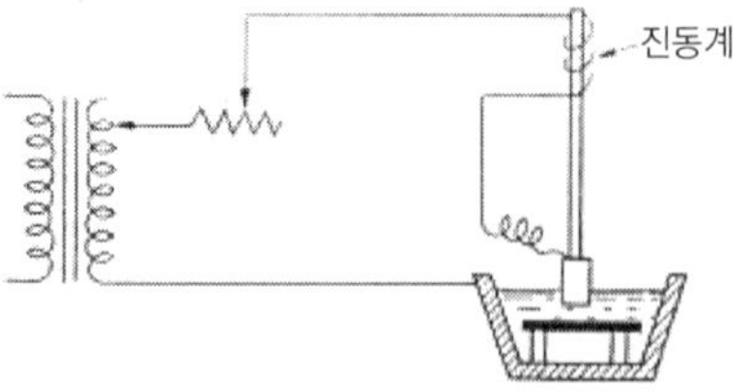

그림 8-18 저전압 교류법

② 비금속가공:

1) 고전압법(高電壓法):

diamond, ruby, sapphire, 석영, 유리 등의 경질 비금속재료의 구멍뚫기에는 diamond 분말(diamond powder)을 사용하여 왔으나 가공시간이 많이 걸리고 diamond 분말이 고가이기 때문에 방전가공에 의한 천공법(穿孔法)이 연구되었다. 다음 그림 (a)는 corona 방전을 이용해서 비금속에 구멍을 뚫는 장치의 회로이다. 방전은 백금 lithim의 바늘 끝과 diamond를 올려놓은 대와의 사이에 절연재료인 diamond를 통하여 발생하며, 이것이 corona 방전이다. 백금 lithium 선과 diamond 간의 접촉압력 0.5 g 정도가 spring에 주어지고 바늘은 저속으로 회전한다. 이 방법에 의한 diamond의 천공속도는 10분간에 0.3 ~ 0.4 mm 정도이고, 이것은 diamond 분말을 사용한 경우의 수십분의 1에 해당하는 것이다. 이 방법은 주로그림 (b)과 같이diamond die의 1차 원추형 구멍을 가공하는데 이용된다.

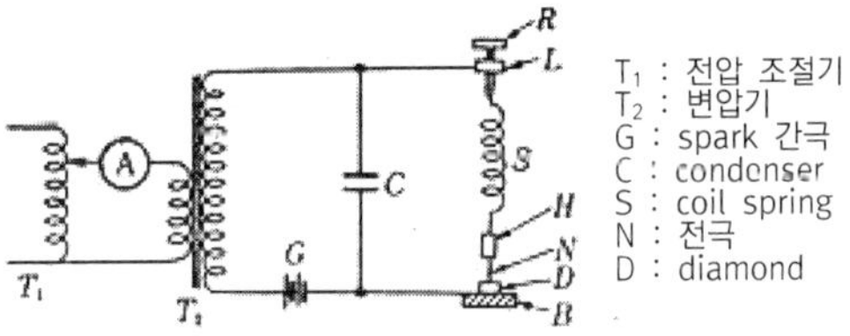

(a) 고전압법

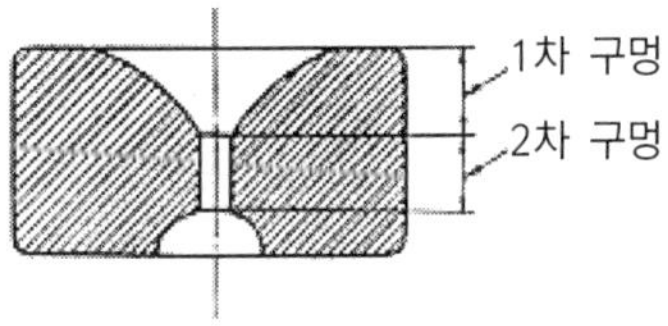

(b) diamond die

그림 8-19 고전압법

2) 전해액법(電解液法):

전해액중에서 저전압의 방전을 일으키고, 전해액으로는 질산 kalium(KNO_3)이 많이 사용된다. 그 외에 염, 물유리, 물 등이 사용된다. 다음 그림과 같은 회로를 갖고 있으며, 주로 diamond die의 2차 원추구멍을 가공하는데 이용된다. 가공속도는 40분에 0.15 mm의 구멍을 뚫는 정도이다.

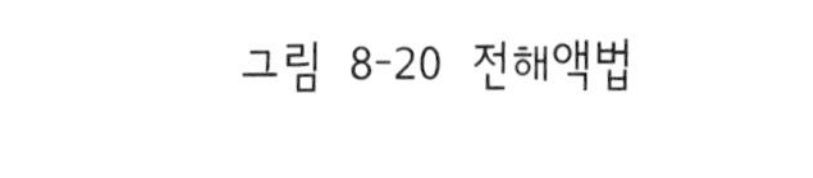

그림 8-20 전해액법

③ 금속방전 절단법:

방전가공법을 이용하여 금속을 절단하는 방법으로서, 다음 그림과 같이 가공물을 양극으로하고 회전판을 음극으로 하며, 그 사이에 공작액을 넣어 전해액 중의 방전에 의하여 절단을 한다. 전원으로는 20 V 정도의 직류, 80 ~ 100 A 정도의 전류로 하고, 공작액으로는 물에 고령토(kaolin), 비누, 물유리 등을 혼합한 alkali 성 용액을 사용한다. 음극원판으로는 강이 사용되며 원주속도는 5 ~ 15 mm/sec이고, 원판과 공작물의 접촉압력은 2.5 kg 이하이다. 이 방법은 초경합금과 같은 고경도의 금속일지라도 쉽게 절단할 수 있으며, 박판 및 관(pipe) 등도 변형시키지 않고 절단할 수 있는 특징이 있다.

(a) 원판전극

원판전극의 지름(mm)	원판전극의 두께(mm)	사용전류(A)
~ 40	0.1	2 ~ 3
40 ~ 70	0.2	5
70 ~ 120	0.3	10
120 ~ 180	0.4	20

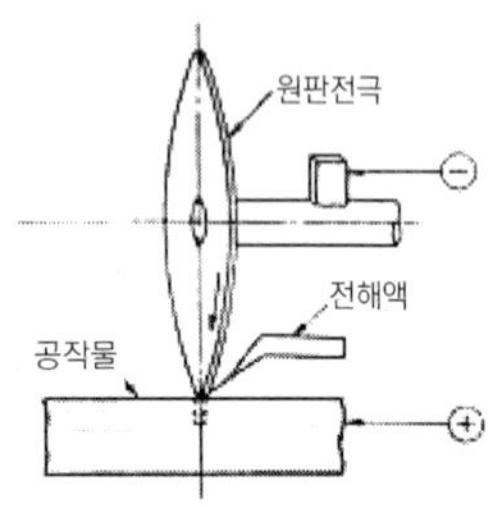

(b) 절단재와 원판전극

피절단재의 지름(mm)	원판전극	
	지름(mm)	두께(mm)
~ 30	200	0.5~0.6
30 ~ 100	200~400	0.8~1.0
100 ~ 200	500~700	1.2~1.7
200 ~ 300	800~1000	1.7~2.0

그림 8-21 고속방전 절단법

④ 금속방전 연삭법:

다음 그림과 같이 공작물에 주철, 황동 또는 강제의 회전판극을 공작물에 눌러대고 저전압직류법의 방전가공과 같은 방법으로 연삭한다. 전원은 20 ~ 30 V 전압, 전류는 수10 A의 직류이고 원판극을 음극으로 하며, 물유리, machine 유, 물 등의 연삭액을 사용한다. 원판의 원주속도는 20 m/sec 이하이며, 연삭속도는 0.04 mm/min 정도이고, 가공면의 정도는 1μ 이하이다.

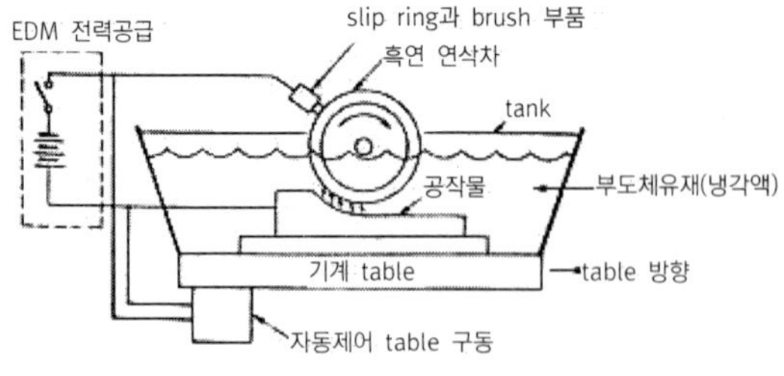

그림 8-22 금속방전 연삭법

8.5 초음파가공(超音波加工)

초음파가공(ultrasonic machining)은 그림 (a)와 같이 초음파진동을 하는 방향으로 공구와 공작물 사이에 지립(砥粒)과 공작액을 넣고 지립의 공작물에 대한 충돌에 의하여 다듬질하는 방법이다. 이 방법은 전기적 energy를 기계적 energy로 변환하여 금속 및 비금속 등 재료에 제한 없이 정밀가공을 하는데 광범위하게 이용된다. 그림 (b)는 초음파장치의 원리로서 고주파 발생장치로 진동자에 20 ~ 30 kHz/sec의 진동을 발생시켜 이것을 exponential hone으로 진폭을 확대하여 공구에 진동을 전달한다.

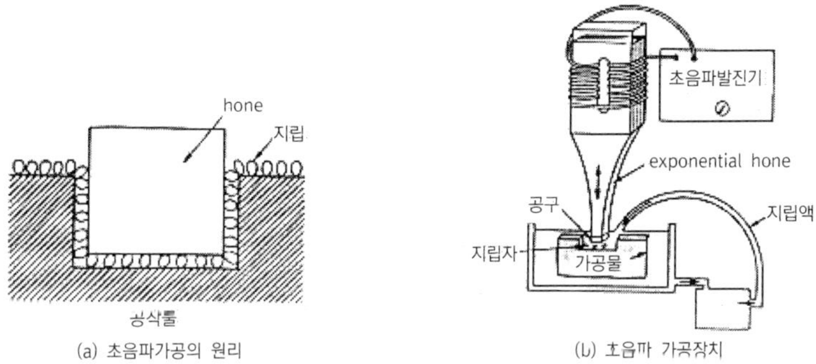

그림 8-23 초음파가공원리 및 장치

전통적인 grinding에 대한 초음파공의 장점을 들면 다음과 같다.

- 규소탄화물, 규소질화물, 수정, 유리, sapphire, 기타 고경도취성재료 등과 같이 재료에 관계 없이 정확한 가공이 가능하다.
- 막힘구멍 및 관통구멍, 홈, 불규칙한 형상의 가공면을 위한 공구의 설계가 가능하다.

공작액 중에서 공구에 이송을 주면 공구단면형의 구멍이 뚫어지거나 홈이 가공된다. 지립으로는 Al_2O_3, SiC, 탄화붕소, diamond 분말을 #200 ~ 600으로 하고, 물, 기름, 석유와 혼합하여 사용한다. 진동자의 원리는 Ni 봉을 자장(磁場)에 넣으면 수축현상이 생기고, 이것에 coil을 감아서 고주파 전류를 통하면 Ni 봉에 교류자계(交流磁界)가 생겨 진동수 20 ~ 30 kHz/sec의 진동을 한다. 공구재료에는 spring 강, stainless 강, tungsten 강, piano 선재 및 monel metal 등이 사용된다. 공작물과 공구간의 압력은 200 ~ 300 g/㎟ 정도이고, 가공면의 정도는 2.5 μ 정도이다. 그림 (a)는 지립의 크기와 가공속도, 그림 (b)는 지립의 크기와 가공면의 조도를 각각 보여 준다.

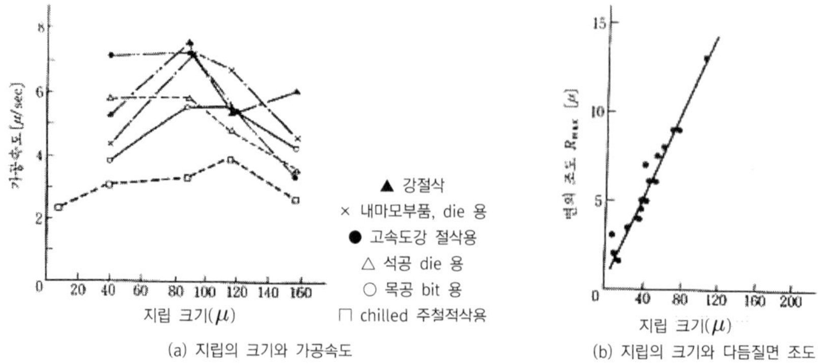

그림 8-24 지립 크기의 영향

다음 그림은 초음파를 이용한 각종 가공을 도시한 것이며, 본편에서 기술한 특수가공 외에도 전자 beam 가공, laser 가공 등이 있으나 이에 대하여는 용접편의 특수용접을 참고하기 바란다.

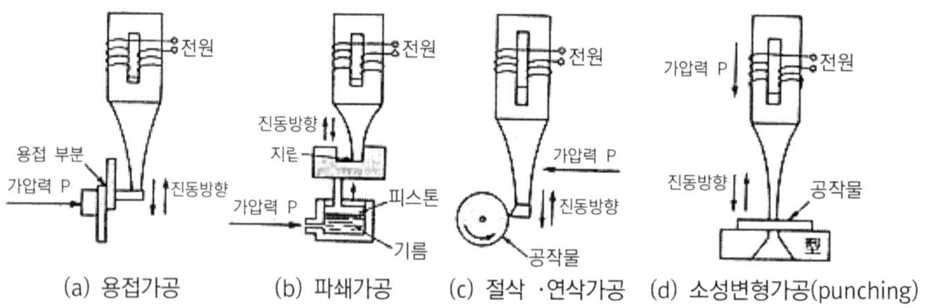

그림 8-25 초음파를 이용한 각종 가공

찾아보기

찾아보기

기계공작법

2017년 02월 20일 초판 인쇄

2017년 02월 25일 인쇄 발행

저 자 신상운, 김옥삼

발 행 인 송기수

발 행 처 도서출판 GS인터비전

편 집 처 도서출판 GS인터비선

인 쇄 처 대명프린팅

등록번호 제 313-2011-120 호

I S B N 979-11-5576-066-6(93550)

주 소 서울 은평구 증산로 15길 69 2층

전 화 02-976-7898, 02-3272-7898

팩 스 02-6468-7898

홈페이지 gsintervision.co.kr

E-Mail gsinter7@gmail.com

정 가 32,000원